KB134795

환경측정
분석사 필기

수질환경
측정분석
분야

국립환경과학원 정도관리평가위원과
환경측정분석사 집필

한국환경시험평가원 저

예문사

2009년부터 환경부에서는 환경측정분석의 질을 높이기 위해 환경측정분석사 시험을 실시해 오고 있다. 또한 2020년부터는 모든 환경시험검사기관에 환경측정분석사 고용을 의무화하도록 하였다. 그러나 환경측정분석사 시험에 적합한 교재가 없어 시험을 준비하고자 하는 환경학도들과 환경인들이 많은 어려움을 겪어 왔다. 그래서 저자들은 뜻을 같이하여 수험생들에게 조금이나마 도움이 되고자 본 교재를 집필하게 되었다. 본 교재의 특징은 다음과 같다.

○ 이 책의 특징

1 핵심정리와 실전 예상문제를 통하여 짧은 시간에 효율적으로 시험을 준비할 수 있도록 하였다.
2 흩어져 있는 정도관리 분야의 이론과 관련법 등의 내용을 한곳에 정리하여 시험을 준비하는 데 어려움이 없도록 하였다.
3 지금까지의 기출문제와 풀이를 수록하여 실전에 완벽하게 대비할 수 있도록 하였다.

본 교재는 저자들의 환경측정분석분야의 전문 지식과 측정분석사 시험을 통하여 얻은 경험을 토대로 최대한 수험생 입장에서 집필하고자 하였다. 아무쪼록 본 교재를 통하여 많은 환경인들이 환경측정분석사 자격을 취득할 수 있기를 바란다.

끝으로 본 교재를 출판할 수 있도록 아낌없는 협조와 수고를 해주신 예문사 정용수 대표님을 비롯한 임직원 여러분께 감사드리며, 아울러 본 교재의 기획과 집필 과정에 많은 충고와 격려를 해주신 국립환경과학원 동료들과 한국환경시험평가원 가족들에게도 진심으로 감사를 드린다.

저자 일동

01 환경측정분석사 검정정보

🗨 시험 개요

환경측정분석사 제도는 「환경분야 시험 · 검사 등에 관한 법률」 제19조 및 「환경시험 · 검사 발전 기본계획」 등에 따른 환경측정분석 분야의 전문인력 양성을 목적으로 한다.

측정분석의 결과가 환경정책수립 및 사업장에 대한 행정처분의 근거로 사용되어 그 중요성이 날로 증대되고 있으므로 자격검정제도를 통한 숙련된 분석능력을 갖춘 인력 배출이 필요하다.

환경분야와 관련된 기존의 환경기술 자격제도는 매체별 환경관리 중심으로 운영되고 있고 검정 방법도 필답형 위주인 반면에, 환경측정분석사는 시험분석 분야에 중점을 두었고 필기는 물론이며 실기검정에 더욱 중점을 두는 검정제도이다.

환경측정분석사 검정은 기존의 환경분야 기술자격과 달리 특히 정도관리 분야를 강조하는 검정제도이다.

🗨 검정분야 및 검정방법

① 검정분야

• 대기환경측정분석분야
• 수질환경측정분석분야

② 검정방법

• 구성 : 1차 필기시험(객관식 · 주관식)과 2차 실기시험(작업형 · 구술형)으로 구성
• 검정과목

검정분야	검정방법	검정과목
대기환경측정분석	필기시험	대기분야 환경오염공정시험기준(대기, 실내공기질, 악취), 정도관리
	실기시험	일반항목분석, 중금속분석, 유기물질분석
수질환경측정분석	필기시험	수질분야 환경오염공정시험기준(수질, 먹는물), 정도관리
	실기시험	일반항목분석, 중금속분석, 유기물질분석

※ 「환경분야시험 · 검사 등에 관한 법률」 시행령 제15조 제6항에 따라 시험 · 검사기관에 대한 현장평가에 20회 이상 참여한 응시자는 1차시험 과목 중 정도관리과목 면제

📑 합격기준

- 필기시험 : 과목별 배점을 100점으로 하여 매 과목 40점 이상이고, 전 과목 평균 60점 이상
- 실기시험 : 과목별 배점을 100점으로 하여 매 과목 60점 이상

📑 응시자격

1. 해당 자격종목 분야 기사 또는 화학분석기사의 자격을 취득한 자
2. 해당 자격종목 분야 산업기사의 자격을 취득한 후 환경측정분석 분야에서 1년 이상 실무에 종사한 자
3. 환경기능사 및 화학분석기능사의 자격을 취득한 후 환경측정분석 분야에서 3년 이상 실무에 종사한 자
4. 환경 분야(대기, 수질, 토양, 폐기물, 먹는물, 실내공기질, 악취 또는 유해화학물질 분야를 말한다)의 석사 이상의 학위를 소지한 자
5. 「고등교육법」제2조 각 호의 학교(같은 조 제4호의 전문대학은 제외한다)를 졸업한 사람(법령에서 이와 같은 수준 이상의 학력이 있다고 인정한 사람을 포함한다)이 졸업 후 환경측정분석 분야에서 1년 이상 실무에 종사한 경우
6. 다음 각 목에 해당하는 사람이 졸업(나목의 경우에는 전 과정의 2분의 1 이상을 마친 경우를 말한다) 후 환경측정분석 분야에서 3년(「고등교육법」제48조 제1항에 따른 수업연한이 3년인 전문대학을 졸업한 사람의 경우에는 2년을 말한다) 이상 실무에 종사한 경우
   가. 「고등교육법」제2조 제4호의 전문대학을 졸업한 자(법령에서 이와 같은 수준 이상의 학력이 있다고 인정한 사람을 포함한다)
   나. 「고등교육법」제2조 각 호의 학교(같은 조 제4호의 전문대학은 제외한다)에 입학하여 졸업을 하지는 않았으나 전 과정의 2분의 1 이상을 마친 자
7. 「초·중등교육법」제2조 제3호의 고등학교 또는 고등기술학교를 졸업한 사람(법령에서 이와 같은 수준 이상의 학력이 있다고 인정한 사람을 포함한다)이 졸업 후 환경측정분석 분야에서 5년 이상 실무에 종사한 경우

INFORMATION

취업정보

환경분야 시험 검사 등에 관한 법률 제18조의2 제6항
- 환경측정분석사 의무고용제도 도입
- 2020년까지 환경분야 시험 검사 기관은 해당 분야별로 환경측정분석사를 1인 이상 의무고용

공공기관 채용 특전
- 환경부 및 지자체 보건환경연구원 환경분야 연구직
- 기술직(환경 분야) – 공채 시 5% 가산점 부여
- 경력경쟁 채용 환경직(5급 이하) – 응시 자격 부여

---

① 경력직 환경공무원 임용시험 관련 자격

- 경력직 환경공무원 채용시험에서 7급은 환경측정분석사, 6급은 환경측정분석사 취득 후 3년 이상 경력, 5급은 환경측정분석사 취득 후 7년 이상
- 경력직 연구 및 지도직공무원 채용시험에서 연구사는 환경측정분석사 취득 또는 기사 3년, 연구관은 환경측정분석사 취득 후 관련분야 경력 7년 또는 기술사로 되어 있음

  ※ 근거법률 : 공무원임용시험령 제27조 제1항 관련 [별표 8]
  ※ 근거법률 : 연구직 및 지도직 공무원의 임용 등에 관한 규정 제6조, 제7조, 제11조, 제12조 관련 [별표 2의5]
  ※ 특별히 연구직공무원은 경력채용을 하고 있으므로 환경측정분석사 자격 취득은 매우 유리하다고 하겠다.

② 공무원임용시험령 제27조 제1항 관련 [별표8]

2. 국가기술자격법령상의 서비스분야 자격증 및 그 밖의 법령에 따른 자격증

직렬 \ 직류	계급	5급	6급	7급	8급	9급
환경	일반환경	의사(2), 수의사(7), 약사(7), 환경측정분석사(7), 위생사(12)	수의사(3), 약사(3), 환경측정분석사(3), 위생사(8)	수의사, 약사, 환경측정분석사, 위생사(5)	위생사(2)	위생사
	수질					
	대기					
	폐기물					

비고
1. 해당 자격증을 소지한 후 ( ) 안의 기간(년) 이상 관련 분야에서 연구 또는 근무한 경력이 있어야 한다. 다만, 소속 장관이 필요하다고 인정하는 경우에는 3년의 범위에서 ( ) 안의 기간을 단축할 수 있다.
2. 4급 이상 공무원으로 경력경쟁채용 등을 하는 경우에는 5급으로의 경력경쟁채용 등 대상 자격증(소요경력 포함) 소지 후 관련 분야에서 3급은 8년 이상, 4급은 4년 이상의 기간 동안 연구 또는 근무한 경력이 있어야 한다.
3. 직렬(직류)별로 상위 계급에 규정된 자격증 지정기준을 충족한 사람은 하위 계급의 자격증 지정기준을 충족한 것으로 본다.
4. 폐지된 자격증으로서 국가기술자격법령 등에 따라 그 자격이 계속 인정되는 자격증은 경력경쟁채용 등 대상 자격증으로 인정한다.

연구직 및 지도직공무원 경력경쟁채용 등과 전직을 위한 자격증 구분 및 전직시험이 면제되는 자격증 구분표(제6조제1항, 제7조의2 제1항, 제11조 제4항 및 제12조 제3호 관련)

[별표 2의5] 〈개정 2011.11.1〉

1. 연구직 공무원

직렬 \ 직류	계급	연구관	연구사
환경연구	환경	기술사(화공, 수자원개발, 상하수도, 조경, 산림, 농화학, 해양, 화공안전, 산업위생관리, 대기관리, 수질관리, 소음진동, 지질 및 지반, 폐기물처리, 자연환경관리, 토양환경, 방사선관리, 기상예보) 의사(2), 약사(7), 수의사(7), 환경측정분석사(7)	기사(화공, 조경, 산림, 식물보호, 해양환경, 산업위생관리, 대기환경, 수질환경, 소음진동, 폐기물처리, 자연생태복원, 생물분류, 토양환경) 의사, 약사, 수의사, 위생사(5), 환경측정분석사

비고
1. 직류별로 연구관에 해당하는 자격증을 가진 경우, 연구사에 해당하는 자격증을 가진 것으로 본다.
2. 경력경쟁채용 등의 경우 기사 자격증을 가진 사람은 해당 자격증 취득 후 3년, 그 밖의 자격증을 가진 사람은 해당 자격증 취득 후 ( ) 안의 기간(년) 이상 관련 분야에서 연구 또는 근무경력이 있어야 한다. 다만, 소속 장관은 필요하다고 인정하는 경우에는 3년의 범위에서 ( )의 기간을 줄일 수 있다.
3. 폐지된 자격증으로서 국가기술자격법령 등에 따라 그 자격이 계속 인정되는 자격증은 경력경쟁채용 등 대상 및 전직시험 면제대상 자격증으로 인정한다.

③ **측정대행업의 분석요원**

대기 · 수질 · 실내공기질 · 악취 분야 분석요원

※ 근거법률 : 환경분야 시험 · 검사 등에 관한 법률 시행령 제12조 제2항 및 시행규칙 제14조 제1항 [별표 9]

④ **검사대행자의 기술능력**

• 정도검사 대행자의 기술능력(기술직) : 자동차, 대기, 수질, 소음 · 진동, 토양, 먹는물, 실내공기질 분야

• 검정검사 대행자의 기술능력(기술직) : 측정기기교정가스, 측정기기교정액, 매연측정기 교정용 표준지 · 표준필터 및 매연포집용 여과지 교정

  ※ 근거법률 : 환경분야 시험 · 검사 등에 관한 법률 시행령 제10조 제2항 및 시행규칙 제10조 제2항 [별표 6]

⑤ **방지시설업의 기술인력**

대기 · 수질 분야 방지시설업 기술인력

※ 근거법률 : 환경기술개발 및 지원에 관한 법률 시행령 제22조의4 제2항 및 시행규칙 제30조 제4항 [별표 4]

⑥ **환경관리대행기관의 분석요원**

대기 · 수질환경관리대행기관의 분석요원

※ 근거법률 : 환경관리대행기관의 지정 등에 관한 규칙 제3조 제1항 [별표 1]

시험일정

환경측정분석사 검정 일정은 매년 4월경 필기시험 접수를 하고 5월에 필기시험이 시행된다. 실기시험은 필기시험 합격자에 한해 6월에 접수를 하고 10월부터 시행이 된다. 최종합격자는 12월에 발표된다. 자세한 사항은 국립환경인력개발원의 환경측정분석사 홈페이지(https ://qtest.me.go.kr)에 공지된다.

02 필기시험 정보

필기시험 원서접수 방법

[접수방법] 환경측정분석사 홈페이지(https ://qtest.me.go.kr)에 접속하여 접수하여야 한다.

필기시험 응시수수료

33,000원(결제수수료 포함)

시험방법 및 시험시간

검정분야	시험과목	시험방법		시험시간
		소계	객관식	
대기환경 측정분석 (4과목)	정도관리	100점	100점(40문항)	1교시(50분) 10:00~10:50
	대기오염 공정시험기준	100점	100점(20문항)	2교시(100분) 11:20~13:50
	실내공기질 공정시험기준	100점	100점(20문항)	
	악취공정시험법	100점	100점(20문항)	
수질환경 측정분석 (3과목)	정도관리	100점	100점(40문항)	1교시(50분) 10:00~10:50
	수질오염 공정시험기준	100점	100점(20문항)	2교시(70분) 11:20~12:30
	먹는물수질 공정시험기준	100점	100점(20문항)	

※ 대기 · 수질분야 동시 시행[객관식(4지선다형)]

시험범위

검정 분야	시험범위		비고
	1교시(정도관리)	2교시(공정시험기준)	
대기	QA/QC와 관련된 모든 사항 • 정도관리 일반 • 시료채취 및 관리 • 실험실 운영관리 및 안전 • 결과보고 • 정도관리 관련 규정 등	• 대기오염공정시험기준 • 실내공기질공정시험기준 • 악취공정시험기준 • 환경 및 화학분석이론 등	※ 참고문헌 「환경분야 시험·검사 등에 관한 법률, 환경시험·검사 기관정도관 리 운영에 관한 규정, KOLAS 규정, 환경시험·검사 QA/QC 핸드북, 일반화학, 분석화학, 환경학, 환경 공학, 기기분석 등
수질	QA/QC와 관련된 모든 사항 • 정도관리 일반 • 시료채취 및 관리 • 실험실 운영관리 및 안전 • 결과보고 • 정도관리 관련 규정 등	• 수질오염공정시험기준 • 먹는물수질공정시험기준 • 환경 및 화학분석이론 등	

※ 시험범위에 해당하는 참고문헌 및 관련 규정은 시행계획 공고일 기준임

합격기준

과목별 배점을 100점으로 하여 각 과목 40점 이상이고, 전 과목 평균 60점 이상

합격자 발표

• 합격자 발표는 필기시험이 시행된 뒤 공고된 날짜에 홈페이지에서 확인
• 정기시험 → 합격자 발표 조회 메뉴에 접속하여 응시 회차 및 수험번호를 입력 후 합격자 조회 버튼 클릭

03 실기시험 정보

📢 실기시험 원서접수 방법

- 실기시험 원서접수 대상자 : 필기시험 면제 기간(합격자 발표로부터 2년 내에 있는 자)
- 접수기간 : 정기시험 페이지에서 확인 가능
- 접수방법 : 홈페이지 접속 → 정기시험 → 원서접수하기 → 검정종류 선택 → 접수하기 버튼 클릭 및 응시표 사진 등록 → 응시료 결제
  - 사진은 최근 6개월 내에 촬영한 탈모 상반신 사진파일(JPG)을 등록해야 함(용량기준 : 1MB, 가로 3.5cm × 세로 4.5cm)
  - ※ 원서접수가 완료되면 응시표를 출력하여 시험 당일 지참하여야 함
- 실기시험 응시수수료 : 150,000원(결제수수료 포함)

📢 수험사항 통보

- 시험장소 : 국립환경인력개발원

검정종류	시험과목	소계	작업형		3) 구술형	비고
			1) 측정결과값	2) 숙련도 평가		
대기 (3과목)	일반항목분석	100점	60점	10점	30점	작업형 시험 중 작업태도(기기훼손, 정리정돈, 안전수칙 준수 여부 등)를 평가하여 과목별 총점에서 최대 10점까지 감점할 수 있음
	중금속분석	100점	60점	10점	30점	
	유기물질분석	100점	60점	10점	30점	
수질 (3과목)	일반항목분석	100점	60점	10점	30점	
	중금속분석	100점	60점	10점	30점	
	유기물질분석	100점	60점	10점	30점	

※ 실기시험(작업형)은 필기시험 합격자의 규모에 따라 시험횟수의 증가 및 일정의 변동이 있을 수 있음(실기시험 일정변경이 있을 경우 실기시험 원서접수 시 공고예정)

- 시험은 과목별로 미지시료의 농도를 정밀기기를 이용하여 분석하는 작업형과 해당분야(대기, 수질)의 측정분석능력 평가를 위한 질의·응답의 형태를 취하는 구술형으로 구분

1) 미지시료의 농도를 정밀기기(일반항목 분석은 UV－VIS, 중금속 분석은 AAS, 유기물질 분석은 GC)를 이용하여 분석하고 측정결과값을 도출하는 과정의 실험절차 등에 대해 기술하는 것을 말함
2) 숙련도 평가는 작업형 시험 시 측정분석 숙련 정도를 평가하는 것을 말함
3) 구술형은 측정분석능력 평가를 위한 질의·응답을 말함

검정종류	시험과목	작업형	구술형	비고
대기	일반항목분석	4시간	20분	작업형은 총 2일(16시간)간 시행
	중금속분석	4시간		
	유기물질분석	8시간		
수질	일반항목분석	4시간	20분	시험시간 1일차 : 09:00~17:30 / 2일차 : 09:00~17:00
	중금속분석	4시간		
	유기물질분석	8시간		

※ 구술형 부분합격자의 경우 응시 과목수에 따라 시간이 조정될 수 있음

합격기준 및 합격자 발표

• 합격기준 : 과목별 배점을 100점으로 하여 각 과목 점수가 60점 이상
• 합격자발표 : 합격자 발표는 실기시험이 시행된 뒤 공고된 날짜에 홈페이지에서 확인 가능
정기시험 → 합격자 발표 조회 메뉴에 접속하여 응시 회차 및 수험번호를 입력 후 합격자 조회 버튼 클릭

※ 필기시험 합격자는 합격자 발표일로부터 2년간 실기시험 응시 가능. 다만, 2년 이내에 실기시험이 실시되지 않은 경우에는 다음에 이어지는 1회의 실기시험에 한하여 필기시험을 다시 보지 않고 실기시험 응시 가능

실험장비 운용 매뉴얼

국립환경인력개발원 환경측정분석사[https://qtest.me.go.kr/]→환경측정분석사검정→실기시험 정보안내→ 실험장비 운용 매뉴얼에서 다운로드 가능
https://qtest.me.go.kr/qt/q/003/view2.do

ENVIRONMENTAL MEASURE

이책의 **차례**

PART 01. 먹는물공정시험기준

이책의 차례

PART 02 수질오염공정시험기준

Section 01 총칙 • 281

PART 03 정도관리

P A R T

04 기출문제

먹는물수질
공정시험기준

001 총칙(Introduction)

···01 총칙(Introduction) (ES 05000c 2018)

1. 개요

(1) 목적

이 시험기준은 환경분야 시험·검사 등에 관한 법률 제6조에 따라 먹는물 수질기준 항목을 측정함에 있어 측정의 정확성 및 통일성을 유지하기 위하여 필요한 제반사항에 대하여 규정함을 목적으로 한다.

(2) 적용범위

① 이 시험기준은 먹는물 수질기준 및 검사 등에 관한 규칙 제2조에 따른 먹는물의 수질기준에 적합한지 여부를 시험·판정하는 데 적용한다.

② 공정시험기준 이외의 방법이라도 측정결과가 같거나 그 이상의 정확도가 있다고 국내·외에서 공인된 방법은 이를 사용할 수 있다.

2. 표시방법

(1) 단위 및 기호

단위 및 기호는 KS A ISO 80000-1, 양 및 단위-제1부 일반 사항에 대한 규정에 따른다.

3. 농도

① 백분율 (parts per hundred) : W/V %, V/V % , V/W %, W/V %

▼ 백분율 농도 표시 방법

용액(기체) 중 성분 조건	표시방법
용액 100 mL 중의 성분무게 (g)	W/V %
기체 100 mL 중의 성분무게 (g)	
용액 100 mL 중의 성분용량 (mL)	V/V %
기체 100 mL 중의 성분용량 (mL)	
용액 100 g 중 성분용량 (mL)	V/W %
용액 100 g 중 성분무게 (g)	W/W %
용액의 농도를 "%"로만 표시할 때	W/V %

② 백만분율 (ppm, parts per million) : mg/L, mg/kg

③ 십억분율 (ppb, parts per billion) : μg/L, μg/kg

④ 기체 중의 농도는 표준상태(0 ℃, 1기압)로 환산 표시한다.

4. 온도

온도의 표시는 셀시우스(Celsius) 법에 따라 아라비아 숫자의 **오른쪽에** ℃를 붙인다. 절대온도는 K로 표시하고, 절대온도 0 K는 −273 ℃로 한다.

▼ **먹는물수질공정시험기준에서 온도 표시**

절대온도 0 K	표준온도	상온	실온	찬곳	열수
−273 ℃	20 ℃	15 ℃ ~ 25 ℃	1 ℃ ~ 35 ℃	0 ℃ ~ 15 ℃	100 ℃

① "수욕 상 또는 수욕 중에서 가열한다." : 따로 규정이 없는 한 **수온 100 ℃에서 가열함을** 뜻하고 약 100 ℃의 증기욕을 쓸 수 있다.

② 각각의 시험은 따로 규정이 없는 한 **상온에서 조작하고** 조작 직후에 그 결과를 관찰한다. 단, 온도의 영향이 있는 것의 판정은 **표준온도를** 기준으로 한다.

5. 기구 및 기기

공정시험기준에서 사용하는 모든 기구 및 기기는 측정결과에 대한 오차가 허용되는 범위 이내인 것을 사용하여야 한다.

(1) 기구

① 공정시험기준에서 사용하는 모든 유리기구는 KS L 2302 이화학용 유리기구의 모양 및 치수에 적합한 것 또는 이와 **동등 이상의** 것을 사용한다.

② 부피측정용 기구는 적절하게 소급성이 유지되는 것을 사용하여야 한다.

(2) 기기

① 공정시험기준의 분석절차 중 일부 또는 전체를 **자동화한 기기가 정도관리 목표 수준에 적합**하고, 그 기기를 사용한 방법이 **국내 · 외에서 공인된 방법으로** 인정되는 경우 이를 사용할 수 있다.

② 연속측정 또는 현장측정 목적으로 사용하는 측정기기는 **공정시험기준에 의한 측정치와의 정확한 보정을** 행한 후 사용할 수 있다.

③ 분석용 저울은 0.1 mg까지 달 수 있는 것이어야 하며, 분석용 저울 및 분동은 국가 교정을 필한 것을 사용하여야 한다.

6. 시약 및 용액

(1) 시약

표준원액과 표준용액의 농도계수를 보정하는 시약은 특급을 쓰고, 실험에서 사용하는 시약은 따로 규정한 것 이외는 모두 1급 이상을 쓴다.

(2) 용액

① 용액의 앞에 몇 %라도 한 것[예 : 20 % 수산화나트륨 용액]은 수용액을 말하며, 따로 조제방법을 기재하지 아니하였으며 일반적으로 용액 100 mL에 녹아 있는 용질의 g수를 나타낸다.

② 용액 다음의 (   ) 안에 몇 N, 몇 M 또는 %라고 한 것[예 : 아황산나트륨용액 (0.1 N), 아질산나트륨 용액 (0.1 M), 구연산이암모늄용액(20 %)]은 용액의 조제방법에 따라 조제하여야 한다.

③ 용액의 농도를 (1→10), (1→100) 또는 (1→1 000) 등으로 표시하는 것은 고체 성분에 있어서는 1 g, 액체성분에 있어서는 1 mL를 용매에 녹여 전체 양을 10 mL, 100 mL 또는 1 000 mL로 하는 비율을 표시한 것이다.

④ 액체 시약의 농도에 있어서 예를 들어 염산(1 + 2)이라고 되어 있을 때에는 염산 1 mL와 물 2 mL를 혼합하여 조제한 것을 말한다.

7. 기타

① 시험에 쓰는 물 : 따로 규정이 없는 한 증류수 또는 정제수로 함
② 용액이라고 기재하고 용제를 표시하지 아니한 것 : 수용액
③ 감압 : 따로 규정이 없는 한 15 mmHg 이하

④ pH의 범위
  ㉠ 약산성 : 약 3 ~ 5
  ㉡ 강산성 : 약 3 이하
  ㉢ 중성 : 약 6.5 ~ 7.5
  ㉣ 약알칼리성 : 약 9 ~ 11
  ㉤ 강알칼리성 : 약 11 이상

⑤ (1 : 1), (4 : 2 : 1) : 고체시약 혼합중량비 또는 액체시약 혼합부피비

⑥ 방울수 : 20 ℃에서 정제수 20 방울을 적하할 때, 그 부피가 약 1 mL 되는 것

⑦ 네슬러관 : 안지름 20 mm, 바깥지름 24 mm, 밑에서부터 마개 밑까지의 거리가 20 cm인 무색 유리로 만든 마개 있는 밑면이 평평한 시험관으로서 50 mL, 관의 부피높이의 차는 2 mm 이하인 것

⑧ 원자량은 국제원자량표에 의하며, 분자량은 이 표에 의하여 계산한 후 소수점 이하 둘째 자리까지 정리

⑨ "이상"과 "초과", "이하", "미만"
  ㉠ "이상"과 "이하"는 기산점 또는 기준점인 숫자를 포함
  ㉡ "초과"와 "미만"은 기산점 또는 기준점인 숫자를 포함하지 않음
  ㉢ "a ~ b"라 표시한 것은 a 이상 b 이하임을 뜻함

⑩ 무게측정
  ㉠ "정밀히 단다." : 규정된 양의 시료를 취하여 화학저울 또는 미량저울로 칭량함
  ㉡ "정확히 단다." : 규정된 수치의 무게를 0.1 mg까지 다는 것

⑪ "약" : 기재된 양에 대하여 ±10 % 이상의 차가 있어서는 안 된다.

⑫ 시험조작 중 "즉시" : 30초 이내에 표시된 조작을 하는 것

⑬ "항량으로 될 때까지 건조한다." 또는 "항량으로 될 때까지 강열한다." : 같은 조건에서 1시간 더 건조 또는 강열할 때 전후 차가 g당 0.3 mg 이하일 때

⑭ 시험성적수치는 따로 규정이 없는 한 KS Q 5002(데이터의 통계적 해석방법 – 제1부 : 데이터 통계적 기술)의 수치의 맺음법에 따라 기록

⑮ 시험결과의 표시는 표시한계 및 결과표시(ES 05003.e)에 따르며, 정량한계 미만은 불검출된 것으로 간주한다. 다만, 정도관리/정도보증의 절차에 따라 시험하여 목표값보다 낮은 정량한계를 제시한 경우에는 정량한계 미만의 시험결과를 표시할 수 있다.

⑯ 미생물 분석에 사용하는 배지는 가능한 상용화된 완성제품을 사용하도록 한다.

⑰ 하나 이상의 시험결과가 달라 제반 기준의 적부 판정에 영향을 줄 경우에는 항목별 시험방법 각 항목의 주 시험방법에 따른 분석 성적에 따라 판정한다. 다만, 주 시험방법은 따로 규정이 없는 한 각 항목의 1법으로 한다.

⑱ "바탕시험을 하여 보정한다." : 시료에 대한 처리 및 측정을 할 때, 시료를 사용하지 않고 같은 방법으로 조작한 측정치를 빼는 것

⑲ "용기" : 시험용액 또는 시험에 관계된 물질을 보존, 운반 또는 조작하기 위하여 넣어두는 것으로 시험에 지장을 주지 않도록 깨끗한 것

⑳ 여과용 기구 및 기기를 기재하지 않고 "여과한다." : KSM 7602 거름종이 5종 A 또는 이와 동등한 여과지를 사용하여 여과함

㉑ "정확히 취하여" : 규정한 양의 액체를 **부피피펫**으로 눈금까지 취하는 것

㉒ 미생물을 다루는 실험에서 사용된 배지, 기구 등을 폐기할 경우에는 반드시 멸균하여 미생물을 불활성화시킨 후, 환경부장관이 고시한 전용용기에 보관하며 **의료폐기물처리기준에 준하여 처리**한다.

실전 예상문제

01
2014
제6회

다음 표시된 농도 중에서 가장 낮은 농도는?

① 0.5 mg/L ② 0.5 μg/mL ③ 0.5 ppm ④ 50 ppb

풀이 0.5 mg/L＝0.5 μg/mL＝0.5 ppm＝500 ppb

02
2013
제5회

SI 환경단위 지침 단위 중 틀린 것은?

① m, cm, mm, μm, nm
② kg, g, mg, μg, ng
③ ppm, ppb, ppt
④ cm^2, mm^2

풀이 ppm, ppb, ppt는 SI 단위가 아니다. SI 단위는 기본 단위인 길이(m), 질량(kg), 시간(s), 전류(A), 온도(K), 물질량(mol), 광도(cd)로 표시된다.

03
2013
제5회

5.3 ppm은 몇 %인가?

① 0.00053 ② 0.0053 ③ 0.053 ④ 0.53

풀이 1 %＝10,000 ppm이므로 5.3 ppm은 5.3/10,000＝0.00053 %

04
2013
제5회

'찬곳'이란, 따로 규정이 없는 한 몇 ℃인가?

① 0 ℃ ~ 15 ℃
② −5 ℃ ~ 10 ℃
③ −5 ℃ ~ 0 ℃
④ −4 ℃ ~ 0 ℃

풀이 찬곳이라 함은 따로 규정이 없는 한 0 ℃~15 ℃의 장소를 말한다.

05

먹는물수질오염공정시험기준에 따른 온도에 대한 설명 중 틀린 것은?

① 표준온도 : 20 ℃
② 절대온도 0 K : 273 ℃
③ 상온 : 15 ~ 25 ℃
④ 실온 : 1 ~ 35 ℃

풀이 절대온도 0 K는 −273 ℃이다.

정답 01 ④ 02 ③ 03 ① 04 ① 05 ②

06 "수욕상 또는 수욕 중에서 가열한다."의 의미는?

① 따로 규정이 없는 한 가열온도는 약 60 ℃이다.
② 따로 규정이 없는 한 가열온도는 약 70 ℃이다.
③ 수욕 대신 100 ℃의 증기욕을 쓸 수 있다.
④ 수욕 대신 100 ℃의 증기욕을 쓸 수 없다.

풀이 "수욕 상 또는 수욕 중에서 가열한다."라 함은 따로 규정이 없는 한 수온 100 ℃에서 가열함을 뜻하고 약 100 ℃의 증기욕을 쓸 수 있다.

07 다음 중 먹는물수질공정시험기준에서 의미하는 온도에 대한 설명으로 틀린 것은?

① 온도는 셀시우스법을 쓰며 아라비아 숫자의 오른편에 ℃를 붙인다.
② 절대온도는 K로 표시한다.
③ 각각의 시험은 따로 규정이 없는 한 상온에서 조작하고 조작 직후에 그 결과를 관찰한다.
④ 각각의 시험 중 온도에 영향이 있는 시험의 판정은 0 ℃, 1기압을 기준으로 한다.

풀이 각각의 시험은 따로 규정이 없는 한 상온에서 조작하고 조작 직후에 그 결과를 관찰한다. 단, 온도의 영향이 있는 것의 판정은 표준온도를 기준으로 한다.

08 다음 중 먹는물수질공정시험기준에 따른 용액의 산도에 관한 설명으로 틀린 것은?

① 약산성 : 약 3 ~ 5
② 중성 : 6.5 ~ 7.5
③ 약알칼리성 : 약 8 ~ 11
④ 강알칼리성 : 약 11 이상

풀이 약알칼리성은 약 9 ~ 11이다.

09 다음 먹는물수질공정시험기준에 따른 용액에 대한 설명으로 틀린 것은?

① 용액의 앞에 몇 %라고 한 것은 수용액을 말하며, 일반적으로 용액 100 mL에 녹아 있는 용질의 mL 수를 나타낸다.
② 용액 다음의 (   ) 안에 몇 N, 몇 M 또는 %라고 한 것은 용액의 조제방법에 따라 조제하여야 한다.
③ 용액의 농도를 $(1 \rightarrow 10)$, $(1 \rightarrow 100)$ 또는 $(1 \rightarrow 1\,000)$ 등으로 표시하는 것은 고체 성분에 있어서는 1 g, 액체성분에 있어서는 1 mL를 용매에 녹여 전체 양을 10 mL, 100 mL 또는 1 000 mL로 하는 비율을 표시한 것이다.
④ 액체 시약의 농도에 있어서 예를 들어 염산$(1 + 2)$이라고 되어 있을 때에는 염산 1 mL와 물 2 mL를 혼합하여 조제한 것을 말한다.

풀이 용액의 앞에 몇 %라도 한 것[예 : 20 % 수산화나트륨 용액]은 수용액을 말하며, 따로 조제방법을 기재하지 아니하였으며 일반적으로 용액 100 mL에 녹아 있는 용질의 g수를 나타낸다.

10 다음 먹는물수질질공정시험기준의 총칙에서 정의하는 설명으로 맞는 것은?

① 모든 시험에 쓰는 물은 따로 규정에 없는 경우에는 시험의 정확성을 위하여 반드시 초순수를 사용한다.
② 용액이라고 기재하고 용제를 표시하지 아니한 것은 수용액을 말한다.
③ (1 : 1), (4 : 2 : 1) 등은 고체 및 액체시약의 혼합중량비를 말한다.
④ 방울수는 20 ℃에서 정제수 20 방울을 적하할 때, 그 부피가 정확히 1 mL 되는 것을 뜻한다.

풀이 ① 시험에 쓰는 물은 따로 규정이 없는 한 증류수 또는 정제수로 한다.
③ (1 : 1), (4 : 2 : 1) 등은 고체시약 혼합중량비 또는 액체시약 혼합부피비를 말한다.
④ 방울수라 함은 20 ℃에서 정제수 20 방울을 적하할 때, 그 부피가 약 1 mL 되는 것을 뜻한다.

11 다음 먹는물수질질공정시험기준의 시약 및 재료에 관한 설명으로 틀린 것은?

① 표준원액과 표준용액의 농도계수를 보정하는 시약은 특급 이상을 쓴다.
② 실험에서 사용하는 시약은 따로 규정한 것 이외는 모두 특급 이상을 쓴다.
③ 미생물 분석에 사용하는 배지는 가능한 상용화된 완성제품을 사용하도록 한다.
④ 여과용 기구 및 기기를 기재하지 않고 "여과한다."라고 하는 것은 KSM 7602 거름종이 5종 A 또는 이와 동등한 여과지를 사용하여 여과함을 말한다.

풀이 실험에서 사용하는 시약은 따로 규정한 것 이외는 모두 1급 이상을 쓴다.

12 먹는물수질공정시험기준에서 "약"이라 함은?

① 기재된 양에 대하여 ±5 % 이상의 차가 있어서는 안 된다.
② 기재된 양에 대하여 ±10 % 이상의 차가 있어서는 안 된다.
③ 기재된 농도에 내하여 ±5 % 이상의 차가 있어서는 안 된다.
④ 기재된 농도에 대하여 ±10 % 이상의 차가 있어서는 안 된다.

풀이 "약"이라 함은 기재된 양에 대하여 ±10 % 이상의 차가 있어서는 안 된다.

정답 10 ② 11 ② 12 ②

13 다음은 먹는물수질공정시험기준에 따른 "이상"과 "초과", "이하", "미만"에 대한 설명이다. 틀린 것은?

① "이상"은 기산점 또는 기준점인 숫자를 포함한다.
② "이하"는 기산점 또는 기준점인 숫자를 포함한다.
③ "초과"는 기산점 또는 기준점인 숫자를 포함한다.
④ "미만"은 기산점 또는 기준점인 숫자를 포함하지 않는다.

> **풀이** "초과"와 "미만"은 기산점 또는 기준점인 숫자를 포함하지 않는다.

14 다음 먹는물수질공정시험기준의 표시방법에 대한 설명으로 틀린 것은?

① 단위 및 기호는 KS A ISO 80000－1, 양 및 단위－제1부 일반 사항에 대한 규정에 따른다.
② 백분율(parts per hundred)로 용액 100 mL 중의 성분무게(g), 또는 기체 100 mL 중의 성분무게 (g)를 표시할 때는 W/V %를 말한다.
③ 백만분율(parts per million)을 표시할 때는 mg/L, mg/kg의 기호를 쓴다.
④ 기체 중의 농도는 표준상태(20 ℃, 1기압)로 환산 표시한다.

> **풀이** 기체 중의 농도는 표준상태(0 ℃, 1기압)로 환산 표시한다.

15 먹는물수질오염공정시험기준의 일반사항에 대한 설명으로 틀린 것은?
2014 제6회

① 미생물 분석에 사용하는 배지는 가능한 상용화된 완성 제품을 사용하도록 한다.
② 이 시험 방법은 먹는물이 수질 기준에 적합한지 여부를 시험 판정하는 데 적용한다.
③ 이 공정시험기준 이외의 방법으로서 그 시험 방법이 보다 더 정밀하다고 인정될지라도 정확과 통일 에 위배될 수 있으므로 다른 방법을 사용할 수 없다.
④ 먹는물 수질기준 항목 등에 대한 수질 검사를 실시함에 있어 정확과 통일을 기하기 위하여 필요한 제반 사항에 대하여 규정함을 목적으로 한다.

> **풀이** 먹는물수질공정시험기준 총칙에는 공정시험기준 이외의 방법이라도 측정결과가 같거나 그 이상의 정확도 가 있다고 국내외에서 공인된 방법은 이를 사용할 수 있다.

16 먹는물수질공정시험기준의 총칙 중 틀린 것은?

2013
제5회

① 시험에 쓰는 물은 따로 규정이 없는 한 증류수 또는 정제수로 한다.

② 감압은 따로 규정이 없는 한 15 mmHg 이하로 한다.

③ 공정시험기준상 '약'이라 함은 기재된 양에 대하여 ±10 % 차이가 있어서는 안 된다는 뜻이다.

④ "항량으로 될 때까지 건조한다." 라 함은 같은 조건으로 1시간 더 건조할 때 전후 차이가 g당 0.1 mg 이하일 때를 말한다.

풀이 "항량으로 될 때까지 건조한다." 또는 "항량으로 될 때까지 강열한다."라 함은 같은 조건에서 1시간 더 건조 하거나 또는 강열할 때 전후 차가 g당 0.3 mg 이하일 때를 말한다.

17 먹는물수질공정시험기준의 총칙에 대한 설명으로 틀린 것은?

① 원자량은 국제원자량표에 의하며, 분자량은 이 표에 의하여 계산한 후 소수점 이하 둘째 자리까지 정리한다.

② "a ~ b"라고 기재한 것은 a 이상 b 이하를 표시한 것이다.

③ "정확히 단다."라 함은 규정된 수치의 무게를 2 자릿수까지 다는 것을 말한다.

④ 시험은 따로 규정이 없는 한 상온에서 하고 조작 후 30초 이내에 관찰한다.

풀이 "정확히 단다."라고 함은 규정된 수치의 무게를 0.1 mg까지 다는 것을 말한다.

18 먹는물수질공정시험기준에 따른 시험결과의 처리에 대한 설명 중 틀린 것은?

① "바탕시험을 하여 보정한다."라 함은 시료에 대한 처리 및 측정을 할 때, 시료를 사용하지 않고 같은 방법으로 조작한 측정치를 빼는 것을 말한다.

② 시험성적수치는 따로 규정이 없는 한 KS Q 5002(데이터의 통계적 해석방법 – 제1부 : 데이터 통 계적 기술)의 수치의 맺음법에 따라 기록한다.

③ 시험결과의 표시는 표시한계 및 결과표시(ES 05003.e)에 따르며, 정량한계 미만은 반드시 불검출 로 표시해야 한다.

④ 하나 이상의 시험결과가 달라 제반 기준의 적부 판정에 영향을 줄 경우에는 항목별 시험방법 각 항 목의 수 시험방법에 따른 분석 성적에 따라 판정한다.

풀이 시험결과의 표시는 표시한계 및 결과표시(ES 05003.e)에 따르며, 정량한계 미만은 불검출된 것으로 간주 한다. 다만, 정도관리/정도보증의 절차에 따라 시험하여 목표값보다 낮은 정량한계를 제시한 경우에는 정 량한계 미만의 시험결과를 표시할 수 있다.

정답 16 ④ 17 ③ 18 ③

19 **먹는물수질공정시험기준에서 따로 규정이 없을 때 감압이란?**

① 15 mmHg 이하　　② 25 mmHg 이하　　③ 35 mmHg 이하　　④ 45 mmHg 이하

풀이 감압은 따로 규정이 없는 한 15 mmHg 이하로 한다.

20 **먹는물수질공정시험기준에서 분자량의 표시 방법은?**

① 원자량은 국제원자량표에 의하며, 분자량은 이 표에 의하여 계산한 후 소수점 이하 첫째 자리까지 정리한다.
② 원자량은 국제원자량표에 의하며, 분자량은 이 표에 의하여 계산한 후 소수점 이하 둘째 자리까지 정리한다.
③ 원자량은 국제원자량표에 의하며, 분자량은 이 표에 의하여 계산한 후 소수점 이하 셋째 자리까지 정리한다.
④ 원자량은 국제원자량표에 의하며, 분자량은 이 표에 의하여 계산한 후 소수점 이하 넷째 자리까지 정리한다.

풀이 원자량은 국제원자량표에 의하며, 분자량은 이 표에 의하여 계산한 후 소수점 이하 둘째 자리까지 정리한다.

21 **먹는물수질공정시험기준에서 따로 정한 규정이 없을 때 시험 온도는?**

① 표준상태　　　　② 상온　　　　③ 실온　　　　④ 미온

풀이 각각의 시험은 따로 규정이 없는 한 상온에서 조작하고 조작 직후에 그 결과를 관찰한다. 단, 온도의 영향이 있는 것의 판정은 표준온도를 기준으로 한다.

22 **다음은 먹는물수질공정시험기준의 기구 및 기기에 대한 설명 중 틀린 것은?**

① 공정시험기준에서 사용하는 모든 기구 및 기기는 측정결과에 대한 오차가 허용되는 범위 이내인 것을 사용하여야 한다.
② 부피측정용 기구는 적절하게 소급성이 유지되는 것을 사용하여야 한다.
③ 공정시험기준에서 사용하는 모든 유리기구는 KS L 2302 이화학용 유리기구의 모양 및 치수에 적합한 것 또는 이와 동등 이상의 것을 사용한다.
④ 공정시험기준의 분석절차 중 일부 또는 전체를 자동화한 기기는 그 기기를 사용한 방법이 국내·외에서 공인된 방법이면 사용할 수 있다.

풀이 공정시험기준의 분석절차 중 일부 또는 전체를 자동화한 기기가 정도관리 목표 수준에 적합하고, 그 기기를 사용한 방법이 국내·외에서 공인된 방법으로 인정되는 경우 이를 사용할 수 있다.

23 다음은 먹는물수질공정시험기준의 총칙에 대한 설명이다. 설명이 틀린 것은?

① "용기"라 함은 시험용액 또는 시험에 관계된 물질을 보존, 운반 또는 조작하기 위하여 넣어두는 것으로 시험에 지장을 주지 않도록 깨끗한 것을 뜻한다.

② 정도관리/정도보증의 절차에 따라 시험하여 목표값보다 낮은 정량한계를 제시한 경우에는 정량한계 미만의 시험결과를 표시할 수 있다.

③ 하나 이상의 시험결과가 달라 제반 기준의 적부 판정에 영향을 줄 경우에는 항목별 시험방법 각 항목의 주 시험방법에 따른 분석 성적에 따라 판정한다. 다만, 주 시험방법은 따로 규정이 없는 한 각 항목의 1법으로 한다.

④ 미생물을 다루는 실험에서 사용된 배지, 기구 등을 폐기할 경우에는 반드시 멸균하여 미생물을 불활성화시킨 후, 환경부장관이 고시한 전용용기에 보관하며 일반폐기물처리기준에 준하여 처리하여야 한다.

풀이 미생물을 다루는 실험에서 사용된 배지, 기구 등을 폐기할 경우에는 반드시 멸균하여 미생물을 불활성화시킨 후, 환경부장관이 고시한 전용용기에 보관하며 의료폐기물처리기준에 준하여 처리하여야 한다.

···02 정도보증/정도관리(QA/QC) (ES 05001.a 2012)

1. 바탕시료

① 방법바탕시료(Method Blank) : 시료와 유사한 매질을 선택하여 추출, 농축, 정제 및 분석 과정에 따라 측정한 것을 말한다. 매질, 실험절차, 시약 및 측정 장비 등으로부터 발생하는 오염물질을 확인할 수 있다.

② 시약바탕시료(Reagent Blank) : 시료를 사용하지 않고 추출, 농축, 정제 및 분석 과정에 따라 모든 시약과 용매를 처리하여 측정한 것을 말한다. 실험절차, 시약 및 측정 장비 등으로부터 발생하는 오염물질을 확인할 수 있다.

2. 검정곡선

검정곡선(Calibration Curve)은 분석물질의 **농도변화에 따른 지시값**을 나타낸 것으로 시료 중 분석 대상 물질의 농도를 포함하도록 범위를 설정하고, 검정곡선 작성용 표준용액은 가급적 시료의 매질과 비슷하게 제조하여야 한다.

① 절대검정곡선법(external standard method) : 시료의 농도와 지시값과의 상관성을 검정곡선 식에 대입하여 작성하는 방법이다.

② 표준물첨가법(standard addition method) : 시료와 동일한 매질에 일정량의 표준물을 첨가하여 검정곡선을 작성하는 방법으로서, 매질효과가 큰 시험 분석 방법에서 분석 대상 시료와 동일한 매질의 표준시료를 확보하지 못한 경우에 매질효과를 보정하여 분석할 수 있는 방법이다.

③ 상대검정곡선법(internal standard calibration, 내부표준법) : 검정곡선 작성용 **표준용액과 시료**에 동일한 양의 내부표준물질을 첨가하여 시험분석 절차, 기기 또는 시스템의 변동으로 발생하는 오차를 보정하기 위해 사용하는 방법. 내부표준법은 시험 분석하려는 성분과 물리 · 화학적 성질은 유사하나 시료에는 없는 순수 물질을 내부표준물질로 선택한다.

④ 검정곡선 검증 : 검정곡선은 분석할 때마다 작성하는 것이 원칙이며, 분석 과정 중 검정곡선의 직선성을 검증하기 위하여 각 시료군(시료 20개 이내)마다 1회 실시한다. 검증은 방법검출한계의 5배 ~ 50배 또는 검정곡선의 중간 농도에 해당하는 표준용액에 대한 측정값이 검정곡선 작성 시의 **지시값**과 10 % 이내에서 일치하여야 한다. 이 범위를 넘는 경우 검정곡선을 **재작성**한다.

3. 검출한계

① 기기검출한계(IDL ; Instrument Detection Limit) : 시험분석 대상물질을 기기가 검출할 수 있는 최소한의 농도 또는 양. S/N 비의 2 ~ 5배 농도 또는 바탕시료를 반복 측정 분석한 결과의 표준편차에 3배한 값이다.

② 방법검출한계(MDL ; Method Detection Limit) : 시료와 비슷한 매질 중에서 시험분석 대상을 검출할 수 있는 최소한의 농도. 정량한계 부근의 농도를 포함하도록 준비한 n개의 시료를 반복 측정하여 얻은 결과의 표준편차(s)에 99 % 신뢰도에서의 t – 분포값을 곱한 것으로 산출된 방법 검출한계는 제시한 정량한계 값 이하이어야 한다.

$$방법검출한계 = 3.14 \times s$$

4. 정량한계(LOQ ; Limit of Quantification)

시험분석 대상을 정량화할 수 있는 측정값으로서, 제시된 정량한계 부근의 농도를 포함하도록 시료를 준비하고 이를 반복 측정하여 얻은 결과의 **표준편차**(s)에 10배한 값이다.

$$정량한계 = 10 \times s$$

5. 정밀도(Precision)

시험분석 결과의 **반복성**을 나타내는 것으로 반복 시험하여 얻은 결과를 **상대표준편차(RSD, Relative Standard Deviation)**로 나타내며, 연속적으로 n회 측정한 결과의 평균값($\overline{x}$)과 표준편차(s)로 구한다.

$$정밀도(\%) = \frac{s}{x} \times 100$$

6. 정확도(Accuracy)

시험분석 결과가 **참값**에 얼마나 **근접하는가**를 나타내는 것으로 동일한 매질의 인증시료를 확보할 수 있는 경우에는 표준절차서(SOP ; Standard Operational Procedure)에 따라 인증표준물질을 분석한 결과값(C_M)과 인증값(C_C)과의 **상대백분율**로 구한다.

인증시료를 확보할 수 없는 경우에는 해당 표준물질을 **첨가**하여 시료를 분석한 **분석값**(C_{AM})과 첨가하지 않은 시료의 분석값(C_S)과의 차이를 첨가 농도(C_A)의 상대백분율 또는 회수율로 구한다.

$$정확도(\%) = \frac{C_M}{C_C} \times 100 = \frac{C_{AM} - C_S}{C_A} \times 100$$

7. 현장 이중시료(Field Duplicate Sample)

동일 위치에서 동일한 조건으로 중복 채취한 시료로서 독립적으로 분석하여 비교한다. 현장 이중시료는 필요시 하루에 20개 이하의 시료를 채취할 경우에는 1개를, 그 이상의 시료를 채취할 때에는 시료 20개당 1개를 추가로 채취하며, 동일한 조건에서 측정한 두 시료의 측정값 차를 두 시료 측정값의 평균값으로 나누어 **상대편차백분율**(RPD ; Relative Percent Difference)로 구한다.

$$상대편차백분율(\%) = \frac{C_2 - C_1}{\bar{x}} \times 100$$

01 먹는물수질공정시험기준에서 검정곡선의 작성에 대한 설명으로 잘못된 것은?

2014
제6회

① 검정선곡은 1주일에 한 번 작성한다.
② 분석 물질의 농도 변화에 따른 지시값을 나타낸 것이다.
③ 시료 중 분석 대상 물질의 농도를 포함하도록 범위를 설정한다.
④ 검정곡선 작성용 표준용액은 가급적 시료의 매질과 비슷하게 제조하여야 한다.

풀이 검정곡선은 매 실험 시 작성하여야 한다.

02 먹는물수질공정시험기준의 정도관리 요소에 대한 설명으로 틀린 것은?

2014
제6회

① 검정곡선 : 분석 물질의 농도 변화에 따른 지시값을 나타낸 것
② 정량한계 : 시험 분석 대상 물질을 검출할 수 있는 최소한의 농도 또는 양
③ 정밀도 : 시험 분석 결과의 반복성을 나타내는 것
④ 정확도 : 시험 분석 결과가 참값에 얼마나 근접한가를 나타내는 것

풀이
• 정량한계 : 시험 분석 대상 물질을 정량할 수 있는 최소한의 농도 또는 양
• 검출한계 : 시험 분석 대상 물질을 검출할 수 있는 최소한의 농도 또는 양

03 시료채수 시 바탕시료로부터 얻을 수 있는 정보로 틀린 것은?

2013
제5회

① 방법바탕시료 : 전처리, 시약, 분석기기
② 전처리바탕시료 : 전처리, 시약, 분석기기
③ 현장바탕시료 : 용기, 전처리, 운반 및 보관, 교차오염
④ 기구바탕시료 : 용기, 운반 및 보관, 시약

풀이 기구바탕시료는 용기, 채취기구, 운반 및 보관, 교차오염을 알 수 있으나 시약에 대한 정보는 알 수 없다.

▼ 바탕시료로부터 얻을 수 있는 정보

바탕시료	시료 오염원							
	용기	채취기구	전처리	운반 및 보관	전처리 장비	교차 오염	시약	분석기기
기구/세척	○	○		○		○		
현장	○		○	○		○		
운반	○			○		○		
전처리					○		○	○
기기								○
시약							○	○
방법					○		○	○

출처 : [국립환경과학원 환경시험 · 검사 QA/QC 핸드북(제2판)]

정답 01 ① 02 ② 03 ④

04

2013
제5회

먹는물수질공정시험기준 중 현장이중시료의 측정에 대한 설명이다. ( )에 들어갈 것은?

현장 이중시료는 동일한 장소에서 동일한 조건으로 중복 채취한 시료로서 한 조사팀이 하루에 ( )개 이하를 채취할 경우에는 1개를 그리고 그 이상을 채취할 때에는 시료 ( )개당 1개를 추가로 취한다. 동일한 조건에서 중복 채취한 두 시료 간의 측정값 편차는 ( ) % 이하여야 한다.

① 10, 10, 20   ② 10, 20, 25   ③ 20, 10, 20   ④ 20, 20, 25

풀이 현장 이중시료(field duplicate sample)는 동일 위치에서 동일한 조건으로 중복 채취한 시료로서 독립적으로 분석하여 비교한다. 현장 이중시료는 필요시 하루에 20개 이하의 시료를 채취할 경우에는 1개를, 그 이상의 시료를 채취할 때에는 시료 20개당 1개를 추가로 채취하며, 동일한 조건에서 측정한 두 시료의 측정값 차를 두 시료 측정값의 평균값으로 나누어 상대편차백분율(RPD ; relative percent difference)로 구한다.

05 다음의 설명이 의미하는 바탕시료는?

시료와 유사한 매질을 선택하여 추출, 농축, 정제 및 분석 과정에 따라 측정한 것을 말하며, 이때 매질, 실험절차, 시약 및 측정 장비 등으로부터 발생하는 오염물질을 확인할 수 있다.

① 방법바탕시료   ② 전처리바탕시료   ③ 현장바탕시료   ④ 기구바탕시료

풀이 방법바탕시료(Method Blank)란 시료와 유사한 매질을 선택하여 추출, 농축, 정제 및 분석 과정에 따라 측정한 것을 말하며, 이때 매질, 실험절차, 시약 및 측정 장비 등으로부터 발생하는 오염물질을 확인할 수 있다.

06 다음의 설명에 해당하는 것은?

검정곡선 작성용 표준용액과 시료에 동일한 양의 내부표준물질을 첨가하여 시험분석 절차, 기기 또는 시스템의 변동으로 발생하는 오차를 보정하기 위해 사용하는 방법이다.

① 절대검정곡선법   ② 내부표준법   ③ 표준물첨가법   ④ 정밀표준물질법

풀이 내부표준법(internal standard calibration)이란 검정곡선 작성용 표준용액과 시료에 동일한 양의 내부표준물질을 첨가하여 시험분석 절차, 기기 또는 시스템의 변동으로 발생하는 오차를 보정하기 위해 사용하는 방법이다. 내부표준법은 시험 분석하려는 성분과 물리·화학적 성질은 유사하나 시료에는 없는 순수 물질을 내부표준물질로 선택한다.

07 검정곡선에 대한 설명으로 틀린 것은?

① 검정곡선(calibration curve)은 분석물질의 농도변화에 따른 지시값을 나타낸 것이다.
② 분석 대상 물질의 농도를 포함하도록 범위를 설정한다.
③ 검정곡선 작성용 표준용액은 가급적 시료의 매질과 비슷하게 제조하여야 한다.
④ 검정곡선 작성용 표준용액은 반드시 인증표준물질을 사용해야 한다.

풀이 검정곡선 작성용 표준용액은 반드시 인증표준물질을 사용할 필요는 없다.

08 검정곡선의 검증에 대한 설명으로 틀린 것은?

① 검정곡선(Calibration Curve)은 분석할 때마다 작성하는 것이 원칙이다.
② 검정곡선(Calibration Curve)의 직선성을 검증하기 위하여 각 시료군(시료 20개 이내)마다 1회의 검정곡선 검증을 실시한다.
③ 검정곡선의 검증은 방법검출한계의 5배 ～ 50배 농도에 해당하는 표준용액에 대한 측정값이 검정곡선 작성 시의 지시값과 10 % 이내에서 일치하여야 한다.
④ 검정곡선의 검증은 검정곡선의 중간 농도에 해당하는 표준용액에 대한 측정값이 검정곡선 작성 시의 지시값과 10 % 이내에서 일치하여야 하며, 만약 이 범위를 넘는 경우 검정곡선을 외삽하여 사용한다.

풀이 검증은 방법검출한계의 5배 ～ 50배 또는 검정곡선의 중간 농도에 해당하는 표준용액에 대한 측정값이 검정곡선 작성 시의 지시값과 10 % 이내에서 일치하여야 한다. 만약 이 범위를 넘는 경우 검정곡선을 재작성한다.

09 다음의 설명에 해당하는 것은?

> 시료와 비슷한 매질 중에서 시험분석 대상을 검출할 수 있는 최소한의 농도

① 기기검출한계   ② 방법검출한계
③ 정량한계   ④ 보고한계

풀이 방법검출한계(MDL ; Method Detection Limit)란 시료와 비슷한 매질 중에서 시험분석 대상을 검출할 수 있는 최소한의 농도

10 기기검출한계를 설명한 것이다. 틀린 것은?

① 시험분석 대상물질을 기기가 검출할 수 있는 최소한의 농도 또는 양
② S/N 비의 2배 ～ 5배 농도
③ 바탕시료를 반복 측정 분석한 결과의 표준편차에 3배한 값
④ 바탕시료를 반복 측정 분석한 결과의 평균값에 3배한 값

> **풀이** 기기검출한계(IDL ; Instrument Detection Limit)란 시험분석 대상물질을 기기가 검출할 수 있는 최소한의 농도 또는 양으로서, 일반적으로 S/N 비의 2배 ～ 5배 농도 또는 바탕시료를 반복 측정 분석한 결과의 표준편차에 3배한 값 등을 말한다.

11 정량한계를 설명한 것이다. 맞는 것은?

① S/N 비의 2배 ～ 3배 농도
② S/N 비의 2배 ～ 10배 농도
③ 표준편차×3
④ 표준편차×10

> **풀이** 정량한계(LOQ ; Limit of Quantification)란 시험분석 대상을 정량화할 수 있는 측정값으로서, 제시된 정량한계 부근의 농도를 포함하도록 시료를 준비하고 이를 반복 측정하여 얻은 결과의 표준편차(s)에 10배한 값을 사용한다. 정량한계$=10 \times s$

12 다음 중 정밀도에 대한 설명으로 틀린 것은?

① 정밀도(Precision)는 시험분석 결과의 반복성을 나타내는 것이다.
② 반복 시험하여 얻은 결과를 상대표준편차(RSD)로 나타낸다.
③ 연속적으로 n회 측정한 결과의 평균값($\bar{x}$)과 표준편차(s)로 구한다.
④ 분산을 평균값으로 나누어 구한다.

> **풀이** 정밀도(precision)는 시험분석 결과의 반복성을 나타내는 것으로 반복 시험하여 얻은 결과를 상대표준편차(RSD ; relative standard deviation)로 나타내며, 연속적으로 n회 측정한 결과의 평균값($\bar{x}$)과 표준편차(s)로 구한다.

13 정확도에 대한 설명으로 틀린 것은?

① 시험분석 결과가 참값에 얼마나 근접하는가를 나타내는 것이다.

② 동일한 매질의 인증시료를 확보할 수 있는 경우에는 표준절차서(SOP ; Standard Operational Procedure)에 따라 인증표준물질을 분석한 결과값(C_M)으로 한다.

③ 인증시료를 확보할 수 없는 경우에는 해당 표준물질을 첨가하여 시료를 분석한 분석값(C_{AM})과 첨가하지 않은 시료의 분석값(C_S)과의 차이를 첨가 농도(C_A)의 상대백분율로 구한다.

④ 인증시료를 확보할 수 없는 경우에는 해당 표준물질을 첨가하여 회수율로 구한다.

풀이 정확도(Accuracy)란 시험분석 결과가 참값에 얼마나 근접하는가를 나타내는 것으로 동일한 매질의 인증시료를 확보할 수 있는 경우에는 표준절차서(SOP ; Standard Operational Procedure)에 따라 인증표준물질을 분석한 결과값(C_M)과 인증값(C_C)과의 상대백분율로 구한다.

인증시료를 확보할 수 없는 경우에는 해당 표준물질을 첨가하여 시료를 분석한 분석값(C_{AM})과 첨가하지 않은 시료의 분석값(C_S)과의 차이를 첨가 농도(C_A)의 상대백분율 또는 회수율로 구한다.

14 현장 이중시료에 대한 설명으로 틀린 것은?

① 동일 위치에서 동일한 조건으로 중복 채취한 시료이다.

② 필요시 하루에 20개 이하의 시료를 채취할 경우에는 1개를, 그 이상의 시료를 채취할 때에는 시료 20개당 1개를 추가로 채취한다.

③ 동일한 조건에서 측정한 두 시료의 측정값 차를 두 시료 측정값의 평균값으로 나누어 상대편차백분율(RPD ; Relative Percent Difference)로 구한다.

④ 동일한 조건에서 측정한 두 시료의 측정값의 평균값으로 구한다.

풀이 현장 이중시료(Field Duplicate Sample)는 동일 위치에서 동일한 조건으로 중복 채취한 시료로서 독립적으로 분석하여 비교한다. 현장 이중시료는 필요시 하루에 20개 이하의 시료를 채취할 경우에는 1개를, 그 이상의 시료를 채취할 때에는 시료 20개당 1개를 추가로 채취하며, 동일한 조건에서 측정한 두 시료의 측정값 차를 두 시료 측정값의 평균값으로 나누어 상대편차백분율(RPD ; Relative Percent Difference)로 구한다. 상대편차백분율(%) $= \dfrac{C_2 - C_1}{\bar{x}} \times 100$

···03 시험 및 판정 시 유의사항(ES 05002 2010)

1. 검정곡선으로부터 구한 시험용액 중의 목적물질의 양을 a mg으로 표시하는 방법

① 시료의 전량을 심험용액으로 분석한 항목

$$목적물질(mg/L) = a\,mg \times \frac{1,000}{시료}$$

② 시료를 전처리해서 얻은 시험용액 일부로 분석한 항목

$$시안(mg/L) = a\,mg \times \frac{250\,mL}{20\,mL} \times \frac{1,000}{250\,mL}$$

$$불소(mg/L) = a\,mg \times \frac{200\,mL}{20\,mL} \times \frac{1,000}{200\,mL}$$

2. 물의 적부시험

자외선/가시선 분광광도계가 없을 경우 간이시험법으로 판정 가능

3. 물의 적부시험 시 실시할 수 있는 간이시험법의 종류와 시험방법

물의 적부시험에서 자외선/가시선 분광광도계가 없을 경우에 실시하는 간이시험법으로는 암모니아성질소, 질산성질소 시험으로 적부를 판정할 수 있다.

① 암모니아성 질소

- 시료 50 mL를 네슬러관에 넣고 따로 암모니아성질소 표준용액 2.5 mL를 다른 네슬러관에 넣은 후 정제수를 넣어 50 mL로 한다.
- 양관에 주석산칼륨나트륨용액 2 mL 및 네슬러용액 1 mL를 각각 섞으면서 넣고 10분간 둔 후 양관을 백색을 배경으로 하여 옆 및 위에서 관찰할 때 시료의 색이 표준용액의 색보다 진하여서는 안 된다.

② 질산성질소

- 시료 2 mL를 100 mL의 비커에 넣고 살리실산나트륨용액 1 mL, 염화나트륨용액 1 mL 및 설파민산암모늄용액 1 mL를 넣어 수욕 상에서 증발건조한다.
- 식힌 후 황산 2 mL를 넣어 때때로 저어 섞으면서 10분간 두고(증발잔류물이 다량인 경우에는 수욕상에서 10분간 가열하고 식힌 후) 정제수 10 mL를 넣어 네슬러관에 옮긴다.
- 증발건조한 것은 식힌 후 천천히 수산화나트륨용액(2 → 5) 10 mL를 넣고 정제수를 넣어 25 mL로 한다. 따로 질산성질소 표준용액 20 mL를 비커에 넣고 시료와 같은 방법으로 시험한다.
- 양관을 백색을 배경으로 하여 옆 및 위에서 관찰할 때 시료의 색이 표준용액의 색보다 진하여서는 안 된다.

실전 예상문제

01 시안을 전처리하여 시험하여 검정곡선으로부터 a mg을 얻었다면 시료의 농도를 구하는 방법은?

① 시안$(\mathrm{mg/L}) = a\,\mathrm{mg} \times \dfrac{250\,\mathrm{mL}}{20\,\mathrm{mL}} \times \dfrac{1{,}000}{250\,\mathrm{mL}}$

② 시안$(\mathrm{mg/L}) = a\,\mathrm{mg} \times \dfrac{200\,\mathrm{mL}}{20\,\mathrm{mL}} \times \dfrac{1{,}000}{200\,\mathrm{mL}}$

③ 시안$(\mathrm{mg/L}) = a\,\mathrm{mg} \times \dfrac{1{,}000}{250\,\mathrm{mL}}$

④ 시안$(\mathrm{mg/L}) = a\,\mathrm{mg} \times \dfrac{1{,}000}{200\,\mathrm{mL}}$

풀이 시료를 전처리해서 얻은 시험용액 일부로 분석한 항목

시안$(\mathrm{mg/L}) = a\,\mathrm{mg} \times \dfrac{250\,\mathrm{mL}}{20\,\mathrm{mL}} \times \dfrac{1{,}000}{250\,\mathrm{mL}}$

02 물의 적부시험에 대한 설명으로 틀린 것은?

① 자외선/가시선 분광광도계로 할 수 있다.

② 간이시험법으로 시험하여 판정할 수 있다.

③ 간이시험법으로 시험하여 판정할 수 없다.

④ 암모니아성질소법으로 판정할 수 있다.

풀이 물의 적부시험을 할 때에 자외선/가시선 분광광도계가 없을 경우에는 암모니아성질소법, 질산성질소법과 같은 간이시험법으로 시험하여 판정할 수 있다.

정답 **01** ① **02** ③

···04 먹는물 수질기준의 표시한계 및 결과표시(ES 05003.e 2018)

▼ 먹는물 수질기준의 표시한계 및 결과표시

NO	성 분 명		수질기준	시험결과 표시한계	시험결과 표시자릿수
1	일반세균	저온[2]	100 CFU/mL 이하 20 CFU/mL 이하(샘물, 염지하수)	0	0
		(중온)	100 CFU/mL 이하 5 CFU/mL 이하(샘물, 염지하수) 20 CFU/mL 이하(먹는샘물, 먹는염지하수, 먹는해양심층수)	0	0
2	총대장균군		불검출/100 mL 불검출/250 mL(샘물, 먹는샘물, 염지하수, 먹는염지하수, 먹는해양심층수)	−	검출, 불검출
3	분원성대장균군[1]		불검출/100 mL	−	검출, 불검출
4	대장균[1]		불검출/100 mL	−	검출, 불검출
5	분원성연쇄상구균[2]		불검출/250 mL	−	검출, 불검출
6	녹농균[2]		불검출/250 mL	−	검출, 불검출
7	살모넬라[2]		불검출/250 mL	−	검출, 불검출
8	쉬겔라[2]		불검출/250 mL	−	검출, 불검출
9	아황산환원혐기성 포자형성균[2]		불검출/50 mL	−	검출, 불검출
10	여시니아균[3]		불검출/2 L	−	검출, 불검출
11	납		0.01 mg/L 이하	0.005 mg/L	0.000
12	불소		1.5 mg/L 이하 2.0 mg/L 이하(샘물, 먹는샘물, 염지하수 및 먹는염지하수)	0.15 mg/L	0.00
13	비소		0.01 mg/L 이하 0.05 mg/L 이하(샘물, 염지하수)	0.005 mg/L	0.000
14	셀레늄		0.01 mg/L 이하 0.05 mg/L 이하(염지하수)	0.005 mg/L	0.000
15	수은		0.001 mg/L 이하	0.001 mg/L	0.000
16	시안		0.01 mg/L 이하	0.01 mg/L	0.00
17	크롬		0.05 mg/L 이하	0.02 mg/L	0.00
18	암모니아성질소		0.5 mg/L 이하	0.06 mg/L	0.00
19	질산성질소		10 mg/L 이하	0.1 mg/L	0.0

NO	성 분 명	수질기준	시험결과 표시한계	시험결과 표시자릿수
20	보론(붕소)[8]	1.0 mg/L 이하	0.01 mg/L	0.00
21	카드뮴	0.005 mg/L 이하	0.002 mg/L	0.000
22	페놀	0.005 mg/L 이하	0.005 mg/L	0.000
23	1,1,1-트리클로로에탄	0.1 mg/L 이하	0.003 mg/L	0.000
24	테트라클로로에틸렌	0.01 mg/L 이하	0.002 mg/L	0.000
25	트리클로로에틸렌	0.03 mg/L 이하	0.002 mg/L	0.000
26	디클로로메탄	0.02 mg/L 이하	0.003 mg/L	0.000
27	벤젠	0.01 mg/L 이하	0.002 mg/L	0.000
28	톨루엔	0.7 mg/L 이하	0.002 mg/L	0.000
29	에틸벤젠	0.3 mg/L 이하	0.002 mg/L	0.000
30	크실렌	0.5 mg/L 이하	0.002 mg/L	0.000
31	1,1-디클로로에틸렌	0.03 mg/L 이하	0.002 mg/L	0.000
32	사염화탄소	0.002 mg/L 이하	0.002 mg/L	0.000
33	다이아지논	0.02 mg/L 이하	0.0005 mg/L	0.0000
34	파라티온	0.06 mg/L 이하	0.0005 mg/L	0.0000
35	페니트로티온	0.04 mg/L 이하	0.0005 mg/L	0.0000
36	카바릴	0.07 mg/L 이하	0.005 mg/L	0.000
37	1,2-디브로모-3-클로로프로판	0.003 mg/L 이하	0.001 mg/L	0.000
38	잔류염소[4]	4.0 mg/L 이하	0.05 mg/L	0.00
39	총트리할로메탄[4]	0.1 mg/L 이하	0.001 mg/L	0.000
40	클로로포름[4]	0.08 mg/L 이하	0.003 mg/L	0.000
41	클로랄하이드레이트[4]	0.03 mg/L 이하	0.0005 mg/L	0.0000
42	디브로모아세토니트릴[4]	0.1 mg/L 이하	0.0005 mg/L	0.0000
43	디클로로아세토니트릴[4]	0.09 mg/L 이하	0.0005 mg/L	0.0000
44	트리클로로아세토니트릴[4]	0.004 mg/L 이하	0.0005 mg/L	0.0000
45	할로아세틱에시드[4,5]	0.1 mg/L 이하	0.001 mg/L	0.000
46	포름알데히드[4]	0.5 mg/L 이하	0.02 mg/L	0.00
47	경도[6,8]	1,000 mg/L 이하 300 mg/L 이하(수돗물) 1,200 mg/L 이하(먹는염지하수, 먹는해양심층수)	1 mg/L	0
48	과망간산칼륨소비량	10 mg/L 이하	0.3 mg/L	0.0
49	냄새	소독으로 인한 냄새 이외의 냄새가 없을 것	-	있음, 없음

NO	성분명	수질기준	시험결과 표시한계	시험결과 표시자릿수
50	맛	소독으로 인한 맛 이외의 맛이 없을 것 (샘물, 먹는샘물, 염지하수 및 먹는물공동시설의 물에는 제외)	–	있음, 없음
51	구리(동)	1 mg/L 이하	0.008 mg/L	0.000
52	색도	5 도 이하	1 도	0
53	세제	0.5 mg/L 이하 불검출(샘물, 먹는샘물, 염지하수, 먹는염지하수 및 먹는해양심층수)	0.1 mg/L	0.0
54	수소이온농도	5.8 ~ 8.5 4.5 ~ 9.5(샘물, 먹는샘물, 먹는물공동시설)	–	0.0
55	아연	3 mg/L 이하	0.002 mg/L	0.000
56	염소이온[8]	250 mg/L 이하	0.4 mg/L	0.0
57	증발잔류물[7]	500 mg/L 이하(수돗물)	5 mg/L	0
58	철[6,8]	0.3 mg/L 이하	0.05 mg/L	0.00
59	망간[6,8]	0.3 mg/L 이하 0.05 mg/L 이하(수돗물)	0.004 mg/L	0.000
60	탁도	1 NTU 이하 0.5 NTU 이하(수돗물)	0.02 NTU	0.00
61	황산이온[8]	200 mg/L 이하 250 mg/L 이하(샘물, 먹는샘물, 먹는물공동시설)	2 mg/L	0
62	알루미늄	0.2 mg/L 이하	0.02 mg/L	0.00
63	브로모디클로로메탄[4]	0.03 mg/L 이하	0.003 mg/L	0.000
64	디브로모클로로메탄[4]	0.1 mg/L 이하	0.003 mg/L	0.000
65	1,4-다이옥산	0.05 mg/L 이하	0.001 mg/L	0.000
66	브롬산염	0.01 mg/L 이하(먹는샘물, 염지하수, 먹는염지하수, 먹는해양심층수, 오존처리된 음용지하수)	0.0005 mg/L	0.0000
67	우라늄[10]	4 mg/L 이하(먹는염지하수, 먹는해양심층수)	0.0001 mg/L	0.0000
68	스트론튬[8]	4 mg/L 이하(먹는염지하수, 먹는해양심층수)	0.001 mg/L	0.000
69	세슘(Cs-137)[9]	4.0 mBq/L 이하	_[9]	_[9]
70	스트론튬(Sr-90)[9]	3.0 mBq/L 이하	_[9]	_[9]
71	삼중수소[9]	6.0 Bq/L 이하	_[9]	_[9]

주 1) 샘물, 먹는샘물, 염지하수, 먹는염지하수 및 먹는해양심층수의 경우에는 적용하지 않는다.
　2) 샘물, 먹는샘물, 염지하수, 먹는염지하수 및 먹는해양심층수의 경우에만 적용한다.
　3) 먹는물공동시설의 경우에만 적용한다.
　4) 샘물, 먹는샘물, 염지하수, 먹는염지하수, 먹는해양심층수 및 먹는물공동시설의 물에는 적용하지 않는다.

5) 할로아세틱에시드는 디클로로아세틱에시드와 트리클로로아세틱에시드, 디브로모아세틱에시드의 합으로 한다.

6) 샘물의 경우에는 적용하지 않는다.

7) 먹는염지하수 및 먹는해양심층수의 경우에는 미네랄 등 무해성분을 제외한 증발잔류물이 500 mg/L를 넘지 아니하여야 한다.

8) 염지하수인 경우에는 적용하지 않는다.

9) 염지하수인 경우에 적용하며, STANDARD METHOD 또는 한국산업표준에 따른다.

10) 샘물, 먹는샘물, 먹는염지하수 및 먹는물공동시설의 경우에만 적용한다.

〈행정사항〉

① "시험결과 표시한계" 미만은 "불검출"로 표기(단, 탁도의 경우 반드시 숫자로 표기함)

② "불검출"이 아닌 경우 "시험결과 표시자릿수"까지 표기함("0" 표시는 표시자릿수를 표시한 것임)

실전 예상문제

01

2014
제6회

다음 먹는물수질오염공정시험기준의 시험 결과 성분별 표시한계와 표시자릿수가 맞지 아니한 것은?

	시험결과 표시한계	시험결과 표시자릿수
① 증발잔류물	5 mg/L	0
② 탁도	0.02 NTU	0.00
③ 암모아성질소	0.006 mg/L	0.000
④ 브롬산염	0.0005 mg/L	0.0000

풀이 ES 05003.e 먹는물 수질기준의 표시한계 및 결과표시

성 분 명	수질기준	시험결과 표시한계	시험결과 표시자릿수
암모니아성질소	0.5 mg/L 이하	0.06 mg/L	0.00

02

2013
제5회

먹는물 수질기준의 표시한계와 결과표시가 틀린 것은?

	수질기준	시험기준 표시한계
① 디클로로메탄	0.02 mg/L	0.002 mg/L
② 트리클로로에틸렌	0.03 mg/L	0.002 mg/L
③ 테트라클로로에틸렌	0.01 mg/L	0.002 mg/L
④ 클로로포름	0.08 mg/L	0.003 mg/L

풀이 ES 05003.e 먹는물 수질기준의 표시한계 및 결과표시

성 분 명	수질기준	시험결과 표시한계	시험결과 표시자릿수
디클로로메탄	0.02 mg/L 이하	0.003 mg/L	0.000
트리클로로에틸렌	0.03 mg/L 이하	0.002 mg/L	0.000
테트라클로로에틸렌	0.01 mg/L 이하	0.002 mg/L	0.000
클로로포름	0.08 mg/L 이하	0.003 mg/L	0.000

03 먹는물공동시설의 경우에만 적용되는 것은?

① 녹농균 ② 살모넬라 ③ 쉬겔라 ④ 여시니아

풀이 ES 05003.e 먹는물 수질기준의 표시한계 및 결과표시

성 분 명	수질기준	시험결과 표시한계	시험결과 표시자릿수
분원성연쇄상구균	불검출/250 mL	–	검출, 불검출
녹농균	불검출/250 mL	–	검출, 불검출
살모넬라	불검출/250 mL	–	검출, 불검출
쉬겔라	불검출/250 mL	–	검출, 불검출
아황산환원혐기성포자형성균	불검출/50 mL	–	검출, 불검출
여시니아균[3]	불검출/2 L	–	검출, 불검출

주 3) 먹는물공동시설의 경우에만 적용한다.

04 샘물, 먹는샘물, 염지하수, 먹는염지하수 및 먹는해양심층수의 경우에 적용되지 않는 것은?

① 분원성대장균 ② 분원성연쇄상구균 ③ 녹농균 ④ 살모넬라

풀이 ES 05003.e 먹는물 수질기준의 표시한계 및 결과표시

성 분 명	수질기준	시험결과 표시한계	시험결과 표시자릿수
분원성대장균군[1]	불검출/100 mL	–	검출, 불검출
대장균[1]	불검출/100 mL	–	검출, 불검출
분원성연쇄상구균[2]	불검출/250 mL	–	검출, 불검출
녹농균[2]	불검출/250 mL	–	검출, 불검출
살모넬라[2]	불검출/250 mL	–	검출, 불검출
쉬겔라[2]	불검출/250 mL	–	검출, 불검출
아황산환원혐기성포자형성균[2]	불검출/50 mL	–	검출, 불검출

주 1) 샘물, 먹는샘물, 염지하수, 먹는염지하수 및 먹는해양심층수의 경우에는 적용하지 않는다.
　2) 샘물, 먹는샘물, 염지하수, 먹는염지하수 및 먹는해양심층수의 경우에만 적용한다.

05 다음 방사선 물질들의 분석방법 중 STANDARD METHOD 또는 한국산업표준에 따르는 것이 아닌 것은?

① 우라늄 ② 스트론튬(Sr – 90)
③ 세슘(Cs – 137) ④ 삼중수소

풀이 우라늄의 분석방법은 먹는물수질오염공정시험기준에 따른다.

정답 03 ④ 04 ① 05 ①

06 먹는물수질공정시험기준의 표시한계 및 결과표시에서 "시험결과 표시한계" 미만은 "불검출"로 표기한다. 그러나 반드시 숫자로 표기해야 하는 것은?

① 색도
② 탁도
③ 과망간산칼륨소비량
④ 경도

풀이 ES 05003.e 먹는물 수질기준의 표시한계 및 결과표시
〈행정사항〉
① "시험결과 표시한계" 미만은 "불검출"로 표기(단, 탁도의 경우 반드시 숫자로 표기함)

07 먹는물수질공정시험기준에서 할로아세틱에시드를 구할 때 사용되지 않는 것은?

① 모노클로로아세틱에시드
② 디클로로아세틱에시드
③ 트리클로로아세틱에시드
④ 디브로모아세틱에시드

풀이 ES 05003.e 먹는물 수질기준의 표시한계 및 결과표시
할로아세틱에시드는 디클로로아세틱에시드와 트리클로로아세틱에시드, 디브로모아세틱에시드의 합으로 한다.

002 일반시험기준

···01 시료채취와 보존(Sample Collection and Preservation)
(ES 05130.c 2018)

(1) 암모니아성질소, 질산성질소, 염소이온, 브롬산염, 과망간산칼륨소비량, 불소, 페놀류, 경도, 황산이온, 세제, 수소이온농도, 색도, 탁도, 증발잔류물, 농약류 및 잔류염소시험용 시료

미리 질산 및 정제수로 씻은 유리용기 또는 폴리에틸렌병에 시료를 채취하여 신속히 시험하고, 페놀류, 농약류, 잔류염소시험용 시료는 미리 질산 및 정제수로 씻은 유리용기에 채취하여 신속히 시험한다. 암모니아성질소, 염소이온, 황산이온, 브롬산염은 최대 28일 이내에 시험하고, 질산성질소, 세제, 색도, 탁도는 최대 48시간 이내에 시험하고 수소이온농도와 잔류염소는 즉시 시험한다. 다만, 불소는 폴리에틸렌병에 채취하여 최대 28일 이내에 시험하고, 페놀은 4시간 이내에 시험하지 못할 때에는 시료 1 L에 대하여 황산동 · 5수화물 1 g과 인산을 넣어 pH를 약 4로 하고, 냉암소에 보존하여 최대 28일 이내에 시험하며 잔류염소를 함유한 때에는 이산화비소산나트륨용액을 넣어 잔류염소를 제거한다.

(2) 시안 시험용 시료

미리 정제수로 잘 씻은 유리용기 또는 폴리에틸렌병에 시료를 채취하고 곧 입상의 수산화나트륨을 넣어 pH 12 이상의 알칼리성으로 하고 냉암소에 보관한다. 최대 보관기간은 14일이며 가능한 한 즉시 시험한다. 다만, 잔류염소를 함유한 경우에는 채취 후 곧 이산화비소산나트륨용액을 넣어 잔류염소를 제거한다.

(3) 트리할로메탄 및 휘발성유기화합물 시험용 시료

미리 정제수로 잘 씻은 유리용기에 기포가 생기지 아니하도록 조용히 채취하고 pH가 약 2 이하가 되도록 즉시 인산(1 + 10)을 시료 10 mL당 1방울을 넣고 물을 추가하여 꽉 채운 후 밀봉한다. 잔류염소가 함유되어 있는 경우에는 이산화비소산나트륨용액을 넣어 잔류염소를 제거한다.

(4) 금속류 시험용 시료

미리 **질산 및 정제수로 잘 씻은** 폴리프로필렌(PP)병, 폴리에틸렌(PE)병, 폴리테트라플루오로에틸렌(PTFE)병 또는 유리용기에 시료를 채취하고 즉시 1 L당 진한 질산 1.5 mL 또는 질산용액(1+1) 3.0 mL를 가하여 pH 2 이하로 보존한다. 만약 시료가 알칼리화되어 있거나 완충효과가 있다면 첨가하는 **질산용액(1+1)을** 5.0 mL까지 늘려야 한다. 산처리한 시료는 4 ℃로 보관하여 시료가 증발로 인해 부피변화가 없도록 해야 한다. 염지하수의 경우에는 현장에서 채수된 즉시 공극(pore size)이 0.45 μm인 여과지로 여과한 후 진한 질산으로서 pH를 1.5~2 정도로 맞춘 다음 폴리에틸렌 또는 유리용기에 보관하되 4 ℃ 이하에서 냉장보관이 불가할 때는 수 시간 이내에 실험실로 옮겨져 분석되어야 한다.

▼ 항목별 시료용기, 보존방법, 보존기간

구분	항목	시료용기[1]	보존방법	보존기간
일반 항목	경도	P, G	질산으로 pH 2, 0 ~ 4 ℃ 보관	6개월
	과망간산칼륨소비량(산성법)	P, G		2일
	과망간산칼륨소비량(알칼리법)	P, G	가능한 즉시 분석, 0 ~ 10 ℃ 냉암소 보관	–
	냄새	G	가능한 즉시 분석, 0 ~ 4 ℃ 보관	–
	맛	G	–	–
	색도	P, G	0 ~ 4 ℃ 보관	48시간
	수소이온농도	P, G	가능한 즉시 분석, 용기에 가득 채워서 밀봉	–
	증발잔류물	P, G	0 ~ 4 ℃ 보관	7일
	탁도	P, G	0 ~ 4 ℃ 보관	48시간
	세제	P, G	4 ℃ 냉암소 보관	48시간
	잔류염소	P, G	즉시 분석	–
	페놀류	G	4시간 이내에 시험하지 못할 경우 황산구리5수화물과 인산을 첨가하여 pH 4에서 4 ℃ 보관, 잔류염소 함유 시, 이산화비소산나트륨용액 첨가	28일

구분	항목	시료용기[1]	보존방법	보존기간
이온류	불소	P	4 ℃ 냉암소 보관	28일
	시안	P, G	수산화나트륨으로 pH 12 이상으로 냉암소 보관, 잔류염소 함유 시 이산화비소산나트륨용액 첨가	14일
	암모니아성질소	P, G	황산으로 pH 2 이하, 4 ℃ 보관	28일
	질산성질소	P, G	4 ℃ 냉암소 보관	48시간
	염소이온	P, G	4 ℃ 냉암소 보관	28일
	황산이온	P, G	4 ℃ 냉암소 보관	28일
	브롬산염	P, G	4 ℃ 냉암소 보관	28일
금속류	구리(동)	P, G, PP, PTFE	질산 1.5 mL 또는 질산용액(1+1) 3 mL로 pH 2 이하, 산처리 시료는 4 ℃ 보관	6개월
	납			
	망간			
	붕소			
	비소			
	셀레늄			
	수은			
	아연			
	알루미늄			
	철			
	카드뮴			
	크롬			
	우라늄			
유기인계 농약	다이아지논	G	4 ℃ 냉암소 보관	7일 이내 추출 시 40일
	파라티온			
	페니트로티온			
	카바릴			

구분	항목	시료용기[1]	보존방법	보존기간
소독제 및 소독 부산물	클로랄하이드레이트	G	염화암모늄 10 mg 및 염산(6 M) 1방울 ~ 2방울 첨가, 14일 이내 추출 (추출액은 -10 ℃에서 보관하고 14일 이내 분석)	14일
	디브로모아세토니트릴			
	디클로로아세토니트릴			
	트리클로로아세토니트릴			
	1,2-디브로모-3-클로로프로판			
	할로아세틱에시드	G(갈색)	염화암모늄 첨가, 14일 이내 추출 (추출액은 -10 ℃에서 보관하고 14일 이내 분석)	
	포름알데히드	G	시료 40 mL당 염화암모늄 25 mg 첨가, 시료 40 mL당 황산구리5수화물 20 mg 첨가 4 ℃ 냉암소 보관	
휘발성 유기 화합물	테트라클로로에틸렌	G	염산(1+1) 또는 인산(1+10) 또는 황산(1+5)으로 pH 2, 4 ℃ 냉암소 보관 잔류염소 함유 시, 아스코빈산 or 티오황산나트륨 첨가	14일
	1,1,1-트리클로로에탄			
	트리클로로에틸렌			
	디클로로메탄			
	벤젠			
	톨루엔			
	에틸벤젠			
	크실렌			
	1,1-디클로로에틸렌			
	사염화탄소			
	총트리할로메탄			
	1,4-다이옥산		시료 1 L당 염화암모늄 10 mg과 염산(1+1) or 황산(1+5)으로 pH 2, 4 ℃ 냉암소 보관	

구분	항목	시료용기[1]	보존방법	보존기간
미생물	일반세균	멸균된 시료 용기	4 ℃ 냉암소 보관, 잔류염소 함유 시 멸균한 티오황산나트륨용액을 0.03 % 되도록 첨가	24시간
	총대장균군			30시간
	분원성대장균군			
	대장균			
	분원성연쇄상구균			
	녹농균			24시간
	살모넬라			
	쉬겔라			30시간
	아황산환원혐기성포자형성균			
	여시니아			24시간

[1]P : polyethylene, G : glass, PP : polypropylene, PTFE : polytetrafluoroethylene
[주 1] 모든 항목은 가능한 빠른 시간내에 분석한다. 다만, 분석기간이 보존기간을 넘기지 않도록 한다.

실전 예상문제

01 먹는물수질공정시험기준에 따른 페놀시험용 시료의 채취 및 보존에 관한 설명으로 옳은 것은?

① 채취 용기는 미리 질산 및 정제수로 씻은 폴리에틸렌 용기를 사용하여 채취한다.

② 채취한 시료는 가능한 24시간 이내에 시험하거나 그렇지 못할 경우 보존제를 넣어 냉암소에 보관하면 최대 28일 이내에 시험할 수 있다.

③ 시료의 보존은 시료 1 L에 대하여 황산동 · 5수화물 1 g과 인산을 넣어 pH를 약 4로 하고, 냉암소에 보존한다.

④ 시료에 잔류염소를 함유한 때에는 아황산나트륨용액을 넣어 잔류염소를 제거한다.

> **풀이** ① 시료는 미리 질산 및 정제수로 씻은 유리용기에 채취한다.
> ② 채취한 시료는 가능한 4시간 이내에 시험하거나 그렇지 못할 경우 보존제를 넣어 냉암소에 보관하면 최대 28일 이내에 시험할 수 있다.
> ④ 시료에 잔류염소를 함유한 때에는 이산화비소산나트륨용액을 넣어 잔류염소를 제거한다.

02 다음 중 먹는물수질공정시험기준에 따른 트리할로메탄 및 휘발성유기화합물 시험용 시료의 채취에 대한 설명으로 틀린 것은?

① 채취 용기는 미리 정제수로 잘 씻은 유리용기를 사용한다.

② 시료 채취 시에는 기포가 생기지 않도록 조용히 채취하고 시료용기에 꽉 채운다.

③ 보존제로 황산(1 +10)을 시료 10 mL당 1방울을 넣어 pH가 약 2 이하가 되도록 한다.

④ 잔류염소를 함유 시에는 이산화비소산나트륨용액으로 잔류염소를 제거한다.

> **풀이** 트리할로메탄 및 휘발성유기화합물 시험용 시료의 보존을 위해서 pH가 약 2 이하가 되도록 즉시 인산(1 + 10)을 시료 10 mL당 1방울을 넣고 물을 추가하여 꽉 채운 후 밀봉한다.

03 먹는물수질공정시험기준에서 미생물용 시료를 채수하였다. 즉시 시험이 불가하여 4℃ 냉장보관하였다. 24시간 이내에 시험을 해야 하는 항목이 아닌 것은?

① 일반세균   ② 여시니아

③ 녹농균   ④ 총대장균

> **풀이** 미생물 시험용 시료는 즉시 시험할 수 없는 경우에는 4 ℃ 냉장보관한 상태에서 일반세균, 녹농균, 여시니아균은 24시간 이내에, 총대장균군 등 그 밖의 항목은 30시간 이내에 시험하여야 한다.

정답 **01** ③ **02** ③ **03** ④

04 먹는물수질공정시험기준에 따른 먹는물 시료 채취 시 사용하는 항목별 보존방법으로 옳은 것은?

	시험항목	보존제
①	페놀류	황산구리5수화물과 황산을 첨가하여 pH 4
②	시안	황산나트륨으로 pH 12 이상
③	암모니아성질소	황산으로 pH 2 이하
④	금속류	황산 1.5 mL 또는 황산용액(1+1) 3 mL로 pH 2 이하

풀이

	항목	보존제
①	페놀류	황산구리5수화물과 인산을 첨가하여 pH 4
②	시안	수산화나트륨으로 pH 12 이상
④	금속류	질산 1.5 mL 또는 질산용액(1+1) 3 mL로 pH 2 이하

05 먹는물수질공정시험기준에 따른 금속류 시험용 시료 채취에 대한 설명 중 틀린 것은?

① 시료의 보존은 채취 후 즉시 1 L당 진한 질산 1.5 mL 또는 질산용액(1+1) 3.0 mL를 가하여 pH 2 이하로 보존한다.

② 시료가 알칼리화되어 있거나 완충효과가 있다면 첨가하는 질산용액(1+1)을 5.0 mL까지 늘린다.

③ 적절한 보존제로 처리되어 4 ℃ 냉장보관을 하는 경우에는 6개월간 보관이 가능하다.

④ 염지하수의 보존은 채수 후 즉시 진한 질산으로서 pH를 1.5 ~ 2 정도로 맞추어 보존한다.

풀이 염지하수의 경우에는 현장에서 채수된 즉시 공극(pore size)이 0.45 μm인 여과지로 여과한 후 진한 질산으로서 pH를 1.5 ~ 2 정도로 맞춘다.

06 다음은 먹는물수질공정시험기준에 따른 유기화합물 시험용 시료 채취 시 사용하는 항목별 용기이다. 틀린 것은?

	시험항목	용기
①	페놀류	유리병
②	유기인계농약	유리병
③	포름알데히드	유리병
④	할로아세틱에시드	유리병

풀이 할로아세틱에시드는 갈색 유리병을 사용한다.

···01 경도 – EDTA 적정법(Hardness – EDTA Titrimetric Method)

(ES 05301.1c 2018)

1. 개요

시료에 암모니아 완충용액을 넣어 pH 10으로 조절한 다음 적정에 의해 소비된 EDTA용액으로부터 탄산칼슘의 양으로 환산하여 경도(mg/L)를 구한다.

2. 적용범위

① 농도범위 : 100 mg/L 이하
② 정량한계 : 1 mg/L

3. 간섭물질

① 중금속 간섭 : 시안화칼륨용액, 황화나트륨용액을 사용 제거, 단 최대허용 농도 이상에는 EDTA 적정법을 사용하지 않는다.
② 콜로이드성 유기물질이 존재할 때 종말점을 간섭할 수 있다. 이 경우 완전 증발 건조시키거나 전기로(furnace)에서 550 ℃로 가열 분해하여 제거할 수 있다.
③ 어는점에 가까운 온도에서 적정할 때에는 색깔이 느리게 변화할 수 있으며 뜨거운 물에서는 지시약의 분해가 발생할 수 있다.
④ 높은 pH에서 종말점이 선명하나 너무 높은 pH에서는 탄산칼슘($CaCO_3$)으로 침전될 수 있다.

4. 용어정의

① 경도(hardness) : 경도란 먹는물 중에 존재하는 칼슘과 마그네슘의 농도를 탄산칼슘의 농도 (mg/L)로 나타낸 값이다.
② 낮은 경도 시료 : 연수기를 통과한 물 또는 경도가 5 mg/L 이하인 물 시료를 말하며 경도 측정을 위해 100 mL ~ 1,000 mL의 많은 양의 시료를 사용한다.

5. 시료채취 및 관리

채취한 시료를 질산으로 pH 2 이하가 되도록 조절하여 0 ℃ ~ 4 ℃에서 보관한다.

6. 결과 보고

소비된 EDTA용액(0.01 M)의 부피(a)로부터 다음 식에 따라 시료의 **탄산칼슘** 양으로서 경도 (mg/L)를 구하며, 0.1 mg/L까지 계산한다.

$$경도 \ (\text{mg/L}) = (aF - 1) \times \frac{1\,000}{시료량(\text{mL})}$$

여기서, a : 적정에 소비된 EDTA용액의 부피(mL)
F : EDTA용액(0.01 M)의 농도계수

실전 예상문제

01 먹는물의 경도를 측정할 때 발생 가능한 간섭 물질과 현상이 아닌 것은?

① 중금속
② 폴리인산염
③ 콜로이드성 유기물질
④ 차가운 온도

풀이
- 일부의 중금속은 종말점의 색 변화를 분명치 않게 하거나 EDTA의 정량적인 반응을 간섭할 수 있다.
- 중금속이나 폴리인산염(polyphosphate)의 농도가 다음 표의 농도보다 높을 때에는 EDTA 적정법을 사용할 수 없다.

▼ 경도물질을 간섭하는 중금속이나 폴리인산염(polyphosphate)의 최대 허용농도 및 제거물질

간섭화합물	농도(mg/L)	
	시안화칼륨용액[1]	황화나트륨용액[1]
알루미늄(Aluminium)	20	20
바륨(Barium)	†	†
카드뮴	†	20
코발트	20	0.3
구리(동)	30	20
철	30	5
납	†	20
망간(Mn^{2+})	†	1
니켈	20	0.3
스트론튬	†	†
아연	†	200
폴리인산염(polyphosphate)	−	10

주) 1 : 간섭 제거물질, † : 경도에 포함, − : 사용 안 함

- 콜로이드성 유기물질이 존재할 때 종말점을 간섭할 수 있다. 이 경우 완전 증발 건조시키거나 전기로(furnace)에서 550 ℃로 가열 분해하여 제거할 수 있다.
- 어는점에 가까운 온도에서 적정할 때에는 색깔이 느리게 변화할 수 있으며 뜨거운 물에서는 지시약의 분해가 발생할 수 있다.
- 높은 pH에서 종말점이 선명하나 너무 높은 pH에서는 탄산칼슘($CaCO_3$)으로 침전될 수 있다.

02 먹는물의 경도를 측정할 때 중금속과 폴리인산염에 의한 간섭을 제거하는 데 사용되는 용액은?

① 암모늄용액
② 티오황산나트륨용액
③ 황화나트륨용액
④ 이산화비소산나트륨용액

풀이 일부의 중금속은 종말점의 색 변화를 분명치 않게 하거나 EDTA의 정량적인 반응을 간섭할 수 있다. 간섭물질의 한계농도 이내일 때에는 **시안화칼륨용액**이나 **황화나트륨용액**을 사용하여 제거한다.

03 다음 ( ) 안에 들어갈 용어는?

> 경도(hardness)란 먹는물 중에 존재하는 (A)과 (B) 농도를 (C)의 농도(mg/L)로 나타낸 값이다.

① A : 칼륨, B : 망가니즈, C : 탄산칼슘   ② A : 칼륨, B : 망가니즈, C : 탄산칼륨

③ A : 칼슘, B : 마그네슘, C : 탄산칼슘   ④ A : 칼슘, B : 마그네슘, C : 탄산칼륨

풀이 경도(Hardness)란 먹는물 중에 존재하는 칼슘과 마그네슘의 농도를 탄산칼슘의 농도(mg/L)로 나타낸 값이다.

04
2014
제6회
먹는물의 경도를 측정하고자 한다. 시료량은 100 mL이고 적정에 소비된 EDTA용액(0.01 M)의 부피가 5.4 mL일 때, 경도는 얼마인가?(단, EDTA용액(0.01 M)의 농도계수는 1로 본다.)

① 54 mg/L   ② 44 mg/L   ③ 5.4 mg/L   ④ 4.4 mg/L

풀이 경도는 소비된 EDTA용액(0.01M)의 부피(a)로부터 다음 식에 따라 시료의 탄산칼슘 양으로서 경도(mg/L)를 구한다.

$$경도(mg/L) = (aF-1) \times \frac{1\,000}{시료량(mL)}$$

여기서, a : 적정에 소비된 EDTA용액의 부피 (mL)

F : EDTA용액(0.01 M)의 농도계수

따라서 $경도(mg/L) = (5.4\,mL \times 1 - 1) \times \dfrac{1\,000}{100\,mL} = 44\,mg/L$

05 먹는물에서 경도를 측정하고자 시료를 채취하였다. 시험을 즉시 할 수 없어서 보관 후에 시험을 하려고 한다. 시료보관 방법으로 알맞은 것은?

① 수산화나트륨으로 pH 12 이상이 되도록 조절하여 0 ℃ ~ 4 ℃에서 보관한다.
② 수산화칼륨으로 pH 12 이상이 되도록 조절하여 0 ℃ ~ 4 ℃에서 보관한다.
③ 질산으로 pH 2 이하가 되도록 조절하여 0 ℃ ~ 4 ℃에서 보관한다.
④ 염산으로 pH 2 이하가 되도록 조절하여 0 ℃ ~ 4 ℃에서 보관한다.

풀이 시료를 질산으로 pH 2 이하가 되도록 조절하여 0 ℃ ~ 4 ℃에서 보관한다.

06 EDTA 적정법으로 먹는물에서 경도를 측정할 때 정량한계는?

① 5.0 mg/L   ② 1.0 mg/L   ③ 0.5 mg/L   ④ 0.1 mg/L

풀이 EDTA 적정법으로 먹는물에서 경도 측정 시 정량한계는 1 mg/L이다.

정답 03 ③   04 ②   05 ③   06 ②

02-1 과망간산칼륨소비량 – 산성법(Consumption of KMnO₄ – Acid)

(ES 05302.1c 2018)

1. 개요

시료를 산성으로 조절한 후 일정한 부피의 **과망간산칼륨용액**을 넣고 끓인 다음 일정한 부피의 옥살산나트륨용액을 가하여 반응하지 않고 남아있는 옥살산나트륨을 과망간산칼륨용액으로 적정하여 측정한다.

2. 적용범위

① 이 시험기준은 먹는물 및 샘물 중 과망간산칼륨에 의해 산화되는 유기물질과 무기물질의 총량을 측정하는 데 적용한다.
② 염소이온의 농도가 500 mg/L 이하의 경우에 적용
③ 철(II)이온, 아질산이온, 황화수소 및 기타 환원성물질도 과망간산칼륨 소모량에 포함
④ 정량범위 : 0.3 mg/L ～ 10 mg/L

3. 간섭물질

① 염소이온의 농도가 500 mg/L 이상의 경우에는 염소이온의 방해를 받는다.
② 철(II)이온, 아질산이온, 황화수소 및 기타 환원성물질은 간섭물질로 분류하지 않는다.

4. 용어정의

과망간산칼륨소비량 : 과망간산칼륨소비량은 먹는물 중의 산화성물질에 의하여 소비되는 과망간산칼륨의 양을 말하며 유기물질, 제일철염, 아질산염, 황화물 등이 과망간산칼륨을 소비한다.

5. 시약

옥살산나트륨 용액(0.005 M) : 150 ℃ ～ 200 ℃에서 1 ～ 1.5시간 건조시킨 후 갈색병에 보존하고, 만든 후 1개월 내에 사용한다.

6. 시료채취 및 보관

채취한 시료를 질산으로 pH 2 이하가 되도록 조절하여 0 ℃ ~ 4 ℃에서 **최대 2일 동안** 보관할 수 있다.

7. 결과 보고

$$과망간산칼륨소비량 \text{ (mg/L)} = (a - b) \times f \times \frac{1\,000}{100} \times 0.316$$

여기서, a : 과망간산칼륨 소비량 (mL)
　　　　b : 정제수를 사용하여 시료와 같은 방법으로 시험할 때에 소비된 과망간산칼륨 소비량 (mL)
　　　　f : 과망간산칼륨용액(0.002 M)의 농도계수

실전 예상문제

01 먹는물의 과망간산칼륨소비량의 측정에서 과망간산칼륨을 소비하지 않는 물질은?

① 제일철염   ② 아질산염   ③ 황화물   ④ 염화물

> **풀이** 과망간산칼륨소비량은 먹는물 중의 산화성물질에 의하여 소비되는 과망간산칼륨의 양을 말하며 유기물질, 제일철염, 아질산, 황화물 등이 과망간산칼륨을 소비한다.

02 과망간산칼륨소비량을 측정하려고 한다. 다음중 간섭물질에 해당하는 것은?

① 500 ppm 염소이온   ② 500 ppm 질산이온
③ 500 ppm 황산이온   ④ 500 ppm 철(II)이온

> **풀이** • 이 시험기준은 먹는물 중에 염소이온의 농도가 500 mg/L 이상의 경우에는 염소이온의 방해를 받는다.
> • 먹는물 중에 철(II)이온, 아질산이온, 황화수소 및 기타 환원성물질은 간섭물질로 분류하지 않는다.

03 다음의 설명에서 (　) 안에 알맞은 것은?

> 이 시험기준은 먹는물 및 샘물의 (A) 소비량을 측정하는 방법으로서, 시료를 산성으로 조절한 후 일정한 부피의 (B)용액을 넣고 끓인 다음 일정한 부피의 (C)용액을 가하여 반응하지 않고 남아 있는 (D)을 (E)용액으로 적정하여 측정한다.

① A : 옥살산칼륨   B : 옥살산칼륨   C : 과망간산나트륨   D : 과망간산나트륨
    E : 옥살산칼륨
② A : 옥살산나트륨   B : 옥살산나트륨   C : 과망간산칼륨   D : 과망간산칼륨
    E : 옥살산나트륨
③ A : 과망간산나트륨   B : 과망간산나트륨   C : 옥살산칼륨   D : 옥살산칼륨
    E : 과망간산나트륨
④ A : 과망간산칼륨   B : 과망간산칼륨   C : 옥살산나트륨   D : 옥살산나트륨
    E : 과망간산칼륨

> **풀이** 이 시험기준은 먹는물 및 샘물의 **과망간산칼륨** 소비량을 측정하는 방법으로서, 시료를 **산성**으로 조절한 후 일정한 부피의 **과망간산칼륨용액**을 넣고 끓인 다음 일정한 부피의 **옥살산나트륨용액**을 가하여 반응하지 않고 남아있는 **옥살산나트륨**을 과망간산칼륨용액으로 적정하여 측정한다.

정답   **01** ④   **02** ①   **03** ④

04 과망간산칼륨소비량을 측정하기 위해 0.005 M 옥살산나트륨 용액을 조제하려고 한다. 옥살산나트륨을 전처리하는 조건으로 맞은 것은?

① 150 ℃ ~ 200 ℃에서 0.5 ~ 1.0시간 건조 ② 150 ℃ ~ 200 ℃에서 1.0 ~ 1.5시간 건조
③ 105 ℃ ~ 110 ℃에서 0.5 ~ 1.0시간 건조 ④ 105 ℃ ~ 110 ℃에서 0.5 ~ 1.5시간 건조

풀이 150 ℃ ~ 200 ℃에서 1 ~ 1.5시간 건조시키고 데시케이터에서 식힌 옥살산나트륨(Sodium Oxalate, $Na_2C_2O_4$, 분자량 : 134.00) 0.670 g을 정제수에 녹여 1 L로 하여 갈색병에 보존하고, 만든 후 1개월 내에 사용한다.

05 과망간산칼륨 소비량의 측정에서 정량한계와 분석가능 범위로 맞은 것은?

① 정량한계 : 0.1 mg/L, 분석가능 범위 : 0.1 mg/L ~ 10 mg/L
② 정량한계 : 0.3 mg/L, 분석가능 범위 : 0.3 mg/L ~ 10 mg/L
③ 정량한계 : 0.5 mg/L, 분석가능 범위 : 0.5 mg/L ~ 10 mg/L
④ 정량한계 : 0.7 mg/L, 분석가능 범위 : 0.7 mg/L ~ 10 mg/L

풀이 이 시험방법에 의한 정량한계는 0.3 mg/L이며, 과망간산칼륨 소모량이 0.3 mg/L ~ 10 mg/L의 범위로 존재할 때 분석가능하다.

06 과망간산칼륨소비량을 분석하기 위하여 시료를 채취하여 질산으로 pH 2 이하가 되도록 처리하여 0 ℃ ~ 4 ℃에서 냉장보관 하려고 한다. 최대 며칠간 보관 가능한가?

① 1일 ② 2일 ③ 7일 ④ 14일

풀이 시료를 보관할 때에는 질산으로 pH 2 이하가 되도록 조절하여 0 ℃ ~ 4 ℃에서 최대 2일 동안 보관할 수 있다.

07 100 mL의 먹는물 시료의 과망간산칼륨소비량을 분석하고자 한다. 바탕시험에서 과망간산칼륨소비량이 0.2 mL, 시료에서 과망간산칼륨소비량이 2.2 mL일 때, 과망간산칼륨소비량은 얼마인가? (단, 과망간산칼륨용액(0.002 M)의 농도계수는 1로 본다.)

① 3.3 mg/L ② 4.3 mg/L ③ 5.3 mg/L ④ 6.3 mg/L

풀이 과망간산칼륨소비량(mg/L) $= (a-b) \times f \times \dfrac{1\,000}{100} \times 0.316$

여기서, a : 과망간산칼륨 소비량(mL)
b : 정제수를 사용하여 시료와 같은 방법으로 시험할 때에 소비된 과망간산칼륨 소비량(mL)
f : 과망간산칼륨용액(0.002 M)의 농도계수

과망간살칼륨 소비량(mL) $= (2.2\,\text{mL} - 0.2\,\text{mL}) \times 1 \times 1,000/100 \times 0.316$
$= 6.32 = 6.3$

정답 04 ② 05 ② 06 ② 07 ④

02-2 과망간산칼륨소비량 – 알칼리성법(Consumption of KMnO₄ – Alkali)
(ES 05302.2b 2018)

1. 개요

시료를 알칼리성으로 조절한 후 일정한 부피의 과망간산칼륨용액을 넣고 끓인 다음 요오드칼륨 및 황산을 넣어 남아 있는 과망간산칼륨을 적정하여 유리된 요오드의 양으로부터 과망간산칼륨소비량을 측정하는 방법이다.

2. 적용범위

① 이 시험방법은 염지하수 중 과망간산칼륨에 의해 산화되는 유기물질과 무기물질의 총량을 측정하는 데 적용한다.
② 염지하수 중에 철(Ⅱ)이온, 아질산이온, 황화수소 및 기타 환원성물질도 과망간산칼륨 소모량에 포함된다.
③ 정량범위 : 0.3 mg/L ~ 10 mg/L

3. 간섭물질

철(Ⅱ)이온, 아질산이온, 황화수소 및 기타 환원성물질은 간섭물질로 분류하지 않는다.

4. 시약

수산화나트륨용액(10 W/V %), 아자이드화나트륨용액(4 W/V %), 요오드화칼륨용액(10 W/V %), 전분용액, 과망간산칼륨용액(0.002 M), 티오황산나트륨용액(0.1 M)

5. 시료채취 및 보관

채취한 시료를 바로 실험하지 못할 경우 0 ℃ ~ 10 ℃의 냉암소에 보관한 다음 가능한 빨리 분석한다.

6. 결과 보고

$$과망간산칼륨소비량(\text{mg/L}) = (a-b) \times f \times \frac{1\,000}{50} \times 0.316$$

여기서, a : 바탕시험 적정에 소비된 0.01 M 티오황산나트륨용액(mL)

b : 시료의 적정에 소비된 0.01 M 티오황산나트륨용액(mL)

f : 0.1 M 티오황산나트륨액의 농도계수

실전 예상문제

01 먹는물의 과망간산칼륨소비량 – 알칼리성법에 관한 설명 중 틀린 것은?

① 이 시험방법은 염지하수에 적용할 수 있다.

② 유리된 요오드의 양으로부터 과망간산칼륨소비량을 측정하는 방법이다.

③ 이 시험방법은 염지하수 중 과망간산칼륨에 의해 산화되는 유기물질과 무기물질의 총량을 측정하는 데 적용한다.

④ 염지하수 중에 철(II)이온, 아질산이온, 황화수소 및 기타 환원성물질도 과망간산칼륨 소모량에 포함되지 않는다.

> **풀이** 염지하수 중에 철(II)이온, 아질산이온, 황화수소 및 기타 환원성물질도 과망간산칼륨 소모량에 포함된다.

02 먹는물수질공정시험기준의 과망간산칼륨소비량 – 알칼리성법에 대한 설명으로 옳은 것은?

① 이 시험방법은 염지하수 중 과망간산칼륨에 의해 산화되는 유기물질의 총량을 측정하는 데 적용한다.

② 이 시험방법에 의한 정량한계는 3 mg/L이다.

③ 바로 실험하지 못할 경우 0 ℃ ~ 10 ℃의 냉장 보관한다.

④ 유리된 요오드를 지시약으로 전분용액 2 mL를 넣고 0.01 M 티오황산나트륨용액으로 무색이 될 때까지 적정한다.

> **풀이** ① 이 시험방법은 염지하수 중 과망간산칼륨에 의해 산화되는 유기물질과 무기물질의 총량을 측정하는데 적용한다.
> ② 이 시험방법에 의한 정량한계는 0.3 mg/L이다.
> ③ 바로 실험하지 못할 경우 0 ℃ ~ 10 ℃의 냉암소에 보관한 다음 가능한 빨리 분석한다.

정답 01 ④ 02 ④

┅┅**03** 냄새(Odor) (ES 05303.1c 2018)

1. 개요

시료를 삼각플라스크에 넣고 마개를 닫은 후 온도를 40 ℃ ~ 50 ℃로 높여 세게 흔들어 섞은 후 마개를 열면서 관능적으로 냄새를 맡아서 판단한다.

2. 적용범위

① 먹는물, 샘물 및 염지하수의 냄새 측정에 적용한다.
② 측정자 간 개인차가 심하므로 냄새가 있을 경우 5명 이상의 시험자가 측정하는 것이 바람직하나 최소한 2명이 측정해야 한다.
③ 이 시험기준에 의해 판단할 때 염소 냄새는 제외한다.

3. 간섭물질

① 소독제인 염소 냄새가 날 때에는 티오황산나트륨(sodium thiosulfate)을 가하여 염소를 제거한 후 측정한다. 사용하는 티오황산나트륨의 양은 시료 500 mL에 잔류염소가 1 mg/L로 존재할 때 티오황산나트륨용액 1 mL를 가한다.
② 티오황산나트륨(sodium thiosulfate)을 사용할 때에는 바탕실험을 병행하는 것이 좋다.
③ 냄새를 측정하는 사람과 시료를 준비하는 사람은 다른 사람이어야 한다.

4. 기구

① 고무, 콕 및 플라스틱 마개는 사용하지 않아야 한다.
② 항온수조는 ±1 ℃로 유지할 수 있어야 한다.

5. 시약

냄새 없는 물 : 활성탄으로 거른 물을 냄새 없는 물로 사용한다.

6. 시료채취 및 관리

① 시료는 유리재질의 병과 폴리테트라플루오로에틸렌(PTFE) 재질의 마개를 사용하여 채취하며 플라스틱 재질은 사용하지 않는다.
② 냄새측정은 시료 채취 후 가능한 빨리 하며, 보관이 불가피하면 물 시료를 1 L 병에 가득 채워 0 ℃ ~ 4 ℃에서 보관한다. 특히 물이 냉각될 때 주위의 냄새물질이 시료 안으로 들어가지 않게 주의해야 한다.

7. 결과 보고

① 냄새를 측정하여 '있음', '없음'으로 구분한다.
② 냄새 역치(TON ; Threshold Odor Number)를 구할 필요가 있으면 사용한 시료의 부피와 냄새 없는 희석수의 부피를 사용하여 계산한다.

실전 예상문제

01
2014
제6회

먹는물수질공정시험기준 중 냄새 물질의 측정에 대한 설명으로 틀린 것은?

① 시료를 삼각플라스크에 넣고 마개를 닫은 후 온도를 40 ℃ ∼ 50 ℃로 높여 세게 흔들어 섞은 후 마개를 열면서 관능적으로 냄새를 맡아 서 판단한다.

② 측정자간 개인차가 심하므로 냄새가 있을 경우 5 명 이상의 시험자가 측정하는 것이 바람직하나 최소한 2 명이 측정해야 한다.

③ 소독제인 염소 냄새가 날 때에는 과망간산칼륨을 사용하여 염소를 제거한 후 측정한다.

④ 냄새를 측정하는 사람과 시료를 준비하는 사람은 다른 사람이어야 한다.

풀이 이 시험기준에 의해 판단할 때 염소 냄새는 제외한다.

02

먹는물수질오염공정시험기준 중 냄새 물질의 측정에 적용되지 않는 것은?

① 먹는물   ② 샘물   ③ 염지하수   ④ 해양심층수

풀이 이 시험방법은 먹는물, 샘물 및 염지하수의 냄새 측정에 적용한다.

03

먹는물수질공정시험기준으로 먹는물 중에서 냄새를 측정하려고 한다. 소독제인 염소가 시료 500 mL에 잔류염소 2 mg/L 존재할 때 잔류염소를 제거하기 위하여 넣는 시약과 가하는 양은?

① 티오황산나트륨 용액, 1 mL   ② 티오황산나트륨 용액, 2 mL

③ 이산화비소산나트륨 용액, 1 mL   ④ 이산화비소산나트륨 용액, 2 mL

풀이 소독제인 염소 냄새가 날 때에는 티오황산나트륨(Sodium Thiosulfate)을 가하여 염소를 제거한 후 측정한다. 사용하는 티오황산나트륨의 양은 시료 500 mL에 잔류염소가 1 mg/L로 존재할 때 티오황산나트륨용액 1 mL를 가하므로 문제는 잔류염소가 2 mg/L이므로 2 mL의 티오황산나트륨이 필요하다.

04

먹는물에서 냄새를 측정 시 삼각플라스크의 마개로 알맞은 재질은?

① 고무   ② 폴리테트라플루오로에틸렌

③ 폴리바이닐   ④ 플라스틱

풀이
- 고무, 콕 및 플라스틱 마개는 사용하지 않아야 한다.
- 시료는 유리재질의 병과 폴리테트라플루오로에틸렌(PTFE) 재질의 마개를 사용하여 채취하며 플라스틱 재질은 사용하지 않는다.

정답 01 ③   02 ④   03 ③   04 ②

05 먹는물에서 냄새를 측정 시 냄새 없는 물의 조제법은?

① 멤브레인으로 거른 물을 냄새 없는 물로 사용한다.

② 삼투막으로 거른 물을 냄새 없는 물로 사용한다.

③ 유리필터로 거른 물을 냄새 없는 물로 사용한다.

④ 활성탄으로 거른 물을 냄새 없는 물로 사용한다.

풀이 활성탄으로 거른 물을 냄새 없는 물로 사용한다.

06 냄새 측정 시 희석하는 데 사용한 시료의 양이 25 mL일 때 역치값을 구하면?

2014
제6회

① 2   ② 4   ③ 8   ④ 6

풀이 묽히는 데 사용한 시료 양에 대한 역치 값

시료 양(mL)	역치(TON)
200	1
100	2
50	4
25	8
12.5	16
6.3	32
3.1	64
1.6	128
0.8	256

07 먹는물의 냄새 측정은 시료 채취 후 가능한 빨리 해야 한다. 그러나 보관이 불가피한 경우 보관방법은?

① 물 시료를 1 L병에 가득 채워 염산을 1 mL 넣은 후 0 ℃ ~ 4 ℃에서 보관한다.

② 물 시료를 1 L병에 가득 채워 황화나트륨 용액을 1 mL 넣은 후 0 ℃ ~ 4 ℃에서 보관한다.

③ 물 시료를 1 L병에 절반 채워 0 ℃ ~ 4 ℃에서 보관한다.

④ 물 시료를 1 L병에 가득 채워 0 ℃ ~ 4 ℃에서 보관한다.

풀이 냄새측정은 시료 채취 후 가능한 빨리 하며, 보관이 불가피하면 물 시료를 1 L병에 가득 채워 0 ℃ ~ 4 ℃에서 보관한다. 특히 물이 냉각될 때 주위의 냄새물질이 시료 안으로 들어가지 않게 주의해야 한다.

···04 맛(Taste) (ES 05304.1c 2018)

1. 개요

시료를 비커에 넣고 온도를 40 ℃ ~ 50 ℃로 높여 맛을 보아 판단한다.

2. 적용범위

① 측정자 간 개인차가 심하므로 냄새가 있을 경우 5명 이상의 시험자가 측정하는 것이 바람직하나 최소한 2명이 측정해야 한다.
② 이 시험방법에 의해 판단할 때 염소 맛은 제외한다.
③ 섭취에 따른 안전성이 확보되지 않은 시료로서 병원성 미생물, 유해물질로 오염된 시료나 폐수 및 처리되지 않은 배출수 등은 측정하지 않을 수 있다.

3. 기구

항온수조는 ±1 ℃로 유지한다.

4. 시료채취 및 관리

시료는 유리재질의 병과 폴리테트라플루오로에틸렌(PTFE) 재질의 마개를 사용하여 채취하며 플라스틱 재질은 사용하지 않는다.

5. 결과 보고

① 맛을 측정하여 '있음', '없음'으로 구분한다.
② 맛의 종류를 구분할 필요가 있을 때에는 **짠맛, 쓴맛, 신맛, 단맛**으로 구분하거나 **화합물의 종류**에 따라 염소, 유류, 철, 비누 맛으로 구분한다.

실전 예상문제

01 먹는물수질공정시험기준 중 맛의 측정 시 측정하지 않아도 되는 시료가 아닌 것은?

① 병원성 미생물이 함유된 시료

② 유해물질로 오염된 시료

③ 처리되지 않은 배출수

④ 염소 소독제 냄새가 나는 시료

풀이 섭취에 따른 안전성이 확보되지 않은 시료로서 병원성 미생물, 유해물질로 오염된 시료나 폐수 및 처리되지 않은 배출수 등은 측정하지 않을 수 있다.

02 먹는물수질공정시험기준 중 맛의 측정 시 맛의 종류를 구분할 필요가 있을 때 맛의 종류의 구분에 포함되지 않는 것은?

① 짠맛, 신맛, 단맛, 매운맛   ② 철 맛

③ 유류 맛   ④ 비누맛

풀이 맛의 종류를 구분할 필요가 있을 때에는 짠맛, 쓴맛, 신맛, 단맛으로 구분하거나 화합물의 종류에 따라 염소, 유류, 철, 비누 맛으로 구분한다. 매운맛은 맛의 구분에 들지 않는다.

···05 색도 – 비색법(Color – Visual Comparison Method)

(ES 05305.1c 2018)

1. 개요

시각적으로 눈에 보이는 물의 색을 표준용액의 색도와 비교하여 측정한다.

2. 적용범위

① 먹는물, 샘물 및 염지하수 중에 인위적 또는 자연적으로 발생하는 물질에 의한 색을 측정하는 데 적용한다.

② 높은 농도로 오염된 경우에는 적용할 수 없다.

3. 간섭물질

① 시료 중 탁도물질은 색도 측정을 간섭할 수 있으므로 제거하여야 한다.

② 탁도물질은 0.45 μm의 막이나 유리섬유필터를 사용하거나 원심분리 하여 제거한다.

4. 시약

① 색도표준액(1 000도) : 육염화백금산칼륨 2.49 g과 염화코발트 · 6수화물 2.00 g을 염산 200 mL에 녹이고 정제수를 넣어 1 L로 한다.

② 색도표준액(100도) : 색도표준원액을 정제수로 10배 희석한다.

5. 기구

비색관 : 길이 약 37 cm의 마개 있는 밑면이 평평한 무색 시험관으로서, 밑바닥으로부터 30 cm의 높이에 100 mL의 표시선이 있는 것을 사용한다.

6. 시료채취 및 관리

① 유리병에 물 시료를 채취한다.

② 미생물의 활성으로 시료의 색도를 변화시킬 수 있으므로 시료채취 후 가능한 빠른 시간 안에 측정한다.

③ 시료를 보관할 때에는 0 ℃ ~ 4 ℃에서 한다.

④ 시료의 색도는 물의 pH에 따라 크게 변한다. 따라서 물의 pH 값을 함께 측정하는 것이 좋다.

7. 결과 보고

$$색도 = \frac{A \times 100}{B}$$

여기서, A : 묽힌 시료의 색도

B : 묽히기 위해 취한 시료 양(mL)

실전 예상문제

01 먹는물수질공정시험기준에서 색도의 측정 시 적용범위가 아닌 것은?

① 염소 소독냄새가 많이 나는 먹는물　　② 시판하려는 먹는 샘물

③ 염지하수　　④ 높은 농도로 오염된 먹는물

풀이 이 시험기준은 먹는물, 샘물 및 염지하수 중에 인위적 또는 자연적으로 발생하는 물질에 의한 색을 측정하는 데 적용한다. 그러나 높은 농도로 오염된 경우에는 적용할 수 없다.

02 먹는물수질공정시험기준에서 색도의 측정 시 탁도는 간섭물질로 작용한다. 탁도를 제거하는 방법이 아닌 것은?

① $0.45~\mu m$의 막으로 필터하여 제거한다.　　② $0.45~\mu m$의 유리섬유로 필터하여 제거한다.

③ 원심분리하여 제거한다.　　④ 약품으로 침전시켜 제거한다.

풀이 탁도물질은 $0.45~\mu m$의 막이나 유리섬유필터를 사용하거나 원심분리 하여 제거한다.

03 먹는물수질공정시험기준에서 색도 측정 시료의 채취와 보관방법이 아닌 것은?

① 유리병에 물 시료를 채취한다.

② 미생물의 활성으로 시료의 색도를 변화시킬 수 있다.

③ 시료를 보관 할 때에는 $0~℃ \sim 4~℃$에서 한다.

④ 시료의 색도는 물의 pH에 따라 크게 변하지 않는다.

풀이 미생물의 활성으로 시료의 색도를 변화시킬 수 있으며, 물의 pH에 따라 크게 변한다.

···06 수소이온농도 – 유리전극법(pH – Electrometric Method)
(ES 05306.1c 2018)

1. 개요

pH를 측정하는 방법으로 유리전극과 기준전극으로 구성된 pH 측정기를 사용하여 측정한다.

2. 적용범위

① 먹는물, 샘물 및 염지하수의 pH 측정에 적용
② pH를 0.1까지 측정

3. 간섭물질

① 유리전극은 일반적으로 용액의 색도, 탁도, 콜로이드성 물질들, 산화 및 환원성물질들 그리고 염도에 의해 간섭을 받지 않는다.
② pH 10 이상에서 나트륨에 의해 오차가 발생할 수 있는데 이는 "낮은 나트륨 오차 전극"을 사용하여 줄일 수 있다.
③ 기름 층이나 작은 입자상이 전극을 피복하여 pH 측정을 방해할 수 있는데 이 피복물을 부드럽게 문질러 닦아내거나 세척제로 닦아낸 후 증류수로 세척하여 부드러운 천으로 제거하여 사용한다. 염산(1+9)용액을 사용하여 피복물을 제거할 수 있다.
④ pH는 온도변화에 따라 영향을 받는다. 대부분의 pH 측정기는 자동으로 온도를 보정한다.

4. 용어정의

① pH : 보통 유리전극과 비교전극으로 된 pH 측정기를 사용하여 측정하는데 양전극 간에 생성되는 기전력의 차를 이용한다.

$$pH_x = pH_s \pm \frac{F\,(E_x - E_s)}{2.303\ RT}$$

여기서, pH_x : 시료의 pH 측정값
pH_s : 표준용액의 pH($-\log[H^+]$)
E_x : 시료에서의 유리전극과 비교전극 간의 전위차(mV)
E_s : 표준용액에서의 유리전극과 비교전극 간의 전위차(mV)

F : 패러데이(Faraday) 정수(9.649×10⁴ C/mol)
R : 기체정수(8.314 J/K · mol)
T : 절대온도(K)

② 기준전극 : 은 – 염화은의 칼로멜 전극 등으로 구성된 전극으로 pH 측정기에서 측정 전위값의 기준이 된다.

③ 유리전극(작용전극) : pH 측정기에 유리전극으로서 수소이온의 농도가 감지되는 전극

5. 시약

① 정제수 : 시약용 정제수를 사용하거나, 정제수를 15분 이상을 재증류하여 이산화탄소를 제거한 후에 산화칼슘(생석회) 흡수관을 부착하여 식힌 다음 사용한다.

② 표준액 : 조제한 pH 표준용액은 경질유리병 또는 폴리에틸렌병에 보관하며, 보통 산성표준용액은 3개월, 염기성표준용액은 산화칼슘(생석회) 흡수관을 부착하여 1개월 이내에 사용하며, 현재 국내외에 상품화되어 있는 표준용액을 사용할 수 있다.

③ 온도별 표준액의 pH 값

온도(℃)	수산염 표준액	프탈산염 표준액	인산염 표준액	붕산염 표준액	탄산염 표준액	수산화칼슘 표준액
20	1.68	4.00	6.88	9.22	10.07	12.63
25	1.68	4.01	6.86	9.18	10.02	12.45

6. 시료채취 및 관리

물 시료를 채취한 후 보관하여야 할 경우 공기와 접촉으로 pH가 변할 수 있으므로 물 시료를 용기에 가득 채워서 밀봉하여 분석 전까지 보관한다.

7. 정밀도

① 측정농도의 범위에 있는 동일한 시료를 5개 이상 동일하게 측정하여 측정값의 차이를 구한다.
② 측정값의 차이가 0.1 이내이어야 한다.

8. 분석절차

① 유리전극은 사용하기 수 시간 전에 정제수에 담가 두어야 하고, pH 측정기는 전원을 켠 다음 5분 이상 경과한 후에 사용한다.

② 유리전극을 정제수로 잘 씻고 남아있는 물을 여과지 등으로 조심하여 닦아낸 다음 시료에 담가 측정값을 읽는다. 이때 온도를 함께 측정한다. 측정값이 0.1 이하의 pH 차이를 보일 때까지 반복 측정한다.

③ 유리탄산을 함유한 시료의 경우에는 유리탄산을 제거한 후 pH를 측정한다.

④ pH 11 이상의 시료는 오차가 크므로 알칼리용액에서 오차가 적은 특수전극을 사용한다.

⑤ 측정시료의 온도는 pH 표준용액의 온도와 동일해야 한다.

실전 예상문제

01 수소이온농도를 측정할 때 영향을 주는 것은?

① 탁도　　　　　　② 색도　　　　　　③ 염도　　　　　　④ 온도

풀이 유리전극은 일반적으로 용액의 색도, 탁도, 콜로이드성 물질들, 산화 및 환원성물질들 그리고 염도에 의해 간섭을 받지 않는다. 그러나 pH는 온도변화에 따라 영향을 받는다.

02 다음은 수소이온 농도의 측정과 관련된 설명이다. (　) 안에 알맞은 것은?

> (A) 이상에서 (B)에 의해 오차가 발생할 수 있는데 이는 (　C　)을 사용하여 줄일 수 있다.

① A : pH 10,　　B : 나트륨,　　　C : "낮은 나트륨 오차 전극"
② A : pH 2,　　　B : 나트륨,　　　C : "낮은 나트륨 오차 전극"
③ A : pH 10,　　B : 탄산칼슘,　　C : "낮은 칼슘 오차 전극"
④ A : pH 2,　　　B : 탄산칼슘,　　C : "낮은 칼슘 오차 전극"

풀이 pH 10 이상에서 **나트륨**에 의해 오차가 발생할 수 있는데 이는 **"낮은 나트륨 오차 전극"**을 사용하여 줄일 수 있다.

03 다음은 수소이온의 농도와 관련된 설명이다 다음 중 틀린 것은?

① 작용전극은 유리전극이다.
② 이 시험방법으로 pH를 0.1까지 측정한다.
③ 기준전극은 은-염화은의 칼로멜 전극을 사용한다.
④ pH는 온도변화에 따라 영향을 받지 않는다.

풀이 pH는 온도변화에 따라 영향을 받는다.

04 다음은 수소이온 농도와 관련된 설명이다. 틀린 것은?

① 유리전극은 일반적으로 용액의 색도, 탁도, 콜로이드성 물질들, 산화 및 환원성물질들 그리고 염도에 의해 간섭을 받지 않는다.
② pH는 보통 유리전극과 비교전극으로 된 pH 측정기를 사용하여 측정하는데 양전극간에 생성되는 기전력의 차를 이용한다.
③ 정제수는 시약용 정제수를 사용하거나, 정제수를 15분 이상을 재증류하여 이산화탄소를 제거한 후에 식힌 다음 사용한다.

정답　**01** ④　**02** ①　**03** ④　**04** ③

④ 조제한 pH 표준용액은 경질유리병 또는 폴리에틸렌병에 보관하며, 보통 산성표준용액은 3개월, 염기성표준용액은 산화칼슘(생석회) 흡수관을 부착하여 1개월 이내에 사용 한다.

> **풀이** 정제수는 시약용 정제수를 사용하거나, 정제수를 15분 이상을 재증류하여 이산화탄소를 제거한 후에 **산화칼슘(생석회) 흡수관**을 부착하여 식힌 다음 사용한다.

05 다음은 수소이온 농도와 관련된 설명이다. 틀린 것은?

① pH는 가능한 현장에서 측정한다.
② 물 시료를 채취한 후 보관하여야 할 경우 물 시료를 용기에 가득 채워서 밀봉한다.
③ 기름 층이나 작은 입자상이 전극을 피복하여 pH 측정을 방해할 수 있다.
④ 유리전극은 일반적으로 용액의 색도, 탁도, 콜로이드성 물질들, 산화 및 환원성물질들 그리고 염도에 의해 간섭을 받는다.

> **풀이** 유리전극은 일반적으로 용액의 색도, 탁도, 콜로이드성 물질들, 산화 및 환원성물질들 그리고 염도에 의해 간섭을 받지 않는다.

06 다음은 20 ℃에서 pH 표준액의 pH를 나타낸 것이다. 틀린 것은?

① 프탈산표준액 4.00
② 인산염표준액 6.88
③ 탄산염표준액 10.07
④ 수산염 표준액 12.63

> **풀이** 온도별 표준액의 pH 값

온도(℃)	수 산 염 표 준 액	프탈산염 표 준 액	인 산 염 표 준 액	붕 산 염 표 준 액	탄 산 염 표 준 액	수산화칼슘 표 준 액
20	1.68	4.00	6.88	9.22	10.07	12.63
25	1.68	4.01	6.86	9.18	10.02	12.45

07 다음은 수소이온농도를 분석하는 절차를 설명한 것이다. 틀린 것은?

① 유리전극은 사용하기 수 시간 전에 정제수에 담가 두어야 한다.
② pH 측정기는 전원을 켠 다음 5분 이상 경과한 후에 사용한다.
③ 측정값이 0.1 이하의 pH 차이를 보일 때까지 반복 측정한다.
④ 유리탄산을 함유한 시료의 경우에는 유리탄산을 포화시켜 pH를 측정한다.

> **풀이** 유리탄산을 함유한 시료의 경우에는 유리탄산을 제거한 후 pH를 측정한다.

정답 **05** ④ **06** ④ **07** ④

⋯07 증발잔류물(Total Solids) (ES 05307.1c 2018)

1. 개요

총 증발잔류물을 측정하는 방법으로 시료를 103 ℃ ~ 105 ℃에서 건조하고 데시케이터에서 식힌 후 무게를 달아 증발접시의 무게차로부터 증발잔류물의 양(mg/L)을 구한다.

2. 적용범위

정량범위 : 5 mg/L ~ 20 000 mg/L

3. 간섭물질

눈에 보이는 이물질이 들어 있을 때에는 제거해야 한다.

4. 기구

저울 : 시료 용기와 시료의 무게를 잴 수 있는 것으로 0.1 mg까지 측정할 수 있는 것을 사용한다.

5. 시약

정제수 : 시약용 정제수로서 증발잔류물이 1.0 mg/L 이하의 것을 사용한다.

6. 시료채취 및 관리

① 시료는 유리병에 채취하고 가능한 빨리 측정한다.
② 시료를 보관하여야 할 경우 미생물에 의해 분해를 방지하기 위해 0 ℃ ~ 4 ℃로 보관한다.
③ 시료는 24시간 이내에 증발처리를 하여야 하나 **최대한 7일**을 넘기지 말아야 한다. 시료를 분석하기 전에 **상온**이 되게 한다.

7. 정도보증/정도관리(QA/QC)

① 방법바탕시료 : 방법바탕시료는 정제수를 사용하여 측정하며 그 값이 영에 가까워야 한다.

② 현장 이중 시료 : 현장 이중시료(Field Duplicate Sample)는 동일한 시료채취 장소에서 동일한 조건으로 중복 채취한 시료로서 한 조사팀이 하루에 20개 이하를 채취할 경우에는 1개를 그리고 그 이상을 채취할 때에는 시료 20개당 1개를 추가로 취한다. 동일한 조건의 두 시료 간의 측정값의 편차는 20 % 이하이어야 한다.

8. 분석절차

① 증발접시를 103 ℃ ~ 105 ℃에서 1시간 건조하고 데시케이터에서 식힌 후 사용하기 직전에 무게를 단다.

② 시료 100 mL ~ 500 mL(건조중량이 2.5 mg 이상이 되도록 시료를 취함)를 증발접시에 넣고 103 ℃ ~ 105 ℃의 증기건조대 또는 오븐에서 완전 건조시킨다.

③ 시료가 끓어 튀어나갈 염려가 있을 때에는 끓는 온도 이하(보통 98 ℃)로 온도를 유지하도록 하여도 되나 103 ℃ ~ 105 ℃의 온도에서 적어도 1시간은 증발건조 시켜야 한다.

④ 건조한 시료는 데시케이터에서 식힌 후 무게를 달아 증발접시의 무게차를 구한다.

9. 결과 보고

건조시료와 증발접시와 증발접시의 무게차(a)를 구하여 다음 식에 따라 시료 중의 증발잔류물의 농도(mg/L)를 계산한다.

$$증발잔류물(\mathrm{mg/L}) = \frac{a \times 1,000}{시료(\mathrm{mL})}$$

여기서, a : 건조시료 증발접시와 증발접시의 무게차(mg)
　　　　　 b : 시료량(mL)

실전 예상문제

01 다음은 먹는물공정시험기준으로 먹는물 중 증발잔류물 측정 시험을 하고자 할 때 정량범위는?

① 0.5 mg/L ~ 10,000 mg/L
② 1 mg/L ~ 10,000 mg/L
③ 5 mg/L ~ 20,000 mg/L
④ 10 mg/L ~ 20,000 mg/L

풀이 증발잔류물 시험의 정량범위는 5 mg/L ~ 20,000 mg/L이다.

02 다음은 먹는물 중 증발잔류물 측정 시험에서 시료채취방법이다. 틀린 것은?

① 시료는 유리병에 채취하고 가능한 빨리 측정한다.
② 미생물 분해 방지를 위해서 0 ℃ ~ 4 ℃에서 보관한다.
③ 시료는 24시간 이내에 증발처리를 하여야 하나 최대한 10일을 넘기지 말아야 한다.
④ 시료를 분석하기 전에 상온이 되게 한다.

풀이 시료는 24시간 이내에 증발처리를 하여야 하나 최대한 7일을 넘기지 말아야 한다. 또한 시료를 분석하기 전에 상온이 되게 한다.

03 먹는물 중 증발잔류물을 시험한 결과 다음과 같은 결과를 얻었다. 증발잔류물(mg/L)로 맞는 것은?

- 시료량 : 100 mL
- 건조시료 증발접시와 증발접시의 무게차 : 25.0 mg

① 2.5 mg/L
② 25 mg/L
③ 250 mg/L
④ 2,500 mg/L

풀이 증발잔류물$(mg/L) = \dfrac{a \times 1000}{b}$

여기서, a : 건조시료 증발접시와 증발접시의 무게차(mg)
b : 시료량(mL)

이므로 $25 \times 1,000/100 = 250$ mg/L

08 탁도(Turbidity) (ES 05308.1c 2018)

1. 개요

이 시험기준은 먹는물, 샘물 및 염지하수의 탁도를 측정하는 방법으로, 시료 중에 탁도를 탁도계를 사용하여 측정하는 방법이다.

2. 적용범위

정량범위 : 0.02 NTU ~ 400 NTU

3. 간섭물질

① 탁도를 측정하는 용기가 더럽거나 미세한 기포는 탁도에 영향을 줄 수 있다.
② 시료가 색을 띠는 경우 빛을 흡수하므로 탁도가 낮아질 수 있다.

4. NTU(Nephelometric Turbidity Units)

NTU는 빛을 산란시키는 정도를 대조군과 비교하여 나타낸 값으로 빛을 산란시키는 정도가 클수록 탁도가 높다.

5. 기구

① 탁도계 : 광원부와 광전자식 검출기를 갖추고 있으며 정량한계가 0.02 NTU 이상인 NTU (Nephelometric Turbidity Units) 탁도계로서 광원인 텅스텐 필라멘트는 2,200 ℃ ~ 3,000 ℃ 온도에서 작동하고 측정 튜브 내에서의 투사광과 산란광의 총 통과거리는 10 cm를 넘지 않아야 하며, 검출기에 의해 빛을 흡수하는 각도는 투사광에 대하여 (90±30) 도를 넘지 않아야 한다.
② 측정관 : 무색투명한 유리재질로서 튜브의 내외부가 긁히거나 부식되지 않아야 한다.

6. 시약

① 정제수 : 0.02 NTU 이하

② 표준용액
   ㉠ 탁도표준원액(400 NTU) : 황산하이드라진용액 5.0 mL와 헥사메틸렌테트라아민용액 5.0 mL를 섞어 실온에서 24시간 방치한 다음 정제수를 넣어 100 mL로 한다.(이 용액 1 mL는 탁도 400 NTU에 해당하며 1개월간 사용)
   ㉡ 탁도표준용액(40 NTU) : 사용할 때에 만든다.

7. 시료채취 및 관리

① 시료는 유리병에 채취하고 가능한 빨리 측정한다.
② 시료를 보관하여야 할 경우 미생물에 의해 분해를 방지하기 위해 0 ℃ ~ 4 ℃로 보관한다.

8. 분석절차

① 탁도표준용액(40 NTU)을 0.5, 5.0, 12.5 mL를 취해 정제수로 100 mL로 희석하면 각각 0.2, 2.0, 5.0 NTU의 용액이 되며 이를 사용하여 제조사의 보정방법에 따라 탁도계를 보정한다.
② 시료를 강하게 흔들어 섞고 공기방울이 없어질 때까지 가만히 둔 후 일정량을 취하여 측정튜브에 넣고 보정된 탁도계로 탁도를 측정한다.

실전 예상문제

01 먹는물 중 탁도시험에 대한 다음 설명 중 틀린 것은?

① 이 시험방법은 먹는물, 샘물 및 염지하수의 탁도 측정에 적용한다.

② 탁도의 정량한계는 0.02 NTU이고, 정량범위는 0.02 NTU ~ 400 NTU이다.

③ 탁도표준용액 1 mL는 탁도 40 NTU에 해당하며 1개월간 사용한다.

④ 검정곡선의 직선성을 검증하기 위하여 각 시료군마다 1회의 검정곡선 검증을 실시하는 것이 바람직하다.

풀이 탁도표준원액을 잘 섞으면서 1.0 mL를 정확히 취하여 정제수로 10배 희석한다. 이 용액은 탁도 40 NTU에 상당하며, **사용할 때에 만든다.**

09-1 세제(음이온계면활성제) – 자외선/가시선 분광법
(Surfactants – UV/Visible Spectrometry)
(ES 05309.1d 2018)

1. 개요

시료 중에 음이온계면활성제와 메틸렌블루가 반응하여 생성된 청색의 복합체를 클로로포름으로 추출하여 **클로로포름층의 흡광도를** 652 nm에서 측정하는 방법이다.

2. 적용범위

① 먹는물, 샘물, 염지하수의 세제 중 음이온계면활성제의 분석에 적용

> **주의** 염지하수의 경우 매질에 의한 간섭이 발생하므로 **표준물첨가법을** 사용한다.

② 선형알킬설폰산염(LAS ; Linear Alkyl Sulfonate)과 알킬벤젠설폰산염(ABS ; alkyl benzene sulfonate)을 구분할 수 없다.
③ 정량범위 : 선형알킬설폰산염 0.1 mg/L ~ 1.4 mg/L

3. 간섭물질

① 유기설폰산염, 황산염, 탄산염, 페놀류나 무기티오시안화물, 시안화물, 질산화물, 염화물 등은 메틸렌블루와 반응하여 양의 오차를 유발한다.
② 양이온계면활성제가 존재하면 음의 오차를 준다. 이는 메틸렌블루 활성물질과 이온쌍을 형성하여 방해를 하며 양이온교환수지를 사용하여 제거할 수 있다.
③ 입자가 시료 중에 존재하면 음의 오차를 준다. 이는 생성된 복합체를 흡착하여 방해하므로 거름을 통해 제거한다.

4. 기구

① 자외선/가시선 분광광도계는 광원부, 파장선택부, 시료부 및 측광부로 구성되어 있고 빛 경로길이가 1 cm 이상 되며, 510 nm 또는 460 nm의 파장에서 흡광도의 측정이 가능하여야 한다.
② 측정관 : 무색투명한 유리재질

5. 시약

■ 표준용액

① 음이온계면활성제표준원액(1 000 mg/L) : 도데실벤젠설폰산나트륨 1.0 g(순도 100 %로 환산하여 계산함)을 정제수에 녹여 1 L로 한 후 찬 곳에 보존
② 음이온계면활성제표준용액(10.0 mg/L) : 만든 후 1주일 내에 사용

6. 시료채취 및 관리

① 시료채취는 폴리에틸렌(PE)병 또는 유리병과 폴리테트라플루오로에틸렌(PTFE) 재질의 마개를 사용
② 모든 시료는 시료채취 후 추출하기 전까지 4 ℃ 냉암소에서 보관

7. 분석절차

① 잔류염소를 함유한 시료의 경우에는 미리 **잔류염소 1 mg에 대하여 아황산수소나트륨용액 1 mL**를 넣은 것을 시료로 한다.
② 시료는 **클로로포름**으로 추출한다.
③ 이 시험용액의 일부를 흡수셀(10 mm)에 넣고 자외선/가시선 분광광도계를 사용하여 시료와 같은 방법으로 시험한 **바탕시험액**을 대조액으로 하여 파장 652 nm 부근에서 흡광도를 측정하고 작성한 검정곡선으로부터 시험용액 중의 음이온계면활성제의 양을 **도데실벤젠설폰산나트륨의 양**으로서 구한다.
※ 시료분석결과 검정곡선 농도범위를 벗어나면 시료를 희석해서 재분석하여야 한다.

09-2 세제(음이온계면활성제) – 연속흐름법
(Anionic Surfactants–Continuous Flow Analysis)

(ES 05309.2a 2018)

1. 용어정의

(1) 바탕선 들뜸 보정 시료

시간에 따라 기기의 바탕선이 들뜨는 것을 보정하는 시료이며, 검정곡선 작성에 사용된 표준용액 중 하나를 선택하여 사용한다. 초기에 보정 시료로 기준점을 설정한 후 시료 7 ~ 10개당 한 번씩 보정시료를 분석하여 바탕선의 들뜸을 보정한다.

(2) 분할흐름분석기

분할흐름분석기(SFA ; Segmented Flow Analyzer)란 연속흐름분석기의 일종으로 다수의 시료를 연속적으로 자동 분석하는 분석기다. 본체의 구성은 시료와 시약을 주입할 수 있는 펌프와 튜브, 시료와 시약을 반응시키는 반응기 및 검출기로 구성되어 있으며, 용액의 흐름 사이에 일정한 간격으로 공기방울을 주입하여 시료의 분산 및 연속흐름에 따른 상호 오염을 방지하도록 구성되어 있다.

(3) 흐름주입분석기

흐름주입분석기(FIA ; Flow Injection Analyzer)란 연속흐름분석기의 일종으로 다수의 시료를 연속적으로 자동 분석하는 분석기다. 기본적인 본체의 구성은 분할흐름분석기와 같으나 용액의 흐름 사이에 공기방울을 주입하지 않는 것이 차이점이다. 공기방울 미 주입에 따라 시료의 분산 및 연속흐름에 따른 상호 오염의 우려가 있으나 분석시간이 빠르고 기계장치가 단순해지는 장점이 있다.

2. 분석기기 및 기구

자동분석기 : 시료자동주입기, 용매이송펌프, 반응기, 상분리기, 검출기, 기록계로 구성된다.

3. 분석절차

① 시료가 탁한 경우, 시료 중의 부유물질을 제거하기 위해 필요하다면 유리섬유여과지(GF/C) 또는 공극 크기(Pore Size) 0.45 μm의 여과지로 여과를 실시한다.

② 시료 및 클로로포름을 제외한 시약 공급라인에 정제수를 연결하여, 자동분석기에 정제수를 흘리면서 정제수가 각 공급라인에 정상적으로 유입되는지 여부를 관찰하고 이상이 없으면 약 30분간 바탕선을 안정화시킨다.

③ 바탕선이 안정화되면 조제된 시약들을 각 시약 공급라인에 올바르게 연결하고 자동분석기로 흘려주어 시약에 의한 바탕선을 안정화시킨다.

※ 사용된 음이온계면활성제 표준시약이 황산염일 경우 설폰산염으로 환산하여 계산한다.

실전 예상문제

01 세제(음이온계면활성제) – 자외선/가시선분광법의 설명으로 괄호 안에 들어갈 내용으로 옳은 것은?

2014 제6회

> 먹는물, 샘물 및 염지하수 중에 세제를 측정하는 방법으로서 시료 중에 음이온계면활성제와 메틸렌블루가 반응하여 생성된 청색의 복합체를 (   )으로 추출하여 흡광도를 652 nm에서 측정하는 방법이다.

① 헥산
② 아세톤
③ 클로로포름
④ 다이클로로메탄

풀이 이 시험기준은 먹는물, 샘물 및 염지하수 중에 세제를 측정하는 방법으로서 시료 중에 음이온계면활성제와 메틸렌블루가 반응하여 생성된 **청색의 복합체**를 **클로로포름**으로 추출하여 클로로포름층의 흡광도를 652 nm에서 측정하는 방법이다.

02 먹는물수질공정시험기준의 시험방법으로 사용되는 연속흐름법의 바탕선 들뜸 보정 시료에 대한 설명으로 틀린 것은?

① 시간에 따라 바탕선이 들뜨는 것을 보정하는 시료이다.
② 검정곡선작성에 사용된 표준용액이 아닌 별도의 표준용액을 사용한다.
③ 초기에 보정시료로 기준점을 설정한다.
④ 7 ~ 10개의 시료당 한 번씩 보정시료를 분석한다.

풀이 바탕선 들뜸 보정 시료는 검정곡선 작성에 사용된 표준 용액 중 하나를 선택하여 사용한다.

03 자외선/가시선 분광법으로 먹는물에 포함된 세제(음이온계면활성제)를 측정할 때 양의 오차를 유발하는 간섭물질이 아닌 것은?

① 시안화물
② 질산화물
③ 염화물
④ 양이온계면활성제

풀이
• 양의 오차 발생 물질 : 유기설폰산염, 황산염, 탄산염, 페놀류나 무기티오시안화물, 시안화물, 질산화물, 염화물
• 음의 오차 발생 물질 : 양이온계면활성제, 입자

정답 01 ③ 02 ② 03 ④

04 염지하수에서 세제를 분석하기 위해 검정곡선을 작성하려고 한다. 가장 적합한 방법은?

① 절대검정곡선법
② 상대검정곡선법
③ 표준물첨가법
④ 내부표준물질법

> **풀이** 염지하수의 경우 매질에 의한 간섭이 발생하므로 **표준물첨가법**을 사용한다.

05 다음 중 자외선/가시선 분광법으로 먹는물에 포함된 세제(음이온계면활성제)를 측정할 때에 대한 설명으로 틀린 것은?

① 시료 중에 음이온계면활성제와 메틸렌블루가 반응하여 생성된 청색의 복합체를 클로로포름으로 추출하여 클로로포름층의 흡광도를 652 nm에서 측정하는 방법이다.
② 이 시험방법에 의해 선형알킬설폰산염(LAS ; Linear Alkyl Sulfonate)과 알킬벤젠설폰산염(ABS ; Alkyl Benzene Sulfonate)을 구분할 수 있다.
③ 양이온계면활성제가 존재하면 음의 오차를 준다. 이는 메틸렌블루 활성물질과 이온쌍을 형성하여 방해를 하며 양이온교환수지를 사용하여 제거할 수 있다.
④ 시료채취는 유리병과 폴리테트라플루오로에틸렌(PTFE) 재질의 마개를 사용한다.

> **풀이** 이 시험방법에 의해 선형알킬설폰산염(LAS ; Linear Alkyl Sulfonate)과 알킬벤젠설폰산염(ABS ; Alkyl Benzene Sulfonate)을 **구분할 수 없다.**

06 다음 중 먹는물 중 세제를 연속흐름법으로 분석할 때에 대한 설명으로 맞는 것은?

① 시료 중에 음이온계면활성제와 메틸렌블루가 반응하여 생성된 청색의 복합체를 클로로포름으로 추출하여 클로로포름층의 흡광도를 460 nm에서 측정하는 방법이다.
② 염도가 높은 시료의 계면활성제 측정에는 적용할 수 없다.
③ 바탕선 들뜸 보정 시료는 시료 20개 당 한번씩 보정시료를 분석한다.
④ 사용된 음이온계면활성제 표준시약이 황산염일 경우 도데실벤젠설폰산염으로 환산하여 계산 한다.

> **풀이** 바탕선 들뜸 보정 시료는 초기에 보정 시료로 기준점을 설정한 후 **시료 7개 ~ 10개당 한 번씩** 보정시료를 분석하여 바탕선의 들뜸을 보정한다.

07 다음은 먹는물 중의 세제를 연속흐름법으로 분석할 때에 대한 설명이다. 틀린 것은?

① 바탕선 들뜸 보정시료는 시간에 따라 기기의 바탕선이 들뜨는 것을 보정하는 시료이다.

② 분할흐름분석기(SFA ; Segmented Flow Analyzer)는 용액의 흐름 사이에 일정한 간격으로 공기
방울을 주입하여 시료의 분산 및 연속흐름에 따른 상호 오염을 방지하도록 구성되어 있어 분석시간
이 빠르다.

③ 흐름주입분석기(FIA ; Flow Injection Analyzer)는 용액의 흐름 사이에 공기방울을 주입하지 않
는 것이 차이점이다.

④ 흐름주입분석기(FIA ; Flow Injection Analyzer)는 공기방울 미 주입에 따라 시료의 분산 및 연속
흐름에 따른 상호 오염의 우려가 있으나 기계장치가 단순해지는 장점이 있다.

> **풀이** 분할흐름분석기(SFA, segmented flow analyzer)는 용액의 흐름 사이에 일정한 간격으로 공기방울을 주
> 입하여 시료의 분산 및 연속흐름에 따른 상호 오염을 방지하도록 구성되어 있다. 따라서 공기 주입에 따라
> 분석시간이 상대적으로 길어진다.

10-1 잔류염소-DPD 비색법(Residual Chlorine-DPD Colorimetry)

(ES 05310.1b 2018)

1. 개요

시료의 pH를 인산염완충용액을 사용하여 약산성으로 조절한 후 N,N-디에틸-p-페니렌디아민
황산염(DPD)으로 발색하여 잔류염소 표준비색표와 비교하여 측정한다.

2. 적용범위

① 유리잔류염소와 결합잔류염소의 양을 측정할 수 있다.
② 농도범위 : 0.05 mg/L ~ 2.0 mg/L

3. 간섭물질

① 시료가 색이나 탁도를 띠면 처리 전의 시료를 사용하여 색을 보정
② 구리(동)는 잔류염소의 측정을 간섭하는데 10 mg/L 이하로 존재하는 구리는 EDTA를 사용하여
제거
③ 2 mg/L 이상의 크롬산은 종말점에서 간섭을 하는데 이때 염화바륨을 가하여 침전시켜 제거

4. 용어정의

(1) 유리잔류염소

유리잔류염소란 염소(Cl_2)가 물에 용해되어 생성하는 차아염소산(HOCl ; Hypochlorous Acid)과
차아염소산이온(OCl^- ; Hypochlorite Ion)을 의미하며 pH와 온도에 따라 그 비율이 달라진다.

(2) 결합잔류염소

결합잔류염소란 염소(Cl_2), 차아염소산(HOCl) 또는 차아염소산이온(OCl^-)이 암모니아(NH_3)와
반응하여 생성한 모노클로라민(NH_2Cl), 디클로라민($NHCl_2$), 트리클로라민(NCl_3)을 의미한다.

(3) 총잔류염소

총잔류염소 = 유리잔류염소 + 결합잔류염소

5. 시료채취 및 관리

① 수용액 중에 염소는 안정하지 않아 빨리 감소한다. 따라서 **잔류염소의 측정**은 시료채취 즉시 현장에서 수행한다.

② 잔류염소의 측정을 위해 시료채취 후에는 **직사광선**을 피해야 하고 심하게 흔들지 말아야 한다.

6. 결과 보고

결합잔류염소(mg/L) = 총잔류염소농도 − 유리잔류염소농도.

실전 예상문제

01
2013
제5회
물 중에 존재하는 잔류염소의 형태에 대한 설명으로 틀린 것은?

① 유리잔류염소란 차아염소산과 차아염소산 이온을 의미한다.
② 염소, 차아염소산이 암모니아와 반응하여 생성한 모노, 디, 트리클로라민을 결합잔류염소라 한다.
③ 총잔류염소란 결합잔류염소에서 유리잔류염소를 뺀 값을 의미한다.
④ 잔류 염소는 DPD 비색법이나 OT 비색법으로 측정할 수 있다.

풀이 총잔류염소란 유리잔류염소와 결합잔류염소의 합을 의미한다.

02
DPD법으로 먹는물 중에 존재하는 잔류 염소를 측정하려 할 때 간섭물질과 그 제거방법으로 틀린 것은?

① 시료가 색이나 탁도를 띠면 처리 전의 시료를 사용하여 색을 보정한다.
② 구리(동)는 잔류염소의 측정을 간섭하는데 10 mg/L 이하로 존재하는 구리는 EDTA를 사용하여 제거할 수 있다.
③ 2 mg/L 이상의 크롬산은 종말점에서 간섭을 하는데 이때 염화바륨을 가하여 침전시켜 제거한다.
④ 탁도나 색이 존재하면 OT 비색법으로 측정한다.

풀이 시료가 색이나 탁도를 띠면 처리 전의 시료를 사용하여 색을 보정한다.

03
다음 화합물 중 결합잔류염소가 아닌 것은?

① 모노클로라민   ② 디클로라민
③ 클로라민 트리클로라이드   ④ 테트라클로라민

풀이 결합잔류염소는 모노클로라민, 디클로라민, 클로라민 트리클로라이드(트리클로라민)이다.

04
DPD법으로 먹는물 중에 존재하는 잔류염소를 측정하고자 한다. 염소이온의 농도가 10.00 mg/L, 총클로라민의 농도가 1.50 mg/L, 유리잔류염소의 농도가 0.50 mg/L로 측정되었다. 결합잔류염소는 얼마인가?

① 8.00 mg/L   ② 11.00 mg/L   ③ 1.00 mg/L   ④ 2.5 mg/L

풀이 결합잔류염소(mg/L) = 총잔류염소(mg/L) − 유리잔류염소(mg/L)
= 1.50 mg/L − 0.50 mg/L
= 1.00 mg/L

정답 01 ③ 02 ④ 03 ④ 04 ③

10-2 잔류염소 – OT 비색법
(Residual Chlorine – OT Colorimetry)

(ES 05310.2b 2018)

1. 개요

시료의 pH를 인산염완충용액을 사용하여 약산성으로 조절한 후 o – 톨리딘용액(o – tolidine hydrochloride, OT)으로 발색하여 잔류염소표준비색표와 비교하여 측정한다.

(1) 적용범위

① 유리잔류염소와 결합잔류염소의 양을 측정할 수 있다.
② 농도범위 : 0.01 mg/L ～ 10.0 mg/L

(2) 간섭물질

① 시료가 색이나 탁도를 띠면 처리 전의 시료를 사용하여 색을 보정
② 구리(동)는 잔류염소의 측정을 간섭하는데 10 mg/L 이하로 존재하는 구리는 EDTA를 사용하여 제거
③ 2 mg/L 이상의 크롬산은 종말점에서 간섭을 하는데 이때 염화바륨을 가하여 침전시켜 제거

2. 시약 및 표준용액

① o – 톨리딘용액 : 갈색병에 넣어 보존하며, 6개월 이내에 사용
② 인산염완충용액
③ 잔류염소 표준용액 : 크롬산칼륨 4.65 g과 중크롬산칼륨 1.55 g을 인산완충용액에 녹여 1 L로 한다.
④ 잔류염소표준비색표는 어두운 곳에 보존하고 침전물이 생성되었을 때에는 다시 만든다.

실전 예상문제

01 OT법으로 먹는물 중에 존재하는 잔류염소를 측정하기 위해 표준용액을 제조하려고 한다. 적당한 물질은?

① o-톨리딘염산염

② 인산일수소칼륨과 인산이수소칼륨

③ 중크롬산칼륨

④ 크롬산칼륨과 중크롬산칼륨

풀이 OT법에 의한 잔류염소 표준용액 제조는 크롬산칼륨(potassium chromate(Ⅵ), K_2CrO_4, 분자량 : 194.19) 4.65 g과 중크롬산칼륨(potassium dichromate(Ⅵ), $K_2Cr_2O_7$, 분자량 : 294.18) 1.55 g을 인산완충용액에 녹여 1 L로 한다.

10-3 잔류염소 – DPD 분광법
(Residual Chlorine – DPD Spectrometry)

(ES 05310.3 2018)

1. 개요

물속의 잔류염소를 N,N – 디에틸 – p – 페니렌디아민황산염(DPD ; N, N – diethyl – p – pheny – lenediamine sulfate)으로 발색하여 색소의 흡광도를 515 nm 또는 기기에서 정해진 파장에서 측정하는 방법이다.

(1) 적용범위

① 유리잔류염소와 결합잔류염소의 양을 측정할 수 있다.
② 정량범위 : 0.02 mg/L ~ 2.0 mg/L

(2) 간섭물질

※ 잔류염소 – DPD 비색법 참조

2. 용어

※ 잔류염소 – DPD 비색법 참조

3. 분석기기 및 기구

분광기(Spectrophotometer) : 510 nm 파장 및 기기에서 정해진 파장을 측정할 수 있는 것을 사용한다.

4. 시약 및 표준용액

(1) 시약

① N,N – 디에틸 – p – 페니렌디아민황산염(DPD) 시약
N,N – 디에틸 – p – 페니렌디아민황산염 1.0 g을 잘 분쇄하여 사용한다. 여기에 무수 황산나트륨 24 g을 넣고 혼합하여 백색병에 넣은 다음 습기가 없고 어두운 곳에 보관한다. 담적색으로 착색한 것을 사용하면 안 된다.
② 인산염완충용액 : pH 6.5

③ 에시드레드(acid red) 265

에시드레드 265를 105 ℃ ~ 110 ℃에서 3시간 ~ 4시간 건조하여 사용한다.

(2) 표준용액

잔류염소 표준원액(50 mg/L)

105 ℃ ~ 110 ℃에서 3시간 ~ 4시간 건조하여 황산데시케이터 중에서 식힌 표준시약 에시드레드(acid red) 265(N－토르일설포닐H산) 0.329 g을 정제수에 녹여 1 L로 하여 표준원액으로 한다.

※ 표준용액으로 에시드레드 대신 **과망간산칼륨용액**을 사용할 수 있다.

5. 시료채취 및 관리

① 수용액 중에 염소는 안정하지 않아 빨리 감소한다. 따라서 **잔류염소의 측정**은 시료채취 즉시 현장에서 수행한다.
② 잔류염소의 측정을 위해 시료채취 후에는 **직사광선**을 피해야 하고 심하게 흔들지 말아야 한다.

6. 분석절차

(1) 유리잔류염소

① 20 mL의 마개 있는 유리 바이알에 10 mL의 시료를 넣는다.
② 인산염완충용액 0.5 mL를 첨가한다.
  ※ 제조사별 DPD 시약에 인산염이 포함되어 있으면 위의 과정을 생략한다.
③ 0.5 g DPD 시약을 넣는다.
④ 2분간 안정화시킨다.
⑤ 515 nm 파장에서 흡광도를 측정한다.

(2) 총잔류염소

유리잔류염소 측정의 ③의 용액에 요오드화칼륨 0.1 g을 넣어 약 2분간 안정화시킨 후의 적색의 흡광도를 측정하여 총잔류염소농도(mg/L)를 구한다.

(3) 결합잔류염소(mg/L)

총잔류염소농도 － 유리잔류염소농도

실전 예상문제

01 먹는물수질공정시험기준에서 규정하고 있는 잔류염소 측정방법으로 틀린 것은?

① DPD 비색법   ② OT 비색법
③ DPD 분광법   ④ OT 분광법

풀이 먹는물수질공정시험기준의 잔류염소 측정방법은 DPD 비색법, OT 비색법, DPD 분광법이다.

02 잔류염소－DPD 분광법에 대한 설명으로 틀린 것은?

① 정량한계는 0.05 mg/L이다.
② 표준용액으로 과망간산칼륨용액을 사용할 수 있다.
③ N,N－디에틸－p－페니렌디아민황산염(DPD) 시약은 습기가 없는 어두운 곳에 보관한다.
④ 측정파장은 510 nm 및 기기에서 정해진 파장을 측정할 수 있다.

풀이 잔류염소－DPD 분광법의 정량한계는 0.02 mg/L이다.

11-1 페놀류 – 자외선/가시선 분광법
(Phenols – UV/Visible Spectrometry)

(ES 05311.1b 2018)

1. 개요

시료의 pH를 4로 조절하여 증류한 시료에 **염화암모늄 – 암모니아 완충용액**을 넣어 pH 10으로 조절한 다음 4 – 아미노안티피린과 헥사시안화(Ⅲ)산칼륨을 넣어 생성된 적색의 안티피린계 색소를 클로로포름으로 추출 후 460 nm에서 흡광도를 측정하여 페놀을 분석한다.

(1) 적용범위

① 먹는물, 샘물 및 염지하수 중 총 페놀류의 분석에 적용한다.

② 페놀, 오쏘(ortho) – 페놀 및 그 화합물, 메타(meta) – 페놀 및 그 화합물 및 카르복실기 (carboxyl), 할로겐기(halogen), 메톡시기(methoxy), 황산기(sulfonic acid)의 파라(para) 치환 페놀 및 그 화합물을 측정할 수 있다.

③ 알킬기(alkyl), 아릴기(aryl), 니트로기(nitro), 벤조일기(benzoyl), 니트로소기(nitroso) 및 알데하이드기(aldehyde)의 파라(para) 치환 페놀 및 그 화합물을 측정할 수 없다.

④ 정량범위 : 0.005 mg/L ~ 0.10 mg/L

⑤ 이 시험방법으로는 각 페놀 종류를 구분하여 정량할 수 없다.

(2) 간섭물질

① 황화합물의 간섭을 받을 수 있는데 이는 인산(H_3PO_4)을 사용하여 pH 4로 산성화하여 교반하면 황화수소(H_2S)나 이산화황(SO_2)으로 제거할 수 있다. 황산구리($CuSO_4$)를 첨가하여 제거할 수도 있다.

② 염소와 요오드(요오드이온이 산화되면 요오드가 생성됨)와 같은 산화제는 페놀화합물을 산화시키므로 과량의 황산제일철(Ferrous Sulfate)을 첨가하여 제거한다.

③ 오일과 타르 성분은 수산화나트륨을 사용하여 시료의 pH를 12 ~ 12.5로 조절한 후 클로로포름(50 mL)으로 용매 추출하여 제거할 수 있다. 시료 중에 남아 있는 클로로포름은 항온 수욕조에서 가열시켜 제거한다.

2. 용어정의

(1) 그람냉각기

그람냉각기(Graham Condenser)란 냉각기의 일종으로 주로 기화된 시료의 냉각 및 액화에 사용된다. 냉각기의 내부에는 **나선형으로 된 시료 이송관**이 위치하고 있으며, 냉각수는 시료 이송관의 외부로 흐른다.

(2) 농도결정

농도결정(Standardization)은 이론적으로 계산한 표준용액의 농도와 실제로 제조한 표준용액 간의 농도 편차를 보정하기 위하여 실시하며, 제조한 표준물질의 당량에 대응하는 반응시약의 당량으로서 구할 수 있다.

3. 분석기기 및 기구

(1) 자외선/가시선 분광광도계

광원부, 파장선택부, 시료부 및 측광부로 구성되어 있고 빛 경로길이가 1 cm 이상이다. 510 nm 또는 460 nm의 파장에서 흡광도의 측정이 가능하다.

(2) 증류장치

그람냉각기(graham condenser)가 부착된 유리재질의 증류장치를 사용한다.

4. 시약 및 표준용액

- **시약**

  ① 황산구리 · 5수화물, 인산(H_3PO_4)(1+9), 염화암모늄 – 암모니아 완충용액(pH 10)
     4 – 아미노안티피린용액 2 %(w/v), 헥사시안화철(Ⅲ)산칼륨용액, 클로로포름, 브롬산칼륨 · 브롬화칼륨용액(0.1 M), 티오황산나트륨 · 5수화물
  ② 무수황산나트륨(Na_2SO_4) : 300 ℃에서 하룻밤 건조 또는 400 ℃에서 4시간 건조
  ③ 요오드산칼륨 : 120 ℃ ~ 140 ℃로 2시간 건조
  ④ 황산(1+5), 전분용액, 티오황산나트륨용액(0.1 M)

5. 시료채취 및 관리

① 시료 1 L에 대하여 황산동 1 g과 인산을 넣어 pH 4로 하여 산성화시켜 **생물학적 분해를 방지**한다.

② 시료채취 후 4시간 내에 분석을 하지 않을 경우에는 4 ℃에서 보관하며 시료채취 후 28일 이내에 분석한다.

6. 분석절차

(1) 전처리

① 시료 500 mL를 미리 수개의 비등석을 넣은 증류플라스크에 넣고, 황산구리 · 5수화물 0.5 g과 인산(1+9)을 넣어 pH를 약 4로 조절한다.

② 증류액이 450 mL가 되었을 때 가열을 중지하고 증류플라스크에 정제수 50 mL를 넣어 다시 증류를 행하여 전 증류액이 500 mL가 되었을 때 증류를 끝낸다.

③ 증류액이 백탁되었을 때에는 증류 조작을 반복하여 **재증류**한다.

(2) 측정법

① 전처리에서 얻은 시험용액 500 mL를 분별깔때기에 넣고 **염화암모늄 – 암모니아 완충용액** 5 mL를 넣어 흔들어 섞는다.

② 4 – 아미노안티피린용액 3 mL와 헥사시안화철(Ⅲ)산칼륨용액 10 mL를 넣어 섞고 3분간 둔 후 클로로포름 15 mL를 넣어 강하게 흔들어 섞은 다음 가만히 두었다가 클로로포름 층을 취한다.

③ 클로로포름 10 mL를 사용하여 같은 방법으로 추출하여 클로로포름 층을 취하고, 취한 클로로포름 층을 합하여 **건조필터로 여과**한다.

④ 추출물의 일부를 흡수셀(10 mm)에 넣고, 분광광도계를 사용하여 시료와 같은 방법으로 시험한 바탕시험액을 대조액으로 하여 파장 460 nm에서 흡광도를 측정한다.

11-2 페놀류 – 연속흐름법(Phenols–Continuous Flow Analysis(CFA))

(ES 05311.2a 2018)

1. 개요

시료의 pH를 4로 조절하여 증류한 시료에 염화암모늄 – 암모니아 완충용액을 넣어 pH 10으로 조절한 다음 4 – 아미노안티피린과 헥사시안화철(Ⅱ)산칼륨을 넣어 생성된 적색의 안티피린계 색소의 흡광도를 510 nm 또는 기기에서 정해진 파장에서 측정하는 방법이다.

2. 용어, 분석기구 및 기구

세제(음이온계면활성제) – 연속흐름법 참조

3. 시약 및 표준용액

페놀 표준원액(100 mg/L) : 제조용액은 1주일간 유효하며 4 ℃에서 보관

4. 분석절차

(1) 전처리

① 모든 시료는 인산을 사용하여 pH 4 이하로 조절한 후 황산구리를 시료 1 L당 1 g의 비율로 첨가

② 필요시 부유물질 제거는 유리섬유여과지(GF/C) 또는 공극 크기(Pore Size) 0.45 μm의 여과지로 여과

(2) 측정법

① 시료 및 시약 공급라인에 정제수를 연결하여, 자동분석기에 정제수를 흘리면서 정제수가 각 공급라인에 정성적으로 유입되는지 여부를 관찰하고 이상이 없으면 약 30분간 바탕선을 안정화시킨다.

② 바탕선이 안정화되면 조제된 시약들을 각 시약 공급라인에 올바르게 연결하고 자동분석기로 흘려주어 시약에 의한 바탕선을 안정화시킨다.

③ 바탕선 측정시료, 페놀 표준 용액, 시료 및 바탕선 들뜸 보정시료 등을 자동분석기에 순서대로 설치하고 조건에 따라 분석을 실시한다.

④ 분석이 완료되면 모든 시약 및 시료 공급 라인을 정제수로 20분간 세척한 후 다시 공기를 유입시켜 라인 내에 정제수를 제거한다.

실전 예상문제

01 다음의 시험방법으로 분석하고자 하는 물질은?

> 시료의 pH를 4로 조절하여 증류한 시료에 염화암모늄 – 암모니아 완충용액을 넣어 pH 10으로 조절한 다음 4 – 아미노안티피린과 헥사시안화철(Ⅲ)산칼륨을 넣어 생성된 적색의 안티피린계 색소를 클로로포름으로 추출 후 460 nm에서 흡광도를 측정하여 분석한다.

① 페놀   ② 시안   ③ 불소   ④ 암모니아

> **풀이** 이 시험방법은 먹는물, 샘물 및 염지하수 중에 총 페놀을 측정하는 방법으로서 시료의 pH를 4로 조절하여 증류한 시료에 염화암모늄 – 암모니아 완충용액을 넣어 pH 10으로 조절한 다음 4 – 아미노안티피린과 헥사시안화철(Ⅲ)산칼륨을 넣어 생성된 적색의 안티피린계 색소를 클로로포름으로 추출 후 460 nm에서 흡광도를 측정하여 페놀을 분석한다.

02 흡광광도법으로 먹는물 중에서의 페놀을 분석하고자 한다. 다음 설명 중 틀린 것은?

① 이 시험방법에 의해 페놀, 오쏘(Ortho) – 페놀 및 그 화합물, 메타(Meta) – 페놀 및 그 화합물 및 카르복실기(Carboxyl), 할로겐기(Halogen), 메톡시기(Methoxy), 황산기(Sulfonic Acid)의 파라(Para) 치환 페놀 및 그 화합물을 측정할 수 있다.

② 이 시험방법으로는 알킬기(Alkyl), 아릴기(Aryl), 니트로기(Nitro), 벤조일기(Benzoyl), 니트로소기(Nitroso) 및 알데하이드기(Aldehyde)의 파라(Para) 치환 페놀 및 그 화합물을 측정할 수 없다.

③ 이 시험방법은 먹는물, 샘물 및 염지하수 중에 페놀이 0.10 mg/L 이하의 농도범위에서 적절하며 시료 중에는 0.005 mg/L의 정량한계를 갖는다.

④ 이 시험방법으로는 각 페놀 종류를 구분하여 정량할 수 있다.

> **풀이** 페놀의 종류를 구분하려면 크로마토그래프법을 사용하여야 한다.

03 흡광광도법으로 먹는물 중에서의 페놀을 분석하고자 한다. 간섭물질과 제거방법으로 틀린 것은?

① 황 화합물의 간섭을 받을 수 있는데 이는 황산구리($CuSO_4$)를 첨가하여 제거할 수 있다.

② 염소와 요오드(요오드이온이 산화되면 요오드가 생성됨)와 같은 산화제는 페놀화합물을 산화시키므로 과량의 황산제일철(Ferrous Sulfate)을 첨가하여 제거한다.

③ 오일과 타르 성분은 수산화나트륨을 사용하여 시료의 pH를 12 ~ 12.5로 조절한 후 클로로포름(50 mL)으로 용매 추출하여 제거하거나 또는 황산을 사용하여 시료에 함유된 유기물인 오일과 타르를 태워서 제거할 수 있다.

정답 01 ①   02 ④   03 ③

④ 황화합물의 간섭을 받을 수 있는데 이는 인산(H_3PO_4)을 사용하여 pH 4로 산성화하여 교반하면 황화수소(H_2S)나 이산화황(SO_2)으로 제거할 수 있다.

> **풀이** 오일과 타르 성분은 수산화나트륨을 사용하여 시료의 pH를 12 ~ 12.5로 조절한 후 클로로포름(50 mL)으로 용매 추출하여 제거할 수 있다. 시료 중에 남아 있는 클로로포름은 항온 수욕조에서 가열시켜 제거한다.

04 다음은 먹는물 중의 페놀을 시험하는 방법에 대한 설명이다. ( ) 안에 알맞은 것은?

> 시료의 pH를 (A)로 조절하여 증류한 시료에 염화암모늄－암모니아 완충용액을 넣어 (B)으로 조절한 다음 4－아미노안티피린과 헥사시안화철(II)산칼륨을 넣어 생성된 (C)의 안티피린계 색소의 흡광도를 (D) 또는 기기에서 정해진 파장에서 측정하는 방법이다.

① A : 4　　　　B : pH 10　　　C : 적색　　　D : 460 nm
② A : 5　　　　B : pH 10　　　C : 청색　　　D : 460 nm
③ A : 10　　　B : pH 4　　　C : 적색　　　D : 510 nm
④ A : 10　　　B : pH 5　　　C : 청색　　　D : 510 nm

> **풀이** 이 시험기준은 먹는물, 샘물 및 염지하수 중에 총 페놀을 측정하는 방법으로서 시료의 pH를 4로 조절하여 증류한 시료에 염화암모늄－암모니아 완충용액을 넣어 pH 10으로 조절한 다음 4－아미노안티피린과 헥사시안화철(III)산칼륨을 넣어 생성된 적색의 안티피린계 색소를 클로로포름으로 추출 후 460 nm에서 흡광도를 측정하여 페놀을 분석한다.

004 이온류

···01 불소이온(Fluoride, F) (ES 05351.a 2018)

1. 일반적 성질

불소이온은 산세정수로부터 오염되기도 한다. 불소이온은 하루 약 1.0 mg 사용으로 충치예방효과가 있는 것으로 알려져 있으나 과다 복용 시에는 **반상치** 등 부작용이 있다.

2. 적용 가능한 시험기준

불소이온	정량범위(mg/L)	정밀도(% RSD)
이온크로마토그래피	0.02 ~ 5.0	20 % 이내
자외선/가시선 분광법	0.15 ~ 5.0	20 % 이내

01-1 불소이온 – 이온크로마토그래피 (Fluoride – Chromatography)

(ES05351.1b 2018)

시료를 0.2 μm 막 여과지를 통과시켜 고체미립자를 제거한 후 음이온 교환 컬럼을 통과시켜 각 음이온들을 분리한 후 전기전도도 검출기로 측징하는 방법이다.

01-2 불소이온 – 자외선/가시선 분광법 (Fluoride – UV/Visible Spectrometry)

(ES 05351.2b 2018)

1. 개요

불소이온을 란탄과 알리자린콤플렉손의 착화합물과 반응하여 생성하는 청색의 복합 착화합물의 흡광도를 620 nm에서 측정하는 방법이다.

(1) 적용범위

① 먹는물, 샘물 및 염지하수 중 불소이온의 측정에 적용
② 정량한계 : 0.15 mg/L

(2) 간섭물질

0.2 mg/L 이상의 알루미늄 이온은 안정한 AlF_6^{3-} 화합물을 형성한다.

2. 분석기기 및 기구

(1) 자외선/가시선 분광광도계

① 광원부, 파장선택부, 시료부 및 측광부로 구성
② 광원 : 가시부와 근적외부의 광원으로는 주로 텅스텐램프를 사용하고 자외부의 광원으로는 주로 중수소 방전관을 사용

(2) 흡수셀

① 370 nm 이상 : 석영 또는 경질유리 흡수셀
② 370 nm 이하 : 석영 흡수셀
③ 따로 흡수셀의 길이를 지정하지 않았을 때는 10 mm 셀을 사용한다.
④ 시료셀에는 시험용액을, 대조셀에는 따로 규정이 없는 한 정제수를 넣는다. 넣고자 하는 용액으로 흡수셀을 씻은 다음 셀의 약 80 %까지 넣고 외면이 젖어 있을 때는 깨끗이 닦는다. 휘발성 용매를 사용할 때와 같은 경우에는 흡수셀에 마개를 하고 흡수셀에 방향성이 있을 때는 항상 방향을 일정하게 하여 사용한다.

(3) 불소증류장치

3. 시약 및 표준용액

① 페놀프탈레인용액, 수산화나트륨용액, 인산, 과염소산, 알리자린콤플렉손용액, 질산란탄용액, 아세트산 완충용액, 아세톤
② 불소 표준원액(1 000 mg/L) : 불화나트륨을 105 ℃ ~ 110 ℃에서 4시간 가열하고, 데시케이터 안에서 식힌 다음 221.0 mg을 정제수에 녹여 100 mL로 한 것을 표준원액으로 하거나 시판용 표준용액을 사용한다. 제조 후 폴리에틸렌병에 넣어 보관한다.

4. 시료채취 및 관리

① 시료는 미리 세척한 폴리에틸렌 또는 폴리테트라플루오로에틸렌(PTFE) 용기에 채취한다.
② 채취용기는 비인산계 세제로 세척한 후 수돗물로 여러 번 세척하고 염산(1 N)과 증류수로 세척
   한 후 건조한다.

5. 분석절차

(1) 전처리

전처리는 시료 1 L 중에 인산이온 3 mg 이상 또는 알루미늄이온 1 mg 이상을 함유하거나 색도
가 20도 이상인 경우에 한다.

(2) 측정법

① 전처리한 시료 또는 시료 20 mL를 비색관에 넣고, 알리자린콤플렉손용액 1 mL, 아세트산 완충용
   액 5 mL, 질산란탄용액 1 mL 및 아세톤 20 mL를 넣고 다시 물을 넣어 50 mL로 하여 잘 흔들어
   섞은 후 60분 이상 둔다. 전처리를 한 경우에는 전처리에서 얻은 시험용액을 시료로 한다.
② 이 용액의 일부를 흡수셀(10 mm)에 넣고 자외선/가시선 분광광도계를 사용하여 시료와 같
   은 방법으로 시험한 바탕시료를 대조액으로 하여 파장 620 nm 부근에서 흡광도를 측정한다.

실전 예상문제

01 다음은 불소이온에 대한 설명이다. 틀린 것은?

① 불소이온은 사람에게는 필수물질이고 특히 하루 약 $1.0\,mg$으로 충치예방효과가 있는 것으로 알려져 있다.

② 불소이온을 과다하게 복용 시에는 반상치 등 부작용이 있다.

③ 이온크로마토그래피법보다 자외선/가시선분광법의 검출한계가 더 낮다.

④ 불소이온의 이온크로마토그래피법에 사용되는 검출기는 전기전도도 검출기이다.

풀이 불소이온 시험방법 중 이온크로마토그래피법이 자외선/가시선 분광법보다 검출한계가 더 낮다.

불소이온	정량범위(mg/L)	정밀도(% RSD)
이온크로마토그래피	$0.02 \sim 5.0$	20 % 이내
자외선/가시선 분광법	$0.15 \sim 5.0$	20 % 이내

02 아래의 내용은 먹는물 분석 항목의 어느 물질 분석에 관한 설명인가?

2014
제6회

- Al^{3+}, Fe^{3+} 등의 방해물질 분해를 위해서 인산, 과염소산을 넣어 시료를 분해한다. 증류장치를 이용한 전처리 시 충분한 분해를 위하여 증류 온도는 $140\,℃ \sim 150\,℃$로 한다.
- 분석 시 같은 양 정도의 잔류염소나 ABS가 존재해도 방해를 받지 않으나, 고농도 Ca^{2+}와 Cu^{2+}는 방해이온으로 작용한다.
- 흡광광도법 분석 시 아세톤을 넣어 발색을 증가시킨다.

① 불소　　　　② 시안　　　　③ 황산이온　　　　③ 질산성 질소

풀이 불소이온 – 자외선/가시선 분광법이다. 참고로 측정 파장은 620 nm이며, 보랏빛이 조금 있는 청색으로 발색이 된다.

03 다음은 자외선/가시광선 분광광도계에 대한 설명이다. 틀린 것은?

① 광원부, 파장선택부, 시료부 및 측광부로 구성된다.

② 광원부의 광원으로 가시부와 근적외부의 광원으로는 주로 텅스텐램프를 사용하고 자외부의 광원으로는 주로 중수소 방전관을 사용한다.

③ 시료액의 흡수파장이 약 370 nm 이상일 때는 석영 흡수셀을 사용하고, 약 370 nm 이하일 때는 석영 또는 경질유리 흡수셀을 사용한다.

④ 따로 흡수셀의 길이를 지정하지 않았을 때는 10 mm 셀을 사용한다.

정답 　01 ③　02 ①　03 ③

> **풀이** 시료액의 흡수파장이 약 370 nm 이상일 때는 석영 또는 경질유리 흡수셀을 사용하고, 약 370 nm 이하일 때는 석영 흡수셀을 사용한다.

04 먹는물 중에서 불소를 측정하기 위해 시료를 채취하고자 한다. 다음 설명 중 틀린 것은?

① 시료는 미리 세척한 유리 용기에 채취한다.
② 시료는 미리 세척한 폴리에틸렌 용기에 채취한다.
③ 시료는 미리 세척한 PTFE 용기에 채취한다.
④ 채취용기는 비인산계 세제로 세척한 후 수돗물로 여러 번 세척하고 염산(1 N)과 증류수로 세척한 후 건조한다.

> **풀이** 시료는 미리 세척한 폴리에틸렌 또는 폴리테트라플루오로에틸렌(PTFE) 용기에 채취한다. 불소 시료 채취에는 유리용기를 사용하지 않는다.

02-1 시안 – 자외선/가시선 분광법(Cyanide – UV/Visible Spectrometry)

(ES 05352.1c 2018)

1. 개요

시료에 아세트산아연용액을 넣고 황산용액을 가하여 산성으로 조절한 후 가열증류하여 시안화수소로 유출시켜 수산화나트륨용액에 포집한 다음 중화하고 클로라민 – T와 피리딘 · 피라졸론 혼합액을 넣어 나타나는 청색을 620 nm에서 측정하는 방법이다.

(1) 적용범위

① 먹는물, 샘물 및 염지하수 중에 시안화합물의 분석에 적용
② 이 시험기준으로 측정할 수 있는 시안화합물은 시안이온과 시안 착물들이다.
③ 농도범위 : 0.01 mg/L ~ 0.2 mg/L
④ 정량한계 : 0.01 mg/L
⑤ 이 시험기준으로는 각 시안화합물의 종류를 구분하여 정량할 수 없다.

(2) 간섭물질

① 시안화합물을 측정할 때 방해물질들은 증류하면 대부분 제거된다. 그러나 다량의 지방성분, 잔류염소, 황화합물은 시안화합물을 분석할 때 간섭할 수 있다.
② 다량의 지방성분을 함유한 시료는 아세트산 또는 수산화나트륨용액으로 pH 6 ~ 7로 조절한 후 시료의 약 2 %에 해당하는 부피의 n – 헥산 또는 클로로포름을 넣어 추출하여 유기층은 버리고 수층을 분리하여 사용한다.
③ 황화합물을 함유한 시료는 아세트산아연용액(10 %)을 넣어 제거한다.

> 수질 시안 간섭물질과 제거물질
> • 잔류염소 : 아스코르빈산용액, 아비산나트륨용액
> • 유지류 : 노르말헥산 추출, 클로로포름 추출
> • 황화합물 : 아세트산아연용액

2. 분석기구 및 기구[자외선/가시선 분광광도계]

시안증류장치

3. 시약 및 표준용액

(1) 시약

① 페놀프탈레인용액(0.5 %), 황산용액(1 + 35), 아세트산아연용액(10 w/v %), 수산화나트륨용액(1.0 M), 아세트산용액(1 + 9), 인산 완충용액

② 클로라민 – T용액(1 w/v %)

※ 클로라민 – T · 3수화물는 변하기 쉬우므로 사용 시 제조한다.

③ 피리딘 · 피라졸론 혼합액

※ 이 용액은 사용 시 제조한다.

④ 질산은용액(0.1 M)

※ 갈색병에 넣어 보관한다.

⑤ 파라디메틸아미노벤잘로데닌 용액

(2) 표준용액

시안표준용액(1.0 mg/L) : 사용할 때 제조한다.

4. 시료채취 및 관리

① 미리 세척한 유리 또는 폴리에틸렌 용기에 채취한다.
② 시료는 수산화나트륨용액을 가하여 pH 12 이상으로 조절하여 냉암소에서 보관한다. 최대 보관시간은 14일이며 가능한 한 즉시 시험한다.

5. 분석절차

(1) 전처리

① 시료 250 mL(0.0025 mg ~ 0.05 mg의 시안을 함유하거나 같은 양의 시안을 함유하도록 시료에 정제수를 넣어 250 mL로 한 것)를 미리 수 개의 비등석을 넣은 증류플라스크에 넣고 페놀프탈레인용액 수 방울을 지시약으로 하여 황산용액(1 + 35)으로 중화한다.
② 이 용액에 아세트산아연용액(10 w/v%) 20 mL를 넣은 후 다시 황산용액(1 + 35) 10 mL를 넣어 유출속도가 매분 2 mL ~ 3 mL가 되도록 가열 증류한다.
③ 유출액은 미리 수산화나트륨용액(1.0 M) 30 mL를 넣은 용기에 냉각기의 끝이 잠기도록 하

여 유출액이 약 180 mL가 되면 곧 증류를 멈추고 냉각기를 씻은 다음 용기에 냉각기를 씻은 액을 넣어 다시 페놀프탈레인용액 수 방울을 지시약으로 하여 아세트산용액으로 중화한 후 물을 넣어 250 mL로 하여 이를 시험용액으로 한다.

(2) 측정법

① 전처리에서 얻어진 시험용액 20 mL를 비색관에 넣고 인산완충용액 10 mL 및 클로라민−T 용액 0.25 mL를 넣어 마개를 막고 흔들어 섞는다.

② 2분 ~ 3분 정치한 후 피리딘·피라졸론 혼합액 15 mL를 넣어 잘 섞고 20 ℃ ~ 30 ℃에서 약 50분간 둔다.

③ 이 용액의 일부를 흡수셀(10 mm)에 넣고 자외선/가시선 분광광도계를 사용하여 파장 620 nm 부근에서 흡광도를 측정한다.

④ 정제수 20 mL를 따로 취하여 시료의 시험방법에 따라 시험하여 바탕시험액으로 한다.

02-2 시안 – 연속흐름법(Cyanide – Continuous Flow Analysis(CFA))

(ES 05352.2a 2018)

1. 개요

■ **간섭물질**

① 시안화합물을 측정할 때 방해물질들은 증류하면 대부분 제거된다. 그러나 다량의 지방성분, 잔류염소, 황화합물은 시안화합물을 분석할 때 간섭할 수 있다.

② 다량의 지방성분을 함유한 시료는 **아세트산** 또는 **수산화나트륨용액**으로 pH 6 ~ 7로 조절한 후 시료의 약 2 %에 해당하는 부피의 n – 헥산 또는 **클로로포름**을 넣어 추출하여 유기층은 버리고 수층을 분리하여 사용한다.

③ 황화합물을 함유한 시료는 **아세트산아연용액(10 %)**을 넣어 제거한다.

> **수질 간섭 물질**
> • 황화시안 : 양의 오차 유발
> • 고농도의 염(10 g/L 이상) 증류코일 차폐 음의 오차 : 증류 전 희석
> • 알데하이드 : 증류 전 질산은 첨가

2. 용어정의

세제(음이온계면활성제) – 연속흐름법 참조

3. 분석절차

(1) 전처리

① 시료가 탁한 경우, 유입되는 용액의 부유물질을 제거하기 위해 필요하다면 유리섬유여과지(GF/C) 또는 공극 크기(Pore Size) 0.45 μm의 여과지로 여과를 실시한다.

② 시료에 황화물(Sulfide)이 존재할 경우 시료를 pH 12 이하로 안정화시킨 후 탄산납(Lead Carbonate, PbCO_3, 분자량 : 267.21)을 첨가하여 황화물을 공침시켜 여과하여 제거한다. 이때 시료 중의 황화물의 존재 여부는 아세트산납 시험지를 사용하여 확인할 수 있으며, 탄산납(PbCO_3, Lead Carbonate)을 첨가 시에는 황화물이 공침할 수 있도록 반응시간을 충분히 주도록 한다.

(2) 측정법

① 정제수로 30분간 바탕선을 안정화시킨다.

② 시약들을 자동분석기로 흘려주어 시약에 의한 바탕선을 안정화시킨다.

③ 바탕선 측정시료, 시안 표준 용액, 시료 및 바탕선 들뜸 보정시료 등을 자동분석기에 순서대로 설치하고 작성한 조건에 따라 분석을 실시한다.

실전 예상문제

01

2013
제5회

자외선/가시선 분광법을 이용한 '시안(Cyanide)' 측정 방법에 대한 설명 중 틀린 것은?

① 이 시험 방법으로 측정할 수 있는 시안화합물은 시안이온과 시안착물들이다.

② 이 시험 방법으로는 각 시안화합물의 종류를 구분하여 정량할 수 없다.

③ 시안화합물을 측정할 때 방해물질들은 증류하면 대부분 제거된다.

④ 황화합물을 함유한 시료는 황산용액(10 %)을 넣어 제거한다.

풀이 황화합물을 함유한 시료는 아세트산아연용액(10 %)을 넣어 제거한다.

02 아래의 내용은 먹는물 분석 항목의 어느 물질 분석에 관한 설명인가?

- 시료에 아세트산아연용액을 넣고 황산용액을 가하여 산성으로 조절한 후 가열증류한다.
- 다량의 지방성분, 잔류염소, 황화합물은 시안화합물을 분석할 때 간섭할 수 있다.
- 클로라민－T와 피리딘 · 피라졸론 혼합액을 넣어 발색시킨다.
- 자외선/가시선 분광광도계를 사용하여 파장 620 nm 부근에서 흡광도를 측정한다.

① 불소　　　　　　② 시안　　　　　　③ 황산이온　　　　　　③ 질산성 질소

풀이
- 시료에 아세트산아연용액을 넣고 황산용액을 가하여 산성으로 조절한 후 가열증류하여 시안화수소로 유출시켜 수산화나트륨용액에 포집한 다음 중화하고 클로라민－T와 피리딘 · 피라졸론 혼합액을 넣어 나타나는 청색을 620 nm에서 측정하는 방법이다.
- 시안화합물을 측정할 때 방해물질들은 증류하면 대부분 제거된다. 그러나 다량의 지방성분, 잔류염소, 황화합물은 시안화합물을 분석할 때 간섭할 수 있다.

03 다음은 자외선/가시광선 분광광도계를 이용한 먹는물 중의 시안화합물 분석에 대한 설명이다. 틀린 것은?

① 이 시험방법으로는 각 시안화합물의 종류를 구분하여 정량할 수 없다.

② 클로라민－T · 3수화물은 변하기 쉬우므로 사용 시 제조한다.

③ 피리딘 · 피라졸론 혼합액은 사용 시 제조하며, 조제 후 1주일간 사용한다.

④ 시안표준용액(1.0 mg/L)은 조제 후 4주간 사용 가능하다.

풀이 시안표준용액(1.0 mg/L)은 사용할 때 제조한다.

04 먹는물 중에서의 시안을 분석하기 위해 시료를 채취하고자 한다. 틀린 것은?

① 시료는 미리 세척한 유리 용기에 채취한다.

② 시료는 미리 세척한 폴리에틸렌 용기에 채취한다.

③ 시료는 수산화나트륨용액을 가하여 pH 12 이상으로 조절하여 냉암소에서 보관한다.

④ 최대 보관시간은 24일이다.

풀이 시료는 수산화나트륨용액을 가하여 pH 12 이상으로 조절하여 냉암소에서 보관한다. 최대 보관시간은 24시간이며 가능한 한 즉시 시험한다.

05 다음은 연속흐름법에 의한 시안 분석에 대한 설명이다. 틀린 것은?

① 조제된 시안표준원액(100 mg/L)의 유효기간은 1개월이다.

② 시안표준용액(1.0 mg/L)은 사용 시 제조한다.

③ 시료에 황화물(sulfide)이 존재할 경우 시료를 pH 12 이상으로 안정화시킨다.

④ 황화물의 존재 여부는 아세트산납($Pb(CH_3COO)_2$, lead acetate) 시험지를 사용하여 확인할 수 있다.

풀이 시료에 황화물(Sulfide)이 존재할 경우 시료를 pH 12 이하로 안정화시킨 후 탄산납(Lead Carbonate, $PbCO_3$, 분자량 : 267.21)을 첨가하여 황화물을 공침시켜 여과하여 제거한다.

03-1 암모니아성질소 – 자외선/가시선 분광법
(Ammonia Nitrogen–UV/Visible Spectrometry)

(ES 05353.1d 2018)

1. 개요

암모늄을 측정하는 방법으로서 시료의 암모늄이온이 차아염소산의 공존하에서 페놀과 반응하여 생성하는 인도 페놀의 청색을 640 nm에서 측정하는 방법이다.

수질 시험법의 측정파장

이 시험기준은 물속에 존재하는 암모니아성 질소를 측정하기 위하여 **암모늄이온**이 하이포염소산의 존재 하에서, **페놀**과 반응하여 생성하는 인도페놀의 청색을 630 nm에서 측정하는 방법이다.

---

(1) 적용범위

① 먹는물, 샘물 및 염지하수 중에 암모니아성질소의 분석에 적용
② 농도범위 : 암모니아성질소가 0.01 mg/L ∼ 1.0 mg/L
③ 정량한계 : 0.01 mg/L

(2) 간섭물질

① 정제수는 실험실 환경에서 가스형태의 암모니아에 쉽게 오염될 우려가 있으므로 가급적 분석 직전 증류 또는 탈염(이온교환수지로 탈염정제)과정을 거친다.
② 시료 중에 잔류염소가 존재하면 정량을 방해하므로 시료를 증류하기 전에 **아황산나트륨용액** 등을 첨가해 잔류염소를 제거한다.
③ 시료를 전처리하지 않는 경우 Ca^{2+}, Mg^{2+} 등에 의하여 발색 시 침전물이 생성될 수도 있다. 이러한 경우에는 **발색시료를 원심분리**한 다음 액을 취하여 흡광도를 측정하거나 또는 시료의 전처리를 행한 다음 다시 시험하여야 한다.
④ 시료가 탁하거나 **착색물질** 등의 방해물질이 함유되어 있는 경우에는 전처리방법에 의해 증류하여 그 유출액으로 시험한다.

2. 분석기기 및 기구

(1) 자외선/가시선 분광광도계

광원부, 파장선택부, 시료부 및 측광부로 구성, 640 nm의 파장에서 흡광도 측정

(2) 증류장치

그람냉각기(Graham Condenser)가 부착된 유리재질의 증류장치를 사용한다.

3. 시약 및 표준용액

(1) 시약

① 페놀니트로프루싯나트륨용액 : 차고 어두운 곳에 보존하고 1개월 내에 사용
② 티오황산나트륨용액(0.05 M)
③ 차아염소산나트륨용액 : 즉시 만들어 사용

> **Check** **유효염소농도 측정**
>
> 차아염소산나트륨용액 10 mL를 200 mL 부피플라스크에 넣고 정제수를 넣어 표선까지 채운다음 이 액 10 mL를 취하여 삼각플라스크에 넣고 정제수를 넣어 약 100 mL로 한다. 요오드화칼륨 1 ~ 2 g 및 아세트산(1 + 1) 6 mL를 넣어 밀봉하고 흔들어 섞은 다음 암소에 약 5분간 방치하고 전분용액을 지시약으로 하여 티오황산나트륨용액(0.05 M)으로 적정한다. 따로 정제수 10 mL를 취하여 바탕시험을 하고 보정한다.
>
> $$유효염소농도(\%) = a \times \frac{1}{V} \times 3.546$$
>
> 여기서, a : 티오황산나트륨용액(0.05 M)의 소비량(mL)
> V : 차아염소산나트륨용액의 부피(mL)

4. 시료채취 및 관리

① 시료는 미리 세척한 유리 또는 폴리에틸렌 용기에 채취한다.
② 가능한 즉시 실험하며 이것이 불가능 할 경우 황산을 이용하여 시료를 pH 2 이하로 조정하여 4 ℃에서 보관하며 최대 보존기간 28일 이내에 실험해야 한다.

5. 분석절차

(1) 전처리

① 시료 적당량(암모니아성질소로서 0.03 mg 이상 함유량)을 취하여 수산화나트륨용액(4 w/v%) 또는 황산용액(1+35)으로 중화하고 증류플라스크에 옮긴다.

② 산화마그네슘 0.3g과 비등석 수개를 넣고 물을 넣어 액량을 약 350 mL로 한다.

③ 수기는 200 mL 용량의 메스실린더에 0.025 M 황산용액 50 mL을 넣고 증류장치를 조립한 다음 가열하여 5~7 mL/min 유출속도로 증류한다.

④ 수기의 액량이 약 150 mL가 되면 증류를 중지하고 냉각관을 증류플라스크와 분리하여 냉각관의 내부를 소량의 물로 씻어 수기에 합하고 물을 넣어 200 mL로 한다.

(2) 측정법

① 시료 10 mL(0.01 mg 이하의 암모니아성질소를 함유하거나 같은 양의 암모니아성질소를 함유하도록 시료에 물을 넣어 10 mL로 한 것)를 마개 있는 시험관에 넣고 페놀니트로프루싯나트륨용액 5 mL를 넣어, 마개로 닫은 다음 조용히 흔들어 섞는다.

② 시료용액에 차아염소산나트륨용액 5 mL를 넣어 다시 마개를 닫고 조심스럽게 흔들어 섞은 후 25 ℃ ~ 30 ℃에서 60분간 둔다.

③ 이 용액의 일부를 흡수셀(10 mm)에 넣고 자외선/가시선 분광광도계를 사용하여 시료와 같은 방법으로 시험한 바탕시험액을 대조액으로 하여 파장 640 nm 부근에서 흡광도를 측정하고, 작성한 검정곡선으로부터 시험용액 중의 암모니아성질소의 양을 구하여 시료 중의 암모니아성질소의 농도를 측정한다.

03-2 암모니아성질소 – 이온크로마토그래피법
(Ammonium Nitrogen–Ion Chromatography)
(ES 05353.2b 2018)

1. 개요

이 시험법은 먹는물 및 샘물 중에 **암모늄이온**을 이온크로마토그래프를 이용하여 측정함으로써 암모니아성질소를 분석하는 방법이다. 시료는 0.2 μm 막 여과지를 통과시켜 고체미립자를 제거한 후 **양이온 교환 컬럼**을 통과시켜 **암모늄이온**들을 분리하여 전기전도도 검출기로 측정하는 방법으로 시험 조작이 간편하고 **재현성**도 우수하다.

(1) 적용범위

① 먹는물 및 샘물 중에 용해되어 있는 암모니아성질소의 측정에 적용
② 측정범위 : 0.06 ~ 1.0 mg/L
③ 정량한계 : 0.06 mg/L

(2) 간섭물질

① 시료를 주입하면 앞쪽으로 음의 물 피크가 나타나서 앞에 용출되는 피크의 분석을 방해한다. 이를 없애기 위해 **시료와 표준용액**에 진한 용리액을 넣어 용리액과 비슷한 농도로 맞추어 준다.
② 어떤 한 이온의 농도가 매우 높을 때에는 **분리능**이 나빠지거나 다른 이온의 **머무름 시간**의 변화가 발생할 수 있다. 이 때 묽혀서 측정하거나 표준물첨가법으로 정량한다.
③ 유류, 합성 세제, 부식산(humic acid) 등의 유기 화합물과 고체 미립자는 응축기 및 분리 컬럼의 수명을 단축시키므로 제거해야 한다.

▼ **자외선/가시선분광법과 이온크로마토그래피의 정량한계 및 정량범위**

구분	먹는물		수질
	정량한계	정량범위	정량한계
자외선/가시선 분광법	0.01 mg/L	0.01 mg/L ~ 1.0 mg/L	0.01 mg/L
이온크로마토그래피	0.06 mg/L	0.06 mg/L ~ 1.0 mg/L	0.08 mg/L

2. 용어정의

▪ 억제기(Suppressor)

분리컬럼으로부터 용리된 각 성분이 검출기에 들어가기 전에 용리액 자체의 전도도를 감소시키고 상대적으로 목적성분의 전도도를 증가시켜 높은 감도로 음이온을 분석하기 위한 장치이다. 목적성분이 음이온인 경우는 억제기(Suppressor)로 양이온 교환체를 사용하여 용리액 속에 들어 있는 양이온을 제거한다.

3. 분석기기 및 기구(이온크로마토그래프)

① 기본구성 : 용리액 저장조, 시료주입부, 펌프, 분리컬럼, 검출기 및 기록계로 구성
② 분리컬럼의 보호 및 감도를 높이기 위하여 분리컬럼 전후에 **보호컬럼 및 억제기(Suppressor)**를 부착시킨다.
③ 펌프 : 펌프는 150 kg/cm² ~ 350 kg/cm² 압력에서 사용할 수 있어야 하며 **시간차에 따른 압력차가 크게 발생하여서는 안 된다.**
④ 시료주입부 : 루프 – 밸브에 의한 주입방식이 많이 이용되며 시료주입량은 보통 20 μL ~ 1,000 μL이다.
⑤ 분리컬럼 : 유리 또는 에폭시 수지로 만든 관에 약 10 μm의 매우 작은 입자의 **이온교환체**를 충전시킨 것을 사용한다.
⑥ 보호컬럼(Guard Column) : 분리컬럼과 같은 충진체로 충전시킨 것을 사용한다.
⑦ 억제기(Cation Suppressor) : 고용량의 음이온 교환수지를 충진시킨 컬럼형과 음이온 교환막으로 된 격막형이 있다.
⑧ 검출기 : 음이온 분석에는 전기전도도 검출기를 사용한다.

4. 시료채취 및 관리

① 시료는 미리 세척한 유리 또는 **폴리에틸렌** 용기에 채취한다.
② 가능한 즉시 실험하며 이것이 불가능 할 경우 **황산**을 이용하여 시료를 pH 2 이하로 조정하여 4 ℃에서 보관하며 최대 보존기간 28일 이내에 실험해야 한다.

5. 분석절차

(1) 전처리

시료 중에 존재하는 **입자상물질**을 0.2 μm 막 여과지를 사용하여 제거한다.

(2) 측정법

여과한 시료를 이온크로마토그래프에 주입하여 검정곡선 작성 시와 같은 기기조건하에서 크로마토그램을 작성한다.

03-3 암모니아성질소 – 연속흐름법
(Ammonia Nitrogen – Continuous Flow Analysis(CFA))
(ES 05353.3a 2018)

1. 개요

시료의 **암모늄이온**이 시약과 반응하여 생성된 **인도페놀의 청색 화합물**을 측정하는 시험방법이다.

(1) 적용범위

① 먹는물, 샘물 및 염지하수 중에 함유된 암모니아성질소의 분석에 적용
② 농도범위 : 0.02 mg/L ~ 1.0 mg/L

(2) 간섭물질

① 정제수는 실험실 환경에서 가스형태의 암모니아에 쉽게 오염될 우려가 있으므로 가급적 분석 직전 증류 또는 탈염(이온교환수지로 탈염정제)과정을 거친다.
② 잔류염소가 존재하면 **아황산나트륨** 등을 첨가해 잔류염소를 제거한다.
③ 연속흐름장치의 관이 막힐 위험이 있는 시료는 분석 전에 **여과**하여야 한다.
④ Ca^{2+}, Mg^{2+} 등에 의하여 발색 시 **침전물**이 생성될 경우 시료를 증류하여 시험한다.

▼ 암모니아성질소 분석방법별 정량한계 및 정량범위 정리

구분	먹는물		수질
	정량한계	정량범위	정량한계
자외선/가시선	0.01 mg/L	0.01 mg/L ~ 1.0 mg/L	0.01 mg/L
이온크로마토그래피*	0.06 mg/L	0.06 mg/L ~ 1.0 mg/L	0.08 mg/L
연속흐름법	0.02 mg/L	0.02 mg/L ~ 1.0 mg/L	–
이온전극법	–	–	0.08 mg/L

* 정량한계와 정량범위의 하한값이 다름에 주의

2. 용어정의

세제(음이온계면활성제) – 연속흐름법 참조

3. 분석기기 및 기구

▪ 자동분석기

시료자동주입기, 용매이송펌프, 반응기, 증류장치

4. 시료채취 및 관리

① 시료는 미리 세척한 유리 또는 폴리에틸렌 용기에 채취한다.

② 가능한 한 즉시 실험하고, 이것이 불가능할 경우에는 **황산**을 이용하여 시료를 pH 2 이하로 조정하여 4 ℃에서 보관하며, 최대 보존기간 28일 이내 이내에 실험해야 한다.

5. 분석절차

(1) 전처리

증류장치로 증류

(2) 측정법

① 정제수를 흘리면서 약 30분간 바탕선을 안정화시킨다.

② 시약에 의한 바탕선을 안정화시킨다.

③ 바탕선 측정시료, 시안 표준 용액, 시료 및 바탕선 들뜸 보정시료 등을 자동분석기에 순서대로 설치하고 작성한 조건에 따라 분석을 실시한다.

④ 정제수로 20분간 세척한 후 다시 공기를 유입시켜 라인 내 정제수를 제거한다.

실전 예상문제

01 자외선/가시선 분광법을 이용하여 '암모니아성 질소'를 측정할 때 시료의 암모늄이온이 차아염소산의 공존하에서 페놀과 반응하여 생성하는 인도페놀의 색과 파장으로 알맞은 것은?

① 색 : 청색,   파장 : 640 nm   ② 색 : 자주색,   파장 : 610 nm
③ 색 : 오렌지색,   파장 : 510 nm   ④ 색 : 적색,   파장 : 460 nm

> **풀이** 시료의 암모늄이온이 차아염소산의 공존하에서 페놀과 반응하여 생성하는 인도 페놀의 청색을 640 nm에서 측정하는 방법이다.

02 자외선/가시선 분광법을 이용하여 '암모니아성 질소'를 측정할 때 간섭물질에 대한 설명 중 틀린 것은?

① 시험에 사용하는 정제수는 미리 하루 전에 증류 또는 탈염수과정을 거친 것을 사용한다.
② 시료 중에 잔류염소가 존재하면 정량을 방해하므로 시료를 증류하기 전에 아황산나트륨용액을 첨가해 잔류염소를 제거한다.
③ 시료를 전처리하지 않는 경우 Ca^{2+}, Mg^{2+} 등에 의하여 발색 시 침전물이 생성될 수도 있다. 이러한 경우에는 발색시료를 원심분리한 다음 액을 취하여 흡광도를 측정한다.
④ 시료가 탁하거나 착색물질 등의 방해물질이 함유되어 있는 경우에는 전처리방법에 의해 증류하여 그 유출액으로 시험한다.

> **풀이** 시험에 사용하는 정제수는 실험실 환경에서 가스형태의 암모니아에 쉽게 오염될 우려가 있으므로 가급적 분석 직전 증류 또는 탈염(이온교환수지로 탈염정제)과정을 거친다.

03 아래의 내용은 먹는물 분석항목의 어느 물질의 측정법에 관한 설명인가?

- 증류장치를 이용하여 증류를 하여 간섭물질을 제거한다.
- 시료 10 mL를 마개 있는 시험관에 넣고 페놀니트로프루싯나트륨용액 5 mL를 넣어 마개로 닫은 다음 조용히 흔들어 섞는다
- 시료용액에 차아염소산나트륨용액 5 mL를 넣어 다시 마개를 닫고 조심스럽게 흔들어 섞은 후 25 ℃ ~ 30 ℃에서 60분간 둔다.
- 자외선/가시선 분광광도계를 사용하여 파장 640 nm 부근에서 흡광도를 측정한다.

① 총질소   ② 질산성질소
③ 아질산성질소   ③ 암모니아성질소

> **풀이** 위의 시험방법은 자외선/가시선분광법을 이용한 암모니아성질소의 측정법이다.

04 다음은 이온크로마토그래피법에 의한 암모니아성 질소 분석에 대한 설명이다. 틀린 것은?

① 음의 물 피크에 의한 방해 – 진한 용리액 사용 제거

② 고농도의 이온에 의한 머무름시간 변화 – 내부표준법으로 정량

③ 고체 미립자 – 0.2 μm의 막여과지 사용으로 제거

④ 음이온 분석에 사용되는 억제기 – 양이온 교환체 사용

> **풀이** • 시료를 주입하면 앞쪽으로 음의 물 피크가 나타나서 앞에 용출되는 피크의 분석을 방해한다. 이를 없애기 위해 시료와 표준용액에 진한 용리액을 넣어 용리액과 비슷한 농도로 맞추어 준다.
> • 어떤 한 이온의 농도가 매우 높을 때에는 분리능이 나빠지거나 다른 이온의 머무름 시간의 변화가 발생할 수 있다. 이 때 묽혀서 측정하거나 표준물첨가법으로 정량한다.
> • 유류, 합성 세제, 부식산(Humic Acid) 등의 유기 화합물과 고체 미립자는 농축기 및 분리 컬럼의 수명을 단축시키므로 제거해야 한다. 시료는 0.2 μm 막 여과지를 통과시켜 고체미립자를 제거한다.
> • 목적성분이 음이온인 경우는 억제기(Suppressor)로 양이온 교환체를 사용하여 용리액 속에 들어 있는 양이온을 제거한다.

05 다음은 이온크로마토그래피프의 구조에 대한 설명이다. 틀린 것은?

① 펌프는 150 kg/cm² ~ 350 kg/cm² 압력에서 사용할 수 있어야 하며 시간차에 따른 압력차가 크게 발생하여서는 안 된다.

② 시료주입부는 미량의 시료를 사용하기 때문에 루프 – 밸브에 의한 주입방식이 많이 이용된다.

③ 보호컬럼은 분리컬럼과 다른 충진체로 충전시킨 것을 사용해야 한다.

④ 음이온분석 검출기로 전기전도도검출기를 사용한다.

> **풀이** 보호컬럼(Guard Column)은 분리컬럼과 같은 충진체로 충전시킨 것을 사용한다.

06 다음은 암모니아성질소 분석법의 정량한계를 나타낸 것이다. 틀린 것은?

① 자외선/가시선 분광법 : 0.01 mg/L   ② 이온크로마토그래피법 : 0.06 mg/L

③ 연속흐름법 : 0.01 mg/L   ④ 이온전극법 : 0.08 mg/L

> **풀이** 연속흐름법에 의한 암모니아성질소의 정량한계는 0.02 mg/L이다.

정답 **04** ② **05** ③ **06** ③

04 질산성질소(Nitrate Nitrogen) (ES 05354.a 2018)

1. 일반적 성질

질산이온은 천연광석 등에서 생성되기도 하나 오염물질인 유기질소화합물이나 암모니아가 산화되어 생성되기도 한다. 질산이온은 사람에게 특히 10세 이하의 어린이에게 메타헤모글로빈 등의 질병을 유발하는 것으로 알려져 있다.

2. 적용 가능한 시험기준

질산성 질소	정량범위(mg/L)	정밀도(% RSD)
이온크로마토그래피	0.02 ～ 20	20 % 이내
자외선/가시선 분광법	0.10 ～ 20	20 % 이내

※ 수질공정시험기준 질산성 질소 시험방법에 따른 정량한계

질산성질소	정량한계(mg/L)	정밀도(% RSD)
이온크로마토그래피	0.1 mg/L	±25 % 이내
자외선/가시선 분광법 (부루신법)	0.1 mg/L	±25 % 이내
자외선/가시선 분광법 (활성탄흡착법)	0.3 mg/L	±25 % 이내
데발다합금 환원증류법	• 중화적정법 : 0.5 mg/L • 분광법 : 0.1 mg/L	±25 % 이내

04-1 질산성질소 – 이온크로마토그래피법
(Nitrate Nitrogen – Ion Chromatography)

(ES 05354.1b 2018)

시료를 0.2 μm 막 여과지를 통과시켜 고체미립자를 제거한 후 음이온 교환 컬럼을 통과시켜 각 음이온들을 분리한 후 전기전도도 검출기로 측정하는 방법이다.

04-2 질산성질소 – 자외선/가시선 분광법
(Nitrate Nitrogen – UV/Visible Spectrometry)

(ES 05354.2b 2018)

1. 개요

질산이온과 살리실산나트륨, 염화나트륨 및 설파민산암모늄과 반응시킨 후 알칼리성에서 나타나는 흡광도를 410 nm에서 측정하는 방법이다.

(1) 적용범위

① 먹는물, 샘물 및 염지하수 중 질산성질소의 측정에 적용
② 정량범위 : 0.1 mg/L ~ 20.0 mg/L

(2) 간섭물질

① 산화성물질은 질산이온의 측정을 방해하므로 미리 제거한다. 잔류염소 등의 산화성물질이 공존할 경우에는 같은 당량의 아황산나트륨용액(0.63 w/v%) 또는 아황산나트륨용액(삼산화비소 0.5 g을 수산화나트륨용액(4 w/v%) 5 mL에 용해한 후 염산(1 + 11) 6 mL를 가하여 물 100 mL로 함)을 가한 후 시험한다.
② 아황산이온 등의 환원성물질은 질산이온의 측정을 방해하므로 미리 제거한다. 아황산이온이 공존할 경우에는 약알칼리성으로 같은 당량의 과산화수소(1 + 100)를 가한 후 시험한다.
③ 알칼리성이 강할 경우에는 황산(1 + 5)을 가하여 약 pH 7로 조절하여 시험한다.

2. 분석기기 및 기구

(1) 자외선/가시선 분광광도계

① 광원부, 파장선택부, 시료부 및 측광부로 구성
② 광원 : 가시부와 근적외부의 광원으로 텅스텐램프, 자외부의 광원으로 중수소 방전관 사용

(2) 흡수셀

① 370 nm 이상 : 석영 또는 경질유리 흡수셀
② 370 nm 이하 : 석영 흡수셀
③ 따로 흡수셀의 길이를 지정하지 않았을 때는 10 mm 셀을 사용한다.
④ 시료셀에는 시험용액을, 대조셀에는 따로 규정이 없는 한 정제수를 넣는다. 넣고자 하는 용액으로 흡수셀을 씻은 다음 셀의 약 80 %까지 넣고 외면이 젖어 있을 때는 깨끗이 닦는다. **휘발성 용매를 사용할 때와 같은 경우에는 흡수셀에 마개를 하고 흡수셀에 방향성이 있을 때는 항상 방향을 일정하게 하여 사용한다.**

3. 시료채취 및 관리

① 시료는 미리 세척한 폴리에틸렌 또는 **폴리테트라플루오로에틸렌(PTFE) 용기에 채취한다.**
② 채취용기는 비인산계 세제로 세척한 후 수돗물로 여러 번 세척하고 **염산(1 M)과 증류수로 세척**한 후 건조한다.
③ 가능한 즉시 실험하며, 불가능할 경우 4 ℃ 이하에 보관하며, 최대 2일 이내에 실험해야 한다.

실전 예상문제

01 자외선/가시선 분광법을 이용한 '질산성성질소' 측정에 대한 설명이다. 틀린 것은 것은?

① 잔류염소 등의 산화성물질이 공존할 경우에는 같은 당량의 아황산나트륨용액(0.63 w/v %)을 가한 후 시험한다.

② 아황산이온이 공존할 경우에는 약알칼리성으로 같은 당량의 과산화수소(1 + 100)를 가한 후 시험한다.

③ 알칼리성이 강할 경우에는 황산(1 + 5)을 가하여 약 pH 7로 조절하여 시험한다.

④ 시료는 미리 세척한 폴리에틸렌 또는 유리병 용기에 채취한다.

> **풀이** 시료는 미리 세척한 폴리에틸렌 또는 폴리테트라플루오로에틸렌(PTFE) 용기에 채취한다. 유리병을 사용하지 않는다.

02 다음 설명에 해당하는 분석법은?

- 살리실산나트륨, 염화나트륨 및 설파민산암모늄과 반응시킨 후 알칼리성에서 나타나는 흡광도를 410 nm에서 측정한다.
- 아황산이온과 같은 환원성물질이 공존할 경우 약알칼리성으로 같은 당량의 과산화수소(1 + 100)를 가한 후 시험한다.
- 시료는 미리 세척한 폴리에틸렌 또는 폴리테트라플루오로에틸렌(PTFE) 용기에 채취한다.
- 시료 10 mL를 100 mL의 비커에 넣고 살리실산나트륨용액 1 mL, 염화나트륨용액 1 mL 및 설파민산암모늄용액 1 mL를 넣어 수욕상에서 증발건조한다.

① 암모니아성질소   ② 질산성질소
③ 시안   ④ 페놀

> **풀이** 질산성질소−자외선/가시선 분광법에 대한 설명이다.

···05 염소이온(Chloride, Cl⁻) (ES 05355.a 2018)

■ 적용 가능한 시험기준

염소이온	정량범위(mg/L)	정밀도(% RSD)
이온크로마토그래피	0.4 ~ 50.0	20 % 이내
적정법	0.4 ~ 100.0	20 % 이내

※ 수질공정시험기준 염소이온 시험방법에 따른 정량한계

염소이온	정량한계(mg/L)	정밀도(% RSD)
이온크로마토그래피	0.1 mg/L	±25 % 이내
적정법	0.7 mg/L	±25 % 이내
이온전극법	5 mg/L	±25 % 이내

05-1 염소이온 – 이온크로마토그래피
(Chloride – Ion Chromatography)

(ES 05355.1b 2018)

시료를 0.2 μm 막 여과지를 통과시켜 고체미립자를 제거한 후 음이온 교환 컬럼을 통과시켜 각 음이온들을 분리한 후 전기전도도 검출기로 측정하는 방법이다.

05-2 염소이온 – 질산은 적정법
(Chloride – Silver Nitrate Titrimetric method)
(ES 05355.2b 2018)

1. 개요

염소이온이 질산은과 정량적으로 반응하고 과잉의 질산은이 크롬산과 반응하여 크롬산은의 침전으로 나타나는 점을 적정의 종말점으로 하여 염소이온의 농도를 측정하는 방법이다.

(1) 적용범위

① 먹는물 및 샘물 중 염소이온의 측정에 적용
② 정량범위 : 0.4 ~ 100 mg/L
③ 정량한계 : 0.4 mg/L

(2) 간섭물질

① 브롬이온, 요오드이온, 시안이온은 염소이온의 측정을 방해한다.
② 황이온, 황산이온, 티오황산이온은 염소이온의 측정을 방해하나 과산화수소(H_2O_2)를 가하여 제거할 수 있다.

> **Check** **질산성질소의 환원성물질 방해 제거**
>
> 아황산이온 등의 환원성물질은 질산이온의 측정을 방해하므로 미리 제거한다. 아황산이온이 공존할 경우에는 약알칼리성으로 같은 당량의 과산화수소(1 + 100)를 가한 후 시험한다.

③ 25 mg/L 이상의 오쏘인산염과 폴리인산염은 인산은을 만들어 염소의 측정을 방해한다.
④ 10 mg/L 이상의 철은 종말점의 색깔 변화를 방해한다.

2. 시료채취 및 관리

① 미리 세척된 유리용기 또는 폴리에틸렌 용기에 시료를 채취한다.
② 특별한 채취 조건은 없으나 채취한 시료는 28일 이내에 실험한다.

3. 분석절차

시료 100 mL를 삼각플라스크에 넣고, **크롬산칼륨용액** 0.5 mL를 넣은 후, 액이 **엷은 적황색**이 될 때까지 **질산은용액(0.01 M)**으로 적정한다.

4. 결과 보고

소비된 질산은용액(0.01 M)의 양(mL)으로부터 시료에 함유된 염소이온의 양(mg/L)을 구한다.

$$염소이온(\mathrm{mg/L}) = (a-b) \times f \times \frac{1\,000}{100} \times 0.355$$

여기서, a : 소비된 질산은용액(mL)

b : 정제수를 사용하여 시료와 같은 방법으로 바탕실험 할 때에 소비된 질산은용액(0.01 M)의 부피(mL)

f : 질산은용액(0.01 M)의 농도계수

실전 예상문제

01

2013
제5회

질산은 적정법을 이용하여 염소이온을 측정할 때 필요한 시약은?

① 크롬산칼륨용액

② 과망간산칼륨용액

③ 메틸렌블루용액

④ 클로라민-T · 3수화물용액

> **풀이** 염소이온-질산은 적정법에 필요한 시약은 크롬산칼륨용액, 염화나트륨 용액, 질산은 용액 이다.

02

다음은 질산은 적정법을 이용하여 염소이온을 측정할 때 간섭물질에 대한 설명이다. 틀린 것은?

① 브롬이온, 요오드이온, 시안이온은 염소이온의 측정을 방해한다.

② 황이온, 황산이온, 티오황산이온은 염소이온의 측정을 방해하나 황산을 가하여 제거할 수 있다.

③ 25 mg/L 이상의 오쏘인산염과 폴리인산염은 인산은을 만들어 염소의 측정을 방해한다.

④ 10 mg/L 이상의 철은 종말점의 색깔 변화를 방해한다.

> **풀이** 황이온, 황산이온, 티오황산이온은 염소이온의 측정을 방해하나 과산화수소를 가하여 제거할 수 있다.

03

다음 설명은 무엇에 대한 분석법인가?

시료 100 mL를 삼각플라스크에 넣고, 크롬산칼륨용액 0.5 mL를 넣은 후, 액이 엷은 적황색이 될 때까지 질산은용액(0.01 M)으로 적정한다.

① 불소이온

② 염소이온

③ 인산이온

④ 황산이온

> **풀이** 질산은 적정법에 의한 염소이온의 분석절차이다.

···06 황산이온(Sulfate) (ES 05356.a 2018)

■ 적용 가능한 시험기준

황산이온	정량범위(mg/L)	정밀도(% RSD)
이온크로마토그래피	0.1 ~ 100.0	20 % 이내
적정법	2.0 ~ 300	20 % 이내

※ 수질공정시험기준 황산이온 시험방법에 따른 정량한계

황산이온	정량한계(mg/L)	정밀도(% RSD)
이온크로마토그래피	0.5 mg/L	±25 % 이내

06-1 황산이온 – 이온크로마토그래피(Sulfate – Ion Chromatography)
(ES 05356.1b 2018)

시료를 $0.2\ \mu m$ 막 여과지를 통과시켜 고체미립자를 제거한 후 음이온 교환 컬럼을 통과시켜 각 음이온들을 분리한 후 전기전도도 검출기로 측정하는 방법이다.

06-2 황산이온 – EDTA 적정법(Sulfate – EDTA Titrimetric Method)
(ES 05356.2b 2018)

시료를 $0.2\ \mu m$ 막 여과지를 통과시켜 고체미립자를 제거한 후 음이온 교환 컬럼을 통과시켜 각 음이온들을 분리한 후 전기전도도 검출기로 측정하는 방법이다.

1. 개요

황산이온이 **염화바륨**과 반응하여 침전한 **황산바륨**을 EDTA로 적정하여 황산이온의 농도를 측정하는 방법이다.

(1) 적용범위

① 먹는물 및 샘물 중 황산이온의 측정에 적용

② 정량범위 : 2 mg/L ~ 300 mg/L

(2) 간섭물질

크롬 및 철과 같은 중금속은 황산염을 만들어 황산바륨으로 침전을 방해할 수 있다.

2. 이온교환수지관

① 양이온교환수지(amberite IR-120)를 약 10배량의 염산용액(5 M)에 담근다.

② 염소이온이 완전히 제거될 때까지 물로 씻는다.

③ 이 수지를 옆의 유리컬럼에 주입하여 약 12 cm의 수지층을 만든다. 이때 수지 층의 위에는 항상 소량의 물 층이 남도록 한다.

3. 시료채취 및 관리

① 미리 세척된 유리용기 또는 폴리에틸렌 용기에 시료를 채취한다.

② 유기물이 있을 때에 어떤 박테리아는 황산이온을 황이온으로 환원시킬 수 있다. 이를 방지하기 위해 4 ℃에서 보관한다.

③ 가능한 즉시 실험하며, 불가능할 경우 최대 28일 이내에 실험해야 한다

4. 분석절차

(1) 전처리

시료를 취하여 1분에 5 mL의 속도로 이온교환수지층을 통과시켜 처음 유출액 20 mL는 버리고 그 후의 유출액 50 mL ~ 100 mL를 취하여 시험용액으로 한다.

(2) 측정법

① 시료 50 mL를 삼각플라스크에 넣고 염산(10 %) 1 ~ 2 방울을 넣은 다음 끓이면서 염화바륨용액(0.01 M) 10.0 mL를 넣어 수 초간 끓인 후 식히고 암모니아완충용액 5 mL 및 EBT용액 3방울을 넣어 곧 EDTA용액(0.01 M)으로 적정한다.

② 종말점 가까이서(용액의 색이 적자색에서 청색으로 변할 때) 염화마그네슘용액(0.01 M)을

정확히 2.0 mL 넣고 다시 용액의 색이 **청색**으로 변할 때 까지 적정한다.

③ 이에 소비된 EDTA용액(0.01 M)의 mL(c)를 구한다.

5. 결과 보고

소비된 EDTA용액(0.01 M)의 양(mL)을 구하여 시료에 함유된 황산이온의 양(mg/L)을 계산한다.

$$황산이온\,(\mathrm{mg/L}) = 0.96 \times (c-b) \times f \times \frac{1\,000}{50}$$

여기서, b : 정제수를 사용하여 시료와 같은 방법으로 시험할 때 소비된 EDTA용액(0.01 M)의 부피 (mL)

c : 소비된 EDTA용액(0.01 M)의 부피(mL)

f : EDTA용액(0.01 M)의 농도계수

실전 예상문제

01 다음 설명에 해당하는 분석법은?

- 시료 50 mL를 삼각플라스크에 넣고 염산(10 %) 1 ~ 2방울을 넣은 다음 끓이면서 염화바륨용액 (0.01 M) 10.0 mL를 넣어 수 초간 끓인 후 식히고 암모니아완충용액 5 mL 및 EBT용액 3방울을 넣어 곧 EDTA용액(0.01 M)으로 적정한다.
- 종말점 가까이서(용액의 색이 적자색에서 청색으로 변할 때) 염화마그네슘용액(0.01 M)을 정확히 2.0 mL 넣고 다시 용액의 색이 청색으로 변할 때까지 적정한다.

① 불소이온   ② 염소이온

③ 인산이온   ④ 황산이온

풀이 EDTA 적정법에 의한 황산이온 분석절차이다.

⋯07 음이온류(Anions) (ES 05357.b 2018)

■ 적용 가능한 시험기준

▼ 먹는물 중 음이온의 시험

측정 이온	이온크로마토그래피[1]	자외선/가시선 분광법	적정법
불소이온	05351.1b	05351.2b	–
염소이온	05355.1b	–	05355.2b
질산이온	05354.1b	05354.2b	–
황산이온	05356.1b	–	05356.2b
브롬산염	05358.1b	–	–

주 1) 먹는물 중 음이온에 대한 주 시험으로 사용한다.

07-1 음이온류 – 이온크로마토그래피(Anions – Ion Chromatography)

(ES 05357.1c 2018)

1. 개요

음이온류를 이온크로마토그래프를 이용하여 분석하는 방법이다. 시료는 0.2 μm 막 여과지를 통과시켜 고체미립자를 제거한 후 음이온 교환 컬럼을 통과시켜 각 음이온들을 분리 후 전기전도도 검출기로 측정하는 방법으로 조작이 간편하고 재현성이 우수하다.

(1) 적용범위

① 이 시험기준은 먹는물, 먹는샘물, 염지하수에 적용한다.
② 정량범위

측정 이온	정량 범위
불소이온	0.02 ~ 5.0 mg/L
염소이온	0.4 ~ 50.0 mg/L
질산성질소	0.02 ~ 20.0 mg/L
황산이온	0.1 ~ 100.0 mg/L

(2) 간섭물질

① 음의 물 피크가 나타나서 앞에 용출되는 피크의 분석을 방해한다. → 시료와 표준용액에 진한 용리액을 넣어 용리액과 비슷한 농도로 맞춰 제거

② 바륨 및 은 이온의 금속이온들은 분리컬럼의 효율을 감소시킬 수 있다. → 금속 이온은 양이온교환 컬럼을 이용하여 제거

③ 저분자량의 유기산은 이온들의 피크와 비슷한 위치에 존재할 수 있어 각 이온의 정량을 간섭할 수 있다.

④ 어떤 한 이온의 농도가 매우 높을 때에는 분리능이 나빠지거나 다른 이온의 머무름 시간의 변화가 발생할 수 있다. 이때 묽혀서 측정하거나 표준물첨가법으로 정량한다.

⑤ 유류, 합성 세제, 부식산(humic acid) 등의 유기 화합물과 고체 미립자는 응축기 및 분리 컬럼의 수명을 단축시키므로 제거해야 한다.

2. 용어정의

▪ 억제기

용리액 자체의 전도도를 감소시키고 상대적으로 목적성분의 전도도를 증가시켜 높은 감도로 음이온을 분석하기 위한 장치이다. 목적성분이 음이온인 경우는 억제기(suppressor)로 양이온교환체를 사용

3. 이온크로마토그래프

① 기본구성 : 용리액 저장조, 시료주입부, 펌프, 분리관, 검출기 및 기록계
분리관의 보호 및 감도를 높이기 위하여 분리관 전후에 보호관 및 억제기(suppressor)를 부착시킨다.

② 펌프는 150 kg/cm² ∼ 350 kg/cm² 압력, 시간차에 따른 압력차가 크게 발생하여서는 안 된다.

③ 시료주입부 : 루프 – 밸브 주입방식, 시료주입량 : 20 μL ∼ 1,000 μL

④ 분리컬럼 : 유리 또는 에폭시 수지로 만든 관에 약 10 μm의 암모늄 기능기 등을 갖는 음이온교환수지를 충진시킨 것을 사용

⑤ 보호컬럼(guard column) : 분리관과 같은 충진제로 충진시킨 것을 사용

⑥ 억제기(suppressor) : 억제기(suppressor)로 고용량의 양이온 교환수지를 충진시킨 컬럼형과 양이온 교환막으로 된 격막형이 있다.

⑦ 검출기 : 전기전도도 검출기, 전기화학적 검출기 및 광학적 검출기 등이 있음
음이온 분석에는 전기전도도 검출기 사용

4. 시약 및 표준용액

(1) 시약

① 정제수

증류 또는 필터과정에 의해 각 이온을 제거하고 $0.2\ \mu m$의 막을 통과시킨 물로서 $0.2\ \mu S/cm$ 이하의 전도도 값을 갖는 물로 한다.

② 용리액(0.008 M Na_2CO_3)

탄산나트륨 $3.392\ g$을 물에 녹여 $4\ L$로 한다. 용리액 준비에 사용하는 모든 정제수는 **기체를 제거하여 사용**하고 작동 중에는 **헬륨**을 불어넣어 공기의 유입을 막는 것이 좋다. 박테리아나 조류(Algae) 성장을 최소화하려면 용리액을 어두운 곳에 보관하고 3일 간격으로 새로 만들어 사용한다.

③ 용리액(1.7 mM $NaHCO_3$ + 1.8 mM Na_2CO_3)

탄산수소나트륨 $0.2856\ g$과 탄산나트륨 $0.3816\ g$을 정제수에 녹여 $2\ L$로 한다. 용리액 준비에 사용하는 모든 정제수는 **기체를 제거하여 사용**하고 작동 중에는 **헬륨**을 불어넣어 공기의 유입을 막는 것이 좋다.

(2) 표준용액

① 불소이온 표준원액(1 000 mg/L)

불화나트륨을 105 ℃ ~ 110 ℃에서 4시간 가열하고, 데시케이터 안에서 식힌 다음 $221.0\ mg$을 정제수에 녹여 $100\ mL$로 한 것으로, 폴리에틸렌병에 넣어 보관한다.

② 염소이온 표준원액(1 000 mg/L)

염화칼륨을 105 ℃ ~ 110 ℃에서 4시간 건조하고, 염화칼륨 $210.3\ mg$을 정제수에 녹여 $100\ mL$로 한 것

③ 질산성질소 표준원액(1 000 mg/L)

질산나트륨을 105 ℃ ~ 110 ℃에서 4시간 건조한 질산나트륨 $606.8\ mg$을 정제수에 녹여 $100\ mL$로 한 것

④ 황산염 표준원액(1 000 mg/L)

105 ℃에서 건조한 황산칼륨 $181.4\ mg$을 정확히 달아 정제수에 녹여 $100\ mL$로 한 것

5. 시료채취 및 관리

① 시료는 폴리에틸렌 또는 유리 용기에 채취한다. 단, 불소이온은 폴리에틸렌 용기로만 채취한다.

② 채취용기는 비인산계 세제로 세척한 후 수돗물로 여러 번 세척한 후 **질산**(1 : 1)과 **정제수**로 충분히 세척한 후 건조하여 사용한다.

③ 채취 후 즉시 분석하는 것이 좋으나, 불소이온, 염소이온, 황산이온은 최대 28일 이내에 분석해야 하고, 질산성질소는 2일 이내에 분석할 때에는 4 ℃ 냉암소에서 보관한다. 산 보존제를 첨가하면 질산이온과 아질산이온과의 이온비가 달라지므로 첨가하면 안 된다.

6. 분석절차

(1) 전처리

입자상물질은 0.2 μm 막 여과지를 사용하여 제거하고 예비 농축이 필요한 경우 사전에 일정 비로 농축하여 여과한다.

(2) 측정법

① 이온크로마토그래프의 시스템을 작동시켜 용리액 및 재생액을 일정한 유속으로 흘려 펌프의 압력 및 검출기의 전도도가 일정하게 유지되도록 한다.

② 펌프 압력과 용리액의 전도도 및 기록계의 바탕선이 안정화되면 시료를 주입한다.

③ 각 음이온에 해당하는 피크를 확인하고 면적 또는 높이를 계산한다.

④ 시료분석결과 검정곡선의 농도범위를 벗어나면 시료를 희석해서 재분석한다.

실전 예상문제

01 먹는물 중의 음이온류 분석에 대한 설명 중 틀린 것은?

① 금속이온은 양이온교환 컬럼을 이용하여 제거할 수 있다.

② 용리액 준비에 사용하는 모든 정제수는 기체를 제거하여 사용하고 작동 중에는 헬륨을 불어넣어 공기의 유입을 막는 것이 좋다.

③ 시료채취 후 즉시 분석이 불가하면 산 보존제를 첨가하여 4 ℃의 냉암소에 보관하면 된다.

④ 먹는물 중 음이온에 대한 주 시험법은 크로마토그래피법이다.

> **풀이** 시료채취 후 즉시 분석하는 것이 좋으며 2일 내에 분석할 때에는 4 ℃ 냉암소에서 보관한다. 산 보존제를 첨가하면 질산이온과 아질산이온과의 이온비가 달라지므로 첨가하면 안 된다.

02 먹는물 중의 음이온류 분석에 사용되는 이온크로마토그래프의 기본구성에 대한 설명 중 틀린 것은?

① 일반적으로 이온크로마토그래프의 기본구성은 용리액 저장조, 시료주입부, 펌프, 분리관, 검출기 및 기록계로 되어 있다.

② 펌프는 $150 \, kg/cm^2 \sim 350 \, kg/cm^2$ 압력에서 사용할 수 있어야 하며, 시간차에 따른 압력차가 크게 발생하여서는 안 된다.

③ 억제기(Suppressor)로 고용량의 양이온 교환수지를 충진시킨 컬럼형과 양이온 교환막으로 된 격막형이 있다.

④ 일반적으로 음이온 분석에는 전기화학적 검출기를 사용한다.

> **풀이** 분석목적 및 성분에 따라 전기전도도 검출기, 전기화학적 검출기 및 광학적 검출기 등이 있으나 일반적으로 음이온 분석에는 전기전도도 검출기를 사용한다.

정답 01 ③ 02 ④

‥08 브롬산염 – 이온크로마토그래피 (Bromate – Ion Chromatography)

(ES 05358.1b 2018)

1. 개요

브롬산염을 이온크로마토그래프를 이용하여 분석하는 방법이다. 시료는 $0.2\ \mu m$ 막 여과지를 통과시켜 고체미립자를 제거한 후 전기전도도 검출기로 측정하거나 PCR(Post Column Reactor)을 이용하여 Triiodide로 유도체화 한 후 자외선 검출기(352 nm)로 측정하는 방법으로 시험조작이 간편하고 재현성이 우수하다.

(1) 적용 가능한 시험기준

① 먹는물 및 염지하수 중에 용해되어 있는 브롬산염 분석에 적용
② 염지하수 중의 브롬산염은 유도체화 후 자외선 검출기(352 nm)로 측정
③ 정량한계 : 먹는물 – 0.0005 mg/L, 염지하수 – 0.005 mg/L

(2) 간섭물질

① 시료를 주입하면 앞쪽으로 음의 물 피크가 나타나서 앞에 용출되는 피크의 분석을 방해한다.
→ 시료와 표준용액에 진한 용리액을 넣어 용리액과 비슷한 농도로 맞춰 제거
② 바륨, 은 이온의 금속이온들은 분리컬럼의 효율을 감소시킬 수 있다.
→ 양이온교환 컬럼을 이용하여 제거
③ 저분자량의 유기산은 이온들의 피크와 비슷한 위치에 존재할 수 있어 각 이온의 정량을 간섭할 수 있다.
④ 어떤 한 이온의 농도가 매우 높을 때에는 분리능이 나빠지거나 다른 이온의 머무름 시간의 변화가 발생할 수 있다.
→ 묽혀서 측정하거나 표준물첨가법으로 정량
⑤ 유류, 합성 세제, 부식산(humic acid) 등의 유기 화합물과 고체 미립자는 응축기 및 분리 컬럼의 수명을 단축시키므로 제거해야 한다.

2. 용어정의

■ 억제기 : 용리액 자체의 전도도를 감소시키고 상대적으로 목적성분의 전도도를 증가시켜 높은 감도로 음이온을 분석하기 위한 장치이다. 목적성분이 음이온인 경우는 억제기(suppressor)로 양이온 교환체를 사용

3. 이온크로마토그래프

① 기본구성 : 용리액 저장조, 시료주입부, 펌프, 분리관, 검출기 및 기록계
② 검출기는 전기전도도 검출기 또는 자외선검출기를 사용

4. 시약 및 표준용액

(1) 시약

① 정제수

증류 또는 필터과정에 의해 각 이온을 제거하고 $0.2\ \mu m$의 막을 통과시킨 물로서 $0.2\ \mu S/cm$ 이하의 전도도 값을 갖는 물로 한다.

② Catalyst 용액($0.002\ mM\ (NH_4)_6Mo_7O_{24} \cdot 4H_2O$)

암모늄 몰리베이트 $0.25\ g$을 탈기한 정제수에 넣어 $100\ mL$로 만든 후 갈색병에 보관하고 1개월 내에 사용

③ 용리액($3.2\ mM\ Na_2CO_3 + 1\ mM\ NaHCO_3$)

정제수는 기체를 제거하여 사용. 박테리아나 조류(algae) 성장을 최소화하려면 용리액을 어두운 곳에 보관하고 3일 간격으로 새로 만들어 사용한다.

④ PCR(Post Column Reagent, $0.27\ M\ KI$)

요오드화칼륨 $45\ g$을 정제수에 녹여 $1\ L$로 한다. 사용 당일 제조하여 사용한다.

(2) 표준용액

브롬산염 표준원액($1\ 000\ mg/L$) : 제조 후 폴리에틸렌병에 넣어 보관한다.

5. 시료채취 및 관리

① 폴리에틸렌 또는 유리 용기에 채취한다.
② 채취용기는 비인산계 세제로 세척한 후 수돗물로 여러 번 세척한 후 질산(1 : 1)과 정제수로 충분히 세척한 후 건조하여 사용한다.
③ 시료채취 후 즉시 분석하는 것이 좋으며 2일 내에 분석할 때에는 4 ℃ 냉암소에서 보관한다. 산 보존제를 첨가하면 질산이온과 아질산이온과의 이온비가 달라지므로 첨가하면 안 된다.

6. 분석절차

(1) 전처리

시료 중에 존재하는 입자상물질을 $0.2 \mu m$ 막 여과지를 사용하여 제거한다. 필요하다면 이온교환 카트리지로 염화물, 황산염, 탄산, 탄산수소를 제거한다.

(2) 측정법

① 이온크로마토그래프의 전체 시스템을 작동시켜 유속을 $0.2 mL/min \sim 0.7 mL/min$으로 고정시킨 다음 용리액 또는 용리액 및 PCR용액을 흘려보내면서 펌프의 압력 및 검출기의 전도도가 일정하게 유지될 때까지 기다린다.

② 펌프의 압력이 일정하게 유지되고 용리액의 전도도 및 기록계의 바탕선이 안정화되면 시료를 주입하여 크로마토그램을 작성하고 브롬산염의 머무름 시간을 확인한다.

③ 브롬산염에 해당하는 피크의 면적 또는 높이를 계산한다.

④ 전기전도도검출기로 브롬산염을 분석하였을 시 $2 \mu g/L$보다 높은 브롬산염의 농도는 자외선검출기(200 nm)로 확인한다.

⑤ 시료의 피크 면적 또는 높이가 검정곡선의 상한 값을 초과할 경우에는 시료 일정량을 취하여 적당한 농도로 정확히 희석한 다음 이 용액을 가지고 실험한다.

실전 예상문제

01 다음은 먹는물 중 어느 물질을 분석하는 데 해당하는가?

- 이 시험법은 이온크로마토그래프를 이용하여 분석하는 방법이다.
- 전기전도도 검출기로 측정하거나 PCR을 이용하여 Triiodide로 유도체화 한 후 자외선 검출기 (352 nm)로 측정하는 방법이다.

① 불산염   ② 브롬산염
③ 질산염   ④ 황산염

풀이 브롬산염 분석법이다.

02 먹는물 중의 브롬산염 분석에 사용되는 시약에 대한 설명 중 틀린 것은?

① 정제수는 증류 또는 필터과정에 의해 각 이온을 제거하고 0.2 μm의 막을 통과시킨 물로서 0.2 μS/cm 이하의 전도도 값을 갖는 물로 한다.
② Catalyst 용액은 제조 후 갈색병에 보관하고 1개월 내에 사용한다.
③ 용리액 준비에 사용하는 모든 정제수는 기체를 제거하여 사용한다.
④ PCR(Post Column Reagent, 0.27 M KI)은 제조 후 냉암소에 보관하고 1주일 내에 사용한다.

풀이 PCR(Post Column Reagent, 0.27 M KI)은 사용 당일 제조하여 사용한다.

03 먹는물 중의 브롬산염 분석에 사용되는 검출기로 이루어진 것은?

① 전기전도도 검출기 – 전기화학적 검출기
② 전기전도도검출기 – 전자포획 검출기
③ 전기전도도검출기 – 자외선 검출기
④ 전기전도도검출기 – 불꽃염 검출기

풀이 브롬산염 분석에 사용되는 검출기는 전기전도도 검출기와 자외선 검출기이다.

⋯01 금속류(Metals) (ES 05400.e 2018)

1. 적용 가능한 시험

원자흡수분광광도법, 유도결합플라스마 – 원자방출분광법, 자외선/가시선 분광법, 유도결합플라스마 – 질량분석법 및 양극벗김전압전류법이 있다.

▼ 먹는물, 샘물 및 염지하수 중 금속류의 시험방법 및 시험방법의 분류번호

측정 금속	원자흡수 분광광도법	유도결합플라스마 – 원자방출분광법	자외선/가시선 분광법	유도결합플라스마 – 질량분석법	양극벗김 전압전류법
05401.c 구리(동)	05401.1b	05401.2c	–	05401.3c	–
05402.c 납	05402.2c	05402.1c	–	05402.3c	05402.4c
05403.c 망간	05403.1c	05403.2c	–	05403.3c	–
05404.c 붕소	–	05404.1c	05404.2c	05404.3a	
05405.b 비소	–	05405.1c	05405.2c	05405.3c	
05406.c 셀레늄	$05406.1c^1$	05406.2c	–	05406.3c	
05407.b 수은	$05407.1c^2$	–	–	–	05407.2c
05408.c 아연	05408.1c	05408.2c	–	05408.3c	–
05409.b 알루미늄	05409.1b	05409.2b	05409.3b	05409.4b	
05410.a 철	05410.2b	05410.3b	05410.1b	05410.4b	
05411.b 카드뮴	05411.1b	05411.2b	–	05411.3b	
05412.a 크롬	05412.1b	05412.2b	–	05412.3b	
05413 스트론튬	–	05413.1b	–	05413.2b	
05414.a 우라늄	–	–	–	05414.1a	–

주 1) 수소화물생성/원자흡수분광광도법
　 2) 냉증기/원자흡수분광광도법

2. 금속류 분석에서의 일반적인 주의사항

① 금속의 미량분석에서는 유리기구, 정제수 및 여과지에서의 오염을 방지하는 것이 중요하다. 사용하는 시약은 순수시약 사용으로 오염을 방지하며, 산처리와 농축과정 중의 오염은 바탕실험을 통해 오염여부를 평가한다.

② 실험실은 전처리, 가열농축과정에서 발생하는 유독기체를 배출시킬 수 있는 환기시설(후드)이 있어야 한다.

실전 예상문제

01

2013
제5회

먹는물 중에 금속류의 측정 방법으로 먹는물공정 시험기준에 포함되지 않는 방법은?

① 질산을 가한 시료 또는 산 분해 후 농축 시료를 직접 불꽃으로 주입하여 원자화한 후 원자흡수분광
광도법으로 분석한다.

② 시료는 0.2μm막 여과지를 통과시켜 고체미립자를 제거한 후 양이온 교환 컬럼을 통과시켜 분리한
후 전기전도도 검출기로 측정한다.

③ 시료를 플라스마에 분사시켜 탈용매, 원자화 그리고 이온화하여 사중극자형으로 주입한 후 질량분
석을 수행한다.

④ 유리탄소전극(GCE, Glassy Carbon Electrode)에 수은막(mercury film)을 입힌 전극에 의한 포
화칼로멜 전극에 대해 -100 mV 전위차에서 작용전극에 농축시킨 다음 이 를 양극벗김전압전류
법으로 분석한다.

> **풀이** 먹는물, 샘물 및 염지하수 중 금속성분 분석방법으로는 원자흡수분광광도법, 유도결합플라스마 원자발광
> 분광법, 자외선/가시선 분광법, 유도결합플라스마 질량분석법 및 양극벗김전압전류법이 사용된다.

02 먹는물 중의 금속류를 분석하는 방법이 아닌 것은?

① 원자흡수분광광도법   ② 유도결합플라스마질량분석법

③ 양극벗김전압전류법   ④ 기체크로마토그래프질량분석법

> **풀이** 기체크로마토그래프질량분석법은 유기물질을 분석하는 데 사용된다.

03 먹는물 중의 금속류를 분석하는 방법 중 주시험법은?

① 원자흡수분광광도법   ② 자외선/가시선분광법

③ 유도결합플라스마원자발광분광법   ④ 유도결합플라스마질량분석법

> **풀이** 원자흡수분광광도법을 주시험법으로 한다.

정답   01 ②   02 ④   03 ④

···02 금속류 – 원자흡수분광광도법
(Metals – Atomic Absorption Spectrophotometry)
(ES 05400.1c 2018)

1. 개요

질산을 가한 시료 또는 산 분해 후 농축 시료를 직접 불꽃으로 주입하여 원자화한 후 원자흡수분광광도법으로 분석한다.

2. 적용범위

① 먹는물 및 샘물 중에 구리(동), 납, 망간, 아연, 알루미늄, 철, 카드뮴, 크롬 등의 금속류의 분석에 적용한다.

② 구리(동), 납, 망간, 아연, 철, 카드뮴 등의 금속류는 공기 – 아세틸렌 불꽃에 주입하여 분석한다.

③ 낮은 농도의 구리(동), 납, 망간, 아연, 철, 카드뮴 등의 금속류는 암모늄피롤리딘디티오카바메이트(APDC, ammonium pyrrolidine dithiocarbamate)와 착물을 생성시켜 메틸아이소부틸케톤(MIBK, methyl isobutyl ketone)으로 추출하여 공기 – 아세틸렌 불꽃에 주입하여 분석한다.

④ 알루미늄 등의 금속류는 아산화질소 – 아세틸렌 불꽃에 주입하여 분석한다.

⑤ 크롬 등의 금속류는 공기 – 아세틸렌으로는 아세틸렌 유량이 많은 쪽이 감도가 높지만 철, 니켈의 방해가 많으며, 아세틸렌 – 일산화이질소는 방해는 적으나 감도가 낮다.

3. 간섭물질

① 공기 – 아세틸렌 불꽃에서 낮은 흡광도를 보일 때가 있다. 이는 불꽃의 온도가 너무 낮아 원자화가 일어나지 않는 경우와 안정한 산화물질로 바뀌어 불꽃에서 원자화가 일어나지 않는 경우에 발생한다.

② 실리콘은 망간 측정을 간섭하는데 칼슘을 넣어 방지할 수 있다.

③ 실리콘과 알루미늄은 높은 불꽃 온도가 요구되는데 이를 위해 아산화질소 – 아세틸렌 불꽃을 사용한다.

④ 염이 많은 시료는 버너 헤드 부분에 고체가 생성되어 불꽃이 자주 꺼지고 버너 헤드를 청소해야 하는데 이를 방지하기 위해서는 **시료를 묽혀 분석하거나, MIBK 등을 사용하여 추출하여 분석한다.**

⑤ 시료 중에 **칼륨, 나트륨, 리튬, 세슘**과 같이 쉽게 이온화되는 원소가 1,000 mg/L 이상의 농도로 존재할 때에는 금속 측정을 간섭한다. 이때에는 검정곡선용 표준물질에 시료의 매질과 유사하게 첨가하여 보정한다.

4. 용어정의

(1) 발광세기

금속원자가 들뜸 상태에서 에너지준위가 낮은 상태로 전자가 되돌아가는 과정에서, 각 궤도 간의 에너지 차이가 빛으로 방출될 때의 빛에너지의 세기를 말한다.

(2) 바탕보정

원자흡수분광도법에서 용액에 공존하는 물질들에 의해 발생하는 스펙트럼 방해를 최소화시키는 방법으로, 분석파장 변화, 불꽃 온도 상승, 복사선 완충제 추가, 또는 두 선 보정법, 연속 광원법, 지맨(zeeman) 효과법 등의 방법으로 스펙트럼 방해를 줄여 바탕보정을 실시할 수 있다.

(3) 용매추출

용매를 써서 고체 또는 액체시료 중에서 성분물질의 일종(때로는 2종 이상)을 용해시켜 분리하는 조작을 말하며 단순히 추출이라고도 하는 분리법이다.

(4) 인증표준물질

공인된 인증서가 첨부되고 각 지정된 양에 대하여 인증값, 측정불확도 및 소급성을 검증할 수 있는 표준물질이다.

5. 분석기기 및 기구

(1) 원자흡수분광광도계

원자흡수분광광도계(AAS, atomic absorption spectrophotometer)는 광원부, 시료원자화부, 파장선택부 및 측광부로 구성되어 있으며 단광속형과 복광속형으로 구분된다. 다원소 분석이나 내부표준물법을 사용할 수 있는 복합 채널형(multi-channel)도 있다.

(2) 광원램프 ⟨중요내용⟩

원자흡수분광광도계에 사용하는 광원으로 좁은 선폭과 높은 휘도를 갖는 스펙트럼을 방사하는 속빈음극램프를 사용한다.

속빈음극램프 = 중공음극램프 = Hollow Cathod Lamp

※ 속빈음극램프의 음극은 분석하려고 하는 목적의 단일원소 목적원소를 함유하는 합금 또는 소결합금으로 만들어져 있다.
※ 나트륨(Na), 칼륨(K), 칼슘(Ca), 루비듐(Rb), 세슘(Cs), 카드뮴(Cd), 수은(Hg), 탈륨(Tl)과 같이 비점(沸點)이 낮은 원소에서는 열음극(熱陰極)이나 방전램프를 사용할 수 있다.

(3) 기체 *중요내용

① 원자흡수분광광도계에 불꽃 생성에 사용하는 조연성기체와 가연성기체의 조합은 수소-공기, 수소-공기-아르곤, 수소-산소, 아세틸렌-공기, 아세틸렌-산소, 아세틸렌-아산화질소, 프로판-공기, 석탄기체-공기 등이 있다. 일반적으로 가연성기체로 아세틸렌을 조연성기체로 공기를 사용한다.
② 수소-공기와 아세틸렌-공기는 거의 대부분의 원소 분석에 유효하게 사용할 수 있으며 특히 수소-공기는 원자 외 영역에서 불꽃자체에 의한 흡수가 적기 때문에 이 파장영역에서 흡수선을 갖는 원소의 분석에 적당하다.
③ 아세틸렌-아산화질소 불꽃은 불꽃의 온도가 높기 때문에 불꽃 중에서 해리하기 어려운 내화성산화물을 만들기 쉬운 원소(알루미늄)의 분석에 적당하다. *중요내용
④ 프로판-공기 불꽃은 불꽃온도가 낮고 일부 원소에 대하여 높은 감도를 나타낸다.
⑤ 가연성기체와 조연성기체의 혼합비는 감도에 크게 영향을 주므로 금속의 종류에 따라 최적 혼합비를 선택하여 사용한다.

6. 시약

(1) 시약

질산, 시트르산암모늄용액, 브로모티몰블루용액, 메틸아이소부틸케톤, 암모늄피롤리딘디티오카바메이트 용액, 암모니아수, 지르코늄용액

(2) 가연성기체

순도 99.9 % 이상의 가연성기체(아세틸렌), 조연성기체(공기)를 사용한다.

(3) 정제수

정제수는 금속류를 함유하지 않은 3차 증류수 또는 막 여과수를 사용한다.

7. 시료채취 및 관리

① 시료는 미리 세척한 폴리프로필렌, 폴리에틸렌 또는 폴리테트라플루오로에틸렌(PTFE) 용기에 채취한다.

② 시료채취용기의 세척 순서 : 비인산계 세제로 세척 → 수돗물로 여러 번 세척 → 질산용액 (1+1) 세척 → 정제수 세척 → 건조

③ 시료는 채취 즉시 1 L당 진한 질산 1.5 mL 또는 질산용액(1+1) 3.0 mL를 가하여 pH 2로 보존한다. 만약 시료가 알칼리화 되어 있거나 완충효과가 있다면 첨가하는 질산용액(1+1)을 5.0 mL 까지 늘려야 한다.

④ 산 처리한 시료는 4 ℃로 보관하여 시료가 증발로 인해 부피변화가 없도록 해야 한다. 이 조건에서는 시료를 최대 6개월까지 보관할 수 있다.

⑤ μg/L의 농도에서는 시료 채취 후 되도록 빠른 시간 안에 분석한다.

8. 정도보증/정도관리(QA/QC)

(1) 방법검출한계 및 정량한계 *중요내용*

① 방법검출한계(method detection limit) 및 정량한계(minimum quantitation limit)는 정제수에 정량한계 부근의 농도가 되도록 각 금속류를 첨가한 시료 7개를 준비하고 시료의 실험절차와 동일하게 추출하여 표준편차를 구한다.

② 표준편차에 3.14를 곱한 값을 방법검출한계, 10을 곱한 값을 정량한계로 나타낸다.

③ 측정한 방법검출한계는 시험방법에서 제시한 정량한계 이하이어야 한다.

(2) 방법바탕시료의 측정 *중요내용*

시료군마다 1개의 방법바탕시료(method blank)를 측정한다. 방법바탕시료는 정제수를 사용하여 시료의 실험질차와 동일하게 전처리·측정하며 얻은 값이 방법검출한계 이하이어야 한다.

(3) 검정곡선의 작성 및 검증

① 정량범위 내의 5개 이상의 농도에 대해 검정곡선을 작성하고, 결정계수(R^2)가 0.98 또는 감응계수(RF)의 상대표준편차가 20 % 이내이어야 하며 허용범위를 벗어나면 재작성 한다.

② 감응계수(RF)는 검정곡선 작성을 위한 표준용액의 농도(C)에 대한 흡광도와 같은 반응(R, response)으로, 표준용액 농도를 2개 이상 사용한 경우는 검정곡선의 기울기에 해당된다.

③ 검정곡선의 직선성 검증은 각 시료군마다 1회의 검정곡선 검증을 실시한다. 정량범위 또는 검정곡선의 중간 농도에 해당하는 표준용액을 측정하며, 측정값은 검정곡선 작성 시의 값과

20 % 이내에서 일치하여야 한다. 이 범위를 넘는 경우, 검정곡선을 재작성한다.

(4) 정밀도 및 정확도 ★중요내용

① 정제수에 정량한계의 1배 ~ 2배 농도의 표준물질을 첨가한 시료를 4개 이상 준비하고 시료의 분석 절차와 동일하게 측정하여 평균값과 표준편차를 구한다.

② 정밀도 : 4회 이상 측정한 평균값과 상대표준편차(RSD)를 구하여 산출

③ 정확도 : 4회 이상 측정한 평균값과 제조한 표준용액의 농도에 대한 상대 백분율(%)로 산출

(5) 현장 이중시료의 측정 ★중요내용

현장 이중시료(field duplicate sample)는 동일한 시료채취 장소에서 동일한 조건으로 중복 채취한 시료로서 한 조사팀이 하루에 20개 이하를 채취할 경우에는 1개를 그리고 그 이상을 채취할 때에는 시료 20개당 1개를 추가로 채취한다. 동일한 조건의 두 시료 간의 측정값의 편차는 20 % 이하이어야 한다.

(6) 내부정도관리 주기 및 목표 ★중요내용

① 방법검출한계, 정량한계, 정밀도 및 정확도는 연 1회 이상 산정하는 것을 원칙으로 하며, 분석자의 교체, 분석 장비의 수리 및 이동 등의 주요 변동사항이 생길 경우에는 다시 실시한다. 단, 장비의 청소 및 측정 장비의 감도가 의심될 때에는 언제든지 측정하여 확인한다.

② 검정곡선 검증 및 시약바탕시료의 분석은 각 시료군마다 실시하며, 고농도의 시료 다음에는 시약바탕시료를 측정하여 오염여부를 점검한다.

9. 분석절차

(1) 전처리

① 구리(동), 아연, 철, 망간

    ⊙ 시료 200 mL 또는 금속을 첨가한 시료 200 mL를 비커에 넣고 질산 2 mL(미리 시료에 넣은 질산을 포함한다)를 넣는다.

    ⓒ 액량이 약 10 mL가 될 때까지 약하게 가열농축하고, 부피플라스크에 옮긴 후 정제수를 넣어 20 mL로 하여 시험용액으로 한다.

② 납, 크롬, 카드뮴

    ⊙ 시료 100 mL 또는 금속을 첨가한 시료 100 mL에 1 N HNO_3 혹은 1 N NaOH를 가해 pH 3으로 조정한다.

ⓛ 암모늄피롤리딘디티오카바메이트 용액 1 mL를 넣고 흔들어 섞어 수 분간 둔 후, 메틸아
이소부틸케톤 10 mL를 넣고 강하게 흔들어 섞은 다음 메틸아이소부틸케톤 층을 취하여
시험용액으로 한다.

③ 알루미늄
㉠ 시료 200 mL 또는 금속을 첨가한 시료 200 mL를 비커에 넣고 염산 2 mL 및 지르코늄용
액 1 mL를 넣어 흔들어 섞는다.
㉡ 이 용액을 암모니아수로 pH 9로 조정하여, 수산화지르코늄의 침전을 생성시킨다. 잘 섞
어 방치하여 침전을 가라앉힌다.
㉢ 여과지(5종A)로 여과하여 침전물을 분리한 후 정제수로 여과지의 침전물을 씻는다.
㉣ 침전물을 뜨거운 염산용액(2M) 10 mL ~ 15 mL로 녹이고 식힌 후, 정제수로 20 mL로
하여 시험용액으로 한다.

(2) 검정곡선의 작성

① 정량범위 내의 5개 이상의 농도에 대해 검정곡선을 작성한다.
② 필요에 따라 사용하는 표준용액의 농도와 개수를 달리할 수 있다.
③ 분석결과 검정곡선의 농도범위를 벗어나면 시료를 희석해서 재분석한다.

실전 예상문제

01 원자흡수분광광도법에서 사용하는 불꽃의 가연성 기체와 조연성 기체의 조합 중 내화성 산화물을 만들기 쉬운 원소의 분석에 적당한 것은?

① 아세틸렌－공기
② 아세틸렌－아산화질소
③ 수소－공기
④ 프로판－공기

풀이 아세틸렌－아산화질소 불꽃은 불꽃의 온도가 높기 때문에 불꽃 중에서 해리하기 어려운 내화성산화물을 만들기 쉬운 원소의 분석에 적당하다.

02 원자흡수분광광도법에서 납, 크롬, 카드뮴 분석에 사용되는 추출용액으로 적당한 것은?

① APDC
② MIBK
③ Benzene
④ Chloroform

풀이 메틸아이소부틸케톤(MIBK)으로 추출한다.

03 원자흡수분광광도법에서 간섭물질에 대한 설명으로 틀린 것은?

① 불꽃의 온도가 너무 낮아 원자화가 일어나지 않는 경우에 낮은 흡광도를 보인다.
② 실리콘은 망간 측정을 간섭하는데 칼슘을 넣어 이를 방지할 수 있다.
③ 염이 많은 시료에 의한 간섭은 시료를 묽혀 분석하거나, MIBK 등을 사용하여 추출하여 분석한다.
④ 시료 중에 칼륨, 나트륨, 리튬, 세슘과 같이 쉽게 이온화되는 원소가 10 mg/L 이상의 농도로 존재할 때에는 금속 측정을 간섭한다.

풀이 시료 중에 칼륨, 나트륨, 리튬, 세슘과 같이 쉽게 이온화되는 원소가 1,000 mg/L 이상의 농도로 존재할 때에는 금속 측정을 간섭한다.

04 원자흡수분광광도법에서 사용하는 광원으로 적당한 것은?

① UV 램프
② 글로우방전램프
③ 속빈음극램프
④ 중수소 아크 램프

풀이 원자흡수분광광도법에 사용하는 광원은 속빈음극램프를 사용한다.

05 원자흡수분광광도법에서 발생하는 스펙트럼 방해를 최소화시키기 위하여 실시하는 방법이 아닌 것은?

① 연속 광원법　　　　　　　　　　② 지맨(zeeman) 효과법
③ 두 선 보정법　　　　　　　　　　④ 전위차 보정법

풀이 원자흡수분광광도법에서 용액에 공존하는 여러 물질들에 의해 발생하는 스펙트럼 방해를 최소화시키기 위한 방법으로, 분석파장 변화, 불꽃 온도 상승, 복사선 완충제 추가, 또는 두 선 보정법, 연속 광원법, 지맨 (zeeman) 효과법 등의 방법으로 스펙트럼 방해를 줄여 바탕보정을 실시할 수 있다.

06 원자흡수분광광도법에 대한 설명 중 틀린 것은?

① 발광세기는 금속이 들뜸 상태에서 에너지준위가 낮은 상태로 전자가 되돌아가는 과정에서, 각 궤도 간의 에너지 차이가 빛으로 방출될 때의 빛에너지의 세기를 말한다.
② 스펙트럼방해를 줄여 바탕보정을 실시할 수 있다.
③ 분석장치는 광원부 – 시료원자화부 – 파장선택부 – 측광부로 구성되어 있다.
④ 인증표준물질은 제조사에서 인증하는 인증서가 첨부되고 순도가 99.9 % 이상의 물질로 특수하게 만들어진 표준물질을 말한다.

풀이 공인된 인증서가 첨부되고 각 지정된 양에 대하여 인증값, 측정불확도 및 소급성을 검증할 수 있는 표준물질로서, 현재 국내외에 상품화되어 있어 이를 용도 및 목적에 따라 선택, 구입할 수 있다.

07 원자흡수분광광도법으로 금속류를 분석하고자 할 때 시료채취 및 관리방법에 대한 설명으로 틀린 것은?

① 시료는 미리 세척한 폴리프로필렌, 폴리에틸렌 또는 폴리테트라플루오로에틸렌(PTFE) 용기에 채취한다.
② 시료채취용기는 비인산계 세제로 세척한 후 수돗물로 여러 번 세척하고 질산용액(1+1)과 정제수로 차례로 세척한 후 건조하여 사용한다.
③ μg/L의 농도의 시료는 특별히 금속류의 안정화를 위하여 되도록 오랜 시간 보관 후에 분석한다.
④ 산 처리한 시료는 4 ℃로 보관하면 최대 6개월까지 보관할 수 있다.

풀이 μg/L의 농도에서는 시료 채취 후 되도록 빠른 시간 안에 분석한다.

08 다음은 원자흡수분광광도법의 정도관리에서 방법검출한계와 정량한계 관련 설명이다. 틀린 것은?

① 표준편차에 3.14를 곱한 값을 방법검출한계로, 10을 곱한 값을 정량한계로 나타낸다.

② 측정한 방법바탕시료는 방법검출한계 이하이어야 하며, 방법검출한계는 정량한계 이상이어야 한다.

③ 방법바탕시료는 정제수를 사용하며, 시료군마다 1개의 방법바탕시료(method blank)를 측정한다.

④ 방법검출한계 및 정량한계는 정제수에 정량한계 부근의 농도가 되도록 각 금속류를 첨가한 시료 7개를 측정한다.

> **풀이** 측정한 방법바탕시료는 방법검출한계 이하이어야 하며, 방법검출한계는 제시한 정량한계 이하이어야 한다.

09 원자흡수분광광도법의 정도보증/정도관리에서 검정곡선 작성에 대한 설명으로 틀린 것은?

① 분석하고자 하는 금속의 정량범위 내에서 바탕시료를 포함하여 4개 이상의 농도에 대해 검정곡선을 작성한다.

② 작성된 검정곡선의 결정계수(R^2)는 0.98, 감응계수(RF)의 상대표준편차는 20 % 이내이어야 한다.

③ 검정곡선의 직선성을 검증하기 위하여 각 시료군마다 2회의 검정곡선 검증을 실시하는 것이 바람직하다.

④ 검정곡선의 직선성 검증을 위하여 정량범위 또는 검정곡선의 중간 농도에 해당하는 표준용액을 측정하며, 측정값은 검정곡선 작성 시의 값과 20 % 이내에서 일치하여야 한다.

> **풀이** 검정곡선의 직선성을 검증하기 위하여 각 시료군마다 1회의 검정곡선 검증을 실시하는 것이 바람직하다.

10 원자흡수분광광도법의 정도보증/정도관리에 대한 설명으로 틀린 것은?

① 정확도 및 정밀도의 측정은 정제수에 정량한계의 1배 ~ 2배 농도가 되도록 동일하게 표준물질을 첨가한 시료를 4개 이상 준비한다.

② 정밀도는 4회 이상 측정한 평균값과 제조한 표준용액의 농도에 대한 상대 백분율(%)을 구하여 산출하고, 정확도는 4회 이상 측정한 평균값에 대한 상대표준편차(RSD)로 나타낸다.

③ 현장 이중시료(field duplicate sample)는 동일한 시료채취 장소에서 동일한 조건으로 중복 채취한 시료로서 동일한 조건의 두 시료간의 측정값의 편차는 20 % 이하이어야 한다.

④ 내부정도관리에서 방법검출한계, 정량한계, 정밀도 및 정확도는 연 1회 이상 산정하는 것이 원칙이다.

> **풀이** 정밀도는 4회 이상 측정한 평균값과 상대표준편차(RSD)를 구하여 산출하고, 정확도는 4회 이상 측정한 평균값과 제조한 표준용액의 농도에 대한 백분율(%)로 나타낸다.

03 금속류 – 유도결합플라스마 – 원자방출분광법
(Metals – Inductively Coupled Plasma – Atomic Emission Spectrometry)
(ES 05400.2c 2018)

1. 개요

시료를 고주파유도코일에 의하여 형성된 아르곤 플라스마에 주입하여 6,000 ℃ ~ 8,000 ℃에서 들뜬 원자가 바닥상태로 이동할 때 방출하는 발광선 및 발광강도를 측정하여 원소의 정성 및 정량분석을 수행하는 방법이다.

2. 적용범위

① 먹는물 및 샘물 중에 구리(동), 납, 망간, 붕소, 비소, 셀레늄, 아연, 알루미늄, 철, 카드뮴, 크롬 등의 금속류의 분석에 적용한다.
② 물속에 있는 총 금속류는 통상 산 등에 의해 시료를 분해시켜 총량을 측정한다.
③ 용존성 금속류 측정은 시료를 여과(공극 0.45 μm 멤브레인 필터) 등에 의해 입자성 부유물을 제거한 후 산 등을 첨가하여 측정한다.

3. 간섭물질

• 대부분의 간섭물질은 산 분해에 의해 제거된다.
• 간섭효과를 줄이기 위해서는 용존 고체의 양이 0.2 %를 초과하지 말아야 한다.

(1) 간섭의 종류

① 광학간섭 : 분석하는 금속원소 이외에서 발광하는 파장은 측정을 간섭한다. 어떤 원소가 동일 파장에서 발광할 때, 파장의 스펙트럼선이 넓어질 때, 이온과 원자의 재결합으로 연속 발광할 때, 분자 띠 발광 시에 간섭이 발생한다.
② 물리적 간섭 : 시료의 분무 또는 운반과정에서 물리적 특성 즉 점도와 표면장력의 변화 등에 의해 발생한다. 특히 시료 중에 산의 농도가 10 %(v/v) 이상으로 높거나 용존 고형물질이 1,500 mg/L 이상으로 높은 반면, 검정용 표준용액의 산의 농도는 5 % 이하로 낮을 때에 발생하며 이때 시료 희석, 표준용액을 시료의 매질과 유사하게 하거나 표준물첨가법을 사용하면 간섭효과를 줄일 수 있다.
③ 화학적 간섭 : 분자 생성, 이온화 효과, 열화학 효과 등이 시료 분무와 원자화 과정에서 방해요인으로 나타난다. 이 영향은 별로 심하지 않으며 적절한 운전 조건의 선택으로 최소화할 수 있다.

(2) 간섭의심 시 조치방법

간섭효과가 의심되면 대부분의 경우 간섭은 시료의 매질로 인해 발생한다.

① 연속희석법 : 분석 대상의 농도가 수행검출한계의 10배 이상의 농도일 경우에 적용할 수 있으며 시료를 희석하여 측정하였을 때 희석배수를 고려해서 계산한 농도 값이 본래의 농도 값의 10 % 이내이어야 한다. 10 %를 벗어나면 물리 및 화학적 간섭이 의심된다.

② 표준물첨가법 : 측정시료에 표준물질을 수행검출한계의 20배 ~ 100배의 농도로 첨가하여 분석하였을 때에 회수율이 90 % ~ 110 % 이내이어야 한다. 만약 이 범위를 벗어나면 매질의 영향을 의심해야 한다.

③ 대체 분석과 비교 : 원자흡수분광광도법 또는 유도결합플라스마 – 질량분석법과 같은 대체 방법과 비교한다.

④ 전파장 분석 : 가능한 파장의 간섭을 알기 위해 전 파장 분석(wavelength scanning)을 수행한다.

(3) 시료 중 칼슘과 마그네슘의 농도 합이 500 mg/L 이상이고 측정값이 규제 값의 90 % 이상일 때 표준물첨가법이 좋다.

4. 용어정의

① 용존금속 : 시료를 산성화시키기 전에 0.45 μm 막을 통과하는 금속을 의미한다.

② 금속 : 여과 없이 산 처리 후에 측정하는 시료 중의 금속을 말한다.

5. 분석기기 및 기구

(1) 유도결합플라스마 – 원자방출분광기(ICP – AES)

유도결합플라스마 – 원자방출분광기는 시료도입부, 고주파전원부, 광원부, 분광부, 연산처리부 및 기록부로 구성되어 있으며, 분광부는 검출 및 측정에 따라 연속주사형 단원소측정장치(sequential type, monochromator)와 다원소동시측정장치(simultaneous type, polychromator)로 구분된다.

(2) 아르곤

99.99 % 이상 순도의 액화 또는 압축 아르곤

6. 시약

(1) 시약

염산, 질산용액(1+1)

(2) 내부표준용액

이트륨(Y), 스칸듐(Sc), 인듐(In), 터비듐(Tb), 비스무트(Bi)를 사용한다.

(3) 정제수

정제수는 금속류를 함유하지 않은 3차 증류수 또는 막 여과수를 사용한다.

7. 시료채취 및 관리

① 시료채취 전에 전 함량 분석을 할 것인가 아니면 용존 금속만을 분석할 것인가를 결정하여 적절한 보존을 선택한다.
② 시료는 미리 세척한 폴리프로필렌, 폴리에틸렌 또는 폴리테트라플루오로에틸렌(PTFE) 용기에 채취한다.
③ 시료채취용기의 세척 순서 : 비인산계 세제로 세척 → 수돗물로 여러 번 세척 → 질산용액(1+1) 세척 → 정제수 세척 → 건조
④ 용존 금속 측정은 시료를 0.45 μm 막을 통과시켜 걸러진 용액에 1 L당 진한 질산 1.5 mL 또는 질산용액(1+1) 3.0 mL를 가하여 pH 2 이하로 조절한다.
⑤ 전 함량 금속 측정은 시료 채취 즉시 1 L당 진한 질산 1.5 mL 또는 질산용액(1+1) 3.0 mL를 가하여 pH 2 이하로 조절하여 보존한다. 만약 시료가 알칼리화 되어 있거나 완충효과가 있다면 첨가하는 질산용액(1+1)을 5.0 mL까지 늘려야 한다.
⑥ 산 처리한 시료는 4 ℃로 보관하여 시료가 증발로 인해 부피변화가 없도록 해야 한다. 이 조건에서는 시료를 최대 6개월까지 보관할 수 있다.
⑦ μg/L의 농도에서는 시료 채취 후 되도록 빠른 시간 안에 분석한다.

8. 정도보증/정도관리(QA/QC)

(1) 방법검출한계 및 정량한계 【중요내용】

① 방법검출한계(method detection limit) 및 정량한계(minimum quantitation limit)는 정제수에 정량한계 부근의 농도가 되도록 각 금속류를 첨가한 시료 7개를 준비하고 시료의 실

험절차와 동일하게 추출하여 표준편차를 구한다.

② 표준편차에 3.14를 곱한 값을 방법검출한계, 10을 곱한 값을 정량한계로 나타낸다.

③ 측정한 방법검출한계는 시험방법에서 제시한 정량한계 이하이어야 한다.

(2) 방법바탕시료의 측정 ^{중요내용}

시료군마다 1개의 방법바탕시료(method blank)를 측정한다. 방법바탕시료는 정제수를 사용하여 시료의 실험절차와 동일하게 전처리 · 측정하며 얻은 값이 방법검출한계 이하이어야 한다.

(3) 검정곡선의 작성 및 검증

① 정량범위 내의 5개 이상의 농도에 대해 검정곡선을 작성하고, 결정계수(R^2)가 0.98 또는 감응계수(RF)의 상대표준편차가 20 % 이내이어야 하며 허용범위를 벗어나면 재작성한다.

② 감응계수(RF)는 검정곡선 작성을 위한 표준용액의 농도(C)에 대한 흡광도와 같은 반응(R, response)으로, 표준용액 농도를 2개 이상 사용한 경우는 검정곡선의 기울기에 해당된다.

③ 검정곡선의 직선성 검증은 각 시료군마다 1회의 검정곡선 검증을 실시한다. 정량범위 또는 검정곡선의 중간 농도에 해당하는 표준용액을 측정하며, 측정값은 검정곡선 작성 시의 값과 20 % 이내에서 일치하여야 한다. 이 범위를 넘는 경우, 검정곡선을 재작성한다.

(4) 정밀도 및 정확도 ^{중요내용}

① 정제수에 정량한계의 1배 ～ 2배 농도의 표준물질을 첨가한 시료를 4개 이상 준비하고 시료의 분석 절차와 동일하게 측정하여 평균값과 표준편차를 구한다.

② 정밀도 : 4회 이상 측정한 평균값과 상대표준편차(RSD)를 구하여 산출

③ 정확도 : 4회 이상 측정한 평균값과 제조한 표준용액의 농도에 대한 상대 백분율(%)로 산출

(5) 현장 이중시료의 측정 ^{중요내용}

현장 이중시료(field duplicate sample)는 동일한 시료채취 장소에서 동일한 조건으로 중복 채취한 시료로서 한 조사팀이 하루에 20개 이하를 채취할 경우에는 1개를 그리고 그 이상을 채취할 때에는 시료 20개당 1개를 추가로 채취한다. 동일한 조건의 두 시료 간의 측정값의 편차는 20 % 이하이어야 한다.

(6) 내부정도관리 주기 및 목표 *중요내용

① 방법검출한계, 정량한계, 정밀도 및 정확도는 연 1회 이상 산정하는 것을 원칙으로 하며, 분석자의 교체, 분석 장비의 수리 및 이동 등의 주요 변동사항이 생길 경우에는 다시 실시한다. 단, 장비의 청소 및 측정 장비의 감도가 의심될 때에는 언제든지 측정하여 확인한다.

② 검정곡선 검증 및 시약바탕시료의 분석은 각 시료군마다 실시하며, 고농도의 시료 다음에는 시약바탕시료를 측정하여 오염여부를 점검한다.

9. 분석절차

(1) 전처리

① 시료 200 mL 또는 금속을 첨가한 시료 200 mL를 비커에 넣고 **질산**(1+1) 4.0 mL와 **염산**(1+1) 2.0 mL를 첨가한다.

② 액량이 약 15 mL가 될 때까지 끓이지 않고 천천히 가열농축하고, 이 용액을 20 mL 부피플라스크에 옮긴 후 정제수로 표선까지 정확히 채운다.

③ 내부표준물질법 사용 시 내부 표준원소로서 **이트륨**(yttrium), **스칸듐**(scandium), **인듐**(indium), **터비듐**(terbium) 또는 **비스무트**(bismuth) 중 하나 이상을 선택하여 표준물질과 함께 **최종용액 중에 0.10 mg/L가 되게** 첨가하고 정제수로 표선까지 정확히 채운다.

④ 시료와 표준용액에는 **염화란탄**과 **염화칼륨용액**을 시료 10 mL당 1 mL를 넣어 **정확도를 높일 수 있다.**

(2) 검정곡선의 작성

① 정량범위 내의 5개 이상의 농도에 대해 검정곡선을 작성한다.

② 필요에 따라 사용하는 표준용액의 농도와 개수를 달리할 수 있다.

③ 분석결과 검정곡선의 농도범위를 벗어나면 시료를 희석해서 재분석한다.

실전 예상문제

01 다음은 금속류 분석에서 유도결합플라스마 – 원자발광분광법에 대한 설명이다. 틀린 것은?

① 시료를 고주파유도코일에 의하여 형성된 아르곤 플라스마에 주입하여 6,000 ℃ ~ 8,000 ℃에서 들뜬 원자가 바닥상태로 이동할 때 방출하는 발광선 및 발광강도를 측정하는 방법이다.

② 용해성 금속류 측정에서 탁도가 낮은 먹는물의 경우에도 반드시 여과를 하여 측정을 한다.

③ 물속에 용해되어 있는 금속류는 여과와 산 보존 처리 후에 측정한다.

④ 총 금속류 분석은 산 분해 후에 측정한다.

> **풀이** 일반적으로 금속류의 측정은 용해성 금속류를 측정하나 먹는물의 경우는 탁도가 낮으므로 여과 없이 측정을 한다.

02 유도결합플라스마 – 원자발광분광법의 간섭물질에 대한 설명으로 틀린 것은?

① 대부분의 간섭물질은 산 분해에 의해 제거된다.

② 간섭효과를 줄이기 위해서는 용존 고체의 양이 2 %를 초과하지 말아야 한다.

③ 시료 중에 칼슘과 마그네슘의 농도 합이 500 mg/L 이상이고 측정값이 규제 값의 90 % 이상일 때 표준물첨가법에 의해 측정하는 것이 좋다.

④ 간섭의 종류로는 광학 간섭, 물리적 간섭, 화학적 간섭이 있다.

> **풀이** 간섭효과를 줄이기 위해서는 용존 고체의 양이 0.2 %를 초과하지 말아야 한다.

03 먹는물수질공정시험법에서 유도결합플라스마 – 원자발광분광법으로 먹는물 중의 금속류를 분석할 때 간섭효과가 의심될 경우에 취하는 조치법이 아닌 것은?

① 연속희석법 ② 내부표준법
③ 대체분석과 비교 ④ 전파장 분석

> **풀이** 유도결합플라스마 – 원자발광분광법으로 먹는물 중의 금속류를 분석할 때 간섭효과가 의심될 경우에 취하는 조치법으로는 연속희석법, 표준물첨가법, 대체분석과 비교, 전파장 분석이 있다.

정답 01 ② 02 ② 03 ②

04 유도결합플라스마 – 원자발광분광법에 대한 설명 중 틀린 것은?

① 사용하는 기체는 아르곤으로서 99.99 % 이상의 순도를 갖는 것이어야 한다.

② 내부 표준원소로서 이트륨, 스칸듐, 인듐, 터비듐 또는 비스무트(bismuth)를 최종용액 중에 0.10 mg/L가 되게 표준물질과 함께 첨가한다.

③ 용존 금속을 측정할 경우에는 시료를 $0.45 \, \mu m$ 막을 통과시켜 걸러진 용액을 사용한다.

④ 200 mL의 시료를 비커에 넣고 액량이 약 15 mL가 될 때까지 끓여서 신속하게 농축한다.

풀이 시료는 액량이 약 15 mL가 될 때까지 끓이지 않고 천천히 가열농축 한다.

⋯04 금속류 – 유도결합플라스마 – 질량분석법
(Metals – Inductively Coupled Plasma – Mass Spectrometry)
(ES 05400.3e 2018)

1. 개요

이 시험기준은 먹는물, 샘물 및 염지하수 중에 금속류를 측정하는 방법으로, 시료를 플라스마에 분사시켜 탈용매, 원자화 그리고 이온화하여 사중극자형으로 주입한 후 질량분석을 수행하는 방법이다. 이 방법은 수 μg/L의 금속류의 정성 및 정량분석에 적합하다.

2. 적용범위

① 먹는물 중에 구리(동), 납, 망간, 비소, 셀레늄, 아연, 알루미늄, 철, 카드뮴, 크롬, 붕소, 우라늄의 미량 용존 금속원소의 측정에 적용한다.
② 물속에 있는 총 금속류는 통상 산 등에 의해 시료를 분해시켜 총량을 측정한다.
③ 용존성 금속류를 측정은 시료를 여과(공극 0.45 μm 멤브레인 필터) 등에 의해 입자성 부유물을 제거한 후 산 등을 첨가하여 측정한다.

3. 간섭물질

(1) 동중원소 간섭

동중원소(isobaric element) 간섭이란 다른 원소의 동위원소가 1가 또는 2가로 이온화되면서 측정하려는 원소의 질량과 동일한 경우의 간섭을 의미한다. 대부분의 원소는 간섭을 갖지 않는 1개 이상의 동위원소를 가지고 있어 적절한 질량을 선택하면 간섭효과의 영향을 받지 않고 분석할 수 있다.

(2) 다량민감도

다량민감도(abundance sensitivity)는 한 피크의 일부가 다른 피크에 영향을 주는 정도를 말하며 작은 피크가 큰 피크 옆에 중첩되어 발생하며 최대한 분리능을 높여 간섭을 줄이도록 해야 한다.

(3) 동중 다원소이온 간섭

동중 다원소이온 간섭(isobaric polyatomic ion interference)은 측정하려는 원소의 질량과 동일한 다원소로 구성된 이온에 의해 발생하는 간섭을 말한다. 가능한 간섭물질이 잘 알려져 있고 이는 시료의 매질과 기기조건에 의존적이다.

(4) 물리적 간섭

시료의 플라스마로 전달, 이온화, 질량분석기로 연결 과정 등의 물리적인 과정에 의해 발생하는 간섭을 의미한다. 이는 검정곡선용 표준물질을 측정할 때와 시료를 측정할 때 기기반응도의 차이로부터 발생한다. 용존 고형물은 0.2 %를 초과하지 않도록 한다. 내부표준물질의 사용으로 물리적인 간섭을 보정할 수 있다.

※ 염지하수의 경우 매질에 의한 간섭이 발생하므로 카드뮴, 구리, 납, 아연, 크롬은 유기금속 착화물을 형성하여 용매추출 후 휘발건조 과정을 거쳐 재용해한 후 분석용 시료로 한다. 비소와 셀레늄, 알루미늄은 시료를 10배 이상 희석한 것을 매질로 하여 간섭효과를 줄일 수 있다.

※ 비소와 셀레늄은 표준물첨가법을 사용한다.

(5) 메모리효과

앞에 측정한 시료에 있는 원소의 동위원소가 다음 시료의 분석에 영향을 주어 간섭하는 것을 의미한다.

4. 용어정의

(1) 동중원소

원자번호는 다르나 질량이 같은 원소, 즉 다른 원소의 동위원소와 질량이 같은 경우를 말한다.

(2) 다량민감도

한 피크의 일부가 다른 피크에 영향을 주는 정도를 말한다.

(3) 동중 다원소이온

측정하려는 원소의 질량과 동일한 다원소로 구성된 이온을 말한다.

(4) 메모리효과

앞에 측정한 시료에 있는 원소의 동위원소가 다음 시료의 분석에 영향을 주는 것을 말한다.

5. 분석기기 및 기구

(1) 유도결합플라스마 – 질량분석기(ICP – MS)

이 장비는 5 % 피크 높이에서 1 amu의 최소 분리능을 갖고, 5 amu ~ 250 amu의 질량범위에서 측정할 수 있어야 한다.

(2) 아르곤

99.99 % 이상 순도의 액화 또는 압축 아르곤

6. 시약

(1) 시약

염산, 질산, 질산용액(1 + 1), 1 N 질산용액, 유기착화제(킬레이트)혼합용액[APDC/DDDC혼합용액], 클로로포름, 메틸이소부틸케톤(MIBK)

(2) 내부표준용액

이트륨(Y), 스칸듐(Sc), 인듐(In), 터비듐(Tb), 비스무트(Bi)를 사용한다.

(3) 정제수

정제수는 금속류를 함유하지 않은 3차 증류수 또는 막 여과수를 사용한다.

7. 시료채취 및 관리

① 시료는 미리 세척한 폴리프로필렌, 폴리에틸렌 또는 폴리테트라플루오로에틸렌(PTFE) 용기에 채취한다.
② 시료채취용기의 세척 순서 : 비인산계 세제로 세척 → 수돗물로 여러 번 세척 → 질산용액(1+1) 세척 → 정제수 세척 → 건조
③ 시료는 채취 즉시 1 L당 진한 질산 1.5 mL 또는 질산용액(1 + 1) 3.0 mL를 가하여 pH 2로 보존한다. 만약 시료가 알칼리화되어 있거나 완충효과가 있다면 첨가하는 질산용액(1 + 1)을 5.0

mL까지 늘려야 한다.

④ 산 처리한 시료는 4 °C로 보관하여 시료가 증발로 인해 부피변화가 없도록 해야 한다. 이 조건에서는 시료를 최대 6개월까지 보관할 수 있다.

⑤ μg/L의 농도에서는 시료 채취 후 되도록 빠른 시간 안에 분석한다.

8. 정도보증/정도관리(QA/QC)

(1) 방법검출한계 및 정량한계 『중요내용』

① 방법검출한계(method detection limit) 및 정량한계(minimum quantitation limit)는 정제수에 정량한계 부근의 농도가 되도록 각 금속류를 첨가한 시료 7개를 준비하고 시료의 실험절차와 동일하게 추출하여 표준편차를 구한다.

② 표준편차에 3.14를 곱한 값을 방법검출한계, 10을 곱한 값을 정량한계로 나타낸다.

③ 측정한 방법검출한계는 시험방법에서 제시한 정량한계 이하이어야 한다.

(2) 방법바탕시료의 측정 『중요내용』

시료군마다 1개의 방법바탕시료(method blank)를 측정한다. 방법바탕시료는 정제수를 사용하여 시료의 실험절차와 동일하게 전처리 · 측정하며 얻은 값이 방법검출한계 이하이어야 한다.

(3) 검정곡선의 작성 및 검증

① 정량범위 내의 5개 이상의 농도에 대해 검정곡선을 작성하고, 결정계수(R^2)가 0.98 또는 감응계수(RF)의 상대표준편차가 20 % 이내이어야 하며 허용범위를 벗어나면 재작성한다.

② 감응계수(RF)는 검정곡선 작성을 위한 표준용액의 농도(C)에 대한 흡광도와 같은 반응(R, response)으로, 표준용액 농도를 2개 이상 사용한 경우는 검정곡선의 기울기에 해당된다.

③ 검정곡선의 직선성 검증은 각 시료군마다 1회의 검정곡선 검증을 실시한다. 정량범위 또는 검정곡선의 중간 농도에 해당하는 표준용액을 측정하며, 측정값은 검정곡선 작성 시의 값과 20 % 이내에서 일치하여야 한다. 이 범위를 넘는 경우, 검정곡선을 재작성한다.

(4) 정밀도 및 정확도 『중요내용』

① 정제수에 정량한계의 1배 ~ 2배 농도의 표준물질을 첨가한 시료를 4개 이상 준비하고 시료의 분석 절차와 동일하게 측정하여 평균값과 표준편차를 구한다.

② 정밀도 : 4회 이상 측정한 평균값과 상대표준편차(RSD)를 구하여 산출

③ 정확도 : 4회 이상 측정한 평균값과 제조한 표준용액의 농도에 대한 상대 백분율(%)로 산출

(5) 현장 이중시료의 측정 ^{중요내용}

현장 이중시료(field duplicate sample)는 동일한 시료채취 장소에서 동일한 조건으로 중복 채취한 시료로서 한 조사팀이 하루에 20개 이하를 채취할 경우에는 1개를 그리고 그 이상을 채취할 때에는 시료 20개당 1개를 추가로 채취한다. 동일한 조건의 두 시료 간의 측정값의 편차는 20 % 이하이어야 한다.

(6) 내부정도관리 주기 및 목표 ^{중요내용}

① 방법검출한계, 정량한계, 정밀도 및 정확도는 연 1회 이상 산정하는 것을 원칙으로 하며, 분석자의 교체, 분석 장비의 수리 및 이동 등의 주요 변동사항이 생길 경우에는 다시 실시한다. 단, 장비의 청소 및 측정 장비의 감도가 의심될 때에는 언제든지 측정하여 확인한다.
② 검정곡선 검증 및 시약바탕시료의 분석은 각 시료군마다 실시하며, 고농도의 시료 다음에는 시약바탕시료를 측정하여 오염여부를 점검한다.

(7) 정도관리 목표값과 정량한계 및 정량범위

정도관리 항목	정도관리 목표
정량한계	0.00010 mg/L ~ 0.01376 mg/L
검정곡선	결정계수(R^2) ≥ 0.98 또는 감응계수(RF)의 상대표준편차 ≤ 20 %
정밀도	상대표준편차 ± 20 % 이내
정확도*	80 % ~ 120 %
현장이중시료	상대편차백분율 ± 20 % 이내

* 원자흡수분광광도법과 유도결합플라스마의 정확도는 75 % ~ 125 %이다.

9. 분석절차

(1) 전처리

① 시료의 탁도가 1 NTU 이상일 경우 미세입자 및 부유물질을 제거한다.
② 시료 100 mL에 진한 질산 1 mL를 넣는다.
③ 내부표준물질법 사용 시 내부 표준원소로서 **이트륨**(yttrium), **스칸듐**(scandium), **인듐**(indium), **터비듐**(terbium) 또는 **비스무트**(bismuth) 중 하나 이상을 선택하여 표준물질과 함께 **최종용액 중에 0.10 mg/L가 되게 첨가하고 정제수로 표선까지 정확히 채운다.**

④ 염지하수의 카드뮴, 구리, 납, 아연, 크롬 분석 시 전처리 과정

1. 100 mL 시료를 폴리테트라플루오로에틸렌(PTFE) 분액여두에 넣고 pH 4 ~ 5 부근으로 조절한다.
2. 유기착화제(APDC/DDDC) 혼합용액 1 mL를 넣고 20초간 강하게 교반한다.
3. 위 시료에 클로로포름 혹은 메틸아이소부틸케톤을 10 mL 넣고 진탕기를 이용하여 2분 ~ 3분간 강하게 흔들어 준다.
4. 15분간 시료 용액과 용매층이 완전히 분리되도록 정치한 후 하부의 용매를 폴리테트라플루오로에틸렌(PTFE) 가열용기에 받는다. 이때 시료용액이 포함되지 않도록 주의하여야 한다.
5. 3 ~ 4과정을 3번 반복한다.
6. 폴리테트라플루오로에틸렌(PTFE) 용기를 80 ℃ 열판에서 가열하여 용매를 휘발시킨 다음 정제수 5 mL 및 질산 250 μL를 추출시료에 넣고 열판에서 가열하여 완전히 분해·건조시킨다. 이때의 과정은 반드시 청정시설이 갖추어진 후드에서 실시되어야 한다.
7. 농축배수를 결정하여 적당량의 1 N 질산용액으로 추출시료를 재용해시킨다.
8. 염지하수의 비소와 셀레늄, 알루미늄의 경우 시료를 10배 이상 희석하여 사용한다. 필요에 따라 사용하는 표준용액의 양을 달리할 수 있다.

※ 비소와 셀레늄은 표준물첨가법을 사용한다.

(2) 검정곡선의 작성

• 정량범위 내의 5개 이상의 농도에 대해 검정곡선을 작성한다.
• 필요에 따라 사용하는 표준용액의 농도와 개수를 달리할 수 있다.
• 분석결과 검정곡선의 농도범위를 벗어나면 시료를 희석해서 재분석한다.

① 절대검정곡선법 : 농도(mg/L)를 가로축(x 축), 측정값을 세로축(y 축)으로 작성
② 상대검정곡선법 : 농도(mg/L)를 가로(x 축), 측정값(A_x)과 내부표준물질의 측정값(A_i)과의 비(A_x/A_i)를 세로축(y 축)으로 작성
③ 표준물첨가법 : 금속의 첨가농도(mg/L)를 가로축(x 축), 측정값을 세로축(y 축)으로 작성

• 표준물첨가법은 시료 적당량(75 mL 미만)을 3개 ~ 5개의 100 mL 부피플라스크에 동일한 양을 첨가한다.
• 항목별 표준용액을 시료의 농도에 따라 0 mL부터 순차적으로 25 mL까지 시료가 들어 있는 부피플라스크에 단계적으로 첨가하고 정제수로 표선까지 채운다.
• 따로 정제수를 취하여 시료와 유사한 용매 조건이 되도록 정제수에 산을 가해 조제하여 바탕값 보정 시료로 사용한다.
• 바탕값 보정 시료를 측정하여 분석기기의 바탕값을 보정한 다음 시료의 측정세기를 측정하여 표준물 첨가농도에 따른 측정세기와의 관계식을 작성한다.

(3) 측정법

① 시료를 주입하여 각각의 **이온의 강도를** 측정한다.

② 시료 중 금속의 농도가 정량범위를 벗어나면 시료를 희석하여 측정한다.

③ 절대검정곡선법을 사용할 때에는 시료에서 **측정한 각 금속의 측정값을 검정곡선의** y 값에 대입하여 농도(mg/L)를 계산한다.

④ 표준물첨가법을 사용할 때에는 검정곡선이 횡축과 교차하는 지점의 x축 농도로 시료의 농도 (mg/L)를 계산한다.

⑤ 상대검정곡선법을 사용할 때에는 각 금속의 측정값(A_x)과 내부표준물질의 측정값(A_i)과의 비(A_x/A_i)를 검정곡선의 y 값에 대입하여 농도(mg/L)를 계산한다.

⑥ 바탕시험을 행하여 보정한다.

⑦ 측정 항목 및 시료의 매질에 따른 간섭을 제거하기 위한 수소(H_2) 등의 가스를 사용하여 분석의 오차를 줄일 수 있다.

실전 예상문제

01 다음은 금속류 분석에서 유도결합플라스마 – 질량분석법에 대한 설명이다. 틀린 것은?

① 시료를 플라스마에 분사시켜 탈용매, 원자화 그리고 이온화하여 사중극자형으로 주입한 후 질량분석을 수행하는 방법이다.

② 먹는물, 샘물, 염지하수 시료를 여과와 산 분해 없이 시료를 직접 분석한다.

③ 총 원소분석은 산 분해 후 측정하며 용존 고형물을 0.2 %를 초과하지 않게 하여 가능한 간섭을 피한다.

④ 이 방법은 수 $\mu g/L$의 금속류의 정성 및 정량분석에 적합하다.

> **풀이** 먹는물 시료의 경우에는 여과와 산 분해 없이 시료를 직접 분석하고, 염지하수 시료의 경우에는 유기금속착화물을 형성하여 용매로 추출하고 휘발건조 후 재용해하여 분석한다.

02 유도결합플라스마 – 질량분석법의 간섭에 해당되지 않는 것은?

① 동중원소 간섭
② 다량민감도
③ 탈용매 효과
④ 메모리효과

> **풀이** 유도결합플라스마 – 질량분석법의 간섭은 동중원소 간섭, 다량민감도, 공중 다원소 간섭, 물리적 간섭, 메모리효과이다.

03 다음은 유도결합플라스마 – 질량분석법의 간섭을 설명하고 있다. 해당하는 간섭으로 연결이 맞은 것은?

> A : 앞에 측정한 시료에 있는 원소의 동위원소가 다음 시료의 분석에 영향을 주어 간섭하는 것
> B : 측정하려는 원소의 질량과 동일한 다원소로 구성된 이온에 의해 발생하는 간섭

① 메모리효과–동중원소 간섭
② 잔류효과–동중 다원소 간섭
③ 물리적 간섭–다량민감도
④ 메모리효과–동중 다원소 이온 간섭

> **풀이 유도결합플라스마의 질량분석법의 간섭**
> 1. 동중원소 간섭 : 다른 원소의 동위원소가 1가 또는 2가로 이온화되면서 측정하려는 원소의 질량과 동일한 경우의 간섭이다. 대부분의 원소는 간섭을 갖지 않는 1개 이상의 동위원소를 가지고 있어 적절한 질량을 선택하면 간섭효과의 영향을 받지 않고 분석할 수 있다.
> 2. 다량민감도 : 한 피크의 일부가 다른 피크에 영향을 주는 정도를 말하며 작은 피크가 큰 피크 옆에 중첩되어 발생하며 최대한 분리능을 높여 간섭을 줄이도록 해야 한다.
> 3. 동중 다원소이온 간섭 : 측정하려는 원소의 질량과 동일한 다원소로 구성된 이온에 의해 발생하는 간섭을 말한다. 가능한 간섭물질이 잘 알려져 있고 이는 시료의 매질과 기기조건에 의존적이다.

정답 01 ② 02 ③ 03 ④

4. 물리적 간섭 : 시료의 플라스마로 전달, 이온화, 질량분석기로 연결 과정 등의 물리적인 과정에 의해 발생하는 간섭을 의미한다. 이는 검정곡선용 표준물질을 측정할 때와 시료를 측정할 때 기기반응도의 차이로부터 발생한다. 내부표준물질의 사용으로 물리적인 간섭을 보정할 수 있다.

5. 메모리효과 : 앞에 측정한 시료에 있는 원소의 동위원소가 다음 시료의 분석에 영향을 주어 간섭하는 것이다.

04 유도결합플라스마 – 질량분석법으로 염지하수 중의 비소와 셀레늄을 분석할 때 물리적인 간섭이 예상된다. 사용하는 검정곡선법으로 적절한 것은?

① 절대검정곡선법 ② 상대검정곡선법
③ 표준물첨가법 ④ 내부표준물질법

(풀이) 비소와 셀레늄은 표준물첨가법을 사용한다.

05 다음은 유도결합플라스마 – 질량분석법으로 먹는물 중의 금속류 분석절차에 대한 설명이다. 틀린 것은?

① 시료의 탁도가 0.1 NTU 이상일 경우 미세입자 및 부유물을 제거한다.
② 염지하수의 카드뮴, 구리, 납, 아연, 크롬을 분석할 경우 전처리 과정을 별도로 수행한다.
③ 염지하수의 비소와 셀레늄, 알루미늄의 경우 시료를 10배 이상 희석하여 사용한다.
④ 내부표준물질법을 이용할 경우는 내부 표준원소로서 이트륨, 스칸듐, 인듐, 터비듐 또는 비스무트 중에 하나 이상을 선택하여 최종용액 중에 0.1 mg/L가 되게 첨가한다.

(풀이) 시료의 탁도가 1 NTU 이상일 경우 미세입자 및 부유물을 제거한다.

···05 구리(Copper, Cu) (ES 05401.c 2018)

■ 적용 가능한 시험방법

구리(동)	정량한계(mg/L)	정밀도(% RSD)
원자흡수분광광도법	0.004	20 % 이내
유도결합플라스마 – 원자방출분광법	0.003	20 % 이내
유도결합플라스마 – 질량분석법	0.00045	20 % 이내

05-1 구리(동) – 원자흡수분광광도법
(Copper – Atomic Absorption Spectrophotometry)
(ES 05401.1c 2018)

시료 200 mL에 질산을 가해 분해시키고 10배 **농축**하여 시료를 직접 불꽃으로 주입하여 원자화한 후 원자흡수분광광도법으로 측정한다.

05-2 구리(동) – 유도결합플라스마 – 원자방출분광법
(Copper–Inductively Coupled Plasma–Atomic Emission Spectrometry)
(ES 05401.2c 2018)

시료를 아르곤 플라스마에 주입하여 방출하는 발광선 및 발광강도를 측정하여 정성 및 정량분석한다.

05-3 구리(동) – 유도결합플라스마 – 질량분석법
(Copper – Inductively Coupled Plasma – Mass Spectrometry)
(ES 05401.3c 2018)

시료를 플라스마에 분사시켜 탈용매, 원자화 그리고 이온화하여 사중극자형으로 주입한 후 질량분석을 수행하는 방법이다.

실전 예상문제

01 먹는물 중에서 구리를 분석하고자 한다. 분석방법이 아닌 것은?

① 원자흡수분광광도법으로 분석한다.
② 유도결합플라스마 원자발광법으로 분석한다.
③ 유도결합플라스마 질량분석법으로 분석한다.
④ 양극벗김전압전류법으로 분석한다.

> **풀이** 양극벗김전압전류법은 먹는물 중의 납과 수은 분석에만 사용된다.

02 다음은 유도결합플라스마 질량분석법에 대한 설명이다. ( ) 안에 알맞은 것은?

> 시료를 플라스마에 분사시켜 (ㄱ), (ㄴ) 그리고 (ㄷ)하여 (ㄹ)으로 주입한 후 질량분석을 수행하는 방법이다.

① ㄱ : 용매화, ㄴ : 이온화, ㄷ : 원자화, ㄹ : 이온트랩
② ㄱ : 용매화, ㄴ : 원자화, ㄷ : 원자화, ㄹ : 이온트랩
③ ㄱ : 탈용매, ㄴ : 이온화, ㄷ : 원자화, ㄹ : 사중극자형
④ ㄱ : 탈용매, ㄴ : 원자화, ㄷ : 이온화, ㄹ : 사중극자형

> **풀이** 유도결합플라스마 질량분석법은 시료를 플라스마에 분사시켜 탈용매, 원자화 그리고 이온화하여 사중극자형으로 주입한 후 질량분석을 수행하는 방법이다.

···06 납(Lead, Pb) (ES 05402.c 2018)

■ **적용 가능한 시험방법**

납	정량한계(mg/L)	정밀도(% RSD)
유도결합플라스마 – 원자방출분광법	0.005	20 % 이내
원자흡수분광광도법	0.020	20 % 이내
유도결합플라스마 – 질량분석법	0.00037	20 % 이내
양극벗김전압전류법	0.001	20 % 이내

06-1 납 – 원자흡수분광광도법
(Lead – Atomic Absorption Spectrophotometry)
(ES 05402.2c 2018)

시료에 암모늄피롤리딘디티오카바메이트 용액을 넣어 메틸아이소부틸케톤으로 추출 후 원자흡수분광광도법에 따라 측정한다.

06-2 납 – 유도결합플라스마 – 원자방출분광법
(Lead – Inductively Coupled Plasma – Atomic Emission Spectrometry)
(ES 05402.1c 2018)

구리(동) 시험방법 참조

06-3 납 – 유도결합플라스마 – 질량분석법
(Lead – Inductively Coupled Plasma – Mass Spectrometry)
(ES 05402.3c 2018)

구리(동) 시험방법 참조

06-4 납 – 양극벗김전류법(Lead – Anodic Stripping Voltammetry)

(ES 05402.4c 2018)

1. 개요

시료를 산성화시킨 후 자유이온화된 납을 유리탄소전극(GCE ; Glassy Carbon Electrode)에 수은 막(Mercury Film)을 입힌 전극에 의한 포화칼로멜 전극에 대해 $-100\,mV$ 전위차에서 작용전극에 농축시킨 다음 이를 양극벗김전압전류법으로 분석하는 방법이다.

(1) 적용범위

① 먹는물 및 샘물 중 납의 미량 측정에 적용
② 유리탄소전극(GCE)에 수은막을 입힌 전극을 사용하며 $-100\,mV$의 전위차(포화칼로멜전극 에 대해)에서 자유이온화 된 납의 정량범위는 0.001 mg/L ~ 0.2 mg/L이고 정량한계는 0.001 mg/L이다.
③ 정량범위는 시료를 희석하거나, 축적시간(Deposition Time)을 줄이거나, 벗김전류를 높여 줌으로써 확장시킬 수 있다.

(2) 간섭물질

탁한 시료는 납의 측정을 방해하므로 미리 0.45 μm의 유리필터를 사용하여 걸러낸다.

2. 분석기기 및 기구

(1) 전극

① 작업전극(Working Electrode) : 산화 · 환원이 일어나는 전극
　→ 종류에는 금속/금속이온전극, 금속/금속연/금속이온전극 및 산화 · 환원 전극이 있다.
② 전극은 시험용액 또는 바탕시료로 씻은 다음 외면이 젖어 있을 때는 깨끗이 닦는다.

3. 시료채취 및 관리

① 용기는 플라스틱이나 유리로 된 용기를 사용할 수 있고 세제, 산, 정제수로 연속하여 세척하여 사용 한다.
② 시료채취 시 질산으로 pH를 2 이하로 산성화시켜야 한다.
③ 시료를 냉장 보관할 필요는 없으나 직사광선이나 상온 이상의 온도에서 보관하지 말아야 한다.

4. 분석절차

(1) 전처리

① ASV장치, 전극 및 컴퓨터를 매뉴얼에 따라 작동시킨다.

② 유리탄소전극을 정제수로 깨끗이 닦아주고 물기를 털어준다. 필요하면 부드럽고 젖은 종이로 닦아주거나 분말로 문질러준 후 정제수로 세척한다. 물이나 증기에서 보관할 수 있다.

③ 수은도금용액 10 mL에 유리탄소전극을 담가서 매뉴얼에 따라 수은도금을 시작한다. 수은도금 후 사용하기 전에 분석성분이 없는 아세트산 완충용액을 분석하여 컨디션화한다. 컨디션 후 사용 전까지 물에 담가 보관한다.

(2) 측정법

시료 5 mL에 아세트산 완충용액 5 mL를 넣고 섞어 준 후 시료에 전극을 담가 납을 측정한다.

실전 예상문제

01 다음은 먹는물 중 납을 분석하는 방법에 관한 설명이다. ( ) 안에 알맞은 것은?

> 시료를 산성화시킨 후 (ㄱ)화된 납을 유리탄소전극에 (ㄴ)을 입힌 전극에 의한 (ㄷ)에 대해 − 100 mV 전위차에서 작용전극에 농축시킨 다음 이를 (ㄹ)으로 분석하는 방법이다.

① ㄱ : 자유이온, ㄴ : 수은막, ㄷ : 포화칼로멜전극, ㄹ : 음극벗김전압전류법
② ㄱ : 음이온, ㄴ : 금막, ㄷ : 칼로멜전극, ㄹ : 음극벗김전류법
③ ㄱ : 자유이온, ㄴ : 수은막, ㄷ : 포화칼로멜전극, ㄹ : 양극벗김전압전류법
④ ㄱ : 양이온, ㄴ : 금막, ㄷ : 칼로멜전극, ㄹ : 양극벗김전류법

풀이 시료를 산성화시킨 후 자유이온화된 납을 유리탄소전극(GCE ; Glassy Carbon Electrode)에 수은막 (Mercury Film)을 입힌 전극에 의한 포화칼로멜 전극에 대해 − 100 mV 전위차에서 작용전극에 농축시킨 다음 이를 양극벗김전압전류법으로 분석하는 방법이다.

02 다음은 먹는물 중 금속 분석법 중 양극벗김전압전류법에 대한 설명이다. 틀린 것은?

① 정량범위는 시료를 희석하거나, 축적시간(Deposition Time)을 줄이거나, 벗김전류를 높여줌으로써 확장시킬 수 있다.
② 작업전극(Working Electrode)은 어떤 전위에서 산화 · 환원이 일어나는 전극이다.
③ 작업전극의 종류에는 금속/금속이온전극, 금속/금속연/금속이온전극 및 산화 · 환원 전극이 있다.
④ 시료는 채취 시 질산으로 pH를 2 이하로 산성화 시킨 후 반드시 시료를 4 ℃ 냉장 보관해야 한다.

풀이 시료를 냉장 보관할 필요는 없으나 직사광선이나 상온 이상의 온도에서 보관하지 말아야 한다.

⋯07 망간(ES 05403.c 2018)

1. 일반적 성질

망간은 주로 +2가와 +4가로 존재하는데 원수 중에는 +2가로 존재하더라도 정수장에서 처리과정에서 대부분 +4가로 산화된다.

2. 적용 가능한 시험방법

※ 구리(동) 시험방법 참조

망간	정량한계(mg/L)	정밀도(% RSD)
원자흡수분광광도법	0.004	20 % 이내
유도결합플라스마 – 원자방출분광법	0.001	20 % 이내
유도결합플라스마 – 질량분석법	0.00015	20 % 이내

⋯08 붕소(ES 05404.c 2018)

■ 적용 가능한 시험방법

※ ICP, ICP – MS법은 구리(동) 시험방법 참조

보론(붕소)	정량한계(mg/L)	정밀도(% RSD)
유도결합플라스마 – 원자방출분광법	0.002	20 % 이내
자외선/가시선 분광법	0.01	20 % 이내
유도결합플라스마 – 질량분식법	0.001	20 % 이내

08-1 붕소 – 자외선/가시선 분광법(Boron – UV/Visible Spectrometry)

(ES 05404.2c 2018)

1. 개요

붕소와 쿠크민용액이 반응하여 생성된 착염을 아세톤으로 녹여 흡광도를 540 nm에서 측정하는 방법이다.

(1) 적용범위

① 먹는물 및 샘물 중 보론(붕소)의 측정에 적용
② 정량한계 : 0.01 mg/L

(2) 간섭물질

1) 흡수셀 세척

① 탄산나트륨용액(2 %)에 소량의 음이온계면활성제를 가한 용액에 흡수셀을 담가 놓고 필요하면 40 ℃ ~ 50 ℃로 약 10분간 가열한다.
② 흡수셀을 꺼내 정제수로 씻은 후 질산(1 + 5)에 소량의 과산화수소를 가한 용액에 약 30분간 담가 놓았다가 꺼내어 정제수로 잘 씻는다. 깨끗한 가제나 흡수지 위에 거꾸로 놓아 물기를 제거하고 실리카겔을 넣은 데시케이터 중에서 건조하여 보존한다.
③ 급히 사용하고자 할 때는 물기를 제거한 후 에틸알코올로 씻고 다시 에틸에테르로 씻은 다음 드라이어로 건조해서 사용한다.

2) 발색반응(흡광도 변화 점검)

① 액성의 변화에 따른 흡광도의 변화를 점검한다.
② 온도변화 및 방치시간에 의한 흡광도의 변화를 점검한다.
③ 시약의 농도, 첨가량 및 첨가순서에 따른 흡광도의 변화를 점검한다.
④ 빛에 의한 흡광도의 변화를 점검한다.

3) 측정조건

① 측정파장은 원칙적으로 최고의 흡광도를 얻을 수 있는 최대 흡수파장을 선정하나, 방해성분의 영향, 재현성 및 안정성 등을 고려하여 차선의 측정파장 또는 필터를 선정할 수 있다.
② 대조액으로 바탕시험액을 사용한다.
③ 흡광도의 측정값이 0.2 ~ 0.8의 범위에 들도록 시험용액의 농도를 조절한다.

2. 분석기기 및 기구

(1) 자외선/가시선 분광광도계

① 광원부, 파장선택부, 시료부 및 측광부로 구성
② 광원 : 가시부와 근적외부의 광원으로 텅스텐램프, 자외부의 광원으로 중수소 방전관 사용

(2) 흡수셀

① 370 nm 이상 : 석영 또는 경질유리 흡수셀
　370 nm 이하 : 석영 흡수셀
② 따로 흡수셀의 길이를 지정하지 않았을 때는 10 mm 셀을 사용
③ 시료셀에는 시험용액을, 대조셀에는 따로 규정이 없는 한 정제수를 넣는다. 넣고자 하는 용액으로 흡수셀을 씻은 다음 셀의 약 80 %까지 넣고 외면이 젖어 있을 때는 깨끗이 닦는다. 휘발성 용매를 사용할 때와 같은 경우에는 흡수셀에 마개를 하고 흡수셀에 방향성이 있을 때는 항상 방향을 일정하게 하여 사용한다.

3. 시약

① 옥살산용액 : 아세톤 450 mL에 녹이고 여과한 후 2주일 이내에 사용한다.
② 쿠크민용액 : 에탄올(95 %) 400 mL에 녹이고 여과하여 갈색병에 보존하고 2주일 이내에 사용한다.

4. 시료채취 및 관리

ES 05400.1c 금속류 – 원자흡수분광광도법의 5.0 시료채취 및 관리에 따른다.

5. 분석절차

(1) 전처리

① 시료 100 mL를 300 mL 비커에 넣고 석회유(2 %) 0.5 mL를 넣어 알칼리성으로 하고, 증발 건조시킨다.
② 식힌 후 잔류물에 염산(1+3) 1 mL 및 옥살산용액 5 mL를 넣어 충분히 혼합하고, 쿠크민용액 2 mL를 추가한 다음 충분히 혼합하여 (55±3)℃의 수욕상에서 증발 건조시킨 다음 아세톤 25 mL로 녹여서 여과한다.

③ 여과용액을 50 mL 부피플라스크에 옮기고 여과지 및 비커를 아세톤으로 잘 씻어 부피플라스크에 합친 다음 아세톤을 넣어 전량 50 mL로 하여 시험용액으로 한다.

(2) 측정법

바탕시험액을 대조액으로 파장 540 nm에서 측정한다.

실전 예상문제

01 다음은 "먹는물수질공정시험기준"으로 금속을 측정하는 방법에 대한 설명이다. ( ) 안에 알맞은 것은?

> 이 시험방법은 먹는물 및 샘물 중에 보론(붕소)과 (ㄱ)이 반응하여 생성된 착염을 (ㄴ)으로 녹여 흡광도를 (ㄷ)에서 측정하는 방법이다.

① ㄱ : 쿠크민용액, ㄴ : 아세톤, ㄷ : 540 nm ② ㄱ : EDTA용액, ㄴ : 염산, ㄷ : 510 nm

③ ㄱ : 쿠크민용액, ㄴ : 헥산, ㄷ : 540 nm ④ ㄱ : EDTA용액, ㄴ : 염산, ㄷ : 510 nm

풀이 이 시험방법은 먹는물 및 샘물 중에 보론(붕소)과 쿠크민용액이 반응하여 생성된 착염을 아세톤으로 녹여 흡광도를 540 nm에서 측정하는 방법이다.

02 다음은 자외선/가시선 분광광도법으로 먹는물 중 보론(붕소)를 분석할 때 흡수셀의 세척과 보관방법에 관한 설명이다. 틀린 것은?

① 탄산나트륨용액(2 %)에 소량의 음이온계면활성제를 가한 용액에 흡수셀을 담가 놓고 필요하면 40 ℃ ~ 50 ℃로 약 10분간 가열한다.

② 흡수셀을 꺼내 정제수로 씻은 후 질산(1 + 5)에 소량의 과산화수소를 가한 용액에 약 30분간 담가 놓았다가 꺼내어 정제수로 잘 씻는다.

③ 깨끗한 가제나 흡수지 위에 거꾸로 놓아 물기를 제거하고 보관한다.

④ 급히 사용하고자 할 때는 물기를 제거한 후 에틸알코올로 씻고 다시 에틸에테르로 씻은 다음 드라이어로 건조해서 사용한다.

풀이 깨끗한 가제나 흡수지 위에 거꾸로 놓아 물기를 제거하고 실리카겔을 넣은 데시케이터 중에서 건조하여 보존한다.

03 다음은 자외선/가시선 분광광도법으로 먹는물 중의 보론(붕소)을 분석하기 위해 발색반응에 의한 간섭효과를 줄이고자 흡광도 변화를 점검하고자 한다. 점검사항이 아닌 것은?

① 액량 ② 온도, 방치시간 ③ 시약의 농도, 첨가량, 첨가순서 ④ 빛

풀이 액성의 변화에 따른 흡광도의 변화를 점검한다.

04 다음은 자외선/가시선 분광광도법으로 먹는물 중의 보론(붕소)을 분석하기 위해 시료를 채취하고자 한다. 적당하지 않은 재질의 채취 용기는?

① 폴리프로필렌 ② 폴리에틸렌 ③ PTFE ④ 유리

풀이 시료는 미리 세척한 폴리프로필렌, 폴리에틸렌 또는 폴리테트라플루오로에틸렌(PTFE) 용기에 채취한다. 실험용 유리용기 제조에 보론이 사용되므로 사용할 수 없다.

정답 01 ③ 02 ③ 03 ① 04 ④

┅09 비소(Arsenic, As) (ES 05405.b 2018)

1. 일반적 성질

비소는 5족에 속하는 원소로서 원자번호는 33번이며 +3, +5이다. 비소는 묽은 황산 및 저온의 묽은 질산에서는 녹지 않으나, 진한 황산 및 질산에는 쉽게 녹는다.

2. 적용 가능한 시험방법

※ ICP, ICP – MS는 구리(동) 시험방법 참조

비소	정량한계(mg/L)	정밀도(% RSD)
유도결합플라스마 – 원자방출분광법	0.01	20 % 이내
자외선/가시선 분광법	0.005	20 % 이내
유도결합플라스마 – 질량분석법	0.00287	20 % 이내

09-1 비소 – 자외선/가시선 분광법 (Arsenic – UV/Visible Spectrometry)

(ES 05404.2c 2018)

1. 개요

비소를 3가 비소로 환원시킨 다음 아연을 넣어 발생되는 비화수소를 디에틸디티오카르바민산은의 피리딘 용액에 흡수시켜 이때 나타나는 적자색의 흡광도를 525 nm 부근에서 측정하는 방법이다.

(1) 적용범위

① 먹는물 및 샘물 중 비소의 측정에 적용
② 정량범위 : 0.005 mg/L ~ 0.1 mg/L

(2) 간섭물질

붕소 자외선/가시선 분광법 해설 참조

2. 분석기구 및 기구[자외선/가시선 분광광도계]

붕소 자외선/가시선 분광법 해설 참조

3. 시약 및 표준용액

이염화주석용액, 아연분말정제, 다이에틸다이싸이오카밤산은용액

4. 시료채취 및 관리

ES 05400.1c 금속류 – 원자흡수분광광도법의 5.0 시료채취 및 관리에 따른다.

5. 분석절차

(1) 전처리

① 시료 200 mL를 비커에 넣고, 염산 5 mL를 넣어 시료가 약 30 mL로 될 때까지 가열 농축한다.

② 시험용액을 식힌 다음 비화수소 부피플라스크에 옮겨 넣고, 물을 넣어 40 mL로 하여 시험용액으로 한다.

(2) 측정법

① 전처리에서 얻은 시험용액에 요오드화칼륨용액 5 mL를 넣어 2분~3분간 둔다.

② 다음 **이염화주석용액** 1 mL를 넣어 섞고, 15분간 둔 후, **아연분말정제** 3g을 넣고 곧 비화수소 발생병과 흡수관(미리 다이에틸다이싸이오카밤산은용액을 넣어둔다.)을 연결하여, **상온에서 1시간 수소기체를 발생시킨다.** 이때 부수적으로 발생하는 비화수소는 다이에틸다이싸이오카밤산은용액에 흡수시킨다.

③ 이 흡수액의 일부를 다이에틸다이싸이오카밤산은용액을 대조액으로 하여, **파장 525 nm**에서 흡광도를 측정한다.

실전 예상문제

01 자외선/가시선 분광광도법으로 먹는물 중의 비소를 분석할 때는 측정조건에 의한 간섭효과를 줄여야 한다. 다음 설명 중 틀린 것은?

① 측정파장은 원칙적으로 최고의 흡광도를 얻을 수 있는 최대 흡수파장을 선정한다.

② 측정파장은 방해성분의 영향, 재현성 및 안정성 등을 고려하여 차선의 측정파장 또는 필터를 선정할 수 있다.

③ 대조액으로 바탕시험액을 사용한다.

④ 흡광도의 최대 측정값이 1 이상이 되도록 시험용액의 농도를 조절한다.

> **풀이** 흡광도의 측정값이 0.2 ~ 0.8의 범위에 들도록 시험용액의 농도를 조절한다. 일반적으로 흡광광도법으로 측정 시에는 최대 흡광치가 0.6 ~ 0.8의 범위가 좋다.

02 다음은 자외선/가시선 분광광도법으로 먹는물 중의 비소를 분석할 때 사용하는 시약이 아닌 것은?

① 알루미늄분말
② 디에틸디티오카르바민산은
③ 요오드화칼륨
④ 이염화주석

> **풀이** 비화수소를 발생시키기 위하여 알루미늄분말이 아닌 아연분말을 사용한다.

⋯10 셀레늄(Selenium, Se) (ES 05406.c 2018)

1. 일반적 성질

셀레늄은 +2, +4, +6가이다. 셀레늄은 반도체재료, 광전지, 잉크 등 합금, 살충제 등 각종 공업에서 광범위하게 사용되어 자연수의 오염 원인으로 작용한다.

2. 적용 가능한 시험방법

※ ICP, ICP-MS법은 구리(동) 시험방법 참조

셀레늄	정량한계(mg/L)	정밀도(% RSD)
수소화물생성/원자흡수분광광도법	0.002	20 % 이내
유도결합플라스마 - 원자방출분광법	0.005	20 % 이내
유도결합플라스마 - 질량분석법	0.00049	20 % 이내

10-1 셀레늄 - 수소화물/원자흡수분광광도법
(Selenium-Hydride Generation/Atomic Absorption Spectrophotometry)
(ES 05406.1c 2018)

1. 개요

시료에 아연을 넣어 셀레늄을 수소화 셀레늄으로 환원하여 포집하여 아르곤(또는 질소)-수소 불꽃에서 원자화시켜 원자흡수분광광도법으로 정량하는 방법이다.

- **적용범위**

  ① 먹는물 및 샘물 중에 셀레늄의 분석에 적용
  ② 정량한계 : 0.002 mg/L
  ③ 셀레늄을 환원 증류하여 질소-수소 불꽃에 주입하여 분석
  ④ 높은 농도의 크롬, 코발트, 구리(동), 수은, 몰리브덴, 은 및 니켈은 셀레늄 분석을 간섭한다.

2. 용어정의

(1) 발광세기

금속원자를 적절한 방법으로 여기 시킨 후, 각 금속의 여기 상태에서 에너지준위가 낮은 상태로 전자가 되돌아가는 과정에서, 각 궤도간의 에너지 차이가 빛으로 방사될 때의 그 빛에너지의 세기를 말한다.

(2) 바탕보정

원자흡수분광법 분석에서 용액에 공존하는 여러 물질들에 의해 발생하는 스펙트럼 방해를 최소화시키기 위한 방법으로 연속 광원(D2) 바탕 보정, 펄스형 속빈 음극등(hollow cathode lamp) 바탕보정 방법으로 스펙트럼 방해를 줄여 바탕보정을 할 수 있다.

(3) 인증표준물질

공인된 인증서가 첨부되고 각 지정된 양에 대하여 인증값, 측정불확도 및 소급성을 검증할 수 있는 표준물질

3. 분석기기 및 기구

환원증류장치, 기체는 질소-수소 기체를 사용한다.

4. 시약 및 표준용액

염산, 이염화주석용액, 아연분말정제

5. 시료채취 및 관리

ES 05400.1c 금속류-원자흡수분광광도법의 5.0 시료채취 및 관리에 따른다.

6. 분석절차

(1) 전처리

① 시료 200 mL(0.00001 mg ~ 0.001 mg의 셀레늄을 함유하거나, 같은 양의 셀레늄을 함유하도록 시료에 물을 넣어 20 mL로 한 것)를 수소화 발생장치의 반응용기에 취하고 염산 10 mL를 넣고 약 15분간 방치한다.

② 시험용액을 식힌 다음 비화수소 부피플라스크에 옮겨 넣고, 물을 넣어 40 mL로 하여 시험용액으로 한다.

(2) 측정법

이 장치를 원자흡수분광광도계에 연결하고 4 방향 콕을 조작하여 **이염화주석용액** 1 mL를 넣어 섞고 **15분간** 둔 후, **아연분말정제** 1개를 신속히 시험용액 중에 넣고 자석교반기로 저어주어 수소화셀레늄을 발생시킨다. 발생한 수소화셀레늄을 **아르곤(또는 질소) – 수소** 불꽃에 주입하여 파장 196 nm에서 흡광도를 측정한다.

실전 예상문제

01 먹는물 중의 셀레늄을 원자흡수분광광도법으로 측정할 때 사용하는 불꽃은?

① 질소－수소불꽃
② 아산화질소－아세틸렌불꽃
③ 프로판－공기불꽃
④ 아세틸렌－공기불꽃

풀이 아르곤(또는 질소)－수소 불꽃에서 측정한다.

02 원자흡수분광광도법으로 먹는물 중 셀레늄 분석시 간섭물질이 아닌 것은?

① 크롬
② 코발트
③ 구리(동)
④ 철

풀이 높은 농도의 크롬, 코발트, 구리(동), 수은, 몰리브덴, 은 및 니켈은 셀레늄 분석을 간섭한다.

03 원자흡수분광광도법으로 먹는물 중 셀레늄 분석 시 스펙트럼 방해를 최소화하기 위하여 사용하는 바탕보정법이 아닌 것은?

① 두 선 보정법
② 연속 광원법
③ 용매추출법
④ 지맨(zeeman) 효과법

풀이 원자흡수분광법 분석에서 용액에 공존하는 여러 물질들에 의해 발생하는 스펙트럼 방해를 최소화시키기 위한 방법. 분석파장 변화, 불꽃 온도 상승, 복사선 완충제 추가, 또는 두 선 보정법, 연속 광원법, 지맨 (Zeeman) 효과법 등의 방법으로 스펙트럼 방해를 줄여 바탕보정을 실시할 수 있다.

04 다음 설명에 해당하는 표준물질은?

> 공인된 인증서가 첨부되고 각 지정된 양에 대하여 인증값, 측정불확도 및 소급성을 검증할 수 있는 표준물질

① 참조표준물질
② 내부표준물질
③ 외부표준물질
④ 인증표준물질

05 다음은 원자흡수분광광도법으로 먹는물 중 셀레늄 분석 시 내부정도관리를 수행하는 주기에 대한 설명이다. 틀린 것은?

① 방법검출한계, 정량한계, 정밀도 및 정확도는 연 1회 이상 실시한다.

② 품질책임자 또는 기술책임자의 교체 시 실시한다.

③ 분석 장비의 수리 및 이동 시 실시한다.

④ 장비의 청소 및 측정 장비의 감도가 의심될 때에 실시한다.

풀이 내부정도관리 주기

방법검출한계, 정량한계, 정밀도 및 정확도는 연 1회 이상 산정하는 것을 원칙으로 하며, 분석자의 교체, 분석 장비의 수리 및 이동 등의 주요 변동사항이 생길 경우에는 다시 실시한다. 단, 장비의 청소 및 측정 장비의 감도가 의심될 때에는 언제든지 측정하여 확인하여야 한다.

⋯11 수은(Mercury, Hg) (ES 05407.b 2018)

1. 일반적 성질

이 시험기준은 먹는물 중에 무기 수은을 측정하는 방법이다.

2. 적용 가능한 시험방법

수은	정량한계(mg/L)	정밀도(% RSD)
냉증기/원자흡수분광법	0.0005	20 % 이내
양극벗김전압전류법	0.001	20 % 이내

11-1 수은 – 냉증기/원자흡수분광법
(Mercury—Cold Vapor/Atomic Absorption Spectrometry)
(ES 05407.1c 2018)

1. 개요

시료에 이염화주석을 넣어 금속 수은으로 환원시킨 다음 이 용액에 통기하여 발생하는 수은 증기를 253.7 nm의 파장에서 원자흡수분광법에 따라 정량하는 방법이다.

(1) 적용범위

① 먹는물, 샘물 및 염지하수 중에 수은 분석에 적용
② 정량범위 : 0.0005 mg/L ~ 0.01 mg/L

(2) 간섭물질

① 염소이온의 농도가 높은 시료는 양의 오차를 발생시키는데 이는 염소기체가 발생하여 간섭을 일으키는 것으로 판단된다. 이때는 염산하이드록실아민용액을 과잉으로 넣어 유리염소를 환원시키고 용기 중에 잔류하는 염소는 질소 가스를 통기시켜 추출한다.
② 휘발성유기화합물의 존재는 같은 파장의 흡수를 하여 간섭을 일으킬 수 있다.
③ 고체를 함유하고 있는 시료는 잘 섞어 측정해야 한다.

2. 분석기기 및 기구[원자흡수분광광도계(AAS)]

흡수셀 : 유리제 또는 염화비닐제의 양끝에 석영유리창을 장치한 것을 사용

3. 시료채취 및 관리

ES 05400.1c 금속류 – 원자흡수분광광도법의 5.0 시료채취 및 관리에 따른다.

4. 분석절차

(1) 전처리

① 시료 200 mL를 환원플라스크에 넣는다.

② 시료에 황산 10 mL와 질산 5 mL를 넣어 잘 섞은 후 과망간산칼륨용액 20 mL를 넣어 흔들어 섞고, 환류냉각기를 부착한 후 약 95 ℃의 수욕상에 환원플라스크를 담그고 2시간 가열한다.

③ 식힌 후 환류냉각기를 제거하고 염화하이드록시암모늄용액 8 mL를 넣고 흔들어 과잉의 과망간산이온을 환원한 후 250 mL의 표시선까지 정제수를 넣어 이를 시험용액으로 한다.

(2) 측정법

① 원자흡수분광광도계의 광원램프(수은속빈 음극램프 또는 수은램프)를 켜고 펌프의 통기량을 적량으로 조정한다.

② 원자흡수분광광도계와 환원기화장치를 연결하고 환원용기에 이염화주석용액을 넣는다.

③ 전처리에서 얻어진 시험용액과 이염화주석용액을 송기장치에 연결한 후 펌프를 작동시켜서 발생하는 수은증기를 흡수셀에 보낸다.

④ 파장 253.7 nm에서 흡광도가 일정치가 된 때에 측정하고 작성한 검정곡선으로부터 시험용액 중의 수은의 양을 구하여 시료 중의 수은의 농도를 측정한다. 이때 0.001 mg/L 이하는 검출되지 아니한 것으로 한다.

11-2 수은 – 양극벗김전류법(Mercury–Anodic Stripping Voltammetry)

(ES 05407.2c 2018)

1. 개요

시료를 산성화시킨 후 자유이온화 된 수은을 유리탄소전극(GCE ; Glassy Carbon Electrode)에 금막(Gold Film)입힌 전극에 의한 포화칼로멜 전극에 대해 +650 mV 전위차에서 작용전극에 농축시킨 다음 이를 양극벗김전압전류법으로 분석하는 방법이다.

(1) 적용범위

① 먹는물 및 샘물에 적용

② 유리탄소전극(GCE)에 금막(Gold Film) 입힌 전극을 사용하며 이 때 수은은 +650 mV 전위차(포화칼로멜전극 기준)에서 자유이온화 된다. 이 방법에 의한 수은의 정량범위는 0.001 mg/L ~ 0.2 mg/L이고 정량한계는 0.001 mg/L이다. 정량범위는 시료의 희석배율, 축적시간(Deposition Time), 벗김전류에 따라 달라진다.

(2) 간섭물질

① 탁한 시료는 수은의 측정을 방해하므로 미리 0.45 μm의 유리필터를 사용하여 거른다.

② 이 방법으로는 유기 또는 무기 수은(II)을 구분할 수 없다.

③ 탄닌산이 100 mg/L 이상 존재하는 시료는 이 방법으로 수은을 측정할 수 없다.

④ 양극벗김전압전류법으로 납을 측정한 다음 수은을 측정할 경우 수은 오염이 우려되므로 수은 분석 전에 방법바탕시료를 측정하여 오염 여부를 확인한다.

2. 분석기기 및 기구

① 작업전극(working electrode) : 산화 · 환원이 일어나는 전극. 종류에는 금속/금속이온전극, 금속/금속연/금속이온전극 및 산화 · 환원전극이 있다.

② 전극은 시험용액 또는 바탕시료로 씻은 다음 외면이 젖어 있을 때는 깨끗이 닦는다.

3. 시료채취 및 관리

① 모든 시료채취 용기는 플라스틱이나 유리로 된 용기를 사용할 수 있고 세제, 산, 정제수로 연속하여 세척하여 사용한다.

② 시료채취 시 질산으로 pH를 2 이하로 산성화시켜야 한다.

③ 시료를 냉장 보관할 필요는 없으나 직사광선이나 상온 이상의 온도에서 보관하지 말아야 한다.

4. 분석절차

(1) 전처리

① ASV장치, 전극 및 컴퓨터를 매뉴얼에 따라 작동시킨다.

② 유리탄소전극을 정제수로 깨끗이 닦아주고 물기를 털어준다. 필요하면 부드럽고 젖은 종이로 닦아주거나 분말로 문질러준 후 정제수로 세척한다. 물이나 증기에서 보관할 수 있다.

③ 금도금용액 10 mL에 유리탄소전극을 담가서 매뉴얼에 따라 수은도금을 시작한다. 금도금 후 사용하기 전에 컨디션화 하여야 하는데 이 방법은 분석성분이 없는 염산(0.1M)에서 분석함으로서 준비할 수 있다. 컨디션 후 사용 전까지 정제수에 담가 보관한다.

(2) 측정법

시료 5.0 mL에 염산(0.2 M) 5 mL를 넣고 섞어 준 후 전극을 담가 수은을 측정한다.

실전 예상문제

01 다음은 먹는물을 원자흡수분광광도법으로 금속을 분석하는 방법이다. 불꽃을 사용하지 않는 금속은?

① 납   ② 수은   ③ 비소   ④ 셀레늄

(풀이) 수은은 냉증기법으로 분석한다.

02 다음 먹는물 중의 수은 – 양극벗김전압전류법 분석에 대한 설명 중 틀린 것은?

① 유리탄소전극(GCE ; Glassy Carbon Electrode)에 금막(Gold Film) 입힌 전극을 사용하며 이때 수은은 +650 mV 전위차(포화칼로멜전극 기준)에서 자유이온화된다.

② 정량범위는 시료의 희석배율, 축적시간(Deposition Time), 벗김전류에 따라 달라진다.

③ 이 방법으로 유기 또는 무기 수은(II)을 구분할 수 있다.

④ 납을 측정한 다음 수은을 측정할 경우 분석 전에 방법바탕시료를 측정하여 오염 여부를 확인한다.

(풀이) 양극벗김전압전류법으로는 유기 또는 무기수은(II)을 구분할 수 없다. 유기수은은 가스크로마토그래피법으로 분석한다.

···12 아연(Zinc, Zn) (ES 05408.c 2018)

■ 적용 가능한 시험방법

※ ICP, ICP − MS법은 구리(동) 시험방법 참조

망간	정량한계(mg/L)	정밀도(% RSD)
원자흡수분광광도법	0.002	20 % 이내
유도결합플라스마 − 원자방출분광법	0.001	20 % 이내
유도결합플라스마 − 질량분석법	0.00023	20 % 이내

12-1 아연 − 원자흡수분광광도법
(Zinc − Atomic Absorption Spectrophotometry)
(ES 05408.1c 2018)

시료 200 mL에 질산을 가해 분해시키고 10배 농축하여 시료를 직접 불꽃으로 주입하여 원자화한 후 원자흡수분광광도법으로 측정하는 방법이다.

···13 알루미늄(Aluminium, Al) (ES 05409.b 2018)

1. 일반적 성질

알루미늄의 주요 산화상태는 +3이다. 수돗물 중 알루미늄은 정수처리과정에 사용된 응집제의 극미량이 잔류하기 때문이다.

2. 적용 가능한 시험방법

※ ICP, ICP − MS법은 구리(동) 시험방법 참조

알루미늄	정량한계(mg/L)	정밀도(% RSD)
원자흡수분광광도법	0.004	20 % 이내
유도결합플라스마 − 원자방출분광법	0.016	20 % 이내
자외선/가시선 분광법	0.01	20 % 이내
유도결합플라스마 − 질량분석법	0.00182	20 % 이내

13-1 알루미늄 – 원자흡수분광광도법
(Aluminium – Atomic Absorption Spectrophotometry)

(ES 05409.1b 2018)

시료 200 mL에 염산 2 mL 및 지르코늄용액 1 mL를 넣어 분해시키고 10배 농축하여 시료를 직접 불꽃으로 주입하여 원자화한 후 원자흡수분광광도법으로 측정한다.

13-2 알루미늄 – 자외선/가시선 분광법
(Aluminium – UV/Visible Spectrometry)

(ES 05409.3b 2018)

알루미늄을 페난트로린과 반응하여 생성된 착염을 클로로포름으로 추출하여 흡광도를 390 nm에서 측정하는 방법

1. 적용범위

① 먹는물 및 샘물 중 알루미늄의 측정에 적용
② 정량한계 : 0.01 mg/L

2. 간섭물질

붕소 자외선/가시선 분광법 해설 참조

실전 예상문제

01 다음 중 먹는물 중의 알루미늄을 "먹는물수질공정시험기준"으로 분석하고자 할 때 가능한 시험방법이 아닌 것은?

① 유도결합플라스마 – 원자발광분광법　　② 유도결합플라스마 – 질량분석법

③ 자외선/가시선분광법　　　　　　　　　④ 양극벗김전압전류법

풀이 먹는물수질공정시험기준에서 양극벗김전압전류법으로 가능한 금속은 수은, 납 2항목이다.

▼ **먹는물수질공정시험기준상 가능한 알루미늄 시험방법**

알루미늄	정량한계(mg/L)	정밀도(% RSD)
원자흡수분광광도법	0.004	20 % 이내
유도결합플라스마 – 원자방출분광법	0.016	20 % 이내
자외선/가시선 분광법	0.01	20 % 이내
유도결합플라스마 – 질량분석법	0.00182	20 % 이내

02 다음은 먹는물공정시험기준에 따라 금속을 분석하는 방법에 대한 설명이다. 해당하는 시험방법과 금속은?

- 염산(1 + 9) 4 mL를 넣어 약 5분간 끓인 다음 염화하이드록시암모늄용액 1 mL를 넣는다.
- 1,10 – 페난트로린용액 3 mL를 넣어 잘 흔들어 섞은 다음 옥신용액 2 mL, 아세트산나트륨용액 10 mL를 넣어 잘 흔들어 섞는다.
- 클로로포름으로 추출한다.
- 측정 파장은 390 nm이다.

① 원자흡수분광광도법 – 알루미늄　　　② 원자흡수분광광도법 – 보론

③ 자외선/가시선흡광광도법 – 알루미늄　④ 자외선/가시선흡광광도법 – 보론

풀이 위의 시험방법은 자외선/가시선흡광광도법에 의한 알루미늄 분석방법이다.

···14 철(Iron, Fe) (ES 05410.a 2018)

1. 일반적 성질

철은 물에서 용해성 철(Fe^{2+})로 존재하는 경우는 거의 없으며 $Fe(OH)_3$형태로 현탁되어 있다. 점토 등 유기물이 많은 물속에서는 휴민산염 등의 콜로이드성 유기착화합물로 존재한다.

2. 적용 가능한 시험방법

※ AAS, ICP, ICP−MS법은 구리(동) 시험방법 참조

철	정량한계(mg/L)	정밀도(% RSD)
자외선/가시선 분광법	0.05	20 % 이내
원자흡수분광광도법	0.008	20 % 이내
유도결합플라스마 − 원자방출분광법	0.003	20 % 이내
유도결합플라스마 − 질량분석법	0.01376	20 % 이내

14-1 철 − 자외선/가시선 분광법(Iron−UV/Visible Spectrometry)

(ES 05410.1b 2018)

1. 개요

철 이온을 암모니아 알칼리성으로 하여 수산화제이철로 침전분리하고 침전물을 염산에 녹여서 염화하이드록시암모늄으로 제일철로 환원한 다음, 1,10 − 페난트로린을 넣어 약산성에서 나타나는 등적색 철착염의 흡광도를 510 nm에서 측정하는 방법이다.

2. 시약 및 표준용액

염화하이드록시암모늄용액, 1,10 − 페난트로린용액, 아세트산나트륨용액

실전 예상문제

01
2014
제6회

먹는물수질오염공정시험기준에서 철을 정량하는 방법에 해당하지 않는 것은?

① 원자흡수분광광도법
② 자외선/가시선 분광법
③ 기체크로마토그래프법
④ 유도결합플라스마 – 질량분석법

풀이 먹는물수질공정시험기준상 가능한 철 시험방법

철	정량한계(mg/L)	정밀도(% RSD)
자외선/가시선 분광법	0.05	20 % 이내
원자흡수분광광도법	0.008	20 % 이내
유도결합플라스마 – 원자방출분광법	0.003	20 % 이내
유도결합플라스마 – 질량분석법	0.01376	20 % 이내

02

다음은 먹는물수질공정시험기준에 규정하고 있는 자외선/가시선 분광법으로 철을 분석하는 방법에 대한 설명이다. (   ) 안에 알맞은 것은?

> 이 시험기준은 먹는물 중에 철 이온을 (ㄱ) 알칼리성으로 하여 수산화제이철로 침전분리하고 침전물을 염산에 녹여서 (ㄴ)으로 제일철로 환원한 다음, (ㄷ)을 넣어 약산성에서 나타나는 (ㄹ) 철착염의 흡광도를 510 nm에서 측정하는 방법이다.

① ㄱ : 수산화나트륨 ㄴ : 황산하이드록시암모늄 ㄷ : 페리시안화나트륨 ㄹ : 푸른색
② ㄱ : 암모니아   ㄴ : 염화하이드록시암모늄 ㄷ : 1,10 – 페난트로린 ㄹ : 등적색
③ ㄱ : 암모니아   ㄴ : 황산하이드록시암모늄 ㄷ : 페리시안화나트륨 ㄹ : 푸른색
④ ㄱ : 수산화나트륨 ㄴ : 염화하이드록시암모늄 ㄷ : 1,10 – 페난트로린 ㄹ : 등적색

풀이 이 시험기준은 먹는물 중에 철 이온을 암모니아 알칼리성으로 하여 수산화제이철로 침전분리하고 침전물을 염산에 녹여서 염화하이드록시암모늄으로 제일철로 환원한 다음, 1,10 – 페난트로린을 넣어 약산성에서 나타나는 등적색 철착염의 흡광도를 510 nm에서 측정하는 방법이다.

정답 **01** ③ **02** ③

···15 카드뮴(Cadmium, Cd) (ES 05411.b 2018)

1. 일반적 성질

카드뮴의 주 산화 상태는 +2가이다. 카드뮴은 발암물질이며 산업폐수나 도금된 수도관으로부터 발생할 수 있다. 카드뮴은 묽은 질산에는 쉽게 녹고, 뜨거운 염산에는 서서히 녹는다. 차가울 때에는 황산에 녹지 않지만, 가열하면 녹는다. 아연과 달리 알칼리 용액에 녹지 않는다.

2. 적용 가능한 시험방법

※ ICP, ICP−MS법은 구리(동) 시험방법 참조

카드뮴	정량한계(mg/L)	정밀도(% RSD)
원자흡수분광광도법	0.0008	20 % 이내
유도결합플라스마−원자방출분광법	0.002	20 % 이내
유도결합플라스마−질량분석법	0.00036	20 % 이내

15-1 카드뮴 − 원자흡수분광광도법
(Cadmium−Atomic Absorption Spectrophotometry)
(ES 05411.1b 2018)

시료에 암모늄피롤리딘디티오카바메이트용액을 넣어 메틸아이소부틸케톤으로 추출 후 원자흡수분광광도법에 따라 측정한다.

실전 예상문제

01 먹는물수질오염공정시험기준에서 규정하는 카드뮴을 정량하는 방법에 해당하지 않는 것은?

① 원자흡수분광광도법

② 자외선/가시선 분광법

③ 유도결합플라스마 – 원자발광분광법

④ 유도결합플라스마 – 질량분석법

> **풀이** (ES 05411.b 2018) 카드뮴 분석법으로 원자흡수분광광도법, 유도결합플라스마 – 원자발광분광법, 유도결합플라스마 – 질량분석법이 있다.

02 다음 중 먹는물수질공정시험기준에 의하여 원자흡수분광광도법으로 카드뮴을 분석할 때 전처리에 사용하는 추출용매로 적당한 것은?

① 클로로포름

② 디클로로메탄

③ 메틸아이소부틸케톤

④ 다이메틸케톤

> **풀이** 암모늄피롤리딘디티오카바메이트용액을 넣고 메틸아이소부틸케톤으로 추출한다.

정답 01 ② 02 ③

···16 크롬(Chromium, Cr) (ES 05412.a 2018)

1. 일반적 성질

크롬은 +3가와 +6가로 주로 존재하는데 +6가가 독성이 강하다. 크롬은 염산이나 황산에는 수소를 발생하며 녹지만 진한 질산이나 왕수 등 산화력을 가지는 산에는 녹지 않고, 또 이들 산에 담가 둔 것은 표면에 부동태를 만들어 보통의 산에도 녹지 않는다.

2. 적용 가능한 시험방법

※ ICP, ICP-MS법은 구리(동) 시험방법 참조

카드뮴	정량한계(mg/L)	정밀도(% RSD)
원자흡수분광광도법	0.008	20 % 이내
유도결합플라스마-원자방출분광법	0.003	20 % 이내
유도결합플라스마-질량분석법	0.00135	20 % 이내

16-1 크롬-원자흡수분광광도법
(Chromium-Atomic Absorption Spectrophotometry)
(ES 05412.1b 2018)

시료에 **암모늄피롤리딘디티오카바메이트용액**을 넣어 **메틸아이소부틸케톤**으로 추출 후 원자흡수분광광도법에 따라 측정한다.

실전 예상문제

01 먹는물수질공정시험기준에서 크롬을 정량하는 방법에 해당하지 않는 것은?

① 원자흡수분광광도법   ② 자외선/가시선 분광법

③ 유도결합플라스마 – 원자발광분광법   ④ 유도결합플라스마 – 질량분석법

> **풀이** (ES 05412.a 2018) 크롬에 적용 가능한 시험방법에는 원자흡수분광광도법, 유도결합플라스마 – 원자방출분광법, 유도결합플라스마 – 질량분석법이 있다.

02 다음 중 먹는물수질공정시험기준에 의하여 원자흡수분광광도법으로 크롬과 카드뮴을 분석할 때 전처리에 사용하는 추출용매로 적당한 것은?

① 클로로포름   ② 디클로로메탄

③ 메틸아이소부틸케톤   ④ 다이메틸케톤

> **풀이** 암모늄피롤리딘디티오카바메이트용액을 넣고 메틸아이소부틸케톤으로 추출한다.

17 스트론튬 – 유도결합플라스마 – 원자방출분광법

(Strontium – Inductively Coupled Plasma – Atomic Emission Spectrometry)

(ES 05413.1b 2018)

먹는염지하수 및 먹는해양심층수 중 스트론튬의 분석방법으로 한국산업표준 KS M ISO 11885와 같다.

17-1 스트론튬 – 유도결합플라스마 – 질량분석법

(Strontium – Inductively Coupled Plasma – Mass Spectrometry)

(ES 05413.2b 2018)

먹는염지하수, 먹는해양심층수 중 스트론튬의 분석방법으로 한국산업표준 KS M ISO 17294 – 2 와 같다.

실전 예상문제

01 먹는물수질공정시험기준에서 규정한 스트론튬을 정량하는 방법에 해당하는 것은?

① 원자흡수분광광도법

② 자외선/가시선 분광법

③ 양극벗김전압전류법

④ 유도결합플라스마 – 질량분석법

풀이 먹는물수질공정시험기준에서 규정한 스트론튬의 정량방법으로는 유도결합플라스마 – 원자방출분광법, 유도결합플라스마 – 질량분석법이 있다.

···18 세슘(Cs – 137) (Cesium) (ES 05801.1 2012)

이 시험방법은 염지하수 중 방사성 세슘의 분석방법으로 STANDARD METHOD 7500 또는 한국산업표준 KS I ISO 10703과 같다.

···19 스트론튬(Sr – 90) (Strontium) (ES 05802.1 2012)

이 시험방법은 염지하수 중 방사성 스트론튬의 분석방법으로 STANDARD METHOD 7500과 같다.

···20 삼중수소(Tritium) (ES 05803.1 2012)

이 시험방법은 염지하수 중 삼중수소의 분석방법으로 STANDARD METHOD 7500 또는 한국산업표준 KS I ISO 9698과 같다.

···21 우라늄(Uranium, U) (ES 05414.a 2018)

1. 일반적 성질

우라늄은 원자번호 92번으로 자연상태에서 $+2$, $+3$, $+4$, $+5$, $+6$의 산화상태로 존재한다. 6가가 가장 흔하며 자연계에서 6가 우라늄은 보통 산소와 결합하여 우라닐 이온(UO_2^{2+})으로 존재한다. 자연적으로 존재하는 우라늄은 세 가지 방사선 핵종(234U, 235U, 238U)의 혼합물이며 모두 알파와 감마 방출에 의해 붕괴된다. 우라늄은 화강암과 다른 여러 가지 광물에 있다. 지각 중에 2.6 mg/kg의 비율로 존재하며 환경 중에 존재량은 일반적으로 먹는물에서는 평균 1 μg/L 이하, 샘물에서는 평균 7.1 μg/L로 검출된다. 우라늄은 주로 핵발전소의 연료로 쓰이며, 일부 우라늄 화합물은 촉매제와 염색 염료로 사용된다.

2. 적용 가능한 시험방법

※ 구리(동) 시험방법 참조

우라늄	정량한계(mg/L)	정밀도(% RSD)
유도결합플라스마 – 질량분석법	0.00010	20 % 이내

실전 예상문제

01 다음은 먹는물수질공정시험기준으로 금속을 분석하는 방법이다. 분석방법이 다른 항목은?

① 삼중수소

② 셀레늄

③ 세슘(Sc – 137)

④ 스트론튬(Sr – 90)

> **풀이** 삼중수소, 세슘(Sc – 137), 스트론튬(Sr – 90)은 STANDARD METHOD 7500을 공통적으로 적용한다.

02 다음 먹는물수질공정시험기준의 금속 항목 중 적용범위가 다른 것은?

① 삼중수소

② 스트론튬

③ 세슘(Sc – 137)

④ 스트론튬(Sr – 90)

> **풀이** ▼ 먹는물수질공정시험기준의 표시한계 및 결과표시

NO	성 분 명	수질기준	시험결과 표시한계	시험결과 표시자릿수
67	스트론튬[8]	4 mg/L 이하 (먹는염지하수, 먹는해양심층수)	0.001 mg/L	0.000
68	세슘(Cs – 137)[9]	4.0 mBq/L 이하	_9	_9
69	스트론튬(Sr – 90)[9]	3.0 mBq/L 이하	_9	_9
70	삼중수소[9]	6.0 Bq/L 이하	_9	_9

[8] 염지하수인 경우에는 적용하지 않는다.

[9] 염지하수인 경우에 적용하며, STANDARD METHOD 또는 한국산업표준에 따른다.

03 먹는물수질공정시험기준에서 우라늄을 분석하는 방법에 대한 설명으로 틀린 것은?

① 유도결합플라스마 – 질량분석법이 사용된다.

② 자연적으로 존재하는 우라늄은 세 가지 방사선 핵종($234U$, $235U$, $238U$)의 혼합물이나.

③ 정량한계는 0.001 mg/L이다.

④ 샘물, 먹는샘물, 먹는염지하수 및 먹는물공동시설에 적용된다.

> **풀이** 정량한계는 0.0001 mg/L이다.

유기물질

01-1 유기인계농약 – 기체크로마토그래피
(Organophosphorus Pesticides–Gas Chromatography)

(ES 05501.2b 2018)

1. 개요

다이아지논, 파라티온, 페니트로티온을 디클로로메탄으로 추출하여 농축한 후 기체크로마토그래프로 분리하여 질소 – 인 검출기로 분석하는 방법이다.

(1) 적용범위

① 먹는물, 샘물 및 염지하수 중에 유기인계농약류인 다이아지논(Diazinon), 파라티온(Parathion), 페니트로티온(Fenitrothion)의 분석에 적용한다.

② 카바릴(Carbaryl)의 스크리닝에 적용. 카바릴이 검출되면 카바릴 분석법(ES 05502.1b : 고성능액체크로마토그래피법 또는 ES 05502.2b : 기체크로마토그래피법)을 사용하여 정량하여야 한다.

③ 검출기 : 질소 – 인 검출기

④ 정량한계 : 0.0005 mg/L

> 수질오염공정시험기준에서의 유기인계 농약의 종류
> 다이아지논, 파라티온, 이피엔, 메틸디메톤, 펜토에이트

(2) 간섭물질

① 추출 용매의 불순물 방해 : 바탕시료나 시약바탕시료를 분석하여 확인하고 용매를 증류하거나 컬럼 크로마토그래프를 이용하여 제거한다. 고순도 시약이나 용매를 사용하여 방해물질 최소화한다.

② 유리기구 세척방법 : 세정제, 수돗물, 정제수 그리고 아세톤으로 차례로 닦아준 후 400 ℃에서 15분 ~ 30분 동안 가열한 후 식혀 알루미늄박(箔)으로 덮어 깨끗한 곳에 보관한다.

③ 매트릭스 방해 : 플로리실과 같은 고체상 정제과정이 필요하다.

2. 분석기기 및 기구[기체크로마토그래프]

① 컬럼 : cross−linked methylsilicone(DB−1, HP−1 등(또는 cross−linked 5 % phenyl− methylsilicone(DB−5, HP−5 등)

② 운반기체 : 부피백분율 99.999 % 이상의 헬륨(또는 질소)

③ 질소인검출기 : 질소−인 검출기(NPD ; nitrogen phosphorus detector)는 **질소나 인이 불꽃** 또는 열에서 생성된 이온이 루비듐염과 반응하여 전자를 전달하며 이때 흐르는 전자가 포착되어 전류의 흐름으로 바꾸어 측정하는 방법으로 유기인화합물 및 유기질소화합물을 선택적으로 검출할 수 있다.

3. 시약 및 표준용액

① 추출용매(디클로로메탄 함유 n−헥산) : 디클로로메탄 15 : n−헥산 85

② 내부표준원액(1 000 mg/L) : 트리페닐포스페이트(triphenylphosphate, TPP)

4. 시료채취 및 관리

① 시료채취는 유리병을 사용하며 채취 전에 시료로서 세척하지 말아야 한다.

② 모든 시료는 시료채취 후 추출하기 전까지 4 ℃ 냉암소에서 보관하고 7일 이내에 추출하고 40일 이내에 분석한다.

5. 정도보증/정도관리(QA/QC)

(1) 방법검출한계 및 정량한계

정제수에 표준용액을 0.0005 mg/L가 되도록 첨가한 7개의 첨가시료를 준비하고 실험절차와 농일하게 분석하여, 표준편차를 구한다. 표준편차에 3.14를 곱한 값을 방법검출한계로, 10을 곱한 값을 정량한계로 나타낸다. 측정한 방법검출한계는 정량한계 이하이어야 한다.

(2) 방법바탕시료의 측정

시료군마다 1개의 방법바탕시료(Method Blank)를 측정한다. 방법바탕시료는 정제수를 사용하여 실험절차와 동일하게 전처리 · 분석하며 측정값은 방법검출한계 이하이어야 한다.

(3) 검정곡선의 작성 및 검증

① 검정곡선의 작성 및 검증 : 정량범위 내의 5개의 농도에 대해 검정곡선을 작성하고, 결정계수(R^2)가 0.98 이상 또는 감응계수(RF)의 상대표준편차가 25 % 이내이어야 하며, 허용범위를 벗어나면 재작성한다.
② 검정곡선의 정량범위 : 0.0005 mg/L ~ 0.01 mg/L
③ 감응계수 비교 : 검정곡선의 중간 농도에서 한 농도를 선택하여 감응계수(RF)를 구하여 그 값의 변화가 25 % 이내에서 일치하여야 한다. 이 범위를 넘는 경우 재작성한다.

(4) 정밀도 및 정확도

① 정밀도는 정량한계의 10배농도 시료를 4개 이상 준비하여 측정한 평균값, 표준편차를 구하여 **상대표준편차(RSD)**로 산출하며 측정값은 25 % 이내이어야 한다.

② 정확도
• 인증시료를 확보할 수 있는 경우 : 인증표준물질을 분석한 결과 값과 인증 값과의 **상대백분율**로 나타낸다.
• 인증시료를 확보할 수 없는 경우 : 첨가시료를 분석한 농도와 첨가하지 않은 시료를 분석한 농도와의 차이에 대한 첨가농도의 상대백분율로서 75 % ~ 125 %이어야 한다.

$$정확도 = \frac{(첨가시료 농도 - 첨가하지 않은 시료 농도)}{첨가농도} \times 100$$

(5) 현장 이중시료의 측정

현장 이중시료(Field Duplicate Sample)는 동일한 장소에서 동일한 조건으로 중복 채취한 시료로서 한 조사팀이 하루에 20개 이하를 채취할 경우에는 1개를 그리고 그 이상을 채취할 때에는 시료 20개당 1개를 추가로 취한다. 동일한 조건의 두 시료 간의 측정값의 **편차는 25 % 이하**이어야 한다.

(6) 내부정도관리 주기 및 목표

① 방법검출한계, 정량한계, 정확도 및 정밀도는 연 1회 이상 산정하는 것을 원칙으로 하며 분석자의 교체, 분석장비의 수리, 이동 등의 주요 변동사항이 생길 경우에는 다시 실시한다. 단, 장비의 청소, 컬럼의 교체 및 측정장비의 감도가 의심될 때에는 언제든지 측정하여 확인하여야 한다.

② 검정곡선 검증 및 시약바탕시료의 분석은 각 시료군마다 실시하며, 특히 고농도의 시료를 분석한 후에는 시약바탕시료를 측정하여 오염 여부를 점검한다.

6. 분석절차

(1) 전처리

① 시료 500 mL를 1 L 분별깔때기에 취하고, 염화나트륨 약 5g을 넣어 녹인다.

② 추출용매 30 mL를 넣어 2분간 강하게 흔들어 섞은 다음 가만히 두었다가 물층을 다른 분별깔때기(B)에 취한다.

③ 분별깔때기(B)에 추출용매 30 mL를 넣어 같은 방법으로 추출한다.

④ 추출물을 합하여 정제수 10 mL씩 2회 세척한다.

⑤ 무수황산나트륨을 이용하여 정제수로 세척한 추출물 중의 수분을 제거한다.

⑥ 수분을 제거한 추출용액을 구데루나 다니쉬 농축기로 5 mL까지 농축하여 내부표준용액(10.0 mg/L)을 정확히 50 μL를 취하여 시료에 첨가한 후, 시험용액으로 한다.

(2) 측정법

① 추출액 2 μL를 취하여 기체크로마토그래프에 주입하여 분석한다.

② 크로마토그램으로부터 각 분석성분 및 내부표준물질의 피크 면적을 측정하여 농약류의 피크 면적(A_x)과 내부표준물질의 피크 면적(A_i)과의 비(A_x/A_i)를 구한다.

01-2 유기인계농약 – 기체크로마토그래프 – 질량분석법
(Organophosphorus Pesticides – Gas Chromatography – Mass Spectrometry)
(ES 05501.1b 2018)

1. 개요

다이아지논, 파라티온, 페니트로티온을 디클로로메탄으로 추출하여 농축한 후 기체크로마토그래프로 분리한 다음 질량분석기로 분석하는 방법이다.

(1) 적용범위

① 먹는물, 샘물 및 염지하수 중에 유기인계농약류인 다이아지논(diazinon), 파라티온(parathion),

페니트로티온(fenitrothion)의 분석에 적용한다.

② 먹는물 중에 카바릴(carbaryl)의 스크리닝에 적용한다. 카바릴이 검출되면 카바릴 분석법 (ES 05502.1b : 고성능액체크로마토그래피법 또는 ES 05502.2b : 기체크로마토그래피법)을 사용하여 정량하여야 한다.

(2) 간섭물질

유기인계농약/기체크로마토그래피 참조

2. 분석기기 및 기구

(1) 기체크로마토그래프

유기인계농약 – 기체크로마토그래피 참조

(2) 질량분석기

① 이온화방식 : 전자충격법(EI ; Electron Impact)을 사용하며 이온화에너지는 35 eV ~ 70 eV 를 사용

② 질량분석기의 종류 : 자기장형(Magnetic Sector), 사중극자형(Quardrupole) 및 이온트랩형 (Ion Trap) 등을 사용

③ 정량분석 방법 : 선택이온검출법(SIM ; Selected Ion Monitoring) 사용

실전 예상문제

01 먹는물수질공정시험기준에 따라 유기인 항목을 가스크로마토그래프 – 질량분석법으로 분석하였다.
2013
제5회 분해능에 가장 큰 영향을 미치는 요소는?

① 주입부의 온도   ② 오븐의 온도

③ 컬럼의 길이   ④ 검출부의 온도

> **풀이** 가스크로마토그래프 – 질량분석법에서 물질의 분리에 가장 큰 영향을 미치는 것은 컬럼의 종류와 컬럼의 길이
> 이다.

02 다음은 먹는물수질공정시험기준에서 유기인 항목의 가스크로마토그래피법 분석에 대한 설명이
다. 틀린 것은?

① 이 시험방법은 유기인계 농약류인 다이아지논(Diazinon), 파라티온(Parathion), 페니트로티온
(Fenitrothion)의 분석에 적용한다.

② 이 시험방법은 먹는물 중의 카바릴(Carbaryl)을 스크리닝할 수 있다.

③ 이 시험방법에서 사용하는 운반기체는 헬륨 또는 질소이다.

④ 이 시험방법에서 사용하는 검출기는 FID검출기이다.

> **풀이** 이 시험방법은 기체크로마토그래프로 분리한 다음 질소 – 인 검출기(NPD)로 측정하는 방법이다.

03 다음은 먹는물수질공정시험기준에서 규정한 유기인 항목의 가스크로마토그래피법 분석에 대한
설명이다. 틀린 것은?

① 이 시험방법에서 사용하는 시약은 기체크로마토그래프에 주입할 때 표준물질의 피크 부근에 불순
물 피크가 없는 것을 사용한다.

② 시료채취는 유리병을 사용하며 채취 전에 시료로 세척 후 채취한다.

③ 이 시험방법에서 사용하는 내부표준물질은 트리페닐포스페이트(TPP)이다.

④ 모든 시료는 시료채취 후 추출하기 전까지 4 ℃ 냉암소에서 보관하고 7일 이내에 추출하고 40일
이내에 분석한다.

> **풀이** 시료채취는 유리병을 사용하며 채취 전에 시료로 세척하지 말아야 한다.

정답   **01** ③   **02** ④   **03** ②

04 먹는물수질공정시험기준에서 규정한 유기인 항목의 가스크로마토그래피법 분석에서 사용하는 유리기구의 준비와 보관에 대한 설명이다. ( ) 안에 알맞은 것은?

> 유리기구류는 세정제, 수돗물, 정제수 그리고 (ㄱ)으로 차례로 닦아준 후 (ㄴ)에서 (ㄷ) 동안 가열한 후 식혀 (ㄹ)으로 덮어 깨끗한 곳에 보관하여 사용한다.

① ㄱ : 디클로로메탄   ㄴ : 105 ℃   ㄷ : 5분 ~ 20분   ㄹ : 아연박
② ㄱ : 헥산   ㄴ : 280 ℃   ㄷ : 5분 ~ 20분   ㄹ : 아연박
③ ㄱ : 메탄올   ㄴ : 300 ℃   ㄷ : 15분 ~ 30분   ㄹ : 알루미늄박
④ ㄱ : 아세톤   ㄴ : 400 ℃   ㄷ : 15분 ~ 30분   ㄹ : 알루미늄박

풀이 유기인계 농약류의 정량시험에 사용하는 유리기구류는 세정제, 수돗물, 정제수 그리고 아세톤으로 차례로 닦아준 후 400 ℃에서 15분 ~ 30분 동안 가열한 후 식혀 알루미늄박(箔)으로 덮어 깨끗한 곳에 보관하여 사용한다.

05 먹는물수질공정시험기준에서 규정한 유기인 항목의 가스크로마토그래피법 분석 시 검출기로 적당한 것은?

① NPD – 질량분석기
② TCD – FPD
③ FPD – ECD
④ FID – 질량분석기

풀이 유기인계 농약류의 분석에 사용되는 검출기는 질소 – 인 검출기(NPD), 질량분석기이다.

06 다음은 먹는물수질공정시험기준에서 규정한 유기인 항목의 가스크로마토그래프 – 질량분석기 분석법에 대한 설명이다. 틀린 것은?

① 검정곡선의 직선성을 검증하기 위하여 검정곡선을 작성할 때에는 정량범위를 $0.001\,mg/L \sim 0.05\,mg/L$로 한다.
② 유기인계 농약의 농도의 정량은 외부표준법으로 한다.
③ 추출용매는 디클로로메탄과 n – 헥산을 15 : 85의 비율로 혼합하여 사용한다.
④ 정량분석에는 선택이온검출법(SIM ; Selected Ion Monitoring)을 이용하는 것이 바람직하다.

풀이 유기인계 농약류의 분석 시 내부표준물질(TPP)을 사용한 내부표준법으로 정량한다.

07 다음은 먹는물수질공정시험기준에서 규정한 유기인 항목의 가스크로마토그래프 – 질량분석기법에 따른 분석 시 검출기에 대한 설명이다. 틀린 것은?

① 이온화방식은 화학이온화법(CI ; Chemical Ionization)을 사용한다.

② 이온화에너지는 35 eV ~ 70 eV를 사용한다.

③ 질량분석기는 자기장형(Magnetic Sector), 사중극자형(Quardrupole) 및 이온트랩형(Ion Trap) 등의 성능을 가진 것을 사용한다.

④ 정량분석에는 선택이온검출법(SIM ; Selected Ion Monitoring)을 이용하는 것이 바람직하다.

풀이 유기인계 농약 분석에서 사용하는 질량분석기의 이온화방식은 전자충격법[(EI ; Electron Impact)＝전자이온화법(EI ; Electron Ionization)]을 사용한다.

08 다음 중 현행 먹는물수질공정시험기준에서 적용하는 유기인계 농약이 아닌 것은?

① 파라티온   ② 다이아지논
③ 페니트로티온   ④ 말라티온

풀이 유기인계 농약류인 다이아지논(Diazinon), 파라티온(Parathion), 페니트로티온(Fenitrothion)의 분석에 적용한다.

02-1 카바릴 – 고성능액체크로마토그래피
(Carbaryl – High Performance Liquid Chromatography)

(ES 05502.1b 2018)

1. 개요

카바릴을 디클로로메탄으로 추출 후 농축하여 역상 고성능액체크로마토그래프 컬럼을 통과시켜 분리한 다음 자외선 검출기로 검출하거나 모노클로로아세트산 완충용액으로 pH를 조정한 다음 유도체화하여 형광 검출기로 분석하는 방법이다.

(1) 적용범위

① 먹는물, 샘물 및 염지하수 중에 카바릴의 분석에 적용한다.

② 자외선 검출기 : 용매추출 후 분석

형광검출기 : 용매추출 없이 포스트 분리관 유도체화한 다음 형광 검출기로 분석

③ 정량한계 : 0.005 mg/L

(2) 간섭물질

① 추출 용매의 불순물 방해 : 바탕시료나 시약바탕시료를 분석하여 확인하고 용매를 증류하거나 컬럼 크로마토그래프를 이용하여 제거한다. 고순도 시약이나 용매를 사용하여 방해물질을 최소화한다.

② 유리기구 세척방법 : 세정제, 수돗물, 정제수 그리고 아세톤으로 차례로 닦아준 후 400 ℃에서 15분 ～ 30분 동안 가열한 후 식혀 알루미늄박(箔)으로 덮어 깨끗한 곳에서 보관한다.

2. 분석기기 및 기구

▪ 고성능액체크로마토그래프

고성능액체크로마토그래프는 이동상보관부, 용매전달부, 시료주입기, 분리관 및 검출부, 기록부로 구성된다.

① 컬럼 : 옥타데실실릴기(ODS)를 화학결합시킨 실리카겔(입경 $5~\mu m ～ 10~\mu m$)을 충전한 것 (Novapak C18, Beckman Ultrasphere ODS, Supelco LC－1 등)

② 이동상

㉠ 자외선검출기 → 아세토니트릴 : 정제수(10 : 90)

㉡ 형광검출기 → 메탄올 : 정제수(80 : 20)

③ 파장

　ㄱ 자외선(UV)검출기 : 220 nm

　ㄴ 형광 검출기 : 들뜸파장은 230 nm, 방출파장은 418 nm

④ 포스트 분리관 반응기

　ㄱ 이동상에 반응시약을 혼합할 수 있는 장치로서 반응시약을 0.1 mL/min ∼ 1.0 mL/min 의 유속으로 주입할 수 있는 펌프가 설치된 것을 사용

　ㄴ 포스트분리관 반응기에서 가수분해는 95 ℃에서 1.0 mL 반응코일에 수산화나트륨용액 (0.05M)을 유속 0.5 mL/min으로 주입하고 유도체를 위해 실온에서 1.0 mL 반응코일 에 OPA 반응용액을 유속 0.5 mL/min으로 주입

⑤ 여과지 : 이동상 또는 반응시약용은 47 mm 여과지를 사용하고, 시료는 직경 13 mm 여과지 (직경 0.2 μm 폴리에스터)를 사용

　※ 여과지는 Millipore의 HA type(수용액) 또는 FA type(용매)을 사용하거나 동등 이상의 것을 사용한다.

3. 시약 및 표준용액

(1) 시약

① 디클로로메탄, 무수황산나트륨, 메탄올, 정제수 : 표준물질의 피크 부근에 불순물 피크가 없 는 것

② 수산화나트륨용액(0.05 M) : 사용하기 전에 여과하고 헬륨으로 기체제거

③ 2 - 머캅토에탄올용액 : 이 용액은 차고 어두운 곳에 보관

④ 붕산나트륨용액(0.05 M) : 완전히 용해되도록 하루 지난 후에 사용

⑤ OPA 반응용액 : 이 용액은 산소와 접촉하지 않으면 3일 이상 안정하다. 필요시 조제하여 즉 시 사용한다.

⑥ 황산(50 %), 모노클로로아세트산용액(2.5 M), 아세트산칼륨용액(2.5 M), 모노클로로아세트 산 완충용액(pH 3), 티오황산나트륨

(2) 카바릴 표준원액(1 000 mg/L)

갈색병에 넣어 냉암소에 보존한다.

(3) 내부표준원액(1 000 mg/L)

4 – 브로모 – 3,5 – 디메틸페닐N – 메틸카바메이트(BDMC)

4. 시료채취 및 관리

① 시료채취는 유리병을 사용하며 채취 전에 시료로 세척 금지
② 추출하기 전까지 4 ℃ 냉암소에서 보관하고 40일 이내에 분석

5. 분석절차

(1) 전처리

① 자외선검출기 : 디클로로메탄으로 추출
② 형광검출기 : 비추출법

(2) 측정법

자외선 검출기 또는 형광 검출기로 측정

02-2 카바릴 – 기체크로마토그래피(Carbaryl – Gas Chromatography)

(ES 05502.2b 2018)

1. 개요

시료를 황산으로 pH 3 ~ pH 4로 조정한 후 시료 중의 카바릴을 디클로로메탄으로 추출한 다음 알칼리 분해 후 무수클로로아세트산으로 유도체화하여 벤젠으로 추출한 것을 기체크로마토그래프로 분석하는 방법이다.

■ 적용범위

① 먹는물, 샘물 및 염지하수 중에 카바릴의 분석에 적용한다.
② 검출기 : 질소 – 인 검출기
③ 정량한계 : 0.0005 mg/L

2. 분석기기 및 기구

(1) 기체크로마토그래프

① 컬럼 : DB-1, HP-1, DB-5, HP-5, DB-624 등
② 운반기체 : 부피백분율 99.999 % 이상의 질소

(2) 질소-인 검출기

질소-인 검출기(NPD ; nitrogen phosphorus detector)는 질소나 인이 불꽃 또는 열에서 생성된 이온이 루비듐염과 반응하여 전자를 전달하며 이때 흐르는 전자가 포착되어 전류의 흐름으로 바꾸어 측정하는 방법으로 유기인화합물 및 유기질소화합물을 선택적으로 검출할 수 있다.

실전 예상문제

01 먹는물수질공정시험기준에 따라 카바릴 항목을 고성능액체크로마토그래피법으로 분석할 때 다음 설명 중 틀린 것은?

① 자외선검출기를 사용할 때 이동상은 아세토니트릴 : 정제수(10 : 90)의 혼합비를 사용한다.
② 형광검출기를 사용할 때 이동상은 메탄올 : 정제수(80 : 20)의 혼합비를 사용한다.
③ 자외선 검출기(UV detector)는 220 nm에서 검출할 수 있는 것으로 사용한다.
④ 형광 검출기의 들뜸파장은 230 nm, 방출파장은 460 nm를 택하여 사용한다.

풀이 형광 검출기의 들뜸파장은 230 nm로 방출파장 418 nm를 택하여 사용한다.

02 먹는물수질공정시험기준에 따라 카바릴 항목을 고성능액체크로마토그래피법으로 분석할 때 다음 설명 중 틀린 것은?

① 자외선 검출기로 분석할 경우에는 용매로 추출을 해야 한다.
② 형광 검출기로 분석할 경우에는 용매로 추출할 필요가 없다.
③ OPA 반응용액은 필요시 조제하여 사용하되 3일간 안정하다.
④ 2-머캅토에탄올 용액은 제조 후에 차고 어두운 곳에 보관한다.

풀이 OPA 반응시약은 필요시 조제하여 즉시 사용하며, 산소와 접촉하지 않을 경우 3일 이상 안정하다.

03 먹는물수질공정시험기준으로 카바릴 항목을 가스크로마토그래피법으로 분석하였다. 틀린 것은?

① 시료 500 mL를 1 L 분별깔때기에 취하고, 황산(50 %)을 넣어 pH 3 ~ 4로 조정한 다음 무수황산 나트륨 5 g을 넣고 잘 녹인 후 내부표준물질을 넣고 디클로로메탄으로 추출한다.
② 농축기로 추출용매를 5 mL까지 농축하고 실온에서 용매를 질소로 1 mL로 날려 보낸다.
③ 정제수 500 mL를 취하여 1 L 분별깔때기에 넣은 후 표준용액(10.0 mg/L)을 단계적으로 취하여 검정곡선을 작성한다.
④ 검출기는 NPD를 사용한다.

풀이 카바릴을 GC로 분석 시 전처리에서 추출 용매는 농축기로 1 mL까지 농축하고 실온에서 용매를 질소로 완전히 날려 보내야 한다.

정답 01 ④ 02 ③ 03 ②

···03 염소소독부산물(Chlorine Disinfection By-products)

(ES 05551.c 2018)

1. 개요

먹는물 중에 잔류하는 클로랄하이드레이트, 디브로모아세토니트릴, 디클로로아세토니트릴, 트리
클로로아세토니트릴, 1,2-디브로모-3-클로로프로판 등의 염소소독부산물을 분석한다.
먹는물 중 염소소독부산물 측정의 주된 목적은 염소 소독과정에서 발생하는 소독부산물의 성분에
대해 감시하고 관리하는 데 있다.

2. 적용 가능한 시험

주 시험법 : 기체크로마토그래프-질량분석법

▼ 먹는물 중 염소소독부산물의 시험기준

염소소독부산물	GC-MS(ES 05551.1c)	GC-ECD(ES 05551.2c)
클로랄하이드레이트	o	o
디브로모아세토니트릴	o	o
디클로로아세토니트릴	o	o
트리클로로아세토니트릴	o	o
1,2-디브로모-3-클로로프로판	o	o

※ 항목별 시험기준이 여러 개 있을 때는 시험기준 분류번호의 소수 첫째 자리의 수가 작을수록 우선순위가 있
다.(예 : 제1법 ES 05551.1c, 제2법 ES 05551.2c 등)

03-1 염소소독부산물-기체크로마토그래피

(Chlorine Disinfection By-products-Gas Chromatography)

(ES 05551.2c 2018)

1. 개요

염소소독부산물인 클로랄하이드레이트, 디브로모아세토니트릴, 디클로로아세토니트릴, 트리클로
로아세토니트릴, 1,2-디브로모-3-클로로프로판(DBCP)을 메틸삼차-부틸에테르로 추출하여
농축한 후 기체크로마토그래프로 분리한 다음 전자포획검출기로 분석하는 방법이다.

(1) 적용범위

① 적용되는 염소소독부산물 : 클로랄하이드레이트, 디브로모아세토니트릴, 디클로로아세토니트릴, 트리클로로아세토니트릴, 1,2-디브로모-3-클로로프로판
② 검출기 : 전자포획검출기
③ 정량한계 : 0.0005 mg/L

(2) 간섭물질

① 추출 용매 불순물 : 바탕시료나 시약바탕시료 분석 확인
② 메틸삼차-부틸에테르 : 미량의 클로로포름, 트리클로로에틸렌, 사염화탄소를 함유할 수 있으며, 2차 증류하여 불순물을 제거한다.
③ 용매추출법은 폭넓은 영역의 끓는점을 갖는 극성 및 비극성 유기물질이 함께 추출되어 분석 물질을 방해한다. 특히 미량분석 시 간섭을 크게 받으므로 **기체크로마토그래프-질량분석기**로 확인하고 간섭이 심할 때에는 **고체상 추출법** 등의 정제를 고려한다.

2. 용어정의

■ 염소소독부산물

① 정의 : 물 중에 용해되어 있는 부식질을 포함한 유기물질들과 염소소독제가 반응하여 생성하는 물질이다.
② 종류 : 트리할로메탄, 할로아세토니트릴, 할로아세틱에시드류 등

3. 기체크로마토그래프

① 컬럼 : DB-1, HP-1, DB-5, HP-5 등
② 운반기체 : 부피백분율 99.999 % 이상의 질소
③ 전자포획검출기 : 전자포획검출기(ECD ; Electron Capture Detector)는 방사선 동위원소(^{63}Ni, ^{3}H 등)로부터 방출되는 β선이 운반기체를 전리하여 미소전류를 흘려보낼 때 시료 중의 할로겐이나 산소와 같이 **전자포획력**이 강한 화합물에 의하여 전자가 포착되어 전류가 감소하는 것을 이용하는 방법으로 **유기할로겐화합물, 니트로화합물 및 유기금속화합물**을 선택적으로 검출할 수 있다.

4. 시약 및 표준용액

(1) 시약

① 정제수 : 시약용 정제수를 사용하거나, 물을 15분간 끓인 후 90 ℃를 유지하면서 불활성 기체로 1시간 퍼지(Purge)하여 휘발성 유기물질을 제거하고 입구가 작은 유리병에 넣은 다음 마개를 한다. 바탕시험에서 분석화합물의 피크 부근에 불순물 피크가 없어야 한다.

② 메틸삼차－부틸에테르, 메탄올, 아세톤, 염화암모늄, 염화나트륨 : 바탕시험에서 분석화합물의 피크 부근에 불순물 피크가 없어야 한다.

③ 무수황산나트륨 : 순도 98 % 이상으로 사용 전에 300 ℃에서 하룻밤 건조시키거나 400 ℃에서 4시간 건조시켜서 사용한다.

(2) 표준용액

① 소독부산물 혼합표준원액(1 000 mg/L)

클로랄하이드레이트, 디브로모아세토니트릴, 디클로로아세토니트릴, 트리클로로아세토니트릴, 1,2－디브로모－3－클로로프로판(DBCP)을 사용하며, 용매는 아세톤 또는 메탄올을 사용하고 클로랄하이드레이트는 메탄올을 사용한다.

② 소독부산물 혼합표준용액(10 mg/L)

가능한 여러 개의 바이알에 공기층이 남지 않도록 나누어 넣은 다음 밀봉하여 냉장고에 보존하고, 4주 이내에 사용한다.

(3) 내부표준용액

① 내부표준용액 1(10 mg/L)

브로모플루오로벤젠(bromofluorobenzene, BFB) 아세톤 25 mL에 녹인다.

② 내부표준용액 2(10 mg/L)

데카플루오로비페닐(decafluorobiphenyl) 아세톤 25 mL에 녹인다.

5. 시료채취 및 관리

① 시료채취는 최소 200 mL의 갈색유리용기와 PTFE 재질의 마개를 사용하고 채취 전에 **염화암모늄**을 100 mg/L가 되도록 넣는다.

※ 티오황산나트륨이나 아스코빈산은 디할로아세토니트릴과 클로로피크린의 분해를 일으킬 수 있어 이들을 분석할 때에 사용하는 것은 적합하지 않다.

② 시료는 공간이 없도록 채취한다.

③ 모든 시료는 시료채취 후 추출하기 전까지 4 ℃ 냉암소에서 보관하며 14일 이내에 추출한다. 추출액은 −10 ℃에서 보관하며 14일 이내에 분석한다.

6. 정도보증/정도관리(QA/QC)

$$정확도 = \frac{(첨가시료 \, 농도 - 첨가하지 않은 \, 시료 \, 농도)}{첨가농도} \times 100$$

검정곡선 검증 및 시약바탕시료의 분석은 각 시료군마다 실시하며, 특히 고농도의 시료를 분석한 후에는 시약바탕시료를 측정하여 오염 여부를 점검한다.

03-2 염소소독부산물 – 기체크로마토그래프 – 질량분석법

(Chlorine Disinfection By – products – Gas Chromatography – Mass Spectrometry)

(ES 05551.1c 2018)

먹는물 중에 반(Semi)휘발성인 염소소독부산물의 측정방법으로서, 먹는물 중 클로랄하이드레이트, 디브로모아세토니트릴, 디클로로아세토니트릴, 트리클로로아세토니트릴, 1,2 – 디브로모 – 3 – 클로로프로판을 메틸삼차 – 부틸에테르로 추출하여 농축한 후 기체크로마토그래프로 분리한 다음 질량분석기로 분석하는 방법으로 주 시험법이다.

※ 1,2 – 디브로모 – 3 – 클로로프로판은 휘발성유기화합물의 분석법에 따라 분석할 수 있다.

실전 예상문제

01 다음 중 먹는물수질공정시험기준에 따른 염소소독부산물이 아닌 것은?

① 트리할로메탄
② 할로아세토니트릴
③ 할로아세틱에시드류
④ 차아염소산나트륨

풀이 차아염소산나트륨은 염소소독제이다.

02 다음 중 먹는물수질공정시험기준에 따라 염소소독부산물 항목을 가스크로마토그래피법으로 분석할 때 분석대상 물질이 아닌 것은?

① 클로랄하이드레이트
② 디브로모아세토니트릴
③ 트리클로로아세토니트릴
④ 1,2,3−트리클로로프로판

풀이 염소소독부산물은 클로랄하이드레이트, 디브로모아세토니트릴, 디클로로아세토니트릴, 트리클로로아세토니트릴, 1,2−디브로모−3−클로로프로판이다.

03 먹는물수질공정시험기준에 따른 염소소독부산물 시험에서 사용하는 메틸삼차−부틸에테르는 미량의 불순물을 함유할 수 있다. 불순물이 아닌 것은?

① 디클로로메탄
② 클로로포름
③ 트리클로로에틸렌
④ 사염화탄소

풀이 메틸삼차−부틸에테르는 미량의 클로로포름, 트리클로로에틸렌, 사염화탄소를 함유할 수 있는데 이때 2차 증류하여 불순물을 제거할 수 있다.

04 먹는물수질공정시험기준에 따라 염소소독부산물의 혼합표준원액을 제조 시 아세톤과 메탄올을 사용할 수 있으나 메탄올을 사용해야 하는 표준물질은?

① 클로랄하이드레이트
② 디브로모아세토니트릴
③ 디클로로아세토니트릴
④ 트리클로로아세토니트릴

풀이 클로랄하이드레이트는 메탄올을 사용한다.

정답 01 ④ 02 ④ 03 ① 04 ①

05 먹는물수질공정시험기준에 따라 염소소독부산물을 분석하기 위하여 시료를 채취할 때 채취방법으로 틀린 것은?

① 유리병에 10 mg의 염화암모늄을 첨가한다.
② 유리병에 염산(6 M)을 1방울 ~ 2방울을 가한다.
③ 티오황산나트륨을 소량 첨가하여 기포가 없도록 채취한다.
④ 시료 채취 후 추출하기 전까지 4 ℃ 냉암소에서 보관하고 14일 이내에 분석한다.

풀이 디할로아세토니트릴과 클로로피크린을 분석할 때에는 티오황산나트륨이나 아스코빈산을 사용하지 않는다. 이들은 두 화합물을 분해시킬 수 있다.

06 먹는물수질공정시험기준의 염소소독부산물 시험법에 대한 설명으로 틀린 것은?

① 정량은 내부표준법으로 한다.
② 주 시험법은 기체크로마토그래피법이다.
③ 내부정도관리의 주기는 연 1회 이상이다.
④ 표준물질은 제조 후에 냉장보관(4 ℃)일 경우 4주까지 가능하다.

풀이 먹는물 중 염소소독부산물 성분의 분석은 기체크로마토그래프 – 질량분석법을 주 시험법하고 있다.

07 먹는물수질공정시험기준의 염소소독부산물 항목 중 휘발성유기화합물의 분석법에 따라 분석할 수 있는 물질은?

① 클로랄하이드레이트   ② 디브로모아세토니트릴
③ 트리클로로아세토니트릴   ④ 1,2 – 디브로모 – 3 – 클로로프로판

풀이 1,2 – 디브로모 – 3 – 클로로프로판은 휘발성유기화합물의 분석법에 따라 분석할 수 있다.

04-1 할로아세틱에시드류 – 기체크로마토그래피
(Haloacetic Acids – Gas Chromatography)

(ES 05552.2b 2018)

1. 개요

먹는물 시료를 pH 2 이하가 되도록 황산으로 조정한 후 할로아세틱에시드류를 메틸삼차 – 부틸에
테르(MTBE)로 추출하여 산성조건 하에 메탄올로 유도체화 시킨 후 기체크로마토그래프로 분리한
다음 전자포획검출기로 분석하는 방법이다.

(1) 적용범위

① 먹는물 중에 할로아세틱에시드류인 디클로로아세틱에시드, 트리클로로아세틱에시드, 디브
로모아세틱에시드의 분석에 적용한다.
② 정량한계 : 0.001 mg/L

(2) 간섭물질

유리기구류 세정방법 : 세정제, 수돗물, 정제수 그리고 아세톤으로 차례로 닦아준 후 400 ℃에
서 1시간 동안 가열한 후 식혀 알루미늄박(箔)으로 덮어 깨끗한 곳에 보관

2. 용어정의

① 염소소독부산물 : 물 중에 용해되어 있는 부식질을 포함한 유기물질들과 염소소독제가 반응하여
생성하는 물질
② 종류 : 트리할로메탄, 할로아세토니트릴, 할로아세틱에시드류 등

3. 기체크로마토그래프

염소소독부산물 – 기체크로마토그래피 참조

4. 시약 및 표준용액

(1) 시약

① 정제수 : 시약용 정제수를 사용하거나, 물을 15분간 끓인 후 90 ℃를 유지하면서 불활성기

체로 1시간 퍼지(purge)하여 휘발성유기물질을 제거하고 입구가 작은 유리병에 넣은 다음 마개를 한다. 바탕시험 할 때 분석화합물의 피크 부근에 불순물 피크가 없는 것을 사용한다.

② 메틸삼차-부틸에테르, 메탄올, 아세톤 : 바탕시험 할 때 분석화합물의 피크 부근에 불순물 피크가 없는 것

③ 무수황산나트륨 : 순도 98 % 이상, 사용하기 전 300 ℃에서 하룻밤 건조 또는 400 ℃에서 4시간 건조시켜 사용

④ 탄산수소나트륨포화용액, 염화암모늄, 황산·메탄올용액(10 %)(유도체시약), 황산

(2) 표준용액

① 표준물질 : 디클로로아세틱에시드, 트리클로로아세틱에시드, 디브로모아세틱에시드

② 조제용매 : 메틸삼차-부틸에테르 (MTBE)

③ 보관방법 : 가능한 여러 개의 바이알에 공기층이 남지 않도록 나누어 넣은 다음 밀봉하여 냉장고에 보존하고, 4주 이내에 사용

(3) 내부표준용액

① 내부표준용액 1 : 1,2,3-트리클로로프로판(1,2,3-TCP)

② 내부표준용액 2 : 2-브로모부타노익에시드

5. 시료채취 및 관리

① 시료채취는 최소 50 mL의 갈색병과 PTFE 재질의 마개를 사용하고 채취 전에 염화암모늄을 100 mg/L가 되도록 넣는다.

② 시료는 공간이 없도록 채취한다.

③ 모든 시료는 채취 후 추출하기 전까지 4 ℃ 냉암소에서 보관한다.

④ 모든 시료는 채취 후 14일 이내에 추출하고 추출물을 4 ℃에서 보관할 때에는 7일 이내에, -10 ℃에서 보관할 때에는 14일 이내에 분석해야 한다.

04-2 할로아세틱에시드류 – 기체크로마토그래프 – 질량분석법
(Haloacetic Acids – Gas Chromatography – Mass Spectrometry)
(ES 05552.1b 2018)

먹는물 시료를 pH 2 이하가 되도록 황산으로 조절한 후 할로아세틱에시드류를 메틸삼차 – 부틸에 테르로 추출하여 산성조건하에 메탄올로 유도체화시킨 후 기체크로마토그래프로 분리한 다음 질량 분석기로 분석하는 방법이다.

※ 적용범위, 간섭물질, 용어정의

할로아세틱에시드류 – 기체크로마토그래피(ES 05552.2b 2018) 참조

실전 예상문제

01 다음 중 먹는물수질공정시험기준에서 정한 할로아세틱에시드류 시험법에서 적용범위에 해당되지 않는 것은?

① 디클로로아세틱에시드
② 트리클로로아세틱에시드
③ 디브로모아세틱에시드
④ 트리브로모아세틱에시드

> **풀이** 먹는물수질공정시험기준에서 적용하는 할로아세틱에시드류 물질은 디클로로아세틱에시드, 트리클로로아세틱에시드, 디브로모아세틱에시드이다.

02 다음은 먹는물수질공정시험기준에서 정한 어느 항목의 분석에 관한 설명이다. 해당되는 항목은?

- 먹는물 시료를 pH 2 이하가 되도록 황산으로 조절한다.
- 메틸삼차–부틸에테르로 추출한다.
- 메틸삼차–부틸에테르 층에 황산·메탄올용액 1 mL를 넣어 50 ℃에서 2시간 동안 반응시킨다.
- 기체크로마토그래피 또는 기체크로마토그래프–질량분석기법으로 분석한다.

① 염소소독부산물
② 카바릴
③ 할로아세틱에시드류
④ 유기인

05-1 포름알데히드 – 고성능액체크로마토그래피
(Formaldehyde – High Performance Liquid Chromatography)
(ES 05553.1a 2018)

1. 개요

시료에 염산을 넣어 pH 3으로 조정한 후 2,4 – 디니트로페닐하이드라진으로 유도체화한 것을 고상 카트리지에 통과시켜 흡착시킨 후 헥산으로 용출시켜 액체크로마토그래프 – 자외선검출기로 분석하는 방법이다.

- **적용범위**

  ① 먹는물 중 포름알데히드 분석에 적용
  ② 검출기
    - 자외선 검출기 : 용매 추출 후 분석
    - 형광 검출기 : 용매 추출 없이 포스트 분리관에 유도체화한 다음 형광 검출기로 분석
  ③ 정량한계 : 0.02 mg/L

2. 고성능액체크로마토그래프

고성능액체크로마토그래프는 이동상보관부, 용매전달부, 시료주입기, 분리관 및 검출부, 기록부로 구성된다.

① 컬럼 : 옥타데실실릴기(ODS)를 화학결합시킨 실리카겔(입경 5 μm ~ 10 μm)을 충전한 것 (Novapak C18, Beckman Ultrasphere ODS, Supelco LC – 1 등)
② 이동상 : 아세토니트릴 : 정제수(50 : 50)
③ 검출기 : 자외선(UV)검출기 : 360 nm
④ 고상카트리지 : 옥다데실기를 화학결합시킨 실리카겔(C_{18}) 또는 동등 이상의 성능을 가진 것으로 200 mg 이상 채운 것

3. 시약 및 표준용액

(1) 시약

① 메탄올, 정제수, 에탄올, 헥산, 아세토니트릴, 염산 : 바탕시험 할 때 표준물질의 피크 부근에 불순물 피크가 없는 것 사용
② 시트르산, 시트르산나트륨, 시트르산완충용액(pH 3), 시트르산완충희석용액, 염화나트륨

포화용액, 염화암모늄, 로졸산용액, 아황산나트륨용액(0.1 M)

③ 2,4－디니트로페닐하이드라진용액(0.3 %) : 바탕시험을 통해 시약에 의한 포름알데히드 오염이 우려되고 이를 제거할 필요가 있을 때는 **아세토니트릴을 사용해 정제한 후 사용**

(2) 표준용액

포름알데히드 표준원액(1 000 mg/L) : 시판되는 표준원액(1 mg/mL)을 사용하거나, 포르말린(36.0 % ~ 38.0 %) 3 mL를 취해 물로 희석하여 1 L로 만든 후 표정하여 정확한 농도를 결정한다.

4. 시료채취 및 관리

(1) 채취병 준비

• 채취병 : 물과의 접촉면이 테플론 처리된 마개 또는 격막을 가진 유리병 사용
• 세척 : 질산 → 정제수 → 아세톤 세정, 130 ℃에서 2시간 가열

(2) 시료 채취

시료는 유리병에 기포가 생기지 않도록 채취하고, 잔류염소를 제거하기 위하여 시료 40 mL마다 20 mg의 **염화암모늄**을 첨가한다. 또한 **미생물**에 의한 포름알데히드의 **생분해 저해제**로 시료 40 mL당 20 mg의 **황산구리 5수화물**을 첨가한다.

(3) 시료 보관

채취 후 추출 전까지 4 ℃ 냉암소에서 보관하고 7일 이내에 추출하며, 14일 이내에 분석한다.

05-2 포름알데히드 – 기체크로마토그래피
(Formaldehyde – Gas Chromatography)

(ES 05553.2a 2018)

1. 개요

시료에 프탈산수소칼륨을 넣어 pH 4로 조정한 후 펜타플루오로벤질하이드록실아민으로 유도체화
한 것을 헥산으로 추출하여 기체크로마토그래프로 분리한 다음 질량분석기나 전자포획검출기로 분
석하는 방법으로 정량한계는 0.01 mg/L이다.

2. 시약 및 표준용액

내부표준원액(5 000 mg/L) : 1,2 – 디브로모프로판

실전 예상문제

01 먹는물수질공정시험기준에 따라 포름알데히드 항목을 고성능액체크로마토그래피법으로 분석할 때 다음 설명 중 틀린 것은?

① 자외선 검출기(UV detector)는 360 nm에서 검출할 수 있는 것으로 사용한다.

② 채취용기의 세정 순서는 질산, 정제수, 아세톤 순으로 한다.

③ 잔류염소를 제거하기 위하여 시료 40 mL마다 20 mg의 아스크로빈산을 첨가한다.

④ 미생물에 의한 포름알데히드의 생분해 저해제로 시료 40 mL당 20 mg의 황산구리 5수화물을 첨가할 수 있다.

풀이 잔류염소를 제거하기 위하여 시료 40 mL마다 20 mg의 염화암모늄을 첨가한다.

02 먹는물수질공정시험기준에 따라 포름알데히드 항목을 분석할 때 사용 가능한 검출기로 틀린 것은?

① 자외선 검출기　　　　　　　　　② 전자포획 검출기

③ 열전도 검출기　　　　　　　　　④ 질량분석기

풀이 먹는물수질공정시험기준에서 포름알데히드 항목 분석에 사용되는 검출기는 고성능액체크로마토그래피법의 자외선검출기, 기체크로마토그래피법의 전자포획검출기, 질량분석기이다.

03 전자포획 검출기의 화합물에 대한 선택성으로 틀린 것은?

① 유기할로겐화합물　　　　　　　② 니트로화합물

③ 유기금속화합물　　　　　　　　④ 방향족화합물

풀이 전자포획검출기는 할로겐이나 산소와 같이 전자포획력이 강한 화합물에 대하여 선택성이 강하며 유기할로겐화합물, 니트로화합물 및 유기금속화합물을 선택적으로 검출할 수 있다. 방향족화합물은 불꽃이온화 검출기(FID) 등으로 검출한다.

정답 01 ③　02 ③　03 ④

···01 휘발성유기화합물(Volatile Organic Compounds)

(ES 05601.c 2018)

1. 개요

먹는물, 샘물 및 염지하수 중에 총트리할로메탄(브로모디클로로메탄, 디브로모클로로메탄, 브로모폼, 클로로포름 농도의 합), 클로로포름, 테트라클로로에틸렌, 1,1,1−트리클로로에탄, 트리클로로에틸렌, 디클로로메탄, 벤젠, 톨루엔, 에틸벤젠, 크실렌, 1,1−디클로로에틸렌, 사염화탄소, 1,2−디브로모−3−클로로프로판 등의 휘발성유기화합물을 분석한다.

2. 적용 가능한 시험

휘발성유기화합물의 분석 방법은 퍼지 · 트랩−기체크로마토그래프−질량분석법을 주시험법으로 하며, 퍼지 · 트랩−기체크로마토그래피, 헤드스페이스−기체크로마토그래피, 마이크로용매추출/기체크로마토그래프−질량분석법이 있다.

▼ 먹는물, 샘물 및 염지하수 중 휘발성유기화합물의 시험기준과 기준별 적용가능 물질

휘발성유기화합물	P · T−GC−MS (ES 05601.1c)	P · T− GC−ECD, FID (ES 05601.2c)	HS−GC (ES 05601.3c)	MSE/GC−MS (ES 05601.4c)
총트리할로메탄, 클로로포름, 테트라클로로에틸렌, 1,1,1−트리클로로에탄, 트리클로로에틸렌, 디클로로메탄, 벤젠, 톨루엔, 에틸벤젠, 크실렌, 1,1−디클로로에틸렌, 사염화탄소, 디브로모클로로메탄, 브로모디클로로메탄	○	○	○	○
1,2−디브로모−3−클로로프로판	○	−	−	−

[주 1] 항목별 시험기준이 여러 개 있을 때는 시험기준 분류번호의 소수 첫째 자리의 수가 작을수록 우선순위가 있다.(예 : 제1법 ES 05601.1c, 제2법 ES 05601.2c 등)

[주 2] 1,2−디브로모−3−클로로프로판은 염소소독부산물이나 휘발성유기화합물 시험기준으로도 분석 가능하나, 염소소독부산물에 의한 시험기준(ES 05551.1c와 ES 05551.2c)이 우선한다.

3. 휘발성유기화합물 분석에서의 일반적인 주의사항

① 휘발성유기화합물의 분석에서는 유리기구, 정제수, 분석기기의 오염 방지가 필요하다.

② 정제수는 공기 중의 휘발성유기화합물에 의하여 쉽게 오염되므로 바탕실험을 통해 오염여부를 평가해야 한다.

③ 휘발성유기화합물은 잔류농약 분석과 같이 용매를 많이 사용하는 실험실에서 분석하는 경우 오염이 발생하므로 분리된 다른 장소에서 하는 것이 원칙이다. 사용하는 용매의 증기를 배출시킬 수 있는 환기시설(후드) 등이 갖추어져 있어야 한다.

01-1 휘발성유기화합물 – 퍼지 · 트랩 – 기체크로마토그래프 – 질량분석법

(Volatile Organic Compounds – Purge · Trap – Gas Chromatography – Mass Spectrometry)

(ES 05601.1c 2018)

1. 개요

휘발성유기화합물을 불활성기체로 퍼지(Purge)시켜 기상으로 추출한 다음 트랩관으로 흡착 · 농축하고, 가열 · 탈착시켜 모세관 컬럼을 사용한 기체크로마토그래프 – 질량분석기로 분석하는 방법이다.

(1) 적용범위

① 먹는물, 샘물 및 염지하수 중의 휘발성유기화합물의 분석에 적용한다.

② m, p – 크실렌 이성질체들은 합하여 정량한다.

③ 용해도가 2 % 이상이거나 끓는점이 200 ℃ 이상인 화합물은 낮은 회수율을 보인다.

④ 정량한계 : 0.001 mg/L

(2) 간섭물질

① 기화된 용매가 오염원으로 퍼지(purge)기체나 트랩 연결관 등이 오염
  → 바탕시료 사용 점검

② 폴리테트라플루오로에틸렌(PTFE) 재질이 아닌 튜브, 봉합제 및 유속조절제의 사용을 피함

③ 디클로로메탄 : 보관, 운반 중에 격막(septum)을 통해 확산되어 시료에 오염 공기로부터 직접 오염, 옷에 흡착하였다가 오염
  → 바탕시료 사용 점검

④ 높은 농도의 시료와 낮은 농도의 시료를 연속하여 분석할 때에는 오염

　　→ 시료 분석 사이에 바탕시료를 분석하여 점검

⑤ 많은 양의 수용성물질, 부유물질, 고비점 또는 휘발성물질을 함유하는 시료

　　→ 분석한 후에는 퍼지(purge) 장치들을 세척한 후 105 ℃ 오븐 안에서 건조시켜 사용

⑥ 메탄올이 아세톤, 디클로로메탄 등의 유기용매에 의한 오염

　　→ 표준용액을 제조하기 전에 오염 여부 확인

2. 용어정의

(1) 퍼지 · 트랩 장치

퍼지부, 트랩관, 탈착부 및 냉각응축부(Cryofocus) 등으로 구성

(2) 냉각응축(Cryofocus)

분석물질이 트랩관에 흡착 후 탈착할 때 시간차이가 발생하여 피크 간에 분리능이 나빠지는데 이를 개선하기 위해 탈착 후 냉각 · 응축시키는 방법을 사용

3. 분석기기 및 기구

(1) 기체크로마토그래프

① 컬럼 : DB-1, HP-1, DB-5, HP-5 등

② 운반기체 : 부피백분율 99.999 % 이상의 헬륨 또는 질소

※ 질량분석기는 운반기체로 헬륨만 사용하며 질소는 퍼징에만 사용함. 따라서 운반기체는 아님

(2) 질량분석기

① 이온화방식은 전자충격법(EI ; Electron Impact)을 사용하며 이온화에너지는 35 eV ~ 70 eV 를 사용한다.

② 질량분석기는 자기장형(Magnetic Sector), 사중극자형(Quardrupole) 및 이온트랩형(Ion Trap) 등을 사용한다.

③ 정량분석에는 선택이온검출법(SIM ; Selected Ion Monitoring)을 사용한다.

(3) 퍼지 · 트랩장치

퍼지부, 트랩관, 탈착부 및 냉각응축부(cryofocus) 등으로 구성되며, 트랩은 2,6-다이페닐렌옥사이드폴리머(Tenax-GC)/실리카겔/활성탄을 사용한다.

4. 시약 및 표준용액

(1) 시약

① 정제수 : 시약용 정제수를 사용하거나, 정제수를 15분간 끓인 후 90 ℃를 유지하면서 불활성 기체로 1시간 퍼지(Purge)하여 휘발성유기물질을 제거하고 병 구멍이 작은 유리병에 넣은 다음 마개를 한다. 바탕시험 할 때 표준물질의 피크 부근에 불순물 피크가 없는 것을 사용한다.

② 염산(1+1), 메탄올 : 바탕 시험 할 때 표준물질의 피크 부근에 불순물 피크가 없는 것

③ 이산화비소산나트륨용액, 티오황산나트륨, 아스코빈산

④ 2,6 – 다이페닐렌옥사이드폴리머 : 2,6 – 다이페닐렌옥사이드폴리머(Tenax – GC)는 크로마토그래프용으로 60 메쉬 ~ 80 메쉬의 것 사용

⑤ 실리카겔 : 크로마토그래프용 35메쉬 ~ 60메쉬의 것(그레이드 15) 사용

⑥ 활성탄 : 크로마토그래프용으로서 26 메쉬의 체를 통과한 것

(2) 표준용액

휘발성유기화합물 표준원액(1 000 mg/L)

고순도(99 % 이상)의 특급시약을 사용하여 제조 사용 또는 시판 표준품 사용

※ 휘발성유기화합물질 혼합표준액은 모두 될 수 있는 대로 여러 개의 바이알에 공기층이 남지 않도록 나누어 넣은 다음 밀봉하여 냉장고에 보존하고, 제조 후 4주 이내에 사용

(3) 내부표준용액

내부표준원액(1 000 mg/L)은 플루오로벤젠 또는 1,2 – 디클로로벤젠 – d_4로 냉장고에 보존하고, 제조 후 4주 이내에 사용

5. 시료채취 및 관리

(1) 채취병 준비

테플론 마개 또는 격막을 가진 유리병을 채취병으로 사용

(2) 시료 채취

① 잔류염소를 제거하기 위해 유리병에 아스코빈산(Ascorbic Acid) 또는 티오황산나트륨(Sodium Thiosulfate) 25 mg 정도를 넣고 시료를 공간이 없도록 약 40 mL를 채취하고 공기가 들어가지 않도록 주의하여 밀봉한다. 모든 시료를 중복으로 채취한다.

② 염산(1 + 1) 또는 인산(1 + 10) 또는 황산(1 + 5)을 1방울/10 mL로 가하여 약 pH 2로 조절하고 4 ℃ 냉암소에서 보관한다. 특히 시료 중 **방향족 탄화수소**(예로서 벤젠, 톨루엔, 에틸벤젠 등)는 쉽게 미생물에 의해 분해되므로 일주일 이상 보관할 경우는 산 처리한다.

③ 모든 시료는 채취 후 14일 이내에 분석해야 한다.

④ 시료에 염산을 가하였을 때에 거품이 생기면 그 시료는 버리고 산을 가하지 않은 채로 두 개의 시료를 채취한다. 산을 가하지 않은 시료는 24시간 이내에 분석해야 한다.

6. 정도보증/정도관리(QA/QC)

(1) 방법검출한계 및 정량한계

표준편차에 3.14를 곱한 값을 방법검출한계로, 10을 곱한 값을 정량한계로 나타낸다. 측정한 방법검출한계는 정량한계 이하이어야 한다.

(2) 방법바탕시료의 측정

시료군마다 1개의 방법바탕시료(Method Blank)를 측정한다. **방법바탕시료**는 정제수를 사용하여 실험절차와 동일하게 전처리 · 분석하며 측정값은 **방법검출한계 이하**이어야 한다.

(3) 검정곡선의 작성 및 검증

① 검정곡선의 작성 및 검증 : 정량범위 내의 5개의 농도에 대해 검정곡선을 작성하고 얻어진 검정곡선의 결정계수(R^2)가 0.98 이상 또는 감응계수(RF)의 상대표준편차가 25 % 이내이어야 하며 결정계수나 감응계수의 상대표준편차가 허용범위를 벗어나면 재작성한다.

② 검정곡선의 직선성 검증을 위한 검정곡선 작성의 정량범위는 0.001 mg/L ~ 0.05 mg/L로 한다.

③ 감응계수 비교 : 검정곡선의 중간 농도에서 한 농도를 선택하여 감응계수(RF)를 구하여 그 값의 변화가 25 % 이내에서 일치하여야 한다. 이 범위를 넘는 경우 재작성한다.

(4) 정밀도 및 정확도

① 정밀도는 정량한계의 10배농도 시료 4개 이상 준비하고 측정한 평균값, 표준편차를 구하여 **상대표준편차(RSD)**로 산출하며 측정값은 25 % 이내

② 정확도
  • 인증시료를 확보할 수 있는 경우 : 인증표준물질을 분석한 결과 값과 인증 값과의 **상대백분율**로 나타냄

- 인증시료를 확보할 수 없는 경우 : 첨가시료를 분석한 농도와 첨가하지 않은 시료를 분석한 농도와의 차이에 대한 첨가농도의 상대백분율로서 75 % ~ 125 % 이내

$$정확도 = \frac{(첨가시료\ 농도 - 첨가하지\ 않은\ 시료\ 농도)}{첨가농도} \times 100$$

(5) 현장 이중시료의 측정

현장 이중시료(Field Duplicate Sample)는 동일한 장소에서 동일한 조건으로 중복 채취한 시료로서 한 조사팀이 하루에 20개 이하를 채취할 경우에는 1개를 그리고 그 이상을 채취할 때에는 시료 20개당 1개를 추가로 취한다. 동일한 조건의 두 시료간의 측정값의 편차는 25 % 이하이어야 한다.

(6) 내부정도관리 주기 및 목표

① 방법검출한계, 정량한계, 정확도 및 정밀도는 연 1회 이상 산정하는 것을 원칙으로 하며 분석자의 교체, 분석장비의 수리, 이동 등의 주요 변동사항이 생길 경우에는 다시 실시한다. 단, 장비의 청소, 컬럼 교체 시와 측정장비의 감도가 의심될 때에는 언제든지 측정하여 확인하여야 한다.

② 검정곡선 검증 및 시약바탕시료의 분석은 각 시료군마다 실시하며, 특히 고농도의 시료를 분석한 후에는 시약바탕시료를 측정하여 오염여부를 점검한다.

7. 분석절차

(1) 전처리 : 없음

(2) 검정곡선의 작성

① 기밀주사기나 자동주입기로 정제수 5 mL에 혼합표준용액 및 내부표준물질을 단계적(바탕시료를 포함하여 7개)으로 넣어 기기에 주입하여 작성한다.

② 내부표준법으로 한다.

(3) 측정법

① 기밀주사기 또는 자동주입기로 바탕시료, 표준용액, 시료를 순차적으로 주입한다.

② 일정 온도에서 휘발성유기화합물을 퍼지(Purge)시켜 트랩에서 포집한 다음 가열 탈착시켜

기체크로마토그래프 – 질량분석기에 주입한다.

③ 검정곡선으로부터 물질별 농도를 구한다.

8. 결과 보고

내부표준법으로 정량한다.

01-2 휘발성유기화합물 – 퍼지 · 트랩 – 기체크로마토그래피
(Volatile Organic Compounds – Purger · Trap – Gas Chromatography)
(ES 05601.2c 2018)

1. 개요

시료 중에 휘발성유기화합물을 불활성기체로 퍼지(purge)시켜 기상으로 추출한 다음 트랩관으로 흡착 · 농축하고, 가열 · 탈착시켜 모세관을 사용한 기체크로마토그래프로 분석하는 방법이다.
※ 모세관은 잘못 표기된 것이며, 모세관 컬럼임

■ 적용범위

① 먹는물, 샘물 및 염지하수 중에 휘발성유기화합물의 분석에 적용한다.

② m,p – 크실렌 이성질체들은 합하여 정량한다.

③ 검출기 : 전자포획검출기(ECD), 불꽃이온화검출기(FID)

④ 정량한계

• 전자포획검출기(ECD) : 0.0005 mg/L ~ 0.002 mg/L

• 불꽃이온화검출기(FID) : 0.002 mg/L ~ 0.003 mg/L

⑤ 용해도가 2 % 이상, 끓는점이 200 ℃ 이상인 화합물은 낮은 회수율을 보인다.

2. 분석기기 및 기구

(1) 기체크로마토그래프

휘발성유기화합물 – 퍼지 · 트랩 – 기체크로마토그래프 – 질량분석법 참조

(2) 전자포획검출기

전자포획검출기(ECD ; Electron Capture Detector)는 방사선 동위원소(^{63}Ni, ^{3}H 등)로부터 방출되는 β선이 운반기체를 전리하여 미소전류를 흘려보낼 때 시료 중의 할로겐이나 산소와 같이 전자포획력이 강한 화합물에 의하여 전자가 포획되어 전류가 감소하는 것을 이용하는 방법으로 유기할로겐화합물, 니트로화합물 및 유기금속화합물을 선택적으로 검출할 수 있다.

(3) 불꽃이온화검출기

불꽃이온화검출기(FID ; Flame Ionization Detector)는 수소연소노즐(Nozzle), 이온 수집기(Ion Collector)로 구성되는 본체와 이 전극 사이에 직류전압을 주어 흐르는 이온전류를 측정하기 위한 직류전압 변환회로, 감도 조절부, 신호감쇄부 등으로 구성된다.

※ 시약 및 표준물질, 정도보증 및 정도관리, 분석절차
   휘발성유기화합물 – 퍼지 · 트랩 – 기체크로마토그래프 – 질량분석법 참조

01-3 휘발성유기화합물 – 헤드스페이스 – 기체크로마토그래피
(Volatile Organic Compounds – Headspace – Gas Chromatography)
(ES 05601.3c 2018)

1. 개요

시료 중의 휘발성유기화합물을 일정온도에서 가열하여 평형상태에 있는 기상의 일정량을 기체크로마토그래프로 분리하여 질량분석기 또는 전자포획검출기로 검출하는 방법이다.

(1) 적용범위

① 먹는물, 샘물 및 염지하수 중에 휘발성유기화합물의 분석에 적용한다.
   ※ 헤드스페이스법에서 1,2 – 디브로모 – 3 – 클로로프로판은 적용하지 않는다.
② 비교적 오염이 많이 된 물 중에 휘발성유기화합물의 분석에도 적용한다.
③ 검출기 : 질량분석기, 전자포획검출기(ECD)
④ 정량한계 : 0.0005 mg/L ~ 0.001 mg/L
⑤ 용해도가 2 % 이상, 끓는점이 200 ℃ 이상인 화합물은 낮은 회수율을 보인다.

(2) 간섭물질

휘발성유기화합물 – 퍼지 · 트랩 – 기체크로마토그래프 – 질량분석법 참조
플루오르화탄소나 디클로로메탄과 같은 휘발성유기물은 보관이나 운반 중에 격막(Septum)을 통해 확산되어 시료에 오염될 수 있으므로 **현장 바탕시료**를 사용하여 점검하여야 한다.

2. 용어정의

- **헤드스페이스방법**
  바이알에 일정 시료를 넣고 캡으로 완전히 밀폐시킨 후 시료의 온도를 일정 온도 및 일정 시간 동안 가열할 때 휘발성유기화합물들이 기화되어 평형상태에 이르게 되고 이 기체의 일부를 측정 장비로 주입하여 분석하는 방법이다.

3. 분석기기 및 기구

(1) 기체크로마토그래프, 전자포획검출기, 질량분석기

휘발성유기화합물 – 퍼지 · 트랩 – 기체크로마토그래프 및 휘발성유기화합물 – 퍼지 · 트랩 – 기체크로마토그래프 – 질량분석법 참조

(2) 헤드스페이스 장치

① 바이알 : 10 mL ~ 40 mL의 유리제로서 가열하여도 밀폐성이 높은 것을 사용한다. 사용 전에 메탄올로 세정하고 충분히 건조한 후 사용한다.
　※ 일반적으로 20 mL를 많이 사용

② 격막(Septum) : 한쪽 면이 두께 0.05 mm 이상의 폴리테트라플루오로에틸렌(PTFE ; poly-tetrafluoroethylene)의 재질로 코팅된 실리콘 마개를 사용한나.
　※ PTFE로 코팅된 부분이 물과 접촉하는 면

③ 알루미늄캡 : 밀폐성이 높은 것

④ 시료보온부 : 온도를 약 40 ~ 90 ± 0.5 ℃ 범위 내에서 1시간 정도 일정하게 보온 유지할 수 있는 것

(3) 시료채취용 장치

① **압력조절방식** : 시료주입량을 조절할 수 있어야 하고, 주사기 바늘은 시료와 반응성을 최소
화하기 위해 백금 – 이리듐(Pt – Ir) 재질 또는 이와 동등의 재질을 사용한다. 연결부는 비활
성화된 모세관을 사용한다.

② **시료채취용 루프** : 기체크로마토그래프 – 질량분석기에 접속할 수 있는 것으로 스테인레스
강제 또는 이것과 동등 이상의 재질인 것을 사용한다.

4. 분석절차

■ 검정곡선 작성

① **표준시료 조제**

정제수 5 mL 또는 10 mL에 혼합표준용액을 단계적(바탕시료를 포함하여 8개)으로 취하고,
내부표준용액을 일정량 첨가한다.

② **시료 가열(전처리) 단계**

일정 온도와 시간에서 휘발성유기화합물을 가열시켜 기화된 휘발성유기화합물을 기체크로
마토그래프로 주입한다.

※ 시약 및 표준물질, 시료채취 및 관리, 정도보증 및 정도관리
휘발성유기화합물 – 퍼지 · 트랩 – 기체크로마토그래피 참조

01-4 휘발성유기화합물 – 마이크로용매추출/기체크로마토그래프 – 질량분석법
(Volatile Organic Compounds – Micro Liquid Extraction/Gas Chromatography – Mass Spectrometry)

(ES 05601.4c 2018)

1. 개요

시료 중의 휘발성유기화합물을 **최소 부피의 헥산**으로 추출하여 기체크로마토그래프 – 질량분석기
로 분석하는 방법이다.

(1) 적용범위

① 이 시험기준은 먹는물, 샘물 및 염지하수 중의 휘발성유기화합물의 분석에 적용

② m, p – 크실렌 이성질체들은 합하여 정량

(2) 간섭물질

① 추출 용매에는 분석성분의 머무름 시간에서 피크가 나타나는 간섭물질이 있을 수 있다. 추출 용매 안에 간섭물질이 발견되면 증류하거나 컬럼 크로마토그래프에 의해 제거한다.

② 끓는점이 높거나 극성 유기화합물들이 함께 추출되므로 이들 중에는 분석을 간섭하는 물질이 있을 수 있다.

③ 디클로로메탄과 같이 머무름 시간이 짧은 화합물은 용매의 피크와 겹쳐 분석을 방해할 수 있다.

④ 플루오르화탄소나 디클로로메탄과 같은 휘발성유기물은 보관이나 운반 중에 격막(septum)을 통해 시료 안으로 확산되어 시료를 오염시킬 수 있으므로 **현장 바탕시료로서** 이를 점검

⑤ 시료에 혼합표준액 일정량을 첨가하여 크로마토그램을 작성하고 미지의 다른 성분과 피크의 중복여부를 확인한다. 만일 피크가 중복될 경우 극성이 다르고 분리가 양호한 컬럼을 택하여 시험한다.

2. 용어정의

■ 마이크로용매 추출

마이크로용매 추출법이란 일반 용매추출과 같이 용해도가 높은 용매를 사용하여 분배원리에 의해 추출하는 방법으로, 사용하는 추출용매의 부피를 최소화하여 농축을 하지 않아도 되도록 하는 방법이다. 휘발성유기화합물은 용매를 농축할 때 분석물질이 손실되므로 농축할 수 없다.

3. 분석기기 및 기구

휘발성유기화합물 - 퍼지 · 트랩 - 기체크로마토그래프 - 질량분석법 참조

4. 시료채취 및 관리

휘발성유기화합물 - 퍼지 · 트랩 - 기체크로마토그래프 - 질량분석법(ES 05601.1c 2018) 참조

※ **채취병** : 물과의 접촉면이 테플론 처리 마개 또는 격막을 가진 유리병 사용

5. 분석절차

(1) 전처리

① 시료 200 mL를 취하여 250 mL 분별깔때기에 넣은 후 내부표준용액(10 mg/L) 100 μL를 넣는다.

② 시료에 **염화나트륨** 5 g을 넣고 흔들어 녹인 후 **헥산** 2 mL를 넣은 다음 4분간 흔들어 추출한다.

③ 두 층이 분리되면 아래 물 층은 버리고 위의 헥산 층을 시험관에 취한 다음 무수황산나트륨을 약 0.5 g을 가하여 수분을 제거한다.

(2) 검정곡선의 작성

① 정제수 200 mL를 취하여 250 mL 분별깔때기에 넣은 후 휘발성유기화합물 혼합표준용액 (10.0 mg/L) 0, 40, 100, 200, 300, 500 μL를 단계적으로 취하여 넣고 내부표준용액 (10.0 mg/L)을 정확히 100 μL를 취하여 시료에 첨가한다.

② 전처리법에 따라 추출하고 GC/MS로 분석하여 내부표준법으로 검정곡선을 작성한다.

실전 예상문제

01
2014
제6회

다음은 어떤 시료 채취와 보존에 관한 설명인가?

> 미리 정제수로 잘 씻은 유리병에 기포가 생기지 않도록 가만히 채취하고 pH가 약 2가 되도록 인산 (1 + 10)을 시료 10 mL당 1방울을 넣고 물을 추가하여 꽉 채운 후 밀봉한다.

① 미생물 시험용 시료
② 중금속 시험용 시료
③ 시안 시험용 시료
④ 휘발성유기화합물 시험용 시료

풀이 트리할로메탄 및 휘발성유기화합물 시험용 시료 채취 방법
미리 정제수로 잘 씻은 유리병에 기포가 생기지 아니하도록 조용히 채취하고 pH가 약 2가 되도록 인산(1 + 10)을 시료 10 mL당 1방울을 넣고 물을 추가하여 꽉 채운 후 밀봉한다. 잔류염소가 함유되어 있는 경우에는 이산화비소산나트륨용액을 넣어 잔류염소를 제거한다.

02
2013
제5회

총트리할로메탄에 포함되는 물질이 아닌 것은?

① 클로로포름
② 디클로로메탄
③ 디브로모클로로메탄
④ 브로모디클로르크로메탄

풀이 총트리할로메탄으로 대표적인 물질은 클로로포름, 디브로모클로로메탄, 브로모디클로로메탄, 브로모포름이다.

03

먹는물수질공정시험기준의 퍼지 · 트랩 – 기체크로마토그래프 – 질량분석법으로 휘발성유기화합물 분석할 때 분석물질이 트랩관에 흡착 후 탈착할 때 시간차이가 발생하여 피크 간에 분리능이 나빠지는데 이를 개선하기 위해 사용하는 방법은?

① 냉각응축
② 분할비분할
③ 대용량주입
④ 펄스주입

풀이 분석물질이 트랩관에 흡착 후 탈착할 때 시간차이가 발생하여 피크 간에 분리능이 나빠지는데 이를 개선하기 위해 탈착 후 냉각 · 응축시키는 방법을 사용한다.

04
2013
제5회

휘발성유기화합물 – 마이크로용매추출법 사용에 대한 설명으로 틀린 것은?

① 마이크로용매 추출법이란 일반 용매추출과 같이 용해도가 높은 용매를 사용하여 분배원리에 의해 추출하는 방법이다.
② 카바릴같이 고온에서 분해되기 쉬운 농약류 분석에 적합한 방법이다.
③ 사용하는 추출용매의 부피를 최소화하여 농축을 하지 않아도 되도록 하는 방법이다.
④ 휘발성유기화합물은 용매를 농축할 때 분석물질이 손실되므로 농축할 수 없다.

정답 **01** ④ **02** ② **03** ① **04** ②

풀이 카바릴은 고온에서 불안정하므로 일반적으로 GC법 대신 LC법을 사용한다.

05 먹는물수질공정시험기준의 휘발성유기화합물 분석법 중 1,2 - 디브로모 - 3 - 클로로프로판을 분석할 수 있는 시험법은?

① 퍼지 · 트랩 - 기체크로마토그래프 - 질량분석법
② 퍼지 · 트랩 - 기체크로마토그래피
③ 헤드스페이스 - 기체크로마토그래피
④ 마이크로용매추출/기체크로마토그래프 - 질량분석법

풀이 먹는물수질공정시험기준의 휘발성유기화합물 분석법 중 1,2 - 디브로모 - 3 - 클로로프로판 분석이 가능한 분석법은 퍼지 · 트랩 - 기체크로마토그래프 - 질량분석법이다.

▼ **먹는물, 샘물 및 염지하수 중 휘발성유기화합물의 시험기준(ES 05601.c)**

휘발성유기화합물	P · T - GC - MS (ES 05601.1c)	P · T - GC - ECD, FID (ES 05601.2c)	HS - GC (ES 05601.3c)	MSE/GC - MS (ES 05601.4c)
1,2 - 디브로모 - 3 - 클로로프로판	o	–	–	–

06 먹는물 중 휘발성유기화합물의 분석을 위한 시료 채수에 대한 설명이다. 괄호 안에 들어갈 말이 모두 옳은 것은?

2013
제5회

> 미리 정제수로 잘 씻은 (　　)에 기포가 생기지 아니하도록 채취하고 pH가 (　　) 되도록 인산(1+ 10) 시료를 (　　) mL당 1방울을 넣고 물을 추가하고 가득 채운 후 밀봉한다. 잔류염소가 함유되어 있는 경우에는 (　　　)을 넣어 잔류 염소를 제거한다.

① 유리병 - 8 - 20 mL - 이산화비소산나트륨용액
② 폴리에틸렌용기 - 2 - 20 mL - 이산화비소산나트륨용액
③ 유리병 - 2 - 10 mL - 이산화비소산나트륨용액
④ 폴리에틸렌용기 - 8 - 10 mL - 이산화비소산나트륨용액

풀이 미리 정제수로 잘 씻은 (유리병)에 기포가 생기지 아니하도록 조용히 채취하고 pH가 (약 2가) 되도록 인산(1+ 10)을 시료 (10) mL당 1방울을 넣고 물을 추가하여 꽉 채운 후 밀봉한다. 잔류염소가 함유되어 있는 경우에는 (이산화비소산나트륨용액)을 넣어 잔류염소를 제거한다.

정답 05 ① 06 ③

07 먹는물수질공정시험기준의 휘발성유기화합물 시험에 사용되는 검출기에 대한 설명으로 틀린 것은?

① 검출기에는 질량분석, FID(불꽃이온화검출기), ECD(전자포획검출기)가 사용된다.

② 질량분석기는 자기장형(magnetic sector), 사중극자형(quadrupole) 및 이온트랩형(ion trap) 등을 사용된다.

③ 질량분석기의 이온화방식은 전자충격법(EI, electron impact)을 사용하며 이온화에너지는 35 eV ~ 70 eV를 사용한다.

④ 질량분석기로 정량분석할 때는 SCAN을 이용하는 것이 바람직하다.

> **풀이** 질량분석기로 정량분석할 때는 선택이온검출법(SIM ; selected ion monitoring)을 이용하는 것이 바람직하다.

08 먹는물수질공정시험기준의 휘발성유기화합물 시험기준 중 주 시험기준으로 사용되는 것은?

① 퍼지 · 트랩 – 기체크로마토그래피

② 퍼지 · 트랩 – 기체크로마토그래프 – 질량분석법

③ 헤드스페이스 – 기체크로마토그래피

④ 마이크로용매추출/기체크로마토그래프 – 질량분석법

> **풀이** 항목별 시험기준이 여러 개 있을 때는 시험기준 분류번호의 소수 첫째 자리의 수가 작을수록 우선순위가 있다.(예 : 제1법 ES 05601.1c, 제2법 ES 05601.2c 등). 즉 휘발성유기화합물 시험의 주 시험기준은 퍼지 · 트랩 – 기체크로마토그래프 – 질량분석법(ES 05601.1c)이다.

09 먹는물수질공정시험기준의 마이크로용매추출/기체크로마토그래프 – 질량분석법의 간섭물질에 대한 설명으로 옳은 것은?

① 추출 용매에는 분석성분의 머무름 시간에서 피크가 나타나는 간섭물질이 있을 수 있다. 추출 용매 안에 간섭물질이 발견되면 제거가 불가하므로 새로운 제품의 추출용매를 구매해야 한다.

② 이 시험으로 끓는점이 높거나 극성 유기화합물들이 함께 추출되므로 이들 중에는 분석을 간섭하는 물질이 있을 수 있다.

③ 디클로로메탄과 같이 머무름 시간이 긴 화합물은 용매의 피크와 겹쳐 분석을 방해할 수 있다.

④ 플루오르화탄소나 디클로로메탄과 같은 휘발성유기물은 보관이나 운반 중에 격막(septum)을 통해 시료 안으로 확산되어 시료를 오염시킬 수 있으므로 현장바탕시료로서 이를 점검하여야 한다.

> **풀이** ① 추출 용매에는 분석성분의 머무름 시간에서 피크가 나타나는 간섭물질이 있을 수 있다. 추출 용매 안에 간섭물질이 발견되면 증류하거나 컬럼 크로마토그래프에 의해 제거한다.
> ③ 디클로로메탄과 같이 머무름 시간이 짧은 화합물은 용매의 피크와 겹쳐 분석을 방해할 수 있다.
> ④ 플루오르화탄소나 디클로로메탄과 같은 휘발성유기물은 보관이나 운반 중에 격막(septum)을 통해 시료 안으로 확산되어 시료를 오염시킬 수 있으므로 현장바탕시료로서 이를 점검하여야 한다.

정답 **07** ④ **08** ② **09** ②

10 먹는물수질공정시험기준의 휘발성유기화합물 시험기준에서 사용하는 시약 및 표준물에 대한 설명으로 틀린 것은?

① 정제수는 시약용 정제수를 사용하거나, 정제수를 15분간 끓인 후 90 ℃를 유지하면서 불활성기체로 1시간 퍼지(purge)하여 휘발성유기물질을 제거한 것을 사용한다.

② 표준용액은 국제적으로 인증된 표준물질을 구입하여 사용하는 것이 좋다.

③ 제조된 혼합표준 용액은 될 수 있는 대로 부피플라스크에 일정한 공기층을 두어 외부로부터 오염을 방지하도록 밀봉하여 냉장고에 보존한다.

④ 내부표준물질은 플루오로벤젠 또는 1,2-디클로로벤젠-d4를 사용한다.

> **풀이** 제조된 혼합표준 용액은 될 수 있는 대로 여러 개의 바이알에 공기층이 남지 않도록 나누어 넣은 다음 밀봉하여 냉장고에 보존하고, 제조 후 4주 이내에 사용한다.

11 다음은 먹는물수질공정시험기준의 휘발성유기화합물 시험의 정도보증/정도관리에 대한 설명이다. 틀린 것은?

① 방법검출한계는 표준편차에 3.14를 곱한 값이며, 정량한계는 표준편차에 10을 곱한 값이다.

② 검정곡선의 결정계수(R^2)가 0.98 이상 또는 감응계수(RF)의 상대표준편차가 25 % 이내이어야 하며 결정계수나 감응계수의 상대표준편차가 허용범위를 벗어나면 재작성한다.

③ 정확도는 반드시 인증시료를 확보하여 실시하며, 상대백분율이 75 % ~ 125 % 이내이어야 한다.

④ 정밀도는 측정값의 상대표준편차(RSD)로 계산하며 측정값이 25 % 이내이어야 한다.

> **풀이** 정확도는 인증시료를 확보할 수 있는 경우 인증표준물질을 분석한 결과값과 인증값과의 상대백분율로 나타내고, 인증시료를 확보할 수 없는 경우 이를 정확한 농도로 첨가한 시료로 대체한다. 이때 정확도는 첨가시료를 분석한 농도와 첨가하지 않은 시료를 분석한 농도와의 차이에 대한 첨가농도의 상대백분율로 나타내며 그 값이 75 % ~ 125 % 이내이어야 한다.

12 다음 중 먹는물수질공정시험기준에 따른 내부정도관리에 대한 설명으로 틀린 것은?

① 방법검출한계, 정량한계, 정밀도 및 정확도는 연 1회 이상 산정하는 것을 원칙으로 한다.

② 분석자의 교체, 분석 장비의 수리 및 이동 등의 주요 변동사항이 생길 경우에는 다시 실시한다.

③ 장비의 청소, 컬럼 교체 시와 측정 장비의 감도가 의심될 때에는 언제든지 측정하여 확인하여야 한다.

④ 검정곡선 검증 및 시약바탕시료의 분석은 매월 1회 실시하며, 고농도의 시료 다음에는 시약바탕시료를 측정하여 오염여부를 점검한다.

> **풀이** 검정곡선 검증 및 시약바탕시료의 분석은 각 시료군마다 실시하며, 고농도의 시료 다음에는 시약바탕시료를 측정하여 오염여부를 점검한다.

02-1 **1,4 – 다이옥산 – 용매추출/기체크로마토그래프 – 질량분석법**
(1,4 – Dioxane – Liquid Extraction/Gas Chromatography – Mass Spectrometry)

(ES 05602.1b 2018)

1. 개요

1,4 – 다이옥산을 디클로로메탄으로 추출하여 기체크로마토그래프 – 질량분석기로 분석한다.

(1) 적용범위

① 먹는물, 샘물 및 염지하수 중에 1,4 – 다이옥산(1,4 – dioxane)의 분석에 적용한다.
② 정량한계 : 0.001 mg/L

(2) 간섭물질

① 추출 용매에는 분석성분의 머무름 시간에서 피크가 나타나는 간섭물질이 있을 수 있다. 추출 용매 안에 간섭물질이 발견되면 증류하거나 컬럼 크로마토그래프에 의해 제거한다.
② 끓는점이 높거나 극성 유기화합물들이 함께 추출되므로 이들 중에는 분석을 간섭한다.

2. 분석기기 및 기구

휘발성유기화합물 – 퍼지 · 트랩 – 기체크로마토그래프 – 질량분석법 참조

3. 시약 및 표준용액

(1) 시약

① 정제수, 디클로로메탄, 메탄올 : 바탕시험 할 때 표준물질의 피크 부근에 불순물 피크가 없는 것을 사용한다.
② 염화암모늄, 무수황산나트륨, 염화나트륨, 염산

(2) 표준용액

1,4 – 다이옥산 표준원액(1 000 mg/L) : 1,4 – 다이옥산 25.0 mg을 취하여 메탄올에 녹여 25 mL로 한다. 갈색 바이알에 넣어 냉장 보관한다.

(3) 내부표준용액

① 1,4 – 다이옥산 – d_8 표준원액(1 000 mg/L) 또는 1 – 클로로 – 2 – 브로모프로페인 표준원액(1 000 mg/L) 사용

② 갈색 바이알에 넣어 냉장 보관한다.

4. 시료채취 및 관리

휘발성유기화합물 – 퍼지 · 트랩 – 기체크로마토그래프 – 질량분석법 참조

5. 분석절차

(1) 전처리

① 시료와 표준용액을 냉장고에서 꺼내어 상온으로 한다.

② 시료 50 mL를 100 mL 분별깔때기에 넣는다.

③ 내부표준용액(10 mg/L) 50 μL를 넣은 다음, 염석효과를 위하여 염화나트륨 20 g을 넣어 흔들어 녹인다.

④ 디클로로메탄 20 mL를 넣은 후 약 1분 ~ 2분간 격렬하게 흔들어 추출한다.

⑤ 두 층이 분리되면 디클로로메탄 층을 옮긴 후 디클로로메탄 20 mL를 넣고 한 번 더 추출한다.

⑥ 디클로로메탄층을 합하여 무수황산나트륨 약 3 g을 가하여 수분을 제거한 다음, 증발건조기나 질소를 사용하여 1 mL까지 농축한 다음 이를 시험용액으로 한다.

(2) 검정곡선의 작성

내부표준물질은 1,4 – 다이옥산 – d_8과 1 – 클로로 – 2 – 브로모프로판 중에 선택하여 사용한다. 내부표준물질로서는 1,4 – 다이옥산 – d_8이 더 좋다.

02-2 1,4 – 다이옥산 – 고상추출/기체크로마토그래프 – 질량분석법
(1,4 – Dioxane – Solid Extraction/Gas Chromatography – Mass Spectrometry)

(ES 05602.2b 2018)

1. 개요

시료 중의 1,4 – 다이옥산을 스틸렌디비닐벤젠공중합체 고상분리관과 활성탄 고상분리관을 차례로 통과시켜 흡착시킨 후 아세톤으로 용출시켜 기체크로마토그래프 – 질량분석기로 분석한다.

2. 고상분리관

스틸렌디비닐벤젠공중합체 고상분리관 및 활성탄 고상분리관 또는 이와 동등 이상의 성능을 지닌 것을 사용한다.

3. 시약

① 정제수, 메탄올, 아세톤 : 바탕시험 할 때 표준물질의 피크 부근에 불순물 피크가 없는 것을 사용한다.

② SDB(스틸렌디비닐벤젠공중합체) 흡착제, AC(활성탄) – 2 흡착제

02-3 1,4 – 다이옥산 – 헤드스페이스/기체크로마토그래프 – 질량분석법
(1,4 – Dioxane – Headspace – Gas Chromatography–Mass Spectrometry)

(ES 05602.3b 2018)

1. 개요

시료 중의 1,4 – 다이옥산을 일정온도에서 가열하여 평형상태에 있는 기상의 일정량을 기체크로마토그래프로 분리하여 질량분석기로 검출하는 방법이다.

2. 헤드스페이스방법

바이알에 일정 시료를 넣고 캡으로 완전히 밀폐시킨 후 시료의 온도를 일정 온도 및 일정 시간 동안 가열할 때 휘발성유기화합물들이 기화되어 평형상태에 이르게 되고 이 기체의 일부를 측정 장비로 주입하여 분석하는 방법이다.

3. 헤드스페이스 장치, 시료채취용 장치

휘발성유기화합물 – 헤드스페이스 – 기체크로마토그래피 참조

02-4 1,4 – 다이옥산 – 퍼지 · 트랩/기체크로마토그래프 – 질량분석법
(1,4 – Dioxane–Purge · Trap – Gas Chromatography – Mass Spectrometry)

(ES 05602.4b 2018)

시료 중에 1,4 – 다이옥산을 불활성기체로 퍼지(purge)시켜 기상으로 추출한 다음 트랩 관으로 흡착 · 농축하고, 가열 · 탈착시켜 모세관을 사용한 기체크로마토그래프 – 질량분석기로 분석하는 방법이다. 시료 중에 1,4 – 다이옥산을 불활성기체로 퍼지(purge)시킬 때 스파저를 가열할 수 있다.

1. 적용범위

① 이 시험기준은 먹는물, 샘물 및 염지하수 중에 1,4 – 다이옥산(1,4 – dioxane)의 분석에 적용한다.
② 1,4 – 다이옥산을 퍼지(purge)시킬 때 스파저를 가열하면 비교적 높은 회수율을 보인다.

2. 간섭물질

① 퍼지(Purge)기체나 트랩 연결관 등의 오염 : 기화된 용매가 오염원
  → 바탕시료 사용 점검

② 폴리테트라플루오로에틸렌(PTFE) 재질 사용
③ 높은 농도의 시료와 낮은 농도의 시료를 연속하여 분석할 때에는 오염이 될 수 있으므로 시료 분석 사이에 바탕시료를 분석하여 점검

실전 예상문제

01
2013
제5회

먹는물수질공정시험기준에서 1,4 – 다이옥산의 주 시험방법으로 옳은 것은?

① 용매추출/기체크로마토그래프 질량분석법

② 헤드스페이스, 기체크로마토그래프 질량분석법

③ 퍼지 · 트랩, 기체크로마토그래프 질량분석법

④ 고상추출/기체크로마토그래프 질량분석법

> **풀이** 먹는물수질공정시험기준에서 1,4 – 다이옥산 시험방법은 ES 05602.1b 용매추출기체크로마토그래프 – 질량분석법, ES 05602.2b 고상추출기체크로마토그래프 – 질량분석법, ES 05602.3b 헤드스페이스 – 기체크로마토그래프 – 질량분석법, ES 05062.4b 퍼지 · 트랩 – 기체크로마토그래프 – 질량분석법이다. 그런데 총칙에서 하나 이상의 시험결과가 달라 제반 기준의 적부 판정에 영향을 줄 경우에는 항목별 시험방법 각 항목의 주 시험방법에 따른 분석 성적에 따라 판정한다. 다만, 주 시험방법은 따로 규정이 없는 한 각 항목의 1법으로 한다.

02
먹는물수질공정시험기준에서 다음 시료채취법 항목으로 적당한 것은?

- 시료는 유리병에 공간이 없도록 약 100 mL를 채취하고 공기가 들어가지 않도록 주의하여 밀봉한다.
- 시료 1 L당 염화암모늄 10 mg과 염산(1 + 1) 또는 황산(1 + 5)을 2 ～ 3 방울을 가하여 pH 2로 조절하고 4 ℃ 냉암소에서 보관한다.
- 모든 시료는 채취 후 14일 이내에 분석해야 한다.

① 미생물 시험용 시료   ② 포름알데히드 시험용 시료

③ 휘발성유기화합물 시험용 시료   ④ 1,4 – 다이옥산 시험용 시료

03
먹는물수질공정시험기준에서 염석효과를 이용하여 대상물질을 추출하여 분석하는 시험항목은?

① 휘발성유기화합물   ② 포름알데히드

③ 카바릴   ④ 1,4 – 다이옥산

> **풀이** 1,4 – 다이옥산 – 용매추출 – 기체크로마토그래프 – 질량분석기법 전처리에는 염석효과를 위하여 염화나트륨 20 g을 넣어 흔들어 녹인 후에 디클로로메탄으로 추출한다.

정답   01 ①   02 ④   03 ④

04 먹는물수질공정시험기준에서 1,4 – 다이옥산 시험법이 아닌 것은?

① 용매추출기체크로마토그래프 – 질량분석법

② 고상추출기체크로마토그래피법

③ 헤드스페이스 – 기체크로마토그래프 – 질량분석법

④ 퍼지 · 트랩기체크로마토그래프 – 질량분석법

풀이 먹는물수질공정시험기준에서 1,4 – 다이옥산 시험법은 모두 기체크로마토그래프 – 질량분석법이다.

SECTION 008 미생물

···01 저온일반세균 – 평판집락법(Total Colony Counts in 21 ℃ – Pour Plate Method)

(ES 05701.1c 2018)

중온일반세균 – 평판집락법(ES 05702.1b) 참조

···02 중온일반세균 – 평판집락법(Total Colony Counts in 35 ℃ – Pour Plate Method)

(ES 05702.1b 2018)

1. 개요

① 저온일반세균 : 샘물, 먹는샘물, 먹는해양심층수, 염지하수, 먹는염지하수의 수질검사에 적용한다.
② 중온일반세균 : 먹는물, 샘물 및 염지하수의 수질검사에 적용한다.

2. 용어정의

(1) 저온일반세균

(21.0±1.0) ℃에서 (72±3) 시간 배양했을 때 빈영양배지(R2A 한천배지)에 집락을 형성하는 모든 세균을 말한다.

(2) 중온일반세균

(35.0±0.5) ℃에서 표준한천배지 또는 트립톤 포도당 추출물 한천배지에 집락을 형성하는 모든 세균을 말한다.

3. 분석기기 및 기구

① 배양기[저온일반세균용] : 배양온도를 (21.0±1.0) ℃로 유지할 수 있는 것
② 배양기[중온일반세균용] : 배양온도를 (35.0±0.5) ℃로 유지할 수 있는 것
③ 121 ℃에서 15분간 고압증기멸균

4. 시료채취 및 관리

① 멸균된 시료용기를 사용하여 무균적으로 시료를 채취하고 즉시 시험하여야 한다. 즉시 시험할 수 없는 경우에는 빛이 차단된 4 ℃ 냉장 보관 상태에서 24시간 이내에 시험하여야 한다.

② 잔류염소를 함유한 시료를 채취할 때에는 **시료채취 전에 멸균된 시료채취용기에 멸균한 티오황산나트륨용액**을 최종농도 0.03 % 되도록 투여한다.

③ 수도꼭지에서 시료를 채취할 경우에는 **수도꼭지를 틀어 2분 ~ 3분간 흘려버린 후 시료를 채취**한다. 수도꼭지에 연결된 부착물이 있다면 이를 제거하고, 깨끗한 헝겊 또는 휴지로 이물질을 닦아낸 후 시료를 채취한다. 필요에 따라 가스버너 등을 이용하여 수도꼭지 입구를 충분히 소독할 수 있다.

④ 먹는샘물, 먹는해양심층수 및 먹는염지하수 제품수는 병의 마개를 열지 않은 상태의 제품을 말하며, 병의 마개가 열린 것은 시료로 사용할 수 없다. 병에 넣은 후 12시간 내 4 ℃를 유지한 상태에서 검사한다.

5. 분석절차

① 시료를 희석액으로 인산완충용액 또는 펩톤액을 사용하여 **평판의 집락수가 30개 ~ 300개 사이가 되도록 희석**하고, 각 단계 희석액 1 mL씩을 멸균된 **페트리접시 2매**에 넣는다.

② 미리 멸균시켜 44 ℃ ~ 46 ℃로 유지시킨 R2A배지 10 mL ~ 12 mL씩을 각각 시료가 들어있는 페트리접시에 무균적으로 나누어 넣고 배지와 시료가 잘 혼합되도록 좌우로 회전한다.

③ 저온일반세균배양 : 배지가 응고되면 (21.0±1.0) ℃에서 (72±3) 시간 배양하여 형성된 집락의 수를 계산한다

④ 중온일반세균 배양 : 배지가 응고되면 (35±0.5) ℃에서 먹는물은 (48±2) 시간, 샘물, 먹는샘물, 먹는해양심층수, 염지하수 및 먹는염지하수는 (24±2) 시간 배양하여 형성된 집락수를 계산한다.

⑤ 음성대조군 시험으로 멸균된 희석액을 상기 방법과 동일하게 실험하여 음성대조군으로 하며, 음성대조군 시험결과는 음성으로 나왔을 경우에만 유효한 결과 값으로 판정한다.

⑥ 시료의 희석조작부터 평판용 배지를 페트리접시에 나누어 넣을 때까지의 조작시간은 20분을 초과하지 않아야 한다.

⑦ 계수할 때에는 확산집락이 없고 평판당 30개~300개의 집락을 형성한 평판을 택하여 집락을 계수하는 것을 원칙으로 하며, 평판마다 300개 이상의 집락이 형성되었을 때에는 가장 대표적인 평판을 택하여 **밀집평판측정법**에 따라 집락수를 계산한다. 평판마다 30개 이하의 집락이 형성되었을 때에는 **원액을 접종한 평판의 집락을 계수하여 평균**하여 기재한다. 30개 ~ 300개의 집락을 가지는 평판이 없고 300개 이상의 집락을 가지는 평판이 1개 이상 존재하는 경우 300개에 **가장 가까운 평판의 집락을 계수**한다.

6. 결과 보고

(1) 저온일반세균

해당 희석배수에 사용된 각 평판 내의 집락수를 측정하여 합한 다음 사용한 평판수로 나누어 평판당 평균집락수를 구하여 여기에 해당 희석배수를 곱한 수치를 저온일반세균수(CFU)로 하며, '저온일반세균수(CFU)/mL'로 표기한다. 저온일반세균수가 100 이상일 때에는 높은 단위 숫자로부터 3단계 이하는 사사오입하여 유효숫자를 2단계로 끊어 그 이하를 0으로 한 수치를 mL 중의 저온일반세균수로 하고 저온일반세균수가 100 미만일 때에는 소수점 이하는 버린 수치를 mL 중의 저온일반세균수로 기재한다.

(2) 중온일반세균

해당 희석배수에 사용된 각 평판 내의 집락수를 측정하여 합한 다음 사용한 평판수로 나누어 평판당 평균집락수를 구하여 여기에 해당 희석배수를 곱한 수치를 (중온)일반세균수(CFU)로 하며, '(중온)일반세균수(CFU)/mL'로 표기한다. (중온)일반세균수가 100 이상일 때에는 높은 단위 숫자로부터 3단계 이하는 사사오입하여 유효숫자를 2단계로 끊어 그 이하를 0으로 한 수치를 mL 중의 (중온)일반세균수로 하고 (중온)일반세균수가 100 미만일 때에는 소수점 이하는 버린 수치를 mL 중의 (중온)일반세균수로 기재한다.

실전 예상문제

01 먹는물수질공정시험기준에서 일반세균 시험 시 시료 채취에 대한 설명 중 틀린 것은?

① 시험할 수 없는 경우에는 빛이 차단된 4 ℃ 냉장 보관 상태에서 24시간 이내에 시험하여야 한다.

② 잔류염소를 함유한 시료를 채취할 때에는 시료채취 전에 멸균된 시료채취용기에 멸균한 티오황산 나트륨용액을 최종농도 0.03 % 되도록 투여한다.

③ 수도꼭지에서 시료를 채취할 경우에는 수도꼭지를 틀어 2분 ~ 3분간 흘려버린 후 시료를 채취한다.

④ 제품수는 병에 넣은 후 24시간 내 4 ℃를 유지한 상태에서 검사한다.

풀이 제품수는 병의 마개를 열지 않은 상태의 제품을 말하며, 병의 마개가 열린 것은 시료로 사용할 수 없다. 병에 넣은 후 12시간 내 4 ℃를 유지한 상태에서 검사한다.

02 먹는물수질공정시험기준에서 일반세균의 배양시간이 다른 것은?

① 먹는물 　　② 먹는샘물 　　③ 먹는해양심층수 　　④ 염지하수

풀이 ES 05702 1b : 배지가 응고되면 (35±0.5) ℃에서 먹는물은 (48±2) 시간, 샘물, 먹는샘물, 먹는해양심층수, 염지하수 및 먹는염지하수는 (24±2) 시간 배양하여 형성된 집락수를 계산한다.

03 먹는물수질공정시험기준에서 일반세균의 시험방법에 대한 설명 중 틀린 것은?

① 음성대조군 시험결과는 음성으로 나왔을 경우에만 유효한 결과값으로 판정한다.

② 시료의 희석조작부터 평판용 배지를 페트리접시에 나누어 넣을 때까지의 조작시간은 20분을 초과하지 않아야 한다.

③ 계수할 때에는 확산집락이 없고 평판당 30개~100개의 집락을 형성한 평판을 택하여 집락을 계수하는 것을 원칙이다.

④ 희석된 시료의 희석액 1 mL씩을 멸균된 페트리접시 2매에 넣는다.

풀이 계수할 때에는 확산집락이 없고 평판당 30개 ~ 300개의 집락을 형성한 평판을 택하여 집락을 계수하는 것을 원칙으로 하며, 평판마다 300개 이상의 집락이 형성되었을 때에는 가장 대표적인 평판을 택하여 밀집 평판측정법에 따라 집락수를 계산한다. 계산방법은 안지름 9 cm의 유리 페트리접시를 사용한 경우에는 1 cm² 내의 집락수를 13군데에서 계수하여 평균한 집락수에 65를 곱하고, 1회용 플라스틱 페트리접시를 사용한 경우에는 57을 곱한다. 평판마다 30개 이하의 집락이 형성되었을 때에는 원액을 접종한 평판의 집락을 계수하여 평균하여 기재한다. 30개 ~ 300개의 집락을 가지는 평판이 없고 300개 이상의 집락을 가지는 평판이 1개 이상 존재하는 경우 300개에 가장 가까운 평판의 집락을 계수한다.

03-1 총대장균군 – 시험관법
(Total Coliform – Multiple Tube Fermentation Technique)
(ES 05703.1b 2018)

1. 총대장균군

그람음성 · 무아포성의 간균으로서 락토오스를 분해하여 기체 또는 산을 생성하는 모든 호기성 또는 통성 혐기성균 혹은 베타 – 갈락토오스 분해효소(β – galactosidase)의 활성을 가진 세균을 말한다.

2. 분석기기 및 기구

① 피펫 또는 자동피펫, 마개달린 시험관, 다람시험관, 백금이
② 배양기 : 배양온도(35.0±0.5) ℃로 유지할 수 있는 것이어야 한다.
③ 집락계수기

3. 분석절차

추정시험, 확정시험

4. 결과 보고

먹는물에 대한 시험결과는 총대장균군이 검출되지 않은 경우는 '불검출/100 mL'로, 검출된 경우는 '검출/100 mL'로 표기하고, 샘물, 먹는샘물, 먹는해양심층수, 염지하수 및 먹는염지하수에 대한 시험결과는 총대장균군이 검출되지 않은 경우는 '불검출/250 mL'로, 검출된 경우는 '검출/250 mL'로 표기한다.

03-2 총대장균군 – 막여과법(Total Coliform – Membrane Filtration Method)
(ES 05703.2b 2018)

1. 배양기

배양온도를 (35.0 ± 0.5) ℃로 유지할 수 있는 것

2. 시약

① 막여과법 추정시험용 고체배지(m-Endo agar LES) : 조제된 배지는 2 ℃ ~ 10 ℃의 냉암소에서 2주간 보관

② 막여과법 추정시험용 액체배지(m-Endo) : 배지는 시험할 때마다 만들어 사용하고 필요하면 2 ℃ ~ 8 ℃ 냉암소에서 최대 4일까지 보관할 수 있다.

3. 분석절차

① 추정시험 : 배양 후 금속성 광택을 띠는 분홍이나 진홍색 계통 또는 광택이 없더라도 짙은 적색의 집락이 관찰되면 추정시험 양성으로 판정하고 확정시험을 실시한다. 융합성장(CG ; confluent growth)이나 계수불능(TNTC ; too numerous to count)성장이 나타난 시료에 대해서는 총대장균군이 검출되지 않으면 무효로 하고 다시 채수하여 실험한다.

② 확정시험 : 추정시험에서 금속성 광택을 띠는 분홍이나 진홍색 계통 또는 광택이 없더라도 검붉은 색의 집락이 관찰되었을 때에는 이들 집락(금속성 광택을 띠는 집락과 광택이 없는 검붉은 색의 집락을 각각 최대 5개까지 딴다)을 멸균된 백금이나 면봉 등으로 확정시험용 배지(락토스 배지 또는 BGLB 배지)가 10 mL씩 들어 있는 시험관(다람(Durham)시험관이 들어 있는 시험관)에 접종시켜 (35.0 ± 0.5)℃에서 (48 ± 3) 시간 배양한다.

03-3 총대장균군 – 효소기질이용법 (Total Coliform – Enzyme Substrate Method)

(ES 05703.3b 2018)

1. 간섭물질

시료 자체에 탁도 및 색도가 있을 경우 수질검사 결과에 영향을 미칠 수 있다. 이 경우에는 막여과법이나 시험관법 등을 이용하여야 한다.

2. 효소기질이용 시약

효소기질이용 시약은 총대장균군이 분비하는 베타-갈락토오스 분해효소(β-galactosidase)에 의해 발색을 나타내는 기질을 포함하여야 하며, 막여과법 또는 시험관법을 이용하여 총대장균군을 분석하는 방법과 동등 또는 이상의 신뢰성 있는 상용화된 제품을 사용한다.

실전 예상문제

01
2013 제5회
총대장균군 시료 채취와 관리 방법으로 틀린 것은?

① 시료 중 잔류 염소가 함유된 경우 멸균된 희석액을 이용하여 잔류 염소를 제거한다.

② 시료는 직사광선을 피하여 4 ℃ 상태를 유지하여 실험실로 운반한다.

③ 오염을 피하기 위하여 시료 채취 직전에 뚜껑을 열고 신체 접촉에 따른 오염을 피하도록 한다.

④ 잔류 염소를 포함한 경우 멸균한 티오황산나트륨용액이 최종 0.03 %(w/v) 되도록 투여한다.

> **풀이** 잔류염소를 함유한 시료를 채취할 때에는 시료채취 전에 멸균된 시료채취용기에 멸균한 티오황산나트륨용액을 최종농도 0.03 %(w/v) 되도록 투여한다.

02
다음의 설명에 해당되는 미생물은?

> 그람음성 · 무아포성의 간균으로서 락토오스를 분해하여 기체 또는 산을 발생하는 모든 호기성 또는 통성 혐기성균 혹은 베타-갈락토오스 분해효소(β-galactosidase)의 활성을 가진 세균을 말한다.

① 일반세균

② 대장균군

③ 총대장균군

④ 분원성대장균군

03
먹는물수질공정시험기준에서 총대장균의 결과 표기 중 다른 것은?

① 먹는물

② 먹는샘물

③ 먹는해양심층수

④ 염지하수

> **풀이** 먹는물에 대한 시험결과는 총대장균군이 검출되지 않은 경우는 '불검출/100 mL'로, 검출된 경우는 '검출/100 mL'로 표기하고, 샘물, 먹는샘물, 먹는해양심층수, 염지하수 및 먹는염지하수에 대한 시험결과는 총대장균군이 검출되지 않은 경우는 '불검출/250 mL'로, 검출된 경우는 '검출/250 mL'로 표기한다.

04-1 분원성대장균군 – 시험관법
(Fecal Coliform – Multiple Tube Fermentation Technique)
(ES 05704.1c 2018)

1. 개요

수돗물, 먹는물공동시설의 수질기준에 규정된 먹는물의 수질검사에 적용한다.

※ 대장균, 분원성대장균의 주 1에 샘물, 먹는샘물, 염지하수, 먹는염지하수 및 먹는해양심층수의
경우에는 적용하지 않는다.

2. 분원성대장균군

온혈동물의 배설물에서 발견되는 그람음성·무아포성의 간균으로서 44.5 ℃에서 락토스를 분해
하여 기체 또는 산을 발생하는 모든 호기성 또는 통성 혐기성균을 말한다.

3. 항온수조 또는 배양기

배양온도를 (44.5±0.2) ℃로 유지할 수 있는 것을 사용한다.

4. 분석절차

• 추정시험 : 총대장균군 막여과법 및 시험관법의 추정시험과 동일
• 확정시험 : 총대장균군 추정시험이 양성일 경우 수행

① 총대장균군 막여과법 추정시험이 양성의 경우 금속성 광택을 띠는 분홍이나 진홍색계통 또는 광
택이 없더라도 검붉은 색의 집락을 확정시험용 배지(EC 배지 또는 EC – MUG배지)가 10 mL씩
들어있는 시험관(다람시험관이 들어 있는 시험관)에 접종시켜 (44.5±0.2) ℃로 (24±2) 시간
배양한다.
② 총대장균군 시험관법 추정시험에서 기체가 발생되었거나 증식이 많은 시험관 또는 산을 생성한
모든 시험관에 대하여 지름 3 mm의 백금이를 사용, 무균조작으로 확정시험용 배지(EC배지 또
는 EC – MUG배지)가 든 시험관에 이식하여 (44.5±0.2) ℃의 항온수조에서 (24±2) 시간 배
양한다.
③ 이때 기체 발생을 관찰할 수 없으면 분원성대장균군 음성, 기체 발생이 관찰되었을 때는 분원성
대장균군 양성으로 판정한다.
④ 모든 시험은 음성대조군 시험을 동시에 실시하여 음성대조군 시험결과는 음성으로 나왔을 경우
에만 유효한 결과값으로 판정한다.

5. 결과 보고

분원성대장균군이 검출되지 않은 경우는 '**불검출/100 mL**'로, 검출된 경우는 '**검출/100 mL**'로 표기한다.

실전 예상문제

01 분원성 대장균군 시험 방법의 적용 범위에 해당하는 것은?

2014
제6회

① 먹는물   ② 먹는샘물

③ 먹는해양심층수   ④ 샘물

> **풀이** 분원성대장균은 샘물, 먹는샘물, 염지하수, 먹는염지하수 및 먹는해양심층수의 경우에는 적용하지 않는다.

02 다음은 분원성대장균군의 확정시험에서 배양온도와 시간은?

① (35.0 ± 0.2) ℃ $-(24\pm2)$ 시간

② (35.0 ± 0.5) ℃ $-(48\pm2)$ 시간

③ (44.5 ± 0.2) ℃ $-(24\pm2)$ 시간

④ (44.5 ± 0.5) ℃ $-(48\pm2)$ 시간

> **풀이** (44.5 ± 0.2) ℃로 (24 ± 2) 시간 배양한다.

04-2 분원성대장균군 – 효소기질이용법
(Fecal Coliform–Enzyme Substrate Method)

(ES 05704.2 2018)

1. 개요

수돗물, 먹는물공동시설의 수질기준에 규정된 먹는물의 수질검사에 적용한다.

※ 대장균, 분원성대장균의 주 1에 샘물, 먹는샘물, 염지하수, 먹는염지하수 및 먹는해양 심층수의 경우에는 적용하지 않는다.

2. 효소기질이용 시약

효소기질이용 시약은 총대장균군이 분비하는 베타–갈락토오스 분해효소(β–galactosidase)에 의해 발색을 나타내는 기질을 포함하여야 하며, 막여과법 또는 시험관법을 이용하여 총대장균군을 분석하는 방법과 동등 또는 이상의 신뢰성 있는 상용화된 제품을 사용한다.

3. 시험방법

① 상용화된 용기와 시약을 사용하고, 무균조작으로 시료 100 mL(먹는물, 먹는물공동시설)를 용기에 넣고 시약을 넣어 완전히 용해되도록 섞은 다음 제품 사용설명서에 따라 적정시간 동안 (44.5 ± 0.2) ℃에서 배양 후 결과를 판정한다.

② 모든 시험은 음성대조군 시험을 동시에 실시하여 음성대조군 시험결과는 음성으로 나왔을 경우에만 유효한 결과값으로 판정한다.

05-1 대장균 – 시험관법
(Escherichia coli – Multiple Tube Fermentation Technique)
(ES 05705.1c 2018)

1. 개요

먹는물의 수질기준에 규정된 수돗물, 먹는물공동시설의 수질검사에 적용한다.

※ ES 05003.e_먹는물 수질기준의 표시한계 및 결과 표시
대장균, 분원성대장균의 주 1에 샘물, 먹는샘물, 염지하수, 먹는염지하수 및 먹는해양심층수의 경우에는 적용하지 않는다.

2. 대장균

총대장균군에 속하면서 베타 – 글루쿠론산 분해효소(β – glucuronidase)의 활성을 가진 세균을 말한다.

3. 분석기기 및 기구

① 배양기 : 배양온도를 (35.0±0.5) ℃로 유지할 수 있는 것이어야 한다.
② 항온수조 또는 배양기 : 온도를 (44.5±0.2) ℃로 유지할 수 있는 항온수조를 사용하거나 동등한 사양의 배양기를 사용해야 한다.
③ 자외선 검출기 : 365 nm 부근 파장 조사가 가능해야 한다.

4. 시료채취 및 관리

일반세균 – 평판집락법 참조

5. 분석절차

• 추정시험 : 총대장균군 시험관법 추정시험과 동일
• 확정시험 : 총대장균군 추정시험이 양성일 경우 수행

① 총대장균군 추정시험에서 기체가 발생되었거나 세균이 증식된 시험관 또는 산을 생성한 모든 시험관에 대하여 지름 3 mm의 백금이를 사용, 무균조작으로 확정시험용 배지(EC – MUG 배지)가 든 시험관에 이식하여 (44.5±0.2) ℃의 항온수조에서 (24±2) 시간 배양한다.

② 배양 후 암실에서 자외선램프(366 nm, 6와트)를 사용하여 MUG에 의한 형광을 관찰할 수 없으면 대장균 음성으로 판정하고 형광이 나타나면 대장균 양성으로 판정한다.

③ 모든 시험은 음성대조군 시험을 동시에 실시하여 음성대조군 시험결과는 음성으로 나왔을 경우에만 유효한 결과값으로 판정한다.

6. 결과 보고

대장균이 검출되지 않은 경우는 '불검출/100 mL'로, 검출된 경우는 '검출/100 mL'로 표기한다.

05-2 대장균 – 막여과법
(Escherichia coli – Membrane Filtration Method)
(ES 05705.2c 2018)

1. 분석기기 및 기구

① 여과막 : 공경 0.45 μm, 지름 47 mm 크기의 미생물 분석용 여과막으로서 막의 한 면에 격자가 그려진 멸균된 것

② 페트리접시 : 지름 약 5.5 cm, 높이 약 1.2 cm의 소형제품(24 cm^2)으로 멸균된 것을 사용하여야 하며, 자외선 하에서 형광을 띠지 않아야 한다.

③ 배양기 : 배양온도를 (35.0±0.5) ℃와 높은 습도(약 90 %의 상대습도)를 유하는 것

④ 자외선 검출기 : 365 nm 부근 파장 조사가 가능해야 한다.

2. 막여과법 확정시험용 배지[영양한천 – MUG, Nutrient agar – MUG]

페트리접시에 있는 조제된 배시는 플라스틱백이나 단단히 밀폐된 용기 안에 넣어 냉장상태로 보관하고 2주 이내에 사용하여야 한다. 사용 전에 냉장 보관된 배지는 실온에서 12시간 배양하고 미생물이 생장한 평판배지는 버린다.

3. 분석절차

• 추정시험 : 총대장균군 막여과법 추정시험과 동일
• 확정시험 : 총대장균군 추정시험이 양성일 경우 수행

① 총대장균군 막여과법 추정시험에서 총대장균군 추정 집락이 있는 여과막을 총대장균군 배지에

서 확정시험용 배지(영양한천 – MUG 배지)의 표면으로 옮겨 (35.0±0.5) ℃에서 4시간 동안 배양한다.

② 배양 후 암실에서 자외선램프(366 nm, 6와트)를 사용하여 형광유무를 관찰한다. 광택 집락 주위의 무리에서 형광이 나타나면 대장균 양성으로 판정한다.

③ 모든 시험은 음성대조군 시험을 동시에 실시하여 음성대조군 시험결과는 음성으로 나왔을 경우에만 유효한 결과값으로 판정한다.

05-3 대장균 – 효소기질이용법
(Escherichia coli – Enzyme Substrate Method)

(ES 05705.3c 2018)

1. 분석기기 및 기구

① 배양기 : 배양온도를 (35.0±0.5) ℃로 유지할 수 있는 것을 사용한다.

② 마개달린 시험관 혹은 유리용기 : 약 125 mL 부피의 고압증기멸균 가능하고 투명한 붕규산 재질의 유리시험관이나 유리병 혹은 이에 상응하는 용기를 사용하여야 하며, 자외선 하에서 형광을 띠지 않아야 한다.

③ 자외선 검출기 : 365 nm 부근 파장 조사가 가능해야 한다.

2. 효소기질이용 시약

대장균이 분비하는 글루쿠론산 분해효소(β – glucuronidase)에 의해 형광을 나타내는 기질을 포함하여야 하며, 막여과법 또는 시험관법을 이용하여 대장균을 분석하 방법과 동등 또는 이상의 신뢰성 있는 상용화된 제품을 사용한다.

3. 시험방법

① 효소기질이용법에 의한 대장균 시험은 총대장균군의 효소기질이용법과 동일한 방법으로 시험하고 **자외선램프(366 nm)**를 사용하여 암실에서 형광을 관찰하여 MUG(4 – methyl – umbelliferyl – β – D – glucuronide)에 의한 형광이 관찰되면 대장균 양성으로 판정한다.

② 모든 시험은 음성대조군 시험을 동시에 실시하여 음성대조군 시험결과는 음성으로 나왔을 경우에만 유효한 결과값으로 판정한다.

실전 예상문제

01 먹는물수질공정시험기준에서 대장균 – 막여과법 시험기구에 관한 설명이다. 틀린 것은?

① 여과막은 공경 0.45 μm, 지름 47 mm 크기의 미생물 분석용 여과막으로서 막의 한 면에 격자가 그려진 멸균된 것을 사용한다.

② 배양기는 배양온도를 (35.0±0.5) ℃로 유지할 수 있는 것을 사용한다.

③ 자외선 검출기의 조사 파장은 365 nm이다.

④ 페트리디쉬는 지름 약 5.5 cm, 높이 약 1.2 cm의 소형제품(24 cm²)으로 멸균된 것을 사용하여야 하며, 자외선 하에서 형광을 띠어야 한다.

> **풀이** 대장균막여과법에 사용하는 페트리디쉬는 지름 약 5.5 cm, 높이 약 1.2 cm의 소형제품(24 cm²)으로 멸균된 것을 사용하여야 하며, 자외선 하에서 형광을 띠지 않아야 한다.

02 다음은 먹는물수질공정시험기준에서 대장균 시험용 시료 채취에 대한 설명이다. 틀린 것은?

① 멸균된 시료용기를 사용하여 무균적으로 시료를 채취하고 즉시 시험하여야 한다.

② 즉시 시험할 수 없는 경우에는 빛이 차단된 4 ℃ 냉장 보관 상태에서 48시간 이내에 시험하여야 한다.

③ 잔류염소를 함유한 시료를 채취할 때에는 시료채취 전에 멸균된 시료채취용기에 멸균한 티오황산나트륨용액을 최종농도 0.03 %가 되도록 투여한다.

④ 수도꼭지에 연결된 부착물이 있다면 이를 제거하고, 깨끗한 헝겊 또는 휴지로 이물질을 닦아낸 후 시료를 채취한다.

> **풀이** 즉시 시험할 수 없는 경우에는 빛이 차단된 4 ℃ 냉장 보관 상태에서 30시간 이내에 시험하여야 한다.

정답 01 ④ 02 ②

···06 분원성연쇄상구균 – 시험관법
(Fecal Streptococcus–Multiple Tube Method)

(ES 05706.1c 2018)

1. 개요

샘물, 먹는샘물, 먹는해양심층수, 염지하수 및 먹는염지하수의 수질검사에 적용한다.

2. 분원성연쇄상구균

락토바실라세애(Lactobacillaceae)과에 속하는 연쇄상구균 속 중에 장내에서 발견되는 세균으로 그람 양성 구균이며 과산화수소분해효소(Catalase) 음성으로 45 ℃에서 40 % 담즙과 0.04 % 아자이드화나트륨(Sodium Azide)에서 성장하는 균을 말한다.

3. 배양기

배양온도를 (35.0±0.5) ℃로 유지할 수 있는 것을 사용한다.

4. 분석절차

(1) 추정시험

① 추정시험용 배지(3배 농후 아자이드 포도당배지)에서 (35.0 ± 0.5) ℃에서 (24 ± 2) 시간 배양하여 혼탁이 관찰되지 않을 경우 (48 ± 3) 시간까지 연장 배양한다.

② 배양 후 배지의 혼탁 유무를 관찰한다. 하나 이상의 시험관에서 흐린 것을 확인할 수 있는 것은 추정시험 양성으로 판정하고 확정시험을 실시한다.

(2) 확정시험

① 추정시험에서 흐림을 확인한 모든 시험관으로부터 1 백금이씩을 취하여 각각 분원성연쇄상구균 확정시험용 배지(enterococcosel agar)에 획선 이식하여 (35.0 ± 0.5) ℃에서 (24 ± 2) 시간 배양한다.

② 배양 후 집락주위는 갈색으로 변하고, 집락은 흑갈색으로 변하였을 경우 확정시험 양성, 즉 분원성연쇄상구균 양성으로 판정한다. 전형적인 집락이 관찰되지 않을 경우 분원성연쇄상구균 음성으로 판정한다.

5. 결과 보고

분원성연쇄상구균이 검출되지 않은 경우는 '불검출/250 mL'로, 검출된 경우는 '검출/250 mL'로 표기한다.

실전 예상문제

01 다음의 설명에 해당되는 미생물은?

> • 장내에서 발견되는 세균으로 그람 양성이며 과산화수소분해효소(catalase) 음성으로 45 ℃에서 40 % 담즙과 0.04 % 아자이드화나트륨(sodium azide)에서 성장하는 균
> • 배양 후 집락주위는 갈색으로 변하고, 집락은 흑갈색으로 변함

① 대장균   ② 총대장균군
③ 분원성대장균군   ④ 분원성연쇄상구균

 • 분원성연쇄상구균 : 락토바실라세아(Lactobacillaceae)과에 속하는 연쇄상구균 중에 장내에서 발견되는 세균으로 그람 양성 구균이며 과산화수소분해효소(catalase) 음성으로 45 ℃에서 40 % 담즙과 0.04 % 아자이드화나트륨(sodium azide)에서 성장하는 균을 말한다.
  • 배양 후 집락주위는 갈색으로 변하고, 집락은 흑갈색으로 변하였을 경우 확정시험 양성, 즉 분원성연쇄상구균 양성으로 판정한다. 전형적인 집락이 관찰되지 않을 경우 분원성연쇄상구균 음성으로 판정한다.

···07 녹농균 – 시험관법
(Pseudomonas aeruginosa – Multiple Tube Method)
(ES 05707.1c 2018)

1. 개요

먹는물의 수질기준에 규정된 샘물, 먹는샘물, 먹는해양심층수, 염지하수 및 먹는염지하수의 수질검사에 적용한다.

2. 녹농균

슈도모나스과의 운동성을 지니는 그람음성 호기성 간균으로서 단일 혹은 쌍으로 존재하며 짧은 사슬을 형성하기도 하고 산화효소에 양성을 나타내며, 자외선(360 ± 20) nm 조사 시 형광을 띠고 아세트아미드(acetamide)로부터 암모니아를 생성하는 세균을 말한다.

3. 분석기기 및 기구

① 배양기 : 배양온도를 (35.0±0.5) ℃ 와 (41.5±0.5) ℃로 유지할 수 있는 것을 사용한다.
② 자외선 검출기(UV detector, 366 nm)

4. 시약

① 추정시험용 배지 : 3배 농후 아스파라진 배지, 3×Asparagine enrichment broth
② 확정시험용 배지 : 아세트아미드배지, Acetamide broth, 아세트아미드 한천 사면배지, Acetamide agar, 트립틱 소이 배지, Tryptic soy agar

③ 그람염색시약(gram's stain solution) : 가급적 상용화된 키트를 이용한다.
   ㉠ 용액 A : 크리스탈바이올렛(crystal violet) 2.0 g + 95 % 에탄올(95 % ethanol) 20 mL
   ㉡ 용액 B : 암모늄 옥살레이트(ammonium oxalate) 0.8 g + 정제수 80 mL
   ㉢ 착색제(요오드용액) : 요오드(iodine) 1.0 g + 요오드화칼륨(KI) 2.0 g + 정제수 300 mL
   ㉣ 탈색제 : 에탄올(ethanol) 95 mL + 정제수 5 mL
   ㉤ 대조염색제 : 사프라닌 O(safranin O) 0.25 g + 95 % 에탄올(95 % ethanol) 10 mL

④ 세균동정키트(API 20NE Kit) 또는 세균동정기
   장내세균 이외의 그람 음성간균의 동정을 위한 상용화된 세균동정키트 또는 세균동정기를 사용한다.
   ※ API 20NE 키트 또는 VITEK과 같은 세균동정기

5. 분석절차

추정시험, 확정시험[적자색], 확인시험

6. 결과 보고

녹농균이 검출되지 않은 경우는 '불검출/250 mL'로, 검출된 경우는 '검출/250 mL'로 표기한다.

실전 예상문제

01 다음의 설명에 해당되는 미생물은?

> • 슈도모나스과의 운동성을 지니는 그람음성 호기성 간균
> • 과산화수소 분해효소(catalase) 양성
> • 자외선(360 ± 20) nm 조사 시 형광
> • 아세트아미드(acetamide)로부터 암모니아를 생성

① 녹농균   ② 아황산환원포자형성균
③ 살모넬라   ④ 쉬겔라

풀이 녹농균 : 슈도모나스과의 운동성을 지니는 그람음성 호기성 간균으로서 단일 혹은 쌍으로 존재하며 짧은 사슬을 형성하기도 하고 산화효소에 양성을 나타낸다. 자외선(360 ± 20) nm 조사 시 형광을 띠고 아세트 아미드(acetamide)로부터 암모니아를 생성하는 세균을 말한다.

···08 아황산환원혐기성포자형성균 – 시험관법
(Clostridium perfringens – Multiple Tube Method)
(ES 05708.1c 2018)

1. 개요

먹는물의 수질기준에 규정된 샘물, 먹는샘물, 먹는해양심층수, 염지하수 및 먹는염지하수의 수질검사에 적용한다.

2. 아황산환원혐기성포자형성균

운동성이 없는 그람 양성균으로 아황산을 환원하여 유황기체를 발생하며 포자 생성능을 가진 기회성 병원균을 말한다.

3. 분석기기 및 기구

① 항온수조 : 수온을 (75.0±1.0) ℃로 유지할 수 있는 것
② 배양기 : 배양온도를 (37.0±1.0) ℃로 유지할 수 있는 것

4. 분석절차

(1) 아포형성시험

(75.0 ± 1.0) ℃로 유지한 항온수조에 15분간 정치하여 아포를 형성할 수 있는 세균만 생존 시킨다.

(2) 아황산 환원력시험

① 아황산 환원력시험 배지(2배 농후 DRCM 배지)에서 (37.0 ± 1.0) ℃로 (44 ± 4) 시간 배양한다.
  ※ 혐기성 조건을 만들기 위해 혐기성 배양조(anaerobic jar)에 시험관과 혐기성 가스촉진제 팩(gas pack) 및 혐기조건 지시제를 함께 넣은 후 배양할 수 있다.
② 배양 후 5개의 시험관 중 1개라도 검게 변하게 되면 아황산이 환원된 것으로 보고 아황산환원혐기성포자형성균 양성으로 판정한다.

5. 결과 보고

아황산환원혐기성포자형성균이 검출되지 않은 경우에는 '불검출/50 mL'로, 검출된 경우에는 '검출/50 mL'로 표기한다.

실전 예상문제

01 다음은 아황산환원포자형성균의 설명이다. ( )에 알맞은 것은?

> (ㄱ)이 없는 (ㄴ)으로 아황산을 환원하여 (ㄷ)를 발생하며 (ㄹ) 생성능을 가진 기회성 병원균을 말한다.

① ㄱ : 혐기성 ㄴ : 그람 음성균 ㄷ : 황산   ㄹ : 무아포성
② ㄱ : 운동성 ㄴ : 그람 음성균 ㄷ : 유황기체 ㄹ : 포자
③ ㄱ : 혐기성 ㄴ : 그람 양성균 ㄷ : 황산   ㄹ : 무아포성
④ ㄱ : 운동성 ㄴ : 그람 양성균 ㄷ : 유황기체 ㄹ : 포자

풀이 운동성이 없는 그람 양성균으로 아황산을 환원하여 유황기체를 발생하며 포자 생성능을 가진 기회성 병원균을 말한다.

02 다음 중 아황산환원포자형성균 시험에 대한 설명으로 틀린 것은?

① 아포형성시험은 시료를 수온 (75.0 ± 1.0) ℃ 항온수조에서 에서 15분간 정치한다.
② 아황산 환원력시험에서 배양은 (35.0 ± 1.0) ℃에서 (35 ± 5) 시간이다.
③ 아황산 환원력시험 배지는 2배 농후 DRCM 배지를 사용한다.
④ 배양 후 5개의 시험관 중 1개라도 검게 변하게 되면 아황산이 환원된 것으로 보고 아황산환원혐기성포자형성균 양성으로 판정한다.

풀이 아황산 환원력시험에서 배양은 (37.0 ± 1.0) ℃에서 (44 ± 4) 시간이다.

09-1 살모넬라 – 시험관법(Salmonella – Multiple Tube Method)

(ES 05709.1c 2018)

1. 개요

먹는물의 수질기준에 규정된 샘물, 먹는샘물, 먹는해양심층수, 염지하수 및 먹는염지하수의 수질검사에 적용한다.

2. 살모넬라

일반적으로 선택배지에서 **지름 2 mm ~ 4 mm**의 집락을 형성하는 **그람 음성, 산화효소 음성, 통성 혐기성, 무아포성의 막대모양 세균**을 말한다.

3. 배양기

배양온도를 35 ℃, 37 ℃로 유지할 수 있는 것을 사용한다.

4. 시약

① 증균 배지(3배 농후 셀레나이트 액체배지, 3× Selenite broth)
② 추정시험용 배지(비스무스 아황산염 선택배지, Bismuth sulfite agar)
③ 확인시험용 배지(트립틱 소이 배지, Tryptic soy agar)
④ 그람염색시약(gram's stain solution) : 가급적 상용화된 키트를 이용한다.

5. 분석절차

(1) 추정시험

① 시료 50 mL씩을 증균배지(3배 농후 셀레나이트 액체배지)가 25 mL씩 들어 있는 시험관 5개에 접종하고 37 ℃에서 18 ~ 24 시간 배양한다. 배양시간이 지연되면 대장균 등 다른 균이 자라므로 배양시간을 엄수한다.

② 백금이를 이용하여 모든 시험관에서 배양액을 취하여 추정시험용 배지(비스무스 아황산염 선택배지)에 획선 접종한다. 35 ℃에서 24시간 배양 후 집락을 관찰하고 다시 배양하여 48시간 후 재 관찰하여 가장자리에 하얀 테를 두른 검고 반짝이는 집락을 살모넬라 양성으로 추정한다. 전형적인 양성집락이 없고 녹색집락이 생성되었을 경우도 집락을 취하여 확인시험한다.

(2) 확인시험

① 추정시험에서 양성으로 판정된 집락을 순수 분리하여 **혈청학적 시험**을 한다.

② 모든 시험은 음성대조군 시험을 동시에 실시하여 음성대조군 시험결과는 음성으로 나왔을 경우에만 유효한 결과값으로 판정한다.

6. 결과 보고

살모넬라균이 검출되지 않은 경우에는 '**불검출/250 mL**'로, 검출된 경우에는 '**검출/250 mL**'로 표기한다.

09-2 살모넬라 – 막여과법
(Salmonella – Membrane Filtration Method)
(ES 05709.2c 2018)

1. 분석절차

(1) 추정시험

① 무균조작이 가능한 막여과장치에 250 mL의 시료를 여과한다.

② 여과막은 무균조작이 가능한 가위로 잘라서 증균배지(셀레나이트 액체배지)가 7 mL ~ 10 mL 가량 들어 있는 시험관에 넣어 37 ℃에서 18시간 ~ 24시간 배양한다.

③ 백금이를 이용하여 모든 시험관에서 배양액을 취하여 추정시험용 배지(비스무스 아황산염 선택배지)에 획선 접종한다. 35 ℃에서 48시간까지 배양 후 가장자리에 하얀 테를 두른 검고 반짝이는 집락을 살모넬라 양성으로 추정한다. 전형적인 양성집락이 없고 녹색집락이 생성되었을 경우도 집락을 취하여 확인시험한다.

(2) 확인시험

살모넬라 – 시험관법 참조

2. 결과 보고

살모넬라균이 검출되지 않은 경우에는 '**불검출/250 mL**'로, 검출된 경우에는 '**검출/250 mL**'로 표기한다.

실전 예상문제

01 다음은 살모넬라의 설명이다. ( ) 안에 알맞은 것은?

> 일반적으로 선택배지에서 지름 2 mm ~ 4 mm의 집락을 형성하는 (ㄱ), (ㄴ), (ㄷ),
> (ㄹ)의 막대모양 세균을 말한다.

① ㄱ : 그람 음성   ㄴ : 산화효소 음성   ㄷ : 통성 혐기성   ㄹ : 무아포성
② ㄱ : 그람 양성   ㄴ : 산화효소 양성   ㄷ : 통성 호기성   ㄹ : 아포성
③ ㄱ : 그람 양성   ㄴ : 산화효소 음성   ㄷ : 통성 혐기성   ㄹ : 무아포성
④ ㄱ : 그람 음성   ㄴ : 산화효소 양성   ㄷ : 통성 호기성   ㄹ : 아포성

02 다음은 먹는물수질공정시험기준의 살모넬라 – 시험관법 추정시험용 배지에 대한 설명이다. 틀린 것은?

① 트립틱 소이 배지를 사용한다.
② 50 ℃ ~ 55 ℃까지 식힌 후 pH를 (7.6 ± 0.1)로 조절하고 멸균된 페트리접시에 약 20 mL 분주하여 굳힌다.
③ 끓는 상태가 1분 ~ 2분 이상 지속되도록 한다.
④ 조제된 배지는 2 ℃ ~ 8 ℃에 보관하며 4일 이상 저장하지 않는다.

> **풀이** 살모넬라 – 시험관법 추정시험용 배지는 비스무스 아황산염 선택배지(Bismuth sulfite agar)이다.

03 다음은 먹는물수질공정시험기준의 살모넬라 – 시험관법 시험의 추정에 대한 설명이다. 틀린 것은?

① 시료 50 mL씩을 증균배지(3배 농후 셀레나이트 액체배지)가 25 mL씩 들어 있는 시험관 5개에 접종한다.
② 37 ℃에서 18시간 ~ 24시간 배양한다.
③ 필요시 배양시간을 지연할 수 있다.
④ 가장자리에 하얀 테를 두른 검고 반짝이는 집락을 살모넬라 양성으로 추정한다.

> **풀이** 살모넬라 추정 시험 : 시료 50 mL씩을 증균배지(3배 농후 셀레나이트 액체배지)가 25 mL씩 들어 있는 시험관 5개에 접종하고 37 ℃에서 18시간 ~ 24시간 배양한다. 배양시간이 지연되면 대장균 등 다른 균이 자라므로 배양시간을 엄수한다.

10-1 쉬겔라 – 시험관법(Shigella – Multiple Tube Method)

(ES 05710.1c 2018)

1. 개요

먹는물의 수질기준에 규정된 샘물, 먹는샘물, 먹는해양심층수, 염지하수 및 먹는염지하수의 수질검사에 적용한다.

2. 쉬겔라 [중요내용]

장내세균의 하나로 운동성이 없고, 아포를 만들지 않으며 세균성 이질 및 식중독을 일으키는 그람 음성 간균이다. 락토오스를 분해하지 않으며, 당분해로 산을 형성하지만 기체는 형성하지 않는 생화학적 특성을 가진다.

3. 시약

① 증균 배지(3배 농후 셀레나이트 액체배지, 3 × Selenite broth)
② 추정시험용 배지(자일로오스 라이신 데속시콜레이트 한천 선택배지 ; XLD agar)
③ 확인시험용 배지(트립틱 소이 배지, Tryptic soy agar)
④ 그람염색시약(gram's stain solution)

4. 분석절차

(1) 추정시험

① 시료 50 mL씩을 증균배지(3배 농후 셀레나이트 액체배지)가 25 mL씩 들어 있는 시험관 5 개에 접종하고 37 ℃에서 18시간 ~ 24시간 배양한다. 배양시간이 지연되면 대장균 등 다른 균이 자라므로 배양시간을 엄수한다.
② 백금이를 이용하여 모든 시험관에서 배양액을 취하여 추정시험용 배지(XLD 한천선택배지)에 획선 접종한다. 35 ℃에서 24시간 배양하여 붉은색 집락이 형성되면 쉬겔라 양성으로 추정한다.

(2) 확인시험

① 추정시험에서 양성으로 판정된 집락을 순수 분리하여 그람염색 후 현미경 관찰로 그람 음성, 간균임을 확인하고 상용화된 세균동정키트 또는 세균동정기를 사용하여 동정하거나 혈청학

적인 시험을 한다.

② 혈청학적인 시험방법은 쉬겔라 O항혈청 응집반응 시험을 한다.

③ 모든 시험은 음성대조군 시험을 동시에 실시하여 음성대조군 시험결과는 음성으로 나왔을 경우에만 유효한 결과값으로 판정한다.

5. 결과 보고

쉬겔라균이 검출되지 않은 경우에는 '불검출/250 mL'로, 검출된 경우에는 '검출/250 mL'로 표기 한다.

10-2 쉬겔라 – 막여과법(Shigella – Membrane Filtration Method)
(ES 05710.2c 2018)

■ 분석절차

(1) 추정시험

① 무균조작이 가능한 막여과장치에 250 mL의 시료를 여과한다.

② 여과막은 무균조작이 가능한 가위로 잘라서 증균배지(셀레나이트 액체배지)가 7 mL ~ 10 mL가량 들어 있는 시험관에 넣어 37 ℃에서 18시간 ~ 24시간 배양한다.

③ 백금이를 이용하여 배양액을 취하여 추정시험용 배지(XLD 한천배지)에 획선 접종한다. 35 ℃ 에서 24시간 배양하여 붉은색 집락을 쉬겔라 추정시험의 양성으로 판정한다.

(2) 확인시험

쉬겔라 – 시험관법 참조

실전 예상문제

01
2015
제6회
장내세균의 하나로 운동성이 없고, 아포를 만들지 않으며 세균성 이질 및 식중독을 일으키는 그람 음성 간균은?

① 대장균
② 여시니아균
③ 살모넬라
④ 쉬겔라

풀이 쉬겔라

장내세균의 하나로 운동성이 없고, 아포를 만들지 않으며 세균성 이질 및 식중독을 일으키는 그람음성 간균이다. 락토오스를 분해하지 않으며, 당분해로 산을 형성하지만 기체는 형성하지 않는 생화학적 특성을 가진다.

02 다음은 먹는물수질공정시험기준에서 미생물시험 중 그람염색시약을 사용하지 않는 시험법은?

① 녹농균 시험
② 살모넬라 시험
③ 쉬겔라 시험
④ 여시니아

풀이 먹는물수질공정시험기준에서 녹농균, 살모넬라, 쉬겔라의 시험법은 그람염색시약을 사용하도록 되어 있다.

정답 01 ④ 02 ④

···11 여시니아균 – 막여과법
(Yersinia enterocolitica – Membrane Filtration Method)

(ES 05711.1c 2018)

1. 개요

먹는물의 수질기준에 규정된 먹는물 중 먹는물공동시설의 수질검사에 적용한다.

2. 여시니아균

그람 음성의 락토오스를 분해하지 않는 호기성 간균으로, 여시니아 선택한천배지와 메콩키배지에서 특징적인 집락을 형성하고 TSI 배지에서 특징적인 반응을, 요소배지에서 양성반응을 나타내며 37 ℃에서는 운동성이 없으며 25 ℃에서 운동성을 나타내는 세균으로 4 ℃에서도 발육할 수 있는 저온 세균을 말한다.

3. 시약

① 여시니아 선택한천배지
② 메콩키 한천배지(MacConkey agar)
③ mMC배지
④ 혼화물 한천배지(brain heart infusion agar)
⑤ TSI 배지(triple sugar iron agar)
⑥ 요소배지(urea agar)
⑦ 운동성 배지(motility test medium)

4. 분석절차

(1) 추정시험

여시니아 선택한천배지에서는 점액성이 없고 무색의 윤곽이 뚜렷한 가장자리를 가지며 중심부가 짙은 적색을 띠는 작은 집락(지름 1 mm ~ 2 mm)을, 메콩키한천배지(혹은 mMC)에서는 적색 혹은 점액성 집락은 피하고 작고(지름 1 mm ~ 2 mm), 편평한 무색 혹은 옅은 핑크색의 집락을 취하여 혼화물 한천배지(Brain heart infusion agar)에 옮긴 후, 25 ℃ ~ 28 ℃, 24시간 배양한다.

(2) 예비동정시험

TSI 배지, 요소배지, 운동성배지에 접종하여 예비동정시험을 한다.

(3) 확인동정시험

상용화된 세균동정키트 또는 세균동정기 등을 사용한다.

5. 결과 보고

여시니아균이 검출되지 않은 경우에는 '불검출/2 L'로, 검출된 경우에는 '검출/2 L'로 표기한다.

실전 예상문제

01 먹는물수질공정시험기준에서 다음의 설명에 해당하는 미생물은?

> • 그람 음성의 락토오스를 분해하지 않는 호기성 간균이다.
> • TSI 배지에서 특징적인 반응을, 요소배지에서 양성반응을 나타낸다.
> • 37 ℃에서 운동성이 없으며 25 ℃에서 운동성을 나타내는 세균이다.
> • 4 ℃에서도 발육할 수 있는 저온 세균이다.

① 녹농균   ② 살모넬라   ③ 쉬겔라   ④ 여시니아

풀이 여시니아균

그람 음성의 락토오스를 분해하지 않는 호기성 간균으로, 여시니아 선택한천배지와 메콩키배지에서 특징적인 집락을 형성하고 TSI 배지에서 특징적인 반응을, 요소배지에서 양성반응을 나타내며 37 ℃에서 운동성이 없으며 25 ℃에서 운동성을 나타내는 세균으로 4 ℃에서도 발육할 수 있는 저온 세균을 말한다.

02 다음은 먹는물수질공정시험기준에서 TSI 배지, 요소배지, 운동성배지에 접종하여 예비동정시험을 수행하는 항목의 시험법은?

① 녹농균   ② 쉬겔라   ③ 살모넬라   ④ 여시니아

풀이 여시니아균 – 막여과법 시험(ES 05711.1c)에서 예비동정시험을 수행한다.

03 다음은 먹는물수질공정시험기준 세균시험항목의 적용범위가 다른 시험항목은?

① 아황산환원혐기성포자균   ② 쉬겔라
③ 살모넬라   ④ 여시니아

풀이 여시니아균은 먹는물공동시설의 경우에만 적용한다.

수질오염 공정시험기준

001 총칙

···01 총칙(Introduction) (ES 04000.d 2017)

1. 단위 및 기호

KS A ISO 8000−1 국제단위계 (SI) 및 그 사용방법에 대한 규정에 따른다.

2. 농도 표시

(1) 백분율(parts per hundred)

① 용액 100 mL 중의 성분무게(g), 또는 기체 100 mL 중의 성분무게(g) : W/V %
② 용액 100 mL 중의 성분용량(mL), 또는 기체 100 mL 중의 성분용량(mL) : V/V %
③ 용액 100 g 중 성분용량(mL) : V/W %
④ 용액 100 g 중 성분무게(g) : W/V %
⑤ 다만, 용액의 농도를 "%"로만 표시할 때는 W/V %를 말한다.

(2) 천분율(ppt, parts per thousand) : g/L, g/kg

(3) 백만분율(ppm, parts per million) : mg/L, mg/kg

(4) 십억분율(ppb, parts per billion) : μg/L, μg/kg

(5) 기체 중의 농도

표준상태(0 ℃, 1기압)로 환산 표시한다.

3. 온도 표시

셀시우스(celcius) 법에 따라 숫자 오른쪽에 ℃를 붙인다. 절대온도 0 K는 −273 ℃로 한다.

① 표준온도 : 0℃

② 상온 : 15 ℃ ~ 25 ℃

③ 실온 : 1 ℃ ~ 35 ℃

④ 찬 곳은 따로 규정이 없는 한 0 ℃ ~ 15 ℃의 곳

⑤ 냉수 : 15 ℃ 이하

⑥ 온수 : 60 ℃ ~ 70 ℃

⑦ 열수 : 약 100 ℃

⑧ "수욕상 또는 수욕 중에서 가열한다" : 따로 규정이 없는 한 수온 100 ℃에서 가열함을 뜻하고 약 100 ℃의 증기욕을 쓸 수 있음

⑨ 각각의 시험은 따로 규정이 없는 한 상온에서 조작하고, 조작 직후에 그 결과를 관찰

⑩ 온도의 영향이 있는 것의 판정은 표준온도를 기준으로 한다.

4. 기구 및 기기

① 측정결과에 대한 오차가 허용되는 범위 이내인 것을 사용한다.

② 모든 유리기구는 KS L 2302 이화학용 유리기구의 모양 및 치수에 적합한 것 또는 이와 동등 이상의 규격에 적합한 것으로, 국가 또는 국가에서 지정하는 기관에서 검정을 필한 것을 사용한다.

③ 공정시험기준의 분석절차 중 일부 또는 전체를 자동화한 기기가 정도관리 목표 수준에 적합하고, 그 기기를 사용한 방법이 국내외에서 공인된 방법으로 인정되는 경우 이를 사용할 수 있다.

④ 연속측정 또는 현장측정의 목적으로 사용하는 측정기기는 공정시험기준에 의한 측정치와의 정확한 보정을 행한 후 사용할 수 있다.

⑤ 분석용 저울은 0.1 mg까지 달 수 있는 것이어야 하며, 분석용 저울 및 분동은 국가 검정을 필한 것을 사용하여야 한다.

5. 시약 및 용액

(1) 시약

① 1급 이상 또는 이와 동등한 규격의 시약을 사용하여 각 시험항목별 시약 및 표준용액에 따라 조제하여야 한다.

② 표준물질 : 소급성이 인증된 것 사용

(2) 용액

① 용액의 앞에 몇 %라고 한 것(예 : 20 % 수산화나트륨 용액)은 수용액을 말함. 또한 따로 조제 방법을 기재하지 아니한 경우 일반적으로 용액 100 mL에 녹아 있는 용질의 g수를 나타냄

② 용액 다음의 ( ) 안에 몇 N, 몇 M, 또는 %라고 한 것[예 : 아황산나트륨용액(0.1 N), 아질산 나트륨용액(0.1 M), 구연산이암모늄용액(20 %)]은 용액의 조제방법에 따라 조제하여야 함

③ 용액의 농도를 (1 → 10), (1 → 100) 또는 (1 → 1 000) 등으로 표시하는 것은 고체 성분에 있어서는 1 g, 액체성분에 있어서는 1 mL를 용매에 녹여 전체 양을 10 mL, 100 mL 또는 1000 mL로 하는 비율을 표시한 것임

④ 액체 시약의 농도에 있어서 예를 들어 염산(1 + 2)이라고 되어있을 때에는 염산 1 mL와 물 2 mL를 혼합하여 조제한 것을 말함

6. 시험결과의 표시

① 시험성적수치는 따로 규정이 없는 한 KS Q 5002(데이터의 통계적 해석방법 – 제1부 : 데이터 통계적 기술)의 수치의 맺음법에 따라 기록

② 시험결과의 표시 : 정량한계의 결과 표시 자리수를 따르며, 정량한계 미만은 불검출 처리. 다만, 정도관리/정도보증의 절차에 따라 시험하여 목표값보다 낮은 정량한계를 제시한 경우, 정량한계 미만의 시험결과를 표시할 수 있다.

7. 용어정의

① "즉시" : 30초 이내에 표시된 조작을 하는 것

② "감압 또는 진공" : 따로 규정이 없는 한 15 mmHg 이하를 뜻함

③ "이상"과 "초과", "이하", "미만"이라고 기재하였을 때 : "이상"과 "이하"는 기산점 또는 기준점 인 숫자를 포함. "초과"와 "미만"은 기산점 또는 기준점인 숫자를 포함하지 않음

④ "a ~ b" : a 이상 b 이하

⑤ "바탕시험을 하여 보정한다" : 시료에 대한 처리 및 측정할 때, 시료를 사용하지 않고 같은 방법으로 조작한 측정치를 빼는 것을 뜻함

⑥ "방울수" : 20℃에서 정제수 20 방울을 적하할 때, 그 부피가 약 1 mL 되는 것을 뜻함

⑦ "항량으로 될 때까지 건조한다" : 같은 조건에서 1 시간 더 건조할 때 전후 무게의 차가 g당 0.3 mg 이하일 때를 말함

⑧ 용액의 산성, 중성, 또는 알칼리성을 검사할 때 : 따로 규정이 없는 한 유리전극법에 의한 pH미터로 측정. 구체적으로 표시할 때는 pH 값을 쓴다.

⑨ "용기" : 시험용액 또는 시험에 관계된 물질을 보존, 운반 또는 조작하기 위하여 넣어두는 것으

로 시험에 지장을 주지 않도록 깨끗한 것을 뜻한다.

⑩ "밀폐용기" : 취급 또는 저장하는 동안에 이물질이 들어가거나 또는 내용물이 손실되지 아니하도록 보호하는 용기

⑪ "기밀용기" : 취급 또는 저장하는 동안에 밖으로부터의 공기 또는 다른 가스가 침입하지 아니하도록 내용물을 보호하는 용기

⑫ "밀봉용기" : 취급 또는 저장하는 동안에 기체 또는 미생물이 침입하지 아니하도록 내용물을 보호하는 용기

⑬ "차광용기" : 광선이 투과하지 않는 용기 또는 투과하지 않게 포장을 한 용기. 취급 또는 저장하는 동안에 내용물이 광화학적 변화를 일으키지 아니하도록 방지할 수 있는 용기

⑭ 여과용 기구 및 기기를 기재하지 않고 "여과한다"라고 하는 것은 KSM 7602 거름종이 5종 또는 이와 동등한 여과지를 사용하여 여과함을 말함

⑮ "정밀히 단다" : 규정된 양의 시료를 취하여 화학저울 또는 미량저울로 칭량함을 말함

⑯ 무게를 "정확히 단다"라 함은 규정된 수치의 무게를 0.1 mg까지 다는 것

⑰ "정확히 취하여"라 하는 것은 규정한 양의 액체를 부피피펫으로 눈금까지 취하는 것

⑱ "약" : 기재된 양에 대하여 ±10% 이상의 차가 있어서는 안 됨

⑲ "냄새가 없다" : 냄새가 없거나, 또는 거의 없는 것을 표시함

⑳ 시험에 쓰는 물은 따로 규정이 없는 한 증류수 또는 정제수로 함

실전 예상문제

01

2009
제1회

다음 설명 중 잘못된 것은?

① 염산 (1+2)용액은 10 mL의 염산과 물 20 mL를 혼합하여 제조한 것이다.

② NaCl (1→100)용액은 NaCl 1g을 물 100 mL에 녹인 것이다.

③ 0.212 g의 Na_2CO_3 (화학식량 : 106 g/mol)를 녹여 정확히 100 mL로 만든 탄산나트륨용액은 0.04 N이 된다.

④ 1.0 %(w/w)용액의 농도는 10,000 ppm이다.

> **풀이** NaCl(1→100)용액 – 용액의 농도를 (1→10), (1→100) 또는 (1→1000) 등으로 표시하는 것은 고체성분에 있어서는 1 g, 액체성분에 있어서는 1 mL를 용매에 녹여 전체 양을 10 mL, 100 mL 또는 1,000 mL로 하는 비율을 표시한 것이다.

02

2009
제1회

2014
제6회

수질오염공정시험기준에서 정하고 있는 내용이 아닌 것은?

① 기체의 농도는 표준상태(25 ℃, 1기압, 비교습도 0 %)로 환산하여 표시한다.

② 상온은 15~25 ℃, 실온은 1~35 ℃, 찬곳은 따로 규정이 없는 한 0~15 ℃의 곳을 뜻한다.

③ 감압 또는 진공이라 함은 따로 규정이 없는 한 15 mmHg 이하를 말한다.

④ "약"이라 함은 기재된 양에 대하여 ±10 % 이상의 차가 있어서는 안 된다.

> **풀이** 기체의 농도는 표준상태(0 ℃, 1기압, 비교습도 0 %)로 환산하여 표시한다.

03

2010
제2회

수질오염공정시험기준의 총칙에 비추어 잘못된 것은?

① 모든 시험 조작은 따로 규정이 없는 한 25 ℃에서 실시한다.

② 분석용 저울은 0.1 mg까지 달 수 있는 것이어야 한다.

③ 용액 앞에 몇 %라고 한 것(예 : 20 % 수산화나트륨용액)은 일반적으로 물 100 mL에 녹아 있는 용질의 g 수를 나타낸다.

④ 염산 (1+2)는 염산 1 mL와 물 2 mL를 혼합하여 조제한 것을 말한다.

> **풀이** 각각의 시험은 따로 규정이 없는 한 **상온**에서 조작하고 조작 직후에 그 결과를 관찰한다. 단, 온도의 영향이 있는 것의 판정은 표준온도를 기준으로 한다.

04 수질오염공정시험기준 중 일반 사항에 대한 설명으로 틀린 것은?

2011
제3회

2014
제6회

① 방울수라 함은 20 ℃에서 정제수 20 방울을 적하할 때 그 부피가 약 1 mL가 됨을 의미한다.

② 액의 농도를 (1 → 10) 으로 표시하는 것은 고체성분에 있어서는 1 g을 용매에 녹여 전체량을 10 mL로 하는 비율을 표시한 것이다.

③ 감압, 또는 진공이라 함은 규정이 없는 한 1 Torr 이하를 말한다.

④ 염산 (1 + 2)라 함은 염산 1 mL와 물 2 mL를 혼합하여 조제한 것을 의미한다.

(풀이) "감압 또는 진공"이라 함은 따로 규정이 없는 한 15 mmHg 이하를 뜻한다.

05 수질오염공정시험기준에서 사용되는 용어의 정의가 옳게 표현된 것은?

2012
제4회

① '항량으로 될 때까지 건조한다.'는 같은 조건에서 2시간 더 건조할 때 전후차가 g당 0.1 mg 이하일 때를 말한다.

② 염산(1 → 2)는 염산 1 mL와 물 2 mL를 혼합하여 제조한 것을 말한다.

③ 상온은 15 ℃ ~ 25 ℃, 실온은 1 ℃ ~ 35 ℃로 하며 열수는 약 100 ℃, 온수는 60 ℃ ~ 70 ℃, 냉수는 15 ℃ 이하로 한다.

④ 방울수라 함은 4 ℃에서 정제수 10 방울을 적하할 때, 그 부피가 약 1 mL 되는 것을 뜻한다.

(풀이) ① "항량으로 될 때까지 건조한다"라 함은 같은 조건에서 1 시간 더 건조할 때 전후 무게의 차가 g당 0.3 mg 이하일 때를 말한다.

② 용액의 농도를 (1→10), (1→100) 또는 (1→1000) 등으로 표시하는 것은 고체 성분에 있어서는 1 g, 액체성분에 있어서는 1 mL를 용매에 녹여 전체 양을 10 mL, 100 mL 또는 1,000 mL로 하는 비율을 표시한 것이다. 액체 시약의 농도에 있어서 예를 들어 염산 (1 + 2)이라고 되어 있을 때에는 염산 1 mL와 물 2 mL를 혼합하여 조제한 것을 말한다.

④ 방울수라 함은 20 ℃에서 정제수 20 방울을 적하할 때, 그 부피가 약 1 mL 되는 것을 뜻한다.

06 농도 표시에 대한 내용으로 옳은 것은?

2013
제5회

① ppm과 mg/L는 언제나 같은 뜻이다.

② 용액의 농도를 %로 표시할 때는 W/V %를 말한다.

③ mg/kg과 uL/L는 언제나 ppm과 같은 것은 아니다.

④ 기체의 농도는 0이다.

(풀이) 백만분율 (ppm, parts per million)을 표시할 때는 mg/L, mg/kg의 기호를 쓴다.

기체 중의 농도는 표준상태 (0 ℃, 1기압)로 환산 표시한다.

07 수질오염공정시험기준에 규정하고 있는 '용기'에 대한 설명으로 옳은 것은?

2014
제6회

① '밀폐용기'라 함은 취급 또는 저장하는 동안에 이물질이 들어가거나 또는 내용물이 손실되지 아니 하도록 보호하는 용기를 말한다.

② '기밀용기'라 함은 취급 또는 저장하는 동안에 기체 또는 미생물이 침입하지 아니하도록 내용물을 보호하는 용기를 말한다.

③ '밀봉용기'라 함은 취급 또는 저장하는 동안에 밖으로부터의 공기, 다른 가스가 침입하지 아니하도 록 내용물을 보호하는 용기를 말한다.

④ '차광용기'라 함은 액체가 투과하지 않는 용기 또는 투과하지 않게 포장을 한 용기이며 취급 또는 저장하는 동안에 기체는 투과할 수 있는 용기를 말한다.

풀이 ① "용기"라 함은 시험용액 또는 시험에 관계된 물질을 보존, 운반 또는 조작하기 위하여 넣어두는 것으로 시험에 지장을 주지 않도록 깨끗한 것을 뜻한다.
② "밀폐용기"라 함은 취급 또는 저장하는 동안에 이물질이 들어가거나 또는 내용물이 손실되지 아니하도록 보호하는 용기를 말한다.
③ "기밀용기"라 함은 취급 또는 저장하는 동안에 밖으로부터의 공기 또는 다른 가스가 침입하지 아니하도 록 내용물을 보호하는 용기를 말한다.
④ "밀봉용기"라 함은 취급 또는 저장하는 동안에 기체 또는 미생물이 침입하지 아니하도록 내용물을 보호 하는 용기를 말한다.
⑤ "차광용기"라 함은 광선이 투과하지 않는 용기 또는 투과하지 않게 포장을 한 용기이며 취급 또는 저장하 는 동안에 내용물이 광화학적 변화를 일으키지 아니하도록 방지할 수 있는 용기를 말한다.

08 수질오염공정시험기준에서 사용되는 기구와 시약에 대한 설명으로 틀린 것은?

① 분석용 저울은 0.1 mg까지 달 수 있는 것이어야 한다.

② 시험에 사용하는 시약은 따로 규정이 없는 한 1급 이상을 사용한다.

③ 공정시험기준에서 사용하는 모든 유리기구는 KS L 2302 이화학용 유리기구의 모양 및 치수에 적합한 것을 사용한다.

④ 용액의 앞에 몇 %라고 한 것은 수용액을 말하며, 따로 조제방법을 기재하지 아니하였으며 일반적으로 용액 100 mL에 녹아 있는 용질의 몰수를 나타낸다.

풀이 용액의 앞에 몇 %라고 한 것(예 : 20 % 수산화나트륨 용액)은 수용액을 말하며, 따로 조제방법을 기재하지 아니하였으며 일반적으로 용액 100 mL에 녹아 있는 용질의 g수를 나타낸다.

09 수질오염공정시험기준에 규정하고 있는 용어에 대한 정의로 틀린 것은?

① 시험조작 중 "즉시"란 30초 이내에 표시된 조작을 하는 것을 뜻한다.

② 무게를 "정확히 단다"라 함은 규정된 수치의 무게를 0.1 mg까지 다는 것을 말한다.

③ "약"이라 함은 기재된 양에 대하여 ± 10 % 이상의 차가 있어서는 안 된다.

④ "정확히 단다"라 함은 규정된 양의 시료를 취하여 화학저울 또는 미량저울로 칭량함을 말한다.

풀이 "정밀히 단다"라 함은 규정된 양의 시료를 취하여 화학저울 또는 미량저울로 칭량함을 말하며, "정확히 단다" 라 함은 규정된 수치의 무게를 0.1 mg까지 다는 것을 말한다.

···02 정도보증/정도관리(QA/QC) (ES 04001.b 2014)

■ 정도관리 요소

(1) 바탕시료

① 방법바탕시료(Method Blank)

시료와 유사한 매질을 선택하여 추출, 농축, 정제 및 분석 과정에 따라 측정한 것을 말함. 이때 매질, 실험절차, 시약 및 측정 장비 등으로부터 발생하는 오염물질을 확인할 수 있다.

② 시약바탕시료(Reagent Blank)

시료를 사용하지 않고 추출, 농축, 정제 및 분석 과정에 따라 모든 시약과 용매를 처리하여 측정한 것을 말함. 이때 실험절차, 시약 및 측정 장비 등으로부터 발생하는 오염물질을 확인할 수 있다.

(2) 검출한계

① 기기검출한계(IDL ; Instrument Detection Limit)

시험분석 대상물질을 기기가 검출할 수 있는 최소한의 농도 또는 양. 일반적으로 S/N 비의 2배 ~ 5배 농도 또는 바탕시료를 반복 측정 분석한 결과의 표준편차에 3배한 값 등을 말한다.

② 방법검출한계(MDL ; Method Detection Limit)

시료와 비슷한 매질 중에서 시험분석 대상을 검출할 수 있는 최소한의 농도. 제시된 정량한계 부근의 농도를 포함하도록 준비한 n개의 시료를 반복 측정하여 얻은 결과의 표준편차(s)에 99 % 신뢰도에서의 t – 분포값을 곱하여 구한다.

$$방법검출한계 = t_{(n-1,\ \alpha=0.01)} \times s$$

자유도($n-1$)	2	3	4	5	6	7	8	9
t – 분포값	6.96	4.54	3.75	3.36	3.14	3.00	2.90	2.82

(3) 정량한계(LOQ ; Limit of Quantification)

시험분석 대상을 정량화할 수 있는 (최소)측정값. 제시된 정량한계 부근의 농도를 포함하도록 시료를 준비하고 이를 반복 측정하여 얻은 결과의 표준편차 (s)에 10배한 값을 사용한다.

$$정량한계 = 10 \times s$$

(4) 정밀도(Precision)

시험분석 결과의 반복성을 나타내는 것. 반복시험하여 얻은 결과를 **상대표준편차**(RSD ; Relative Standard Deviation)로 나타내며. 연속적으로 n회 측정한 결과의 평균값($\bar{x}$)과 표준편차(s)로 구한다.

$$정밀도(\%) = \frac{s}{x} \times 100$$

(5) 정확도(Accuracy)

시험분석 결과가 참값에 얼마나 근접하는가를 나타낸다.

① 동일한 매질의 인증시료를 확보할 수 있는 경우에는 표준절차서(SOP)에 따라 **인증표준물질**을 분석한 결과값(C_M)과 인증값(C_C)과의 상대백분율로 구한다.

② 인증시료를 확보할 수 없는 경우에는 해당 표준물질을 첨가하여 시료를 분석한 분석값(C_{AM})과 첨가하지 않은 시료의 분석값(C_S)과의 차이를 첨가 농도(C_A)의 상대백분율 또는 회수율로 구한다.

$$정확도(\%) = \frac{C_M}{C_C} \times 100 = \frac{C_{AM} - C_S}{C_A} \times 100$$

(6) 현장 이중시료(Field Duplicate)

동일 위치에서 동일한 조건으로 중복 채취한 시료

① 독립적으로 분석하여 비교한다.

② 필요시 하루에 20개 이하의 시료를 채취할 경우에는 1개를, 그 이상의 시료를 채취할 때에는 시료 20개당 1개를 추가로 채취하며, 동일한 조건에서 측정한 두 시료의 측정값 차를 두 시료 측정값의 평균값으로 나누어 **상대편차 백분율**(RPD ; Relative Percent Difference)로 구한다.

$$상대편차백분율(\%) = \frac{C_2 - C_1}{x} \times 100 \ \%$$

(7) 검정곡선 작성

① 검정곡선(Calibration Curve) : 분석물질의 농도변화에 따른 지시값을 나타낸 곡선. 분석 대상 물질의 농도를 포함하도록 범위를 설정하고, 검정곡선 작성용 표준용액은 가급적 시료의 매질과 비슷하게 제조한다.

② 검정곡선법(External Standard Method) : 시료의 농도와 지시값과의 상관성을 검정 곡선 식에 대입하여 작성하는 방법

ㄱ. 직선성이 유지되는 농도범위 내에서 제조농도 3개 ~ 5개를 사용한다.

ㄴ. 제조한 n개의 검정곡선 작성용 표준용액 농도에 대한 지시값의 검정곡선을 도시한다.

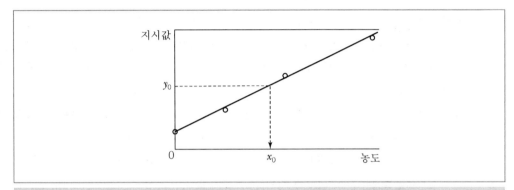

검정곡선법에 의한 검정곡선

③ 표준물첨가법(Standard Addition Method) ⭐중요내용 : 시료와 동일한 매질에 표준물질을 첨가하여 검정곡선을 작성하는 방법. 매질효과가 큰 분석 대상 시료와 동일한 매질의 표준시료를 확보하지 못한 경우에 매질효과를 보정할 수 있는 방법이다.

ㄱ. 분석대상 시료를 n개로 나눈 후 분석대상 성분의 표준물질을 0배, 1배, ……, $n-1$배로 각각의 시료에 첨가한다.

ㄴ. n개의 첨가 시료를 분석하여 첨가 농도와 지시값의 자료를 각각 얻는다. 이때 첨가 시료의 지시값은 바탕값을 보정(바탕시료 및 바탕선의 보정 등)하여 사용하여야 한다.

ㄷ. n개의 시료에 대하여 첨가 농도와 지시값 쌍을 각각 $(x_1, y_1), ……, (x_n, y_n)$이라 하고, 그림과 같이 첨가 농도에 대한 지시값의 검정곡선을 도시하면, 시료의 농도는 $|x_0|$이다.

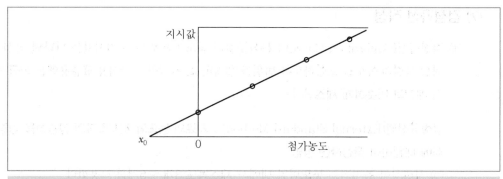

표준물첨가법에 의한 검정곡선

④ 내부표준법(Internal Standard Calibration) : 검정곡선 작성용 표준용액과 시료에 동일한 양의 내부표준물질을 첨가하여 분석함. 시험분석 절차, 기기 또는 시스템의 변동으로 발생하는 오차를 보정하기 위해 사용하는 방법. 일반적으로 내부표준물질로는 분석하려는 성분에 동위원소가 치환된 것을 많이 사용한다.

ㄱ 동일한 양의 내부표준물질을 분석 대상 시료와 검정곡선 작성용 표준용액에 각각 첨가한다. 내부표준물질의 농도는 분석 대상 성분의 기기 지시값과 비슷한 수준이 되도록 한다.

ㄴ 검정곡선 작성 : 가로축에 성분 농도(C_x)와 내부표준물질 농도(C_s)의 비(C_x/C_s)를 취하고 세로축에는 분석 성분의 지시값(R_x)과 내부표준물질 지시값(R_s)의 비(R_x/R_s)

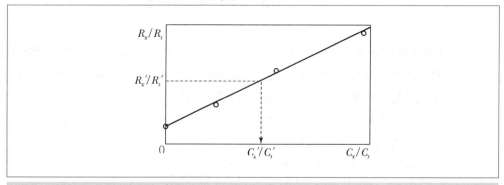

내부표준법에 의한 검정곡선

ㄷ 시료를 분석하여 얻은 분석 성분의 지시값(R_x')과 내부표준물질 지시값(R_s')의 비(R_x'/R_s')를 구한 후 검정곡선에 대입하여 분석 성분 농도(C_x')와 내부표준물질 농도(C_s')와의 비(C_x'/C_s')를 구한다.

ㄹ 분석 성분 농도(C_x')와 내부표준물질 농도(C_s')의 비(C_x'/C_s')에 첨가한 내부표준물질 농도(C_s')를 곱하여 시료의 농도(C_x')를 구한다.

(8) 검정곡선의 작성 및 검증

① 검정곡선을 작성하고 얻어진 검정곡선의 결정계수(R^2) 또는 감응계수(RF ; Response Factor)의 상대표준편차가 일정 수준 이내이어야 한다. 결정계수나 감응계수의 상대표준편차가 허용범위를 벗어나면 재작성하여야 한다.

② 감응계수 : 검정곡선 작성용 표준용액의 농도(C)에 대한 반응값(R, Response)

$$감응계수 = \frac{R}{C}$$

③ 검정곡선은 분석할 때마다 작성하는 것이 원칙이며, 분석 과정 중 검정곡선의 직선성을 검증하기 위하여 각 시료군(시료 20개 이내)마다 1회의 검정곡선 검증을 실시한다.

④ 검증은 방법검출한계의 5배 ~ 50배 또는 검정곡선의 중간 농도에 해당하는 표준용액에 대한 측정값이 검정곡선 작성 시의 지시값과 10 % 이내에서 일치하여야 한다. 만약 이 범위를 넘는 경우 검정곡선을 재작성하여야 한다.

실전 예상문제

01
2014
제6회

일반적인 화학 분석에서 미지 시료의 농도를 결정할 때 널리 쓰이는 방법들 중에서 시료의 조성이 잘 알려져 있지 않거나 복잡할 뿐만 아니라 분석 신호에 영향을 줄 때 효과적으로 활용이 되는 방법은?

① 내부표준법　　　② 표준물첨가법　　　③ 검정곡선법　　　④ 상호표준법

풀이 표준물첨가법(Standard Addition Method)은 시료와 동일한 매질에 일정량의 표준물질을 첨가하여 검정 곡선을 작성하는 방법으로서, 매질효과가 큰 시험 분석 방법에서 분석 대상 시료와 동일한 매질의 표준시료를 확보하지 못한 경우에 매질효과를 보정하여 분석할 수 있는 방법이다.

02
2011
제2회

수질오염공정시험기준에 따른 용어의 설명으로 틀린 것은?

① 정량 범위 : 시험 방법에 따라 시험할 경우 표준편차율 10 % 이하에서 측정할 수 있는 정량 하한과 정량 상한의 범위
② 유효 측정 농도 : 지정된 시험 방법에 따라 시험하였을 경우 그 시험 방법에 대한 최소 정량한계
③ 방법 검출 한계 : 표준용액을 정량 한계 부근의 농도가 되도록 제조한 다음, 시료와 같은 분석 절차에 따라 7회 측정한 후 측정값의 표준편차를 구하여 3.14를 곱한 값
④ 정밀도 : 표준용액을 정량 한계의 1~2배 농도가 되도록 제조하여 분석 절차에 따라 측정한 평균값과 제조한 표준용액 농도에 대한 상대 백분율(%)

풀이 정밀도(precision)는 시험분석 결과의 반복성을 나타내는 것으로 반복시험하여 얻은 결과를 상대표준편차 (RSD ; relative standard deviation)로 나타내며, 연속적으로 n회 측정한 결과의 평균값($\bar{x}$)과 표준편차 (s)로 구한다.

03

기기 또는 시스템의 변동으로 발생하는 오차를 보정하기 위해 사용하는 방법으로 알맞은 것은?

① 내부표준법　　　② 외부표준법　　　③ 표준물첨가법　　　④ 검정곡선법

풀이 내부표준법(Internal Standard Calibration)은 검정곡선 작성용 표준용액과 시료에 동일한 양의 내부표준물질을 첨가하여 시험분석 절차, 기기 또는 시스템의 변동으로 발생하는 오차를 보정하기 위해 사용하는 방법이다. 내부표준법은 시험 분석하려는 성분과 물리 · 화학적 성질은 유사하나 시료에는 없는 순수 물질을 내부표준물질로 선택한다.

정답 01 ② 02 ④ 03 ①

04 수질오염공정시험기준에 따른 검정곡선 작성과 검증에 대한 설명 중 틀린 것은?

① 감응계수는 반응값(R, response)에 대한 검정곡선 작성용 표준용액의 농도(C)로 C/R이다.

② 분석 과정 중 검정곡선의 직선성을 검증하기 위하여 각 시료군(시료 20개 이내)마다 1회의 검정곡선 검증을 실시한다.

③ 검증은 방법검출한계의 5배 ~ 50배 또는 검정곡선의 중간 농도에 해당하는 표준용액에 대한 측정값이 검정곡선 작성 시의 지시값과 10 % 이내에서 일치하여야 한다.

④ 검정곡선은 분석할 때마다 작성하는 것이 원칙이다.

풀이 감응계수는 검정곡선 작성용 표준용액의 농도(C)에 대한 반응값(R, response)으로 다음과 같이 구한다.

$$감응계수 = \frac{R}{C}$$

05 수질오염공정시험기준에 따라 어떤 항목의 방법검출한계를 구하려고 한다. 표준편차가 0.101이며, 평균값이 10.000일 때 방법검출한계는?(단, 자유도($n-1$)는 6이다.)

① 0.314
② 0.317
③ 3.140
④ 1.010

풀이 방법검출한계 $= t(n-1, \alpha=0.01) \times s$이다. 따라서 MDL $= 3.14 \times 0.101 = 0.317$이다.

06 인증표준물질을 확보할 수 없어서 해당표준물질을 시료에 첨가하여 정확도를 구하려 한다. 시료를 분석한 값이 10.000 mg/L이고 표준물질을 첨가한 시료를 분석한 값이 15.000 mg/L, 첨가한 표준물질의 농도가 4.000 mg/L일 때 정확도는?.

① 0.125
② 1.25
③ 12.5
④ 125

풀이 인증시료를 확보할 수 없는 경우에는 해당 표준물질을 첨가하여 시료를 분석한 분석값(C_{AM})과 첨가하지 않은 시료의 분석값(C_S)과의 차이를 첨가 농도(C_A)의 상대백분율 또는 회수율로 구한다.

$$정확도 (\%) = \frac{C_M}{C_C} \times 100 = \frac{C_{AM} - C_S}{C_A} \times 100$$

$$따라서 \frac{(15.000 - 10.000)}{4.000} \times 100 = 125 \%$$

07
2010
제2회

원자흡광광도법으로 미지용액 중 납(Pb)을 분석하기 위하여 표준첨가법을 적용하여 다음과 같은 실험결과를 얻었다. 시료용액 중 납의 농도(C_x, mg/L)는 얼마인가?

분석 시료	첨가한 납 농도(mg/L)	흡광도
시료 1	0.0	0.36
시료 2	1.0	0.48
시료 3	2.0	0.60
시료 4	3.0	0.72

① 1.0 mg/L   ② 2.0 mg/L   ③ 3.0 mg/L   ④ 4.0 mg/L

풀이 **표준물질첨가법**

$$농도 \ (\text{mg/L}) = \frac{(y-b)}{a}$$

여기서, y : 표준물질이 첨가되지 않은 시료의 흡광도
$\qquad\quad b$: 표준물질 첨가에 따른 관계식의 절편
$\qquad\quad a$: 표준물질 첨가에 따른 관계식의 기울기

기울기 $a = \dfrac{y_2 - y_1}{x_2 - x_1} = \dfrac{0.60 - 0.48}{2-1} = 0.12$

절편 $b = y - 0.12x = 0.36 - (0.36 \times 0) = 0.36$

농도 $C_x = (0-0.36)/0.2 = |-3| = 3.0 \ \text{mg/L}$

···03 시료의 채취 및 보존방법
(Collection and Preservation of Samples)

(ES 04130.1d 2017)

1. 시료의 채취방법 *중요내용

(1) 배출허용기준 적합여부 판정을 위한 시료채취

배출허용기준 적합여부 판정을 위하여 채취하는 시료는 시료의 성상, 유량, 유속 등의 시간에 따른 변화를 고려하여 현장 물의 성질을 대표할 수 있도록 채취. 복수채취가 원칙. 단, 신속한 대응이 필요한 경우 등 복수채취가 불합리한 경우에는 예외로 할 수 있다.

(2) 복수시료(Composite Sample) 채취방법 등

① 수동 시료채취

30분 이상 간격으로 2회 이상 채취. 단, 부득이한 사유로 6시간 이상 간격으로 채취한 시료는 각각 측정분석 후 **산술평균**하여 측정분석값 산출(2개 이상의 시료를 각각 측정분석한 후 산술평균한 결과 배출허용기준을 초과한 경우의 위반일 적용은 최초 배출허용기준이 초과된 시료의 채취일을 기준으로 한다).

② 자동시료채취기 이용 시료채취

6시간 이내에 30분 이상 간격으로 2회 이상 채취

③ 수소이온농도(pH), 수온 등 현장 측정항목

30분 이상 간격으로 2회 이상 측정 후 산술평균하여 측정값을 산출(단, pH의 경우 2회 이상 측정한 값을 pH 7을 기준으로 산과 알칼리로 구분하여 평균값을 산정하고 **산정한 평균값 중 배출허용기준을 많이 초과한 평균값을 측정분석값으로 함**)

④ 시안(CN), 노말헥산추출물질, 대장균군 등 시료채취기구 등에 의하여 시료의 성분이 유실 또는 변질 등의 우려가 있는 경우 30분 이상 간격으로 2개 이상의 시료를 채취하여 각각 분석한 후 산술평균하여 분석값을 산출. 단, 복수시료채취 과정에서 시료성분의 유실 또는 변질 등의 우려가 없는 경우에는 수동 채취방법 가능

(3) 복수시료채취방법 적용 제외할 수 있는 경우 *^{중요내용}

① 환경오염사고 또는 취약시간대(일요일, 공휴일 및 평일 18 : 00 ~ 09 : 00 등)의 환경오염감 시 등 신속한 대응이 필요한 경우

② 비정상적인 행위를 할 경우

③ 회분식(Batch식) 등 간헐적으로 처리하여 방류하는 경우

④ 기타 부득이 복수시료채취 방법으로 시료를 채취할 수 없을 경우

(4) 하천수 등 수질조사를 위한 시료채취

① 현장물의 성질을 대표할 수 있도록 채취 : 시료의 성상, 유량, 유속 등의 시간에 따른 변화(폐 수의 경우 조업상황 등)를 고려

② 수질 또는 유량의 변화가 심하다고 판단될 때 : 오염상태를 잘 알 수 있도록 시료 채취 횟수를 늘려야 하며, 채취시의 유량에 비례하여 시료 혼합 후 단일시료로 함

(5) 지하수 수질조사를 위한 시료채취

지하수 침전물로부터 오염을 피하기 위하여 보존 전에 현장에서 여과(0.45 μm) 권장. 단, 기타 휘발성유기화합물과 민감한 무기화합물질 함유시료는 그대로 보관

2. 시료채취 시 유의사항

(1) 일반적 유의사항

① 목적시료의 성질을 대표할 수 있는 위치에서 시료채취용기 또는 채수기를 사용하여 채취

② 시료 채취 용기는 시료를 채우기 전에 시료로 3회 이상 씻은 다음 사용

③ 시료를 채울 때에는 시료의 교란이 일어나서는 안 되며 가능한 한 공기와 접촉하는 시간을 짧 게 하여 채취

④ 시료채취량은 보통 3 L ~ 5 L 정도

⑤ 시료채취 시에 시료채취시간, 보존제 사용여부, 매질 등 분석결과에 영향을 미칠 수 있는 사 항을 기재하여 분석자가 참고할 수 있도록 한다.

⑥ 지하수 : 고여 있는 물을 충분히 퍼낸 다음 새로 나온 물을 채취. 이 경우 퍼내는 양은 고여 있 는 물의 4배 ~ 5배 정도이나, pH 및 전기전도도를 연속적으로 측정하여 이 값이 평형을 이룰 때까지로 한다.

⑦ 지하수 시료채취 시 심부층의 경우 저속양수펌프 등을 이용하여 반드시 저속시료채취하여 시 료 교란을 최소화하여야 하며, 천부층의 경우 저속양수펌프 또는 정량이송펌프 등 사용

(2) 항목별 유의사항

① 용존가스, 환원성 물질, 휘발성유기화합물, 냄새, 유류 및 수소이온 등을 측정하기 위한 시료를 채취할 때에는 운반 중 공기와의 접촉이 없도록 시료 용기에 가득 채운 후 빠르게 뚜껑을 닫는다. *중요내용*

[주 1] 휘발성유기화합물 분석용 시료를 채취할 때에는 뚜껑의 격막을 만지지 않도록 주의하여야 한다.

[주 2] 병을 뒤집어 공기방울이 확인되면 다시 채취해야 한다.

② 현장에서 용존산소 측정이 어려운 경우 : 시료를 가득 채운 300 mL BOD병에 황산망간 용액 1 mL와 알칼리성 요오드화칼륨-아자이드화나트륨 용액 1 mL를 넣고 기포가 남지 않게 조심하여 마개를 닫고 수회 병을 회전하고 암소에 보관하여 8시간 이내 측정 *중요내용*

③ 유류 또는 부유물질 등이 함유된 시료 : 시료의 균일성이 유지될 수 있도록 채취해야 하며, 침전물 등이 부상하여 혼입되어서는 안 된다.

④ 냄새 측정을 위한 시료채취 : 유리기구류는 사용 직전에 새로 세척하여 사용한다. 먼저 냄새 없는 세제로 닦은 후 정제수로 닦아 사용하고, 고무 또는 플라스틱 재질의 마개는 사용하지 않는다.

⑤ 총유기탄소를 측정하기 위한 시료채취 : 시료병은 가능한 외부의 오염이 없어야 하며, 이를 확인하기 위해 바탕시료를 시험해 본다. 시료병은 폴리테트라플루오로에틸렌(PTFE, poly-tetrafluoroethylene)으로 처리된 고무마개를 사용하며, 암소에서 보관하며 깨끗하지 않은 시료병은 사용하기 전에는 산세척하고, 알루미늄 호일로 포장하여 400 ℃ 회화로에서 1시간 이상 구워 냉각한 것 사용

⑥ 퍼클로레이트를 측정하기 위한 시료채취 : 시료 용기를 질산 및 정제수로 씻은 후 사용하며, 시료채취 시 시료병의 $\frac{2}{3}$ 를 채운다.

⑦ 저농도 수은(0.0002 mg/L 이하) 시료채취 : 시료 용기는 채취 전에 미리 다음과 같이 준비한다. 우선 염산용액(4 M)이나 진한질산을 채워 내산성플라스틱 덮개를 이용하여 오목한 부분이 밑에 오도록 덮고 가열판을 이용하여 48시간 동안 65 ℃ ~ 75 ℃가 되도록 한다(후두에서 실시). 실온으로 식힌 후 정제수로 3회 이상 헹구고, 염산용액(1 %) 세정수로 다시 채운다. 마개를 막고 60 ℃ ~ 70 ℃에서 하루 이상 부식성에 강한 깨끗한 오븐에 보관한다. 실온으로 다시 식힌 후 정제수로 3회 이상 헹구고, 염산용액(0.4 %)으로 채워 클린벤치에 넣고 용기 외벽을 완전히 건조시킨다. 건조된 용기를 밀봉하여 폴리에틸렌 지퍼백으로 이중 포장하고 사용시까지 플라스틱이나 목재상자에 넣어 보관

⑧ 다이에틸헥실프탈레이트를 측정하기 위한 시료채취 : 스테인레스강이나 유리 재질의 시료채취기를 사용한다. 플라스틱 시료채취기나 튜브 사용을 피하고 불가피한 경우 시료 채취량의

5배 이상을 흘려보낸 다음 채취하며, 갈색 유리병에 시료를 공간이 없도록 채우고 폴리테트라플루오로에틸렌(PTFE, polytetrafluoroethylene) 마개(또는 알루미늄 호일)나 유리마개로 밀봉한다. 시료병을 미리 시료로 헹구지 않는다.

⑨ 1.4-다이옥산, 염화비닐, 아크릴로니트릴, 브로모폼을 측정하기 위한 시료 채취 : 용기는 갈색유리병 사용, 사용 전 미리 질산 및 정제수로 씻은 다음, 아세톤으로 세정한 후 120 ℃에서 2시간 정도 가열한 후 방냉하여 준비한다. 시료에 산을 가하였을 때에 거품이 생기면 그 시료는 버리고 산을 가하지 않은 시료를 채취

⑩ 미생물 분석용 시료 채취 : 멸균된 용기를 이용하여 무균적으로 채취하여야 하며, 시료채취 직전에 물속에서 채수병의 뚜껑을 열고 폴리글로브를 착용하는 등 신체접촉에 의한 오염이 발생하지 않도록 유의

⑪ 물벼룩 급성 독성을 측정하기 위한 시료 채취 : 시료용기와 배양용기는 자주 사용하는 경우 내벽에 석회성분 침적되므로 주기적으로 묽은 염산 용액에 담가 제거한 후 세척하여 사용하고, 농약, 휘발성 유기화합물, 기름 성분이 시험수에 포함된 경우에는 시험 후 시험용기 세척 시 '뜨거운 비눗물 세척-헹굼-아세톤 세척-헹굼' 과정을 추가한다. 시험수의 유해성이 금속성분에 기인한다고 판단되는 경우, 시험 후 시험용기 세척 시 '묽은 염산(10 %) 세척 혹은 질산용액 세척-헹굼' 과정을 추가

⑫ 식물성 플랑크톤을 측정하기 위한 시료 채취 : 플랑크톤 네트(mesh size 25 μm)를 이용한 정성채집과, 반돈(Van-Dorn) 채수기 또는 채수병을 이용한 정량채집 병행. 플랑크톤 네트는 수평 및 수직으로 수회씩 끌어 채집

⑬ 채취된 시료는 즉시 실험하여야 하며, 그렇지 못한 경우에는 각 시료의 보존방법에 따라 보존하고 규정된 시간 내에 실험하여야 한다.

3. 시료채취 지점

(1) 배출시설 등의 폐수

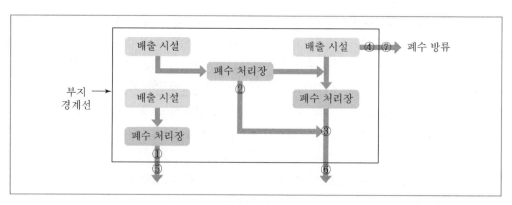

① 당연 채취지점 : ①, ②, ③, ④
② 필요시 채취지점 : ⑤, ⑥, ⑦

> ①, ②, ③ : 방지시설 최초 방류지점
> ④ : 배출시설 최초 방류지점(방지시설을 거치지 않을 경우)
> ⑤, ⑥, ⑦ : 부지경계선 외부 배출수로

③ 폐수의 성질을 대표할 수 있는 곳에서 채취하며 폐수의 방류수로가 한 지점 이상일 때에는 각 수로별로 채취하여 별개의 시료로 하며 필요에 따라 부지 경계선 외부의 배출구 수로에서도 채취할 수 있다. 시료채취 시 우수나 조업목적 이외의 물이 포함되지 말아야 한다.

(2) 하천수 *중요내용

① 하천수의 오염 및 용수의 목적에 따라 채수지점을 선정하며 하천본류와 하전지류가 합류하는 경우에는 합류 이전의 각 지점과 합류 이후 충분히 혼합된 지점에서 각각 채수

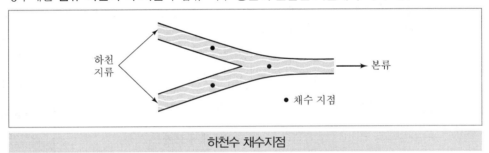

하천수 채수지점

② 하천의 단면에서 수심이 가장 깊은 수면의 지점과 그 지점을 중심으로 하여 좌우로 수면폭을 2등분한 각각의 지점의 수면으로부터 수심 2 m 미만일 때에는 수심의 $\frac{1}{3}$ 에서, 수심이 2 m 이상일 때에는 수심의 $\frac{1}{3}$ 및 $\frac{2}{3}$ 에서 각각 채수한다. *중요내용

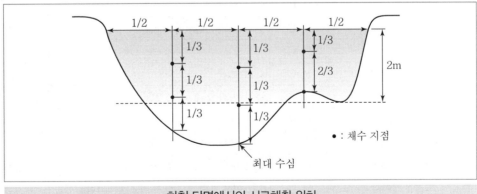

하천 단면에서의 시료채취 위치

4. 시료 보존방법

▼ 항목별 보존방법

항목		시료용기※	보존방법	최대보존기간 (권장보존기간)
냄새		G	가능한 한 즉시 분석 또는 냉장 보관	6시간
노말헥세인추출물질		G	4 ℃ 보관, H_2SO_4로 pH 2 이하	28일
부유물질		P, G	4 ℃ 보관	7일
색도		P, G	4 ℃ 보관	48시간
생물화학적산소요구량		P, G	4 ℃ 보관	48시간(6시간)
수소이온농도		P, G	−	즉시 측정
온도		P, G	−	즉시 측정
용존산소	적정법	BOD병	즉시 용존산소 고정 후 암소 보관	8시간
	전극법	BOD병	−	즉시 측정
잔류염소		G(갈색)	즉시 분석	−
전기전도도		P, G	4 ℃ 보관	24시간
총유기탄소		P, G	즉시 분석 또는 H_3PO_4 또는 H_2SO_4를 가한 후(pH<2) 4 ℃ 냉암소에서 보관	28일(7일)
클로로필 a		P, G	즉시 여과하여 −20 ℃ 이하에서 보관	7일(24시간)
탁도		P, G	4 ℃ 냉암소에서 보관	48시간(24시간)
투명도		−	−	−
화학적산소요구량		P, G	4 ℃ 보관, H_3PO_4로 pH 2 이하	28일(7일)
불소		P	−	28일
브롬이온		P, G	−	28일
시안		P, G	4 ℃ 보관, NaOH로 pH 12 이상	14일(24시간)
아질산성 질소		P, G	4 ℃ 보관	48시간(즉시)
암모니아성 질소		P, G	4 ℃ 보관, H_2SO_4로 pH 2 이하	28일(7일)
염소이온		P, G	−	28일
음이온계면활성제		P, G	4 ℃ 보관	48시간
인산염인		P, G	즉시 여과한 후 4 ℃ 보관	48시간
질산성 질소		P, G	4 ℃ 보관	48시간
총인(용존 총인)		P, G	4 ℃ 보관, H_2SO_4로 pH 2 이하	28일
총질소(용존 총질소)		P, G	4 ℃ 보관, H_2SO_4로 pH 2 이하	28일(7일)
퍼클로레이트		P, G	6 ℃ 이하 보관, 현장에서 멸균된 여과지로 여과	28일

항목		시료용기※	보존방법	최대보존기간 (권장보존기간)
페놀류		G	4 ℃ 보관, H₃PO₄로 pH 4 이하 조정한 후 시료 1 L당 CuSO₄ 1g 첨가	28일
황산이온		P, G	6 ℃ 이하 보관	28일(48시간)
금속류(일반)		P, G	시료 1 L당 HNO₃ 2 mL 첨가	6개월
비소		P, G	1 L당 HNO₃ 1.5 mL로 pH 2 이하	6개월
셀레늄		P, G	1 L당 HNO₃ 1.5 mL로 pH 2 이하	6개월
수은(0.2 μg/L 이하)		P, G	1 L당 HCl(12 M) 5 mL 첨가	28일
6가크로뮴		P, G	4 ℃ 보관	24시간
알킬수은		P, G	HNO₃ 2 mL/L	1개월
다이에틸헥실프탈레이트		G(갈색)	4 ℃ 보관	7일(추출 후 40일)
1,4-다이옥산		G(갈색)	HCl(1+1)을 시료 10 mL당 1 ~ 2방울씩 가하여 pH 2 이하	14일
염화바이닐, 아크릴로나이트릴, 브로모폼		G(갈색)	HCl(1+1)을 시료 10 mL당 1 ~ 2방울씩 가하여 pH 2 이하	14일
석유계총탄화수소		G(갈색)	4 ℃ 보관, H₂SO₄ 또는 HCl으로 pH 2 이하	7일 이내 추출, 추출 후 40일
유기인		G	4 ℃ 보관, HCl로 pH 5 ~ 9	7일(추출 후 40일)
폴리클로리네이티드바이페닐 (PCB)		G	4 ℃ 보관, HCl로 pH 5 ~ 9	7일(추출 후 40일)
휘발성유기화합물		G	냉장보관 또는 HCl을 가해 pH<2로 조정 후 4 ℃ 보관 냉암소 보관	7일(추출 후 14일)
총대장 균군	환경기준적용시료	P, G	저온(10 ℃ 이하)	24시간
	배출허용기준 및 방류수 기준 적용시료	P, G	저온(10 ℃ 이하)	6시간
분원성 대장균군		P, G	저온(10 ℃ 이하)	24시간
대장균		P, G	저온(10 ℃ 이하)	24시간
물벼룩 급성 독성		G	4 ℃ 보관	36시간
식물성 플랑크톤		P, G	즉시 분석 또는 포르말린용액을 시료의 (3~5) %를 가하거나 글루타르알데하이드 또는 루골용액을 시료의 (1~2) %를 가하여 냉암소 보관	6개월

※ P : polyethylene, G : glass

① 클로로필a 분석용 시료 : 즉시 여과하여 여과한 여과지를 알루미늄 호일로 싸서 −20 ℃ 이하에서 보관. 여과한 여과지는 상온에서 3시간까지 보관, 냉동 보관 시에는 25일까지 가능. 즉시 여과할 수 없다면 시료를 빛이 차단된 암소에서 4 ℃ 이하로 냉장하여 보관하고 채수 후 24시간 이내에 여과

② 시안 분석용 시료 : 잔류염소가 공존할 경우 시료 1 L당 아스코빈산 1 g을 첨가하고, 산화제가 공존할 경우에는 시안을 파괴할 수 있으므로 채수 즉시 이산화비소산나트륨 또는 티오황산나트륨을 시료 1 L당 0.6 g 첨가

③ 암모니아성 질소 분석용 시료 : 잔류염소가 공존할 경우 증류과정에서 암모니아가 산화되어 제거될 수 있으므로 시료채취 즉시 티오황산나트륨용액(0.09 %) 첨가

[주 3] 티오황산나트륨용액(0.09 %) 1 mL를 첨가하면 시료 1 L 중 2 mg 잔류염소를 제거할 수 있다.

④ 페놀류 분석용 시료 : 산화제 공존할 경우 채수 즉시 황산암모늄철용액을 첨가한다.

⑤ 비소와 셀레늄 분석용 시료 : pH 2 이하로 조정할 때에는 질산(1 + 1)을 사용할 수 있으며, 시료가 알칼리화되어 있거나 완충효과가 있다면 첨가하는 산의 양을 질산(1 + 1) 5 mL까지 늘려야 한다.

⑥ 저농도 수은(0.0002 mg/L 이하) 분석용 시료 : 보관기간 동안 수은이 시료 중의 유기성 물질과 결합하거나 벽면에 흡착될 수 있으므로 가능한 빠른 시간 내 분석하여야 하고, 용기 내 흡착을 최대한 억제 위하여 산화제인 브롬산/브롬용액(0.1 N)을 분석하기 24시간 전에 첨가

⑦ 다이에틸헥실프탈레이트 분석용 시료 : 잔류염소가 공존할 경우 시료 1 L당 티오황산나트륨을 80 mg 첨가

⑧ 1,4−다이옥산, 염화비닐, 아크릴로니트릴 및 브로모폼 분석용 시료 : 잔류염소가 공존할 경우 시료 40 mL(잔류염소 농도 5 mg/L 이하)당 티오황산나트륨 3 mg 또는 아스코빈산 25 mg을 첨가하거나 시료 1 L당 염화암모늄 10 mg을 첨가

⑨ 휘발성유기화합물 분석용 시료 : 잔류염소가 공존할 경우 시료 1 L당 아스코빈산 1 g을 첨가

⑩ 식물성 플랑크톤을 즉시 시험하는 것이 어려울 경우 : 포르말린용액을 시료의 (3 ∼ 5) % 가하여 보존한다. 침강성이 좋지 않은 남조류나 파괴되기 쉬운 와편모조류와 황갈조류 등은 글루타르알데하이드나 루골용액을 시료의 (1 ∼ 2) % 가하여 보존

실전 예상문제

01 수질오염 공정시험기준에서 총대장균군, 분원성대장균군, 대장균 시험을 위한 '시료채취 및 관리'에 관한 내용이다. 다음 보기의 (   )에 맞는 것은?

2009
제1회

> 모든 시료는 멸균된 용기에 무균적으로 채수하고 직사광선의 접촉을 피하여 약 (ㄱ)℃ 상태로 유지하여 실험실로 운반 직후 시험하는 것을 원칙으로 하며, 최대 (ㄴ)시간을 넘기지 않도록 한다. 단, 평판집락법의 경우 (ㄷ) ℃ 상태로 유지하여 (ㄹ)시간 이내에 실험실로 운반하여 (ㅁ) 시간 이내에 시험을 완료하여야 한다.

① (ㄱ) 10, (ㄴ) 24, (ㄷ) 10, (ㄹ) 6, (ㅁ) 2   ② (ㄱ) 4, (ㄴ) 24, (ㄷ) 4, (ㄹ) 6, (ㅁ) 2
③ (ㄱ) 10, (ㄴ) 24, (ㄷ) 10, (ㄹ) 12, (ㅁ) 2   ④ (ㄱ) 4, (ㄴ) 24, (ㄷ) 4, (ㄹ) 12, (ㅁ) 2

풀이 시료는 멸균된 용기를 이용하여 무균적으로 채취하고 한 번 채취된 시료는 어떠한 경우에도 저온(10 ℃ 이하)의 상태로 운반하여야 한다. 또한, 환경기준 적용을 위한 시료는 시료채취부터 시험분석까지 24시간을 초과하여서는 안 되며, 배출허용기준 및 방류수수질기준 적용을 위한 시료는 시료채취 후 6시간 이내에 실험실로 운반하여 2시간 이내에 분석을 완료하여야 한다.

02 하천수의 시료채취방법에 대한 설명으로 틀린 것은?

2009
제1회

① 하천수 수질조사를 위한 시료의 채취는 시료의 성상, 유량, 유속의 경시변화를 고려하여 현장 하천수의 성질을 대표할 수 있도록 채취하여야 한다.
② 하천수는 하천의 본류와 하천지류가 합류하는 경우에는 합류 이전의 각 지점과 합류 이후 충분히 혼합된 지점에서 각각 채수한다.
③ 하천의 단면에서 수심이 가장 깊은 수면의 지점과 그 지점을 중심으로 하여 좌우로 수면폭을 2등분한 각각의 지점의 수면으로부터 수심 2 m 미만일 때에는 수심의 $\frac{1}{2}$에서, 2 m 이상일 때는 수심의 $\frac{1}{3}$ 및 $\frac{2}{3}$에서 각각 채수한다.
④ 일반적으로 시료는 채취용기 또는 채수기를 사용하여 채취하여야 하며, 채취용기는 시료를 채우기 전에 시료로 3회 이상 씻은 다음 사용한다.

풀이 ③항 하천의 단면에서 수심이 가장 깊은 수면의 지점과 그 지점을 중심으로 하여 좌우로 수면폭을 2등분한 각각의 지점의 수면으로부터 수심 2 m 미만일 때에는 수심의 $\frac{1}{3}$에서, 수심이 2 m 이상일 때에는 수심의 $\frac{1}{3}$ 및 $\frac{2}{3}$에서 각각 채수한다.

정답 01 ①   02 ③

03 배출허용기준 적합여부 판정을 위한 시료채취 시 복수시료채취방법을 제외할 수 있다. 다음 중 이
2009
제1회
에 해당하지 않는 것은?

① 환경오염사고, 취약시간대의 환경오염감시 등 신속한 대응이 필요한 경우
② 유량이 일정하며 연속적으로 발생되는 폐수가 방류되는 경우
③ 「수질 및 수생태계 보전에 관한 법률」제38조 제1항의 규정에 의한 비정상적인 행위를 한 경우
④ 사업장 내에서 발생하는 폐수를 회분식 등 간헐적으로 처리하여 방류하는 경우

풀이 복수시료채취방법 적용을 제외할 수 있는 경우
　　㉠ 환경오염사고 또는 취약시간대 (일요일, 공휴일 및 평일 18 : 00 ~ 09 : 00 등)의 환경오염감시 등 신속한 대응이 필요한 경우 제외할 수 있다.
　　㉡ 수질 및 수생태계보전에 관한 법률 제38조 제1항의 규정에 의한 비정상적인 행위를 할 경우 제외할 수 있다.
　　㉢ 사업장 내에서 발생하는 폐수를 회분식 (batch식) 등 간헐적으로 처리하여 방류하는 경우 제외할 수 있다.
　　㉣ 기타 부득이 복수시료채취 방법으로 시료를 채취할 수 없을 경우 제외할 수 있다.

04 배출허용기준 적합 여부를 판정하려고 복수시료를 채취한 경우 단일시료로 합쳐서 측정해도 되는
2010
제2회
항목은?

① 부유물질　　　　　② 시안　　　　　③ 노말헥산추출물질　　④ 대장균군

풀이 시안(CN), 노말헥산추출물질, 대장균군 등 시료채취기구 등에 의하여 시료의 성분이 유실 또는 변질 등의 우려가 있는 경우에는 30분 이상 간격으로 2개 이상의 시료를 채취하여 각각 분석한 후 산술평균하여 분석값을 산출한다.(단, 복수시료채취 과정에서 시료성분의 유실 또는 변질 등의 우려가 없는 경우)

05 하천수의 채수 위치를 하천 단면 또는 수심에 대해 설명할 때 옳은 것은?
2010
제2회
① 단면을 4등분하여 각 소구간의 중간점에서 채수한다.
② 단면을 4등분하여 각 소구간의 수심이 깊은 지점에서 채수한다.
③ 수심을 고려하여 수심이 2 m 이하일 때는 수 표면에서 $\frac{1}{3}$ 지점, 2 m 이상일 때는 $\frac{1}{3}$ 및 $\frac{2}{3}$ 지점에서 채수한다.
④ 수심이 가장 깊은 수심의 지점과 그 좌우 중간점에서는 수심과 무관하게 채수한다.

풀이 하천의 단면에서 수심이 가장 깊은 수면의 지점과 그 지점을 중심으로 하여 좌우로 수면폭을 2등분한 각각의 지점의 수면으로부터 수심 2 m 미만일 때에는 수심의 $\frac{1}{3}$ 에서, 수심이 2 m 이상일 때에는 수심의 $\frac{1}{3}$ 및 $\frac{2}{3}$ 에서 각각 채수한다.

정답 　03 ②　04 ①　05 ③

06 분원성대장균군을 시험하기 위해 시료를 채취할 때 멸균된 10 % 티오황산나트륨을 첨가하였다면
2010 어떤 시료를 채취한 것인가?
제2회

① 약수　　　　　　② 해수　　　　　　③ 광천수　　　　　　④ 수돗물

풀이 시료에 잔류 염소가 있을 경우 분석에 방해가 되므로 염소의 반응을 방지하기 위하여 시료 채취 후 티오황산
나트륨을 첨가한다. 티오황산나트륨은 주로 수돗물의 잔류 염소를 제거하는 데 사용된다.

07 물 시료의 보존 방법에 대한 다음의 설명 중 괄호 안에 들어갈 것을 차례대로 제시하면?
2011
제3회

페놀류 시험에 사용하는 시료는 (　)을 가하여 pH (　) 이하로 하고, $CuSO_4$를 가한 후, 4℃에서
보관한다.

① 황산, 1　　　　② 황산, 4　　　　③ 인산, 1　　　　④ 인산, 4

풀이 페놀류 시험에 사용하는 시료는 인산을 가하여 pH 4 이하로 하고, $CuSO_4$를 가한 후, 4℃에서 보관한다.

08 하천수 시료 채취 지점에 대한 다음의 설명 중 괄호 안에 들어갈 것을 차례대로 제시하면?
2011
제3회

하천의 단면에서 수심이 가장 깊은 수면의 지점과 그 지점을 중심으로 하여 좌우로 수면폭을
(　)등분한 각각의 지점의 수면으로부터 수심 2m 미만일 때에는 수심의 (　)에서 채수한다.

① 2, $\frac{1}{2}$ 및 $\frac{2}{3}$　　② 2, $\frac{1}{3}$　　③ 3, $\frac{1}{2}$　　④ 3, $\frac{1}{3}$ 및 $\frac{2}{3}$

풀이 하천의 단면에서 수심이 가장 깊은 수면의 지점과 그 지점을 중심으로 하여 좌우로 수면폭을 2등분한 각각의
지점의 수면으로부터 수심 2 m 미만일 때에는 수심의 $\frac{1}{3}$ 에서, 수심이 2 m 이상일 때에는 수심의 $\frac{1}{3}$ 및
$\frac{2}{3}$ 에서 각각 채수한다.

09 다음 분석항목에서 시료채취 및 운반 중 공기와 접촉이 없도록 가득 채워져서 보관 이동해야 하는
2011 항목은?
제3회

① 색도, 부유물질, 염소이온　　　　　② 아질산성 질소, 질산성 질소, 용존 총질소, 총인
③ 용존가스, 환원성 물질, 수소이온　　④ 불소, 6가크롬, 아연, 구리, 카드뮴

풀이 용존가스, 환원성 물질, 휘발성유기화합물, 냄새, 유류 및 수소이온 등을 측정하기 위한 시료를 채취할
때에는 운반 중 공기와의 접촉이 없도록 시료 용기에 가득 채운 후 빠르게 뚜껑을 닫는다.

정답 06 ④　07 ④　08 ②　09 ③

10 폐수의 측정항목 중 현장(채수 시)에서 측정하는 항목은 다음 중 어느 것인가?

① 부유물질   ② COD   ③ pH   ④ 시안

풀이 현장측정 항목 : 수소이온농도(pH), 수온, 용존산소 등

11 수질오염공정시험기준에서는 시료를 즉시 실험할 수 없는 경우 측정항목별로 보존방법을 규정하고 있다. 다음 측정항목에 대한 규정 중 잘못된 것은?
2012
제4회
① 생물화학적산소요구량은 4 ℃에 최대 5일 보존한다.
② 화학적산소요구량은 4 ℃에 황산으로 pH 2 이하로 하여 최대 28일 보존한다.
③ 부유물질은 4 ℃에 최대 7일 보존한다.
④ 총 질소는 4 ℃에 황산으로 pH 2 이하로 하여 최대 28일 보존한다.

풀이 생물화학적산소요구량은 4 ℃에 최대 48시간 보존한다.

12 시료 채취 지점의 설명으로 틀린 것은?
2011
제3회
① 폐수의 방류수로가 한 지점 이상일 때는 각 수로별로 채취하여 별개의 시료로 하며 필요에 따라 우천 시에도 채취할 수 있다.
② 하천 본류와 지류가 합류하는 경우에는 합류 이전의 각 지점과 합류 이후 충분히 혼합된 지점에서 각각 채수한다.
③ 수심이 가장 깊은 수면의 지점과 그 지점을 중심으로 하여 좌우로 수면폭을 2등분한 지점의 수면으로부터 수심 2 m 미만일 때에는 수심 $\frac{1}{3}$에서 각각 채수한다.
④ 수심이 가장 깊은 수면의 지점과 그 지점을 중심으로 하여 좌우로 수면폭을 2등분한 지점의 수변으로부터 수심 2 m 이상일 때에는 수심 $\frac{1}{3}$ 및 $\frac{2}{3}$에서 각각 채수한다.

풀이 배출시설 등의 폐수에서 시료채취 시 우수나 조업목적 이외의 물이 포함되지 말아야 한다.

13 지하수 시료를 채취할 경우 시료 물은?
2013
제5회
① 가장 처음 퍼낸 물시료
② 시료용기를 씻어내고 다음으로 퍼낸 물시료
③ 고여 있는 물의 1 ~ 2배 퍼낸 다음 새로 나온 물시료
④ pH 및 전기전도도를 측정하여 평형값이 이룰 때까지 퍼낸 다음의 물시료

정답   **10** ③   **11** ①   **12** ①   **13** ④

> **풀이** 지하수 시료는 취수정 내에 고여 있는 물과 원래 지하수의 성상이 달라질 수 있으므로 고여 있는 물을 충분히 퍼낸 다음 새로 나온 물을 채취한다. 이 경우 퍼내는 양은 고여 있는 물의 4배 ~ 5배 정도이나 pH 및 전기전도도를 연속적으로 측정하여 이 값이 평형을 이룰 때까지로 한다.

14 시료의 채취 및 보존방법에 관한 설명으로 틀린 것은?

2013
제5회

① 암모니아성 질소 분석용 시료를 채취할 때에 채취 후 미생물 분해 및 휘발로 인한 손실을 막기 위해 pH를 산성으로 조절하여야 한다.

② 시안 분석용 시료를 채취할 때에 채취 후 미생물 분해 및 휘발로 인한 손실을 막기 위해 pH를 산성으로 조절하여야 한다.

③ 페놀 분석용 시료를 채취할 때에 채취 후 미생물 분해 및 휘발로 인한 손실을 막기 위해 pH를 산성으로 조절하여야 한다.

④ 질산성 질소 시료를 채취할 때에 채취 후에 pH를 조절할 필요가 없다.

> **풀이** 시안 분석용 시료는 NaOH로 pH 12 이상으로 조절하고 4 ℃에서 최대 14일간 보존 가능

15 수질 시료의 시료 채취 방법으로 맞지 않는 것은?

2014
제6회

① 수동으로 시료를 채취할 경우에는 30분 간격으로 2회 이상 각각 측정분석한다.

② 수소이온농도, 수온 등 현장에서 즉시 측정분석하여야 하는 항목인 경우에는 30분 이상 간격으로 2회 이상 측정분석한다.

③ 대장균군 등 시료 채취 기구 등에 의하여 시료의 성분이 변질될 우려가 있는 경우에는 30분 이상 간격으로 2개 이상의 시료를 채취하여 각각 측정분석한다.

④ 지하수 시료는 고여 있는 물과 원래 지하수의 성상이 달라질 수 있으므로 새로 나온 물을 채취한다.

> **풀이** 복수시료채취방법 등
> 수동으로 시료를 채취할 경우에는 30분 이상 간격으로 2회 이상 채취 (Composite Sample)하여 일정량의 단일시료로 한다. 단, 부득이한 사유로 6시간 이상 간격으로 채취한 시료는 각각 측정분석한 후 산술평균하여 측정분석값을 산출한다.

16 수질 시료의 채취 및 보존방법에 관한 설명으로 틀린 것은?

① 냄새 측정을 위한 시료채취 시 유리기구류는 사용 직전에 새로 세척하여 사용한다. 먼저 냄새 없는 세제로 닦은 후 정제수로 닦아 사용하고, 고무 또는 플라스틱 재질의 마개는 사용하지 않는다.

② 총유기탄소를 측정하기 위한 시료 채취 시 시료병은 폴리테트라플루오로에틸렌 (PTFE)으로 처리된 고무마개를 사용하며, 암소에서 보관한다.

정답 14 ② 15 ① 16 ③

③ 퍼클로레이트를 측정하기 위한 시료채취 시 시료 용기를 질산 및 정제수로 씻은 후 사용하며, 시료 채취 시 시료병에 가득 채운다.

④ 1.4−다이옥산, 염화비닐, 아크릴로니트릴, 브로모폼을 측정하기 위한 시료용기는 갈색유리병을 사용하고, 사용 전 미리 질산 및 정제수로 씻은 다음, 아세톤으로 세정한 후 120 ℃에서 2시간 정도 가열한 후 방냉하여 준비한다.

풀이 퍼클로레이트를 측정하기 위한 시료채취 시 시료 용기를 질산 및 정제수로 씻은 후 사용하며, 시료채취 시 시료병의 $\frac{2}{3}$를 채운다.

17 수질 시료의 최대 보존기간이 맞지 않는 것은?

① 48시간−탁도, 색도, 질산성질소
② 7일−부유물질, 유기인, 휘발성유기화합물
③ 28일−총 유기탄소, 총질소, 불소
④ 6개월−비소, 셀레늄, 식물성플랑크톤

풀이 **시료 보존기간**

시간	항목
즉시	수소이온농도, 온도, 용존산소(전극법)
6시간	냄새, 총대장균(배출허용, 방류 기준)
8시간	용존산소(적정법)
24시간	전기전도도, 6가크롬, 총대장균(환경기준시료), 분원성대장균, 대장균,
36시간	물벼룩급성독성
48시간	색도, 탁도, 생물화학적산소요구량, 음이온계면활성제, 인산염인, 질산성질소, 아질산성질소
7일	클로로필a, 부유물질, 다이에틸헥실프탈레이트, 석유계총탄화수소, 유기인, 폴리클로리네이티드비페닐, 휘발성유기화합물
14일	시안, 1,4−다이옥산, 염화비닐, 아크릴로니트릴, 브로모폼
28일	총유기탄소, 화학적산소요구량, 불소, 브롬이온, 암모니아성질소, 염소이온, 황산이온, 총인(용존총인), 총질소(용존총질소), 퍼클로레이트, 페놀류, 수은
1개월	알킬수온
6개월	금속류(일반), 비소, 셀레늄, 식물성플랑크톤

18 다음은 수질 시료 채취 시 공존하는 방해물질의 제거에 대한 설명 중 틀린 것은?

① 시안 분석용 시료에 잔류염소가 공존할 경우 채수 즉시 티오황산나트륨을 첨가한다.
② 암모니아성 질소 분석용 시료에 잔류염소가 공존할 경우 채수 즉시 티오황산나트륨용액을 첨가한다.
③ 페놀류 분석용 시료에 산화제가 공존할 경우 채수 즉시 티오황산나트륨용액을 첨가한다.
④ 시안 분석용 시료에 산화제가 공존할 경우에는 시안을 파괴할 수 있으므로 채수 즉시 티오황산나트륨을 첨가한다.

풀이 페놀류 분석용 시료에 산화제가 공존할 경우 채수 즉시 **황산암모늄철용액**을 첨가한다.

19 수질 시료 채취 시 반드시 유리병을 사용해야 하는 시료가 아닌 것은?

① 총유기탄소　　　② 페놀류　　　③ 유기인　　　④ PCB

풀이 총유기탄소는 폴리에틸렌재질도 사용할 수 있다.

20 다음 중 수질 시료 채취 시 반드시 갈색 유리병을 사용해야 하는 시료가 아닌 것은?

① 잔류염소　　　② 1.4−다이옥산　　　③ 석유계총탄화수소　　　④ 휘발성유기화합물

풀이 수질오염공정시험기준에서 시료 채취 시 갈색유리병을 사용해야 하는 항목은 다이에틸헥실프탈레이트, 1.4−다이옥산, 염화비닐, 아크릴로니트릴, 브로모품, 석유계총탄화수소, 잔류염소이다. 페놀류, 유기인, PCB, 휘발성유기화합물은 유리제 용기를 사용하면 된다.

21 다음 중 수질 시료 채취시 반드시 폴리에틸렌 재질 용기에 채취해야 하는 것은?

① 불소　　　② 시안　　　③ 질산성질소　　　④ 염소이온

풀이 불소는 폴리에틸렌 재질에 채취해야 한다.

22 수질 시료 채취 시 유의사항으로 틀린 것은?

① 휘발성유기화합물 분석용 시료를 채취할 때에는 뚜껑의 격막을 만지지 않도록 주의하여야 한다.
② 시료 채취 용기는 시료를 채우기 전에 시료로 3회 이상 씻은 다음 사용하며, 시료를 채울 때에는 어떠한 경우에도 시료의 교란이 일어나서는 안 되며 가능한 한 공기와 접촉하는 시간을 짧게 하여 채취한다.
③ 미생물 시료는 멸균된 용기를 이용하여 무균적으로 채취하여야 하며, 시료채취 직전에 채수병의 뚜껑을 열고 폴리글로브를 착용하는 등 신체접촉에 의한 오염이 발생하지 않도록 유의하여야 한다.
④ 식물성 플랑크톤을 측정하기 위한 시료 채취 시 플랑크톤 네트(mesh size 25 μm)를 이용한 정성 채집과, 반돈(Van−Dorn) 채수기 또는 채수병을 이용한 정량 채집을 병행한다.

풀이 미생물 시료는 멸균된 용기를 이용하여 무균적으로 채취하여야 하며, 시료채취 직전에 **물속에서 채수병의 뚜껑을 열고** 폴리글로브를 착용하는 등 신체접촉에 의한 오염이 발생하지 않도록 유의하여야 한다.

정답 19 ① 20 ④ 21 ① 22 ③

···04 공장폐수 및 하수유량 – 관(pipe) 내의 유량측정방법
(Industrial and Municipal Wastewater – Flow in Pressurized Pipe)
(ES 04140.1c 2015)

1. 유량 측정 장치의 적용

공장, 하수 및 폐수 종말처리장 등의 원수, 공정수, 배출수 등에서 공장폐수원수(Raw Wastewater), 1차 처리수(Primary Effluent), 2차 처리수(Secondary Effluent), 1차 슬러지(Primary Sludge), 반송슬러지(Return Sludge, Thickened Sludge), 포기액(Mixed Liquor), 공정수(Process Water) 등의 압력 하에 존재하는 관내의 유량을 측정하는 데 사용한다.

[주 1] 제시한 유량계의 종류 및 규격이 다를 경우 제조회사의 지침을 따른다.

(1) 폐수처리 공정에서 유량측정장치의 적용

장치	공장폐수 원수 (Raw Wastewater)	1차 처리수 (Primary Effluent)	2차 처리수 (Secondary Effluent)	1차 슬러지 (Primary Sludge)	반송 슬러지 (Return Sludge)	농축 슬러지 (Thickened Sludge)	포기액 (Mixed Liquor)	공정수 (Process Water)
벤튜리미터 (Venturi Meter)	○	○	○	○	○	○	○	
유량측정용 노즐 (Nozzle)	○	○	○	○	○	○	○	○
오리피스 (Orifice)								○
피토우 (Pitot)관								○
자기식 유량측정기 (Magnetic Flow Meter)	○	○	○	○	○	○		○

① 노즐 : 약간의 고형 부유물질이 포함된 폐·하수에도 이용할 수 있음

② 피토우관 : 부유물질이 많이 흐르는 폐·하수에서는 사용이 곤란, 부유물질이 적은 대형 관에서는 효율적인 유량측정기

③ 자기식 유량 측정기기 : 고형물질이 많아 관을 메울 우려가 있는 폐·하수에 이용

　[주 2] 벤튜리미터 설치에 있어 관내의 흐름이 완전히 발달하여 와류에 영향을 받지 않고 실질적으로 직선적인 흐름을 유지해야 한다. 그러므로 벤튜리미터는 난류 발생에 원인이 되는 관로상의 점으로부터 충분히 하류지점에 설치해야 하며, 통상 관 직경의 약 30배 ~ 50배 하류에 설치해야 효과적

　[주 3] 노즐 출구의 분류는 속도분포가 고르기 때문에 관의 끝에 설치하여 유량계로서가 아닌 목적에도 쓰이고 있다.

(2) 레이놀즈수와 직경에 따른 적용범위

① 벤튜리미터, 유동노즐, 오리피스의 사용에 있어서 레이놀즈수와 직경의 범위가 필요

$$Re = \frac{\rho \cdot V \cdot P}{\mu}$$

　여기서, Re : 레이놀즈수 (무차원)
　　　　　ρ : 유체의 밀도 (kg/m^3)
　　　　　v : 유속 (m/s)
　　　　　D : 관경 (m)
　　　　　μ : 유체의 점도 (kg/m · s)

② 레이놀즈수 : 유체 역학에서, 흐름의 관성력과 점성력의 비(比). 유체의 밀도, 흐름의 속도, 흐름 속에 둔 물체의 길이에 비례하고 유체의 점성률에 반비례한다.

③ 레이놀즈수와 직경에 따른 적용범위

벤튜리미터	유동 노즐	오리피스
$2 \times 10^5 \leqq Re \leqq 2 \times 10^6$	$10^5 \leqq Re \leqq 10^6$	$10^5 \leqq Re \leqq 10^7$
$0.3 \leqq \dfrac{D_2}{D_1} \leqq 0.75$	$0.01 \leqq \left(\dfrac{D_2}{D_1}\right)^4 \leqq 0.41$	$0.01 \leqq \left(\dfrac{D_2}{D_1}\right)^4 \leqq 0.41$
$100\,mm \leqq D_1 \leqq 800\,mm$	$50\,mm \leqq D_1 \leqq 1,000\,mm$	$50\,mm \leqq D_1 \leqq 1,000\,mm$

　여기서, D_1 : 유입부 직경
　　　　　D_2 : 목부 직경

2. 정밀도 및 정확도

① 벤츄리미터와 유량측정노즐, 오리피스는 최대유속과 최소유속의 비율이 4 : 1이어야 하며 피토 우관은 3 : 1 자기식 유량측정기는 10 : 1이다.

② 정확도는 유량측정기기로 측정한 것은 실제적으로 ± (0.3 ~ 3) % 정도의 차이를 갖는다. 정밀 도의 경우(최대유량일 때) ± (0.5 ~ 1) %의 차이를 보이는 것으로 보아 거의 정확하다고 볼 수 있다.

③ 정밀/정확도 및 최대유속과 최소유속의 비율

유량계	범위 (최대유량 : 최소유량)	정확도, (실제유량에 대한, %)	정밀도 (최대유량에 대한, %)
벤튜리미터(Venturi Meter)	4 : 1	± 1	± 0.5
유량측정용 노즐(Nozzle)	4 : 1	± 0.3	± 0.5
오리피스(Orifice)	4 : 1	± 1	± 1
피토우(Pitot)관	3 : 1	± 3	± 1
자기식 유량측정기 (Magnetic Flow Meter)	10 : 1	± 1 ~ 2	± 0.5

3. 유량계 종류 및 특성

	특성	구조
벤튜리미터 (venturi meter)	긴 관의 일부로서 단면이 작은 목(throat) 부분과 점점 축소, 점점 확대되는 단면을 가진 관. 축소부분에서 정력학적 수두의 일부는 속도수두로 변하게 되어 관의 목(throat) 부분의 정력학적 수두보다 적게 된다. 이러한 수두의 차에 의해 직접적으로 유량을 계산할 수 있다.	

특성	구조
유량측정용 노즐 (nozzle) 수두와 설치비용 이외에도 벤튜리미터와 오리피스 간의 특성을 고려하여 만든 유량측정용 기구로서 측정원리의 기본은 정수압이 유속으로 변화하는 원리를 이용한 것이다. 그러므로 벤튜리미터의 유량 공식을 노즐에도 이용할 수 있다.	
오리피스 (orifice) 🔖중요내용 설치에 비용이 적게 들고 비교적 유량측정이 정확한 얇은 판 오리피스가 널리 이용되고 있으며 흐름의 수로 내에 설치한다. 사용하는 방법은 노즐(nozzle)과 벤튜리미터와 같다. 오리피스의 장점은 단면이 축소되는 목(throat) 부분을 조절함으로써 유량이 조절된다는 점이며, 단점은 오리피스(orifice) 단면에서 커다란 수두손실이 일어난다는 점이다.	
피토우 (pitot)관 유속은 마노미터에 나타나는 수두 차에 의하여 계산한다. 왼쪽의 관은 정수압을 측정하고 오른쪽관은 유속이 0인 상태인 정체압력(stagnation pressure)을 측정한다. 피토우관으로 측정할 때는 반드시 일직선상의 관에서 이루어져야 하며, 관의 설치장소는 엘보우(elbow), 티(tee) 등 관이 변화하는 지점으로부터 최소한 관 지름의 15배 ~ 50배 정도 떨어진 지점이어야 한다.	
자기식 유량측정기 (Magnetic Flow Meter) 측정원리는 패러데이(faraday)의 법칙을 이용하여 자장의 직각에서 전도체를 이동시킬 때 유발되는 전압은 전도체의 속도에 비례한다는 원리를 이용한 것으로 이 경우 **전도체는 폐·하수**가 되며, **전도체의 속도는 유속**이 된다. 이때 발생된 전압은 유량계 전극을 통하여 조절변류기로 전달된다. 이 측정기는 전압이 활성도, 탁도, 점성, 온도의 영향을 받지 않고 다만 유체(폐·하수)의 유속에 의하여 결정되며 수두손실이 적다.	

4. 유량 산출방법

유량계	측정공식
벤튜리미터, 유량측정 노즐, 오리피스 (측정원리가 같으므로 공통된 공식 적용)	$Q = \dfrac{C \cdot A}{\sqrt{1 - \left[\dfrac{d_2}{d_1}\right]^4}} \sqrt{2\,g \cdot H}$ 여기서, Q : 유량 (cm³ / s) C : 유량계수 A : 목(throat) 부분의 단면적 (cm²) $\left[= \dfrac{\pi d_2{}^2}{4}\right]$ H : $H_1 - H_2$ (수두차 : cm) H_1 : 유입부 관 중심부에서의 수두 (cm) H_2 : 목 (throat)부의 수두 (cm) g : 중력가속도 (980 cm / s²) d_1 : 유입부의 직경 (cm) d_2 : 목 (throat)부 직경 (cm)
피토우(pitot)관	$Q = C \cdot A \cdot V$ 여기서, Q : 유량 (cm³/ s) C : 유량계수 A : 관의 유수단면적 (cm²) $\left[= \dfrac{\pi D^2}{4}\right]$ V : $\sqrt{2\,g \cdot H}$ (cm / s) H : $H_s - H_o$ (수두차 : cm) g : 중력가속도 (980 cm / s²) H_s : 정체압력 수두 (cm) H_o : 정수압 수두 (cm) D : 관의 직경 (cm)
자기식 유량측정기 (Magnetic Flow Meter) (연속 방정식을 이용하여 유량 측정)	$Q = C \cdot A \cdot V$ 여기서, C : 유량계수 V : 유속 $\left[\dfrac{E}{B \cdot D} 10^6\right]$ (m / s) A : 관의 유수단면적 (m²) E : 기전력 B : 자속밀도 (GAUSS) D : 관경 (m)

5. 유량의 측정조건 및 측정값의 정리와 표시

① 폐하수의 유량조사에 있어서는 배출시설(공장, 사업장 등)의 조업기간 중에 있어서 가능한 한 처리량, 운전시간, 설비가동상태에 이상이 없는 날을 택하여 조사한다. 1일 조업시간을 1단위로 한다.

② 조사당일은 그날의 조업개시 시간부터 원칙적으로 10분 또는 15분마다 반드시 일정간격으로 폐하수량을 측정하며, 당일의 조업이 끝나고 다음날(翌日) 조업이 시작될 때까지, 혹은 당일의 조업이 끝나고 다음 조업이 시작될 때까지 폐하수가 흐르는 경우에는 폐하수의 방류가 종료될 때까지 측정을 계속한다. 다만, 유량에 변화가 없을 경우에는, 상기의 시간간격을 적의 연장하여도 무방하다.

③ 한 조사단위에 있어서 동일 간격으로 측정한 유량 측정값은 다음 3개항에 해당 배수량을 나타낸다.
　㉠ 그래프에 조업시간과 유량과의 관계를 표시 한다.
　㉡ 측정값의 산술평균값을 계산하여 평균유량으로 한다.
　㉢ 측정값의 최대값을 가지고 최대유량 측정값으로 한다.

④ 측정을 계속하는 중에 배출시설(공장, 사업장 등)의 조업상태가 나쁘거나 다른 이상이 있거나 폐하수의 유량에 유의한 변화가 있어 측정값에 영향이 있을 경우에는 재측정을 한다.

실전 예상문제

01

2009
제1회
2014
제6회

공장폐수 및 하수 유량 측정 방법에서 관 내에 압력이 존재하는 관수로의 유량을 측정하는 방법이 아닌 것은?

① 벤튜리미터(Venturi Meter)
② 유량측정용 노즐(Nozzle)
③ 피토우(Pitot)관
④ 파샬플룸(Parshall flume)

풀이 관(Pipe) 내의 유량측정 방법(관 내에 압력이 존재하는 관수로의 흐름)에는 벤튜리미터(Venturi Meter), 유량측정용 노즐(Nozzle), 오리피스(Orifice), 피토우(Pitot)관, 자기식 유량측정기(Magnetic Flow Meter)가 있다. 파샬플룸은 측정용 수로에 의한 유량측정 방법이다.

02

2010
제2회

유량측정방법 중에서 단면이 축소되는 목 부분을 조절하면 유량을 조절할 수 있다는 것이 장점인 것은?

① 오리피스(Orifice)
② 노즐(Nozzle)
③ 벤튜리미터(Venturi Meter)
④ 피토우(Pitot)관

풀이 오리피스는 설치에 비용이 적게 들고 비교적 유량측정이 정확하여 얇은 판 오리피스가 널리 이용되고 있으며 흐름의 수로 내에 설치한다. 오리피스를 사용하는 방법은 노즐(Nozzle)과 벤튜리미터와 같다. 오리피스의 장점은 단면이 축소되는 목(Throat) 부분을 조절함으로써 유량이 조절된다는 점이며, 단점은 오리피스(Orifice) 단면에서 커다란 수두손실이 일어난다는 점이다.

03 고형물질이 많아 관을 메울 우려가 있는 폐 · 하수에 이용할 수 있는 방법은?

① 오리피스
② 피토우관
③ 자기식유량측정기
④ 파샬플룸

풀이 자기식 유량 측정기기의 경우에는 고형물질이 많아 관을 메울 우려가 있는 폐 · 하수에 이용할 수 있다.

04 공장폐수 및 하수 유량 측정 방법의 설명 중 틀린 것은?

① 벤튜리미터는 난류 발생에 원인이 되는 관로상의 점으로부터 충분히 하류지점에 설치해야 하며, 통상 관 직경의 약 30배 ~ 50배 하류에 설치해야 효과적이다.
② 오리피스는 설치에 비용이 적게 들고 비교적 유량측정이 정확하여 얇은 판 오리피스가 널리 이용된다.
③ 피토우관으로 측정할 때는 반드시 일직선상의 관에서 이루어져야 한다.
④ 자기식 유량측정기는 전압이 활성도, 탁도, 점성, 온도의 영향을 받지 않으나 수두손실이 크다.

정답 **01** ④ **02** ① **03** ③ **04** ④

풀이 **자기식 유량측정기**

측정원리는 패러데이 (Faraday)의 법칙을 이용하여 자장의 직각에서 전도체를 이동시킬 때 유발되는 전압은 전도체의 속도에 비례한다는 원리를 이용한 것으로 이 경우 전도체는 폐ㆍ하수가 되며, 전도체의 속도는 유속이 된다. 이때 발생된 전압은 유량계 전극을 통하여 조절변류기로 전달된다.

이 측정기는 전압이 활성도, 탁도, 점성, 온도의 영향을 받지 않고 다만 유체(폐ㆍ하수)의 유속에 의하여 결정되며 수두손실이 적다.

05 공장폐수 및 하수 유량의 측정조건 및 측정값의 정리와 표시에 대한 설명 중 틀린 것은?

① 1일 조업시간을 1단위로 한다.

② 조사당일은 그날의 조업개시 시간부터 원칙적으로 10분 또는 15분마다 반드시 일정간격으로 폐하수량을 측정한다.

③ 당일의 조업이 끝난 후에는 비록 폐하수가 흐르는 경우에는 측정을 중지하고 다음날 재 측정 한다.

④ 측정값의 산술평균값을 계산하여 평균유량으로 한다.

풀이 조사당일은 그날의 조업개시 시간부터 원칙적으로 10분 또는 15분마다 반드시 일정간격으로 폐하수량을 측정하며, 당일의 조업이 끝나고 다음날(翌日) 조업이 시작될 때까지, 혹은 당일의 조업이 끝나고 다음 조업이 시작될 때까지 폐하수가 흐르는 경우에는 폐하수의 방류가 종료될 때까지 측정을 계속한다. 다만, 유량에 변화가 없을 경우에는, 상기의 시간간격을 적의 연장하여도 무방하다.

05 공장폐수 및 하수유량 – 측정용수로 및 기타 유량측정방법
(Industrial and Municipal Wastewater – Flow in flume and so on)
(ESS 04140.2b 2014)

1. 유량측정장치의 적용

(1) 폐수처리 공정에서 유량측정장치의 적용

	공장폐수 원수 (Raw Wastewater)	1차처리수 (Primary Effluent)	2차처리수 (Secondary Effluent)	1차슬러지 (Primary Sludge)	반송 슬러지 (Return Sludge)	농축슬러지 (Thickened Sludge)	포기액 (Mixed Liquor)	공정수 (Process Water)
웨어 (Weir)			○					○
플룸 (Flume)	○	○	○					○

① 삼각웨어와 사각웨어를 사용

② 수두 : 웨어의 상류 측 수두측정 부분의 수위와 절단 하부점(직각 3각 웨어) 또는 절단 하부 모서리의 중앙(4각 웨어)과의 수직거리를 말한다.

(2) 정밀도 및 정확도

① 웨어는 최대유속과 최소유속의 비가 500 : 1에 해당한다.

② 파샬수로는 최대유속과 최소유속의 비가 10 : 1 ~ 75 : 1에 해당하며 이 수치는 파샬수로의 종류에 따라 변한다.

③ 정확도는 ± 5, 정밀도 ± 0.5의 차이를 보인다.

④ 유량계에 따른 정밀/정확도 및 최대유속과 최소유속의 비율

유량계	범위(최대유량 : 최소유량)	정확도(실제유량에 대한, %)	정밀도(최대유량에 대한, %)
웨어(Weir)	500 : 1	± 5	± 0.5
파샬수로(Flume)	10 : 1 ~ 75 : 1	± 5	± 0.5

(3) 웨어(Weir)

웨어의 종류 및 구조 : 수로, 웨어판

(4) 수두의 측정방법

① 수두의 측정 장소는 웨어판 내면으로부터 300 mm 상류인 곳으로 하고 그 위치를 표시하기

위하여 적당한 철제 기구를 사용하여 수로의 측벽 윗면에 고정하여 표시한다.

② 수두의 측정 장소는 그 상면에 측정위치를 표시하는 기선을 유수방향의 직각으로 새겨 유수에 면(面)한 측변은 자의 눈금을 읽기 쉽도록 예각(銳角)으로 하여 그 능선을 수위측정기선(水位側定基線)으로 한다.

③ 수두측정선의 기선이 되는 0점은 수로의 물이 웨어의 절단 하부점(직각 3각 웨어) 또는 절단 하부 귀퉁이의 중앙(4각 웨어)에 접하는 상태일 때, 그 수면과 측정 장소 표시의 수두 측정점으로부터 수직으로 내린 선이 접하는 점을 말하며, 그 수직거리를 mm로 재어서 이것을 0점 측정치로 한다.

④ 유량측정에 있어서 수위측정은 0점 측정일 때와 마찬가지로 수위 측정 점과 흐름의 수면과 수직거리를 mm 단위로 측정하여 이것을 흐름의 수위측정치로 한다.

⑤ 유량산출의 기초가 되는 수두 측정 장치는 a−b 측 영점수위 측정치 (mm) ~ 흐름의 수위측정치 (mm)=측정수두 (mm)로 한다.

⑥ 0점 수위는 유량측정조사를 시작하기 전에 한 번 측정하였으면 측정할 때마다 할 필요는 없으나 수로가 조금이라도 움직여서 바뀌는 때에는 조사기간 중에도 적당한 때에 측정한다.

⑦ 수두의 측정은 웨어를 넘어서 흘러내리는 물이 웨어판 바깥 측에 닿지 않는 상태로 행한다.

(5) 유량 산출방법

유량계	측정공식
직각 3각 웨어	$$Q = K \cdot h^{\frac{5}{2}}$$ 여기서, Q : 유량 (m³/ 분) K : 유량계수 $= 81.2 + \dfrac{0.24}{h} + \left[8.4 + \dfrac{12}{\sqrt{D}}\right] \times \left[\dfrac{h}{B} - 0.09\right]^2$ B : 수로의 폭 (m) D : 수로의 밑면으로부터 절단 하부 점까지의 높이 (m) h : 웨어의 수두 (m)
4각 웨어	$$Q = K \cdot b \cdot h^{\frac{3}{2}}$$ 여기서, Q : 유량 (m³ / 분) K : 유량계수 $= 107.1 + \dfrac{0.177}{h} + 14.2\dfrac{h}{D} - 25.7 \times \sqrt{\dfrac{(B-b)h}{D \cdot B}} + 2.04\sqrt{\dfrac{B}{D}}$ D : 수로의 밑면으로부터 절단 하부 모서리까지의 높이 (m) B : 수로의 폭 (m) b : 절단의 폭 (m) h : 웨어의 수두 (m)

2. 파샬수로(Parshall Flume)

(1) 특성

수두차가 작아도 유량측정의 정확도가 양호하며 측정하려는 폐하수 중에 부유물질 또는 토사 등이 많이 섞여 있는 경우에도 목(Throat) 부분에서의 유속이 상당히 빠르므로 부유물질의 침전이 적고 자연유하가 가능하다.

(2) 재질

부식에 대한 내구성이 강한 스테인레스 강판, 염화비닐합성수지, 섬유유리, 강철판, 콘크리트 등을 이용하여 설치하되 면처리는 매끄럽게 처리하여 가급적 마찰로 인한 수두 손실을 적게 한다.

(3) 유량측정

① 상류 측 관측점 수위(H_a)와 하류측 관측점 수위(H_b)를 측정, 경험식을 이용하여 계산한다.
② 파샬수로 내의 흐름은 항상 자유흐름이 발생되도록 플룸을 설치하여야 한다. 이렇게 하기 위해 상류 측 측정 수심 H_a에 대한 하류 측정수심 H_b의 비(H_b/H_a)가 최소한 95 % 이하이어야 한다.

3. 용기에 의한 측정

(1) 최대 유량이 1 m³/분 미만인 경우

① 용기는 용량 100 L ~ 200 L인 것을 사용하여 유수를 채우는 데에 요하는 시간을 스톱워치(stop watch)로 잰다. 용기에 물을 받아 넣는 시간을 20초 이상이 되도록 용량을 결정한다.

② 계산

$$Q = 60 \frac{V}{t}$$

여기서, Q : 유량 (m³/min)
V : 측정용기의 용량 (m³)
t : 유수가 용량 V를 채우는 데에 걸린 시간 (s)

(2) 최대유량 1 m³/분 이상인 경우

① 이 경우는 침전지, 저수지 기타 적당한 수조(水槽)를 이용한다.

② 수조가 작은 경우는 한번 수조를 비우고서 유수가 수조를 채우는 데 걸리는 시간으로부터 최대유량이 1 m³/분 미만인 경우와 동일한 방법으로 유량을 구한다.

③ 수조가 큰 경우는 유입시간에 있어서 유수의 부피는 상승한 수위와 상승 수면의 평균표면적(平均表面積)의 계측에 의하여 유량을 산출한다. 이 경우 측정시간은 5분 정도, 수위의 상승속도는 적어도 매분 1 cm 이상이어야 한다.

4. 개수로에 의한 측정 *중요내용

(1) 수로의 구성재질과 수로 단면의 형상이 일정하고 수로의 길이가 적어도 10 m까지 똑바른 경우

① 직선 수로의 구배와 횡단면을 측정하고 이어서 자(尺) 등으로 수로폭간의 수위를 측정한다.

② 다음의 식을 사용하여 유량을 계산한다. 평균유속은 케이지(Chezy)의 유속공식에 의한다.

$$Q = 60 \cdot V \cdot A$$

여기서, Q : 유량 (m³/분)

　　　　V : 평균유속 ($= C\sqrt{Ri}$) (m/s)

　　　　A : 유수단면적 (m²)

(2) 수로의 구성, 재질, 수로단면의 형상, 구배 등이 일정하지 않은 개수로의 경우 *중요내용

① 수로는 될수록 직선적이며, 수면이 물결치지 않는 곳을 고른다.

② 10 m를 측정구간으로 하여 2 m마다 유수의 횡단면적을 측정하고, 산술 평균값을 구하여 유수의 평균 단면적으로 한다.

③ 유속의 측정은 부표를 사용하여 10 M 구간을 흐르는 데 걸리는 시간을 스톱위치(Stop Watch)로 재며 이때 실측유속을 표면 최대유속으로 한다.

④ 계산

$$V = 0.75 V_e$$

여기서, V : 총평균 유속 (m/s)

　　　　V_e : 표면 최대유속 (m/s)

$$Q = 60\,V \cdot A$$

여기서, Q : 유량 (m³/분)

V : 총평균 유속 (m/s)

A : 측정구간의 유수의 평균단면적 (m²)

5. 유량의 측정조건 및 측정값의 정리와 표시

① 폐하수의 유량조사에 있어서는 배출시설(공장, 사업장 등)의 조업기간 중에 있어서 가능한 한 처리량, 운전시간, 설비가동상태에 이상이 없는 날을 택하여 조사한다. 1일 조업시간을 1단위로 한다.

② 조사당일은 그날의 조업개시 시간부터 원칙적으로 10분 또는 15분마다 반드시 일정간격으로 폐하수량을 측정하며, 당일의 조업이 끝나고 다음날(翌日) 조업이 시작될 때까지, 혹은 당일의 조업이 끝나고 다음 조업이 시작될 때까지 폐하수가 흐르는 경우에는 폐하수의 방류가 종료될 때까지 측정을 계속한다. 단, 유량에 변화가 없을 경우에는, 상기의 시간간격을 적의 연장하여도 무방하다.

③ 한 조사단위에 있어서 동일 간격으로 측정한 유량 측정값은 다음 3개항에 해당 배수량을 나타낸다.

④ 그래프에 조업시간과 유량과의 관계를 표시한다.

⑤ 측정값의 산술평균값을 계산하여 평균유량으로 한다.

⑥ 측정값의 최대값을 가지고 최대유량 측정값으로 한다.

⑦ 측정을 계속하는 중에 배출시설(공장, 사업장 등)의 조업상태가 나쁘거나 다른 이상이 있거나 폐하수의 유량에 유의한 변화가 있어 측정값에 영향이 있을 경우에는 재측정을 한다.

실전 예상문제

01
2011
제3회

수로의 구성, 재질, 단면의 형상, 기울기 등이 일정하지 않은 개수로를 사용하여 유량을 측정하는 것에 대한 설명으로 틀린 것은?

① 유량 측정 시 되도록 직선으로 수면이 물결치지 않는 곳을 고른다.

② 10 m를 측정구간으로 하여 2 m마다 유수의 횡단면적을 측정하고 산술평균값을 구하여 유수의 평균단면적으로 한다.

③ 유속의 측정은 부표로 10 m 구간을 흐르는 데 걸리는 시간을 스톱워치로 재며 실측유속을 표면최대유속으로 한다.

④ 수로의 수량 계산식은 $Q = 0.75\,VA$이다. (Q : 유량, V : 총평균 유속, A : 측정구간 유수의 단면적)

풀이 수로의 구성, 재질, 수로단면의 형상, 기울기 등이 일정하지 않은 개수로의 경우 수로의 수량은 다음 식을 사용하여 계산한다.

$V = 0.75\,V_e$ (V : 총평균 유속, V_e : 표면 최대유속)

$Q = 60 \cdot V \cdot A$ (Q : 유량, V : 총평균 유속, A : 측정구간의 유수의 평균단면적)

02
2014
제6회

수로의 구성, 재질, 수로단면의 형상, 구배 등이 일정하지 않은 개수로에서 수로의 수량 계산을 위해 쓰이는 관계식으로 맞는 것은?(단, V_e는 표면최대유속, V는 총평균유속)

① $V_e = \dfrac{V}{0.50}$　　　　　　　② $V_e = \dfrac{V}{0.75}$

③ $V_e = 0.50\,V$　　　　　　　　④ $V_e = 0.75\,V$

풀이 수로의 구성, 재질, 수로단면의 형상, 구배 등이 일정하지 않은 개수로의 경우 수로의 수량은 다음 식을 사용하여 계산한다.

$V = 0.75\,V_e$

여기서, V : 총평균 유속 (m/s)
V_e : 표면 최대유속 (m/s)

정답 **01** ④ **02** ②

···06 하천유량 – 유속 면적법
(Flow Measurement of River and Stream – Velocity Area Method)

(ES 04140.3b 2014)

1. 개요

이 시험기준은 단면의 폭이 크며 유량이 일정한 곳에 활용하기에 적합하다.

① 균일한 유속분포를 확보하기 위한 충분한 길이(약 100 m 이상)의 직선 하도(河道)의 확보가 가능하고 횡단면상의 수심이 균일한 지점

② 모든 유량 규모에서 하나의 하도로 형성되는 지점

③ 가능하면 하상이 안정되어 있고, 식생의 성장이 없는 지점

④ 유속계나 부자가 어디에서나 유효하게 잠길 수 있을 정도의 충분한 수심이 확보되는 지점

⑤ 합류나 분류가 없는 지점

⑥ 교량 등 구조물 근처에서 측정할 경우 교량의 상류지점

⑦ 대규모 하천을 제외하고 가능하면 도섭으로 측정할 수 있는 지점

⑧ 선정된 유량측정 지점에서 말뚝을 박아 동일 단면에서 유량측정을 수행할 수 있는 지점

[주] 기존의 자료를 얻을 수 있는 수위표지점으로부터 1 km 이내(수위가 급변하는 경우 가능하면 수위 관측소 주변)인 지점에서 측정하면 좋다.

2. 용어

(1) 부자(浮子)

하천이나 용수로의 유속을 관측할 때 사용하는 기구. 유속을 관측하고자 하는 구간을 부자가 유하하는 데 걸리는 시간으로부터 유속을 구하는 것을 말한다. 부자의 종류에는 표면부자, 이중부자, 막대(봉)부자 등이 있다.

(2) 도섭(徒涉)

물을 걸어서 건널 수 있는 것이다.

3. 측정장비

① 기본적으로 유속계, 초시계, 회전 수 측정을 위한 장비 등이 있다. 또한 측정방법에 따라 보트, 권양기 등 추가 장비가 필요하다.

② 유속계 : 유체의 속도를 측정할 수 있는 기기이다.

③ **초음파 유속계**(ADV ; Acoustic Doppler Velocimeter) : 도플러(Doppler) 효과를 이용하여 유속을 구하는 측정기기로 얕은 수심, 저유속에서 정확도 높은 유속을 측정할 수 있다.

④ **도섭봉** : 일반적으로 수심 측정을 위해서는 측량에서 사용되는 표척이나 유속계 부착이 가능한 도섭봉을 이용한다.

⑤ **청음장치**(헤드폰) : 청음식의 경우 소리의 시작을 찾아내기 어렵다. 따라서 소리의 끝과 끝을 기준으로 시간을 측정하는 것이 보다 정확한 측정방법이다.

4. 결과보고 *중요내용

① 유황(流況)이 일정하고 하상의 상태가 고른 지점을 선정하여 물이 흐르는 방향과 직각이 되도록 하천의 양끝을 로프로 고정하고 등간격으로 측정점을 정한다.

② 통수단면을 여러 개로 소구간 단면으로 나누어 각 소구간마다 수심 및 유속계로 1개 ~ 2개의 점유속을 측정하고 소구간 단면의 평균유속 및 단면적을 구한다. 이 평균 유속에 소구간 단면적을 곱하여 소구간 유량(q_m)으로 한다.

③ 소구간 단면에 있어서 **평균유속** V_m 은 수심 0.4 m를 기준으로 다음과 같이 구한다.

   ㉠ 수심이 0.4 m 미만일 때 $V_m = V_{0.6}$ *중요내용

   ㉡ 수심이 0.4 m 이상일 때 $V_m = (V_{0.2} + V_{0.8}) \times \dfrac{1}{2}$ *중요내용

   $V_{0.2}$, $V_{0.6}$, $V_{0.8}$은 각각 수면으로부터 전 수심의 20 %, 60 % 및 80 %인 점의 유속이다.

$$Q = q_1 + q_2 + \cdots\cdots q_m$$

여기서, Q : 총 유량
        q_m : 소구간 유량
        V_m : 소구간 평균 유속

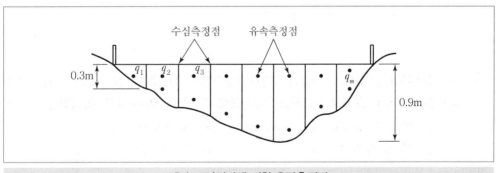

유속 – 면적법에 의한 유량측정법

실전 예상문제

01
2009
제1회

하천 유량 측정방법에 대한 설명으로 맞는 것은?

① 유속 – 깊이 법을 적용하며 등간격으로 측정점을 정한다.

② 평균 측정을 위해 유황과 하상의 상태가 고른 지점과 변화가 심한 지점을 측정점에 포함한다.

③ 통수단면을 여러 개의 소구간 단면으로 나누어, 각 소구간마다 수심 및 유속계로 1~2개의 점 유속을 측정하고 소구간 단면의 평균유속과 단면적을 구한다.

④ 측정에는 벤튜리미터를 사용한다.

> **풀이** ①, ② 유속 – 면적법은 유황(流況)이 일정하고 하상의 상태가 고른 지점을 선정하여 물이 흐르는 방향과 직각이 되도록 하천의 양끝을 로프로 고정하고 등간격으로 측정점을 정한다.
> ④ 벤튜리미터는 관내유량측정방법이다.

02
2010
제2회

하천의 유량을 측정하기 위하여 하천의 단면을 소구간으로 나누었다. 어떤 소구간의 수심이 1.0 m일 때 유속을 측정하려고 각 수심의 유속을 측정한 결과 수심 20 % 지점이 1.4 m/sec, 수심 40 % 지점이 1.2 m/sec, 60 %인 지점이 0.9 m/sec, 80 %인 지점이 0.7 m/sec이었다. 소구간의 평균 유속(m/sec)으로 맞는 것은?

① 1.05　　　　② 1.15　　　　③ 1.25　　　　④ 1.35

> **풀이** 하천유량 – 유속 면적법
> 소구간 단면에 있어서 평균유속 V_m은 수심 0.4 m를 기준으로 구한다.
> ㉠ 수심이 0.4 m 미만일 때 $V_m = V_{0.6}$
> ㉡ 수심이 0.4 m 이상일 때 $V_m = (V_{0.2} + V_{0.8}) \times \dfrac{1}{2}$
> $V_{0.2}$, $V_{0.6}$, $V_{0.8}$은 각각 수면으로부터 전 수심의 20 %, 60 % 및 80 %인 점의 유속이다.
>
> 수심이 1.0 m이므로 $V_m = (V_{0.2} + V_{0.8}) \times \dfrac{1}{2}$ 수식에 따라,
>
> 평균 유속(m/sec) $= (1.4 + 0.7) \times \dfrac{1}{2} = 1.05$ m/sec

03
2013
제5회

하천에서 유황이 일정하고 하상의 상태가 고른 지점을 선정하여 물이 흐르는 방향과 직각이 되도록 하천의 양 끝에 로프로 고정하고 등간격으로 측정점을 정하는 유량 측정법은?

① 유속 – 면적법(Velocity – Area Method)　　② 벤튜리미터(Venturi Meter)
③ 파샬플룸(Parshall flume)　　④ 피토우(Pitot)관

풀이 **하천유량 – 유속 면적법**

유황(流況)이 일정하고 하상의 상태가 고른 지점을 선정하여 물이 흐르는 방향과 직각이 되도록 하천의 양끝을 로프로 고정하고 등 간격으로 측정 점을 정하는 유량측정법은 유속 – 면적법이다.

04 하천의 유량을 유속면적법으로 측정하려고 한다. 적용범위로 틀린 것은?

① 균일한 유속분포를 확보하기 위한 충분한 길이(약 100 m 이상)의 직선 하도(河道)의 확보가 가능하고 횡단면상의 수심이 균일한 지점

② 유속계나 부자가 어디에서나 유효하게 잠길 수 있을 정도의 충분한 수심이 확보되는 지점

③ 교량 등 구조물 근처에서 측정할 경우 교량의 하류지점

④ 기존의 자료를 얻을 수 있는 수위표지점으로부터 1 km 이내

풀이 **하천 유량 유속면적법 적용범위**

- 모든 유량 규모에서 하나의 하도로 형성되는 지점
- 가능하면 하상이 안정되어 있고, 식생의 성장이 없는 지점
- 합류나 분류가 없는 지점
- 교량 등 구조물 근처에서 측정할 경우 교량의 상류지점
- 대규모 하천을 제외하고 가능하면 도섭으로 측정할 수 있는 지점
- 선정된 유량측정 지점에서 말뚝을 박아 동일 단면에서 유량측정을 수행할 수 있는 지점
- 기존의 자료를 얻을 수 있는 수위표지점으로부터 1 km 이내(수위가 급변하는 경우 가능하면 수위 관측소 주변)인 지점에서 측정하면 좋다.

정답 **04** ③

📖07 시료의 전처리 방법(Sample Preparation in Water)

(ES 04150.1b 2014)

1. 용어 및 전처리 절차

(1) 산분해법 *중요내용*

시료에 산을 첨가하고 가열하여 시료 중의 유기물 및 방해물질을 제거하는 방법이다. 이 과정에서 시료 중의 유기물 및 방해물질은 산에 의해 분해되고 이들과 착화합물을 형성하고 있던 중금속류는 이온 상태로 시료 중에 존재하게 된다.

① 질산법 : 유기물 함량이 비교적 높지 않은 시료의 전처리에 적용된다.

② 질산 – 염산법 : 유기물 함량이 비교적 높지 않고 금속의 수산화물, 산화물, 인산염 및 황화물을 함유하고 있는 시료에 적용. 휘발성 또는 난용성 염화물을 생성하는 금속 물질의 분석에는 주의한다.

③ 질산 – 황산법 : 유기물 등을 많이 함유하고 있는 대부분의 시료에 적용. 그러나 칼슘, 바륨, 납 등을 다량 함유한 시료는 난용성의 황산염을 생성하여 다른 금속성분을 흡착하므로 주의한다. *중요내용*

④ 질산 – 과염소산법 : 유기물을 다량 함유하고 있으면서 산분해가 어려운 시료에 적용된다.

[주 1] 과염소산을 넣을 경우 질산이 공존하지 않으면 폭발할 위험이 있으므로 반드시 질산을 먼저 넣어주어야 하며, 어떠한 경우에도 유기물을 함유한 뜨거운 용액에 과염소산을 넣어서는 안 된다.

[주 2] 납을 측정할 경우, 시료 중에 황산이온 (SO_4^{2-})이 다량 존재하면 불용성의 황산납이 생성되어 측정값에 손실을 가져온다. 이때는 분해가 끝난 액에 정제수 대신 아세트산암모늄(5 → 6) 50 mL를 넣고 가열하여 액이 끓기 시작하면 비커 또는 킬달플라스크를 회전시켜 내벽을 액으로 충분히 씻어준 다음 약 5분 동인 가열을 계속하고 방치하여 냉각하여 거른다.

⑤ 질산 – 과염소산 – 불화수소산 : 다량의 점토질 또는 규산염을 함유한 시료에 적용된다.

(2) 마이크로파 산분해법

전반적인 처리 절차 및 원리는 산분해법과 같으나 마이크로파를 이용해서 시료를 가열하는 것이 다르다. 마이크로파를 이용하여 시료를 가열할 경우 고온·고압하에서 조작할 수 있어 전처리 효율이 좋아진다.

① 이 방법은 밀폐 용기를 이용한 마이크로파 장치에 의한 방법에 적용되는 방법이다.

② 이 방법은 유기물을 다량 함유하고 있으면서 산분해가 어려운 시료에 적용된다.

(3) 회화에 의한 분해

① 이 방법은 목적성분이 400 ℃ 이상에서 휘산되지 않고 쉽게 회화될 수 있는 시료에 적용된다. 시료 중에 염화암모늄, 염화마그네슘 등이 다량 함유된 경우에는 납, 철, 주석, 아연, 안티몬 등이 휘산되어 손실을 가져오므로 주의하여야 한다.

② 용기를 회화로에 옮기고 400 ℃ ~ 500 ℃에서 가열하여 잔류물을 회화시킨 다음 냉각하고 염산(1 + 1) 10 mL를 넣어 열판에서 가열한다.

(4) 용매추출법

시료에 적당한 착화제를 첨가하여 시료 중의 금속류와 착화합물을 형성시킨 다음 형성된 착화합물을 유기용매로 추출하여 분석하는 방법이다. 이 방법은 시료 중의 분석대상물의 농도가 낮거나 복잡한 매질 중에서 분석대상물만을 선택적으로 추출하여 분석하고자 할 때 사용한다.

1) 다이에틸다이티오카바민산(diethyldithiocarbamate) 추출법

① 구리, 아연, 납, 카드뮴 및 니켈의 측정에 적용

② 시료 500 mL(또는 산분해한 시료의 일정량)를 비커에 넣고 염산 10 mL를 넣어 약 5분간 끓이고 방치하여 냉각한 다음 분별깔때기에 옮긴다.

③ 사이트르산이암모늄용액(10 %) 10 mL와 지시약으로서 메타크레졸퍼플 에틸알코올용액(0.1 %) 2~3방울을 넣고 용액이 자색을 나타낼 때까지 암모니아수(1 + 1)를 넣는다.

④ 다이에틸다이티오카르바민산나트륨용액(1 %) 5 mL를 넣고 흔들어 섞은 다음 아세트산부틸 또는 메틸아이소부틸케톤 10~20 mL를 넣어 1분간 세게 흔들어 섞고 정치하여 유기용매층(위층)을 분리한다.

  ㉠ 수층에 다시 용매 5 mL씩을 넣어 2~3회 반복 추출하고 유기용매층을 합한다.

  ㉡ 분리한 유기용매층을 100 mL 비커에 옮겨 열판 또는 물중탕으로 조용히 휘산시키고 여기에 질산 2 mL와 과염소산 1 mL를 넣어 가열 분해시킨다.

  ㉢ 맑은 색으로 분해가 끝나면 남은 액을 거의 증발시키고 냉각하여 잔류물을 질산(1 + 15) 20 mL에 녹여 분석용 시료로 한다. 단, 자외선/가시선 분광법에 따라 즉시 측정할 경우에는 일정량의 용매를 넣어 추출한 다음 분리된 용매 자체를 분석용 시료로 하여 직접 측정할 수 있다.

2) 디티존 – 메틸아이소부틸케톤(MIBK ; Methyl Isobutyl Ketone) 추출법

① 구리, 아연, 납, 카드뮴, 니켈 및 코발트 등의 측정에 적용

② 시료 500 mL(또는 산분해한 시료 일정량)를 비커에 넣고 염산 5 mL를 넣어 약 5분간 끓이

고 방치하여 냉각한 다음 타타르산암모늄용액(10 %) 10~20 mL를 넣고 암모니아수 또는 염산(1 + 50)을 넣어 pH 약 8.5로 조절한다.

③ 이 용액을 분별깔때기에 옮기고 정제수를 넣어 액량을 조절한 다음 디티존 – 메틸아이소부틸 케톤용액(0.2 %) 20~50 mL를 정확히 넣어 약 2분간 세게 흔들어 섞고 정치하여 수층(아래 층)을 버린다.

④ 유기용매층을 건조 거름종이에 걸러내어 여과액을 시험용으로 하고 즉시 측정한다. 즉시 측정이 불가능할 경우에는 수용액 상태로 한다.

3) 디티존 – 사염화탄소(5 – amino – 2 – benzimidazolethiol – carbon – tetra chloride) 추출법

① 아연, 납, 카드뮴 등의 측정에 적용

② 시료 500 mL(또는 산분해한 시료 일정량)을 비커에 넣고 염산 10 mL를 넣어 약 5분간 끓이고 방치하여 냉각한 다음 분별깔때기에 옮긴다.

③ 사이트르산이암모늄용액(10 %) 10 mL와 염산하이드록실아민용액(10 %) 2 mL 및 지시약으로 티몰 블루 · 에틸알코올용액(0.1 %) 2~3방울을 넣고 용액이 청색을 나타낼 때까지 암모니아수(1 + 1)를 넣는다.

④ 다시 암모니아수(1 + 1) 5 mL와 디티존 · 사염화탄소용액(0.01 %) 10 mL를 넣어 약 2분간 세게 흔들어 섞고 정치하여 용매층(아래층)을 다른 분별깔때기에 옮긴다.

⑤ 수층에 디티존 · 사염화탄소용액(0.01 %) 5 mL씩을 넣어 사염화탄소 층이 변색되지 않을 때까지 추출을 반복하고 용매층을 앞의 분별깔때기에 합한다.

⑥ 용매 층에 암모니아수(1 + 100) 20 mL를 넣고 흔들어 섞어서 씻어주고 용매 층을 다른 분별깔때기에 옮긴다.

⑦ 용매 층에 염산(1 + 50) 10 mL를 넣어 약 2분간 세게 흔들어 역추출하고 다시 용매 층에 염산(1 + 50) 5 mL씩을 넣어 같은 방법으로 2회 역추출하여 수층을 250 mL 부피플라스크에 합한다.

⑧ 정제수를 넣어 표선을 채우고 분석용 시료로 한다. 이때 사염화탄소 층을 분리하여 구리, 니켈 및 코발트 측정용 시료로 사용할 수도 있다.

4) 피로리딘다이티오카르바민산 암모늄 출법

① 이 방법은 시료 중 구리, 아연, 납, 카드뮴, 니켈, 철, 망간, 6가 크롬, 코발트 및 은 등의 측정에 적용된다. 다만 망간은 착화합물 상태에서 매우 불안정하므로 추출 즉시 측정하여야 하며, 크롬은 6가 크롬 상태로 존재할 경우에만 추출된다. 또한 철의 농도가 높을 경우에는 다른 금속의 추출에 방해를 줄 수 있으므로 주의해야 한다.

② 시료 500 mL(또는 산분해한 시료 일정량)를 분별깔때기에 넣고 **지시약으로 브로모페놀블루·에틸알코올용액 (0.1 %) 2방울 ~ 3방울을 넣고 청색이 지속될 때까지 암모니아수(1 + 1)를 넣은 다음 다시 청색이 보이지 않을 때까지 염산(1 + 4)을 한 방울씩 넣고 추가로 2 mL를 더 넣는다**(이때, pH는 2.3 ~ 2.5이며 지시약 대신 pH측정기를 사용할 수도 있다.).

③ **피로리딘다이티오카르바민산암모늄용액 (2 %) 5 mL를 넣어 흔들어 섞고 메틸아이소부틸케톤 10 mL ~ 20 mL를 정확히 넣어 약 2분간 세게 흔들어 섞는다.** 정치한 다음 메틸아이소부틸케톤층을 분리하여 분석용 시료로 하고 즉시 원자흡수분광광도법에 따라 측정한다.

(5) 전처리를 하지 않는 경우

무색투명한 탁도 1 NTU 이하인 시료의 경우 전처리 과정을 생략하고, pH 2 이하로(시료 1 L당 진한질산 1 mL ~ 3 mL를 첨가)하여 분석용 시료로 한다.

실전 예상문제

01
2009
제1회

시료의 전처리 방법으로 잘못 설명한 것은?

① 유기물 함량이 낮은 깨끗한 하천수는 질산에 의한 분해를 하였다.

② 유기물 함량이 비교적 높지 않고 금속의 수산화물을 함유하고 있는 시료는 질산-염산에 의한 분해를 하였다.

③ 다량의 점토질 규산염을 함유한 시료는 질산-황산에 의한 분해를 하였다.

④ 유기물을 다량 함유하고 있으면서 산화분해가 어려운 시료는 질산-과염소산에 의한 분해를 하였다.

풀이 다량의 점토질 규산염을 함유한 시료는 질산-과염소산-불화수소산에 의한 분해를 한다.

02
2010
제2회

시료의 전처리 방법과 그 적용 시료에 관한 연결이 적당하지 않은 것은?

① 질산-과염소산에 의한 분해 : 유기물을 다량 함유하고, 산화 분해가 어려운 시료

② 질산-염산에 의한 분해 : 금속의 수산화물, 인산염 및 황화물을 함유하고 있는 시료

③ 질산-과염소산-불화수소산에 의한 분해 : 다량의 점토질 또는 규산염을 함유한 시료

④ 질산-황산에 의한 분해 : 칼슘, 바륨, 납 등을 다량 함유한 시료

풀이 질산-황산에 의한 분해는 유기물 등을 많이 함유하고 있는 대부분의 시료에 적용된다. 그러나 칼슘, 바륨, 납 등을 다량 함유한 시료는 난용성의 황산염을 생성하여 다른 금속성분을 흡착하므로 주의한다.

03
2011
제3회

금속성분을 포함한 물 시료의 산분해 처리 방법 중 칼슘, 바륨, 납 등을 다량 함유한 시료의 전처리에 적절하지 않은 산성용액은?

① 질산-염산에 의한 분해

② 질산-황산에 의한 분해

③ 질산-과염소산에 의한 분해

④ 질산-과염소산-불화수소산에 의한 분해

풀이 질산-황산법은 유기물 등을 많이 함유하고 있는 대부분의 시료에 적용되나 칼슘, 바륨, 납 등을 다량 함유한 시료는 난용성의 황산염을 생성하여 다른 금속성분을 흡착하므로 주의해야 한다.

04
2012
제4회

공장폐수의 금속 성분 분석 시 질산과 황산에 의한 시료의 전처리방법으로 적합하지 않은 원소는?

① 구리　　　　　② 크롬　　　　　③ 카드뮴　　　　　④ 납

풀이 질산-황산에 의한 분해는 유기물 등을 많이 함유하고 있는 대부분의 시료에 적용된다. 그러나 칼슘, 바륨, 납 등을 다량 함유한 시료는 난용성의 황산염을 생성하여 다른 금속성분을 흡착하므로 주의한다.

정답 01 ③ 02 ④ 03 ② 04 ④

05 수질오염의 분석과정에서 채취된 시료에 존재하는 다양한 유기물 및 부유 물질들을 제거하기 위하

2012
제4회 여 적절한 방법으로 전처리과정을 거쳐야 한다. 채취된 시료수에 다량의 점토질 또는 규산염이 함
유되어 있는 경우에 적용되는 전처리 방법을 고르면?

① 질산－염산에 의한 분해

② 질산－황산에 의한 분해

③ 질산－과염소산에 의한 분해

④ 질산－과염소산－불화수소산에 의한 분해

> **풀이** 질산－과염소산－불화수소산 : 이 방법은 다량의 점토질 또는 규산염을 함유한 시료에 적용된다.

06 시료의 전처리에서 산화분해가 어려운 유기물이 다량 함유될 경우 적용되는 전처리법은 무엇인가?

2014
제6회
① 질산－염산에 의한 분해   ② 질산－황산에 의한 분해

③ 질산－과염소산에 의한 분해   ④ 질산에 의한 분해

> **풀이** **질산－과염소산법**
> 이 방법은 유기물을 다량 함유하고 있으면서 산화분해가 어려운 시료에 적용된다.

07 해수 시료에 미량(μg/kg, ppb 수준) 함유된 납(Pb) 및 카드뮴(Cd) 성분을 원자흡광광도법(Atomic

2014
제6회 Absorption Spectrophotometry)을 이용하여 분석하려고 한다. 적합한 전처리법은?

① 회화에 의한 분해

② 다이에틸다이티오카르바민산 추출법

③ 질산－과염소산에 의한 분해

④ 희석 후 직접 측정

> **풀이** **용매추출법**
> 시료에 적당한 착화제를 첨가하여 시료 중의 금속류와 착화합물을 형성시킨 다음 형성된 착화합물을 유기용
> 매로 추출하여 분석하는 방법이다. 이 방법은 시료 중의 분석대상물의 농도가 낮거나 복잡한 매질 중에서
> 분석대상물만을 선택적으로 추출하여 분석하고자 할 때 사용한다.
> ㉠ 다이에틸다이티오카바민산 추출법 －구리, 아연, 납, 카드뮴 및 니켈의 측정에 적용
> ㉡ 디티존 · 메틸아이소부틸케톤 추출법－구리, 아연, 납, 카드뮴, 니켈 및 코발트 등의 측정에 적용
> ㉢ 디티존 · 사염화탄소 추출법－아연, 납, 카드뮴 등의 측정에 적용
> ㉣ 피로리딘다이티오카르바민산 암모늄추출법－구리, 아연, 납, 카드뮴, 니켈, 철, 망간, 6가 크롬, 코발트
> 및 은 등의 측정에 적용된다. 다만 망간은 착화합물 상태에서 매우 불안정하므로 추출 즉시 측정하여야
> 하며, 크롬은 6가 크롬 상태로 존재할 경우에만 추출된다. 또한 철의 농도가 높을 경우에는 다른 금속의
> 추출에 방해를 줄 수 있으므로 주의해야 한다.

정답   **05** ④   **06** ③   **07** ②

08 피로리딘다이티오카르바민산 암모늄 추출법으로 시료 중에 금속을 추출하여 측정하고자 한다. 다음 중 추출 즉시 측정해야 하는 금속은?

① 구리　　　　　　② 아연　　　　　　③ 망간　　　　　　④ 철

풀이 망간은 착화합물 상태에서 매우 불안정하므로 추출 즉시 측정하여야 한다.

09
2014
제6회

피로리딘다이티오카르바민산 암모늄 추출법으로 시료 중에 금속을 추출 시 농도가 높으면 다른 금속의 추출에 방해를 줄 수 있는 금속은?

① 카드뮴　　　　　　② 납　　　　　　③ 코발트　　　　　　④ 철

풀이 철의 농도가 높을 경우에는 다른 금속의 추출에 방해를 줄 수 있으므로 주의해야 한다.

10
2014
제6회

시료 중에 6가 크롬을 용매추출법으로 추출하여 원자흡수분광광도법의로 분석하고자 한다. 가장 적당한 방법은?

① 다이에틸다이티오카바민산 추출법　　　　　② 디티존－메틸아이소부틸케톤 추출법
③ 디티존－사염화탄소 추출법　　　　　④ 피로리딘다이티오카르바민산 암모늄 추출법

풀이 피로리딘다이티오카르바민산 암모늄 추출법으로 6가 크롬을 추출하여 분석할 수 있다.

---

11 회화에 의한 전처리 방법에 대한 설명으로 틀린 것은?

① 이 방법은 목적성분이 400 ℃ 이상에서 휘산되지 않고 쉽게 회화될 수 있는 시료에 적용된다.
② 납, 철, 주석, 아연, 안티몬 등은 염화암모늄, 염화마그네슘 등이 다량 함유된 경우에는 휘산되어 손실을 가져올 수 있다.
③ 시료를 100 mL ~ 500 mL를 취하여 백금, 실리카 또는 자제증발접시용기에 담아 회화로에 넣어 400 ℃ ~ 500 ℃에서 회화시킨다.
④ 잔류물을 회화시킨 다음 냉각하고 염산(1 + 1) 10 mL를 넣어 열판에서 가열한다.

풀이 시료 적당량(100 mL ~ 500 mL)을 취하여 백금, 실리카 또는 자제증발접시에 넣고 물중탕 또는 열판에서 가열하여 증발건고 한다. 용기를 회화로에 옮기고 400 ℃ ~ 500 ℃에서 가열하여 잔류물을 회화시킨 다음 냉각하고 염산(1 + 1) 10 mL를 넣어 열판에서 가열한다.

정답 　08 ③　09 ④　10 ④　11 ③

12 시료의 전처리에 대한 설명 중 틀린 것은?

① 유기함량이 비교적 높지 않은 시료는 질산법으로 전처리한다.

② 유기물 등을 많이 함유하고 있는 시료는 질산-황산법으로 전처리한다.

③ 유기물을 다량 함유하고 있으면서 산분해가 어려운 시료는 질산-과염소산법으로 전처리한다.

④ 무색투명한 탁도가 1 NTU 이하인 시료는 염산-질산법으로 전처리한다.

풀이 · 무색투명한 탁도 1 NTU 이하인 시료의 경우 전처리 과정을 생략하고, pH 2 이하로(시료 1 L당 진한질산
1 mL ~ 3 mL를 첨가)하여 분석용 시료로 한다.
· 질산-염산법은 유기물 함량이 비교적 높지 않고 금속의 수산화물, 산화물, 인산염 및 황화물을 함유하고
있는 시료에 적용한다.

13 마이크로파 산분해법에 대한 설명 중 틀린 것은?

① 전반적인 처리 절차 및 원리는 산분해법과 같다.

② 마이크로파를 이용하면서 시료를 가열할 경우 고온 고압 하에서 조작할 수 있어 편리하나 전처리
효율이 좋아진다.

③ 분해장치는 약 700 W 이상의 출력을 가진 것으로 한다.

④ 일반적으로 산분해법보다 많은 양의 시료를 취할 수 있는 것이 장점이다.

풀이 마이크로파 산분해법은 정해진 용기에 시료를 취하기 때문에 산분해법과 같이 많은 양의 시료를 취하기
어렵다.

···08 퇴적물 채취 및 시료조제
(Sampling of sediment and sample preparation for analysis)
(ES 04160 2011)

1. 개요

퇴적물 채취 및 분석 시료를 조제하기 위한 방법으로 시료채취방법은 일반항목, 휘발성유기화합물,
금속류에 따라 다르다. 이 중 휘발성 유기화합물을 제외한 다른 항목의 시료채취는 여러 점을 채취하
여 혼합하고, 채취하여 혼합한 시료는 각 목적에 맞추어 체질 및 건조, 분쇄하여 사용한다.

2. 시료채취방법

일반 항목, 휘발성 유기화합물, PCBs, PAHs, DDTs는 퇴적물 채취 및 분석용 시료조제(ES 04160.1)
를 따라 시료채취하고, 금속류는 퇴적물 채취 및 금속 분석용 시료조제(ES 04160.2)를 적용한다.

▼ **퇴적물 채취방법 및 시험방법의 분류번호**

채취 목적	퇴적물 채취 및 분석용 시료조제	퇴적물 채취 및 금속 분석용 시료조제
일반 항목	ES 04160.1	–
금속류	–	ES 04160.2
휘발성 유기화합물	ES 04160.1	–
PCBs, PAHs, DDTs	ES 04160.1	–

···09 퇴적물 채취 및 분석용 시료조제
(Sampling of bulk sediment and sample preparation for analysis)
(ES 04160.1 2011)

1. 개요

(1) 목적

휘발성유기화합물을 제외한 나머지 항목(일반항목, PCBs, PAHs, DDTs)은 여러 점 채취하여 혼합하고 분석항목에 따라 체질, 건조, 분쇄한 후 적합한 용기에 담아 보관한다.

(2) 적용범위

하천, 호소의 퇴적물 시료를 채취할 때 사용한다.

(3) 간섭물질

① 시료채취기구의 재질은 측정하고자 하는 물질의 농도에 영향을 미치지 않는 것을 사용한다.
② 퇴적물의 표층에 2차적으로 얻어진 철, 망간산화물과 부유성 오염물이 침전된 경우 걷어낸다.

2. 분석기기 및 기구

(1) 시료채취 준비물

지도, 현장사진, 네비게이터 또는 GPS, 현장측정기기, 사진기, 퇴적물 채취기, 스테인레스강 사각 받침접시, 시료용기, 아이스박스, 현장기록부, 유성필기구, 탈이온수, 비닐장갑, 니트릴장갑, 안전장비, 체(체눈 크기 2 mm, 0.1 mm)

(2) 퇴적물 채취기

구 분	종 류
표층 채취기	포나 그랩(ponar grab), 에크만 그랩(ekman grap), 에크만-비르거 그랩(ekman-brige grab)
표층 및 심층 채취기	주상 채취기(core sampler)

① 포나 그랩(ponar grab)

모래가 많은 지점에서도 사용하는 중력식 채취기로 부드러운 펄층이 두터운 경우 깊이 빠져
들어가기 때문에 사용이 어렵다.

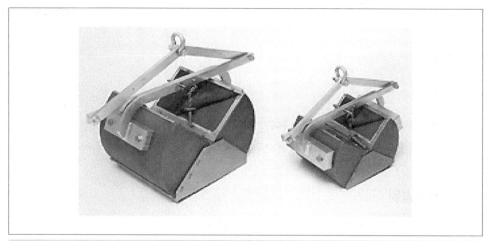

포나 그랩과 소형 포나 그랩

② 에크만 그랩(ekman grab)

물의 흐름이 거의 없는 곳에서 채취가 잘되는 채취기로서 수면 아래의 퇴적물에 채취기를 내
린 후 메신저를 투하하면 장방형 상자의 밑판이 닫히도록 설계되었다. 바닥이 모래질인 곳에
서는 사용하기 어렵다. 가벼워 휴대가 용이하다.

에크만 그랩

③ 삽, 모종삽, 스쿱(scoop)

　　얕은 곳에서 퇴적물을 뜨거나 시료를 혼합할 때 쓰이는 도구

스쿱과 모종삽

3. 시료채취 및 관리

(1) 시료채취

① 시료채취지점을 정확히 찾는다.

② 퇴적물이 있는지, 시료채취기의 사용이 가능한지 점검한다.

③ 하천의 경우 하폭에 따라 시료채취 수를 결정한다.

④ 시료채취기를 현장의 물로 세척한다.

⑤ 채취기를 던져 시료를 채취한다.

⑥ 퇴적물의 특징을 기록한다.

⑦ 채취기 벽면에 닿아 있지 않은 부분에서 가장 먼저 휘발성 유기화합물 분석용시료를 4개의 바이알에 옮긴다.

⑧ 휘발성 유기화합물 분석용 시료 이외의 시료 확보를 위해 채취기 벽면에 닿아 있지 않은 부분을 스테인레스강 모종삽으로 떠서 스테인레스강 받침접시에 옮긴 후 모종삽으로 잘 혼합하여 측정항목에 따른 적절한 용기에 담는다. 시료는 아이스박스에 보관한다.

⑨ 현장측정항목을 측정한 후 현장을 촬영하고 정확한 위치를 기록한다.

※ 주의 : 시료채취 시 플라스틱, 나무, 생물, 돌, 왕모래 등은 포함되지 않게 한다.

(2) 관리

① 금속 분석용 시료채취 시 주의사항

　　금속, 활석 가루, 유리, 휴지, 도금, 페인트 면 등과의 접촉을 피하고, 시료와 접촉하는 작업자는 니트릴비닐장갑을 착용하고 작업한다.

② 휘발성 유기화합물, 다환 방향족 탄화수소 분석용 시료채취 시 주의사항

선박의 배기가스와 담배 등이 오염의 요소가 될 수 있으므로 시료채취 중 선박의 시동은 끄고 담배 또한 피지 말아야 한다.

③ 휘발성유기화합물 시료채취방법

ㄱ 시료용기 : 5 mL의 정제수에 1 g 이황산나트륨을 녹여 40 mL 휘발성 유기화합물 분석용 바이알에 넣은 후 각각의 바이알 무게를 재고 유성 필기구로 그 무게를 바이알에 기록한다. 퇴적물의 함수율 측정용 시료 용기도 따로 준비한다.

ㄴ 시료채취 준비 : 퇴적물 약 5 g을 전용 숟가락으로 떠서 미리 준비한 40 mL 바이알에 넣고 밀봉 후, 이황산나트륨용액이 잘 스며들도록 가볍게 흔들고 아이스박스에 넣는다.

4. 분석절차

(1) 현장측정

① 수심

ㄱ 선박에서 측정 : 휴대용 또는 선박용 수심측정기를 사용하거나, 시료채취 기구를 수직으로 하천이나 호소 바닥까지 내리고 물 표면에 닿은 줄의 눈금을 읽는다.

ㄴ 다리에서 측정 : 시료채취 기구를 이용하여 다리에서 물 표면까지의 거리를 우선 측정한 후 수직으로 바닥까지 내리고 다리에서 줄의 눈금을 읽는다. 다리에서 물 표면까지의 거리를 뺀 값을 수심으로 한다.

(2) 분석용 시료의 준비

① 함수율, 완전연소가능량, 입도, 화학적 산소요구량 분석용 시료

ㄱ 채취한 시료 전량을 스테인레스강 수저로 고루 섞은 다음 체눈 크기 2 mm의 체로 거른다.

ㄴ 20분간 원심분리(2,000 rpm) 한 다음 상층액을 버리고 잔유물을 10분간 혼합하여 분석용 시료로 한다.

ㄷ 화학적 산소요구량 분석용 시료를 분취할 때 함수율 측정용 시료도 분취하여 함수율을 병행하여 측정한다.

② 총유기탄소, 총질소, 총인, 수용성인, 폴리클로리네이티드바이페닐(PCBs), 다환 방향족 탄화수소(PAHs), 유기염소계 농약(DDTs) 분석용 시료

ㄱ 시료 전량을 스테인레스강 수저로 고루 섞은 다음 동결건조기를 사용하여 건조시키거나 파이렉스 유리 받침접시에 시료를 담아서 직사광선이 닿지 않고 통풍이 잘 되는 곳에서 말린다.

ⓛ 건조된 시료를 깨끗한 막자사발을 이용하여 부수어 2 mm 체를 통과시킨다.

ⓒ 2 mm 체를 통과한 시료를 고르게 혼합하여 일부를 곱게 분쇄한 후 체눈 크기 0.1 mm의 체를 통과시킨다. 일부 취한 시료의 80 % 이상이 체를 빠져나오도록 분쇄와 체질을 반복한 다음, 분석용 시료로 한다.

5. 시료량 및 보관조건

항목	권장용기량(mL)	용기 재질	보관조건	권장보존기간*
입도	250	플라스틱	4 ℃ 냉장	6개월
CODsed, TOC, TN, TP, SRP	100	플라스틱/유리	냉동(권장) 또는 4 ℃ 냉장	냉동 시 6개월
함수율, 완전연소가능량	100	플라스틱	냉동(권장) 또는 4 ℃ 냉장	냉동 시 6개월
PCBs, PAHs, DDTs	500	갈색유리 (PTFE 격막 마개)	냉동(권장) 또는 4 ℃ 냉장	냉동 시 1년
VOCs	5 g(바이알당), 시료당 바이알 4개	헤드스페이스 바이알(40 ml)	4 ℃ 냉장	7일

* 냉장 보관한 시료와 추출한 시료의 경우 수질오염공정시험방법의 ES 04130.1d의 시료의 보존방법의 권장보존기간을 적용한다.

···10 퇴적물 채취 및 금속 분석용 시료조제

(Sampling of fine sediment and sample preparation for metal analysis)

(ES 04160.2 2011)

1. 개요

수면 아래 퇴적물을 여러 점 채취하여 혼합한 다음 체눈 크기 0.15 mm의 비금속 재질의 체로 거른다. 건조시킨 후 0.063 mm 미만으로 분쇄하여 분석용 시료로 한다.

2. 분석기기 및 기구

퇴적물 채취 및 분석용 시료조제(ES 04160.1 2011) 참조

3. 시료채취 및 주의사항

(1) 시료채취

① 시료채취지점을 정확히 찾는다.
② 퇴적물이 있는지, 시료채취기의 사용이 가능한지 점검한다.
③ 하천의 경우 하폭에 따라 시료채취 수를 결정한다.
④ 시료채취기를 현장의 물로 세척한다.
⑤ 채취기를 던져 시료를 채취한다.
⑥ 퇴적물의 특징을 기록한다.
⑦ 깨끗한 플라스틱 받침통에 올려놓은 체눈 크기 0.15 mm의 비금속 재질의 체에 혼합시료와 하천수 약 300 mL를 붓고 체질한 후 받침통에 있는 물과 세립퇴적물을 시료병으로 옮기고 냉장 보관한다.
⑧ 남은 혼합시료 중 체눈 크기 2 mm의 체를 통과한 것을 1 kg 정도 취한다. 시료를 두 겹의 비닐백에 넣고 새지 않게 봉한 후 냉장 또는 냉동 보관한다.
⑨ 현장측정항목을 측정한 후 현장을 촬영하고 정확한 위치를 기록한다.

(2) 주의사항

① 표준 체 사용
오염에 유의하여야 한다. 채취 장소에서 깨끗한 물로 헹구고, 채취한 퇴적물로 한차례 체질한 후, 망을 깨끗이 청소한 후 체질을 시작한다.

② 금속

시료 접촉자는 니트릴비닐장갑을 착용하고, 시료에 금속, 활석 가루, 소다 유리, 휴지, 도금면, 페인트면의 접촉을 피한다.

4. 분석절차

(1) 현장측정

퇴적물 채취 및 분석용 시료조제(ES 04160.1 2011) 참조

(2) 분석용 시료의 준비

① 세립퇴적물을 덜어내기 전 비금속 재질의 숟가락 등으로 잘 혼합한다.
② 혼합한 시료를 동결건조기를 사용하여 건조시키거나 청정시설 내에서 풍건한다.
③ 건조된 시료를 분취하여 깨끗한 막자사발이나 밀그라인더로 균질하게 분쇄하여 체눈 크기 0.063 mm의 체를 통과시킨다.
④ 반복된 분쇄와 체질로 시료 전량이 체를 빠져나오도록 한 후 분석용 시료로 한다.

5. 시료량 및 보관조건

항목	권장용기량(mL)	용기 재질	보관조건	권장보존기간
금속류(수은 제외)	250	플라스틱/유리	4℃ 냉장	28일
수은	250	플라스틱/유리	4℃ 냉장	6주

실전 예상문제

01 퇴적물을 채취할 때 여러 점에서 채취하여 혼합하지 말아야 하는 항목은?

① 일반항목

② 휘발성 유기화합물

③ PCBs

④ 금속류

> **풀이** 휘발성 유기화합물을 제외한 다른 항목의 시료채취는 여러 점을 채취하여 혼합

02 모래가 많은 지점에서도 사용하는 중력식 채취기로 부드러운 펄층이 두터운 경우 깊이 빠져 들어가기 때문에 사용이 어려운 퇴적물 채취기는?

① 스쿱

② 에크만 그랩

③ 모종삽

④ 포나 그랩

> **풀이** ①, ③ 삽, 모종삽, 스쿱 – 얕은 곳에서 퇴적물을 뜨거나 시료를 혼합할 때 이용할 수 있는 도구
> ② 에크만 그랩(ekman grab) – 물의 흐름이 거의 없는 곳에서 채취가 잘되는 채취기로서, 채취기를 바닥 퇴적물 위에 내린 후 메신저를 투하시키면 장방형 상자의 밑판이 닫히도록 설계
> ④ 포나 그랩(ponar grab) – 모래가 많은 지점에서도 사용하는 중력식 채취기로 부드러운 펄층이 두터운 경우 깊이 빠져 들어가기 때문에 사용이 어렵다.

03 퇴적물의 금속 분석용 시료조제 과정에서 최종 분석용 시료의 입자크기는 얼마인가?

① 0.15 mm 미만

② 2 mm 미만

③ 0.063 mm 미만

④ 0.15 mm 미만

> **풀이** 건조된 시료를 분취하여 깨끗한 막자사발이나 밀그라인더로 균질하게 분쇄하여 체눈 크기 0.063 mm의 체를 통과시킨 후 분석용 시료로 한다.

04 다음의 퇴적물 시험 항목 중 권장보존기간이 다른 것은?

① CODsed : 냉동 시 6개월

② TN : 냉동 시 6개월

③ DDTs : 냉동 시 6개월

④ TOC : 냉동 시 6개월

> **풀이** PCBs, PAHs, DDTs의 권장보존기간은 냉동 시 1년이다.

S E C T I O N

002 일반항목

E N V I R O N M E N T A L   M E A S U R E M E N T

PART 01

PART 02

PART 03

PART 04

···**01** 냄새(Odors) (ES 04301.1b 2014)

1. 개요

(1) 목적

측정자의 후각을 이용하는 방법으로 시료를 정제수로 희석하면서 냄새가 느껴지지 않을 때까지 반복하여 희석배수를 수치화한다.

(2) 간섭물질

잔류염소 냄새는 측정에서 제외한다. 따라서 잔류염소가 존재하면 티오황산나트륨 용액을 첨가하여 잔류염소를 제거한다.

[주 1] 티오황산나트륨용액 1 mL는 잔류염소 농도가 1 mg/L인 시료 500 mL의 잔류염소를 제거할 수 있다.

2. 용어정의

■ **냄새역치(TON ; Threshold Odor Number)**

냄새를 감지할 수 있는 최대 희석배수를 말한다.

3. 기구

유리기구류는 사용 직전에 새로 세척하여 사용한다. 먼저 냄새 없는 세제로 닦은 후 정제수로 닦아 사용한다. 고무 또는 플라스틱 재질의 마개는 사용하지 않는다.

4. 냄새 분석절차 시 주의 사항

① 냄새 측정자는 너무 후각이 민감하거나, 둔감해서는 안 된다. 또한 측정자는 측정 전에 흡연을 하거나 음식을 섭취하면 안 되고, 로션, 향수, 진한 비누 등을 사용해서도 아니 된다. 감기나 냄새에 대한 알레르기 등이 없어야 한다. 미리 정해진 횟수를 측정한 측정자는 무취 공간에서 30분 이

상 휴식을 취해야 한다.

② 냄새측정 실험실은 주위가 산만하지 않으며, 환기가 가능해야 한다. 필요하다면 활성탄 필터와 항온, 항습장치를 갖춘다.

③ 냄새를 정확하게 측정하기 위하여 측정자는 5명 이상으로 한다.

④ 시료 측정 시 탁도, 색도 등이 있으면 온도 변화에 따라 냄새가 발생할 수 있으므로, **온도변화를 1 ℃ 이내로 유지한다.** 또한 측정자가 시료에 대한 선입견을 갖지 않도록 어둡게 처리된 플라스크 또는 갈색플라스크를 사용한다.

5. 결과보고

냄새 역치(TON ; Threshold Odor Number)를 구하는 경우 사용한 시료의 부피와 냄새 없는 희석수의 부피를 사용하여 다음과 같이 계산한다.

$$냄새역치(TON) = \frac{A + B}{A}$$

여기서, A : 시료 부피 (mL)
B : 무취 정제수 부피 (mL)

냄새 역치로 보고하는 경우에는 각 판정 요원의 냄새의 역치를 **기하평균**하여 보고한다.

실전 예상문제

01 다음은 수질오염공정시험기준의 냄새 시험에 관련 설명이다. 틀린 것은?

① 잔류염소 냄새는 측정에서 제외한다.

② 티오황산나트륨용액 1 mL는 잔류염소 농도가 1 mg/L인 시료 500 mL의 잔류염소를 제거할 수 있다.

③ 냄새역치란 냄새를 감지할 수 있는 최소 희석배수를 말한다.

④ 냄새를 정확하게 측정하기 위하여 측정자는 5명 이상으로 한다.

풀이 냄새역치는 냄새를 감지할 수 있는 최대 희석배수를 말한다.

02 수질오염공정시험기준의 냄새 시험법에 따라 시험을 하였다. 시료의 부피가 100 mL, 무취 정제수의 부피가 100 mL일 때 냄새역치(TON)는?

① 1   ② 2   ③ 3   ④ 4

풀이 냄새역치 (TON) $= \dfrac{A+B}{A}$

여기서, A : 시료 부피 (mL)

B : 무취 정제수 부피 (mL)

따라서 $\text{TON} = \dfrac{(100\,\text{mL} + 100\,\text{mL})}{100\,\text{mL}} = 2$

03 다음 수질오염공정시험기준에 따른 냄새 시험을 할 때 주의 사항으로 틀린 것은?

① 미리 정해진 횟수를 측정한 측정자는 무취 공간에서 30분 이상 휴식을 취해야 한다.

② 냄새측정 실험실은 필요하다면 활성탄 필터와 항온, 항습장치를 갖춘다.

③ 냄새를 정확하게 측정하기 위하여 측정자는 3명 이상으로 한다.

④ 시료 측정 시 측정자가 시료에 대한 선입견을 갖지 않도록 어둡게 처리된 플라스크 또는 갈색플라스크를 사용한다.

풀이 냄새를 정확하게 측정하기 위하여 측정자는 5명 이상으로 한다.

···02 노말헥산 추출물질(n-Hexane Extractable Material)

(ES 04302.1b 2014)

1. 개요

물중에 비교적 휘발되지 않는 탄화수소, 탄화수소유도체, 그리스유상물질 및 광유류를 함유하고 있는 시료를 pH 4 이하의 산성으로 하여 노말헥산층에 용해되는 물질을 노말헥산으로 추출하고 노말헥산을 증발시킨 잔류물의 무게로부터 구하는 방법이다. 다만, 광유류의 양을 시험하고자 할 경우에는 **활성규산마그네슘(플로리실) 컬럼**을 이용하여 동식물유지류를 흡착·제거하고 유출액을 같은 방법으로 구할 수 있다.

※ 통상 유분의 성분별 선택적 정량이 곤란하다.

※ 최종 무게 측정을 방해할 가능성이 있는 입자가 존재할 경우 0.45 μm 여과지로 여과한다.

2. 정도보증/정도관리

▼ 정도관리 목표값

정도관리 항목	정도관리 목표
정량한계	0.5 mg/L
정밀도	상대표준편차가 ± 25 % 이내
정확도	75 % ~ 125 %

3. 분석절차

(1) 총 노말헥산추출물질

① 시료적당량 (노말헥산 추출물질로서 5 mg ~ 200 mg 해당량)을 분별깔때기에 넣고 메틸오렌지용액 (0.1 %) 2방울 ~ 3방울을 넣고 황색이 적색으로 변할 때까지 염산(1 + 1)을 넣어 시료의 pH를 4 이하로 조절한다.

② 시료의 용기는 노말헥산 20 mL씩으로 2회 씻어서 씻은 액을 분별깔때기에 합하고 마개를 하여 2분간 세게 흔들어 섞고 정치하여 노말헥산층을 분리한다.

※ 노말헥산추출물질의 함량이 낮은 경우(5 mg/L 이하)

㉠ 5 L 용량 시료병에 시료 4 L를 채취하여 **염화제이철용액** (염화제이철(FeCl$_3$ · 6H$_2$O) 30 g을 염산(1 + 11) 100 mL에 녹인 용액) 4 mL를 넣고 자석교반기로 교반하면서 탄산나트륨용액(20 %)을 넣어 pH 7.9로 조절한다.

ⓛ 5분간 세게 교반한 다음 방치하여 침전물이 전체액량의 약 1/10이 되도록 침강하면 상층액을 조용히 흡인하여 버린다.

ⓒ 잔류 침전층에 염산(1 + 1)을 넣어 pH 약 1로 하여 침전물을 녹이고 이 용액을 분별깔때기에 옮겨 이하 시험방법에 따라 시험한다.

※ 추출 시 에멀전을 형성하여 액층이 분리되지 않거나 노말헥산층이 혼탁할 경우

분별깔때기 안의 수층을 원래의 시료용기에 옮기고, 에멀전층 또는 헥산층에 약 10 g의 염화나트륨 또는 황산암모늄을 넣어 환류냉각관(약 300 mm)을 부착하고 80 ℃ 물중탕 중에서 약 10분간 가열 분해한 다음 시험방법에 따라 시험한다.

(2) 총 노말헥산추출물질 중 광유류

노말헥산용액 전량을 1.2 mL/분의 속도로 활성규산마그네슘 컬럼을 통과시킨다.

(3) 총 노말헥산추출물질 중 동 · 식물 유지류

노말헥산추출물질 중 동 · 식물유지류의 양은 총노말헥산추출물질의 양에서 노말헥산추출물질 중 광유류의 양의 차로 구한다.

4. 결과보고

(1) 노말헥산추출물질

$$\text{총노말헥산추출물질(mg/L)} = (a - b) \times \frac{1,000}{V}$$

여기서, a : 시험전후의 증발용기의 무게 (mg)
b : 바탕시험 전후의 증발용기의 무게 (mg)
V : 시료의 양 (mL)

(2) 노말헥산추출물질 중 광유류

$$\text{총 노말헥산추출물질 중 광유류(mg/L)} = (a - b) \times \frac{100}{50} \times \frac{1,000}{V}$$

여기서, a : 유출액 중의 노말헥산추출물질의 무게 (mg)
b : 바탕시험에 의한 잔류물의 무게 (mg)
V : 시료의 양 (mL)

(3) 노말헥산추출물질 중 동 · 식물유지류

$$\text{총 노말헥산추출물질 중 동 · 식물유지류}(mg/L) = a - b$$

여기서, a : 총 노말헥산추출물질의 양 (mg/L)
b : 총 노말헥산추출물질 중 광유류의 양 (mg/L)

실전 예상문제

01

2011
제3회

폐수 중 노말헥산추출물의 시험에 대한 설명으로 틀린 것은?

① 광유량을 측정하기 위해서는 정제 컬럼을 이용하여 동식물유지류를 제거한다.

② 잔류물 중에 염류가 있을 경우 유리막대 등으로 잘게 부순 후 헥산으로 추출한다.

③ 추출된 시료의 노말헥산은 회전증발기 등으로 감압 증류하여 제거하여야 한다.

④ 동식물유지류의 양은 총노말헥산추출물질 무게와 광유류 무게로부터 구할 수 있다.

> **풀이**
> • 증발용기가 알루미늄박으로 만든 접시 또는 비커일 경우에는 용기의 표면을 깨끗이 닦고, 80 ℃로 유지한 전기 열판 또는 전기맨틀에 넣어 노말헥산을 증발시킨다.
> • 증류플라스크일 경우에는 U자형 연결관과 냉각관을 달아 전기열판 또는 전기맨틀의 온도를 80 ℃로 유지하면서 매 초당 한 방울의 속도로 증류한다. 증류 플라스크 안에 2 mL가 남을 때까지 증류한 다음, 냉각관의 상부로부터 질소가스를 넣어주어 증류플라스크안의 노말헥산을 완전히 증발시키고 증류플라스크를 분리하여 실온으로 냉각될 때까지 질소를 흘려보내어 노말헥산을 완전히 증발시킨다.

02

2010
제2회

수질오염공정시험기준의 노말헥산주줄물질법으로 측정하기 어려운 물질은?

① 광유류　　　　② 그리스유　　　　③ 퍼클로레이트　　　　④ 동식물유지류

> **풀이** 이 시험기준은 물중에 비교적 휘발되지 않는 탄화수소, 탄화수소유도체, 그리스유상물질 및 광유류를 함유하고 있는 시료를 pH 4이하의 산성으로 하여 노말헥산층에 용해되는 물질을 노말헥산으로 추출하고 노말헥산을 증발시킨 잔류물의 무게로부터 구하는 방법이다. 다만, 광유류의 양을 시험하고자 할 경우에는 활성규산마그네슘(플로리실) 컬럼을 이용하여 동식물유지류를 흡착·제거하고 유출액을 같은 방법으로 구할 수 있다. 퍼클로레이트는 이온성 물질이다.

03

수질오염공정시험기준의 노말헥산 추출물질 시험에 대한 설명 중 틀린 것은?

① 이 시험기준은 물중에 비교적 휘발되지 않는 탄화수소, 탄화수소유도체, 그리스유상물질 및 광유류를 대상으로 한다.

② 광유류의 양을 시험하고자 할 경우에는 활성규산마그네슘(플로리실) 컬럼을 이용하여 동식물유지류를 흡착·제거한다.

③ 이 시험기준은 지표수, 지하수, 폐수 등에 적용할 수 있으며, 정량한계는 0.5 mg/L이다.

④ 통상 유분의 성분별 선택적 정량이 가능하다.

> **풀이** 폐수 중의 비교적 휘발되지 않는 탄화수소, 탄화수소유도체, 그리스유상물질 및 광유류가 노말헥산층에 용해되는 성질을 이용한 방법으로 통상 유분의 성분별 선택적 정량이 곤란하다.

정답 　01 ③　02 ③　03 ④

04 다음은 노말헥산추출물질 시험에 대한 설명이다. 틀린 것은?

① 노말헥산추출물질의 함량이 낮은 경우(5 mg/L 이하)에는 5 L 용량 시료병에 시료 4 L를 채취하여 시험할 수 있다.

② 추출시 에멀전을 형성하여 액층이 분리되지 않거나 노말헥산층이 혼탁할 경우에는 에멀전층 또는 헥산층에 염화나트륨 또는 황산암모늄을 넣어 환류냉각관을 부착하고 80 ℃ 물중탕 중에서 가열분해한 다음 시험한다.

③ 잔류물 중에 염류가 잔류할 경우에는 유리막대 등으로 잔류물을 잘게 분쇄하고 노말헥산을 가해 노말헥산추출물질을 용출시킨다.

④ 비휘발성탄화수소의 유출점은 활성규산마그네슘의 입도와 결합에 영향이 없다.

풀이 비휘발성탄화수소의 유출점은 활성규산마그네슘의 입도와 결합 등에 따라 다소 다를 수 있으므로 미리 확인해 두면 좋다.

05 다음은 수질오염공정시험기준에 따라 노말헥산추출물질을 시험하여 다음의 결과를 얻었다. 총노르말헥산추출물질의 농도와 동·식물유지류의의 양으로 맞은 것은? 단 바탕시험 전후의 증발용기의 무게는 0.0 mg이다.

- 시험전후의 증발용기의 무게 : 50.0 mg
- 시료의 양 : 1000 mL
- 노말헥산추출물질 중 광유류 : 30.0 mg/L

① 총노말헥산추출물질 30 mg/L – 동·식물유지류 10 mg/L
② 총노말헥산추출물질 50 mg/L – 동·식물유지류 20 mg/L
③ 총노말헥산추출물질 80 mg/L – 동·식물유지류 30mg/L
④ 총노말헥산추출물질 100 mg/L – 동·식물유지류 40 mg/L

풀이 총노말헥산추출물질 $(mg/L) = (a-b) \times \dfrac{1,000}{V} \times 1,000 \text{ mL} / 1 \text{ L}$

여기서, a : 시험전후의 증발용기의 무게 (mg)
b : 바탕시험 전후의 증발용기의 무게 (mg)
V : 시료의 양 (mL)

따라서 총노말헥산추출물질 $(mg/L) = (50-0) \times \dfrac{1,000}{1,000} = 50 \text{ mg/L}$

노말헥산추출물질 중 동·식물유지류의 양은 총노말헥산추출물질의 양에서 노말헥산추출물질 중 광유류의 양의 차로 구한다.
따라서 동·식물유지류 = 50 mg/L – 30 mg/L = 20 mg/L

정답 04 ④ 05 ②

···03 부유물질(Suspended Solids) (ES 04303.1b 2014)

1. 개요

미리 무게를 단 유리섬유여과지(GF/C)를 여과장치에 부착하여 일정량의 시료를 여과시킨 다음 항량으로 건조하여 무게를 달아 여과 전·후의 유리섬유 여과지의 무게차를 산출하여 부유물질의 양을 구하는 방법이다.

▪ 간섭물질

① 나무 조각, 큰 모래입자 등과 같은 큰 입자들은 부유물질 측정에 방해를 주며, 이 경우 직경 2 mm 금속망에 먼저 통과시킨 후 분석을 실시한다.

② 증발잔류물이 1,000 mg/L 이상인 경우의 해수, 공장폐수 등은 특별히 취급하지 않을 경우, 높은 부유물질 값을 나타낼 수 있다. 이 경우 여과지를 여러 번 세척한다.

③ 철 또는 칼슘이 높은 시료는 금속 침전이 발생하며 부유물질 측정에 영향을 줄 수 있다.

④ 유지(oil) 및 혼합되지 않는 유기물도 여과지에 남아 부유물질 측정값을 높게 할 수 있다.

2. 분석절차

① 유리섬유여과지(GF/C)를 여과장치에 부착한다.

② 시료 적당량(건조 후 부유물질로서 2 mg 이상)을 여과장치에 주입하면서 흡입 여과한다.

　[주 1] 사용한 여과장치의 하부여과재를 다이크롬산칼륨·황산용액에 넣어 침전물을 녹인 다음 정제수로 씻어준다.

　[주 2] 용존성 염류가 다량 함유되어 있는 시료의 경우에는 흡입장치를 끈 상태에서 정제수를 여지 위에 부은 뒤 흡입여과하는 것을 반복하여 충분히 세척한다.

③ 유리섬유여과지를 핀셋으로 주의하면서 여과장치에서 끄집어내어 시계접시 또는 알루미늄 호일 접시 위에 놓고 105 ～ 110 ℃의 건조기 안에서 2시간 건조시킨다.

3. 결과보고

여과 전후의 유리섬유여지 무게의 차를 구하여 부유물질의 양으로 한다.

$$부유물질(\text{mg/L}) = (b-a) \times \frac{1,000}{V}$$

여기서, a : 시료 여과 전의 유리섬유여지 무게 (mg)
b : 시료 여과 후의 유리섬유여지 무게 (mg)
V : 시료의 양 (mL)

실전 예상문제

01
2011
제3회

현탁고형물(Suspended Solid, SS) 측정 실험에서 다음과 같은 결과를 얻었다면 휘발성 현탁고형물(Volatile Suspended Solid, VSS)은 총현탁고형물(Total Suspended Solid, TS)의 몇 %인가?

- 시료의 양 30 mL, 유리 여과기 무게 21.7329 g
- 유리 여과기와 건조한 고형물 무게 21.7531 g
- 유리 여과기와 재의 무게 21.7360 g

① 57.21   ② 68.54   ③ 71.97   ④ 84.65

풀이 총현탁고형물 중에서 휘발성현탁고형물이 차지하는 중량백분율로 계산하면,

$$X(\%) = \frac{\text{휘발성 현탁고형물}}{\text{총현탁고형물}} \times 100$$

(a) 총현탁고형물(g) = 21.7531 − 21.7329
(b) 휘발성현탁고형물(g) = 21.7531 − 21.7360

$$X(\%) = \frac{21.7531 - 21.7329}{21.7531 - 21.7360} \times 100 = 84.65$$

02 다음은 수질오염공정시험기준에서 부유물질 시험에 대한 설명이다. 틀린 것은?

① 나무 조각, 큰 모래입자 등과 같은 큰 입자들은 부유물질 측정에 방해를 주며, 이 경우 직경 1 mm 금속망에 먼저 통과시킨 후 분석을 실시한다.
② 용존성 염류가 다량 함유되어 있는 시료의 경우에는 흡입장치를 끈 상태에서 정제수를 여지 위에 부은 뒤 흡입여과하는 것을 반복하여 충분히 세척한다.
③ 유지(oil) 및 혼합되지 않는 유기물도 여과지에 남아 부유물질 측정값을 높게 할 수 있다.
④ 사용한 여과장치의 하부여과재를 다이크롬산칼륨 · 황산용액에 넣어 침전물을 녹인 다음 정제수로 씻어준다.

풀이 나무 조각, 큰 모래입자 등과 같은 큰 입자들은 부유물질 측정에 방해를 주며, 이 경우 **직경 2 mm 금속망**에 먼저 통과시킨 후 분석을 실시한다.

┅04 색도(Color) (ES 04304.1c 2017)

1. 개요

시각적으로 눈에 보이는 색상에 관계없이 단순 색도차 또는 단일 색도차를 계산하는 데 아담스-니컬슨(Adams-Nickerson)의 색도공식을 근거로 하고 있다.

※ 간섭물질 : 근본적인 간섭은 적용 파장에서 콜로이드 물질 및 부유 물질의 존재로 빛이 흡수 혹은 분산되면서 일어난다.

※ 아담스-니컬슨(Adams-Nickerson)의 색도공식
육안으로 두 개의 서로 다른 색상을 가진 A, B가 무색으로부터 같은 정도로 색도가 있다고 판정되면, 이들의 색도값 (ADMI의 기준 : American dye manufacturers institute)도 같게 된다. 이 방법은 백금-코발트 표준물질과 아주 다른 색상의 폐·하수에서뿐만 아니라 표준물질과 비슷한 색상의 폐·하수에도 적용할 수 있다.

2. 시약 및 표준액

- **색도 표준원액 (500 CU)**

1,000 mL 부피플라스크에 적당량의 정제수를 넣고 염산 100 mL를 넣은 다음, 육염화백금칼륨 1.246 g과 염화코발트·6수화물 1 g을 넣어 녹인다. 정제수를 채워 1 L로 한다. 제조된 표준원액은 1개월 동안 보관 가능하다.

3. 분석절차

(1) 전처리

모든 시료는 여과한다. 단 최초 시료 50 mL는 여과하여 버린 후, 추가로 50 mL를 여과하여 측정한다.

(2) 분석방법

① 여과한 정제수를 10 mm(250도 이하인 경우 50 mm) 흡수셀에 담아 영점을 맞춘다.
② 미리 유리기구용 세제와 정제수로 잘 씻어준 10 mm (250 이하인 경우 50 mm) 흡수셀을 여과한 시료로 2회 씻어 준 다음 시료용액을 채운다.

③ 흡수셀의 표면을 깨끗이 닦은 다음, 정제수를 바탕시험액으로 하여 10분할법의 선정파장표의 각 파장 (nm)에서 시료용액의 투과율(%)을 측정한다.

※ 시료용액의 색도가 250도 이하인 경우 : 흡수셀 5 cm 사용

(3) 검정곡선의 작성

10분할법의 선정파장표의 각 파장(nm)에서 각 농도별 색도 표준용액의 투과율 (%)을 측정하여 검정곡선을 작성한다.

실전 예상문제

01

2010
제2회

수질오염공정시험기준에 따라 색도를 측정하려면 다음 중 무엇을 측정한 후 계산해야 하는가?

① 투과율 ② 흡광도 ③ 입사광도 ④ 산란광도

풀이 흡수셀의 표면을 깨끗이 닦은 다음, 정제수를 바탕시험액으로 하여 10분할법의 선정파장 표의 각 파장 (nm)
에서 시료용액의 투과율(%)을 측정한다.

02

2009
제1회

수질오염공정시험기준에서 제시하는 색도의 측정원리에 대한 설명으로 잘못된 것은?

① 색도측정은 시각적으로 눈에 보이는 색상에 관계없이 단순 색도차 또는 단일 색도차로 계산하며 아
담스−니컬슨의 색도공식에 근거한다.

② 시료의 색도가 250도 이하인 경우에는 흡수셀의 층장이 5 cm인 것을 사용한다.

③ 투과율법은 백금−코발트 표준물질과 아주 다른 색상의 폐하수에는 사용할 수 없으며 표준 물질과
비슷한 색상의 폐하수에는 적용할 수 있다.

④ 시료 중 부유물질은 제거하여야 한다.

풀이 투과율법은 백금−코발트 표준물질과 아주 다른 색상의 폐 · 하수에서뿐만 아니라 표준물질과 비슷한 색상
의 폐 · 하수에도 적용할 수 있다.

···05 생물화학적 산소요구량(BOD, Biochemical Oxygen Demand)

(ES 04305.1c 2017)

1. 개요

시료를 20 ℃에서 5일간 저장하여 두었을 때 시료 중의 호기성 미생물의 증식과 호흡작용에 의하여 소비되는 용존산소의 양으로부터 측정하는 방법이다.

(1) 적용범위

① 이 시험기준은 실험실에서 20 ℃에서 5일 동안 배양할 때의 산소요구량이므로 실제 환경조건의 온도, 생물군, 물의 흐름, 햇빛, 용존산소에서는 다를 수 있어 실제 지표수의 산소요구량을 알고자 할 때에는 위의 조건을 고려해야한다.

② 시료 중 용존산소의 양이 소비되는 산소의 양보다 적을 때에는 시료를 희석수로 적당히 희석하여 사용한다.

③ 공장폐수나 혐기성 발효의 상태에 있는 시료는 호기성 산화에 필요한 미생물을 식종하여야 한다. ^{중요내용}

④ 탄소BOD를 측정해야 할 경우에는 질산화 억제 시약을 첨가한다.

(2) 간섭물질

① 시료가 산성 또는 알칼리성을 나타내거나 잔류염소 등 산화성 물질을 함유하였거나 용존산소가 과포화되어 있을 때에는 BOD 측정이 간섭받을 수 있으므로 전처리를 행한다.

② 탄소BOD를 측정할 때, 시료 중 질산화 미생물이 충분히 존재할 경우 유기 및 암모니아성 질소 등의 환원상태 질소화합물질이 BOD 결과를 높게 만든다. 적절한 질산화 억제 시약을 사용하여 질소에 의한 산소 소비를 방지한다.

③ 시료는 시험하기 바로 전에 온도를 (20 ± 1) ℃로 조정한다.

2. 시약

(1) 질산화 억제 시약

ATU 용액(allylthiourea, $C_4H_8N_2S$), TCMP(2−chloro−6 (trichloromethyl) pyridine)

(2) BOD용 희석수

① 온도를 20 ℃로 조절한 물을 정치 또는 흔들거나 압축공기로 폭기시켜 용존산소가 포화되도록 한다.

② 물 1,000 mL에 대하여 **인산염완충용액 (pH 7.2), 황산마그네슘용액, 염화칼슘용액 및 염화철(Ⅲ)용액 (BOD용)** 각 1 mL씩을 넣는다.

③ 이 액의 pH는 7.2이다. pH 7.2가 아닐 때에는 염산용액 (1 M) 또는 수산화나트륨용액(1 M)을 넣어 조절하여야 한다.

④ 이 액을 (20 ± 1) ℃에서 5일간 저장하였을 때 용액의 용존산소 감소는 0.2 mg/L 이하이어야 한다.

(3) BOD용 식종수

① 하수 또는 하천수를 실온에서 24시간 ~ 36시간 가라앉힌 다음 상층액을 사용한다.

② 하수의 경우 5 mL ~ 10 mL, 하천수의 경우 10 mL ~ 50 mL을 취하고 희석수를 넣어 1,000 mL로 한다.

③ 토양추출액의 경우에는 식물이 살고 있는 곳의 토양 약 200 g을 물 2 L에 넣어 교반하여 약 25시간 방치한 후 그 상층액 20 mL/L ~ 30 mL/L을 취하여 희석수 1,000 mL로 한다.

④ 식종수는 사용할 때 조제한다.

(4) BOD용 식종 희석수

시료 중에 유기물질을 산화시킬 수 있는 미생물의 양이 충분하지 못할 때, 미생물을 시료에 넣어주는 것을 말한다.

(5) 표준용액

글루코스 − 글루탐산 표준용액 : 103 ℃에서 1시간 건조한 글루코스 150 mg과 글루탐산 150 mg을 정제수로 녹여 1 L로 한다. 글루코스−글루탐산 표준용액은 **사용할 때 제조한다.**

3. 분석절차

(1) 전처리 *중요내용

① pH가 6.5 ~ 8.5의 범위를 벗어나는 시료는 염산용액(1 M) 또는 수산화나트륨용액(1 M)으로 시료를 중화하여 pH 7 ~ 7.2로 맞춘다. 다만 이때 넣어주는 염산 또는 수산화나트륨의 양이 시료량의 0.5 %가 넘지 않도록 하여야 한다. pH가 조정된 시료는 반드시 식종을 실시한다.

② 가능한 한 염소소독 전에 시료를 채취한다. 그러나 **잔류염소를 함유한 시료**는 시료 100 mL 에 아자이드화나트륨 0.1 g과 요오드화칼륨 1 g을 넣고 흔들고 섞은 다음 **염산을 넣어 산성** 으로 한다(약 pH 1). 유리된 요오드를 전분지시약을 사용하여 **아황산나트륨용액**(0.025 N)으 로 액의 색깔이 청색에서 무색으로 변화될 때까지 적정하여 얻은 아황산나트륨용액(0.025 N)의 소비된 부피 (mL)를 남아 있는 시료의 양에 대응하여 넣어 준다. 일반적으로 잔류염소 를 함유한 시료는 반드시 식종을 실시한다.

③ 수온이 20 ℃ 이하일 때의 용존산소가 과포화 되어 있을 경우에는 수온을 23 ℃ ~ 25 ℃로 상승시킨 이후에 15분간 통기하고 방치하고 냉각하여 수온을 다시 20 ℃로 한다.

④ 기타 독성을 나타내는 시료에 대해서는 그 독성을 제거한 후 식종을 실시한다.

(2) 분석

① 시료의 예상 BOD값으로부터 단계적으로 희석배율을 정하여 3종 ~ 5종의 희석시료를 2개 를 한 조로 하여 조제한다.

  ※ 예상 BOD값에 대한 사전경험이 없을 때에는 희석하여 시료를 조제한다.

② 기포가 없도록 섞고 2개의 300 mL BOD병에 완전히 채운 다음, 한 병은 밀봉하여 BOD용 배 양기에 넣고 20 ℃ 어두운 상태에서 5일간 배양한다. 나머지 한 병은 15분간 방치 후에 초기 용존산소를 측정한다.

③ 5일 저장기간 동안 산소의 소비량이 40 % ~ 70 % 범위 안의 희석 시료를 선택하여 초기용 존산소량과 5일간 배양한 다음 남아 있는 용존산소량의 차로부터 BOD를 계산한다.

1) BOD용 희석수 및 BOD용 식종희석수의 검토

시료를 BOD용 희석수를 사용하여 희석할 때에 이들 중에 독성물질이 함유되어 있거나 **구리, 납** **및 아연** 등의 금속이온이 함유된 시료(또는 전처리한 시료)는 호기성 미생물의 증식에 영향을 주 어 정상적인 BOD값을 나타내지 않게 된다. 이러한 경우에 다음의 시험을 행하여 적정여부를 검 토한다.

① 글루코오스 및 글루타민산 각 150 mg씩을 취하여 물에 녹여 1,000 mL로 한 액 5 mL ~ 10 mL를 3개의 300 mL BOD병에 넣고 BOD용 희석수(또는 BOD용 식종희석수)를 완전히 채 운 다음 이하 BOD시험방법에 따라 시험한다.

② 이때 측정하여 얻은 BOD 값은 (200 ± 30) mg/L의 범위 안에 있어야 한다. 얻은 BOD 값의 편차가 클 때에는 BOD용 희석수(또는 BOD용 식종희석수) 및 시료에 문제점이 있으므로 시 험 전반에 대한 검토가 필요하다.

2) 질산화 억제 시약의 첨가

① TCMP : 희석된 시료 1 L당 순수한 고체 TCMP 10 mg(300 mL BOD병에 직접 넣을 경우 3 mg을 첨가함)을 가하여 충분히 혼합한다. TCMP는 BOD병을 시료로 2/3 이상 채운 후 가한다.

② ATU 용액 : ATU 용액 1 mL을 1 L 희석시료에 가한다.(300 mL BOD병에 0.3 mL 첨가) ATU 용액은 용기를 2/3 이상 채운 후 첨가한다.

[주 1] TCMP 사용을 권장하나 ATU 용액을 사용하여도 무방하다.

[주 2] 질산화 억제 시약을 첨가 후에는 반드시 식종을 해야 한다.

4. 정도보증/정도관리(QA/QC)

정확도 및 정밀도의 측정은 글루코스−글루탐산 표준용액 (각각 150 mg/L)을 20 mL 취하여 식종 희석수로 1 L로 한 후 이를 분석절차에 따라 측정하여 평균값과 상대표준편차 (RSD)를 구하여 산출한다.

① **정확도** : 첨가한 표준물질의 농도에 대한 측정 평균값의 상대 백분율로서 나타내며 그 값이 85 % ~ 115 % 이내이어야 한다.

② **정밀도** : 측정값의 % 상대표준편차 (RSD)로 계산하며 측정값이 15 % 이내이어야 한다.

E N V I R O N M E N T A L   M E A S U R E M E N T

01 BOD 측정용 시료의 전처리 조작에 관한 설명으로 틀린 것은?

2009
제1회
2014
제6회

① pH가 6.5~8.5의 범위를 벗어나는 시료는 염산(1 + 11) 또는 4 % 수산화나트륨용액으로 시료를 중화하여 pH 7로 한다.

② 시료를 중화할 때 넣어주는 산 또는 알칼리의 양은 시료량의 0.5 %가 넘지 않도록 하여야 한다.

③ 일반적으로 잔류염소가 함유된 시료는 정제수 또는 탈염수로 희석하여 사용한다.

④ 용존산소 함유량이 과포화되어 있는 경우, 수온을 23~25 ℃로 하여 15분간 통기하고 방냉하여 수온을 20 ℃로 한다.

풀이 일반적으로 잔류염소를 함유한 시료는 반드시 식종을 실시한다.

02 생물화학적 산소요구량을 시험하는 경우 식종을 하지 않아도 되는 것은?

2009
제1회

① 시안을 함유한 도금폐수

② 유기물을 함유한 주정폐수

③ 크롬을 함유한 피혁폐수

④ 잔류염소를 함유한 염색폐수

풀이 공장폐수나 혐기성 발효의 상태에 있는 시료는 호기성 산화에 필요한 미생물을 식종하여야 한다.
　㉠ pH가 6.5 ~ 8.5의 범위를 벗어나는 산성 또는 알칼리성 시료(pH가 조정된 시료)는 반드시 식종을 실시한다.
　㉡ 일반적으로 잔류염소를 함유한 시료는 반드시 식종을 실시한다.
　㉢ 기타 독성을 나타내는 시료에 대해서는 그 독성을 제거한 후 식종을 실시한다.

03 수질오염공정시험기준에 따른 생물화학적 산소요구량(BOD) 시험방법에 관한 내용으로 틀린 것은?

2011
제3회

① pH 6.5 미만의 산성시료는 4% 수산화나트륨 용액으로 시료를 중화하여 pH 7로 한다.

② 일반적으로 잔류염소가 함유된 시료는 BOD용 식종희석수로 희석하여 사용한다.

③ 식종희석수로는 하수, 하천수, 토양 추출액 등을 사용할 수 있으며, 가능한 한 신선한 것을 사용한다.

④ 용존산소가 과포화된 시료는 수온을 23~25 ℃로 하여 15분 동안 통기하고 방냉하여 수온을 20 ℃로 맞춘다.

풀이 BOD용 식종수는 시료 중에 유기물질을 산화시킬 수 있는 미생물의 양이 충분하지 못할 때 미생물을 시료에 넣어 주는 것을 말한다. 따라서 가능한 미생물이 풍부한 하수, 하천수, 토양추출액을 사용한다.

정답 **01** ③ **02** ② **03** ③

04 BOD측정용 시료의 전처리 방법 중 틀린 것은?

2013
제5회

① 산성 또는 알칼리성 시료는 염산 또는 수산화 나트륨용액으로 시료를 중화하여 pH 7로 한다.

② 잔류 염소가 함유된 시료는 아황산나트륨용액으로 잔류 염소를 제거한다.

③ 용존산소량이 과포화된 시료는 수온을 23 ~ 25 ℃로 하여 15분간 통기하여 과포화된 산소를 날려 보낸다.

④ 부영양화된 호수의 표층수는 산소로 과포화되어 있으므로 식종희석수로 희석해야 한다.

풀이 BOD측정용 시료의 전처리

① pH가 6.5 ~ 8.5의 범위를 벗어나는 시료는 염산용액(1 M) 또는 수산화나트륨용액(1 M)으로 시료를 중화하여 pH 7 ~ 7.2로 맞춘다.

② 잔류염소를 함유한 시료는 시료 100 mL에 아자이드화나트륨 0.1 g과 요오드화칼륨 1 g을 넣고 흔들어 섞은 다음 염산을 넣어 산성으로 한다(약 pH 1). 유리된 요오드를 전분지시약을 사용하여 아황산나트륨용액(0.025 N)으로 액의 색깔이 청색에서 무색으로 변화될 때까지 적정하여 얻은 아황산나트륨용액(0.025 N)의 소비된 부피 (mL)를 남아 있는 시료의 양에 대응하여 넣어 준다.

③ 수온이 20 ℃ 이하일 때의 용존산소가 과포화 되어 있을 경우에는 수온을 23 ℃ ~ 25 ℃로 상승시킨 이후에 15분간 통기하고 방치하고 냉각하여 수온을 다시 20 ℃로 한다.

④ 기타 독성을 나타내는 시료에 대해서는 그 독성을 제거한다.

05 다음은 BOD 시험에 관한 설명이다. 틀린 것은?

① 이 시험기준은 실험실에서 20 ℃에서 5일 동안 배양할 때의 산소요구량이다.

② 시료 중 용존산소의 양이 소비되는 산소의 양보다 적을 때에는 시료를 희석수로 적당히 희석하여 사용한다.

③ 공장폐수나 혐기성 발효의 상태에 있는 시료는 호기성 산화에 필요한 미생물을 식종하여야 한다.

④ 5일간 배양하므로 탄소BOD 측정에 질산화 억제 시약을 첨가할 필요 없다.

풀이 탄소BOD를 측정해야 할 경우에는 질산화 억제 시약을 첨가한다.

06 다음은 수질오염공정시험기준에 따른 생물화학적 산소요구량 시험에 대한 설명이다. 틀린 것은?

① 질산화 억제 시약으로 ATU 용액 또는 TCMP가 사용된다.

② 희석수를 (20 ± 1) ℃에서 5일간 저장하였을 때 용액의 용존산소 감소는 0.2 mg/L 이하이어야 한다.

③ 표준용액은 글루코스를 사용하여 조제한다.

④ 5일 저장기간 동안 산소의 소비량이 40 % ~ 70 % 범위안의 희석 시료를 선택한다.

풀이 BOD 표준용액은 글루코스－글루탐산 표준용액을 사용하며, 103 ℃에서 1시간 건조한 글루코스 (glucose, $C_6H_{12}O_6$, 분자량 : 180.16) 150 mg과 글루탐산 (glutamic acid, $C_5H_9NO_4$, 분자량 : 147.13) 150 mg을 정제수로 녹여 1 L로 한다. 사용할 때 제조한다.

정답 04 ④ 05 ④ 06 ③

07 수질오염공정시험기준에 따른 BOD 시험 중 질산화 억제제 사용에 대한 설명으로 틀린 것은?

① 질산화 억제에 TCMP 또는 ATU용액을 사용한다.

② 질산화 억제 시약은 BOD병을 시료로 2/3 이상 채운 후 가한다.

③ TCMP 사용을 권장하나 ATU 용액을 사용하여도 무방하다.

④ 질산화 억제 시약을 첨가 후에는 식종을 하지 않아도 무방하다.

풀이 질산화 억제 시약을 첨가 후에는 반드시 식종을 해야 한다.

08 수질오염공정시험기준에 따른 BOD 시험의 내부 정도관리에 대한 설명으로 틀린 것은?

① BOD의 경우 정도관리 항목은 정확도와 정밀도로 한다.

② 정확도 목표값은 첨가한 표준물질 농도에 대한 측정 평균값의 상대 백분율이 85 % ~ 115 % 이내이어야 한다.

③ 정밀도의 목표값은 측정값의 %, 즉 상대표준편차 (RSD)가 15 % 이내이어야 한다.

④ 사용되는 표준물질은 글루코스(150 mg/L)이다.

풀이 정확도 및 정밀도의 측정은 글루코스 – 글루탐산 표준용액 (각각 150 mg/L)을 20 mL 취하여 식종 희석수로 1 L로 한 후 이를 분석절차에 따라 측정하여 평균값과 상대표준편차 (RSD)를 구하여 산출한다.

···06 수소이온농도(Potential of Hydrogen, pH)

(ES 04306.1b 2014)

1. 개요

기준전극과 비교전극으로 구성된 pH측정기를 사용하여 양전극간에 생성되는 기전력의 차를 이용하여 측정하는 방법이다.

■ **간섭물질**

① 일반적으로 유리전극은 용액의 색도, 탁도, 콜로이드성 물질들, 산화 및 환원성 물질들 그리고 염도에 의해 간섭을 받지 않는다.

② pH 10 이상에서 나트륨에 의해 오차가 발생할 수 있는데, 이는 "낮은 나트륨 오차 전극"을 사용하여 줄일 수 있다.

③ 기름층이나 작은 입자상이 전극을 피복하여 pH 측정을 방해할 수 있는데, 이 피복물을 부드럽게 문질러 닦아내거나 세척제로 닦아낸 후 증류수로 세척하여 부드러운 천으로 물기를 제거하여 사용한다. 염산(1 + 9)을 사용하여 피복물을 제거할 수 있다.

④ pH는 온도변화에 따라 영향을 받는다.

2. 분석기기 및 기구

① 검출부 : 시료에 접하는 부분으로 유리전극 또는 안티몬전극과 비교전극으로 구성되어 있다.
   ※ 안티몬전극을 사용하는 경우에 정량범위는 pH 2 ~ 12이다.

② 유리전극 : 수소이온의 농도가 감지되는 전극

③ 비교전극 : 은 – 염화은과 칼로멜 전극

3. 시약 및 표준용액

(1) 표준용액

① pH 표준용액의 조제에 사용되는 물은 정제수를 15분 이상 끓여서 이산화탄소를 날려 보내고 산화칼슘(생석회) 흡수관을 닫아 식혀서 준비한다.

② 제조된 pH 표준용액의 전도도는 2 μS/cm 이하이어야 한다.

③ 조제한 pH 표준용액은 경질 유리병 또는 폴리에틸렌병에 담아서 보관하며, 보통 산성 표준용액은 3개월, 염기성 표준용액은 산화칼슘 흡수관을 부착하여 1개월 이내에 사용한다.

(2) 표준용액의 종류

▼ 표준용액의 종류와 pH값

온 도 (℃)	수산염 표준용액	프탈산염 표준용액	인산염 표준용액	붕산염 표준용액	탄산염 표준용액	수산화칼슘 표준용액
20	1.68	4.00	6.88	9.22	10.07	12.63
25	1.68	4.01	6.86	9.18	10.02	12.45

실전 예상문제

01 수질오염공정시험기준에 따른 수소이온농도 시험 방법에 관한 내용으로 틀린 것은?

① 이 시험기준은 수온이 0 ℃ ~ 40 ℃인 지표수, 지하수, 폐수에 적용되며, 정량범위는 pH 0 ~ 14 이다.

② 기준전극과 비교전극으로 구성되어진 pH측정기를 사용하여 양전극간에 생성되는 기전력의 차를 이용하여 측정하는 방법이다.

③ 일반적으로 유리전극은 용액의 색도, 탁도, 콜로이드성 물질들, 산화 및 환원성 물질들 그리고 염도에 의해 간섭을 받지 않는다.

④ pH는 온도변화에 영향을 받지 않는다.

> **풀이** pH는 온도변화에 따라 영향을 받는다. 대부분의 pH 측정기는 자동으로 온도를 보정하나 수동으로 보정할 수 있다.

02 수질오염공정시험기준에 따른 수소이온농도 시험방법에 관한 설명으로 틀린 것은?

① pH 10 이상에서 칼슘에 의해 오차가 발생할 수 있는데, 이는 "낮은 칼슘 오차 전극"을 사용하여 줄일 수 있다.

② 안티몬전극을 사용하는 경우에 정량범위는 pH 2 ~ 12이다.

③ pH 측정기를 구성하는 유리전극으로서 수소이온의 농도가 감지되는 전극이다.

④ 비교전극으로 은-염화은과 칼로멜 전극이 사용된다.

> **풀이** pH 10 이상에서 나트륨에 의해 오차가 발생할 수 있는데, 이는 "낮은 나트륨 오차 전극"을 사용하여 줄일 수 있다.

03 수질오염공정시험기준에 따른 수소이온농도 시험에 사용되는 표준용액의 25 ℃에서 pH 값으로 틀린 것은?

① 프탈산염 표준액 - 4.01
② 인산염 표준액 - 6.86
③ 붕산염 표준액 - 9.18
④ 수산염 표준액 - 12.45

> **풀이** **온도별 표준용액의 pH 값**
>
> | 온도 (℃) | 수산염 표준용액 (옥살산염 표준용액) | 프탈산염 표준용액 | 인산염 표준용액 | 붕산염 표준용액 | 탄산염 표준용액 | 수산화칼슘 표준용액 |
> |---|---|---|---|---|---|---|
> | 25 | 1.68 | 4.01 | 6.86 | 9.18 | 10.02 | 12.45 |

정답 01 ④ 02 ① 03 ④

04 수질오염공정시험기준에 따른 수소이온농도 시험에 사용되는 표준용액 조제 설명으로 틀린 것은?

① pH 표준용액의 조제에 사용되는 물은 정제수를 15분 이상 끓여서 이산화탄소를 날려 보내고 산화칼슘(생석회) 흡수관을 닫아 식혀서 준비한다.

② 제조된 pH 표준용액의 전도도는 $2~\mu S/cm$ 이하이어야 한다.

③ 조제한 pH 표준용액은 경질 유리병 또는 폴리에틸렌병에 담아서 보관한다.

④ 보통 산성 표준용액은 6개월, 염기성 표준용액은 산화칼슘 흡수관을 부착하여 3개월 이내에 사용한다.

풀이 보통 산성 표준용액은 3개월, 염기성 표준용액은 산화칼슘 흡수관을 부착하여 1개월 이내에 사용한다.

···07 온도(Temperature) (ES 04307.1a 2014)

1. 개요

물의 온도를 수은 막대 온도계 또는 서미스터를 사용하여 측정하는 방법이다.

2. 용어정의

① 담금 : 온도 측정을 위해 대상 시료에 담그는 것으로 온담금과 76 mm 담금이 있다.
② 온담금 : 감온액주의 최상부까지를 측정하는 대상 시료에 담그는 것이다.
③ 76 mm 담금 : 구상부 하단으로부터 76 mm까지를 측정 대상 시료에 담그는 것이다.

3. 분석기기 및 기구

(1) 유리제 수은 막대 온도계

KS B 5316 유리제 수은 막대 온도계(담금선붙이 50 ℃ 또는 100 ℃) 또는 이에 동등한 유리제 수은 막대 온도계로서 최소 측정단위가 0.1 ℃로 교정된 온도계를 사용한다.

(2) 서미스터 온도계

KS C 2710 직렬형 NTC 서미스터 온도계 또는 이에 동등한 온도계로 최소 측정단위는 0.1 ℃로 교정된 온도계를 사용한다.

4. 분석절차

(1) 유리제 수은 막대 온도계를 이용하는 경우

유리제 수은 막대 온도계를 측정하고자 하는 수중에 직접 담근 상태에서 일정 온도가 유지될 때까지 기다린 다음 온도계의 눈금을 읽는다.

(2) 서미스터 온도계를 이용하는 경우

서미스터 온도계의 측정부를 수중에 직접 담근 상태에서 일정 온도가 유지될 때까지 기다린 다음 온도계의 눈금을 읽는다.

※ 수온은 수중의 용존산소량과 관계가 있다. 채수 때의 수온은 시험할 때의 수온과 큰 차이가 있을 수 있으며, 채수 때 녹아 있던 성분 등이 수온의 변화에 따라 이화학적 변화를 일으킬 수 있기 때문에 중요하다.

실전 예상문제

01 수질오염공정시험기준에 따른 온도시험방법에 관한 내용으로 틀린 것은?

① 물의 온도 측정에는 수은 막대 온도계 또는 서미스터를 사용하여 측정하는 방법이다.

② 담금은 온도 측정을 위해 대상 시료에 담그는 것으로 온담금과 76 mm 담금이 있다.

③ 서미스터 온도계는 KS C 2710 직렬형 NTC 서미스터 온도계 또는 이에 동등한 온도계로 최소 측정단위는 0.1 ℃로 교정된 온도계를 사용한다.

④ 수온은 수중의 용존산소량과 관계가 없다.

> **풀이** 수온은 수중의 용존산소량과 관계가 있다. 채수 때의 수온은 시험할 때의 수온과 큰 차이가 있을 수 있으며, 채수 때 녹아 있던 성분 등이 수온의 변화에 따라 이화학적 변화를 일으킬 수 있기 때문에 중요하다.

08-1 용존산소 – 적정법(Dissolved Oxygen – Titrimetric Method)

(ES 04308.1e 2018)

1. 개요

시료에 황산망간과 알칼리성 요오드칼륨용액을 넣어 생기는 수산화제일망간이 시료 중의 용존산소에 의하여 산화되어 수산화제이망간으로 되고, 황산 산성에서 용존산소량에 대응하는 요오드를 유리한다. 유리된 요오드를 티오황산나트륨으로 적정하여 용존산소의 양을 정량하는 방법이다.

(1) 적용범위

정량한계는 0.1 mg/L이며, 산소 포화농도의 2배까지 용해(20.0 mg/L)되어 있는 간섭 물질이 존재하지 않는 모든 종류의 물에 적용 할 수 있다.

(2) 간섭물질

① 시료가 착색되거나 현탁된 경우 정확한 측정을 할 수 없다.
② 시료 중에 산 · 환원성 물질이 존재하면 측정을 방해받을 수 있다.
③ 시료에 미생물 플록(Floc)이 형성된 경우 측정을 방해받을 수 있다.

2. 분석절차

(1) 전처리 *중요내용

1) 시료가 착색 · 현탁된 경우 *중요내용

① 시료를 마개가 있는 1 L 유리병(마개는 접촉부분이 45°로 절단되어 있는 것)에 기울여서 기포가 생기지 않도록 조심하면서 가득 채우고, 칼륨명반용액 10 mL와 암모니아수 1 mL ~ 2 mL를 유리병의 위로부터 넣고, 공기(피펫의 공기)가 들어가지 않도록 주의하면서 마개를 닫고 조용히 상 · 하를 바꾸어 가면서 1분간 흔들어 섞고 10분간 정치하여 현탁물을 침강시킨다.

② 상층액을 고무관 또는 폴리에틸렌관을 이용하여 사이펀작용으로 300 mL BOD병에 채운다. 이때 아래로부터 침강된 응집물이 들어가지 않도록 주의하면서 가득 채운다.

2) 황산구리 – 설파민산법[미생물 플록(floc)이 형성된 경우]

① 시료를 마개가 있는 1 L 유리병(마개는 접촉부분이 45°로 절단되어 있는 것)에 기울여서 기포가 생기지 않도록 조심하면서 가득 채우고 **황산구리 – 설파민산용액 10 mL**를 유리병의 위로부터 넣고 공기가 들어가지 않도록 주의하면서 마개를 닫고 조용히 상·하를 바꾸어 가면서 1분간 흔들어 섞고 10분간 정치하여 현탁물을 침강시킨다.

② 깨끗한 상층액을 고무관 또는 폴리에틸렌관을 이용하여 사이펀작용으로 300 mL BOD병에 채운다. 이때 아래로부터 침강된 응집물이 들어가지 않도록 주의하면서 가득 채운다.

3) 산화성 물질을 함유한 경우[잔류염소] *중요내용

① 시료 중에 잔류염소 등이 함유되어 있을 때에는 별도의 바탕시험을 시행한다.

② 용존산소측정병에 시료를 가득 채운 다음, **알칼리성 요드화칼륨 – 아자이드화나트륨 용액 1 mL**와 **황산 1 mL**를 넣은 후 마개를 닫는다.

③ 시료를 넣은 병을 상·하를 바꾸어 가면서 약 1분간 흔들어 섞는다.

④ 여기에 **황산망간용액 1 mL**를 넣고 다시 상·하를 바꾸어 가면서 흔들어 섞은 다음 이 용액 200 mL를 취하여 삼각플라스크에 옮기고 전분용액을 지시약으로 하여 티오황산나트륨용액(0.025 M)으로 적정하고 그 측정값을 용존산소량의 측정값에 보정한다.

4) 산화성 물질을 함유한 경우[Fe(Ⅲ)]

Fe(Ⅲ) 100 mg/L ~ 200 mg/L가 함유되어 있는 시료의 경우, 황산을 첨가하기 전에 플루오린화칼륨 용액 1 mL를 가한다.

(2) 분석방법

① 시료를 가득 채운 300 mL BOD병에 **황산망간용액 1 mL, 알칼리성 요오드화칼륨 – 아자이드화나트륨용액 1 mL** 넣고 기포가 남지 않게 조심하여 마개를 닫고 병을 수회 회전하면서 섞는다.

② 2분 이상 정치시킨 후에, 상층액에 미세한 침전이 남아 있으면 다시 회전시켜 혼화한 다음 정치하여 완전히 침전시킨다.

③ 100 mL 이상의 맑은 층이 생기면 마개를 열고 **황산 2 mL**를 병목으로부터 넣는다. 갈색의 침전물이 생긴다.

④ 마개를 다시 닫고 갈색의 침전물이 완전히 용해할 때까지 병을 회전시킨다.

⑤ BOD병의 용액 200 mL를 정확히 취하여 황색이 될 때까지 티오황산나트륨 용액(0.025 M)으로 적정한 다음, 전분용액 1 mL를 넣어 용액을 청색으로 만든다. 이후 다시 티오황산나트륨 용액(0.025 M)으로 용액이 청색에서 무색이 될 때까지 적정한다.

3. 결과보고

- ■ 용존산소 농도 산정방법

$$용존산소 \ (\mathrm{mg/L}) = a \times f \times \frac{V_1}{V_2} \times \frac{1,000}{V_1 - R} \times 0.2$$

여기서, a : 적정에 소비된 티오황산나트륨용액 (0.025 M)의 양 (mL)
f : 티오황산나트륨 (0.025 M)의 인자(factor)
V_1 : 전체 시료의 양 (mL)
V_2 : 적정에 사용한 시료의 양 (mL)
R : 황산망간 용액과 알칼리성 요오드화칼륨−아자이드화나트륨 용액 첨가량 (mL)

08-2 용존산소 − 전극법(Dissolved Oxygen − Electrode Method)

(ES 04308.2b 2014)

시료 중의 용존산소가 격막을 통과하여 전극의 표면에서 산화, 환원반응을 일으키고 이때 산소의 농도에 비례하여 전류가 흐르게 되는데 이 전류량으로부터 용존산소량을 측정하는 방법이다.

1. 적용범위

정량한계는 0.5 mg/L이며, 특히 산화성 물질이 함유된 시료나 착색된 시료와 같이 윙클러−아자이드화 나트륨법을 적용할 수 없는 폐하수의 용존산소 측정에 유용하게 사용할 수 있다.

2. 간섭물질

격막 필름은 가스를 선택적으로 통과시키지 못하므로 장시간 사용 시 황화수소(H_2S) 가스의 유입으로 감도가 낮아질 수 있다. 따라서 주기적으로 격막 교체와 기기보정이 필요하다.

실전 예상문제

01
2009
제1회
2014
제6회

용존산소 농도를 분석할 때 진한 황산을 넣는 이유는?

① 적정시 사용하는 $Na_2S_2O_3$와 DO의 반응성을 높이기 위한 것이다.

② 산성하에서 용존산소의 양에 해당하는 요오드를 유리시키기 위한 것이다.

③ $Mn(OH)_2$를 $Mn(OH)_3$로 산화시키기 위한 것이다.

④ 유기물 및 양이온의 방해작용을 최소화 시키기 위한 것이다.

> **풀이** 이 시험기준은 물속에 존재하는 용존산소를 측정하기 위하여 시료에 황간망간과 알칼리성 요오드칼륨용액을 넣어 생기는 수산화제일망간이 시료 중의 용존산소에 의하여 산화되어 수산화제이망간으로 되고, 황산산성에서 용존산소량에 대응하는 요오드를 유리한다. 유리된 요오드를 티오황산나트륨으로 적정하여 용존산소의 양을 정량하는 방법이다.

02
2011
제3회

윙클러－아자이드화나트륨 변법에 의해 물 중의 용존산소(DO) 농도를 분석할 때 사용하는 적정표준용액과 지시약(전분) 첨가 후 종말점에서의 색깔 변화를 각각 옳게 나타낸 것은?

① 티오황산나트륨, 황색 → 무색　　　　② 티오황산나트륨, 청색 → 무색

③ 알칼리성 요오드화 칼륨, 황색 → 무색　④ 알칼리성 요오드화 칼륨, 청색 → 무색

> **풀이** BOD병의 용액 200 mL를 정확히 취하여 황색이 될 때까지 **티오황산나트륨 용액**(0.025 M)으로 적정한 다음, 전분용액 1 mL를 넣어 용액을 청색으로 만든다. 이후 다시 티오황산나트륨용액(0.025 M)으로 용액이 청색에서 무색이 될 때까지 적정한다.

03
2009
제1회

윙클러－아지드화나트륨변법에서 미지의 시료 50 mL에 대하여 0.01N－$Na_2S_2O_3$로 적정하였을 때 1 mL의 $Na_2S_2O_3$ 용액이 소비되었다. 이때 미지시료의 DO값은?(단, 산소의 원자량은 16이며 0.01 N $Na_2S_2O_3$용액의 역가는 1이고, 초기 용존산소 고정에 사용된 시약의 양은 무시한다.)

① 0.4　　　　　　② 4　　　　　　③ 1.6　　　　　　④ 16

> **풀이** 용존산소는 다음의 식으로 표현된다.
>
> $$용존산소 \text{ (mg/L)} = a \times f \times \frac{V_1}{V_2} \times \frac{1,000}{V_1 - R} \times 0.2$$
>
> 여기서, a : 적정에 소비된 티오황산나트륨용액(0.025 N)의 양 (mL)
> f : 티오황산나트륨(0.025 N)의 역가 (factor)
> V_1 : 전체 시료의 양 (mL)
> V_2 : 적정에 사용한 시료의 양 (mL)
> R : 황산망간 용액과 알칼리성 요오드화칼륨－아자이드화나트륨 용액 첨가량 (mL)
> 0.2 : 0.025 N－$Na_2S_2O_3$용액 1 ml에 상당하는 산소의 양 (mg)

정답 　01 ②　02 ②　03 ③

전체 시료량은 50 ml, 0.01N$-$Na$_2$S$_2$O$_3$용액의 역가는 1

적정에 사용한 시약 0.01N$-$Na$_2$S$_2$O$_3$용액 1 ml → 0.01 N$-$Na$_2$S$_2$O$_3$용액 2.5 ml

a 값 : $NV = N'V'$에 의해 $0.01 = 0.025 \times V'$ $V' = 2.5$, $a = 2.5$ ml

f 값 : 1

V_1과 V_2가 같다고 하면, $0.01 : 50 = 0.025 : V_2$ $V_2 = 125$ ml

0.2 값은 0.01N$-$Na$_2$S$_2$O$_3$용액에 대한 값으로 바꾸면 $0.2 : 0.025 = x : 0.01 → 0.08$

$$DO = 2.5 \times 1 \times \frac{125}{125} \times \frac{1,000}{(125-0)} \times 0.08 = 1.6$$

04 윙클러$-$아지드화나트륨 변법에 의한 용존 산소(Dissolved Oxygen)의 양을 정량하는 방법에서
2012
제4회 시료가 착색 및 현탁되어 전처리가 필요한 경우에 사용되는 시약은?

① 칼륨 명반 및 암모니아수

② 황산구리$-$술퍼민산 용액

③ 불화칼륨 용액

④ 전분 및 티오황산나트륨 용액

[풀이] **시료가 착색·현탁된 경우**

- 시료를 마개가 있는 1 L 유리병(마개는 접촉부분이 45°로 절단되어 있는 것)에 기울여서 기포가 생기지 않도록 조심하면서 가득 채우고, 칼륨명반용액 10 mL와 암모니아수 1 mL ~ 2 mL를 유리병의 위로부터 넣고, 공기(피펫의 공기)가 들어가지 않도록 주의하면서 마개를 닫고 조용히 상·하를 바꾸어 가면서 1분간 흔들어 섞고 10분간 정치하여 현탁물을 침강시킨다.
- 상층액을 고무관 또는 폴리에틸렌관을 이용하여 사이펀작용으로 300 mL BOD병에 채운다. 이때 아래로부터 침강된 응집물이 들어가지 않도록 주의하면서 가득 채운다.

05 용존산소농도를 측정하기 위해 0.025N$-$Na$_2$S$_2$O$_3$ 용액으로 적정하여 6 mL가 소모될 때, 0.06N$-$
2012
제4회 Na$_2$S$_2$O$_3$ 용액으로 적정하면 몇 mL가 소모되는가?

① 2.5 mL

② 3.0 mL

③ 3.5 mL

④ 4.0 mL

[풀이] $NV = N'V'$

0.025 N $\times$ 6 mL $= 0.06$ N $\times$ x mL

$\therefore x$ mL $= 2.5$ mL

06 윙클러$-$아자이드화나트륨 변법으로 용존산소 측정과 관련된 내용 중 틀린 것을 고르면?
2012
제4회 ① 시료에 황산망간과 알칼리성 요오드칼륨 용액을 첨가한 후 뚜껑을 열어두면 안 된다.

② 첨가한 티오황산나트륨 적정액의 당량에 0.2를 곱하면 용존산소의 당량이다.

③ 종말점을 쉽게 알기 위해 전분 지시약을 사용한다.

④ 아지드를 첨가하는 것은 아질산이온의 간섭을 제거하기 위한 것이다.

풀이 용존산소 농도 산정방법

$$용존산소\ (mg/L) = a \times f \times \frac{V_1}{V_2} \times \frac{1,000}{V_1 - R} \times 0.2$$

여기서, a : 적정에 소비된 티오황산나트륨용액(0.025 N)의 양 (mL)

f : 티오황산나트륨(0.025 N)의 역가 (factor)

V_1 : 전체 시료의 양 (mL)

V_2 : 적정에 사용한 시료의 양 (mL)

R : 황산망간 용액과 알칼리성 요오드화칼륨 – 아자이드화나트륨 용액 첨가량 (mL)

용존산소는 황산 산성에서 용존산소량에 대응하는 요오드를 유리한다. 유리된 요오드를 티오황산나트륨($Na_2S_2O_3$)으로 적정하여 **용존산소의 양**을 정량하는 방법이다.

따라서 $1N-Na_2S_2O_3$ 1 mL $= \frac{1}{2}I_2 = \frac{1}{2}O_2$ 가 되며 $1N-Na_2S_2O_3$ 1 mL $=$ 산소 8 mg이다.

따라서 $0.025N-Na_2S_2O_3$ 1 mL에 대응하는 산소량은 $0.025 \times 8 = 0.2$ mg이다.

07 윙클러 – 아지드화나트륨 변법에 의한 용존 산소 (dissolved oxygen)의 양을 정량하는 방법에서 시료 중 Fe(Ⅲ)을 함유되어 전처리가 필요한 경우에 사용되는 시약은?

① 티오황산나트륨

② 황산구리 – 술퍼민산 용액

③ 플루오린화칼륨

④ 칼륨명반

풀이 • 산화성 물질을 함유한 경우 (Fe(Ⅲ)) : 황산을 첨가하기 전에 **플루오린화칼륨** 용액을 가한다.

• 미생물 플럭 (floc)이 형성된 경우 : 황산구리 – 설파민산용액을 가한다.

08 전극법에 의한 용존 산소(Dissolved Oxygen)의 양을 정량하는 방법에 관한 설명 중 틀린 것은?

① 시료중의 용존산소가 격막을 통과하여 전극의 표면에서 산화, 환원반응을 일으키고 이때 산소의 농도에 비례하여 전류가 흐르게 되는데 이 전류량으로부터 용존산소량을 측정하는 방법이다.

② 산화성 물질이 함유된 시료나 착색된 시료의 용존산소 측정에 유용하게 사용할 수 있다.

③ 격막 필름은 가스를 선택적으로 통과시키지 못하므로 장시간 사용 시 이산화황 가스의 유입으로 감도가 낮아 질 수 있다.

④ 영점용액은 정제수 또는 교정용 시료 200 mL에 무수아황산나트륨 (Sodium Sulfite Anhydrous, Na_2SO_3, 분자량 : 126.04) 10 g을 녹여 용존산소를 제거하여 사용한다.

풀이 격막 필름은 가스를 선택적으로 통과시키지 못하므로 장시간 사용 시 **황화수소 (H_2S) 가스**의 유입으로 감도가 낮아 질 수 있다. 따라서 주기적으로 **격막 교체**와 기기보정이 필요하다.

정답 **07** ③ **08** ③

09-1 잔류염소 – 비색법(Residual Chlorine – Colorimetric Method)

(ES 04309.1c 2018)

1. 개요

시료의 pH를 인산염완충용액으로 약산성으로 조절한 후 발색하여 잔류염소 표준비색표와 비교하여 측정한다.
이 시험법의 정량한계는 0.05 mg/L이다.

■ 간섭물질

① 유리염소는 질소, 트라이클로라이드, 트라이클로라민, 클로린디옥사이드의 존재하에서는 측정불가능하다.
② 구리에 의한 간섭은 EDTA를 사용하여 제거할 수 있다.
③ 2 mg/L 이상의 크롬산은 종말점에서 간섭을 하는데 이때 염화바륨을 가하여 침전시켜 제거한다.
④ 직사광선 또는 강렬한 빛에 의해 분해된다.

2. 시약 및 표준용액

유리염소 표준용액 : 하이포염소산나트륨 용액 10 mL를 취해 정제수에 넣고 100 mL로 한다. 냉장보관하여 7일간 보관 가능하다. 희석 시에는 2시간까지 유효하다.
[주 1] 티오황산나트륨(0.1 M) 1 mL = 유리염소 3.55 mg

3. 분석절차

결합잔류염소농도(mg/L) = 총 잔류염소 농도 – 유리잔류염소 농도

09-2 잔류염소 – 적정법(Residual Chlorine – Titration Method)

(ES 04309.2b 2014)

1. 개요

이 시험기준은 물속에 존재하는 잔류염소를 **전류적정법**으로 측정하는 방법이다.

(1) 적용범위

정량한계는 2 mg/L이며, 물속의 **총염소**를 측정하기 위해 적용한다.

(2) 간섭물질

잔류염소 – 비색법(ES 04309.1c 2018) 참조

2. 분석절차

(1) 전처리

시료 적당량(잔류염소로서 0.4 mg 이하 함유)을 취하여 200 mL로 하여 삼각플라스크에 담는다. 시료가 200 mL인 경우 페닐아신산화제(0.00564 N)의 적정량(mL)과 잔류염소의 농도(mg/L)가 같기 때문이다.

(2) 계산

$$잔류염소 \ (\text{mg/L}) = \frac{A \times 200}{V}$$

여기서, A : 적정에 사용된 페닐아신 산화제 총량 (mL)
V : 시료의 양 (mL)

실전 예상문제

01 다음은 수질오염공정시험기준의 잔류염소 – 비색법에 의한 잔류염소를 정량하는 방법 중 간섭물질에 관한 설명이다. 틀린 것은?

① 유리염소는 질소, 트라이클로라이드, 트라이클로라민, 클로린디옥사이드의 존재하에서는 불가능하다.

② 구리에 의한 간섭은 EDTA를 사용하여 제거할 수 있다.

③ 2 mg/L 이상의 크롬산의 간섭은 염화칼슘을 가하여 침전시켜 제거한다.

④ 직사광선 또는 강렬한 빛에 의해 분해된다.

> **풀이** 2 mg/L 이상의 크롬산은 종말점에서 간섭을 하는데 이때 **염화바륨**을 가하여 침전시켜 제거한다.

02 다음은 수질오염공정시험기준의 잔류염소 – 적정법에 의한 잔류염소를 정량하는 방법에 관한 설명이다. 틀린 것은?

① 이 시험기준은 물속의 총염소를 측정하기 위해 적용한다.

② 시료의 강렬한 교반은 신속한 측정에 도움이 된다.

③ 잔류염소 표준용액으로 하이포염소산나트륨을 사용하여 유리염소 표준액을 조제하며, 냉장 보관하여 7일간 보관 가능하다.

④ 전극 바깥 부분을 구리 도금한 것도 전극에 영향을 준다.

> **풀이** 시료의 강렬한 교반은 염소를 휘발시키기 때문에 측정값이 낮아질 수 있다.

03 다음 수질오염공정시험기준의 잔류염소를 정량하는 방법 중 유리염소의 정량에 방해가 되는 물질이 아닌 것은?

① 질소 ② 트라이클로라이드
③ 트라이클로라민 ④ 카본디옥사이드

> **풀이** 유리염소는 질소(Nitrogen), 트라이클로라이드(Trichloride), 트라이클로라민(Trichloramine), 클로린디옥사이드(Chlorine Dioxide)의 존재하에서는 불가능하다. .

···10 전기전도도(Conductivity) (ES 04310.1c 2017)

1. 개요

간섭물질 : 전극의 표면이 부유물질, 그리스, 오일 등으로 오염될 경우 전기전도도의 값이 영향을 받을 수 있다.

2. 분석기기 및 기구

(1) 전기전도도 측정계

기기교정 : 정제수의 전기전도도는 정제수의 종류에 따라 다르다. Type Ⅰ은 0.056 μS/cm이며, Type Ⅱ는 1.000 μS/cm, Type Ⅲ는 4.000 μS/cm, Type Ⅳ는 5.000 μS/cm의 전도도를 갖는다. 각 Type에 따라 바탕 값으로 교정한다.

(2) 온도계

수질오염공정시험기준 ES 04307.1a 온도에 따라 0.1 ℃까지 측정 가능한 온도계를 사용한다.
※ 전기전도도 측정계로서 온도 보정이나, 측정이 가능할 경우에는 온도계는 필요 없다.

3. 분석절차

(1) 전기전도도셀의 보정 및 셀상수 측정방법 *중요내용

① 염화칼륨용액을 교환해 가면서 동일 온도에서 측정치간의 편차가 ± 3 % 이하가 될 때까지 반복 측정한다.

② 평균값을 취하여 셀 상수를 산출한다.

$$\text{셀상수 (cm}^{-1}) = \frac{L_{\text{KCl}} + L_{\text{H}_2\text{O}}}{L_x}$$

여기서, L_x : 측정한 전도도 값 (μS/cm)

L_{KCl} : 사용한 염화칼륨 표준액의 전도도 값 (μS/cm)

$L_{\text{H}_2\text{O}}$: 염화칼륨용액을 조제할 때 사용한 물의 전도도 값 (μS/cm)

③ 염화칼륨용액 0.01 M과 0.001 M에 대하여 셀 상수를 산출할 때 측정값 간의 편차가 ± 1 % 이내로 들지 않을 경우에는 백금전극을 재도금하여 사용한다.

(2) 분석방법

① 온도 자동 보정 측정기 : (25 ± 0.5) ℃를 유지한 상태에서 전기전도도를 반복 측정하고 그 평균값을 취하여 전기전도도값을 산출한다.

$$전기전도도값\ (\mu\text{S/cm}) = C \times L_x$$

여기서, C : 셀 상수 (cm^{-1})
L_x : 측정한 전기전도도 값 (μS)

② 온도 자동 미 보정 측정기

$$전기전도도값\ (\mu\text{S/cm}) = \frac{C \times L_x}{1 + 0.0191\,(T - 25)}$$

여기서, C : 셀 상수 (cm^{-1})
L_x : 측정한 전도도 값 $(\mu\text{S/cm})$
T : 측정 시 시료의 온도 (℃)

4. 결과보고

측정결과는 정수로 정확하게 표기하며, 측정단위는 μS/cm로 한다.

※ S(Simens)

실전 예상문제

01 전기전도도에 관한 설명으로 틀린 것은?

2013
제5회

2014
제6회

① 용액이 전류를 운반할 수 있는 정도를 말한다.

② 온도차에 의한 영향은 $\pm 2\%/℃$ 정도이며 측정 결과값의 통일을 위하여 보정하여야 한다.

③ 국제단위계인 mS/m 또는 μS/cm 단위로 측정 결과를 표시한다.

④ mS/m = 1,000 μS/cm이다.

풀이 전기전도도값은(μmhos/cm) 현재 국제단위계인 mS/m 또한 μS/cm 단위로 측정결과를 표기하고 있으며 여기에서 mS/m = 10 μS/cm이다. 또한 전기전도도는 온도차에 의한 영향(약 2%/℃)이 크므로 측정 결과값의 통일을 기하기 위하여 25℃에서의 값으로 환산하여 기록한다.

02 전기전도도 측정에 대한 설명 중 틀린 것은?

2010
제2회

① 측정 단위는 S(Simens) 단위로 나타낸다.

② 전기전도도는 전기저항의 역수에 해당하며 수중의 이온 세기를 평가한다.

③ 셀상수는 온도에 무관하므로 온도보정이 필요 없다.

④ KCl 표준물질로 초순수에 용해하여 0.01 M과 0.001 M로 조제하여 셀상수를 보정한다.

풀이 전기전도도는 측정된 시료의 전기전도도 값에 셀상수를 곱하여 표시하며 온도차에 의한 영향이 크므로 측정 결과값의 통일을 기하기 위하여 25 ℃에서의 값으로 환산하여 기록한다.

03 전기전도도 측정에 대한 설명 중 틀린 것은?

① 전극의 표면이 부유물질, 그리스, 오일 등으로 오염될 경우, 전기전도도의 값이 영향을 받을 수 있다.

② 전기전도도 셀은 항상 수중에 잠긴 상태에서 보존하여야 한다.

③ 전기전도도는 온도차에 의한 영향이 크므로 20 ℃에서의 값으로 환산하여 기록한다.

④ 셀 상수는 전도도 표준용액(염화칼륨용액)을 사용하여 결정할 수 있다.

풀이 전기전도도는 온도차에 의한 영향이 크므로 측정결과값의 통일을 기하기 위하여 25 ℃에서의 값으로 환산하여 기록한다.

정답 01 ④ 02 ③ 03 ③

11-1 총 유기탄소 – 고온연소산화법
(Total Organic Carbon – High Temperature Combustion Method)

(ES 04311.1c 2015)

1. 개요

시료 적당량을 산화성 촉매로 충전된 고온의 연소기에 넣은 후에 연소를 통해서 수중의 유기탄소를
이산화탄소 (CO_2)로 산화시켜 정량하는 방법이다. 정량방법은 무기성 탄소를 사전에 제거하여 측정
하거나, 무기성 탄소를 측정한 후 총 탄소에서 감하여 총 유기탄소의 양을 구한다.

2. 용어정의 ✱중요내용

① 총 유기탄소(TOC ; Total Organic Carbon)
수중에서 유기적으로 결합된 탄소의 합을 말한다.

② 총 탄소(TC ; Total Carbon)
수중에서 존재하는 유기적 또는 무기적으로 결합된 탄소의 합을 말한다.

③ 무기성 탄소(IC ; Inorganic Carbon) ✱중요내용
수중에 탄산염, 중탄산염, 용존 이산화탄소 등 무기적으로 결합된 탄소의 합을 말한다.

④ 용존성 유기탄소(DOC ; Dissolved Organic Carbon)
총 유기탄소 중 공극 0.45 μm의 여과지를 통과하는 유기탄소를 말한다.

⑤ 비정화성 유기탄소(NPOC ; Nonpurgeable Organic Carbon)
총 탄소 중 pH 2 이하에서 포기에 의해 정화(Purging)되지 않는 탄소를 말한다.

3. 분석기기[총 유기탄소 분석기기]

① 산화부 : 시료를 산화코발트, 백금, 크롬산 바륨과 같은 산화성 촉매로 충전된 550 ℃ 이상의 고
온반응기에서 연소시켜 시료 중의 탄소를 이산화탄소로 전환하여 검출부로 운반한다.
② 검출부 : 비분산적외선분광분석법(NDIR ; Non – dispersive Infrared), 전기량적정법(Coulometric
Titration Method) 또는 이와 동등한 검출방법으로 측정한다.

4. 표준용액

① 프탈산수소 포타슘 표준원액(1,000 mg C/L)

② 무기성 탄소 표준원액(1,000 mg C/L) : 탄산 소듐(sodium carbonate, Na_2CO_3)과 탄산수소 소듐(sodium bicarbonate, $NaHCO_3$)

③ 부유물질 정도관리용 표준원액(1,000 mg C/L) : 셀룰로오스(입자의 크기 $20~\mu m \sim 100~\mu m$)

5. 분석절차

부유물질을 함유한 시료의 경우 초음파 장치 등 균질화 장치를 이용하여 시료를 균질화시킨 후 입경 $100~\mu m$ 이하로 하여 분석하며, 자동시료주입기를 사용하는 경우 분석하는 동안 부유물질이 측정 중에 침전되지 않도록 연속적으로 교반을 해야 한다.

(1) 비정화성 유기탄소(NPOC) 정량방법

시료 일부를 분취한 후 산(acid)용액을 적당량 주입하여 pH 2 이하로 조절한 후 일정시간 정화(purging)하여 무기성 탄소를 제거한 다음 미리 작성한 검정곡선을 이용하여 총 유기탄소의 양을 구한다.

$$\text{총 유기탄소 (TOC)} = \text{비정화성 유기탄소 (NPOC)}$$

※ 총 탄소 중 무기성 탄소 비율이 50 %를 초과하는 시료는 비정화성 유기탄소 정량방법으로 정량한다.

(2) 가감(TC − IC) 정량방법

시료 일부를 분취한 후 시료의 총 탄소(TC)를 미리 작성한 검정곡선으로부터 구하고, 시료 일부를 따로 분취한 후 시료에 산(acid)용액을 적당량 주입하여 pH 2 이하로 한 후, 정화과정에서 발생한 무기성 탄소를 미리 작성한 검정곡선을 이용하여 구하고, 이를 총 탄소에서 감하여 총 유기탄소를 구한다. 경우에 따라서 총 탄소와 무기성 탄소를 동시에 분석할 수 있다.

$$\text{총 유기탄소 (TOC)} = \text{총 탄소 (TC)} - \text{무기성 탄소 (IC)}$$

※ 높은 농도(수 mg/L 이상)의 휘발성 유기물질(VOC)이 존재하는 시료는 가감정량방법으로 정량한다.

11-2 총 유기탄소 – 과황산 UV 및 과황산 열 산화법

(Total Organic Carbon – Persulfate – Ultraviolet or Heated – Persulfate Oxidation Method)

(ES 04311.2b 2014)

시료에 과황산염을 넣어 자외선이나 가열로 수중의 유기탄소를 이산화탄소로 산화하여 정량하는 방법이다. 정량방법은 무기성 탄소를 사전에 제거하여 측정하거나, 무기성 탄소를 측정한 후 총 탄소에서 감하여 총 유기탄소의 양을 구한다.

※ 기타 총 유기탄소 – 고온연소산화법(ES 04311.1c 2015) 참조

11-3 용존 유기탄소 – 고온연소산화법 산화법

(Dissolved Organic Carbon – High Temperature Combustion Method)

(ES 04316.1 2012)

※ 시료를 0.45 μm 여과지로 전처리하는 것이 특징이다.

11-4 용존 유기탄소 – 과황산 UV 및 과황산 열 산화법

(Dissolved Organic Carbon – Persulfate – Ultraviolet or Heated – Persulfate Oxidation Method)

(ES 04316.2 2012)

용존성 유기탄소 시험방법은 총 유기탄소시험방법을 기본으로 하며, 시료를 0.45 μm 여과지로 전처리하는 것이 특징이다.

1. 여과지

① 규격 : 지름 47 mm, 공극 0.45 μm
② 재질 : 저용출 나일론 또는 폴리에테르설폰 재질의 여과지로 친수성폴리에테르설폰 필터와 친수성폴리프로필렌 필터
※ 450 ℃에서 최소 2시간 이상 회화한 GF/F 여과지를 사용할 수 있다.

2. 여과지 세척

정제수를 250 mL씩 3회에 걸쳐 750 mL로 여과지를 세척한다.

※ 정제수가 충분치 않은 경우 반드시 최소 500 mL 이상의 정제수를 3회에 걸쳐 나누어 여과지를 세척해야 한다. 또는 약 300 mL 이상의 뜨거운 정제수(80 ℃ 이상)를 3회에 걸쳐 나누어 여과지를 세척해야 한다.

3. 시료여과

① 여과지를 정제수로 세척한 후 시료 약 40 mL를 여과하고 여액은 버린다.

② 다시 시료 약 40 mL를 여과하여 여액 시료로 한다.

③ ①, ② 과정을 3번 이상 반복하여 시료당 3개 이상의 여액 시료를 준비한다.

④ 각 여액 시료의 상대표준편차가 15 % 이내인 결과의 평균을 시료의 측정결과로 한다.

※ 시료 중 부유물질 농도가 300 mg/L 이상일 경우 시료 약 30 mL를 여과하고 여액은 버린 다음 시료 약 30 mL를 여과하여 여액을 시료로 한다. 위의 과정을 3번 이상 반복하여 시료당 3개 이상의 여액 시료를 준비한다. 각 여액 시료의 상대표준편차가 15 % 이내인 결과의 평균을 시료의 측정결과로 한다.

실전 예상문제

01
2009
제1회

총유기탄소(TOC)의 시험방법에 대한 설명으로 잘못된 것은?

① TOC와 용존성유기탄소(DOC) 분석시료 용액은 염기성 상태로 보존되어야 한다.
② TOC와 DOC를 측정하기 위해서는 프탈산수소칼륨(KHP) 표준용액을 사용한다.
③ 무기성 탄소(IC)가 총탄소의 50 %를 초과하는 경우 사전에 무기성 탄소를 제거한다.
④ 결과보고 시에는 분석기기의 검정곡선식, 상관계수, 정밀도, 검출한계를 기록하여야 한다.

> **풀이** TOC와 용존성유기탄소(DOC) 분석시료 용액은 즉시 분석 또는 HCl 또는 H_3PO_4 또는 H_2SO_4를 가한 후 (pH < 2) 4℃ 냉암소에서 보관한다.

02
2009
제1회

총유기탄소의 시험방법에 따른 용어 설명으로 틀린 것은?

① 부유성 유기탄소(SOC)는 입자성 유기탄소(POC)라고도 하며, 강산성 조건의 포기에 의해 정화되지 않는 탄소를 말한다.
② 총유기탄소는 수중에서 유기적으로 결합된 탄소의 합을 말한다.
③ 용존성 유기탄소(DOC)는 총유기탄소 중 공극 $0.45~\mu m$ 의 막을 통과하는 유기탄소를 말한다.
④ 무기성 탄소(1C)는 탄산염, 중탄산염, 용존 이산화탄소 등 무기적으로 결합된 탄소의 합을 말한다.

> **풀이** 부유성 유기탄소(SOC)는 총 유기탄소 중 공극 $0.45~\mu m$의 여과지를 통과하지 못한 유기탄소를 말한다.

03
2012
제4회

대부분의 유기탄소 분석기는 적외선(IR, infrared) 검출기를 사용한다. 이 검출기가 검출하는 물질은 무엇인가?

① O_2 ② H_2O
③ CO_2 ④ CH_4

> **풀이** 총 유기탄소는 수중의 유기탄소를 이산화탄소(CO_2)로 산화시켜 정량하는 방법이다.

04

다음 중 총 유기탄소 – 고온연소산화법 설명 중 틀린 것은?

① 비정화성 유기탄소는 총 탄소 중 pH 2 이하에서 포기에 의해 정화(purging)되지 않는 탄소를 말한다.
② 검출부는 비분산적외선분광분석법(NDIR ; Non – dispersive Infrared), 전기량적정법(Coulometric Titration Method) 또는 이와 동등한 검출 방법으로 측정한다.
③ 표준용액 제조에 프탈산수소 포타슘이 사용된다.
④ 무기성 탄소 표준용액 제조에 탄산 소듐과 탄산수소 소듐이 사용되며, 1개월간 보관 가능하다.

정답 **01** ① **02** ① **03** ③ **04** ④

> **풀이** 무기성탄소 표준용액에 제조에는 탄산 소듐과 탄산수소 소듐이 사용되며 사용 시마다 조제한다.

05 총유기탄소의 시험방법 중 비정화성 유기탄소 정량법 설명으로 틀린 것은?

① 비정화성 유기탄소는 총 탄소 중 pH 2 이하에서 포기에 의해 정화(Purging)되지 않는 탄소를 말한다.
② 방법검출한계 및 정량한계의 측정시료에 무기성 탄소 표준용액 일정량을 첨가하여 분석 시 무기성 탄소가 잘 제거되는지를 확인하여야 한다.
③ 총 탄소 중 무기성 탄소 비율이 50 %를 초과하는 시료는 비정화성 유기탄소 정량방법으로 정량한다.
④ 총 유기탄소(TOC) = 비정화성 유기탄소(NPOC) + 정화성 유기탄소(POC)이다.

> **풀이** 비정화성 유기탄소(NPOC)법으로 정량한 경우 TOC 값 계산
> 총 유기탄소(TOC)＝비정화성 유기탄소(NPOC)

06 총유기탄소의 시험방법 중 가감 정량방법에 관한 설명으로 틀린 것은?

① 높은 농도 (수 mg/L 이상)의 휘발성 유기물질 (VOC)이 존재하는 시료는 가감정량방법을 적용하지 않고 비정화성 유기탄소법으로 정량한다.
② 방법검출한계 및 정량한계의 측정시료에 무기성 탄소 표준용액 일정량을 첨가하여 분석 시 무기성 탄소가 잘 제거되는지를 확인하여야 한다.
③ 총 탄소와 무기성 탄소를 각각 측정하여 검정곡선을 작성해야 한다.
④ 총 유기탄소 (TOC) = 총 탄소 (TC) − 무기성 탄소 (IC)

> **풀이** 높은 농도 (수 mg/L 이상)의 휘발성 유기물질 (VOC)이 존재하는 시료는 가감정량방법으로 정량한다.

07 용존성 유기탄소 시험방법의 전처리에 대한 설명 중 틀린 것은?

① 사용하는 여과지는 저용출 나일론 또는 폴리에테르설폰 재질의 여과지로 친수성폴리에테르설폰 필터와 친수성폴리프로필렌 필터를 사용한다.
② 450 ℃에서 최소 2시간 이상 회화한 GF/F 여과지를 사용할 수 있다.
③ 정제수가 충분치 않은 경우 약 300 mL 이상의 뜨거운 정제수(80 ℃ 이상)를 3회에 걸쳐 나누어 여과지를 세척할 수 있다.
④ 시료 중 부유물질 농도가 300 mg/L 이상일 경우 시료 약 40 mL를 여과하고 여액은 버린 다음 시료 약 30 mL를 여과하여 여액을 시료로 한다.

> **풀이** 시료 중 부유물질 농도가 300 mg/L 이상일 경우 시료 약 30 mL를 여과하고 여액은 버린 다음 시료 약 30 mL를 여과하여 여액을 시료로 한다.

정답 05 ④ 06 ① 07 ④

┅┅12 클로로필 a(Chlorophyll a) (ES 04312.1a 2014)

1. 개요 ●중요내용

아세톤 용액을 이용하여 시료를 여과한 여과지로부터 클로로필 색소를 추출하고, 추출액의 흡광도를 663 nm, 645 nm, 630 nm 및 750 nm에서 측정하여 클로로필 a의 양을 계산하는 방법이다.

■ 간섭물질

① 여과지 또는 실험실에서 기인하는 오염물질들이 630 nm ~ 665 nm 파장의 빛을 흡수하여 측정을 방해할 수 있다. 750 nm에서의 흡광도 측정은 시료 안의 탁도를 평가하기 위해 시행되며, 663 nm, 645 nm 및 630 nm에서의 시료 흡광도 값에서 750 nm에서의 흡광도 값을 뺀 후 실제 클로로필의 양을 측정한다. 측정 전에 시료를 원심분리 또는 여과하여 불순물을 제거한다.

② 색소에 대한 정확도와 횟수는 여과된 시료의 충분한 불림과 추출 용매 내에서 불린 시간에 관계한다.

③ 클로로필 a, b, c의 상대적인 양은 식물성플랑크톤의 분류군에 따라 차이가 있다. 클로로필과 페오포티바이드 a(Pheophotibide a)·페오파이틴 a(Pheophytin a)의 스펙트럼 겹침 때문에 이 모든 색소를 가지는 용액의 측정값은 증가 또는 감소한다.

④ 모든 광합성 색소들은 빛과 온도에 민감하다.

2. 용어정의

클로로필 a는 모든 조류에 존재하는 녹색 색소로서 유기물 건조량이 1 % ~ 2 %를 차지하고 있으며, 조류의 생물량을 평가하기 위한 유력한 지표이다.

※ 클로로필 b, c 등 기타 클로로필 양은 조류의 분류학적 조성의 지표이다.

3. 분석기기 및 기구

조직 마쇄기(tissue grinder) : 유리 또는 폴리테트라플루오로에틸렌(PTFE)의 재질로 홈이 있는 둥근바닥 그라인드 튜브를 사용한다.

4. 분석절차

(1) 전처리

① 시료 적당량(100 mL ~ 2,000 mL)을 유리섬유여과지(GF/C)로 여과한다.

　※ CF/F(0.7 μm) 대용으로 CF/B(1.0 μm), CF/C(1.2 μm), Gelman AE(1.0 μm) 등을 사용할 수 있다.

　※ 시료 여과시 여과압이 20 kPa을 초과하거나 오랜 시간(10분 이상) 동안 여과를 하면, 세포를 손상시켜 클로로필의 손실을 일으킬 수 있다.

② 여과지와 아세톤(9 + 1) 적당량(5 mL ~ 10 mL)을 조직마쇄기에 함께 넣고 마쇄

③ 마쇄한 시료를 마개 있는 원심분리관에 넣고 밀봉하여 4 ℃ 어두운 곳에서 하룻밤 방치한다.

④ 하룻밤 방치한 시료를 500 g의 원심력으로 20분간 원심분리하거나 혹은 용매－저항(solvent－resistance)주사기를 이용하여 여과한다.

⑤ 분리한 시료의 상층액을 시료로 한다.

(2) 분석방법

전처리한 시료 용액을 시료셀에 옮기고 아세톤(9 + 1)을 대조용액으로 하여 663 nm, 645 nm, 630 nm, 및 750 nm에서 시료용액의 흡광도를 측정한다.

실전 예상문제

01

흡광광도법으로 물 시료에 존재하는 클로로필 a의 측정에 대한 기술이 옳은 것은?

① 헥산으로 클로로필 색소를 추출하여 추출액의 흡광도를 663 nm, 645 nm, 630 nm, 750 nm에서 측정하여 규정된 계산식으로 클로로필 a양을 계산한다.

② 바탕시험액으로 아세톤(9 + 1) 용액을 취하여 대조액으로 하고 663 nm, 645 nm, 750 nm, 630 nm에서 시료용액의 흡광도를 측정하여 규정된 계산식으로 클로로필 a양을 계산한다.

③ 시료 적당량을 유리섬유거름종이(GF/C, 45mmD)로 여과한 다음 거름종이를 조직마쇄기에 넣고 헥산 적당량(5~10 mL)을 넣어 마쇄한다.

④ 마쇄시료를 마개 있는 원심분리관에 넣고 밀봉하여 4 ℃ 어두운 곳에서 하룻밤 방치한 다음 1000g의 원심력으로 30분간 분리하고 상등액의 양을 측정한 다음 상등액의 일부를 취하여 시료용액으로 한다.

풀이 **개요**

이 시험기준은 물속의 클로로필 a의 양을 측정하는 방법으로 **아세톤 용액**을 이용하여 시료를 여과한 여과지로부터 클로로필 색소를 추출하고, 추출액의 흡광도를 663 nm, 645 nm, 630 nm 및 750 nm에서 측정하여 클로로필 a의 양을 계산하는 방법이다.

전처리

㉠ 시료 적당량 (100 mL ~ 2,000 mL)을 유리섬유여과지 (CF/F, 47mm)로 여과한다.

㉡ 여과지와 아세톤(9 + 1) 적당량 (5 mL ~ 10 mL)을 조직마쇄기에 함께 넣고 마쇄한다.

㉢ 마쇄한 시료를 마개 있는 원심분리관에 넣고 밀봉하여 4 ℃ 어두운 곳에서 하룻밤 방치한다.

㉣ 하룻밤 방치한 시료를 500 g의 원심력으로 20분간 원심분리하거나 혹은 용매 – 저항(solvent – resistance) 주사기를 이용하여 여과한다.

㉤ 원심 분리한 시료의 상층액을 시료로 한다.

02

클로로필a 측정 과정에서 클로로필 색소를 추출하기 위해 사용되는 물질은?

① 과망간산칼륨 용액   ② 아세톤

③ 메틸 알코올   ④ 벤젠

풀이 클로로필 a는 아세톤 용액을 이용하여 시료를 여과한 여과지로부터 클로로필 색소를 추출한다.

03
2013
제5회
클로로필 a 분석을 위해 측정해야 할 흡광도의 파장이 아닌 것은?

① 750 nm   ② 663 nm   ③ 645 nm   ④ 640 nm

풀이 클로로필 a는 흡광도를 663 nm, 645 nm, 630 nm 및 750 nm에서 측정한다.

04
흡광광도법으로 물 시료에 존재하는 클로로필 a의 측정방법에 대한 설명으로 틀린 것은?

① 시료 여과시 여과압이 20 Pa을 초과하거나 오랜 시간(10분 이상) 동안 여과를 하면, 세포를 손상시켜 클로로필의 손실을 일으킬 수 있다.

② 마쇄한 시료를 마개 있는 원심분리관에 넣고 밀봉하여 4 ℃ 어두운 곳에서 하룻밤 방치한다.

③ 하룻밤 방치한 시료를 500 g의 원심력으로 20분간 원심분리하거나 혹은 용매 – 저항 (solvent – resistance) 주사기를 이용하여 여과한다.

④ 아세톤(9 + 1)을 대조용액으로 하여 663 nm, 645 nm, 630 nm, 및 750 nm에서 시료용액의 흡광도를 측정한다.

풀이 시료 여과시 **여과압이 20 kPa을 초과**하거나 오랜 시간(10분 이상) 동안 여과를 하면, 세포를 손상시켜 클로로필의 손실을 일으킬 수 있다.

···13 탁도(Turbidity) (ES 04313.1b 2014)

1. 개요

탁도계를 이용하여 물의 흐림 정도를 측정하는 방법이다.

■ 간섭물질

① 파편과 입자가 큰 침전이 존재하는 시료를 빠르게 침전시킬 경우, 탁도값이 낮게 측정된다.

② 시료 속의 거품은 빛을 산란시키고, 높은 측정값을 나타낸다. 따라서 시료 분취 시 거품 생성을 방지하고 시료를 셀의 벽을 따라 부어야 한다.

③ 물에 색깔이 있는 시료는 색이 빛을 흡수하기 때문에 잠재적으로 측정값이 낮게 분석된다.

2. 용어정의

① 탁도 단위(NTU ; nephelometric turbidity unit) : 텅스텐 필라멘트 램프를 2,200 K ～ 2,700 K로 온도를 상승시킨 후 방출되는 빛이 검사시료를 통과하면서 산란되는 빛을 90 ℃ 각도에서 측정하는 방법이다.

② 콜로이드 : 교질이라고도 하며, 물질이 분자 또는 이온상태로 액체 중에 고르게 분산해 있는 것을 용액이라고 하는데 이것에 대해서 보통의 분자나 이온보다 크고 지름이 1 nm ～ 100 nm 정도의 미립자가 기체 또는 액체 중에 응집하거나 침전하지 않고 분산된 상태를 콜로이드 상태라고 한다.

③ 산란 : 파동이나 빠른 속도의 입자선이 많은 분자, 원자, 미립자 등에 충돌하여 운동방향을 바꾸고 흩어지는 현상을 가리킨다.

3. 분석기기

탁도계(turbidimeter) : 광원부와 광전자식 검출기를 갖추고 있으며 검출한계가 0.02 NTU 이상인 NTU (nephelometric turbidity units) 탁도계로서 광원인 텅스텐필라멘트는 2,200 K ～ 3,000 K 온도에서 작동하고 측정튜브 내의 투사광과 산란광의 총 통과거리는 10 cm를 넘지 않아야 하며, 검출기에 의해 빛을 흡수하는 각도는 투사광에 대하여 (90 ± 30) °를 넘지 않아야 한다.

4. 시약 및 표준액

① 정제수 : 시약등급 (reagent grade)의 정제수를 사용하며, 바탕시험 할 때 탁도 0.02 NTU를 사용한다.
② 탁도 표준원액(400 NTU) : 황산하이드라진용액 5.0 mL와 헥사메틸렌테트라아민용액 5.0 mL를 섞어 실온에서 24시간 방치한 다음, 물을 넣어 100 mL로 한다(이 용액 1 mL는 탁도 400 NTU에 해당하며 1개월간 사용한다).

5. 분석절차

(1) 총 탁도 측정

일반적인 탁도 측정법

(2) 침전 후 탁도 측정

시료를 진동이 없는 장소에서 약 24시간 방치하여 입자크기가 큰 고체 물질들을 침전시킨 후 탁도를 측정하는 방법

실전 예상문제

01 수질오염공정시험기준에 따른 탁도 측정법에 대한 설명 중 틀린 것은?

① 시료 속의 거품은 빛을 산란시키고, 높은 측정값을 나타낸다.

② 탁도 표준원액 제조에 황산하이드라진이 사용된다.

③ 광원은 중수소램프를 사용한다.

④ 탁도의 측정결과는 NTU 단위로 표시한다.

> **풀이** 탁도계는 광원부와 광전자식 검출기를 갖추고 있으며 검출한계가 0.02 NTU 이상인 NTU(Nephelometric Turbidity Units) 탁도계로서 광원인 텅스텐필라멘트는 2,200 K ~ 3,000 K 온도에서 작동하고 측정튜브 내의 투사광과 산란광의 총 통과거리는 10 cm를 넘지 않아야 하며, 검출기에 의해 빛을 흡수하는 각도는 투사광에 대하여 (90 ± 30) °를 넘지 않아야 한다.

02 수질오염공정시험기준의 탁도 시험에서 간섭물질에 대한 설명으로 틀린 것은?

① 파편과 입자가 큰 침전이 존재하는 시료를 빠르게 침전시킬 경우, 탁도값이 낮게 측정된다.

② 시료 속의 거품은 빛을 산란시키고, 높은 측정값을 나타낸다.

③ 거품에 의한 산란 반지를 위해 시료를 셀의 벽을 따라 붓는다.

④ 색깔이 있는 시료는 색이 빛을 흡수하기 때문에 잠재적으로 측정값이 높게 분석된다.

> **풀이** 물에 색깔이 있는 시료는 색이 빛을 흡수하기 때문에 잠재적으로 측정값이 낮게 분석된다.

···14 투명도(Transparency) (ES 04314.1a 2014)

1. 개요

지름 30 cm의 투명도판(백색원판)을 사용하여 호소나 하천에 보이지 않는 깊이로 넣은 다음 이것을 천천히 끌어 올리면서 보이기 시작한 깊이를 0.1 m 단위로 읽어 투명도를 측정하는 방법이다.

2. 분석기기 및 기구

투명도판 : 투명도판(백색원판)은 지름이 30 cm로 무게가 약 3 kg이 되는 원판에 지름 5 cm의 구멍 8개가 뚫려 있다.

3. 분석절차 *중요내용

① 투명도판은 측정에 앞서 상판에 이물질이 없도록 깨끗하게 닦아 주고, 측정시간은 오전 10시에서 오후 4시 사이에 측정한다.

② 날씨가 맑고 수면이 잔잔할 때 측정하고, 직사광선을 피하여 배의 그늘 등에서 투명도판을 조용히 보이지 않는 깊이로 넣은 다음 천천히 끌어 올리면서 보이기 시작한 깊이를 반복해서 측정한다.

[주 1] 투명도판의 색도차는 투명도에 미치는 영향이 적지만, 원판의 광 반사능도 투명도에 영향을 미치므로 표면이 더러울 때에는 다시 색칠하여야 한다.

[주 2] 투명도는 일기, 시각, 개인차 등에 의하여 약간의 차이가 있을 수 있으므로 측정조건을 기록해 두어야 한다.

[주 3] 흐름이 있어 줄이 기울어질 경우에는 2 kg 정도의 추를 달아서 줄을 세워야 하고 줄은 10 cm 간격으로 눈금표시가 되어 있어야 하며, 충분히 강도가 있는 것을 사용한다.

[주 4] 강우시나 수면에 파도가 격렬하게 일 때는 정확한 투명도를 얻을 수 없으므로 측정하지 않는 것이 좋다.

실전 예상문제

01
2009
제1회
2015
제7회

투명도 측정에 관한 설명으로 잘못된 것은?

① 투명도는 투명도판을 하천수에 서서히 내리면서 측정한다.

② 투명도판의 원판 지름은 30 cm이고 10개의 구멍 있는 것을 사용한다.

③ 강우 시나 파도가 격렬할 때는 측정 횟수를 늘려서 평균값을 사용한다.

④ 투명도는 반복해서 측정하고 그 평균값을 0.1 m 단위로 읽는다.

풀이
- 투명도판은 측정에 앞서 상판에 이물질이 없도록 깨끗하게 닦아 주고, 측정시간은 오전 10시에서 오후 4시 사이에 측정한다.
- 날씨가 맑고 수면이 잔잔할 때 측정하고, 직사광선을 피하여 배의 그늘 등에서 투명도판을 조용히 보이지 않는 깊이로 넣은 다음 천천히 끌어 올리면서 보이기 시작한 깊이를 반복해서 측정한다.
- 흐름이 있어 줄이 기울어질 경우에는 2 kg 정도의 추를 달아서 줄을 세워야 하고 줄은 10 cm 간격으로 눈금표시가 되어 있어야 하며, 충분히 강도가 있는 것을 사용한다.
- 강우시나 수면에 파도가 격렬하게 일 때는 정확한 투명도를 얻을 수 없으므로 측정하지 않는 것이 좋다.

02
2012
제4회

하천수의 투명도 측정에 관한 설명이 옳은 것은?

① 투명도는 투명도판을 하천수에 서서히 내리면서 측정한다.

② 투명도판의 원판 지름은 30 cm이고 10개의 구멍 있는 것을 사용한다.

③ 강우 시나 파도가 격렬할 때는 측정 횟수를 늘려서 평균값을 사용한다.

④ 투명도는 반복해서 측정하고 그 평균값을 0.1 m 단위로 읽는다.

풀이 **목적**

이 시험기준은 투명도를 측정하기 위하여 지름 30 cm의 **투명도판(백색원판)**을 사용하여 호소나 하천에 보이지 않는 깊이로 넣은 다음 이것을 천천히 끌어 올리면서 보이기 시작한 깊이를 0.1 m 단위로 읽어 투명도를 측정하는 방법이다.

투명도판

투명도판(백색원판)은 지름이 30 cm로 무게가 약 3 kg이 되는 원판에 지름 5 cm의 구멍 8개가 뚫려 있다.

분석절차 中

[주 4] 강우시나 수면에 파도가 격렬하게 일 때는 정확한 투명도를 얻을 수 없으므로 측정하지 않는 것이 좋다.

정답 01 ③ 02 ④

15-1 화학적 산소요구량 – 적정법 – 산성 과망간산칼륨법
(CODMn, Chemical Oxygen Demand – Titrimetric Method – Acidic Permanganate)
(ES 04315.1b 2017)

1. 개요

시료를 황산산성으로 하여 과망간산칼륨 일정과량을 넣고 30분간 수욕상에서 가열반응 시킨 다음 소비된 과망간산칼륨량으로부터 이에 상당하는 산소의 양을 측정하는 방법이다.

※ 산성용액에서 $KMnO_4$ 반응 : $MnO_4^- + 5e^- + 8H^+ \rightarrow Mn^{2+} + 4H_2O$

(1) 적용범위

염소이온이 2,000 mg/L 이하인 시료 (100 mg)에 적용

(2) 간섭물질

① 유리기구류나 공기로부터 유기물의 오염이 되지 않게 주의하고 사용하는 정제수에 유기물이 없는지 확인해야 한다.

② 염소이온은 과망간산에 의해 정량적으로 산화되어 양의 오차를 유발하므로 황산은을 첨가하여 염소이온의 간섭을 제거한다. *중요내용

③ 아질산염은 아질산성 질소 1 mg 당 1.1 mg의 산소를 소모하여 COD값의 오차를 유발한다. 아질산염의 방해가 우려되면 아질산성 질소 1 mg 당 10 mg의 설파민산을 넣어 간섭을 제거한다.

④ 제일철이온, 아황산염 등 실험 조건에서 산화되는 물질이 있을 때에 해당되는 COD 값을 정량적으로 빼주어야 한다.

⑤ 가열과정에서 오차가 발생할 수 있으므로 물중탕의 온도와 가열시간을 잘 지켜야 한다.

2. 분석절차

① 300 mL 둥근바닥 플라스크에 시료 적당량을 취하여 정제수를 넣어 전량을 100 mL로 한다.

② 시료에 황산(1 + 2) 10 mL를 넣고 황산은 분말 약 1 g을 넣어 세게 흔들어 준 다음 수 분간 방치한다.

[주 1] 수 분간 방치 후 상층액이 투명해져야 한다.

[주 2] 황산은 분말 1 g 대신 질산은용액(20 %) 5 mL 또는 질산은 분말 1 g을 첨가해도 좋다. 다만, 시료 중 염소이온이 존재할 경우에는 염소이온의 당량만큼 황산은 또는 질산은을 가

해준 다음 규정된 양을 추가로 첨가한다. 염소이온 1 g에 대한 황산은의 당량은 4.4 g이며, 질산은의 당량은 4.8 g이다.

(예) 은염의 첨가량(g) = 시료 중 염소이온의 양(g) × 염소이온 1 g에 대한 은염의 당량(g) + 1 g

③ 과망간산칼륨용액(0.005 M) 10 mL를 정확히 넣고 둥근바닥플라스크에 냉각관을 붙이고 물중탕의 수면이 시료의 수면보다 높게 하여 끓는 물중탕기에서 30분간 가열한다.

④ 냉각관의 끝을 통하여 정제수 소량을 사용하여 씻어준 다음 냉각관을 떼어 낸다.

⑤ 옥살산나트륨용액(0.0125 M) 10 mL를 정확하게 넣고 60 ℃ ~ 80 ℃를 유지하면서 과망간산칼륨용액(0.005 M)을 사용하여 액의 색이 엷은 홍색을 나타낼 때까지 적정한다.

⑥ 정제수 100 mL를 사용하여 같은 조건으로 바탕시험을 행한다.

⑦ 시료의 양은 30분간 가열반응한 후에 과망간산칼륨용액(0.005 M)이 처음 첨가한 양의 50 % ~ 70 %가 남도록 채취한다. 다만 시료의 COD값이 10 mg/L 이하일 경우에는 시료 100 mL를 취하여 그대로 시험하며, 보다 정확한 COD값이 요구될 경우에는 과망간산칼륨액(0.005 M)의 소모량이 처음 가한 양의 50 %에 접근하도록 시료 량을 취한다.

3. 결과보고

① 농도계산

$$화학적산소요구량 \ (\mathrm{mg/L}) = (b-a) \times f \times \frac{1,000}{V} \times 0.2$$

여기서, a : 바탕시험 적정에 소비된 과망간산칼륨용액(0.005 M)의 양 (mL)
　　　　 b : 시료의 적정에 소비된 과망간산칼륨용액(0.005 M)의 양 (mL)
　　　　 f : 과망간산칼륨용액(0.005 M) 농도계수 (factor)
　　　　 V : 시료의 양 (mL)

② 표시 : 분석결과는 0.1 mg/L까지 표기

15-2 화학적 산소요구량 – 적정법 – 알칼리성 과망간산칼륨법

(CODMn, Chemical Oxygen Demand – Titrimetric Method – Alkaline Permanganate)

(ES 04315.2b 2017)

1. 개요

시료를 알칼리성으로 하여 과망간산칼륨 일정과량을 넣고 60분간 수욕상에서 가열반응 시키고 요오드화칼륨 및 황산을 넣어 남아 있는 과망간산칼륨에 의하여 유리된 요오드의 양으로부터 산소의 양을 측정하는 방법이다.

(1) 적용범위

반응시료 100 mL의 염소이온(2,000 mg/L 이상)이 높은 하수 및 해수 시료에 적용한다.

(2) 간섭물질

① 유리기구류나 공기로부터 유기물의 오염이 되지 않게 주의하고 사용하는 정제수에 유기물이 없는지 확인해야 한다.

② 시료 중에 환원성 무기물질들의 간섭이나 알코올류, 당류, 단백질 등의 알칼리 가용성 화합물의 방해를 받지 않는다.

③ 가열과정에서 오차를 발생할 수 있으므로 물중탕기의 온도와 가열시간을 잘 지켜야 한다.

2. 분석절차

① 300 mL 둥근바닥플라스크에 시료 적당량을 취하여 정제수를 넣어 50 mL로 하고 수산화나트륨용액(10 %) 1 mL를 넣어 알칼리성으로 한다.

② 여기에 과망간산칼륨용액(0.005 M) 10 mL를 정확히 넣은 다음 둥근바닥플라스크에 냉각관을 붙이고 물중탕기의 수면이 시료의 수면보다 높게 하여 끓는 물중탕기에서 60분간 가열한다.

③ 냉각관의 끝을 통하여 정제수 소량을 사용하여 씻어준 다음 냉각관을 떼어 내고 요오드화칼륨용액(10 %) 1 mL를 넣어 방치하여 냉각한다.

④ 아자이드화나트륨(4 %) 한 방울을 가하고 황산(2 + 1) 5 mL를 넣어 유리된 요오드를 지시약으로 전분용액 2 mL를 넣고 티오황산나트륨용액(0.025 M)으로 무색이 될 때까지 적정한다.

⑤ 따로 시료량과 같은 양의 정제수를 사용하여 같은 조건으로 바탕시험을 행한다.

⑥ 시료의 양은 가열반응하고 남은 과망간산칼륨용액(0.005 M)이 처음 첨가한 양의 50 % ~ 70 %가 남도록 채취한다. 보다 정확한 COD값이 요구될 경우에는 과망간산칼륨용액(0.005 M)의 소모량이 처음 가한 양의 50 %에 접근하도록 시료량을 취한다.

3. 결과보고

① 계산

$$\text{화학적산소요구량 (mg/L)} = (a - b) \times f \times \frac{1{,}000}{V} \times 0.2$$

여기서, a : 바탕시험 적정에 소비된 티오황산나트륨용액(0.025 M)의 양 (mL)

b : 시료의 적정에 소비된 티오황산나트륨용액(0.025 M)의 양 (mL)

f : 티오황산나트륨용액(0.025 M)의 농도계수 (factor)

V : 시료의 양 (mL)

② 표시 : 분석결과는 0.1 mg/L까지 표기

15-3 화학적 산소요구량 – 적정법 – 다이크롬산칼륨법

(CODCr, Chemical Oxygen Demand – Titrimetric Method – Dicromate)

(ES 04315.3c 2017)

1. 개요

시료를 황산산성으로 하여 다이크롬산칼륨 일정과량을 넣고 2시간 가열반응 시킨 다음 소비된 다이크롬산칼륨의 양을 구하기 위해 환원되지 않고 남아 있는 다이크롬산칼륨을 황산제일철암모늄용액으로 적정하여 시료에 의해 소비된 다이크롬산칼륨을 계산하고 이에 상당하는 산소의 양을 측정하는 방법이다.

※ 산성용액에서 $K_2Cr_2O_7$의 반응 : $Cr_2O_7^{2-} + 14H^+ + 6e^- \rightarrow 2Cr^{3+} + 7H_2O$

(1) 적용범위

① 이 시험기준은 지표수, 지하수, 폐수 등에 적용하며, COD 5 mg/L ~ 50 mg/L의 낮은 농도 범위를 갖는 시료에 적용한다. 따로 규정이 없는 한 해수를 제외한 모든 시료의 다이크롬산칼륨에 의한 화학적 산소요구량을 필요로 하는 경우에 이 방법에 따라 시험한다.

② 염소이온의 농도가 1,000 mg/L 이상의 농도일 때에는 COD값이 최소한 250 mg/L 이상의 농도이어야 한다. 따라서 해수 중에서 COD 측정은 이 방법으로 부적절하다.

(2) 간섭물질

① 유리기구류나 공기로부터 유기물의 오염이 되지 않게 주의하고 사용하는 정제수에 유기물이 없는지 확인해야한다.

② 염소이온은 다이크롬산에 의해 정량적으로 산화되어 양의 오차를 유발하므로 황산수은(Ⅱ)을 첨가하여 염소이온과 착물을 형성하도록 하여 간섭을 제거할 수 있다. 염소이온의 양이 40 mg 이상 공존할 경우에는 $HgSO_4 : Cl^- = 10 : 1$의 비율로 황산수은(Ⅱ)의 첨가량을 늘린다.

③ 아질산 이온 (NO_2^-) 1 mg으로 1.1 mg의 산소 (O_2)를 소비한다. 아질산 이온에 의한 방해를 제거하기 위해 시료에 존재하는 아질산성 질소 ($NO_2 - N$) mg당 설퍼민산 10 mg을 첨가한다.

2. 분석절차

① 250 mL 플라스크에 시료 적당량을 넣고 여기에 황산수은(Ⅱ) 약 0.4 g을 넣은 다음, 정제수를 넣어 20 mL로 하여 잘 흔들어 섞고 몇 개의 끓임쪽을 넣은 다음 천천히 흔들어 준다.

[주 1] 현탁물질을 포함하는 경우에는 잘 흔들어 섞어 균일하게 한 다음 신속하게 분취한다.

[주 2] 2시간 동안 끓인 다음 최초에 넣은 다이크롬산칼륨용액(0.025 N)의 약 반이 남도록 취한다.

[주 3] 고농도 시료의 경우에는 시험방법의 다이크롬산칼륨액과 황산제일철암모늄용액 0.025 N 규정농도와 다른 0.25 N 농도를 사용하는 것을 제외하고는 "시험방법"과 동일하게 따른다.

[주 4] 이 방법에서는 수은화합물을 사용하므로 시험 후 폐액처리에 특히 주의

② 황산은용액 2 mL를 천천히 넣고, 얼음 중탕 안에서 다이크롬산칼륨용액(0.025 N) 10 mL를 서서히 흔들어 주면서 정확히 넣은 다음 플라스크에 냉각관을 연결시키고 냉각수를 흘린다.

③ 열린 냉각관 끝에서 황산은 용액 28 mL를 천천히 흔들면서 넣은 다음 냉각관 끝을 작은 비커로 덮고 가열판에서 2시간 동안 가열한다.

④ 방치하여 냉각시키고 정제수 약 10 mL로 냉각관을 씻은 다음 냉각관을 떼어내고 전체 액량이 약 140 mL가 되도록 정제수를 넣고 1,10 – 페난트로린제일철 용액 2방울 ~ 3방울 넣은 다음 황산제일철암모늄용액(0.025 N)을 사용하여 액의 색이 청록색에서 적갈색으로 변할 때까지 적정한다. 따로 정제수 20 mL를 사용하여 같은 조건으로 바탕시험을 행한다.

3. 결과보고

① 계산

$$화학적 \ 산소요구량 = (b - a) \times f \times \frac{1,000}{V} \times 0.2$$

여기서, a : 적정에 소비된 황산제일철암모늄용액(0.025 N)의 양 (mL)

b : 바탕시료에 소비된 황산제일철암모늄용액(0.025 N)의 양 (mL)

f : 황산제일철암모늄용액(0.025 N)의 농도계수 (factor)

V : 시료의 양 (mL)

② 표시 : 분석결과는 0.1 mg/L까지 표기

실전 예상문제

01
2009
제1회

화학적산소요구량(COD) 시험방법에 대한 설명으로 잘못된 것은?

① COD를 측정하기 위해서 사용하는 산화제는 과망간산칼륨 또는 중크롬산칼륨이다.

② 과망간산칼륨에 의한 COD는 해수와 같이 염소의 함량이 높은 시료의 경우 알칼리성법을 적용한다.

③ 중크롬산칼륨은 강력한 산화제로서 대부분의 유기물을 분해할 수 있어 해수를 포함한 모든 시료에 적용할 수 있다.

④ 아질산이온을 함유한 시료의 경우 술퍼민산을 넣어 제거한 후 시험을 적용한다.

풀이 **화학적 산소요구량 – 적정법 – 다이크롬산칼륨법의 적용범위**

- COD 5 mg/L ~ 50 mg/L의 낮은 농도범위를 갖는 시료에 적용한다. 따로 규정이 없는 한 해수를 제외한 모든 시료의 다이크롬산칼륨에 의한 화학적 산소요구량을 필요로 하는 경우에 이 방법에 따라 시험한다.
- 염소이온의 농도가 1,000 mg/L 이상의 농도일 때에는 COD값이 최소한 250 mg/L 이상의 농도이어야 한다. 따라서 해수 중에서 COD 측정은 이 방법으로 부적절하다.

02
2009
제1회

화학적산소요구량 측정에 대한 설명으로 옳은 것을 고르시오.

1. 산성 과망간산칼륨법에서 산화제인 과망간산칼륨 1당량은 화학식량을 5로 나눈 값이다.
2. 중크롬산칼륨 산화제를 넣고 가열하는 도중 시료의 색이 연한 청록색으로 변하면 반응이 완료된 것이다.
3. 황산은 분말을 사용하는 이유는 염소이온을 침전시키기 위해서이다.

① 1, 2   ② 1, 2, 3   ③ 1, 3   ④ 2, 3

풀이 **화학적 산소요구량 – 적정법 – 다이크롬산칼륨법 분석방법**

황산제일철암모늄용액(0.025 N)을 사용하여 액의 색이 청록색에서 적갈색으로 변할 때까지 적정한다.

03
2010
제2회

측정하고자 하는 물질과 사용하는 시약 사이의 화학반응의 종류가 다른 것은?

① COD : 과망간산칼륨   ② 인산이온 : 몰리브덴산암모늄
③ 철이온 : o – 페난트로린   ④ 음이온 계면활성제 : 메틸렌블루

풀이 ①항은 산화환원반응, ② ③ ④항은 착화합물(복합체) 형성

정답 **01** ③   **02** ③   **03** ①

04
2011
제3회
물 시료의 화학적 산소요구량(COD) 측정에서 염소이온의 방해를 제거하기 위하여 넣어주는 시약은?

① NaI   ② NaN₃   ③ $KMnO_4$ ④ Ag_2SO_4

> **풀이** 염소이온은 과망간산에 의해 정량적으로 산화되어 양의 오차를 유발하므로 **황산은**을 첨가하여 염소이온의 간섭을 제거한다.

05
2013
제5회
100 ℃ 산성용액 중에서 과망간산칼륨($KMnO_4$) 법으로 화학적 산소요구량(COD)을 측정하는 실험 과정 중 틀린 것은?

① COD 측정 중 망간의 산화수는 +7에서 +2로 환원된다.
② 1 N 과망간산칼륨 용액의 몰 농도는 0.2 M이다.
③ 산소 1 g 당량은 8 g이다.
④ 과량의 과망간산칼륨 용액은 수산화나트륨 용액으로 적정한다.

> **풀이** 옥살산나트륨을 수산나트륨이라고도 한다. 따라서 수산화나트륨과 혼돈하기 쉬우므로 주의를 요한다.
> • 적정 : 옥살산나트륨용액(0.0125 M)=[수산나트륨 용액] 10 mL를 정확하게 넣고 60 ℃ ~ 80 ℃를 유지하면서 과망간산칼륨용액(0.005 M)을 사용하여 액의 색이 엷은 홍색을 나타낼 때까지 적정한다.

06 물 시료의 화학적 산소요구량(COD) – 알칼리성과망간산칼륨법에 대한 설명 중 틀린 것은?

① 이 시험기준은 염소이온(2,000 mg/L 이상)이 높은 하수 및 해수 시료에 적용한다.
② 시료 중에 환원성 무기물질들의 간섭이나 알코올류, 당류, 단백질 등의 알칼리 가용성 화합물의 방해를 받는다.
③ 가열과정에서 오차를 발생할 수 있으므로 물중탕기의 온도와 가열시간을 잘 지켜야 한다.
④ 요오드화칼륨 및 황산을 넣어 남아있는 과망간산칼륨에 의하여 유리된 요오드의 양으로부터 산소의 양을 측정하는 방법이다.

> **풀이** 시료 중에 환원성 무기물질들의 간섭이나 알코올류, 당류, 단백질 등의 알칼리 가용성 화합물의 방해를 받지 않는다.

07 화학적 산소요구량(COD) – 다이크롬산칼륨법에 대한 설명 중 틀린 것은?

① 다이크롬산칼륨을 황산제일철암모늄용액으로 적정하여 시료에 의해 소비된 다이크롬산칼륨을 계산하고 이에 상당하는 산소의 양을 측정하는 방법이다.

② 이 시험기준은 지표수, 지하수, 폐수 등에 적용하며, COD 5 mg/L ~ 50 mg/L의 낮은 농도범위를 갖는 시료에 적용한다.

③ 염소이온의 양이 40 mg 이상 공존할 경우에는 $HgSO_4$: Cl^- = 10 : 1의 비율로 황산수은(II)의 첨가량을 늘린다.

④ 아질산 이온 (NO_2^-)에 의한 방해를 제거하기 위해 시료에 존재하는 아질산성 질소 (NO_2-N) mg당 황산구리 10 mg을 첨가한다.

풀이 아질산 이온 (NO_2^-) 1 mg으로 1.1 mg의 산소 (O_2)를 소비한다. 아질산 이온에 의한 방해를 제거하기 위해 시료에 존재하는 **아질산성 질소 (NO_2^-N) mg당 설퍼민산 10 mg**을 첨가한다.

┈01 음이온류 – 이온크로마토그래피(Anions – Ion Chromatography)

(ES 04350.1b 2014)

1. 개요

음이온류 (F^-, Cl^-, NO_2^-, NO_3^-, PO_4^{3-}, Br^- 및 SO_4^{2-})를 이온크로마토그래프를 이용하여 분석하는 방법으로, 시료를 $0.2 \mu m$ 막 여과지에 통과시켜 고체미립자를 제거한 후 음이온 교환 컬럼을 통과시켜 각 음이온들을 분리한 후 전기전도도 검출기로 측정하는 방법이다.

※ 암모니아성 질소의 정성 및 정량분석에 이용된다.

- **간섭물질**

    ① 머무름 시간이 같은 물질이 존재할 경우, 컬럼 교체, 시료희석 또는 용리액 조성을 바꾸어 방해를 줄일 수 있다.

    ② 정제수, 유리기구 및 기타 시료 주입 공정의 오염으로 베이스라인이 올라가 분석 대상물질에 대한 양(+)의 오차를 만들거나 검출한계가 높아질 수 있다.

    ③ $0.45 \mu m$ 이상의 입자를 포함하는 시료 또는 $0.20 \mu m$ 이상의 입자를 포함하는 시약을 사용할 경우 반드시 여과하여 컬럼과 흐름 시스템의 손상을 방지해야 한다.

2. 분석기기 및 기구

- **이온크로마토그래프**

    ① 기본구성 : 용리액 저장조, 시료주입부, 펌프, 분리컬럼, 검출기 및 기록계로 구성

    ② 분리컬럼의 보호 및 감도를 높이기 위하여 분리컬럼 전후에 보호컬럼 및 억제기(suppressor)를 부착시킨다.

    ③ 검출기
    분석목적 및 성분에 따라 전기전도도 검출기, 전기화학적 검출기 및 광학적 검출기 등이 있으나 일반적으로 음이온 분석에는 전기전도도 검출기를 사용한다.

④ 분리컬럼

유리 또는 에폭시 수지로 만든 관에 약 10 μm의 매우 작은 입자의 이온교환체를 충전시킨 것을 사용한다. 억제기형과 비억제기형이 있다.

⑤ 보호컬럼(Guard Column)

분리컬럼과 같은 충진체로 충전시킨 것을 사용한다.

⑥ 시료주입부

루프 – 밸브에 의한 주입방식이 많이 이용되며 시료주입량은 보통 20 μL ~ 1,000 μL이다.

⑦ 제거장치(억제기 ; 써프레서) : 분리컬럼으로부터 용리된 각 성분이 검출기에 들어가기 전에 용리액 자체의 전도도를 감소시키고 목적성분의 전도도를 증가시켜 높은 감도로 음이온을 분석하기 위한 장치이다. 고용량의 양이온 교환수지를 충전시킨 컬럼형과 양이온 교환막으로 된 격막형이 있다.

※ 써프레서형의 경우 시료 중에 저급 유기산이 존재하면 불소이온의 정량분석에 방해를 한다.

⑧ 펌프

펌프는 150 kg/cm^2 ~ 350 kg/cm^2 압력에서 사용할 수 있어야 하며 시간차에 따른 압력차가 크게 발생하여서는 안 된다.

3. 정도보증/정도관리

▼ 각 음이온의 정량한계 값

음이온	정량한계 (mg/L)
F^-	0.1
Br^-	0.03
NO_2^-	0.1
NO_3^-	0.1
Cl^-	0.1
PO_4^-	0.1
SO_4^{2-}	0.5

실전 예상문제

01
2014
제6회

이온크로마토그래피(Ion Chromatography)에 대한 설명 중 틀린 것은?

① 크로마토그램을 이용하여 목적 성분을 분석하는 방법으로 일반적으로 유기화합물에 대한 정성 및 정량분석에 이용한다.

② 일반적으로 시료의 주입은 루우프－밸브에 의한 주입방식을 많이 이용한다.

③ 분리컬럼은 유리 또는 에폭시 수지로 만든 관에 이온교환체를 충전시킨 것을 사용한다.

④ 분석 목적 및 성분에 따라 전기전도도 검출기, 전기화학적 검출기 및 광학적 검출기 등이 있다.

> **풀이** 이온크로마토그래피는 주로 음이온(F^-, Cl^-, NO_2^-, NO_3^-, PO_43^-, Br^- 및 SO_4^{2-})을 분석하는 데 사용되며, 일반적으로 무기화합물에 주로 사용된다.

02
2013
제5회

이온크로마토그래피법은 액체시료를 이온교환컬럼에 고압으로 전개시켜 분리하는 방법으로 물속에 존재하는 음이온의 정성 및 정량 분석에 유용하게 사용할 수 있다. 나열된 음이온들은 연못물을 분석하였을 때 검출되는 이온들이다. 머무름 시간이 작은 것부터 큰 것의 순서로 옳게 나열한 것은?

① F^- < Cl^- < SO_4^{2-} < NO_3^-

② Cl^- < F^- < SO_4^{2-} < NO_3^-

③ F^- < Cl^- < NO_3^- < SO_4^{2-}

④ Cl^- < F^- < NO_3^- < SO_4^{2-}

> **풀이** 분리되는 순서는 이온가의 증가순이며, 이온 크기가 작은 것이 큰 이온보다 먼저 나온다.
> (1가 이온<2가 이온<3가 이온)
> 음이온 : F^- < Cl^- < NO_2^- < Br^- < NO_3^- < HPO_4^{2-} < SO_4^{2-}
> 양이온 : Li^+ < Na^+ < NH_4^+ < K^+ < mg^{2+} < Ca^{2+}

03
2012
제4회

이온크로마토그래피법에 대한 설명이 옳게 표현된 것은?

① 장치의 구성은 가스유로계, 시료주입부, 분리관오븐과 검출관오븐, 검출기, 기록계, 감도조정부로 되어 있다.

② 분리컬럼은 폴리스틸렌계 페리큐라형, 폴리아크릴계 표면다공성 또는 실리카겔 전다공성형 음이온교환수지를 충전하여 사용한다.

③ 시료의 측정에 있어 써프레서형의 경우 시료 중에 저급 유기산이 존재하더라도 불소이온의 정량분석에 영향을 주지 않는다.

④ 정량분석은 동일조건하에서 특정한 미지성분의 머무름 값과 예측되는 물질의 봉우리의 머무름 값을 비교하여야 한다.

> **풀이** ① 이온크로마토그래피의 기본구성은 용리액조, 시료 주입부, 펌프, 분리컬럼, 검출기 및 기록계로 되어 있다.
> ③ 억제기형의 경우 시료 중에 저급 유기산이 존재하면 음이온의 정량분석을 방해할 수 있다.
> ④ 동일조건하에서 특정한 미지성분의 머무름 값과 예측되는 물질의 봉우리의 머무름 값을 비교하는 것은 정성분석이다.

정답 **01** ① **02** ③ **03** ②

04 다음 중 이온크로마토그래프로 분석하기에 가장 적합하지 않은 것은 무엇인가?

2009
제1회

① 먹는샘물 중 질산성 질소의 질량분석
② 폐수 중에 존재하는 Cr^{3+} 와 Cr^{6+}의 분석
③ 수돗물에 잔류하는 유기인 성분의 측정
④ 축산 폐수 중 암모니아와 저분자량 아민류의 분석

풀이 ③ 유기인은 기체크로마토그래피법으로 분석하며, 검출기는 NPD를 사용한다.
이온크로마토그래피법으로 물 시료 중 음이온(F^-, Cl^-, NO_2^-, NO_3^-, PO_4^-, Br^- 및 SO_4^{4-}), 암모니아성 질소의 정성 및 정량분석 등에 이용된다.

05 이온크로마토그래피법에서 제거장치에 대한 설명으로 틀린 것은?

① 용리액의 전도도를 증가시켜 목적성분을 높은 감도로 분석하기 위한 장치이다.
② 목적성분의 전도도를 증가시켜 높은 감도로 분석하기 위한 장치이다.
③ 고용량의 양이온 교환수지를 충전시킨 컬럼형과 양이온 교환막으로 된 격막형이 있다.
④ 써프레서형의 경우 시료중에 저급 유기산이 존재하면 불소이온의 정량분석에 방해를 한다.

풀이 제거기(써프레서)는 분리컬럼으로부터 용리된 각 성분이 검출기에 들어가기 전에 용리액 자체의 전도도를 감소시키고 목적성분의 전도도를 증가시켜 높은 감도로 음이온을 분석하기 위한 장치이다.

06 이온크로마토그래피법에서 사용되는 검출기 중 음이온 분석에 사용되는 검출기는?

① 전기화학적 검출기
② 전기전도도 검출기
③ 광학적 검출기
④ 광화학적 검출기

풀이 분석목적 및 성분에 따라 전기전도도 검출기, 전기화학적 검출기 및 광학적 검출기 등이 있으나 일반적으로 음이온 분석에는 전기전도도 검출기를 사용한다.

정답 04 ③ 05 ① 06 ②

···02 음이온류 – 이온전극법
(Anions – Ion Selective Electrode Method)

(ES 04350.2b 2014)

1. 개요

시료에 이온강도 조절용 완충용액을 넣어 pH를 조절하고 전극(이온전극)과 비교전극을 사용하여 전위를 측정하고 그 전위차로부터 정량하는 방법이다.

※ 분석가능 이온 : 음이온(Cl^-, F^-, NO_2^-, NO_3^-, CN^-) 및 양이온(NH_4^+, 중금속 이온 등)

(1) 적용범위

정량한계 : 불소, 시안은 0.1 mg/L, 염소는 5 mg/L

[주 1] 염소는 비교적 분해되기 쉬운 유기물을 함유하고 있거나, 자외부에서 흡광도를 나타내는 브롬이온이나 크롬을 함유하지 않는 시료에 적용된다.

(2) 간섭물질

황화물 이온이 존재하면 염소이온의 분석에 방해가 될 수 있다.

2. 분석기기 및 기구

(1) 원리

이온전극은 [이온전극 | 측정용액 | 비교전극]의 측정계에서 측정대상 이온에 감응하여 네른스트 식에 따라 이온활량에 비례하는 전위차를 나타낸다.

$$E = E_0 + \left[\frac{2.303RT}{zF} \right] \log a$$

여기서, E : 측정용액에서 이온전극과 비교전극 간에 생기는 전위차 (mV)

E_0 : 표준전위 (mV)

R : 기체상수(8.314 J/°K, mol)

zF : 이온전극에 대하여 전위의 발생에 관계하는 전자수(이온가)

F : 패러데이(Faraday) 상수(96,480 C)

a : 이온활량 (mol/L)

측정용액 중의 총이온강도가 일정할 때는 활량계수도 일정하게 된다. 그러므로 표준액을 사용하여 이온농도의 전위차와의 관계를 구하고 미지시료 용액의 전위차를 측정하여 대상이온의 농도를 구할 수 있다.

$$E = E_0 + \left[\frac{2.303RT}{zF} \right] \log C$$

(2) 장치

이온전극법에 사용하는 장치의 기본구성은 전위차계, 이온전극, 비교전극, 시료용기 및 자석교반기로 되어 있다.

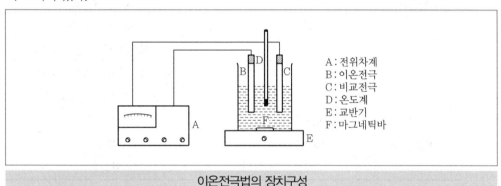

A : 전위차계
B : 이온전극
C : 비교전극
D : 온도계
E : 교반기
F : 마그네틱바

이온전극법의 장치구성

① 비교전극 : 이온전극과 조합하여 이온 농도에 대응하는 전위차를 나타낼 수 있는 것으로서 표준전위가 안정된 전극이 필요하다. 일반적으로 내부전극으로 염화제일수은 전극(칼로멜 전극) 또는 은-염화은 전극을 많이 사용

② 이온전극 : 이온전극은 이온에 대한 고도의 선택성이 있고, 이온농도에 비례하여 전위를 발생할 수 있는 전극으로서 감응막의 구성에 따라 분류된다.

▼ 이온전극의 종류와 감응막 조성(예)

전극의 종류	측 정 이 온	감 응 막 의 조 성
유리막 전극	Na^+	
	K^+	산화알루미늄 첨가 유리
	NH_4^+	
고체막 전극	F^-	LaF_3
	Cl^-	AgCl + 황화은, AgCl
	CN^-	AgI + 황화은, 황화은, AgI
	Pb^{2+}	PbS + 황화은
	Cd^{2+}	Cds + 황화은
	Cu^{2+}	CuS + 황화은
	NO_3^-	Ni - 베소페난트로닌 / NO_3^-
	Cl^-	디메틸디스테아릴 암모늄 / Cl^-
	NH_4^+	노낙틴 / 모낙틴 / NH_4^+
격막형 전극	NH_4^+	pH 감응유리
	NO_2^-	pH 감응유리
	CN^-	황화은

3. 이온전극법의 특성

(1) 측정범위

이온농도의 측정범위는 일반적으로 $10^{-1}\,mol/L \sim 10^{-4}\,mol/L$(또는 $10^{-7}\,mol/L$)이다.

(2) 이온강도

이온의 활량계수는 이온강도의 영향을 받아 변동되기 때문에 용액 중의 이온강도를 일정하게 유지해야 할 필요가 있다. 따라서 분석대상 이온과 반응하지 않고 전극전위에 영향을 일으키지 않는 염류를 이온강도 조절용 완충액으로 첨가하여 시험한다.

(3) pH

이온전극의 종류나 구조에 따라서 사용가능한 pH의 범위가 있다.

(4) 온도

측정용액의 온도가 10 ℃ 상승하면 전위기울기는 1가 이온이 약 2 mV, 2가 이온이 약 1 mV 변화한다. 그러므로 검량선 작성 시의 **표준액의 온도와 시료용액의 온도는 항상 같아야** 한다.

(5) 교반

시료용액의 교반은 이온전극의 전극범위, 응답속도, 정량한계값에 영향을 나타낸다. 그러므로 측정에 방해되지 않는 범위 내에서 세게 일정한 속도로 교반해야 한다.

4. 분석절차의 주의사항

[주 2] 다량의 유지류가 함유된 시료는 **아세트산 또는 수산화나트륨 용액으로 pH 6 ～ 7로 조절**하고 시료의 약 2 %에 해당하는 **노말헥산 또는 클로로폼**을 넣어 짧은 시간 동안 흔들어 섞고 수층을 분리하여 시료를 취한다.

[주 3] 잔류염소가 함유된 시료는 **잔류염소 20 mg당 아스코빈산(10 %) 0.6 mL** 또는 **이산화비소산나트륨용액(10 %) 0.7 mL**씩 비례하여 넣는다.

[주 4] 황화합물이 함유된 시료는 **황화물이온 약 28 mg당 아세트산아연용액(10 %) 2 mL**를 넣어 제거한다.

[주 5] 불소이온의 분석 시 시료를 옮긴 다음 **티사브용액(pH 5.2) 10 mL**를 넣어 흔들어 섞는다.

[주 6] 염소이온의 분석 시 시료를 옮긴 다음 **아세트산염완충용액(pH 5) 10 mL**를 넣어 흔들어 섞는다.

[주 7] **완충용액을 이용하여 pH를 조절하는 것은 이온강도를 일정하게 해주기 위함**이다.

[주 8] 시료와 표준용액의 측정 시 **온도차는 ± 1 ℃이어야 하고, 교반속도가 일정**하여야 한다.

[주 9] 불소이온 표준용액(0.1 mg/L), 시안이온 표준용액(0.1 mg/L), 염소이온 표준용액(5 mg/L)에 침적시켜 전위값이 안정될 때부터 측정한다.

[주 10] 염소이온전극의 응답시간은 온도가 10 ℃ ～ 30 ℃의 경우, 염소이온의 농도가 5 mg/L 이상이면 1분 이내이다.

실전 예상문제

01 이온전극법에 의한 음이온류 분석에 대한 설명 중 틀린 것은?

① 이 시험기준으로 불소, 시안, 염소 등을 분석할 수 있다

② 이 시험기준으로 염소를 분석 시 브롬이온이나 크롬을 함유한 시료에 적용할 수 있다.

③ 정량한계는 불소, 시안은 0.1 mg/L, 염소는 5 mg/L이다.

④ 황화물 이온 등이 존재하면 염소이온의 분석에 방해가 될 수 있다.

> **풀이** 염소는 비교적 분해되기 쉬운 유기물을 함유하고 있거나, 자외부에서 흡광도를 나타내는 브롬이온이나 크롬을 함유하지 않는 시료에 적용된다.

02 이온전극법에 의한 음이온류 분석에 대한 설명 중 틀린 것은?

① 다량의 유지류가 함유된 시료는 아세트산 또는 수산화나트륨 용액으로 pH 6 ~ 7로 조절하고 시료의 약 2 %에 해당하는 노말헥산 또는 클로로폼을 넣어 짧은 시간동안 흔들어 섞고 수층을 분리하여 시료를 취한다.

② 잔류염소가 함유된 시료는 잔류염소 20 mg당 아스코빈산(10 %) 0.6 mL 또는 이산화비소산나트륨용액(10 %)을 0.7 mL씩 비례하여 넣는다.

③ 황화합물이 함유된 시료는 황화물이온 약 28 mg 당 아연납용액(10 %) 2 mL를 넣어 제거한다.

④ 시료와 표준용액의 측정시 온도차는 ± 1 ℃이어야 하고, 교반속도가 일정하여야 한다.

> **풀이** 황화합물이 함유된 시료는 황화물이온 약 28 mg 당 아세트산아연용액(10 %) 2 mL를 넣어 제거한다.

03
2009
제1회
이온전극법에 사용되는 전극은 감응막의 구성에 따라 분류할 수 있다. 다음 전극 중 NH_4^+, NO_2^-, CN^- 등의 이온 측정에 사용되며, 가스투과성 막을 가지고 있는 것은?

① 유리막 전극

② 고체막 전극

③ 액체막 전극

④ 격막형 전극

> **풀이** 가스투과성 막은 멤브레인을 사용하는 격막형이다.

04
2013
제5회

이온전극법으로 측정이 가능한 항목이 모두 포함된 항은?

a. 수소이온농도	b. 용존산소
c. 음이온계면활성제	d. 시안
e. 페놀	

① a, b, c ② b, d, e

③ a, b, d ④ a, c, e

 • 이온전극법은 시안, 불소, 암모니아성 질소, 염소이온, 수소이온농도, 용존산소 등의 측정분석에 이용된다.

• 음이온계면활성제와 페놀류는 자외선/가시선 분광법으로 분석한다.

05
2012
제4회

이온 전극법에서 네른스트(Nernst)식의 전위차에 영향을 주는 인자가 아닌 것은?

① 이온의 분자량

② 전위 발생에 관계하는 전자수(이온가)

③ 온도

④ 이온농도

풀이 **네른스트 식**

$$E = E_0 + \left[\frac{2.303RT}{zF} \right] \log a$$

여기서, E : 측정용액에서 이온전극과 비교전극 간에 생기는 전위차 (mV)

E_0 : 표준전위 (mV)

R : 기체상수 (8.314 J/°K, mol)

zF : 이온전극에 대하여 전위의 발생에 관계하는 전자수(이온가)

F : 패러데이(Faraday) 상수(96,480 C)

a : 이온활량 (mol/L)

따라서 전위차에 영향을 미치는 인자는 전자수, 온도, 이온활량(이온농도)이다.

···03 불소화합물(Fluoride, F) (ES 04351.0 2011)

▼ 적용 가능한 시험법

불소	정량한계(mg/L)	정밀도(% RSD)
자외선/가시선 분광법	0.15 mg/L	± 25 % 이내
이온전극법	0.1 mg/L	± 25 % 이내
이온크로마토그래피	0.05 mg/L	± 25 % 이내
연속흐름법	0.1 mg/L	± 25 % 이내

03-1 불소 – 자외선/가시선 분광법(Fluoride – UV/Visible Spectrometry)

(ES 04351.1b 2014)

1. 개요

란탄알리자린 콤프렉손의 착화합물이 불소이온과 반응하여 생성하는 청색의 복합 착화합물의 흡광도를 620 nm에서 측정하는 방법이다.

■ 간섭물질

알루미늄 및 철의 방해가 크나 증류하면 영향이 없다.

2. 분석절차

(1) 전처리

직접 증류법과 수증기 증류법이 있다.

1) 직접 증류법

① 1 L 증류플라스크에 정제수 400 mL를 넣고 플라스크벽을 따라 황산 200 mL를 조심하여 가한 다음 흔들어 섞고 끓임쪽 수개를 넣고 증류장치를 연결한다.

② 증류플라스크를 가열하여 180 ℃가 될 때까지 증류하고 유출액은 버린다.

[주 1] 이 조작은 기구와 황산 중의 불소 이온을 제거하고 산–물의 부피비를 맞추기 위한 것이다.

[주 2] 증류플라스크를 가열하여 180 ℃ 이상이 되면 황산이 분해되어 유출되므로 약 178 ℃ 에서 가열을 중지한다.

③ 증류플라스크를 100 ℃ 이하로 냉각한 다음 시료 300 mL를 서서히 넣어 흔들어 섞고 다시 증류장치에 연결하여 위와 같은 방법으로 증류한다.

[주 3] 염소이온이 다량 함유되어 있는 시료는 증류하기 전에 황산은을 5 mg/mg Cl⁻의 비율로 넣어준다.

④ 유출액은 500 mL 부피실린더에 받아 정제수를 넣어 일정한 부피로 맞추고 온도 계산시 시료 부피를 보정해 준다.

[주 4] 증류플라스크에 들어 있는 황산은 오염이 축적되어 불소측정에 방해를 주지 않는 한 계속해서 사용할 수 있다.

2) 수증기 증류법

① 시료 적당량(불소로서 0.03 mg 이상 함유)을 비커 또는 자제증발접시에 넣고 페놀프탈레인·에탄올용액(0.5 %) 2방울 ~ 3방울을 넣어 용액의 색이 붉은색을 나타낼 때까지 수산화나트륨용액(10 %)을 넣은 다음 가열하여 약 30 mL로 증발 농축한다.

② 농축시료를 정제수 약 10 mL를 사용하여 증류장치의 킬달플라스크에 씻어 넣고 이산화규소 약 1 g, 인산 1 mL, 과염소산 40 mL 및 끓임쪽 수개를 넣는다.

③ 증류플라스크에 정제수 약 600 mL를 넣고 증류장치의 각 부분을 연결한 다음 가열하여 증류를 시작하고 미리 정제수 20 mL를 넣어둔 250 mL 부피실린더 또는 부피플라스크를 사용하여 냉각관의 끝이 정제수에 잠기도록 하여 유출액을 받는다.

④ 킬달플라스크 안의 액온이 약 140 ℃가 되었을 때 수증기를 통하기 시작하여 증류온도가 140 ℃ ~ 150 ℃로 유지되도록 한다. 유출속도는 매분 3 mL ~ 5 mL로 하여 수집기의 액량이 약 220 mL가 되었을 때 증류를 끝낸다.

⑤ 냉각관을 분리하여 냉각관의 안쪽을 정제수 소량을 사용하여 씻어주고 씻은 액과 정제수를 넣어 250 mL로 표선을 채운다.

(2) 분석방법

① 전처리한 시료 적당량(30 mL 이하로서 불소 0.05 mg 이하 함유)을 50 mL 부피플라스크에 취하여 란탄·알리자린 콤프렉손 용액 20 mL를 넣고 정제수를 넣어 표선까지 채우고 흔들어 섞은 다음 약 1시간 방치한다.

[주 5] 시료 중 불소함량이 정량범위를 초과할 경우 탈색현상이 나타날 수도 있다. 이러한 경우에는 취하는 시료량을 정량범위 이내에 들도록 감량하거나 희석한 다음 다시 시험한다.

② 바탕시험액을 대조액으로 하여 620 nm에서 시료용액의 흡광도를 측정한다.

03-2 불소 – 이온전극법(Fluoride – Ion Selective Electrode Method)

(ES 04351.2a 2014)

시료에 이온강도 조절용 완충용액을 넣어 pH 5.0 ~ 5.5로 조절하고 불소이온 전극과 비교전극을 사용하여 전위를 측정하고 그 전위차로부터 불소를 정량하는 방법이다.

03-3 불소 – 이온크로마토그래피
(Fluoride – Ion Chromatography)

(ES 04351.3a 2014)

물속에 존재하는 불소이온(F^-)의 정성 및 정량분석방법으로 불소 – 자외선/가시선 분광법의 전처리에 따라 증류한 시료를 음이온류 – 이온크로마토그래피법으로 분석한다.

03-4 불소 – 연속흐름법
(Fluoride – Continuous Flow Analysis(CFA))

(ES 04351.4 2018)

시료를 산성상태에서 가열 증류하여 불소화합물을 불소이온으로 만들고, 란탄알리자린 콤프렉손의 착화합물이 불소이온과 반응하여 생성하는 청색의 복합 착화합물의 흡광도를 620 nm 또는 기기에 따라 정해진 파장에서 측정하는 방법이다.

- **간섭물질**

  ① 알루미늄, 카드뮴, 철, 코발트, 니켈, 납, 베릴륨 등의 방해가 있으나 증류하면 영향이 없다.
  ② 염소이온 함량이 높은 경우에는 불소이온의 회수율이 저하된다. 이런 시료의 경우에는 회수율 분석이 필요하다.

실전 예상문제

01
2011
제3회

수질오염공정시험기준에 따른 불소 분석에 대한 설명으로 틀린 것은?

① 모든 불소를 불소원자 형태로 분석하는 것이다.

② 불소의 발색시약은 란탄−알리자린 콤프렉손 용액이다.

③ 염소이온이 많은 시료는 증류하기 전 황산을 첨가한다.

④ 알루미늄과 철을 많이 포함한 시료는 증류하여 사용한다.

풀이 ① 불소를 이온 또는 착화합물 형태로 분석한다.

02
2010
제2회

불소를 란탄알리자린−콤프렉손법으로 정량 시 잘못된 설명은?

① 이 방법은 알루미늄 및 철의 방해가 크나 증류하면 영향이 없다.

② 시료 전처리(직접증류법) 시 180 ℃ 이상이 되면 황산이 분해되어 유출되므로 주의해야 한다.

③ 탈색 현상이 나타날 경우 증류플라스크에 넣는 증류수의 양을 감량한다.

④ 시료 전처리(수증기증류법) 시 증류 온도가 140~150 ℃로 유지되도록 한다.

풀이 시료 중 불소함량이 정량범위를 초과할 경우 탈색현상이 나타날 수도 있다. 이러한 경우에는 취하는 시료량을 정량범위 이내에 들도록 감량하거나 희석한 다음 다시 시험한다.

03

불소를 란탄알리자린−콤프렉손법으로 분석 시 잘못된 설명은?

① 증류플라스크를 가열하여 180 ℃가 될 때까지 증류하고 유출액은 버리는데 이 조작은 기구와 황산 중의 불소 이온을 제거하고 산−물의 부피비를 맞추기 위한 것이다.

② 염소이온이 다량 함유되어 있는 시료는 증류하기 전에 황산은을 5 mg/mg Cl⁻의 비율로 넣어준다.

③ 증류플라스크에 들어 있는 황산은 반드시 매 분석 시 새로 넣어 사용해야 한다.

④ 시료 중 불소함량이 정량범위를 초과할 경우 탈색현상이 나타날 수도 있다. 이러한 경우에는 취하는 시료량을 정량범위 이내에 들도록 감량하거나 희석한 다음 다시 시험한다.

풀이 증류플라스크에 들어 있는 황산은 오염이 축적되어 불소측정에 방해를 주지 않는 한 계속해서 사용할 수 있다.

04

불소−연속흐름법 시험기준에서 방해물질로 작용하는 물질 중 함량이 높은 경우 회수율 분석이 필요한 것은?

① 알루미늄

② 카드뮴

③ 철

④ 염소이온

풀이 알루미늄, 철, 코발트, 니켈, 납, 베릴륨 등의 방해는 증류를 하여 제거한다. 염소이온의 함량이 높은 경우에는 회수율이 저하되므로 회수율 분석이 필요하다.

정답 01 ① 02 ③ 03 ③ 04 ④

···04 시안(Cyanides) (ES 04353.0 2011)

▼ 적용 가능한 시험방법

시안	정량한계(mg/L)	정밀도(% RSD)
자외선/가시선 분광법	0.01 mg/L	± 25 % 이내
이온전극법	0.10 mg/L	± 25 % 이내
연속흐름법	0.01 mg/L	± 25 % 이내

04-1 시안 – 자외선/가시선 분광법 (Cyanides – UV/Visible Spectrometry)

(ES 04353.1d 2018)

이 시험기준은 물속에 존재하는 시안을 측정하기 위하여 시료를 pH 2 이하의 산성에서 가열 증류하여 시안화물 및 시안착화합물의 대부분을 시안화수소로 유출시켜 포집한 다음 포집된 시안이온을 중화하고 클로라민 – T를 넣어 생성된 염화시안이 피리딘 – 피라졸론 등의 발색시약과 반응하여 나타나는 청색을 620 nm에서 측정하는 방법이다.

[주] 각 시안화합물의 종류를 구분하여 정량할 수 없다.

■ 간섭물질 ★중요내용

① 다량의 유지류가 함유된 시료는 아세트산 또는 수산화나트륨 용액으로 pH 6 ~ 7로 조절하고 시료의 약 2 %에 해당하는 노말헥산 또는 클로로폼을 넣어 짧은 시간 동안 흔들어 섞고 수층을 분리하여 시료를 취한다.

② 잔류염소가 함유된 시료는 잔류염소 20 mg당 L – 아스코르빈산(10 %) 0.6 mL 또는 아비산나트륨용액(10 %) 0.7 mL를 넣어 제거한다.

③ 황화합물이 함유된 시료는 아세트산아연용액(10 %) 2 mL를 넣어 제거한다. 이 용액 1 mL는 황화물이온 약 14 mg에 대응한다.

04-2 시안 – 이온전극법
(Cyanide – Ion Selective Electrode Method)

(ES 04353.2a 2014)

pH 12 ~ 13의 알칼리성에서 시안이온전극과 비교전극을 사용하여 전위를 측정하고 그 전위차로부터 시안을 정량하는 방법이다.

04-3 시안 – 연속흐름법
(Cyanide – Continuous Flow Analysis (CFA))

(ES 04353.3b 2014)

이 시험기준은 물속에 존재하는 시안을 분석하기 위하여 시료를 산성상태에서 가열 증류하여 시안화물 및 시안착화합물의 대부분을 시안화수소로 유출시켜 포집한 다음 포집된 시안이온을 중화하고 클로라민 – T를 넣어 생성된 염화시안이 발색시약과 반응하여 나타나는 청색을 620 nm 또는 기기에 따라 정해진 파장에서 분석하는 시험방법이다.

※ 시료의 산화, 발색 반응 및 목적성분의 분리를 위해서는 증류장치와 자외선 분해기(UV digester)를 사용한다.

■ **간섭물질**

① 고농도(60 mg/L 이상)의 황화물(sulfide)은 측정과정에서 오차를 유발하므로 전처리를 통해 제거한다.

※ 시료에 황화물(sulfide)이 존재할 경우 시료를 pH 12 이하로 안정화시킨 후 탄산납(lead carbonate, $PbCO_3$)을 첨가하여 황화물을 공침시켜 여과하여 제거한다. 이때 시료 중의 황화물의 존재 여부는 아세트산납($Pb(CH_3COO)_2$) 시험지를 사용하여 확인할 수 있으며, 탄산납($PbCO_3$, lead carbonate)을 첨가 시에는 황화물이 공침할 수 있도록 반응시간을 충분히 주도록 한다.

② 황화시안이 존재하면 분석 시 양의 오차를 유발한다.

③ 고농도의 염(10 g/L 이상)은 증류 시 증류코일을 차폐하여 음의 오차를 일으키므로 증류 전에 희석을 한다.

④ 알데하이드는 시안을 시아노하이드린으로 변화시키고 증류 시 아질산염으로 전환시키므로 증류 전에 질산은을 첨가하여 제거한다. 단 이 작업은 총 시안/유리시안의 비율을 변화시킬 수 있으므로 이를 고려하여야 한다.

실전 예상문제

01
2009
제1회

시안측정 시 시료에 Cu, Fe, Cd, Zn과 같은 금속 이온이 있으면 시안착화합물이 형성되어 시안의 회수율이 감소한다. 이러한 시료에 시안의 회수율을 높이기 위해 첨가하는 것은?

① 에틸렌디아민테트라초산이나트륨
② 황산제일철암모늄
③ Griess시약
④ 염화은

풀이 에틸렌디아민테트라초산이나트륨은 중금속의 방해억제재재로서 시료를 pH 2 이하의 산성상태에서 가열 증류하여 시안화물 및 시안착화합물의 대부분을 시안화수소로 유출시킨다.

02
2009
제1회

지표수, 염분 함유 폐수, 도시하수, 산업폐수에 있는 시안을 자동분석법으로 분석할 경우 간섭물질에 대한 설명으로 잘못된 것은?

① 산화제는 시안을 파괴하므로 채수 즉시 이산화비소산나트륨 혹은 티오황산나트륨을 시료 1 L 당 0.6 g의 비율로 첨가한다.
② 고농도(60 mg/L 이상)의 황화물은 측정과정에서 오차를 유발하므로 전처리를 통해 제거 한다.
③ 시약에 의한 오염을 저감하기 위해 특별히 순도가 명시된 경우를 제외하고는 시약은 특급 이상을 사용하여야 한다.
④ 고농도의 염(10 g/L 이상)은 증류시 증류코일을 차폐하여 양의 오차를 일으키므로 증류 후에 반드시 희석을 하여야 한다.

풀이 고농도의 염(10 g/L 이상)은 증류 시 증류코일을 차폐하여 음의 오차를 일으키므로 증류 전에 희석을 한다.

03
2010
제2회

시안화합물 정량분석 시 방해 물질에 대한 조치로 옳은 설명은?

① 시료 내의 중금속류는 초산으로 pH 6~7로 조절하고 시료의 약 2 %에 해당되는 노말헥산을 넣어 짧은 시간 동안 흔들어 섞고 수층을 분리하여 시료로 취한다.
② 다량의 유지류가 함유된 시료는 EDTA를 가하여 방해 물질을 제거한다.
③ 잔류염소가 함유된 시료는 잔류염소 200 mg당 L-아스코르빈산(5 W/V%) 0.6 mL을 넣어 제거할 수 있다.
④ 황화합물이 함유된 시료는 초산아연용액 (10 W/V%) 2 mL을 넣어 제거 한다.

풀이 황화합물이 함유된 시료는 아세트산아연용액(10 %) 2 mL를 넣어 제거한다. 이 용액 1 mL는 황화물이온 약 14 mg에 대응한다.

04 수질오염공정기준에 따른 시안분석법에 대한 설명으로 옳은 것은?

2011
제3회

① 낮은 농도의 시안 분석을 위해서는 흡광광도법보다 이온전극법을 사용하는 것이 좋다.

② 흡광광도법에서 pH 10 이상의 염기성에서 가열 증류한 후 수산화나트륨용액에 포집한다.

③ 흡광광도법에서 포집된 시안이온을 중화하고 클로라민 T를 넣어 염화시안으로 한 후 분석한다.

④ 흡광광도법에서 피리딘·피라졸론 혼합액을 넣어 나타나는 색을 330 nm에서 측정한다.

풀이 고농도의 염(10 g/L 이상)은 증류 시 증류코일을 차폐하여 음의 오차를 일으키므로 증류 전에 희석을 한다.

05 시안 분석시 시료에 황화합물 존재시 전처리에서 황화합물 제거에 사용되는 시약은?

① 탄산납 　　　 ② 아세트산납 　　　 ③ 황산납 　　　 ④ 아연납

풀이 시료에 황화물(Sulfide)이 존재할 경우 시료를 pH 12 이하로 안정화 시킨 후 탄산납(Lead Carbonate, $PbCO_3$, 분자량 : 267.21)을 첨가하여 황화물을 공침시켜 여과하여 제거한다.

···05 아질산성 질소(Nitrite – N) (ES 04354.0 2011)

▼ **적용 가능한 시험방법**

아질산성질소	정량한계(mg/L)	정밀도(% RSD)
자외선/가시선 분광법	0.004 mg/L	± 25 % 이내
이온크로마토그래피	0.1 mg/L	± 25 % 이내

05-1 아질산성 질소 – 자외선/가시선 분광법 (Nitrite – Nitrogen – UV/Visible Spectrometry)

(ES 04354.1b 2014)

1. 개요

시료 중 아질산성 질소를 설퍼닐아마이드와 반응시켜 디아조화하고 α—나프틸에틸렌디아민이염산염과 반응시켜 생성된 디아조화합물의 붉은색의 흡광도를 540 nm에서 측정하는 방법이다.

■ 간섭물질

① 아질산성 질소는 목적물질보다 1,000배 가량의 농도의 다른 물질이 존재하더라도 거의 방해물질에 의해 간섭받지 않는다. 다만, 시료 중에 강한 산화제 혹은 환원제가 존재할 경우 아질산성 질소의 농도를 쉽게 변화시킬 수 있다.

※ 시료 중 잔류염소와 같은 산화성물질이 함유된 경우에는 아황산나트륨용액(0.1 N)을 대응량 만큼 정량적으로 넣어 환원시킨 다음 사용한다.

② 알칼리도가 높은(600 mg/L 이상) 시료에서는 pH에 변화가 생겨 과소평가될 수 있다.

2. 분석절차

■ 전처리

① 시료를 여과하여도 탁하거나 착색되어 있을 경우에는 시료 100 mL에 대하여 **칼륨명반용액** 2 mL를 넣는다.

② 수산화나트륨용액(4 %)을 넣어 수산화알루미늄의 플록을 형성시킨 다음 수 분간 방치하고 여과하여 여액을 시료로 한다.

실전 예상문제

01 디아조화법에 의한 아질산성 질소의 측정 순서로 옳은 것은?

2013
제5회

> ㄱ. α – 나프틸에틸렌디아민이염산염 용액(0.1 W/V %) 1 mL를 넣어 섞는다.
> ㄴ. 설퍼닐아마이드용액(W/V %) 1mL를 넣어 섞는다.
> ㄷ. 용액의 일부를 10 mm 흡수셀에 옮겨 흡광도를 측정한다.
> ㄹ. 여과한 시료 적당량을 50 mL 비색관에 넣고 물을 넣어 표선을 채운다.
> ㅁ. 5분간 방치한다.
> ㅂ. 10 ~ 30 분간 방치한다.

① ㄹ→ㄴ→ㅂ→ㄱ→ㅁ→ㄷ   ② ㄹ→ㄱ→ㅁ→ㄴ→ㅂ→ㄷ
③ ㄹ→ㄱ→ㅂ→ㄴ→ㅁ→ㄷ   ④ ㄹ→ㄴ→ㅁ→ㄱ→ㅂ→ㄷ

풀이 **분석방법**

　㉠ 여과한 시료 적당량(아질산성 질소로서 0.01 mg 이하 함유)을 취하고 50 mL 비색관에 넣고 물을 넣어 표선을 채운다.

　㉡ 설퍼닐아마이드 용액(0.5 %) 1 mL를 넣어 섞고 5분간 방치한 다음 α – 나프틸렌디아민이염산염용액(0.1 %) 1 mL를 넣어 섞고 10분 ~ 30분간 방치한다.

　㉢ 이 용액의 일부를 층장 10 mm 흡수셀에 옮겨 시료용액으로 한다.

　㉣ 따로 정제수 50 mL를 취하여 시료의 시험방법에 따라 시험하여 바탕시험용액으로 한다.

　㉤ 바탕시험용액을 대조액으로 하여 540 nm에서 시료 용액의 흡광도를 구하고 미리 작성한 검정곡선으로 아질산성 질소의 양을 구하여 농도를 계산한다.

02 물속에서 아질산성 질소를 분석시 시료를 여과하여도 탁하거나 착색되어 있을 경우 사용되는 시약은?

① 탄산칼륨용액   ② 칼륨명반용액
③ 수산화나트륨용액   ④ 설퍼닐아마이드용액

풀이 시료를 여과하여도 탁하거나 착색되어 있을 경우에는 시료 100 mL에 대하여 칼륨명반용액(황산알루미늄 칼륨 · 12수화물 5 g을 물에 녹여 100 mL로 한 액) 2 mL를 넣는다.

03

2011
제3회

물 시료에 존재하는 질소화합물의 분석방법 중 아질산성 질소(NO_2-N)의 분석방법은?

① 아질산이온이 차아염소산의 공존 아래에서 페놀과 반응하여 생성된 인도페놀을 측정한다.

② 아질산이온을 술퍼닐아미드와 반응시킨 후 α - 나프틸에틸렌디아민염산염과 반응시켜 생성된 화합물을 측정한다.

③ 황산산성에서 아질산이온이 부루신과 반응하여 생성된 황색화합물을 측정한다.

④ 아질산이온을 알칼리성 과황산칼륨 존재 하에 120 ℃에서 유기물과 함께 분해하여 산화시킨 후 측정한다.

풀이 이 시험기준은 물속에 존재하는 아질산성 질소를 측정하기 위하여, 시료 중 아질산성 질소를 설퍼닐아마이드와 반응시켜 디아조화하고 α—나프틸에틸렌디아민이염산염과 반응시켜 생성된 디아조화합물의 붉은색의 흡광도 540 nm에서 측정하는 방법이다.

···06 암모니아성 질소(Ammonium Nitrogen) (ES 04355.0 2011)

▼ 적용 가능한 시험방법

암모니아성질소	정량한계(mg/L)	정밀도(% RSD)
자외선/가시선 분광법	0.01 mg/L	± 25 % 이내
이온전극법	0.08 mg/L	± 25 % 이내
적정법	1 mg/L	± 25 % 이내

06-1 암모니아성 질소 – 자외선/가시선 분광법 *중요내용
(Ammonium Nitrogen – UV/Visible Spectrometry)
(ES 04355.1c 2017)

1. 개요 *중요내용

암모늄이온이 하이포염소산의 존재하에서, 페놀과 반응하여 생성하는 인도페놀의 청색을 630 nm 에서 측정하는 방법이다.

■ 간섭물질

글라이신, 우레아, 글루타믹산, 시아나이트 그리고 아세트아마이드는 용액 내에서 매우 천천히 지속적으로 가수분해 하지만, pH 9.5에서 우레아는 약 7 %, 시아나이트는 약 5 %의 양이 전처리 된 증류물과 가수분해한다.

2. 분석절차

(1) 유효염소 농도의 측정

① 하이포염소산나트륨용액 10 mL를 200 mL 부피플라스크에 넣고 정제수를 넣어 표선을 채운 다음 이 용액 10 mL를 취하여 삼각플라스크에 넣고 정제수 용액의 부피를 100 mL로 맞춘다.

② 요오드화칼륨 1 g ~ 2 g 및 아세트산(1 + 1) 6 mL를 넣어 밀봉하고 흔들어 섞은 다음 어두운 곳에 약 5분간 방치하고 전분용액을 지시약으로 하여 티오황산나트륨용액(0.05 M)으로 적정한다.

$$유효염소량\ (\%) = a \times f \times \frac{200}{10} \times \frac{1}{V} \times 0.001773 \times 100$$

여기서, a : 티오황산나트륨용액(0.05 M)의 소비량 (mL)

f : 티오황산나트륨용액(0.05 M)의 농도계수

V : 하이포염소산나트륨 용액을 취한 양 (mL)

(2) 전처리

필요시 증류한다.

(3) 분석방법 *중요내용

① 전처리한 시료 적당량(암모니아성 질소로서 0.04 mg이하 함유)을 취하여 50 mL 부피플라스크에 넣고 정제수를 넣어 액량을 30 mL로 한다.

② 나트륨 페놀라이트용액(0.125 %) 10 mL와 나이트로플루시드나트륨용액(0.15 %) 1 mL를 넣고 조용히 섞는다.

③ 하이포염소산나트륨용액(1 %) 5 mL를 넣어 조용히 섞는다.

④ 정제수를 넣어 표선까지 채운 다음 용액의 온도를 20 ℃ ~ 25 ℃로 하여 약 30분간 방치하고 이 용액의 일부를 층장 10 mm 흡수셀에 옮겨 시료용액으로 한다.

⑤ 따로 정제수 30 mL를 취하여 시료의 시험방법에 따라 시험하여 바탕시험액으로 한다.

⑥ 바탕시험용액을 대조액으로 하여 630 nm에서 시료 용액의 흡광도를 측정한다.

06-2 암모니아성 질소 – 이온전극법
(Ammonium Nitrogen – Selective Electrode Method)
(ES 04355.2b 2014)

시료에 수산화나트륨을 넣어 시료의 pH를 11 ~ 13으로 하여 암모늄이온을 암모니아로 변화시킨 다음 암모니아 이온전극을 이용하여 암모니아성 질소를 정량하는 방법이다.

■ 간섭물질

① 글라이신, 우레아, 글루타믹산, 시아나이트 그리고 아세트아미드는 용액 내에서 매우 천천히 지속적으로 가수분해 하지만, pH 9.5에서 우레아는 약 7 %, 시아나이트는 약 5 %의 양이 전처리된 증류물과 가수분해한다.

② 아민은 측정값이 높아지는 간섭현상을 일으키며, 이와 같은 영향은 산성화에 의해서 더 커질 수 있다.

③ 수은과 은은 암모니아와 결합함으로써 측정값을 축소하는 간섭현상을 일으키며, NaOH/EDTA 용액을 사용하여 제거할 수 있다.

④ 고농도의 용존 이온은 측정에 영향을 줄 수 있지만, 색도와 탁도는 영향을 주지 않는다.

06-3 암모니아성 질소 – 적정법 (Ammonium Nitrogen – Titrimetric Method)

(ES 04355.3b 2014)

1. 개요

시료를 증류하여 유출되는 암모니아를 황산 용액에 흡수시키고 수산화나트륨용액으로 잔류하는 황산을 적정하여 암모니아성질소를 정량하는 방법이다.

2. 분석절차

(1) 전처리

암모니아성 질소 – 자외선/가시선 분광법에 준함

(2) 분석방법

전처리한 시료 전량을 500 mL 삼각플라스크에 옮기고 메틸레드 – 브로모크레졸 그린 혼합지시약 5방울 ～ 7방울을 넣은 다음 수산화나트륨용액(0.05 M)으로 액의 색이 자회색(pH 4.8)을 나타낼 때까지 적정한다.

실전 예상문제

01
2013
제5회

암모니아성 질소 분석 방법이 아닌 것은?

① 흡광광도법(인도페놀법) ② 이온전극법

③ 중화적정법 ④ 카드뮴 환원법

풀이 ▼ 적용 가능한 시험방법

암모니아성질소	정량한계(mg/L)	정밀도(% RSD)
자외선/가시선 분광법	0.01 mg/L	± 25 % 이내
이온전극법	0.08 mg/L	± 25 % 이내
적정법	1 mg/L	± 25 % 이내

02
2009
제1회

암모니아성질소를 측정할 때, 시료가 매우 맑아서 증류를 하지 않고 발색을 시켰더니 침전물이 생겼다. 원인이 될 수 있는 물질이 아닌 것은?

① 칼슘 ② 마그네슘 ③ 스트론튬 ④ 칼륨

풀이 시료를 전처리 하지 않는 경우 Ca^{2+}, mg^{2+} 등에 의하여 발색 시 침전물이 생성될 수도 있다. 이러한 경우에는 발색시료를 원심분리한 다음 상등액을 취하여 흡광도를 측정하거나 또는 시료의 전처리를 행한 다음 다시 시험하여야 한다.

③ **스트론튬**은 스트론튬 자체가 다른 이온의 무기성 침전물을 유도한다.

03
2009
제1회

염소처리된 방류수의 암모니아성질소를 측정할 때 가장 먼저 해야 할 것은?

① 시료를 중화한다. ② 시료를 증류한다.

③ 아황산나트륨용액을 넣는다. ④ 나트륨페놀리이트용액을 넣는다.

풀이 시료 내 잔류염소가 공존할 경우 증류과정에서 암모니아가 산화되어 제거될 수 있으므로 시료채취 즉시 아황산나트륨(0.09 %)을 첨가한다.

04
2012
제4회

암모니아성 질소를 인도페놀법으로 흡광광도기를 사용하여 분석하였다. 시료는 2배 희석하여 분석 하였으며 표준물질의 농도는 0.100, 0.200, 0.500 mg/L이었고, 그때의 흡광치(ABS)는 각각 0.100, 0.200 및 0.500로 나타났다. 이때 시료(sample)와 바탕시료(blank)의 흡광치는 각각 0.250와 0.000이었다면 희석하기 전 시료의 암모니아성질소 농도는 얼마인가?

① 0.250 mg/L ② 0.500 mg/L ③ 1.250 mg/L ④ 1.500 mg/L

정답 **01** ④ **02** ④ **03** ③ **04** ②

풀이 $y=x$이므로 절편은 0.0, 기울기 1, 시료흡광도 0.25, 시료의 희석배수 2배를 아래의 식에 대입하면

$$\text{암모니아성 질소 (mg/L)} = \frac{(y-b)}{a} \times I = \frac{(0.25-0)}{1} \times 2 = 0.500$$

여기서, y : 시료의 흡광도 b : 검정곡선의 절편

       a : 검정곡선의 기울기 I : 시료의 희석배수

---

05 암모니아성 질소를 정량하기 위하여 분석을 실시하였다. 전처리한 시료 300 mL를 취하여 삼각플라스크에 옮기고 메틸레드－브롬크레폴그린 혼합 지시약을 넣어 0.05 N NaOH 용액으로 자회색이 될 때까지 적정하였고, 소비된 NaOH 용액은 30.2 mL이었다. 또 0.05 N H_2SO_4용액 50 mL를 취하여 상기 지시약을 넣고 0.05 N NaOH 용액으로 자회색이 될 때까지 적정하였더니 이때 소비된 NaOH 용액은 34.8 mL이었다. 이 시료의 암모니아성 질소의 농도는 얼마인가?(단, 0.05 N NaOH 용액의 역가는 1.0이라 가정한다.)

2011
제3회

① 48.2 mg/L   ② 36.4 mg/L   ③ 22.6 mg/L   ④ 10.7 mg/L

풀이 중화적정법으로서 암모니아성 질소의 농도를 구하는 공식은,

$$\text{암모니아성질소 (mg /L)} = (b-a) \times f \times \frac{1,000}{V} \times 0.7$$

여기서, b : 황산(0.025 M) 50 mL의 적정에 소비된 수산화나트륨용액(0.05 M)의 양 (mL)

      a : 시료의 적정에 소비된 수산화나트륨용액(0.05 M)의 양 (mL)

      f : 수산화나트륨용액(0.05 M)의 농도계수

      V : 시료량 (mL)

$$\text{암모니아성질소의 농도(mg/L)} = (34.8\text{-}30.2) \times 1 \times \frac{1,000}{300} \times 0.7 = 10.73 \text{mg/L}$$

---

06 이온전극법에 의한 암모니아성 질소 분석에서 간섭물질에 대한 설명 중 틀린 것은?

① pH 9.5에서 우레아는 약 7 %, 시아나이트는 약 5 %의 양이 전처리된 증류물과 가수분해한다.

② 아민은 측정값이 높아지는 간섭현상을 일으킨다.

③ 수은과 은은 암모니아와 결합함으로써 측정값을 축소하는 간섭현상을 일으킨다.

④ 아민의 영향은 산성화에 의해 제거할 수 있다.

풀이 아민은 측정값이 높아지는 간섭현상을 일으키며, 이와 같은 영향은 산성화에 의해서 더 커질 수 있다.

⋯07 염소이온(Chloride, Cl⁻)(ES 04356.0 2011)

▼ **적용 가능한 시험방법**

염소이온	정량한계(mg/L)	정밀도(% RSD)
이온크로마토그래피	0.1 mg/L	± 25 % 이내
적정법	0.7 mg/L	± 25 % 이내
이온전극법	5 mg/L	± 25 % 이내

07-1 염소이온 – 적정법(Chloride – Titrimetric Method)

(ES 04356.3c 2018)

1. 개요

염소이온을 질산은과 정량적으로 반응시킨 다음 과잉의 질산은이 크롬산과 반응하여 크롬산은의 침전으로 나타나는 점을 적정의 종말점으로 하여 염소이온의 농도를 측정하는 방법이다.

(1) 적용범위

비교적 분해되기 쉬운 유기물을 함유하고 있거나 자외부에서 흡광도를 나타내는 브롬이온이나 크롬을 함유하지 않는 시료에 적용한다.

(2) 간섭물질

브롬화물이온, 요오드화물이온, 시안화물이온 등이 공존하면 염화물 이온으로 정량된다. 아황산이온, 티오황산이온, 황산이온도 방해하지만 과황산수소로 산화시키면 방해되지 않는다.

2. 분석절차

① 시료 50 mL를 정확히 취하여 삼각플라스크에 담는다.

[주] 시료가 심하게 착색되어 있을 경우에는 **칼륨명반현탁용액** 3 mL를 넣어 탈색시킨 다음 상층액을 취하여 시험한다.

② 시료가 산성 또는 알칼리성인 경우 수산화나트륨용액(4 %) 또는 황산(1 + 35)을 사용하여 중화
하여 pH 약 7.0으로 조절한다.

③ 크롬산칼륨용액 1 mL를 넣어 질산은용액(0.01 N)으로 적정한다. 적정의 종말점은 **엷은 적황색
침전**이 나타날 때로 하며, 따로 정제수 50 mL를 취하여 바탕시험액으로 하고 시료의 시험방법
에 따라 시험하여 보정한다.

3. 결과보고

$$\text{염소이온 (mg/L)} = (a - b) \times f \times 0.3545 \times \frac{1,000}{V}$$

여기서, a : 시료의 적정에 소비된 질산은용액(0.01 N)의 양 (mL)
b : 바탕시험액의 적정에 소비된 질산은용액(0.01 N)의 양 (mL)
f : 질산은용액(0.01 N)의 농도계수
V : 시료량 (mL)

실전 예상문제

01
2014
제6회

적정법을 이용하여 염소이온(Cl^-)을 측정하기 위해서는 시약 용액이 필요한데, 이 경우 염소이온과 정량적으로 반응하는 적정시약(Titrant)은?

① 수산화나트륨 용액　　　　　　　　② 크롬산칼륨 용액

③ 질산은 용액　　　　　　　　　　　④ 황산 용액

풀이 염소이온을 질산은과 정량적으로 반응시킨 다음 과잉의 질산은이 크롬산과 반응하여 크롬산은의 침전으로 나타나는 점을 적정의 종말점으로 하여 염소이온의 농도를 측정하는 방법이다.

02
2013
제5회

다음 염소이온 분석법 중 a에 해당하는 것은?

$$\text{염소이온 (mg Cl/L)} = (a - b) \times f \times 0.3545 \times \frac{1,000}{V}$$

a : (　　　　　　　　　　　　　)

b : 바탕시험액의 적정에 소비된 0.01 N - 질산은 용액 (mL)

f : 0.01 N - 질산은 용액의 농도계수

V : 시료량 (mL)

① 시료의 적정에 소비된 0.01 N - 질산은 용액 (mL)

② 시료의 적정에 소비된 0.01 N - 염화은 용액 (mL)

③ 시료의 적정에 소비된 0.1 N - 질산은 용액 (mL)

④ 시료의 적정에 소비된 0.1 N - 염화은 용액 (mL)

풀이 염소이온 (mg/L) $= (a - b) \times f \times 0.3545 \times \dfrac{1,000}{V}$

여기서, a : 시료의 직정에 소비된 질산은 용액(0.01 N)의 양 (mL)

　　　　b : 바탕시험액의 적정에 소비된 질산은 용액(0.01 N)의 양 (mL)

　　　　f : 질산은용액(0.01 N)의 농도계수

　　　　V : 시료량 (mL)

03
2009
제1회

농도가 1000 mg/L인 염소이온 표준용액을 4배 희석하여 그중 25 mL를 삼각플라스크에 취하였다. 이 염소이온 용액을 0.01 N 질산은($AgNO_3$)용액으로 침전 적정하여 분석할 때 소모되는 질산은 용액의 부피는 얼마인가?(단, 원자량은 Ag = 108, N = 14, O = 16, Cl = 35.45이고, 0.01 N 질산은용액의 역가는 1이다.)

① 35.3 mL　　　　　② 17.6 mL　　　　　③ 7.4 mL　　　　　④ 3.7 mL

정답 **01** ③　**02** ①　**03** ②

풀이 염소이온 – 적정이다.

$$염소이온 \ (\mathrm{mg/L}) = (a-b) \times f \times 0.3545 \times \frac{1,000}{V}$$

여기서, a : 시료의 적정에 소비된 질산은용액(0.01 N)의 양 (mL)

b : 바탕시험액의 적정에 소비된 질산은용액(0.01 N)의 양 (mL)

f : 질산은용액(0.01 N)의 농도계수

V : 시료량 (mL)

농도가 1,000 mg/L인 염소이온 표준용액을 4배 희석하였으므로 → 250 mg/L가 된다.

따라서,

$$250 = a \times 1 \times 0.3545 \times \frac{1,000}{25}$$

$$\therefore \ a = 17.63$$

···08 용존 총인(Dissolved Total Phosphorus) (ES 04357.1 2011)

시료 중의 유기물을 산화 분해하여 용존 인화합물을 인산염(PO_4) 형태로 변화시킨 다음 인산염을 아스코르빈산환원 흡광도법으로 정량하여 총인의 농도를 구하는 방법으로 시료를 유리섬유여과지(GF/C)로 여과하여 여액 50 mL(인 함량 0.06 mg 이하)를 총인의 시험방법에 따라 시험한다.

[주 1] 여액이 혼탁할 경우에는 반복하여 재여과한다.

[주 2] 전처리한 여액 50 mL 중 총인의 양이 0.06 mg을 초과하는 경우 희석하여 전처리 조작을 실시한다.

실전 예상문제

01
2012
제4회

수질오염공정시험기준의 용존 총인 항목 내용으로 맞는 것은?

① 정해진 온도가 될 때부터 15분 동안 가열분해 한다.

② 몰리브덴산암모늄 · 아스코르빈산혼합액을 넣고 20 ℃ ~ 40 ℃에서 30분 동안 방치한다.

③ 880 nm 또는 710 nm에서 흡광도를 측정한다.

④ 전처리한 시료는 여액의 혼탁과 무관하게 단 1회에 한하여 유리섬유거름종이로 여과한다.

풀이 **총인 – 자외선/가시선 분광법 분석절차**

- 전처리한 시료 25 mL를 취하여 마개 있는 시험관에 넣고 몰리브덴산암모늄 · 아스코르빈산 혼합용액 2 mL 를 넣어 흔들어 섞은 다음 20 ℃ ~ 40 ℃에서 15분간 방치한다.
  [주 1] 전처리한 시료가 탁한 경우에는 유리섬유 여과지로 여과하여 여과액을 사용한다.
- 이 용액의 일부를 층장 10 nm 흡수셀에 옮겨 시료용액으로 한다.
- 따로 정제수 50 mL를 취하여 시료의 시험방법에 따라 시험하여 바탕시험액으로 한다.
- 바탕시험용액을 대조액으로 하여 880 nm의 파장에서 시료 용액의 흡광도를 측정하여 미리 작성한 검정 곡선으로 인산염인의 양을 구하여 농도를 계산한다.
  [주 2] 880 nm에서 흡광도 측정이 불가능할 경우에는 710 nm에서 측정한다.

02
2009
제1회

수질오염공정시험기준에서 용존총인의 시험방법에 대한 설명이 아닌 것은?

① 시료중 유기물은 산화분해 하여 용존인 화합물을 인산염 형태로 변화시켜야 한다.

② 염화제일주석 환원법을 사용한다.

③ 시료를 유리섬유 거름종이로 여과하고, 그 여액을 총인 시험방법의 전처리법에 따른다.

④ 인산이온이 몰리브덴산암모늄과 반응하여 생성된 몰리브덴산인암모늄에 아스코르빈산을 반응시 킨다.

풀이 ②항은 인산염인의 시험방법이다.

⋯09 용존 총질소(Dissolved Total Nitrogen) (ES 04358.1b 2014)

시료 중 용존 질소화합물을 알칼리성 과황산칼륨의 존재하에 120 ℃에서 유기물과 함께 분해하여 질소이온으로 산화시킨 다음 산성에서 자외부 흡광도를 측정하여 질소를 정량하는 방법이다. 이 시험기준은 비교적 분해되기 쉬운 유기물을 함유하고 있거나 자외부에서 흡광도를 나타내는 브롬이온이나 크롬을 함유하지 않는 시료에 적용된다. 시료를 유리섬유여과지(GF/C)로 여과하여 여액 50 mL(질소 함량 0.01 mg 이하)를 총질소에 따라 시험한다.

[주 1] 여액이 혼탁할 경우에는 반복하여 재여과한다.

[주 2] 전처리한 여액 50 mL 중 총질소의 양이 0.1 mg을 초과하는 경우 희석하여 전처리 조작을 실시한다.

실전 예상문제

01
2011
제3회

수질오염공정시험기준에 따른 용존 총질소 시험법에 대한 설명으로 옳은 것은?

① 물 시료를 유리섬유거름종이 $\left(\dfrac{GF}{C}\right)$로 여과하여 여액 50 mL를 시험한다.

② 여액 50 mL에 알카리성 과황산칼륨용액을 일정량 넣은 후 100 ℃에서 가열한다.

③ 흡광광도법에 의해 측정 시 880 nm에서의 흡광도를 측정하여 농도를 계산한다.

④ 이 방법에 의한 측정 시 유기물에 포함된 질소는 정량되지 않는다.

풀이 총질소 시험법 및 용존 총질소 시험 개요

- 시료 50 mL(질소함량이 0.1 mg 이상일 경우에는 희석)를 분해병에 넣고 알칼리성과황산칼륨 용액 10 mL를 넣어 마개를 닫고 흔들어 섞은 다음 고압증기멸균기에 넣고 가열한다. 약 120 ℃가 될 때부터 30분간 가열 분해하고 분해병을 꺼내어 냉각한다.
- 바탕시험용액을 대조액으로 하여 220 nm에서 시료 용액의 흡광도를 측정하고 미리 작성한 검정곡선으로부터 질소의 양을 구한다.
- 시료 중 용존 질소화합물을 알칼리성 과황산칼륨의 존재하에 120 ℃에서 유기물과 함께 분해하여 질소이온으로 산화시킨 다음 산성에서 자외부 흡광도를 측정하여 질소를 정량하는 방법이다.

02
2009
제1회

용존총질소의 흡광광도법 측정에 대한 설명으로 관련이 적은 것은?

① 알칼리성 과황산칼륨의 존재하에 시료중 질소 화합물을 120 ℃에서 질산이온으로 산화시킨다.

② 산화된 질산이온은 220 nm의 자외선 흡광도를 측정 한다.

③ 브롬이온은 220 nm에서 흡수가 일어나므로 브롬이온의 농도가 10 mg/L 정도인 해수는 적용할 수 없다.

④ 산화된 질산이온을 부루신으로 발색시켜 흡광도를 측정한다.

풀이 ④항은 질산성질소($NO_3 - N$)를 측정하는 방법이다.

···10 음이온계면활성제(Anionic Surfactants) (ES 04359.0 2011)

▼ 적용 가능한 시험방법

음이온계면활성제	정량한계(mg/L)	정밀도(% RSD)
자외선/가시선 분광법	0.02 mg/L	± 25 % 이내
연속흐름법	0.09 mg/L	± 25 % 이내

10-1 음이온계면활성제 – 자외선/가시선 분광법
(Anionic Surfactants – UV/Visible Spectrometry)

(ES 04359.1d 2017)

음이온계면활성제가 메틸렌블루와 반응시켜 생성된 청색의 착화합물을 클로로폼으로 추출하여 흡광도를 650 nm에서 측정하는 방법이다.

※ 이 시험기준으로는 시료 중의 계면활성제를 종류별로 구분하여 측정할 수 없다.

■ 간섭물질

① 약 1,000 mg/L 이상의 염소이온 농도에서 양의 간섭을 나타내며 따라서 염분농도가 높은 시료의 분석에는 사용할 수 없다.

② 유기 설폰산염(sulfonate), 황산염(sulfate), 카르복실산염(carboxylate), 페놀 및 그 화합물, 무기 티오시안(thiocynide)류, 질산이온 등이 존재할 경우 메틸렌블루 중 일부가 클로로폼 층으로 이동하여 양의 오차를 나타낸다.

③ 양이온 계면활성제 혹은 아민과 같은 양이온 물질이 존재할 경우 음의 오차가 발생할 수 있다.

④ 시료 속에 미생물이 있을 경우 일부의 음이온 계면활성제가 신속히 변할 가능성이 있으므로 가능한 빠른 시간 안에 분석을 하여야 한다.

10-2 음이온계면활성제 – 연속흐름법
(Anionic Surfactants – Continuous Flow Analysis)

(ES 04359.2b 2014)

음이온 계면활성제가 메틸렌블루와 반응하여 생성된 청색의 착화합물을 클로로폼 등으로 추출하여 650 nm 또는 기기의 정해진 흡수파장에서 흡광도를 측정하는 방법이다.

※ 이 시험기준은 음이온계면활성제와 같이 메틸렌블루에 활성을 가지는 계면활성제의 총량 측정에 사용할 수 있으며, 모든 계면활성제를 종류별로 구분하여 측정할 수는 없다.

[주] 해수와 같이 염도가 높은 시료의 계면활성제 측정에는 적용할 수 없다.

실전 예상문제

01

2012 제4회

음이온 계면활성제 측정원리에 대한 설명이다. (   )에 알맞은 것은?

> 음이온 계면활성제를 (   )와 반응시켜 생성된 복합체를 클로로포름으로 추출하여 클로로포름층의 흡광도를 (   ) nm에서 측정한다.

① 메틸오렌지, 650　　　　　　　　② 메틸렌 블루, 460

③ 메틸오렌지, 460　　　　　　　　④ 메틸렌 블루, 650

풀이 이 시험기준은 물속에 존재하는 음이온 계면활성제를 측정하기 위하여 **메틸렌블루**와 반응시켜 생성된 청색의 착화합물을 클로로폼으로 추출하여 흡광도를 650 nm에서 측정하는 방법이다.

02

2009 제1회

음이온계면활성제를 분석하고자 하는 시료에 다량으로 함유되었을 경우 주의를 필요로 하는 물질로서 가장 관련이 적은 것은?

① 질산염　　　　　② 시안화물　　　　　③ 인산염　　　　　④ 티오시안산

풀이 **간섭물질**
- 약 1,000 mg/L 이상의 염소이온 농도에서 양의 간섭을 나타내며 따라서 염분농도가 높은 시료의 분석에는 사용할 수 없다.
- 유기 설폰산염 (sulfonate), 황산염 (sulfate), 카르복실산염 (carboxylate), 페놀 및 그 화합물, 무기 티오시안 (thiocynide)류, 질산이온 등이 존재할 경우 메틸렌블루 중 일부가 클로로폼 층으로 이동하여 양의 오차를 나타낸다.
- 양이온 계면활성제 혹은 아민과 같은 양이온 물질이 존재할 경우 음의 오차가 발생할 수 있다.

03

2013 제5회

흡광광도법을 이용한 음이온 계면활성제 측정에 관한 내용으로 틀린 것은?

① 복합체의 추출은 사염화탄소를 사용한다.
② 분액깔때기 세정 시에 세제를 사용해서는 안 된다.
③ ABS, LAS 등의 음이온 계면활성제가 양이온 염료인 메틸렌블루와 반응하여 만드는 중성의 청색 복합체가 추출됨을 이용한 것이다.
④ 흡수셀은 가끔 에탄올이나 아세톤으로 씻는 것이 좋다.

풀이 복합체의 추출은 클로로포름을 사용한다.

⋯11 인산염인(Phosphate Phosphorus, PO₄−P) (ES 04360.0 2011)

수중의 인산은 오르토 인산염(orthophosphotates), 축합다중 인산염(condensed phosphates), 유기적으로 결합된 인산염 등으로 존재한다. 인산염인은 질소와 더불어 하천 및 호소의 부영양화 현상을 일으키며 해역의 적조현상의 주요 오염물질이다.

▼ 적용 가능한 시험방법

인산염인	정량한계(mg/L)	정밀도(% RSD)
자외선/가시선 분광법 (이염화주석환원법)	0.003 mg/L	± 25 % 이내
자외선/가시선 분광법 (아스코르빈산환원법)	0.003 mg/L	± 25 % 이내
이온크로마토그래피	0.1 mg/L	± 25 % 이내

11-1 인산염인 – 자외선/가시선 분광법 – 이염화주석환원법
(Phosphate Phosphorus−UV/Visible Spectrometry−Tin(II) Chloride Method)
(ES 04360.1d 2017)

1. 개요

시료 중의 인산염인이 몰리브덴산 암모늄과 반응하여 생성된 몰리브덴산인 암모늄을 이염화주석으로 환원하여 생성된 몰리브덴 청의 흡광도를 690 nm에서 측정하는 방법이다.

2. 분석절차

① 여과한 시료 적당량(인산염인 으로써 0.05 mg 이하 함유)을 정확히 취하여 50 mL 부피플라스크에 넣고 정제수를 넣어 약 40 mL로 한다.

※ 시료가 산성일 경우에는 p − 니트로페놀용액(0.1 %)을 지시약으로 수산화나트륨용액(4 %) 또는 암모니아수(1 + 10)를 넣어 액이 황색이 나타낼 때까지 중화한다.

② 여기에 몰리브덴산암모늄용액 5 mL를 넣어 흔들어 섞고 이염화주석용액(인산염 시험용) 약 0.25 mL를 넣고 정제수를 넣어 표선을 채운 다음 다시 흔들어 섞고 20 ℃ ~ 30 ℃에서 10분간 방치한 다음 이 용액의 일부를 층장 10 mm 흡수셀에 옮겨 시료용액으로 한다.

※ 발색제를 넣은 다음 흡광도 측정까지의 소요시간은 10분 ~ 12분으로 한다.

③ 바탕시험액을 대조액으로 하여 690 nm에서 시료용액의 흡광도를 측정한다.

11-2 인산염인 – 자외선/가시선 분광법 – 아스코빈산환원법

(Phosphorus – P – UV/Visible Spectrometry – Ascorbic Acid Method)

(ES 04360.2c 2015)

1. 개요

몰리브덴산암모늄과 반응하여 생성된 몰리브덴산인암모늄을 아스코빈산으로 환원하여 생성된 몰리브덴산 청의 흡광도를 880 nm에서 측정하여 인산염인을 정량하는 방법이다.

■ **간섭물질**

① 5가 비소를 함유한 경우는 인산염인과 마찬가지로 발색을 일으킨다. 이러한 간섭은 이황산나트륨을 사용하여 5가 비소를 3가 비소로 환원시켜 제거할 수 있다.

② 과다한 3가 철(30 mg 이상)을 함유한 경우에는 몰리브덴청의 발색정도를 약화시켜 인산염인의 값이 낮게 측정될 수 있다. 아스코빈산용액의 첨가량을 증가시키면 방해를 제어할 수 있다.

2. 분석절차

① 여과한 시료 적당량(인산염인 으로써 0.05 mg 함유)을 취하여 50 mL 부피 플라스크에 넣고 정제수를 넣어 약 40 mL로 한다.

[주 1] 시료가 산성일 경우에는 p – 니트로페놀용액(0.1 %)을 지시약으로 수산화나트륨용액(4 %) 또는 암모니아수(1 + 10)를 넣어 액이 황색이 나타낼 때까지 중화 한다.

② 몰리브덴산암모늄 – 아스코빈산 혼합용액 4 mL를 넣고 정제수를 넣어 표선을 채운 다음, 흔들어 섞고 20 ℃ ~ 40 ℃에서 약 15분간 방치한다.

[주 2] 이 때 용액은 30분을 초과해서는 안 된다.

③ 이 용액 일부를 층장 10 mm 흡수 셀에 옮겨 시료용액으로 하고 따로 정제수 40 mL를 취하여 전처리에 따라 시험하여 바탕시험액으로 한다.

④ 바탕시험용액을 대조액으로 하여 880 nm에서 흡광도를 측정한다.

[주 3] 880 nm에서 흡광도 측정이 불가능할 경우에는 710 nm에서 측정한다.

⑤ 인산염인의 농도가 미량일 경우에는 발색 후 15분간 방치한 시료액을 125 mL 분별깔때기에 옮기고 다이이소부틸케톤(DIBK) 10 mL를 넣어 약 5분간 흔들어 섞고 정치하여 액을 분리한 다음 수층은 버리고 다이이소부틸케톤층을 흡수셀에 옮겨 640 nm에서 흡광도를 측정한다.

실전 예상문제

01

2010
제2회

수질오염공정시험기준에서 인산염인의 시험 방법에 대한 설명으로 옳지 않은 것은?

① 염화제일주석환원법을 이용할 경우 정량 범위는 0.002~0.05 mg PO_4-P이다.

② 인산이온이 몰리브덴산 암모늄과 반응하여 생성된 몰리브덴산인 암모늄을 환원시켜 생성된 몰리브덴산 청의 흡광도를 측정한다.

③ 염화제일주석환원법은 염소화물, 황산염 등 다량의 염류를 함유하고 있는 시료에 적용할 수 있다.

④ 아스코르빈산 환원법을 이용할 경우 880 nm에서 흡광도를 측정한다.

풀이 ③은 아르코빈산 환원법에 대한 설명이다.

02

수질오염공정시험기준에서 인산염인의 측정방법이 아닌 것은?

① 자외선/가시선 분광법(이염화주석환원법)   ② 자외선/가시선 분광법(아스코르빈산환원법)

③ 자외선/가시선 분광법(부루신법)   ④ 이온크로마토그래피

풀이 ③은 질산성 질소 시험법이다.

03

인산염인의 농도가 미량일 경우에 발색 후 15분간 방치한 시료를 용매로 추출한다. 추출 용매와 흡광도는?

① MIBK-880   ② MIBK-710

③ DIBK-640   ④ DIBK-510

풀이 인산염인의 농도가 미량일 경우에는 발색 후 15분간 방치한 시료액을 125 mL 분별깔때기에 옮기고 다이이소부틸케톤(DIBK) 10 mL를 넣어 약 5분간 흔들어 섞고 정치하여 액을 분리한 다음 수층은 버리고 다이이소부틸케톤층을 흡수셀에 옮겨 640 nm에서 흡광도를 측정한다.

12 질산성질소(Nitrate Nitrogen) (ES 04361.0 2011)

▼ 적용 가능한 시험방법

질산성질소	정량한계(mg/L)	정밀도(% RSD)
이온크로마토그래피	0.1 mg/L	± 25 % 이내
자외선/가시선 분광법 (부루신법)	0.1 mg/L	± 25 % 이내
자외선/가시선 분광법 (활성탄흡착법)	0.3 mg/L	± 25 % 이내
데발다합금 환원증류법	• 중화적정법 : 0.5 mg/L • 분광법 : 0.1 mg/L	± 25 % 이내

12-1 질산성질소 – 이온크로마토그래피
(Nitrogen Nitrate – Ion Chromatography)

(ES 04361.1a 2014)

음이온류 – 이온크로마토그래피에 따른다.

12-2 질산성질소 – 자외선/가시선 분광법 – 부루신법
(Nitrate Nitrogen – UV/Visible Spectrometry – Brucine Method)

(ES 04361.2b 2014)

1. 개요

황산산성(13 N H_2SO_4 용액, 100 ℃)에서 질산이온이 부루신과 반응하여 생성된 **황색화합물**의 흡광도를 410 nm에서 측정하여 질산성질소를 정량하는 방법이다.

■ 간섭물질

① 용존 유기물질이 황산산성에서 착색이 선명하지 않을 수 있으며 이때 부루신설퍼닐산을 제외한 모든 시약을 추가로 첨가하여야 하며, 용존 유기물이 아닌 자연 착색이 존재할 때에도 적용된다.

② 바닷물과 같이 염분이 높은 경우, 바탕시료와 표준용액에 염화나트륨용액(30 %)을 첨가하여 염분의 영향을 제거한다.

③ 모든 강산화제 및 환원제는 방해를 일으킨다. 산화제의 존재 여부는 잔류염소측정기로 알 수 있다.

④ 잔류염소는 이산화비소산나트륨으로 제거할 수 있다.

⑤ 제1철, 제2철 및 4가 망간은 방해를 약간의 방해를 일으키나 1 mg/L 이하의 농도에서는 무시해도 된다.

⑥ 시료의 반응시간 동안 균일하게 가열하지 않는 경우 오차가 생기며 착색이 이루어지는 시간대에는 확실한 온도 조절이 필요하다.

2. 분석절차

(1) 전처리

시료의 pH를 아세트산 또는 수산화나트륨으로 약 7로 조절한다. 탁도가 있는 경우에는 여과한다.

(2) 분석방법

① 바탕시료, 표준시료, 시료의 수만큼 시료 용기를 준비하고, 각 시료 용기에 시료를 10 mL 씩 채운다.

② 시료자체의 색깔이나 유기성 용해물질이 가열시 발색되어 보정이 필요할 경우에는 시료 한조를 더 취하여 부루신설퍼닐산 용액을 제외한 모든 시약을 넣어서 같은 방법으로 시험하고 보정한다.

　※ 바닷물과 같이 염분이 높은 경우, 염화나트륨을 바탕시료와 표준용액에 염화나트륨용액(30 %)을 2 mL를 넣는다.

③ 황산(4 + 1) 10 mL를 각 시료용기에 넣고 흔들어 섞고 수냉한다.

④ 여기에 부루신설퍼닐산 용액 0.5 mL를 넣어 흔들어 섞고 끓는 물중탕에서 정확히 20분간 가열반응 시킨 다음 실온까지 수냉한다.

⑤ 이 용액의 일부를 층장 10 mm 흡수셀에 옮겨 시료용액으로 하고 정제수 10 mL를 취하여 시료의 시험방법에 따라 시험하여 바탕시험액으로 한다.

⑥ 바탕시험용액을 대조액으로 하여 410 nm에서 시료 용액의 흡광도를 측정한다.

12-3 질산성질소 – 자외선/가시선 분광법 – 활성탄흡착법

(Nitrate Nitrogen – UV/Visible Spectrometry – Active Carbon Adsorption method)

(ES 04361.3b 2014)

1. 개요

pH 12 이상의 알칼리성에서 유기물질을 활성탄으로 흡착한 다음 혼합 산성액으로 산성으로 하여 아질산염을 은폐시키고 질산성질소의 흡광도를 215 nm에서 측정하는 방법이다.

2. 분석절차

■ 전처리

탁도가 있는 경우에는 여과한다.

12-4 질산성질소 – 데발다합금 환원증류법

(Nitrate Nitrogen – Devalda's Alloy Reduction Stream – distillation Method)

(ES 04361.4b 2014)

1. 개요

아질산성질소를 설퍼민산으로 분해 제거하고 암모니아성질소 및 일부 분해되기 쉬운 유기질소를 알칼리성에서 증류제거한 다음 데발다합금으로 질산성질소를 암모니아성질소로 환원하여 이를 암모니아성질소 시험방법에 따라 시험하고 질산성질소의 농도를 환산하는 방법이다.

2. 결과보고

(1) 자외선/가시선 분광법으로 시험하였을 경우

$$질산성질소 \ (mg/L) \ = a \times \frac{1,000}{V_3} \times \frac{V_2}{V_1}$$

여기서, a : 시험에 사용한 유출액 중의 암모니아성질소량 (mg)
V_1 : 증류에 사용한 시료량 (mL)
V_2 : 유출액량 (mL)
V_3 : 시험에 사용한 유출액의 분취량 (mL)

(2) 적정법으로 시험하였을 경우

$$질산성질소 \ (mg/L) \ = a \times \frac{1,000}{V_1}$$

여기서, a : 시료 중의 암모니아성질소량 (mg)
V_1 : 증류에 사용한 시료량 (mL)

실전 예상문제

01
2010
제2회

자외선흡광광도법에 의한 질산성 질소 측정에서 방해 물질로 작용하지 않는 것은?

① 아질산성 질소
② 용존 유기물질
③ 6가크롬
④ 염소이온

풀이 간섭물질

- 용존 유기물질이 황산산성에서 착색이 선명하지 않을 수 있으며 이때 부루신설퍼닐산을 제외한 모든 시약을 추가로 첨가하여야 하며, 용존 유기물이 아닌 자연 착색이 존재할 때에도 적용된다.
- 바닷물과 같이 염분이 높은 경우, 바탕시료와 표준용액에 염화나트륨용액(30 %)을 첨가하여 염분의 영향을 제거한다.
- 모든 강산화제 및 환원제는 방해를 일으킨다. 산화제의 존재 여부는 잔류염소측정기로 알 수 있다.
- 잔류염소는 이산화비소산나트륨으로 제거할 수 있다.
- 제1철, 제2철 및 4가 망간은 방해를 약간의 방해를 일으키나 1 mg/L 이하의 농도에서는 무시해도 된다.
- 시료의 반응시간 동안 균일하게 가열하지 않는 경우 오차가 생기며 착색이 이루어지는 시간대에는 확실한 온도 조절이 필요하다.

02

수질오염공정시험기준에서 질산성질소의 시험방법이 아닌 것은?

① 데발다합금 환원증류법
② 자외선/가시선 분광법(활성탄법)
③ 자외선/가시선 분광법(아스크로빈산법)
④ 이온크로마토그래피

풀이 ②는 인산염인 시험법이다.

질산성질소	정량한계(mg/L)	정밀도(% RSD)
이온크로마토그래피	0.1 mg/L	± 25 % 이내
자외선/가시선 분광법 (부루신법)	0.1 mg/L	± 25 % 이내
자외선/가시선 분광법 (활성탄흡착법)	0.3 mg/L	± 25 % 이내
데발다합금 환원증류법	• 중화적정법 : 0.5 mg/L • 분광법 : 0.1 mg/L	± 25 % 이내

정답 **01** ④ **02** ②

···13 총인(Total Phosphorus) (ES 04362.0 2011)

▼ 적용 가능한 시험방법

총인	정량한계(mg/L)	정밀도(% RSD)
자외선/가시선 분광법	0.005 mg/L	± 25 % 이내
연속흐름법	0.003 mg/L	± 25 % 이내

13-1 총인 – 자외선/가시선 분광법 *중요내용
(Total Phosphorus – UV/Visible Spectrometry)

(ES 04362.1c 2015)

1. 개요

유기물화합물 형태의 인을 산화 분해하여 모든 인 화합물을 인산염(PO_4^{3-}) 형태로 변화시킨 다음 몰리브덴산암모늄과 반응하여 생성된 몰리브덴산인암모늄을 아스코빈산으로 환원하여 생성된 몰리브덴산의 흡광도를 880 nm에서 측정하여 총인의 양을 정량하는 방법이다.

- **■ 간섭물질**

    ① 시료의 전처리 방법에서 축합인산과 유기인 화합물은 서서히 분해되어 측정이 잘 안 되기 때문에 과황산칼륨으로 가수분해시켜 정인산염으로 전환한 다음 다시 측정한다. 이때 시료가 증발하여 건고되지 않도록 약 10 mL 정도로 유지한다.

    ② 전처리한 시료가 염화이온을 함유한 경우는 염소가 생성되어 몰리브덴산의 청색 발색을 방해하는 경우가 있으므로 분해 후 용액에 이황산수소나트륨용액(5 %) 용액 1 mL를 가한다.

    ③ 상층액이 혼탁한 시료의 여과는 시료채취 후 여과지 5종 C 또는 1 μm 이하의 유리섬유여과지(GF/C)를 사용하여 여과하고 최초의 여과액 약 5 mL ~ 10 mL를 버리고 다음의 여과용액을 사용한다.

2. 분석절차

(1) 전처리

1) 과황산칼륨 분해 : 분해되기 쉬운 유기물을 함유한 시료 *중요내용

시료 50 mL(인으로서 0.06 mg 이하 함유)를 분해병에 넣고 과황산칼륨용액(4 %) 10 mL를 넣어 마개를 닫고 섞은 다음 고압증기멸균기에 넣어 가열한다. 약 120 ℃가 될 때부터 30분간 가열분해를 계속하고 분해병을 꺼내 냉각한다.

2) 질산 – 황산 분해 : 다량의 유기물을 함유한 시료

① 시료 50 mL(인으로서 0.06 mg 이하 함유)를 킬달플라스크에 넣고 질산 2 mL를 넣어 액량이 약 10 mL가 될 때까지 서서히 가열 농축하고 냉각한다. 여기에 질산 2 mL ~ 5 mL와 황산 2 mL를 넣고 가열을 계속하여 황산의 백연이 격렬하게 발생할 때까지 가열한다.

② 만일 액의 색이 투명하지 않을 경우에는 냉각 한 다음 질산 2 mL ~ 5 mL를 더 넣고 가열 분해를 반복한다. 분해가 끝나면 정제수 약 30 mL를 넣고 약 10분간 조용히 가열하여 가용성 염을 녹이고 냉각 한다.

③ 이 용액을 p – 나이트로페놀(0.1 %)을 지시약으로 하여 수산화나트륨용액(20 %) 및 수산화나트륨용액(4 %)을 넣어 용액의 색이 황색을 나타낼 때까지 중화한 다음 50 mL 부피플라스크에 옮기고 정제수를 넣어 표선까지 채운다.

(2) 분석방법 *중요내용

① 전처리한 시료 25 mL를 취하여 마개 있는 시험관에 넣고 몰리브덴산암모늄 · 아스코빈산 혼합용액 2 mL를 넣어 흔들어 섞은 다음 20 ℃ ~ 40 ℃에서 15분간 방치한다.
[주 1] 전처리한 시료가 탁한 경우 유리섬유 여과지로 여과하여 여과액을 사용한다.

② 이 용액의 일부를 층장 10 nm 흡수셀에 옮겨 시료용액으로 하고, 따로 정제수 50 mL를 취하여 시료의 시험방법에 따라 시험하여 바탕시험액으로 한다.

③ 바탕시험용액을 대조액으로 880 nm의 파장에서 시료 용액의 흡광도를 측정한다.
[주 2] 880 nm에서 흡광도 측정이 불가능할 경우에는 710 nm에서 측정한다.

3. 결과보고

① 과황산칼륨 분해한 경우 *중요내용

$$총인 \ (mg/L) = a \times \frac{60}{25} \times \frac{1,000}{50}$$

여기서, a : 검정곡선으로부터 구한 인의 양 (mg)

② 질산 – 황산 분해한 경우

$$총인 \ (mg/L) = a \times \frac{1,000}{25}$$

여기서, a : 검정곡선으로부터 구한 인의 양 (mg)

13-2 총인 – 연속흐름법
(Total Phosphorus – Continuous Flow Analysis(CFA))
(ES 04362.2b 2014)

1. 개요

시료 중 유기물화합물 형태의 인을 산화 분해하여 모든 인 화합물을 인산염(PO_4^{3-}) 형태로 변화시킨 다음 몰리브덴산암모늄과 반응하여 생성된 몰리브덴산암모늄을 아스코빈산으로 환원하여 생성된 몰리브덴산 등의 흡광도를 880 nm 또는 기기의 정해진 파장에서 측정하여 총인의 양을 분석하는 방법이다.

■ 간섭물질

① 산업폐수 등 매우 혼탁한 시료나 오염이 많이 된 하천, 호소수를 사용할 경우 **초음파 균질화기를 사용**하여 분석 라인의 오염 또는 막힘을 예방할 수 있다.
② 고농도로 오염된 시료의 사용으로 분석 라인의 오염이 발생할 수 있으므로 **시료를 분석범위 내로 희석하여 사용**하여 점검하여야 한다.

2. 분석절차

전처리 : 시료가 탁한 경우, 시료 중의 부유물질을 제거하기 위해 필요하다면 초음파 균질화기(Ultrasonic Homogenizer)를 사용하여 시료를 균일화 시킨다.

▼ 인화합물 분석 요약 정리 *중요내용

구분	적용가능한 시험방법	정량한계(mg/L)	발색 색깔	흡수 파장(nm)
인산염인	자외선/가시선 분광법 (이염화주석환원법)	0.003	청색	690
	자외선/가시선분광법 (아스코르빈산환원법)	0.003	청색	880
	이온크로마토그래피	0.1	–	–
총인	자외선/가시선 분광법 (아스코르빈산환원법)	0.005	청색	880
	연속흐름법 (아스코르빈산환원법)	0.003	청색	880
용존총인	자외선/가시선 분광법 (아스코르빈산환원법)	0.005	청색	880

실전 예상문제

01
2014
제6회

아스코르빈산 환원법으로 총인을 시험하는 방법이다. (   )의 내용으로 맞는 것은?

전처리한 시료의 상등액 25 mL를 취하여 마개가 있는 시험관에 넣고 몰리브덴산암모늄·아스코르빈산혼합액 2 mL를 넣어 흔들어 섞은 다음 (ㄱ)에서 (ㄴ)간 방치한다. 이 용액의 일부를 층장 10 mm 흡수셀에 옮겨 시료 용액 A로 하고 따로 물 50 mL를 취하여 시험 방법에 따라 시험하여 바탕시험액으로 한다. 바탕시험액을 대조액으로 하여 (ㄷ)에서 시료 용액의 흡광도를 측정하여 미리 작성한 검량선으로부터 총인의 양을 구하여 농도를 산출한다.

① (ㄱ) 10 ℃ ~ 30 ℃   (ㄴ) 15분   (ㄷ) 690 nm
② (ㄱ) 10 ℃ ~ 30 ℃   (ㄴ) 30분   (ㄷ) 690 nm
③ (ㄱ) 20 ℃ ~ 40 ℃   (ㄴ) 30분   (ㄷ) 880 nm
④ (ㄱ) 20 ℃ ~ 40 ℃   (ㄴ) 15분   (ㄷ) 880 nm

풀이 **총인 – 자외선/가시선 분광법 분석방법**
① 전처리한 시료 25 mL를 취하여 마개 있는 시험관에 넣고 몰리브덴산암모늄·아스코르빈산 혼합용액 2 mL를 넣어 흔들어 섞은 다음 20 ℃ ~ 40 ℃에서 15분간 방치한다.
② 이 용액의 일부를 층장 10 nm 흡수셀에 옮겨 시료용액으로 한다.
③ 따로 정제수 50 mL를 취하여 시료의 시험방법에 따라 시험하여 바탕시험액으로 한다.
④ 바탕시험용액을 대조액으로 하여 880 nm의 파장에서 시료 용액의 흡광도를 측정하여 미리 작성한 검정곡선으로 인산염인의 양을 구하여 농도를 계산한다.

02
2011
제3회

흡광광도법으로 물 시료에 존재하는 총인을 측정하는 방법 중 옳은 것은?

ㄱ. 측정을 위하여 여러 형태의 인화합물을 모두 인산염형태로 산화시킨다.
ㄴ. 과황산칼륨 분해법은 분해되기 어려운 유기물이 많이 포함된 시료에 적용한다.
ㄷ. 발색시킨 인산염은 880 nm 파장에서 흡광도를 측정한다.

① ㄱ, ㄴ   ② ㄱ, ㄷ   ③ ㄴ, ㄷ   ④ ㄱ, ㄴ, ㄷ

풀이 과황산칼륨 분해법은 분해되기 쉬운 유기물을 함유한 시료에 적용한다.

정답 01 ④ 02 ②

03 수질공정시험기준에서 자외선/흡광광도법으로 총인을 분석할 때 간섭물질이 아닌 것은?

① 축합인산   ② 유기인   ③ 염화이온   ④ 정인산염

풀이 **자외선/흡광광도법 총인 시험 간섭물질**
- 시료의 전처리 방법에서 **축합인산**과 **유기인** 화합물은 서서히 분해되어 측정이 잘 안 되기 때문에 과황산칼륨으로 가수분해시켜 **정인산염**으로 전환한 다음 다시 측정한다. 이때 시료가 증발하여 건고되지 않도록 약 10 mL 정도로 유지한다.
- 전처리한 시료가 **염화이온**을 함유한 경우는 염소가 생성되어 몰리브덴산의 청색 발색을 방해하는 경우가 있으므로 분해 후 용액에 이황산수소나트륨용액(5 %) 용액 1 mL를 가한다.
- 상층액이 **혼탁한 시료**의 여과는 시료채취 후 여과지 5종 C 또는 1 μm 이하의 유리섬유여과지 (GF/C)를 사용하여 여과하고 최초의 여과액 약 5 mL ~ 10 mL을 버리고 다음의 여과용액을 사용한다.

⋯14 총질소(Total Nitrogen) (ES 04363.0 2011)

호소 및 하천의 조류의 이상증식으로 인한 현상인 부영양화의 원인물질 중 하나인 질소화합물은 유기질소(단백질, 아미노산, 핵산 등)와 무기질소(암모니아성질소, 아질산성질소, 질산성질소) 형태로 존재하며 이 시험기준은 물속에 존재하는 여러 가지 형태의 질소를 모두 합한 질소의 총량을 구하는 방법이다.

▼ 적용 가능한 시험방법

총질소	정량한계(mg/L)	정밀도(% RSD)
자외선/가시선 분광법 (산화법)	0.1 mg/L	± 25 % 이내
자외선/가시선 분광법 (카드뮴－구리 환원법)	0.004 mg/L	± 25 % 이내
자외선/가시선 분광법 (환원증류－킬달법)	0.02 mg/L	± 25 % 이내
연속흐름법	0.06 mg/L	± 25 % 이내

14-1 총질소 – 자외선/가시선 분광법 – 산화법 *중요내용
(Total Nitrogen – UV/Visible Spectrometry – Oxidation Method)

(ES 04363.1a 2011)

1. 개요

이 시험기준은 물속에 존재하는 총질소를 측정하기 위하여 시료 중 모든 질소화합물을 알칼리성 과황산칼륨을 사용하여 120 ℃ 부근에서 유기물과 함께 분해하여 질산이온으로 산화시킨 후 산성상태로 하여 흡광도를 220 nm에서 측정하여 총질소를 정량하는 방법이다.

(1) 적용범위

비교적 분해되기 쉬운 유기물을 함유하고 있거나 자외부에서 흡광도를 나타내는 브롬이온이나 크롬을 함유하지 않는 시료에 적용된다.

(2) 간섭물질

자외부에서 흡광도를 나타내는 모든 물질이 분석을 방해할 수 있으며 특히, 브롬이온 농도 10 mg/L, 크롬 농도 0.1 mg/L 정도에서 영향을 받으며 해수와 같은 시료에는 적용할 수 없다.

2. 분석절차

(1) 전처리

시료 50 mL(질소함량이 0.1 mg 이상일 경우에는 희석)를 분해병에 넣고 알칼리성과황산칼륨 용액 10 mL를 넣어 마개를 닫고 흔들어 섞은 다음 고압증기멸균기에 넣고 가열한다. 약 120 ℃ 가 될 때부터 30분간 가열 분해하고 분해병을 꺼내어 냉각한다.

(2) 분석방법

① 전처리한 시료의 상층액을 취하여 유리섬유여과지 (GF/C)로 여과하고 처음 여과용액 5 mL ~ 10 mL는 버린 다음 여과용액 25 mL를 정확히 취하여 50 mL 비커 또는 비색관에 옮긴다.
② 여기에 염산(1 + 16) 5 mL를 넣어 pH 2 ~ 3으로 하고 이 용액의 일부를 10 mm 층장 흡수 셀에 옮겨 시료 용액으로 한다.
③ 따로 정제수 50 mL를 취하여 시료의 시험방법에 따라 시험하고 바탕시험용액으로 한다.
④ 바탕시험용액을 대조액으로 하여 220 nm에서 시료 용액의 흡광도를 측정하고 미리 작성한 검정곡선으로부터 질소의 양을 구한다.

3. 결과보고

$$\text{총 질소 (mg/L)} = a \times \frac{60}{25} \times \frac{1,000}{V}$$

여기서, a : 검정곡선으로부터 구한 질소의 양 (mg)
V : 전처리에 사용한 시료량 (mL)

14-2 총질소 – 자외선/가시선 분광법 – 카드뮴 · 구리 환원법

(Total Nitrogen – UV/Visible Spectrometry – Cadmium – Copper Reduction Method)

(ES 04363.2b 2014)

1. 개요

시료 중의 질소화합물을 알칼리성 과황산칼륨의 존재하에 120 ℃에서 유기물과 함께 분해하여 질산이온으로 산화시킨 다음 산화된 질산이온을 다시 카드뮴 – 구리환원 칼럼을 통과시켜 아질산이온으로 환원시키고 아질산성질소의 양을 구하여 총질소로 환산하는 방법이다.

■ 간섭물질

① 혼탁하거나 오염이 많이 된 시료를 사용할 경우 초음파 균질화기 등을 사용하여 시료 중의 입자를 잘게 부순 후 분석하여야 한다.

② 시료가 착색된 경우 흡광도에 영향을 주어 분석결과에 영향을 미친다.

③ 시료의 pH가 5 ~ 9의 범위를 초과하면 발색에 영향을 받으므로 염산(2 %) 또는 수산화나트륨용액(2 %)으로 pH를 조절하여야 한다.

2. 분석기기 및 기구

카드뮴 – 구리 환원칼럼 : 시료 중의 질산이온을 아질산이온으로 환원시키기 위해 사용

[주 1] 칼럼 충전제는 공기와 접촉하면 환원력이 저하되므로 칼럼을 사용하지 않을 때에는 항상 충전제 상부 약 1 cm 높이까지 칼럼 충전액을 채워두어 공기와의 접촉을 방지한다.

[주 2] 칼럼은 시료에 따라서 15회 ~ 20회 정도 사용하면 질산이온의 환원율이 저하되므로 수시로 환원율을 점검하고 환원율이 80 % 미만이면 칼럼을 활성화하여야 한다.

$$환원율\ (\%) = \frac{생성된\ 아질산이온의\ 농도}{주입한\ 질산이온\ 표준용액의\ 농도} \times 100$$

[주 3] 칼럼의 활성화는 활성화액 약 20 mL를 칼럼에 주입하여 카드뮴 – 구리 칼럼충전제와 충분히 접촉된 상태에서 2시간 ~ 3시간 방치하고 흘려보낸 다음 칼럼 충전액 약 100 mL로 씻어주어 칼럼을 활성화한다.

[주 4] 칼럼을 통과한 용액 중에는 카드뮴이 포함되어 있으므로 처리에 주의한다.

3. 분석절차

(1) 전처리

시료 50 mL(질소함량이 0.1 mg 이상일 경우에는 희석)를 분해병에 넣고 알칼리성과황산칼륨 용액 10 mL를 넣어 마개를 닫고 흔들어 섞은 다음 고압증기멸균기에 넣고 가열한다. 약 120 ℃ 가 될 때부터 30분간 가열 분해하고 분해병을 꺼내어 냉각한다.

4. 결과보고

$$총질소 \ (mg/L) = a \times \frac{1,000}{V}$$

여기서, a : 환원용시료 100 mL 중의 총질소 (mg)
V : 전처리에 사용한 시료량 (mL)

14-3 총질소 – 자외선/가시선 분광법 – 환원증류 · 킬달법
(Total Nitrogen – UV/Visible Spectrometry – Deoxidize Distillation – Kjeldahl Method)

(ES 04363.3b 2014)

시료에 데발다합금을 넣고 알칼리성에서 증류하여 시료 중의 무기질소를 암모니아로 환원 유출시키고, 다시 잔류시료 중의 유기질소를 킬달 분해한 다음 증류하여 암모니아로 유출시켜 각각의 암모니아성질소의 양을 구하고 이들을 합하여 총질소를 정량하는 방법이다.

■ 간섭물질

① 시료 중에 **잔류염소**가 존재하면 정량을 방해하므로 시료를 증류하기 전에 **아황산나트륨** 용액을 넣어 잔류염소를 제거한다. 이 용액 1 mL는 0.5 mg/L의 잔류염소를 제거할 수 있다.

② 시료 중에 **칼슘이온(Ca^{2+})**이나 **마그네슘이온(Mg^{2+})**이 다량 존재하면 발색 시 침전물이 형성되어 흡광도 측정에 영향을 주므로 발색된 시료를 원심분리한 다음 상층액을 취하여 흡광도를 측정 하거나 미리 전처리를 통해 방해이온을 제거한다.

14-4 총질소 – 연속흐름법
(Total Nitrogen – Continuous Flow Analysis)

(ES 04363.4c 2017)

1. 개요

시료 중 모든 질소화합물을 산화분해하여 질산성질소(NO_3^-) 형태로 변화시킨 다음 카드뮴 – 구리환원 컬럼을 통과시켜 아질산성질소의 양을 550 nm 또는 기기에서 정해진 파장에서 측정하는 방법이다.

(1) 적용범위

검출방식을 자외선 흡광도법으로 분석할 경우 자외부에서 흡광도를 나타내는 브롬이온이나 크롬을 함유하지 않는 시료에 적용된다.

(2) 간섭물질

① 혼탁하거나 오염이 많이 된 시료는 초음파 균질화기를 사용하여 분석 라인의 오염 또는 막힘을 예방할 수 있다.

② 고농도로 오염된 시료의 사용으로 분석 라인의 오염이 발생할 수 있으므로 시료를 분석범위 내로 희석하여 사용하여야 한다.

③ 착색된 시료는 흡광도에 영향을 주어 분석결과에 영향을 미칠 수 있으며, 시료의 pH가 5 ~ 9의 범위를 초과하면 발색에 영향을 받으므로 염산용액(2 %) 또는 수산화나트륨용액(2 %)으로 pH를 조절하여야 한다.

2. 분석절차

■ 전처리

시료가 탁한 경우, 시료 중의 부유물질을 제거하기 위해 필요하다면 초음파 균질화기(Ultrasonic Homogenizer)를 사용하여 시료를 균일화시킨다.

▼ 질소화합물 분석 요약 정리 ^{중요내용}

구분	적용가능한 시험방법	정량한계(mg/L)	발색 색깔	흡수 파장(nm)
암모니아성 질소	자외선/가시선 분광법	0.01	청색 (인도페놀의 청색)	630
	이온전극법	0.08	–	–
	적정법	1	자회색	–
아질산성 질소	자외선/가시선 분광법	0.004	붉은색	540
	이온크로마토그래피	0.1	–	–
질산성 질소	이온크로마토그래피	0.1	–	–
	자외선/가시선 분광법 (부루신법)	0.1	황색	410
	자외선/가시선 분광법 (활성탄 흡착법)	0.3	–	215
	데발다합금 환원 증류법	중화적정법 : 0.5	–	–
		분광법 : 0.1	청색	630
총 질소	자외선/가시선 분광법 (산화법)	0.1	–	220
	자외선/가시선 분광법 (카드뮴 – 구리환원법)	0.004	(붉은색)	540
	자외선/가시선 분광법 (환원증류 – 킬달법)	0.02	(청색)	630
	연속흐름법	0.06	(붉은색)	550

실전 예상문제

01 해당 괄호 안에 들어갈 것을 모두 바르게 제시한 것은?

2011 제3회

> 흡광광도법을 이용한 총질소의 측정원리는 시료 중 질소화합물을 알칼리성 (㉠)의 존재하에
> (㉡)℃에서 유기물과 함께 분해하여 (㉢)이온으로 산화시킨 다음 산성에서 자외부 흡
> 광도를 (㉣) nm에서 측정하여 질소를 정량하는 방법이다.

① ㉠ : 과망간산칼륨   ㉡ : 120   ㉢ : 아질산   ㉣ : 220
② ㉠ : 과황산칼륨   ㉡ : 120   ㉢ : 아질산   ㉣ : 540
③ ㉠ : 과망간산칼륨   ㉡ : 120   ㉢ : 질산   ㉣ : 540
④ ㉠ : 과황산칼륨   ㉡ : 120   ㉢ : 질산   ㉣ : 220

풀이 **총질소 – 자외선/가시선 분광법 – 산화법**
이 시험기준은 물속에 존재하는 총질소를 측정하기 위하여 시료 중 모든 질소화합물을 알칼리성 **과황산칼륨**을 사용하여 120 ℃ 부근에서 유기물과 함께 분해하여 **질산이온**으로 산화시킨 후 산성상태로 하여 흡광도를 220 nm에서 측정하여 총질소를 정량하는 방법이다.

02 수질오염공정시험기준에 따른 총질소 시험법이 아닌 것은?

① 자외선/가시선 분광법(산화법)
② 자외선/가시선 분광법(카드뮴 – 구리 환원법)
③ 자외선/가시선 분광법(환원증류 – 킬달법)
④ 이온크로마토그래피

풀이 ▼ **적용 가능한 시험방법**

총질소	정량한계(mg/L)	정밀도(% RSD)
자외선/가시선 분광법 (산화법)	0.1 mg/L	± 25 % 이내
자외선/가시선 분광법 (카드뮴 – 구리 환원법)	0.004 mg/L	± 25 % 이내
자외선/가시선 분광법 (환원증류 – 킬달법)	0.02 mg/L	± 25 % 이내
연속흐름법	0.06 mg/L	± 25 % 이내

정답 **01** ④   **02** ④

03 자외선/가시선 분광법(카드뮴 – 구리환원법) 총 질소 시험에서 카드뮴 – 구리 환원칼럼에 대한 설명 중 틀린 것은?

① 컬럼 충전제는 공기와 접촉하면 환원력이 저하되므로 칼럼을 사용하지 않을 때에는 항상 충전제 상부 약 1 cm 높이까지 칼럼 충전액을 채워두어 공기와의 접촉을 방지한다.

② 환원 칼럼은 시료에 따라서 15회 ~ 20회 정도 사용하면 질산이온의 환원률이 저하되므로 수시로 환원율을 점검하고 환원률이 70 % 미만이면 컬럼을 활성화하여야 한다.

③ 컬럼의 활성화는 활성화액 약 20 mL를 칼럼에 주입하여 카드뮴 – 구리 칼럼충전제와 충분히 접촉된 상태에서 2시간 ~ 3시간 방치하고 흘려보낸 다음 칼럼 충전액 약 100 mL로 씻어주어 칼럼을 활성화 한다.

④ 컬럼을 통과한 용액 중에는 카드뮴이 포함되어 있으므로 처리에 주의하여야 한다.

(풀이) 환원 칼럼은 시료에 따라서 15회 ~ 20회 정도 사용하면 질산이온의 환원율이 저하되므로 수시로 환원율을 점검하고 **환원율이 80 % 미만**이면 컬럼을 활성화하여야 한다.

···15 퍼클로레이트(Perchlorate) (ES 04364.0 2011)

퍼클로레이트는 자연계에서 일반적으로 암모늄, 칼륨, 나트륨염의 형태로 존재하지만, 대부분은 공업용으로 사용하기 위해 인공적으로 제조된다. 퍼클로레이트는 물에 대한 용해성이 매우 크고 수중에서 매우 안정하며, 인체에 흡수될 경우 갑상선의 요오드 흡수를 방해할 수 있다.

▼ 적용 가능한 시험방법

퍼클로레이트	정량한계(mg/L)	정밀도(% RSD)
액체크로마토그래프 – 질량분석법	0.002 mg/L	± 25 % 이내
이온크로마토그래피	0.002 mg/L	± 25 % 이내

15-1 퍼클로레이트 – 액체크로마토그래피 – 질량분석법
(Perchlorate – Liquid Chromatography – Mass Spectrometry)

(ES 04364.1c 2015)

1. 개요

방사성 동위원소로 표지된 내부표준물질을 시료에 넣은 다음 액체크로마토그래프 – 질량분석기로 분석한다.

■ 간섭물질

① 시료 중의 입자상 물질은 컬럼에 악영향을 미치므로 시료를 여과한다.

② 시료에 유기탄소나 용존염이 고농도로 존재할 경우, 크로마토그램의 베이스라인이나 간섭피크가 높아질 수 있다. 필요한 경우 이온제거용으로 제작된 제거관이나 기타 적절한 방법을 사용하여 방해이온을 제거한다.

③ ^{34}S 동위원소를 포함한 황산이온으로부터 생성되는 $H^{34}SO_4^-$ (m/z 99)가 SIM 모드에서 퍼클로레이트 (99 m/z) 측정에 방해가 될 수 있으므로 과량의 방해이온이 존재하는 시료의 경우, 101 (m/z)을 정량이온으로 하여 측정하도록 한다.

2. 분석기기 및 기구

(1) 액체크로마토그래프(Liquid Chromatograph)

액체크로마토그래프는 일반적으로 500 psi ~ 5,000 psi의 압력으로 일정하게 이동상을 흘려주어, 고정상인 입자들로 채워져 있는 관을 통하여 물질을 분리한 후 검출기를 사용하여 측정하는 기기이다. 일반적으로 머무름 시간과 피크 면적에 의해 정성 및 정량하며, 중요한 기본 구성으로 펌프, 시료 주입기, 컬럼 및 검출기로 되어 있다.

① 분석용 컬럼(analytical column) : 분석용 컬럼은 전용 음이온 분리 컬럼 또는 비극성 흡착제가 코팅된 역상 컬럼(ODS계통)을 사용

② 보호 컬럼(guard column) : 보호 컬럼은 분석용 컬럼의 수명을 연장시키고, 분석용 컬럼과 같은 종류의 충전제를 사용하며 분석용 컬럼 앞에 설치한다.

③ 액송 펌프 : 일정한 유속과 압력으로 용매를 밀어주는 장치로서 왕복식 펌프, 주사기형 또는 치환형펌프, 가압식 펌프가 있다. 펌프 내부는 용매와의 화학적인 상호 반응이 없어야 하고, 최소한 5,000 psi의 고압이 가능하며, 0.1 mL/분 ~ 10 mL/분 정도의 유속 조절이 가능해야 한다.

④ 이동상 : 용매

⑤ 시료주입장치 : 미량주사기 또는 자동주입장치

(2) 질량분석기

액체 크로마토그래프로부터 용리 된 이온성 시료를 대기압하에서 고전압으로 증발시켜 모세관에 도입하고 앞쪽부터 다량의 전하를 분무시킨다. 이온화 후 분배가 일어나며, 이 분리된 시료를 이온화 시켜서 질량분석관을 통하여 이온을 질량대 전하비 (m/z)에 따라서 물질을 정성, 정량한다.

① 이온화방식 : 전기분무 이온화 (ESI, electrospray ionization)

② 질량분석기 : 사중극자형 (quadrupole)

3. 분석절차

■ 전처리

시료는 공경이 0.45 μm 이하인 여지를 사용하여 여과하고, 고농도의 바탕물질(Background Interference)이 들어 있는 경우 분석의 방해를 받을 수 있으며, 방해이온들을 제거를 위하여 적절한 카트리지를 사용한다. 방해이온 제거 처리를 할 때는 그 전에 내부표준용액을 넣는다.

15-2 퍼클로레이트 – 이온크로마토그래피 (Perchlorate – Ion Chromatography)

(ES 04364.2b 2014)

1. 개요

이온 교환 컬럼에 전개시켜 분리된 퍼클로레이트 이온의 전기전도도를 측정하여 정량한다.

■ 간섭물질

① 입자상 물질은 컬럼에 악영향을 미치므로 시료를 여과한다.

② 특정이온이 고농도로 존재할 경우 퍼클로레이트 이온의 정량분석을 방해할 수 있다. 염소이온, 황산이온, 탄산이온을 각 800 mg/L씩 첨가했을 때(전기전도도 약 6 mS/cm) 퍼클로레이트(0.025 mg/L 표준용액)의 회수율이 80 %로 보고되었으며 음이온이 이보다 높을 때는 회수율이 더욱 저하되므로, 시료를 희석하거나 고체 카트리지나 이에 상당한 방법을 이용하여 간섭물질을 제거한 다음 시험한다.

③ 퍼클로레이트 이온과 유사한 시간대에 검출되어 **중첩**될 우려가 있는 이온이 시료에 들어 있는 경우, 컬럼의 용량이 크거나 분리능이 최대한 향상된 컬럼 또는 이종의 컬럼 등을 사용한다.

④ 바탕 시료에 기타 이온이 고농도로 존재할 경우 과량의 이온이 컬럼에 잔존 할 수 있으며, 이 영향으로 퍼클로레이트의 농도를 감소시키거나 머무름 시간을 변화시킬 수 있다. 자동 간섭물질 제거(카트리지), 농축 기술(농축 컬럼) 등을 통하여 간섭 영향을 제거해야 한다.

2. 분석기기 및 기구

(1) 이온 크로마토그래프(IC ; Ion Chromatograph)

이온크로마토그래프의 구성은 용리액조, 시료주입부, 액송펌프, 분리 컬럼, 검출기 및 기록계로 되어 있으며 분리컬럼의 보호 및 분석감도를 높이기 위하여 분리컬럼 전후에 **보호컬럼** 및 제거장치(써프레서)를 부착한 것도 있다.

① 분리컬럼 : 유리, 불소 수지, 에폭시 수지 등으로 만든 관에 이온교환체를 충전시킨 것을 사용한다.

② 제거장치(Suppressor)
제거장치는 컬럼으로부터 용리된 각 성분이 검출기에 들어가기 전에 **용리액 자체의 전도도**

를 감소시키고 목적성분의 전도도를 증가시켜 높은 감도로 분석하기 위한 장치이다. 고용량
의 양이온 교환수지를 충전시킨 컬럼형과 양이온 교환막으로 된 격막형이 있다.

③ 검출기 : 전기전도도 검출기, 전기화학 검출기, 광학적 검출기 등이 있으며 본시험에서는 전
기전도도 검출기를 사용한다.

3. 분석절차

전처리 : 시료는 공경이 $0.45~\mu\mathrm{m}$ 이하인 여지를 사용하여 여과하고, 고농도의 바탕물질(Background
Interference)이 들어 있는 경우 분석의 방해를 받을 수 있으며, 방해이온들을 제거를 위하여 적절한
카트리지를 사용한다.

실전 예상문제

01 퍼클로레이트 – 이온크로마토그래피법의 간섭물질에 대한 설명으로 틀린 것은?

① 입자상 물질은 컬럼에 악영향을 미치므로 시료를 여과한다.

② 염소이온, 황산이온, 탄산이온이 800 mg/L 이상 고농도로 존재할 경우 퍼클로레이트 이온의 정량 분석을 방해할 수 있다.

③ 퍼클로레이트 이온과 유사한 시간대에 검출되어 중첩될 우려가 있는 이온이 시료에 들어 있는 경우 분석에 방해를 줄 수 있다.

④ 바탕 시료에 염소이온, 황산이온, 탄산이온을 제외한 기타 이온이 고농도로 존재하는 경우에는 퍼클로레이트 분석에 영향을 받지 않는다.

> **풀이** 바탕 시료에 기타 이온이 고농도로 존재할 경우 과량의 이온이 컬럼에 잔존할 수 있으며, 이 영향으로 퍼클로레이트의 농도를 감소시키거나 머무름 시간을 변화시킬 수 있다. 자동 간섭물질 제거(카트리지), 농축 기술(농축 컬럼) 등을 통하여 간섭 영향을 제거해야 한다.

02 퍼클로레이트의 액체크로마토그래피 – 질량분석법에 관한 설명 중 틀린 것은?

① 이 시험기준의 정량한계는 0.002 mg/L이다.

② 시료에 유기탄소나 용존염이 고농도로 존재할 경우, 크로마토그램의 베이스라인이나 간섭피크가 높아질 수 있다.

③ 시료 중의 입자상 물질은 컬럼에 악영향을 미치므로 시료를 여과한다.

④ ^{34}S 동위원소를 포함한 황산이온으로부터 생성되는 $H^{34}SO_4^-$가 SIM 모드에서 퍼클로레이트 측정에 방해가 될 수 있으므로 과량의 방해이온이 존재하는 시료의 경우, 99 (m/z)을 정량이온으로 하여 측정하도록 한다.

> **풀이** **퍼클로레이트의 액체크로마토그래피 – 질량분석법의 간섭물질**
> ^{34}S 동위원소를 포함한 황산이온으로부터 생성되는 $H^{34}SO_4^-$ $(m/z$ 99)가 SIM 모드에서 퍼클로레이트 (99 m/z) 측정에 방해가 될 수 있으므로 과량의 방해이온이 존재하는 시료의 경우, 101 (m/z)을 정량이온으로 하여 측정하도록 한다.

03 수질 중 퍼클로레이트의 이온크로마토그래피법 분석에 대한 설명 중 틀린 것은?

① 제거장치는 컬럼으로부터 용리된 각 성분이 검출기에 들어가기 전에 용리액 자체의 전도도를 감소시키고 목적성분의 전도도를 증가시켜 높은 감도로 분석하기 위한 장치이다.

② 특정이온이 고농도로 존재할 경우 퍼클로레이트 이온의 정량분석을 방해할 수 있다.

③ 검출기는 전기전도도 검출기, 전기화학 검출기, 광학적 검출기 등이 있으며 본 시험에는 광학적 검출기를 사용한다.

④ 이온크로마토그래프의 구성은 용리액조, 시료주입부, 액송펌프, 분리 컬럼, 검출기 및 기록계로 구성된다.

풀이 퍼클로레이트 분석에 사용되는 검출기는 전기전도도 검출기를 사용한다.

┅┅16 페놀류(Phenols) (ES 04365.0a 2014)

▼ 적용 가능한 시험방법

페놀 및 그 화합물	정량한계(mg/L)	정밀도(% RSD)
자외선/가시선 분광법	• 추출법 : 0.005 mg/L • 직접법 : 0.05 mg/L	± 25 % 이내
연속흐름법	0.007 mg/L	± 25 % 이내

16-1 페놀류 – 자외선/가시선 분광법 (Phenols – UV/Visible Spectrometry)

(ES 04365.1c 2017)

■ 개요 *중요내용*

증류한 시료에 염화암모늄 – 암모니아 완충용액을 넣어 pH 10으로 조절한 다음 4 – 아미노안티피린과 헥사시안화철(Ⅱ)산칼륨을 넣어 생성된 붉은색의 안티피린계 색소의 흡광도를 측정하는 방법으로 수용액에서는 510 nm, 클로로폼 용액에서는 460 nm에서 측정한다.

(1) 적용범위

이 시험기준으로는 시료 중의 페놀을 종류별로 구분하여 정량할 수는 없다.

(2) 간섭물질

① 황 화합물의 간섭을 받을 수 있는데 이는 인산(H_3PO_4)을 사용하여 pH 4로 산성화하여 교반하면 황화수소(H_2S)나 이산화황(SO_2)으로 제거할 수 있다. 황산구리($CuSO_4$)를 첨가하여 제거할 수도 있다.

② 오일과 타르 성분은 수산화나트륨을 사용하여 시료의 pH를 12 ~ 12.5로 조절한 후 클로로폼 (50 mL)으로 용매 추출하여 제거할 수 있다. 시료 중에 남아 있는 클로로폼은 항온 물중탕으로 가열시켜 제거한다.

16-2 페놀류 – 연속흐름법
(Phenols – Continuous Flow Analysis(CFA))

(ES 04365.2b 2014)

1. 개요

증류한 시료에 염화암모늄 – 암모니아 완충용액을 넣어 pH 10으로 조절한 다음 4 – 아미노안티피린과 헥사시안화철(Ⅱ)산칼륨을 넣어 생성된 붉은색의 안티피린계 색소의 흡광도를 510 nm 또는 기기에서 정해진 파장에서 측정하는 방법이다.

(1) 적용범위 중요내용

이 시험기준의 정량한계는 0.007 mg/L이다.

[주] 시료 중의 페놀을 종류별로 구분하여 측정할 수는 없으며 또한 4 – 아미노안티피린법은 파라 위치에 알킬기, 아릴기(aryl), 니트로기, 벤조일기(benzoyl), 니트로소기(nitroso) 또는 알데하이드기가 치환되어 있는 페놀은 측정할 수 없다.

(2) 간섭물질

황 화합물에 의한 간섭은 시료에 인산을 첨가하여 pH 4 이하로 하고 교반 후 황산구리를 넣어서 제거한다.

2. 전처리

① 모든 시료는 인산을 사용하여 pH 4 이하로 조절한 후 황산구리를 시료 1 L당 1 g의 비율로 첨가한다.

② 시료가 탁한 경우, 시료 중의 부유물질을 제거하기 위해 필요하다면 유리섬유여과지(GF/C) 또는 공극 크기(Pore Size) 0.45 μm의 여과지로 여과를 실시한다.

실전 예상문제

01
2013
제5회

페놀류의 분석 방법에 대한 설명으로 틀린 것은?

① 페놀함량이 낮은(0.05 mg 이하) 경우에는 추출법을 사용한다.

② 페놀 함량이 높은(0.05 ~ 0.5 mg) 경우에는 직접법을 사용한다.

③ 증류액이 백탁되었을 때는 증류 조작을 반복하여 재증류한다.

④ 추출법은 510 nm, 직접법은 460 nm에서 흡광도를 측정한다.

풀이 페놀류 – 자외선/가시선 분광법

- 이 시험기준은 물속에 존재하는 페놀류를 측정하기 위하여 증류한 시료에 염화암모늄 – 암모니아 완충용액을 넣어 pH 10으로 조절한 다음 4 – 아미노안티피린과 헥사시안화철(Ⅱ)산칼륨을 넣어 생성된 붉은색의 안티피린계 색소의 흡광도를 측정하는 방법으로 수용액에서는 510 nm, 클로로폼 용액에서는 460 nm에서 측정한다.
- 이 시험기준은 지표수, 지하수, 폐수 등에 적용할 수 있으며, 정량한계는 클로로폼 추출법일 때 0.005 mg/L, 직접측정법일 때 0.05 mg/L이다.

02
2012
제4회

〈보기〉는 흡광광도법을 적용한 페놀류 측정원리를 설명한 것이다. (   )에 알맞은 내용은?

> 증류한 시료에 염화암모늄 – 암모니아 완충액을 넣어 (㉠)으로 조절한 다음 4 – 아미노안티피린과 페리시안칼륨을 넣어 생성된 (㉡)의 안티피린계 색소의 흡광도를 측정하는 방법이다.

① ㉠ pH 12　　㉡ 청색

② ㉠ pH 10　　㉡ 적색

③ ㉠ pH 9　　㉡ 황록색

④ ㉠ pH 4　　㉡ 녹색

풀이 이 시험기준은 물속에 존재하는 페놀류를 측정하기 위하여 증류한 시료에 염화암모늄 – 암모니아 완충용액을 넣어 pH 10으로 조절한 다음 4 – 아미노안티피린과 헥사시안화철(Ⅱ)산칼륨을 넣어 생성된 붉은색의 안티피린계 색소의 흡광도를 측정하는 방법으로 수용액에서는 510 nm, 클로로폼 용액에서는 460 nm에서 측정한다.

03
2011
제3회

수질오염공정시험기준에 따른 페놀류 – 자동분석법에 대한 설명으로 틀린 것은?

① 지표수, 염분함유폐수, 도시하수, 산업폐수 중 페놀류의 측정에 적용할 수 있다.

② 수중에 잔존하는 다양한 형태의 페놀류의 총량을 구하는 방법이다.

③ 검출한계(MDL)는 0.002 mg/L, 정량 범위는 0.007~0.25 mg/L이다.

④ 4 – 아미노안티피린법은 파라위치에 알킬기, 아릴기, 니트로기, 벤조일기, 니트로소기 또는 알데히드기가 치환되어 있는 페놀을 측정할 수 있다.

정답 01 ④　02 ②　03 ④

풀이 페놀류 – 연속흐름법

이 시험기준은 지표수, 지하수, 폐수 등에 적용할 수 있으며, 정량한계는 0.007 mg/L이다.

시료 중의 페놀을 종류별로 구분하여 측정할 수는 없으며 또한 4-아미노안티피린법은 파라위치에 알킬기, 아릴기(aryl), 니트로기, 벤조일기(benzoyl), 니트로소기(nitroso) 또는 알데하이드기가 치환되어 있는 페놀은 측정할 수 없다.

04 수질오염공정시험기준에 따른 페놀류 분석법에 대한 설명으로 틀린 것은?

① 정량한계는 클로로폼 추출법일 때 0.005 mg/L, 직접측정법일 때 0.05 mg/L, 연속흐름법일 때 0.5 mg/L이다.

② 파라위치에 알킬기, 아릴기 (aryl), 니트로기, 벤조일기 (benzoyl), 니트로소기 (nitroso) 또는 알데하이드기가 치환되어 있는 페놀은 측정할 수 없다.

③ 황 화합물의 간섭을 받을 수 있는데 이는 인산 (H_3PO_4)을 사용하여 pH 4로 산성화하여 교반하면 황화수소 (H_2S)나 이산화황 (SO_2)으로 제거할 수 있다.

④ 오일과 타르 성분은 수산화나트륨을 사용하여 시료의 pH를 12 ~ 12.5로 조절한 후 클로로폼(50 mL)으로 용매 추출하여 제거할 수 있다.

풀이 정량한계는 클로로폼 추출법일 때 0.005 mg/L, 직접측정법일 때 0.05 mg/L, 연속흐름법일 때 0.007 mg/L이다.

05 수질오염공정시험기준에 따른 페놀류 – 자동분석법에 대한 설명으로 틀린 것은?

① 바탕선 들뜸 보정 시료는 초기에 보정 시료로 기준점을 설정한 후 시료 7개 ~ 10개 당 한개 이상 보정시료를 분석하여 바탕선의 들뜸을 보정한다.

② 분할분석기는 용액의 흐름 사이에 일정한 간격으로 공기방울을 주입하여 시료의 분산 및 연속흐름에 따른 상호 오염을 방지하도록 구성되어 있다.

③ 흐름주입분석기는 용액의 흐름 사이에 공기방울을 주입하지 않는 것이 차이점나 분석시간이 느리고 기계장치가 복잡해지는 단점이 있다.

④ 모든 시료는 인산을 사용하여 pH 4 이하로 조절한 후 황산구리를 시료 1 L 당 1 g의 비율로 첨가한다.

풀이 흐름주입분석기(FIA ; Flow Injection Analyzer)란 연속흐름분석기의 일종으로 다수의 시료를 연속적으로 자동분석하기 위하여 사용한다. 기본적인 본체의 구성은 분할흐름분석기와 같으나 용액의 흐름 사이에 공기방울을 주입하지 않는 것이 차이점이다. 공기방울 미 주입에 따라 시료의 분산 및 연속흐름에 따른 상호 오염의 우려가 있으나 분석시간이 빠르고 기계장치가 단순해지는 장점이 있다.

정답 04 ① 05 ③

···01 금속류(Metals) (ES 04400.0 2011)

▼ 금속류의 시험방법 및 시험방법의 분류번호

측정 금속	불꽃 원자흡수 분광광도법	자외선/ 가시선 분광법	유도결합 플라스마 원자발광분광법	유도결합 플라스마 질량분석법	양극벗김 전압전류법	원자 형광법
4401 구리	04401.1	04401.2	04401.3	04401.4	–	–
4402 납	04402.1	04402.2	04402.3	04402.4	04402.5	–
4403 니켈	04403.1	04403.2	04403.3	04403.4	–	–
4404 망간	04404.1	04404.2	04404.3	04404.4	–	–
4405 바륨	04405.1	–	04405.2	04405.3	–	–
4406 비소	04406.1[1]	04406.2	04406.3	04406.4	04406.5	–
4407 셀레늄	04407.1	–	–	04407.2	–	–
4408 수은	04408.1[2]	04408.2	–	–	04408.3	04408.4
4409 아연	04409.1	04409.2	044409.3	04409.4	04409.5	–
4410 안티몬	–	–	04410.1	04410.2	–	–
4411 주석	04411.1	–	04411.2	04411.3	–	–
4412 철	04412.1	04412.2	04412.3	–	–	–
4413 카드뮴	04413.1	04413.2	04413.3	04413.4	–	–
4414 크롬	04414.1	04414.2	04414.3	04414.4	–	–
4415 6가 크롬	04415.1	04415.2	04415.3	–	–	–

[1] 수소화물생성 – 원자흡수분광광도법
[2] 냉증기 – 원자흡수분광광도법

···02 금속류 – 불꽃 원자흡수분광광도법
(Metals – Flame Atomic Absorption Spectrometry)
(ES 04400.1d 2018)

1. 개요

시료를 2,000 K ~ 3,000 K의 불꽃 속으로 시료를 주입하였을 때 생성된 바닥상태(Ground State)의 중성원자가 고유 파장의 빛을 흡수하는 현상을 이용하여, 개개의 고유 파장에 대한 흡광도를 측정하여 시료 중의 원소농도를 정량하는 방법이다.

2. 간섭물질

원자흡수분광광도법 분석에서 일어나는 간섭은 일반적으로 분광학적 간섭, 물리적 간섭, 이온화 간섭, 화학적 간섭으로 나뉜다.

(1) 광학적 간섭

장치나 불꽃의 성질에 기인한다.

① 분석에 사용하는 스펙트럼선이 다른 인접선과 완전히 분리되지 않은 경우

분석하고자 하는 원소의 흡수파장과 비슷한 다른 원소의 파장이 서로 겹쳐 비이상적으로 높게 측정되는 경우이다. 또는 다중원소램프 사용 시 다른 원소로부터 공명 에너지나 속빈 음극 램프의 금속 불순물에 의해서도 발생한다. 이 경우 슬릿 간격을 좁힘으로써 간섭을 배제할 수 있다.

② 분석에 사용하는 스펙트럼선의 불꽃 중에서 생성되는 목적원소의 원자증기 이외의 물질에 의하여 흡수되는 경우

㉠ 시료 중에 유기물의 농도가 높을 경우 이들에 의한 복사선 흡수가 일어나 양(+)의 오차를 유발하게 되므로 바탕선 보정(background correction)을 실시하거나 분석 전에 유기물을 제거하여야 한다.

㉡ 용존 고체 물질 농도가 높으면 빛 산란 등 비원자적 흡수현상이 발생하여 간섭이 발생할 수 있다. 바탕 값이 커서 보정이 어려울 경우 다른 파장을 선택하여 분석한다.

(2) 물리적 간섭

물리적 간섭은 표준용액과 시료 또는 시료와 시료간의 물리적 성질(점도, 밀도, 표면장력 등)의 차이 또는 표준물질과 시료의 매질(Matrix) 차이에 의해 발생한다. 이러한 차이는 시료의 주입 및 분

무 효율에 영향을 주어 양(+) 또는 음(−)의 오차를 유발하게 된다. 물리적 간섭은 표준용액과 시료 간의 매질을 일치시키거나 표준물질첨가법을 사용하여 방지할 수 있다.

(3) 이온화 간섭

원소나 시료에 특유한 것으로 불꽃온도가 너무 높을 경우 중성원자에서 전자를 빼앗아 이온이 생성될 수 있으며 이 경우 음(−)의 오차가 발생하게 된다. 이러한 간섭은 시료와 표준물질에 보다 쉽게 이온화되는 물질(이온화전압이 더 낮은 물질)을 과량 첨가하면 감소시킬 수 있다.

※ 이온화 전압이 낮은 알칼리 및 알칼리토류 금속원소의 경우에 많고 특히 고온불꽃을 사용한 경우에 두드러진다.

(4) 화학적 간섭[바닥상태의 원자수 감소]

원소나 시료에 특유한 것으로 공존물질과 작용하여 해리하기 어려운 화합물이 생성되어 흡광에 관계하는 바닥상태의 원자수가 감소하는 경우이며, 불꽃의 온도가 분자를 들뜬 상태로 만들기에 충분히 높지 않아서, 해당 파장을 흡수하지 못하여 발생한다. 그 예로 시료 중에 인산이온(PO_4^{3-}) 존재 시 마그네슘과 결합하여 간섭을 일으킬 수 있다. 칼슘, 마그네슘, 바륨의 분석 시 란타늄(La)을 첨가하여 인산의 화학적 간섭을 배제할 수 있다. 또는 간섭을 일으키는 금속을 킬레이트제 등으로 제거할 수 있다.

※ 바닥상태 원자수 감소 간섭제거방법 요약
  ① 이온교환이나 용매추출 등에 의한 제거
  ② 과량의 간섭원소의 첨가
  ③ 간섭을 피하는 양이온(예 : 란타늄, 스트론튬, 알칼리 원소 등), 음이온 또는 은폐제, 킬레이트제 등의 첨가
  ④ 목적원소의 용매추출
  ⑤ 표준첨가법의 이용 등

3. 분석기기 및 기구

광원부, 시료원자화부, 파장선택부(분광부 : 190 nm ~ 800 nm 너비의 슬릿), 측광부(광전자증폭 검출기) 및 기록계로 구성되어 있다.

광원부 → 시료원자화부 → 단색화부 → 측광부

(1) 램프

속빈 음극램프 또는 전극 없는 방전 램프 사용이 가능하며, 단일 파장 램프가 권장되나 다중 파장 램프도 사용 가능하다.

① 속빈 음극램프(HCL ; hollow cathode lamp, 중공음극램프) : 원자흡수 측정에 사용하는 가장 보편적인 광원으로 네온이나 아르곤가스를 1 torr ~ 5 torr의 압력으로 채운 유리관에 텅스텐 양극과 원통형 음극을 봉입한 형태의 램프이다. 음극은 분석하려고 하는 목적의 단일원소 목적원소를 함유하는 합금 또는 소결합금(燒結合金)으로 만들어져 있다. ★중요내용

② 전극 없는 방전 램프(EDL ; electrodeless discharge lamp) : 해당 스펙트럼을 내는 금속염과 아르곤이 들어 있는 밀봉된 석영관으로, 전극 대신 라디오주파수 장이나 마이크로파 복사선에 의해 에너지가 공급되는 형태의 램프이다. ★중요내용

③ 기타램프 : 나트륨(Na), 칼륨(K), 칼슘(Ca), 루비듐(Rb), 세슘(Cs), 카드뮴(Cd), 수은(Hg), 탈륨(Tl)과 같이 비점이 낮은 원소에서는 열음극(熱陰極)이나 방전램프를 사용할 수도 있다.

(2) 시료원자화 장치 및 불꽃

① 버너 : 버너에는 크게 나누어 시료용액을 직접 불꽃 중으로 분무하여 원자화하는 전분무(全噴霧) 버너와 시료용액을 일단 분무실 내에 불어넣고 미세한 입자만을 불꽃 중에 보내는 예혼합(豫混合) 버너가 있다.

② 불꽃 : 불꽃생성을 위해 아세틸렌(C_2H_2) - 공기가 일반적인 원소분석에 사용되며, 아세틸렌 - 아산화질소(N_2O)는 바륨 등 산화물을 생성하는 원소의 분석에 사용된다. 아세틸렌은 일반등급을 사용하고, 공기는 공기압축기 또는 일반 압축공기 실린더 모두 사용 가능하다. 아산화질소 사용 시 시약등급을 사용한다.

※ 가연성 가스 및 조연성가스 사용 요약

　　㉠ 수소 - 공기와 아세틸렌 - 공기는 거의 대부분의 원소 분석에 유효하게 사용

　　㉡ 수소 - 공기는 원자외 영역(遠紫外 領域) 사용

　　㉢ 아세틸렌 - 아산화질소 불꽃은 불꽃의 온도가 높기 때문에 불꽃 중에서 해리(解離)하기 어려운 내화성산화물(耐火性酸化物, Refractory Oxide)을 만들기 쉬운 원소의 분석에 적당

　　㉣ 프로판 - 공기 불꽃은 불꽃온도가 낮음. 일부 원소에 높은 감도를 나타낸다.

4. 분석절차

① 분석하고자 하는 원소의 속빈 음극램프를 설치하고 프로그램 상에서 분석파장을 선택한 후 슬릿 너비를 설정한다.

② 기기를 가동하여 속빈 음극램프에 전류가 흐르게 하고 에너지 레벨이 안정될 때까지 10분 ~ 20 분간 예열한다.

③ 최적 에너지 값(gain)을 얻도록 선택파장을 최적화한다.

④ 버너헤드를 설치하고 위치를 조정한다.

⑤ 공기와 아세틸렌을 공급하면서 불꽃을 발생시키고, 최대 감도를 얻도록 유량을 조절한다.

⑥ 바탕시료를 주입하여 영점조정을 하고, 시료 분석을 수행한다.

※ 기타 용어

① **역화(Flame Back)** : 불꽃의 연소속도가 크고 혼합기체의 분출속도가 작을 때 연소현상이 내부로 옮겨지는 것

② **원자흡광도(Atomic Absorptivity or Atomic Extinction Coefficient)**

어떤 진동수 i의 빛이 목적원자가 들어 있지 않는 불꽃을 투과했을 때의 강도를 I_{OV}, 목적원자가 들어 있는 불꽃을 투과했을 때의 강도를 I_V라 하고 불꽃 중의 목적원자농도를 c, 불꽃 중의 광도의 길이(Path Length)를 l이라 했을 때

$$E_{AA} = \frac{\log_{10} \cdot I_{OV} / I_V}{c \cdot l} \text{ 로 표시되는 양이며 } A = E_{AA} Cl \text{로 표시할 수 있다.}$$

③ **공명선(Resonance Line)** : 원자가 외부로부터 빛을 흡수했다가 다시 먼저 상태로 돌아갈 때 (遷移) 방사하는 스펙트럼선

④ **속빈 음극램프(HCL ; hollow cathode lamp, 중공음극램프)** : 원자흡광 분석의 광원이 되는 것으로 목적원소를 함유하는 중공음극 한 개 또는 그 이상을 저압의 네온과 함께 채운 방전관

⑤ **분무기(Nebulizer Atomizer)** : 시료를 미세한 입자로 만들어 주기 위하여 분무하는 장치

⑥ **전체분무버너(Total Consumption Burner, Atomizer Burner)** : 시료 용액을 빨아 올려 미립자로 되게 하여 직접 불꽃 중으로 분무하여 원자증기화 하는 방식의 버너

⑦ **예혼합 버너(Premix Type Burner)** : 가연성가스, 조연성가스 및 시료를 분무실에서 혼합시켜 불꽃 중에 넣어주는 방식의 버너

···03 금속류 – 흑연로 원자흡수분광광도법
(Metals – Graphite Furnace Atomic Absorption Spectrometry)

(ES 04400.2c 2015)

1. 개요

일정 부피의 시료를 전기적으로 가열된 흑연로 등에서 용매를 제거하고, 전류를 다시 급격히 증가시켜 2,000 K ~ 3,000 K 온도에서 원자화시킨 후 각 원소의 고유 파장에 대한 흡광도를 측정하여 시료 중의 원소농도를 정량하는 방법이다.

2. 간섭물질

(1) 매질 간섭

시료의 매질로 인한 원자화 과정상에 발생하는 간섭이다. 매질개선제(Matrix Modifier) 및 수소(5 %)와 아르곤(95 %)을 사용하여 간섭을 줄일 수 있다.

(2) 메모리 간섭

고농도 시료분석 시 충분히 제거되지 못하고 잔류하는 원소로 인해 발생하는 간섭이다. 흑연로 온도 프로그램 상에서 충분히 제거되도록 설정하거나, 시료를 희석하고 바탕시료로 메모리 간섭 여부를 확인한다.

(3) 스펙트럼 간섭

다른 분자나 원소에 의한 파장의 겹침 또는 흑체 복사에 의한 간섭으로 발생한다. 매질개선제 (Matrix Modifier)를 사용하여 간섭을 배제할 수 있다.

3. 분석기기 및 기구

(1) 가스

아르곤 – 공기 또는 질소 – 공기가 사용된다. 공기는 공기압축기 또는 일반 압축공기 실린더 모두 사용 가능하다. 99.999 % 이상의 고순도 아르곤 또는 고순도 질소가 사용된다.

(2) 원자화 장치

가로 또는 세로 형태의 흑연로 가열장치와 흑연로 튜브(graphite tube)를 사용한다. 흑연로 가열장치는 초당 2,000 ℃ 이상 가열할 수 있는 것을 사용하여야 하며, 흑연로 튜브는 일정 횟수 (20회 ~ 30회) 이상 사용하면 교체하여야 한다.

4. 용어정의

■ 매질 개선제(Matrix Modifier)

흑연로 원자흡수분광광도법으로 분석 시 감도 개선과 간섭현상 감소를 위하여 시료 및 표준물질에 첨가하는 화합물이다.

▼ 흑연로원자화법에 사용되는 원소별 매질개선제[1]

매질개선제(Modifier)	해당 원소
1,500 mg Pd/L + 1,000 mg(NO$_3$)$_2$/L	As, Cu, Mn, Se, Sn
500~2,000 mg Pd/L + 환원제	As, Cd, Cr, Cu, Fe, Mn, Ni, Pb
5,000 mg(NO$_3$)$_2$/L	Cr, Fe, Mn
100~500 mg Pd/L	As, Sn
50 mg Ni/L	As, Se
2 % PO$_3^{4-}$ + 1,000 mg(NO$_3$)$_2$/L	Cd, Pb

[1] US Standard Method 3113 Metals by Electrothermal Atomic Absorption Spectrometry(1999)

5. 분석절차

① 분석파장을 선택한다.
② 원자화과정에서 빛 산란에 의한 영향을 받기 쉬운 350 nm 이하의 파장선택 시 바탕값 보정을 수행한다.
③ 최대 감도 및 최적의 바탕값을 얻도록 흑연로의 온도 프로그램을 설정한다.
④ 시료 건조단계의 온도를 용매의 끓는점보다 약간 높게 설정하여, 끓어오름 없이 완전한 기화가 이루어지도록 한다.
⑤ 표준용액을 사용하여 0.2 ~ 0.5 범위의 흡광도를 얻을 수 있도록 시료의 원자화 온도를 설정한 후 분석을 수행한다.

실전 예상문제

01
2009
제1회

원자흡수분광법에서 사용하는 불꽃의 가연성 가스와 조연성 가스의 조합 중 내화성 산화물을 만들기 쉬운 원소의 분석에 적당한 것은?

① 아세틸렌 – 아산화질소
② 아세틸렌 – 공기
③ 프로판 – 공기
④ 수소 – 공기

풀이 아세틸렌 – 아산화질소의 조합은 불꽃의 온도가 높기 때문에 불꽃 중에 해리하기 어려운 내화성 산화물을 만들기 쉬운 원소의 분석에 적당하다.

02
2010
제2회

원자흡수분광법의 시료 전처리 과정 중 측정용 시료 용액 제조 시 10 % 구연산이암모늄용액을 넣는 이유로 맞는 것은?

① 시료의 pH를 낮추기 위함이다.
② 금속이온이 수산화물 형태로 침전하는 것을 방지하기 위함이다.
③ 유기물과 착화물의 방해 작용을 최소화하기 위함이다.
④ 킬레이트 화합물의 형성을 방지하기 위함이다.

풀이 구연산이암모늄용액은 시료전처리의 방법 중 용매추출법에 사용되는 시약으로 시료 속의 금속이온이 수산화물 형태로 침전하는 것을 방지한다.

03
2010
제2회

원자흡광광도법에서 공존 물질과 작용해서 해리하기 어려운 화합물이 생성되어 화학적 간섭이 일어나는 것을 피하기 위한 방법이 아닌 것은?

① 표준시료와 분석시료와의 조성을 거의 같게 한다.
② 간섭이 일어나지 않도록 작용하는 적절한 양이온, 음이온, 킬레이트제를 첨가한다.
③ 목적 원소를 용매 추출하여 분석한다.
④ 이온 교환이나 용매 추출로 방해 물질을 제거한다.

풀이 ①은 물리적 간섭을 방지하기 위한 방법이다.
②, ③, ④는 이온화 및 화학적 간섭 제거 방법이다.

04 분광분석법 중 중공음극램프를 사용하는 방법은?

2011
제3회

① 자외선/가시광선 분광법

② 적외선 분광법

③ 유도결합플라스마 – 원자발광분석법

④ 원자흡광광도법

풀이 ① 가시부와 근적외부 – 텅스텐, 자외부 – 중수소방전관

② 텅스텐램프, 글로바, 고압수은 등이 사용된다.

③ 플라스마 자체가 광원으로 쓰인다.

05 원자흡광광도법 분석에서 고려해야 할 일반적인 간섭이 아닌 것은?

2011
제3회

① 분광학적 간섭　　　　　　　　② 물리적 간섭

③ 화학적 간섭　　　　　　　　　④ 전위차간섭

풀이 원자흡광광도법에서 일어나는 간섭은 일반적으로 분광학적 간섭, 물리적 간섭, 화학적 간섭이다.

06 원자흡광광도법에 대한 바른 설명이 아닌 것은?

2011
제3회
2014
제6회

① 원자흡광분석은 시료를 적당한 방법으로 해리하여 중성원자로 증기화 할 때 생성되는 기저 상태 원자가 특유파장의 빛을 흡수하는 현상을 이용한다.

② 흡광도는 증기층의 중성원자농도에 반비례하므로 각개의 특유 파장에 대한 흡광도를 측정해서 시료 중 목적성분의 농도를 정량한다.

③ 분석장치는 광원부 – 시료원자화부 – 단색화부 – 측광부 – 기록부로 구성되어 있다.

④ 불꽃을 만들기 위한 조연성 가스와 가연성 가스와의 조합에는 공기 – 아세틸렌과 공기 – 수소가 널리 쓰인다.

풀이 ② 흡광도는 증기층의 중성원자농도에 비례한다.

원자흡광광도법은 물속에 존재하는 중금속을 정량하기 위하여 시료를 2,000 K ~ 3,000 K의 불꽃 속으로 시료를 주입하였을 때 생성된 바닥상태의 중성원자가 고유 파장의 빛을 흡수하는 현상을 이용하여, 개개의 고유 파장에 대한 흡광도를 측정하여 시료 중의 원소농도를 정량하는 방법으로 중성원자의 농도에 비례한다.

07 원자흡수분광광도법에 사용되는 불꽃을 만들기 위한 가연성가스와 조연성가스의 조합에 관한 설
2013
제5회 명으로 옳은 것은?

① 불꽃의 온도가 높아 불꽃 중에서 해리하기 어려운 내화성산화물을 만들기 쉬운 원소의 분석에 적합한 것은 아세틸렌－아산화질소이다.
② 불꽃 중 원자증기의 밀도 분포는 원소의 종류와 불꽃의 성질에 관계없이 일정하다.
③ 가연성가스와 조연성가스의 혼합비는 감도에 크게 영향을 주지 않는다.
④ 원자 외 영역에서의 불꽃 자체에 의한 흡수가 적기 때문에 이 파장 영역에서 분석선을 갖는 원소의 분석에 적합한 것은 아세틸렌－공기이다.

> **풀이** ② 불꽃 중에서의 원자증기의 밀도 분포는 원소의 종류와 불꽃의 성질에 따라 다르다.
> ③ 어떠한 종류의 불꽃이라도 가연성 가스와 조연성 가스의 혼합비는 감도에 크게 영향을 주며 최적혼합비는 원소에 따라 다르다.
> ④ 수소－공기는 원자 외 영역에서의 불꽃 자체에 의한 흡수가 적기 때문에 이 파장영역에서 분석선을 갖는 원소의 분석에 적당하다.

08 다음 중 원자흡수분광광도법의 광원으로 사용하기에 적절한 것은?
2015
제7회 ① 속빈 음극램프(Hollow Cathod Lamp)　② 텅스텐램프(Tungsten Lamp)
③ 중수소 아크 램프(Deuterium Arc Lamp)　④ 글로우방전램프(Glow Discharge Lamp)

> **풀이** 원자흡수분광광도계의 램프는 속빈 음극램프 또는 전극 없는 방전램프의 사용이 가능하며, 단일파장램프가 권장되나 다중파장램프도 사용 가능하다.

09 물속에 존재하는 중금속을 정량하기 위한 원자흡수분광광도법에 관한 설명 중 옳지 않은 것은?
2015
제7회 ① 불꽃 원자흡수분광광도법에서 사용되는 불꽃의 온도는 200 K~300 K이다.
② 원자흡수분광광도법에서 사용되는 원자화장치에는 불꽃 원자화장치와 흑연로 원자화장치가 있다.
③ 바륨과 같은 산화물을 생성하는 원소를 분석하기 위해서는 아세틸렌－아산화질소 불꽃을 사용한다.
④ 불꽃원자흡수분광광도법에 사용되는 광원으로는 속빈 음극램프와 전극 없는 방전램프가 있다.

> **풀이** 원자흡수분광법에서 사용하는 불꽃의 온도는 2,000 K ~ 3,000 K이다.

10 금속류 – 흑연로 원자흡수분광광도법의 주요 간섭물질에 대한 설명으로 틀린 것은?

2013
제5회

① 매질간섭은 시료의 매질로 인한 원자화 과정상에 발생하는 간섭이다.

② 메모리 간섭은 고농도 시료분석 시 충분히 제거되지 못하고 잔류하는 원소로 인해 발생하는 간섭이다.

③ 매질간섭과 메모리 간섭은 매질개선제를 사용하여 줄일 수 있다.

④ 스펙트럼 간섭은 다른 분자나 원소에 의한 파장의 겹침 또는 흑체 복사에 의한 간섭으로 발생한다.

[풀이] ③ 매질개선제는 매질간섭과 스펙트럼 간섭에 사용된다.

정답 10 ③

⋯04 금속류 – 유도결합플라스마 – 원자발광분광법

(Metals – Inductively Coupled Plasma – Atomic Emission Spectrometry)

(ES 04400.3c 2015)

1. 개요

시료를 고주파유도코일에 의하여 형성된 아르곤 플라스마에 주입하여 6,000 K ~ 8,000 K에서 들뜬 상태의 원자가 바닥상태로 전이할 때 방출하는 발광선 및 발광강도를 측정하여 원소의 정성 및 정량 분석에 이용하는 방법이다.

※ 플라스마 발생 방법 : ICP는 아르곤가스를 플라스마 가스로 사용하여 수정발진식 고주파발생기로부터 발생된 주파수 27.13 MHz 영역에서 유도코일에 의하여 플라스마를 발생시킨다.

※ ICP 플라스마 특징 : ICP의 구조는 중심에 저온, 저전자 밀도의 영역이 형성되어 도너츠 형태로 되는데 이 도너츠 모양의 구조가 ICP의 특징이다.

※ ICP 분석의 장점 : 플라스마의 온도는 최고 15,000 °K까지 이르며 보통시료는 6,000 ~ 8,000 °K의 고온에 도입되므로 거의 완전한 원자화가 일어나 분석에 장애가 되는 많은 간섭을 배제하면서 고감도의 측정이 가능하게 된다. 또한 플라스마는 그 자체가 광원으로 이용되기 때문에 매우 넓은 농도범위에서 시료를 측정할 수 있다.

2. 간섭물질

(1) 물리적 간섭

시료 도입부의 분무과정에서 시료의 비중, 점성도, 표면장력의 차이에 의해 발생한다. 시료의 물리적 성질이 다르면 플라스마로 흡입되는 원소의 양이 달라져 방출선의 세기에 차이가 생기며, 특히 비중이 큰 황산과 인산 사용 시 물리적 간섭이 크다. 시료의 종류에 따라 분무기의 종류를 바꾸거나, 시료의 희석, 매질 일치법, 내부표준법, 농축분리법을 사용하여 간섭을 최소화한다.

(2) 이온화 간섭

이온화 에너지가 작은 나트륨 또는 칼륨 등 알칼리 금속이 공존원소로 시료에 존재 시 플라스마의 전자밀도를 증가시키고, 증가된 전자밀도는 들뜬 상태의 원자와 이온화된 원자수를 증가시켜 방출선의 세기를 크게 할 수 있다. 또는 전자가 이온화된 시료 내의 원소와 재결합하여 이온화된 원소의 수를 감소시켜 방출선의 세기를 감소시킨다.

(3) 분광 간섭

측정원소의 방출선에 대해 플라스마의 기체 성분이나 공존 물질에서 유래하는 분광학적 요인에 의해 원래의 방출선의 세기 변동 및 다른 원자 혹은 이온의 방출선과의 겹침 현상이 발생할 수 있으며, 시료 분석 후 보정이 반드시 필요하다.

(4) 기타 간섭

플라스마의 높은 온도와 비활성으로 화학적 간섭의 발생가능성은 낮으나, 출력이 낮은 경우 일부 발생할 수 있다.

3. 분석기기 및 기구

ICP 발광광도 분석장치는 시료주입부, 고주파전원부, 광원부, 분광부, 연산처리부 및 기록부로 구성되어 있으며, 분광부는 검출 및 측정방법에 따라 연속주사형 단원소측정장치와 다원소동시측정장치로 구분된다.

(1) 유도결합플라스마 – 원자발광광도계

분광계 : 검출 및 측정 방법에 따라 다색화분광기 또는 단색화 장치 모두 사용 가능해야 하며 스펙트럼의 띠 통과(band pass)는 0.05 nm 미만이어야 한다.

(2) 시료 주입 장치

① 분무기
  ㉠ 일반 시료 : 동심축 분무기(concentric nebulizer) 또는 교차흐름 분무기(cross–flow nebulizer)를 사용
  ㉡ 점성 시료 또는 입자상 물질이 존재하는 시료 : 바빙톤 분무기(barbington nebulizer) 사용
  ㉢ 기타 : 초음파 분무기(ultrasonic nebulizer) 등

② 아르곤 가스 공급장치
  순도 99.99 % 이상 고순도 가스상 또는 액체 아르곤을 사용해야 한다.

(3) 유도결합플라스마 발생기

① 라디오 고주파 발생기(RF generator) : 라디오고주파(RF ; radio frequency) 발생기는 출력 범위 750 W ~ 1,200 W 이상의 것을 사용하며, 사용하는 주파수는 27.12 MHz 또는 40.68 MHz를 사용한다.

② 토치 : 내부직경 18 mm, 12 mm, 1.5 mm인 3개의 동심원 또는 동등한 규격의 석영관을 사용한다. 가장 바깥쪽 관의 냉각기체는 아르곤을 사용하며, 중심관과 중간관의 운반기체와 보조기체로는 아르곤을 사용한다.

4. 내부표준용액

비스무트(Bi), 스칸듐(Sc), 이트륨(Y), 인듐(In), 터븀(Tb) 등의 개별 표준원액(1,000 mg/L) 1개 ~ 5개를 선택하여 각각 10 mL를 질산용액(1 %)으로 100 mL로 희석하여 폴리에틸렌 용기에 보관한다. 또는 혼합표준용액을 구입하여 사용한다.

[주] 내부표준물질을 선택할 때에는 분석원소와 질량수 간섭이 없는 것을 선택한다.

5. 분석절차

① 시료 분석 전에 분무기, 토치, 시료 주입기, 튜브의 막힘 및 오염 여부를 확인한다.

② 플라스마를 켜고 30분 ~ 60분간 불꽃을 안정화시킨 후, 해당 표준물질을 사용하여 분석조건을 최적화한다.

③ 각 표준용액의 피크의 높이 또는 면적을 측정하고 표준용액 농도와의 검정곡선을 작성한다. 시료는 3회 이상 반복하여 분석하여 평균치를 취한다.

▼ AAS와 ICP의 비교 **중요내용**

구분	AAS	ICP
분석방법 및 간섭효과	• 저온에서 중성원자 상태를 분석하는 것으로 원자화과정에서 화학적방해가 일어난다. • 광원램프가 있다.	• 고온에서 분석이 이루어지므로 중성원자 상태를 거치지 않고 이온으로 들뜨게 하여 방출하는 파장을 측정함으로써 화학적 방해가 적다. • 광원램프가 없다.
분석시간	한 번에 한 원소씩 검출 및 정량 가능하여 순차적으로 시간이 많이 걸린다.	동시에 여러 원소를 들뜨게 하여 동시분석이 가능하여 시간이 단축된다.
경제성	장치의 가격이 싸며, 유지비용이 적다.	장치의 가격이 비싸다.
정밀성	정밀성이 높다.	선택성이 높고, 정성에 많이 사용된다.
장비 운영	비교적 장비의 운영이 쉬워서 덜 숙련된 사용자도 좋은 결과를 가져올 수 있다.	운영자에 대한 장비의 숙련도를 요구한다.

⋯05 금속류 – 유도결합플라스마 – 질량분석법

(Metals – Inductively Coupled Plasma – Mass Spectrometry)

(ES 04400.4c 2014)

1. 개요

유도결합플라스마 질량분석법은 6,000 K ~ 10,000 K의 고온 플라스마에 의해 이온화된 원소를 진공상태에서 질량 대 전하비(m/z)에 따라 분리하는 방법이다.

2. 간섭물질

(1) 다원자 이온간섭(Polyatomic Ion Interferences)

분석하고자 하는 원소와 동일한 질량 대 전하비를 갖는 1개 이상의 원소간에 결합된 이온으로 인한 간섭을 말한다. 이러한 이온들은 플라스마, 시료 도입부, 질량분석기간의 인터페이스 구간에서 쉽게 생성된다. 나트륨(Na)이 과량으로 함유된 시료에서 구리(^{63}Cu)는 나트륨화아르곤(^{63}ArNa)에 의한 간섭을 받으므로 보정을 하거나 다른 간섭이 없는 질량수인 구리(^{65}Cu)를 선택하여 분석할 수 있으며, 염소(Cl)가 함유된 시료에서 비소(^{75}As)는 염화아르곤(^{75}ArCl)에 의한 다원자 이온간섭을 받으므로 보정을 실시하거나 매질을 일치하여 분석을 수행할 수 있다.

(2) 동중원소 간섭(Isobaric Elemental Interferences)

분석하고자 하는 원소와 다른 물질이(1가 또는 2가의 이온화 상태로) 동일한 질량 대 전하비를 가질 경우 질량분석기가 이를 분리해내지 못하여 간섭이 발생한다. 대부분의 원소는 동중원소에 의한 간섭을 거의 받지 않지만, 셀레늄(^{82}Se)과 카드뮴(^{114}Cd)은 각각 크립톤(Kr)과 주석(Sn)에 의한 동중원소 영향을 받는다. 따라서 셀레늄과 카드뮴을 질량수 82(^{82}Se)와 질량수 114(^{114}Cd)를 사용하여 분석할 경우 결과 값의 보정이 필요하다.

(3) 메모리 간섭

분석이 끝난 후 시료의 해당원소가 다음 시료의 측정결과에 영향을 미치는 경우이다. 시료주입장치, 스키머콘, 플라스마 토치, 분무장치 등에 분석물질이 흡착되어 발생한다. 이러한 간섭은 다음 시료의 분석 전 충분한 세정을 해 주면 감소시킬 수 있다. 질량분석법으로 3회 이상 반복 분석 과정에서, 두 번째 질량 피크가 1번째보다 현저히 낮으면 전 시료의 농도가 높은지 여부를 확인한다. 특히 수은 분석 시 심각한 메모리 효과가 나타나며, 5 μg/L의 수은의 잔류효과 시 100 μ

g/L의 금(Au)을 첨가하여 2분 정도 세정하면 이에 대한 간섭을 배제할 수 있다. 또는 검정곡선용 표준용액 및 분석시료에 100 μg/L의 농도로 금을 첨가하여 효과적으로 메모리효과를 제거할 수 있다.

(4) 물리적 간섭

시료가 분무기나 플라스마 내에서 이온화되는 과정에서 발생한다. 시료 내 용존물 질량이 많을 때도 스키머콘이 막히게 되어 이온화 효율을 감소시킨다. 따라서 시료의 용존고체물질의 농도가 0.2 % 이하여야 한다. 이에 대한 보정을 위하여 내부표준물질을 사용할 수 있다.

(5) 분해능에 의한 간섭

측정대상 질량이 인접한 질량에 의한 영향을 받는 경우이다. 이는 분석이온의 운동에너지와 사중극자 질량분석기 내에 존재하는 기체입자에 의해 발생한다. 또한, 분석질량의 피크가 작을 때 인접한 큰 피크에 포함되어 측정될 수 있다. 이러한 간섭을 최소화하기 위하여 최적의 분해능 조절이 필요하다.

3. 내부표준용액

금속류 – 유도결합플라스마 – 원자발광분광법 참조

실전 예상문제

01
2009
제1회

원자흡광광도법 (AA)과 유도결합플라스마 발광광도법(ICP)을 비교 설명한 내용으로 가장 적절한 것은?

① 원자화를 위해 AA는 아세틸렌 – 공기 조합 불꽃의 가스를 주로 사용하고, ICP는 알곤 – 고온 수증기 플라스마를 사용한다.

② AA는 각 원소마다 다른 중공음극램프를 광원으로 사용하고, ICP는 플라스마를 이용한다.

③ 분석의 감도를 높여주기 위하여 AA는 빛이 투과하는 유효길이를 길게 하는 멀티패스 광학계를 사용하지만, ICP는 가능한 한 큰 에어로졸을 생성시킨다.

④ AA는 액상시료를 분무기로 도입시키고, ICP는 액상시료를 토치로 직접 주입한다.

> **풀이** ① ICP는 순도 99.99 % 이상 고순도 가스상 또는 액체 아르곤을 사용해야 한다.
> ③ ICP는 감도 및 정확도를 높게 하기 위하여 가능한 적은 에어로졸을 많이 안정하게 생성시킨다.
> ④ ICP는 시료용액을 흡입하여 에어로졸 상태로 플라스마에 도입시킨다.

02
2010
제2회

유도결합플라스마 원자발광분광법에 대한 설명으로 틀린 것은?

① 플라스마는 그 자체가 광원이다.

② ICP는 특징적인 도너츠 모양의 구조를 만든다.

③ 플라스마 중심축의 온도와 전자밀도가 가장 높게 된다.

④ 여기된 시료 원자가 바닥상태로 이동할 때 방출하는 발광선을 측정한다.

> **풀이** 아르곤 플라스마는 토치 위에 불꽃형태로 생성되나 온도와 전자밀도가 가장 높은 영역은 중심축보다 약간 바깥쪽(2~4 mm)에 위치한다.

03
2010
제2회

측정하고자 하는 금속 성분의 예상 농도는 0.005 mg/L 이다. 이 시료를 최대 3배까지 농축시킬 수 있다면 다음 중 바람직한 분석 방법은?

① AAS(검정곡선 범위 1~20 mg/L) ② ICP(검정곡선 범위 0.1~100 mg/L)

③ 1CP – MS(검정곡선 범위 0.01~100 mg/L) ④ UVVIS(검정곡선 범위 0.03~0.1 mg/L)

> **풀이** 3배 농축 → 0.005 mg/L × 3 = 0.015 mg/L

정답 01 ② 02 ③ 03 ③

04 유도결합플라스마(ICP) 원자발광분광법에 대한 설명으로 틀린 것은?

2011
제3회
2014
제6회

① 에어졸 상태로 분무되는 시료는 가장 안쪽의 관을 통하여 도너츠 모양 플라스마의 가장자리로 도입된다.

② 시료를 알곤 플라스마에 도입하여 $6,000 \sim 8,000$ K에서 여기된 원자가 바닥상태로 이동할 때 방출되는 발광선을 측정한다.

③ ICP 발광광도 분석장치는 시료주입부 – 고주파 전원부 – 광원부 – 분광부 및 측광부 – 연산처리부로 구성되어 있다.

④ 플라스마 광원으로부터 발광하는 스펙트럼선을 선택적으로 분리하기 위해서 분해능이 우수한 회절격자가 많이 사용된다.

> **풀이** ① 에어로졸 상태로 분무되는 시료는 가장 안쪽의 관을 통하여 플라스마(도너츠 모양)의 **중심부**에 도입되는데 이때 시료는 도너츠 내부의 좁은 부위에 한정되므로 광학적으로 발생되는 부위가 좁아져 강한 발광을 관측할 수 있으며 화학적으로 불활성인 위치에서 원자화가 이루어지게 된다.

05 원자흡수분광법이나 유도결합플라스마 – 원자발광분광법을 이용하여 시료를 정량 분석할 때 사용하는 방법으로 틀린 것은?

2015
제7회

① 검정곡선법(절대표준곡선법) ② 반복측정법

③ 내부표준법 ④ 표준물질 첨가법

> **풀이** • 원자흡수분광광도법 : 검정곡선법, 표준물질 첨가법
> • 유도결합플라스마 – 원자발광분광법 : 검정곡선법, 표준물질 첨가법, 내부표준법

06 유도결합플라스마 질량분석법의 간섭물질에 대한 설명으로 틀린 것은?

① 다원자 이온간섭(polyatomic ion interferences)은 분석하고자 하는 원소와 동일한 질량 대 전하비를 갖는 1개 이상의 원소 간에 결합된 이온으로 인한 간섭을 말한다.

② 동중원소 간섭(isobaric elemental interferences)은 분석하고자 하는 원소와 다른 물질이 동일한 질량 대 전하비를 가질 경우 질량분석기가 이를 분리해내지 못하여 간섭이 발생한다.

③ 메모리 간섭은 분석이 끝난 후 시료의 해당원소가 다음 시료의 측정결과에 영향을 미치는 경우이며, 대부분의 원소에는 중요한 간섭이나 수은의 경우 중요하지 않다.

④ 분해능에 의한 간섭은 측정대상 질량이 인접한 질량에 의한 영향을 받는 경우이다.

> **풀이** ③ 메모리 간섭은 분석이 끝난 후 시료의 해당원소가 다음 시료의 측정결과에 영향을 미치는 경우이며, 특히 수은의 경우 중요한 간섭이다.

정답 04 ① 05 ② 06 ③

07 유도결합플라스마 – 원자발광분광법과 유도결합플라스마 – 질량분석법에서 사용되는 내부표준물질로 거리가 먼 것은?

① 비스무트(Bi)
② 스칸듐(Sc)
③ 우라늄(U)
④ 인듐(In)

> **풀이** 일반적으로 유도결합플라스마 – 원자발광분광법과 유도결합플라스마 – 질량분석법에서 사용되는 내부표준물질은 비스무트(Bi), 스칸듐(Sc), 이트륨(Y), 인듐(In), 터븀(Tb)이 사용된다. 우라늄은 분석 대상 물질이다.

08 유도결합플라스마 – 질량분석법의 메모리효과(간섭)에 대한 설명으로 틀린 것은?

① 분석이 끝난 후 시료의 해당원소가 다음 시료의 측정결과에 영향을 미치는 경우이다.
② 시료주입장치, 스키머콘, 플라스마 토치, 분무장치 등에 분석물질이 흡착되어 발생한다.
③ 다음 시료의 분석 전 충분한 세정을 해 주면 감소시킬 수 있다.
④ 특히 수은 분석 시 심각한 메모리 효과가 나타나며, 5 μg/L의 수은의 잔류효과 시 100 μg/L의 주석(Sn)을 첨가하여 2분 정도 세정하면 이에 대한 간섭을 배제할 수 있다.

> **풀이** ④ 수은의 메모리효과 제거에는 5 μg/L의 수은의 잔류효과 시 100 μg/L의 금(Au)을 첨가하여 2분 정도 세정하면 이에 대한 간섭을 배제할 수 있다. 또는 검정곡선용 표준용액 및 분석시료에 100 μg/L의 농도로 금을 첨가하여 효과적으로 메모리효과를 제거할 수 있다.

···06 금속류 – 양극벗김전압전류법 (Metals – Anodic Stripping Voltammetry)

(ES 04400.5c 2015)

납과 아연을 은/염화은 기준전극에 대해 각각 약 −1,000 mV와 −1,300 mV 전위차를 갖는 유리질 탄소전극(GCE, glassy carbon electrode)에 수은으로 얇은 막(mercury thin film)을 입힌 작업전극(working electrode)에 금속으로 석출시키고, 시료를 산성화시킨 후 착화합물을 형성하지 않은 자유 이온 상태의 비소와 수은은 작업전극으로 금 얇은 막 전극(gold thin film electrode) 또는 금 전극(gold electrode)을 사용하며 비소와 수은은 기준전극(Ag/AgCl 전극)에 대하여 각각 약 −1,600 mV와 −200 mV에서 금속 상태인 비소와 수은으로 석출 농축시킨 다음 이를 양극벗김전압전류법으로 분석하는 방법이다. 이 시험기준에 의한 정량한계는 납 0.0001 mg/L, 비소 0.0003 mg/L, 수은 0.0001 mg/L, 아연 0.0001 mg/L이다.

···07 자외선/가시선 분광법(Absorptiometric Analysis)

1. 개요

자외선/가시선 분광법(흡광광도법)은 일반적으로 광원(光源)으로 나오는 빛을 단색화장치(Monochrometer) 또는 거름종이에 의하여 좁은 파장범위의 빛(光束)만을 선택하여 액층을 통과시킨 다음 광전측광(光電測光)으로 흡광도를 측정하여 목적 성분의 농도를 정량하는 방법이다.

2. 적용범위

이 시험방법은 빛이 시료용액 층을 통과할 때 흡수나 산란 등에 의하여 강도가 변화하는 것을 이용하는 것으로서 시료물질의 용액 또는 여기에 적당한 시약을 넣어 발색(發色)시킨 용액의 흡광도를 측정하여 시료중의 목적성분을 정량하는 방법으로 파장 200 ~ 900 nm에서의 액체의 흡광도를 측정함으로써 수중의 각종 오염물질 분석에 적용한다.

(1) 램버트 – 비어 법칙

흡광도는 용액 속에 있는 물질의 농도에 비례한다는 법칙으로 흡광도 $A = \varepsilon cl$ 또는 abC로 나타
낸다. 즉 강도 I_o되는 단색광선이 농도 C, 길이 l되는 용액층을 통과하면 이 용액에 빛이 흡수되
어 입사광의 강도가 감소한다. 통과한 직후의 빛의 강도 I_t와 I_o 사이에는 램버트 – 비어
(Lambert – Beer)의 법칙에 의하여 다음의 관계가 성립된다.

$$I_t = I_o \cdot 10^{-\varepsilon CL}$$

여기서, I_o : 입사광의 강도

I_t : 투사광의 강도

C : 농도

L : 빛의 투과거리

ε : 비례상수로서 흡광계수(吸光係數)라 하고, $C = 1$ mol, $1 = 10$ mm일 때의 ε
의 값을 몰흡광계수라 하며 K로 표시한다.

I_t와 I_o의 관계에서 $\dfrac{I_t}{I_o} = t$를 **투과도(透過度)**, 이 투과도를 백분율로 표시한 것

즉, $t \times 100 = T$를 투과 퍼센트라 하고 투과도의 역수(逆數)의 상용대수, 즉

$\log \dfrac{l}{t} = -\log t = A$를 **흡광도(吸光度)**라 한다.

램버트 – 비어의 법칙은 대조액층을 통과한 빛의 강도를 I_o, 측정하려고 하는 액층을 통과한 빛
의 강도를 I_t로 했을 때도 똑같은 식이 성립하기 때문에 정량이 가능한 것이다.
대조액층(對照液層)으로는 보통 용매 또는 바탕시험액을 사용하며 이것을 대조액이라 한다.
흡광도를 이용한 램버트 – 비어의 법칙을 식으로 표시하면 $A = \varepsilon CL = abC[b$: **시료의 두께=**
빛의 투과거리]이 되므로 농도를 알고 있는 표준액에 대하여 흡광도를 측정하고 흡광계수(ε)를
구해 놓으면 시료액에 대해서도 같은 방법으로 흡광도를 측정함으로써 정량을 할 수가 있다.
그러나 실제로는 ε를 구하는 대신에 농도가 다른 몇 가지 표준액을 사용하여 시료액과 똑같은
방법으로 조작하여 얻은 검정곡선으로부터 시료 중의 목적성분을 정량하는 것이 보통이다.

(2) 장치[흡광광도계]

① 구성 : 광원부(光源部), 파장선택부(波長選擇部), 시료부(試料部) 및 측광부(測光部)로 구성

② 광원부 : 가시부(可視部)와 근적외부(近赤外部)의 광원으로는 주로 텅스텐램프를 사용하고 자외부(紫外部)의 광원으로는 주로 중수소 방전관을 사용

③ 파장선택부 : 단색화장치(Monochromer) 또는 거름종이를 사용. 단색화장치로는 프리즘, 회절격자. 거름종이에는 색유리 거름종이, 젤라틴 거름종이, 간접거름종이 등 사용

④ 시료부 : 시료부에는 일반적으로 시료액을 넣은 흡수셀(Cell, 시료셀)과 대조액을 넣는 흡수셀(대조셀)이 있고 이 셀을 보호하기 위한 지지대와 이것을 광로(光路)에 올려놓을 시료실(試料室)로 구성

⑤ 측광부 : 광전측광에는 광전관(光電管), 광전자증배관(光電子增培管), 광전도셀 또는 광전지 등을 사용. 광전관, 광전자증배관을 주로 자외 내지 가시 파장 범위에서 광전도셀을 근적외(近赤外) 파장범위에서, 광전자는 주로 가시파장 범위에서의 광전측광(光電測光)에 사용

⑥ 흡수셀(吸收 Cell) : 흡수셀은 일반적으로 1 cm(10 mm)의 것을 사용하며, 재질로는 유리, 석영, 플라스틱 등 사용. 유리제는 가시(可視) 및 근적외(近赤外)부, 석영제는 자외부 파장범위, 플라스틱제는 근적외부 파장범위를 측정할 때 사용 *중요내용

2. 측정

(1) 장치의 설치

① 전원의 전압 및 주파수의 변동이 적을 것
② 직사일광을 받지 않을 것
③ 습도가 높지 않고 온도변화가 적을 것
④ 부식성 가스나 먼지가 없을 것
⑤ 진동이 없을 것

(2) 흡수셀 준비

① 시료액의 흡수파장이 약 370 nm 이상일 때는 석영 또는 경질유리 흡수셀을 사용하고 약 370 nm 이하 일 때는 석영흡수셀을 사용한다.

② 따로 흡수셀의 길이(L)를 지정하지 않았을 때는 10 mm 셀을 사용한다.

③ 시료셀에는 시험용액을, 대조셀에는 따로 규정이 없는 한 증류수를 넣는다. 넣고자 하는 용액으로 흡수셀을 씻은 다음 적당량(셀의 약 8부까지)을 넣고 외면이 젖어 있을 때는 깨끗이 닦는다. 필요하면(휘발성 용매를 사용할 때와 같은 경우) 흡수셀에 마개를 하고 흡수셀에 방향성(方向性)이 있을 때는 항상 방향을 일정하게 하여 사용한다.

④ 흡수셀은 미리 깨끗하게 씻은 것을 사용한다.

> ※ 흡수셀 세척방법
> - 탄산나트륨용액(2 W/V%)에 소량의 음이온 계면활성제(보기 : 액상 합성세제)를 가한 용액에 흡수셀을 담가 놓고 필요하면 40 ～ 50℃로 약 10분간 가열한다.
> - 흡수셀을 꺼내 물로 씻은 후 질산(1 + 5)에 소량의 과산화수소를 가한 용액에 약 30분간 담가 놓았다가 꺼내어 물로 잘 씻는다.
> - 깨끗한 가제나 흡수지 위에 거꾸로 놓아 물기를 제거하고 실리카겔을 넣은 건조용기 중에서 건조하여 보존한다.
> - 급히 사용하고자 할 때는 물기를 제거한 후 에틸알코올로 씻고 다시 에틸에텔로 씻은 다음 드라이어(Dryer)로 건조해도 무방하다.
> - 빈번하게 사용할 때는 물로 잘 씻은 다음 증류수를 넣은 용기에 담가 두어도 무방하다.
> - 질산과 과산화수소의 혼합액 대신에 새로 만든 크롬산과 황산혼합액에 약 1시간 담근 다음 흡수셀을 꺼내어 물로 충분히 씻어내도 무방하다. 그러나 이 방법은 크롬의 정량이나 자외역(紫外域) 측정을 목적으로 할 때 또는 접착하여 만든 셀에는 사용하지 않는 것이 좋다.

3. 정량방법

(1) 검정곡선 작성

검량선은 표준액의 여러 가지 농도에 대하여 적당한 대조액을 사용하며 흡광도를 측정하고 표준액의 농도를 횡축, 흡광도를 종축에 취하여 그래프 용지 위에 양자의 관계선을 구하여 작성

① 표준액 : 표준액 농도는 시험용액 중의 분석하려는 성분의 추정농도와 거의 같은 농도범위로 조제

② 대조액 : 일반적으로 용매를 사용하며 분석하려는 성분이 들어 있지 않은 같은 종류의 시료를 사용하여 규정된 방법에 따라 조제

(2) 측정조건 검토

① 측정파장은 원칙적으로 최고의 흡광도가 얻어질 수 있는 최대 흡수파장을 선정한다. 단, 방해성분의 영향, 재현성 및 안정성 등을 고려하여 차선(次善)의 측정파장 또는 거름종이를 선정하는 수도 있다.

② 대조액은 용매, 바탕시험액, 기타 적당한 용액을 선정

③ 측정된 흡광도는 0.2 ～ 0.8의 범위에 들도록 시험용액의 농도 및 흡수셀의 길이 선정

④ 부득이 흡광도를 0.1 미만에서 측정할 때는 눈금 확대기를 사용하는 것이 좋다.

실전 예상문제

01
2010
제2회

흡광도에 대한 설명으로 바르지 않은 것은?

① 흡광도는 빛을 흡수하는 물질의 농도에 비례한다.

② 흡광도와 빛의 투과 거리와의 관계는 램버트 – 비어 법칙으로 설명할 수 있다.

③ 흡광도는 빛 투과도의 역수이다.

④ 몰 흡광계수(ε)는 각 물질의 고유한 특성을 나타내는 상수이다.

풀이 흡광도(A)는 투과도의 역수의 상용대수 즉 $\log \dfrac{1}{t} = A$이다.

흡광도는 빛이 어떤 용액(흡광 매체)을 통과할 때 그 강도가 감소하는 비율로서 통과하는 용액의 길이와 흡수력 그리고 용액 내 용질의 농도에 비례한다. 램버트 비어의 법칙에 의하여 다음의 관계식이 성립된다.

$$I_t = I_o \times 10^{-\varepsilon CL}$$

여기서, I_o : 입사광의 세기

I_t : 투사광의 세기

ε : 비례상수로서 흡광계수($C = 1$ mol, $L = 10$ mm일 때의 ε의 값을 몰 흡광계수라 하며 K로 표시한다.)

C : 셀 내의 시료농도

L : 셀의 길이

투과도$(t) = \dfrac{I_t}{I_o}$

흡광도$(A) = \log \dfrac{1}{t} = \log \dfrac{1}{I_t/I_o}$

$$= \log \dfrac{1}{I_o \times 10^{-\varepsilon CL}/I_o} = \varepsilon CL$$

02
2010
제2회
2014
제6회

흡광도를 측정하는 흡수셀을 세척하는 방법으로 가장 올바르게 서술한 것은?

① 염화나트륨(2 W/V %)에 액상 합성세제를 가한 용액에 충분히 담가 놓은 후 증류수로 행구어 건조시켜 사용한다.

② 질산(1 + 5)에 소량의 과산화수소를 가한 용액에 30분간 담가 놓았다가 증류수로 행구어 건조시켜 사용한다.

③ 크롬산과 황산혼합액으로 1시간 담근 다음 세척하여 사용하면 어느 물질 분석에도 가장 좋다.

④ 급히 사용하고자 할 때는 측정하려는 용액으로 세척 후 사용한다.

정답 01 ③ 02 ②

풀이 ① 염화나트륨(×) → 탄산나트륨

③ 크롬산과 황산혼합액에 세척한 셀의 사용은 크롬의 정량이나 자외역 측정을 목적으로 할 때 또는 접착하여 만든 셀에는 사용하는 않는 것이 좋다.

④ 급히 사용하고자 할 때는 물기 제거 후 에틸알코올로 씻고 다시 에틸에테르로 씻은 다음 드라이어(Dryer)로 건조해도 무방하다.

03 분광광도법에서 이용될 수 있는 파장의 범위를 모두 표현한 것은?

2011
제3회

① 100 ~ 400 nm

② 300 ~ 800 nm

③ 200 ~ 900 nm

④ 400 ~ 1,200 nm

풀이 흡광광도법(분광광도법)은 빛이 시료용액 층을 통과할 때 흡수나 산란 등에 의하여 강도가 변화하는 것을 이용하는 것으로서 시료물질의 용액 또는 여기에 적당한 시약을 넣어 발색시킨 용액의 흡광도를 측정하여 시료 중의 목적성분을 정량하는 방법으로 파장 200 ~ 900 nm에서의 액체의 흡광도를 측정함으로써 수중의 각종 오염물질 분석에 적용한다.

04 흡광광도법에서 흡수셀 사용 방법으로 틀린 것은?

2011
제3회

① 저농도 시료를 분석할 때는 5 cm 길이의 셀을 사용할 수 있다.

② 대조셀에는 따로 규정이 없는 한 증류수를 넣는다.

③ 흡수셀을 빈번하게 사용할 때는 증류수를 넣은 용기에 담아 둘 수 있다.

④ 자외역 측정을 목적으로 할 때는 흡수셀을 크롬산과 황산혼합액에 담근 다음 물로 깨끗하게 씻어낸다.

풀이 크롬의 정량이나 자외역 측정을 목적으로 할 때 또는 접착하여 만든 셀에는 사용하지 않는 것이 좋다.

05 흡광광도법에 관한 설명으로 적합하지 않은 것은?

2011
제3회

① 물질에 따라 특정한 파장의 광을 흡수한다.

② 흡광도는 물질의 농도에 비례한다.

③ 표준용액으로 작성한 검정곡선으로 시료 농도를 산출한다.

④ 투과율은 20~80 % 범위에 들도록 한다.

풀이 측정된 흡광도는 되도록 0.2 ~ 0.8의 범위에 들도록 시험용액의 농도 및 흡수셀의 길이를 선정한다.

흡광도(A)는 투과도의 역수의 상용대수, 즉 $\log\dfrac{1}{t} = A$이며,

t는 투과도, 투과퍼센트(T) = $t \times 100$이다.

06
2015
제7회

흡광광도법에서 투과도가 10 %에서 1 %로 줄어들면 흡광도는?

① $\frac{1}{2}$ 로 감소한다.

② 2배로 증가한다.

③ $\frac{1}{10}$ 로 감소한다.

④ 10배로 증가한다.

풀이 흡광도(A)는 투과도의 역수의 상용대수, 즉 $\log\frac{1}{t} = A$이다.

투과도가 10 %일 때 $A = -\log t = -\log 0.1 = 1.0$
투과도가 1 %일 때 $A = -\log t = -\log 0.01 = 2$
따라서 투과도가 10 %에서 1 %로 줄면 흡광도는 2배로 증가한다.

07
흡광광도법에 사용되는 흡수셀 중 370 nm 이하에서 사용할 수 있는 셀의 재질은?

① 플라스틱 ② 경질유리 ③ 강화유리 ④ 석영

풀이 시료액의 흡수파장이 약 370 nm 이상일 때는 석영 또는 경질유리 흡수셀을 사용하고 약 370 nm 이하일 때는 석영흡수셀을 사용한다.

08
흡광광도계 장치의 구성 연결이 옳은 것은?

① 광원부 – 파장선택부 – 시료부 – 측광부
② 광원부 – 시료부 – 파장선택부 – 측광부
③ 시료부 – 광원부 – 파장선택부 – 측광부
④ 시료부 – 광원부 – 파장선택부 – 측광부

풀이 흡광광도계의 장치 구성은 광원부, 파장선택부, 시료부 및 측광부로 구성된다.

09
흡광광도계의 파장선택부의 단색화 장치가 아닌 것은?

① 프리즘 ② 회절격자 ③ 색유리거름종이 ④ 광전자관

풀이 단색화장치로는 프리즘, 회절격자. 거름종이에는 색유리 거름종이, 젤라틴 거름종이, 간접거름종이 등을 사용한다.

10
흡광광도계의 광원부에서 자외부 광원으로 사용되는 것은?

① 텅스텐램프 ② 중공음극램프 ③ 중수소방전관 ④ 광전자증배관

풀이 흡광광도계 광원부의 가시부와 근적외부의 광원으로는 주로 텅스텐램프를 사용하고 자외부의 광원으로는 주로 중수소 방전관을 사용한다.

정답 06 ② 07 ④ 08 ① 09 ④ 10 ③

···08 구리(Copper, Cu) (ES 04401.0b 2014)

▼ 적용 가능한 시험방법

구리	정량한계(mg/L)	정밀도(% RSD)
원자흡수분광광도법	0.008 mg/L	± 25 % 이내
자외선/가시선 분광법	0.01 mg/L	± 25 % 이내
유도결합플라스마 – 원자발광분광법	0.006 mg/L	± 25 % 이내
유도결합플라스마 – 질량분석법	0.002 mg/L	± 25 % 이내

08-1 구리 – 자외선/가시선 분광법 (Copper – UV/Visible Spectrometry)

(ES 04401.2c 2015)

1. 개요

구리이온이 알칼리성에서 다이에틸다이티오카르바민산나트륨과 반응하여 생성하는 황갈색의 킬레이트 화합물을 아세트산부틸로 추출하여 흡광도를 440 nm에서 측정하는 방법이다.

2. 주의사항

① 추출용매는 아세트산부틸 대신 사염화탄소, 클로로폼, 벤젠 등을 사용할 수도 있다.
② 시료 중 음이온 계면활성제가 존재하면 구리의 추출이 불완전하다.
③ 무수황산나트륨 대신 건조 거름종이를 사용하여 걸러내어도 된다.

실전 예상문제

01

2011
제3회

수질오염공정시험기준의 구리시험법(흡광광도법) 내용으로 틀린 것은?

① 무수황산나트륨 대신 유리섬유여지를 사용하여 여과하여도 된다.

② 비스머스(Bi)가 구리의 양보다 2배 이상 존재할 경우에는 황색을 나타내어 방해한다.

③ 추출용매는 초산부틸 대신 사염화탄소, 클로로포름, 벤젠 등을 사용할 수 있으나 시료 중에 음이온 계면활성제가 존재하면 구리의 추출이 불완전하다.

④ 시료 중에 시안화합물이 함유되어 있으면 염산 산성으로 하여서 끓여 시안화물을 완전히 분해 제거한 다음 시험한다.

풀이 ① 무수황산나트륨 대신 건조 거름종이를 사용하여 걸러내어도 된다.

02

유도결합플라스마 – 질량분석법에서 대상 질량이 인접한 질량에 의한 영향을 받는 경우, 분석이온의 운동 에너지와 사중극자 질량분석기 내에 존재하는 기체입자에 의해 발생한다. 또한 분석질량의 피크가 작을 때 인접한 큰 피크에 포함되어 측정될 수 있는데 이는 어떠한 간섭에 대한 설명인가?

① 물리적 간섭

② 분해능에 의한 간섭

③ 다원자 이온간섭

④ 동중원소 간섭

풀이 ② 분해능 간섭에 대한 설명이다.

···09 납(Lead, Pb) (ES 04402.0b 2014)

▼ 적용 가능한 시험방법

납	정량한계(mg/L)	정밀도(% RSD)
원자흡수분광광도법	0.04 mg/L	± 25 % 이내
자외선/가시선 분광법	0.004 mg/L	± 25 % 이내
유도결합플라스마 – 원자발광분광법	0.04 mg/L	± 25 % 이내
유도결합플라스마 – 질량분석법	0.002 mg/L	± 25 % 이내
양극벗김전압전류법	0.0001 mg/L	± 20 % 이내

09-1 납 – 자외선/가시선 분광법(Lead – UV/Visible Spectrometry)

(ES 04402.2c 2015)

납 이온이 시안화칼륨 공존하에 알칼리성에서 디티존과 반응하여 생성하는 납 디티존착염을 사염화탄소로 추출하고 과잉의 디티존을 시안화칼륨 용액으로 씻은 다음 납착염의 흡광도를 520 nm에서 측정하는 방법이다.

···10 니켈(Nickel, Ni) (ES 04403.0 2011)

▼ 적용 기능한 시험방법

니켈	정량한계(mg/L)	정밀도(% RSD)
원자흡수분광광도법	0.01 mg/L	± 25 % 이내
자외선/가시선 분광법	0.008 mg/L	± 25 % 이내
유도결합플라스마 – 원자발광분광법	0.015 mg/L	± 25 % 이내
유도결합플라스마 – 질량분석법	0.002 mg/L	± 25 % 이내

10-1 니켈 – 자외선/가시선 분광법
(Nickel – UV/Visible Spectrometry)

(ES 04403.2c 2015)

니켈이온을 암모니아의 약 알칼리성에서 다이메틸글리옥심과 반응시켜 생성한 니켈착염을 클로로 폼으로 추출하고 이것을 묽은 염산으로 역추출한다. 추출물에 브롬과 암모니아수를 넣어 니켈을 산 화시키고 다시 암모니아 알칼리성에서 다이메틸글리옥심과 반응시켜 생성한 적갈색 니켈착염의 흡 광도 450 nm에서 측정하는 방법이다.

┅11 망간(Manganese, Mn) (ES 04404.0b 2014)

▼ 적용 가능한 시험방법

망간	정량한계(mg/L)	정밀도(% RSD)
원자흡수분광광도법	0.005 mg/L	±25 % 이내
자외선/가시선 분광법	0.2 mg/L	±25 % 이내
유도결합플라스마 – 원자발광분광법	0.002 mg/L	±25 % 이내
유도결합플라스마 – 질량분석법	0.0005 mg/L	±25 % 이내

11-1 망간 – 자외선/가시선 분광법
(Manganese – UV/Visible Spectrometry)

(ES 04404.2b 2014)

망간이온을 황산산성에서 과요오드산칼륨으로 산화하여 생성된 과망간산 이온의 흡광도를 525 nm에서 측정하는 방법이다.

▼ 중금속별 자외선/가시선 분석 시 발색액의 색깔

대상	분석법	색깔
구리	다이에틸다이티오카르바민산법	황갈색
납	디티존법	적색
니켈	다이메틸글리옥심법	적갈색
망간	과요오드산칼륨법	적자색
비소	다이에틸다이티오카바민산은법	적자색
수은	디티존법	적색
철	o-페난트로린법	등적색
카드뮴	디티존법	적색
크롬	다이페닐카바자이드법	적자색
6가크롬	다이페닐카바자이드법	적자색

실전 예상문제

01
2010
제2회

과요오드산칼륨법에 따른 망간의 정량 시 발색되는 용액의 색은?

① 황갈색 　　　　　　　　　　　② 청색

③ 녹색 　　　　　　　　　　　　④ 적자색

> **풀이** **망간 – 자외선/가시선 분광법**
>
> 이 시험기준은 물속에 존재하는 망간이온을 황산산성에서 과요오드산칼륨으로 산화하여 생성된 과망간산이온의 흡광도를 525 nm에서 측정하는 방법이다.

02 디티존법에 따른 납의 정량 시 발색되는 용액의 색은?

① 황갈색 　　　　　　　　　　　② 청색

③ 녹색 　　　　　　　　　　　　④ 적색

> **풀이** **납 – 자외선/가시선 분광법**
>
> 이 시험기준은 물속에 존재하는 납 이온이 시안화칼륨 공존하에 알칼리성에서 디티존과 반응하여 생성하는 납 디티존착염을 사염화탄소로 추출하고 과잉의 디티존을 시안화칼륨 용액으로 씻은 다음 납착염의 흡광도를 520 nm에서 측정하는 방법이다.

중금속별 자외선/가시선 분석 시 발색액의 색깔

대상	분석법	색깔
구리	다이에틸다이티오카르바민산법	황갈색
납	디티존법	적색
니켈	다이메틸글리옥심법	적갈색
망간	과요오드산칼륨법	적자색
비소	다이에틸다이티오카바민산은법	적자색
수은	디티존법	적색
철	o – 페난트로린법	등적색
카드뮴	디티존법	적색
크롬	다이페닐카바자이드법	적자색
6가크롬	다이페닐카바자이드법	적자색

12 비소(Arsenic, As) (ES 04406.0 2011)

▼ **적용 가능한 시험방법**

비소	정량한계(mg/L)	정밀도(% RSD)
수소화물생성 – 원자흡수분광광도법	0.005 mg/L	±25 % 이내
자외선/가시선 분광법	0.004 mg/L	±25 % 이내
유도결합플라스마 – 원자발광분광법	0.05 mg/L	±25 % 이내
유도결합플라스마 – 질량분석법	0.006 mg/L	±25 % 이내
양극벗김전압전류법	0.0003 mg/L	±20 % 이내

12-1 비소 – 수소화물생성법 – 원자흡수분광광도법
(Arsenic – Hydride Generation – Atomic Absorption Spectrometry)

(ES 04406.1b 2014)

1. 개요

아연 또는 나트륨붕소수화물($NaBH_4$)을 넣어 수소화 비소로 포집하여 아르곤(또는 질소) – 수소 불꽃에서 원자화시켜 193.7 nm에서 흡광도를 측정하고 비소를 정량하는 방법

2. 분석절차

(1) 전처리 시 주의사항

[주 1] 시료가 검게 타지 않아야 한다. 만일 검게 타면 즉시 가열을 중지하고 식힌 다음 진한질산 3 mL를 가한다.

[주 2] (갈색 기체의 발연에 의한 증거로써) 용액이 탁하게 되면 비소가 환원되거나 손실의 원인이 될 수 있다. 시료는 무색 또는 백연 기체가 발생하는 동안에 옅은 노란색을 유지하면, 분해가 완전하게 이루어진 것이다.

(2) 분석방법

① 전처리한 시료를 수소화 발생장치의 반응용기에 옮기고 요오드화칼륨용액 5 mL를 넣어 흔들어 섞고 약 30분간 방치하여 시료용액으로 한다.

② 수소화 발생장치를 원자흡수분광분석장치에 연결하고 전체 흐름 내부에 있는 공기를 아르곤 가스로 치환시킨다.

③ **아연분말** 약 3 g 또는 **나트륨붕소수소화물**(1 %) 용액 15 mL를 신속히 반응용기에 넣고 자석 교반기로 교반하여 수소화 비소를 발생시킨다.

④ 수소화 비소를 아르곤–수소불꽃 중에 주입하여 193.7 nm에서 흡광도를 측정한다. 평균 회수율은 90 % 이상이어야 한다.

12-2 비소 – 자외선/가시선 분광법 (Arsenic UV/Visible Spectrometry)

(ES 04406.2b 2014)

3가 비소로 환원시킨 다음 아연을 넣어 발생되는 수소화비소를 다이에틸다이티오카바민산은(Ag – DDTC)의 피리딘 용액에 흡수시켜 생성된 **적자색 착화합물**을 530 nm에서 흡광도를 측정하는 방법이다.

13 셀레늄(Selenium, Se) (ES 04407.0b 2014)

▼ 적용 가능한 시험방법

셀레늄	정량한계(mg/L)	정밀도(% RSD)
수소화물생성 – 원자흡수분광광도법	0.005 mg/L	±25 % 이내
유도결합플라스마 – 질량분석법	0.03 mg/L	±25 % 이내

실전 예상문제

01 수질 중 비소의 원자흡광광도법에 대한 설명 중 틀린 것은?

① 비소중공음극램프를 사용한다.

② 염화제일주석을 넣으면 비화수소가 발생된다.

③ 연소가스로 아르곤−수소를 사용할 수 있다.

④ 유기물 함량이 높은 물 시료의 전처리에서는 황산＋질산＋과염소산을 사용한다.

풀이 ② 염화제일주석은 비소의 흡광광도법에서 비화수소를 발생시킬 때 사용하며, 원자흡광광도법에서는 아연을 사용한다.

02 원자흡광광도법으로 비소를 측정할 때 시료중 비소를 3가 비소로 환원시키는 단계에서 넣는 시약이 아닌 것은?

2009
제1회

① 요오드화칼륨용액

② 염화제일주석용액

③ 염화제이철용액

④ 아연분말

풀이 이 시험법은 염화제일주석으로 시료중의 비소를 3가 비소로 환원한 다음 아연을 넣어 발생되는 비화수소를 통기하여 아르곤−수소 불꽃에서 원자화시켜 193.7 nm에서 흡광도를 측정하고 비소를 정량하는 방법이다.

03 수질 중 비소의 원자흡광광도법에 대한 설명 중 틀린 것은?

2011
제3회

① 비소중공음극램프를 사용한다.

② 염화제일수석을 넣으면 비화수소가 발생된다.

③ 연소가스로 아르곤−수소를 사용할 수 있다.

④ 유기물 함량이 높은 물 시료의 전처리에서는 황산＋질산＋과염소산을 사용한다.

풀이 ② 염화제일주석은 비소의 흡광광도법에서 비화수소를 발생시킬 때 사용하며, 원자흡광광도법에서는 아연을 사용한다.

정답 01 ② 02 ④ 03 ②

···14 수은(Mercury, Hg) (ES 04408.0b 2014)

▼ 적용 가능한 시험방법

수은	정량한계(mg/L)	정밀도(% RSD)
냉증기 – 원자흡수분광광도법	0.0005 mg/L	±25 % 이내
자외선/가시선 분광법	0.003 mg/L	±25 % 이내
양극벗김전압전류법	0.0001 mg/L	±20 % 이내
냉증기 – 원자형광법	0.0005 μg/L	±25 % 이내

14-1 수은 – 냉증기 – 원자흡수분광광도법
(Mercury – Cold Vapor – Atomic Absorption Spectrometry)

(ES 04408.1b 2014)

1. 개요

시료에 이염화주석($SnCl_2$)을 넣어 금속수은으로 환원시킨 후, 이 용액에 통기하여 발생하는 수은증기를 원자흡수분광광도법으로 253.7 nm의 파장에서 측정하여 정량하는 방법이다.

■ 간섭물질

① 시료 중 염화물이온이 다량 함유된 경우에는 산화 조작시 유리염소를 발생하여 253.7 nm에서 흡광도를 나타낸다. 이때는 염산하이드록실아민용액을 과잉으로 넣어 유리염소를 환원시키고 용기 중에 잔류하는 염소는 질소 가스를 통기시켜 추출한다.
② 벤젠, 아세톤 등 휘발성 유기물질도 253.7 nm에서 흡광도를 나타낸다. 이때에는 과망간산칼륨 분해 후 헥산으로 이들 물질을 추출 분리한 다음 시험한다.

2. 분석방법

전처리한 시료 전량을 환원용기에 옮기고 환원기화 장치와 원자흡수분광분석장치를 연결한 다음 환원용기에 이염화주석용액 10 mL를 넣고 송기펌프를 작동시켜 발생한 수은증기를 흡수셀로 보내어 253.7 nm에서 흡광도를 측정한다.

[주] 유기물 및 기타 방해물질을 함유하지 않는 시료는 시료의 전처리를 생략할 수 있다.

14-2 수은 – 자외선/가시선 분광법
(Mercury – UV/Visible Spectrometry)

(ES 04408.2b 2014)

수은을 황산 산성에서 디티존·사염화탄소로 일차추출하고 브롬화칼륨 존재하에 황산산성에서 역추출하여 방해성분과 분리한 다음 인산–탄산염 완충용액 존재하에서 디티존·사염화탄소로 수은을 추출하여 490 nm에서 흡광도를 측정하는 방법이다.

14-3 수은 – 냉증기 – 원자형광법
(Mercury – Cold Vapor – Atomic Fluorescence Spectrometry)

(ES 04408.4b 2014)

1. 개요

저농도의 수은(0.0002 mg/L 이하)을 정량하기 위하여 사용한다. 시료에 이염화주석($SnCl_2$)을 넣어 금속 수은으로 산화시킨 후 이 용액에 통기하여 발생하는 수은증기를 원자형광광도법으로 253.7 nm의 파장에서 측정하여 정량하는 방법이다.

2. 전처리

① 오염방지를 위하여 가급적 클린룸 또는 클린벤치에서 전처리과정을 수행한다.

② 5 mL 염산(1 + 1)과 1 mL 브롬산/브롬용액(0.1 N)을 시료에 첨가한다.

　[주 1] 탁도 1 NTU 이하의 시료는 1 mL 브롬산/브롬용액(0.1 N)만 시료에 첨가한다. 갈색을 띠고 탁도가 높은 시료는 2 mL 브롬산/브롬용액(0.1 N)을 시료에 첨가한다.

③ 최소 30분 이상 반응시킨다.

　[주 2] 이때 시료의 노란색이 없어지면 이는 유기물이나 황산이온과 반응했기 때문으로 노란색을 계속 유지할 때까지 브롬산/브롬용액(0.1 N)을 첨가한다.

　[주 3] 유기물 농도가 높은 폐수시료의 경우 **브롬산/브롬용액(0.1 N)의 농도를 증가시키거나**(시료 100 mL당 5 mL 첨가), 산화시간을 늘리거나 50 ℃로 6시간 이상 온도를 높여 산화시킨다.

④ 시료에 $50 \ \mu L$ 하이드록실아민을 추가하고(과량의 브롬을 제거하기 위하여) 잘 섞어준 후 몇 초 간 둔다(노란색이 없어지면 브롬 분해를 나타냄). 약 5분 정도 시료를 잘 흔들어주고 분석용 시료 로 한다.

3. 검정곡선의 작성

검정곡선은 5개 이상의 표준용액으로 작성하고, 최소농도는 0.5 ng/L이어야 하며, 검정곡선 작성 전후로 최소 2개의 바탕시료 분석을 수행한다.

실전 예상문제

01
2011
제3회

수질 중 수은을 측정하기 위한 원자흡광광도법의 원리를 가장 적절하게 설명한 것은?

① 염화제일주석을 사용하여 금속이온으로 산화시키고 발생된 수은이온의 농도를 측정한다.
② 염화제일주석을 사용하여 금속이온으로 환원시키고 발생된 수은이온의 농도를 측정한다.
③ 염화제일주석을 사용하여 금속수은으로 환원시키고 발생되는 수은증기의 농도를 측정한다.
④ 염화제일주석을 사용하여 금속수은으로 산화시키고 발생되는 수은증기의 농도를 측정한다.

> **풀이** 수은의 원자흡광광도법(환원기화법)은 시료에 염화제일주석을 넣어 금속수은으로 환원시킨 다음 이 용액에 통기하여 발생되는 수은증기를 원자흡광광도법에 따라 정량하는 방법이다.

02
2009
제1회

수질시료의 수은분석에 대한 설명으로 틀린 것은?

① 환원기화법을 이용한 원자흡광광도법으로 측정한다.
② 시료에 염화제이주석을 넣어 금속수은으로 환원시킨다.
③ 램프는 수은중공음극램프를 사용한다.
④ 디티존 사염화탄소로 수은을 추출하여 흡광광도법을 이용하여 정량한다.

> **풀이** ② 수은의 냉증기 – 원자흡수분광광도법에 의한 설명으로 이 시험기준은 물속에 존재하는 수은을 측정하는 방법으로, 시료에 이염화주석($SnCl_2$)(염화제일주석)을 넣어 금속수은으로 환원시킨 후, 이 용액에 통기하여 발생하는 수은증기를 원자흡수분광광도법으로 253.7 nm의 파장에서 측정하여 정량하는 방법이다.

03
2010
제2회

수은의 수질오염 공정 시험기준으로 환원기화법과 디티존법이 사용되고 있다. 이들에 대한 설명으로 옳지 않은 것은?

① 환원기화법은 원자흡광광도법에 의해 정량하는 방법이다.
② 디티존법은 전처리 후 490 nm에서 흡광도를 측정하는 방법이다.
③ 디티존법이 감도가 더 좋다.
④ 환원기화법에는 수은중공음극램프를 사용한다.

> **풀이** 냉증기 – 원자흡수분광법(환원기화법)의 정량한계는 0.0005 mg/L로 저농도 수은분석 시 사용된다. 그러나 자외선/가시선 분광법(디티존법)의 정량한계는 0.003 mg/L이다.

04 수은의 수질오염공정시험기준으로 냉증기 – 원자형광법에 대한 설명 중 틀린 것은?

① 측정파장은 253.7 nm이다.

② 탁도 1 NTU 이하의 시료는 1 mL 브롬산/브롬용액(0.1 N)만 시료에 첨가한다.

③ 유기물 농도가 높은 폐수시료의 경우 산화시간을 늘리거나 50 ℃로 6시간 이상 온도를 높여 산화시킨다.

④ 검정곡선은 5개 이상의 표준용액으로 작성하며, 최소농도는 0.5 mg/L이어야 한다.

(풀이) 검정곡선은 5개 이상의 표준용액으로 작성하며, 최소농도는 0.5 ng/L이어야 하며, 검정곡선 작성 전후로 최소 2개의 바탕시료 분석을 수행한다.

05 수은의 수질오염공정시험기준으로 냉증기 – 원자형광법에서 과량의 브롬을 제거하기 위하여 추가하는 시약은?

① 브롬산/브롬용액(0.1 N)
② 하이드록실아민
③ 브로메이트/브로마이드용액(0.1 N)
④ 염산하이드록실아민용액

(풀이) 시료에 과량의 브롬을 제거하기 위하여 하이드록실아민 50 μL을 추가하고 잘 섞어준 후 몇 초간 둔다. 노란색이 없어지면 약 5분 정도 시료를 잘 흔들어주고 분석용 시료로 한다.

15 아연(Zinc, Zn) (ES 04409.0b 2014)

▼ 적용 가능한 시험방법

아연	정량한계(mg/L)	정밀도(% RSD)
원자흡수분광광도법	0.002 mg/L	± 25 % 이내
자외선/가시선 분광법	0.010 mg/L	± 25 % 이내
유도결합플라스마 – 원자발광분광법	0.002 mg/L	± 25 % 이내
유도결합플라스마 – 질량분석법	0.006 mg/L	± 25 % 이내
양극벗김전압전류법	0.0001 mg/L	± 20 % 이내

15-1 아연 – 자외선/가시선 분광법
(Zinc – UV/Visible Spectrometry)

(ES 04409.2b 2014)

1. 개요

아연이온이 pH 약 9에서 진콘(2 – 카르복시 – 2′ – 하이드록시(hydroxy) – 5′ 술포포마질 – 벤젠 · 나트륨염)과 반응하여 생성하는 청색 킬레이트 화합물의 흡광도를 620 nm에서 측정하는 방법이다.

2. 분석 시 주의 사항

① 2가 망간이 공존하지 않은 경우에는 아스코빈산나트륨을 넣지 않는다.
② 발색의 정도는 15 ℃ ～ 29 ℃, pH는 8.8 ～ 9.2의 범위에서 잘 된다.

실전 예상문제

01 자외선/가시선 분광법으로 아연을 수질오염공정시험기준에 따라 분석하는 방법에 대한 설명 중 틀린 것은?

① 청색 킬레이트 화합물의 흡광도를 620 nm에서 측정하는 방법이다.

② 2가 망간이 공존하지 않은 경우에는 아스코빈산나트륨을 넣지 않는다.

③ 발색의 정도는 15 ℃ ~ 29 ℃, pH는 산성 범위에서 잘 된다.

④ 아연이온과 진콘이 반응한다.

풀이 발색의 정도는 15 ℃ ~ 29 ℃, pH는 8.8 ~ 9.2의 범위에서 잘 된다.

···16 철(Iron, Fe) (ES 04412.0 2011)

▼ 적용 가능한 시험방법

철	정량한계(mg/L)	정밀도(% RSD)
원자흡수분광광도법	0.03 mg/L	±25 % 이내
자외선/가시선 분광법	0.08 mg/L	±25 % 이내
유도결합플라스마 − 원자발광분광법	0.007 mg/L	±25 % 이내

16-1 철 − 원자흡수분광광도법
(Iron − Atomic Absorption Spectrometry)

(ES 04412.1c 2015)

1. 개요

시료를 산분해법, 용매추출법으로 전처리 후 시료를 직접 불꽃으로 주입하여 원자화한 후 원자흡수
분광광도법에 따라 측정하는 방법이다.

2. 분석방법

① 시료 100 mL를 취하여 질산 2 mL를 넣고 끓인 다음 암모니아수(1+1)를 넣어 약알칼리성으로
하고 수분간 계속 끓여서 침전을 생성시키고 정치한다.

② 침전을 여과하여 온수로 수회 씻은 다음 침전을 원래 비커에 소량의 정제수로 씻어서 넣고 염산
(1+1) 4 mL를 넣고 가열하여 녹인다.

③ 이 용액을 앞의 거름종이를 사용하여 여과하면서 거름종이에 남아 있는 수산화제이철을 녹이고
온수로 거름종이를 씻어준 다음 여액과 씻은 액을 합하여 일정량으로 한다.

16-2 철 – 자외선/가시선 분광법
(Iron – UV/Visible Spectrometry)

(ES 04412.2c 2015)

1. 개요

철 이온을 수산화제이철로 침전분리하고 염산하이드록실아민으로 제일철로 환원한 다음, o – 페난트로린을 넣어 약산성에서 나타나는 등적색 철착염의 흡광도를 510 nm에서 측정하는 방법이다.

2. 분석방법

① 전처리한 시료를 비커에 넣고 질산(1 + 1) 2 mL를 넣고 끓여 침전을 생성시킨다.

② 정제수를 넣어 50 mL ~ 100 mL로 하고 암모니아수(1 + 1)를 넣어 약알칼리성으로 한 다음 수 분간 끓인다. 잠시 동안 방치하고 거른 다음 온수로 침전을 씻는다.

③ 침전을 원래 비커에 옮기고 염산(1 + 2) 6 mL를 넣어 가열하여 녹인다. 이 용액을 처음의 거름종이로 걸러내어 거름종이에 붙어 있는 수산화제이철을 녹여내고 온수로 수회 씻어서 여과액과 씻은 액을 100 mL 부피플라스크에 옮긴다. 정제수를 넣어 액량을 약 70 mL로 하고 염산하이드록실아민용액(20 %) 1 mL를 넣어 흔들어 섞는다.

④ o – 페난트로린용액(0.1 %) 5 mL를 넣어 흔들어 섞고 아세트산암모늄용액(50 %) 10 mL를 넣어 흔들어 섞은 다음 실온까지 식힌다. 정제수를 넣어 표선까지 채워 흔들어 섞은 다음 20분간 방치하여 시료 용액으로 한다.

⑤ 바탕시험액을 대조액으로 510 nm에서 시료 용액의 흡광도를 측정한다.

실전 예상문제

2009
제1회

01 철의 시험방법에 대한 설명으로 맞는 것은?

① 원자흡광광도법으로 측정할 수 있으며 광원으로 중수소램프를 사용한다.

② o-페난트로린을 넣어 약산성에서 나타나는 등적색 착화합물의 흡광도를 측정한다.

③ 유도결합플라스마 발광광도법에 쓰이는 가스는 액화 또는 압축 질소를 사용한다.

④ 흡광광도법(디티존법)으로 측정한다.

> **풀이** ① 원자흡광분석용 광원은 원자흡광스펙트럼선의 선폭보다 좁은 선폭을 갖고 고휘도 스펙트럼을 방사하는 중공음극램프가 주로 사용된다.
> ③ 유도결합플라스마 발광광도법에 쓰이는 가스는 순도 99.99% 이상의 고순도 가스 또는 액체 아르곤을 사용한다.
> ④ 디티존법은 아연, 카드뮴, 수은, 납의 시험분석에 사용된다.

2010
제2회

02 흡광광도법(페난트로린법)에 의한 철 시험방법에서 시약의 첨가 순서는 발색에 영향을 준다. 시약의 첨가 순서를 바르게 나열한 것은?

① pH 조정 → 환원제 → 오르토페난트로린용액 → 완충용액

② pH 조정 → 환원제 → 완충용액 → 오르토페난트로린용액

③ 환원제 → pH 조정 → 오르토페난트로린용액 → 완충용액

④ 환원제 → pH 조정 → 완충용액 → 오르토페난트로린액

> **풀이** **철-자외선/가시선 분광법 분석방법**
> ① 전처리한 시료를 비커에 넣고 질산(1 + 1) 2 mL를 넣어 끓여 침전을 생성시킨다.
> ② 정제수를 넣어 50 mL ~ 100 mL로 하고 암모니아수(1 + 1)를 넣어 약알칼리성으로 한 다음 수분간 끓인다. 잠시 동안 방치하고 거른 다음 온수로 침전을 씻는다.
> ③ 침전을 원래 비커에 옮기고 염산(1 + 2) 6 mL를 넣어 가열하여 녹인다. 이 용액을 처음의 거름종이로 걸러내어 거름종이에 붙어 있는 수산화제이철을 녹여내고 온수로 수회 씻어서 여과액과 씻은 액을 100 mL 부피플라스크에 옮긴다. 정제수를 넣어 액량을 약 70 mL로 하고 염산하이드록실아민용액(20 %) 1 mL를 넣어 흔들어 섞는다.
> ④ o-페난트로린용액(0.1 %) 5 mL를 넣어 흔들어 섞고 아세트산암모늄용액(50 %) 10 mL를 넣어 흔들어 섞은 다음 실온까지 식힌다. 정제수를 넣어 표선까지 채워 흔들어 섞은 다음 20분간 방치하여 시료 용액으로 한다.
> ⑤ 바탕시험액을 대조액으로 510 nm에서 시료 용액의 흡광도를 측정한다.

03 다음 설명의 괄호에 들어갈 말을 모두 옳게 제시한 것은?

2011
제3회

> 철 시험 방법인 페난트로린법은 철 이온을 암모니아 알칼리성으로 하여(㉠)로 침전시켜 분리하고, 침전물을(㉡)에 녹여서 염산히드록실아민으로(㉢)로 환원한 다음, o−페난트로린을 넣어 약산성에서 나타나는 등적색 철착염의 흡광도를(㉣) nm에서 측정하는 방법이다.

① ㉠ : 수산화제일철, ㉡ : 황산, ㉢ : 제이철, ㉣ : 510
② ㉠ : 수산화제이철, ㉡ : 염산, ㉢ : 제일철, ㉣ : 510
③ ㉠ : 수산화제이철, ㉡ : 염산, ㉢ : 제일철, ㉣ : 590
④ ㉠ : 수산화제일철, ㉡ : 황산, ㉢ : 제일철, ㉣ : 590

풀이 이 시험기준은 물속에 존재하는 철 이온을 **수산화제이철**로 침전분리하고 염산하이드록실아민으로 **제일철**로 환원한 다음, o−페난트로린을 넣어 약산성에서 나타나는 등적색 철착염의 흡광도를 510 nm에서 측정하는 방법이다.

⋯17 카드뮴(Cadmium, Cd) (ES 04413.c 2018)

▼ 적용 가능한 시험방법

카드뮴	정량한계(mg/L)	정밀도(% RSD)
원자흡수분광광도법	0.002 mg/L	±25 % 이내
자외선/가시선 분광법	0.004 mg/L	±25 % 이내
유도결합플라스마 – 원자발광분광법	0.004 mg/L	±25 % 이내
유도결합플라스마 – 질량분석법	0.002 mg/L	±25 % 이내

17-1 카드뮴 – 자외선/가시선 분광법
(Cadmium – UV/Visible Spectrometry)

(ES 04413.2c 2015)

1. 개요

카드뮴이온을 시안화칼륨이 존재하는 알칼리성에서 디티존과 반응시켜 생성하는 카드뮴착염을 사염화탄소로 추출하고, 추출한 카드뮴 착염을 타타르산용액으로 역추출한 다음 다시 수산화나트륨과 시안화칼륨을 넣어 디티존과 반응하여 생성하는 적색의 카드뮴착염을 사염화탄소로 추출하고 그 흡광도를 530 nm에서 측정하는 방법이다.

2. 간섭물질

시료 중 다량의 철과 망간을 함유하는 경우 디티존에 의한 카드뮴 추출이 불완전하다.

실전 예상문제

01 다음은 카드뮴 자외선/가시선 분광법에 대한 설명이다. 괄호에 알맞은 것은?

> 물속에 존재하는 카드뮴이온을 시안화칼륨이 존재하는 알칼리성에서 (ㄱ)과 반응시켜 생성하는 카드뮴착염을 (ㄴ)로 추출하고, 추출한 카드뮴 착염을 타타르산용액으로 역추출한 다음 다시 수산화나트륨과 시안화칼륨을 넣어 (ㄷ)과 반응하여 생성하는 적색의 카드뮴착염을 (ㄹ)로 추출하고 그 흡광도를 530 nm에서 측정하는 방법이다.

① ㄱ : 사염화탄소 ㄴ : 디티존 ㄷ : 사염화탄소 ㄹ : 디티존
② ㄱ : 디티존 ㄴ : 사염화탄소 ㄷ : 디티존 ㄹ : 사염화탄소
③ ㄱ : 진콘 ㄴ : MIBK ㄷ : 진콘 ㄹ : MIBK
④ ㄱ : MIBK ㄴ : 진콘 ㄷ : MIBK ㄹ : 진콘

풀이 카드뮴이온을 **시안화칼륨**이 존재하는 알칼리성에서 **디티존**과 반응시켜 생성하는 **카드뮴착염**을 **사염화탄소**로 추출하고, 추출한 카드뮴 착염을 타타르산용액으로 역추출한 다음 다시 수산화나트륨과 시안화칼륨을 넣어 **디티존**과 반응하여 생성하는 적색의 카드뮴착염을 사염화탄소로 추출하고 그 흡광도를 530 nm에서 측정하는 방법이다.

···18 크롬(Chromium, Cr) (ES 04414.0 2011)

▼ 적용 가능한 시험방법

크롬	정량한계(mg/L)	정밀도(% RSD)
원자흡수분광광도법	• 산처리법 : 0.01 mg/L • 용매추출법 : 0.001 mg/L	±25 % 이내
자외선/가시선 분광법	0.04 mg/L	±25 % 이내
유도결합플라스마 – 원자발광분광법	0.007 mg/L	±25 % 이내
유도결합플라스마 – 질량분석법	0.0002 mg/L	±25 % 이내

18-1 크롬 – 원자흡수분광광도법
(Chromium – Atomic Absorption Spectrometry)

(ES 04414.1c 2015)

1. 개요

크롬은 공기 – 아세틸렌 불꽃에 주입하여 분석하며 정량한계는 357.9 nm에서의 산처리법은 0.01 mg/L, 용매추출법은 0.001 mg/L이다.

2. 전처리

(1) 산처리법

① 시료 적당량을 비커에 넣고 시료 100 mL당 황산 2 mL를 넣어 가열하여 끓이고 방치·냉각한 다음 황산제일철암모늄용액 1 mL를 넣어 흔들어 섞고 질산 2 mL를 넣어 끓여서 철을 산화시킨 다음 방치·냉각하고 암모니아수(1 + 4)를 넣어 약알칼리성으로 하여 준다.

② 암모니아 냄새가 없어질 때까지 끓이고 뜨거운 상태로 약 20분간 정치하여 수산화철과 크롬을 공침시키고 침전은 여과한다. 거름종이의 잔류물을 온 질산암모늄용액(1 %)으로 2회 씻은 다음 여액과 씻은 액을 버리고 침전은 온 질산(1+2) 소량을 사용하여 녹이고 거름종이를 온수로 씻는다. 여액 및 씻은 액을 합하여 0.1 N ~ 1 N 산성용액으로 하여 일정량으로 한다.

(2) 용매추출법

피로리딘다이티오카바민산암모늄용액(2 %)을 사용하고 용매로 메틸아이소부틸케톤을 사용하여 추출한다.

18-2 크롬 – 자외선/가시선 분광법 (Chromium – UV/Visible Spectrometry)

(ES 04414.2d 2018)

1. 개요

크롬을 자외선/가시선 분광법으로 측정하는 것으로, 3가 크롬은 과망간산칼륨을 첨가하여 6가 크롬으로 산화시킨 후, 산성 용액에서 다이페닐카바자이드와 반응하여 생성하는 적자색 착화합물의 흡광도를 540 nm에서 측정한다.

2. 간섭물질

몰리브덴(Mo), 수은(Hg), 바나듐(V), 철(Fe), 구리(Cu) 이온이 과량 함유되어 있을 경우, 방해 영향이 나타날 수 있다.

실전 예상문제

01 크롬을 자외선/가시선 분광법으로 분석하고자 한다. 다음 중 간섭물질이 아닌 것은?

① 몰리브덴 이온

② 망간 이온

③ 바나듐 이온

④ 구리 이온

> **풀이** 크롬 자외선/가시선 분광법에서 간섭물질은 몰리브덴(Mo), 수은(Hg), 바나듐(V), 철(Fe), 구리(Cu) 이온으로, 이들이 과량 함유되어 있을 경우 방해 영향이 나타날 수 있다.

02 다음은 크롬을 원자흡수분광광도법으로 분석하고자 할 때 산처리 방법에 대한 설명이다. 빈칸에 알맞은 것은?

> • 시료 적당량을 취하여 비커에 넣고 시료 100 mL당 황산 2 mL를 넣어 가열하여 끓이고 방치하여 냉각한 다음 (㉠) 1 mL 넣어 흔들어 섞고 질산 2 mL를 넣어 끓여서 철을 산화시킨 다음 방치하여 냉각하고 (㉡)를 넣어 약알칼리성으로 하여 준다.
> • 암모니아 냄새가 없어질 때까지 끓이고 뜨거운 상태로 약 20분간 정치하여 수산화철과 크롬을 공침시키고 침전은 여과한다. 거름종이의 잔류물을 온 (㉢)으로 2회 씻은 다음 여액과 씻은 액을 버리고 침전은 온 질산(1 + 2) 소량을 사용하여 녹이고 거름종이를 온수로 씻는다. 여액 및 씻은 액을 합하여 0.1 N∼1 N 산성용액으로 하여 일정량으로 한다.

① ㉠ 황산제일철암모늄용액   ㉡ 암모니아수   ㉢ 질산암모늄용액

② ㉠ 황산제일철암모늄용액   ㉡ 질산암모늄용액   ㉢ 암모니아수

③ ㉠ 질산암모늄용액   ㉡ 암모니아수   ㉢ 황산제일철암모늄용액

④ ㉠ 암모니아수   ㉡ 황산제일철암모늄용액   ㉢ 질산암모늄용액

> **풀이** • 시료 적당량을 취하여 비커에 넣고 시료 100 mL당 황산 2 mL를 넣어 가열하여 끓이고 방치하여 냉각한 다음 **황산제일철암모늄용액** 1 mL를 넣어 흔들어 섞고 질산 2 mL를 넣어 끓여서 철을 산화시킨 다음 방치하여 냉각하고 **암모니아수(1 + 4)**를 넣어 약알칼리성으로 하여 준다.
> • 암모니아 냄새가 없어질 때까지 끓이고 뜨거운 상태로 약 20분간 정치하여 수산화철과 크롬을 공침시키고 침전은 여과한다. 거름종이의 잔류물을 온 **질산암모늄용액(1 %)**으로 2회 씻은 다음 여액과 씻은 액을 버리고 침전은 온 질산(1 + 2) 소량을 사용하여 녹이고 거름종이를 온수로 씻는다. 여액 및 씻은 액을 합하여 0.1 N∼1 N 산성용액으로 하여 일정량으로 한다.

정답 01 ② 02 ①

···19 6가 크롬(Hexavalent Chromium, Cr⁶⁺) (ES 04415.0 2011)

▼ 적용 가능한 시험방법

6가 크롬	정량한계(mg/L)	정밀도(% RSD)
원자흡수분광광도법	0.01 mg/L	±25 % 이내
자외선/가시선 분광법	0.04 mg/L	±25 % 이내
유도결합플라스마 – 원자발광분광법	0.007 mg/L	±25 % 이내

19-1 6가 크롬 – 원자흡수분광광도법

(Hexavalent Chromium – Atomic Absorption Spectrophotometry)

(ES 04415.1b 2014)

1. 개요

6가 크롬을 피로리딘 디티오카르바민산 착물로 만들어 메틸아이소부틸케톤으로 추출한 다음 원자흡수분광광도계로 흡광도를 측정한다.

■ 간섭물질

폐수에 반응성이 큰 다른 금속 이온이 존재할 경우 방해 영향이 크므로, 이 경우는 **황산나트륨** 1 %를 첨가하여 측정한다. 일반적으로 표층수에 존재하는 원소의 방해 영향은 무시할 수 있다.

2. 분석방법

피로리딘 다이티오카바민산암모늄 용액을 사용하고 메틸아이소부티케톤 용액으로 추출한 다음 측정한다.

19-2 6가 크롬 – 자외선/가시선 분광법
(Hexavalent Chromium – UV/Visible Spectrometry)

(ES 04415.2c 2015)

1. 개요

6가 크롬을 자외선/가시선 분광법으로 측정하는 것으로, 산성 용액에서 다이페닐카바자이드와 반응하여 생성하는 적자색 착화합물의 흡광도를 540 nm에서 측정한다.

■ 간섭물질

몰리브덴(Mo), 수은(Hg), 바나듐(V), 철(Fe), 구리(Cu) 이온이 과량 함유되어 있을 경우 방해 영향이 나타날 수 있다.

2. 시약

① 다이페닐카바자이드(1,5–diphenylcarbazide, $C_{13}H_{14}N_4O$, 분자량 : 242.28) 0.250 g을 50 mL의 아세톤에 녹인다. 이 용액은 갈색병에 보관하여야 하며, 색이 변하면 새로 제조하여야 한다.
② 황산(1 + 9), 에틸알코올

실전 예상문제

01
2009 제1회

6가 크롬의 시험방법에 대한 설명으로 맞는 것은?

① 0.01 mg/L 이상의 유효측정 농도를 위해서 아세틸렌 – 일산화이질소를 사용한 원자흡광광도법을 이용하며, 357.9 nm에서 흡광도를 측정한다.

② 유도결합플라스마 발광광도법으로 사용할 때 324.7 nm의 원자방출선을 이용하며, 0.007~ 50 mg/L의 유효농도 측정이 가능하다.

③ 흡광광도법으로 디에틸디티오카르바민산법을 사용하며 440 nm에서 흡광도를 측정한다.

④ 과망간산칼륨을 사용하여 산화한 후 산성에서 디페닐카르바지드와 반응하여 생성되는 적자색 착화합물을 540 nm에서 흡광도를 측정한다.

> **풀이** ② 〈표 참조〉
>
> ▼ 유도결합플라스마 – 원자발광분광법에 의한 크롬의 선택파장과 정량한계(mg/L)
>
> | 원소명 | 선택파장(1차) | 선택파장(2차) | 정량한계(mg/L) |
> |---|---|---|---|
> | Cr | 262.72 | 206.15 | 0.007 mg/L |
>
> ③ 6가 크롬의 흡광광도법은 디페닐카르바지드법을 사용하며, 540 nm에서 흡광도를 측정한다.
> ④ 크롬을 흡광광도법으로 측정하는 시험방법의 설명이다.

02
2010 제2회

흡광광도법에 의한 6가 크롬을 측정할 때 필요한 시약이 아닌 것은?

① 디페닐카르바지드   ② 황산제일철암모늄

③ 황산   ④ 수산화나트륨

> **풀이** 6가 크롬을 측정할 때 필요한 시약은 디페닐카르바지드, 수산화나트륨, 황산, 에틸알코올이다. 황산제일철암모늄은 크롬 – 원자흡수분광광도법에서 산처리법에서 사용된다.

20 알킬수은(Alkyl Mercury) (ES 04416.0 2011)

알킬수은은 유기수은화합물의 하나로, 알킬기와 결합한 수은을 말한다. 알킬수은에는 메틸수은, 에틸수은 등이 있으며 독성이 강하다.

▼ 적용 가능한 시험방법

알킬수은	정량한계(mg/L)	정밀도(% RSD)
기체크로마토그래피	0.0005 mg/L	±25 %
원자흡수분광광도법	0.0005 mg/L	±25 %

20-1 알킬수은 – 기체크로마토그래피
(Alkyl Mercury – Gas Chromatography)

(ES 04416.1b 2014)

알킬수은화합물을 벤젠으로 추출하여 L – 시스테인용액에 선택적으로 역추출하고 다시 벤젠으로 추출하여 기체크로마토그래프로 측정하는 방법이다. 검출기는 전자포획형 검출기(ECD ; electron capture detector)를 사용하고, 검출기의 온도는 140 ℃ ~ 200 ℃로 한다.

20-2 알킬수은 – 원자흡수분광광도법
(Alkyl Mercury – Atomic Absorption Spectrometry)

(ES 04416.2b 2014)

알킬수은화합물을 벤젠으로 추출하고 알루미나 컬럼으로 농축한 후 벤젠으로 다시 추출한 다음 박층크로마토그래피에 의하여 농축분리하고 분리된 수은을 산화분해하여 정량하는 방법이다.

···21 메틸수은 – 에틸화 – 원자형광법

(Methyl Mercury – Ethylation – Atomic Fluorescence Photometry)

(ES 04417.1 2016)

1. 개요

메틸수은을 증류, 에틸화, 가스 퍼지와 흡착, 그리고 열 탈착, 기체크로마토그래프(GC, gas chromatograph) 컬럼을 거쳐 원자형광광도계(AFS, atomic fluorescence photometer)를 이용하여 측정하는 방법이다.

(1) 적용범위

① 물 중 메틸수은 농도가 0.02 ng/L∼5 ng/L 범위일 때 적절하다.

② 정량한계는 0.02 ng/L이다.

③ 정량한계 목표 값보다 낮은 정량한계를 얻을 수 있는 분석기술이 있는 경우 소급성이 인정된다면 정량한계로 사용할 수 있다.

(2) 분석 가능한 메틸수은 화학종

① 산성조건에서 증류 가능한 모든 메틸수은은 소듐테트라에틸보레이트(NaB(Et)$_4$)와 반응하여, 에틸메틸수은(CH$_3$HgCH$_2$CH$_3$)으로 변환되어 검출된다.

② 본 시험방법에서 검출되는 메틸수은에는 메틸수은 이온(CH$_3$Hg$^+$) 이외에도, 유기물 또는 입자에 결합된 메틸수은화합물이나 미생물에 결합된 메틸수은 등도 포함된다.

③ 채취된 지 수 일 이내의 시료에서는 다이메틸수은((CH$_3$)$_2$Hg)은 메틸수은으로 검출되지 않으나 산성 조건의 시료 중에서 수 일 이내에 분해되어 CH$_3$Hg$^+$ 형태로 변환되어 존재한다.

(3) 메틸수은 분석에서 일반적인 주의사항

① 만성적인 메틸수은 노출은 간 손상, 근육 경련, 발작, 성격 변화, 우울증, 신경과민 및 영구적인 뇌 손상을 유발시킬 수 있어 안전관리에 주의한다.

② 희석된 메틸수은 표준용액 사용을 권고하며, 표준용액 준비는 후드 안에서 한다.

③ 테플론 재질의 시험기구를 사용하며, 모든 기구는 사용하기 전에 산 세척한다.

④ 모든 실험은 class – 100의 클린룸 또는 class – 100의 클린벤치에서 진행한다. 클린룸이나 클린벤치 진행이 어려운 경우 비금속 재질의 글러브 박스에서 진행한다.

⑤ 많은 양의 수용성 물질, 부유물질, 높은 끓는점 또는 휘발성 물질을 함유하는 시료는 분석 후 퍼지 장치들을 세척제와 정제수로 세척한 후, 105 ℃에서 건조시킨다.

2. 분석기기 및 기구

(1) 열 탈착 장치

에틸화 장치를 통해 트랩에 흡착된 메틸수은을 열 탈착하여 GC 컬럼으로 주입하기 위한 부분으로 400 ℃ ~ 500 ℃로 가열 · 유지할 수 있어야 한다. 별도의 열 탈착 장치가 없는 경우 니크롬선으로 트랩을 감아서 사용할 수 있다. 이때 니크롬선은 24 게이지로 75 cm 정도의 길이가 필요하다.

(2) 등온기체크로마토그래프 시스템

등온기체크로마토그래프(Isothermal Gas Chromatograph) 시스템은 열 탈착된 수은화학종들을 분리하기 위한 장치이며, 열 탈착 장치와 GC 컬럼을 연결하는 장치, GC 컬럼, 항온 오븐으로 구성된다.

(3) 열분해 컬럼

① 기체크로마토그래프 컬럼에서 나온 수은 화학종들은 고온의 열분해 컬럼(pyrolytic column)으로 들어간 후 Hg^0로 분해된다.

② 컬럼을 통과한 가스는 냉증기 원자형광광도계로 유입되어 분석된다.

(4) 원자형광광도계

① 원자형광광도계(AFS ; Atomic Fluorescence Photometer)는 수은 증기램프로부터 나오는 빛을 흡수한 시료가 방출하는 형광 강도를 253.7 nm의 파장에서 측정한다.

② 형광 강도는 광중배관 (PMT ; photomultiplier tube)에 의해 전기적 신호로 변환되어 측정하게 된다.

3. 전처리 기구 및 장치

(1) 시료용기

① 미리 산으로 세척된 테플론 용기를 사용한다.

② 시료 용기 부피는 125 mL 이상이어야 한다.

③ 시료 용기는 솔을 이용하여 알칼라인 세제와 정제수로 세척 후 1 N 질산에 하루 이상을 담가 둔다.

④ 정제수를 이용하여 3회 이상 세척 후 클린벤치에서 건조시키고, 두 개의 지퍼백에 이중으로 보관한다.

(2) 증류 시스템

① 온도 조절이 되는 알루미늄 블록 가열판과 질소퍼지 기구, 증류 용기, 포집 용기로 구성된다.
② 알루미늄 블록 가열판은 열 센서가 장착된 것을 사용한다.
③ 증류 용기 및 포집 용기는 테플론 재질의 바이알로서 마개가 있어야 한다.

(3) 가스퍼지 시스템

① 가스 유량 조절장치와 냉증기를 발생시키는 버블러 세트로 구성된다.
② 버블러 세트는 다공성 유리관이 부착된 유리 재질 마개가 장착된 것을 사용한다.

(4) 2,6 – 디페닐페닐렌옥사이드(2,6 – diphenylphenylene oxide) 폴리머 트랩

크로마토그래프용으로 60/80 메쉬의 Tenax 트랩 또는 동등 이상을 사용한다.

4. 시약

① 정제수 : 시약용 정제수 또는 탈이온수(비저항 18 MΩ)를 사용한다.
② 염산, 황산 : 수은 함량이 5.0 ng/L 이하인 유해중금속 분석용 또는 그 이상의 등급을 사용한다. 고농도의 산에서 메틸수은은 안정하지 않기 때문에 산에 있는 메틸수은 농도를 측정할 필요는 없다.
③ 암모늄피롤리딘디티오카바메이트(APDC) 용액(1 %) : 유해중금속 분석용 또는 그 이상의 등급을 사용한다.
④ 아세트산나트륨, 아세트산, 아세테이트 완충액(2 N), 수산화칼륨 용액(2 %)
유해중금속 분석용 또는 그 이상의 등급을 사용한다.
⑤ 소듐테트라에틸보레이트 용액(1 %)
　㉠ 제조된 시약은 5 mL의 미리 산 세척된 유리병 또는 테플론병에 나눠 담아 바로 냉동시킨다.
　㉡ 시약을 사용할 때는 얼린 시약 위의 녹은 부분만 사용한다.
　[주 1] 2 % 수산화칼륨 용액은 제조 후 냉동 보관하였다가, 사용 전 실온에서 일부 녹은 상태의 용액을 소듐테트라에틸보레이트 용액 제조에 사용한다.
　[주 2] 제조된 소듐테트라에틸보레이트 용액은 얼음이 완전히 녹기 전까지만 사용할 수 있고, 다시 얼려 사용하면 안 된다. 그리고 이 용액은 공기 중에 노출되면 사용 가능한 시간이 줄어들므로, 용액 사용 시 뚜껑은 빠르고 신속하게 개폐하며 잘 밀봉하여 보관한다. 단 용액이 노랗게 변한 경우, 사용하지 않는다.

[주 3] 1 % 소듐테트라에틸보레이트 용액의 활성은 에틸화 과정에 중요한 요소이다. pH 2 이하 염산 또는 질산에 시약을 첨가 시, 즉각적으로 하얀색 입자가 발생하는 경우, 용액은 활성이 있는 상태이다.

[주 4] 소듐테트라에틸보레이트는 독성 물질로 자연적으로 독성 물질이 사라지면서 독성 가스를 발생시킨다. 남은 시약을 버릴 때는 후드 안에 두면 자연적으로 산화되어 사라진다.

⑥ 질소 및 아르곤 가스

　㉠ 질소는 순도 99.995 %, 아르곤은 순도 99.999 %를 사용한다.

　㉡ 금이 코팅된 트랩을 가스 주입관에 연결하면 질소가스에 존재할 수 있는 미량 수은을 제거할 수 있다.

5. 표준용액

① 메틸수은 시약 : 시약등급(reagent grade)의 염화메틸수은을 사용한다.

② 메틸수은 표준원액(1,000 mg/L) : 시판되는 표준원액을 구입하여 사용하는 것이 바람직하다.

③ 메틸수은 표준액(1,000 μg/L)

　이 표준용액은 테플론 재질의 용기에 보관할 경우, 4 ℃ 냉장 보관 시, 1년 이상 보관 가능하다.

④ 검정곡선용 표준용액(0.01 μg/L)

　테플론 재질의 용기 내 상온 조건에서 한 달 정도 보관 가능하다.

6. 시료채취 및 관리

저농도 수은 시료 채취 및 보존방법을 따른다.

실전 예상문제

01 물 중의 알킬수은을 가스크로마토그래피법으로 분석할 때 사용되는 검출기는?

① 열전도도 검출기   ② 불꽃이온화 검출기

③ 전자포획형 검출기   ④ 불꽃염 검출기

> **풀이** 알킬수은 분석에 사용되는 기체크로마토그래프 검출기는 전자포획형 검출기(ECD ; Electron Capture Detector)이다.

02 물 중의 메틸수은을 에틸화 – 원자형광법으로 분석할 때 분석 가능한 메틸수은 화학종이 아닌 것은?

① 메틸수은 이온(CH_3Hg^+)

② 유기물 또는 입자에 결합된 메틸수은화합물

③ 미생물에 결합된 메틸수은

④ 채취된 지 수 일 이내의 시료 중 다이메틸수은(($CH_3)_2Hg$)

> **풀이** 채취된 지 수 일 이내의 시료에서는 다이메틸수은(($CH_3)_2Hg$)은 메틸수은으로 검출되지 않으나 산성 조건의 시료 중에서 수 일 이내에 분해되어 CH_3Hg^+ 형태로 변환되어 존재한다.

03 물 중의 메틸수은 분석 시 일반적인 주의사항이 아닌 것은?

① 메틸수은 표준용액은 안전관리에 익숙하며 잘 숙련된 사람만이 다룰 수 있도록 해야 한다.

② 희석된 메틸수은 표준용액을 사용하도록 권고한다.

③ 테플론 재질이 아닌 시험기구의 사용을 피해야 하며, 모든 기구는 사용하기 전에 산으로 세척하여야 한다.

④ 모든 실험 절차는 반드시 class – 100의 클린룸 또는 class – 100의 클린벤치에서만 진행되어야 한다.

> **풀이** 클린룸이나 클린벤치에서 진행이 어려울 경우 비금속 재질의 글러브 박스에서 진행하도록 한다.

04 다음은 수질오염공정시험기준에 의한 메틸수은 분석에 사용되는 시약의 설명으로 틀린 것은?

① 정제수는 시약용 정제수 또는 탈이온수(비저항 18 MΩ)를 사용한다.

② 분석에 사용되는 시약은 중금속 분석용 또는 그 이상의 등급을 사용한다.

③ 고농도의 산에서 메틸수은은 불안정하므로 반드시 사용 전 메틸수은 농도를 측정해야 한다.

④ 메틸수은 표준용액은 시약등급(Reagent Grade)의 염화메틸수은(Methylmercury Chloride, CH_3HgCl, 분자량 251.08)을 사용할 수 있다.

정답   **01** ③   **02** ④   **03** ④   **04** ③

> **풀이** 고농도의 산에서 메틸수은은 안정하지 않기 때문에 산에 있는 메틸수은 농도를 측정할 필요는 없다.

05 수질오염공정시험기준으로 메틸수은 분석 시 검정곡선 작성 및 검증에 대한 설명 중 틀린 것은?

① 에틸화 바탕시료는 검정곡선용 바탕시료로서 시약바탕시료(Reagent Blank)이다.
② 검정곡선은 에틸화 바탕시료를 제외하고 최소 3개 농도 이상에 대해 작성한다.
③ 상대표준편차(SD/CF_m×100)를 계산했을 때 이 값이 25 % 이하이어야 한다.
④ 검정계수의 상대표준편차≤25 %이다.

> **풀이** 검정곡선은 에틸화 바탕시료를 제외하고 최소 4개 농도 이상에 대해 작성한다.

06 수질오염공정시험기준으로 메틸수은 분석에서 정도관리에 대한 설명으로 틀린 것은?

① 정확도, 즉 평균 회수율은 69 %~131 % 범위 이내이어야 한다.
② 정밀도는 회수율의 상대표준편차로 31 % 이내이어야 한다.
③ 검정곡선 검증 및 에틸화 바탕시료의 분석은 각 시료군마다 실시한다.
④ 매질첨가 시료, 실험 중 정확도와 정밀도 분석은 연 1회 이상 산정하는 것을 원칙으로 한다.

> **풀이** 방법검출한계, 정확도 및 정밀도는 연 1회 이상 산정하는 것을 원칙으로 하며, 매질첨가 시료, 실험 중 정확도와 정밀도 분석은 매 분석 시마다 실시하여야 한다.

07 다음 중 수질오염공정시험기준에 의한 메틸수은 분석의 전처리에 대한 설명 중으로 틀린 것은?

① 증류 용기를 알루미늄 블록에 넣고, 포집 용기는 얼음 통에 둔다.
② 증류된 시료가 40 mL 라인을 넘게 되면 회수율이 좋지 않은데 이는 시료에 넣은 염산이 증류되어 pH를 낮추어 에틸화 과정에 간섭을 일으키기 때문이다.
③ 만약 시료가 너무 많이 증류되면 시료의 pH를 측정하여 3.5 이하인 경우 시료를 농축하여 준비한다.
④ 증류된 시료는 실내온도 조건에서 어두운 곳에 보관하고 48시간 안에 측정하거나, 최대 1개월간 냉동보관 가능하다.

> **풀이** 만약 시료가 너무 많이 증류되면 시료의 pH를 측정하여 3.5 이하인 경우 시료를 버리고 다시 준비한다.

08 수질오염공정시험기준으로 메틸수은 분석 시 GC 크로마토그램의 피크 순서가 바르게 된 것은?

① Hg^0, MeHgEt, $Hg(Et)_2$ 　　　　② MeHgEt, Hg^0, $Hg(Et)_2$

③ $Hg(Et)_2$, MeHgEt, Hg^0 　　　　④ $Hg(Et)_2$, Hg^0, $Hg(Et)_2$

(풀이) 메틸수은 분석 시 GC 크로마토그램의 피크 순서는 Hg^0, MeHgEt, $Hg(Et)_2$이다.

09 수질오염공정시험기준으로 메틸수은 분석 시 GC 크로마토그램의 피크에 대한 설명으로 틀린 것은?

① 피크는 Hg^0, MeHgEt, $Hg(Et)_2$ 형태로 검출된다.

② 일반적으로 메틸수은 피크가 가장 뒤에 나온다.

③ 일반적으로 첫 번째 피크만 측정되는 경우는 열분해 컬럼이 작동하지 않았거나 소듐테트라에틸보레이트를 시료에 넣지 않은 경우이다.

④ Hg^0 피크가 크게 나타났다면 이는 시료의 무기수은 농도가 매우 높기 때문이다.

(풀이) 일반적으로 메틸수은 피크는 두 번째로 나온다.

10 수질오염공정시험기준에서 메틸수은 분석에 사용되는 소듐테트라보레이트 용액(1 %) 제조 시 주의사항에 대한 설명으로 틀린 것은?

① 제조된 시약은 5 mL의 미리 산 세척된 유리병 또는 테플론병에 나눠 담아 바로 냉동시킨다.

② 제조된 소듐테트라에틸보레이트 용액은 얼음이 완전히 녹기 전까지만 사용할 수 있고, 다시 얼리면 다시 사용 가능하다.

③ pH 2 이하 염산 또는 질산에 시약을 첨가 시, 즉각적으로 하얀색 입자가 발생하는 경우, 용액은 활성이 있는 상태이다.

④ 소듐테트라에틸보레이트의 남은 시약을 버릴 때는 후드 안에 두면 자연적으로 산화되어 사라진다.

(풀이) 제조된 소듐테트라에틸보레이트 용액은 얼음이 완전히 녹기 전까지만 사용할 수 있고, 다시 얼려 사용하면 안 된다.

방사성 물질

···01 방사성 핵종 – 고분해능 감마선 분광법
(Radionuclides – Method by high resolution gamma – ray spectrometry)

(ES 04451.0 2016)

1. 개요

감마선 분광계를 이용하여, 물 시료에서 40 keV~2 MeV 범위 또는 효율교정이 가능한 에너지의 감마선을 방출하는 여러 가지 방사성 핵종의 방사능 농도를 동시에 측정하는 방법이다.

■ 적용범위

① 연구대상 측정 시스템의 에너지 교정 절차, 에너지 의존성 감도 측정, 스펙트럼 분석 및 여러 가지 방사성 핵종의 방사능농도 측정을 포함한다.

② 이 방법은 균질 시료에 적용하며, 일반적으로 1 Bq~10^4 Bq 사이의 방사능을 가지는 시료는 희석이나 농축 또는 특수(전자)장치 없이 측정할 수 있다. 핵 붕괴당 감마선 에너지와 방사확률, 시료와 검출기의 크기와 구조, 차폐, 계수시간과 다른 실험 매개 변수와 같은 다른 요인에 따라, 약 1 Bq 이하의 방사능을 측정해야 할 때에는 방사능이 이 이상이 되도록 시료를 증발시켜 농축하여야 한다. 또한 방사능이 10^4 Bq보다 높을 때에는 전원 대 검출기 거리를 늘리거나 우연동시합산효과를 보정하여야 한다.

2. 시험방법

KS I ISO 10703 : 2008을 따른다.

실전 예상문제

01 희석이나 농축 또는 특수(전자)장치 없이 측정할 수 있는 방사능의 범위는?

① 10^{-2} Bq~10^4 Bq

② 1 Bq~10^6 Bq

③ 10^{-1} Bq~10^5 Bq

④ 1 Bq~10^4 Bq

풀이 일반적으로 1 Bq~10^4 Bq 사이의 방사능을 가지는 시료는 희석이나 농축 또는 특수(전자)장치 없이 측정할 수 있음

···01
 기체크로마토그래피(Gas Chromatography) 기초

1. 원리 및 적용범위

전처리한 시료를 운반가스(Carrier Gas)에 의하여 크로마토관 내에 전개시켜 분리되는 각 성분의 크로마토그램을 이용하여 목적성분을 분석하는 방법으로 일반적으로 유기화합물에 대한 정성(定性) 및 정량(定量) 분석에 이용한다.

2. 검출기(Dectector)

(1) 열전도도 검출기(Thermal Conductivity Detector ; TCD)

① 열전도도 검출기는 금속 필라멘트(Filament) 또는 전기저항체(Thermister)를 검출소자(檢出素子)로 하여 금속판(Block) 안에 들어 있는 본체와 여기에 안정된 직류전기를 공급하는 전원회로, 저류조절부, 신호검출 전기회로, 신호 감쇄부 등으로 구성된다. 원리는 4개의 저항이 정사각형을 이루어 미지의 저항값을 구하는 데 사용되는 휘스톤브리지(Wheastone bridge) 원리를 이용한 것으로 물질별 열전도도 차이를 이용한다.

② 범용 검출기이며 일반적으로 가스 분석에 사용되며, 시료를 파괴되지 않는 장점이 있다.

(2) 불꽃이온화 검출기(Flame Ionization Detector ; FID)

① 불꽃이온화 검출기는 수소연소노즐(Nozzle), 이온수집기(Ion Collector)와 함께 대극(對極) 및 배기구(排氣口)로 구성되는 본체와 이 전극 사이에 직류전압을 주어 흐르는 이온전류를 측정하기 위한 전류전압 변환회로, 감도조절부, 신호감쇄부 등으로 구성되며, 수소와 공기에 의해 형성된 불꽃에 시료가 연소되면서 전하를 띤 이온이 생성되게 되며, 생성된 이온에 의해 전류가 흐르게 되는데 이 전류의 변화를 측정하는 방법이다.

② 일반적으로 연소가 잘되는 탄화수소류 분석에 사용된다.

(3) 전자포획형 검출기(Electron Capture Detector ; ECD)

① 전자포획형 검출기는 방사선 동위원소(63Ni, 3H 등)로부터 방출되는 β선이 운반가스를 전리하여 미소전류를 흘려보낼 때 시료 중의 할로겐이나 산소와 같이 전자포획력이 강한 화합물에 의하여 전자가 포획되어 전류가 감소하는 것을 이용하는 방법이다.

② 일반적으로 전기음성도가 높아 전자포획력이 강한 유기할로겐화합물, 니트로화합물 및 유기금속화합물을 선택적으로 검출할 수 있다.

(4) 불꽃광도형 검출기(Flame Photometric Detector ; FPD) *중요내용

① 불꽃광도형 검출기는 수소염에 의하여 시료성분을 연소시키고 이때 발생하는 불꽃의 광도를 분광학적으로 측정하는 방법이다.

② 일반적으로 인 또는 황화합물을 선택적으로 검출할 수 있다.

(5) 불꽃열이온화 검출기(Flame Thermionic Detector ; FTD)

① 불꽃열이온화 검출기는 불꽃이온화검출기(FID)에 알칼리 또는 알칼리토류 금속염의 튜브를 부착한 것으로 운반가스와 수소가스의 혼합부, 조연가스 공급구, 연소노즐, 알칼리원 가열기구, 전극 등으로 구성한다. 질소나 염소계 화합물이 불꽃 또는 열에서 생성된 이온이 금속염과 반응하여 전자를 전달하며, 이때 흐르는 전자가 포착되어 전류의 흐름으로 바꾸어 측정하는 방법이다.

② 유기질소 화합물 및 유기염소 화합물을 선택적으로 검출할 수 있다.

(6) 질소인 검출기(Nitrogen Phosphrous Detector ; NPD)

① 질소 – 인 검출기(NPD ; nitrogen phosphorus detector)는 질소나 인이 불꽃 또는 열에서 생성된 이온이 루비듐염과 반응하여 전자를 전달하며, 이때 흐르는 전자가 포착되어 전류의 흐름으로 바꾸어 측정하는 방법이다.

② 일반적으로 유기인화합물 및 유기질소화합물을 선택적으로 검출할 수 있다.

(7) 질량분석기(mass spectrometer)

① 질량분석기(mass spectrometry)는 물질의 질량을 질량 대 전하비(m/z raitio)로 측정하는 방법이다. 질량분석기는 물질을 이온화시키는 이온생성부와 질량 대 전하비에 따라 분리하는 질량측정기, 그리고 질량 대 전하비의 값을 분석하여 질량스펙트럼(mass spectrum)을 그려주는 검출기로 구성된다.

② 이온화방식은 전자 이온화방식과 화학적 이온화방식 있으며, 환경에서는 주로 전자 이온화
방식인 **전자충격법(EI, electron impact)**을 사용하며 이온화에너지는 35 eV ~ 70 eV를 사용
한다.

③ 질량분석기는 자기장형(magnetic sector), 사중극자형(quadrupole) 및 이온트랩형(ion trap)
등이 사용되며, 일반적인 환경분석에는 사중극자형이 많이 사용된다.

④ 정량분석에는 선택이온검출법(SIM, selected ion monitoring)을 이용한다.

⑤ 일반적으로 대부분의 유기화합물이 분석 대상이며, 정성과 정량을 동시에 할 수 있다.

3. 운반가스

운반가스는 **충전물**이나 **시료**에 대하여 불활성(不活性)이고 사용하는 검출기의 작동에 적합한 것을
사용한다. 일반적으로 열전도도형 검출기(TCD)에서는 순도 99.9 % 이상의 수소나 헬륨을, 불꽃이
온화 검출기(FID)에서는 순도 99.9 % 이상의 질소 또는 헬륨을 사용하며 기타 검출기에서는 각각 규
정하는 가스를 사용한다. 단, 전자포획형 검출기(ECD)의 경우에는 순도 99.99 % 이상의 질소 또는
헬륨을 사용하여야 한다.

4. 분리의 평가 ^{중요내용}

분리의 평가는 분리관 효율과 분리능에 의한다.

(1) 분리관 효율

분리관 효율은 보통 이론단수(理論段數) 또는 1 이론단에 해당하는 분리관의 길이, 이론단 해당
높이(Height Equivalent to a Theoritical Plate)로 표시하며, 크로마토그램 상의 봉우리로부
터 다음 식에 의하여 구한다.

$$\text{이론단수}(n) = 16 \cdot \left(\frac{t_R}{W}\right)^2$$

여기서, t_R : 시료주입점으로부터 봉우리 최고점까지의 길이(유지시간)
W : 봉우리의 좌우 변곡점에서 점선이 자르는 바탕선의 길이

$$\text{이론단 해당높이} = \frac{L}{n}$$

여기서, L : 분리관의 길이 (mm)

(2) 분리능

2개의 접근한 봉우리의 분리의 정도를 나타내기 위하여 분리계수 또는 분리도를 가지고 다음과 같이 정량적으로 정의하여 사용한다.

$$분리계수(d) = \frac{t_{R2}}{t_{R1}} \qquad 분리도(R) = \frac{2(t_{R2} - t_{R1})}{W_1 + W_2}$$

여기서, t_{R1} : 시료주입점으로부터 봉우리 1의 최고점까지의 길이
t_{R2} : 시료주입점으로부터 봉우리 2의 최고점까지의 길이
W_1 : 봉우리 1의 좌우 변곡점에서의 접선이 자르는 바탕선의 길이
W_2 : 봉우리 2의 좌우 변곡점에서의 접선이 자르는 바탕선의 길이

5. 정성분석

정성분석은 동일 조건하에서 특정한 미지 성분의 머무름값(維持値)과 예측되는 물질의 봉우리의 머무름값을 비교하여야 한다.

■ 머무름값

머무름의 종류로는 머무름시간(Retention Time), 머무름용량(Retention Volume), 비머무름용량, 머무름비, 머무름지수 등이 있다. 머무름시간을 측정할 때는 3회 측정하여 그 평균값을 구한다. 일반적으로 5~30분 정도에서 측정하는 봉우리의 머무름시간은 반복시험을 할 때 ±3 % 오차 범위 이내이어야 한다. 머무름값의 표시는 **무효부피**(Dead Volume)의 보정유무를 기록하여야 한다.

실전 예상문제

01
2009
제1회

가스크로마토그래프법에 의해 얻은 머무름지수는 용질을 확인하는 데 중요한 지수로서 정성분석에 매우 유용하다. 이러한 머무름지수는 혼합물의 크로마토그램에서 용질의 머무름시간 앞과 뒤에 머 무름시간을 가지는 적어도 두 개의 노말 알칸을 이용하여 구할 수 있다. 노말 알칸의 머무름지수는 (   )에 관계없이 화합물에 들어있는 탄소수의 100배와 같은 값이다. (   )에 해당하는 것은?

① 분리 관 충전물질
② 운반가스
③ 온도
④ ①, ②, ③ 모두

> **풀이** 머무름지수(retention index) I는 크로마토그램에서 용질을 확인하는 데 사용되는 파라미터로 어떤 한 용질의 머무름지수는 혼합물의 크로마토그램 위에서 그 용질의 머무름시간의 앞과 뒤에 머무름시간을 가지는 적어도 두 개의 노르말 알칸으로부터 구할 수 있다. 노르말 알칸의 머무름지수는 관 충전물, 온도 및 다른 크로마토그래피 조건과 관계없이 그 화합물에 들어 있는 탄소수의 100배와 같은 값이다.

02
2010
제2회

수질오염공정시험기준에서 가스크로마토그래프의 검출기와 분석할 수 있는 화합물의 연결이 적절하지 않은 것은?

① FPD – 이피엔, 펜토에이트, 다이아지논
② 질량분석계 – 사염화탄소, 1,1 – 디클로로에틸렌, 클로로포름
③ ECD – 윤활유, PCB, 알킬수은
④ FID – 노말 알칸, 제트유, 석유계총탄화수소

> **풀이**
>
> | 검출기 | 분석대상 |
> | --- | --- |
> | TCD(열전도도 검출기) | 금속물질, 전형적인 기체 분석(O_2, N_2, H_2O, 비탄화수소)에 많이 사용 |
> | FID(불꽃이온화 검출기) | 유기화합물, 벤젠, 페놀, 탄화수소 |
> | ECD(전자포획형 검출기) | 할로겐화합물, 니트로화합물, 유기금속화합물, 알킬수은, PCB |
> | FPD(불꽃광도 검출기) | 유기인, 황화합물 |
> | FTD(불꽃열이온화 검출기) | 유기질소, 유기염소화합물 |
> | NPD(질소인 검출기) | 질소, 인 화합물 |

03
2010
제2회

32 m 길이의 분리관을 사용한 GC 분석에서 A 물질의 머무름시간(t_R)이 20.0분, 바탕선에서의 피크 폭(W)이 0.2분으로 측정되었다. A 물질의 이론단 해당 높이는?

① 3,200 mm
② 1,600,000 mm
③ 50 mm
④ 0.2 mm

풀이 이론단수$(n) = 16 \times \left(\dfrac{t_R}{W} \right)^2$

여기서, t_R : 시료도입점으로부터 피크최고점까지의 길이(머무름시간)

W : 피크의 좌우 변곡점에서 접선이 자르는 바탕선의 길이

$n = 16 \times \left(\dfrac{20}{0.2} \right)^2 = 160,000$

여기서, 이론단 해당 높이$(H) = L/N$

L : 컬럼의 길이 (mm)

N : 이론단수

$= 32,000 / 160,000$

$= 0.2$ mm

04 다음 역상 크로마토그래피에 관한 설명 중 맞는 것은?

2010
제2회

① 정지상이 비극성, 이동상이 극성

② 정지상이 비극성, 이동상이 비극성

③ 정지상이 극성, 이동상이 비극성

④ 정지상이 극성, 이동상이 극성

풀이 역상크로마토그래피는 비극성의 정지상(칼럼)과 극성의 이동상(용매) 사이의 분배 정도 차이를 이용한 분리법의 일종이며, 극성이 높은 성분이 먼저 용출된다. 일반적으로 이동상으로 많이 사용되는 용매는 물, 메탄올, 아세토니트릴, 다이옥산, 테트라히드로푸란 등이다.

05 가스크로마토그래프법으로 황화합물과 유기할로겐화합물을 각각 선택적으로 검출하기 위해 사용되는 검출기를 차례대로 옳게 제시한 것은?

2011
제3회

① 열전도도 검출기, 불꽃열이온화 검출기

② 불꽃이온화 검출기, 불꽃광도형 검출기

③ 불꽃광도형 검출기, 전자포획형 검출기

④ 전자포획형 검출기, 열전도도 검출기

풀이 • 전자포획형 검출기(ECD) : 방사선 동위원소(63Ni, 3H 등)로부터 방출되는 β선이 운반가스를 전리하여 미소전류를 흘려보낼 때 시료중의 할로겐이나 산소와 같이 전자포획력이 강한 화합물에 의하여 전자가 포획되어 전류가 감소하는 것을 이용하는 방법으로 유기할로겐화합물, 니트로화합물 및 유기금속화합물을 선택적으로 검출할 수 있다.

• 불꽃광도형 검출기(FPD) : 수소염에 의하여 시료성분을 연소시키고 이때 발생하는 불꽃의 광도를 분광학적으로 측정하는 방법으로서 인 또는 황화합물을 선택적으로 검출할 수 있다.

06 GC 검출기 중에서 시료 중의 미지 화합물을 확인하고, 정량을 할 수 있도록 해 주는 검출기는?

2012
제4회

① Mass spectrometer
② Flame ionization
③ Thermal conductivity
④ Flame thermionic

풀이 질량분석기는 정성분석이 가능하여 미지 화합물의 확인에 사용되며, 정량도 가능한 검출기이다.

07 기체크로마토그래피법에서 얻은 크로마토그램에서 정성분석에 사용되는 것은?

2012
제4회

① 곡선의 넓이
② 봉우리의 높이
③ 머무름시간
④ 바탕선의 길이

풀이 정성분석은 동일 조건하에서 특정한 미지 성분의 머무름값과 예측되는 물질의 봉우리의 머무름값을 비교하여야 한다. 머무름의 종류로는 머무름시간(Retention Time), 머무름용량(Retention Volume), 비머무름용량, 머무름비, 머무름지수 등이 있다.

02 다이에틸헥실프탈레이트 – 용매추출/기체크로마토그래피 – 질량분석법

(Di – (2 – Ethylhexyl)Phthalate – Liquid Extraction/Gas Chromatography – Mass Spectrometry)

(ES 04501.1b 2014)

1. 개요

시료를 중성에서 헥산으로 추출하여 농축한 후, 기체크로마토그래프 – 질량분석기로 분석하는 방법이며, 정량한계는 0.0025 mg/L이다.

- ■ **간섭물질**

① 프탈레이트는 플라스틱을 부드럽게 하기 위해 사용하는 화학성분으로 실험실에서 사용하는 플라스틱 기구 및 기기, 실험실 공기 속에 기화된 성분이 오염원이 될 수 있다.

② 폴리테트라플루오로에틸렌(PTFE ; polytetrafluoroethylene) 재질을 사용한다.

③ 고순도(HPLC용)의 시약이나 용매를 사용하면 방해물질을 최소화할 수 있다.

④ 시료나 시약을 보관, 운반, 주입할 때 격막(Septum)이나 기체크로마토그래프의 라이너로 인한 오염 영향이 없는지 확인이 필요하다.

⑤ 시료에서 추출되어 나오는 방해물질이 있을 수 있는데 이는 시료마다 다르다. 만약 방해가 심하면 추가적으로 플로리실 컬럼과 같은 고체상 정제과정이 필요하다.

2. 분석기기 및 기구

기체크로마토그래프, 컬럼(DB – 1, DB – 5, DB – 624 등), 질량분석기, 원심분리기, 플로리실 컬럼

···03 석유계총탄화수소 용매추출/기체크로마토그래피

(Total Petroleum Hydrocarbon − Liquid Extraction/Gas Chromatography)

(ES 04502.1b 2014)

1. 개요

① 비등점이 높은(150 ℃ ~ 500 ℃) 유류에 속하는 석유계총탄화수소(제트유, 등유, 경유, 벙기C, 윤활유, 원유 등)를 다이클로로메탄으로 추출하여 기체크로마토그래프에 따라 확인 및 정량하는 방법이다.

② 크로마토그램에 나타난 피크의 패턴에 따라 유류 성분을 확인하고 탄소수가 짝수인 노말 알칸(C_8 ~ C_{40}) 표준물질과 시료의 크로마토그램 총면적을 비교하여 정량한다.

③ 정량한계는 0.2 mg/L이다.

■ 간섭물질

① 산업폐수 등 매우 혼탁한 시료나 오염이 많이 된 하천, 호소수를 분석할 경우 주사기 및 주입구 등의 분석 장비로부터 오염될 수 있다.

② 시료와 접촉하는 기구의 재질은 폴리테트라플루오로에틸렌(PTFE ; polytetra − fluoroethylene), 스테인레스강 또는 유리 재질을 사용한다.

③ 실리카겔 컬럼 정제는 폐수 등 방해성분이 다량으로 포함된 시료에서 이들을 제거하기 위하여 수행하며, 시판용 실리카 카트리지를 사용할 수 있다.

2. 분석기기 및 기구

기체크로마토그래프, 컬럼(DB − 1, DB − 5, DB − 624 등), 불꽃이온화검출기(FID ; flame ionization detector), 운반가스 : 순도 99.999 % 이상 헬륨 또는 질소, 농축장치

3. 결과보고

석유계총탄화수소의 결과는 각 성분별 농도를 합산하여 표시한다.

실전 예상문제

01
2009
제1회
석유계총탄화수소의 시험방법에 대한 설명으로 틀린 것은?

① 비등점이 높은 제트유, 윤활유, 원유의 측정에 적용하며, 등유, 경유, 벙커C유도 동일하게 시험한다.

② 시료는 4 ℃에서 보관하며 14일 이내 추출, 추출액은 28일 이내 분석하여야 한다.

③ 가스크로마토그래프의 검출기는 불꽃이온화 검출기(FID)를 사용한다.

④ 노말알칸을 표준물질로 사용한다.

> **풀이** H_2SO_4 또는 HCl을 이용하여 pH<2 이하로 갈색병에 담아 4 ℃에서 보관하며, 7일 이내 추출, 추출 후에는 40일 이내 분석한다.

02
2010
제2회
석유계총탄화수소(TPH)를 기체크로마토그래피법으로 측정할 경우 기체크로마토그래프의 조건으로 잘 짝지어진 것은?

① 검출기 : 불꽃이온화 검출기(FID)　　　컬럼 : DB−5　　　운반 가스 : 아르곤

② 검출기 : 열전도도 검출기(TCD)　　　컬럼 : HP−5　　　운반 가스 : 헬륨

③ 검출기 : 열전도도 검출기(TCD)　　　컬럼 : DB−5　　　운반 가스 : 아르곤

④ 검출기 : 불꽃이온화 검출기(FID)　　　컬럼 : HP−5　　　운반 가스 : 헬륨

> **풀이** • 컬럼 : DB−1, DB−5 및 DB−624 등의 모세관이나 동등한 분리성능을 가진 모세관
> • 운반기체 : 순도 99.999 % 이상의 헬륨(또는 질소)
> • 검출기 : 불꽃이온화 검출기(FID ; flame ionization detector)

03
2011
제3회
지하수에 함유된 기름(석유계총탄화수소)의 총량의 측정에 대한 원리와 방법을 잘못 설명한 것은?

① 지하수 시료에서 기름을 비극성 용매 헥산으로 추출, 농축과정을 거친 후 GC로 분석하여 유류 성분을 확인하고 절차에 따라 정량한다.

② 정성/정량분석을 위해 불꽃이온화검출기를 사용한다.

③ 지하수 시료는 채취 후 산처리하여 오염되지 않게 테프론 뚜껑으로 막고 7일 이내 추출한다.

④ 추출 후 수분을 제거하기 위하여 무수황산나트륨을 이용한다.

> **풀이** 이 시험기준은 물속에 존재하는 비등점이 높은(150 ℃ ~ 500 ℃) 유류에 속하는 석유계총탄화수소(제트유, 등유, 경유, 벙커C, 윤활유, 원유 등)를 다이클로로메탄으로 추출하여 기체크로마토그래프에 따라 확인 및 정량하는 방법이다.

···04 유기인 – 용매추출/기체크로마토그래피

(Organophosphorus Pesticides – Liquid Extraction/Gas Chromatography)

(ES 04503.1b 2014)

1. 개요

① 유기인계 농약성분 중 다이아지논, 파라티온, 이피엔, 메틸디메톤 및 펜토에이트를 측정한다.

② 채수한 시료를 헥산으로 추출하여 필요시 실리카겔 또는 플로리실 컬럼을 통과시켜 정제시켜 이 액을 농축시켜 기체크로마토그래프에 주입하고 크로마토그램을 작성하여 유기인을 확인하고 정량한다.

③ 정량한계는 0.0005 mg/L이다.

■ 간섭물질

① 폴리테트라플루오로에틸렌(PTFE) 재질이 아닌 튜브, 봉합제 및 유속조절제의 사용을 피해야 한다.

② 실리카겔 컬럼 정제는 산, 염화페놀, 폴리클로로페녹시페놀 등의 극성화합물을 제거하기 위하여 수행하며, 사용 전에 정제하고 활성화시켜야 하거나 시판용 실리카 카트리지를 이용할 수 있다.

③ 플로리실 컬럼 정제는 시료에 유분의 관찰 또는 분석 후 시료 크로마토그램의 방해성분이 유분의 영향으로 판단될 경우에 수행하며 시판용 플로리실 카트리지를 이용할 수 있다.

2. 분석기기 및 기구

기체크로마토그래프(gas chromatograph), 컬럼(DB – 1, DB – 5), 불꽃광도 검출기(FPD ; flame photometric detector) 또는 질소인 검출기(NPD ; nitrogen phosphorous detector), 농축장치

3. 분석 시 주의 사항

헥산으로 추출하는 경우 메틸디메톤의 추출률이 낮아질 수도 있다. 이때에는 헥산 대신 다이클로로메탄과 헥산의 혼합용액(15 : 85)을 사용한다.

4. 결과보고

유기인의 결과는 각 성분별 농도를 합산하여 표시한다.

실전 예상문제

01
2010
제2회

하천수 중 유기인을 측정하고자 한다. 다음 설명 중 옳은 것은?

> a. 하천수 중 유기인을 추출하려면 헥산 또는 헥산/디클로로메탄의 혼합액을 사용하는 것이 바람직하며 디클로로메탄의 함량이 높아지면 메틸디메톤 등의 유기인계 농약의 추출률이 높아지나 방해 물질도 많아진다.
> b. 유기인의 측정은 가스크로마토그래피가 적합하며 이때의 검출기는 인화합물에 대해 감도가 높은 검출기인 FID가 가장 적합하다.
> c. 가스크로마토그래프에서 시료주입구의 온도는 분석 성분의 비점을 고려하여 정하는데 가장 높은 비점보다 10 ℃ ~ 20 ℃ 높게 설정하는 것이 바람직하다.
> d. 유기인의 농도 계산은 각 성분의 농도를 합산하여 처리하는데 농도를 계산할 때 성분 중 인(P)의 양으로 환산하여 계산하여야 한다.

① a, b
② a, c
③ b, c
④ c, d

 b. 검출기는 불꽃광도검출기(FPD ; Flame Photometric Detector) 또는 질소인검출기(NPD ; Nitrogen Phosphorous Detector)를 사용함
　　d. 유기인의 농도 계산은 각 성분의 농도를 합산하여 처리하는 것이 원칙임. 성분 중 인(P)의 양으로 환산하지 않음

02
2011
제3회

수질오염공정시험기준에 따른 유기인 시험방법에서 정제과정에 사용되는 규산컬럼의 전개액은?

① 헥산
② 2 % 디클로로메탄 함유 헥산
③ 50 % 디클로로메탄 함유 헥산
④ 디클로로메탄

 유기인 정제방법은 실리카겔(규산컬럼)과 플로리실 두가지가 있으며, 유출액은 헥산을 사용

▪▪▪**05** 폴리클로리네이티드비페닐 용매추출/기체크로마토그래피
(Polychlorinated Biphenyls – Gas Chromatography)

(ES 04504.1b 2014)

1. 개요

① 채수한 시료를 헥산으로 추출하여 필요시 알칼리 분해한 다음 다시 헥산으로 추출하고 실리카겔 또는 플로리실 컬럼을 통과시켜 정제한다.

② 이 액을 농축시켜 기체크로마토그래프에 주입하고 크로마토그램을 작성하여 나타난 피크 패턴에 따라 PCB를 확인하고 정량하는 방법이다.

③ 정량한계는 0.0005 mg/L이다.

▪ 간섭물질

① 전자포획 검출기(ECD)를 사용하여 PCB를 측정할 때 프탈레이트가 방해할 수 있는데 이는 플라스틱 용기를 사용하지 않음으로써 최소화할 수 있다.

② 실리카겔 컬럼 정제는 산, 염화페놀, 폴리클로로페녹시페놀 등의 극성화합물을 제거하기 위하여 수행하며, 사용 전에 정제하고 활성화시켜야 하거나 시판용 실리카 카트리지를 이용할 수 있다.

③ 플로리실 컬럼 정제는 시료에 유분의 관찰 또는 분석 후 시료 크로마토그램의 방해성분이 유분의 영향으로 판단될 경우에 수행하며 시판용 플로리실 카트리지를 이용할 수 있다.

2. 분석기기 및 기구

기체크로마토그래프, 컬럼(DB – 1, DB – 5), 전자포획 검출기(ECD), 농축장치

3. 분석절차

크로마토그램상에 나타난 피크 패턴이 서로 비슷하면 시료 중에 PCB가 함유되어 있음을 알 수 있는데 이때에는 2종류 이상의 다른 컬럼을 사용하여 다시 크로마토그램을 작성하고 재확인한다.

실전 예상문제

01 폴리클로리네이티드 비페닐(PCB)은 가스크로마토그래프를 사용하여 확인과 정량시험을 수행한
2009 다. 이에 대한 설명으로 관련이 적은 것은?
제1회

① PCB를 헥산으로 추출하여 알칼리 분해한 다음, 다시 추출하고 실리카겔 컬럼을 통과시켜 정제
   한다.
② 전자포획형 검출기(ECD)를 사용한다.
③ 운반가스는 헬륨이나 아르곤(99.9 %)을 사용한다.
④ 확인시험은 시료용액과 같은 조건에서 PCB 표준용액의 크로마토그램을 비교하고, 2종류 이상의
   다른 컬럼을 사용하여 재확인한다.

풀이 운반기체는 순도 99.999 % 이상의 질소로서 유량은 0.5 mL/min ~ 3 mL/min, 시료도입부 온도는 250
℃ ~ 300 ℃, 컬럼온도는 50 ℃ ~ 320 ℃, 검출기온도는 270 ℃ ~ 320 ℃로 사용

02 수질오염공정시험기준에 따른 폴리클로리네이티드 비페닐(PCB) 시험기준에 대한 설명으로 틀린
것은?

① 프탈레이트에 의한 방해는 플라스틱 용기를 사용하지 않음으로써 최소화할 수 있다.
② 실리카겔 컬럼 정제는 극성화합물을 제거하기 위하여 사용한다.
③ 플로리실 컬럼 정제는 시료에 유분의 영향이 있을 때 사용한다.
④ 피크 인덱스에 따라 PCB를 확인하고 정량하는 방법이다.

풀이 ④ 피크 패턴에 따라 PCB를 확인하고 정량하는 방법이다.

···06 다이에틸헥실아디페이트 – 용매추출/기체크로마토그래피 – 질량분석법
Di(2 – ethylhexyl)adipate – Liquid Extraction/Gas Chromatography – Mass Spectrometry)

(ES 04505.1 2015)

1. 개요

시료를 중성에서 다이클로로메탄으로 추출하여 농축한 후, 기체크로마토그래프 – 질량분석기로 분석하는 방법이며, 정량한계는 0.0025 mg/L이다.

■ 간섭물질

① 시료병을 포함한 모든 유리기구는 세정제, 수돗물, 정제수 순으로 세척하고 고순도 아세톤과 n – 헥산의 비율 1 : 1로 차례로 닦아준 후 고순도 메탄올로 마무리를 하여, 300 ℃에서 1일~ 2일 동안 가열한 후 방냉하여 보관한다. 시료를 측정할 때는 다시 다이클로로메탄으로 세척한다.

② 시료에서 추출되어 나오는 방해물질이 있을 수 있는데 이는 시료마다 다르다. 만약 방해가 심하면 추가적으로 플로리실컬럼과 같은 고체상 정제과정이 필요할 수 있다.

2. 분석기기 및 기구

기체크로마토그래프, 컬럼(cross – linked 5 % phenylmethylsilicon ; DB – 5), 운반기체(99.999 % 헬륨), 주입구 : PTEFE 재질 격막, 질량분석기(MS ; mass spectrometer), 원심분리기, 농축장치

01 1,4 – 다이옥산(1,4 – Dioxane) (ES 04601.0 2014)

① 지표수, 지하수, 폐수 등에 존재하는 1,4 – 다이옥산에 대한 분석방법이다.
② 1,4 – 다이옥산의 미량분석에서는 유리기구, 정제수 및 분석기기의 오염을 방지하는 것이 중요하다.

01-1 1,4 – 다이옥산 – 퍼지 · 트랩/기체크로마토그래피 – 질량분석법
(1,4 – Dioxane – Purge · Trap/Gas chromatography – Mass Spectrometry)
(ES 04601.1 2014)

1. 개요

① 지표수 중에 1,4 – 다이옥산을 측정하는 방법으로, 시료 중에 1,4 – 다이옥산을 불활성기체로 퍼지시켜 기상으로 추출한 다음 트랩 관으로 흡착 · 농축하고, 가열 · 탈착시켜 모세관을 사용한 기체크로마토그래피 – 질량분석기로 분석하는 방법이다.
② 이 시험방법으로 1,4 – 다이옥산을 퍼지 시킬 때 스파저를 가열하면 비교적 높은 회수율을 보인다.
③ 정량한계는 0.001 mg/L이다.

■ 간섭물질

① 퍼지 기체나 트랩 연결관 등의 오염이나 실험실 공기 속에 기화된 용매가 오염원이 될 수 있다.
② 테플론 재질이 아닌 튜브, 봉합제 및 유속조절제의 사용을 피해야 한다.

2. 분석기기 및 기구

기체크로마토그래프, 컬럼(cross – linked 5 % phenylmethylsilicon ; DB – 5), 운반기체(99.999 % 헬륨), 질량분석기(MS ; mass spectrometer), 퍼지 · 트랩 장치(purge · trap concentrator)

3. 분석절차

① 기밀주사기 또는 자동주입기로 시료 5 mL(경우에 따라 부피를 달리할 수 있다.)를 정확히 취하여 바이알 또는 스파저 내에 주입한 다음, 내부표준용액(1.0 mg/L)을 정확히 100 μL를 취하여 시료에 첨가한다.

② 1,4-다이옥산을 일정 온도로 가열 및 퍼지시켜 트랩에서 포집한 다음 가열 탈착시켜 기체크로마토그래프로 주입한다. 이때 스파저의 온도를 약 80 ℃로 가열하는 것이 좋다.

③ 내부표준법으로 정량한다.

01-2 1,4-다이옥산-헤드스페이스/기체크로마토그래피-질량분석법
(1,4-Dioxane-Headspace/Gas chromatography-Mass Spectrometry)

(ES 04601.2 2014)

1. 개요

지표수 중에 다이옥산을 측정하는 방법으로, 시료 중의 1,4-다이옥산을 일정온도에서 가열하여 평형상태에 있는 기상의 일정량을 기체크로마토그래프로 분리하여 질량분석기로 검출하는 방법이다.

■ 간섭물질

① 용매, 시약, 유리기구류 및 다른 실험도구로부터 간섭 물질이 존재할 수 있으므로 사용 전에 점검한다.

② 실험실 공기 속에 기화된 용매로 오염이 될 수 있으므로 바탕시료를 사용하여 점검한다.

2. 분석절차

① 시료 5 mL를 정확히 취하여 헤드스페이스용 바이알에 옮기고, 내부표준용액(1.0 mg/L)을 정확히 100 μL를 취하여 헤드스페이스용 바이알 내의 시료에 첨가한다.

② 일정 온도 및 시간에서 가열하여 상부기체의 일부분을 기체크로마토그래프로 주입한다.

③ 각 분석성분의 피크들로부터 피크 면적을 측정하고 내부표준법으로 정량한다.

01-3 1,4 – 다이옥산 – 고상추출/기체크로마토그래피 – 질량분석법

(1,4 – Dioxane – Solid phase extraction/Gas chromatography – Mass Spectrometry)

(ES 04601.3 2014)

지표수 중에 다이옥산을 측정하는 방법으로, 시료 중의 다이옥산을 스틸렌디비닐벤젠공중합체 고상분리관과 활성탄 고상분리관을 차례로 통과시켜 흡착시킨 후 아세톤으로 용출시켜 기체크로마토그래피 – 질량분석기로 분석한다.

■ 간섭물질

① 추출 용매에는 분석성분의 머무름 시간에서 피크가 나타나는 간섭물질이 있을 수 있다. 추출 용매 안에 간섭물질이 발견되면 증류하거나 컬럼 크로마토그래피에 의해 제거한다.

② 이 시험방법으로 끓는점이 높거나 극성 유기화합물들이 함께 추출되므로 이들 중에는 분석을 간섭하는 물질이 있을 수 있다.

01-4 1,4 – 다이옥산 – 용매추출/기체크로마토그래피 – 질량분석법

(1,4 – Dioxane – Liquid Extraction/Gas Chromatography/Mass Spectrometry)

(ES 04601.4b 2014)

다이클로로메탄을 이용하여 1,4 – 다이옥산을 추출한 다음 실온상태에서 농축하여 기체크로마토그래프 – 질량분석기로 분석한다. 정량한계는 0.01 mg/L이다.

■ 간섭물질

① 추출에 사용되는 다이클로로메탄, 표준용액 제조에 사용되는 메탄올은 수십배 농축 후에도 1,4 – 다이옥산 피크가 나타나지 않는지 확인한다.

② 이 시험기준으로 1,4 – 다이옥산과 함께 추출되는 극성유기화합물이 분석에 간섭을 일으킬 수 있다.

실전 예상문제

01 다음 중 수질오염공정시험기준에서 1,4-다이옥산을 분석하는 방법 중 주 시험법으로 적당한 것은?

① 용매추출-기체크로마토그래피 질량분석법

② 헤드스페이스-기체크로마토그래피 질량분석법

③ 고상추출-기체크로마토그래피 질량분석법

④ 퍼지·트랩-기체크로마토그래피 질량분석법

> **풀이** 1,4-다이옥산 시험법의 1법이 퍼지·트랩-기체크로마토그래피 질량분석법이므로 주 시험법이다.

02 다음 중 수질오염공정시험기준에서 1,4-다이옥산 분석에 대한 설명으로 틀린 것은?

① 지표수 중에 1,4-다이옥산을 분석하는 방법이다.

② 검출에는 질량분석기를 사용한다.

③ 분리에 사용되는 컬럼은 cross-linked 5 % phenylmethylsilicon을 사용한다.

④ 1,4-다이옥산의 정량은 검정곡선법으로 한다.

> **풀이** 1,4-다이옥산의 정량은 내부표준법으로 한다.

정답 01 ④ 02 ④

⋯02 염화비닐, 아크릴로니트릴, 브로모포름 ─ 헤드스페이스/ 기체크로마토그래피 ─ 질량분석법
(Bromoform, Vinyl Chloride, Acrylonitrile ─ Headspace ─ Gas Chromatography ─ Mass Spectrometry)

(ES 04602.1b 2014)

1. 개요

염화비닐, 아크릴로니트릴, 브로모포름을 동시에 측정하기 위한 것으로 헤드스페이스 바이알에 시료와 염화나트륨을 넣어 혼합하고 밀폐된 상태에서 약 60 ℃로 가열한 다음 상부 기체 일정량을 기체크로마토그래프 ─ 질량분석기에 주입하여 분석한다. 정량한계는 0.005 mg/L이다.

▪ 간섭물질

실험실 공기 중에 기화된 용매로 인해 오염이 발생할 수 있으며 용매, 시약, 유리기구류 및 실험도구에 분석성분이 존재할 수 있으므로 방법바탕시료를 사용하여 오염여부를 점검하여야 한다.

2. 분석기기 및 기구

기체크로마토그래프, 컬럼[100 % ─ 메틸폴리실록산(100 % ─ methyl ─ polysiloxane) 또는 5 % ─ 페닐 ─ 메틸폴리실록산([5 % ─ phenyl] ─ methylpolysiloxane)이 코팅된 Rtx ─ 1, Rtx ─ 5 및 Rtx ─ 624 등], 운반기체(99.999 % 헬륨), 질량분석기(MS ; mass spectrometer), 헤드스페이스 장치 (head space)

3. 분석절차

① 시료 10 mL를 정확히 취한 후 22 mL의 헤드스페이스용 바이알에 옮기고, 염화나트륨 3 g을 첨가한 후, 혼합내부표준용액(2.0 mg/L)을 정확히 10 μL를 취하여 헤드스페이스용 바이알 내의 시료에 첨가한다.

② 이 용액을 흔들어 섞은 후, 약 60 ℃로 고정한 온도의 항온조에서 30분간 가열한다.

③ 상부 기체를 일정량 취하여 기체크로마토그래프/질량분석기에 주입한다.

④ 내부표준법으로 정량한다.

실전 예상문제

01 다음 중 수질오염공정시험기준에서 염화비닐, 아크릴로니트릴, 브로모포름을 동시에 분석하는 방법으로 적당한 것은?

① 용매추출 – 기체크로마토그래피 질량분석법

② 퍼지 · 트랩 – 기체크로마토그래피 질량분석법

③ 고상추출 – 기체크로마토그래피 질량분석법

④ 헤드스페이스 – 기체크로마토그래피 질량분석법

> **풀이** 수질오염공정시험기준에서 염화비닐, 아크릴로니트릴, 브로모포름을 동시에 분석하는 방법은 헤드스페이스 – 기체크로마토그래피 질량분석법이다.

···03 휘발성유기화합물(Volatile Organic Compounds)

(ES 04603.0 2011)

1. 적용가능한 시험방법

휘발성유기화합물	P · T -GC-MS (ES 04603.1)	HS GC-MS (ES 04603.2)	P · T-GC (ES 04603.3)	HS-GC (ES 04603.4)	용매추출 /GC-MS (ES 04603.5)	용매추출 /GC (ES 04603.6)
1,1-다이클로로에틸렌	○	○	○			
다이클로로메탄	○	○	○			
클로로폼	○	○			○	
1,1,1-트리클로로에탄	○	○				
1,2-다이클로로에탄	○	○			○	
벤젠	○	○	○	○		
사염화탄소	○	○	○	○		
트리클로로에틸렌	○	○	○	○		○
톨루엔	○	○	○	○		
테트라클로로에틸렌	○	○	○	○		○
에틸벤젠	○	○	○	○		
자일렌	○	○	○	○		

2. 휘발성유기화합물 분석에서 일반적인 주의사항

① 휘발성유기화합물의 미량분석에서는 유리기구, 정제수 및 분석기기의 오염을 방지하는 것이 중요하다.

② 정제수는 공기 중의 휘발성유기화합물에 의하여 쉽게 오염되므로 바탕실험을 통해 오염여부를 잘 평가한다.

③ 휘발성유기화합물은 잔류농약 분석과 같이 용매를 많이 사용하는 실험실에서 분석하는 경우 오염이 발생하므로 분리된 다른 장소에서 하는 것이 원칙이다.

03-1 휘발성유기화합물 – 퍼지 · 트랩/기체크로마토그래피 – 질량분석법

(Volatile Organic Compounds – Purge · Trap – Gas Chromatography – Mass Spectrometry)

(ES 04603.1b 2014)

1. 개요

시료 중 휘발성유기화합물을 불활성기체로 퍼지시켜 기상으로 추출한 다음 트랩 관으로 흡착 · 농축하고, 가열 · 탈착시켜 모세관 컬럼을 사용한 기체크로마토그래프 – 질량분석기로 분석한다.

(1) 적용범위

① 이 시험기준은 매우 혼탁한 시료를 제외한 지하수, 지표수 등에 적용한다.

② 정량한계 : 0.001 mg/L

(2) 간섭물질

① 유리스파저, 그 연결부위나 트랩 연결관 등의 오염이나 실험실 공기 속에 기화된 용매가 오염원이 될 수 있다.

② 많은 양의 수용성 물질, 부유물질, 고끓는점 또는 휘발성 물질을 함유하는 시료를 분석한 후에는 퍼지장치들을 세척해야 한다.

2. 분석기기 및 기구

기체크로마토그래프, 컬럼[100 % – 메틸폴리실록산(100 % – methyl – polysiloxane) 또는 5 % – 페닐 – 메틸폴리실록산([5 % – phenyl] – methylpolysiloxane)이 코팅된 DB – 1, DB – 5 및 DB – 624 등], 운반기체(99.999 % 헬륨), 질량분석기(MS, mass spectrometer), 퍼지 · 트랩 장치(purge · trap concentrator)

> ※ 퍼지 · 트랩(purge · trap concentrator)
> ① 퍼지부는 5 mL ~ 25 mL의 시료를 주입할 수 있는 스파저(sparger) 및 시료를 일정 온도로 가열할 수 있는 가열장치(선택사항)로 구성
> ② 트랩관은 길이 5 cm ~ 30 cm 이상, 안지름 2 mm 이상의 스테인리스강관에 휘발성유기화합물을 흡착 · 농축할 수 있는 충전재가 충전된 것 또는 이와 동등 이상의 성능을 가진 것으로 구성
> ③ 탈착부는 트랩관에 농축된 휘발성유기화합물을 가열 · 탈착할 수 있는 가열장치를 포함하고 있다.
> ④ 냉각 응축부는 연결되어 있는 안지름 0.20 mm ~ 0.53 mm의 모세관 컬럼을 −50 ℃ ~ −150 ℃ 정도로 냉각 가능하고, 또한 200 ℃로 가열 가능한 장치 또는 이와 동등 이상의 성능을 가진 것으로 이루어져 있으며, 경우에 따라 냉각 응축 과정은 생략 가능하다.

03-2 휘발성유기화합물 – 헤드스페이스/기체크로마토그래피 – 질량분석법
(Volatile Organic Compounds – Headspace – Gas Chromatography – Mass Spectrometry)

(ES 04603.2b 2014)

1. 개요

(1) 적용범위

① 이 시험기준은 지표수, 폐수 및 매우 혼탁한 시료 등에 적용한다.

② 정량한계 : 0.005 mg/L

(2) 간섭물질

다이클로로메탄은 보관이나 운반 중에 격막(Septum)을 통해 확산되어 시료에 영향을 주며, 공기로부터 직접 오염되거나 옷에 흡착하였다가 오염될 수 있으므로, 바탕시료를 사용하여 점검한다.

2. 분석기기 및 기구

기체크로마토그래프, 컬럼[100 % – 메틸폴리실록산(100 % – methyl – polysiloxane) 또는 5 % – 페닐 – 메틸폴리실록산([5 % – phenyl] – methylpolysiloxane)이 코팅된 DB – 1, DB – 5 및 DB – 624 등], 운반기체(99.999 % 헬륨), 질량분석기(MS, mass spectrometer), 헤드스페이스(headspace)

> ※ 헤드스페이스(headspace)
> ① 바이알은 10 mL ~ 100 mL의 유리제로서 가열하여도 밀폐성이 높은 것을 사용한다. 사용 전에 메탄올로 세정하고 충분히 건조한 후 사용한다.
> ② 격막(septum)은 한쪽 면이 두께 0.05 mm 이상의 폴리테트라플루오로에틸렌(PTFE, polytetrafluoroethylene)의 재질로 코팅된 실리콘 마개를 사용한다.
> ③ 시료보온부는 온도를 약 (40 ~ 90 ± 0.5) ℃ 범위 내에서 1시간 정도 일정하게 보온 유지할 수 있는 것을 사용한다.
> ④ 냉각 응측부는 연결되어 있는 안지름 0.20 mm ~ 0.53 mm의 모세관 컬럼을 –50 ℃ ~ – 150 ℃ 정도로 냉각 가능하고, 또한 200 ℃로 가열 가능한 장치 또는 이와 동등 이상의 성능을 가진 것으로 이루어져 있으며, 경우에 따라 냉각 응축 과정은 생략 가능하다.

※ 시료주입용 장치

① 압력조절방식은 시료주입량을 조절할 수 있어야 하고, 주사기 바늘은 시료와 반응성을 최소화하기 위해 백금 – 이리듐(Pt – Ir) 재질 또는 이와 동등한 재질을 사용한다. 연결부는 비활성화된 모세관을 사용한다.

② 시료주입용 루프(sampling loop)는 기체크로마토그래프 – 질량분석기에 접속할 수 있는 것으로 스테인레스강 또는 이것과 동등 이상의 재질인 것을 사용한다.

③ 기밀주사기는 부피가 0.1 mL ~ 5 mL의 것으로 기체크로마토그래프에 접속할 수 있는 것 또는 자동 주입기로 스테인레스강 또는 이것과 동등 이상의 재질을 사용한다.

03-3 휘발성유기화합물 – 퍼지 · 트랩/기체크로마토그래피

(Volatile Organic Compounds – Purge · Trap – Gas Chromatography)

(ES 04603.3b 2014)

1. 개요

시료 중에 휘발성유기화합물 성분을 불활성기체로 퍼지시켜 기상으로 추출한 다음 트랩 관으로 흡착 · 농축하고, 가열 · 탈착시켜 모세관 컬럼을 사용한 기체크로마토그래프로 분석하는 방법이다.

(1) 적용범위

이 시험기준은 매우 혼탁한 시료를 제외한 지표수, 지하수, 등에 적용할 수 있으며, 각 성분별 정량한계는 ECD 검출기를 사용할 경우 0.001 mg/L, FID 검출기를 사용할 경우 0.002 mg/L이다. 단, 벤젠, 톨루엔, 에틸벤젠, 자일렌은 FID 검출기를 사용하여 측정한다.

(2) 간섭물질

① 많은 양의 수용성 물질, 부유물질, 고끓는점 또는 휘발성 물질을 함유하는 시료를 분석한 후에는 퍼지장치들을 세척한다.

② 높은 순도의 메탄올에도 아세톤이나 다이클로로메탄 등의 유기용매가 존재할 수 있으므로 이를 사용하여 표준용액을 제조할 때에도 용매 내 잔존량을 조사하여야 한다.

2. 분석기기 및 기구

기체크로마토그래프, 컬럼[100 %−메틸폴리실록산(100 %−methyl−polysiloxane) 또는 5 %−페닐−메틸폴리실록산 ([5 %−phenyl]−methylpolysiloxane)이 코팅된 DB−1, DB−5 및 DB−624 등], 운반기체(99.999 % 질소), 전자포획검출기 (ECD) 또는 불꽃이온화검출기 (FID), 퍼지·트랩(purge·trap sampler)

> ※ 퍼지·트랩(purge·trap sampler)
> 휘발성유기화합물−퍼지·트랩/기체크로마토그래피−질량분석법 참조

03-4 휘발성유기화합물 – 헤드스페이스/기체크로마토그래피
(Volatile Organic Compounds – Headspace – Gas Chromatography)
(ES 04603.4b 2014)

1. 개요

시험기준은 지표수, 폐수 및 매우 혼탁한 시료 등에도 적용할 수 있으며, 각 성분별 정량한계는 ECD 검출기의 경우 0.001 mg/L, FID 검출기의 경우 0.002 mg/L이다. 단, 벤젠, 톨루엔, 에틸벤젠, 크실렌은 FID 검출기를 사용하여 측정한다.

■ 간섭물질

휘발성유기화합물은 보관이나 운반 중에 격막(Septum)을 통해 확산되어 시료에 오염되거나, 공기로부터 직접 오염되거나 옷에 흡착하였다가 오염될 수 있으므로 바탕시료를 사용하여 점검한다.

2. 분석기기 및 기구

기체크로마토그래프, 컬럼[100 %−메틸폴리실록산(100 %−methyl−polysiloxane) 또는 5 %−페닐−메틸폴리실록산 ([5 %−phenyl]−methylpolysiloxane)이 코팅된 DB−1, DB−5 및 DB−624 등], 운반기체(99.999 % 질소), 전자포획검출기 (ECD) 또는 불꽃이온화 검출기(FID), 퍼지·트랩(purge·trap sampler), 헤드스페이스(headspace)

> ※ 헤드스페이스(headspace), 시료주입용 장치
> 휘발성유기화합물−헤드스페이스/기체크로마토그래피−질량분석법 참조

03-5 휘발성유기화합물 – 용매추출/기체크로마토그래피 – 질량분석법

(Volatile Organic Compounds – Liquid Extraction/ – Gas Chromatography – Mass Spectrometry)

(ES 04603.5b 2014)

1. 개요

시료를 헥산으로 추출하여 기체크로마토그래프 – 질량분석기를 이용하여 분석하는 방법이며, 정량 한계는 0.002 mg/L이다.

2. 분석기기 및 기구

기체크로마토그래프, 컬럼(DB – 1, DB – 5 및 DB – 624 등), 운반기체(99.999 % 헬륨), 질량분석기(MS ; mass spectrometer)

03-6 휘발성유기화합물 – 용매추출/기체크로마토그래피

(Volatile Organic Compounds – Liquid Extraction/Gas Chromatography)

(ES 04603.6b 2014)

1. 개요

채수한 시료를 헥산으로 추출하여 기체크로마토그래프를 이용하여 분석하는 방법이다.

(1) 적용범위

① 이 시험기준은 매우 혼탁한 시료를 제외한 지표수, 지하수, 폐수 등에 적용할 수 있다.
② 정량한계 : 0.002 mg/L(단, 트리클로로에틸렌은 0.008 mg/L)

(2) 간섭물질

실험실 공기 속에 기화된 용매로 오염이 될 수 있으므로 바탕시료를 사용하여 점검한다.

2. 분석기기 및 기구

기체크로마토그래프, 컬럼[100 % – 메틸폴리실록산(100 % – methyl – polysiloxane) 또는 5 % – 페닐 – 메틸폴리실록산([5 % – phenyl] – methylpolysiloxane)이 코팅된 DB – 1, DB – 5 및 DB – 624 등], 운반기체(99.999 % 질소), 전자포획 검출기(ECD) 또는 불꽃이온화 검출기(FID)

실전 예상문제

01 다음 중 수질오염공정시험기준에서 휘발성유기화합물을 분석하는 방법에 해당하지 않는 것은?

① 용매추출/기체크로마토그래피

② 퍼지 · 트랩/기체크로마토그래피

③ 고상추출/기체크로마토그래피 질량분석법

④ 헤드스페이스/기체크로마토그래피 질량분석법

> **풀이** 수질오염공정시험기준에서 휘발성유기화합물을 분석하는 방법은 퍼지 · 트랩/기체크로마토그래피 – 질량분석법, 퍼지 · 트랩/기체크로마토그래피, 헤드스페이스/기체크로마토그래피 질량분석법, 용매추출/기체크로마토그래피 – 질량분석법, 용매추출/기체크로마토그래피이다.

02 다음 중 수질오염공정시험기준에서 휘발성유기화합물 분석법에 대한 설명으로 틀린 것은?

① 퍼지 · 트랩/기체크로마토그래피 질량분석법이 주 시험법이다.

② 헤드스페이스를 이용하면 오염이 많은 매우 혼탁한 시료에도 적용할 수 있다.

③ 기체크로마토그래피법으로 분석할 경우에 벤젠, 톨루엔은 반드시 전자포획형 검출기(ECD)를 사용해야 한다.

④ 정량방법에는 검정곡선법 또는 내부표준법이 있다.

> **풀이** 벤젠, 톨루엔, 에틸벤젠, 크실렌은 불꽃이온화 검출기(FID)를 사용하여 측정한다.

03 다음 중 수질오염공정시험기준에서 휘발성유기화합물 분석법에 사용되는 검출기로 적당하지 않은 것은?

① 질량분석기　　　　② FPD　　　　③ ECD　　　　④ FID

> **풀이** FPD는 황과 인 화합물 분석에 주로 사용된다.

04 휘발성유기화합물 분석 시 주의해야 할 사항에 대한 설명으로 틀린 것은?

① 휘발성유기화합물의 미량분석에서는 유리기구, 정제수 및 분석기기의 오염을 방지하는 것이 중요하다.

② 정제수는 공기 중의 휘발성유기화합물에 의하여 쉽게 오염되므로 바탕실험을 통해 오염여부를 잘 평가한다.

③ 휘발성유기화합물은 잔류농약 분석과 같이 용매를 많이 사용하는 실험실에서 분석하는 경우 오염이 발생하므로 분리된 다른 장소에서 하는 것이 원칙이다.

정답 01 ③　02 ③　03 ②　04 ④

④ 용매추출법을 사용하면 외부로부터의 오염을 최소화할 수 있다.

> **풀이** 용매추출법도 실험실 공기 속에 기화된 용매, 기구, 시약 등으로부터 오염이 될 수 있으므로 바탕시료를 사용하여 점검해야 한다.

05 수질오염공정시험기준에서 휘발성유기화합물 분석방법에 대한 설명으로 틀린 것은?

① 퍼지·트랩/기체크로마토그래피 질량분석법은 주 시험법이다.
② 용매추출/기체크로마토그래피 질량분석법은 선택적인 추출로 오염이 많은 시료에도 적용할 수 있다.
③ 퍼지·트랩 장치는 대상물질을 가스로 퍼징하여 트랩에 흡착하여 일시에 기체크로마토그래프의 주입구로 보내는 장치이다.
④ 헤드스페이스용 바이알은 사용 전에 메탄올로 세정하고 충분히 건조한 후 사용한다.

> **풀이** 용매추출법은 매우 혼탁한 시료를 제외한 지표수, 지하수, 폐수 등에 적용할 수 있다.

06 수중의 휘발성유기화합물을 분석 후 바탕시료 분석결과 크로마토그램에 오염이 된 피크를 발견하였다. 오염 원인으로 적당하지 않은 것은?(단, 시료와 바탕시료는 정상적인 것으로 가정한다.)

① 고농도로 오염된 혼탁한 시료를 사용하였다.
② 분석 전 유기인계 농약을 추출하였다.
③ 사용된 기구를 메탄올로 세정한 후 건조하였다.
④ 헤드스페이스 바이알의 격막을 편리한 고무 재질을 사용하였다.

> **풀이** ③은 휘발성유기화합물 분석 전 기구에 의한 오염을 방지하기 위하여 사용하는 방법이다.

···04 폼알데하이드(Formaldehyde)(ES 04605.0 2014)

① 이 시험기준은 지표수 중에 존재하는 폼알데하이드에 대한 분석방법이다.
② 지표수에 미량으로 존재하는 폼알데하이드를 분석하기 위해서는 일반적으로 전처리 장치를 이용하는 등 적절한 방법으로 전처리를 하여야 하고 그 후에 고성능액체크로마토그래프나 기체크로마토그래프를 이용하여 기기분석을 실시한다.
③ 폼알데하이드의 미량분석에서는 유리기구, 정제수 및 분석기기의 오염을 방지하는 것이 중요하다.

04-1 폼알데하이드 – 고성능액체크로마토그래피
(Volatile Organic Compounds – Liquid Extraction/Gas Chromatography)
(ES 04605.1a 2015)

1. 개요

① 시료의 pH를 3으로 조절한 후 2,4 – 디니트로페닐하이드라진으로 유도체화한 것을 고상카트리지로 정제하여 액체크로마토그래피 – 자외선검출기로 분석하는 방법이다.
② 이 시험방법은 지표수 중에 폼알데하이드의 분석으로 고성능액체크로마토그래프로 분리한 다음 자외선검출기로 측정하는 방법이다.

■ 간섭물질

2,4 – 디니트로페닐하이드라진 시약에 폼알데하이드가 오염되는 일이 자주 발생하므로 2,4 – 디니트로페닐하이드라진을 정제하여 사용한다.

2. 분석기기 및 기구

고성능액체크로마토그래프, 자외선 검출기, 이동상(아세토니트릴과 정제수 50 : 50), 고상카트리지(C_{18}), 고상 추출장치

04-2 폼알데하이드 – 기체크로마토그래피
(Formaldehyde – Gas Chromatography)

(ES 04605.2 2014)

1. 개요

시료에 황산을 사용하여 pH 2 ~ 3으로 조절한 후 펜타플루오로벤질하이드록실아민으로 유도체화
한 것을 헥산으로 추출하여 기체크로마토그래프로 분리한 다음 질량분석기나 전자포획검출기로 분
석하는 방법이며, 정량한계는 0.01 mg/L이다.

- ■ **간섭물질**

  펜타플루오로벤질하이드록실아민 시약에 폼알데하이드가 확인되면 시약을 정제하여 사용하여
  야 한다.

2. 분석기기 및 기구

기체크로마토그래프, 컬럼(cross – linked methylsilicon 또는 cross – linked 5 % phenylmethylsilicon),
운반기체(99.999 % 헬륨 또는 질소), 질량분석기(MS ; mass spectrometer) 또는 전자포획 검출기(ECD ;
electron capture detector)

04-3 폼알데하이드 – 헤드스페이스/기체크로마토그래피 – 질량분석법
(Formaldehyde – Headspace/Gas Chromatography – Mass Spectrometry)

(ES 04605.3 2014)

1. 개요

헤드스페이스 바이알에 시료와 PFBHA(유도체화 시약)를 넣어 밀폐된 상태에서 혼합하고 약 80 ℃
로 40분간 가열한 다음 상부 기체 일정량을 기체크로마토그래프 – 질량분석기에 주입하여 분석한다.

(1) 적용범위

① 이 시험기준은 폐수 또는 폼알데하이드의 농도가 비교적 높은 지표수, 지하수 등에 적용한다.
② 정량한계 : 0.010 mg/L

(2) 간섭물질

실험실 공기 중에 기화된 용매로 인해 오염이 발생할 수 있으며 용매, 시약, 유리기구류 및 실험 도구에 분석성분이 존재할 수 있으므로 방법바탕시료를 사용하여 오염여부를 점검한다.

2. 분석기기 및 기구

기체크로마토그래프, 컬럼(Rtx-624), 운반기체(99.999 % 헬륨), 질량분석기(MS ; mass spectrometer), 헤드스페이스 장치(headspace system)

실전 예상문제

01 다음은 수질오염공정시험기준에서 고성능액체크로마토그래피법으로 폼알데히드를 분석하려고
한다. 유도체화 시약으로 알맞은 것은?

① 2,4-디니트로페닐하이드라진

② APDC

③ 펜타플루오로벤질하이드록실아민

④ PFBHA

풀이 고성능액체크로마토그래피법 폼알데히드 분석에서 사용되는 유도체화 시약은 2,4-디니트로페닐하이드
라진(2,4-DNPH)이다.

···05 헥사클로로벤젠 – 기체크로마토그래피 – 질량분석법
(Hexachlorobenzene – Gas chromatography – Mass Spectrometry)
(ES 04606.1 2014)

지표수 시료를 중성에서 다이클로로메탄으로 추출한 다음 농축한 후 기체크로마토그래프로 분리한 다음 질량분석기로 분석하는 방법이다.

···06 나프탈렌(Naphthalene) (ES 04607.0 2014)

① 물속에 미량으로 존재하는 나프탈렌을 분석하기 위해서는 일반적으로 전처리 장치를 이용하는 등 적절한 방법으로 전처리를 하여야 하고 그 후에 기체크로마토그래프를 이용하여 기기분석을 실시한다.
② 나프탈렌의 미량분석에서는 유리기구, 정제수 및 분석기기의 오염을 방지하는 것이 중요하다.

06-1 나프탈렌 – 헤드스페이스/기체크로마토그래피 – 질량분석법
(Naphthalene – Headspace/Gas Chromatography – Mass Spectrometry)
(ES 04607.1 2014)

1. 개요

헤드스페이스용 바이알에 시료를 넣어 밀폐된 상태에서 약 60 ℃로 가열한 다음 상부 기체 일정량을 기체크로마토그래프 – 질량분석기에 주입하여 분석한다.

(1) 적용범위

이 시험기준은 폐수 또는 나프탈렌의 농도가 비교적 높은 지표수, 지하수 등에 적용한다.

(2) 간섭물질

실험실 공기 중에 기화된 용매로 인해 오염이 발생할 수 있으며 용매, 시약, 유리기구류 및 실험 도구에 분석성분이 존재할 수 있으므로 방법바탕시료를 사용하여 오염여부를 점검

2. 분석기기 및 기구

기체크로마토그래프, 컬럼(Rtx-624), 운반기체(99.999 % 헬륨), 질량분석기(MS ; mass spectrometer), 헤드스페이스 장치(headspace system)

06-2 나프탈렌-퍼지·트랩/기체크로마토그래피-질량분석법
(Naphthalene-Purge·Trap/Gas Chromatography-Mass Spectrometry)

(ES 04607.2 2014)

1. 개요

퍼지·트랩 전처리 장비를 이용하여 기체크로마토그래프-질량분석기에 주입하여 분석한다.

2. 분석기기 및 기구

기체크로마토그래프, 컬럼(Rtx-624), 운반기체(99.999 % 헬륨), 질량분석기(MS ; mass spectrometer), 퍼지·트랩 장치(purge·trap concentrator)

···07 에피클로로하이드린-용매추출/기체크로마토그래피-질량분석법
(Epichlorohydrin-Liquid Extraction/Gas Chromatography-Mass Spectrometry)

(ES 04608.1 2014)

1. 개요

시료를 중성에서 다이클로로메탄으로 추출하여 농축한 후, 기체크로마토그래프-질량분석기로 분석하는 방법이다.

2. 분석기기 및 기구

기체크로마토그래프, 컬럼(DB-5), 운반기체(99.999 % 헬륨), 질량분석기(MS ; mass spectrometer), 원심분리기, 플로리실 컬럼

┅08 아크릴아미드(Acrylamide) (ES 04609.0 2015)

① 일반적으로 전처리 장치를 이용하는 등 적절한 방법으로 전처리를 하여야 하고 그 후에 기체크로마토그래프 또는 액체크로마토그래프를 이용하여 기기분석을 실시한다.
② 아크릴아미드의 미량분석에서는 유리기구, 정제수 및 분석기기의 오염을 방지하는 것이 중요하다.

08-1 아크릴아미드 – 기체크로마토그래피 – 질량분석법
(Acrylamide/Gas Chromatography – Mass Spectrometry)
(ES 04609.1 2015)

1. 개요

시험방법은 아크릴아미드의 이중결합을 브롬화 반응을 통해 브롬으로 치환하여 생성된 2,3 – dibromopropionamide를 에틸아세테이트로 황산나트륨 염석효과를 사용하여 추출 및 농축한 후, 기체크로마토그래프 – 질량분석기로 분석하는 방법이다.

(1) 적용범위

이 시험기준은 폐수 또는 아크릴아미드의 농도가 비교적 높은 지표수, 지하수 등에 적용

(2) 간섭물질

유도체화 반응물질인 브롬화칼륨(KBr ; Potassium Bromide) 속의 불순물은 플로리실 컬럼(Florisil Column)을 통과시켜 제거한다.

2. 분석기기 및 기구

기체크로마토그래프, 컬럼(cross – linked 6 % cyanopropylphenol / 94 % dimethyl polysiloxene), 운반기체(99.999 % 헬륨), 질량분석기(MS ; mass spectrometer), 농축장치

08-2 아크릴아미드 – 액체크로마토그래피 – 텐덤질량분석법

(Acrylamide – Liquid Chromatography – Tandem Mass Spectrometry)

(ES 04609.2 2015)

1. 개요

물속에 존재하는 아크릴아미드를 $0.2~\mu m$ 공극의 여지를 사용하여 여과한 후 여액을 직접 액체크로마토그래프 – 텐덤질량분석기에 주입하여 분석한다.

(1) 적용범위

이 시험기준은 폐수 또는 아크릴아미드의 농도가 비교적 높은 지표수, 지하수 등에 적용한다.

(2) 간섭물질

시료 중에 존재하는 입자상 물질은 컬럼의 공극을 막히게 하여 분리효율을 저하시키거나 컬럼수명에 영향을 끼치므로, 분석 전에 시료 중의 입자상물질은 $0.2~\mu m$ 의 여지를 사용하여 여과하여 사용한다.

2. 분석기기 및 기구

(1) 고성능 액체크로마토그래프(High Performance Liquid Chromatograph)

분석용 컬럼은 비극성 흡착제가 코팅된 역상 컬럼(ODS계통)을 사용한다.

(2) 텐덤질량분석기(Tandem Mass Spectrometer)

① 질량분석기는 사중극자형(Quadrupole) 또는 이와 동등 이상의 성능을 가진 것을 사용
② 이온화방식은 전기분무 이온화(ESI ; Electrospray Ionization)를 사용
③ 검출방법은 다중반응검출법(MRM ; Multiple Reaction Monitoring)을 사용

···09 스타이렌(Styrene) (ES 04610.0 2015)

① 일반적으로 전처리 장치를 이용하는 등 적절한 방법으로 전처리를 하여야 하고 그 후에 기체크로마토그래프를 이용하여 기기분석을 실시한다.

② 스타이렌의 미량분석에서는 유리기구, 정제수 및 분석기기의 오염을 방지하는 것이 중요하다.

09-1 스타이렌 – 헤드스페이스/기체크로마토그래피 – 질량분석법
(Styrene – Headspace/Gas Chromatography – Mass Spectrometry)
(ES 04610.1 2015)

헤드스페이스 바이알에 시료를 넣어 밀폐된 상태에서 약 60 ℃ ~ 80 ℃로 가열한 다음 상부 기체 일정량을 기체크로마토그래프 – 질량분석기에 주입하여 분석한다.

09-2 스타이렌 – 퍼지 · 트랩/기체크로마토그래피 – 질량분석법
(Styrene – Purge · Trap/Gas Chromatography – Mass Spectrometry)
(ES 04610.2 2015)

시료 중 스타이렌을 불활성기체로 퍼지시켜 기상으로 추출한 다음 트랩관으로 흡착 · 농축하고, 가열 · 탈착시켜 모세관 컬럼을 사용한 기체크로마토그래프 – 질량분석기로 분석한다.

···10 페놀(Phenol) (ES 04611.0 2016)

물속에 미량으로 존재하는 페놀을 기체크로마토그래프를 이용하여 기기분석을 한다.

10-1 페놀 – 용매추출/기체크로마토그래피 – 질량분석법
(Phenol – Liquid Extraction/Gas Chromatography – Mass Spectrometry)

(ES 04611.1 2016)

1. 개요

페놀을 측정하기 위한 것으로 pH를 조정한 후 다이클로로메탄으로 추출 및 농축한 후, 기체크로마토그래프 – 질량분석기로 분석하는 방법이다.

(1) 적용범위

지표수, 지하수, 폐수 등에 적용하며, 정량한계는 0.005 mg/L이다.

(2) 간섭물질

① 유리기구는 세정제, 수돗물, 정제수 그리고 아세톤으로 차례로 닦아준 후 400 ℃에서 15 ~ 30분 가열한 후 식혀 깨끗한 곳에 보관하여 사용한다.
② 고순도 시약이나 용매를 사용하면 방해물질을 최소화할 수 있다.
③ 알칼리성에서 실험하면 페놀의 회수율이 줄어들 수 있다.

2. 분석기기 및 기구

기체크로마토그래프, 컬럼(cross – linked methylsilicon 또는 cross – linked 5 % phenylmethylsilicon), 운반기체(99.999 % 헬륨), 질량분석기(MS ; mass spectrometer), 농축장치

3. 시약

(1) 페놀표준원액

페놀 표준물질 10 mg을 아세톤 또는 적절한 용매에 녹여 10 mL로 한다. 폴리테트라플루오로에틸렌(PTFE) 마개로 밀봉하여 냉장고에 보관하고, 제조 후 6개월 이내에 사용한다.

(2) 내부표준원액

내부표준물질로는 페난트렌 – d_{10} 또는 페놀 – d_5 10 mg을 다이클로로메탄에 녹여 10 mL로 한다. 이 용액은 여러 개의 바이알에 공기층이 남지 않도록 나누어 넣은 다음 밀봉하여 냉장보관하고, 4주일 이내에 사용한다.

4. 시료채취 및 관리

미리 질산 및 정제수로 씻은 유리병에 시료를 채취하며 채취 전에 시료로 세척하지 말아야 한다.

5. 분석절차

① 시료 500 mL를 1 L 분액깔때기에 취하고 인산이수소칼륨을 넣어 pH 4.5로 조절한다.

② 내부표준용액인 페난트렌－d_{10}(10 mg/L) 또는 페놀－d_5(10 mg/L)를 0.2 mL 주입한다.

③ 염화나트륨 20 g을 넣은 후 다이클로로메탄 20 mL를 넣고 10분간 세게 흔들어 추출한 후 2회 더 반복하여 총 3회 추출한다. 추출한 다이클로로메탄층을 무수황산나트륨 2 g을 통과시켜 수분을 제거한다.

④ 구데르나데니쉬농축기, 회전증발농축기 또는 질소농축기로 1 mL가 되도록 농축 후 분석한다.

⑤ 내부표준법으로 정량한다.

실전 예상문제

01 페놀의 기체크로마토그래피 – 질량분석법에 대한 설명 중 틀린 것은?

① 유리기구는 세정제, 수돗물, 정제수 그리고 아세톤으로 차례로 닦아준 후 400 ℃에서 15~30분 가열한 후 식혀 깨끗한 곳에 보관하여 사용한다.

② 고순도 시약이나 용매를 사용하면 방해물질을 최소화할 수 있다.

③ 알칼리성에서 실험하면 페놀의 회수율이 좋아질 수 있다.

④ 추출 용매로 다이클로로메탄을 사용한다.

풀이 알칼리성에서 실험하면 페놀의 회수율이 줄어들 수 있다.

•••11 펜타클로로페놀 – 용매추출/기체크로마토그래피 – 질량분석법
(Pentachlorophenol – Liquid Extraction/Gas Chromatography – Mass Spectrometry)

(ES 04612.1 2016)

1. 개요

펜타클로로페놀의 수산화기(– OH기)를 아세트산무수물로 아실기(RCO –)로 유도체화하여 극성과 휘발성은 낮추고 안정성을 증가시켜 추출 및 농축한 후, 기체크로마토그래프 – 질량분석기로 분석하는 방법이다.

■ 간섭물질

시료 중에 잔류염소가 존재하면 시료채취 즉시 염소이온 2.5 mg/L 당 티오황산나트륨 용액 (1 N) 1 mL을 첨가한다.

2. 분석기기 및 기구

기체크로마토그래프, 컬럼(cross – linked methylsilicon 또는 cross – linked 5 % phenylmethylsilicon), 운반기체(99.999 % 헬륨), 질량분석기(MS ; mass spectrometer), 농축장치

3. 시약

(1) 펜타클로로페놀표준원액

펜타클로로페놀 표준물질 25 mg을 메탄올에 녹여 25 mL로 한다. 폴리테트라플루오로에틸렌 (PTFE) 마개로 밀봉하여 냉장고에 보관하고, 제조 후 6개월 이내에 사용한다.

(2) 내부표준원액

내부표준물질로는 페난트렌 – d_{10} 또는 펜타클로로페놀 – $^{13}C_6$ 10 mg을 다이클로로메탄에 녹여 10 mL로 한다. 이 용액은 여러 개의 바이알에 공기층이 남지 않도록 나누어 넣은 다음 밀봉하여 냉장보관하고, 4주일 이내에 사용한다.

4. 시료채취 및 관리

미리 질산 및 정제수로 씻은 유리병에 시료를 채취하며 채취 전에 시료로 세척하지 말아야 한다.

···12 노닐페놀 – 기체크로마토그래피 – 질량분석법
(Nonylphenol – Gas Chromatography – Mass Spectrometry)

(ES 04613.1 2017)

1. 개요

시료를 pH 2 이하의 산성으로 만들고 다이클로로메탄으로 추출하여 농축·정제한 후, 기체크로마토그래프 – 질량분석기로 분석하는 방법으로 정량한계는 0.002 mg/L이다.

■ 간섭물질

① 추출 용매에 함유된 불순물이 분석을 방해할 수 있다. 이 경우 방법바탕시료나 시약바탕시료를 분석하여 확인할 수 있다. 방해물질이 존재하면 용매를 증류하거나 정제용 컬럼을 이용하여 제거한다. 고순도의 시약이나 용매를 사용하면 방해물질을 최소화할 수 있다.

② 유리기구류는 세정제, 수돗물, 정제수 그리고 아세톤으로 차례로 닦아준 후 300 ℃에서 15분 ~ 30분 동안 가열한 후 식혀 알루미늄박(箔)으로 덮어 깨끗한 곳에 보관하여 사용한다.

③ 매트릭스로부터 추출되어 나오는 방해물질이 있을 수 있는데 이는 시료마다 다르다. 만약 방해가 심하면 추가적으로 플로리실(Florisil) 등을 사용한 고체상 정제를 할 수 있으며 이 경우에는 바탕시험으로 결과 보정이 필요할 수 있다.

2. 분석기기 및 기구

① 기체크로마토그래프, 컬럼(DB – 1, DB – 5), 운반기체(99.999 % 헬륨), 농축장치
② 질량분석기 : 자기장형(magnetic sector), 사중극자형(quardrupole), 이온트랩형

3. 시약 및 표준용액

① 노닐페놀표준원액 : 고순도 노닐페놀(98 % 이상) 사용 조제 또는 품질보증서가 있는 상용화된 제품을 사용하며, 갈색유리병에 폴리테트라플루오로에틸렌(PTFE) 마개로 밀봉하여 냉장고에 보관한다.

② 대체표준원액 : 고순도 4 – n – Nonylphenol(98.0 %) 시약 사용

③ 내부표준원액 : 고순도 phenanthrene – d_{10}(98.0 % 이상) 시약 사용

④ 염화나트륨

4. 시료채취 및 관리

① 시료채취는 아세톤 등으로 세척되거나 사전 체적이 인증된 유리병을 사용하며 세제를 사용하지 않아야 한다.

② 황산 적당량을 가하여 pH 2로 조절하여 추출하기 전까지 0 ℃ ~ 4 ℃ 냉암소에서 보관한다. 시료는 28일 이내에 추출하고 40일 이내에 분석한다.

5. 회수율

① 회수율이라 함은 대체표준물질의 회수율을 말하며 시료분석결과에 대한 신뢰성 검토를 위해 시료분석결과와 함께 제시한다.

② 검정곡선 작성용 표준용액(0.5 ~ 10 mg/L)을 분석하여 얻은 각 대체표준물질과 내부표준물질 간의 상대감응계수(RRF)를 이용하여 시료에서의 대체표준물질의 회수율을 아래와 같이 계산하며 50 ~ 120% 범위를 만족하여야 한다.

$$회수율(\%) = \frac{(A_s)}{(A_i)} \times \frac{1}{RRF} \times \frac{(C_i)}{(C_s)} \times 100$$

여기서, A_s : 대체표준물질의 정량이온의 피크 면적
A_i : 내부표준물질의 정량이온의 피크 면적
C_i : 내부표준물질의 농도
C_s : 대체표준물질의 농도
RRF : 상대감응계수

6. 분석절차

(1) 전처리

① 시료 500 mL를 1 L 분별깔때기에 취하여 대체표준용액을 첨가하고 9 M 황산 용액을 이용하여 시료를 pH 2 이하의 산성상태로 만든 후 염화나트륨 약 30 g을 넣어 녹인다.

② 추출용매인 다이클로로메탄 50 mL를 넣어 5분간 강하게 2회 추출한다.

③ 농축기로 용액을 농축 후에 내부표준용액을 첨가하고 부피를 1 mL로 한다.

(2) 분석

① RRF(상대감응계수) 구하기 : 시료를 분석하기 전에 제조한 검정곡선 작성용 표준용액(0.5 mg/L ~ 10 mg/L)을 분석하여 각 선택이온에 대한 크로마토그램을 작성하여 각 표준물질

의 면적과 이에 대응하는 내부표준물질의 피크 면적으로부터 상대감응계수(RRF)를 구한다.

$$RRF = \frac{(A_n)}{(A_i)} \times \frac{(C_i)}{(C_n)}$$

여기서, A_n : 표준물질의 정량이온의 피크 면적

A_i : 내부표준물질의 정량이온의 피크 면적

C_i : 내부표준물질의 농도

C_n : 표준물질의 농도

위의 식에 의해 농도별 상대감응계수(RRF)값을 구한 다음, 평균 상대감응계수(RRF_{ave})와 상대표준편차(RSD)를 계산한다.

$$RRF_{ave} = \frac{\sum\limits_{i=1}^{n} RRF_i}{n}, \quad SD = \sqrt{\frac{\sum\limits_{i=1}^{n} (RRF_i - RRF_{ave})^2}{n-1}}, \quad RSD = \frac{SD}{RRF_{ave}} \times 100$$

농도별 상대감응계수 값에 대한 상대표준편차가 25 % 이하인 경우는 평균 상대감응계수를 사용하여 시료를 정량하고, 25 %를 초과하면 모든 검정곡선 표준용액을 다시 측정하여 새로운 평균 상대감응계수를 구하여야 한다.

② 측정법

최종농축 시료 중 2 μL를 기체크로마토그래프에 주입하여 분석하며, 이때 신호 대 잡음 (signal to noise, S/N)의 비는 3보다 커야 한다.

7. 결과보고

정량은 검출된 분석물질과 동위원소 치환 내부표준물질의 상대비율로 정량하는 내부표준법으로 평균 상대감응계수(RRF_{ave})법에 의해 정량한다.

$$C = \frac{(A_s)}{(A_i)} \times \frac{(I_i)}{(RRF_{ave})} \times \frac{1}{V}$$

여기서, C : 시료 중 농도 (mg/L)

A_s : 시료에 함유된 분석물질의 정량이온의 피크 면적

A_i : A_s에 대응하는 시료에 첨가된 내부표준물질의 정량이온의 피크 면적

I_i : 시료에 첨가된 내부표준물질의 양 (mg)

RRF_{ave} : 평균 상대감응계수

V : 시료량 (L)

···13 옥틸페놀 – 기체크로마토그래피 – 질량분석법
(Octylphenol – Gas Chromatography – Mass Spectrometry)

(ES 04614.1 2018)

1. 개요

시료를 pH 2 이하의 산성으로 만들고 다이클로로메탄으로 추출하여 농축 · 정제한 후, 기체크로마
토그래프 – 질량분석기로 분석하는 방법이다.

2. 분석기기 및 기구

① 기체크로마토그래프, 컬럼(DB – 1, DB – 5), 운반기체(99.999 % 헬륨), 농축장치
② 질량분석기 : 자기장형 (magnetic sector), 사중극자형 (quardrupole), 이온트랩형 (ion trap),
오비트랩(Orbitrap) 등

3. 시약 및 표준용액

① 옥틸페놀표준원액 : 인증서가 있는 상용화된 제품을 사용하며, 갈색유리병에 폴리테트라플루오
로에틸렌 (PTFE) 마개로 밀봉하여 냉장고에 보관한다.
② 대체표준원액 : 고순도 4 – n – Nonylphenol(98.0 %) 시약 사용
③ 내부표준원액 : 고순도 phenanthrene – d$_{10}$(98.0 % 이상) 시약 사용
④ 염화나트륨

> ※ 시료채취 및 관리, 정도보증/정도관리(QA/QC), 분석절차, 결과보고
> 노닐페놀 – 기체크로마토그래피 – 질량분석법 참조

···14 니트로벤젠, 2,6 – 디니트로톨루엔, 2,4 – 디니트로톨루엔 – 기체크로마토그래피 – 질량분석법
(Nitrobenzene, 2,6 – Dinitrotoluene, 2,4 – Dinitrotoluene – Gas Chromatography – Mass Spectrometry)

(ES 04615.1 2018)

1. 개요

시료를 pH 2 이하의 산성으로 만들고 다이클로로메탄으로 추출하여 농축·정제한 후, 기체크로마 토그래프 – 질량분석기로 분석하는 방법이다.

■ 간섭물질

① 추출 용매에 함유된 불순물이 분석을 방해할 수 있다. 이 경우 방법바탕시료나 시약바탕시료 를 분석하여 확인할 수 있다. 방해물질이 존재하면 용매를 증류하거나 정제용 컬럼을 이용하 여 제거한다. 고순도의 시약이나 용매를 사용하면 방해물질을 최소화할 수 있다.

② 유리기구류는 세정제, 수돗물, 정제수 그리고 아세톤으로 차례로 닦아준 후 300 ℃에서 15 분 ~ 30분 동안 가열한 후 식혀 알루미늄박(箔)으로 덮어 깨끗한 곳에 보관하여 사용한다.

③ 매트릭스로부터 추출되어 나오는 방해물질이 있을 수 있는데 이는 시료마다 다르다. 만약 방 해가 심하면 추가적으로 플로리실(Florisil) 등을 사용한 고체상 정제를 할 수 있으며 이 경우 에는 바탕시험으로 결과 보정이 필요할 수 있다.

2. 분석기기 및 기구

① 기체크로마토그래프, 컬럼(DB – 1, DB – 5), 운반기체(99.999 % 헬륨), 농축장치

② 질량분석기 : 자기장형(magnetic sector), 사중극자형(quardrupole), 이온트랩형

3. 시약 및 표준용액

① 니트로벤젠, 2,6 – 디니트로톨루엔 표준원액 : 98.0 % 이상 고순도 시약 사용 조제 또는 품질보 증서가 있는 상용화된 제품을 사용하며, 갈색유리병에 폴리테트라플루오로에틸렌(PTFE) 마개로 밀봉하여 냉장고에 보관한다.

② 대체표준원액 : Nitrobenzene(98.0 %) 시약 사용 또는 품질보증서가 있는 상용화된 제품을 사용

③ 내부표준원액 : 고순도 phenanthrene – d_{10}(98.0 % 이상) 시약 사용 또는 품질보증서가 있는 상 용화된 제품을 사용

④ 염화나트륨

4. 시료채취 및 관리

① 시료채취는 아세톤 등으로 세척되거나 사전 체적이 인증된 유리병을 사용하며 세제를 사용하지 않아야 한다.

② 황산 적당량을 가하여 pH 2로 조절하여 추출하기 전까지 0 ℃ ~ 4 ℃ 냉암소에서 보관한다. 시료는 28일 이내에 추출하고 40일 이내에 분석한다.

5. 회수율

노닐페놀 – 기체크로마토그래피 – 질량분석법 참조

6. 분석절차

(1) 전처리

노닐페놀 – 기체크로마토그래피 – 질량분석법 참조

(2) 분석

① RRF(상대감응계수) 구하기 : 노닐페놀 – 기체크로마토그래피 – 질량분석법 참조

② 측정법 : 최종농축 시료 중 2 μL를 기체크로마토그래프에 주입하여 분석하며, 이때 신호 대 잡음(signal to noise, S/N)의 비는 3보다 커야 하며, 각 분석물질의 정량이온과 확인이온에 대한 자연 존재비(isotope ratio)와 비교하여 ± 20 % 이내에 있는 것으로 한다.

7. 결과보고

노닐페놀 – 기체크로마토그래피 – 질량분석법 참조

실전 예상문제

01 펜타클로로페놀의 기체크로마토그래피 – 질량분석법에 대한 설명 중 틀린 것은?

① 시료 중에 잔류염소가 존재하면 정량을 방해하므로 시료채취 즉시 염소이온 2.5 mg/L 당 티오황산나트륨 용액(1 N) 1 mL을 첨가한다.

② 질량분석기의 이온화방식은 전자충격법(EI ; Electron Impact)을 사용하며 이온화 에너지는 35 eV ~ 70 eV를 사용한다.

③ 권장하는 내부표준물질은 페난트렌−d_{10} 또는 펜타클로로페놀−d_5이다.

④ 이 시험방법은 펜타클로로페놀의 수산화기(−OH기)를 아세트산무수물로 아실기(RCO−)로 유도체화한다.

> **풀이** 내부표준물질로 권장하는 물질은 페난트렌−d_{10}(phenanthrene−d_{10}, $C_{14}H_{10}$, 분자량 : 188.29) 또는 펜타클로로페놀−$^{13}C_6$(pentachlorophenol−$^{13}C_6$ $^{13}C_6Cl_5OH$, 분자량 : 272.29)로 고순도(99% 이상) 10 mg을 메탄올에 녹여 100 mL로 한다. 이 용액은 여러 개의 바이알에 공기층이 남지 않도록 나누어 넣은 다음 밀봉하여 냉장 보관하고, 4주일 이내에 사용한다.

02 다음 기체크로마토그래피 질량분석법 중 대체표준물질의 회수율을 반드시 구해야 하는 시험기준으로 연결된 것은?

① 헥사클로로벤젠 – 니트로벤젠

② 스타이렌−2,6−디니트로톨루엔

③ 페놀−펜타클로로페놀

④ 노닐페놀−옥틸페놀

> **풀이** 노닐페놀, 옥틸페놀, 니트로벤젠, 2,6−디니트로톨루엔, 2,4−디니트로톨루엔−기체크로마토그래피−질량분석법은 반드시 대체표준물질의 회수율을 구해야 한다.

S E C T I O N

008 생물

E N V I R O N M E N T A L   M E A S U R E M E N T

PART 01

PART 02

PART 03

PART 04

01-1 총대장균군 – 막여과법
(Total Coliform – Membrane Filtration Method)
(ES 04701.1d 2018)

1. 개요

페트리접시에 배지를 올려 놓은 다음 배양 후 금속성 광택을 띠는 적색이나 진한 적색 계통의 집락을 계수하는 방법이다.

2. 용어정의

총대장균군 : 그람음성·무아포성의 간균으로서 락토오스를 분해하여 가스 또는 산을 생성하는 모든 호기성 또는 통성 혐기성균을 말한다.

3. 분석기구 및 기구

① **막여과장치** : 여과막을 끼워서 여과할 수 있게 하는 장치로 무균조작이 가능한 것을 사용하며, 멸균하여 사용하여야 한다.
② **배양기** : 배양온도를 (35 ± 0.5) ℃로 유지할 수 있는 것을 사용하고, 높은 습도(약 90 %의 상대습도)를 유지한다.
③ **여과막 및 멸균흡수패드** : 셀룰로오즈 나이트레이트(cellulose nitrate)나 셀룰로오즈 에스테르 (cellulose ester) 재질로 멸균된 것을 사용한다.
④ **페트리접시, 피펫, 핀셋**

4. 배지

① **막여과법 고체배지(m – Endo agar LES)** : 끓인 후, 45 ℃ ~ 50 ℃까지 식힌 다음 5 mL ~ 7 mL를 페트리접시에 부어 굳힌다. 이때 고압증기멸균하지 않는다. 조제된 배지는 2 ℃ ~ 10 ℃의 냉암소에서 96시간 동안 보관 가능
② **막여과법 액체배지 (m – Endo)** : 끓인 후, 45 ℃ ~ 50 ℃까지 식힌 다음 사용한다. 이때 고압증기멸균하지 않는다. 조제된 배지는 2 ℃ ~ 10 ℃의 냉암소에서 96시간 동안 보관 가능

5. 대조군 시험

① 이 시험기준을 처음 실시할 경우나 배지, 시약 등이 바뀔 때마다 양성대조군과 음성대조군 시험을 동시에 실시하여야 하며, 양성대조군 시험결과는 양성, 음성대조군 시험결과는 음성으로 나왔을 경우에만 유효한 결과 값으로 판정한다.

② 양성대조군은 E.coli 표준균주를 사용하고, 음성대조군은 멸균 희석수를 사용한다.

6. 분석절차

① 막여과장치에 여과지를 준비한다.

② 페트리접시에 20개 ～ 80개의 세균 집락을 형성하도록 시료를 여과관 상부에 주입하면서 흡입여 과하고 멸균수 20 mL ～ 30 mL로 씻어준다.

[주 1] 시료량이 10 mL보다 적을 경우에는 멸균된 희석액으로 희석하여 여과한다.

[주 2] 한 여과 표면 위의 모든 형태의 집락수가 200개 이상의 집락이 형성되지 않도록 하여야 한다.

③ 막여과법 고체배지를 사용할 경우에는 여과한 여과막을 눈금이 위로 가게 하여 페트리접시의 배 지위에 올려놓은 다음 페트리접시를 거꾸로 놓고 (35±0.5) ℃에서 22시간 ～ 24시간 배양하며, 막여과법 액체배지를 사용할 경우에는 1.8 mL ～ 2.0 mL의 액체배지가 들어있는 페트리접시의 흡수패드 위에 여과한 여과막을 기포가 생기지 않도록 올려놓은 다음 (35±0.5) ℃에서 22시간 ～ 24시간 동안 배양한다.

④ 배양 후 금속성 광택을 띠는 적색이나 진한적색 계통의 집락을 계수하며, 집락수가 20개 ～ 80개 의 범위에 드는 것을 선정하여 계산한다.

$$\text{총대장균군수}/100 \text{ mL} = \frac{C}{V} \times 100$$

여기서, C : 생성된 집락수, V : 여과한 시료량 (mL)

⑤ 배지표면에 총대장균군 이외의 다른 세균이 너무 많이 자랐을 경우에는 총대장균군수와 함께 이 와 같은 내용을 비고에 기록하고 다시 같은 지점의 시료를 채취하여 검사한다.

[주 3] 재검사 시에는 시료의 여과량을 줄이고 여과막의 수를 늘려 다른 세균에 의한 간섭현상을 줄인다.

⑥ 정확성을 기하기 위하여 실험할 때마다 1개 이상의 음성대조군 시험을 상기 방법과 동일한 조건 하에서 같이 실시하여야 하며, 이때 음성대조군 여과막에서는 전형적인 총대장균군의 집락이 없 어야 한다.

7. 결과보고

① '총대장균군수/100 mL'로 표기하며, 반올림하여 유효숫자 2자리로 표기한다. 결과값의 유효숫자가 2자리 미만이 될 경우에는 1자리로 표기한다.

② 집락들이 서로 융합되어 있을 경우에는 'CG(Confluent Growth)'로, 집락수가 200개 이상으로 계수가 불가능한 경우에는 'TNTC(Too Numerous To Count)'로 표기하고 시료를 희석하거나 적게 취하여 다시 실험한다.

③ 수질이 양호한 경우 검출되는 총대장균군수가 일반적으로 낮으므로 모든 집락을 다 계수하여 표기한다.

01-2 총대장균군 – 시험관법
(Total Coliform – Multiple Tube Fermentation Method)
(ES 04701.2d 2018)

1. 개요

다람시험관을 이용하는 추정시험과 백금이를 이용하는 확정시험 방법으로 나뉘며 추정시험이 양성일 경우 확정시험을 시행한다.

2. 분석기기 및 기구

① 다람시험관 : 안지름 6 mm, 높이 30 mm 정도의 시험관으로 고압증기멸균을 할 수 있어야 하며 가스포집을 위해 거꾸로 집어넣는다.

② 배양기 : 배양온도를 (35±0.5) ℃로 유지할 수 있는 것을 사용한다.

③ 백금이 : 고리의 안지름이 약 3 mm인 백금이를 사용한다.

④ 시험관, 피펫

3. 배지

① 시험관법 추정시험용 배지 : lactose broth, lauryl tryptose broth, 121 ℃에서 15분간 고압증기멸균

② 시험관법 확정시험용 배지(BGLB)

4. 분석절차

(1) 추정시험

(35 ± 0.5) ℃에서 (24 ± 2)시간 동안 배양하고 기포가 형성되지 않는 경우 총 (48 ± 3)시간까지 연장 배양한다.

(2) 확정시험

백금이를 사용하여 추정시험 양성 시험관으로부터 **확정시험용 배지(BGLB 배지)**가 든 시험관에 무균적으로 이식하여 (35 ± 0.5) ℃에서, (48 ± 3)시간 동안 배양한다.

5. 결과보고

결과는 '총대장균군수/100 mL'로 표기하며, 반올림하여 유효숫자 2자리로 표기한다. 결과값의 유효숫자가 2자리 미만이 될 경우에는 1자리로 표기한다. 다만, 결과값이 소수점을 포함하는 경우에는 반올림하여 정수로 표기한다. 또한 양성 시험관수가 0−0−0일 경우에는 '<2'로 표기하거나 '불검출'로 표기할 수 있다.

01-3 총대장균군 − 평판집락법(Total Coliform − Pour Plate Method)

(ES 04701.3c 2018)

1. 개요

배출수 또는 방류수에 존재하는 총대장균군을 측정하는 방법으로 페트리접시의 배지표면에 평판집락법 배지를 굳힌 후 배양한 다음 진한 적색의 전형적인 집락을 계수하는 방법이다.

■ 적용범위

이 시험기준은 하 · 폐수에 적용할 수 있다.

2. 분석기구 및 기구

페트리접시, 배양기, 항온수조(수온을 45 ℃로 유지)

3. 배지

평판집락법 배지(Desoxycholate Agar) : 고압증기멸균하지 않는다.

4. 대조군 시험

총대장균군 – 막여과법 참조

5. 분석절차

① 페트리접시에 평판집락법 배지를 약 15 mL 넣은 후 항온수조를 이용하여 45 ℃ 내외로 유지시킨다.

　　[주 1] 3시간을 경과시키지 않는 것이 좋다.

　　[주 2] 고압증기멸균하지 않는다.

② 평판집락수가 30개 ~ 300개가 되도록 시료를 희석 후, 1 mL씩을 시료당 2매의 페트리접시에 넣는다.

　　[주 3] 시료의 희석부터 배지를 페트리접시에 넣을 때까지 조작시간은 20분을 초과하지 말아야 한다.

③ 굳기 전에 좌우로 10회전 이상 흔들어 시료와 배지를 완전히 섞은 후 실온에서 굳힌다.

④ 굳힌 페트리접시의 배지표면에 다시 45 ℃로 유지된 평판집락법 배지를 3 mL ~ 5 mL 넣어 표면을 얇게 덮고 실온에서 정치하여 굳힌 후 (35±0.5) ℃에서 18시간 ~ 20시간 배양한 다음 진한 적색의 전형적인 집락을 계수한다.

⑤ 정확성을 기하기 위하여 실험할 때마다 1개 이상의 음성대조군 시험을 상기 방법과 동일한 조건 하에서 같이 실시하여야 하며, 이때 음성대조군 평판에서는 전형적인 총대장균군의 집락이 없어야 한다.

6. 결과보고

집락수가 30개 ~ 300개의 범위에 드는 것을 산술평균하여 '총대장균군수/mL'로 표기하며, 반올림하여 유효숫자 2자리로 표기한다. 결과값의 유효숫자가 2자리 미만이 될 경우에는 1자리로 표기한다. 다만, 결과값이 소수점을 포함하는 경우에는 반올림하여 정수로 표기한다.

01-4 총대장균군 – 효소이용정량법
(Total Coliform – Quantitative Enzyme Substrate Method)

(ES 04701.4 2018)

1. 간섭물질

시료자체에 탁도 및 색도가 있을 경우 수질검사 결과에 영향을 미칠 수 있다. 이 경우에는 막여과법이나 시험관법 등을 이용하여야 한다.

2. 효소기질 시약

① 효소기질 시약은 분원성대장균군이 분비하는 효소인 **베타 – 갈락토오스 분해효소**(β – galactosidase)에 의해 발색을 나타내는 기질을 포함하여야 한다. 막여과법 또는 시험관법을 이용하여 분원성대장균군을 분석하는 방법과 동등 또는 그 이상의 신뢰성 있고 정량 가능한 **상용화된 제품**을 사용한다.

② 사용방법은 제품의 설명서를 따른다.

3. 시험방법

① 멸균된 시험 용기에 무균조작으로 시료 100 mL와 상용화된 효소기질 시약을 넣어 완전히 혼합하고 제품의 사용설명서에 따라 적정시간 동안 (35 ± 0.5) ℃에서 배양 후, **발색이 확인되면** 총대장균군 양성으로 판정하여 정량한다.

　※ 정량방법은 제품의 설명서를 따른다.

② 모든 시험은 음성대조군 시험을 동시에 실시하여 음성대조군 시험결과는 음성으로 나왔을 경우에만 유효한 결과값으로 판정한다.

③ 위양성으로 추정되는 시료는 총대장균군 시험관법 또는 막여과법으로 확인할 수 있다.

4. 결과보고

시험 결과는 '총대장균군수/100 mL'로 표기하며, 반올림하여 유효숫자 2자리로 나타낸다. 단 결과값의 유효숫자가 2 미만이 될 경우에는 1자리로 표기한다.

실전 예상문제

01 수질오염공정시험기준에 따른 총대장균군 – 효소이용정량법에 대한 설명으로 틀린 것은?

① 시료자체에 탁도 및 색도가 있을 경우 수질검사 결과에 영향을 미칠 수 있다. 이 경우 막여과법이나 시험관법 등을 이용해야 한다.
② 배양온도는 (35 ± 0.5) ℃이다.
③ 효소기질 시약은 총대장균군이 분비하는 효소인 베타–갈락토오스 분해효소에 의해 발색을 나타내는 기질을 포함하여야 한다.
④ 효소기질 시약은 신뢰성 있고 정량 가능한 시험을 위해 가능한 해당 기관의 미생물 시험자가 무균실에서 직접 조제하여 사용한다.

풀이 효소기질 시약은 막여과법 또는 시험관법을 이용하여 총대장균군을 분석하는 방법과 동등 또는 그 이상의 신뢰성 있고 정량 가능한 상용화된 제품을 사용한다.

02 다음 설명에 대한 알맞은 용어를 고르면?
2012 제4회

그람음성, 무아포성의 간균으로서 유당을 분해하여 가스 또는 산을 발생하는 모든 호기성 또는 통성 혐기성균, 혹은 갈락토오스 분해효소(β – galactosidase)의 활성을 가진 세균을 말한다.

① 총대장균군　　　　　② 분원성대장균군
③ 호기성균　　　　　　④ 통성혐기성균

풀이 용어정의
- **총대장균군** : 그람음성 · 무아포성의 간균으로서 **락토오스**를 분해하여 가스 또는 산을 생성하는 모든 호기성 또는 통성 혐기성균을 말한다.
- **분원성대장균군** : 온혈동물의 배설물에서 발견되는 그람음성 · 무아포성의 간균으로서 44.5 ℃에서 **락토오스**를 분해하여 가스 또는 산을 발생하는 모든 호기성 또는 통성 혐기성균을 말한다.
- **대장균** : 그람음성 · 무아포성의 간균으로 **총글루쿠론산 분해효소의 활성**을 가진 모든 호기성 또는 통성 혐기성균을 말한다.

03 총대장균군의 평판집락시험법에서 집락수가 어느 범위에 드는 것을 산술평균하여 '총대장균군수 /mL'로 표기하는가?
2012 제4회

① 0개 ~ 30개　　　　　② 30개 ~ 300개
③ 300개 ~ 3000개　　　④ 3000개 이상

정답 01 ④　02 ①　03 ②

풀이 **총대장균군 – 평판집락법 결과보고**

집락수가 30개 ~ 300개의 범위에 드는 것을 산술평균하여 '총대장균군수/mL'로 표기하며, 반올림하여 유효숫자 2자리로 표기한다.

04 수질오염공정시험기준에 따른 막여과법으로 총대장균군을 시험하는 경우에 대한 설명으로 틀린 것은?

2011
제3회

① 액체 배지는 m – Endo를 사용하며 가급적 상용화된 것을 사용한다.

② 조제된 고체배지는 냉암소에서 2주까지 보관하며 사용할 수 있다.

③ 시험 결과는 '총대장균군수/100 mL' 로 표기한다.

④ 페트리접시에 20~180개의 세균 집락이 형성되도록 시료량을 정하여 여과한다.

풀이 페트리접시에 20개 ~ 80개의 세균 집락을 형성하도록 시료를 여과관 상부에 주입하면서 흡입여과하고 멸균수 20 mL ~ 30 mL로 씻어준다.

05 총대장균군의 막여과법 시험에 대한 설명으로 틀린 것은?

① 이 시험기준을 처음 실시할 경우나 배지, 시약 등이 바뀔 때마다 양성대조군과 음성대조군 시험을 동시에 실시하여야 한다.

② 양성대조군은 멸균 희석수를 사용하고, 음성대조군은 $E.\ coli$ 표준균주를 사용하도록 한다.

③ 배양 후 금속성 광택을 띠는 적색이나 진한적색 계통의 집락을 계수하며, 집락수가 20개 ~ 80개의 범위에 드는 것을 선정한다.

④ 집락들이 서로 융합되어 있을 경우에는 'CG(Confluent Growth)'로 표기한다.

풀이 대조군 시험 시 양성대조군은 $E.coli$ 표준균주를 사용하고, 음성대조군은 멸균 희석수를 사용하도록 한다.

06 수질오염공정시험기준에 따른 총대장균군 시험방법으로 하 · 폐수에만 적용하는 것으로 옳은 것은?

① 막여과법 ② 시험관법
③ 평판집락법 ④ 효소이용정량법

풀이 **총대장균군 시험기준의 적용 범위**

시험방법	적용범위
막여과법	하천수, 호소수, 지하수, 하 · 폐수
시험관법	하천수, 호소수, 지하수, 하 · 폐수
평판집락법	하 · 폐수
효소이용정량법	하천수, 호소수, 지하수, 하 · 폐수

정답 04 ④ 05 ② 06 ③

07 총대장균군 – 막여과법 시험기준에서 사용되는 고체와 액체배지는 냉암소에서 보관할 수 있다. 배지의 보관 가능 시간으로 적당한 것은?

① 24시간　　　　　　　　　　　② 48시간
③ 72시간　　　　　　　　　　　④ 96시간

풀이 총대장균군 – 막여과법 시험기준에서 배지의 보관시간은 냉암소에서 96시간이다.

08 수질오염공정시험기준에서 총대장균군 – 막여과법 시험기준에서 사용되는 배양기의 규격으로 적당한 것은?

	배양온도	상대습도
①	35.0 ± 0.5 ℃	약 90 %
②	35.0 ± 0.5 ℃	약 90 %
③	37.0 ± 0.5 ℃	약 80 %
④	37.0 ± 0.5 ℃	약 80 %

풀이 총대장균군 – 막여과법 시험기준에서 사용되는 배양기는 배양온도를 (35.0 ± 0.5) ℃로 유지할 수 있고, 높은 습도(약 90 %의 상대습도)를 유지할 수 있는 것을 사용한다.

02-1 분원성대장균군 – 막여과법
(Fecal Coliform – Membrane Filtration Method)

(ES 04702.1d 2018)

1. 개요

페트리접시에 배지를 올려 놓은 다음 배양 후 여러 가지 색조를 띠는 청색의 집락을 계수하는 방법
이다.

2. 용어정의

분원성대장균군 : 온혈동물의 배설물에서 발견되는 그람음성·무아포성의 간균으로서 44.5 ℃에서
락토오스를 분해하여 가스 또는 산을 생성하는 모든 호기성 또는 통성 혐기성균을 말한다.

3. 분석기기 및 기구

① 막여과장치, 페트리접시, 피펫, 핀셋
② 배양기 또는 항온수조 : 배양온도를 (44.5 ± 0.2) ℃로 유지할 수 있는 것
③ 여과막 및 멸균흡수패드 : 셀룰로오즈 나이트레이트(cellulose nitrate)나 셀룰로오즈 에스테르
(cellulose ester) 재질로 멸균된 것을 사용한다.

4. 배지

① 막여과법 고체배지(m – FC agar) 또는 막여과법 액체배지(m – FC)
② pH를 (7.4 ± 0.2)로 맞추고, 96시간이 지난 배지는 폐기한다.

5. 분석절차

① 페트리접시에 20개 ～ 60개의 세균 집락을 형성하도록 시료를 여과관 상부에 주입하면서 흡입
여과하고 멸균수 20 mL ～ 30 mL로 씻어준다.
② 여과하여야 할 예상 시료량이 10 mL보다 적을 경우에는 멸균된 희석액으로 희석하여 여과하여야
한다.
③ 분원성대장균군수를 예측할 수 없을 경우에는 여과량을 달리하여 여러 개의 시료를 분석하고, 한
여과막 표면 위의 모든 형태의 집락수가 200개 이상의 집락이 형성되지 않도록 하여야 한다.

④ 배양 후 20개 ~ 60개의 청색의 세균집락을 계수한다.

$$분원성대장균군수/100 \text{ mL} = \frac{C}{V} \times 100$$

⑤ 재검사 시에는 시료의 여과량을 줄이고 여과막의 수를 늘려 다른 세균에 의한 간섭현상을 줄인다.

6. 결과보고

'분원성대장균군수/100 mL'로 표기하며, 반올림하여 **유효숫자 2자리**로 표기한다. 결과값의 유효숫자가 2자리 미만이 될 경우에는 1자리로 표기한다.

02-2 분원성대장균군 – 시험관법
(Fecal Coliform – Multiple Tube Fermentation Method)
(ES 04702.2e 2018)

1. 개요

다람시험관을 이용하는 추정시험과 백금이를 이용하는 확정시험으로 나뉘며 추정시험이 양성일 경우 확정시험을 시행하는 방법이다.

2. 분석기구 및 기구

① 배양기 : 배양온도를 (44.5 ± 0.2) ℃로 유지할 수 있는 것을 사용
② 기타 : 총대장균군 – 시험관법 참조

3. 배지

① 추정시험시험관법 추정시험용 배지 : lactose broth, lauryl tryptose broth, 121 ℃에서 15분간 고압증기멸균한다.
② 추정시험시험관법 확정시험용 배지(EC) : 멸균 후 다람시험관에 기포가 있을 경우 배지를 사용할 수 없다.

4. 분석절차

(1) 추정시험

총대장균군 – 시험관법에 따르며 추정시험 양성 시험관은 확정시험을 수행한다.

(2) 확정시험

백금이를 사용하여 추정시험 양성 시험관으로부터 확정시험용 배지(EC 배지)가 든 시험관에 무균적으로 이식하여 (44.5 ± 0.2) ℃에서, (24 ± 2)시간 동안 배양한다.

5. 결과보고

① 결과는 '분원성대장균군수/100 mL'로 표기한다.
② 결과값의 유효숫자가 2 미만이 될 경우에는 1자리로 표기한다. 다만, 결과값이 소수점을 포함하는 경우에는 반올림하여 정수로 표기한다. 또한 양성시험관수가 0 – 0 – 0일 경우에는 '< 2'로 표기하거나 '불검출'로 표기할 수 있다.

02-3 분원성대장균군 – 효소이용정량법
(Fecal Coliform – Quantitative Enzyme Substrate Method)
(ES 04702.3 2018)

1. 간섭물질

시료자체에 탁도 및 색도가 있을 경우 수질검사 결과에 영향을 미칠 수 있다. 이 경우에는 막여과법이나 시험관법 등을 이용하여야 한다.

2. 분석기구 및 기구

① 배양기 : 배양온도를 (44.5 ± 0.2) ℃로 유지할 수 있는 것을 사용
② 기타 : 총대장균군 – 시험관법 참조

3. 효소기질 시약

① 효소기질 시약은 분원성대장균군이 분비하는 효소인 베타-갈락토오스 분해효소(β-galactosidase)에 의해 발색을 나타내는 기질을 포함하여야 한다. 막여과법 또는 시험관법을 이용하여 분원성대장균군을 분석하는 방법과 동등 또는 그 이상의 신뢰성 있고 정량 가능한 상용화된 제품을 사용한다.

② 사용방법은 제품의 설명서를 따른다.

4. 시험방법

① 멸균된 시험 용기에 무균조작으로 시료 100 mL와 상용화된 효소기질 시약을 넣어 완전히 혼합하고 제품의 사용설명서에 따라 적정시간 동안 (44.5 ± 0.2) ℃에서 배양 후, 발색이 확인되면 분원성대장균군 양성으로 판정하여 정량한다.

　[주 1] 정량방법은 제품의 설명서를 따른다.

　[주 2] 분원성대장균군은 온도에 민감하므로 전체 내부온도를 일정하게 유지할 수 있는 정밀배양기 또는 항온수조를 이용한다.

② 모든 시험은 음성대조군 시험을 동시에 실시하여 음성대조군 시험결과는 음성으로 나왔을 경우에만 유효한 결과값으로 판정한다.

③ 위양성으로 추정되는 시료는 분원성대장균군 시험관법 또는 막여과법으로 확인할 수 있다.

5. 결과보고

시험 결과는 '분원성대장균군수/100 mL'로 표기하며, 반올림하여 유효숫자 2자리로 나타낸다. 단 결과값의 유효숫자가 2 미만이 될 경우에는 1자리로 표기한다.

실전 예상문제

2011
제3회

01 수질오염공정시험기준에 따라 분원성 대장균군을 시험하는 방법을 설명한 것 중 틀린 것은?

① 하천수의 분원성 대장균군에는 막여과법과 시험관법 중 한 방법을 선택 적용할 수 있다.

② 배양기는 배양온도를 (35±0.5) ℃로 유지할 수 있는 것을 사용한다.

③ 시험결과는 '분원성대장균군수/100 mL'로 표기하며, 유효숫자 2자리 미만은 반올림하여 표기한다.

④ 시험관법에 의해 시험할 경우, 추정시험 시험관에서 가스가 발생하면 EC배지로 옮겨 확정시험을 수행하여야 한다.

> **풀이** 분원성대장균군은 온혈동물의 배설물에서 발견되는 그람음성 · 무아포성의 간균으로서 44.5 ℃에서 락토스를 분해하여 가스 또는 산을 발생하는 모든 호기성 또는 통성 혐기성균을 말한다. 배양기 또는 항온수조는 배양온도를 (44.5±0.2) ℃로 유지할 수 있는 것을 사용한다.

02 수질오염공정시험기준에 따라 분원성대장균군 – 막여과법 시험방법을 설명한 것 중 틀린 것은?

① 한 여과막 표면 위의 모든 형태의 집락수가 200개 이상의 집락이 형성되지 않도록 하여야 한다.

② 집락수가 20개 ~ 60개의 범위에 드는 것을 선정한다.

③ 배양 후 여러 가지 색조를 띠는 적색의 집락을 계수한다.

④ 여과하여야 할 예상 시료량이 10 mL보다 적을 경우에는 멸균된 희석액으로 희석하여 여과하여야 한다.

> **풀이** 배양 후 여러 가지 색조를 띠는 청색의 집락을 계수한다.

03 수질오염공정시험기준에 따른 분원성대장균군 – 효소이용정량법의 시험방법에 대한 설명으로 틀린 것은?

① 멸균된 시험 용기에 무균조작으로 시료 100 mL와 상용화된 효소기질 시약을 넣어 완전히 혼합하고 제품의 사용설명서에 따라 적정시간 배양한다.

② 배양온도는 (44.5 ± 0.5) ℃이다.

③ 정량방법은 제품의 설명서를 따른다.

④ 분원성대장균군은 온도에 민감하므로 전체 내부온도를 일정하게 유지할 수 있는 정밀배양기 또는 항온수조를 이용한다.

> **풀이** 분원성대장균군 시험에 사용되는 배양 온도는 (44.5 ± 0.2) ℃이다.

04 수질오염공정시험기준에 따른 분원성대장균군 – 효소이용정량법의 시험방법에 대한 설명으로 틀린 것은?

① 이 시험기준은 하천수, 호소수, 지하수, 하·폐수 등에 적용할 수 있다.
② 이 시험기준은 시료자체의 탁도 및 색도에 영향이 없다.
③ 정량방법은 제품의 설명서를 따른다.
④ 막여과법 또는 시험관법을 이용하여 분원성대장균군을 분석하는 방법과 동등 또는 그 이상의 신뢰성 있고 정량 가능한 상용화된 제품을 사용한다.

풀이 시료자체에 탁도 및 색도가 있을 경우 수질검사 결과에 영향을 미칠 수 있다. 이 경우 막여과법이나 시험관법 등을 이용해야 한다.

···03 대장균 – 효소이용정량법
(Escherichia coli – Quantitative Enzyme Substrate Method)
(ES 04703.1e 2018)

1. 개요

효소기질 시약과 시료를 혼합하여 배양한 후 자외선 검출기로 측정하는 방법이다.

2. 용어정의

대장균군 : 그람음성·무아포성의 간균으로 베타–글루쿠론산 분해효소(β–glucuronidase)의 활성을 가진 모든 호기성 또는 통성 혐기성균을 말한다.

3. 분석기구 및 기구

① 자외선검출기 : 366 nm 부근 파장 조사가 가능하여야 한다.
② 다람시험관, 막여과장치, 배양기, 여과막 및 멸균흡수패드, 페트리접시 등의 기타 기구는 총대장균기구 참조

4. 시약

① 대장균 확정시험용 시험관법 배지(EC – MUG), 대장균 확정시험용 막여과법 배지(NA – MUG)
② 효소기질 시약 : 상용화된 효소기질 시약을 이용하여 대장균을 시험할 경우, 효소기질 시약은 대장균이 분비하는 효소인 베타–글루쿠론산 분해효소(β–glucuronidase)에 의해 형광을 나타내는 기질을 포함하여야 한다. 막여과법 또는 시험관법을 이용하여 대장균을 분석하는 방법과 동등 또는 이상의 신뢰성 있고 정량 가능한 상용화된 제품을 사용한다.

5. 분석절차

① 배양한 후, 자외선 검출기(366 nm)를 조사하여 형광이 검출되면 대장균 양성으로 판정하여 정량한다.
② 상용화된 효소기질 시약을 이용할 경우에는 효소기질 시약과 시료 100 mL를 혼합하여 배양한 후, 형광이 확인되면 대장균 양성으로 판정하여 정량한다. 정량방법은 제품의 설명서를 따른다.

6. 결과보고

'대장균군수/100 mL'로 표기하며, 반올림하여 유효숫자 2자리로 표기한다. 결과값의 유효숫자가 2자리 미만이 될 경우에는 1자리로 표기한다.

미생물시험 요약 정리 *중요내용

▼ 용어정의 비교

총대장균군	그람음성·무아포성의 간균으로서 락토오스를 분해하여 가스 또는 산을 발생하는 모든 호기성 또는 통성 혐기성균을 말한다.
분원성대장균군	온혈동물의 배설물에서 발견되는 그람음성·무아포성의 간균으로서 44.5 ℃에서 락토스를 분해하여 가스 또는 산을 발생하는 모든 호기성 또는 통성 혐기성균을 말한다.
대장균	그람음성·무아포성의 간균으로 총글루쿠론산 분해효소(β-glucuronidase)의 활성을 가진 모든 호기성 또는 통성 혐기성균을 말한다.

▼ 시료채취

잔류염소 존재 시	시료채취 전에 멸균된 시료채취용기에 멸균한 10 % 티오황산나트륨용액을 최종농도 0.03 %(w/v) 되도록 투여한다.

▼ 총대장균군 시험

적용가능 시험방법		막여과법, 시험관법, 평판집락법, 효소이용정량법
배양온도		(35 ± 0.5) ℃
적용 범위 및 결과 표기	막여과법	• 하천수, 호소수, 지하수, 하·폐수에 적용 • 배지 : 냉암소에 96시간 보관 • 20개 ~ 80개 세균 집락 형성 • '총대장균군수/100 mL'로 표기, 반올림하여 유효숫자 2자리 표기 • 집락들이 융합 : 'CG(confluent growth)' • 계수가 불가능 : 'TNTC(too numerous to count)'
	시험관법	• 하천수, 호소수, 지하수, 하·폐수에 적용 • '총대장균군수/100 mL'로 표기, 반올림하여 유효숫자 2자리 표기 • 양성 시험관수가 0-0-0 : '<2' 또는 '불검출'
	평판집락법	• 하·폐수에 적용 • 집락수가 30개 ~ 300개의 범위에 드는 것을 산술평균하여 '총대장균군수/mL'로 표기, 반올림하여 유효숫자 2자리로 표기
	효소이용 정량법	• 하천수, 호소수, 지하수, 하·폐수에 적용 • (35 ± 0.5) ℃에서 배양 후, 발색이 확인되면 총대장균군 양성으로 판정 • '총대장균군수/100 mL'로 표기, 반올림하여 유효숫자 2자리 표기 단, 결과값의 유효숫자가 2 미만이 될 경우에는 1자리로 표기

▼ 분원성대장균군 시험

적용가능 시험방법		막여과법, 시험관법, 효소이용정량법
분원성대장균군		온혈동물의 배설물에서 발견되는 그람음성·무아포성의 간균으로서 44.5 ℃에서 락토스를 분해하여 가스 또는 산을 발생하는 모든 호기성 또는 통성 혐기성균을 말한다.
배양온도		(44.5±0.2) ℃
결과 표기	막여과법	'분원성대장균군수/100 mL'로 표기, 반올림하여 유효숫자 2자리 표기 • 집락들이 융합 : 'CG(Confluent Growth)' • 계수가 불가능 : 'TNTC(Too Numerous To Count)'
	시험관법	• '분원성대장균군수/100 mL'로 표기, 반올림하여 유효숫자 2자리 표기 • 양성 시험관수가 0-0-0 : '<2' 또는 '불검출'
	효소이용 정량법	'분원성대장균군수/100 mL'로 표기, 반올림하여 유효숫자 2자리 표기

▼ 대장균 시험

적용가능 시험방법	효소이용정량법 : 배양한 후 자외선 검출기로 366 nm 조사 형광 검출
대장균	그람음성·무아포성의 간균으로 총글루쿠론산 분해효소(β - glucuronidase)의 활성을 가진 모든 호기성 또는 통성 혐기성균을 말한다.
배양온도	(35±0.5) ℃ 및 (44.5±0.2) ℃
결과표기	'대장균군수/100 mL'로 표기, 반올림하여 유효숫자 2자리 표기 • 집락들이 융합 : 'CG(Confluent Growth)' • 계수가 불가능 : 'TNTC(Too Numerous To Count)'

실전 예상문제

01 수질오염공정시험기준에 따라 대장균군을 시험하는 방법으로 맞는 것은?

① 막여과법   ② 시험관법
③ 평판집락법   ④ 효소이용정량법

풀이 수질오염공정시험기준에서 대장균 시험은 대장균 – 효소이용정량법이다.

02 수질오염공정시험기준에 따른 대장균 시험방법을 설명한 것 중 틀린 것은?

① 효소기질 시약과 시료를 혼합하여 배양하는 방법이다.
② 자외선 검출기 조사는 466 nm에서 한다.
③ 고리의 안지름이 약 3 mm인 백금이를 사용한다.
④ 시험 결과는 '대장균수/100 mL'로 표기하며, 반올림하여 유효숫자 2자리로 표기한다.

풀이 배양 후 암 조건에서 자외선 검출기(366 nm)를 조사하여 형광을 나타내면 양성이다.

03 다음 설명에 대한 알맞은 용어를 고르면?

> 그람음성 · 무아포성의 간균으로 총글루쿠론산 분해효소(β – glucuronidase)의 활성을 가진 모든 호기성 또는 통성 혐기성균

① 총대장균군   ② 분원성대장균군
③ 대장균   ④ 호기성균

풀이 용어정의 비교

총대장균군	그람음성 · 무아포성의 간균으로서 락토오스를 분해하여 가스 또는 산을 발생하는 모든 호기성 또는 통성 혐기성균을 말한다.
분원성 대장균군	온혈동물의 배설물에서 발견되는 그람음성 · 무아포성의 간균으로서 44.5 ℃에서 락토오스를 분해하여 가스 또는 산을 발생하는 모든 호기성 또는 통성 혐기성균을 말한다.
대장균	그람음성 · 무아포성의 간균으로 총글루쿠론산 분해효소(β – glucuronidase)의 활성을 가진 모든 호기성 또는 통성 혐기성균을 말한다.

···04 물벼룩을 이용한 급성 독성 시험법

(Acute Toxicity Test Method of the Daphnia Magna Straus(Cladocera, Crustacea))

(ES 04704.1b 2017)

1. 개요

- 이 시험기준은 수서무척추동물인 물벼룩을 이용하여 시료의 급성독성을 평가하는 방법으로써 시료를 여러 비율로 희석한 시험수에 물벼룩을 투입하고 24시간 후 유영상태를 관찰하여 시료농도와 치사 혹은 유영저해를 보이는 물벼룩 마리수와의 상관관계를 통해 생태독성값을 산출하는 방법이다.
- 이 시험기준은 산업폐수, 하수, 하천수, 호소수 등에 적용할 수 있다.

2. 용어정의

① 치사(Death) : 일정 비율로 준비된 시료에 물벼룩을 투입하고 24시간 경과 후 시험용기를 살며시 움직여주고, 15초 후 관찰했을 때 아무 반응이 없는 경우를 '치사' 판정한다.

② 유영저해(Immobilization) : 독성물질에 의해 영향을 받아 일부 기관(촉각, 후복부 등)이 움직임이 없을 경우를 '유영저해'로 판정한다. 이때, 촉수를 움직인다하더라도 유영을 하지 못한다면 '유영저해'로 판정한다.

③ 반수영향농도(EC$_{50}$, Effect Concentration of 50 %) : 투입 시험생물의 50 %가 치사 혹은 유영저해를 나타낸 농도를 말한다.

④ 생태독성값(TU, Toxic Unit) : 통계적 방법을 이용하여 반수영향농도 EC$_{50}$을 구한 후 100에서 EC$_{50}$을 나눠준 값. 이때 EC$_{50}$의 단위는 %이다.

⑤ 지수식 시험방법(Static Non-Renewal Test) : 시험기간 중 시험용액을 교환하지 않는 시험

⑥ 표준독성물질 시험방법(Standard Reference Toxicity Substance Test) : 독성시험이 정상적인 조건에서 수행되는지를 주기적으로 확인하기 위하여 다이크롬산칼륨을 이용하여 시험을 수행

3. 분석기구 및 기구

① 항온장치(배양기, 항온수조) : 항온장치 설치 시 주변 공기 상태가 깨끗하지 않다면 여과장치를 갖추어야 하고, 배양실 및 실험실의 온도와 조도는 각각 (20±2) ℃ 와 500 Lux ~ 1000 Lux로 유지되어야 한다.

② 시험용기 및 배양 용기 : 시험용기는 반드시 유리로 된 것을 사용하고, 배양용기는 배양기간 동안 물벼룩 유영에 영향이 없음이 입증된 재질의 용기(유리, PE 재질 등)를 사용한다.

※ 시험용기와 배양용기를 자주 사용하는 경우 내벽에 석회성분이 침적되므로 주기적으로 묽은 염산 용액에 담가 제거한 후 세척하여 사용한다.

4. 시약

(1) 배양액 – 희석수

① 시험생물을 배양하기 위해 제조된 용액을 '배양액'이라 한다.

② 독성시험을 할 때 원수를 희석하기 위한 용액을 '희석수'라 한다.

③ 배양액 또는 희석수의 pH는 7.6 ~ 8.0, 경도는 160 mg CaCO₃/L ~ 180 mg CaCO₃/L, 알칼리도는 110 mg CaCO₃/L ~ 120 mg CaCO₃/L, 용존산소는 3.0 mg/L 이상 유지되도록 하며, 사용하기 전 24시간 정도 폭기시킨다.

(2) 시험미생물

① 시험을 실시할 때는 계대배양(여러 세대를 거쳐 배양)한 생후 2주 이상의 물벼룩 암컷 성체를 시험 전날에 새롭게 준비한 용기에 옮기고, 그 다음날까지 생산한 생후 24시간 미만의 어린 개체를 사용한다. 물벼룩은 배양 상태가 좋을 때 7일 ~ 10일 사이에 첫 새끼를 부화하게 되는데 이때 부화된 새끼는 시험에 사용하지 않고 같은 어미가 약 네 번째 부화한 새끼부터 시험에 사용하여야 한다. 군집배양의 경우, 부화 횟수를 정확히 아는 것이 어렵기 때문에 생후 약 2주 이상의 어미에서 생산된 새끼를 시험에 사용하면 된다.

② 먹이는 Chlorella sp., Pseudochirknella subcapitata 등과 같은 단세포 녹조류를 사용하고 보조먹이로 YCT(Yeast, Chlorophyll, Trout chow)를 첨가하여 사용할 수 있다.

③ 태어난 지 24시간 이내의 시험생물일지라도 가능한 한 크기가 동일한 시험생물을 시험에 사용한다.

④ 평상시 물벼룩 배양에서 하루에 배양 용기 내 전체 물벼룩 수의 10 % 이상이 치사한 경우 이들로부터 생산된 어린 물벼룩은 시험생물로 사용하지 않는다.

⑤ 배양시 물벼룩이 표면에 뜨지 않아야 하고, 표면에 뜰 경우 시험에 사용하지 않는다.

⑥ 물벼룩을 옮길 때 사용되는 스포이드에 의한 교차 오염이 발생하지 않도록 주의를 기울인다.

5. 정도보증/정도관리(QA/QC) : 표준독성물질 시험

① 배양액에 24시간－EC₅₀값이 0.9 mg/L ~ 2.1 mg/L 범위가 되도록 다이크롬산칼륨을 첨가한 표준독성물질 용액을 이용하여 시험한다.

[주] 24시간－EC₅₀값이 0.9 mg/L ~ 2.1 mg/L 범위 밖으로 나왔다면 재시험하고, 재시험 결과에서도 24시간－EC₅₀값이 0.9 mg/L ~ 2.1 mg/L 범위 밖으로 나왔다면 시험을 중지하고, 물벼룩을 전량 폐기 후 새로운 개체를 재분양 받아야 한다.

② 월 1회 이상 수행하며, 내부정도관리차트(control chart)로써 작성한다.

6. 분석절차

① 시료의 희석비는 원수 100 %를 기준으로, 50 %, 25 %, 12.5 %, 6.25 %로 하여 시험한다.

② 한 농도 당 **시험생물 5마리씩 4개의 반복구를 둔다.** 이때, 시험용액의 양은 50 mL로 한다.

③ 시험기간 동안 조명은 **명 : 암 = 16 : 8시간**을 유지하도록 하고 물교환, 먹이공급, 폭기를 하지 않는다.

④ 시험 온도는 (20±2) ℃ 범위로 유지 되어야 한다.

⑤ 24시간 후의 유영저해 및 치사여부를 관찰하여 그 결과로 원수 및 각 희석수의 EC_{50}을 구한다.

⑥ 원수 및 각 희석수의 EC_{50}을 통계프로그램인 **프로빗(Probit)방법** 또는 **트림드 스피어만－카버 (Trimmed Spearman－Karber)방법**을 사용하여, 최종적으로 시료의 EC_{50}값과 95 %에서의 신뢰 구간을 구한다.

※ 프로빗방법은 1 % ～ 99 % 사이에 유영저해 및 사망에 대한 데이터가 2개 이상인 경우 이용 가능하고, 트림드 스피어만－카버는 유영저해 및 사망률 자료가 1개 이상인 경우에 이용 가능하다.

7. 결과보고

(1) 생태독성값 계산

① 통계적 방법을 통한 EC_{50}을 구할 수 있는 경우 *중요내용*

$$생태독성값(TU) = \frac{100}{EC_{50}}$$

② 통계적 방법을 통한 EC_{50}을 구할 수 없는 경우 *중요내용*

㉠ 100 % 시료에서 투입 물벼룩의 0 % ～ 10 %에 영향이 있는 경우

$$TU = 0$$

㉡ 원수 100 % 시료에서 **투입 물벼룩의 10 % ～ 49 %에 영향이 있는 경우** *중요내용*

$$0.02 \times (유영저해율 \ 또는 \ 치사율) = TU$$

[주] 원수인 100 % 시료에 투입 물벼룩 20마리 중 5마리가 유영저해 및 치사가 관찰되었을 때, $0.02 \times 25 = TU \ 0.5$

㉢ 원수 100 % 시료에서 투입 물벼룩의 51 % ～ 99 %에 영향이 있는 경우
1 < TU < 2 또는 필요에 따라 100 %, 75 %, 35 %, 12.5 %로 시험수의 농도를 조절하여 재시험

실전 예상문제

01 물벼룩을 이용한 급성 독성 시험법에서 시료와 희석수의 비율이 1 : 1일 때, 물벼룩의 50 %가 유영 저해를 나타낸다고 할 때, 생태독성값(TU)은?

2011
제3회
2014
제6회

① 0.5

② 1

③ 2

④ 4

풀이 **생태독성값(Tu ; Toxic Unit)**

통계적 방법을 이용하여 반수영향농도 EC_{50}을 구한 후 100에서 EC_{50}을 나눠준 값을 말한다. 이때 EC_{50}의 단위는 %이다.

$$생태독성값(TU) = \frac{100}{EC_{50}}$$
$$= \frac{100}{50} = 2$$

02 물벼룩을 이용한 급성 독성 시험법에서 표준 독성물질로 사용하지 않는 것은?

① 염화나트륨

② 황산구리

③ 글루타민산

④ 황산도데실나트륨

풀이 표준 독성물질은 독성시험이 정상적인 조건에서 수행되었는가를 확인하기 위하여 사용하는 물질로서 다이크롬산칼륨, 염화나트륨, 염화칼슘, 염화카드뮴, 황산구리, 황산도데실나트륨 등이 있다.

03 물벼룩을 이용한 급성독성 시험방법에서 제시한 정도관리(QA/QC)사항과 관련이 적은 것은?

① 태어난지 24시간 이내일 지라도 가능한 동일 한 크기의 시험 생물을 사용한다.

② 평상시 배양용기내 전체 물벼룩 수의 5 %이상 이 죽는 경우 시험생물로 사용하지 않는다.

③ 배양용기와 시험용기는 붕규산 재질의 유리용기를 사용한다.

④ 시험생물이 공기에 노출되는 시간을 가능한 한 짧게 한다.

풀이 평상시 물벼룩 배양에서 하루에 배양 용기 내 전체 물벼룩 수의 10 % 이상이 치사한 경우 이들로부터 생산된 어린 물벼룩은 시험생물로 사용하지 않는다.

···05 식물성플랑크톤 – 현미경계수법
(Phytoplankton – Phytoplankton Counting)

(ES 04705.1b 2014)

1. 개요

물속의 부유생물인 식물성플랑크톤을 현미경계수법을 이용하여 개체수를 조사하는 정량분석 방법이다.

2. 용어정의

식물성플랑크톤 : 식물성 플랑크톤은 운동력이 없거나 극히 적어 수체의 유동에 따라 수체 내에 부유하면서 생활하는 단일 개체, 집락성, 선상형태의 광합성 생물을 총칭한다.

3. 분석기기 및 기구

① 광학현미경 혹은 위상차현미경 : 1,000배율 까지 확대 가능한 현미경을 사용한다.

② 대물마이크로미터(Stage Micrometer) : 눈금이 새겨져 있는 평평한 판으로, 현미경으로 물체의 길이를 측정하고자 할 때 쓰는 도구로 접안마이크로미터 한 눈금의 길이를 계산하는데 사용한다.

③ 세즈윅 – 라프터(Sedgwick – Rafter) 챔버 : 길이 50 mm, 폭 20 mm, 깊이 1 mm이며 부피 1 mL인 챔버를 사용

④ 접안마이크로미터(Ocular Micrometer) : 둥근 유리에 새겨진 눈금으로 접안렌즈에 부착하여 사용한다. 현미경으로 물체의 길이를 측정할 때 사용한다.

⑤ 커버글라스 : 길이 55 mm, 폭 24 mm 또는 길이 21 mm, 폭 21 mm를 사용한다.

⑥ 팔머 – 말로니(Phalmer – Maloney) 챔버 : 직경 17 mm, 깊이 0.4 mm이며 부피 0.1 mL인 챔버를 사용

⑦ 혈구계수기 : 슬라이드글라스의 중앙에 격자모양의 계수 구역이 상하 2개로 구분되어 있으며, 계수 구역에는 격자모양으로 구분이 되어 있어 각 격자 구역 내의 침전된 조류를 계수한 후 mL 당 총 세포수를 환산한다.

4. 분석절차

(1) 정성시험

정성시험의 목적은 식물성 플랑크톤의 종류를 조사하는 것

(2) 정량시험

① 식물성플랑크톤의 계수는 정확성과 편리성을 위하여 일정 부피를 갖는 **계수용 챔버**를 사용한다.

② 식물성플랑크톤의 동정에는 **고배율**이 많이 이용되지만 계수에는 **저 ~ 중배율**이 많이 이용된다.

(3) 계수법

① 저배율 방법(200배율 이하) ^{중요내용}

㉠ 스트립 이용 계수

세즈윅 – 라프터 챔버에 커버글라스를 비스듬히 걸쳐 놓고 챔버 내의 모서리에 기포가 생성되지 않도록 하면서 잘 혼합된 시료를 조심스럽게 피펫으로 채운다. 계수하기 전에 플랑크톤을 침전시키기 위하여 15분 정도 방치시킨다. 세즈윅 – 라프터 챔버 내부를 일정한 길이와 넓이(Strip)로 구획하여 10스트립 이상 반복 계수하고 다음 계산식으로부터 1 mL의 개체수를 산출한다.

$$개체수\,/\,mL = \frac{C}{L \times D \times W \times N} \times 1,000$$

여기서, C : 계수된 개체수의 합

L : 검경구획의 길이(mm)

W : 검경구획의 폭(mm)

D : 검경구획의 깊이(세즈윅 – 라프터 챔버 깊이, 1 mm)

N : 검경한 시야의 횟수

㉡ 격자 이용 계수

세즈윅 – 라프터 챔버에서 격자를 사용할 경우 계수챔버 내에서 일정한 크기의 격자를 무작위로 10회 이상 반복 계수하며 다음 계산식으로부터 1 mL의 개체수를 산출한다.

$$개체수\,/\,mL = \frac{C}{A \times D \times N} \times 1,000$$

여기서, C : 계수된 개체수의 합

A : 격자의 면적(mm²)

D : 검경한 격자의 깊이(세즈윅 – 라프터 챔버 깊이, 1 mm)

N : 검경한 시야의 횟수

[주 1] 세즈윅 – 라프터 챔버는 조작이 편리하고 재현성이 높은 반면 중배율 이상에서는 관찰이 어렵기 때문에 미소 플랑크톤(Nano Plankton)의 검경에는 적절하지 않음

[주 2] 시료를 챔버에 채울 때 피펫은 입구가 넓은 것을 사용하는 것이 좋음

[주 3] 정체시간이 짧을 경우 충분히 침전되지 않은 개체가 계수 시 제외되어 오차 유발 요인이 됨

[주 4] 검경시야의 크기의 설정은 세즈윅 – 라프터 챔버 내부를 구획하거나, 격자 혹은 스트립상의 접안 마이크로미터를 사용함. 이때 접안 마이크로미터의 크기는 현미경상의 계수배율에 따라 변동되기 때문에 대물 마이크로미터를 이용하여 각 계수배율에서의 스트립 혹은 격자의 크기를 측정하여야 함

[주 5] 계수 시 스트립을 이용할 경우, 양쪽 경계 면에 걸린 개체는 하나의 경계면에 대해서만 계수함

[주 6] 계수 시 격자의 경우 격자 경계면에 걸린 개체는 격자의 4면 중 2면에 걸린 개체는 계수하고 나머지 2면에 들어온 개체는 계수하지 않음

[주 7] 시료가 희석되거나 농축되었을 경우 개체수 계산 시 보정계수를 산출하여 적용함

② 중배율 방법(200배율 ~ 500배율 이하)

㉠ 팔머 – 말로니 챔버 이용 계수

팔머 – 말로니 챔버에 커버글라스를 덮고 조심스럽게 시료를 피펫으로 채운 후 15분 정도 정치시킨 다음 계수한다. 계수는 팔머 – 말로니 챔버 내에서 일정 격자 크기를 무작위로 10회 이상 반복하여 계수하고 1 mL내의 개체수는 다음 식으로 계산한다.

$$개체수 \, / \, mL = \frac{C}{A \times D \times N} \times 1,000$$

여기서, C : 계수된 개체수의 합

A : 격자의 면적 (mm²)

D : 검경한 격자의 깊이(팔머 – 말로니 챔버의 깊이 0.4 mm)

N : 검경한 시야의 횟수

ⓛ 혈구계수기 이용 계수

혈구계수기에 커버글라스를 덮고 조심스럽게 시료용액을 주입시킨다. 5분 정도 정치시킨 다음 혈구계수기 격자상의 개체수를 계수한다. 이때 혈구계수기는 5회 이상 반복한다. 1 mL 내의 개체 수는 다음 식으로 계산한다.

$$개체수 \, / \, mL = \frac{C}{A \times D \times N} \times 1,000$$

여기서, C : 계수된 개체수의 합
A : 혈구계수기 면적 (mm^2)
D : 혈구계수기 깊이 (mm)
N : 검경한 시야의 횟수

[주 1] 팔머 – 말로니 챔버는 마이크로시스티스 같은 미소 플랑크톤(Nano Plankton)의 계수에 적절함

[주 2] 집락을 형성하는 조류들은 필요에 따라 단일세포로 분리한 후 고르게 현탁하여 시료로 함

[주 3] 시료를 챔버에 채울 때 피펫은 입구가 넓은 것을 사용하는 것이 좋음

[주 4] 검경시야의 설정은 팔머 – 말로니 챔버 내부를 구획하거나, 격자상의 접안 마이크로미터를 사용함. 이때 접안 마이크로미터의 크기는 현미경상의 계수배율에 따라 변동되기 때문에 대물 마이크로미터를 이용하여 각 계수배율하에서 스트립 혹은 격자의 크기를 측정하여야 함

[주 5] 혈구계수기의 경우는 가장 큰 격자 크기가 1 mm×1 mm인 것을 이용함

[주 6] 정체시간이 짧을 경우 충분히 침전되지 않은 개체가 계수 시 제외되어 오차유발 요인이 될 수 있음

[주 7] 계수 시 격자의 경우 격자 경계 면에 걸린 개체는 격자의 4면 중 2면에 걸린 개체는 계수하고 나머지 2면에 들어온 개체는 계수하지 않음

[주 8] 시료가 희석되거나 농축되었을 경우는 개체수 계산 시 보정계수를 산출하여 적용함

실전 예상문제

01
2010
제2회
2014
제6회

식물성 플랑크톤(조류)의 개체 수를 조사하는 정량방법 중 저배율 방법(200배율 이하)로 적합한 기구는?

① 형광 현미경
② 세즈윅－라프터 챔버
③ 팔머－말로니 챔버
④ 혈구 계수기

풀이 저배율 방법에 사용하는 기구는 세즈윅－라프터 챔버이며, ③, ④은 중배율 방법(200배율 ~ 500배율 이하)에 적합한 기구이다.

02
2009
제1회

식물성 플랑크톤(조류)의 시험방법에 대한 설명으로 관련이 적은 것은?

① 침강성이 좋지 않은 남조류나 파괴하기 쉬운 와편모조류는 루골용액을 1 ~ 2 %(v/v) 가하여 보존한다.
② 시료의 조제방법은 원심분리방법과 자연침전법이 있다.
③ 계수는 광학현미경 혹은 위상차현미경(1,000 배율)을 사용한다.
④ 저배율 정량 중 스트립 이용 계수는 챔버 내에 일정한 크기의 격자를 무작위로 10회 이상 반복 계수하며 1 mL의 개체수를 산출한다.

풀이 ④ 스트립 이용 계수는 세즈윅－라프터 챔버 내부를 일정한 길이와 넓이(Strip)로 구획하여 10스트립 이상 반복 계수하고 1 mL의 개체수를 산출한다.

03 다음은 식물플랑크톤의 개체수 산정에 관한 내용이다. 세즈윅－라프터 챔버에서 격자를 사용할 경우 계수된 개체수의 합이 258이었고, 계수한 격자가 55였을 때, 계산된 mL당 개체수는?(단, 시료는 5배로 농축하였다.)

① 938.2
② 23,454.5
③ 0.9
④ 23.5

풀이 개체수/mL$=\dfrac{C}{A \times D \times N} \times 1,000$

여기서, C : 계수된 개체수의 합
A : 격자의 면적(mm^2)
D : 검경한 격자의 깊이(세즈윅－라프터 챔버 깊이, 1 mm)
N : 검경한 시야의 횟수

개체수/mL $= \dfrac{258}{1 \times 1 \times 55} \times 1,000 = 4,690.91$ ← 시료가 5배 농축되었으므로 $\dfrac{4,690.91}{5} = 938.18$

정답 01 ② 02 ④ 03 ①

04 수질오염공정시험기준에서 식물성플랑크톤(조류) 시험에 관한 내용이다, 조류예보제에 직접적으
2012
제4회
로 대상되는 분류군은 무엇인가?

① 녹조류 ② 적조류
③ 규조류 ④ 남조류

풀이 조류예보제는 상수원으로 사용하는 호소에 조류가 대량 증식하는 경우 정수처리 여과장치의 기능저하 및
일부 남조류에 의한 독성물질 발생 가능성이 있어 **남조류 상시모니터링**을 통해 사전에 조류발생 현황을
파악하고 관계기관에 통보함으로써 조류발생에 따른 피해를 최소화하기 위하여 시행하고 있다.

06 발광박테리아를 이용한 급성 독성 시험법

(Acute Toxicity Test Method of the Aliivibrio fischeri Beijerinck(Vibrio fischeri))

(ES 04706.1 2017)

1. 개요

이 시험기준은 해양 기원의 발광박테리아인 *Aliivibrio fischeri* (*Vibrio fischeri*)를 이용하여 시료의 급성 독성을 평가하는 방법으로 여러 비율로 희석한 시험수에 발광박테리아를 투입하고 30분 후 변화하는 **발광도**를 측정하여 생태독성값(TU_B)를 산출하는 방법이다.

2. 간섭물질

① 불용성, 난용성, 휘발성 물질, 희석수나 시험 현탁액과 반응하는 물질, 또는 시험기간 동안 그 상태가 바뀌는 물질은 결과에 영향을 미치거나 시험결과의 재현성을 손상할 수 있다.
② 시료 중 색이 진하거나 탁한 물은 빛을 흡수하거나 산란시킴으로써 발광 손실을 가져올 수 있다. 이러한 간섭은 시료의 탁도 처리 또는 이중 챔버 흡수 보정 시험관을 사용하여 보정할 수 있다.
③ 생물 발광을 위해 산소가 필요하기 때문에, 많은 산소를 소모하는 시료 또는 낮은 산소 농도는 산소 결핍을 일으켜서 발광이 저해될 수 있다.
④ 시료에 포함된 쉽게 생분해되는 영양염은 오염물질과 무관하게 생물발광을 감소시킬 수 있다.
⑤ pH 범위가 6.0 ~ 8.5를 벗어나는 시료는 세균의 발광에 영향을 주기 때문에, pH 독성 효과를 없애기 위해 시료의 pH 조절이 필요하다. 단, 배출수의 생태독성 분석 시는 pH를 조절하지 않는다.
⑥ 발광박테리아는 해양 세균이기 때문에, 소금물 시료로 표준 절차에 따라 시험할 때 때때로 저해효과를 방해할 수 있는 생물 발광 효과와 유사한 현상이 나타날 수 있다.
⑦ 염화나트륨 30 g/L를 초과하는 초기 시료에서의 염 농도, 또는 같은 삼투압을 내는 다른 화합물의 함유량은 시험을 위해 필요한 염 첨가물과 함께 고삼투압 효과를 일으킬 수 있다. 시험 시료의 최종 염 농도는 35 g/L의 염화나트륨 용액에 해당하는 삼투압을 초과하지 않아야 한다.

3. 시료 채취 및 관리

① 용기 : KS I ISO 5667 – 16에 규정된 것과 같은 화학적으로 비활성이고 깨끗한 용기(유리, PE 재질 등)에 시료를 채취한다.
② 용기를 완전히 채운 다음 용기를 밀봉한다.
③ 채취 후 가능한 한 빨리 시험한다.

④ 보관 : 시료를 유리병에 넣어 2 ℃ ~ 5 ℃의 어두운 곳에 최장 48시간까지 저장할 수 있다. −18

℃ 이하에서는 최장 2개월까지 저장할 수 있다.

⑤ 시료를 보존하기 위해 화학약품을 사용하지 않아야 한다.

⑥ 시험 직전에 필요한 염을 첨가한다.

4. 표준독성물질 시험

냉동 건조 세균 이용방법의 이송된 세균 배치에 대해서, 3가지 표준물질 중 다음의 최종 현탁액 농도에서 30분 접촉한 후 20 % ~ 80 %의 저해를 일으켜야 한다.

3.4 mg/L 3,5−디클로로페놀

2.2 mg/L Zn(Ⅱ)[황산아연(7수화물) 9.67 mg/L와 동등]

18.7 mg/L Cr(Ⅵ)[다이크롬산포타슘 52.9 mg/L와 동등]

5. 생태독성값 계산

① 생태독성값$(TU_B) = 100/EC_{50}$

② 첫 번째 희석단계의 발광저해율이 0 % ~ 10 % 사이에 있는 경우 TU를 0으로 한다.

실전 예상문제

01 발광박테리아를 이용한 급성 독성 시험법의 간섭물질에 대한 설명으로 틀린 것은?

① 시료에 포함된 쉽게 생분해되는 영양염은 오염물질과 무관하게 생물발광을 감소시킬 수 있다.

② 시료 중 색이 진하거나 탁한 물은 빛을 흡수하거나 산란시킴으로써 발광 손실을 가져올 수 있다.

③ 생물 발광을 위해 산소가 필요하기 때문에, 많은 산소를 소모하는 시료 또는 낮은 산소 농도는 산소 결핍을 일으켜서 발광이 저해될 수 있다.

④ pH 범위가 6.0 ~ 8.5를 벗어나는 배출수 시료의 경우 세균의 발광에 영향을 주기 때문에 pH 독성 효과를 없애기 위해 시료의 pH 조절이 필요하다.

> **풀이** 배출수의 생태독성 분석 시는 pH를 조절하지 않는다.

02 다음 중 발광박테리아를 이용한 급성 독성 시험법의 시료채취 및 관리에 대한 설명으로 틀린 것은?

① 채취 용기는 KS Ⅰ ISO 5667 – 16에 규정된 것과 같은 화학적으로 비활성이고 깨끗한 용기(유리, PE 재질 등)를 사용한다.

② 채취 후 가능한 빨리 시험하나 필요시 시료를 유리병에 넣어 2 ℃ ~ 5 ℃의 어두운 곳에 최장 48시간까지 저장할 수 있다.

③ 시료를 보존하기 위해 염산을 사용하여 pH를 2 이하로 맞춘다.

④ 시험 직전에 필요한 염을 첨가한다.

> **풀이** 시료를 보존하기 위해 화학약품을 사용하지 않아야 한다.

03 수질오염공정시험기준의 발광박테리아 시험법에 대한 설명으로 틀린 것은?

① 해양 기원의 발광박테리아인 *Aliivibrio fischeri* (*Vibrio fischeri*)를 이용하여 시료의 급성 독성을 평가하는 방법이다.

② 여러 비율로 희석한 시험수에 발광박테리아를 투입하고 30분 후 변화하는 흡광도를 측정하여 생태 독성값(TU_B)을 산출하는 방법이다.

③ 냉동 건조 세균 이용방법의 이송된 세균 배치에 대해서, 3가지 표준물질 중 최종 현탁액 농도에서 30분 접촉한 후 20 % ~ 80 %의 저해를 일으켜야 한다.

④ 첫 번째 희석단계의 발광저해율이 0 % ~ 10 % 사이에 있는 경우 TU를 0으로 한다.

> **풀이** 여러 비율로 희석한 시험수에 발광박테리아를 투입하고 30분 후 변화하는 발광도를 측정하여 생태독성값(TU_B)을 산출하는 방법이다.

S E C T I O N

009

E N V I R O N M E N T A L   M E A S U R E M E N T

퇴적물

PART 01
PART 02
PART 03
PART 04

┅01 퇴적물 함수율(Water content) (ES 04851.1 2011)

1. 개요

시료를 건조용 병에 담고 무게를 측정한 후 105 ℃ ~ 110 ℃에서 4시간 이상 건조시켜 건조 전후 무게차를 측정한다.

■ 간섭물질

휘발성 유기물질이 많은 경우 오차가 발생한다.

2. 분석기기 및 기구

종류	사양
분석용 저울	0.01 g에서 300 g까지 무게 측정 가능
건조기	150 ℃까지 온도조절 가능
데시케이터	–
건조용 광구병	110 ℃로 가열했을 때 흡착이나 용출이 일어나지 않는 유리, 도자기, 폴리메틸펜탄(PMP ; polymethyl pentane) 재질로 입구가 넓고 시료 10 g을 넣고 고르게 폈을 때 두께가 1 cm 이하가 될 수 있는 크기의 것

3. 시료채취 및 관리

시료를 실온으로 하여 철저히 혼합한다.

4. 결과보고

$$\text{함수율}(\%) = \frac{(a-b)}{a} \times 100$$

여기서, a : 건조 전 시료 무게 (g)
b : 건조 후 시료 무게 (g)

···02 퇴적물 완전연소가능량(Ignition Loss) (ES 04852.1 2011)

1. 개요

110 ℃에서 건조시킨 시료를 도가니에 담고 무게를 측정한 다음 550 ℃에서 2시간 가열한 후 다시 무게를 측정한다.

- **간섭물질**

  광물격자 내 수분과 열에 약한 화합물들이 고온에서 기화되어 오차를 유발한다.

2. 분석기기 및 기구

종류	사양
분석용 저울	0.001 g까지 무게 측정
전기로	600 ℃까지 가열할 수 있고 온도조절 가능
건조기	150 ℃까지 가열할 수 있고 온도조절 가능
데시케이터	–
자기 도가니	25 mL 용량으로 뚜껑을 닫을 수 있는 것

3. 결과보고

$$완전연소가능량(\%) = \frac{(a-b)}{a} \times 100$$

여기서, a : 강열 전 시료 무게 (g)
b : 강열 후 시료 무게 (g)

실전 예상문제

01 완전연소가능량을 측정하기 위한 방법으로, ☐ ℃에서 건조시킨 시료를 도가니에 담고 무게를 측정한 다음 ☐ ℃에서 2시간 가열한 후 다시 무게를 측정한다. 빈칸에 들어갈 온도는?

① 80, 450

② 110, 450

③ 110, 550

④ 80, 550

풀이 완전연소가능량을 측정하기 위한 방법으로, 110 ℃에서 건조시킨 시료를 도가니에 담고 무게를 측정한 다음 550 ℃에서 2시간 가열한 후 다시 무게를 측정한다.

···03 퇴적물 입도 − 2 mm 미만 입자(Sand, Silt and Clay percent)

(ES 04853.1 2011)

1. 개요

2 mm 미만 입자의 입도를 측정하기 위한 방법으로, 모래, 실트, 점토의 비율을 측정한다. 우선 퇴적물에 포함된 유기물을 제거하고, 유기물이 제거된 시료를 크기 0.063 mm의 체로 체질하여 모래, 실트와 점토 혼합물로 나눈다. 모래는 건조시켜 무게를 측정하고 실트와 점토는 입자크기분석기를 사용하여 각각의 무게를 구한다.

2. 분석기기 및 기구

종류	사양
입자크기분석기	입도 분석기는 광학적 원리를 이용하여 입자 크기를 측정. 0.002 mm ~ 0.15 mm 범위의 퇴적물 입자를 동시에 측정할 수 있는 기기 사용
분석용 저울	0.001 g까지 무게 측정 가능
건조기	60 ℃ ~ 150 ℃ 범위에서 온도조절
가열판	온도조절 범위 50 ℃ ~ 120 ℃
원심분리기	−
초음파기	−
체와 체진탕기	체눈 크기 2 mm인 것과 0.063 mm인 표준 체, 체받이와 커버, 체를 걸 수 있는 체진탕기 사용
비커	유리 재질
깔때기	지름이 25.4 cm로 표준 체와 같은 크기, 플라스틱 재질

3. 결과보고

$$모래 \% = \frac{(모래\ 무게)}{총시료무게} \times 100$$

$$실트 \% = \frac{(실트\ 무게)}{총시료무게} \times 100$$

$$점토 \% = \frac{(점토\ 무게)}{총시료무게} \times 100$$

여기서, 총 시료 무게 = 모래와 0.063 mm 눈금 체를 통과한 시료 무게의 합 (g)

모래 무게 : 0.063 mm 눈금 체에 남은 입자 무게 (g)

실트 무게 : 0.063 mm 눈금 체를 통과한 시료 중 크기 0.004 mm 이상의 입자 무게 (g)

점토 무게 : 0.063 mm 눈금 체를 통과한 시료 중 크기 0.004 mm 미만의 입자 무게 (g)

실전 예상문제

01 다음 모래, 실트, 점토의 무게에 대한 설명 중 맞는 것은?

① 점토 무게는 0.063 mm 눈금 체를 통과한 시료 중 크기 0.002 mm 미만의 입자 무게

② 실트 무게는 0.063 mm 눈금 체를 통과한 시료 중 크기 0.002 mm 미만의 입자 무게

③ 점토 무게는 0.063 mm 눈금 체를 통과한 시료 중 크기 0.004 mm 미만의 입자 무게

④ 실트 무게는 0.063 mm 눈금 체를 통과한 시료 중 크기 0.004 mm 미만의 입자 무게

풀이 • 모래 무게 : 0.063 mm 눈금 체에 남은 입자 무게 (g)
  • 실트 무게 : 0.063 mm 눈금 체를 통과한 시료 중 크기 0.004 mm 이상의 입자 무게 (g)
  • 점토 무게 : 0.063 mm 눈금 체를 통과한 시료 중 크기 0.004 mm 미만의 입자 무게 (g)

정답 **01** ③

···04 퇴적물 화학적산소요구량 – 망간법 (Chemical Oxidation demand – permanganate)

(ES 04854.1 2011)

1. 개요

시료에 0.1 N 과망간산포타슘 일정과량을 넣고 알칼리성으로 하여 60분간 수욕상에서 가열한다. 식힌 후 정제수를 가해 500 mL로 맞춘 후 여과하고 여과용액에 아이오드화포타슘 및 황산을 넣어 남아 있는 과망간산포타슘에 의하여 유리된 아이오딘의 양을 0.1 N 싸이오황산소듐용액으로 적정한다.

■ 간섭물질

퇴적물 내 모래 함량에 따라 시료 적정 값의 편차가 증가할 수 있다.

2. 결과보고

$$COD_{Mn}(\%) = 0.8 \times (A - B) \times f \times \frac{500}{100} \times \frac{1,000}{M} \div \left(1 - \frac{W}{100}\right) \div 10,000$$

여기서, A : 바탕시험의 적정에 소요된 0.1 N 싸이오황산소듐용액 (mL)
B : 시료의 적정에 소요된 0.1 N 싸이오황산소듐용액 (mL)
f : 0.1 N 싸이오황산소듐용액의 역가
M : 시료 무게 (g)
W : 시료의 함수율 (%)
0.800 : 0.1 N 싸이오황산소듐용액 1 mL의 산소상당량 (mg/mL)

실전 예상문제

01 퇴적물 화학적산소요구량 – 망간법에 대한 설명이다. 빈칸에 들어갈 시약으로 올바른 것은?

---

① 시료를 취하여 0.01 g 단위까지 정확히 측정하여 250 mL 삼각플라스크 또는 둥근바닥플라스크에 넣는다.

② 시료 플라스크에 0.1 N (㉠) 100 mL, 10 % (㉡) 5 mL를 넣은 후 잘 흔든다.

③ 시료와 시약이 담긴 플라스크를 수욕조에 넣고 끓는 중에서 60 분간 가열한다.

④ 플라스크를 꺼내 실온으로 식힌 후 10 % (㉢) 10 mL 및 4 % (㉣)한, 두 방울을 첨가한다.

⑤ 내용물을 500 mL 부피플라스크에 옮기고 정제수로 플라스크를 씻어 합친 후 표선까지 채운 후 건조여과지로 여과한다.

⑥ 여과된 용액 100 mL를 삼각플라스크에 넣고 30 % 황산용액 2 mL를 가하여 잘 흔들어 준다.

⑦ 이 용액을 0.1 N 싸이오황산소듐용액으로 적정한다. 지시약은 1 % 녹말용액을 사용한다.

---

① ㉠ 과망간산포타슘용액, ㉡ 수산화소듐용액, ㉢ 아이오드화포타슘용액, ㉣ 아자드화소듐용액

② ㉠ 수산화소듐용액, ㉡ 아이오드화포타슘용액, ㉢ 아자드화소듐용액, ㉣ 과망간산포타슘용액

③ ㉠ 아자드화소듐용액, ㉡ 과망간산포타슘용액, ㉢ 아이오드화포타슘용액, ㉣ 수산화소듐용액

④ ㉠ 과망간산포타슘용액, ㉡ 아이오드화포타슘용액, ㉢ 수산화소듐용액, ㉣ 아자드화소듐용액

···05 퇴적물 총유기탄소 – 원소분석법
(Total organic carbon – Elemental analyzer)

(ES 04861.1 2011)

유기탄소 측정에 앞서 무기탄소를 제거하기 위해 **아황산수용액**과 반응시킨 후 원소분석기로 탄소의 양을 고온으로 시료를 연소시켜 생성된 **이산화탄소**로 변화시켜 측정한다.

1. 적용범위

이 방법의 정량한계는 0.1 %이다.

2. 간섭물질

원소분석기 내에서 **재가 기기 내부에 쌓여** 측정값의 오차를 발생시키고 기계의 감도를 저하시키기 때문에, 재를 제거해 주어야 한다.

실전 예상문제

01 퇴적물 총유기탄소 – 원소분석법에 대한 설명이다. 유기탄소 측정에 앞서 무기탄소를 제거하기 위해 반응시키는 물질은?

① 과망간산포타슘용액

② 수산화소듐용액

③ 아자드화소듐용액

④ 아황산수용액

풀이 퇴적물의 총유기탄소를 측정하기 위한 방법으로, 유기탄소 측정에 앞서 무기탄소를 제거하기 위해 아황산수용액과 반응시킨 후 원소분석기로 탄소의 양을 고온으로 시료를 연소시켜 생성된 이산화탄소로 변화시켜 측정한다.

정답 01 ④

⋯06 퇴적물 총질소(Total nitrogen) (ES 04862 2011)

▼ **적용 가능한 시험방법**

시험방법	정량한계	정밀도(% RSD)
기기분석 – 원소분석기	600 mg/kg	25 % 이하
과황산포타슘법	500 mg/kg	25 % 이하

06-1 퇴적물 총질소 – 원소분석법(Total nitrogen – Elemental analyzer)

(ES 04862.1 2011)

원소분석기에 건조분말 시료를 넣고 고온으로 연소시켜 생성된 질소 기체를 측정한다. 유기탄소를 측정하기 위해 아황산수용액으로 처리한 시료를 대상으로 탄소와 질소를 동시에 측정한다.

06-2 퇴적물 총질소 – 과황산포타슘법 (Total nitrogen – potassium persulfate method)

(ES 04862.2 2011)

시료를 알칼리성 과황산포타슘 존재하에 가압멸균 처리하여 산화시킨다. 여과한 후 여과용액의 일부를 취하여 pH를 조절하고 자외선/가시선 분광광도계를 이용하여 220 nm의 파장에서 흡광도를 측정한다.

1. 적용범위

난분해성 유기물 또는 자외부에서 흡광도를 나타내는 브롬이온 및 크롬이온 등이 다량으로 포함되어 있는 시료에는 이 방법을 적용하지 않는다.

2. 간섭물질

퇴적물 중에서 총유기탄소의 함량이 2.7 % 이상인 시료, 산화 과정을 거친 시료에서 10 mg/L 이상의 브롬이온 또는 0.2 mg/L 이상의 크롬이온이 존재할 경우 간섭에 의한 영향이 나타난다. 이 경우 원소분석기로 분석한다.

실전 예상문제

01 난분해성 유기물 또는 자외부에서 흡광도를 나타내는 브롬이온 및 크롬이온 등이 다량으로 포함되어 있는 시료에는 적용하지 않는 시험방법은?

① 퇴적물 총질소 – 원소분석법

② 퇴적물 총질소 – 과황산포타슘법

③ 퇴적물 총유기탄소 – 원소분석법

④ 퇴적물 화학적산소요구량 – 망간법

풀이 난분해성 유기물 또는 자외부에서 흡광도를 나타내는 브롬이온 및 크롬이온 등이 다량으로 포함되어 있는 시료에는 퇴적물 총질소 – 과황산포타슘법을 적용하지 않는다.

···07 퇴적물 총인(Total phosphorus) (ES 04863.1 2011)

퇴적물을 450 ℃에서 3시간 강열하여 인을 산화시킨 후, 3.5 N 염산 용액을 넣어 16시간 동안 추출한다. 추출액을 여과하고 pH를 조절한 다음, 헵타몰리브덴산암모늄사수화물과 반응하여 생성된 몰리브덴산인암모늄을 아스코르빈산으로 환원하여 생성된 몰리브덴산의 흡광도를 880 nm에서 측정하여 총인의 양을 정량한다.

■ 간섭물질

① 인산이온 측정용 시료에 5가 비소가 0.1 mg/L 이상일 경우 인산이온과 마찬가지로 발색을 일으킨다. 이황산나트륨(sodium bisulfate, $NaHSO_4$)을 사용하여 5가 비소를 3가 비소로 환원시켜 제거할 수 있다.

② 인산이온 측정용 시료에 3가 철이 30 mg/L 이상일 경우 몰리브덴청의 발색 정도를 약화시켜 인산염 이온 측정치가 낮아질 수 있다. 아스코르빈산용액의 첨가량을 증가시켜 간섭을 제어할 수 있다.

실전 예상문제

01 퇴적물 총인의 시험법 중 간섭물질에 대한 설명으로 틀린 것은?

① 0.1 mg/L 이상의 5가 비소는 발색을 일으킨다.

② 이황산나트륨(sodium bisulfate, $NaHSO_4$)을 사용하여 5가 비소를 3가 비소로 환원시켜 제거할 수 있다.

③ 3가 철이 30 mg/L 이상일 경우 몰리브덴청의 발색 정도를 강화시켜 인산염 이온 측정치가 높아질 수 있다.

④ 아스코르빈산용액의 첨가량을 증가시켜 3가 철의 간섭을 제어할 수 있다.

풀이 • 인산이온 측정용 시료에 5가 비소가 0.1 mg/L 이상일 경우 인산이온과 마찬가지로 발색을 일으킨다. 이황산나트륨(sodium bisulfate, $NaHSO_4$)을 사용하여 5가 비소를 3가 비소로 환원시켜 제거할 수 있다.

• 인산이온 측정용 시료에 3가 철이 30 mg/L 이상일 경우 몰리브덴청의 발색 정도를 약화시켜 인산염 이온 측정치가 낮아질 수 있다. 아스코르빈산용액의 첨가량을 증가시켜 간섭을 제어할 수 있다.

02 퇴적물 총인의 시험법에 대한 설명이다. 빈칸에 들어갈 시약으로 올바른 것은?

> 퇴적물의 총인을 측정하기 위한 방법으로, 퇴적물을 450 ℃에서 3시간 강열하여 인을 산화시킨 후, 3.5 N 염산 용액을 넣어 16시간 동안 추출한다. 추출액을 여과하고 pH를 조절한 다음, (㉠)과 반응하여 생성된 (㉡)을 (㉢)으로 환원하여 생성된 몰리브덴산의 흡광도를 880 nm에서 측정하여 총인의 양을 정량한다.

① ㉠ 헵타몰리브덴산암모늄사수화물, ㉡ 몰리브덴산인암모늄, ㉢ 아스코르빈산

② ㉠ 몰리브덴산인암모늄, ㉡ 헵타몰리브덴산암모늄사수화물, ㉢ 아스코르빈산

③ ㉠ 몰리브덴산인암모늄, ㉡ 과망간산포타슘용액, ㉢ 아이오드화포타슘용액

④ ㉠ 과망간산포타슘용액, ㉡ 아스코르빈산, ㉢ 몰리브덴산인암모늄

풀이 퇴적물의 총인을 측정하기 위한 방법으로, 퇴적물을 450 ℃에서 3시간 강열하여 인을 산화시킨 후, 3.5 N 염산 용액을 넣어 16시간 동안 추출한다. 추출액을 여과하고 pH를 조절한 다음, 헵타몰리브덴산암모늄사수화물과 반응하여 생성된 몰리브덴산인암모늄을 아스코르빈산으로 환원하여 생성된 몰리브덴산의 흡광도를 880 nm에서 측정하여 총인의 양을 정량한다.

┈08 퇴적물 수용성인(Soluble Reactive Phosphorus) (ES 04864.1 2011)

퇴적물의 수용성인을 측정하기 위한 방법으로, 퇴적물을 0.02 M 염화포타슘 용액과 접촉시켜 용출되는 인을 아스코르빈산법으로 정량한다.

■ 간섭물질

① 5가 비소가 0.1 mg/L 이상일 경우 발색한다. 이황산나트륨(sodium bisulfate, $NaHSO_4$, 120.01)을 사용하여 5가 비소를 3가 비소로 환원시켜 제거할 수 있다.

② 3가 철이 30 mg/L 이상일 경우 몰리브덴청의 발색 정도를 약화시켜 인산염 이온 측정치가 낮아질 수 있다. 아스코르빈산용액의 첨가량을 증가시켜 간섭을 제어할 수 있다.

실전 예상문제

01 퇴적물의 수용성인을 측정하기 위한 방법에서 간섭물질로 5가 비소가 0.1 mg/L 이상일 경우 발색한다. 다음 물질 중 5가 비소를 3가 비소로 환원시켜 제거할 수 있는 것은?

① 아스코르빈산

② 과망간산포타슘

③ 이황산나트륨

④ 수산화소듐

(풀이) 이황산나트륨(sodium bisulfate, $NaHSO_4$, 120.01)을 사용하여 5가 비소를 3가 비소로 환원시켜 제거할 수 있다.

···09 퇴적물 금속류(Metals) (ES 04870 2011)

▼ 금속류의 시험방법 및 시험방법의 분류번호

측정 금속	유도결합플라스마/ 원자발광분광법	유도결합플라스마/ 질량분석법	자동수은분석기법
구리	ES 04871.1	ES 04871.2	–
납	ES 04872.1	ES 04872.2	–
니켈	ES 04873.1	ES 04873.2	–
비소	–	ES 04874.2	–
수은	–	–	ES 04875.1
아연	ES 04876.1	ES 04876.2	–
카드뮴	ES 04877.1	ES 04877.2	–
크롬	ES 04878.1	ES 04878.2	–
리튬	ES 04879.1	ES 04879.2	–
알루미늄	ES 04880.1	ES 04880.2	–

⋯10 퇴적물 금속류 – 유도결합플라스마/원자발광분광법

(Metals – Inductively coupled plasma/atomatic emission spectrometry)

(ES 04870.1 2011)

1. 개요

퇴적물이 완전분해되도록 질산, 과염소산, 불산을 가하고 가열한다. 불산을 완전히 제거한 다음 질산 용액(2 %)으로 적절히 희석하여 유도결합플라스마/원자발광분광계로 금속류의 농도를 측정한다.

■ 간섭물질

① 물리적 간섭

   ㉠ 시료 도입부의 분무과정에서 시료의 비중, 점성도, 표면장력의 차이에 의해 발생한다.

   ㉡ 시료의 물리적 성질이 다르면 플라스마로 흡입되는 원소의 양이 달라져 방출선의 세기에 차이가 생긴다.

   ㉢ 시료의 희석, 매질 일치법, 내부 표준법을 사용하여 간섭을 최소화할 수 있다.

② 이온화간섭

   ㉠ 이온화 에너지가 작은 소듐 또는 포타슘 등 알칼리 금속이 공존원소로 시료에 존재 시 플라스마의 전자밀도를 증가시키고, 증가된 전자 밀도는 들뜬 상태의 원자와 이온화된 원자수를 증가시켜 방출선의 세기를 크게 할 수 있다.

   ㉡ 전자가 이온화된 시료 내의 원소와 재결합하여 이온화된 원소의 수를 감소시켜 방출선의 세기를 감소시킨다.

   ㉢ 이 영향은 심하지 않으며 적절한 운전 조건의 선택으로 최소화할 수 있다.

③ 분광간섭(시료 분석 후 보정이 반드시 필요)

   ㉠ 분석하는 금속원소 이외의 원소가 동일 파장에서 발광할 때

   ㉡ 파장의 스펙트럼선이 넓어질 때

   ㉢ 이온과 원자의 재결합으로 연속 발광할 때

④ 매질로 인한 간섭 시 조치 방법

   ㉠ 바탕선 보정

   ㉡ 연속 희석법

   ㉢ 표준물질 첨가법

   ㉣ 다른 분석법 적용

   ㉤ 전파장 분석

⑤ 유도결합플라스마/원자발광광도법에 의한 원소별 측정파장과 간섭물질

2. 분석절차

① 조제한 분석용 시료 약 0.5 g을 정확히 취하여 테플론 비커에 넣고 진한 질산 5 mL, 진한 과염소산 2.5 mL, 진한 불산 5 mL를 순서대로 첨가한다. 순서대로 넣지 않으면 폭발 가능성이 있다.

② 비커를 가열판 위에 놓고 테플론 시계접시를 덮은 후 80 ℃에서 1시간 동안 가열 후 가열판 온도를 130 ℃까지 증가시켜 퇴적물과 산이 완전히 분해될 때까지 가열한다.

③ 퇴적물이 완전히 분해되면 질산용액(2 %) 20 mL를 가하여 80 ℃에서 시계접시를 덮지 않은 채 완전히 휘발시켜 불산을 제거한다. 다시 질산용액(2 %) 20 mL를 가하여 80 ℃에서 용존시킨다.

④ 100 mL 부피플라스크로 옮기고 질산용액(2 %)으로 표선까지 맞춘다.

⑤ 원소에 따라 시료 중 농도와 기기의 감도를 고려하여 추가 희석이 필요한지 검토하고, 필요한 경우 기기분석 전에 질산용액(2 %)으로 추가 희석한다.

⑥ 방법 바탕시료와 정도관리용 시료도 측정시료와 같이 전처리한다.

···11 퇴적물 금속류 – 유도결합플라스마/질량분석법
(Metals – Inductively coupled plasma/mass spectrometry)

(ES 04870.2 2011)

1. 개요

퇴적물이 완전분해되도록 질산, 과염소산, 불산을 가하고 가열한다. 불산을 완전히 제거한 다음 질산용액(2 %)으로 적절히 희석하여 유도결합플라스마/질량분석기로 금속류의 농도를 측정한다.

■ 간섭물질

① 다원자 이온간섭(polyatomic ion interferences)

　㉠ 분석하고자 하는 원소와 동일한 질량 대 전하비를 갖는 1개 이상의 원소간에 결합된 이온으로 인한 간섭을 말한다.(이온들은 플라스마, 시료 도입부, 질량분석기 간의 인터페이스 구간에서 쉽게 생성)

　㉡ 시료의 물리적 성질이 다르면 플라스마로 흡입되는 원소의 양이 달라져 방출선의 세기에 차이가 생긴다.(산의 농도가 10% 이상, 용존고형물질 1,500 mg/L 이상으로 높은 반면, 표준용액의 산의 농도는 5% 이하일 때 간섭이 큼)

　㉢ 다른 동위원소에 대한 선택이 쉽지 않을 경우 보정이 필요하다.[소듐(Na)이 과량으로 함유된 시료에서 구리(^{63}Cu)는 소듐화아르곤(^{63}ArNa)에 의한 간섭을 받으므로 보정을 하거나

다른 간섭이 없는 질량수인 구리(^{65}Cu)를 선택하여 분석할 수 있으며, 염소(Cl)가 함유된 시료에서 비소(^{75}As)는 염화아르곤(^{75}ArCl)에 의한 다원자 이온간섭을 받으므로 보정을 실시하거나 매질을 일치하여 분석을 수행할 수 있음]

② 동중원소 간섭(isobaric elemental interferences)

분석하고자 하는 원소와 다른 물질이(1가 또는 2가의 이온화 상태로) 동일한 질량 대 전하비를 가질 경우 질량분석기가 이를 분리해내지 못하여 간섭이 발생한다.

③ 메모리 간섭

ⓐ 분석이 끝난 후 시료의 해당 원소가 다음 시료의 측정결과에 영향을 미치는 경우이다.

ⓑ 시료주입장치, 스키머콘, 플라스마 토치, 분무장치 등에 분석물질이 흡착되어 발생한다. 이러한 간섭은 다음 시료의 분석 전 충분히 세정을 하면 감소시킬 수 있다.

④ 물리적 간섭

시료가 분무기나 플라스마 내에서 이온화되는 과정에서 발생한다.(시료의 용존고체물질의 농도가 0.2% 이하여야 함, 내부표준물질을 사용하여 보정)

⑤ 분해능에 의한 간섭

측정대상 질량이 인접한 질량에 의한 영향을 받는 경우이다.(최적의 분해능 조절 필요)

2. 분석기기 및 기구

(1) 반복 사용되는 실험기구

① 새 기구는 세제나 초음파 세척기 등으로 내부와 외부를 세척한 후 수돗물로 세제가 남지 않도록 3 ~ 4회 헹군다.

② 이를 2 N 이상의 염산, 질산 혼합용액 혹은 다이 크롬산 포타슘에 24시간 이상 담가둔 후 산을 제거하고 유리기구의 외벽과 내벽에 묻어 있는 중금속성분을 유기착화제인 1 % APDC/DDDC 용액으로 2 ~ 3회 세척한 후 초순수로 3회 이상 헹구어 사용한다.(사용하지 않을 경우 클린벤치 내에서 거꾸로 하여 건조시킨 후 마개를 하여 비닐 지퍼 백 등에 넣어 보관)

③ 반복 사용하는 기구는 위의 산 용액 세척단계부터 시작한다.

(2) 부피플라스크, 비커, 분별깔때기, 핀셋, 플라스틱 원심분리관

① 부피플라스크 : 테플론 또는 파이렉스 재질

② 비커, 분별깔때기 : 테프론 재질

③ 깔때기 : 파이렉스 재질

④ 핀셋 : 테플론 또는 플라스틱 재질로 된 것

실전 예상문제

01 퇴적물 금속류 중 유도결합플라스마/질량분석법으로 분석할 수 없는 것은?

① 구리
② 납
③ 수은
④ 비소

풀이 수은은 자동 수은 분석법을 이용하여 분석할 수 있다.

02 퇴적물 금속류 분석 시 ICP – AES를 이용한다. 이 기기를 이용하여 분석 시 간섭물질과 그에 맞는 설명이 틀린 것은?

① 물리적 간섭 : 시료 도입부의 분무과정에서 시료의 비중, 점성도, 표면장력의 차이에 의해 발생
② 이온화 간섭 : 전자가 이온화된 시료 내의 원소와 재결합하여 이온화된 원소의 수를 감소시켜 방출 선의 세기를 감소시킴
③ 분광간섭 : 분석하는 금속원소 이외의 원소가 동일 파장에서 발광할 때 발생하며 시료 분석 후 보정 이 필요하지 않다.
④ 매질로 인한 간섭 : 바탕선 보정 또는 표준물질 첨가법 등을 이용하여 간섭의 영향을 조치 가능

풀이 분광간섭은 분석하는 금속원소 이외의 원소가 동일 파장에서 발광할 때, 파장의 스펙트럼선이 넓어질 때, 이온과 원자의 재결합으로 연속 발광할 때 등 나타나며, 이러한 분광간섭의 경우 시료 분석 후 보정이 반드시 필요하다.

03 퇴적물 금속류를 분석할 때 유도결합플라스마/질량분석법을 이용 시 간섭물질이 아닌 것은?

① 원소별 측정 파장에 의한 간섭
② 동중원소 간섭(isobaric elemental interferences)
③ 물리적 간섭
④ 다원자 이온간섭(polyatomic ion interferences)

풀이 원소별 측정 파장에 의한 간섭은 원자발광분석법에 해당된다.

⋯12 퇴적물 수은 – 자동수은분석법
(Mercury – Automatic Mercury Analyzer)

(ES 04875.1 2011)

1. 개요

건조분말 시료를 수은분석기에 넣고 고온으로 연소시켜 휘발되는 수은을 금아말감 트랩에 모은 후 열을 가해 한꺼번에 원자흡광 또는 원자형광검출기로 보내어 정량한다.

(1) 적용범위

① 정량한계는 0.010 mg/kg이다.
② 기기에 따라 소급성이 인정되는 인증 표준물질로 정도보증/정도관리 방법에 따라 측정한 검출한계와 방법바탕시료 측정값이 정도관리 목표값보다 낮은 경우 적용할 수 있다.

(2) 간섭물질

① 분석에 사용하는 기구, 시약, 용존산소 등이 수은을 함유하여 바탕시료 측정값을 상승시킬 수 있다. 기구는 산세척이나 고온 강열하여 사용하고, 시약(조연제를 사용할 경우)은 불순물 함량이 충분히 낮은 것을 사용하며, 운반기체는 기기로 들어가기 전에 금아말감 트랩을 거치도록 한다. 기기에서 배출되는 기체도 금아말감 트랩을 거치는 것이 바람직하다.
② 기기에 넣는 시료용 보트(boat)는 솔질하여 씻은 후 시료 연소 온도와 같은 온도로 강열한 후 데시케이터에서 식혀서 사용한다.
③ 고농도 시료 측정 후, 바로 다음 시료 측정 시 앞 시료의 영향을 받을 수 있으므로 빈 보트(boat)를 2 ～ 3회 측정하고 다음 시료 분석을 수행한다.

2. 분석기기 및 기구

(1) 수은분석기

오토샘플러, 수은 증기 램프 광원, 고온연소부와 금아말감 트랩, 원자흡광 또는 원자형광 검출기, 기기제어 및 데이터 처리장치로 구성된 것을 사용한다.

(2) 운반기체

운반기체는 부피백분율 99.9 % 이상의 산소로서 유량은 165 mL/min 이하이다.

(3) 분석용 시료 보관병

세제를 이용하거나 초음파 세척기 등으로 내부와 외부를 세척 후 수돗물로 세제가 남지 않도록 3 ~ 4회 헹군다. 이를 2 N 이상의 염산, 질산 혼합용액 혹은 왕수에 24시간 이상 담가둔다. 초순수로 3회 이상 헹구고 클린벤치에 거꾸로 하여 건조시킨 후 마개를 하여 비닐 지퍼백 등에 넣어 보관한다.

(4) 보트용 집게(소형 핀셋, 전기로용 긴 집게)

(5) 스테인레스 또는 테플론 재질의 시약 숟가락(소형)

(6) 보트(boat)

수은 흡착능이 작으며 열에 강한 보트를 사용하여야 하며, 기기제조 회사에서 권장하는 것을 사용한다.

3. 정도보증/정도관리(QA/QC)

▼ 정도관리 목표값

정도관리 항목	정도관리 목표
정량한계	0.010 mg/kg
방법바탕시료 측정값	방법검출한계(0.007 mg/kg) 이하
검정곡선	결정계수(R^2)≥0.98 또는 감응계수(RF)의 상대표준편차≤25 %
검정곡선 검증	검정곡선 작성 시 값과 차이가 25 % 이하
정밀도	상대표준편차 ≤30 %
정확도	75 % ~ 125 %

4. 분석절차

① 시료병은 2 N 이상의 염산, 질산 혼합용액 혹은 왕수에 최소 24시간 동안 담가 둔 후 초순수로 3회 이상 헹구어 클린벤치에 거꾸로 하여 건조시킨 후 사용한다.
② ES 04160.1 퇴적물 채취 및 금속 분석용 시료조제 방법에 따른다.
③ 건조, 분쇄된 시료를 보관용기에서 취하기 전에 잘 혼합한다.

5. 결과보고

검정곡선 작성을 위해 사용한 인증 표준물질의 종류, 취한 무게를 입력하면 자동으로 검정곡선이 계산되며 시료의 무게를 입력하면 수은의 양과 농도가 계산된다.

$$수은의\ 농도(mg/kg) = \frac{\left(\dfrac{(a-b)}{x} \right)}{1,000}$$

여기서, a : 검정곡선식으로부터 계산된 수은의 양 (ng)
b : 방법바탕시료의 수은의 양 (ng)
x : 시료의 무게 (g)

실전 예상문제

01 퇴적물 금속류 중 일반적 성질과 그에 맞는 금속이 맞게 연결 된 것을 모두 고르시오.

> a. 5 mg/L 이상의 농도로 쓴 맛을 나타내며 알칼리 용액에서 젖빛을 낸다.
> b. +3가와 +6가로 주로 존재하는데 +6가가 독성이 강하다. 이 물질은 염산이나 황산에서 수소를 발생하며 녹는다.
> c. 공장, 광산, 제련소 등으로부터 수중 에 유입 될 수 있다.
> d. 퇴적물에서 자연 농도에 비해 인위적 오염에 의한 농도 변화가 작아 다른 금속류의 오염도를 평가할 때 표준화 원소로 사용된다.

① a-아연, b-비소
② b-크롬, c-납
③ b-비소, d-니켈
④ a-납, d-니켈

풀이 a-아연, b-크롬, c-납, d-니켈

02 퇴적물 금속류 중 일반적 성질에 해당하는 물질은?

> a. 주요 산화 상태는 +2이다.
> b. 전기 도금된 철이나 청동으로부터 오염될 수 있다.
> c. 염산이나 묽은 황산에서는 수소를 발생하며 녹아 각각의 염이 된다.
> d. 진한 알칼리 용액과 가열하면 수소를 발생하며 녹아 아연산염을 만든다.

① 비소
② 납
③ 니켈
④ 아연

풀이 위의 설명된 내용은 아연에 대한 것이며, 묽은 산 또는 진한 알칼리와 함께 환원제로 사용된다.

03 퇴적물의 금속류 분석 시 사용되는 분석기구와 재질의 연결이 틀린 것은?

① 깔때기 : 파이렉스 재질
② 비커, 분별깔때기 : 테프론 재질
③ 핀셋 : 스테인레스
④ 부피플라스크 : 테플론 또는 파이렉스 재질

풀이 핀셋은 테플론 또는 플라스틱 재질로 된 것을 사용한다.

정답 01 ② 02 ④ 03 ③

04 퇴적물 금속류를 분석할 때 사용되는 기기에 대한 설명 중 틀린 것은?

① 분석용 저울 : 0.001 g까지 사용할 수 있는 전자식 저울을 사용한다.

② 후드 : 비금속 재질이 아닐 경우 산증기에 의한 부식으로 시료를 오염시킬 우려가 있으므로 벽, 천정, 바닥을 테플론 필름으로 코팅하여 사용한다.

③ 클린벤치 : 수평기류식

④ 반복 사용되는 실험기구 : 반복 사용되는 기구는 산 용액 세척단계부터 시작한다.

풀이 0.0001 g까지 사용할 수 있는 전자식 저울을 사용한다.

05 퇴적물 중 수은을 분석할 때 간섭물질에 대한 설명으로 맞는 것을 모두 고르시오.

> a. 분석에 사용되는 기구, 시약, 용존산소 등이 수은을 함유하여 바탕시료 측정값을 상승시킬 수 있다.
> b. 운반기체는 기기로 들어가기 전에 금아말감 트랩을 거치도록 한다.
> c. 기기에 넣는 시료용 보트는 솔질하여 씻은 후 시료 연소 온도와 같은 온도로 강열한 후 데시케이터에서 식혀서 사용한다.
> d. 고농도 시료 측정 후 바로 다음 시료 측정 시 앞 시료의 영향을 받을 수 있으므로 빈 보트를 2 - 3회 측정하고 다음 시료 분석을 수행한다.

① a
② a, b, d
③ b, c
④ a, b, c, d

풀이 b의 경우 기기에서 배출되는 기체도 금아말감 트랩을 거치는 것이 바람직하다.

01 수질연속자동측정기의 기능 및 설치방법
(Function and Method for Installing Continuous Monitoring Analyzer)

(ES 04900.0c 2015)

1. 수질연속자동측정기의 기능

측정범위는 환경분야 시험 · 검사 등에 관한 법률 제9조에 따라 형식승인을 받은 범위 내에서 정하는 최대 측정 범위 내에서 배출시설별 오염물질 배출허용기준의 1.2배 ~ 3배 이내의 값으로 설정한다.

2. 수질연속자동측정기의 설치방법

(1) 시료채취지점 일반사항

① 하 · 폐수의 성질과 오염물질의 농도를 대표할 수 있는 곳으로 수로나 관로의 굴곡부분이나 단면모양이 급격히 변하는 부분을 피하여 배출흐름이 안정한 곳을 선택하여야 한다.

② 측정이나 유지보수가 가능하도록 접근이 쉬운 곳이어야 한다.

③ 시료채취 시 우수나 조업목적 이외의 물이 포함되지 말아야 한다.

④ 하 · 폐수 처리시설의 최종 방류구에서 채수지점을 선정한다.

⑤ 취수구의 위치는 수면하 10 cm 이상, 바닥으로부터 15 cm를 유지하여 동절기의 결빙을 방지하고 바닥 퇴적물이 유입되지 않도록 하되, 불가피한 경우는 수면하 5 cm에서 채수할 수 있다.

(2) 측정소 입지조건

① 진동이 적은 곳

② 부식성 가스나 분진이 적은 곳

③ 온도나 습도가 높지 않은 곳

④ 전력의 공급이 안정적인 곳

⑤ 전화선(또는 인터넷 선)의 인입이 용이한 곳

⑥ 보수작업이 용이하고 안전한 곳

⑦ 채수지점이 가까운 곳

···02 자동시료채취기 – 연속자동측정방법
(Autosampler – Continuous Monitoring Method)

(ES 04901.1c 2015)

1. 개요

(1) 적용범위

일반적으로 시료부피의 반복성은 ± 50.0 mL 이하, 온도범위 0.0 ℃ ~ 8.0 ℃, 흡입 높이 5.0 m 이상, 펌프 토출량 0 mL/min ~ 200 mL/min 이내를 만족한다.

(2) 간섭물질

간섭물질의 유입을 최소화하기 위해서는 시료 중 입자 지름이 큰 부유물질은 공급라인의 막힘과 시료부피의 반복성을 저하시킨다. 이는 공급라인이 유연한 각도를 가지도록 하고 **최소 안지름 12 mm의 흡입 기초대와 유선형 스크린을 설치**하여 문제발생을 최소화 할 수 있다.

2. 용어정의

① 저온저장 : 채취된 시료의 온도에 따른 수질변화를 방지하기 위해 (4±1) ℃로 시료를 유지하며 저장하는 것을 의미한다.
② 정량펌프 : 일정한 속도로 24시간 시료의 연속 채취가 가능한 장치로서 단위시간 동안 일정량을 양수할 수 있으며 양수량을 조절하는 기능을 갖춘 펌프를 말한다.

3. 분석기기 및 기구

① 시료보관 용기 : 탈부착이 가능한 분리형이어야 하고 보관시료에 용출되지 않는 재질(유리, 폴리테트라플루오로에틸렌[PTFE, polytetrafluoroethylene), 폴리에틸렌 등]을 사용하여야 한다. 보관 용기의 수량은 시험분석에 필요한 시료의 부피(최소 1 L)를 기준으로 하루 이상(1 L 용기 사용 시 최소 24개 이상) 채취할 수 있어야 한다.
② 시료정량 배분기 : 재질은 시료에 용출되지 않는 재질[유리, 폴리테트라플루오로에틸렌(PTFE), 폴리에틸렌 등]을 사용하여야 한다.
③ 연속시료 주입기 : 시료를 이송하는 펌프, 배관 및 부속품 일체로서 막힘 및 동파가 방지되도록 구성하여야 한다. 부속품의 재질은 내부식성 재질로서 화학적으로 안정된 것을 사용하여야 한다.
④ 저온 시료보관함 : 부식되지 않는 재질이어야 하며, 적재공간은 1 L 용기 24개 이상, 2 L 용기 12개 이상이어야 한다.
⑤ 정보수신기 : 실시간 시료 채취 및 원격지 제어 장치로 구성되어 있다.

실전 예상문제

01
2010
제2회

수질연속자동측정에 관한 내용으로 측정소의 입지 조건이 아닌 것은?

① 온도나 습도가 높지 않은 곳
② 보수 작업이 용이하고 안전한 곳
③ 도로에서 가까운 곳
④ 채수 지점이 가까운 곳

풀이 **측정소 입지조건**
측정소의 설치장소는 가능한 다음과 같은 조건을 구비하여야 한다.
㉠ 진동이 적은 곳
㉡ 부식성 가스나 분진이 적은 곳
㉢ 온도나 습도가 높지 않은 곳
㉣ 전력의 공급이 안정적인 곳
㉤ 전화선(또는 인터넷 선)의 인입이 용이한 곳
㉥ 보수작업이 용이하고 안전한 곳
㉦ 채수지점이 가까운 곳

02
2011
제3회

자동시료채취기의 연속자동측정방법에 사용되는 측정기기 및 기구가 아닌 것은?

① 연속시료 주입기
② 저온 시료보관함
③ 정보수신기
④ 반돈 채수기

풀이 **자동시료채취기 – 연속자동측정방법 분석기기 및 기구**
㉠ 시료보관 용기
㉡ 시료정량 배분기
㉢ 연속시료 주입기
㉣ 저온 시료보관함
㉤ 정보수신기

④항의 반돈 채수기는 일반 수질 채수기이다.

┅ 03 부유물질 – 연속자동측정방법
(SS – Continuous Monitoring Method)

(ES 04902.1e 2017)

1. 개요

미리 무게를 단 유리섬유 거름종이(GF/C)를 여과장치에 부착하여 일정량의 시료를 여과시킨 다음 항량으로 건조하여 무게를 달아 여과 전 · 후의 유리섬유 거름종이의 무게차를 산출하여 부유물질의 양을 구하는 유리섬유여과지법과 측정 시료용액에 빛을 주사하여 용액 중에 부유하고 있는 입자에 빛이 부딪쳐 산란되고 이때 산란되는 신호를 측정하는 **광산란법** 등이 있다. 이 시험기준에 의한 정량범위는 0 mg/L ~ 1,000 mg/L이다.

2. 용어정의

① 검출한계 : 제로드리프트의 2배에 해당하는 출력농도
② 내전압 : 측정기에 전압을 가해서, 그 전압을 서서히 높여 갈 때 측정기가 그 전압을 견디지 못하고 파괴되거나 소손되기 시작하는 시점의 전압
③ 시험가동시간 : 측정기를 정상적인 조건에 따라 운전할 때 예기치 않는 수리, 조정 및 부품교환 없이 연속 가동할 수 있는 최소시간
④ 영점교정용액 : 측정기 최대눈금값의 약 5 % 이하에 해당하는 농도
⑤ 절연저항 : 측정기의 전기회로를 닫은 상태에서 전원차단자와 외부단자 사이의 절연정도를 나타내는 척도로서 절연저항계를 이용하여 측정
⑥ 제로드리프트 : 측정기가 정상적으로 가동되는 조건하에서 측정하고자 하는 성분을 포함하지 않는 교정용액(영점 교정용액)을 일정시간 또는 일정 횟수 이상 반복 측정 후 발생한 편차

3. 시약

① 정제수 : 사용하는 모든 정제수는 미국재료시험학회(ASTM ; American Society for Testing and Materials) Type I 물 수준의 정제수(탈이온수)를 사용한다.
② 탁도표준원액(광산란법) : 황산하이드라진용액(1 %) 5.0 mL와 헥사메틸렌테트라아민용액(10 %) 5.0 mL를 섞어 실온에서 24시간 방치한 다음 정제수를 넣어 100 mL로 한다(이 용액 1 mL는 탁도 400 NTU에 해당하며 1개월간 사용).
③ 탁도표준액(40 NTU) : 사용할 때 제조

4. 정도보증/정도관리(QA/QC)

(1) 예비운전

분석기는 전원을 켠 후 취급설명서에 표시된 예비시간까지 가동하여 각 부분의 기능과 지시 기록부를 안정시킨다.

(2) 교정방법

영점교정(제로드리프트 최대눈금값의 ±5 % 이내)을 한다.

(3) 성능기준 및 성능시험방법

① 성능기준 *중요내용*

⊙ 환경기초시설, 사업장 등에서 배출되는 하·폐수 및 하천수, 호소수 등 공공수역에서 물의 생물화학적 부유물질량 농도를 연속적으로 자동 측정할 수 있어야 한다.

ⓛ 측정방식은 **중량검출법, 광산란법** 또는 이와 동등 이상의 방법

ⓒ 측정결과를 지시 및 기록할 수 있어야 하며, TMS 등으로 송출할 수 있어야 한다.

ⓔ 채수관을 통해 채수된 시료는 측정기로 보내기 전에 **조정조**에 일단 체류시켜 수압이나 유량을 안정화시킬 수 있는 구조이어야 하며, 조정조는 세정하기 쉬운 구조이어야 한다.

ⓜ 계량부는 시료도입주입관, 시료계량기 등으로 구성되며, 시료와 흡착, 부식 등의 반응이 없어야 하며, 시료계량기는 시료를 정확히 100 mL 또는 1,000 mL까지 계량할 수 있어야 한다.

ⓗ 검출부는 여과지의 중량측정이 가능하거나 부유입자에 의해 산란되는 광을 측정할 수 있어야 한다.

ⓢ 측정기는 정상신호, 교정중신호, 동작불량신호 등 측정기의 상태를 지시 및 출력할 수 있어야 한다.

▼ **측정기기 검사항목 기준**

검사항목	기준
측정범위	0 mg/L ~ 1,000 mg/L이고, 최소눈금단위는 0.1 mg/L 이하
제로드리프트	최대 눈금 값의 ±5 % 이하
스팬드리프트	최대 눈금 값의 ±5 % 이하
반 복 성	최대 눈금 값의 ±5 % 이하
직 선 성	교정용액의 농도값의 ±5 % 이하
전압변동률	최대 눈금 값의 ±5 % 이하
내 전 압	교류전압 1,000 V를 1분간 가해도 이상이 없을 것

검사항목	기준
절연저항	2 MΩ 이상
상대정확도	주시험방법에 의한 방법의 30 % 이하. 단, 측정값이 해당 배출기준의 50 % 이하인 경우에는 배출기준에 의한 방법의 15 % 이하
시험가동시간	168시간 이상

② 성능시험 방법 중요내용

㉠ 최소눈금단위 : 측정기의 최소눈금 단위는 0.1 mg/L 이하

㉡ 제로드리프트, 스팬드리프트, 반복성 시험, 직선성 시험, 전압변동률 시험, 내전압 시험, 절연저항 시험, 상대정확도 시험, 시험가동시간 시험이 있다.

실전 예상문제

01 수질연속자동측정방법에 의한 부유물질 측정 시 정량범위는?

① 0 mg/L ~ 1,000 mg/L

② 0 mg/L ~ 100 mg/L

③ 5 mg/L ~ 1,000 mg/L

④ 5 mg/L ~ 100 mg/L

풀이 부유물질 – 연속자동측정방법 ES 04902.1e의 적용 범위는 0 mg/L ~ 1,000 mg/L이다.

02 수질오염공정시험기준에서 수질연속자동측정방법에 의한 부유물질을 측정 방법으로 맞게 연결된 것은?

① 유리섬유여과지법 – 광흡수법

② 유리섬유여과지법 – 광산란법

③ 광편광법 – 입자진동법

④ 광산란법 – 입자진동법

풀이 부유물질 – 연속자동측정방법 ES 04902.1e에 해당하는 시험방법은 미리 무게를 단 유리섬유 거름종이 (GF/C)를 여과장치에 부착하여 일정량의 시료를 여과시킨 다음 항량으로 건조하여 무게를 달아 여과 전 · 후의 유리섬유 거름종이의 무게차를 산출하여 부유물질의 양을 구하는 **유리섬유여과지법**과 측정 시료용액 에 빛을 주사하여 용액 중에 부유하고 있는 입자에 빛이 부딪쳐 산란되고 이때 산란되는 신호를 측정하는 **광산란법** 등이 있다.

03 수질오염공정시험기준에서 수질연속자동측정방법의 성능시험방법이 아닌 것은?

① 제로드리프트

② 검출부시험

③ 반복성시험

④ 직선성시험

풀이 부유물질 – 연속자동측정방법 ES 04902.1e에서 성능시험방법은 제로드리프트, 스팬드리프트, 반복성 시험, 직선성 시험, 전압변동률 시험, 내전압 시험, 절연저항 시험, 상대정확도 시험, 시험가동시간 시험 이 있다.

···**04** 생물화학적 산소요구량 – 연속자동측정방법
(BOD – Continuous Monitoring Method)
(ES 04903.1e 2017)

1. 개요

① 정량범위 : 0 mg/L ~ 200 mg/L
② 간섭물질 : 시료에 산, 알칼리, 잔류염소 등의 산화성 물질, 과포화 용존 산소, 소독물질, 농약 등과 같은 유독물질, 중금속 등의 오염물질 함유 시료, 고온의 시료 등은 측정에 영향을 끼칠 수 있으므로 시험 수행 전에 가능할 경우 전처리를 하여야 한다.

2. 용어정의

① 교정오차 : 교정용액을 측정기에 주입하여 측정한 분석값이 보정값과 얼마나 잘 일치하는가 하는 정도로서, 그 값이 작을수록 잘 일치하는 것이다.
② 기기 검출한계 : 편차의 2배에 해당하는 출력농도
③ 내전압 : 측정기에 전압을 가해서, 그 전압을 서서히 높여 갈 때 측정기가 그 전압을 견디지 못하고 파괴가 되거나 소손이 되기 시작하는 시점의 전압
④ 스팬교정용액 : 측정기 최대눈금값의 약 50 %와 90 %에 해당하는 농도를 말한다. 90 % 교정용액을 스팬 교정용액이라 한다.
⑤ 스팬드리프트 : 측정기가 정상적으로 가동되는 조건에서 스팬 교정용액을 이용하여 일정시간 또는 일정 횟수이상 반복 측정 후 발생한 편차
⑥ 영점교정용액 : 측정기 최대눈금값의 약 5 % 이하에 해당하는 농도
⑦ 제로드리프트 : 측정기가 정상적으로 가동되는 조건에서 측정하고자 하는 성분을 포함하지 않는 교정용액(영점 교정용액)을 일정시간 또는 일정 횟수이상 반복 측정 후 발생한 편차

3. 시약

① 정제수 : 사용하는 모든 정제수는 미국재료시험학회(ASTM ; American society for testing and materials) Type I 물 수준의 정제수(탈이온수)를 사용하고 하루 이상 경과된 정제수는 표준용액 제조에 사용하지 않는다.

② 글루코스 – 글루탐산 표준용액
글루코스 – 글루탐산용액은 시판 시약을 구입 또느 103 ℃에서 1시간 건조한 글루코스 150 mg, 글루탐산 150 mg을 정제수에 녹여 1 L로 한다.

[주] 이 용액은 빠르게 오염될 수 있기 때문에 즉시 사용해야 하고 사용하지 않을 때는 아래의 절차를 따른다.

ㄱ 제조한 글루코스−글루탐산 표준용액을 생물화학적 산소요구량 실험에 사용한 날 각각의 희석 병 또는 뚜껑 있는 시험 튜브에 적당량을 넣는다.

ㄴ 병을 밀봉하고 멸균한 후 글루코스−글루탐산 표준용액이 담긴 병 또는 시험 튜브를 냉각하고 4 ℃에서 보관한다.

ㄷ 밀봉, 멸균상태로 보관한 글루코스−글루탐산 표준용액 6 mL를 각 생물화학적 산소요구량을 측정하고자 하는 병에 넣고 각 병에 희석수를 3/4만큼 채운다.

ㄹ 2 %의 글루코스−글루탐산 표준용액(6 mL/300 mL)에 기초하여 용존산소 허용 한계는 (198 ± 30.5) mg/L이다.

ㅁ 글루코스−글루탐산 표준용액을 첨가한 생물화학적 산소요구량 병에 식종을 하고 희석수를 넣어 완전히 채운다.

ㅂ 뚜껑을 막고 밀봉하여 배양기에 5일간 보관하고 5일 후 시료 병을 꺼내어 같은 방법으로 생물화학적 산소요구량을 측정한다.

ㅅ 글루코스−글루탐산 표준용액은 유리 또는 고밀도 폴리에틸렌, 폴리프로필렌 또는 불화에틸렌프로필렌 용기에 보관한다.

③ 시판 표준용액은 구입 시 유효기간, 성적서, 소급성, 불확도를 확인한다.

④ 마이크로 피펫을 사용하여 글루코스−글루탐산 표준용액을 희석하거나 첨가할 경우 저울을 이용하여 10회 이상 측정하여 마이크로 피펫의 반복성 및 정확성을 확인 후 사용한다.

4. 정도보증/정도관리(QA/QC)

(1) 예비운전

분석기는 전원을 켠 후 가동하여 장치를 안정시킨다.

(2) 교정방법

측정기의 정밀성을 유지하기 위하여 주기적으로 기기를 교정하여 오차를 감소시킨다. 교정은 영점교정(제로드리프트, 최대눈금값의 ±5 % 이내) 및 스팬교정(스팬드리프트 최대눈금값의 ±5 % 이내)을 한다.

① 반복성 : 영점값 및 스팬값의 각각의 평균값을 산출하여 각 측정값과 평균값의 차를 구하고 이들로부터 최대 눈금값에 대한 백분율(%)을 산출한다. 허용범위는 최대눈금값의 ±5 % 이내

② 검출률 : 두 종류 이상의 검출시험용액(표준용액)을 사용하여 생물화학적 산소요구량 농도를

측정하여 얻은 측정값과 검출시험용액의 이론적 생물화학적 산소요구량 측정값에 대한 %로 구한다. 허용범위는 80 % 이상

(3) 성능기준 및 성능시험방법

① 성능기준

㉠ 연속적으로 자동 측정할 수 있어야 한다.

㉡ 측정방식 : 산소전극 또는 산소센서

㉢ 측정결과를 지시, 기록 및 TMS 등으로 송출할 수 있어야 한다.

㉣ 시료 및 증류수 보급을 위한 연동펌프(Peristaltic Pump)의 재질은 산염기에 의한 부식을 방지할 수 있는 재질이어야 한다.

㉤ 측정기는 정상신호, 교정중신호, 동작불량신호 등 측정기의 상태를 지시 및 출력할 수 있어야 한다.

▼ 측정기 검사항목 기준

검사항목	기준
측정범위	0 mg/L ~ 200 mg/L, 최소눈금간격은 0.1 mg/L 이하
반복성	최대눈금값의 ±5 % 이하
제로드리프트	최대눈금값의 ±5 % 이하
스팬드리프트	최대눈금값의 ±5 % 이하
전압변동에 대한 안정성	최대눈금값의 ±5 % 이하
내전압	교류전압 1,000 V를 1분간 가해도 이상이 없을 것
절연저항	2 MΩ 이상
상대정확도	주시험방법에 의한 방법의 30 % 이하. 단, 측정값이 해당 배출기준의 50 % 이하인 경우에는 배출기준에 의한 방법의 15 % 이하
시험가동시간	168시간 이상

② 성능시험 방법 : 제로드리프트, 스팬드리프트, 반복성, 직선성 시험, 전압변동에 대한 안정성, 내전압, 절연저항, 상대정확도, 시험가동시간 이 있다.

5. 결과보고

① 결과는 mg/L로 표시

② 분석값이 10 mg/L 미만이면 세 자릿수로 농도를 표시하며, 10 mg/L 이상이면 두 자릿수로 농도를 표시한다.

③ 시료를 전처리 또는 희석하였다면 희석계수를 곱하여 농도를 계산한다.

실전 예상문제

01 생물화학적 산소요구량 – 연속자동측정방법에 대한 설명으로 잘못된 것은?

2009
제1회

① 글루코스–글루타민산 표준용액은 유리, 고밀도폴리에틸렌, 폴리프로필렌 또는 불화에틸렌 프로
필렌 용기에 보관한다.

② 스팬교정용액은 90 % 교정용액을 말한다.

③ 기기검출한계는 영점편차의 4배에 해당하는 출력농도를 말한다.

④ 표준용액은 조제 즉시 사용해야 한다.

풀이 기기 검출한계는 편차의 2배에 해당하는 출력농도를 말한다.

02 BOD 연속자동측정장치에 대한 설명으로 옳은 것을 모두 고른 것은?

2010
제3회
2014
제6회

> a. 이 측정기의 정량 범위는 0 – 200 mg/L이다.
> b. 표준용액은 글루코스용액이다.
> c. 분석값이 10 ppm 미만이면 세 자릿수로 농도를 표시하며, 10 ppm 이상이면 두 자릿수로 농도
> 를 표시한다.

① a, b

② a, c

③ b, c

④ a, b, c

풀이 표준용액은 글루코스–글루탐산용액이다.

⋯05 수소이온농도 – 연속자동측정방법 (pH – Continuous Monitoring Method)

(ES 04904.1d 2017)

1. 개요

기준전극과 비교전극으로 구성된 pH측정기를 사용하여 양 전극 간에 생성되는 기전력의 차를 이용한다.

$$pH = \frac{F(E_X - E_S)}{2.303RT}$$

여기서, pH : 시료의 수소이온 농도 측정값
F : 패러데이(Faraday) 상수(9.649×10⁴ coulomb per mole)
E_X : 시료에서의 기준전극과 비교전극 간의 전위차 (mV)
E_S : 표준용액에서의 기준전극과 비교전극 간의 전위차 (mV)
R : 기체상수 (8.314 J · °K⁻¹ · mole⁻¹)
T : 절대온도 (°K)

(1) 적용범위

수온이 0 ℃ ~ 40 ℃인 하·폐수 및 하천수, 호소수 등의 수소이온농도 측정기로서 정량범위는 pH 0 ~ 14 또는 pH 0 ~ 12로 하며 최소 눈금단위는 pH 0.1 이하로 한다.

(2) 간섭물질

① 수소이온농도 값은 온도에 영향을 받는다.
② 전극에 이물질이 달라붙어 있는 경우에는 수소이온 농도 전극의 반응이 느리거나 오차를 발생시킬 수 있다.
③ pH 11 이상의 알칼리성이나 pH 5 이하의 불화물 시료에서는 오차가 적은 특수전극을 사용하는 것이 좋다.

2. 용어정의

등가입력 : 유리전극 또는 안티몬전극과 비교전극 간에 발생하는 전위차와 동일한 전압

3. 시약 및 표준용액

① 정제수 : 사용하는 모든 정제수는 미국재료시험학회(ASTM ; American Society for Testing and Materials) Type Ⅰ 물 수준의 정제수(탈이온수)를 사용하고 하루 이상 경과된 정제수는 표준용액 제조에 사용하지 않는다.

② 수산염 표준용액(0.05 M, pH 1.68)

③ 프탈산염 표준용액(0.05 M, pH 4.00)

④ 인산염 표준용액(0.025 M, pH 6.88)

⑤ 붕산염 표준용액(0.01 M, pH 9.22)

⑥ 탄산염 표준용액(0.025 M, pH 10.07)

⑦ 수산화칼슘 표준용액(0.02 M, 25 ℃ 포화용액, pH 12.63)

⑧ 조제한 수소이온 농도 표준용액은 경질유리병 또는 폴리에틸렌병에 보관하며, 보통 산성 표준용액은 3개월, 염기성 표준용액은 산화칼슘 흡수관을 부착하여 1개월 이내에 사용

▼ 온도별 표준용액의 pH값

온 도	수산염 표준용액	프탈산염 표준용액	인산염 표준용액	붕산염 표준용액	탄산염 표준용액	수산화칼슘 표준용액
0 ℃	1.67	4.01	6.98	9.46	10.32	13.43
20 ℃	1.68	4.00	6.88	9.22	10.07	12.63
25 ℃	1.68	4.01	6.86	9.18	10.02	12.45

4. 정도보증/정도관리(QA/QC)

보정은 수소이온 농도 표준용액의 값과 표시된 값의 차이가 ± 0.1 이내가 될 때까지 한다.

(1) 성능기준 *중요내용

① 자동 측정할 수 있어야 한다.

② 측정기의 측정방식은 유리전극법, 안티몬전극법 또는 동등 이상이어야 한다.

③ 측정결과를 지시, 기록 및 TMS 등으로 송출할 수 있어야 한다.

④ 측정기의 검출부는 유리전극, 비교전극, 온도 보상체, 전극보호구 등으로 구성되어 있어야 한다.

⑤ 측정기의 전극은 전극지지관, 전극막, 내부전극, 전해액 등으로 구성된다. 전해액은 pH 7 부근으로 하며, 내부 전극으로는 내열성이 강한 염화은 전지 등으로 되어 있어야 한다.

⑥ 지시기록부는 기기의 운전상태, 측정결과, 측정농도의 단위, 설정값 및 교정값을 확인할 수 있으며 기록할 수 있어야 한다.

⑦ 측정기는 정상신호, 교정중신호, 동작불량신호 등 측정기의 상태를 지시 및 출력할 수 있어야
한다.

▼ 측정기 검사항목 기준

검사항목	기준
측정범위	pH 0 ~ 14 또는 0 ~ 12, 최소눈금간격은 pH 0.1 이하
pH 7 변동	pH ±0.1 이하
pH 4(또는 10) 변동	pH ±0.1 이하
반복성	pH ±0.1 이하
응답시간	30초 이하
온도보상정도	pH ±0.1 이하
전압변동시험	pH ±0.1 이하
내전압	교류전압 1,000 V를 1분간 가해도 이상이 없을 것
절연저항	2 MΩ 이상
상대정확도	주시험방법의 20 % 이하
등가입력	pH ±0.1 이하
시험가동시간	168시간 이상

(2) 성능시험방법 *중요내용

① pH 7 변동 시험

pH 7 표준용액에 전극을 담그고 5분 후 및 24시간 경과 후 측정값을 읽고 그 차를 구한다.
다만, 정도검사시에는 5분 및 2시간 경과 후 측정한다.

> pH 변동시험 = 5분 후 측정값 − 24시간(정도검사 : 2시간) 후 측정값

② pH 4(또는 10) 변동 시험

pH 4(또는 10) 표준용액에 전극을 담그고 5분 후 및 24시간 경과 후 측정값을 읽고 그 차를
구한다.

③ 반복성시험

동일조건에서 pH 7 표준용액과 pH 4(또는 10) 표준용액을 10분 간격을 두고 3회 이상 측정
하며, 매회 안정화된 다음 측정값을 얻는다. 반복성은 각각의 측정값에 대한 평균값을 구하
고, 평균값과 측정값의 최대 편차를 구하여 측정 횟수로 나누어 구한다.

$$반복성(pH) = \frac{|d|}{n}$$

여기서, $|d|$: (평균값－측정값)의 합
n : 측정횟수

④ 응답시간 시험

pH 7 표준용액에서 안정된 전극을 pH 4(또는 10) 표준용액으로 이동하여 담갔을 때 지시값
이 pH 4.3(또는 9.7, 90 % 지시값)을 지시할 때까지 소요되는 시간을 측정.

⑤ 온도보상정도 시험

pH 4 및 10 표준용액에 전극을 담그고 온도를 10 ℃ ～ 30 ℃ 사이에서 5 ℃ 간격으로 pH를
측정하고, ES 04306.1b 수소이온농도 측정값과의 차를 구한다.

⑥ 전압변동 시험

pH 4(또는 10) 표준용액에 전극을 담그고 지시값이 안정되는 것을 확인하고 그 값을 A로 한
다. 다음에 전원전압을 정격전압의 ＋10 %의 전압으로 서서히 변화시키고, 지시값이 안정
될 때의 값을 B라 한다. 다음에 전원전압을 정격전압의 －10 %의 전압으로 서서히 변화시
키고, 지시값이 안정될 때의 값을 C라 한다. 전압변동률은 $B-A$ 또는 $C-A$ 평균의 최대
값을 최대 눈금값에 대한 백분율로 구한다.

$$전압변동률(pH) = (B-A)의 \ 평균값과 (C-A)의 \ 평균값 \ 중 \ 최대값$$

⑦ 내전압 시험

측정기의 전기회로를 닫은 상태에서 전원단자와 외부 상자와의 사이에 정격주파수의 교류전
압 1,000 V를 1분간 가하여 이상 유무를 조사한다.

⑧ 절연저항 시험

절연저항 시험 : 측정기의 전기회로를 닫은 상태에서 전원단자와 외부단자와의 사이에 절연
저항을 절연저항계로 측정한다. 이 시험은 측정기의 동작정지 상태에서 한다.

⑨ 등가입력 시험

측정기의 전극을 제거하고 그 자리에 pH 4(또는 pH 10) 표준용액에 상당하는 등가입력을
가한 후 그 지시값을 3회 이상 구한다.

$$등가입력(pH) = (등가입력량－측정값)의 \ 최대값$$

⑩ 상대정확도 시험

측정기 측정값과 주시험방법으로 동시에 측정한 3개 이상의 측정값이다.

$$상대정확도(\%) = \left(\frac{C_i - \overline{C_r}}{\overline{C_r}} \right)의 \ 최대 \ 또는 \ 최소값 \ \times 100$$

여기서, C_i : i 번째 측정값
C_r : 주시험방법(또는 기준측정기)의 평균값

⑪ 시험가동시간 시험

측정기를 정상조건하에서 168시간(7일간) 이상 연속적으로 운영한다. 이 시험기간 중 부득이하게 측정기를 조정 또는 부품교환을 할 경우 성능시험을 다시 168시간 이상 수행한다.

실전 예상문제

01
2010
제2회

다음은 하천수나 하폐수의 수소이온 농도(pH) 연속자동측정기의 성능 기준과 성능 시험 방법을 서술한 것이다. 적절한 설명이 아닌 것은?

① '수질 및 수생태계 보전에 관한 법률'에 따른 수질 측정인 경우, 측정기의 최소 눈금 단위는 pH 0.1 이하이어야 한다.

② 성능시험 항목 중 pH 7 표준용액에서 5분 후 및 2시간 경과 후의 측정값을 측정하여 변동범위가 pH ±0.1 이하이어야 한다.

③ 응답시간을 검사하여 30초 이하이어야 한다.

④ 측정기의 시험 가동 시간은 정상 조건에서 168시간 이상이어야 한다.

풀이 pH 7 변동 시험

동일조건에서 pH 7 표준용액에 전극을 담그고 5분 후 및 24시간 경과 후 측정값을 읽고 그 차를 구한다.

측정기 검사항목 기준

검사항목	기준	검사항목	기준
측정범위	pH 0 ~ 14 또는 0 ~ 12, 최소눈금간격은 pH 0.1 이하	전압변동시험	pH ±0.1 이하
pH 7 변동	pH ±0.1 이하	내전압	교류전압 1,000 V를 1분간 가해도 이상이 없을 것
pH 4(또는 10) 변동	pH ±0.1 이하	절연저항	2 MΩ 이상
반복성	pH ±0.1 이하	상대정확도	주시험방법의 20 % 이하
응답시간	30초 이하	등가입력	pH±0.1 이하
온도보상정도	pH ±0.1 이하	시험가동시간	168시간 이상

02
2012
제4회

수질오염공정시험법에서 pH 연속자동측정방법의 성능시험방법에 대한 설명으로 옳은 것은?

① pH 변동시험은 표준용액에 전극을 담그고 5분 후 측정값과 24시간 측정값(정도검사는 2시간) 차이로 산출한다.

② 반복성시험은 동일조건에서 pH 10 표준용액과 pH 4 표준용액을 5분 간격을 두고 3회 이상 측정하여 측정값을 얻는다.

③ 응답시간 시험은 pH 10 표준용액에서 안정된 전극을 pH 4 표준용액으로 이동하여 담갔을 때 지시값이 pH 4를 지시할 때까지 소요되는 시간을 측정한다.

④ 시험가동시간 시험을 위해 측정기를 정상조건 하에서 120시간(5일간) 이상 연속적으로 운영한다.

정답 **01** ② **02** ①

풀이 pH 성능시험방법

㉠ pH 7 변동 시험 : pH 7 표준용액에 전극을 담그고 5분 후 및 24시간 경과 후 측정값을 읽고 그 차를 구한다.

㉡ 반복성시험 : 동일조건에서 pH 7 표준용액과 pH 4(또는 10) 표준용액을 10분 간격을 두고 3회 이상 측정

㉢ 응답시간 시험 : pH 7 표준용액에서 안정된 전극을 pH 4(또는 10) 표준용액으로 이동하여 담갔을 때 지시값이 pH 4.3(또는 9.7, 90 % 지시값)을 지시할 때까지 소요되는 시간을 측정

㉣ 온도보상정도 시험 : pH 4 및 10 표준용액에 전극을 담그고 온도를 10 ℃ ~ 30 ℃ 사이에서 5 ℃ 간격으로 pH를 측정하고, ES 04306.1b 수소이온농도 측정값과의 차를 구한다.

㉤ 시험가동시간 시험 : 측정기를 정상조건하에서 168시간(7일간) 이상 연속적으로 운영한다.

03 수소이온농도(pH)의 연속자동측정방법의 성능기준이 아닌 것은?

2013
제5회

① 하수, 폐수 및 하천수, 호소수 등 공공수역에서 물의 수소이온농도를 연속적으로 자동 측정할 수 있어야 한다.

② 측정 방식은 유리전극법, 안티몬전극법 또는 이 이상의 방법이어야 한다.

③ 측정기의 성능은 pH 7에서 ±0.1 이하여야 한다.

④ 측정기의 시험가동시간은 96시간 이상이어야 한다.

풀이 시험가동시간 시험

측정기를 정상조건하에서 168시간(7일간) 이상 연속적으로 운영한다.

측정기 검사항목 기준

검사항목	기준
측정범위	pH 0 ~ 14 또는 0 ~ 12, 최소눈금간격은 pH 0.1 이하
pH 7 변동	pH ±0.1 이하
pH 4(또는 10) 변동	pH ±0.1 이하
반복성	pH ±0.1 이하
응답시간	30초 이하
온도보상정도	pH ±0.1 이하
전압변동시험	pH ±0.1 이하
내전압	교류전압 1,000 V를 1분간 가해도 이상이 없을 것
절연저항	2 MΩ 이상
상대정확도	주시험방법의 20 % 이하
등가입력	pH ±0.1 이하
시험가동시간	168시간 이상

정답 03 ④

04 수소이온농도 – 연속자동 측정방법에서 수소이온농도 전극의 영향을 최소화하기 위해서는 어떤 산성 조건의 시료에서 특수전극을 사용해야 하는가?

① pH 5 이하의 불화물 시료
② pH 5 이하의 염화물 시료
③ pH 5 이하의 질산화물 시료
④ pH 5 이하의 황산화물 시료

> **풀이** **간섭물질**
> 수소이온농도 값은 온도에 영향을 받으며, 전극에 이물질이 달라붙어 있는 경우에는 수소이온 농도 전극의 반응이 느리거나 오차를 발생시킬 수 있다. 특히 pH 11 이상의 알칼리성이나 pH 5 이하의 불화물 시료에서는 오차가 적은 특수전극을 사용하는 것이 좋다. 기타 간섭물질은 연속적으로 측정하는 측정기의 원리 및 특성을 고려하여 제거할 수 있다.

05 수소이온농도(pH)의 연속자동측정방법의 시약 및 표준용액에 대한 설명 중 틀린 것은?

① 이 시험기준에서 사용하는 모든 정제수는 미국재료시험학회 Type I 물 수준의 정제수(탈이온수)를 사용한다.
② 하루 이상 경과된 정제수는 표준용액 제조에 사용하지 않는다.
③ 조제한 수소이온 농도 표준용액은 경질유리병 또는 폴리에틸렌병에 보관 한다.
④ 조제한 수소이온 농도 표준용액은 산성 표준용액은 3개월, 염기성 표준용액은 1개월 이내에 사용한다.

> **풀이** 조제한 수소이온 농도 표준용액은 경질유리병 또는 폴리에틸렌병에 보관하며, 보통 산성 표준용액은 3개월, 염기성 표준용액은 산화칼슘 흡수관을 부착하여 1개월 이내에 사용한다.

06 수소이온농도(pH)의 연속자동측정방법의 표준용액과 pH의 연결이 틀린 것은?

① 수산염 – pH 1.68
② 탄산염 – pH 4.00
③ 인산염 – pH 6.88
④ 붕산염 – pH 9.22

> **풀이** **표준용액의 pH값**
>
> | 수산염 표준용액 | 프탈산염 표준용액 | 인산염 표준용액 | 붕산염 표준용액 | 탄산염 표준용액 | 수산화칼슘 표준용액 |
> |---|---|---|---|---|---|
> | 1.68 | 4.00 | 6.88 | 9.22 | 10.07 | 12.63 |

정답 04 ① 05 ④ 06 ②

07 **수소이온농도(pH)의 연속자동측정방법에 대한 설명이다. 틀린 것은?**

① 수소이온농도 값은 온도에 영향을 받는다.

② 전극에 이물질이 달라붙어 있는 경우에는 수소이온 농도 전극의 반응이 느리게 되어 오차를 발생시킬 수 있다.

③ 최소 눈금단위는 pH 0.1 이하로 한다.

④ 등가압력이란 유리전극 또는 안티몬전극과 비교전극 간에 발생하는 전위차와 동일한 전압을 말한다.

풀이 유리전극 또는 안티몬전극과 비교전극 간에 발생하는 전위차와 동일한 전압은 **등가입력**이다.

08 **수소이온농도(pH)의 연속자동측정방법의 측정기 검사항목 기준으로 틀린 것은?**

① pH 7 변동 - pH ±0.1 이하

② pH 4(또는 10) 변동 - pH ±0.1 이하

③ 전압변동시험 - pH ±0.1 이하

④ 상대정확도 - pH ±0.1 이하

풀이 상대정확도는 주 시험방법의 20% 이하

측정기 검사항목 기준

검사항목	기준
측정범위	pH 0 ~ 14 또는 0 ~ 12, 최소눈금간격은 pH 0.1 이하
pH 7 변동	pH ±0.1 이하
pH 4(또는 10) 변동	pH ±0.1 이하
반복성	pH ±0.1 이하
응답시간	30초 이하
온도보상정도	pH ±0.1 이하
전압변동시험	pH ±0.1 이하
내전압	교류전압 1,000 V를 1분간 가해도 이상이 없을 것
절연저항	2 MΩ 이상
상대정확도	주시험방법의 20% 이하
등가입력	pH ±0.1 이하
시험가동시간	168시간 이상

정답 07 ④ 08 ④

⋯06 수온 – 연속자동측정방법
(Water Temperature – Continuous Monitoring Method)
(ES 04905.1c 2017)

1. 개요

온도변화에 따라 저항이 달라지는 금속산화물 서미스터(thermistor)를 사용하는 측정기로 수온을 측정한다.

(1) 적용범위

① 정량범위 : $-10\,℃ \sim 50\,℃$
② 최소 눈금단위 : $0.1\,℃$

(2) 간섭물질

전극에 이물질이 달라붙어 있는 경우에는 전극의 반응이 느리거나 오차를 발생시킬 수 있다.

2. 용어정의

① 내전압 : 측정기에 전압을 가해서, 그 전압을 서서히 높여 갈 때 측정기가 그 전압을 견디지 못하고 파괴가 되거나 소손이 되기 시작하는 시점의 전압
② 등가입력 : 서미스터 간에 발생하는 전위차와 동일한 전압

3. 정도보증/정도관리(QA/QC)

① 성능시험에 합격한 측정기에 대해 표준유리제 수은 막대온도계를 사용하여 점검
② 전극에 오염물질이 부착되어 있는 경우는 부드러운 헝겊이나 종이로 닦아낸다.
③ 전압변동에 대한 안정성 : 전극을 담그고 표시된 값이 안정된 후, 전원전압을 정격전압의 $\pm10\,\%$ 변화시켰을 때 표시된 값의 변동을 읽는다.
④ 절연저항 : 측정기의 전기회로를 닫은 상태로 전원단자와 외부단자(접지단자) 사이의 절연저항을 직류 500 V 절연저항계로 측정
⑤ 내전압 : 측정기의 전기회로를 닫은 상태로 전원단자와 외부단자(접지단자) 사이의 정격주파수의 교류전압 1,000 V를 1분간 흘려보내 이상의 유무를 조사

실전 예상문제

01 다음은 하천수나 하폐수의 수온 연속자동측정기에 대한 설명 중 틀린 것은?

① 온도변화에 따라 저항이 달라지는 금속산화물 서미스터(Thermistor)를 사용하는 측정기를 사용한다.

② 정량범위는 −10 ℃ ~ 50 ℃ 이며 최소 눈금단위는 0.1 ℃이다.

③ 성능시험에 합격한 측정기에 대해 유리제 수은 막대온도계를 사용하여 점검한다.

④ 전극에 물이끼 등의 오염물질이 부착되어 있는 경우는 부드러운 헝겊이나 종이로 닦아낸다.

풀이 성능시험에 합격한 측정기에 대해 **표준유리제 수은 막대온도계**를 사용하여 점검한다.

정답 01 ③

···07 총유기탄소 – 연속자동측정방법
(TOC – Continuous Monitoring Method)

(ES 04906.1d 2017)

1. 개요

총유기탄소를 분석하기 위하여 연소산화방식과 습식화학산화방식 등의 자동측정기를 이용하는 방법으로, 시료를 직접적으로 산화, 분해하는 공정을 거치기 때문에 측정값이 안정되고 유기성 물질을 폭넓게 측정할 수 있다.

(1) 적용범위

① 측정기 : 연소산화방식, 습식화학산화방식 또는 이와 동등 이상의 성능을 지닌 측정기
② 측정범위 : 0.01 mg/L ~ 25 mg/L
③ 정량한계 : 0.1 mg/L 이상

(2) 간섭물질

총 유기탄소의 측정에 영향을 주는 물질로는 시료 중에 녹아 있는 무기탄소, 총 유기탄소 측정 시 시료가 산화된 후 발생하는 수증기 및 할로겐 화합물이 있다.

① 무기성탄소 : 비분산적외선 검출기를 사용하는 기기의 경우 시료 중의 무기탄소는 오차발생의 요인이 된다. 무기탄소는 기기에 설치된 무기탄소 발생부에서 pH 2 이하의 조건에서 시료 중에 존재하는 무기탄소를 이산화탄소로 변환시켜 제거한다.
② 수증기 및 할로겐 화합물 : 산화부를 통과한 가스에는 검출기에 영향을 미치는 방해 물질인 수증기와 할로겐 화합물이 함유되어 있다. 수증기의 경우 가스를 냉각하여 수분 제거를 기본으로 한 전자 또는 전기 냉각기, 응축관, 드레인 트랩(Drain Trap) 등 다양한 냉각 장치를 이용하여 수분을 제거한다. 할로겐 화합물의 경우 파이렉스 울(Pyrex Wool), 구리, 주석 등을 이용하여 가스 중의 염소를 제거한다.

2. 용어정의

① 교정오차 : 교정용액을 연속자동측정기에 주입하여 측정한 분석값이 보정값과 얼마나 잘 일치하는가 하는 정도로서, 그 값이 작을수록 잘 일치하는 것이다.
② 기기 검출한계 : 제로드리프트의 2배에 해당하는 지시값이 갖는 총유기탄소의 농도

③ 내전압 : 측정기에 전압을 가해서, 그 전압을 서서히 높여 갈 때 측정기가 그 전압을 견디지 못하고 파괴가 되거나 소손이 되기 시작하는 시점의 전압

④ 스팬드리프트 : 스팬용액을 일정시간 동안 흘려준 후 발생한 출력신호가 변화하는 정도

⑤ 스팬 교정용액 : 연속자동측정기기의 최대눈금값의 약 50 %, 90 %에 해당하는 기지의 농도

⑥ 시험 가동시간 : 연속자동측정기를 정상적인 조건에 따라 운전할 때 예기치 않는 수리, 조정 및 부품교환 없이 연속 가동할 수 있는 최소시간

⑦ 영점 교정용액 : 연속자동측정기기의 최대눈금값의 약 5 % 이하에 해당하는 기지의 농도

⑧ 절연저항 : 측정기의 전기회로를 닫은 상태에서 전원차단자와 외부단자 사이의 절연정도를 나타내는 척도로서 절연저항계를 이용하여 측정

⑨ 제로드리프트 : 연속자동측정기가 정상적으로 가동되는 조건하에서 영점 교정용액을 일정시간 측정한 후 발생한 출력신호가 변화하는 정도

3. 시약 및 표준용액

① 검출률 시험용액

분석기의 사용범위의 80 % 부근에 상당하는 총유기탄소 농도가 되도록 스팬교정원액의 적당량을 1 L 부피플라스크에 취해 영점 교정용액을 표선까지 넣는다. 사용할 때 조제한다. 이 용액은 마개로 단단히 막은 후 냉장 보관할 경우 7일 동안 안정적으로 보존된다.

② 무기성 탄소 잔류율 시험원액(400 mg/L)

③ 스팬 교정원액

④ 영점 교정용액 : 정제수 또는 이와 동등의 품질로 정제된 물로 한다.

⑤ 프탈산수소칼륨 표준용액(1,000 mg/L)

4. 정도보증/정도관리(QA/QC)

(1) 예비운전

측정기의 전원을 켠 후 가동하여 장치를 안정시킨다.

(2) 교정방법

영점교정(제로드리프트 최대눈금값의 ± 3 % 이내) 및 스팬교정(스팬드리프트 최대눈금값의 ± 5 % 이내)을 한다.

① 반복성 : 영점 값 및 스팬 값 각각의 평균값을 산출하여 각 측정값과 평균값의 차를 구하고 이들로부터 최대눈금값에 대한 백분율(%)을 산출한다. 허용범위는 최대눈금값의 ± 5 % 이내

② 영점교정 : 분석기를 영점교정한 후 24시간 연속 측정한다. 측정 동안에 영점을 사용 범위의 5 % 정도로 교정한다.

③ 스팬교정 : 영점교정의 시험에 있어서 시험 개시 직후와 24시간 후 및 중간에 1회 이상 영점 교정용액 대신에 스팬 교정용액을 주입한다. 그 중간에 스팬 지시값의 초기값으로부터 최대의 변동 폭에서 영점교정의 차를 계산하여 최대눈금값에 대한 백분율(%)을 구한다. 허용범위는 최대눈금값의 ±5 % 이내

④ 검출률 : 두 종류 이상의 검출률 시험용액(표준용액)을 사용하여 총 유기탄소 값을 측정하여 검출률 시험용액의 이론적 총 유기탄소 값에 대한 백분율(%)을 구한다. 허용범위는 90 % 이상

(3) 성능기준

① 자동 측정할 수 있어야 한다.

② 측정방식은 연소산화방식, 습식화학산화방식 또는 이와 동등 이상이어야 한다.

③ 측정결과를 지시, 기록 및 TMS 등으로 송출할 수 있어야 한다.

④ 측정기에 따라 시료희석장치, 측정값 연산장치, 교정장치를 설치할 수 있다.

⑤ 측정기는 시료 도입부, 무기 탄소 제거부, 반응 검출부 등으로 구성된다.

⑥ 시료 도입부는 시료채취부에서 시료도관을 통해서 측정기에 시료를 주입하는 접속 부분으로서 시료 도관이 접속 가능하여야 한다.

⑦ 무기탄소 제거부는 시료 중의 무기탄소를 이산화탄소로 변환 또는 제거하는 부분으로 일정량의 산 첨가, 혼합기 등의 기구를 갖는 것이어야 한다.

⑧ 반응 검출부는 무기탄소가 제거된 시료를 일정량 또는 일정 유량을 주입하고 총유기탄소를 이산화탄소로 변환, 정량하는 부분으로 운반기체 공급기, 주입기, 산화 반응기, 기액 분리기 및 검출기 등으로 구성되어 있어야 한다.

⑨ 운반기체는 공기 또는 질소(순도 99.99 % 이상)를 사용한다. 공기를 운반기체로 사용할 경우에는 이산화탄소 제거를 위한 공기 정제 기능을 갖추어야 하며, 질소를 운반기체로 사용하는 경우에는 공급기와 산화 반응기와의 중간에 산소 혼입기구를 설치해야 한다.

⑩ 주입기는 일정 유량으로 무기탄소 제거 후의 시료를 산화 반응기로 주입하는 것으로서 정량 펌프 등을 사용한다.

⑪ 산화반응기는 UV 방식 및 연소산화방식으로 분류되며 연소산화 반응기의 경우 백금계, 알루미나계, 코발트계 등의 산화 촉매를 충전한 연소관이 사용되고, UV 방식 산화반응기 및 무촉매 충전 연소관을 사용하는 산화반응기는 그 성능이 촉매충전방식과 동등 이상이어야 한다.

⑫ 시료 및 증류수 보급을 위한 연동펌프(Peristalsis Pump)의 재질은 산과 염기에 의한 부식을 방지할 수 있는 재질이어야 한다.

⑬ 측정기는 정상신호, 교정중신호, 동작불량신호 등 측정기의 상태를 지시 및 출력할 수 있어야 한다.

▼ 측정기 검사항목 기준

검사항목	기준
측정범위	0.01 mg/L ~ 25 mg/L, 최소눈금간격은 0.1 mg/L 이하
제로드리프트	최대 눈금 값의 ±5 % 이하
스팬드리프트	최대 눈금 값의 ±5 % 이하
반 복 성	최대 눈금 값의 ±5 % 이하
직 선 성	주입 농도값의 ±5 % 이하
응답시간	15분 이내
검 출 률	90 % 이상
무기탄소 잔류율	최대 눈금 값의 ±5 % 이하
전압변동율	최대 눈금 값의 ±5 % 이하
내 전 압	교류전압 1000 V를 1분간 가해도 이상이 없을 것
절연저항	2 MΩ 이상
상대정확도	주시험방법의 10 % 이하
시험가동시간	168시간 이상

(4) 성능시험방법

제로드리프트, 스팬드리프트, 반복성 시험, 응답시간 시험, 검출률 시험, 전압변동률 시험, 내전압 시험, 절연저항 시험, 상대정확도 시험, 시험가동시간 시험

※ 상대정확도 시험 : 주시험방법에 의한 방법, 배출기준에 의한 방법

5. 결과보고

결과는 mg/L로 표시하며 정량한계 미만의 자료는 보고하지 않는다("**정량한계 미만**"으로 표시).

실전 예상문제

01 총유기탄소 – 연속자동측정방법에 대한 설명으로 잘못된 것은?

2010
제2회

① 총유기탄소는 수중 유기물질의 탄소 총량을 의미한다.

② 총유기탄소분석법은 시료를 직접적으로 산화하고 분해하는 공정을 거친다.

③ 분해가능한 유기물의 범위가 넓기 때문에 안정된 측정값을 얻기가 어렵다.

④ 연소산화방식과 습식산화방식이 있다.

> **풀이** 이 시험기준은 물속에 존재하는 총유기탄소를 분석하기 위하여 연소산화방식과 습식화학산화방식 등의 자동측정기를 이용하는 방법으로, 시료를 직접적으로 산화, 분해하는 공정을 거치기 때문에 **측정값이** 안정되고 유기성 물질을 폭넓게 측정할 수 있다.

02 총유기탄소 – 연속자동측정방법의 간섭물질과 간섭물질 제거에 대한 설명으로 잘못된 것은?

① 총유기탄소의 측정에 영향을 주는 물질로는 시료 중에 녹아 있는 무기탄소, 총유기탄소 측정 시 시료가 산화된 후 발생하는 수증기 및 할로겐 화합물이 있다.

② 무기탄소 발생부에서 pH 2 이하의 조건에서 시료 중에 존재하는 무기탄소를 일산화탄소로 변환시켜 제거한다.

③ 수증기의 경우 가스를 냉각하여 수분 제거를 기본으로 한 다양한 냉각 장치를 이용하여 수분을 제거한다.

④ 할로겐 화합물의 경우 파이렉스 울(Pyrex Wool), 구리, 주석 등을 이용하여 가스 중의 염소를 제거한다.

> **풀이** 무기탄소는 기기에 설치된 무기탄소 발생부에서 pH 2 이하의 조건에서 시료 중에 존재하는 무기탄소를 이산화탄소로 변환시켜 제거한다.

03 총유기탄소 – 연속자동측정방법의 성능기준에 대한 설명으로 틀린 것은?

① 측정기의 측정방식은 연소산화방식, 습식화학산화방식 또는 이와 동등 이상의 방법이어야 한다.

② 측정기는 시료 도입부, 무기 탄소 제거부, 반응 검출부 등으로 구성되어 있어야 한다.

③ 산화반응기는 UV 방식 및 연소산화방식으로 분류된다.

④ 운반기체로 질소를 사용하는 경우에는 산소 혼입기구를 설치해야 하나 공기를 사용할 경우에는 일산화탄소 제거를 위한 공기 정제 기능을 갖추어야 한다.

> **풀이** 운반기체 공급기는 무기탄소 제거 후의 시료, 산화 생성물의 이송 및 시료 중의 총유기탄소 반응에 필요한 산소 공급을 하는 운반기체 공급을 제어하는 부분이며, 운반기체는 공기 또는 질소(순도 99.99 % 이상)를 사용한다. 공기를 운반기체로 사용할 경우에는 이산화탄소 제거를 위한 공기 정제 기능을 갖추어야 하며, 질소를 운반기체로 사용하는 경우에는 공급기와 산화 반응기와의 중간에 산소 혼입기구를 설치해야 한다.

정답 01 ③ 02 ② 03 ④

04 다음은 총유기탄소 – 연속자동측정방법의 측정기 검사항목 기준이다. 틀린 것은?

① 제로드리프트 – 최대 눈금 값의 ±5 % 이하
② 스팬드리프트 – 최대 눈금 값의 ±5 % 이하
③ 반 복 성 – 최대 눈금 값의 ±5 % 이하
④ 직 선 성 – 최대 눈금 값의 ±5 % 이하

풀이 측정기 검사항목 기준

검사항목	기준
측정범위	0.01 mg/L ~ 25 mg/L, 최소눈금간격은 0.1 mg/L 이하
제로드리프트	최대 눈금 값의 ±5 % 이하
스팬드리프트	최대 눈금 값의 ±5 % 이하
반 복 성	최대 눈금 값의 ±5 % 이하
직 선 성	주입 농도값의 ±5 % 이하
응답시간	15분 이내
검 출 률	90 % 이상
무기탄소 잔류율	최대 눈금 값의 ± 5 % 이하
전압변동률	최대 눈금 값의 ± 5 % 이하
내 전 압	교류전압 1000 V를 1분간 가해도 이상이 없을 것
절연저항	2 MΩ 이상
상대정확도	주시험방법의 10 % 이하
시험가동시간	168시간 이상

···08 총인 – 연속자동측정방법 (TP – Continuous Monitoring Method)

(ES 04907.1e 2017)

1. 개요

유기물 형태의 모든 인 화합물을 인산 이온 형태로 분해시킨 후 인산 이온을 아스코빈산 환원법 등으로 정량하여 연속자동측정기로 분석하는 방법이다.

(1) 적용 범위

① 물의 총인 농도를 연속적으로 측정하기 위한 자동측정기(이하 측정기라 한다) 중에서 아스코빈산 환원법 등을 기본으로 하는 측정기에 대하여 규정

② 정량범위 : 0 mg/L ~ 20 mg/L

③ 정량한계 : 0.1 mg/L 이상

(2) 간섭물질

전처리 후 부유물질이 발생하여 흡광도에 영향을 줄 수 있으므로 여과하여 사용한다.

2. 용어정의

총유기탄소 – 연속자동측정방법 참조

3. 정도보증/정도관리(QA/QC)

(1) 예비운전

측정기의 전원을 켠 후 장치를 가동시켜 안정시킨다.

(2) 교정방법

측정기의 교정방법에 따라 영점교정(제로드리프트 최대눈금값의 ± 3 % 이내) 및 스팬교정(스팬드리프트 최대눈금값의 ± 3 % 이내)을 한다.

• 반복성 : 허용범위는 최대눈금값의 ± 3 % 이내

(3) 성능기준

① 총인(인산 이온) 농도를 연속적으로 자동 측정할 수 있어야 한다.

② 측정방식은 이온전극법, 흡수분광법(아스코빈산 환원법) 또는 이와 동등 이상의 방법이어야 한다. 자외선(UV)으로 산화 후 아스코빈산 환원법의 경우 측정파장이 880 nm에서 심하게 드리프트가 있을 경우에는 710 nm 등으로의 파장 전환이 가능하여야 한다.

③ 측정결과를 지시 및 기록할 수 있어야 하며, TMS 등으로 송출할 수 있어야 한다.

④ 측정기에 따라 시료희석장치, 측정값 연산장치, 교정장치를 설치할 수 있다.

⑤ 측정기는 시료 도입부, 무기 탄소 제거부, 반응 검출부 등으로 구성된다.

⑥ 계량부는 흡착, 부식 등 반응이 없어야 하며, 시료계량기는 시료를 정확히 계량할 수 있어야 한다.

⑦ 반응조는 내열성, 내약품성이 우수하고 교반 및 세정이 쉽게 이루어져야 한다.

⑧ 검출기는 시약과의 반응에 의해서 나타나는 측정값을 반복성이 양호하게 검출할 수 있어야 한다.

⑨ 시약저장부는 운전 및 교정에 필요한 용액저장조로 구성되며, 최소 1주간 운전 가능한 량을 저장할 수 있어야 한다.

⑩ 측정기는 정상신호, 교정중신호, 동작불량신호 등 측정기의 상태를 지시 및 출력할 수 있어야 한다.

▼ 측정기 검사항목 기준

검 사 항 목	기　　준
측정범위	0 mg/L ~ 20 mg/L, 최소눈금간격 0.01 mg/L 이하
반복성	최대눈금값의 ± 3 % 이하
제로드리프트	최대눈금값의 ± 3 % 이하
스팬드리프트	최대눈금값의 ± 3 % 이하
전압변동에 대한 안정성	최대눈금값의 ± 3 % 이하
내전압	교류전압 1,000 V를 1 분간 가해도 이상이 없을 것
절연저항	2 MΩ 이상
상대정확도	주시험방법에 의한 방법의 20 % 이하. 단, 측정값이 해당 배출기준의 50 % 이하인 경우에는 배출기준에 의한 방법의 15 % 이하
시험가동시간	168시간(7일간) 이상

(4) 성능시험방법

① 반복성시험 : 정상조건하에서 제로 용액과 스팬 용액을 번갈아 주입하면서 각각 3회 이상 측정값을 얻고 각각의 측정값에 대한 평균값을 구하고, 평균값과 측정값의 최대편차를 구하여 최대눈금값에 대한 백분율로 구한다.

$$반복성\,(\%) = \frac{|\,d\,| + C.I._{95}}{최대눈금값} \times 100$$

여기서, $|d|$: (평균값－측정값)의 최대편차

$C.I._{95}$: 95 % 신뢰구간

$$C.I._{95} = \frac{t_{\cdot975}}{n\sqrt{n-1}}\sqrt{n\left(\sum di^2\right)-\left(\sum di\right)^2}$$

여기서, di : 각 측정값의 오차(연속자동측정값－보정값)

n : 측정회수

$t_{\cdot975}$: 측정값이 참값의 95 % 이내에 존재할 확률에 대한 t값

② 제로드리프트 : 측정기를 영점기준값으로 교정한 다음 제로 용액으로 30분 이상의 간격을 두고 3회 이상 측정하여 각 측정값의 기준값에 대한 최대편차를 취하여 최대눈금값에 대한 백분율을 구한다.

$$제로드리프트(\%) = \frac{|d|}{최대눈금값} \times 100$$

여기서, $|d|$: |기준값－측정값|의 최대편차

③ 스팬드리프트 : 스팬 용액으로 30분 이상의 간격을 두고 3회 이상 측정하고, 제로 용액으로 30분 이상의 간격을 두고 3회 이상 측정과정을 둔다(단, 제로드리프트 시험방법에 따른 과정을 수행한 경우 제로드리프트 결과로 활용할 수 있다). 그 후 스팬 용액을 30분 이상의 간격을 두고 3회 이상 측정하여 초기의 3회 측정값의 평균값을 구하고, 최후의 3회 측정값의 평균값을 구하여, 최초 평균값과 최후의 평균값과의 편차를 구한 다음 제로드리프트 시험에서의 최대스팬드리프트값을 빼고 최대눈금값에 대한 백분율을 구한다.

$$스팬드리프트(\%) = \frac{|d| - 영점편차}{최대눈금값} \times 100$$

여기서, $|d|$: 최초 평균값－최후 평균값의 편차

④ 응답시간 시험, 검출률 시험, 전압변동률 시험, 내전압 시험, 절연저항 시험, 상대정확도 시험, 시험가동시간 시험

※ 상대정확도 시험 : 주시험방법에 의한 방법, 배출기준에 의한 방법

4. 결과보고

결과는 mg/L로 표시하며 정량한계 미만의 자료는 보고하지 않는다("정량한계 미만"으로 표시).

실전 예상문제

01
2010
제2회

수질오염공정시험기준에서 총인 – 연속자동측정방법의 성능기준이 아닌 것은?

① 측정방식으로는 이온전극법이나 흡수분광법이 아닌 방법을 쓸 수 없다.

② 측정 결과를 지시 및 기록할 수 있고 TMS 등으로 송출할 수 있어야 한다.

③ 측정기는 정상 신호, 교정 중 신호, 동작 불량 신호 등을 나타낼 수 있어야 한다.

④ 측정기의 시험 가동 시간은 7일 이상이어야 한다.

> **풀이** 측정기의 측정방식은 이온전극법, 흡수분광법(아스코빈산 환원법) 또는 이와 동등 이상의 방법이어야
> 한다. 자외선(UV)으로 산화 후 아스코빈산 환원법의 경우 측정파장이 880 nm에서 심하게 드리프트가 있
> 을 경우에는 710 nm 등으로의 파장 전환이 가능하여야 한다.

02
2011
제3회

수질 중 총인 자동분석법에 대한 설명으로 틀린 것은?

① 총인 분석용 반응기는 연속으로 주입된 시료와 시약이 혼합되어 반응할 수 있는 구조를 가져야 하
며 충분한 반응시간이 확보되어야 한다.

② 흐름주입분석기란 분할흐름분석기와 같으나 흐름 사이에 공기방울을 주입하지 않는 것이 차이점
이다.

③ 시료채취는 폴리에틸렌 또는 유리재질의 용기 모두 사용 가능하다.

④ 시료의 최대 보관 기간은 48일이며, 14일 이내에 실험하는 것이 좋다.

> **풀이** 시료의 최대 보관 기간은 28일이다.

03

총인 – 연속자동측정방법의 성능기준에 대한 설명으로 틀린 것은?

① 측정방식으로는 이온전극법이나 흡수분광법을 사용할 수 있다.

② 아스코빈산 환원법의 경우 측정파장이 880 nm에서 심하게 드리프트가 있을 경우에는 710 nm 등
으로의 파장 전환이 가능하여야 한다.

③ 이 시험기준의 측정범위는 0 mg/L ~ 20 mg/L다.

④ 배출기준에 의한 상대정확도는 측정값이 해당 배출기준의 50 % 이하인 경우에는 배출기준에 의한
방법의 20 % 이하이다.

풀이 측정기 검사항목 기준

검사항목	기준
측정범위	0 mg/L ~ 20 mg/L, 최소눈금간격 0.01 mg/L 이하
반복성	최대눈금값의 ±3 % 이하
제로드리프트	최대눈금값의 ±3 % 이하
스팬드리프트	최대눈금값의 ±3 % 이하
전압변동에 대한 안정성	최대눈금값의 ±3 % 이하
내전압	교류전압 1,000 V를 1분간 가해도 이상이 없을 것
절연저항	2 MΩ 이상
상대정확도	주시험방법에 의한 방법의 20 % 이하. 단, 측정값이 해당 배출기준의 50 % 이하인 경우에는 배출기준에 의한 방법의 15 % 이하
시험가동시간	168시간 이상

···09 총질소 – 연속자동측정방법
(TN – Continuous Monitoring Method)

(ES 04908.1c 2017)

1. 개요

질소화합물을 알칼리성 과황산칼륨의 존재하에 120 ℃에서 유기물과 함께 분해하여 질산이온으로
산화시킨 다음 산성에서 자외부 흡광도를 측정하여 질소를 정량하는 방법과 질산이온을 다시 카드뮴
– 구리환원 컬럼을 통과시켜 아질산이온으로 환원시키고 아질산성 질소의 양을 구하여 질소로 환산
하는 방법이 있다.

(1) 적용 범위

① 흡수분광법과 카드뮴 환원법 등을 기본으로 하는 측정기에 대하여 규정
② 정량범위 : 0 mg/L ~ 100 mg/L
③ 최소 눈금단위 : 0.1 mg/L 이하
④ 흡수분광법은 비교적 분해되기 쉬운 유기물을 함유하고 있거나 자외부에서 흡광도를 나타내
  는 브롬이온이나 크롬을 함유하지 않는 시료에 적용

(2) 간섭물질

흡수분광법은 브롬이온 10 mg/L, 크롬 0.1 mg/L 정도에서 영향을 받으며 해수와 같은 시료에는
적용할 수 없다.

2. 용어정의

총유기탄소 – 연속자동측정방법 참조

3. 시약 및 표준용액

① 정제수 : 모든 정제수는 미국재료시험학회(ASTM) Type Ⅰ 물 수준의 정제수(탈이온수)를 사용하
  고 하루 이상 경과된 정제수는 표준용액 제조에 사용하지 않는다.
② 질산칼륨 표준용액(100 mg/L)

4. 정도보증/정도관리(QA/QC)

(1) 예비운전, 교정방법

총인 – 연속자동측정방법 참조

(2) 성능기준

① 총질소(암모니아성, 질산성 및 아질산성 질소 포함)를 연속적으로 자동 측정할 수 있어야 한다.

② 측정방식은 자외선 흡수분광법, 카드뮴 환원법 또는 동등 이상이어야 한다.

③~⑨ 총인 – 연속자동측정방법 참조

▼ 측정기 검사항목 기준

검사항목	기준
측정범위	0 mg/L ~ 100 mg/L, 최소눈금간격은 0.1 mg/L 이하
반복성	최대눈금값의 ±3 % 이하
제로드리프트	최대눈금값의 ±3 % 이하
스팬드리프트	최대눈금값의 ±3 % 이하
전압변동에 대한 안정성	최대눈금값의 ±3 % 이하
내전압	교류전압 1,000 V를 1분간 가해도 이상이 없을 것
절연저항	2 MΩ 이상
상대정확도	주시험방법에 의한 방법의 20 % 이하. 단, 측정값이 해당 배출기준의 50 % 이하인 경우에는 배출기준에 의한 방법의 15 % 이하
시험가동시간	168시간 이상

(3) 성능시험방법

총인 – 연속자동측정방법 참조

실전 예상문제

01
2011
제3회
다음은 총질소 연속자동측정장치에 대한 설명이다. 옳은 것만으로 묶은 것은?

> ㄱ. 분광광도계를 이용할 경우 측정방식은 가시광선 흡수 분광법이다.
> ㄴ. 표준용액은 질산칼륨 0.1 mg NO_3 – N/mL을 사용한다.
> ㄷ. 영점교정용액이란 측정기 최대 눈금값의 약 ±3 % 이내에 해당하는 농도를 말한다.

① ㄱ, ㄴ

② ㄱ, ㄷ

③ ㄴ, ㄷ

④ ㄱ, ㄴ, ㄷ

풀이 분광광도계를 이용할 경우 측정방식은 자외부 흡수 분광법이다.

02
수질 중 총질소 자동분석법에 대한 설명으로 틀린 것은?

① 흡수분광법은 비교적 분해되기 쉬운 유기물을 함유한 시료와 해수 시료에 적용할 수 있다.

② 측정기의 측정방식은 자외선 흡수분광법, 카드뮴 환원법 또는 이와 동등 이상의 방법이어야 한다.

③ 모든 정제수는 미국재료시험학회(ASTM) Type Ⅰ 물 수준의 정제수(탈이온수)를 사용한다.

④ 시약저장부는 운전 및 교정에 필요한 용액저장조로 구성되며, 최소 1주간 운전 가능한 량을 저장할 수 있어야 한다.

풀이 흡수분광법은 비교적 분해되기 쉬운 유기물을 함유하고 있거나 자외부에서 흡광도를 나타내는 브롬이온이나 크롬을 함유하지 않는 시료에 적용 가능하나 브롬이온 10 mg/L, 크롬 0.1 mg/L 정도에서 영향을 받으며 해수와 같은 시료에는 적용할 수 없다.

⋯10 화학적 산소요구량 – 연속자동측정방법 (COD – Continuous Monitoring Method)

(ES 04909.1c 2017)

1. 개요

(1) 적용범위

① 염소이온이 2 g/L 이하인 반응시료는 산성법에 따르고, 그 이상일 때에는 알칼리법에 따른다.

② 정량범위 : 0 mg/L ~ 200 mg/L

(2) 간섭물질

시료 중에 녹아 있는 **염화물**은 분석조건에서 산화를 일으키게 되고 분석결과가 실제보다 높은 값을 나타낸다. 이 염화물들은 질산은($AgNO_3$) 용액을 첨가하여 제거할 수 있다.

2. 용어정의

총유기탄소 – 연속자동측정방법 참조

3. 시약 및 표준용액

① 정제수 : 모든 정제수는 미국재료시험학회(ASTM) Type Ⅰ 물 수준의 정제수(탈이온수)를 사용하고 하루 이상 경과된 정제수는 표준용액 제조에 사용하지 않는다.

② 글루코스 표준용액(10 mg COD/L)

글루코스 용액은 시판 시약을 구입하여 사용할 수도 있으며, 시약등급 이상의 글루코스를 건조기에서 103 ℃로 1시간 건조하고 건조용기에서 1시간 방냉한다. 글루코스 1.676 g에 정제수를 넣어 녹여 1 L로 하고 이 용액 10 mL를 취하여 정제수를 넣어 1 L로 한다. 이 용액의 COD 농도는 10 mg/L가 된다.

$$10 \text{ mg O}_2 \times \frac{180.16}{191.99} \times \frac{1}{0.56} = 16.76 \text{ mg glucose}$$

[주] 글루코스 표준용액의 평균산화율 56 %를 고려하여 10 mg O_2에 상당하는 글루코스의 양

③ 프탈산수소칼륨 표준용액(0.50 mg COD/L)

4. 정도보증/정도관리(QA/QC)

(1) 예비운전

측정기는 전원을 켠 후 취급설명서에 표시된 예비시간까지 가동하여 각 부분의 기능과 지시 기록부를 안정시킨다.

(2) 교정방법

측정기의 취급설명서의 교정방법에 따라서 **영점교정(제로드리프트 최대눈금값의 ±5 % 이내)** 및 **스팬교정(스팬드리프트 최대눈금값의 ±5 % 이내)**을 한다.

① **반복성** : 영점 값 및 스팬 값 각각의 평균값을 산출하여 각 측정값과 평균값의 차를 구하고 이들로부터 최대눈금값에 대한 백분율(%)을 산출한다. 허용범위는 최대눈금값의 ±5 % 이내

② **검출률** : 두 종류 이상의 검출시험액(표준용액)을 사용하여 화학적 산소요구량 농도를 측정하여 얻은 측정값과 검출시험액의 이론적 화학적 산소요구량 값에 대한 백분율(%)을 구한다. 허용범위는 80% 이상이다.

③ **방해물질의 제거** : 시료 중에 녹아 있는 **염화물**은 측정조건에서 산화되어 측정결과가 실제보다 높은 값을 나타내므로 **황산은(Silver Sulfate)** 또는 **황산 이수은(Mercuric Sulfate)**을 첨가하여 염화물을 제거한다.

(3) 성능기준

① 화학적 산소요구량 측정기(과망간산칼륨법 또는 이와 동등 이상의 성능을 갖는 방법)는 화학적 산소요구량 농도를 연속적으로 자동 측정할 수 있어야 한다.

② 측정기는 100 ℃ 과망간산칼륨법에 의한 산성 또는 알칼리성 및 동등 이상의 성능을 가진 방식이어야 한다.

③ 측정결과를 지시, 기록 및 TMS 등으로 송출할 수 있어야 한다.

④ 측정기에 따라 시료희석장치, 측정값 연산장치, 교정장치를 설치할 수 있다.

⑤ 계량부는 시료주입관, 시약주입관, 시료계량기, 시약계량기 등으로 구성되며, 시료 및 시약과 흡착, 부식 등 반응이 없어야 하며, 시료계량기는 시료를 정확히 100 mL 또는 200 mL까지 계량할 수 있거나 이와 동등 이상의 성능을 갖는 방법은 측정원리에 적합하도록 시료량을 정확히 계량할 수 있는 구조이어야 한다.

⑥ 반응조는 내열성, 내약품성이 우수하고 교반 및 세정이 쉽게 이루어져야 한다.

⑦ 가열기는 주위온도 25 ℃에서 반응조 내 온도상승이 시약첨가 10분 후 85 ℃ 이상, 시약첨가 15분 후 95 ℃의 가열특성을 지속하고 물중탕 또는 이와 동등 이상의 성능을 갖는 방법은 측

정원리에 적합한 구조이어야 한다.

⑧ 교반기는 내열성 및 내약품성으로 반응조 내를 효과적으로 교반할 수 있거나 이와 동등 이상의 성능을 갖는 방법은 측정원리에 적합한 구조이어야 한다.

⑨ 적정기는 과망간칼륨 또는 이와 동등 이상의 성능을 갖는 방법은 측정원리에 적합하도록 사용되는 시약이 흡착되지 않는 재질로 안정적인 정량주입이 가능하여야 한다.

⑩ 검출기는 적정에 의해서 나타나는 반응의 종말점 또는 이와 동등 이상의 성능을 갖는 방법은 측정원리에 적합하여 반복성이 양호하게 검출할 수 있어야 한다.

⑪ 변환기는 적정 또는 측정분석에 필요한 시약의 양을 측정값에 비례한 전기적인 신호로 변환하여 정확히 출력하는 기능이 있어야 하며, 측정값을 조정할 수 있어야 한다.

⑫ 시약저장부는 황산저장조, 과망간산칼륨 저장조, 옥살산나트륨 저장조, 질산은 저장조로 구성되거나, 이와 동등 이상의 성능을 갖는 방법은 시약의 저장 또는 발생에 적합한 구조로 이루어져야 하고, 1주간 이상 연속운전이 가능한 양을 저장 또는 발생시킬 수 있어야 한다.

⑬ 측정기는 정상신호, 교정중신호, 동작불량신호 등 측정기의 상태를 지시 및 출력할 수 있어야 한다.

▼ 측정기 검사항목 기준

검사항목	기준
측정범위	0 mg/L ~ 200 mg/L, 최소눈금간격은 0.1 mg/L 이하
반복성	최대눈금값의 ±5 % 이하
제로드리프트	최대눈금값의 ±5 % 이하
스팬드리프트	최대눈금값의 ±5 % 이하
직선성 시험	• 최대눈금값의 30 %의 ±5 % 이하 • 최대눈금값의 50 %의 ±5 % 이하 • 최대눈금값의 80 %의 ±5 % 이하
전압변동에 대한 안정성	최대눈금값의 ±5 % 이내
내전압	교류전압 1,000 V를 1분간 가해도 이상이 없을 것
절연저항	2 MΩ 이상
상대정확도	주시험방법에 의한 방법의 20 % 이하. 단, 측정값이 해당 배출기준[1]의 50 % 이하인 경우에는 배출기준에 의한 방법의 15 % 이하
시험가동시간	168시간 이상

[1] 배출기준 : 배출허용기준 및 방류수 수질기준

(4) 성능시험방법

반복성, 제로드리프트, 스팬드리프트, 직선성 시험, 전압변동에 대한 안정성, 내전압 시험, 상대정확도 시험, 시험가동시간 시험

※ 반복성, 제로드리프트, 스팬드리프트의 기본 방법은 총인 – 연속자동측정법 참조

※ 직선성 시험 : 측정기의 교정을 실시한 다음 예비시험을 하고, 안정된 다음에 시험용액을 최대눈금값의 30 %, 50 %, 80 %의 표준시료로 각각 3회 이상 측정한다. 측정한 평균값과 기준값과의 편차를 구하여 다음식에 따라 백분율을 산출한다.

$$직선성\,(\%) = \frac{|d|}{기준값} \times 100$$

여기서, $|d|$: 측정오차(기준값 – 측정값의 평균값)

5. 결과보고

분석값이 10 mg/L 미만이면 세 자릿수로 농도를 표시하며, 10 mg/L 이상이면 두 자릿수로 농도를 표시한다.

실전 예상문제

01

2009
제1회

화학적산소요구량 – 연속자동측정방법에 대한 설명으로 맞는 것은?

① 염소이온이 200 mg/L 이상인 반응시료는 알칼리법을 따른다.

② 측정기의 반복성은 최대눈금값의 ±5 % 이하이어야 한다.

③ 글루코스 표준용액의 평균산화율은 70 %를 적용한다.

④ 이 방법의 정량범위는 0~500 mg/L이며, 최소 눈금간격은 0.1 mg/L 이하이어야 한다.

풀이 ① 염소이온이 2 g/L 이하인 반응시료는 산성법에 따르고, 그 이상일 때에는 알칼리법에 따른다.
③ 글루코스 표준용액의 평균산화율 56 %를 고려하여 10 mg O_2에 상당하는 글루코스의 양을 적용한다.
④ 일반적으로 정량범위는 0 mg/L ~ 200 mg/L이다.

02

화학적산소요구량 – 연속자동측정방법에 대한 설명으로 틀린 것은?

① 표준용액으로 글루코스와 프탈산수소칼륨을 사용한다.

② 방해물질인 염화물의 제거에 황산 이수은이 사용된다.

③ 가열기는 주위온도 25 ℃에서 반응조 내 온도상승이 시약첨가 10분 후 80 ℃ 이상, 시약첨가 15분 후 90 ℃의 가열특성을 지속해야 한다.

④ 직선성 시험은 최대눈금값의 30 %, 50 %, 80 %의 ±5 % 이하이다.

풀이 가열기는 주위온도 25 ℃에서 반응조 내 온도상승이 시약첨가 10분 후 85 ℃ 이상, 시약첨가 15분 후 95 ℃의 가열특성을 지속하고 물중탕 또는 이와 동등 이상의 성능을 갖는 방법은 측정원리에 적합한 구조이어야 한다.
※ 염화물은 **질산은, 황산은, 황산 이수은**을 사용하여 제거할 수 있다.

정답 01 ② 02 ③

정도관리

001

정도관리 일반

···01 정도관리

■ 품질경영시스템(quality management system)이란

- 믿을 수 있는 분석자료와 신뢰성 높은 결과를 얻기 위한 목적으로 표준화된 절차에 따라 인력과 장비를 효율적으로 운용하고 그에 대한 책임을 담보하는 시스템이다.
- 공인할 수 있는 품질경영시스템을 갖추기 위해서는 **정도관리 약관, 실험실(분석실) 기구 및 조직의 역할과 책임한계, 정도관리 절차, 결과의 보고 및 문서화** 등에 대한 국제적으로 인정된 표준화 지침이 정립되어야 한다.
- 품질경영시스템은 **품질경영**(quality management), **정도보증**(quality assurance), **정도관리** (quality control) 등을 통하여 실행할 수 있다.
- 정도보증과 정도관리는 서로 중복적으로 관련되어 간혹 혼용되어 적용되기도 함. 품질경영시스템의 정도보증은 관리적(management) 특성을 가지고, 정도관리는 실무적으로 수행하는 기능적 (functional)인 특성을 가진다.

1. 정도보증(quality assurance)

① 믿을 수 있는 분석 자료와 신뢰성 높은 결과를 얻을 수 있도록 표준화된 순서를 규정하는 실험실 운용 계획이다.

② 모든 시험분석업무 분야에 적용 가능하도록 이해하기 쉽게 만들어져야 한다.

③ 실험실별로 오직 한 가지 지침으로 운용되어야 하고, 강력히 준수되도록 규정되어야 하며(프로젝트별로 정할 수 있음), 지속적으로 **보완, 개선**되어야 한다.

④ 정도보증(quality assurance)에는 **정도관리**(quality control)와 **정도평가**(quality assessment)가 포함된다.

2. 정도관리(quality control)

① 분석자는 시험 · 검사 결과의 신뢰성을 확보하기 위해 가능한 정도관리 절차와 기술을 확보해야 한다.

② 정도관리를 위해서는 **시험 · 검사 전과정에 대한 검토**가 이루어져야 한다.

③ 정도관리 수행계획은 실제 시료의 분석에 앞서 세워져야 한다.

④ 시험방법, 분석장비, 분석자 등에 대한 중대한 변경사항이 있을 경우에는 **사전에 능력검증**이 이루어져야 한다.

⑤ 정도관리는 환경시험·검사의 가장 근본이 되는 규정으로서, 분석결과가 산출되고 시험성적서가 발급되는 모든 분석업무가 정도관리를 따라 수행된다면 신뢰도가 확보될 수 있으므로 정도관리를 따른 분석결과는 정확도와 신뢰도가 보증된 결과라 할 수 있다.

3. 정도평가(quality assessment)

① 정도평가란 분석능력의 정도(질)를 평가하는 과정으로 내부정도관리, 외부정도관리, 실험실 간 정도관리 등으로 평가할 수 있다.

② 내부정도평가는 내부표준물질, 분할시료(split sample), 첨가시료(spiked sample), 혼합시료 등을 이용해 측정시스템(시료채취, 측정절차 등)에서 재현성을 평가하는 것이 주목적이며 동일 시료를 나누어 사용(분할시료)함으로써 분석방법의 정밀도, 정확성을 알 수 있다.

③ 외부 정도평가는 공동 시험·검사에의 참여, 동일 시료의 교환측정, 외부 제공 표준물질의 분석 등으로 측정의 정확도를 확인할 수 있다.

④ 정도감사는 정보보증 프로그램의 필수적인 요소로 시스템감사(system audits)와 작업감사(performance audits)의 두 가지로 구분하거나 감사의 주체에 따라 내부감사(internal audits)와 외부감사(external audits)로 구분한다.

⑤ 시스템 감사는 정도보증 프로그램의 절차에 대한 질적인 평가를 하며, 작업감사는 측정 시스템의 결과에 대한 양적인 평가를 한다.

② 용어 정의

1. 표준물질

1) 내부표준물질(IS ; internal standard) 중요내용

① 측정분석 직전에 바탕시료 검정곡선용 표준물질 시료 또는 시료추출물질에 첨가되는 농도를 알고 있는 화합물이다.

② 분석장비의 손실오염 시료보관 중의 손실오염 분석결과를 보정하고 정량을 위해 사용한다.

③ 내부표준물질(IS)은 분석대상물질과 물리적·화학적 특성이 유사하며, 일반 환경에서는 발견되지 않고 분석대상물질의 분석에 방해가 되지 않는 물질이어야 한다.

④ 머무름시간(retention time), 상대감응(relative response), 그리고 각 시료 중에 존재하는 분석물의 양을 점검하기 위해서 내부표준물질(IS)을 사용한다.

⑤ 내부표준물질의 감응은 검정곡선의 감응에 비해 ±30 % 이내이다.

⑥ 내부표준물질법으로 정량할 때, 내부표준물질의 감응과 비교하여 분석물질의 감응을 측정한다.

2) 대체표준물질(SS ; surrogate standard) *중요내용

① 분석대상물질을 추출(전처리)하기 전에 각각의 환경시료와 바탕시료에 첨가되는 농도를 알고 있는 화합물이다.

② 대상 분석물질과 물리 · 화학적으로 유사한 특성을 가지며, 일반 환경에서 발견되지 않는 물질을 사용한다.

③ 분석대상물질과 머무름시간(retention time)이 분리되어야 한다.

④ 시험방법의 효율과 시료의 전처리부터 추출과 분석에 이르기까지 전 과정을 평가할 수 있다.

실전 예상문제

01
2012
제4회

대체 표준물질(surrogate standards)에 대한 다음 설명 중 (   ) 안에 알맞은 내용으로 짝 지어진 것은?

> 대체 표준물질은 측정항목 오염물질과 (   )한 물리, 화학적 성질을 갖고 있어 측정 분석시 측정항목 성분의 거동을 유추할 수 있고 환경 중에서 일반적으로 (   ) 물질이며 (   )에 첨가 하였을 때 시험 항목의 측정 반응과 비슷한 작용을 하는 물질을 선택하여 사용한다.

① 상이 – 발견되지 않는 – 시료
② 유사 – 발견되지 않는 – 시료
③ 상이 – 발견되는 – 정제 수
④ 유사 – 발견되는 – 정제수

풀이 대체표준물질(surrogate standards)은 표준물질/바탕시료/시료에 주입하여 전처리/ 추출/ 분석 중의 시험 전과정의 회수율을 평가하는 지표로 사용되므로 일반적인 환경에 존재하지 않는 물질을 사용함. 분석대상물질과 물리화학적 거동이 유사하여 측정대상물질의 반응을 유추할 수 있어야 함

02
2014
제6회

일반적으로 수질 시료 중 오염물질의 농도를 측정 하고자 할 경우 전처리 과정을 거치게 된다. 전처리 과정에서 분석하고자 하는 오염물질이 100 % 회수되지 않는 경우가 많다. 이러한 문제점의 개선 방법과 관계없는 내용은?

① 전처리 전에 시료에 분석물질과 유사한 정제용 표준물질을 첨가한다.
② 전처리 전에 시료에 동위원소로 치환된 분석 물질인 정제용 표준물질을 첨가한다.
③ 검정곡선 작성용 표준용액 및 전처리가 끝난 시료에 동일한 양의 내부표준물질을 첨가한다.
④ 전처리 전에 첨가한 표준물질은 분석물질과 유사한 물리화학적 특성을 가진 물질을 선택해야 한다.

풀이 내부표준물질은 기기분석의 머무름시간, 상대감응을 보정하기 위한 용도로 사용하며, 시료 분석 직전에 일정량(일정 농도)을 주입함

03
2013
제5회

유기 물질 분석에서 사용하는 대체 표준 물질에 대한 설명이 틀린 것은?

① 일반적으로 환경에서 쉽게 나타나는 화학 물질을 대체 표준 물질로 사용한다.
② 분석 대상 물질과 유사한 거동을 나타내는 물질을 대체 표준 물질로 사용한다.
③ 대체 표준 물질은 GC 또는 GC/MS로 분석하는 미량 유기 물질의 검출에 이용된다.
④ 대체 표준 물질은 추출 또는 퍼징(purging) 전에 주입된다.

풀이 문제 01번 해설 참조

정답 01 ② 02 ③ 03 ①

04

2013
제5회

분석 장비의 주입 손실과 오염, 자동 시료 채취장치의 손실과 오염, 시료 보관 중의 손실과 오염 또는 시료의 점도 등 물리적 특성에 따른 편차를 보정하기 위해 분석 시료와 표준용액 등에 첨가되는 물질은?

① 매질 첨가 물질   ② 대체 표준 물질

③ 내부 표준 물질   ④ 인증 표준 물질

풀이 내부표준물질은 분석장비로 분석하기 직전에 주입하여 기기분석에서 생기는 시료의 소실과 오염 및 머무름 시간 등의 보정에 사용됨

05

2011
제3회

기체크로마토그래프를 이용한 다성분 측정 시 사용하는 내부표준물질 또는 대체표준물질의 설명으로 잘못된 것은?

① 분석장비의 오염과 손실, 시료 보관 중의 오염과 손실, 측정 결과를 보정하기 위해 사용하며 내부표준물질은 분석 대상 물질과 동일한 검출시간을 가진 것이어야 한다.

② 내부표준물질은 분석 대상 물질과 유사한 물리·화학적 특성을 가진 것이어야 하며, 각 실험 방법에서 정하는 대로 모든 시료, 품질관리 시료 및 바탕시료에 첨가한다.

③ 내부표준물질에 분석 물질이 포함되어서는 안 되며 동위원소 치환체가 아니어도 내부표준물질의 사용이 가능하다.

④ 대체표준물질은 대상 항목과 유사한 화학적 성질을 가지나 일반적으로는 환경시료에서 발견되지 않는 물질이며 시험법, 분석자의 오차 확인용으로 사용한다.

풀이 내부표준물질과 대체표준물의 머무름시간(RT)은 분석대상물질과 분리되어야 함

06

2009
제1회

기체크로마토그래프를 이용한 내부표준물질 분석법의 장점이 아닌 것은?

① 분석시간이 단축된다.

② 각 성분의 머무름 시간 변화를 상대적으로 보정해 줄 수 있다.

③ 검출기의 감응 변화를 상대적으로 보정해 줄 수 있다.

④ 실험 과정에서 발생하는 실험적 오차를 줄일 수 있다.

풀이 내부표준물질은 머무름시간을 보정하거나, 검출기의 감응변화를 보정하여 실험적 오차를 줄일 수 있음

07 다음 중 정도관리에 대한 설명으로 틀린 것은?

① 분석자는 시험·검사 결과의 신뢰성을 확보하기 위해 가능한 정도관리 절차와 기술을 확보해야 한다.

② 시험방법, 분석장비, 분석자 등에 대한 중대한 변경사항이 있을 경우에는 시행착오를 줄이기 위해 사후에 능력검증을 한다.

③ 정도관리는 환경시험·검사의 가장 근본이 되는 규정이다.

④ 정도관리를 따른 분석결과는 정확도와 신뢰도가 보증된 결과라 할 수 있다.

풀이 시험방법, 분석장비, 분석자 등에 대한 중대한 변경사항이 있을 경우에는 사전에 능력검증이 이루어져야 한다.

08 다음 중 정도평가에 대한 설명으로 틀린 것은?

① 정도평가란 분석능력의 질를 평가하는 과정으로 내부정도관리, 외부정도관리, 실험실간 정도관리 등으로 평가할 수 있다.

② 내부정도평가는 내부표준물질, 분할시료(Split Sample), 첨가시료(Spiked Sample), 혼합시료 등을 이용해 측정시스템(시료채취, 측정절차 등)에서 재현성을 평가하는 것이 주목적이다.

③ 외부 정도평가는 공동 시험·검사에의 참여, 동일 시료의 교환측정, 외부 제공 표준물질의 분석 등으로 측정의 정확도를 확인할 수 있다.

④ 정도감사는 정보보증 프로그램의 선택 사항으로 시스템감사(System Audits)와 작업감사(Performance Audits)의 두 가지로 구분한다.

풀이 정도감사는 정보보증 프로그램의 필수적인 요소로 시스템감사(System Audits)와 작업감사(Performance Audits)의 두 가지로 구분한다.

2. 시료

1) 시료군(batch)

① 동일한 절차로 시험·검사할 20개 미만의 비슷한 시료 그룹을 시료군이라 한다.
② 시료채취나 시험·검사에 관계된 비슷한 시료들의 그룹들은 시험·검사계획에 따라 동일한 절차대로 수행해야 한다.
③ 정도관리(QC) 절차 수행시 그룹의 시료수가 20개를 넘을 경우 가능하면 각 그룹의 시료를 20개나 그 미만으로 조절해야 한다.

2) 분취시료(aliquots)

하나의 균질화된 시료로부터 나눈 여러 개의 시료로 시험수행 확인과 정밀도 등의 평가를 위해 사용한다.

3) 매질(matrix)

① 시험 측정항목을 포함하는 고유한 환경 매체 또는 기질을 말한다.
② 환경 시험·검사분야에서는 대기, 토양, 먹는 물 등의 매질이 있다.

4) 매질첨가시료(MS ; matrix spike/spiked sample/fortified sample)

① 시험 측정항목의 알고 있는 농도의 물질을 분석하고자 하는 매질시료에 첨가한 시료
② 시료의 전처리나 시험·검사 이전에 수행해야 한다.
③ 주어진 매질이 측정항목에 대한 간섭현상이 있는지, 전처리와 시험방법상의 문제점을 확인하기 위해 사용한다.

5) 바탕시료(blank sample)

① 실험과정의 바탕값(zero baseline 또는 background value)을 보정하고 실험과정 중 발생할 수 있는 오염을 파악하기 위해서 사용하는 시료이다.
② 바탕시료는 그 용도에 따라서 다양하게 분류되며, 크게 현장바탕시료(field blank)와 실험실바탕시료(laboratory blank)로 구분된다.
③ 현장바탕시료(field blank)에는 세척/기구바탕시료(rinsate/equipment blank), 현장바탕시료(field blank), 운반바탕시료(trip blank) 등이 있다.
④ 실험실바탕시료(laboratory blank)에는 방법바탕시료(method blank), 기기바탕시료(instrument blank), 전처리바탕시료(preparation blank), 매질바탕시료(matrix blank), 시약바탕시료(regent blank), 검정곡선바탕시료(calibration blank) 등이 있다.

▼ 바탕시료로부터 얻을 수 있는 정보

바탕시료		시료 오염원							
		용기	채취기구	전처리	운반 및 보관	전처리 장비	교차 오염	시약	분석 기기
현장 바탕 시료	기구/세척	✓	✓		✓		✓		
	현장	✓		✓	✓		✓		
	운반	✓			✓		✓		
실험실 바탕 시료	방법					✓		✓	✓
	기기								✓
	전처리					✓		✓	✓
	시약							✓	✓

(1) 방법바탕시료(MB ; method blank)

① 측정하고자 하는 대상물질이 전혀 포함되어 있지 않다는 것이 증명된 시료로 측정분석 매질 시료의 시험 수행과 같은 용량, 같은 비율의 시약을 사용하여 동일한 전처리와 시험절차로 준비하는 바탕시료이다.

② 시험 · 검사에 사용된 시약이나 그 수행절차 중의 오염을 확인할 수 있다.

③ 방법검출한계(MDL)보다 반드시 낮은 농도여야 한다.

(2) 현장바탕시료(field blank)

① 분석의 모든 과정(채취, 운송, 분석)에서 생기는 문제점을 찾기 위해 시료채취 현장에서 준비되는 시료. 현장바탕시료를 만들기 위해 "깨끗한 물(analyte‒free water)"이 충전된 깨끗한 시료용기를 시료채취 현장에 수송하고 다른 시료용기는 현장에서 채취된 시료를 채운다.

② 시료의 형태를 기록하지 않고, 현장바탕시료와 일반시료를 동일한 방법으로 취급한다. 예를 들어 시험방법에 따라 보존제의 주입이 필요하다면, 시료와 동일하게 현장바탕시료에도 보존제를 주입한다.

③ 현장바탕시료가 분석될 때는 분석결과가 분석하고자 하는 물질이 없는 것으로 나타나야 하며, 한 시료군당 1개 정도가 있어야 한다.

④ 분석과정에 분해나 희석과 같은 전처리 과정이 있다면, 현장바탕시료도 같은 전처리 과정을 거쳐 분석하여, 전처리 과정의 오염을 확인하는데 사용한다.

⑤ 이러한 목적으로 사용되는 현장바탕시료는 전처리바탕시료(preparation blank) 또는 방법바탕시료(method blank)로 구분하여 사용할 수 있다.

(3) 세척/기구바탕시료(rinsate/equipment blank)

시료채취 기구의 청결함을 확인하거나, 동일한 시료채취 기구의 재이용으로 인한 오염을 평가하는 데 이용된다.

(4) 운반바탕시료(trip blank)

① 시료 수집과 운반(부적절하게 세척된 시료 용기, 오염된 시약, 운반 시 공기 중 오염 등) 동안에 발생한 오염을 검증하기 위한 바탕시료로, 용기바탕시료(container blank)라고 도 한다.

② 운반바탕시료 준비 방법은 측정 성분이 포함되지 않은 용매(고체, 액체, 기체)를 용기 에 가득 담고 밀봉 후 시료채취 지점을 방문하며, 모든 시료채취가 완료된 후 실험실에 돌아와 시료와 같이 분석한다.

③ 운반바탕시료는 주로 휘발성유기화학물질(VOCs) 분석을 위한 시료의 교차오염을 확 인하기 위한 것이며, 다른 항목에 대해서는 시료에 대한 용기의 영향을 평가할 수 있다.

④ 운반바탕시료는 매일 1개씩 준비하고 시료채취 일정이 2박 3일일 경우, 매일 1개씩 3 개의 운반바탕시료를 준비하는 것이 바람직하며, 최소 1개 이상 준비해야 한다.

(5) 전처리바탕시료(preparation blank)

① 교반, 혼합, 분취 등 시료 전처리 과정에 대한 바탕시료

② 이 시료를 이용하여 전처리에 사용되는 기구(교반기, 믹서 등)로 인한 오염을 확인할 수 있다.

③ 시료전처리바탕시료(sample preparation blank) 또는 시료보관바탕시료(sample bank blank)라고도 한다.

④ 전처리를 실시한 경우 1일 1회 준비한다.

(6) 매질바탕시료(matrix blank)

① 시료매질에 존재하는 물질의 영향을 평가하기 위한 바탕시료로 방법바탕시료와 유사 하다.

② 분석에 문제가 발생하였을 때 이를 교정하기 위한 다양한 바탕시료 중의 하나로, 분석 과정에서 매질의 영향으로 회수율이나 정확도가 떨어질 때 수행한다.

(7) 검정곡선바탕시료(calibration blank)

① 분석장비 또는 분석방법의 바탕값(background level)을 평가하는 정도관리에 사용되는 시료이다.

② 기기바탕시료(instrument blank) 또는 방법바탕시료(method blank)라고도 한다.

③ 검정곡선 작성 시마다 준비하며, 시료 분석 중간에 분석기기의 오염과 잔류량 평가(memory effect)에 사용할 수 있다.

(8) 시약바탕시료(raegent blank)

① 분석장비 또는 사용되는 시약을 평가하는 정도관리에 사용되는 시료이다.

② 시료를 녹이는 데 사용된 용매에 시험에 사용되는 시약이 들어간 시료이다.

※ 용매바탕시료 : 시험에 사용되는 시약 없이 시료를 녹이는 데 사용되는 용매만을 포함한 시료를 말한다.

※ 방법바탕시료 (MB, method blank)는 시료성분은 없으나 전처리부터 전 분석절차를 수행하는 것이 시약바탕시료와 차이점이다.

실전 예상문제

01 바탕시료와 관련이 없는 것은?
2010
제2회
① 측정항목이 포함되지 않는 시료
② 오염 여부의 확인
③ 분석의 이상 유무 확인
④ 반드시 정제수를 사용

풀이 바탕시료는 매질(물, 공기, 토양 등)의 성상에 따라 달라질 수 있음

02 '실험실 바탕시료'를 준비하는 목적으로 맞는 것은?
2010
제2회
① 시료 채취 과정에서 오염, 측정 항목의 손실, 채취 장치와 용기의 오염 등의 이상 유무를 확인하기 위함이다.
② 현장 채취 이전에 미리 정제수나 측정 항목 표준물질의 손실이 발생하였는지 확인하기 위함이다.
③ 시료 수집과 운반(부적절하게 청소된 시료용기, 오염된 시약, 운반 시 공기 중 오염 등) 동안에 발생한 오염을 검증하기 위한 것이다.
④ 시험 수행 과정에 사용하는 시약과 시료 희석에 사용하는 정제수의 오염과 실험 절차에서의 오염, 이상 유무를 확인하기 위함이다.

풀이 바탕시료는 크게 현장바탕시료(field blank)와 실험실바탕시료(laboratory blank)로 구분하며 ①, ②, ③은 현장바탕시료에 대한 설명임

03 일반적으로 시료의 채취와 처리 및 분석과정에서 발생할 수 있는 오염을 보정하기 위해 바탕시료
2011
제3회
2014
제6회
를 사용한다. 만약, 울릉도, 소청도, 제주도 등에서 채취한 빗물을 서울 소재 실험실에서 한꺼번에 모아서 분석하려고 할 때, 사용되는 바탕시료는?

① 운반바탕시료
② 실험실바탕시료
③ 시험바탕시료
④ 현장바탕시료

풀이 시료의 채취, 운송, 분석과정 중의 문제점을 찾는 데 사용되는 바탕시료는 현장바탕시료임

6) 반복시료(replicate sample)

① 같은 지점에서 동일한 시간에 동일한 방법으로 채취된 시료를 둘 또는 그 이상의 시료로 구분하여 각각 독립적으로 시험·검사하는 시료이다.

② 분석한 결과로 **시료의 대표성을 평가**한다. 예를 들어, 하천 수질을 모니터링과정에서 시료채취 시 채취지점의 대표성을 확인하기 위해 같은 수심의 다른 위치, 또는 같은 위치의 다른 수심 등에서 반복 시료를 채취하고, 각각의 시료의 측정결과의 차이가 없다면 대표성을 갖는 시료를 취한 것으로 판단한다.

7) 이중시료(duplicate sample)

- 한 개의 시료를 두 개(또는 그 이상)로 나누어 상호 동일한 조건에서 측정 분석한 결과로 분석의 오차를 평가하는 시료
- 분석자와 시험방법의 정밀도를 확인할 수 있다.
- 사용 목적에 따라 현장이중시료(field duplicate sample), 눈가림현장이중시료(blind field duplicate sample), 정도관리용 이중시료 등으로 구분한다.

(1) 현장이중시료(field duplicate samples)

① 시료 분석에 있어서 반복성을 평가하기 위해 동일한 시각에 동일한 장소에서 채취한 2개의 시료이다.

② 최소한 한 개의 시료 혹은 시료의 10 %는 이중시료 분석을 위해 수집한다. 이 요건은 각각의 분석물질과 시료 매질에 따라 적용한다.

(2) 눈가림현장이중시료(blind field duplicates)

동일한 시각에 동일한 장소에서 채취된 이중시료이며 별도의 정보를 제공하지 않음으로써 분석자가 이중시료인지 모르게 관리되는 시료로, 분석자의 분석정밀도를 평가할 수 있다.

8) 분할시료(split sample)

① 하나의 시료가 각각의 다른 분석자 또는 분석실로 공급되기 위해 둘 또는 그 이상의 시료로 나누어진 것이다.

② 분석자간 또는 실험실간의 분석정밀도 평가, 시험방법의 재현성(reproductivity)을 평가하기 위한 시료이다.

실전 예상문제

01
2010
제2회

현장이중시료(field duplicate sample)를 가장 정확하게 표현한 것은?

① 동일한 시각, 동일한 장소에서 2개 이상 채취된 시료

② 두 개 또는 그 이상의 시료를 같은 지점에서 동일한 방법으로 채취한 것으로서, 같은 방법을 써서 독립적으로 채취한 시료

③ 하나의 시료로서, 각각 다른 분석자 또는 분석실로 공급하고자 둘 또는 그 이상의 시료로 나눠 담은 시료

④ 관심이 있는 항목에 속하는 물질을 가하여 그 농도를 알고 있는 시료

풀이 ① 현장이중시료, ② 반복시료, ③ 분할시료, ④ 첨가시료

02
2013
제5회

정도 관리와 관련한 용어의 설명이 틀린 것은?

① 기기 검출 한계 : 분석 장비의 검출 한계는 일반적으로 S/N비의 2.5배 농도이다.

② 완성도 : 완성도는 일련의 시료군(batch)들에 대해 모든 측정 분석 결과에 대한 유효한 결과의 비율을 나타낸 것으로 일정 수준 이하(수질인 경우 95 % 이상)인 경우 원인을 찾아 해결해야 한다.

③ 최소 정량 한계(minimum level of quantitation) : 일반적으로 검출 한계와 동일한 수행 절차에 의해 수립되며, 시험 검출 한계와 같은 낮은 농도 시료 7 ~ 10개를 반복 측정한 표준편차의 10배에 해당하는 값을 최소 정량 수준으로 한다.

④ 분할 시료(split sample) : 같은 지점에서 동일한 시각에 동일한 방법으로 채취한 시료

풀이 ④는 **반복시료(replicate sample)** 또는 **이중시료**에 대한 설명이다. 분할시료는 하나의 시료를 둘 또는 그 이상의 시료용기에 나누어 서로 다른 분석자 또는 분석실로 공급하여 분석자 간 또는 실험실 간의 분석정밀도 평가, 시험방법의 재현성(reproductivity)을 평가하기 위한 시료이다.

9) 첨가시료(spiked sample)

- 시료에 측정하고자 하는 항목의 일정 농도를 주입하여 얻은 시료. 주입한 농도만큼 증가하는 양으로 평가한다.
- 통상 소량의 고농도 저장용액이 주입되며 주입되는 양으로 발생하는 원 시료의 부피 변화는 무시해도 좋다.
- 첨가물질의 회수율(% R)은 분석 정밀도 계산에 이용된다.
- 첨가시료를 주입한 용액의 농도(첨가용액)는 다음과 같이 계산된다.

$$C_1 V_1 = C_2 V_2$$

여기서, C_1 : 첨가용액의 농도

V_1 : 첨가용액의 양

C_2 : 원하는 첨가시료의 농도

V_2 : 원 시료의 양

(1) 시약첨가시료(reagent spike sample)

① 분석대상물질이 없는 물(analyte−free water)에 분석대상물질을 추가한 시료이다.
② 분석방법을 효과적으로 평가할 수 있다.
③ 전체 시료수의 5 % 범위의 수만큼 준비하여 수행한다.
④ 매질첨가시료와 같은 방법으로 결정하고, 추가하는 물질의 농도는 정량한계의 5배 범위로 조절한다.

(2) 현장첨가시료(field spiked sample)

① 시료매질의 간섭물질 및 분석 시스템 문제점을 검증하기 위한 시료이다.
② 현장준비와 실험실로의 운반은 일반시료와 동일하며, 별도의 시료명을 부여한다.

10) 정도관리를 위한 첨가시료

- 시험기관은 각 기관이 설정한 관리기준에 따라 정확도를 검증해야 하며, 기준을 벗어나면 이것을 최소화 할 수 있는 방법을 모색하여야 한다.
- 검증을 위해 실험실첨가시료(LFS), 실험실매질첨가이중시료(LFSMD), 실험실매질첨가복수시료(LFSMD), 내부표준물질(IS), 대체표준물질(SS) 등의 첨가시료를 활용한다.

(1) **실험실첨가시료(LFS ; laboratory fortified sample)**

① 용매(일반적으로 정제수)에 분석대상물질을 일정량 주입한 시료. 첨가바탕시료(spiked blank)라고도 하며, 실험과정의 정확도와 성분의 회수율을 평가하는 것으로 일반적으로 회수율로 나타내어 평가한다.

② 첨가되는 성분의 주입량은 일반적으로 방법검출한계(MDL)의 약 10배 또는 기기검출한계(IDL)의 약 100배 농도를 넣는 것이 바람직하다.

(2) **실험실매질첨가시료(LFSM ; laboratory fortified sample matrix)**

① 시료의 매질 간섭을 확인하기 위해 분석대상물질을 포함하지 않은 매질에 분석대상물질의 알고 있는 양을 주입한 시료. 매질첨가시료(matrix spike)라고도 한다.

② 분석하고자 하는 성분을 포함하지 않은 매질을 확보하기 어려운 경우 환경시료 중에 하나를 선택하여 사용한다.

③ 첨가되는 성분의 주입량은 실험실첨가시료(LFS)와 같은 농도로 방법검출한계(MDL)의 약 10배 또는 기기검출한계(IDL)의 약 100배 농도를 넣는 것이 바람직하다.

(3) **실험실매질첨가복수시료(LFSMD ; laboratory fortified sample matrix duplicate)**

① 실험실매질첨가시료(LFSM)와 같은 방법으로 1개 또는 그 이상으로 준비한 시료이다.

② 실험과정의 반복성과 매질 간섭의 반복성을 확인한다.

실전 예상문제

01 실험실에서 분석기기의 검증을 하기 위해 사용하는 시료로 적당하지 않은 것은?
2012
제4회

① 바탕시료　　　　　② 첨가시료　　　　　③ 표준물질　　　　　④ 인증표준물질

> **풀이** 분석기기의 검증은 표준시료, 바탕시료만으로 실시함

02 실험실 첨가 시료(LFS) 분석 시 사용하지 않는 것은?
2013
제5회

① 매질 첨가(matrix spike)

② 대체 표준 물질(surrogate standard)

③ 내부 표준 물질(IS ; internal standard)

④ 외부 표준 물질(OS ; outer standard)

> **풀이** 첨가시료로 사용 가능한 시료는 실험실첨가시료(LFS ; laboratory fortified sample), 실험실매질첨가이
> 중시료(LFSMD ; laboratory fortified sample matrix), 실험실매질첨가복수시료(LFSMD ; laboratory
> fortified sample matrix duplicate), 내부표준물질(IS ; internal standard), 대체표준물질(surrogate
> standard) 등이 있음

03 실험실 첨가시료 분석 시 매질첨가(matrix spike)의 내용 중 잘못된 것은?
2011
제3회
2014
제6회

① 실험실은 시료의 매질간섭을 확인하기 위하여 일정한 범위의 시료에 대해 측정항목 오염물질을 첨
　가하여야 한다.

② 첨가 농도는 시험 방법에서 특별히 제시하지 않은 경우 검증하기 위해 선택한 시료의 배경 농도 이
　하여야 한다.

③ 만일 시료 농도를 모르거나 농도가 검출한계 이하일 경우 분석자는 적절한 농도를 선택해야 한다.

④ 매질첨가 회수율에 대한 관리기준을 설정하여 측정의 정확성을 검증하여야 한다.

> **풀이** 실험실 첨가시료는 측정의 정확도와 회수율을 평가하기 위한 것을 목적으로 하므로 첨가되는 성분의 주입량
> 은 방법검출한계(MDL)의 약 10배 또는 기기검출한계(IDL)의 약 100배 농도로 함

11) 정도관리시료(quality control sample) *중요내용*

- 시험 · 검사 수행 시 실험실 검증시료의 한 가지로 전처리 과정, 사용 유리기구와 분석기기의 이상 유무와 측정 오염물질의 오염 · 손실 등으로 분석능력의 재현성을 평가하기 위해 준비하는 시료이다.
- 방법검출한계(MDL ; method detection limit)의 10배 또는 검정표준용액의 중간농도로 제조하여 일반적인 시료의 시험 · 검사와 같은 방법으로 분석한다.
- 정도관리시료를 시료를 분석한 결과로 정밀도와 정확도 자료를 산출하고 관리차트를 작성한다.

(1) 컬럼정도관리시료(column quality control sample)

① 정도관리시료의 한 종류로서 각 분석방법에 명기된 것처럼 분석하고자 하는 물질이 컬럼을 통과한 후에도 적정 회수율이 유지되는지를 확인하기 위한 시료이다.

② 용출 패턴은 흡수 컬럼의 활성화 또는 비활성화 후에 표준물질의 컬럼 확인으로 확립한다.

③ 이들 표준물질은 각 용출 분류에 대해 표본이 된다.

(2) 눈가림정도관리점검시료(blind quality control verification sample)

분석자가 시료의 농도값을 알지 못하는 시료로 분석시스템과 분석자의 분석능력 평가에 이용한다.

12) 실험실관리시료(LCS ; laboratory control sample)

① 검정곡선과 정도관리에 사용하는 표준물질의 정확도를 평가하기 위한 시료

② 실험실관리시료(LCS)에는 실험실첨가시료(laboratory fortified sample), 첨가바탕시료(spiked blank), 정도관리확인시료(quality control check sample) 등이 있다.

③ 검정곡선용 표준물질(calibration standard)과 정도관리용 표준물질과 다른 제조사 또는 표준물질제조사나 기관에서 구입한 별개의 표준물질을 사용하여 검정곡선, 정도관리용 표준물질을 교차 확인한다.

④ 방법검출한계(DL) 3배 ~ 10배에 해당되는 농도 또는 검정곡선 표준용액의 중간농도로 실험실관리시료(LCS)를 제조하여 일상적인 시료의 시험 · 검사와 동일하게 수행한다.

⑤ 실험실 및 분석자는 주기적인 실험실관리시료(LCS)의 분석계획을 수립하고 계획에 따라 행해야 하며 수행 결과에 대해 정확도와 정밀도를 계산하여 관리차트를 작성한다.

⑥ 정도관리결과가 관리기준을 벗어났거나 표준물질이 의심스러울 때 즉시 수행한다.

13) 검정검증표준물질(CVS ; calibration verification standard) ◀중요내용

① 검정곡선이 실제 시료에 정확하게 적용될 수 있는지를 검증하고, 검정곡선의 정확도를 확
인하기 위한 표준물질이다.

② 인증표준물질(CRM ; certified reference material)을 사용하거나 다른 검정곡선으로 검증
한 표준물질을 사용한다.

③ 회수율은 100 %로부터 편차가 ±10 % 이내이어야 한다.

▼ 환경분석에 사용되는 표준물질

1. 표준물질(RM ; reference material)

① KS A ISO Guide 35에서는 측정기기의 교정, 측정방법의 평가 또는 재료의 특성값 부여에 하나 이
상의 특성값이 충분히 균일하고 적절하게 확정되어 있는 재료 또는 물질을 표준물질(RM)로 규정
하고 있다.

② KS A ISO Guide 35에서 RM은 인증서가 붙어 있는 표준물질로 하나 이상의 특성값이 그 특성값을
나타내는 단위의 정확한 표시에 대한 소급성을 확립하는 절차에 따라 인증되고 각 인증값에는 표기된
신뢰수준에서의 불확도가 주어진 특성화된 물질로서 인증표준물질(CRM ; certified reference
material, SRM ; standard reference material)로 규정하고 있다.

※ 인증표준물질(CRM ; certified reference material)을 미국의 NIST(National Institute of
Standard and Technology)에서는 SRM(standard reference material)으로 사용하고 있다.

2. 표준물질 사용을 위한 요건

① 사용되는 표준물질은 특성화가 되어 있어야 한다.

② 화학 및 생물학 시험기관의 표준물질 사용에 관한 추가기술요건(기술표준원 고시) 참조

3. 환경분석 분야 사용 표준물질의 종류

① 검정곡선작성용 표준물질   ② 내부표준물질
③ 대체표준물질   ④ 정도관리용 표준물질

실전 예상문제

01 실험실 관리시료(laboratory control samples)에 대한 설명으로 적절하지 않은 것은?

2010
제2회

① 최소한 한 달에 한 번씩은 실험실의 시험항목을 측정분석 중에 수행해야 한다.

② 권장하는 실험실 관리 시료에는 기준표준물질 또는 인증표준물질이 있다.

③ 실험실 관리 시료를 확인하기 위해 검정에 사용하는 표준물질의 안정성을 확인할 수 있다.

④ 검정 표준물질에 의해 어떠한 문제가 발생할 경우, 실험실 관리시료를 즉시 폐기한다.

> **풀이** 실험실 관리 시료를 이용하여 검정표준물질의 문제가 발견되면 검정표준물질을 즉시 폐기해야 함

02 다음 중 환경분야에서 사용되는 표준물질의 종류로 거리가 먼 것은?

① 검정곡선작성용 표준물질 　　　　② 대체표준물질

③ 내부표준물질 　　　　　　　　　　④ 외부표준물질

> **풀이** 환경분석 분야 사용 표준물질의 종류는 검정곡선작성용 표준물질, 내부표준물질, 대체표준물질, 정도관리용 표준물질이다.

03 다음은 검정검증표준물질(CVS ; calibration verification standard)에 대한 설명이다. 틀린 것은?

① 검정곡선이 실제 시료에 정확하게 적용될 수 있는지를 검증한다.

② 검정곡선의 정확도를 확인하기 위한 표준물질이다.

③ 검정곡선에 사용된 표준물질을 사용한다.

④ 회수율은 100 %로부터 편차가 ± 10 % 이내이어야 한다.

> **풀이** 인증표준물질(CRM ; certified reference material)을 사용하거나 다른 검정곡선으로 검증한 표준물질을 사용한다.

04 실험실관리시료(LCS ; laboratory control sample)에 대한 설명으로 틀린 것은?

① 검정곡선과 정도관리에 사용하는 표준물질의 정확도를 평가하기 위한 시료이다.

② 실험실관리시료(LCS)에는 실험실첨가시료(laboratory fortified sample), 첨가바탕시료(spiked blank), 정도관리확인시료(quality control check sample) 등이 있다.

③ 검정곡선용 표준물질(calibration standard)과 정도관리용 표준물질과 다른 제조사 또는 표준물질제조사나 기관에서 구입한 별개의 표준물질을 사용하여 검정곡선, 정도관리용 표준물질을 교차 확인한다.

④ 방법검출한계 시료를 제조하여 일상적인 시료의 시험 · 검사와 동일하게 수행하여 검출 여부를 확인한다.

> **풀이** 방법검출한계(DL) 3배 ~ 10배에 해당되는 농도 또는 검정곡선 표준용액의 중간농도로 실험실관리시료 (LCS)를 제조하여 일상적인 시료의 시험 · 검사와 동일하게 수행한다.

정답 　01 ④　02 ④　03 ③　04 ④

3. 분석

1) 검정 · 교정(calibration)

검정은 초기검정과 수시검정으로 구분한다.

(1) 초기검정

① 초기검정은 분석대상 분석 표준물질의 최소 5개 농도로 수행하며 가장 낮은 농도는 최소정량한계(LOQ ; limit of quantification)이어야 한다.

② 농도 범위는 실제 시료에 존재하는 농도를 내포하여야 한다. 농도 간의 차이는 10배수 이하인 검정 농도를 선택한다.

③ 감응인자 또는 검정인자는 상대표준편차(RSD)가 20 % 이하이어야 한다.

④ 선형회귀법에서 상관관계는 0.995 이상이어야 한다.

⑤ 초기검증은 감응인자, 검정인자 또는 검정곡선의 상관계수 중 한 방법으로 실시한다.

(2) 수시검정

① 검정 표준용액을 분석하여 기기 성능이 초기검정에서 얼마나 벗어났는지를 주기적으로 확인하는 행위이다. 일반적으로 GC 분석의 경우 10개, GC/MS의 경우 20개 시료마다 또는 12시간마다 수시검정을 수행하며 수시검정 결과의 허용기준은 검정 표준용액을 분석했을 때 회수율 80 %~120 % 이내에 있어야 한다.

② 허용기준을 벗어나면 수시검정 표준용액을 다시 분석하거나 초기 검정을 실시한다.

2) 검정곡선(calibration curve)

① 지시값과 이에 해당하는 측정값 사이의 관계를 나타내는 표현이다.

② 검정곡선은 반드시 시료 분석할 때마다 매일 새로 작성하는 것을 원칙으로 한다.

③ 부득이하게 한 개 시료군의 분석이 하루를 넘길 경우 가능한 2일을 초과하지 않으며 3일 이상 초과 시 검정곡선을 다시 작성한다.

④ 정도관리 시료와 실제 시료의 농도 범위를 모두 포함해야 한다.

⑤ 검정곡선은 최소한 바탕시료와 표준물질 1개 이상을 사용하여 단계별로 작성하며, 유기화합물질의 경우 표준물질을 5개 이상, 무기물질은 최소한 바탕시료와 표준물질 3개 농도 이상을 권장한다.

⑥ 검정곡선은 「표준작업절차서(SOPs)」에 따라 수행한다.

⑦ 검정표준물질은 실험실관리시료(LCS) 표준물질과 다른 제조사의 제품을 사용한다.

⑧ 검정곡선의 상관계수(correlation coefficient)는 1에 가까울수록 상관성이 좋다.

3) 검정곡선검증(CCV ; calibration curve verification)

① 검정곡선검증은 측정장비와 시험방법의 검정곡선 확인을 위해 **시료 분석 시마다 실시한다.**

② 검정곡선 확인에 필요한 시료는 **바탕시료(blank sample)**와 1개의 측정항목에 대한 **표준물질(standard)** 한 개 농도로 최소 2개 시료로 검증한다.

③ 모든 확인은 시료의 분석 이전에 수행하여 시스템을 재검정하고, 검정결과는 시험방법에 명시되어 있는 자세한 관리기준 이내여야 한다. 일반적인 관리기준은 **90 %~110 %이다.**

④ 실험 중에는 초기 검정곡선 확인 이후 주기적으로 검정곡선검증(calibration curveverification)을 실시하는데, 검정곡선검증은 **표준용액의 이상, 측정 장비의 편차나 편향(bias)을** 확인하기 위한 것으로 분석 중에 실시한다.

⑤ 검정곡선검증은 **시료 10개 또는 20개 단위로 검증하거나 시료군(batch)별로 실시한다.** 단 분석시간이 긴 경우는 8시간 간격으로 실시한다.

⑥ 검정곡선검증에서 기준값을 초과하면, 검정곡선을 다시 작성하고, 검정곡선 검증에 이상이 없으면 검정곡선 검증 이후 시료를 다시 분석한다.

실전 예상문제

01
2013
제5회

검정곡선에 관한 설명이 틀린 것은?

① 검정곡선은 시료를 측정 분석하는 날마다 수행해야 하며, 부득이하게 한 개 시료군(batch)의 측정 분석이 하루를 넘길 경우 가능한 2일을 초과하지 않아야 하며, 일주일 이상 초과한다면 검정곡선을 새로 작성해야 한다.

② 오염 물질 측정 분석 수행에 사용할 검정곡선은 정도 관리 시료와 실제 시료에 존재하는 오염 물질 농도 범위를 모두 포함해야 한다.

③ 검정곡선은 실험실에서 환경오염 공정 시험 기준 또는 검증된 시험 방법을 토대로 작성한 표준 작업 절차서에 따라 수행한다.

④ 검정곡선은 최소한 바탕 시료와 1개의 표준물질을 단계별 농도로 작성해야 하고 특정 유기화합 물질을 분석하기 위한 시험 방법은 표준물질 7개를 단계별 농도로 작성하도록 권장하기도 한다.

풀이 • 검정곡선은 반드시 시료를 분석하는 날마다 새로 작성하는 것을 원칙으로 함
- 부득이하게 한 개 시료군의 분석이 하루를 넘길 경우 가능한 2일을 초과하지 않으며 3일 이상 초과 시 검정곡선을 다시 작성함

02
2010
제2회

검정곡선검증(calibration curve verification)에 대한 설명으로 가장 적합한 것은?

① 검정곡선검증에는 회귀분석법을 이용하는 것이 가장 효과적이다.

② 검정곡선검증은 검정곡선을 위해 사용된 표준물질을 시료 분석 과정에서 재측정하여 분석 조건의 변화를 확인하는 것이다.

③ 검정곡선의 직선성은 결정계수(R^2)로 확인할 수 있다.

④ 시료에 따라 다소 다르지만 일반적으로 1시료군(batch)에 2회 이상 검정곡선검증을 수행함이 원칙이다.

풀이 검정곡선검증이란 시료 분석 이전에 작성된 검정곡선이 시료 분석에 유효하게 사용될 수 있는지 확인하는 작업으로 보통 바탕시료와 검정곡선상의 표준물질 1개 농도를 분석하여 시험방법에서 명시하는 관리기준을 만족여부로 시스템을 재검정함. 검정곡선 검증에 사용되는 표준물질은 검정곡선 작성에 사용된 것을 사용하며 실험실관리시료(LCS)는 검정곡선 표준물질과 다른 제조사(second source)를 사용하는 것이 다름. 검정곡선검증은 1개 시료군마다 1회 실시함

정답 01 ① 02 ②

03 초기검정에 대한 설명으로 틀린 것은?

① 초기검정은 분석대상 분석 표준물질의 최소 5개 농도로 수행하며 가장 낮은 농도는 방법검출한계 (MDL ; Method detection limit)이어야 한다.

② 농도 범위는 실제 시료에 존재하는 농도를 내포하여야 한다. 농도 간의 차이는 10배수 이하인 검정 농도를 선택한다.

③ 감응인자 또는 검정인자는 상대표준편차(RSD)가 20 % 이하이어야 한다.

④ 선형회귀법에서 상관관계는 0.995 이상이어야 한다.

> **풀이** 초기검정은 분석대상 분석 표준물질의 최소 5개 농도로 수행하며 가장 낮은 농도는 최소정량한계(LOQ ; limit of quantification)이어야 한다.

4) 직선성(linearity)

① 일정한 범위 내에 있는 시료 중 분석대상물질의 양(또는 농도)에 대하여 **직선적인 측정값**을 얻을 수 있는 능력이다.

② 직선성을 입증하기 위해서는 표준물질원액(SSS ; stock standard solution)을 농도별로 희석하여 최소한 5개의 농도로 각 농도에 대한 직선성이 있다는 것이 증명되어야 한다.

③ 적어도 검출하고자 하는 양(또는 농도)의 범위에서 입증되어야 한다.

5) 범위(range)

범위는 시험방법이 적절한 정밀도, 정확도 및 직선성을 충분히 제시할 수 있는 분석대상물질의 양(또는 농도)의 하한 및 상한값 사이의 영역이다.

6) 검출한계(LOD ; limit of detection)

- 검출 가능한 최소량을 의미하며, 정량 가능할 필요는 없다.
- 기기검출한계(IDL ; instrument detection limit)는 분석기기에 직접 시료를 주입할 때 검출 가능한 최소량이다.
- 방법검출한계(MDL ; method detection limit)는 전처리 또는 분석과정이 포함된 과정에서 검출 가능한 최소량이다.

검출한계를 구하는 방법

㉠ 시각적 평가에 근거하는 방법

검출한계에 가깝다고 생각되는 농도를 알고 있는 시료를 반복 분석하여 분석대상물질이 확실하게 검출 가능하다는 것을 확인하고 이를 검출한계로 지정하는 방법

㉡ 신호(signal) 대 잡음(noise)에 근거하는 방법

농도를 알고 있는 낮은 농도의 시료의 신호를 바탕시료의 신호와 비교하여 구하는 방법으로 신호 대 잡음비가 2배 ~ 3배로 나타나는 분석대상물질 농도를 검출한계로 하며, 일반적으로 ICP, AAS와 크로마토그래프에 적용할 수 있음

㉢ 반응의 표준편차와 검정곡선의 기울기에 근거하는 방법

반응의 표준편차와 검량선의 기울기에 근거하는 방법은 아래의 식과 같이 반응의 **표준편차를 검량선의 기울기로 나눈 값에 3.3을 곱하여 산출함**

$$\text{DL(detecton limit)} = \frac{3.3\sigma}{S}$$

여기서, σ : 반응의 표준편차, S : 검량선의 기울기

(1) 기기검출한계(IDL ; instrument detection limit)

① 분석기기에 직접 시료를 주입할 때 검출 가능한 최소량이다.

② 기기검출한계는 일반적으로 S/N(signal/noise)비의 2배~5배 농도, 또는 바탕시료에 대한 반복 시험·검사한 결과의 표준 편차의 3배에 해당하는 농도로 하거나, 분석장비 제조사에서 제시한 검출한계값을 기기검출한계로 사용할 수 있다.

(2) 방법검출한계(MDL ; method detection limit)

① 방법검출한계는 시료를 전처리 및 분석 과정을 포함한 해당 시험방법에 의해 시험·검사한 결과가 검출가능한 최소 농도로서, 어떠한 매질 종류에 측정항목이 포함된 시료를 시험방법에 의해 시험·검사한 결과가 99 % 신뢰 수준에서 0보다 분명히 큰 최소 농도로 정의할 수 있다.

② 방법검출한계는 분석 장비, 분석자, 시험방법에 따라 다를 수 있으므로 초기능력검증(또는 시험방법에 대한 검증)으로 방법검출한계를 계산해야 한다.

③ 정기적(6개월 ~1년)으로 방법검출한계를 작성하고 표준작업절차서(SOPs)와 시험결과 성적서에 명시하며 실험실에 중요한 변경(분석자의 교체, 분석장비의 교체, 시험방법 변경 등)이 발생하면 검출한계를 재시험하고 이를 문서화해야 한다.

④ 시험방법에서 제시하는 정량한계(LOQ ; limit of quantification) 이하의 시험·검사 값을 갖기 위해 분석자는 자신의 능력과 분석장비의 성능을 극대화해야 한다.

⑤ EPA 방법검출한계 산출방법은 검출이 가능한 정도의 측정 항목 농도를 가진 최소 7개 시료를 시험방법으로 분석한다. 각 시료에 대한 표준편차와 자유도 $n-1$의 t 분포값 3.143(신뢰도 98 %에서 자유도 6에 대한 값)을 곱하여 구한다.

(3) 방법검출한계 수행 예시

step 1.
다음 중 한 가지를 사용하여 방법검출한계를 예측 • 기기의 신호/잡음비의 2.5배 ~ 5배에 해당하는 농도 • 정제수를 여러 번 분석한 표준편차 값의 3배에 해당하는 농도 • 감도에 있어 분명한 변화가 있는 검정곡선 영역(즉, 검정곡선 기울기의 갑작스런 변화점 농도)
step 2.
예측된 방법검출한계의 3배 ~ 5배 농도를 포함하도록 7개의 매질첨가시료(matrix spike sample)를 준비하여 분석한다. 수질분석의 경우 정제수로 ASTM Type Ⅱ water를 사용한다.

step 3.

7개의 매질 첨가 시료에 대한 평균값과 표준편차를 구함

평균값 : $X = \dfrac{1}{n}\sum\limits_{i=1}^{n} X_i$ 여기서, X_i : 변수 x에 대한 i번째 시험 · 검사값

$\overline{X}$: n회 측정한 x의 평균값

편차 : $s = \sqrt{\dfrac{1}{n-1}\left[\sum\limits_{i=1}^{n}(Xi - \overline{X})^2\right]}$ s : 표준편차

step 4.

각 측정 항목의 방법검출한계

$$MDL = 3.143 \times s$$

※ 시료의 개수(n)와 신뢰도에 따라서 계수값은 달라지며, 일반적으로 7개 시료에 대한 98 % 신뢰도(one side 99 % 신뢰도)에서는 3.143, 99 % 신뢰도(One Side 99.5 %신뢰도)에서는 3.707을 사용함

step 5.

step 2.에서 spike level이 step 4.에서 계산된 MDL보다 5배 이상 높을 경우 더 낮은 농도로 spike하고 위의 과정을 반복하여 방법검출한계를 산출함

7) 정량한계(LOQ ; limit of quantification)

① EPA 정의 : '시험항목을 시험 · 검사하는데 있어 측정 가능한 검정 농도(calibration point)와 측정 신호를 완전히 확인할 수 있는 분석 시스템의 최소 수준'이다.

② 정량한계의 산출은 일반적으로 방법검출한계와 동일한 절차로 수행하며, 방법검출한계와 같은 낮은 농도 시료 7개 ~ 10개를 반복 측정하여 표준편차의 10배에 해당하는 값을 정량한계(LOQ ; limit of quantification)로 정의한다.

③ 비슷한 의미로 최소정량한계(MQL ; minimum quantification limit), 최소수준(minimum level), 최소정량수준(MLQ ; minimum level of quantification), 최소보고수준(MRL ; minimum reporting level), 낮은 수준의 정량(LLOQ ; lower level of quantitation) 등이 있다.

정량한계(LOQ) $= s \times 10$

여기서, S : 표준편차

▼ 정량한계 측정 예시(흡광광도계를 이용한 방법검출한계 산정의 예)

흡광광도계를 이용한 수질의 총질소를 자외선흡광광도계를 이용한 측정 시의 방법검출한계 산정의 예

총질소 표준용액 (mg/L)	흡광도 (absorbance)	계산 농도 (mg/L)		총질소 표준용액 (mg/L)	흡광도 (absorbance)	계산 농도 (mg/L)
0	0.000			1	0.012	0.154
				2	0.014	0.178
1.0	0.084		방법검출 한계시료 (0.2 mg/L) 준비 후 7회 시험·검사 실시 ➡	3	0.013	0.166
				4	0.010	0.130
2.0	0.159			5	0.009	0.117
				6	0.014	0.178
3.0	0.242			7	0.013	0.166
				표준편차		0.0237
4.0	0.330			방법검출한계 (신뢰수준 98 %)		0.074
$y = 0.0818x - 0.0006$, $r^2 = 0.9993$				정량한계		0.237

실전 예상문제

01

2014
제6회

시험검출한계(MDL ; method detection limit)에 대한 설명이 옳은 것은?

① 분석자가 다르다 해도 통일한 기기, 통일한 분석법을 사용하면 그 시험 검출 한계는 항상 동일하다.

② 분석 시스템에서 가능한 범위의 검정 농도와 질량 분석 데이터를 완전히 확인할 수 있는 수준으로 정의한다.

③ 일반적으로 신호/잡음비의 25배 농도, 또는 바탕 시료를 반복 측정 분석한 결과 표준 편차의 3배에 해당하는 농도이다.

④ 감도에 있어 분명한 변화가 있는 검정곡선 영역, 즉 검정곡선 기울기의 갑작스러운 변화점 농도로 시험 검출 한계를 예측한다.

> **풀이** 방법검출한계(시험검출한계, MDL)는 동일한 분석기기와 분석방법을 사용하더라도 분석자에 따라 변하므로 초기능력 검증(IDC)(또는 시험방법에 대한 검증)을 실시해야 함. 방법검출한계는 반드시 정량을 목적으로 하지는 않으며 일반적으로 **신호/잡음비의 2.5배 ~ 5배 농도** 또는 바탕시료를 반복 측정 분석한 결과 **표준편차의 3배**에 해당하는 농도이다.

02

2009
제1회

방법검출한계에 대한 설명으로 잘못된 것은?

① 어떤 측정항목이 포함된 시료를 시험방법에 의해 분석한 결과가 99 % 신뢰수준에서 0보다 분명히 큰 최소 농도로 정의할 수 있다.

② 방법검출한계는 시험방법, 장비에 따라 달라지므로 실험실에서 새로운 기기를 도입하거나 새로운 분석방법을 채택하는 경우 반드시 그 값을 다시 산정한다.

③ 예측된 방법검출한계의 3배 ~ 5배의 농도를 포함 하도록 7개의 매질첨가 시료를 준비 · 분석하여 표준편차를 구한 후, 표준편차의 10배의 값으로 산정한다.

④ 일반적으로 중대한 변화가 발생하지 않아도 6개월 또는 1년마다 정기적으로 방법검출한계를 재 산정한다.

> **풀이** 방법검출한계는 예측된 방법검출한계 값의 3배 ~ 5배의 농도를 포함한 7개의 매질첨가시료를 분석한 결과의 표준편차의 3.14배(신뢰도 98 %일 때)이며 정량한계가 표준편차의 10배임

03

2013
제5회

어떤 매질 종류에 측정 항목이 포함된 시료를 시험 방법에 의해 측정한 결과가 99 % 신뢰 수준 (Student T Value = 3. 14)에서 0보다 분명히 큰 최소 농도로 정의된 방법검출한계(MDL)는 얼마 인가?(단, 7회 측정하여 계산된 농도(mg/L)는 0.154, 0.178, 0.166, 0.130, 0.117, 0.178, 0.166임)

① 0.045   ② 0.065   ③ 0.075   ④ 0.085

> **풀이** 방법검출한계 = 표준편차 × 3.14

정답   **01** ④   **02** ③   **03** ③

04 다음은 정도관리 용어에 대한 설명이다. 틀린 것은?

① 검출한계(LOD ; limit of detection)는 검출 가능한 최소량을 의미하며, 정량 가능할 필요는 없다.

② 직선성(linearity)은 일정한 범위 내에 있는 시료 중 분석대상물질의 양(또는 농도)에 대하여 직선적인 측정값을 얻을 수 있는 능력이다.

③ 범위(range)는 시험방법이 적절한 정밀도, 정확도 및 직선성을 충분히 제시할 수 있는 분석대상물질의 양(또는 농도)의 하한 및 상한값 사이의 영역이다.

④ 중앙값은 측정값의 중심으로 서로 더하여 평균한 값이다.

[풀이] 중앙값은 일련의 측정값 중 최소값과 최대값의 중앙에 해당하는 크기를 가진 측정값이다.

8) 완성도(completion)

일련의 시료군(batch)들에 대해 모든 시험·검사결과에 대한 유효한 결과의 비율을 나타내는 것이다.

$$\% \; 완성도 = \frac{검증확인 \; 결과의 \; 수}{측정분석 \; 결과의 \; 수} \times 100$$

9) 정도보증(QA ; quality assurance)

① 측정분석 결과가 정도목표를 만족하고 있음을 보증하기 위한 제반적인 활동 또는 믿을 수 있는 분석 자료와 신뢰성 높은 결과를 얻을 수 있도록 표준화된 순서를 규정하는 실험실 운용계획이다.

② 측정결과의 정확도와 측정과정의 오차를 관리하는 정도관리(quality control)와 얻어진 결과의 정확도를 평가하는 정도평가(quality assessment)를 포함하기 때문에 정도보증은 실험실에서 양질의 분석 자료와 결과를 얻을 수 있도록 하는 지침을 제공한다.

③ 정도보증 프로그램은 모든 업무에 적용 가능할 수 있도록 이해하기 쉬워야 한다.

④ 정도보증 프로그램은 실험실별로 오직 한 가지 지침만 존재해야 하지만, 프로젝트별로 정할 수 있으며, 절차가 강력히 준수되어야 한다.

⑤ 정도보증 프로그램은 계속 보완하고 필요 시 개정해야 한다.

10) 정도관리(QC ; quality control)

① 시험·검사결과의 정확도 목표를 달성하기 위한 구체적인 기술과 관리를 의미한다.

② 시험·검사결과의 정확도를 확보하기 위해 수행하는 모든 검정, 교정, 교육, 감사, 검증, 유지·보수, 문서, 관리를 포함한다.

11) 정도관리/정도보증(QA/QC) 관련 수식

통계	용어	계산	정의
평균	X	$\dfrac{1}{n}\displaystyle\sum_{i=1}^{n} Xi$	측정값의 중심. 서로 더하여 평균한 값
중앙값		n개 측정값의 오름차순 중 n이 짝수일 경우는 $\dfrac{n}{2}$ 번째와 $\dfrac{n+2}{2}$ 번째의 평균 값이며 n이 홀수일 경우는 $\dfrac{n+1}{2}$ 번째 측정값	일련의 측정값 중 최소값과 최대값의 중앙에 해당하는 크기를 가진 측정값
표준편차	s	$\sqrt{\dfrac{\displaystyle\sum_{i=1}^{n}\left(x_i-\overline{x}\right)^2}{n-1}}$	자료의 상관 분산 측정
편차율	$\%D$	$\dfrac{x_1-x_2}{x_1}\times100$	2개 관측값의 차이 측정
상대표준편차(%)	$\%RSD$	$\dfrac{s}{x}\times100$	관찰값을 수정하기 위한 상대표준편향
상대차이백분율	RPD	$\dfrac{\lvert x_1-x_2\rvert}{\overline{x}}\times100$	관찰값을 수정하기 위한 변이성 측정
회수율	$\%R$	$\left(\dfrac{X_{meas}}{X_{true}}\right)\times100$	순수 매질에 첨가한 성분 회수율
		$\dfrac{(첨가시료(\text{Spiked Sample})의\ 농도값-시료(\text{Smaple})의\ 농도값)\times100}{첨가하는\ 알고\ 있는\ 농도값}$	시료 매질에 첨가한 성분 회수율
상한관리기준	UCL	평균 $+3s$	정도관리 평균 회수율의 $+3$배 편차
하한관리기준	LCL	평균 $-3s$	정도관리 평균 회수율의 -3배 편차
상한위험기준	UWL	평균 $+2s$	정도관리 평균 회수율의 $+2$배 편차
하한위험기준	LWL	평균 $-2s$	정도관리 평균 회수율의 -2배 편차
관측범위	R	$R=\lvert X_{\max}-X_{\min}\rvert$	측정값의 최대값과 최소값의 차
유효숫자			측정 결과 등을 나타내는 숫자 중에서 위치만을 나타내는 0을 제외한 의미 있는 숫자

실전 예상문제

01
2010
제2회

정도관리에 대한 설명으로 틀린 것은?

① '중앙값'은 최솟값과 최댓값의 중앙에 해당하는 크기를 가진 측정값 또는 계산값을 말한다.

② '회수율'은 순수 매질 또는 시료 매질에 첨가한 성분의 회수 정도를 %로 표시한다.

③ '상대편차백분율(RPD)'은 측정값의 변이 정도를 나타내며, 두 측정값의 차이를 한 측정값으로 나누어 백분율로 표시한다.

④ '방법검출한계(method detection limit)'는 99 % 신뢰 수준으로 분석할 수 있는 최소 농도를 말하는데, 시험자나 분석기기 변경처럼 큰 변화가 있을 때마다 확인해야 한다.

풀이 '상대편차백분율(RPD)'이란 측정값이 두 개일 때, 측정값 간의 변이 정도를 나타내며, 두 측정값의 차이를 두 측정값의 평균으로 나누어 백분율로 표시한 값이다.

$$RPD = \left[\frac{(a-b)}{(a+b)/2} \right] \times 100$$

02
2009
제1회

정도관리(QC)와 관련된 수식 중 틀린 것은?

① 표준편차$(s) = \sqrt{\frac{1}{n-1} \left[\sum_{i=1}^{n} \left(X_i - \overline{X} \right)^2 \right]}$

② 상대 편차 백분율$(RPD) = \left[\frac{(X_1 - X_2)}{(X_1 + X_2)} \right] \times 100$

③ 관측 범위 $R = |X_{max} - X_{min}|$

④ 상한 관리기준(UCL) = 평균 $\%R + 3s$

풀이 문제 01번 해설 참조

정답 01 ③ 02 ②

12) 정확도(accuracy)

① 정확도는 시험결과가 얼마나 **참값**에 근접하는가를 나타내는 척도이다.

② 우연오차(random error(precision))와 계통오차(systematic error(bias)) 요소들을 포함한다.

③ 참값과 시험결과값의 차이가 나지 않았을 때 이 시험이 정확하다고 할 수 있다.

④ 농도를 알고 있는 표준물질을 추가한 시료와 표준물질을 추가하지 않은 시료의 농도차이가 첨가한 표준물질의 농도와 차이가 나지 않을 때 이 시험·검사는 정확하다고 할 수 있다.

⑤ 정확도 평가는 시험방법이 규정하는 검정 범위 전역에 걸쳐 검증하며, 검정 범위 중 최소한 3개 농도에 대해 시험방법 전체 과정을 거쳐 최소 9회 반복하여 측정한 결과를 평가한다.

⑥ 정확도는 정제수 또는 매질시료로부터 % 회수율(%R)을 측정하여 평가한다.

$$\%R = \frac{측정값}{참값} \times 100\% = \frac{첨가농도값 - 첨가하지\ 않은\ 농도값}{첨가농도값} \times 100\%$$

⑦ 기타 정확도를 나타내는 표현

㉠ 절대오차(absolute error) : $E = x_i - x_t$, $E = \overline{x} - x_t$

x_i =측정값, $\overline{x}$ =평균값, x_t =참값 또는 인정된 값

㉡ 상대오차(relative error) : $E_r = \dfrac{x_i - x_t}{x_t}$, $E_r = \dfrac{\overline{x} - x_t}{x_t}$

㉢ 상대오차 %(relative error %) : $E_r = \dfrac{x_i - x_t}{x_t} \times 100\,\%$, $E_r = \dfrac{\overline{x} - x_t}{x_t} \times 100\,\%$

13) 정밀도(precision)

① 명시된 조건하에서, 같거나 비슷한 대상에 대해서 반복 측정하여 얻어진 지시값들 또는 측정값들이 일치하는 정도로 **반복성 또는 재현성**을 의미한다.

② 우연 오차요소를 포함하며 정밀도가 높으면 우연 오차가 낮다.

③ 균질한 시료로부터 여러 차례 채취하여 얻은 시료를 정해진 조건에 따라 각각 측정하였을 때 **측정값들 간의 근접성(분산정도)**을 나타내는 것으로서 **결과값의 일치성**을 판단하는 데 **사용**된다.

④ 정밀도는 일반적으로 **상대표준편차**(RSD ; relative standard deviation)나 변동계수(CV ; coefficient of variation)의 계산에 의해 표현된다.

⑤ 정밀도 또는 실험실 내 정밀도 평가 시 측정 농도 범위 내에서 시험방법의 전체 조작을 적어도 3개 농도에 대해서 각 3회 반복 측정하여 총 9회 이상 측정한다.

▼ [참고] 정밀도의 다양한 표현방법

표현 방법	내용	수식 표현
표준편차 (s, standard deviation)	자료의 관찰값이 얼마나 흩어져 있는지를 나타내는 값, 분산의 제곱근	$s = \sqrt{\dfrac{1}{n-1}[\sum\limits_{i=1}^{n}(X_i - \overline{X})^2]}$
분산 또는 가변도 (s^2, variance)	분산, 표준편차의 제곱	$s^2 = \dfrac{\sum\limits_{i=1}^{N}(x_i - \overline{x})^2}{N-1}$
상대표준편차(RSD ; relative standard deviation)	표준편차를 평균으로 나눈 값	$RSD = \dfrac{s}{x}$
변동계수(CV ; coefficient of variation), 상대표준편차 %(RSD %)	상대표준편차를 %로 나타낸 값 이 값이 작을수록 정밀도는 높다.	$CV = RSD\ \% = \dfrac{s}{x} \times 100\ \%$
퍼짐 또는 범위(R)	한 무리 데이터의 퍼짐 또는 범위(R, range)로 나타낸다. 측정값의 최대값−최소값이며, 퍼짐과 범위가 좁을수록 정밀도는 높다.	$R = \lvert X_{\max} - X_{\min} \rvert$
평균의 신뢰구간	어느 신뢰 수준에서 측정 평균값 주위에 참 평균값이 존재할 수 있는 구간으로 신뢰 구간이 좁을수록 정밀도는 높음	$\overline{x} - k\dfrac{s}{\sqrt{n}} \leq m \leq \overline{x} + k\dfrac{s}{\sqrt{n}}$ (k, 신뢰상수 95 %일 때 1.96)

※ 일반적으로 환경분석에서는 상대표준편차(RSD)는 RSD %를 의미한다.

실전 예상문제

01
2013
제5회

정도 관리의 수식이 옳은 것은?

① 검출 한계(LOD) = 표준 편차 × 10

② 정량 한계(LOQ) = 표준 편차 × 3.14

③ 정확도(%) = $\dfrac{측정량}{첨가량} \times 100$

④ 정밀도(% RSD) = $\dfrac{초기\ 측정값 - 후기\ 측정값}{측정\ 평균} \times 100$

풀이 ① 검출 한계(LOD) = 표준 편차 × 3.14

② 정량 한계(LOQ) = 표준 편차 × 10

④ 정밀도(% RPD) = $\dfrac{초기\ 측정값 - 후기\ 측정값}{측정평균} \times 100$

02
2012
제4회

정확도를 계산하는 바른 식은?

① $\dfrac{\text{spiked value} - \text{unspiked value}}{\text{unspiked value}} \times 100$

② $\dfrac{\text{true value}}{\text{measured value}} \times 100$

③ $\dfrac{검증확인결과의\ 수}{측정분석결과의\ 수}$

④ $\dfrac{\text{spiked value} - \text{unspiked value}}{\text{spiked value}} \times 100$

풀이 정확도는 정제수 또는 시료 matrix로부터 회수율(% R)을 측정하여 평가함

03
2014
제6회

분석 결과의 정확도를 평가하기 위한 방법으로 정도관리의 방법 등에 관한 규정에 적합하지 않은 것은?

① 회수율 측정   ② 상대표준편차 계산

③ 공인된 방법과의 비교   ④ 표준물질 분석

풀이 상대표준편차는 정밀도를 분석하기 위한 값

04
2014
제6회

세 분석 기관에서 측정된 어떤 항목의 농도가 다음과 같을 때, 변동계수가 가장 큰 기관은?

- A 기관(40.0, 29.2, 18.6, 29.3) mg/L
- B 기관(19.9, 24.1, 22.1, 19.8) mg/L
- C 기관(37.0, 33.4, 36.1, 40.2) mg/L

① A 기관　　　　　　　　　　　　② B 기관
③ C 기관　　　　　　　　　　　　④ 모두 같다.

풀이 상대표준편차(RSD) = 변동계수(CV) = $\dfrac{표준편차}{평균}$

05
2012
제4회

측정치 1, 3, 5, 7, 9의 정밀도를 표현하는 변동계수(CV)는?

① 약 13 %　　　② 약 63 %　　　③ 약 133 %　　　④ 약 183 %

풀이 상대표준편차(RSD) = 변동계수(CV) = $\dfrac{표준편차}{평균}$

06
2012
제4회

정밀도는 모두 3.0 % 안에 드는데, 정확도가 70 %에 못 미치는 실험 결과가 나왔을 때, 그 원인으로 맞지 않는 것은?

① 표준물질의 농도가 정확하지 않다.　　② 실험자가 숙련되지 않았다.
③ 검정곡선의 작성이 정확하지 않다.　　④ 회수율 보정이 잘 되지 않았다.

풀이 보통 정도관리 기준은 정밀도는 10 % 이하, 정확도는 ± 20 % 이내로 본다면 위의 실험결과는 정확도가 낮게 평가 되었으므로 분석의 정밀도를 나타내는 분석자의 숙련도보다는 표준물질의 제조의 문제나 회수율의 문제로 판단해야 함

07
2009
제1회

수질 중 5.0 ng/L의 벤젠을 5회 분석한 결과 다음과 같은 결과를 얻었다. 빈칸 A 및 B에 맞는 것은?

1회	2회	3회	4회	5회	정확도(%)	정밀도(%)
5.1	5.2	4.8	4.9	5.0	A	B

① A=100, B=3.2　　　　　　　　② A=100, B=1.6
③ A=1.0, B=3.2　　　　　　　　④ A=1.0, B=1.6

풀이 정확도 = $\dfrac{\text{measured value}}{\text{true value}} \times 100$, 정밀도 = $\dfrac{표준편차}{평균}$

정답 　**04** ①　**05** ②　**06** ②　**07** ①

08 다음 그림에서 정확도(accuracy)는 낮으나 정밀도(precision)가 높은 것은?

2012
제4회

①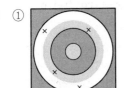

②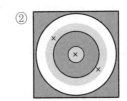

③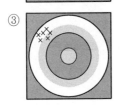

④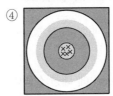

> **풀이** 정확도는 참값에 근접한 정도, 정밀도는 측정값 간 근접한 정도를 나타내며 ③의 경우 측정값 간의 근접한 정도가 높아 정밀도가 높고 ④는 참값에 근접하고 측정값 간에 근접하여 정확도, 정밀도 모두 높다.

09 정밀도와 정확도를 표현하는 방법을 바르게 짝지은 것은?

2010
제2회

① 정밀도 : 상대표준편차, 정확도 : 변동계수
② 정밀도 : 중앙값, 정확도 : 회수율
③ 정밀도 : 중앙값, 정확도 : 변동계수
④ 정밀도 : 상대표준편차, 정확도 : 회수율

10 시험 분석결과의 반복성을 나타내는 것으로 반복시험하여 얻은 결과를 상대표준편차(RSD ; relative standard deviation)로 나타낸 것은?

2014
제6회

① 정확도
② 정밀도
③ 근사값
④ 분해도

11 정밀도를 나타내기 위한 방법이 아닌 것은?

2014
제6회

① 변동계수(coefficient of variance)
② 분산(variance)
③ 상대오차(relative error)
④ 표준편차(standard deviation)

> **풀이** 정밀도는 상대표준편차 또는 변동계수로 표현하며 측정값 간의 근접성(분산정도)을 나타낸다. 상대오차 (relative error)는 정확도를 나타내는 표현이다.

정답 08 ③ 09 ④ 10 ② 11 ③

12 정도관리에 대한 용어 설명으로 잘못된 것은?

2009
제1회

① 정밀도는 균질한 시료에 대한 다중반복 또는 이중측정분석 결과의 재현성을 나타낸다.
② 정확도는 측정분석의 결과가 얼마나 참값에 근접하는가를 나타낸다.
③ 정확도는 인증표준물질을 분석하거나 매질시료에 기지농도 용액을 첨가하여 참값에 얼마나 가까운가를 나타낸다.
④ 정밀도는 참값에 대한 측정값의 백분율로 구한다.

풀이 참값에 대한 측정값의 백분율은 정확도를 나타낸다.

13 다음은 정밀도(precision)에 대한 설명이다. 틀린 것은?

① 명시된 조건하에서, 같거나 비슷한 대상에 대해서 반복 측정하여 얻어진 지시값들 또는 측정값들이 일치하는 정도로, 반복성 또는 재현성을 의미한다.
② 균질한 시료로부터 여러 차례 채취하여 얻은 시료를 정해진 조건에 따라 각각 측정하였을 때 측정값들 간의 근접성(분산정도)을 나타내는 것으로서 결과값의 일치성을 판단하는 데 사용된다.
③ 정밀도는 일반적으로 상대표준편차(RSD ; relative standard deviation)나 변동계수(CV ; coefficient of variation)의 계산에 의해 표현된다.
④ 정밀도는 계통 오차요소를 포함하며 정밀도가 높으면 계통 오차가 높다.

풀이 정밀도는 우연 오차요소를 포함하며 정밀도가 높으면 우연 오차가 낮다.

14 정확도(accuracy)에 대한 설명으로 틀린 것은?

① 정확도는 시험결과가 얼마나 참값에 근접하는가를 나타내는 척도이다.
② 참값과 시험결과값의 차이가 나지 않았을 때 이 시험이 정확하다고 할 수 있다.
③ 정확도는 회수율(% R)을 평가하여 나타낼 수 있다.
④ 정확도는 상대오차 또는 상대표준편차로 나타낼 수 있다.

풀이 정확도는 절대오차, 상대오차, 상대오차율(%)로도 나타낼 수 있다. 상대표준편차는 정밀도를 나타내는 방법이다.

14) 정제(cleanup)

① GC 등 기기분석과정에서 분석대상 물질에 대한 간섭작용 등을 제거하기 위하여 흡수제 (florisil, 알루미나, 실리카겔 등)를 이용하여 간섭물질을 제거하는 조작이다.

② 용출 패턴은 확인하고자 하는 물질을 최대한 회수하고 불순물을 최대한 배제하기 위한 최적의 방법으로 실시한다.

③ 시료를 정제하기에 앞서 표준물질을 정제컬럼으로 정제하여 용출 패턴을 확인하고 시료에 적용한다.

15) 정제수(free – organic reagent water)

① 증류장치, 탈이온장치, 막거름장치, 활성탄흡착장치 등의 방법으로 각 시험 · 검사에 적합한 용도의 정제수를 제조한다.

② 분석대상물질이 **방법검출한계수준 이하로** 유지되는지 정기적으로 확인해야 한다.

16) 참값(true value)

① 참값은 모집단(population)의 실제 값이다.

② 특별한 경우를 제외하고 참값은 관념적인 값이며, 실제로는 구할 수 없으며, 참값으로 간주할 수 있는 값을 추정하여 이용한다.

17) 편향(bias)

① 계통오차(systematic error)의 추정값 또는 평균값으로부터 참값을 뺀 값. 계통오차의 추정값이다.

② 온도효과 혹은 추출의 비효율성, 오염, 교정 오차 등과 같은 시험방법의 계통오차(systematic error)로 발생하며, 평균의 오차가 영(0)이 되지 않을 경우 측정의 결과가 편향되었다고 한다.

실전 예상문제

01 다음 용어의 설명으로 틀린 것은?

2009
제1회

① 검정은 특정 조건하에서 분석기기에 의하여 측정 분석한 결과를 표준물질, 표준기기에 의해 결정된 값 사이의 관계를 규명하는 일련의 작업을 말한다.

② 정도보증(QA)은 측정분석결과가 정도 목표를 만족하고 있음을 증명하기 위한 제반 활동을 말한다.

③ 정도관리(QC)는 측정 결과의 정확도를 확보하기 위해 수행하는 모든 검정, 교정, 교육, 감사, 검증, 유지 · 보수, 문서, 관리를 포함한다.

④ 참값은 측정값의 올바른 수치로서 특별한 경우를 제외하고 구체적인 값으로 항상 구할 수 있다.

> **풀이** 참값은 관념적인 값이며, 실제로는 구할 수 없음

02 온도 효과 혹은 추출의 비효율성, 오염, 교정 오차 등과 같은 시험 방법에서의 계통 오차로 발생되는 것은?

2013
제5회

① 오차(error)

② 편향(bias)

③ 분산(variation)

④ 편차(deviation)

> **풀이** 온도 효과 혹은 추출의 비효율성, 오염, 교정 오차 등과 같은 시험방법의 계통오차(systematic error)로 발생하며, 평균의 오차가 영(0)이 되지 않을 경우, 측정의 결과가 편향되었다고 함

18) 초기능력검증(IDC ; initial demonstration of capability)

① 처음 측정분석을 시작하는 분석자, 처음 수행하는 시험방법, 처음 사용하는 분석 장비에 대해 유효성을 확인하기 위해 수행하는 절차이다.
② 시료의 측정분석을 시작하기에 앞서 초기능력 검증을 통해 시험방법의 정확도(accuracy)와 정밀도(precision), 방법검출한계(MDL ; method detection limit), 표준물질의 직선성 (linearity) 등을 반드시 확인한다.
③ 표준작업절차서(SOP)에 따라 수행한다.

19) 초기능력검증의 예

GC/MS 방법을 이용한 수질시료 중 유기인계 농약(EPN)에 대한 초기능력검증(시험방법검 증)의 예

(1) 수질시료의 매질에 따라 전처리 방법을 선정

시료는 부유물질이 적은 하천수로 고체 추출 장치(SPE ; solid phase extractor)보다는 액－액 추출방법(liquid－liquid extraction)을 사용하여 측정물질을 추출함

(2) 적절한 표준물질, 대체표준물질(surrogate) 및 내부표준물질(internal standard)을 선정하여 전처리 방법대로 수행함

① 측정항목인 EPN 표준물질과 대체표준물질을 각각 정제수 500 mL가 담긴 5 개의 분액깔때기에 첨가하고 헥산을 사용하여 액－액 추출방법으로 추출
② 추출한 헥산 층을 규산 컬럼, 플로리실 컬럼, 활성탄 컬럼 또는 이와 동등한 컬럼을 사용하여 헥산 층을 정제한 다음 KD 농축기, 회전 증발 농축기 또는 이와 동등한 농축기를 사용하여 일정량으로 농축하고 내부표준물질을 첨가함

(3) 조정 표준물질 또는 측정항목 표준물질을 사용하여 GC/MS의 최적 분석조건을 설정

① 시험방법 또는 분석장비 조작설명서에 따라 GC/MS의 바탕선 안정, 오븐 온도, 유속, 온도·시간 프로그램, 컬럼 장애, 자동시료채취장치의 성능, 질량 스펙트럼, 표준 물질 검정곡선의 직선성 등을 확인
② 시험방법에 사용할 EPN 표준물질, 대체표준물질, 내부표준물질을 각각 분석하여 크로마토그램에 대해 피크 모양과 크기, 지속시간(retention time), 농도에 따른 검정 곡선의 직선성을 확인

(4) 전처리를 마친 준비된 시료를 분석장비를 사용하여 측정

최종 준비된 5개의 시료에 대해 GC/MS를 사용하여 분석. 시료 수는 실험실, 분석자, 분석장비에 따라 5개 이상 수행

(5) 시험 · 검사결과를 확인하여 정확도와 정밀도를 확인

① 분석한 5개 시료의 정확도와 정밀도를 확인하여 표준물질, 전처리 방법, GC/MS 운전 조건의 적절성 여부와 시험방법 또는 QA/QC 지침의 허용 기준 이내인지 검토

② 결과가 허용 기준을 벗어날 경우 문제의 원인을 찾아 해결하고 처음부터 다시 수행

(6) 위 과정에서 수립된 시험방법에 따라 방법검출한계(MDL), 눈가림시료에 대한 시험 · 검사를 수행

① 앞서 수행한 시험방법 조건을 기준으로 방법검출한계를 수행

② 인정기관의 숙련도시험시료 또는 수행평가시료 또는 인정표준물질 또는 실험실 책임자가 준비한 눈가림시료에 대하여 시험 · 검사를 수행

(7) 모든 결과를 검토하고 기록하여 문서화

실전 예상문제

01
2009
제1회

시험방법에 대한 분석자의 능력 검증을 실시해야 하는 경우에 해당되지 않는 것은?

① 분석자가 처음으로 분석을 시작하는 경우
② 분석자가 교체되는 경우
③ 분석장비가 교체되는 경우
④ 검정곡선을 새로 작성해야 하는 경우

풀이 처음 시험·검사를 시작하는 분석자, 처음 수행하는 시험방법, 처음 사용하는 분석기기에 대해 실제 시료의 시험·검사를 시작하기에 앞서 반드시 초기능력검증을 수행해야 함

02
2014
제6회

분석결과의 정도 보증을 위한 정도관리 절차 중, 시험 방법에 대한 분석자의 능력을 평가하기 위한 필요 요소로 옳은 것은?

① 분석기기의 교정 및 검정
② 방법 검출 한계, 정밀도 및 정확도 측정
③ 검정곡선 작성
④ 관리 차트의 작성

풀이 동일한 분석기기와 동일한 분석방법을 사용하더라도 분석자에 따라 방법검출한계와 정확도, 정밀도에 차이가 생기므로 시험방법에서 요구하는 정도관리기준에 부합하는지를 사전에 확인하고 시료 분석을 수행해야한다.

정답 01 ④ 02 ②

20) 표준작업절차서(SOPs ; standard operating procedures)

① 시험방법에 대한 구체적인 절차를 명시한 문서로 분석담당자 이외의 분석자가 분석할 수 있도록 자세한 시험방법을 기술문서로 제조사로부터 제공되거나 시험기관 내부적으로 작성될 수 있다.

② 표준작업절차서는 문서 유효일자와 개정번호와 승인자의 서명 등이 포함되어야 하며 모든 직원이 쉽게 이용할 수 있어야 한다.

표준작업절차서는 다음의 내용을 포함하고 있어야 함

가. 시험방법 개요(분석항목 및 적용 가능한 매질)
나. 검출한계
다. 간섭물질(matrix interference)
라. 시험 · 검사장비(보유하고 있는 기기에 대한 조작절차)
마. 시약과 표준물질(사용하고 있는 표준물질 제조방법, 설정 유효기한)
바. 시료관리(시료보관방법 및 분석방법에 따른 전처리방법)
사. 정도관리 방법
아. 시험방법 절차
자. 결과분석 및 계산
차. 시료 분석결과 및 정도관리 결과 평가
카. 벗어난 값(outlier)에 대한 시정조치 및 처리절차
타. 실험실환경 및 폐기물관리
파. 참고자료
하. 표, 그림, 도표와 유효성 검증 자료

실전 예상문제

01

2010
제2회

시험 방법에 대한 표준작업절차서(SOP)에 포함되지 않는 것은?

① 시약과 표준물질　　　　　　　　② 시험 방법
③ 시료 채취 장소　　　　　　　　　④ 시료 보관

풀이 표준절차서의 시험방법에 대한 구체적인 절차를 명시한 문서로 다음의 내용을 포함해야 함
　가. 시험방법 개요(분석항목 및 적용 가능한 매질)
　나. 검출한계
　다. 간섭물질(matrix interference)
　라. 시험 · 검사장비(보유하고 있는 기기에 대한 조작절차)
　마. 시약과 표준물질(사용하고 있는 표준물질 제조방법, 설정 유효기한)
　바. 시료관리(시료보관방법 및 분석방법에 따른 전처리방법)
　사. 정도관리 방법
　아. 시험방법 절차
　자. 결과분석 및 계산
　차. 시료 분석결과 및 정도관리 결과 평가
　카. 벗어난 값(outlier)에 대한 시정조치 및 처리절차
　타. 실험실환경 및 폐기물관리
　파. 참고자료
　하. 표, 그림, 도표와 유효성 검증 자료

21) 관리차트(control chart)

① 시간 간격을 두고 동일한 시험법으로 반복 측정 분석한 결과를 통계적으로 계산된 평균선과 한계선도 함께 나타낸 그래프이다.

② 시간에 따른 정확도와 정밀도를 평가하고 편차를 확인할 수 있다.

③ 충분한 자료의 축적으로 결과가 유효할 때까지 실험실은 각각의 시험방법에 대해 최소 20회 ~ 30회 이상 시험을 반복하고 그 결과를 관리기준 수립에 사용한다.

④ 초기 설정된 관리기준은 지속적인 시험 수행에 의해 최근 자료에 의한 관리기준으로 바뀔 수 있다.

⑤ 충분한 자료가 유효해질 때 실험실은 정도보증/정도관리(QA/QC) 지침서나 정도관리(QC) 참고자료에 따라 정도관리 확인 시료의 평균회수율(m ; mean recovery %)과 표준편차(s)로부터 실험실첨가시료(LFS) 관리차트를 개발한다.

⑥ 이렇게 확보된 자료는 상한관리기준(UCL ; upper control limit)과 하한관리기준(LCL ; lower control limit) 또는 상한경고기준(UWL ; upper warning limit)과 하한경고기준(LWL ; lower warning limit) 수립에 사용된다.

$$상한관리기준 = m + 3s$$
$$하한관리기준 = m - 3s$$
$$상한경고기준 = m + 2s$$
$$하한경고기준 = m - 2s$$

⑦ 관리차트는 항목별 검사 시 1시료군(batch)에 대해 정도관리시료(실험실첨가시료 (LFS))는 2회 이상 실시하고 대체표준물질(surrogate)과 내부표준물질(internal standard)도 적용이 가능하다면 모든 시료에 수행하여 평가한다.

⑧ 가장 최근의 시험 회수율 결과를 새 관리기준의 자료로 사용한다.

⑨ 통계학에서 상 · 하한 경고선(upper · lower warning line), 상 · 하한 기능선(upper · lower action line)의 일정 신뢰도에 대한 계산식은 다음과 같다.

$$95\% \, Confidence = \bar{x} \pm \frac{2\sigma}{\sqrt{n}}$$

$$99\% \, Confidence = \bar{x} \pm \frac{3\sigma}{\sqrt{n}}$$

여기서, $\bar{x}$: 자료의 평균, σ : 자료의 표준편차, n : 자료의 개수

실전 예상문제

01
2014
제6회

평균값에 3배의 표준편차를 더한 정확도의 관리 기준은?

① 상한 경고기준(UWL) ② 하한 경고기준(LWL)

③ 상한 관리기준(UCL) ④ 하한 관리기준(LCL)

풀이 상한관리기준＝m＋3s, 하한관리기준＝m－3s
상한경고기준＝m＋2s, 하한경고기준＝m－2s

02
2013
제5회

QA/QC 관련 용어의 정의에 대한 설명이 틀린 것은?

① 평균 : 측정값의 중심, 서로 더하여 평균한 값

② 중앙값 : 일련의 측정값 중 최솟값과 최댓값의 중앙에 해당하는 크기를 갖는 측정값

③ 상한 관리 기준 : 정도 관리 평균 회수율의＋2배 편차(m＋2s)

④ 시료군 : 동일한 절차로 시험 · 검사 할 비슷한 시료 그룹

풀이 문제 01번 해설 참조

22) 오차(error)

측정값에서 기준값을 뺀 값이다.

(1) 계통오차(systematic error)

재현 가능하여 어떤 수단에 의해 보정이 가능한 오차로서 이것에 따라 측정값은 편차가 생긴다.

(2) 우연오차(random error)

재현 불가능한 것으로 원인을 알 수 없어 보정할 수 없는 오차이며 이것으로 인해 측정값은 분산이 생긴다.

(3) 개인오차(personal error)

측정자 개인차에 따라 일어나는 오차로서 계통오차에 속한다.

(4) 기기오차(instrument error)

① 측정기가 나타내는 값에서 나타내야 할 참값을 뺀 값
② 표준기의 수치에서 부여된 수치를 뺀 값으로서 계통오차에 속한다.

(5) 방법오차(method error)

분석의 기초원리가 되는 반응과 시약의 비이상적인 화학적 또는 물리적 행동으로 발생하는 오차로 계통오차에 속한다.

(6) 검정허용오차(verification tolerance, acceptance tolerance)

계량기 등의 검정 시에 허용되는 공차(규정된 최대값과 최소값의 차)

(7) 분석오차(analytical error)

시험 · 검사에서 수반되는 오차

실전 예상문제

01
2009
제1회

다음 중 우연오차에 해당하는 것은?

① 값이 항상 적게 나타나는 pH미터

② 광전자증배관에서 나오는 전기적 바탕신호

③ 잘못 검정된 전기전도도측정계

④ 무게가 항상 더 나가는 저울

풀이 ②는 재현 불가능한 것으로 원인을 알 수 없어 보정할 수 없는 우연오차(random error)이고, ①, ③, ④는 같은 결과를 재현할 수 있으며, 원인 파악이 가능해 보정이 가능한 계통오차(systematic error)이다.

02
2009
제1회

정도관리와 관련된 용어의 설명으로 잘못된 것은?

① 우연오차 : 재현 불가능한 것으로 이로 인해 측정값은 분산이 생기나 보정 가능하다.

② 편향 : 온도 혹은 추출의 비효율성, 오염 등과 같은 시험방법에서의 계통오차로 인해 발생하는 것으로 평균의 오차가 0이 되지 않을 경우에 측정 결과가 편향되었다고 한다.

③ 정도관리시료 : 방법검출한계의 10배 또는 검정곡선의 중간농도로 제조하여 일상적인 시료의 측정분석과 같이 수행하며, 정밀도와 정확도 자료는 계산하여 관리차트를 작성한다.

④ 관리차트 : 동일한 시험방법 수행에 의해 측정 항목을 반복하여 측정분석한 결과를 시간에 따라 표현한 것으로 통계적으로 계산된 평균선과 한계선도 함께 나타낸다.

풀이 재현 불가능하므로 원인을 알수 없어 보정할 수 없다.

03
2012
제4회

모든 측정에는 실험오차라고 부르는 약간의 불확도가 들어 있다. 아래 서술된 오차는 어떤 오차에 해당하는가?

> 잘못 표준화된 pH 미터를 사용하는 경우를 들 수 있다. pH 미터를 표준화하기 위해서 사용되는 완충 용액의 pH가 7.0인데, 실제로는 7.08인 것을 사용했다고 가정해 보자. 만약 pH 미터를 다른 방법으로 적당히 조절하지 않았다면 읽는 모든 pH는 0.08 pH 단위만큼 작은 값이 될 것이다. pH를 5.60이라고 읽었다면, 실제 시료 의 pH는 5.68이 된다.

① 계통오차

② 우연오차

③ 불가측오차

④ 표준오차

풀이 재현이 가능하고 원인을 알 수 있어 보정을 할 수 있는 오차로 계통오차(systematic error)이다.

정답 01 ② 02 ① 03 ①

04 오차에 대한 설명으로 올바르지 않은 것은?

2012
제4회

① 개인 오차(personal error) : 측정자 개인차에 따라 일어나는 오차

② 계통 오차(systematic error) : 재현 불가능한 것으로 원인을 알 수 없어 보정할 수 없는 오차

③ 검정 허용 오차(verification tolerance) : 계량기 등의 검정 시에 허용되는 공차

④ 기기 오차(instrument error) : 측정기가 나타내는 값에서 나타내야 할 참값을 뺀 값

풀이 문제 03번 해설 참조

05 오차에 대한 설명이 틀린 것은?

2013
제5회

① 개인 오차(personal error) : 측정자 개인차에 따라 일어나는 오차

② 검정 허용 오차(verification tolerance, acceptance tolerance) : 계량기 등의 검정 시 허용되는 공차(규정된 최댓값과 최솟값의 차)

③ 계통 오차(systematic error) : 재현 불가능한 것으로 원인을 알 수 없어 보정할 수 없는 오차. 이것으로 인해 측정값의 분산이 생김

④ 기기 오차(instrumental error) : 측정기가 나타내는 값에서 나타내야 할 참값을 뺀 값

풀이 계통 오차(systematic error) : 재현 가능한 것으로 원인을 알 수 있어 보정 가능하다.

23) 분산(dispersion)

① 측정값의 분포를 나타낸다.

② 분산의 크기를 표시하기 위해 같은 개념으로 **표준편차**(standard deviation)를 사용한다.

24) 인수인계기록(chain-of-custody)

① 시료의 채취, 운송, 보관, 시험 · 검사, 폐기 등의 정보와 내역의 기록

② 상세한 기록과 문서화를 통해 시료의 시험 · 검사 진행절차와 책임소재를 명확히 한다.

25) 특이성(specificity)

① 시료에 있는 다른 모든 것(불순물, 방해물질)으로부터 분석물을 구별해 내는 분석방법의 능력이다.

② 적용되는 시험방법이 특이성이 있다는 것은 검출된 신호가 분석대상성분에서만 유래한 것이며, 다른 공존성분의 신호에 의해 방해를 받지 않는다는 것을 의미한다.

③ 특이성은 시험방법의 식별능력을 나타내는 것으로 선택성(selectivity)이라고도 한다.

실전 예상문제

01
2012
제4회

다른 물질의 존재에 관계없이 분석하고자 하는 대상물질을 정확히 분석할 수 있는 능력을 무엇이라 하는가?

① 직선성   ② 특이성
③ 회수율   ④ 검출한계

풀이 특이성이란 불순물, 방해물질 등이 혼재되어 있는 상태에서도 분석대상물질을 선택적으로 정확하게 측정할 수 있는 능력. 특이성은 시험방법의 식별능력을 나타내는 것으로 선택성(selectivity)이라고도 함

정답 01 ②

③ 정도보증 계획

환경모니터링을 한 환경시료 분석에 있어 정확한 분석은 정도관리를 통해 보증할 수 있다. 이러한 정도관리를 한 종합인 보증차를 통해 분석결과의 신뢰성을 확보할 수 있다.

정도관리 절차 구분
- 시험방법에 한 검증
- 기기에 한 검증
- 시험방법에 한 분석자의 능력 검증
- 시료분석에 한 정도관리
- 시료분석 결과에 한 정도보증

---

1. 정도관리 절차

신뢰성이 보증된 분석결과는 체계적인 정도관리절차를 통해 획득할 수 있음

1) 시험방법에 대한 검증

① 선택한 **시험방법** 적절성을 검증하는 단계이다.

② 시험방법 검증은 **정확도**(accuracy), **정도**(precision), **특이성**(specificity), **검출한계** (LOD ; limit of detection), **정량한계**(LOQ ; limit of quantification), **직선성** (linearity), **범위**(range) 등으로 검증한다.

2) 기기에 대한 검증

① 분석기기의 적절성을 평가하는 단계이다.

② 특이성, 검출한계, 정량한계, 직선성, 범위 등으로 검증한다.

3) 분석자의 능력 검증

① 해당 시험법에 대한 분석자의 숙련도과 정밀도를 평가하는 것이다.

② 초기 능력검증을 통해 보다 정확한 결과를 얻을 수 있다.

4) 시료분석에 대한 정도관리

① 시험검사 전과정에 대한 평가로 분석결과를 오차를 최소화하는 단계이다.

② 시료채취/전처리/운반/보관/분석 등의 전과정을 평가하여 분석결과의 오차를 최소화 한다.

5) 시료분석결과에 대한 정도보증

시험방법에 대한 검증, 기기에 대한 검증, 시험방법에 대한 분석자의 능력 검증, 시료분석 정도보증 절차를 종합적으로 평가하여 최종 결과의 정확도를 나타내는 지표이다.

실전 예상문제

01 시료 분석 결과의 정도 보증을 위하여 수행되어야 할 사항과 가장 거리가 먼 것은?

2013
제5회

① 실험실 검증 시료의 분석 ② 관리 차트의 작성
③ 외부 기관에 의한 숙련도 시험 ④ 시약 사용 일지 작성

풀이 시료 분석 결과의 정도 보증을 위해서는 실험실 관리시료(LCS)를 분석하여 검정곡선 작성용 표준물질과
정도관리용 표준물질을 검증하거나, 정도관리 시료 분석결과를 통계 분석한 관리 차트 작성 및 외부 기관의
숙련도 평가를 수행함

02 분석결과의 정도 보증을 위한 정도관리 절차 중, 시험방법에 대한 분석자의 능력을 평가하기 위한

2009
제1회

필요 요소로 가장 적당한 것은?

① 분석기기의 교정 및 검정
② 방법 검출 한계, 정밀도 및 정확도 측정
③ 검정곡선 작성
④ 관리 차트의 작성

풀이 분석자의 능력을 평가하는 IDC(초기능력검증)는 방법검출한계(MDL), 정확도(accuracy), 정밀도(precision)
등을 평가함

2. 실험실 정도보증 계획(Quality Assurance Project Plan)

환경모니터링을 한 시료분석의 측정결과에 대한 보증을 위해서는 환경모니터링 계획 단계부터 실험실 정도보증(laboratory quality assurance)을 수행해야 한다.

> 데이터 생산자를 위한 정도보증 계획 요소
> - 시료채취 계획
> - 시료취급과 보관
> - 정도관리(QC)
> - 기기/장비의 교정 및 주기
> - 간접적 측정
> - 시료채취 방법
> - 분석방법
> - 기기/장비의 시험, 검사, 유지관리
> - 용품 및 소모품의 검사 및 수납
> - 데이터 관리

1) 시료채취 계획

① 프로젝트의 데이터 수집 또는 연구 실험 설계를 말하며, 프로젝트의 데이터 수집 계획의 '방법과 이유'를 설명한다.

② 연구 목적에 부합하는 시료채취 지점, 시료 채취 방법을 선정하고 시료채취, 분석, 검사 실시 및 검토들에 대한 세부 일정을 정한다.

③ 시료 채취 유형 결정에 따른 관련 정보

> - 시료 수
> - 시료 채취 지점 수
> - (필요하다면) 혼합시료의 수
> - 샘플에 대한 지원(단일 샘플이 표하는 것으로 간주되는 지역 또는 부분)
> - QC 시료들(현장 이중시료 등)의 수
> - 프로젝트의 완벽한 수행을 위해 필수인 대체 시료들을 수집하기 위한 계획

④ 채취한 시료를 실험실로 운송하기 전에 처리 방법도 설명되어야 한다.

2) 시료채취 방법

① 시료를 채취하는 동안 시료가 오염되지 않도록 지속적으로 수집하게 되는 정보나 혹은 샘플에 대해 설명한다.

② 환경시료채취 계획은 환경오염공정시험기준을 바탕으로 작성할 수 있으며, 이 시험기준을 적용하지 않아도 되는 경우는 standard methods 등 권위 있는 규정을 따른다.

③ 시료의 종류에 따라 시료 채취량, 채취 용기의 선정, 채취 장비, 채취 간격, 채취방법, 현장에서 분할하는 시료, 이중 시료는 어떤 것이 있는지 언급하고, 현장에서 돌발 상황에 대비해서 예비 계획이 무엇인지 명시한다.

3) 시료취급과 보관

① 시료를 최종 처리하여 수집, 운반, 저장하는 동안 시료의 원래 물리 · 화학적 성상을 그대로 유지하기 위한 제반 사항(**예** 보존제 첨가, 운반 용기의 냉장, 적절한 포장, 장기간 보관을 위한 냉동고 사용 등)을 기술한다.

② 분석항목 따른 **시료의 안정성을 보장**하기 위해 보존 시간을 명시하고, 프로젝트별 시료의 넘버링 시스템을 부여하여 전체 시험 · 검사과정 동안 시료를 추적 가능하도록 이를 인수인계(chain-of-custody)에 명시한다.

③ 인수인계(chain-of-custody)는 **합법적인 보관 절차 표기**에 사용된다.

4) 분석방법

① 분석방법에 대한 QA는 시료분석의 절차와 분석결과의 관리 기준 만족 여부로 가능하다.

② 분석석기기의 성능확인은 기기 유지관리와 **표준물질 검정**을 통해 감응(response)을 확인하는 것이다.

③ 분석자의 **초기능력검증(IDC)**은 시험방법에서 요구하는 **정확도, 정밀도, 방법검출한계** 등의 기준의 만족 여부를 확인 후 실제 시료를 분석하여 오차를 최소화한다.

④ **시험 방법에 대한 적합성 검증은 정확도, 정밀도, 특이성, 검출한계, 정량한계, 직선성, 범위로 구분**하여 실시하며, 이때 검증을 위해 인증표준물질(CRM ; certified reference material), 표준물질(RM ; reference material) 또는 표준용액(standard solution)을 사용한다.

단계	내용
step 1. 범위 선정	시료의 예상 농도와 분석기기의 검출한계값을 고려하여 **하한값과 상한값**을 설정함
step 2. 선정된 범위에서 검정곡선 작성	검량곡선은 **표준물질을 3개~7개 농도**로 선정하여 측정
step 3. 정밀도, 정확도 측정	검정곡선 내의 3개 농도를 선정, 각 농도에서 3회 이상 측정한 결과로 검정곡성의 정확도, 정밀도 산출
step 4. 검출한계(LOD ; limit of detection), 정량한계(LOQ ; limit of quantification) 측정	바탕시료와 낮은 농도의 표준물질에 대한 **신호 대 잡음비(S/N 비)**를 산출하거나 아주 낮은 농도 시료를 7회 이상 반복측정하여 산출
step 5. 특이성 검토	분석대상물질 이외의 물질 **간섭 여부 검토**(ICP, AAS, 크로마토그래프)
step 6. 해당 매질에 대한 시험방법의 정확도를 평가	환경시료와 유사한 매질의 인증표준물질 또는 첨가시료를 이용하여 정확도를 평가

▼ 분석결과의 정도보증을 위한 절차 : 시료 분석업무

목적	요구되는 분석과정	필요한 시료
기기에 대한 검증	교정(calibration) 교정 검증(calibration verification)	바탕시료(blanks) 표준물질(standards) 인증표준물질(CRM)
시험방법에 대한 분석자의 능력 검증	방법검출한계(MDL) 정확도(accuracy) 정밀도(precision)	시약첨가시료(reagent spikes) 반복시료(replicates) 이중시료(duplicates)
시료분석능력 검증	오염 유무 확인 정확도 정밀도	바탕시료(현장, 운송, 시험) 매질첨가시료 ,매질첨가이중시료 반복시료, 이중시료
정도보증	관리차트 (control chart)	정도관리 시료(QC sample) 실험실 정도관리 시료 (laboratory quality control sample)

5) 정도관리(QC)

① 정도관리(QC)데이터는 프로젝트에 의해 생산된 분석 데이터 품질을 결정짓는 근거로 활용됨. 정도관리(QC)는 오차를 제거나 감소보다 오차의 영향을 평가하는 기술적 활동이다.

② 정도보증사업계획(QAPP)에는 아래와 같이 정도관리활동에 대한 자세한 절차를 명시한다.

  ㉠ 10개 현장 시료당 하나 또는 한 개의 시료군(batch)당 하나는 반복시료(replicate sample)를 분석

  ㉡ 첨가물질(spike compound)은 예상되는 농도의 5배 ~ 7배의 농도에서 분석

  ㉢ 숙련도 시험은 분기당 1회

③ 바탕시료 : 시험 · 검사과정 중의 오염에 의한 오차 확인

④ 첨가시료 : 다양한 QC시료를 이용하여 분석결과의 편향정도로 시스템 오차의 원인 확인

  예 표준물질, 매질첨가시료(matrix spike sample), 매질QC시료(matrixspecific QC sample) 등

⑤ 이중시료 : 측정시스템의 정밀도 평가를 위해 반복시료(replicate sample), 분할시료(split sample)를 이용

  예 현장복제시료(field collocated sample), 현장이중시료(field duplicate sample), 매질첨가시료(matrix spike sample), 실험실이중시료(laboratory duplicate sample), 매질첨가시료(matrix spike sample) 등

⑥ 정도관리용 시료의 필요조건 *중요내용

 ㉠ 시료의 성상과 농도에 대한 대표성

 ㉡ 정도관리를 수행할 만큼 충분한 양의 시료 확보

 ㉢ 시료의 안정성(일정 조건에서 수 개월 동안 시료의 변화가 없어야 함)

 ㉣ 시료 보관 용기의 영향이 배제

 ㉤ 정도관리용 시료 분취 과정에서 시료의 변화가 없어야 함

 예 용기 개봉 시 고농도 휘발성 성분의 증발

▼ 정도관리 시료의 종류와 제공정보

QC 확인용 시료	제공되는 정보
blanks	
bottle blank	시료채취병의 세척상태
field blank	운반, 저장, 현장채취 과정의 편향
reagent blank	정제수의 오염
rinsate or equipment blank	장비의 오염
method blank	분석 전 과정에 대한 오염
spikes	
matrix spike	전처리와 분석 과정의 편향
surrogate spike	분석과정의 편향
calibration check samples	
zero check	검정곡선의 변화와 잔류물 영향
span check	검정곡선의 변화와 잔류물 영향
mid$-$range check	검정곡선의 변화와 잔류물 영향
replicates, splits, etc.	
field collocated samples	채취+분석의 정밀도
field replicates	채취 이후 모든 과정에 대한 정밀도
field splits	운반+실험실 간 정밀도
analysis replicates	장비의 정밀도

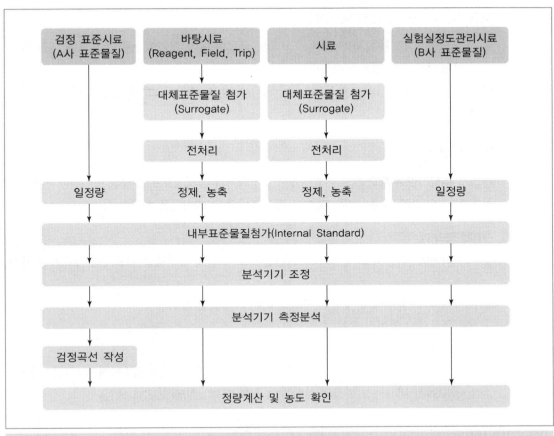

실험실 관리시료 시험 수행 절차

6) 기기/장비의 시험, 검사, 유지관리

프로젝트 수행에 사용하는 기기와 장비에 대해 사전 점검/시험/정기적 유지 · 보수/책임자 등의 내용을 명시한다.

7) 기기/ 장비의 교정 및 주기

① QAPP에서 기기 및 장비의 교정과 주기를 설명하는 것은 기기/장비의 지속적인 품질 성능을 어떻게 **보장하는지를** 확인하기 위한 것이다.

② 교정이 필요한 모든 장비/기기의 목록을 작성하고 교정과 그 주기에 대한 기준, 측정방법에 대해 설명되어야 한다.

8) 용품 및 소모품의 검사 및 수납

① 정도보증사업계획(QAPP)에서 이 요소는 **중요한 분야/실험실 용품/소모품**에 대한 검사/수납에 대한 시스템을 문서화한다.

② 사용되는 물품의 중요성과 위치, 공급원, 물품에 요구되는 증명서, 사용에 대한 책임자 등을 명시한다.

9) 간접적 측정

간접적 측정이란 수행하는 프로젝트에서 생성되거나 간접적으로 측정된 데이터를 설명하는 것이 아니라, 기존에 존재하는 데이터 소스에서 얻은 데이터를 설명한다.

간접측정의 예

① 이전의 작업(최근의 프로젝트 or 관련된 프로젝트)에서 획득한 시료채취 자료와 분석 데이터

② 이 프로젝트 외부에서 생성된 사진들 혹은 지형적인 지도

③ 문헌들로부터 얻어진 정보

④ 시설이나 상태 파일들에서 얻어지는 배경 정보

⑤ 프로젝트의 목적을 달성하는 과정에서 얻는 부수적인 측정값들(**예** 기상 데이터는 지역적인 공간에서 대기독성 물질의 분산과 농축을 예측 · 설명하는 데 쓰임)

10) 데이터 관리

① 프로젝트를 통해 생산된 데이터의 전반적인 관리에 관한 것이다.

② 현장기록부, 실험 결과 또는 기존 데이터소스(existing data sources)에서부터 사무실의 데이터 시스템 또는 모델링 시스템에 이르기까지의 데이터와 정보의 처리 및 보관에 관련된 프로세스와 하드웨어/소프트웨어 장비 등을 대상으로 하며 기록, 번역, 디지털화, 다운로드, 변형과 간소화(수학적 기호화), 이송(송부), 관리, 보관, 검색을 포함한다.

실전 예상문제

01

2009
제1회

시료 분석 시 정도관리 절차로 바탕시료 분석, 첨가시료의 분석, 반복시료의 분석을 수행한다. 이에 대한 설명으로 옳지 않은 것은?

① 바탕시료의 분석을 통해 시험방법 절차, 실험실 환경, 분석장비의 오염 유무를 파악할 수 있다.
② 바탕시료 측정 결과는 실험실의 방법검출한계(MDL)를 초과하지 않아야 한다.
③ 첨가시료의 분석을 통해 결과의 정밀도를 확인할 수 있다.
④ 반복시료의 분석을 통해 결과의 정밀도를 확인할 수 있다.

풀이 바탕시료는 시험방법 절차, 실험실 환경, 분석 장비의 오염 유무 확인, 첨가시료는 분석결과의 정확도, 이중시료와 반복시료는 분석결과의 정밀도를 확인할 수 있음

02

2009
제1회

정도관리용 시료의 필요조건에 대한 설명으로 관련이 적은 것은?

① 안정성이 입증되어야 하며, 최소 수 개월간 농도변화가 없어야 한다.
② 환경시료에 표준물질을 첨가한 시료는 정도관리용 시료에서 배제된다.
③ 충분한 양의 확보와 보존기간 동안 용기의 영향이 배제되어야 한다.
④ 시료의 성상과 농도에 대한 대표성이 있어야 한다.

풀이 환경시료에 표준물질을 첨가한 시료는 첨가시료로 정도관리용 시료로 사용할 수 있음

03

2013
제5회

분석 결과의 정도 보증을 위한 절차 중 기기에 대한 검증에서 불필요한 것은?

① 바탕 시료
② 표준 물질
③ 인증 표준 물질
④ 현장 시료

풀이 기기에 대한 검증은 교정(calibration)과 교정검증(calibration verification)으로 하며 이때 사용되는 시료는 바탕시료와 표준물질, 인증표준물질임

정답 01 ③ 02 ② 03 ④

···02 실험실의 기본 장비와 관리

- 환경오염 시험기관은 시료채취, 시료 전처리, 결과분석 등에 필요한 장비들을 보유해야 하며, 보유한 분석장비는 시험방법에서 요구 제반사항(분석범위, 정확도 등)에 합당한 것이어야 한다.
- 시험기관은 보유한 장비 중 관리 및 교정이 필요한 모든 장비에 라벨과 코드를 부착하여 교정관리가 용이하도록 해야 한다.

시험 · 검사 장비 및 소프트웨어에 대한 기록 사항
- 분석기기 또는 소프트웨어의 명칭
- 제조사, 모델명과 제조번호(제조, 구입일자)
- 사양과의 부합 여부 점검
- 현재 기기의 보관 장소
- 제조회사의 기술지침서와 보관 장소
- 모든 교정 관련 기록(결과, 일자, 교정증명서와 교정보고서의 복사본, 추후 교정일자)
- 기기의 오작동, 고장, 수리에 관한 기록

---

1 저울

① 분석용 저울(analytical balace)은 0.0001 g까지 측정 가능해야 함
② 분석용 저울의 검정 · 교정은 국제법정계량기구의 분동이나, 이와 동등한 기준에 준하는 분동을 사용하여 연 1회 이상 실시함. 저울의 손상(부식, 흠 등) 시마다 재검정을 실시함

③ 전자저울 설치 및 측정환경
   ㉠ 실내온도(20 ± 2)℃, 상대습도(45 ~ 60 %)
   ㉡ 저울의 평형 유지(진동이 없는 석재 등의 견고한 받침대를 사용)
   ㉢ 진동을 유발하는 장비(에어컨, 환풍기)나 자기를 띠는 장비는 저울 가까이에 설치하지 않음
   ㉣ 직사광선이 닿지 않고 먼지가 적은 위치를 선정함
   ㉤ 사용 전 1시간 이상 충분히 안정화하고, 사용 후 대기(스탠바이) 상태로 둠
   ㉥ 설치장소를 이동할 경우 정밀한 분동으로 점검을 실시함

④ 저울 사용 시 주의사항
   ㉠ 사용 전 반드시 수평과 영점 확인한다.
   ㉡ 분동을 이용하여 정확한 계량이 가능한지 확인하고 계량한다.
   ㉢ 천칭실의 온 · 습도 변화, 공기 오염, 시료의 반응에 의해 오차가 발생할 수 있으므로 저울 내부에 건조제(실리카겔)를 넣어둔다.

② 주변 습도가 45% 이하일 경우 정전기의 영향으로 오차 발생가능성이 있으므로, 시료를 전도성(傳導性) 용기에 넣어 계량한다.

⑩ 자성체(磁性體)는 전자저울에 영향을 미치지 않는 거리에 둔다.

⑭ 주변과 계량물(용기 포함) 사이의 온도 차이가 크면 오차가 발생할 가능성이 있음. 따라서 시료와 용기는 주변 온도와 비슷하여 유지하여 측정한다.

⑭ 화학물질에 의한 오염이 없도록 저울 내부는 항상 청결하게 유지한다.

⑩ 강한 충격을 가하지 않도록 한다.

⑤ 전기식 지시저울의 교정

㉠ 수시교정/상시교정/정기교정으로 구분하며, 수시교정/상시교정은 국제법정계량기구의 분동으로 사용자가 실시한다.

㉡ 정기교정은 1년 주기로 외부교정기관(국제기준(KS A ISO/IEC 17025) 및 한국인정기구(KOLAS)가 인정한 국가교정기관)에 의뢰하여 실시한다.

㉢ 정기교정을 실시한 기록은 보관하도록 하고, 정기교정에서 저울의 기능이 현저히 떨어진 경우에는 교정기관 또는 제조사에서 교정받아 사용해야 한다.

실전 예상문제

01 실험실에서 가장 기본적으로 사용하는 분석저울을 관리하는 방법으로 틀린 것은?

2011
제3회

① 실험실에서 사용하는 분석저울은 최소한 0.0001 g까지 측정 가능해야 하며, 사용 전에는 반드시 영점으로 조정을 한 뒤 사용한다.

② 저울은 습도가 일정하게 유지되는 실온에서 사용한다.

③ 전기식 지시저울은 자동 교정이 되므로 수시로 분동 없이 자체교정을 한 후 사용한다.

④ 저울을 사용하는 천칭실에는 온도계, 습도계, 압력계도 부대장비로 갖추어야 한다.

풀이 저울의 교정은 수시교정, 상시교정, 정기교정으로 구분된다. 수시교정과 상시교정은 사용자가 국제법정계량기구의 분동을 이용하여 직접 수행하며, 정기교정은 국가표준기본법에 근거한 국제기준(KS A ISO/IEC 17025) 및 한국인정기구(KORAS)가 인정한 국가교정기관에 의해 1년 주기로 교정함

정답 01 ③

☑ 용기 및 기구

1) 분석용 유리기구는 열팽창계수가 낮고, 내열충격성이 우수하며, 내마모성, 경도가 높고, 화학적 침식에 강해야 한다. 일반 화학시험에서 유리기구는 붕규산 유리기구가 가장 무난하게 사용될 수 있다.

2) 플라스틱 기구는 폴리테트라플루오로에틸렌(PTFE ; polytetrafluoroethylene), 테프젤(Tefzel ; etylen-tetrafluoroethylen)이 물리·화학적 성질이 우수하여 적합하다.

3) 기구의 명칭과 사용법
- 공전광구병 : 유리마개가 있는 주입구가 큰 병
- 공전침전관 : 유리마개가 있는 침전관
- 광구시약병 : 주입구가 큰 시약병
- 깔때기 : 나팔꽃 모양으로 곧은 원추 모양을 갖는 접시와 같은 축을 갖는 줄기(stem)로 구성되며, 한 용기에서 다른 용기로 물질을 옮길 때 주로 쓰인다. 접시의 벽은 약 60°, 줄기(stem)의 끝은 최소 30°로 연마되어 있고, 연마부의 가장자리는 약간 경사진 형태임
- 다람관(durham tube) : 대장균 실험 또는 미생물 실험에 있어 미생물의 호흡을 확인하기 위해 넣는 작은 시험관
- 데시케이터(desiccator) : 물체가 건조상태를 유지하고 보존하도록 하는 용기임. 고체·액체 등의 건조·습기제거 또는 흡습성 물질의 보존 등의 화학실험에서 주로 쓰인다.
- 둥근바닥증발접시 : 물질을 건조시킬 때 쓰는 바닥이 둥근 접시, 시계접시라고도 함
- 마조니아(majonnier) 추출관 : 시료 중 단백질과 지방을 분리하기 위해 사용되는 관
- 분액깔때기 : 물과 기름처럼 서로 섞이지 아니하는 두 액체의 혼합물을 나누는 데 쓰는 깔때기, 윗부분에는 마개가 있고 아랫부분에는 콕이 있다.
- 비커 : 이화학 실험용 기구로 액체를 담는 용기. 유리, 자기, 철기, 폴리에틸렌 등으로 만들며 모양에 따라 톨비커(tall beaker), 삼각비커 등이 있다.
- 비중계 : 물체의 비중을 측정하는 계기
- 삼각플라스크(erlenmeyer 플라스크) : 바닥이 편평하고 넓은 원뿔 모양의 플라스크로, 독일의 유기화학자 엘렌마이어(erlenmeyer)가 1866년에 고안하였는데, 밑바닥이 넓고 평평하여 세워놓기에 안정적이고 안에 넣은 액체가 바깥으로 튀는 일이 거의 없는 이점이 있다.
- 공전삼각플라스크 : 유리마개가 있는 삼각플라스크
- 색소병 : 지시약을 보관하거나 소량 주입할 목적으로 만든 마개에 백색유창스포이드가 부착된 갈색병
- 시약병 : 고체나 액체 시약 보관용으로 사용. 광화학 반응이 일어날 수 있는 시약(NO_2, Br 등)은 갈색병에 보관

- 시험관 : 간단한 화학반응에 주로 사용되는 기다란 원통형의 실험기구로, 1.5 cm 안팎의 지름, 15 cm ~ 20 cm의 길이 투명 유리재질 실험조건을 달리해가며 여러 번 실험해야 하는 경우에 그 사용이 편리함
- 공전시험관 : 유리마개가 달려 있는 시험관
- 여과 플라스크 : 감압 플라스크라고도 하며 진공펌프나 아스피레이터(aspirator)에 연결하여 여과하는 데 사용
- 자제막자사발 : 고체시료를 분쇄하거나 혼합할 때 쓰는 사발로 마노(瑪瑙)·자기(瓷器)·유리 등으로 만든 것이 많으며, 각각 같은 재질의 막자와 함께 사용
- 칭량병 : 고체 또는 액체 시료를 정확히 저울질하기 위하여 쓰는 작은 그릇
- 코니컬비커(conical beaker) : 원뿔 모양의 비커
- 킬달플라스크(kjedahl flask) : 물질의 분해용으로 주로 사용되는 플라스크
- 페트리접시(petri dish) : 유리 등으로 만든 납작한 원통형 용기로서 주로 세균을 배양할 때 사용
- 평면바닥증발접시 : 물질을 건조시킬 때 쓰는 바닥이 평면인 접시
- 희석병 : 용액을 희석할 때 사용하는 병
- florence 플라스크 : 둥근바닥 플라스크의 변형으로 시료를 가열하거나 교반할 때 사용

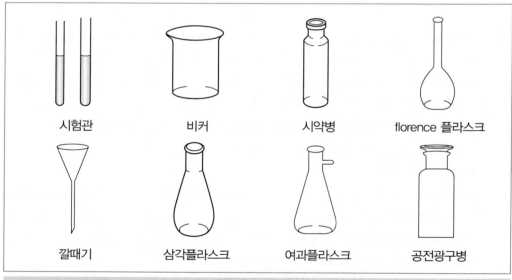

| 시험관 | 비커 | 시약병 | florence 플라스크 |
| 깔때기 | 삼각플라스크 | 여과플라스크 | 공전광구병 |

유리 기구

4) 부피 측정 유리기구

부피 측정용 유리기구의 사용 기준온도는 20 ℃(적도 부근에서는 27 ℃)이며, 부피 측정용 유리기구의 눈금을 읽을 때는 시선을 메니스커스(측정 액체와 공기의 경계면)와 같은 높이에 두고 메니스커스의 가장 낮은 눈금선을 읽는다. 그러나 수은 메니스커스의 경우는 메니스커스의 가장 높은 점에 수평적으로 접선된 점을 읽는다.

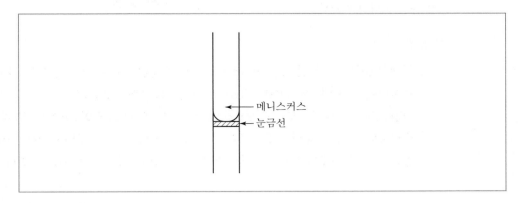

- 피펫 : 일정 용액의 액체를 분취할 때 사용
- 메스실린더(눈금실린더) : 일정량의 액체를 취할 때 사용
- 부피플라스크 : 항아리 또는 삼각 모양으로 바닥면이 넓어 안정적
- 눈금이 있어 일정 용량을 정확히 취할 수 있으며 마개 있는 플라스크
- 뷰렛 : 눈금의 전후차로 배출된 액체의 부피를 정확히 측정할 수 있으며 눈금은 0.1 mL까지 읽을 수 있음

5) 여과장치

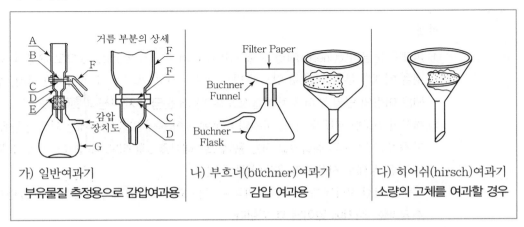

6) 측용기 사용법

- 측용기는 액체(수용) 또는 부피계에서 배출한 액체(출용)의 부피를 측정하는 유리제의 부피계 중 뷰렛, 메스피펫, 홀피펫, 부피플라스크(메스플라스크), 메스실린더 등을 칭한다.
- 측용기는 부피의 허용 오차에 따라 등급 A 및 등급 B로 구분한다. 부피 계량 단위 및 기호는 리터(L), 데시리터(dL) 또는 밀리리터(mL)를 사용한다. 부피의 허용 오차는 등급 및 호칭 용량에 따라 다르다.

(1) 뷰렛

① 뷰렛의 눈금은 무색인 경우 메니스커스 하단을 눈금으로 읽는다. 눈금은 0.1 mL까지 표시되어 있기 때문에 1/10인 0.01 mL단위까지 정확히 읽는다.

② 적정 속도는 이상적으로는 매초 0.5 mL 정도, 즉 20 mL를 떨어뜨리는데 40 초 정도가 적당하다. 적정의 종말점에 가까우면 한 방울씩 떨어뜨리고 최후에 뷰렛 선단의 한 방울을 용기의 내벽에 떨어뜨려서 용기 중에 들어가 종말점이 되도록 한다.

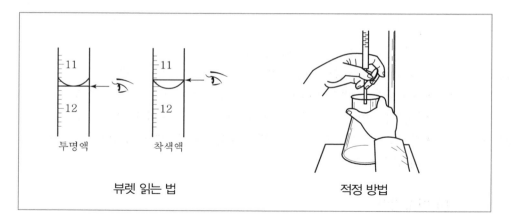

투명액 착색액

뷰렛 읽는 법 적정 방법

(2) 피펫

① 피펫은 눈금피펫(measuring pipette)과 부피피펫(volume pipette)으로 구분됨. 눈금피펫은 액체의 부피를 잴 수 있도록 만든 것으로 여러 개의 눈금이 새겨진 피펫, 부피피펫은 미량의 단일 부피를 채취할 있도록 한 개 눈금이 새겨진 피펫이다.

② 깨끗이 건조한 피펫을 사용. 피펫의 내부에 물이 묻어 있을 경우에는 외측의 물을 여과지 등으로 닦은 후 취하려고 하는 용액으로 내부를 3회 정도 세척한다. 내부에 물방울이 남은 상태로 사용하면 용액이 묽게 된다.

③ 피펫을 직접 시약병에 넣으면 시약의 순도를 오염시킬 염려가 있기 때문에 표준시약을 취할 때는 비커에 덜어낸 후 취한다.

④ 피펫에 용액을 취할 때 목적하는 양보다 2~3 cm 더 취하고, 표선과 눈을 수평으로 유

지하고 메니스커스의 표선에 맞추어 방출하여 원하는 양을 취한다. 액의 유출이 끝나면 약 15 초 동안 그대로 놓아두었다가 최후에 남은 액은 피펫의 입구를 막고 중앙의 불룩한 부분을 손바닥으로 쥐어 내부공기의 팽창에 의하여 피펫의 끝에 남아 있는 액을 밀어낸다.(눈금 피펫의 경우에도 부피 피펫 사용법과 동일한 방법으로 사용)

⑤ 피펫의 정확한 성능을 발휘하는지 확인하기 위하여 상시 교정 및 정기 교정을 실시해야 함. 상시 검정은 정제수의 무게측정에 의해 정확도를 확인하는 것으로 실험실 여건을 고려하여 주기적으로 사용자가 실시. 정기 교정은 국가표준기본법에 근거하여 국제기준에 따라 국가교정기관에서 수행하는 검·교정이다. 국가교정기관 지정제도 운영 세칙에 의한 정기 교정 주기는 유리피펫의 경우 5년마다 실시한다.

⑥ 자동 피펫, 마이크로 피펫도 유리피펫과 같이 상시 교정과 정기 교정을 실시한다.

(3) 부피측정기구의 표시

① 부피 측정용 유리기구는 허용 오차 범위 내에 있는 제품을 사용하여 분석의 정확성을 유지할 필요가 있음. 따라서 부피계에는 등급, 호칭 용량, 제조자명 또는 그 약호를 기입하고, 눈금피펫에 대해서는 배수 시간을 표기하며, 눈금플라스크에 대해서는 수용, 출용의 구별 또는 그 약호를 표기한다.

② 증류, 환류(reflux) 및 다른 유기화학 실험 절차에 사용되는 유리기구는 각각의 유리기구의 조각을 합체시키는 연결부를 갈아 맞춘 유리(ground glass joint)에 의해 서로 조립한다. 이런 연결 유리 기구를 "standard taper(TS)"라고 부른다. 이들 TS의 크기는 숫자가 클수록 직경이 더 크다.

③ "A"라고 적힌 것은 교정된 유리 기구를 표시할 때 나타내는 것으로 온도에 대해 교정이 이루어진 것을 의미한다.

④ 500 mL 플라스크에 "TC 20 ℃"라고 적혀 있다면, TC는 to contain의 약자로서 이것은 '20 ℃에서 액체 500.00 mL를 담을 수 있다'는 것을 의미한다. 또 25 mL 피펫에 "TD 20 ℃"라고 적혀 있다면, TD는 to deliver의 약자로서 이것은 '20 ℃에서 25.00 mL를 옮길 수 있다'는 것임

⑤ 뷰렛, 메스피펫 및 메스실린더의 눈금선은 관축(부피계의 중심축)에 대하여 수직일 때 수면의 하단의 눈금을 읽는다.

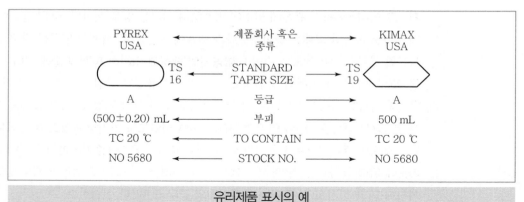

유리제품 표시의 예

7) 기구의 세척

종류	세척	구입 후 처음 사용 시	보존
유리기구 및 석영기구	더운 질산(1 : 1)으로 세척한 후 물로 충분히 헹굼	세척제와 수돗물로 씻고, 물, 아세톤의 순서로 씻은 후 세척 조작	기구류는 세척 후 건조기에서 건조하고 데시케이터에 보존(건조기 내에서 순환하는 기류에 의해 오염 가능하므로 주의)
합성수지 기구	폴리에틸렌제 용기에 넣은 질산(1 : 1)으로 0.5일 이상 담근 후 물로 충분히 헹굼	세척제, 수돗물, 물, 아세톤의 순서로 씻은 후, 용기에 넣어 질산(1 : 3)에 0.5일 이상 담그고, 0.5일 이상 초음파 세척 후 물로 헹굼	
백금기구	질산(1 : 3)에 담가 80 ℃ 이상으로 1일 이상 가열한 후 물로 충분히 헹굼	–	
보존 용기	보존 용기는 세척제와 수돗물, 물로 씻은 후 질산(1 : 3)을 가득 채워 0.5일 이상 방치하고, 물, 염산(1 : 1)의 순서로 씻은 후 시험 목적에 따라 정제수로 세척	–	세척 후 건조기에서 건조하고 뚜껑을 닫아 보존

8) 유리 기구의 세척

실험실용 세제는 오염물질에 따라 용도가 다르므로 주의하여 선택한다.

① Chromic acid 용액 : 중크롬산나트륨($Na_2Cr_2O_7 \cdot H_2O$) 92 g을 물 460 mL에 녹인 후 진한 황산 800 mL를 천천히 넣어 교반하여 제조함. 붉은색을 띠는 Cr^{6+}이 Cr^{3+}으로 되면서 오염물질이 산화되면서 세척된다. 세척액의 지속적인 사용으로 Cr^{6+}을 유기물 산

화에 모두 소비하면 Cr^{3+}으로 되어 녹색으로 변한다.

② Sodium(Potassium) Alkoxide 용액 : NaOH 120 g(KOH 105 g)을 120 mL의 물에 녹이고 95 % 에탄올 1 L와 섞어서 제조한다. 이 용액은 유리를 부식시키므로, 15 분 이상 담그는 것은 피하는 것이 좋으며, 에탄올 대신 아이소프로판올(IPA)을 사용하면 세정력은 떨어지나 유리기구의 손상은 줄일수 있다.

③ 탄소 잔류물은 trisodiumphosphate 세정액(60 g Na_3PO_4, 30 g 비누, 500 mL 물)으로 제거함

④ 과망간산칼륨($KMnO_4$)을 가지고 작업할 때 생기는 이산화망간(MnO_2)의 갈색 얼룩은 30 % 묽은 $NaHSO_3$ 수용액으로 제거한다.

▼ 유리기구의 세척과 건조 방법

시험방법(항목)	세척 순서	건조방법
일반물질 / 무기물질 / 이온물질	① 세척제 사용 세척 ② 수돗물 헹굼 ③ 정제수 헹굼	자연 건조
중금속	① 세척제 사용 세척 ② 수돗물 헹굼, 20 % 질산수용액 또는 질산(<8 %)/염산(<17 %) 수용액에 4시간 이상 담가 두었다가 ③ 정제수로 헹굼	자연 건조
농약	① 마지막 사용한 즉시 용매로 헹구고 뜨거운 물세척 ② 세척제로 세척 ③ 수돗물로 헹구고 정제수로 헹굼	400 ℃에서 1시간 건조 또는 아세톤으로 헹굼
소독부산물 휘발성 유기화합물	① 세척제 세척 ② 수돗물 헹굼 ③ 증류수 헹굼	105 ℃에서 1시간 건조
기타	① 세척제 사용 세척 ② 수돗물 헹굼 ③ 정제수 헹굼	자연 건조
미생물 바이러스 원생동물	① 세척제 사용 세척 ② 뜨거운 물 헹굼 ③ 정제수 헹굼	유리 기구 : 160 ℃에서 2시간 이내 건조 시료병 : 121 ℃에서 15분 멸균

9) 플라스틱 기구의 세척

비알칼리성 세제로 세척 후 증류수로 헹구어 사용. 브러시나 솔은 사용 안 함

10) 기구의 건조

① **자연건조** : 세척된 유리 기구는 증류수에 헹구어 물이 떨어지는 건조대에서 자연건조

② **열풍건조** : 급히 건조할 경우 사용하는 것으로 온도는 40 ℃ ~ 50 ℃이다.

③ **저비점 용매를 이용한 건조법** : 에탄올, 에테르의 순으로 조금 씻어낸 후 에테르를 증발시켜 건조하는 방법

④ **가열 건조** : 가열건조는 낮은 온도(90 ℃를 넘지 않는 온도)에서 건조시키는 것이 바람직함. 이때 눈금이 새겨져 있는 **메스실린더, 피펫, 뷰렛**과 같은 **측용기류**는 유리이기 때문에 팽창하면 냉각하여도 원래 상태로 복원되지 않는 경우가 있으므로 **가열건조**를 피한다.

실전 예상문제

01
2010
제2회

유리 기구의 명칭으로 바르게 연결된 것은?

(ㄱ) liebig 냉각기(증류용)   (ㄴ) soxhlet 추출기(액체용)
(ㄷ) 분액깔때기   (ㄹ) 메스플라스크

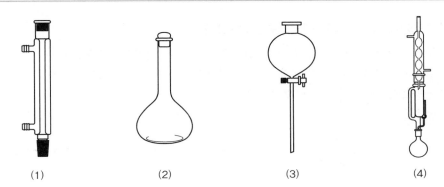

(1)   (2)   (3)   (4)

① (1)-(ㄴ), (2)-(ㄷ), (3)-(ㄱ), (4)-(ㄹ)   ② (1)-(ㄷ), (2)-(ㄴ), (3)-(ㄹ), (4)-(ㄱ)
③ (1)-(ㄱ), (2)-(ㄹ), (3)-(ㄷ), (4)-(ㄴ)   ④ (1)-(ㄹ), (2)-(ㄱ), (3)-(ㄴ), (4)-(ㄷ)

풀이 (1)-(liebig 냉각기(증류용)), (2)-(메스플라스크), (3)-(분액깔때기), (4)-(soxhlet 추출기(액체용))

02
2009
제1회

실험실에서 시료나 시약을 보관하기 위해 플라스틱 제품의 용기를 사용할 때, 제품의 물리 · 화학적 특성을 고려하여 다방면에 걸쳐 가장 무난하게 사용할 수 있는 것은?

① high-density polyethylene   ② fluorinated ethylene propylene
③ polypropylene   ④ polycarbonate

풀이 일반 화학시험에서 유리기구는 붕규산 유리기구가 가장 무난하게 사용될 수 있으며, 플라스틱 기구로는 테플론이나 테프젤(tefzel ; ethylene-tetrafluoroethylene) 제품이 물리 · 화학적 성질이 우수하여 적합함

03
2013
제5회

유리기구 제품의 표시 중 틀린 것은?

① 교정된 유리기구를 표시할 때 'A'라고 적힌 것은 허용 오차가 0.001 %인 정확도를 가진 유리기구를 의미한다.
② 25 mL 피펫에 'TD 20 ℃'라고 적혀 있는 것은 to deliver의 약자로 20 ℃에서 25.00 mL를 옮길 수 있다는 뜻이다.

정답 **01** ③ **02** ② **03** ①

③ 500 mL 부피 플라스크에 'TC 20 ℃'라고 적혀 있는 것은 to contain의 약자로 20 ℃에서 500.00 mL를 담을 수 있다는 뜻이다.

④ 연결 유리기구에 표시된 TS는 'standard taper size'의 약자이다.

> **풀이** "A"라고 적힌 것은 교정된 유리기구를 표시할 때 나타내는 것으로 온도에 대해 교정이 이루어진 것을 의미한다.

04 시료 용기의 세척에 대한 설명으로 틀린 것은?
2014
제6회

① VOC 분석용 용기는 최종적으로 메탄올로 씻어 낸 후 가열하여 건조한다.

② 금속 분석용 용기는 초기 세척 후 50 % 염산 및 질산으로 헹군 다음 정제수로 헹군다.

③ 영양물질 분석용 용기는 세제 세척 후 50 % 질산으로 헹군 다음 정제수로 헹군다.

④ 추출을 위한 유기물 분석용 용기는 고무 또는 플라스틱 솔을 사용하여 닦지 않는다.

> **풀이** 세척제 사용 세척, 뜨거운 물 헹굼, 정제수 헹굼 순으로 세척하고, 유리기구는 160 ℃에서 2시간 이내에 건조한다. 시료병일 경우 121 ℃에서 15분 동안 멸균한다.

05 실험실에서 정확한 부피를 측정할 때 사용되는 실험 기구의 사용 방법이 적절하지 않은 것은?
2013
제5회

① 부피 측정용 유리기구는 허용오차 범위 내에 있는 제품을 사용하여 분석의 정확성을 유지할 필요가 있다.

② 표준용액을 취하는 경우 피펫을 직접 시약병에 넣어 채우개(filler)를 사용한다.

③ 부피를 측정하는 유리기구는 온도가 높은 오븐에 넣어 가열하지 않는 것이 좋다.

④ 뷰렛 속의 액체 높이를 읽을 때에는 눈을 액체의 맨 위쪽과 같은 높이가 되도록 맞추어야 한다.

> **풀이** 표준시약을 취하는 경우, 비커 등의 다른 용기에 분취해서 사용함. 피펫을 직접 시약병에 넣으면 시약이 오염될 가능성이 있으며, 오차의 원인이 됨

06 시험 항목에 따른 세척 방법과 건조 방법이 바르게 나열된 것은?
2013
제5회

① 무기 물질(이온 물질) : 세척제 사용 세척, 정제수 헹굼, 습식 건조

② 중금속 : 세척제 사용 세척, 20 % 질산 수용액에서 4시간 이상 담가 두었다가 정제수로 헹굼, 공기 건조

③ 소독 물질과 부산물 : 뜨거운 물 헹굼, 아세톤으로 헹굼

④ 농약 : 마지막 사용한 용매로 즉시 헹구고 뜨거운 물로 세척, 공기 건조

> **풀이** ① 무기 물질(이온 물질) : 세척제 사용 세척, 정제수 헹굼, 자연 건조
> ③ 소독 물질과 부산물 : 세척제 세척, 수돗물 헹굼, 증류수 헹굼

> **정답** 04 ③ 05 ② 06 ②

④ 농약 : 마지막 사용한 용매로 즉시 헹구고 뜨거운 물로 세척, 세척제로 세척, 수돗물로 헹구고 정제수로 헹굼, 400 ℃에서 1시간 건조 또는 아세톤으로 헹굼

07 유리기구의 세척에 대한 설명 중 틀린 것은?

2011
제3회

① 총질소분석용 유리기구는 질산 용액에 담갔다가 정제수로 세척하여 사용한다.

② 농약 표준용액을 제조하는 데 사용할 100 mL 부피 플라스크는 아세톤으로 헹군 다음 공기 건조한다.

③ 미생물 항목의 시료병은 멸균하여 사용한다.

④ 휘발성유기화합물의 시료용기는 105 ℃에서 1시간 이상 건조하여 사용한다.

풀이 총질소분석용 유리기구는 일반항목이므로, 세척제 사용세척, 수돗물 헹굼. 정제수 헹굼, 자연건조 후 사용 (질산으로 세척할 경우 씻겨나가지 않은 질산으로 인해 총질소 분석결과에 영향을 미칠 수 있음)

08 실험실에서 사용하는 유리기구 취급방법에 대한 설명으로 옳은 것은?

2010
제2회

가. 새로운 유리기구를 사용할 때에는 탈알칼리 처리를 하여야 한다.

나. 눈금 피펫이나 부피 피펫은 보통 실온에서 건조시키는데 빨리 건조시키려면 고압멸균기에 넣어 고온에서 건조시켜도 된다.

다. 중성세제로 세척된 유리기구는 충분히 물로 헹궈야 한다.

라. 유리 마개가 있는 시약병에 강알칼리 액을 보존하면 마개가 달라붙기 쉬우므로 사용하지 않는 것이 좋다.

① 가, 나　　　　② 가, 라　　　　③ 가, 나, 라　　　　④ 가, 다, 라

풀이 눈금이 있는 부피측정기구를 고온건조하게 되면 용기가 수축하여 부피가 변하므로 사용하지 않음

09 실험에 사용되는 유리기구 또는 플라스틱 기구의 세척에 대한 설명으로 옳지 않은 것은?

2009
제1회

① 플라스틱 기구는 비알칼리성 세제를 이용하며 솔을 사용하지 않는다.

② 소디움 알콕사이드(sodium alkoxide) 용액 제조 시 에탄올 대신 아이소프로판올을 사용하면 세정력이 좋아진다.

③ 인산삼나트륨(trisodiumphosphate) 세정액은 탄소잔류물을 제거하는 데 효과적이다.

④ 과망간산칼륨으로 작업할 때 생기는 이산화망간의 얼룩 제거에는 30 % $NaHSO_3$ 수용액이 효과적이다.

풀이 소디움 알콕사이드(sodium alkoxide) 용액 제조 시 에탄올을 넣으면 세정력은 뛰어나지만 유리를 부식시키므로 15분 이상 담가두는 것은 피하고, 에탄올 대신 아이소프로판올을 사용하면 세정력은 떨어지나 유리기구의 손상은 적음

정답 07 ① 08 ④ 09 ②

10 실험실에서 사용되는 유리기구의 세척 후 건조에 관한 일반적인 사항으로 잘못된 것은?

2012
제4회

① 열풍건조는 40 ℃ ~ 50 ℃에서 한다.

② 에탄올, 에테르의 순서로 유리기구를 씻은 후 에테르를 증발시켜 건조할 수도 있다.

③ 급히 건조하여야 할 경우 105 ℃에서 가열건조를 할 수 있다.

④ 세척된 유리기구를 증류수로 헹군 후 건조대에서 자연건조하는 것이 좋다.

풀이 급히 건조하여야 할 경우 40 ℃ ~ 50 ℃에서 열풍건조할 수 있음

11 실험기구의 세척과 건조 방법으로 옳지 않은 것은?

2009
제1회

① 유리 기구의 세척은 세제를 이용하거나 초음파 세척기를 사용하기도 한다.

② 플라스틱 기구의 세척은 알칼리성 세제를 이용하여 세척 후 증류수로 헹구어 사용한다.

③ 유기분석용 기구는 주로 알칼리성 세척제를 많이 사용하고 중금속용 용기는 주로 무기산을 이용한 세척제를 사용한다.

④ 눈금이 새겨져 있는 피펫, 뷰렛 등은 건조시 고온(90 ℃를 넘지 않도록)을 피해야 한다.

풀이 플라스틱 기구의 세척은 비알칼리성 세제를 이용함

③ 기타 기구

1. 온도계

① 온도는 기온과 수온을 측정한다.

② 유리제 막대 온도계로 50 ℃ 온도계 또는 100 ℃ 온도계를 사용하며, 이외 서미스터 온도계 및 금속 저항 온도계를 사용한다.

③ 1 ℃ 또는 더 세분된 온도가 측정가능 해야 하며, ASTM 또는 국가표준기관의 검정 소급성이 있어야 한다.

④ 온도 측정은 기온의 경우 직사광선 및 주변의 방사를 피하고 통풍이 잘 되는 장소로 지상 1.2 m에서 1.5 m의 위치에 장치한 다음, 그 눈금을 읽는다.

⑤ 수온은 용기 및 주변 공기의 온도 영향을 최소화하기 위하여 다량의 시료를 채취하며, 채취한 물 속에 즉시 온도계를 넣고 눈금을 읽는다.

⑥ 온도계 사용 중에 극한 온도(측정범위를 벗어난 경우)에 노출되었을 때에는 항상 온도계를 재검정해야 한다.

⑦ 재검정은 검정된 온도계와 비교하거나 국가표준기관에 의뢰하여 검정해야 하며 검정내역은 문서로 기록한다.

⑧ 국가교정기관 지정제도 운영세칙에 의한 온도계의 교정 주기는 1년으로 국가표준기관에 의해 실시한다.

2. 건조오븐

① 다이얼이나 표시창에 나와 있는 설정 온도와 실제 온도를 주기적으로 확인한다.

② 180 ℃ 이상 온도를 유지하는지, 설정 온도에서 ±2 ℃ 이내의 정밀도를 유지하는지 확인한다.

③ 자세한 검정 · 교정 및 확인 사항은 기록한다.

3. 냉장고, 냉동고

① 실험실 냉장고 또는 냉동고의 표준물질, 유기 오염물질 시료, 중금속 오염물질 시료 등은 교차 오염을 방지하기 위해 반드시 구분하여 보관한다.

② 냉장고는 4 ℃ 이하의 온도를 유지할 수 있는지, 설정 온도에서 ±2 ℃ 이내의 정밀도를 유지하는지 주기적으로 확인한다.

③ 자세한 검정 · 교정 및 확인 사항은 기록한다.

4. 물 중탕기(water bath)

① 중탕기는 5 ℃~100 ℃의 온도가 조절 가능한 것으로 설정 온도를 유지하는지 사용할 때마다 온도계로 확인한다.

② 정제수 사용과 정기적인 세척으로 성능을 유지한다.

③ 자세한 검정 · 교정 및 확인 사항은 기록한다.

5. 가열판(hot plate)

① 설정 온도와 실제 온도를 주기적으로 확인한다.

② 정제수와 온도계를 사용하여 100 ℃의 온도를 유지하는지, 설정 온도의 ±2 ℃ 이내의 정밀도를 유지하는지 확인한다.

③ 자세한 검정 · 교정 및 확인 사항은 기록한다.

6. 가압 용매 추출기

① 가압 용매 추출기(PFE ; pressured fluid extractor)는 관과 노즐의 막힘 상태, 압력 유지성능, 온도 유지 성능을 정기적으로 확인한다.

② 온도-압력-시간 프로그램의 이상 여부, 추출장치의 청결상태를 수시로 확인한다.

③ 추출 용매, 토양 등 고체 바탕시료의 반복 측정을 통해 오염 유무를 사용할 때마다 확인한다.

④ 표준물질의 반복측정을 통해 정확도와 정밀도를 사용할 때마다 확인한다.

⑤ 시험 항목별 검출한계, 정확도 · 정밀도 시험을 정기적으로 수행한다.

⑥ 제조사와 실험실 사이의 검정 · 교정 계약을 체결하여 주기적으로 정확도와 정밀도를 증명하는 것을 권장한다.

⑦ 실험실은 검정 · 교정 계획을 세우고 검정 · 교정 사항과 유지 · 관리 내역을 기록한다.

7. 속슬레 추출기

① 속슬레 추출기(soxhlet extractor)는 휘발성 용매를 사용하여 토양과 같은 고체 속의 비휘발성 성분을 추출할 때 사용되는 유리기구로 구성은 환류냉각장치와 추출관, 용매 플라스크로 구성되어 있다.

② 추출관 속의 원통형 여과지 또는 여과관에 고체 시료를 넣고 플라스크 속에 있는 용매를 가열하면, 용매의 증기는 위쪽 관을 지나 환류냉각기에서 응축되어 추출관에 괴어 시료 속의 가용 성분을 녹이고, 고인 용매는 오른쪽 사이펀에 의하여 그 꼭지점에 이르면 전부 용매 플라스크로 돌아오고, 새로운 용매는 또 추출관에 고인다. 이러한 과정이 반복되어 추출되며, 추출물은 용매 플라스크 속에 고인다.

③ 추출이 끝나면 플라스크를 떼어 속에 있는 용매를 증류하면 비휘발성 성분은 증류 플라스크 속에 남는다.

④ 각각의 수기는 지침에 따라 세척하여 오염물이 잔류하지 않도록 하여 사용한다.

⑤ 환류냉각기는 냉각수의 원활한 흐름을 주기적으로 확인하며, 추출관의 이음상태를 확인하여 용매 증기가 유출되지 않도록 한다.

⑥ 용매플라스크의 가열판은 적절한 온도로 설정하고 유지되는지를 확인한다.

8. 회전 증발기(rotary evaporator)

① 진공증발법으로 시료를 농축하는 한 가지 방법으로 회전 증발기를 사용한다.

② 감압으로 낮아진 비등점 이상의 온도로 가열하여 에틸에테르(ethyl ether)나 다이클로로메테인(dichloromethane)용매를 휘발하여 제거하는 장치이다.

③ 진공을 위한 펌프의 성능과 가열장치의 성능을 확인하여 적절한 기능을 발휘하는지 점검한다.

④ 오염 유무 확인을 위해 바탕시험을 실시한다.

⑤ 작동 중 기구의 이음상태와 중탕기의 적절한 온도를 확인한다.

9. 고압멸균기(autoclave)

① 고압의 증기를 이용한 멸균기로 고압에 충분히 견딜 수 있는 철제로 되어 있다.

② 내부에 물을 넣고 가스나 전기로 가열해 수증기를 발생하거나 또는 직접 내부에 수증기를 보내 증기를 채운다.

③ 압력조절판으로 적당한 압력에 달하게 하여 일정 온도의 증기로 시료를 멸균한다.

④ 일반적으로 $1.0 \text{ kg/cm}^2 \sim 1.1 \text{ kg/cm}^2$(약 2기압)의 압력으로 120 ℃ ~121 ℃에서 15 ~ 20분간 정도 가열해서 멸균하는 경우가 많다.

⑤ 사용 시 승온과 압력을 유지하는지, 온도－시간 프로그램의 이상 여부, 멸균기 내 청결상태를 확인한다.

⑥ 내부 오염 확인을 위하여 사용할 때마다 사용자 이름과 실험 내역을 일지에 기록하여 비치한다.

10. 배양기

① 사용할 때마다 설정 온도에서 ±2 ℃를 유지하는지, 내부 청결상태를 확인한다.

② 내부 오염 확인을 위하여 사용할 때마다 사용자 이름과 실험 내역을 일지에 작성하여 비치한다.

③ 자세한 확인 내용은 기록한다.

11. 정제수 제조장치

① 제조사 명세서 상의 성능 수치를 유지하는지 매일 확인한다.

② 멤브레인 필터(membrane filter)의 유효 사용기간을 엄격하게 준수하고 교환한다.

③ 제조한 정제수 보관기간이 오래되지 않도록 하고 6개월에 한 번씩 모든 시험·검사 항목을 시험·검사하여 제조 성능을 확인하고 필요한 조치를 취한다.

④ 실험실은 정제수 제조장치의 검정·교정 또는 성능 확인을 위한 계획을 수립한다.

⑤ 자세한 확인 내용은 기록하여 문서화한다.

실전 예상문제

01 실험실에서 기본적으로 사용되는 장비와 기구의 관리방법에 대한 설명으로 적절하지 않은 것은?

2012
제4회

① 저울은 진동이 없는 곳에 설치해야 하며 표준 분동을 사용해 정기적으로 점검한다.

② 정제수 제조장치는 멤브레인 필터의 유효 사용기간을 엄격히 준수하여 교환하고 정제수 수질도 정기 점검하여야 한다.

③ 배양기는 표시창의 설정온도와 실제 내부온도를 주기적으로 확인하고 항상 청결성을 유지하여야 한다.

④ 건조오븐은 120 ℃까지 온도를 높일 수 있어야 하며 사용 시마다 이를 점검한다.

> **풀이** 180 ℃ 이상 온도를 유지하는지, 설정 온도에서 ±2 ℃ 이내의 정밀도를 유지하는지 확인

02 다음은 온도계의 사용에 대한 설명이다. 틀린 것은?

① 유리제 막대 온도계로 50 ℃ 온도계 또는 100 ℃ 온도계를 사용하며, 이외 서미스터 온도계 및 금속 저항 온도계를 사용한다.

② 온도 측정은 기온의 경우 직사광선 및 주변의 방사를 피하고 통풍이 잘 되는 장소로 지상 1.2 m에서 1.5 m의 위치에 장치한 다음 눈금을 읽는다.

③ 수온은 용기 및 주변 공기의 온도 영향을 최소화하기 위하여 소량의 시료를 채취하며, 채취한 물 속에 즉시 온도계를 넣고 눈금을 읽는다.

④ 국가교정기관 지정제도 운영세칙에 의한 온도계의 교정 주기는 1년으로 국가표준기관에 의해 실시한다.

> **풀이** 수온은 용기 및 주변 공기의 온도 영향을 최소화하기 위하여 다량의 시료를 채취하며, 채취한 물 속에 즉시 온도계를 넣고 눈금을 읽는다.

03 다음은 실험실에서 기본적으로 사용되는 장비와 기구의 관리방법에 대한 설명이다. 적절하지 않은 것은?

① 온도계의 재검정은 검정된 온도계와 비교하거나 국가표준기관에 의뢰하여 검정해야 한다.

② 건조오븐은 180 ℃이상 온도를 유지하는지, 설정 온도에서 ±2 ℃ 이내의 정밀도를 유지하는지 확인한다.

③ 실험실 냉장고 또는 냉동고의 표준물질, 유기 오염물질 시료, 중금속 오염물질 시료 등은 교차오염을 방지하기 위해 반드시 구분하여 보관한다.

④ 정제수는 제조사 명세서상의 성능수치를 유지하는지 주 1회 확인한다.

> **풀이** 정제수는 제조사 명세서상의 성능수치를 유지하는지 매일 확인한다.

정답 **01** ④ **02** ③ **03** ④

···03 분석기기의 교정 및 관리

기기분석에서 정량분석은 분석 시스템(분석기기)의 교정과 표준화가 신뢰도 확보에 가장 중요한 요소이다. 따라서 성공적인 교정과 표준화가 있어야 분석 결과의 높은 신뢰도를 확보할 수 있다.

1 분석기기 교정

① 분석기의 교정은 초기교정과 수시교정으로 구분한다.

② 초기교정 : 분석기기가 안정화된 후 분석을 시작하기 전에 한다. 초기교정에 대한 검증은 분석과정 중에 수시 교정용 표준용액 또는 표준가스로 한다. 초기 교정에 대한 검증이 허용기준을 초과할 경우에는 초기교정을 다시 실시하여 분석한다. 분석기기 교정은 시험방법의 절차와 동일한 절차로 한다.

③ 수시교정 : 분석과정 중에 수시 교정용 표준용액 또는 표준가스로 한다.

④ 검정곡선에 사용되는 표준용액 농도와 수량은 각 분석방법의 조건과 실험실 표준작업절차서 (SOP ; standard operation procedures)에 따라 선택함. 만약 이러한 조건이 없다면 바탕시료 (blank)와 3개 이상의 농도를 만들어 검정곡선을 작성한다.

2 교정용 표준용액

① 표준물질은 기기 교정이나 측정방법 평가에 사용되는 것으로 하나 또는 그 이상의 특성 값을 나타내는 것으로 균일하고 규정된 것으로 순수한 또는 혼합된기체, 액체 또는 고체의 형태를 갖는 것으로 정의한다.

② 검정에 사용되는 표준용액이나 표준가스는 상업적으로 판매되는 제품을 사용하거나 실험실에서 제조한 용액을 사용할 수 있다.

③ 상업적으로 판매되는 표준용액은 표준물질(RM ; reference material)과 인정표준물질(CRM ; certified reference material)로 구분된다.(KS A ISO Guide 34 '표준물질생산기관의 자격에 대한 일반 요건(또는 ISO Guide 34 General requirements for the competence of reference material producers)'을 만족하는 기관에서 생산함)

④ 인정표준물질(CRM ; certified reference material)은 인증서가 수반되는 표준물질로 하나 또는 그 이상의 특성값이 소급성을 확립하는 절차에 따라 인증되고, 각 인증값에는 표기된 신뢰 수준에서의 불확도가 첨부된 것이다.

⑤ 표준물질은 관리일지에 기록하며, **표준물질의 이름 및 농도, 화학등급 혹은 순도, 일련번호, 공급처(또는 제조사), 제조사 인증서, 사용되는 시험, 받은 날짜, 개봉 및 만기날짜, 저장방법, 폐기날짜 및 방법, 기타 특이사항, 기록날짜, 기록인 서명**이 있어야 한다.

⑥ 교정 표준원액 제조는 각 **공정시험기준의 표준물질 제조방법과 같은 방법**으로 제조한 것으로 규정된 농도를 갖는다. 제조한 표준원액은 관리일지를 만들어 기록해야 한다. 관리일지에는 용액의 이름 및 농도, 사용되는 시험, 화학물질정보를 위하여 화학명 및 화학식, 화학등급, 제조사, 일련번호, 받은 날짜, 개봉한 날짜, 화학물질의 유효날짜, 저장용액 준비 절차에 필요한 화학물질의 온도 및 건조시간, 준비된 부피, 사용된 화학물질의 양 등 상세한 준비 단계와 조제과정에 대한 정보도 기록한다.

⑦ 수시교정 표준용액 제조 시 관리일지는 저장용액의 농도, 원하는 농도에 대한 희석방법, 조제한 날짜와 서명, 필요한 경우 표준용액의 보유시간 및 저장상태에 대해서 포함한다.

실전 예상문제

01

2012
제4회

정확도를 구하기 위한 가장 기준이 되는 물질은?

① 내부표준물질

② 대체표준물질

③ 인증표준물질(CRM)

④ 표준원액

풀이 검정곡선이 실제 시료에 정확하게 적용될 수 있는지를 검증하고 검정곡선의 정확성을 검증하는 표준물질이다. 인정표준물질(CRM ; certified reference material)을 사용하거나 다른 검정곡선으로 검증한 표준물질을 사용한다.

02

2011
제3회

표준물질에 대한 설명으로 틀린 것은?

① 교정검증 표준물질은 농도를 정확하게 확인하지 못한 표준물질의 값을 정확히 알기 위하여 교정곡선과 비교하여 맞는 것인지 검증하기 위해 사용된다.

② 수시교정용 표준물질은 분석하는 동안 교정 정확도를 확인하기 위하여 중간점 초기 교정용 표준물질의 값을 대신해서 사용한다.

③ 실험실 관리 표준물질은 교정용 검정 표준용액과 같은 농도의 것을 사용한다.

④ 시료를 실제 분석하기 전에 전처리를 실시한 경우 바탕시료와 표준물질을 준비하고 시료와 함께 분석한다.

풀이 검정곡선이 실제 시료에 정확하게 적용될 수 있는지를 검증하고 검정곡선의 정확성을 검증하는 표준물질이다.

03

기기별 검정 및 관리 중 표준물질을 이용한 초기 검정에 대한 설명 중 틀린 것은?

① 표준물질은 분석자가 준비하거나 높은 신뢰성을 갖는 기관에서 공급한 표준물질을 사용한다.

② 표준물질의 농도와 장비의 반응성을 고려하여 검정범위를 선정한다.

③ 표준물질을 공급받은 경우에는 그 농도의 정확성을 확인할 수 있는 증명서를 갖고 있어야 한다.

④ 검정곡선에 대한 상관관계를 산출하여 0.98 이상이어야 한다.

풀이 ④ 0.9998을 초과해야 한다.

04 분석기기의 교정 및 관리에 대한 설명 중 틀린 것은?

① 분석기의 교정은 초기교정과 수시교정으로 구분한다.
② 분석기기 교정은 중요한 사항이므로 시험방법의 절차와 다른 특수한 절차로 한다.
③ 초기교정은 분석기기가 안정화된 후 분석을 시작하기 전에 한다.
④ 수시교정은 분석과정 중에 수시교정용 표준용액 또는 표준가스로 한다.

풀이 분석기기 교정은 시험방법의 절차와 동일한 절차로 한다.

05 교정용 표준용액에 대한 설명 중 틀린 것은?

① 교정용 표준용액은 하나 또는 그 이상의 특성값을 나타내는 것으로 균일하고 규정된 것으로 순수한 또는 혼합된 기체, 액체 또는 고체의 형태를 갖는 것이다.
② 검정에 사용되는 표준용액은 상업적으로 판매되는 제품을 사용할 수 있지만 실험실에서 제조한 용액은 사용할 수 없다.
③ 인정표준물질(CRM)은 인증서가 수반되는 표준물질로 하나 또는 그 이상의 특성값이 소급성을 확립하는 절차에 따라 인증되고, 각 인증값에는 표기된 신뢰 수준에서의 불확도가 첨부된 것이다.
④ 교정 표준원액 제조는 각 공정시험기준의 표준물질 제조방법과 같은 방법으로 제조한 것으로 규정된 농도를 갖는다.

풀이 검정에 사용되는 표준용액이나 표준가스는 상업적으로 판매되는 제품을 사용하거나 실험실에서 제조한 용액을 사용할 수 있다.

③ 기기별 검정 및 관리

1. 초기검정(initial calibration)

① 각각 다른 농도에서의 교정바탕시료(calibration blank)에 대응하는 교정표준물질(calibration standards)의 반응에 바탕을 두고 기기에 주입한 농도와 반응한 농도가 직선을 유지해야 한다.

② 표준물질의 개수는 시험방법에 따라 준비하거나, 분석기기 제조사의 매뉴얼에 따름. 만약 매뉴얼에 표준물질의 개수가 명시되어 있지 않으면 3개 농도의 표준물질을 이용하는 것이 좋다.

③ 표준물질의 농도는 최적의 농도보다 높은 농도를 선택하여 "최고농도"로 한다. 최고농도의 절반 농도를 "중간농도"로 하며, 최고농도의 5분의 1 농도(20 %)를 "최저 농도"로 한다.

④ 검정범위에 따라 검정곡선을 작성한 다음 검정곡선에 대한 상관관계를 산출하여 0.9998을 초과해야 한다.

2. 연속검정표준물질(CCS ; continuing calibration standard)

① 시료를 분석하는 중에 검정곡선의 정확성을 확인하기 위해 사용하는 표준물질이다.

② 초기검정곡선 작성 시 중간농도 표준물질을 사용하여 농도를 확인한다.

③ 검정곡선이 평가된 후 바로 실시하며, 시료군의 분석과정에서 표준물질의 농도 분석결과의 편차가 5 % 범위 이내이다.

3. 교정검증표준물질(CVS ; calibration verification standard)

① 검정곡선이 실제 시료에 정확하게 적용할 수 있는지를 검증하고 검정곡선의 정확성을 검증하는 표준물질이다.

② 인정표준물질(CRM ; certified reference material)을 사용하거나 다른 검정곡선으로 검증한 표준물질을 사용한다.

③ 회수율은 100 % 회수율로부터 편차가 ±10 % 이내이어야 한다.

4. 바탕시료와 실험실관리표준물질(LCS ; laboratory control standard)

① 시료분석에는 침전, 증류, 추출, 여과와 같은 다양한 전처리를 한다.

② 전처리에 대한 검증을 하기 위해 시료의 전처리와 동일한 과정으로 바탕시료와 표준시료를 전처리한다. 회수율은 100 % 회수율로부터 편차가 ±15 %이다.

5. 검정곡선 작성 절차

① 검정곡선 작성 : 최적 범위 안에서 교정용 표준물질과 바탕시료를 사용해 검정곡선을 그린다.

② 상관계수 확인 : 계산된 상관계수에 의해 허용 혹은 허용불가를 결정한다.

③ 연속교정물질(CCS)에 의한 검증 : 검정곡선을 검증하기 위해 연속교정표준물질(CCS ; continuing calibration standard)를 사용해 교정(검증된 값의 5 %)하며, 검증값의 5 % 이내 이어야 한다.

④ 교정검증표준물질(CVS)에 의한 검증 : 교정검증표준물질(CVS ; calibration verification stan –dard)을 사용해 교정하며, 교정용 표준물질과 다른 다른 것을 사용한다. 초기교정 허용치는 참값의 10 % 이내이다.

⑤ 바탕시료와 실험실관리표준물질(LCS) 전처리 : 분석법에 시료 전처리가 포함되어 있다면, 바탕시료와 실험실관리표준물질(LCS ; laboratory control standard)을 시료와 같은 방법으로 전처리하여 측정하며, 결과치는 실제값의 15 % 이내이어야 한다.

⑥ 10개 단위로 시료군 형성 분석 : 10개의 시료 단위로 시료군을 만들어 분석하며, 시료군에는 바탕시료와 첨가시료, 복수시료 등을 포함한다.

⑦ 연속교정표준물질(CCS)로 검증 : 10개의 시료를 분석한 후에 연속교정표준물질(CCS)로 검정곡선을 검증하며, 검증값은 5% 이내이다.

⑧ 교정검증표준물질(CVS)로 검증 : 검정곡선을 교정검증표준물질(CVS)로 검증하여 그 결과가 10 % 이내면 분석을 계속한다.

⑨ CCS, CVS의 허용 범위 내 확인 : CCS 혹은 CVS가 허용 범위에 들지 못했을 경우, 분석을 멈추고, 다시 새로운 초기 교정을 실시한다.

실전 예상문제

01 실험실 기기의 초기 교정에 대한 설명으로 틀린 것은?

2014
제6회

① 표준용액의 농도와 기기의 감응은 교정곡선을 이용하고 그 상관계수는 0.9998 이상이어야 한다.

② 곡선을 검증하기 위해 수시교정 표준물질을 사용해 교정하고 검증된 값의 5 % 내에 있어야 한다.

③ 검증확인 표준물질은 교정용 표준물질과 다른 것을 사용하고 초기 교정이 허용되기 위해서는 참값의 10 % 이내에 있어야 한다.

④ 분석법이 시료 전처리가 포함되어 있다면, 바탕시료와 실험실관리 표준물질을 분석 중에 사용하고 그 결과는 참값의 20 % 이내에 있어야 한다.

풀이 분석법이 시료 전처리가 포함되어 있다면, 바탕시료와 실험실관리 표준물질을 분석 중에 사용하고 그 결과는 참값의 15 % 이내에 있어야 한다.

02 검정곡선에 관한 설명이 틀린 것은?

2013
제5회

① 검정곡선은 시료를 측정 분석하는 날마다 수행해야 하며, 부득이하게 한개 시료군(batch)의 측정 분석이 하루를 넘길 경우 가능한 2일을 초과하지 않아야 하며, 일주일 이상 초과한다면 검정곡선을 새로 작성해야 한다.

② 오염 물질 측정 분석 수행에 사용할 검정곡선은 정도 관리 시료와 실제 시료에 존재하는 오염 물질 농도 범위를 모두 포함해야 한다.

③ 검정곡선은 실험실에서 환경오염 공정 시험·기준 또는 검증된 시험 방법을 토대로 작성한 표준 작업 절차서에 따라 수행한다.

④ 검정곡선은 최소한 바탕 시료와 1개의 표준물질을 단계별 농도로 작성해야 하고 특정 유기화합물질을 분석하기 위한 시험 방법은 표준물질 7개를 단계별 농도로 작성하도록 권장하기도 한다.

풀이 시료를 분석하는 중에 검정곡선의 정확성을 확인하기 위해 사용하는 표준물질임. 일반적으로 초기검정곡선 작성 시 중간농도 표준물질을 사용하여 농도를 확인한다. 검정곡선이 평가된 후 바로 실시하며, 시료군의 분석과정에서 표준물질의 농도 분석결과의 편차가 5 % 범위 이내이어야 한다.

03 바탕 시료(blank) 값이 평소보다 높게 나왔을 경우 대처법이 틀린 것은?

2013
제5회

① 분석에 사용한 물이 오염되었는지 점검하여야 한다.

② 분석에 사용한 유리기구나 용기가 오염되었는지 점검하여야 한다.

③ 분석에 사용한 시약이 오염되었는지 점검하여야 한다.

④ 시료(sample) 값도 같은 조건에서 분석하기 때문에 상관없다.

풀이 바탕시험은 시험과정에서 사용된 정제수, 시약, 용기 등이 오염이 되었는지 판단할 수 있는 지표이다. 따라서 바탕시험값이 평소보다 높은 경우 이러한 오염 가능성이 있는 부분을 점검해야 한다.

정답 01 ④ 02 ① 03 ④

04 검정곡선에 관한 설명 중 틀린 것은?

2011 제3회

① 몇몇 무기물질 시험 방법은 각 오염물질 바탕 시료와 최소한 표준물질 3개의 단계별 농도를 권장하고 있다.

② 정밀도가 낮은 측정기기나 오염 농도가 높은 시료는 검정곡선 범위에 포함되도록 조작하고 농축 또는 희석하여 분석한다.

③ 일반적으로 검정곡선은 시료를 분석한 직후에 다시 작성해 놓고 다음 분석에 사용한다.

④ 기체 크로마토그래프를 사용하는 시험에서 검정곡선의 작성은 최소한 표준물질 5개의 단계별 농도를 사용하여 검정곡선을 작성한다.

풀이 검정곡선을 작성한 후 시료 분석을 실시한다.

05 검정곡선에 대한 설명으로 옳지 않은 것은?

2010 제2회

① 검정 표준물질은 반드시 실험실 관리 시료 표준물질과 같은 제조사에서 만든 것이어야 한다.

② 하나의 시료군(batch)의 측정 분석이 부득이하게 3일 이상 된다면 검정곡선을 새로 작성한다.

③ 오염물질 측정 분석에 사용하는 검정곡선은 정도관리 시료와 실제 시료에 존재하는 오염 물질의 농도 범위를 모두 포함해야 한다.

④ 초기 능력 검증 또는 시험 방법 검증을 통하여 시험 결과의 정밀도를 판정하고, 그 결과에 비례하여 검정곡선 작성을 위한 표준물질의 수를 정하기도 한다.

풀이 실험실 관리 표준물질은 교정용 검정 표준용액과 같은 농도의 것을 사용한다.

06 다음은 기기별 검정관리에 필요한 교정검증표준물질(CVS ; calibration verification standard)에 대한 설명이다. 틀린 것은?

① 검정곡선이 실제 시료에 정확하게 적용할 수 있는지를 검증하고 검정곡선의 정확성을 검증하는 표준물질이다.

② 인정표준물질(CRM, certified reference material)을 사용한다.

③ 인증표준물질이 없는 경우에는 검정곡선 작성에 사용한 표준물을 사용한다.

④ 회수율은 100 % 회수율로부터 편차가 ±10 % 이내이어야 한다.

풀이 인정표준물질(CRM ; certified reference material)을 사용하거나 다른 검정곡선으로 검증한 표준물질을 사용한다.

정답 04 ③ 05 ① 06 ③

4 기기별 관리 및 점검

1. UV – VIS 분광광도계(UV – VIS spectrophotometer)

- 일반적으로 200 nm ~ 1000 nm 범위의 파장을 측정하여 바탕선의 안정도와 반복측정에 대한 반복성과 재현성이 확보되어야 하며, 정기적으로 항목별 방법검출한계(MDL)를 확인해야 한다.
- 정밀한 기기관리를 위해서는 제조사의 검교정 계약을 체결하여 주기적으로 정확도를 검증을 할 수 있으며, 실험실 내부의 관리 및 점검계획에 따라 점검하고 점검기록을 보관한다.
- 일반적으로 검·교정주기는 12개월이며 분광광도계의 교정방법은 수질오염공정시험기준에 명시된 내용에 따라 실시할 수 있다.

1) 설치 환경

① 강한 자장, 전장, 고주파, 진동이 없는 곳
② 먼지나 부식성 기체가 없을 것
③ 직사광선이 닿지 않을 것
④ 온도 15 ℃ ~ 35 ℃
⑤ 상대습도 45 % ~ 80 %로 이슬이 생기지 않을 것

▼ 분광광도계 정도관리 기준

QC 시료	측정 시기/주기	허용 기준	분석 실패 시 조치사항
초기검정검증(ICV)	검정곡선 작성 직후 (일반적으로 중간 농도 사용)	90 % ~ 110 %	• 실패 원인 조사 • 검정곡선 재작성
초기검정바탕시료(ICB)	초기검정검증(ICV) 직후	< EQL	• 실패 원인 조사 • 검정곡선 재작성
연속검정곡선검증 (CCV)	시료 10개당 1회, 분석 종료 후 1회	장기간 통계지표에 기초함	모든 시료 재분석
연속검정바탕시료 (CCB)	연속검정검증(CCV) 직후	< EQL	모든 시료 재분석

[비고]
- EQL ; estimated quantitation limit, 평가정량한계
- ICV ; initial calibration verification, 초기검정검증
- ICB ; initial calibration blanks, 초기검정바탕시료
- CCB ; contining calibration blanks, 연속검정바탕시료

2) 관리 점검

① 수시 또는 매일점검 : 시료 측정부 청결 상태
② 매월 점검 : 램프의 사용시간, 바탕선의 흔들림, 석영셀 청결상태를 점검
③ 분기 또는 반기 점검 : 파장의 정확성 점검

3) UV‒VIS 분광광도계의 검정곡선 작성 및 시료 측정방법

① 바탕시료로 기기의 영점 조절
② 한개의 CCS로 검정곡선을 그림(참값의 5 %)
③ 분석한 CVS의 의해 검정곡선을 검증 함(참값의 10 %)
④ 시료 10 개를 분석 시마다 검정곡선에 대한 검증을 실시하며 바탕시료, 첨가시료, 이중시료를 측정한다.
⑤ CCS로 검정곡선을 검사하여 검정곡선의 변동을 확인한다.
⑥ 초기 교정 절차에서 언급한 것과 같이 분석 과정을 진행한다.

4) 검정방법

① 파장의 정확도 : 저압 수은 램프 또는 중수소 방전관에서 방사되는 선스펙트럼이나 파장 교정용 광학 필터(네오디뮴 필터(neodymium filter), 홀뮴 필터(holmium filter) 등의 유리제 광학 필터, 홀뮴 용액 필터 등이 사용 가능)의 흡수 곡선을 측정하고 선스펙트럼에서는 가장 큰 강도를 나타내는 파장, 광학 필터에서는 가장 큰 흡수값을 구하여 파장 표시값과 파장 표준값의 편차로 나타낸다.
② 파장의 반복 정밀도 : 저압 수은 램프 또는 중수소 방전관에서방사되는 동일 선스펙트럼의 스펙트럼 또는 광학 필터의 흡수곡선을 최소 3회 이상 반복 측정했을 때 파장값의 편차로 나타낸다.
③ 측광반복 정밀도 : 경시 변화가 없는 시료의 투과율 또는 흡광도를 측정하고, 이어 새 시료를 같은 방법으로 측정한다. 최소 3회 이상 반복 측정하여 측정값의 편차로 나타낸다.
④ 바탕선의 안정도 : 시료부에 시료를 넣지 않고 지정 파장 영역을 주사했을 때의 투과율 또는 흡광도 측정값의 변동으로 나타낸다.

2. 이온크로마토그래프(IC ; ion chromatograph)

① 바탕시료와 정제수를 이용한 바탕선 안정도, 표준물질 측정 결과의 과거 자료 비교한 정확도 성능 및 반복 측정에 의한 정밀도 성능을 주기적으로 확인한다.
② 이온컬럼과 억제기(suppressor)는 유효기간 이내에 교체한다.

③ 자동시료공급기(auto-sampler)가 부착되어 있을 경우 성능, 정확도·정밀도 시험을 정기적으로 수행 및 청결상태 확인한다.

④ 시험 항목별 기기검출한계(IDL ; instrument detection limit), 정확도·정밀도 시험을 정기적으로 수행 및 검토한다.

⑤ 제조사와 실험실 사이에 검교정 계약을 체결하여 주기적으로 장비의 신뢰도를 증명하는 것을 권장한다.

⑥ 실험실은 검·교정 계획을 세우고 검·교정 사항과 유지·관리 내역을 기록하여 보관한다.

▼ **이온 크로마토그래피 정도관리 기준(양이온)**

QC 시료	측정 시기/주기	허용 기준	분석 실패 시 조치사항
초기검정검증(ICV)	검정곡선 작성 직후 (일반적으로 중간 농도 사용)	95 % ~ 105 %	• 실패 원인 조사 • 검정곡선 재작성
초기검정바탕시료(ICB)	초기검정검증(ICV) 직후	< EQL	• 실패 원인 조사 • 검정곡선 재작성
검정곡선검증(CCV)	시료 10개당 1회, 분석 종료 후 1회	95 % ~ 105 %	• 실패 원인 조사 • 검정곡선 재작성 • 시료 재분석
연속 검정곡선 바탕시료(CCB)	검정곡선검증(CCV) 이후 매회	< EQL	• 실패 원인 조사 • 검정곡선 재작성 • 시료 재분석

3. 원자흡수분광광도계(AAS ; atomic absorption spectrophotometer)

- 바탕시료와 정제수를 이용한 바탕선 안정도, 램프의 이상 유무, 회절격자, 광전자 중배관 검출기, 190 nm ~ 800 nm 스크리닝 등의 확인을 주기적으로 수행한다.

- 자동시료공급기(auto-sampler)가 부착되어 있을 경우 성능, 정확도·정밀도 시험을 정기적으로 수행 및 청결상태를 확인한다.

- 시험 항목별 기기검출한계(IDL ; instrument detection limit), 정확도·정밀도 시험을 정기적으로 수행 및 검토한다.

- 제조사와 실험실 사이에 검교정 계약을 체결하여 주기적으로 장비의 신뢰도를 증명하는 것을 권장한다.

- 실험실은 검·교정 계획을 세우고 검·교정 사항과 유지·관리 내역을 기록하여 보관한다.

▼ 원자흡수 분광광도계(FLAA)의 정도관리 기준

QC 시료	측정 시기/주기	허용 기준	분석 실패 시 조치사항
초기검정검증(ICV)	검정곡선 작성 직후 (일반적으로 중간 농도 사용)	90 % ~ 110 %	• 실패 원인 조사 • 검정곡선 재작성
초기검정바탕시료(ICB)	초기검정검증(ICV) 직후	< EQL	• 실패 원인 조사 • 검정곡선 재작성
검정곡선검증(CCV)	시료 10개당 1회, 분석 종료 후 1회	90 % ~ 110 %	• 실패 원인 조사 • 검정곡선 재작성 • 시료 재분석
연속 검량곡선 바탕시료(CCB)	검정곡선검증(CCV) 이후 매회	< EQL	• 실패 원인 조사 • 검정곡선 재작성 • 시료 재분석
낮은 농도 표준용액(LLS)	초기검정바탕시료(ICB) 측정 직후	75 % ~ 125 %	• 실패 원인 조사 • 결과에 대한 논의
방해물질 검사 표준용액 (interference check standard) (ICP만 실시)	초기검정검증(ICV) 후와 마지막 검정곡선검증(CCV) 전 실시	80 % ~ 120 %	• 조사 • 모든 시료 재분석
희석 오차 확인 (serial dilution)	시료군당 1회, 요구나 필요시 실시	5배 희석 후 EQL 10배 농도에서는 오차 10 %	• 실패 원인 조사 • 결과에 대한 논의
분해 후 첨가 (post spike)	매질첨가시료(MS) 실패 또는 새롭거나 일반적이지 않은 시료 분석 시	75 % ~ 125 %	• 실패 원인 조사 • 결과에 대한 논의

▼ 수은, 냉증기원자흡수분광광도법(cold vapor atomic absorption spectroscopy) 정도관리 기준

QC 시료	측정 시기/주기	허용 기준	분석 실패 시 조치사항
초기검정검증(ICV)	검정곡선 작성 직후 (일반적으로 중간 농도 사용)	90 % ~ 110 %	• 실패 원인 조사 • 검정곡선 재작성
초기검정바탕시료(ICB)	초기검정검증(ICV) 직후	< EQL	• 실패 원인 조사 • 검정곡선 재작성
검정곡선검증(CCV)	시료 10개당 1회, 분석 종료 후 1회	90 % ~ 110 %	• 실패 원인 조사 • 검정곡선 재작성 • 시료 재분석
연속 검량곡선 바탕시료(CCB)	검정곡선검증(CCV) 이후 매회	< EQL	• 실패 원인 조사 • 검정곡선 재작성 • 시료 재분석

QC 시료	측정 시기/주기	허용 기준	분석 실패 시 조치사항
낮은 농도 표준용액(LLS)	초기검정바탕시료(ICB) 측정 직후	75 % ~ 125 %	• 실패 원인 조사 • 결과에 대한 논의

1) 불꽃과 흑연로(flame and graphite furnace)

① 다른 금속을 분석할 때마다 점검한다.

② 감도검사표준용액(sensitivity check standard)을 이용하여 기기의 최적상태를 확인한다.

③ 표준용액의 농도는 각각의 시험방법에 의해 제시된 금속의 농도를 따른다.

2) 방해물질

① 시료 용액은 분무를 통해 불꽃에 주입되며 가연성－조연성(공기－아세틸렌) 가스의 조합이 산화제와 연료로 사용된다.

② 화학적 방해물질은 불꽃이 분자를 충분히 분해시키지 못했거나 분해된 원자가 불꽃의 온도에서 분해되지 않는 화합물로 산화될 때 발생한다.

③ 방해물질은 특정 원소나 화합물을 시료 용액에 첨가시켜 해결할 수 있다.

④ 분자 흡수 및 빛 산란은 불꽃 속의 고체 입자 때문에 발생하며 높은 흡광도 값을 나타내어 문제가 된다.

4. 유도결합플라스마 원자발광분광기(inductively coupled plasma atomic emission spectrometer)

① 바탕시료와 정제수를 이용한 바탕선 안정도, 라디오 주파수 생성기, 검출기, 피크 분리(peak resolution), 190 nm ～800 nm 스크리닝 등의 확인을 주기적으로 수행한다.

② 자동시료공급기(auto－sampler)가 부착되어 있을 경우 성능, 정확도 · 정밀도 시험을 정기적으로 수행 및 청결상태를 확인한다.

③ 제조사와 실험실 사이에 검교정 계약을 체결하여 주기적으로 장비의 신뢰도를 증명하는 것을 권장한다.

④ 실험실은 검 · 교정 계획을 세우고 검 · 교정 사항과 유지 · 관리 내역을 기록하여 보관한다.

▼ **유도결합 플라즈마 원자 발광 분석기 정도관리 기준**

원자흡수 분광광도계(FLLA)의 정도관리 기준과 동일하게 적용

5. 기체크로마토그래프(gas chromatograph)

- GC는 GC 기술에 대한 경험을 가지고, 계산과 데이터를 해석할 수 있는 분석자만이 사용해야 한다.
- 오븐 온도가 ± 0.2 ℃ 이내로 제어가 가능한지, 오븐 온도 프로그램의 선응 유지, 운반 가스의 유속 조절 프로그램 성능 유지, 분할/비분할 주입 기능을 확인한다.
- 바탕시료, 표준 물질 시료의 반복 측정을 통한 정확도와 정밀도, 바탕선 안정도, 컬럼 장애 (column bleeding) 유무, 피크 분리와 각각의 검출기 성능을 정기적으로 확인한다.
- 자동시료공급기(auto-sampler)가 부착되어 있을 경우 성능, 정확도 · 정밀도 시험을 정기적으로 수행 및 청결상태를 확인한다.
- 제조사와 실험실 사이에 검교정 계약을 체결하여 주기적으로 장비의 신뢰도를 증명하는 것을 권장한다.
- 실험실은 검 · 교정 계획을 세우고 검 · 교정 사항과 유지 · 관리 내역을 기록하여 보관한다.

▼ **기체크로마토그래피 정도관리 기준**

QC 시료	측정 시기/주기	허용 기준	분석 실패 시 조치사항
전처리바탕시료(PB)	시료군(20개)당 1회	< EQL	• 실패 원인 조사 • 교정 • 시료를 다시 준비
바탕시료(BS) 또는 실험실 정도관리 시료(LCS)	시료군(20개)당 1회 (바탕시료, 대체표준 물질 첨가 시료)	회수율 70 % ~ 130 % (초기 목표값), 15 ~ 20개 시료로 관리한계 설정	• 실패 원인 조사 • 교정 • 시료를 다시 준비
매질첨가시료(MS)와 매질첨가이중시료(MSD) (정확도, 정밀도)	시료군(20개)당 1회		• 실패 원인 조사 • 매질효과 확인 • 결과에 대한 논의
대체표준물질 (surrogate)	모든 시료 (시료, 정도관리시료, 표준물질, 바탕시료)	정도관리 한계 이내, 정도관리 한계 설정방법 • 일반적인 한계 규정을 따름 • 15 ~ 20회 이상 분석한 결과로 산출	• 실패 원인 조사 • 교정 • 시료를 다시 준비

1) 방해물질

① 시료, 용매 또는 운반가스 오염 또는 많은 양의 화합물을 GC에 삽입했을 경우, 검출기에 화합물이 오래 머무르면서 발생한다.

② 다이클로로메테인, 클로로폼 및 다른 활로겐화 탄화수소 용매는 오염을 유발할 수 있다.

③ 시료 주입부의 격막(septum)은 대부분 실리콘 재질이며 그 격막이 가열되면서 오염이 발생한다.(주기적 교체)

④ 컬럼(column) 손상은 분리관의 온도가 높고 물 또는 산소가 그 시스템에 들어갔을 경우 발생한다. 용매 주입은 컬럼의 고정상을 손상시킬 수 있고 유기화합물은 컬럼 코팅을 분해시킬 수 있다. 특정 계면활성제(surface – active agent)의 주입은 GC 컬럼을 완전히 손상시킬 수 있다.

⑤ 허깨비 피크(ghost peak)는 많은 양의 화합물 또는 컬럼(column) 코팅에 흡착된 화합물이 포함된 시료가 시스템을 지나갈 때 발생한다. 이런 시료의 측정은 이전 시료의 잔류물질로 인한 피크가 보이게 됨. 이러한 문제는 그런 상호작용을 막을 수 있는 컬럼 코팅제를 선택한다.

2) 검출기(detector)

① 전해질전도도검출기(ELCD ; electrolytic conductivity detector)

할로겐, 질소, 황 또는 나이트로아민(nitroamine)을 포함한 유기화합물 분석

② 전자포획검출기(ECD ; electron capture detector)

할로겐족 분자를 포함한 물질에 선택성(높은 감도)를 보이며, 아민, 알코올, 탄화수소와 같은 작용기에는 민감하지 못함

③ 불꽃이온화검출기(FID ; flame ionization detector)

거의 모든 유기화합물, 특히 탄화수소류에 민감하며 물과 이산화탄소와 같은 운반기체 불순물에는 응답하지 않음

④ 광이온화검출기(PID ; photoionization detector)

UV 광원보다 더 작은 이온화 전류(ionization potential)를 가진 화합물을 이온화시킴. 매우 민감하고 노이즈가 적고 직선성이 탁월하며 시료를 파괴하지 않아도 되는 것이 장점

⑤ 질량검출기(MSD ; mass spectrophotometer detector)

다양한 화합물을 검출 가능하며, 이온화에너지로 화합물의 분자 결합을 깨뜨려 쪼개진 패턴으로 화합물의 구조를 유추하여 화합물이 무엇인지 분별할 수 있으며(정성분석), 표준물질을 이용하여 SIM법으로 미량의 화합물을 정량분석할 수 있다.

⑥ 열전도도검출기(TCD ; thermal conductivit detector)

열전도도 차이를 통해 모든 분자를 검출이 가능하며, 특히 무기가스(O_2, N_2, H_2O, 비탄화수소) 검출에 주로 사용됨

⑦ 불꽃광도검출기(FPD ; flame photometric detector)

인(잔류농약) 또는 황화합물(악취성분)을 선택적으로 검출. 황은 파란색으로 타고(394 nm), 인은 노란색을 방출한다(526 nm).

▼ GC 검출기별 검출한계 값

검출기	검출한계값(detector limit)
전자포획검출기, ECD	1×10^{-9}
불꽃이온화검출기, FID	1×10^{-6}
광이온화검출기, PID	100×10^{-9}
열전도도검출기, TCD	100×10^{-6}
불꽃광도검출기, FPD	$P : 500 \times 10^{-9}$, $S : 500 \times 10^{-9}$
질소-인검출기, NPD	1×10^{-6}

▼ 검출기에 사용되는 운반기체 및 검출기 연료 기체

		TCD	ECD	FID	NPD	FPD	ELCD	PID
운반기체	He	○	○	○	○	○	○	○
	H_2	○		○		○	○	○
	N_2	○	○	○	○	○		○
연소/반응 기체	H_2			○	○	○	○	
	Air				○	○		
make-up 기체	N_2	○	○	○	○	○		○
	He	○		○	○	○		○
	$ArCH_2$		○					

6. 고성능액체크로마토그래프(high performance liquid chromatograph)

① 용매 유속 안정도, 압력 안정도, 적절한 사용 컬럼의 성능, 기울기 시스템 성능, 사용용매 또는 정제수의 반복 측정을 통해 바탕선을 정기적으로 확인한다.

② 정확한 검출, 표준물질의 스펙트럼, 피크 분리 등의 확인을 정기적으로 확인한다.

③ 표준물질 시료의 반복 측정을 통해 정확도와 정밀도, 검출기의 성능을 정기적으로 학인

④ 자동시료공급기(auto-sampler)가 부착되어 있을 경우 성능, 정확도·정밀도 시험을 정기적으로 수행 및 청결상태를 확인한다.

⑤ 제조사와 실험실 사이에 검교정 계약을 체결하여 주기적으로 장비의 신뢰도를 증명하는 것을 권장한다.

⑥ 실험실은 검·교정 계획을 세우고 검·교정 사항과 유지·관리 내역을 기록하여 보관한다.

7. pH 측정기

pH 측정기는 교정 후 시료를 측정하기 전에, 농도값을 알고 있는 정도관리용 검사 시료를 측정한다.

▼ pH 미터의 일반적인 문제점 및 개선 방법

일반적 문제점	고장 원인	개선방법
모든 측정결과가 6.2~6.8로 나타남	1) 유리전극 파손 2) 압력관 균열	1) 전극 교체 2) 제조사 문의
모든 측정결과가 7.00으로 나타남	1) 연결 불량 2) 내부 합선	1) 연결상태 확인 2) 연결부위 수리
버퍼 용액 응답시간 지연(30초 이상)	1) 청소상태 불량 pH 전극 또는 기준전극 2) 시료 온도가 낮음	1) 청소용 도구를 이용하여 전극 청소 2) 단면 전극은 10 ℃ 이상, 둥근 전극은 0 ℃ 이상에서 측정
버퍼 용액과 측정결과 차이	1) 기준 변질 2) 접지 루프	1) 특별한 기준 주문 2) 전극 교체
짧은 스팬(70 % 이하)	1) 청소상태 불량 pH 전극 또는 기준 전극 2) 전극 노후화	1) 전극 청소 2) 전극 교체
불안정한 측정결과	1) 기준 전극 오염 또는 합선	1) 전극 청소

▼ 전극 타입 측정방법의 정도관리 일반 기준

QC 시료	측정 시기/주기	허용 기준	분석 실패 시 조치사항
초기검정검증(ICV)	검정곡선 작성 직후 (일반적으로 중간 농도 사용)	90 % ~ 105 %	• 실패 원인 조사 • 검정곡선 재작성
초기검정바탕시료(ICB)	초기검정검증(ICV) 직후	< EQL	• 실패 원인 조사 • 검정곡선 재작성
연속검정곡선검증 (CCV)	시료 10개당 1회, 분석 종료 후 1회	장기간 통계지표에 기초함	모든 시료 재분석
연속검정바탕시료 (CCB)	연속검정검증(CCV) 직후	< EQL	모든 시료 재분석

8. 전기전도도계

① 전도도를 감지해 내는 부분은 백금으로 도금된 얇은 판 두 개가 병렬로 구성되어 있는 전도도 셀을 사용하며, 전도도 셀 검사는 셀표면의 코팅상태, 셀 표면의 생물막 유무 확인, 셀 판이 구부러지거나 찌그러짐에 대한 확인, 유도선이 잘 위치하고 있는가 확인한다.

② 온도의 영향을 매우 크게 받으므로 측정 시 이를 보정(25 ℃ 기준, 필요시 보정 필요)

③ 정도관리기준은 pH측정기와 동일하다.

사용절차

1. 기준셀과 측정셀을 전기전도도 표준용액(KCl 용액)으로 보정한다.
2. 정제수로 수차례 충분히 씻어 준다.
3. 전도도 셀을 시료에 수차례 담그면서 결과 값이 안정화될 때까지 기다린다.
4. 측정결과가 흔들릴 경우 번갈아 측정하여 최대값과 최소값을 기록한다.

▼ **전기전도도계의 일반적인 문제점 및 개선방법**

일반적 문제점	고장 원인	개선방법
출력 불량	1) 전기전도도 센서 접속 불량 2) 접속 단자 불량 3) 케이블 손상 또는 내부 합선	1) 모든 연결 상태 확인 2) 접속단자 확인 3) 제조사 연락
표준용액과 출력값의 차이 (10 % 이상)	1) 표준용액이 오염되거나 변질 2) 전극 오염 3) 표준용액의 측정범위 초과	1) 표준용액 교체 2) 전극 청소 3) 측정범위 점검
불안정한 측정결과 또는 결과 변화	전극에 기포 존재	1) 비커에 담아 측정 시 전극 주위를 교반하거나 흔들어 공기방울을 제거 2) 전극을 옆으로 뉘어 공기방울 배출
전기전도도 표준용액에서 전극값이 바뀌지 않음	1) 전극이 완전히 잠기지 않음 2) 전극이 컨트롤러와 연결 불량	1) 부속연결상태 확인 및 전극을 완전히 잠기게 함 2) 연결선 점검

9. 용존산소 측정기

① 시료의 용존산소 함량은 현장에서 멤브레인 전극 방법으로 측정하고, 윙클러 적정방법을 위해 시료를 수집한다.

② 두 방법상에 결과가 상당히 차이가 있다면, 적절한 시정조치를 한다.

③ 정도관리기준은 pH 측정기와 동일하다.

▼ 용존산소 측정기의 일반적인 문제점 및 개선방법

일반적 문제점	고장 원인	개선 방법
출력 불량	1) DO 센서 연결 불량 2) 연결부분 불량 3) 센서 내부 또는 케이블 연결 불량	1) 센서 연결부분 전체 확인 2) 센서 연결선의 단락 검사 3) 제조사 연락
출력 결과와 적정방법과의 차이	센서 교정(검량곡선 재작성)	센서 결과와 적정방법과의 차이를 비교하여 보정
측정결과가 안정하지 못하거나 낮아지는 경우	전해질이 소진	멤브레인과 전해질 교체

10. 탁도계

① 탁도계의 불량시료를 측정하기 전 표준물질로 매번 탁도계를 교정한다.
② 기기의 성능확인을 위해 반년에 1회씩 주기적인 검사를 수행한다.
③ 탁도계의 불량 여부는 실험실에서 준비한 formazine 저장 용액의 측정결과로 확인한다.
④ formazine 저장 용액(formazine stock solution)은 점검 수행 하루 전에 준비한다. 저장용액의 값은 400 NTU(nephelometric turbidity unit)이며, 냉장보관 시 1개월 동안 사용가능하다.
⑤ 정도관리기준은 pH측정기와 동일하다.

11. 총유기탄소 측정기

① 하천이나 폐수 중에 존재하는 유기탄소의 양을 측정하는 총유기탄소 측정기에는 2가지 측정 방법이 있다.
② 시료를 $20\ \mu L \sim 200\ \mu L$ 주입하여 열분해(600 ℃ 이상)하여 발생한 이산화탄소를 근적외선(IR)으로 검출하여 측정한다.
 • 방법 1. UV 램프와 다양한 과황산염을 이용한 방법
 • 방법 2. 메탄을 이산화탄소로 산화시켜 불꽃이온검출기로 정량

▼ 총유기탄소 측정기의 정도관리 기준

시료	세부 내용 및 주기	허용 기준
바탕시료 (blanks)	각 시료군(batch)마다 하나의 시약바탕시료(reagent blank)를 분석한다.	시약바탕시료 < 0.35 mg/L
보관시간 (holding time)	시료채취 후 28일 이내로 분석한다.	pH ≤ 2와 온도 ≤ 6 ℃에서 보관 및 저장
초기능력검증 (IDC ; initial demonstration of capability)	TOC 측정기를 설치할 때마다, 분석자가 교체될 때마다 수행한다.	평균회수율: 80 % ~ 120 % RSD ≤ 20 %
연속검정검증 (CCV ; continuing calibration verification)	각 시료군(batch)을 분석하기 전 1회, 시료 10개당 1회, 분석 종료 후 1회 실시한다. • Low CCV : 최소보고수준의 농도이거나 그 이하 • Mid CCV : 초기검정곡선의 중간 농도 • High CCV : 검정곡선용 표준용액 중 가장 높은 농도	• Low − CCV : 참값에 대하여 ± 50% 이내 • Mid − CCV : 참값에 대하여 ± 20% 이내 • High − CCV : 참값에 대하여 ± 15% 이내
현장이중시료 (FD ; field duplicate)	각 시료군(batch)마다 한 개의 현장이중시료(FD)를 준비한다.	RPD ≤ 20 %
실험실첨가매질시료 (LFM ; laboratory fortified matrix)	각 시료군(batch)마다 하나의 실험실첨가매질시료(LFM)를 분석한다. 첨가량은 측정되거나 예상되는 농도에 대해 50 % ~ 200 %의 증가분이 나타나도록 실험실첨가매질시료(LFM)를 준비한다.	회수율이 70 % ~ 130 % 범위를 벗어날 경우 매질효과(matrix effect) 조사의 근거가 된다.
정도관리시료 (QCS ; quality control sample)	초기능력검증(IDC)을 수행하는 동안, 새로운 검정곡선을 작성한 후, 새로운 표준용액을 준비할 때마다 정도관리시료를 분석한다. 또는 최소 분기별로 실시한다.	1 mg/L ~ 5 mg/L에 해당하는 QCS 측정값이 참값에 대하여 ± 20 % 이내에 있어야 한다.
검정곡선 (calibration curve)	표준용액을 조제하거나 연속검정검증(CCV)의 정도관리 허용기준을 벗어날 때 새로운 검정곡선을 작성한다.	$r^2 \geq 0.993$

실전 예상문제

01 UV-VIS 분광광도계의 교정과 관리 방법에 대한 설명이 틀린 것은?

2014
제6회
2009
제1회

① 디디뮴[Di] 교정 필터를 사용하여 기기를 교정한다.

② 염화코발트 용액을 사용하여 500 nm, 505 nm, 515 nm, 520 nm의 파장에서 흡광도를 측정하여 교정한다.

③ 기기의 직선성 점검은 저장 용액과 50 % 희석된 염화코발트 용액으로 510 nm의 파장에서 흡광도를 측정하여 교정한다.

④ 바탕시료로 기기의 영점을 맞춘 다음 한 개의 수시교정 표준물질로 곡선을 그려 참값의 10 % 이내인지를 확인한다.

풀이 바탕시료로 기기의 영점을 맞춘 다음 한 개의 수시교정 표준물질로 곡선을 그려 참값의 5 % 이내인지를 확인한다.

02 UV-VIS 분광광도계의 상세 교정 절차를 설명한 것 중 올바른 것을 모두 선택한 것은?

2012
제4회

ㄱ. 바탕시료로 기기의 영점을 맞춘다.

ㄴ. 5개의 수시교정 표준물질로 곡선을 그린다. 참값의 5 % 이내에 있어야 한다.

ㄷ. 분석한 검정확인 표준물질에 의해 곡선을 검정한다.

ㄹ. 참값의 15 % 내에 있어야 한다.

ㅁ. 곡선을 점검하고 검정할 때, 시료 5개를 분석한다.

① ㄱ

② ㄱ, ㄴ, ㄷ

③ ㄱ, ㄴ, ㄹ

④ ㄱ, ㄴ, ㄷ, ㄹ

풀이 ㄴ. 한 개의 수시교정 곡선을 그린다. 참값의 5 % 이내에 있어야 한다.
　　　ㄷ. 분석한 검정확인 연속교정표준물질인 표준물질로 표준물질에 의해 곡선을 검정한다.
　　　ㄹ. 참값의 5 % 이내에 있어야 한다.

03 UV-Vis 분광광도계의 상세 교정 절차의 설명 중 틀린 것은?

2011
제3회

① 바탕 시료로 기기를 영점에 맞춘다.

② 1개의 검정표준물질로 검정곡선을 작성한다. 참값의 5 % 이내에 있어야 한다.

③ 분석한 검증확인표준물질에 의해 곡선을 검증한다. 참값의 10 % 이내에 있어야 한다.

④ 디디뮴교정필터를 사용하더라도 검증확인표준물질로 확인하여야 한다.

풀이 네오디뮴 필터(neodymium filter), 홀뮴 필터(holmium filter) 등을 이용한다.

04 원자흡광광도법에 사용하는 고압가스와 관련하여 틀린 것은?

2012
제4회

① 고압가스통은 규격에 맞는 검사필의 것을 사용한다.
② 가스는 완전히 없어질 때까지 사용한다.
③ 가능한 한 옥외에 설치한다.
④ 아세틸렌을 사용할 경우에는 구리 또는 구리 합금의 관올 사용해서는 안 된다.

풀이 시험용 가스의 경우 일정 압력 이하의 잔류가스는 사용하지 않고 버린다. 일반적으로 잔류가스에 불순물이 존재하기 때문이다.

05 기체크로마토그래피에서 운반기체로 사용되지 않는 기체는?

2014
제6회

① 산소   ② 수소   ③ 헬륨   ④ 질소

풀이 산소는 운반가스로 사용하지 않는다. 오히려 많은 경우 운반기체 중에 산소를 제거하기 위하여 트랩을 설치한다.

06 기체 크로마토그래프(GC ; gas chromatograph)를 이용하여 정교한 분석절차를 수행할 때, 필수적으로 확인하여야 할 사항이 아닌 것은?

2011
제3회

① 오븐 온도가 ±0.2 ℃ 이내로 제어가 가능한지 오븐 온도 프로그램의 성능을 확인하여야 한다.
② 바탕시료의 반복 측정을 통한 바탕선 안정도와 컬럼장애(column bleeding)를 확인하여야 한다.
③ 운반 가스의 유속 조절 프로그램 성능 유지와 분할/비분할 주입 기능을 확인하여야 한다.
④ 제조사와 실험실 사이에 검정 · 교정 계약을 체결하여 주기적으로 장비의 신뢰도를 증명하여야 한다.

풀이 제조사와 실험실 사이에 검정 · 교정 계약을 체결하여 주기적으로 장비의 신뢰도를 증명할 것을 권장한다.

07 가스크로마토그래피 검출기 특성으로 잘못 기술한 것은?

2010
제2회

① ECD - 할로겐 화합물에 민감하다.   ② FID - 비교적 넓은 직선성 범위를 갖는다.
③ TCD - O_2, N_2 등 기체분석에 많이 사용된다.   ④ FPD - 과산화물 검출에 사용된다.

풀이 불꽃광도검출기(FPD ; flame photometric detector) : 인(잔류농약) 또는 황화합물(악취성분)을 선택적으로 검출

08 측정 시 측정값의 온도를 보정하여야 하는 항목은?

2013
제4회

① 화학적 산소요구량   ② 잔류염소
③ 전도도   ④ 알칼리도

정답 04 ② 05 ① 06 ④ 07 ④ 08 ③

> **풀이** 전도도는 온도의 영향을 매우 크게 받으므로 측정 시 이를 보정해야 한다(25 ℃ 기준, 필요시 보정 필요).

09 분광학적 분석을 위한 시험 일지에 기록하는 내용으로 불필요한 것은?
2011
제3회
① 방법검출한계(MDL) ② 교정검정표준물질(CVS) 회수율
③ 정밀도(RDP) ④ 온도보정값

> **풀이** 시험일지에는 MDL, LOQ, 정밀도, 정확도 등이 필요함. 온도와 습도는 기기실 환경조건으로 필요하나 온도를 보정한 값을 기록할 필요는 없다.

10 탁도계 점검은 최소한 반 년에 한 번 실시하여야 하는데, 이때 사용되는 표준용액은?
2011
제3회
① hexamethylene tetramine 용액 ② hydrzine sulfate 용액
③ formazine 용액 ④ pyridine 용액

> **풀이** 탁도계의 불량 증거는 실험실에서 준비한 formazine 저장 용액의 측정결과로 알아볼 수 있다.

11 원자흡수분광광도계(AAS ; atomic absorption spectrophotometer)를 이용한 기기 분석에 대한 설명 중 틀린 것은?
① 시료 용액은 가연성-조연성 가스를 이용하여 산화제 및 연료로 사용된다.
② 불꽃이 분자를 충분히 분해시키지 못했거나 분해된 원자가 불꽃의 온도에서 분해되지 않은 화합물이 산화될 때 방해물질이 생성된다.
③ 물질 분석 시 더 높은 온도의 불꽃이 필요할 경우 질소산화물-아세틸렌 불꽃을 사용할 수 있다.
④ 분자 흡수 및 빛 산란은 고체 입자 때문에 발생될 수 있으나 결과값에 문제는 없다.

> **풀이** 분자 흡수 및 빛 산란은 고체 입자 때문에 발생될 수 있으며 이는 높은 흡광도를 나타낼 수 있다.

12 총유기탄소 측정기에 대한 설명 중 틀린 것은?
① 총유기탄소 측정방법은 열분해하여 발생한 이산화탄소를 근적외선을 이용하여 측정하는 방법 한 가지뿐이다.
② 촉매교환은 주기적(매월)으로 점검해야 한다.
③ 총유기탄소 측정에서 무기탄소 제거 또는 입자상 물질에 대한 대표성이 있는 시료를 채취해야 한다.
④ 입자상 물질이 여과되는 경우는 그 측정결과와 실제 총유기탄소 값과의 관계를 확인해 두는 것이 좋다.

> **풀이** ①은 보편적인 방법이며, UV램프와 다양한 과황산염을 이용한 방법과 메탄을 이산화탄소로 산화시켜 불꽃이온검출기로 정량하는 방법이 있다.

정답 09 ④ 10 ③ 11 ④ 12 ①

13 다음 중 기체크로마토그래프의 사용에 대한 설명으로 적당하지 않은 것은?

① GC는 정밀한 기기이므로 GC 기술에 대한 경험을 가지고, 계산과 데이터를 해석할 수 있는 분석자만이 사용하도록 해야 한다.

② 오븐 온도가 ± 0.2 ℃ 이내로 제어가 가능한지, 오븐 온도 프로그램의 선응 유지, 운반 가스의 유속 조절 프로그램 성능 유지, 분할/비분할 주입 기능을 확인한다.

③ 바탕시료, 표준 물질 시료의 반복 측정을 통한 정확도와 정밀도, 바탕선 안정도, 컬럼 장애(column bleeding) 유무, 피크 분리와 각각의 검출기 성능을 정기적으로 확인한다.

④ 자동시료공급기(auto-sampler)는 보조장치이므로 별도의 성능 시험을 정기적으로 수행할 필요가 없다.

(풀이) 자동시료공급기(auto-sampler)가 부착되어 있을 경우 성능, 정확도·정밀도 시험을 정기적으로 수행 및 청결상태를 확인한다.

14 다음 중 기체크로마토그래프 장치의 점검사항 중 매일 점검 사항에 해당하지 않는 것은?

① 주입구 격막
② GC 실린지(미량주사기)
③ 누출 점검
④ 컬럼 교체

(풀이) 컬럼 교체는 분기별 또는 분석 대상 물질이 변경되었을 경우에 한다.

	탄성격막, 가스 흐름 점검	매일
	GC 실린지 청소	매일
	누출 점검	매일
gas chromatographs	컬럼(column) 교체	분기별
	주입구 청소	매월
	전기장치 점검	분기별(점검서비스)
	온도 점검	분기별(점검서비스)

NVIRONMENTAL MEASUREMENT
환경측정분석사

5 실험실 기기의 유지 관리 주기

▼ 실험장비 유지관리

기기	유지활동	횟수
pH meter	전극(probe) 청소 전극(probe) 충전 배터리 교체	매일 매주 / 필요시 필요시
전도도	전극(probe) 청소 배터리 교체	매일 필요시
용존산소측정기	전극(probe) 청소 멤브레인 필터 교체 배터리 교체	매일 필요시 필요시
이온선택전극	전극(probe) 청소 전극(probe) 충전	매일 단기간
기준전극	전극(probe) 청소 용액저장상태 확인	매일 매일
저울	팬 청소 전구 교체 스케일 범위 조절	매일 매년(점검서비스) 매년(점검서비스)
UV-VIS 분광기	파장 최적상태 확인 램프 교체 창 청소 시료 주입구 청소 석영 셀 청소	매주 필요시 분기별(점검서비스) 매일 매일
AA/flame 분광기	시료분사구 청소 버너헤드청소 튜브, 펌프, 램프 점검 석영창 청소 전기장치 점검 광학장치 점검	매일 매일 매일 매주 6개월(점검서비스) 매년(점검서비스)
AA/ graphite 분광기	흑연관 점검 오토샘플러 시료주입 라인 세척 회화로 하우징, 분사구 청소 전기장치 점검	매일 매일 매주 6개월(점검서비스)

기기	유지활동	횟수
ICP	토치 청소	매주
	시료 분사구 및 스프레이 챔버 청소	매주
	튜브, 진공펌프오일 점검	매주
	시료공급 라인, 가스 토치	매일
	전기장치 점검	6개월(점검서비스)
	파장 조정	6개월(점검서비스)
	간섭 영향 점검	6개월
TOC 분석기	시료 주입구 청소	매월
	촉매교환	매월
	연소라인 점검	6개월
gas chromatographs	탄성격막, 가스 흐름 점검	매일
	GC 실린지 청소	매일
	누출 점검	매일
	컬럼(column) 교체	분기별
	주입구 청소	매월
	전기장치 점검	분기별(점검서비스)
	온도 점검	분기별(점검서비스)
purge and trap	누출 점검	매월
	시료 저장장치 세척	매주
	트랩 교체	매년
	퍼지(purge) 유로 점검	매월
자동분석기	누출, 세척시스템 확인	매일
	전극 청소	매월
	튜빙 점검	매월
	광학 장비 청소	분기별(점검서비스)
	펌프 롤러, 튜빙 고정판, 파장 필터 청소	매월
	유로 셀 청소, 오일 확인, 기어 기름칠	6개월(점검서비스)
냉장고, 오븐 및 고압 배양기	내부 청소	매월
	온도조절장치 확인	매년
autoclaves	가스켓 상태 확인	매주
	내부청소	매월
	멸균 성능 테입에 의한 확인	매일
	타이머 장치 점검	6개월(점검서비스)
탁도계	장비 외부 청소	매월
	셀 세척	매일
온도계	수은주 파손 여부 점검	매일

실전 예상문제

01
2009
제1회
실험실 기기의 유지관리 주기에서 매일 점검하지 않아도 되는 것은?

① ICP의 토치 세척
② 전기 전도도 측정계의 셀 세척
③ 탁도계의 셀 세척
④ pH 미터의 전극 세척

풀이 ICP 토치는 주 1회 세척

02
기기 분석 시 자동분석기를 빈번히 사용하고 있다. 매월 점검항목으로 적당하지 않은 것은?

① 전극 청소
② 광학 장비 청소
③ 누출, 세척 시스템 확인
④ 펌프 롤러, 튜빙 고정판, 파장 필터 청소

풀이 누출 및 세척 시스템은 기기분석 시 매일 점검해야 할 항목이다.

···04 시약

1 시약

1. 시약등급수(실험실용 정제수)의 종류 및 사용

① 시약등급수(reagent-grade water)는 표준용액 제조, 시약 제조, 희석 및 바탕시료로 사용되기 때문에 화학분석에서 가장 중요한 사항 중 하나이다.

② 시약등급수의 수질기준을 미국 ASTM(american society for testing and materials)은 4개 등급으로 구분하고 있다.

▼ **시약등급수의 종류별 제조방법 및 용도**

	유형 1	유형 2	유형 3	유형 4
방법	증류 또는 다른 동등한 과정을 거쳐 혼합이온 교환수지와 $0.2~\mu m$ 멤브레인 필터를 통과한 것	증류 또는 다른 동등한 과정을 거쳐 혼합이온 교환수지와 $0.2~\mu m$ 멤브레인 필터를 통과한 것	이온교환, 역삼투에 의한 전기분해식 이온화 장치(continuous electrodeionization reverse osmosis) 또는 이것들의 조합에 의해 제조된 것	이온교환, 역삼투에 의한 전기분해식 이온화장치, 전기투석장치(electrodialysis) 또는 이것들의 조합에 의해 제조된 것
필터	25(298 K) ℃, $18~\mu S/cm$	25(298 K) ℃, $1~\mu S/cm$ 이하	$0.45~\mu m$, 멤브레인 필터	-
용도	정밀 분석용	분석실용 박테리아의 존재를 무시할 목적으로 한 실험이나 시약, 염료 혹은 착색	• 시험실용(유리세척이나 예비 세척) • 높은 등급수를 생산하기 위한 원수(feedwater)로 사용	시험실용(유리세척이나 예비 세척)

▼ **시약등급수의 종류**

	단위	유형 1	유형 2	유형 3	유형 4
전기전도도 (max, @ 25 ℃)	uS/cm	0.056	1.0	0.25	5.0
전기 저항 (min @ 25 ℃)	MΩ · cm	1.8	1.0	4.0	0.2
pH(@ 25 ℃)	-	-	-	6.2 ~ 7.5	5.0 ~ 8.0
총 유기탄소(TOC) (max, @ 25 ℃)	ug/L	50	50	200	no limit
Na(max)	ug/L	1	5	10	50
Cl^-(max)	ug/L	1	5	10	50
총 실리카(max)	ug/L	3	3	500	no limit

2. 시약등급수(실험실용 정제수)의 준비방법(정제방법)

시약등급수의 제조방법으로는 역삼투(reverse osmosis), 증류, 탈이온화(deionization), 한외 여과(ultrafiltration), 자외선 처리 등의 방법이 사용된다.

▼ 물의 정제에 사용되는 일반적인 과정 및 제거되는 오염물질

정제과정	오염물질 분류					
	녹아 있는 이온화된 고체	녹아 있는 이온화된 기체	녹아 있는 유기물질	입자	박테리아	발열물질(pyrogen)/ 균체 내 독소(endotoxin)
증류	G~E*	P	G	E	E	E
탈이온화	E	E	P	P	P	P
역삼투	G**	P	G	E	E	E
탄소 흡착	P	P	G~E$^+$	P	P	P
여과	P	P***	P	E	E	P
한외 여과	P	P	G^{++}	E	E	E
자외선 산화	P	P	G~E$^{\Pi}$	P	G$^{\Pi\Pi}$	P

주) E=excellent(완벽히 제거되거나 거의 제거됨) G=good(많은 부분이 제거됨) P=poor(조금 제거되거나 안 됨)

* 증류에 의해 정제된 물의 저항은 탈이온화에 의해 만들어진 저항보다 더 낮은 값을 가진다(전기전도도는 더 큰 값을 가진다). 이는 증류에 의해 정제된물은 이산화탄소, 이산화황과 다른 이온화된 기체가 있을 수 있기 때문이다.

** 녹아 있는 이온화된 고체의 저항은 원래 제공되는 물의 저항에 의존한다.

*** 활성화 탄소는 흡착(adsorption)에 의해 잔류염소가 제거된다.

+ 다른 정제과정을 사용할 때, 활성화 탄소의 등급과 다른 합성 흡착제의 등급은 유기 오염물질을 제거하기 위한 능력을 가진 것을 사용한다.

++ 한외여과는 미량 유기 오염물질을 감소하는 데 유용하다.

∏ 185nm 자외선 산화는 전처리를 할 때 미량의 유기 오염물질을 제거하는 데 효과적이다.

∏∏ 254nm 자외선 살균은 박테리아를 물리적으로 제거하는 것이 아니라 살균 또는 박테리아 증식을 최소화한다.

1) 증류(distillation)

① 붕규산 유리(borosilicate glass), 석영, 주석 혹은 티타늄 재질의 증류기를 이용하여 실험실-등급(laboratory-grade) 증류수를 준비하는 것을 말한다.

② 증류수의 저항은 25 ℃에서 1 MΩ · cm 보다 커야 하고, 유형 1의 경우 10 MΩ · cm이다.

③ 암모니아 오염을 방지하기 위해서는 산성용액을 증류하는 것이 좋다.

④ 대기 중 이산화탄소의 영향을 감소시키기 위해서 15분간 끓인 다음 빠르게 실온으로 냉각하며, 대기 중 이산화탄소 차단을 위해 소다석회(soda lime) 충진관 또는 이산화탄소 흡수재를 사용한다.

⑤ 증류기에서의 스케일 발생을 억제하고 지속적으로 사용하기 위해서는 공급되는 원수를 전처리하거나 주기적으로 관리가 필요하다. 전처리 방법으로는 역삼투, 이온교환 방법이 있다.

2) 역삼투

① 역삼투는 녹아 있는 성분과 부유 불순물(suspended impurity)을 제거하기 위해 반투성 멤브레인(semipermeable membrane)을 통해 압력이 가해진 물을 여과하는 단위공정이다.
② 멤브레인의 효율적인 여과를 위해서는 와건형 모듈(spiral – wound module) 또는 중공사형 모듈(hollow fiber module)을 사용하여 원수를 전처리한다.
③ 이러한 전처리에 의하여 콜로이드 또는 입자성 물질로 인한 멤브레인 오염과 염화이온, 철, 또는 다른 산화물질을 최소화할 수 있다.

3) 이온 교환

① 원수를 강 양이온과 강 음이온으로 혼합 구성된 혼합(mixed – bed)이온 교환기를 통과시켜 탈이온수(deionized water)를 준비한다.
② 혼합 이온교환기를 지속적으로 사용하지 않을 때에는 물을 순환시킨다.
③ 유기물이 많은 원수는 이온수지를 오염시켜 기능을 저하시키므로 가능한 한 전여과(pre – filtration), 증류, 역삼투 또는 흡착과 같은 전처리를 수행하는 것이 좋다.

4) 흡착(adsorption)

흡착은 일반적으로 염소이온과 유기 불순물 제거를 목적으로 입자상 활성탄(granual activated carbon)을 사용한다.

3. 시약 등급 및 순도

① 사용할 때마다 순도를 확인한다.
② 순도가 적절하지 않은 시약을 사용하면 실험에 실패하거나 폭발/화재 등의 실험실 안전사고의 원인이 되기도 한다.
③ 시약 사용 시 시약 라벨 확인을 습관화한다.
④ 주요 확인 사항은 화학명, 분자식, 분자량, 불순물 함량, 분석 등급, 인체 위험도, 안전코드 등이 있다.
⑤ 시약의 등급은 순도와 품질에 따라 구분되며, 표기방법도 제조사마다 다르지만 국내에서는 주로 4가지 등급으로 조제시약, 특급시약, 일급시약, 화학용 시약 등으로 구분한다.

⑥ 환경분석에는 특급 이상의 시약을 사용하는 것이 좋다. 특급 이상의 시약을 사용하지 못할 경우 시험에 따라 1급 시약도 가능하나 시약 제조사에서 품질을 보증하고, 그 순도와 불순물의 함유량을 밝힌 시약을 사용한다.

▼ **국내 시약 등급**

등급	시약의 등급
S.P.	specially prepared reagent(용도별 조제 시약)
U.F.	ultra fine grade(정밀분석용 시약)
G.R.	guaranteed reagent(특급시약)
E.P.	extra pure reagent(1급 시약)
C.P.	chemical pure reagent(화학용 시약)
T.G.	technical grade(공업용 시약)

4. 미국의 시약 순도에 따른 등급

① Primary Standard : 표준용량용액(standardizing volumetric solution)과 참조표준물질 (reference standard)을 위한 특별한 순도를 만족하기 위해 특별히 제조된 시약

② AR(analytical reagent) : 일반적인 실험실에서 사용 가능한 분석용 시약

③ ACS : 미국화학회(american chemical society committee)의 화학시약 위원회에 의해 정해진 순도에 맞는 시약

④ USP : 미국 의약품(U.S. pharmacopeia) 규정에 만족하는 시약

⑤ NF : 미국 공인처방(national formulary) 규정에 만족하는 시약

⑥ TAC/FCC : 미국 FCC(food chemical codex) 기준과 식품 사용의 안전기준을 만족하는 시약. tested additive chemical/food chemical codex

⑦ Technical : 공업용 사용이 가능한 등급

⑧ AR Select : 미량 원소 분석을 위한 고순도 산

⑨ OR(organic reagents) : 대부분의 조사 연구와 실험실에 사용 가능한 순도가 안정적인 유기 실험용 시약

⑩ Certified : BSC(biological stain commission)에 의해 보증된 시약

⑪ ChromAR : 크로마토그래피를 위해 특별한 순도로 제조된 용매들

⑫ GenAR : 생명공학과 유전공학 실험실을 위한 시약

⑬ Nanograde : 잔류농약 분석과 같은 가스크로마토그래피의 EC 검출기를 위해 특별히 관리된 시약

⑭ ScintillAR : 액체 불꽃실험(liquid scintillometry)에 사용되는 시약

⑮ SilicAR : 컬럼과 판막크로마토그래피용 시약

⑯ SpectrAR : 스펙트로장비용 시약

⑰ StandARd : 다양한 적정법과 AA용의 검정곡선용 시약

⑱ Mercury − free chemicals : 수은 측정용 시약

⑲ Nitrigen − free chemicals : 질소 화합물 분석용 시약

실전 예상문제

01
2013
제5회

시약 등급수(reagent – grade water) 유형에 대한 설명이 옳은 것은?

① I 유형의 시약 등급수는 분석 방법의 검출 한계에서 분석되는 화합물 또는 원소가 검출되지 않는다.

② II 유형은 시약 조제에 사용되며, 미생물(박테리아) 실험에는 사용할 수 없다.

③ III 유형은 유리 기구의 세척과 시약의 조제에 모두 사용할 수 있다.

④ IV 유형은 유리 기구의 세척과 예비 세척에 사용되며, 더 높은 등급수 생산을 위한 원수(feedwater)로 사용된다.

풀이 I 유형은 정밀 분석용

02
2011
제3회

물의 정제에 사용되는 일반 과정과 정제에 의해 제거되는 오염물질에 대한 설명으로 맞지 않는 것은?

① 활성탄 탄소는 흡착에 의해 잔류염소가 제거된다.

② ultrafilter는 특정 유기 오염물질을 줄이는 데 유용하다.

③ 185 nm 자외선 산화는 전처리를 할 때 미량의 유기오염물질을 제거하는 데 효과적이다.

④ 증류에 의해 정제된 물은 탈이온화에 의해 만들어진 정제수보다 더 높은 저항값을 가진다.

풀이 증류에 의해 정제된 물은 탈이온화에 의해 만들어진 정제수보다 더 낮은 저항값을 가진다.

03
2009
제1회

분석에 사용되는 시약 등급수(reagent – grade water)에 관한 설명으로 맞지 않는 것은?

① 유형 I은 최소의 간섭물질과 편향 최대 정밀도를 필요로 할 때 사용된다.

② 유형 II는 박테리아의 존재를 무시할 수 있는 목적에 사용된다.

③ 유형 III은 유리기구의 세척과 예비 세척에 사용된다.

④ 유형 IV는 더 높은 등급수의 생산을 위한 원수로 사용된다.

풀이 더 높은 등급수의 원수로 사용되는 것은 유형 III

04
2011
제3회

녹아 있는 이온화된 고체를 제거하기에 적절하지 않은 처리 과정은?

① 증류 ② 역삼투

③ 한외여과 ④ 탈이온화

풀이 녹아 있는 이온화된 고체는 탄소흡착, 여과, 한외여과, 자외선 산화로는 효율이 높지 않다.

05 다음은 환경분석에 사용되는 시약에 대한 설명이다. 맞지 않는 것은?

① 사용할 때마다 순도를 확인한다.

② 국내에서 시약의 등급은 주로 조제시약, 특급시약, 일급시약, 화학용 시약 등으로 구분한다.

③ 환경분석에는 특급 이상의 시약만을 사용해야 한다.

④ Primary Standard는 미국의 시약 순도에 따른 등급으로 표준용량용액과 참조표준물질을 위한 특별한 순도를 만족하기 위해 특별히 제조된 시약이다.

> **풀이** 환경분석에는 특급 이상의 시약을 사용하는 것이 좋다. 특급 이상의 시약을 사용하지 못할 경우 시험에 따라 1급 시약도 가능하나 시약 제조사에서 품질을 보증하고, 그 순도와 불순물의 함유량을 밝힌 시약을 사용한다.

정답 05 ③

2 표준물질

1. 적정용액의 표준화

① 표준용액의 정확한 농도를 측정하는 것을 표준화(or 표정, standardization)라 한다.

② 정확도와 순도의 관계성이 입증된 일차표준물질(primary standards)이라 하며, 일차표준물질의 반응성을 이용하여 분석자가 제조한 적정용액의 질량농도를 정확히 측정하는 것을 적정용액의 표준화라 한다.

③ 일차표준물질의 조건

    ㉠ 매우 높은 순도(거의 100 %)와 정확한 조성을 알아야 하며, 불순물의 함량이 0.01 % ~ 0.02 %이어야 한다.

    ㉡ 일차표준물질은 안정하며, 쉽게 건조되어야 하며, 대기 중의 수분과 이산화탄소를 흡수하지 않아야 한다.

    ㉢ 표준화용액과 화학량론적으로 신속하게 반응하여야 한다.

    ㉣ 무게칭량으로 인한 상대오차를 최소화하기 위해 비교적 큰 화학식량을 가져야 한다.

④ 일차표준물질을 이용한 표준용액은 다음과 같은 특성을 갖는 것이 좋음

    ㉠ 한 번의 측정으로 그 농도를 결정할 수 있을 만큼 매우 안정해야 한다.

    ㉡ 적정시약이 첨가되는 시간을 최소화하기 위하여 분석물과 빠르게 반응해야 한다.

    ㉢ 만족할 만한 종말점을 얻기 위해 분석물과 거의 완전히 반응해야 한다.

    ㉣ 간단한 균형 반응식으로 설명할 수 있도록 분석물과 선택적으로 반응하여야 한다.

2. 교정용 저장용액 및 작업용액(표준용액) 제조방법

① 상업적으로 판매되는 저장용액이나 표준용액을 구매해서 사용하거나 실험실에서 교정용 저장용액이나 표준용액을 제조하여 사용한다.

② 저장용액은 수질오염공정시험기준에 따라 제조하며, 작업용액은 수질오염공정시험기준에 따라 적절히 저장용액을 희석하여 사용한다.

▼ 교정용 저장용액 및 보존기간

항목	저장용액(mg/mL)	보존기간	작업용액(mg/mL)	비고
pH	4.00, 7.00, 10.00	표시기간	–	–
불소이온	1.0	1개월	0.002	–
브롬	0.5	3개월		실온보관
색도	–	–	500 unit	–
시안이온	1	1개월	0.001	표정, 냉장보관, 매주 점검
아질산성 질소	0.25	3개월	0.001	표정, 클로로폼 보존처리, 냉장보관
암모니아성 질소	0.1	3개월	0.005	냉장보관
음이온 계면활성제	0.5		0.01	
인산염 인	0.1	3개월(0.05 mg/mL)	0.005	냉장보관
전기전도도	0.01 M KCl	6개월	–	실온보관, 유리병
질산성 질소	0.1	6개월(1.0 mg/mL)	0.01, 0.02, 0.001, 0.002	냉장보관, 클로로폼 보존처리
총 유기탄소	1000	3개월(0.1 mg/L 이하)	100	냉장보관, 갈색병
탁도	–	1개월	400 NTU	냉장보관
페놀	약 1	3개월	0.01, 0.001	표정, 유리병

▼ 유기물질 저장용액 및 보존기간

항목	저장용액 (mg/mL)	보존기간	작업용액 (mg/mL)	비고
다이아지논	–		5 μg/mL	
염화메틸수은	10		10, 0.001, 0.0001	
이피엔	–		5 μg/mL	
파라티온	–		5 μg/mL	
펜토에이트	–		5 μg/mL	
PCB(2염소)	–		0.001	
PCB(3염소)	–		0.001	
PCB(4염소)	–	개별 표시기간	0.001	
PCB(5염소)	–		0.001	
PCB(6염소)	–		0.001	
트리클로로에틸렌	약 14		0.15	
테트라클로로에틸렌	약 42		0.004	
o-터페닐	2,000		50	
노나트리아콘탄	3,000		300	
디에틸헥실프탈레이트	1,000		0.01	

3. 중금속 표준물질 제조방법

① 시료와 비슷한 매질을 가진 물로 농도를 알고 있는 금속 표준용액을 준비한다.
② 표준물질은 예상된 시료 농도를 하나로 묶고, 시험방법의 측정범위 내에 있어야 한다.
③ 희석표준물질은 최소한 100 mg의 농도를 가진 표준 저장용액을 매일 만들어야 한다.
④ 표준 저장용액은100 mg/L의 농도이다.

▼ 중금속 저장용액 및 보존기간

항목	저장용액 (mg/mL)	보존기간	작업용액 (mg/mL)	비고
망가니즈(Mn)	0.1		0.05, 0.02, 0.01	
구리(Cu)	0.1		0.05, 0.01, 0.001	
납(Pb)	0.1		0.05, 0.01, 0.001	
니켈(Ni)	1		0.05, 0.01, 0.005	
비소(As)	0.1	표시기간 (1,000 mg/L), 1개월 (0.1 mg/L 이하)	0.001	실온, 0.5 % 질산
수은(Hg)	0.5		0.01, 0.001	
셀레늄(Se)	1		0.0001	
아연(Zn)	0.1		0.01, 0.002	
철(Fe)	1.0		0.01	
카드뮴(Cd)	0.1		0.01, 0.001	
크로뮴(Cr)	0.1		0.01, 0.002	
안티몬(Sb)	1.000		0.01, 0.002, 0.0001	

4. 시약 운반 및 보관방법

① 시약 구매 시에는 제조사로부터 시약의 위험성과 취급 시 주의사항에 대한 자료를 받아 읽어 보도록 해야 한다.
② 시약이나 화학약품을 다루기 전에는 반드시 물질안전보건자료(MSDS ; material safety data sheet)를 획득하여 그 내용을 숙지해야 한다.
③ 시약이 저장을 위한 일반적인 기준은 다음과 같다.
  • 모든 화학물질은 특별한 저장 공간이 있어야 함
  • 모든 화학물질에는 물질이름, 소유자, 구입날짜, 위험성, 응급절차를 나타내는 라벨을 부착해야 함
  • 일반적으로 위험한 물질은 직사광선을 피하고 시원한 곳에 저장하며, 이종물질을 혼입하지 않도록 함과 동시에 화기, 열원으로부터 격리해야 함

- 다량의 위험한 물질은 법령에 의하여 소정의 저장고에 종류별로 저장하고, 또한 독극물은 약품 선반에 잠금장치를 설치하여 보관함
- 특히 위험한 약품의 분실, 도난 시는 사고가 일어날 우려가 있으므로 담당책임자에게 보고해야 함

▼ 유해 화학물질의 분류

구분	특성	종류
폭발성 물질	가열·마찰·충격 또는 다른 화학물질과의 접촉으로 인하여 산소나 산화제 공급 없이 폭발	질산에스테르류, 니트로화합물, 니트로소화합물, 아조화합물, 디아조화합물, 하이드라진 및 그 유도체, 유기과산화물 등
발화성 물질	스스로 발화하거나 발화가 용이한 것 또는 물과 접촉하여 발화하고 가연성 가스를 발생시키는 물질	• 가연성 고체 : 황화인, 적린, 유황, 철분, 금속분, 마그네슘, 인화성 고체 등 • 자연발화성 및 금수성(禁水性) 물질 : 칼륨, 나트륨, 알킬 알루미늄, 알킬리튬, 황인, 알칼리금속 등
산화성 물질	산화력이 강하고 가열·충격 및 다른 화학물질과의 접촉으로 인하여 격렬히 분해·반응하는 물질	염소산 및 염류, 과염소산 및 그 염류, 과산화수소 및 무기과산화물, 아염소산 및 그 염류, 불소산염류, 초산 및 그 염류, 요오드산염류, 과망간산염류, 중크롬산 및 그 염류 등
인화성 물질	대기압에서 인화점이 65 ℃ 이하인 가연성 액체	• 인화점 −30 ℃ 이하 : 에틸에테르, 가솔린, 아세트알데하이드, 산화프로필렌 등 • 인화점 −30 ℃ ~ 0 ℃ : 노말헥산, 산화에틸렌, 아세톤, 메틸에틸케톤 등 • 인화점 0 ℃ ~ 30 ℃ : 메틸알코올, 에틸알코올, 자일렌, 아세트산 등 • 인화점 30 ℃ ~ 65 ℃ : 등유, 경유, 에탄, 프로판, 부탄, 기타(15 ℃, 1기압에서 기체 상태인 가연성 가스)
가연성 가스	폭발한계 농도의 하한이 10 % 이하 또는 상하한의 차이가 20 % 이상인 가스	수소, 아세틸렌, 에틸렌, 메탄, 에탄, 프로판, 부탄, 기타(15 ℃, 1기압에서 기체 상태인 가연성 가스)
부식성 물질	금속 등을 쉽게 부식시키거나, 인체와 접촉하면 심한 상해를 입히는 물질	• 부식성 산류 : 농도 20 % 이상인 염산, 질산, 황산 등, 농도 60 % 이상인 인산, 아세트산, 불산 등 • 부식성 염기류 : 농도 40 ℃ 이상인 수산화나트륨, 수산화칼륨 등
독성 물질	다음 조건의 동물실험 독성치를 나타내는 물질	• LD_{50}(경구, 쥐) : 200 mg/kg 이하 • LD_{50}(경피, 쥐 또는 토끼) : 400 mg/kg 이하 • LC_{50}(쥐, 4시간 흡입) : 2,000 mg/kg 이하

* GHS : 「화학물질의 분류 및 표지에 관한 세계조화시스템」

시약 저장 일반 기준
- 모든 화학물질은 특별한 저장 공간이 있어야 한다.
- 모든 화학물질에는 물질이름, 소유자, 구입날짜, 위험성, 응급절차를 나타내는 라벨을 부착해야 한다.
- 위험한 물질은 직사광선을 피하고 시원한 곳에 저장하며, 이종물질을 혼입하지 않도록 함과 동시에 화기, 열원으로부터 격리해야 한다.
- 다량의 위험 물질은 법령에 의하여 소정의 저장고에 종류별로 저장하고, 독 · 극물은 약품 선반에 잠금장치를 설치하여 보관한다.
- 특히 위험한 약품의 분실, 도난 시는 사고가 일어날 우려가 있으므로 담당책임자에게 보고해야 한다.

▼ **화학물질별 저장방법**

화학물질	저장 방법
산(HCl, H_2SO_4, HNO_3, 아세트산)	• 원래의 용기에 저장 • 캐비닛에 "산"이라고 적어 산성 용액으로 분류
가연성 용매	• 원래의 용기에 저장 • 많은 양을 보관할 때는 금속 캔에 저장하여 실험실 외부에 보관하고, "가연성 물질"이라 명기
용매	• 분리된 용매 캐비닛에 원래 용기에 저장 • 환기가 잘 되는 장소에 저장
VOC 분석에 사용되는 화학물질	• 분리된 용매 캐비닛에 원래 용기에 저장 • 다른 어떤 화학물질과도 같이 보관할 수 없음
페놀	"화학물질 저장"이라고 냉장고에 적은 후 저장하고, 뚜껑을 단단히 조여 있는 봉해진 용기에 보관
과산화수소	"화학물질 저장"이라고 냉장고에 적은 후 저장하고, 뚜껑을 단단히 조여 있는 봉해진 용기에 보관
탁도 표준물질, 암모니아 산화물, 질소화물, 인산저장용액 및 표준용액	냉장고에 "무기물질용 냉장고"라고 적은 후 보관
실리카 저장용액	반드시 플라스틱 병에 저장
오일 및 그리스 표준물질	• 봉해진 용기로 냉장 보관 • 냉장고에는 "유기물용 냉장고"라고 적음
미량 유기물질을 위한 저장 용액과 표준물질	바이알에 보관해 냉동고에 저장
중금속, 저장용액	실온에서 저장
중금속, 표준물질(10 mg/L ~ 100 mg/L)	실온에서 저장(실험실에서 지정된 저장 장소에 보관)
pH, 전도도 표준물질	실온에서 저장
미생물(시료, 개체, 시약)	미생물 실험실과 분리된 냉장고에 저장

01
2012
제4회
화학물질과 저장 방법이 부합되는 것은?

① pH 표준물질 – 냉암소
② 페놀 – 냉장고
③ 미생물 시료 – 실온
④ 중금속 표준물질 – 캐비닛

풀이 ① pH 표준물질 – 실온 보관
③ 미생물 시료 – 미생물 실험실과 분리된 냉장고에 보관
④ 중금속 표준물질 – 실온에서 저장

02
2011
제3회
화학물질의 취급을 위한 일반적인 기준으로 적합하지 않은 것은?

① 증류수처럼 무해한 것을 제외한 모든 약품은 용기에 그 이름을 반드시 써 넣는다. 표시는 약품의 이름, 위험성, 예방조치, 구입일자, 사용자 이름이 포함되어 있어야 한다.
② 약품 명칭이 쓰여 있지 않은 용기에 든 약품은 사용하지 않는다.
③ 절대로 모든 약품에 대하여 맛을 보거나 냄새를 맡는 행위를 금하고 입으로 피펫을 빨지 않는다.
④ 약품이 엎질러졌을 때는 즉시 청결하게 조치하도록 한다. 누출 양이 적은 때는 그 물질에 대하여 잘 아는 사람이 안전하게 치우도록 한다.

풀이 증류수를 포함한 모든 약품은 용기에 그 이름을 반드시 써 넣는다.

03
2009
제1회
화학물질에 대한 저장방법으로 가장 적당한 것은?

① 가연성 용매 : 원래 용기에 저장하고 실험실 밖 별도의 장소에 저장
② 페놀 : "화학물질 저장"이라고 표시 후 지하 상온 저장
③ pH 완충용액, 전도도 물질 : 냉장 보관
④ 산(HCl 등) : 캐비넷에 "산"이라고 적고, 테플론 용기에 저장

풀이 ② 페놀 : "화학물질 저장"이라고 냉장고에 적은 후 저장하고, 뚜껑이 단단히 조여 있는 봉해진 용기에 보관
③ pH 완충용액, 전도도 물질 : 실온 저장
④ 산(HCl 등) : 캐비넷에 "산"이라고 적고, 원래의 용기에 저장

04 시약 운반 및 보관방법과 유해화학 물질의 취급 및 보관방법에 대한 설명이 틀린 것은?

① 시약 구매 시에는 제조사로부터 시약의 위험성과 취급 시 주의사항에 대한 자료를 받아야 한다.
② 모든 화학물질은 구입날짜, 소유자 정보만 부착하면 된다.
③ 위험한 물질은 직사광선을 피하고 시원한 곳에 저장해야 한다.
④ 다량의 위험한 물질은 법령에 의하여 소정의 저장고에 종류별로 저장하고, 독극물은 약품 선반에 잠금장치를 설치 · 보관해야 한다.

풀이 위험성, 응급절차를 반드시 기재해야 한다.

05 시약 저장 일반 기준에 대한 설명으로 틀린 것은?

① 모든 화학물질은 특별한 저장 공간이 있어야 한다.
② 이종물질은 혼입하여 직사광선 없는 시원한 곳에 저장한다.
③ 다량의 위험 물질은 법령에 의하여 소정의 저장고에 종류별로 저장한다.
④ 독 · 극물은 약품 선반에 잠금장치를 설치하여 보관한다.

풀이 위험한 물질은 직사광선을 피하고 시원한 곳에 저장하며, 이종물질을 혼입하지 않도록 함과 동시에 화기, 열원으로부터 격리해야 한다.

06 다음 중 일차표준물질의 조건으로 적당하지 않은 것은?

① 매우 높은 순도(거의 100 %)와 정확한 조성을 알아야 하며, 불순물의 함량이 0.01 % ~ 0.02 %이어야 한다.
② 안정하고, 쉽게 건조되어야 하며, 대기 중 수분과 이산화탄소를 흡수하지 않아야 한다.
③ 표준화 용액과 화학량론적으로 신속하게 반응하여야 한다.
④ 무게칭량으로 인한 상대오차를 최소화하기 위해 비교적 적은 화학식량을 가져야 한다.

풀이 무게칭량으로 인한 상대오차를 최소화하기 위해 비교적 큰 화학식량을 가져야 한다.

07 다음 중 일차표준물질을 이용한 표준용액의 특성으로 적당하지 않은 것은?

① 여러 번의 측정으로 그 농도를 결정할 수 있을 만큼 매우 안정해야 한다.
② 적정시약이 첨가되는 시간을 최소화하기 위하여 분석물과 빠르게 반응해야 한다.
③ 만족할 만한 종말점을 얻기 위해 분석물과 거의 완전히 반응해야 한다.
④ 간단한 균형 반응식으로 설명할 수 있도록 분석물과 선택적으로 반응하여야 한다.

풀이 한 번의 측정으로 그 농도를 결정할 수 있을 만큼 매우 안정해야 한다.

정답 04 ② 05 ② 06 ④ 07 ①

08 다음 설명에 해당하는 물질은 다른 시약과 함께 보관 시 위험하다. 설명에 해당하는 물질로 적당한 것은?

산화력이 강하고 가열·충격 및 다른 화학물질과의 접촉으로 인하여 격렬히 분해·반응하는 물질

① 과염소산
② 질산
③ 수산화나트륨
④ 황산

풀이 산화성 물질에 대한 설명이다. ②, ③, ④는 부식성 물질이다.

산화성 물질	산화력이 강하고 가열·충격 및 다른 화학물질과의 접촉으로 인하여 격렬히 분해·반응하는 물질	염소산 및 염류, 과염소산 및 그 염류, 과산화수소 및 무기과산화물, 아염소산 및 그 염류, 불소산염류, 초산 및 그 염류, 요오드산염류, 과망간산염류, 중크롬산 및 그 염류 등

···01 시료채취 계획과 요소

▼ **환경 분석 중 시료 채취 계획에서 고려되어야 할 사항**

- 연구의 목적
- 시료 채취 지역
- 시료 채취 용기
- 시료 분석을 위한 전처리
- 시료 분석방법
- 데이터 평가 · 보고방법

1 시료채취 계획

1. 시료 채취 프로그램 설계

▼ **시료 채취 프로그램 설계 요소**

프로그램의 목적
- 모니터링 기준
- 검출 경향
- 주요 지점 검색
- 오차 허용 한계

변동성
- 공간적 변화
- 시간적 변화

소요 비용
- 샘플링 비용
- 분석 비용
- 계획 수정 또는 최소비용 선택

비기술적 요소
- 시료 채취의 편리성
- 접근성
- 자원의 유효성
- 보편성

2. 시료의 대표성

- 시료의 대표성은 EPA의 데이터 품질 지표(DQL ; data quality indicators)의 5대 요소 중 하나로 시료 채취 과정에서 가장 중요한 요소이다.
- 시료의 대표성을 갖지 못하는 시료를 채취하여 분석하면 관심 있는 부분의 데이터를 얻을 수 없고, 연구 목적과도 반대되는 결과에 도달한다.

3. 대표성 시료 샘플링 방법

1) 유의적 샘플링

① 유의적 샘플링은 전문적인 지식을 바탕으로 주관적인 선택에 따른 채취 방법이다.

② 선행 연구나 정보가 있을 경우, 현장 방문에 의한 시각적 정보, 현장 채수 요원의 개인적인 지식과 경험을 바탕으로 채취지점 선정한다.

③ 연구 기간이 짧고, 예산이 충분하지 않을 때, 과거 측정지점에 대한 조사 자료가 있을 때, 특정지점의 오염 발생 여부를 확인하고자 할 때 선택한다.

2) 임의적 샘플링

① 임의적 샘플링은 시료군 전체에 대해 임의적으로 시료를 채취하는 방법으로 넓은 면적 또는 많은 수의 시료를 대상으로 할 때 임의적으로 선택하여 시료를 채취하는 방법이다.

② 선행 시료와 관계없이 다음 시료의 채취 지점을 선택해야 한다.

③ 시료가 우연히 발견되는 것이 아니라 폭넓게 모든 지점에서 발생할 수 있다는 전제를 갖고 있어 추천되지 않는 방법이다.

3) 계통 표본 샘플링

① 계통 표본 샘플링은 시료군을 일정한 패턴으로 구획하여 선택하는 방법이다.

② 계통적 격자 샘플링(Sydtemic Grid Sampling) : 시료군을 일정한 격자로 구분하여 시료를 채취한다. 시료 채취 지점은 격자의 교차점 또는 중심에서 채취한다.

③ 계통적 임의 샘플링(Systematic Random Sampling) : 격자 구획 안에서 임의적으로 샘플링하는 것으로 다른 구획의 샘플링에 영향을 받지 않고 채취한다.

④ 채취지점이 명확하여 시료 채취가 쉽고, 현장 요원이 쉽게 찾을 수 있다. 그러나 구획 구간의 거리를 정하는 것이 매우 중요하며, 시 · 공간적 영향을 고려 충분히 작은 구간으로 구획하는 것이 좋다.

4) 층별 임의 샘플링

① 시료군을 기준에 따라 중복되지 않도록 구분하여 계층을 나눈다.

② 계층을 시공간적으로 낮과 밤, 주중과 주말, 계절별, 깊이별, 연령별, 성별, 지형적 구분, 지리적 구분, 토지 이용별, 바람 방향별로 구분하여 임의적으로 시료 채취한다.

5) 기타 샘플링 방법

① 혼합 샘플링(Composite Sampling) : 시료 채취 지점에서 각각 다른 시간대에 채취한 시료를 혼합하는 방법이다.

② 조사용 샘플링(Search Sampling) : 예비 조사용으로 일시적인 샘플링이다.

③ 횡단면 샘플링(Transect Sampling) : 시료 채취 지역을 일정한 방향으로 진행하면서 시료 채취하는 방법이다.

6) 샘플링 방법 선택

① 초기 오염 징후의 조사나 확인을 위한 조사 : 유의적 샘플링

② 오염발생량 추정 : 층별 임의샘플링, 계통 표본 샘플링, 조사 샘플링, 횡단면 샘플링

③ 오염 발생의 처리 효율 평가 : 계통적 샘플링 방법

④ 오염제거 후 완료 평가 : 임의적 샘플링, 층별 임의 샘플링, 계통 표본 샘플링, 조사 샘플링, 횡단면 샘플링 방법

▼ **샘플링 목적별 시료 채취 기법**

샘플링 목적	시료 채취 기법						
	유의적 샘플링	임의적 샘플링	계통적 샘플링	층별 임의 샘플링	계통 표본 샘플링	조사 샘플링	횡단면 샘플링
징후 평가	1	4	3	2[a]	3	3	2
오염원 확인	1	4	2	2[a]	3	2	3
오염발생량 추정	4	3	3	1[b]	1	1	1
처리효율 평가	3	3	1	2	2	4	2
처리완료 평가	4	1[c]	3	1[b]	1	1	1[d]

[1] 우선 권장 방법, [2] 권장 방법, [3] 중간적 권장 방법, [4] 최후 선택 방법

[a] 현장 분석 가능한 항목 적용, [b] 현재 상황을 파악하고 있을 경우, [c] 모든 채취 지점에서 시료 채취 후 완료 결과를 확인하는 경우, [d] 개선완료가 추정되는 지점에서 적용되는 경우

4. 대표성 시료 채취

1) 수질 시료의 대표성

① 호소나 연못의 화학적인 구성은 계절적인 변화에 따라 매우 다르게 나타나기 때문에 연구 대상기간의 최장기간보다 10 배 정도의 시간 동안 시료를 채취를 권장한다.

② 흐르는 물은 흐름과 깊이에 따라 수질이 변화하므로 최대 난류 지점에서 깊이 60 % 지점 을 선택하고, 취수 속도는 평균 유속과 같거나 더 커야 한다.

③ 성층화가 잘 일어나 시료 채취에 주의해야 하는 지점

ⓐ 깊이가 5 m 이상은 성층화로 인하여 물이 안정화된다.

ⓑ 깊은 수심의 하천 또는 유속이 적은 곳

ⓒ 강 하구와 같이 바닷물과 만나는 곳은 염분에 의한 비중차로 성층화를 이루는 곳

5. 시료 보존과 저장의 기본 원칙

① 시료 채취 후 보존과 저장의 기본 원칙은 물리적, 화학적, 생물학적 변화를 최소화하는 것이다.

② 보존과 저장의 3요소 : 냉장, 적절한 시료용기, 보존제 첨가

③ 냉장(2 ℃ ~ 6 ℃ 냉장, 암소) : 물리적, 화학적, 생물학적 손실 감소

④ 적절한 시료 용기(유리 또는 플라스틱)(마개/격막)(갈색병) : 휘발성, 흡착성, 흡수성, 산란성, 화학반응 감소

⑤ 보존제 첨가(산, 알칼리, 생물억제제) : 화학적 반응, 박테리아 성장 감소

···02 시료채취 실무

1 시료채취 프로그램

1. 범위와 목적

시료채취의 목적은 실제 시료 성분을 대표할 수 있는 물질의 일부분을 수집하는 것이다. 따라서 데이터의 품질은 다음 6가지의 주요 활동에 따라 달라질 수 있다.

① 시료채취의 목적

② 대표적인 시료의 수집

③ 시료 수집과 보존

④ 시료인수인계(chain-of-custody)와 시료 확인

⑤ 현장에서의 정도보증(QA ; Quality Assurance)과 정도관리(QC ; Quality Control) 수행

⑥ 시료 분석

2. 시료채취 프로그램의 유형

1) 시료채취 프로그램에 포함되어야 하는 내용

① 현장 확인(시료채취 위치는 분석하고자 하는 매체를 대표할 수 있는 시료를 포함한 곳이어야 함)

② 시료 구분(지하수, 음용수, 지표수, 폐수, 퇴적물, 토양 등)

③ 시료의 수량

④ 조사 기간

⑤ 시료채취 목적과 시험항목

⑥ 시료채취 횟수(매달, 분기별 등)
⑦ 시료채취 유형(단일시료, 혼합시료)
⑧ 시료채취 방법(수동, 자동)
⑨ 분석 물질(시험법 번호와 참고문헌 언급)
⑩ 현장 측정
⑪ 현장 정도관리 요건
⑫ 시료 수집자

2) 시료의 유형

채수시간에 따라 단일시료, 혼합시료, 연속시료로 구분된다.
① 단일시료 : 다른 시간과 장소에서 수집한 각각의 시료로, 대표시료를 얻기 위해 폐수 흐름이 적절한 곳에서 채취해야 함
② 혼합시료 : 같은 장소에서 다른 시간대에 수집한 단일시료의 혼합물을 의미
③ 연속시료 : 오랜 기간 동안 시료를 채취해야 하는 경우 자동채수기를 사용

※ 혼합방법
- 일정량 시료채취방법 : 방류되는 양에 관계없이 동일한 양으로 채취하는 방법
- 유량비례 시료채취 방법 : 방류되는 양에 비례하여 채취하는 방법으로 더 좋은 대표성을 가진다.
- 연속시료 : 오랜 기간 동안 시료를 채취해야 하는 경우 자동채수기를 사용

※ VOCs(volatile organic compounds), 오일과 그리스, TRPHs(total recoverable petroleum hydrocarbons), 미생물 실험에서는 혼합시료를 만들 수 없고, 단일시료만 사용해야 한다.

실전 예상문제

01
2013
제5회

시료 채취 프로그램에 포함할 내용이 아닌 것은?

① 시료 채취 방법

② 시료 분석

③ 시료 채취 목적과 시험 항목

④ 시료 채취 횟수

풀이 시료채취 프로그램은 현장확인, 시료구분, 시료의 수량, 조사 기간, 시료채취 목적과 시험항목, 시료채취 횟수, 시료채취 유형, 시료채취 방법, 분석 물질, 현장 측정, 현장 정도관리 요건, 시료 수집자의 내용이 포함되어야 한다.

02
2009
제1회

시료채취 프로그램에 포함되지 않는 것은?

① 시료채취 목적과 시험항목

② 시료 인수인계와 시료확인

③ 현장 정도관리 요건

④ 시료채취 유형

풀이 문제 01번 해설 참조

03

시료보존과 저장의 기본원칙이 아닌 것은?

① 냉장

② 적절한 시료 용기

③ 보존제 첨가

④ 시료 인수인계의 적절성

풀이 시료보존과 정장의 기본원칙에는 냉장(물리적, 화학적, 생물학적 손실 감소), 적절한 시료 용기(휘발성, 흡착성, 흡수성, 산란성, 화학반응 감소), 보존제 첨가(화학적 반응, 박테리아 성장 감소)가 있다.

04
2013
제5회

공장 폐수의 배출 허용 기준 시험을 하기 위하여 채수하고자 한다. 채수 지점으로 가장 적당한 지점은?

① 각 과정별 방류 지점

② 방류수가 합해지는 지점

③ 최초 방류 지점

④ 최후 방류 지점

풀이 ④ 최후 방류 지점(외부 하천과 합류되기 전)

05
2013
제5회

배출 허용 기준 적합 여부를 판정하기 위한 복수 시료 채취 방법의 적용을 제외할 수 있는 경우가 아닌 것은?

① 환경 오염 사고로 신속한 대응이 필요한 경우
② 수질 및 수 생태계 보전에 관한 법률의 제38조 제1항의 규정에 의한 비정상적인 행위를 하는 경우
③ 취약 시간대인 09 : 00~18 : 00의 환경 오염 감시 등 신속한 대응이 필요한 경우
④ 사업장 내에서 발생하는 폐수를 회분식으로 처리하여 간헐적으로 방류하는 경우

풀이 ③ 환경오염사고 또는 취약시간대(일요일, 공휴일 및 평일 18 : 00 ~ 09 : 00 등)의 환경오염감시 등 신속한 대응이 필요한 경우 제외할 수 있다.

06
2013
제5회

수질 시료 채취에 대한 설명 중 옳은 것은?

① 강의 유속이 빠르거나 폭포일 경우 용존 산소 측정을 위한 시료 채취는 하류에서 채취한다.
② 호수 및 저수지에서 표면과 바닥의 온도 차이가 확연한 수직 성층이 이루어지면 수온 약층 아래에서 시료를 채취해 조사해야 한다.
③ 폐수 처리장 유출수의 경우 가장 대표성 있는 위치는 지표수와 혼합된 후 아래로 흐르는 곳에서 채취하는 것이 가장 좋다.
④ 지하수로부터 시료 채취를 위한 직접적인 수단은 대수층을 통과하는 시추공을 통한 시료 채취이다.

풀이 ① 강의 유속이 빠르거나 폭포일 경우 용존 산소 측정을 위한 시료 채취는 상류에서 채취한다.
② 호수 및 저수지에서 표면과 바닥의 온도 차이가 확연한 수직 성층이 이루어지면 수심에 따라 1개 이상의 시료를 채취해 조사하고, 10 m 깊이 이상의 호수와 저수지는 최소한 아래의 시료를 포함해 시료채취하여야 한다(수표면 1 m 아래 시료, 수온약층의 위의 시료, 수온약층 아래 시료, 바닥 침전물 위로 1 m 시료).
③ 폐수 처리장 유출수의 경우 가장 대표성 있는 위치는 지표수와 혼합되기 전 토출구에서 중력에 의해 아래로 흐르는 곳에서 채취하는 것이 가장 좋다.

07
2011
제3회

추출 가능한 유기물질 시료의 처리에 대한 설명으로 옳은 것은?

① 방향족화합물 분석용 시료논 알루미늄 호일로 감싼 병에 상온에서 보관한다.
② 나이트로소아민(nitroso amine) 분석용 시료는 상온에서 보관하되 7일 이내에 분석해야 한다.
③ 유기인계 분석용 시료는 공기 중에 노출되었을 경우 즉시 분석을 완료하여야 한다.
④ 페놀 분석용 시료는 4 ℃ 냉장보관하고 염소처리된 시료의 경우 $Na_2S_2O_3$를 첨가한다.

풀이 ① 방향족화합물 분석용 시료는 알루미늄 호일로 감싼 병에 넣어 냉장 보관한다.
② 나이트로소아민(nitroso amine) 분석용 시료는 냉장 보관하되 7일 이내에 추출해야 한다.
③ 유기인계 분석용 시료는 공기 중에 노출되었을 경우 7일 이내에 분석을 완료하여야 한다.

정답 **05** ③ **06** ④ **07** ④

08 하천에서 농약, 휘발성유기화합물, 환경호르몬 물질 분석을 위한 시료 채취 방법에 대한 설명으로 잘못된 것은?

2010
제2회

① 시료 채취 전에 현장의 시료로 채취 용기를 충분히 씻는다.

② 갈색 유리병을 사용하거나 채취된 시료에 빛이 투과되지 않도록 한다.

③ 시료 채취 용기의 뚜껑은 내부에 테플론 격막이 있어야 한다.

④ 시료 채취 용기로 플라스틱 제품을 사용하면 안 된다.

풀이 ① 시료 채취 전에 미리 채취 용기를 세척하지 않는다.

09 배출허용기준의 적합여부를 판정하기 위한 시료채취방법으로 적절하지 않은 것은?

2009
제1회

① 환경오염사고 등과 같이 신속대응이 필요한 경우를 제외하고는 복수시료 채취를 원칙으로 한다.

② 복수시료를 수동으로 채취할 경우에는 30분 이상 간격으로 2회 이상 채취하여 단일시료로 한다.

③ 휘발성 유기화합물, 오일, 미생물분석용 시료 는 채취하려는 시료로 용기를 행군 후 채취한다.

④ 용존가스, 환원성물질, 수소이온농도를 측정하기 위한 시료는 시료병에 가득 채워서 채취한다.

풀이 ③ 휘발성 유기화합물, 오일, 미생물분석용 시료는 용기를 미리 행구지 않는다.

10 분석 항목별 시료의 보관방법으로 잘못 설명한 것은?

2009
제1회

① COD 측정용 시료에 황산 처리를 하는 이유는 미생물 활동을 억제하기 위해서이다.

② 중금속 측정을 위한 시료는 금속을 용해성 이온형태로 보존할 수 있도록 산처리한다.

③ 수은은 산처리를 할 경우 휘발성이 커지므로 알칼리 처리한다.

④ 용존산소 측정을 위해서는 보관된 시료를 사용할 수 없다.

풀이 ③ 수은은 시료 1 L당 5 mL 염산(12 M)으로 산처리한다.

3. 시료 채취의 성질

1) 수동 시료 채취

채취 용기는 채취지점의 시료를 3번 이상 헹군 후 채취하여야 하며, VOCs, 오일, 그리스, TPHs, 추출하여야 하는 오염물질 및 미생물용 시료채취 시에는 채취용기를 미리 세척하여서는 안 된다.

2) 자동 시료 채취

① 넓은 범위의 지역에서 시료채취를 할 때 사용한다.

② 장시간에 걸쳐 계속적으로 시료 채취한다.

③ 혼합시료를 만들기 위해 일정기간 동안 주기적으로 시료를 채취해야 하는 경우에 자동시료채취기를 사용하는 것이 더 실용적이고 오차를 줄이는 데 도움이 된다.

④ 시료채취 시 튜브나 파이프에 시료가 닿았을 경우, 시료의 오염을 유발할 수 있기 때문에 각별한 주의가 필요하다.

실전 예상문제

01
2013
제5회

시료 채취 방법에 대한 기술로 틀린 것은?

① 일회용 장갑을 사용하고 위험한 물질을 채취할 경우에는 고무장갑을 이용한다.

② 미량 유기물질과 중금속 분석에는 스테인레스, 유리, 테플론 제품의 막대를 사용한다.

③ 시료 수집에 있어 우선순위는 첫 번째로 추출할 수 있는 유기 물질이며, 이어 중금속, 용해 금속, 미생물 시료, 무기 비금속 순으로 수집해야 한다.

④ VOC, 오일, 그리스, TPHs 및 미생물 분석용 시료 채취 장비와 용기는 채취 전에 그 시료를 이용해 미리 헹구고 사용한다.

풀이 VOC, 오일, 그리스, TPHs 및 미생물 분석용 시료 채취 장비와 용기는 채취 전에 미리 세척하여서는 안 된다.

02
2010
제2회
2014
제6회

하천에서 농약, 휘발성유기화합물, 환경호르몬 물질 분석을 위한 시료 채취 방법에 대한 설명으로 잘못된 것은?

① 시료 채취 전에 현장의 시료로 채취 용기를 충분히 씻는다.

② 갈색 유리병을 사용하거나 채취된 시료에 빛이 투과되지 않도록 한다.

③ 시료 채취 용기의 뚜껑은 내부에 테플론 격막이 있어야 한다.

④ 시료 채취 용기로 플라스틱 제품을 사용하면 안 된다.

풀이 문제 01번 해설 참조

---

4. 시료채취 장비의 재질

▼ 분석대상물질에 따른 시료채취 기구의 재질 *중요내용

분석항목	시료채취 기구의 재질
무기물질	플라스틱, 유리, 테플론, 스테인레스, 알루미늄, 금속
영양염류	플라스틱, 스테인레스, 테플론, 유리, 알루미늄, 금속
중금속	플라스틱, 스테인레스, 테플론
추출하여야 하는 물질	유리, 알루미늄, 금속 재질, 스테인레스, 테플론
휘발성유기화합물	유리, 스테인레스, 테플론
미생물	멸균된 용기

실전 예상문제

01

2014
제6회

분석대상 물질과 시료 채취기구 재질의 연결이 적합하지 않은 것은?

① 중금속 : 플라스틱, 스테인레스, 테플론
② 휘발성유기물질 : 유리
③ 추출할 수 있는 물질 : 알루미늄, 테플론, 플리스틱
④ 영양염류 : 플리스틱, 스테인레스, 테플론, 알루미늄

풀이 ① 중금속 : 플라스틱, 스테인레스, 테플론
② 휘발성유기물질 : 유리, 스테인레스, 테플론
③ 추출할 수 있는 물질 : 유리, 알루미늄, 금속재질, 스테인레스, 테플론
④ 영양염류 : 플리스틱, 스테인레스, 테플론, 유리, 알루미늄, 금속

02

2012
제4회

다음 분석항목 중 플라스틱이 시료채취기구의 재질로 부적합한 것은?

① 휘발성유기화합물
② 무기물질
③ 중금속
④ 영양염류

풀이 휘발성유기화합물은 유리, 스테인레스, 테플론 재질의 시료채취 기구를 사용한다.

03

2012
제4회

시료채취 시 분석대상물질과 채취기구와의 연결이 잘못된 것은?

① 중금속-스테인레스
② 무기물질-알루미늄
③ 휘발성유기화학물-테플론
④ 미생물-플라스틱

풀이 ④ 미생물-멸균된 용기

04

중금속에 따른 시료채취 기구의 재질로 적합하지 않은 것은?

① 알루미늄
② 플라스틱
③ 스테인레스
④ 테플론

풀이 중금속은 플라스틱, 스테인레스, 테플론의 재질로 된 시료채취 기구를 사용한다.

② 일반적 시료채취 절차 및 규격

1. 시료채취의 일반적인 절차

① 시료 채취 스케줄 확인
② 별도의 운송 박스 준비
③ 라벨 작성 및 시료 수집
④ 현장에서의 온도 체크를 위한 시료 수집
⑤ 시료 여과
⑥ 시료용기 봉합 및 포장
⑦ 현장 기록부 및 양식 작성
⑧ 온도 체크
⑨ 실험실 운송

2. 시료채취 규칙

1) 시료채취의 일반적 규칙

① 시료는 대표할 수 있는 장소에서 수집
② 일회용 장갑을 사용, 위험한 물질을 채취할 경우 고무장갑 사용
③ 시료를 혼합하려면 보울(bowl)이나 약주걱(spatula) 사용
④ 미량 유기물질과 중금속 분석은 스테인레스, 유리, 테플론 제품의 막대 사용
⑤ 수용액 매질의 경우, 시료채취 장비와 용기는 채취 전에 그 시료로 미리 헹구고 사용, 하지만 VOCs, 오일, 그리스, TPHs 및 미생물 분석용 시료채취 장비와 용기는 미리 헹구지 않는다.

2) 시료 수집의 우선순위

① VOCs, 오일과 그리스 및 TRPHs을 포함한 추출하여야 하는 유기물질
② 중금속
③ 용존 금속(dissolved metal(구리(Ⅱ), 철(Ⅲ))
④ 미생물 시료
⑤ 무기 비금속

3. 시료채취 전 위험 요소 확인 절차

1) 위험 요소 확인 절차

① 위험요소 확인(상처 혹은 질병을 유발할 수 있는 것 확인)
② 영향 분석(잠재적 상처나 질병에 대한 것 확인)
③ 위험 분석(영향을 줄 수 있는 결과, 기간, 수량 확인)
④ 취해야 할 행동 확인(위험을 제거, 감소 혹은 관리할 수 있는 방법)

2) 위험요소 확인 시 고려 사항

① 중력 : 떨어지는 물체가 있는지
② 운동에너지 : 갑자기 움직이거나, 침투하는 물체가 있는지
③ 위험 물질 : 피부 접촉 시 감염 가능성이 있는지
④ 열에너지 : 뜨거운 물질이 엎질러지거나 넘칠 경우가 있는지
⑤ 온도 초과 : 뜨겁거나 차가울 경우 영향이 있는지
⑥ 방사능 : UV, 마이크로파(microwave), 레이저
⑦ 소리
⑧ 생화학적 위험요소 : 병원성 미생물
⑨ 전기적 요소 : 쇼크, 화상

3) 상처 또는 질병 위험요소 확인 시 대책 방법

① 위험물질을 줄이는 과정 혹은 위험을 줄이는 물질로 대체
② 업무 과정, 업무 방법 혹은 장비에 대한 계획 재수립
③ 위험물질을 처리하는 직원의 안전 보장
④ 위험의 노출조건이나 기간을 알아냄

4) 갖추어야 할 보호 장비

▼ 위험물질에 따른 신체별 착용장비

위험물질	신체 부분	일반적인 착용장비	다른 이용 가능한 착용장비
UV 방사능	머리	테두리가 넓은 모자	–
	피부	자외선차단 크림	–
오염물질 접촉	호흡기관	활성탄으로 제작된 일회용 마스크	완전 얼굴 마스크
	피부	–	일회용 커버롤(coverall)
	머리	안전 모자(단단한 것)	–
	눈과 얼굴	폴리카보네이트 안면 보호 장구	실리콘으로 된 보호 크림
	손	일회용 장갑	면, PVC로 안감처리된 장갑
	발	안전화	무릎 길이의 고무장화 (발끝은 강철)
소음	청각	귀 마개	–

실전 예상문제

01
2010
제2회

시료 채취 시 지켜야 할 규칙으로 틀린 것은?

① 시료 채취 시 일회용 장갑을 사용하고, 위험 물질 채취 시에는 고무장갑을 이용한다.
② 수용액 매질의 경우, 시료 채취 장비와 용기는 채취 전에 그 시료를 이용하여 미리 헹구고 사용한다.
③ 호흡기관 보호를 위해서는 소형 활성탄 여과기가 있는 일회용 마스크가 적당하다.
④ VOC 등 유기물질 시료 채취 용기는 적절한 유기용매를 사용하여 헹군 후 사용한다.

[풀이] VOCs, 오일, 그리스, TPHs 및 미생물 분석용 시료채취 장비와 용기는 미리 헹구지 않는다.

02
2011
제3회

분석 물질의 일반적인 시료채취 절차상 시료 수집에 있어 우선 순위대로 나열한 것은?

① 미생물 – VOC(volatile organic compound) – 중금속 – 오일과 그리스
② VOC(volatile organic compound) – 오일과 그리스 – 중금속 – 미생물
③ 중금속 – 미생물 – 오일과 그리스 – VOC(volatile organic compound)
④ 오일과 그리스 – 중금속 – VOC(volatile organic compound) – 미생물

[풀이] **시료채취의 우선순위**
① VOCs, 오일과 그리스 및 TPHs을 포함한 추출하여야 하는 유기물질, ② 중금속, ③ 용존 금속(dissolved metal(구리(Ⅱ), 철(Ⅲ)), ④ 미생물 시료, ⑤ 무기 비금속

03

시료 채취 전 시료채취 장비와 용기를 미리 헹구지 말아야 하는 항목이 아닌 것은?

① VOCs   ② 총인
③ 오일   ④ 그리스

[풀이] VOCs, 오일, 그리스, TPHs 및 미생물 분석용 시료채취 장비와 용기는 미리 헹구지 않는다.

04

시료채취의 우선순위로 맞는 것은?

① VOCs – 중금속 – 용존금속 – 무기비금속 – 미생물시료
② 중금속 – VOCs – 미생물시료 – 용존금속 – 무기비금속
③ VOCs – 중금속 – 용존금속 – 미생물시료 – 무기비금속
④ 중금속 – VOCs – 용존금속 – 무기비금속 – 미생물시료

[풀이] 문제 02번 해설 참조

[정답] **01** ④ **02** ② **03** ② **04** ③

③ 시료채취 장비의 준비

- 시료 채취 장비 : 시료채취를 하기 전에 세척하여 사용한다.
- 세척제 : 5 % 인산으로 된 ALCONOX℗, 인산과 암모니아로 된 LIQUINOX℗를 사용한다.
- ALCONOX℗ : 양이온으로 유리기구, 금속, 플라스틱, 고무 등을 세척
- ALCONOX℗는 쉽게 분해 → 초음파 세척기를 이용한 세척에서 LIQUINOX℗보다 더 많이 사용한다.
- LIQUINOX℗ : 유리, 금속, 플라스틱 등에 대해 부식 형성을 방지하는 데 탁월하다.
- 용매는 일반적으로 아이소프로판올(isopropanol)을 사용하고 정제수로 헹군다.

1. 실험실에서의 세척 요령

① 뜨거운 비눗물로 닦고 솔을 이용해 문지른다.
② 뜨거운 물로 헹군 후 10 % ~ 15 % 질산을 사용해 헹굼, 영양물질은 질산으로 헹군 후, 10 % ~ 15 % 염산(HCl)으로 다시 한 번 헹군다.
③ 정제수로 헹군 후, 완전히 말린다.
④ 알루미늄 호일로 싼 후 저장이나 이송한다.
※ 주의사항 : 스테인레스 혹은 금속으로 된 장비는 산으로 헹구면 안 된다.

2. 현장에서의 세척 요령

① 실험실과 같은 절차(뜨거운 물 사용 제외)를 사용
② 불필요한 입자를 제거하기 위해 비누용액으로 문지른 후, 정제수로 헹구고, 말린다.
③ 많이 오염된 장비는 오염물을 제거하기 전에 아세톤을 사용해 헹군다.

3. 퍼지 장비 중 펌프와 호스의 세척

① 입자를 제거하기 위해 비누 용액으로 문지른 후, 수돗물을 사용해 헹군 다음 정제수로 헹구고 말린다.
② 펌프의 외부, 튜브의 내부 표면과 외부는 완전히 세척되어야 한다.

4. 테플론 튜브의 세척

테플론 튜브는 반드시 실험실에서 세척(현장에서 세척하면 안 됨)
① 뜨거운 비눗물에 튜브를 집어넣고, 필요하다면 오염물 입자 제거를 위해 솔을 사용하거나 초음파 세척기(sonicator)에 넣어 세척한다.

② 수돗물로 튜브 내부를 헹구고, 10 % ~ 15 % 질산으로 튜브 표면과 끝을 헹군다.

③ 수돗물로 다시 한 번 헹구고, 메탄올(methanol)이나 아이소프로판올을 사용해 헹구고, 마지막으로 정제수를 사용해 헹군다.

④ 깨끗한 알루미늄 호일 위에 튜브를 올려놓는다.

실전 예상문제

01

2011
제3회

시료 채취 장비의 준비에 대한 설명으로 틀린 것은?

① 시료를 채취하기 전에 세척하여 사용하며, 현장 세척과 실험실 세척 시 세척제는 재질에 따라 5 % 인산으로 된 ALCONOX⒡ 또는 인산과 암모니아로 된 LIQUINOX⒡을 사용한다.

② 용매는 일반적으로 아이소프로판올(isopropanol)을 사용하며, 정제수로 헹군다.

③ 퍼지 장비 중 펌프와 호스는 비누 용액으로 문지른 후 수돗물을 사용해 헹구며, 정제수로 헹궈 말린다.

④ 테플론 튜브의 세척은 현장 또는 실험실에서 시행하며, 필요하다면 오염물 입자 제거를 위해 초음파 세척기에 넣어 세척한다.

풀이 테플론 튜브는 현장에서 세척하면 안 되고, 반드시 실험실에서 세척해야 한다.

02

초음파세척기를 이용한 세척에서 LIQUINOX⒡보다 더 많이 사용하는 세척제는?

① ALCONOX⒡   ② 음이온계면활성제

③ 아이소프로판올   ④ electro contact cleaner

풀이 초음파 세척기를 이용한 세척에서는 ALCONOX⒡는 쉽게 분해되어 LIQUINOX⒡보다 더 많이 사용한다.

03

실험실에서의 세척요령으로 맞지 않은 것은?

① 스테인레스 혹은 금속으로 된 장비는 산으로 헹군다.

② 실험실에서 세척할 때는 뜨거운 비눗물로 닦고 솔을 이용해 문지른다.

③ 테플론 튜브는 반드시 실험실에서 세척해야 한다.

④ 퍼지장비 중 펌프와 호스의 세척은 비누용액으로 문지른 후, 수독물로 헹구고 정제수로 헹군후 말린다.

풀이 스테인레스 혹은 금속으로 된 장비는 산으로 헹구면 안 된다.

04

2009
제1회

수질시료의 채취 장비 준비에 대한 설명으로 옳지 않은 것은?

① 현장 세척과 실험실 세척에 대한 문서를 작성한다.

② 세척제는 인산을 함유한 세제 또는 인산과 암모니아로 된 세제를 사용한다.

③ 용매는 일반적으로 메탄올을 사용한다.

④ 초음파 세척기를 이용한 세척에서는 인산과 암모니아로 된 세제를 더 자주 사용한다.

풀이 용매는 일반적으로 아이소프로판올(isopropanol)을 사용하고 정제수로 헹군다.

정답 01 ④ 02 ① 03 ① 04 ③

05 시료 채취 장비의 준비 과정에서 테플론 튜브의 세척방법으로 잘못된 것은?

2010
제2회

① 뜨거운 비눗물에 튜브를 집어넣고, 필요하다면 오염물 입자 제거를 위해 솔을 사용하거나 초음파 세척기에 넣어 세척한다.

② 수돗물로 튜브 내부를 헹구고, 10 % ~ 15 % 질산을 사용해 튜브 표면과 끝 부분을 헹군다.

③ 수돗물로 헹구고, 메탄올이나 아이소프로판올을 사용해 다시 헹구고, 정제수를 사용해 마지막으로 헹군다.

④ 테플론 튜브의 현장 세척과정은 뜨거운 물을 사용하는 것을 제외하고는 실험실 세척 과정과 같다.

풀이 테플론 튜브는 반드시 실험실에서 세척해야 한다. (현장에서 세척하면 안 됨)

4 시료용기의 준비

- 무기시료 : 플라스틱 용기에 나선 모양의 뚜껑(screw cap)이 있는 것으로 꽉 조여 사용할 수 있어 야 한다.
- 유기물질 : 테플론(teflon)으로 된 뚜껑을 가진 유리와 테플론 용기를 많이 사용한다.
- 추출해야 하는 유기시료 : 나선 모양의 뚜껑과 테플론으로 안을 감싼 실리콘 격막(septum)이 있는 붕규산염(borosilicate) 유리 바이알(vial)을 사용한다.

▼ 분석물질에 따른 시료 용기

재질	부피(mL)	분석물질
수질과 폐수의 시료 채취		
유리	200	AOX[1)]와 COD, 트리할로메탄(trihalomethane)
	250	수은
	500	음이온성 계면활성제, DO(dissolved oxygen)
	1,000	비이온성 계면활성제, 리그닌(lignin) 과 탄닌(tannin), BOD[2)], 석유탄화수소, 오일, 그리스, PAHs, 농약, PCBs
플라스틱	100	암모니아, 질산염, 아질산염, 용존 인
	250	알루미늄, 비소, 바륨, 카드뮴, 칼슘, 총 크로뮴(Cr), 크로뮴$^{6+}$, 코발트, 구리, 경도, 철, 납, 마그네슘, 망가니즈(Mn), 몰리브덴, 니켈, 셀레늄, 은, 우라늄, 아연, 산성과 염기성, 붕소, 브로민, 염소, 자유 및 총 염화물, 색, 전도도, 플루오르화물, 요오드화물, pH, 칼륨, 나트륨, 탁도, 총 질소, 총 인, TKN(total kjeldahl nitrogen)
	1,000	BOD, 시안화물, chlorophyll, 용해 고체, 부유 고체물질
침전물의 시료 채취		
유리	375	중금속, 농약, TOC[3)], 준휘발성 유기물질

주 1) AOX(absorbable organic halogen)
2) BOD의 경우 유리와 플라스틱 용기 모두 사용 가능
3) TOC(total organic carbon)

■ 시료 용기 세척 절차

1) 물리적 성질과 미네랄 분석

① 플라스틱 혹은 유리병을 사용한다.
② LIQUINOX® 또는 이와 동등한 세척제를 사용해 세척한다.
③ 뜨거운 비눗물로 병과 뚜껑을 닦고, 비눗물이 없어질 때까지 수돗물로 헹군다.
④ 정제수로 병과 뚜껑을 3번 ~ 5번 반복해 헹구어 낸 후 물기를 제거한다.
⑤ 사용하기 전까지 뚜껑을 닫아 보관한다.

2) 영양물질, BOD, COD와 방사능 분석

① 플라스틱 혹은 유리병을 사용한다.

② LIQUINOX$_r$ 또는 이와 동등한 세척제를 사용해 세척함. 뜨거운 비눗물로 병과 뚜껑을 닦고, 비눗물이 없어질 때까지 수돗물로 헹군다.

③ 50 % 염산으로 병과 뚜껑을 헹구고, 정제수로 3번 ～ 5번 반복해 헹구어 낸 후 물기 제거한다.

④ 사용하기 전까지 뚜껑을 닫아 보관한다.

3) 금속

① 뚜껑이 있는 플라스틱 병을 사용한다.

② ALCONOX$_r$ 또는 이와 동등한 세척제를 브러쉬에 묻혀 병과 뚜껑을 닦고, 비눗물이 없어질 때까지 수돗물로 헹군 후 탈이온수로 헹군다.

③ 염산(1 + 1)으로 병과 뚜껑을 헹구고, 10 % 질산으로 다시 한 번 헹군다.

④ 탈이온수로 3 ～ 5 번 반복해 헹구어 낸 후 물기를 제거한다.

⑤ 사용하기 전까지 뚜껑을 닫아 보관한다.

4) 추출하여야 하는 유기물질(extractable organics)

① 테플론으로 뚜껑을 감싼 1 L 좁은 입 유리병(narrow mouth glass bottle)을 사용하되 플라스틱 혹은 고무 뚜껑으로 된 병은 사용하면 안 된다.

② ALCONOX$_r$ 또는 이와 동등한 세척제를 사용해 세척하고, 플라스틱 용기에 보관된 액체 혹은 가루 세제를 사용하면 안 된다.

③ 농약분석용 아세톤으로 헹군 후 병 외벽에 붙은 라벨을 제거한다.

④ 뜨거운 ALCONOX$_r$ 비눗물로 병과 뚜껑을 씻는다.

⑤ 고무 또는 플라스틱으로 된 솔을 사용하면 안 된다. 병을 닦거나 헹구는 동안 플라스틱 장갑을 사용하면 오염되기 쉽기 때문에 피해야 한다.

⑥ 비눗물이 없어질 때 까지 뜨거운 수돗물로 5 번 정도 헹구고 탈이온수로 헹군다.

⑦ 농약분석용 아세톤으로 헹군 후 건조시키고 포장하여 먼지가 없는 곳에 보관하거나 탈이온수로 헹군 후 400 ℃ 머플회화로(muffle furnace)에서 30분 ～ 60분간 가열하고 냉각 후 포장하여 먼지가 없는 곳에 보관한다.

5) VOCs, EDB, THMs

① 안쪽이 테플론 격막으로 된 40 mL 유리 바이알을 사용하고, 플라스틱 혹은 고무 뚜껑으로 된 병은 사용하면 안 된다.

② 병 외벽에 붙은 라벨을 제거하고, ALCONOX⑦를 사용해 뜨거운 물로 병과 뚜껑을 닦는다. 이 때 고무 또는 플라스틱으로 된 솔을 사용하면 안 된다.

③ 플라스틱 통에 든 세제를 사용하거나, 병을 닦거나 헹구는 동안 플라스틱 장갑을 사용하게 되면 오염되기 쉽기 때문에 피해야 한다.

④ 뜨거운 수돗물과 탈이온수 순으로 헹군 농약분석용 메탄올을 사용해 씻어내고, 60분 동안 105 ℃ 건조기에서 바이알, 뚜껑, 격막을 건조시킨다.

실전 예상문제

01 영양물질, BOD, COD와 방사능 분석용 시료의 시료 용기 세척 절차로 틀린 것은?

① 플라스틱 혹은 유리병을 사용

② LIQUINOX® 또는 이와 동등한 세척제를 사용해 세척함. 뜨거운 비눗물로 병과 뚜껑을 닦고, 비눗물이 없어질 때까지 수돗물로 헹굼

③ 50 % 염산으로 병과 뚜껑을 헹구고, 정제수로 3번 ~ 5번 반복해 헹구어 낸 후 물기 제거

④ 사용하기 전까지 뚜껑을 개방하여 보관

> **풀이** ④ 사용하기 전까지 뚜껑을 닫아 보관

02 분석 성분별 사용 용기 및 세척방법이 바르게 짝지어진 것은?

2011
제3회

① 영양물질 – 플라스틱 혹은 유리병을 사용, 비눗물로 세척 후 50 % 질산으로 병과 뚜껑을 헹군 후 정제수로 반복해서 헹군다.

② 미네랄 성분 – 플라스틱 혹은 유리병을 사용, 비눗물로 세척 후 정제수로 반복해서 헹군다.

③ 금속 – 뚜껑이 있는 플라스틱 혹은 유리병을 사용, 비눗물로 세척 후 50 % 염산 및 50 % 질산으로 병과 뚜껑을 헹군 후 정제수로 반복해서 헹군다.

④ VOC – 테플론 뚜껑이 있는 40 mL 플라스틱 바이알을 사용, 비눗물로 세척 후 정제수로 반복해서 헹군 다음 메탄올을 사용하여 세척한다.

> **풀이** ① 영양물질 – 플라스틱 혹은 유리병을 사용, 비눗물로 세척 후 50 % 염산으로 병과 뚜껑을 헹군 후 정제수로 반복해서 헹군다.
> ③ 금속 – 뚜껑이 있는 플라스틱을 사용, 비눗물로 세척 후 염산(1 + 1)으로 병과 뚜껑을 헹군 후 10 % 질산으로 다시 헹군다. 그 후 정제수로 반복해서 헹군다.
> ④ VOC – 테플론 뚜껑이 있는 40 mL 유리 바이알을 사용, ALCONOX® 비눗물로 세척 후 정제수로 반복해서 헹군 다음 메탄올을 사용하여 세척한다.

03 VOCs, EDB, THMs 분석용 시료의 시료 용기 세척 절차에 대한 설명이다. 틀린 것은?

① 안쪽이 테플론 격막으로 된 40 mL 유리 바이알을 사용한다.

② ALCONOX®를 사용해 뜨거운 물로 병과 뚜껑을 닦는다.

③ 병을 닦거나 헹구는 동안 플라스틱 장갑을 사용하게 되면 오염되기 쉽기 때문에 피해야 한다.

④ 뜨거운 수돗물과 탈이온수 순으로 헹군 후 공업용 메탄올을 사용해 씻어내고, 60분 동안 105 ℃ 건조기에서 바이알, 뚜껑, 격막을 건조시킨다.

> **풀이** 뜨거운 수돗물과 탈이온수 순으로 헹군 농약 분석용 메탄올을 사용해 씻어내고, 60분 동안 105 ℃ 건조기에서 바이알, 뚜껑, 격막을 건조시킨다.

정답 **01** ④ **02** ② **03** ④

5 현장 시료 보관, 현장 기록

1. 현장 시료 보관

① 시료채취는 시료 인수인계 양식에 맞게 문서화한다.

② 시료 수집, 운반, 저장, 분석, 폐기는 자격을 갖춘 직원에 의해서 행해야 한다.

③ 각각의 보관자 혹은 시료채취자는 서명하고, 날짜를 기록한다.

④ 인수인계 양식에는 시료채취 계획, 수집자 서명, 시료채취 위치, 현장 지점, 날짜, 시각, 시료 형태, 용기의 개수 및 분석에 필요한 것들이 포함되어야 한다.

⑤ 시료 인수인계는 수집에서 분석까지 시료의 모든 과정을 아는 데 활용한다.

2. 현장 기록 준비

① 시료채취 동안 발생한 모든 데이터에 대해 기록한다.

② 현장 기록의 내용에는 인수인계 양식, 시료 라벨, 시료 현장기록부, 보존준비기록, QC와 현장 첨가용액 준비기록부 등이 있다.

③ 시료 라벨은 모든 시료 용기에 부착한다.

④ 현장 노트는 특히 현장 업무에 대해 설명하는 것으로 방수용 용지와 하드커버를 사용해야 한다.

⑤ 모든 현장 기록의 입력은 방수용 잉크를 사용해 작성한다.

⑥ 오타는 한 줄을 긋고, 수정 부분에 직원 서명과 날짜 기입한다.

3. 현장 기록 사항

현장 기록은 시료채취 동안 발생한 모든 데이터에 대해 기록되어져야 한다. 이들 현장 기록의 내용에는 인수인계 양식, 시료 라벨, 시료 현장기록부, 보존준비기록, QC와 현장 첨가 용액 준비 기록부 등이 있다.

1) 시료 채취자와 시료 채취에 참여한 모든 직원 이름

2) 시료채취 날짜와 시각

3) 현장 조건(날씨, 시료 채취현장의 정확한 설명)

4) 시료 채취 지점 및 위치의 주소 등 특징 설명

5) 시료 유형 : 단일, 혼합시료(혼합시료면, 적절한 시간 간격, 혼합 기간 기록)

6) 분석 항목, 용기 종류 및 개수, 보존기법
   ① 보존 준비와 사용된 화학물질에 대한 정보
   ② 채취한 시료의 일련 번호

③ 각각의 시료는 현장 확인 번호가 있어야 한다.

④ 현장에 대한 정보와 현장 정도관리의 참값은 현장 시험의 정확성을 점검하는 데 사용한다.

⑤ 시료의 종류에 따른 구분(예 현장첨가시료는 FSp1, FSp2, 현장이중시료는 FD1, FD2, 현장분할시료는 FS1, FS2로 나타냄)

⑥ 온도, pH, 전도도, 용존산소, 잔류 염소에 대한 현장 측정 데이터

⑦ 퍼지와 시료채취 장비 사용 목록

⑧ 작성된 현장 문서

⑨ 지표수에 대한 추가 문서(예 시료 채취 깊이)

⑩ 폐수 방류수에 대한 추가 문서(예 혼합시료 채취 시작과 종료 시각)

⑪ 토양에 대한 추가 문서 내용(예 시료 채취 깊이)

⑫ 시료 운반방법 : 포장, 냉각, 분리, 운반 등

⑬ 시료 전달 : 문서는 현장 이름과 주소, 시료 수집 날짜와 시각, 시료채취자 이름, 시료 운반 책임자, 현장 ID 번호, 시료 번호, 시료채취 날짜와 시각, 분석, 보존, 시료 혹은 시료 용기에 대한 설명과 내용의 정확성 확인

실전 예상문제

01 현장기록에 대한 사항으로 옳지 않은 것은?

① 오타는 한 줄 긋고, 수정부분에 직원 서명과 날짜를 기입
② 모든 현장기록의 입력은 볼펜을 사용해 작성
③ 시료라벨은 모든 용기에 부착
④ 시표채취 동안 발생한 모든 데이터에 대해 기록

풀이 모든 현장기록의 입력은 방수용 잉크를 사용해 작성

02 현장시료채취에 대한 설명이 틀린 것은?

2012
제4회

① 모든 시료채취는 시료 인수인계 양식에 맞게 문서화해야 한다.
② 각각의 보관자 혹은 시료채취자는 서명, 날짜를 기록해야 한다.
③ 시료 인수인계는 수집에서 운반까지 시료의 모든 과정을 아는 데 활용한다.
④ 필요할 때는 시정조치에 대한 기록도 보관해야 한다.

풀이 시료 인수인계는 수집에서 분석까지 시료의 모든 과정을 아는 데 활용한다.

03 시료 접수 기록부의 필수 기록 사항이 아닌 것은?

2011
제3회

① 시료명
② 시료인계자
③ 현장 측정 결과
④ 시료 접수 일시

풀이 인수인계 양식에는 시료채취 계획, 수집자 서명, 시료채취위치, 현장 지점, 날짜, 시각, 시료 형태, 용기의 개수 및 분석에 필요한 것들이 포함되어야 한다.

04 시료채취 시 현장기록과 관련된 내용으로 부적절한 것은?

2011
제3회

① 시료라벨은 모든 시료 용기에 부착한다.
② 모든 현장기록은 방수용 잉크를 사용해 작성한다.
③ 시료기록 시트에는 분석 목적을 기록한다.
④ 현장기록은 시료채취 준비 과정에서 발생한 모든 사항을 포함해야 한다.

풀이 현장기록은 시료채취 동안 발생한 모든 데이터에 대해 기록한다.

정답 01 ① 02 ③ 03 ③ 04 ④

05 시료의 인수인계 양식에 포함되는 사항이 아닌 것은?

2011
제2회

① 시료명 및 현장 확인번호   ② 시료 접수 일시
③ 시료 인계 및 인수자   ④ 시료 성상 및 양

풀이 문제 03번 해설 참조

06 현장시료 보관 및 현장기록에 대한 사항으로 옳지 않은 것은?

2009
제1회

① 모든 시료채취는 시료 인수인계 양식에 맞게 문서화해야 한다.
② 시료의 수집, 운반, 저장, 폐기는 숙달된 직원에 의해서 행할 수 있다.
③ 시료의 보관자 혹은 시료채취자 서명, 날짜를 기록해야 한다.
④ 필요할 때는 시정조치에 대한 기록도 보관해야 한다.

풀이 시료 수집, 운반, 저장, 분석, 폐기는 자격을 갖춘 직원에 의해서 행해야 한다.

07 현장 기록부에 포함되는 내용이 아닌 것은?

2012
제4회

① 분석 방법   ② 시료 인수인계 양식
③ 시료 라벨   ④ 보존제 준비기록부

풀이 현장 기록은 시료채취 동안 발생한 모든 데이터에 대해 기록되어져야 한다. 이들 현장 기록의 내용에는 인수 인계 양식, 시료 라벨, 시료 현장기록부, 보존준비기록, QC와 현장 첨가 용액 준비기록부 등이 있다.

⑥ 시료채취 후 활동

1. 시료 신속 처리

시료 운반이나 포장은 현장과 시료 보관 담당직원의 책임이다. 양도받은 사람은 인수인계 양식의 운반 날짜와 시각에 서명하고, 실험실로 시료가 운반되어 오면 다음 사항을 지켜야 함
① 시료채취 지역과 분석 유형에 의한 시료 분리
② VOCs 시료는 각각의 플라스틱 백에 포장하고 "VOCs만"이라고 적힌 별도의 냉각기에서 보관해야 한다.
③ 시료는 가능하면 빨리 실험실로 옮겨야 한다.

2. 현장에서 폐기물 처리

① 시료채취 동안에 발생한 폐기물은 라벨을 붙인 용기에 분리한다.
② 폐기물 관리를 위해 실험실로 갖고 온다.
③ 실험실과 현장에서 발생한 폐기물은 실험실과 계약을 맺은 인증된 폐기물 관리 회사를 통해 폐기시켜야 한다.

실전 예상문제

01 시료채취 시 발생된 폐기물을 처리하는 방법으로 틀린 것은?

① 라벨을 붙인 용기에 분리한다.

② 화학폐기물 수집용기는 운반 및 용량 측정이 용이한 플라스틱 용기를 사용하여야 한다.

③ 폐기물은 되도록 현장에서 처리하도록 한다.

④ 폐기물 관리를 위해 실험실로 가지고 온다.

풀이 폐기물 관리를 위해 실험실로 가지고 와서 실험실과 계약을 맺은 인증된 폐기물 관리 회사를 통해 폐기시켜 야 한다.

02 시료채취 후 발생된 폐기물을 처리하는 방법으로 틀린 것은?

2011
제3회

① 시료채취 동안에 발생한 폐기물은 라벨을 붙인 용기에 분리하여 처리하고, 폐기물 처분을 위해 실험실로 갖고 온다.

② 실험실과 현장에서 발생한 폐기물은 실험실과 계약을 맺은 인증된 폐기물 관리 회사를 통해 폐기해 야 한다.

③ 발생된 폐기물이 지정폐기물 중 폐산 · 폐알칼리 · 폐 · 유폐유기용제 · 폐촉매 · 폐흡착제 · 폐농 약에 해당될 경우에는 보관이 시작된 날부터 45일을 초과하여 보관하여서는 안 된다.

④ 발생된 화학폐기물을 수집하는 용기는 반드시 운반 및 용량측정이 쉽고 잔류량 확인이 가능하도록 유리재질의 용기를 사용하여야 한다.

풀이 화학폐기물 수집 용기는 반드시 운반 및 용량 측정이 용이한 플라스틱 용기를 사용하여야 한다.

정답 **01** ③ **02** ④

7 현장 정도관리

시료 수집에서의 QA/QC는 부적절한 단위 혹은 시료채취 기술, 불필요한 시료 보존, 부적절한 확인과 운반을 방지하는 것과 현장 측정에서부터 데이터의 유효성을 제공하는 것이 목적이다.

1. 현장 QA/QC 프로그램

■ 현장 QA/QC 프로그램의 문서화 내용

① 현장 QC 요건

② 기록 절차와 데이터 진행

③ 검토와 환산 데이터 절차. 보고된 목적대로 현장 측정을 준비하고 유효화하기 위한 과정

④ 현장 기기와 장비의 교정과 유지를 위한 절차

⑤ 시료채취 담당자의 자격과 훈련

　㉠ 가장 대표적인 시료채취장소 결정

　㉡ 적절한 시료채취기술의 선택, 시료채취장비 선택, 시료보존방법 사용, 시료 확인

　㉢ 적절한 데이터 기록과 기록 양식사용

　㉣ 현장 기기와 장비의 교정과 유지

　㉤ 이중시료, 분할시료, 첨가시료와 같은 QC시료 사용

　※ 훈련 프로그램 이수 후의 **신규 시료 채취자**는 더 경험이 많은 감독관과 같이 한달 이상 시료채취 활동에 동반하여 수행한다.

2. 현장 QC 점검의 범위

1) 현장 측정에서 QC 점검

측정의 정밀도(precision)를 계산하기 위해 이중 시료를 분석한다. QC 점검과 정확도(accuracy) 측정을 위해 기지 농도의 표준물질을 이용하여 비슷한 매질 시료 세트와 함께 분석한다. **이중시료와 QC 점검 표준시료는 20 개의 시료당 한 번 분석한다.**

① 현장 평가의 정밀도는 이중시료를 분석하여 **상대표준편차 백분율**(RPD ; relative percent difference)로 나타낸다.

$$RPD = \{(A-B)/[(A+B)/2]\} \times 100 \text{ 또는 } [(A-B)/(A+B)] \times 200$$

② 현장 측정의 정확성은 **참값의 회수율**(R ; recovery)을 본다.

$$\%R = \frac{(측정값 \times 100)}{참값}$$

③ 현장 첨가시료의 정확성은

$$\%R = [(첨가한\ 시료값 - 첨가하지\ 않은\ 시료값)\ /(첨가값)] \times 100$$

2) 정밀도의 관리기준(control limit)

정밀도의 관리기준(Control Limit)는 20개 이상의 RPD 데이터를 수집하여 평균값(x)과 표준편차(s)를 계산하고 다음과 같이 경고, 관리기준을 설정한다.

① 경고 기준(warning limit)은 평균값에 2 배의 표준편차를 더해서 구하고

② 관리기준(control limit)은 평균값에 3 배의 표준편차를 더해 구한다.

> • 경고 기준 : ± (x + 2s)
> • 관리 기준 : ± (x + 3s)

3) 정확도의 관리기준(control limit)

정확도의 관리기준(Control Limit)는 20개 이상의 정확도 데이터(% 회수율)를 수집하여 평균값(x)과 표준편차(s)를 계산하고 다음과 같이 경고, 관리기준을 설정한다.

① 상한 경고기준은 평균값에 2 배의 표준편차를 더한 것이고, 하한 경고기준은 평균값에 2 배의 표준편차를 뺀 것이다.

② 상한 관리기준은 평균값에 3 배의 표준편차를 더한 것이고, 하한 관리기준은 평균값에 3 배의 표준편차를 뺀 것이다.

> • 상한 경고기준, UWL(upper warning limit) : x + 2s
> • 하한 경고기준, LWL(lower warning limit) : x − 2s
> • 상한 관리기준, UCL(upper control limit) : x + 3s
> • 하한 관리기준, LCL(lower control limit) : x − 3s

> 정확도 관리기준과 경고기준 계산 예시
> pH 측정의 % 회수율 데이터로부터
> 계산된 평균값 x = 99.8 %, 계산된 표준편차 s = 2.3 %일 때
> UCL : 99.8 + 3(2.3) = 106.7 %
> LCL : 99.8 − 3(2.3) = 95.2 %
> UWL : 99.8 + 2(2.3) = 104.4 %
> LWL : 99.8 − 2(2.3) = 92.9 %
> 따라서 경고기준은 92.9 % ~ 104.4 %, 관리기준은 95.2 % ~ 106.7 %의 범위이다.

※ 현장 측정의 정밀도와 정확도 모니터를 위해 정밀도와 정확도 값은 QC 차트에 매일 작성한다.

실전 예상문제

01 20개 이상의 정확도 데이터(% 회수율)를 수집하여 평균값(x)과 표준편차(s)를 이용하여 정확도 관리기준을 설정하려고 한다. 상한 관리기준과 하한 관리기준이 맞게 연결된 것은?

① 상한 관리기준 : $x+2s$ — 하한 관리기준 : $x-2s$

② 상한 관리기준 : $x+3s$ — 하한 관리기준 : $x-3s$

③ 상한 관리기준 : $x+4s$ — 하한 관리기준 : $x-4s$

④ 상한 관리기준 : $x+5s$ — 하한 관리기준 : $x-5s$

> **풀이** • 상한 경고기준, UWL(upper warning limit) : $x+2s$
> • 하한 경고기준, LWL(lower warning limit) : $x-2s$
> • 상한 관리기준, UCL(upper control limit) : $x+3s$
> • 하한 관리기준, LCL(lower control limit) : $x-3s$

02
2011
제3회
20개 이상의 상대표준편차백분율(RPD) 데이터를 수집하고, 평균값(x)과 표준편차(s)를 이용하여 정밀도 기준을 세울 경우 맞는 것은?

① 경고기준 : $\pm(x+s)$, 관리기준 : $\pm(x+2s)$

② 경고기준 : $\pm(x+2s)$, 관리기준 : $\pm(x+3s)$

③ 경고기준 : $\pm(x+3s)$, 관리기준 : $\pm(x+4s)$

④ 경고기준 : $\pm(x+4s)$, 관리기준 : $\pm(x+5s)$

> **풀이** 정밀도의 관리기준에서 경고기준은 $\pm(x+2s)$, 관리기준은 $\pm(x+3s)$

03
2009
제1회
현장 측정의 정도관리(QC)에 대한 설명으로 관련이 적은 것은?

① 이중시료는 측정의 정밀도를 계산하기 위해 분석한다.

② 20개의 시료마다 이중시료 및 QC점검 표준시료를 분석한다.

③ 정밀도는 이중시료분석의 상대표준편차(RSD)로 나타낸다.

④ 상대편차백분율(RPD)이 0이면 정밀도가 가장 좋음을 의미한다.

> **풀이** 현장 평가의 정밀도는 이중시료를 분석하여 상대표준편차 백분율(RPD ; relative percent difference)로 나타낸다.
> $RPD = \{(A-B)/[(A+B)/2]\} \times 100$ 또는 $[(A-B)/(A+B)] \times 200$

···03 수질 시료 채취

1 시료채취 계획의 수립

상수, 하천수, 호소수, 폐수 등의 시료를 채취하여 수질을 측정 분석하는 이유는 그 물이 용도에 적합한지를 알기 위하여, 그리고 부적합할 경우에는 필요한 처리방법을 결정하기 위해서다.

1. 하천 및 호소 등에 대한 조사계획 순서

① 조사대상 하천 및 호소 등의 조사항목을 설정한다. 이때 여러 가지 조사를 유기적·기능적으로 연관시킨다.
② 조사의 인원과 비용을 감안하여, 조사의 효율성을 제고한다.
③ 과거자료를 확보하여 대상 수체의 성격 및 일반 내용을 숙지한다.
④ 조사의 시기, 항목, 지점, 수심, 횟수 등을 설정한다.
※ 조사계획에서 골자가 되는 것은 조사의 시기, 항목, 지점, 수심, 주기 등의 설정이다.

2. 계획수립에 유의할 점

① 각 조사의 의미를 잘 이해하고 전체로서 균형을 유지한다.
② 가능한 한 각 분야의 조사를 동시에 동일한 지점에서 실시함으로써 상호 보완적으로 사용 가능케 한다.
③ 군집분석이나 통계분석, 모델링, 등의 자료가공과 해석이 용이하도록 사전에 자료를 활용하는 분야의 전문가와 협의하여 자료이용이 가능한 구도로 계획을 수립한다.
④ 조사대상 수체에 관한 기존의 자료를 수집하고 자료를 분석하여 수체의 특성을 파악한 후에 계획을 수립하여야 한다.
⑤ 조사 횟수는 가용한 경비에 따라 제한된다. 따라서 제한된 경비 내에서 목적하는 결과를 얻을 수 있도록 최적의 조사 지점과 조사 횟수를 설정하는 것이 조사계획의 핵심적인 사항이다.

② 일반적인 조사지점의 선정

1. 시료채취 위치 선택

1) 수질조사지점 선정 공통사항

① 수질보전상 수질향상 및 상태의 파악이 필요한 지점

② 수질의 유지 또는 향상을 위한 통제수단의 효율성을 결정하기 위한 지점

③ 일정기간에 걸친 수질변화를 측정함으로써 수질변동의 경향파악 및 예측되는 행위를 제한하기 위한 지점

④ 수체(waterbody)에 유입되는 유입물질의 변화와 그 영향을 평가하기 위한 지점

⑤ 담수와 해수의 혼합지점에서 강으로부터의 오염물질 부하를 평가하기 위한 지점

⑥ 수역별 오염물질의 부하량과 그 영향을 파악하기 위한 지점

2) 수질조사지점 결정 시 고려사항

대표성	유량측정	접근가능성
그 물의 성질을 대표할 수 있는 지점	배출량 계산	시료는 2 L 이상 필요하고, 일과 시간에 많은 지점에서 채취해야 하므로 접근이 용이해야 함

안전성		방해되는 영향
날씨가 나쁘거나 유량이 많을 경우 위험하므로 안전을 고려한 지점이어야 함		조사지점의 상류나 하류의 수질에 영향을 주는 요소가 있으면 대표성 확보 불가능

(1) 수질 시료의 대표성

① 흐르는 물은 흐름과 깊이에 따라 수질이 변화하므로 최대 난류 지점에서 깊이 60 % 지점을 선택하고, 취수 속도는 평균 유속과 같거나 더 커야 한다.

② 성층화가 잘 일어나 시료 채취에 주의해야 하는 지점

ㄱ 깊이가 5 m 이상은 성층화로 인하여 물이 안정화된다.

ㄴ 2개의 강이 만나는 지점

ㄷ 강 하구와 같이 바닷물과 만나는 곳은 염분에 의한 비중차로 성층화 발생

(2) 시료채취지점

① 배출시설 등의 폐수

ㄱ 유입수는 시료가 가장 잘 섞여있는 흐름이 매우 빠른 폐수처리장으로 유입되는 지점에서 채취

ⓛ 유출수는 지표수와 혼합되기 전 토출구에서 중력에 의해 아래로 흐르는 곳에서 채취

3) 강에서의 시료채취

① 강의 유속이 빠르거나 폭포일 경우, 혼합은 매우 빠르고 대표 시료는 하류에서 채취하지만 용존산소 측정을 위한 시료채취는 폭포 혹은 속도가 빠른 강에서는 상류에서 채취한다.(이유 : 교류(turbulence flow)는 산소를 포화시키는 원인이 되기 때문)

② 시료채취 지점이 적당한 곳인지를 검증하기 위해서 여러 곳에서 채취한 시료를 가지고 검증함. 일반적으로 여러 곳에서 시료를 채취할수록, 더 대표적인 혼합시료가 됨. 3곳 ~ 5곳에서 시료를 채취하는 것이 적당하며, 좁거나 얕은 곳에서는 그보다 적은 수로 채취해도 무방하다.

③ 하천에서의 시료 채취 지점 : 하천수의 오염 및 용수의 목적에 따라 채수지점을 선정하며 하천본류와 하전지류가 합류하는 경우에는 **합류 이전의 각 지점과 합류 이후 충분히 혼합된 지점에서 각각 채수한다.**

④ 하천 단면에서의 시료채취 지점 : 하천의 단면에서 수심이 가장 깊은 수면의 지점과 그 지점을 중심으로 하여 좌우로 수면폭을 2등분한 각각의 지점의 수면으로부터 수심 2 m 미만일 때에는 수심의 1/3에서, 수심이 2 m 이상일 때에는 수심의 1/3 및 2/3에서 각각 채수한다.

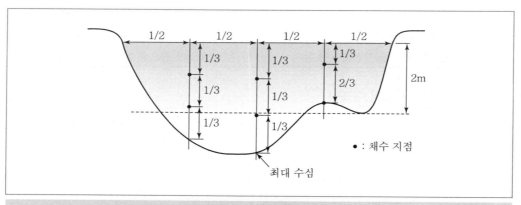

하천 단면에서의 시료채취 위치

4) 호수 및 저수지에서의 시료채취

성층이 있는 호수 및 저수지에서는 수심에 따라 1개 이상의 시료를 채취해 조사하며, 10 m 깊이 이상의 호수와 저수지는 최소한 아래의 시료를 포함해 시료를 채취하여야 함

① 수표면 1 m 아래 시료

② 수온약층의 위의 시료

③ 수온약층 아래 시료

④ 바닥 침전물 위로 1 m 시료

※ 수온약층이 수 m 깊이로 넓게 있다면, 깊이에 다른 수질의 변화를 완전히 분석하기 위해서는 수온약층 내에서 추가적인 시료채취도 필요하다.

▼ 전도 횟수에 따른 호소 구분

구분	전도 횟수	지역 구분
단회성 호소	일년에 1회	온대지방의 얼지 않는 호소
이회성 호소	일년에 2회	온대지방의 어는 호소
다회성 호소	일년에 수회	온대지방 또는 열대지방의 얕은 호소
비순환성 호소	혼합이 약함	열대지방의 호소
불완전혼합성 호소	불완전한 혼합	주로 비순환성 호소이나 때로는 깊은 단회성 또는 이회성 호소

2. 시료채취 회수와 시간

① 장기간 동안의 수질을 분석하기 위해서는 한 달 주기로 시료를 채취한다.

② 하천관리, 배출원관리 등의 목적을 위해서는 일주일 간격으로 시료를 채취한다.

③ 호수나 저수지에서의 수질조사 시기 또는 기간

  ㉠ 1년을 주기로 하는 계절적 현상을 조사할 경우 월 1회의 관측을 원칙으로 한다.

  ㉡ 수년 혹은 그 이상의 장기적인 관측(long-term monitoring)을 원칙으로 한다.

  ㉢ 조사시각은 특별히 지정하지 않지만, 플랑크톤 활동의 일반적 변화 등을 고려하여 비교적 안정된 조사결과를 얻는다는 이유에서 바람이 약한 오전 또는 이른 아침에 조사를 실시하는 것이 좋다.

③ 시료채취방법 및 보존방법

1. 시료채취방법

1) 배출허용기준 적합여부 판정을 위한 시료채취

시료의 성상, 유량, 유속 등의 시간에 따른 변화를 고려하여 현장물의 성질을 대표할 수 있도록 채취하며, 복수채취를 원칙으로 함(단, 신속한 대응이 필요한 경우 등 복수채취가 불합리한 경우에는 예외)

2) 하천수 등 수질조사를 위한 시료채취

시료의 성상, 유량, 유속 등의 시간에 따른 변화를 고려하여 현장물의 성질을 대표할 수 있도록 채취하여야 하며, 수질 또는 유량의 변화가 심하다고 판단될 때에는 오염상태를 잘 알 수 있도록 시료의 채취횟수를 늘려야 하며, 이때에는 채취 시의 유량에 비례하여 시료를 서로 섞은 다음 단일시료로 한다.

3) 지하수 수질조사를 위한 시료채취

지하수 침전물로부터 오염을 피하기 위하여 보존 전에 현장에서 여과($0.45\ \mu m$)하는 것을 권장하며, 휘발성유기화합물과 민감한 무기화합물질을 함유한 시료는 그대로 보관함

2. 시료채취 시 유의사항

① 시료채취 시 분석결과에 영향을 미칠 수 있는 사항(채취시간, 보존제 사용 여부, 매질 등)을 기재하여 분석자가 참고할 수 있게 한다.

② 용존가스, 환원성물질, 휘발성유기화합물, 냄새, 유류 및 수소이온 등의 측정을 위한 시료채취는 공기접촉이 없도록 시료 용기에 가득 채운 후 뚜껑을 닫는다.

③ 현장에서 용존산소 측정이 어려운 경우 시료를 가득 채운 300 mL BOD 병에 황산 용액 1 mL와 알칼리성 요오드화포타슘 – 아자이드화소듐 용액 1 mL를 넣고 기포가 남지 않게 조심하여 마개를 닫고 수회 병을 회전하고 암소에 보관하여 8시간 이내 측정

④ 유류 또는 부유물질 등이 함유된 시료는 시료의 균일성이 유지될 수 있도록 채취하고, 침전물 등이 부상하여 혼입되어서는 안 된다.

⑤ 지하수 시료는 취수정 내에 고여 있는 물과 원래 지하수의 성상이 달라질 수 있으므로 충분히 퍼낸 다음 새로 나온 물을 채취, 저속시료채취하여 시료 교란을 최소화하고, 천부층의 경우 저속양수펌프 또는 정량이송펌프 사용

⑥ 총유기탄소 측정을 위한 시료 채취 시 시료병은 가능한 외부의 오염이 없어야 하며, 이를 확인하기 위해 바탕시료를 시험해 봄. 시료병은 폴리테트라플루오로에틸렌(PTFE ; polytetrafluoroethylene)으로 처리된 고무마개를 사용하고, 암소에서 보관하며 깨끗하지 않은 시료병은 사용하기 전에는 산세척, 알루미늄 호일로 포장하여 400 ℃ 회화로에서 1시간 이상 구워 냉각한 것을 사용

⑦ 퍼클로레이트를 측정하기 위한 시료채취 시 시료 용기를 질산 및 정제수로 씻은 후 사용하고, 채취 시 시료병의 $\frac{2}{3}$를 채운다.

⑧ 저농도 수은(0.0002 mg/L 이하) 시료를 채취하기 위해 용기는 채취 전에 미리 준비함. 우선 염산용액(4 m)이나 진한질산을 채워 내산성플라스틱 덮개를 이용하여 오목한 부분이 밑에

오도록 덮고 가열판을 이용하여 48시간 동안 65 ℃ ~ 75 ℃가 되도록 함. 실온으로 식힌 후 정제수로 3회 이상 헹구고, 염산용액(1 %) 세정수로 다시 채움. 마개를 막고 60 ℃ ~ 70 ℃에서 하루 이상 부식성에 강한 깨끗한 오븐에 보관함. 실온으로 다시 식힌 후 정제수로 3회 이상 헹구고, 염산용액(0.4 %)으로 채워서 클린벤치에 넣고 용기 외벽을 완전히 건조시킴. 건조된 용기를 밀봉하여 폴리에틸렌 지퍼백으로 이중 포장하고 사용 시까지 플라스틱이나 목재상자에 넣어 보관한다.

⑨ 다이에틸헥실프탈레이트를 측정하기 위한 시료채취 시 **스테인레스강이나 유리 재질의 시료 채취기를 사용**. 플라스틱 시료채취기나 튜브 사용을 피하고 불가피한 경우 시료 채취량의 5배 이상을 흘려보낸 다음 채취하며, 갈색 유리병에 시료를 공간이 없도록 채우고 **폴리테트라플루오로에틸렌**(PTFE ; polytetrafluoroethylene) **마개**(또는 알루미늄 호일)나 유리마개로 밀봉한다. **시료병을 미리 시료로 헹구지 않는다.**

⑩ 1.4 – 다이옥산, 염화바이닐, 아크릴로나이트릴, 브로모폼을 측정하기 위한 시료용기는 갈색 유리병을 사용하고, 사용 전 미리 질산 및 정제수로 씻은 다음, 아세톤으로 세정한 후 120 ℃에서 2시간 정도 가열한 후 방냉하여 준비함. 시료에 산을 가하였을 때에 거품이 생기면 그 시료는 버리고 산을 가하지 않은 시료를 채취한다.

⑪ 미생물 시료는 **멸균된 용기를 이용하여 무균적으로 채취**하여야 하며, 시료채취 직전에 물속에서 채수병의 뚜껑을 열고 폴리글로브를 착용하는 등 신체접촉에 의한 오염이 발생하지 않도록 유의하여야 한다.

⑫ 물벼룩 급성 독성을 측정하기 위한 시료용기와 배양용기는 자주 사용하는 경우 내벽에 석회 성분이 침적되므로 주기적으로 묽은 염산 용액에 담가 제거한 후 세척하여 사용하고, 농약, 휘발성 유기화합물, 기름 성분이 시험수에 포함된 경우에는 시험 후 시험용기 세척 시 '**뜨거운 비눗물 세척 – 헹굼 – 아세톤 세척 – 헹굼**' 과정을 추가함. 시험수의 유해성이 금속성분에 기인한다고 판단되는 경우, 시험 후 시험용기 세척 시 '**묽은 염산**(10 %) **세척 혹은 질산용액 세척 – 헹굼**' 과정을 추가한다.

⑬ **채취된 시료**는 즉시 실험하여야 하며, 그렇지 못한 경우에는 시료의 보존방법에 따라 보존하고 규정된 시간 내에 실험하여야 한다.

3. 시료의 보존방법

항목		시료용기[※]	보존방법	최대보존기간 (권장보존기간)
냄새		G	가능한 한 즉시 분석 또는 냉장 보관	6시간
노말헥세인추출물질		G	4 ℃ 보관, H_2SO_4로 pH 2 이하	28일
부유물질		P, G	4 ℃ 보관	7일
색도		P, G	4 ℃ 보관	48시간
생물화학적산소요구량		P, G	4 ℃ 보관	48시간(6시간)
수소이온농도		P, G	−	즉시 측정
온도		P, G	−	즉시 측정
용존산소	적정법	BOD병	즉시 용존산소 고정 후 암소 보관	8시간
	전극법	BOD병	−	즉시 측정
잔류염소		G(갈색)	즉시 분석	−
전기전도도		P, G	4 ℃ 보관	24시간
총유기탄소		P, G	즉시 분석 또는 H_3PO_4 또는 H_2SO_4를 가한 후(pH < 2) 4℃ 냉암소에서 보관	28일(7일)
클로로필 a		P, G	즉시 여과하여 −20 ℃ 이하에서 보관	7일(24시간)
탁도		P, G	4 ℃ 냉암소에서 보관	48시간(24시간)
투명도		−		
화학적산소요구량		P, G	4 ℃ 보관, H_3PO_4로 pH 2 이하	28일(7일)
불소		P	−	28일
브롬이온		P, G	−	28일
시안		P, G	4 ℃ 보관, NaOH로 pH 12 이상	14일(24시간)
아질산성 질소		P, G	4 ℃ 보관	48시간(즉시)
암모니아성 질소		P, G	4 ℃ 보관, H_2SO_4로 pH 2 이하	28일(7일)
염소이온		P, G	−	28일
음이온계면활성제		P, G	4 ℃ 보관	48시간
인산염인		P, G	즉시 여과한후 4 ℃ 보관	48시간
질산성 질소		P, G	4 ℃ 보관	48시간
총인(용존 총인)		P, G	4 ℃ 보관, H_2SO_4로 pH 2 이하	28일
총질소(용존 총질소)		P, G	4 ℃ 보관, H_2SO_4로 pH 2 이하	28일(7일)
퍼클로레이트		P, G	6 ℃ 이하 보관, 현장에서 멸균된 여과지로 여과	28일
페놀류		G	4 ℃ 보관, H_3PO_4로 pH 4 이하 조정한 후 시료 1 L당 $CuSO_4$ 1 g 첨가	28일
황산이온		P, G	6 ℃ 이하 보관	28일(48시간)
금속류(일반)		P, G	시료 1 L당 HNO_3 2 mL 첨가	6개월
비소		P, G	1 L당 HNO_3 1.5 mL로 pH 2 이하	6개월

항목		시료용기※	보존방법	최대보존기간 (권장보존기간)
셀레늄		P, G	1 L당 HNO_3 1.5 mL로 pH 2 이하	6개월
수은(0.2 μg/L 이하)		P, G	1 L당 HCl(12 M) 5 mL 첨가	28일
6가크로뮴		P, G	4 ℃ 보관	24시간
알킬수은		P, G	HNO_3 2 mL/L	1개월
다이에틸헥실프탈레이트		G(갈색)	4 ℃ 보관	7일(추출 후 40일)
1.4-다이옥산		G(갈색)	HCl(1+1)을 시료 10 mL당 1방울 ~ 2방울씩 가하여 pH 2 이하	14일
염화바이닐, 아크릴로나이트릴, 브로모폼		G(갈색)	HCl(1+1)을 시료 10 mL당 1방울 ~ 2방울씩 가하여 pH 2 이하	14일
석유계총탄화수소		G(갈색)	4 ℃ 보관, H_2SO_4 또는 HCl으로 pH 2 이하	7일 이내 추출, 추출 후 40일
유기인		G	4 ℃ 보관, HCl로 pH 5~9	7일(추출 후 40일)
폴리클로리네이티드바이페닐 (PCB)		G	4 ℃ 보관, HCl로 pH 5~9	7일(추출 후 40일)
휘발성유기화합물		G	냉장보관 또는 HCl을 가해 pH<2로 조정 후 4 ℃ 보관 냉암소 보관	7일(추출 후 14일)
총대장 균군	환경기준 적용시료	P, G	저온(10 ℃ 이하)	24시간
	배출허용기준 및 방류수 기준 적용시료	P, G	저온(10 ℃ 이하)	6시간
분원성 대장균군		P, G	저온(10 ℃ 이하)	24시간
대장균		P, G	저온(10 ℃ 이하)	24시간
물벼룩 급성 독성		G	4 ℃ 보관	36시간
식물성 플랑크톤		P, G	즉시 분석 또는 포르말린 용액을 시료의 (3 ~ 5) %를 가하거나 글루타르알데하이드 또는 루골용액을 시료의 (1 ~ 2) %를 가하여 냉암소 보관	6개월

※ P : polyethylene, G : glass

① 클로로필-a 분석용 시료는 즉시 여과하여 여과한 여과지를 알루미늄 호일로 싸서 -20 ℃ 이하에서 보관함. 여과한 여과지는 상온에서 3시간까지 보관할 수 있으며, 냉동 보관 시에는 25일까지 가능. 즉시 여과할 수 없다면 시료를 빛이 차단된 암소에서 4 ℃ 이하로 냉장하여 보관하고 채수 후 24시간 이내에 여과하여야 한다.

② 시안 분석용 시료에 잔류염소가 공존할 경우 시료 1 L당 아스코르빈산 1 g을 첨가하고, 산화 제가 공존할 경우에는 시안을 파괴할 수 있으므로 채수 즉시 아비소산소듐($NaAsO_2$) 또는 싸 이오황산소듐($Na_2O_3S_2$)을 시료 1 L당 0.6 g을 첨가한다.

③ 암모니아성 질소 분석용 시료에 **잔류염소**가 공존할 경우 증류과정에서 암모니아가 산화되어 제거될 수 있으므로 시료채취 즉시 **싸이오황산소듐용액(0.09 %)**을 첨가한다.

　※ 싸이오황산소듐용액(0.09 %) 1 mL를 첨가하면 시료 1 L 중 2 mg의 잔류염소를 제거할 수 있다.

④ 페놀류 분석용 시료에 산화제가 공존할 경우 채수 즉시 **황산암모늄철용액**을 첨가한다.

⑤ 비소와 셀레늄 분석용 시료를 pH 2 이하로 조정할 때에는 질산(1 + 1)을 사용할 수 있으며, 시료가 알칼리화되어 있거나 완충효과가 있다면 첨가하는 산의 양을 질산(1 + 1) 5 mL까지 늘려야 한다.

⑥ 저농도 수은(0.0002 mg/L 이하) 분석용 시료는 보관기간 동안 수은이 시료 중의 유기성 물질과 결합하거나 벽면에 흡착될 수 있으므로 가능한 빠른 시간 내 분석하여야 하고, 용기 내 흡착을 최대한 억제하기 위하여 산화제인 **브롬산/브롬용액(0.1 N)**을 분석하기 24시간 전에 첨가한다.

⑦ 다이에틸헥실프탈레이트 분석용 시료에 **잔류염소**가 공존할 경우 시료 1 L당 **싸이오황산소듐**을 80 mg 첨가한다.

⑧ 1,4 – 다이옥산, 염화바이닐, 아크릴로나이트릴 및 브로모폼 분석용 시료에 **잔류염소**가 공존할 경우 시료 40 mL(잔류염소 농도 5 mg/L 이하)당 **싸이오황산소듐** 3 mg 또는 아스코르빈산 25 mg을 첨가하거나 시료 1 L당 염화암모늄 10 mg을 첨가한다.

⑨ 휘발성유기화합물 분석용 시료에 **잔류염소**가 공존할 경우 시료 1 L당 **아스코르빈산** 1 g을 첨가한다.

⑩ 식물성 플랑크톤을 즉시 시험하는 것이 어려울 경우 **포르말린용액**을 시료의 (3 ~ 5) %를 가하여 보존함. 침강성이 좋지 않은 남조류나 파괴되기 쉬운 와편모조류와 황갈조류 등은 **글루타르알데하이드**나 **루골용액**을 시료의 (1 ~ 2) %를 가하여 보존한다.

실전 예상문제

01
2012
제4회

10 m 깊이 이상의 호수 혹은 저수지의 수질분석을 위한 시료에 포함되어야 하는 시료가 아닌 것은?

① 수표면 2 m 아래 시료

② 수온약층 위의 시료

③ 수온약층 아래 시료

④ 바닥 침전물 위의 1 m 시료

풀이 수표면 1 m 아래 시료

02
2013
제5회

수질 시료 채취에 대한 설명 중 옳은 것은?

① 강의 유속이 빠르거나 폭포일 경우 용존 산소 측정을 위한 시료 채취는 하류에서 채취한다.

② 호수 및 저수지에서 표면과 바닥의 온도 차이가 확연한 수직 성층이 이루어지면 수온 약층 아래에서 시료를 채취해 조사해야 한다.

③ 폐수 처리장 유출수의 경우 가장 대표성 있는 위치는 지표수와 혼합된 후 아래로 흐르는 곳 에서 채취하는 것이 가장 좋다.

④ 지하수로부터 시료 채취를 위한 직접적인 수단은 대수층을 통과하는 시추공을 통한 시료채취이다.

풀이 ① 강의 유속이 빠르거나 폭포일 경우 용존 산소 측정을 위한 시료 채취는 상류에서 채취한다.
② 호수 및 저수지에서 표면과 바닥의 온도 차이가 확연한 수직 성층이 이루어지면 수심에 따라 1개 이상의 시료를 채취해 조사, 10 m 깊이 이상의 호수와 저수지는 최소한 아래의 시료를 포함해 시료채취하여야 한다(수표면 1 m 아래 시료, 수온약층의 위의 시료, 수온약층 아래 시료, 바닥 침전물 위로 1 m 시료).
③ 폐수 처리장 유출수의 경우 가장 대표성 있는 위치는 지표수와 혼합되기 전 토출구에서 중력에 의해 아래로 흐르는 곳에서 채취하는 것이 가장 좋다.

03
2014
제6회

하천수 시료 채취지점에 대한 설명 중 (   ) 안에 들어갈 내용을 차례대로 고르시오.

하천의 단면에서 수심이 가장 깊은 수면의 지점과 그 지점을 중심으로 좌우 수면폭을 (   )한 각각의 지점의 수면으로부터 수심 3 m 이상일 때는 수심의 (   )에서 채수한다.

① 2등분, $\dfrac{2}{3}$ ② 2등분, $\dfrac{1}{3}$ 및 $\dfrac{2}{3}$ ③ 3등분, $\dfrac{2}{3}$ ④ 3등분, $\dfrac{1}{3}$ 및 $\dfrac{2}{3}$

풀이

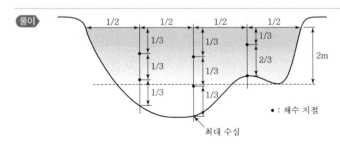

04 하천과 폐수에서 시료의 채취 지점에 대한 설명으로 틀린 것은?

2013
제5회

① 폐수의 성질을 대표할 수 있는 지점에서 채취한다.

② 시료 채취 시 우수나 조업 목적 이외의 물이 포함되지 말아야 한다.

③ 본류와 지류가 합류하는 경우에는 충분히 혼합된 지점에서 채취한다.

④ 수심 2 m 미만인 경우에는 수심의 $\frac{1}{3}$ 및 $\frac{2}{3}$ 지점에서 채취한다.

풀이 문제 03번 해설 참조

05 수질조사지점의 정확한 지점 결정에 고려되어야 하는 사항이 아닌 것은?

2012
제4회

① 대표성   ② 모니터링 용이성

③ 안전성   ④ 유량측정

풀이 수질조사지점의 정확한 지점 결정에 고려되어야 하는 사항은 대표성, 유량측정, 접근가능성, 안전성, 방해되는 영향이다.

06 시료 채취 지점 선정 시 반드시 고려할 사항이 아닌 것은?

2010
제2회

① 대표성   ② 접근 가능성

③ 계속성   ④ 안전성

풀이 문제 05번 해설 참조

4. 수체에 따른 시료채취 횟수와 시간

수체		시료채취 횟수
시냇물	최소	1년에 4회
	최적	1년에 24회(2주 간격) : 총 부유 고체물질은 매주 실시
상류에 위치한 호수	최소	1년에 1회 호수 출구에서 시료채취
강	최소	큰 배수 지역(대략 100 000 km^2)에 대해 1년에 12회
	최대	작은 배수 지역(대략 10 000 km^2)에 대해 1년에 24회
강/저수지	부영양수(eutrophication) 제외	
	최소	1년에 1회
	최대	1년에 1회, 최대 온도 성층에서 1회
	부영양수의 경우	
	1년에 12회(하절기(7월 ~ 9월) 동안은 한 달에 2회 포함)	
지하수	최소	크고 안정된 대수층의 경우 1년에 1회
	최대	작고, 충적(alluvial) 대수층의 경우 1년에 1회

실전 예상문제

01
2012
제4회

수체에 따른 시료채취 횟수의 결정 시 연간 최소 – 최대(혹은 최적) 시료수가 알맞게 짝지어진 것은?

수체	연간 시료채취 횟수	
	최소	최대(최적)
시냇물	ⓐ	24
상류에 위치한 호수	1	–
강	ⓑ(큰 배수지역)	24(작은 배수지역)
강/저수지	1(부영양수 제외)	ⓒ(부영양수 경우)
지하수	1(큰 대수충)	ⓓ(작은 대수충)

① ⓐ : 1, ⓑ : 4, ⓒ : 4, ⓓ : 4
② ⓐ : 4, ⓑ : 4, ⓒ : 12, ⓓ : 4
③ ⓐ : 4, ⓑ : 12, ⓒ : 12, ⓓ : 1
④ ⓐ : 4, ⓑ : 12, ⓒ : 12, ⓓ : 12

풀이

수체	연간 시료채취 횟수	
	최소	최대(최적)
시냇물	4	24
상류에 위치한 호수	1	–
강	12(큰 배수지역)	24(작은 배수지역)
강/저수지	1(부영양수 제외)	12(부영양수 경우)
지하수	1(큰 대수충)	1(작은 대수충)

정답 **01** ③

4 일반적인 시료채취 시설 및 장비

1. 시료채취 시설

지표수 시료 채취지점에서 시료를 채취하는 데 도움을 주는 시설에는 교량, 배, 도보, 제방기슭, 헬리콥터 등이 있다.

- **채수기의 종류**

  (1) Hydroth 채수기

    ① 얕은 심도의 시료채취에 적합하다.
    ② 막대기 끝에 채수병 달아 직접 채수한다.
    ③ 멸균한 병을 사용하는 세균시험용 채취에 적합하다.
    ④ 용기내의 공기와 시료가 접촉하므로 용존가스나 Fe^{2+} 등의 환원물질을 측정하는 경우는 적합하지 않다.

  (2) Van dorn 채수기

    ① 가장 널리 쓰인다.
    ② 채수기의 마개가 열린 채로 원하는 수심에 넣고 메신저를 떨어뜨려 마개를 닫는 구조이다.
    ③ 호수에서는 2 리터 ~ 5 리터 용량이 많이 사용된다.
    ④ 재질은 PVC와 투명아크릴의 두 가지가 널리 쓰인다. 투명아크릴은 속을 들여다 볼 수 있는 장점이 있는 반면에 추운 날씨에는 충격에 깨어질 수도 있다.

  (3) Ekman 채수기(Nansen water bottle)

    ① 메신저를 떨어뜨리면 채수기의 위아래가 뒤집어 지면서 채수기의 마개가 닫히는 구조이다.
    ② 현장수온을 정확히 보존 측정하는 것이 장점이다.
    ③ 수심이 깊은 해양 채수와 수온 측정에 많이 사용된다.

  (4) 펌프 사용

    ① 얕은 호수에서 다량의 시료 채취 시
    ② 성층이 강한 얕은 호수에서 10 cm 정도의 수심 간격으로 채수하는 경우
    ③ 저니 바로 위의 시료를 채취하는 경우에 적합하다.
    ④ 수심이 깊으면 호스 내에서 저항 커져 펌프에 의한 채수가 어려워진다.

2. 퍼징과 시료채취 장비

1) 펌프

지하수 퍼징과 시료수집에 가장 보편적으로 사용되는 장비는 원심 펌프(centrifugal pump), 전기 수중 펌프(electric submersible pump), hand pump, peristaltic pump, air-lift pump, gas operated pump, bailer가 있다.

① 원심 펌프 : 분당 7.6 L ~ 37.8 L의 용량을 가진 5 또는 10 cm의 지름의 관측정을 퍼징하는 데 사용한다. 물의 깊이는 6.5 m 이하일 때 사용한다.

② 전기 수중 펌프 : 10 cm 이상의 지름을 가진 관측정을 퍼징에 사용한다. 펌프는 스테인레스강 재질로 되어 있다.

③ Hand Pump : 정지된 물로 너무 깊어서 원심 혹은 연동(peristaltic) 펌프를 사용할 수 없는 경우, 5 cm 정도의 지름의 관측정을 퍼징에 사용한다.

④ Peristaltic pump : 적은 용량의 관측정을 퍼징에 사용. 물의 깊이는 6.5 m 이하에 사용한다.

⑤ Air - lift Pump : 관측정에 공기압력을 가해주어 물이 밀려나가도록 하는 장치다. 휴대가 능하고 저렴하다. 그러나 시료의 가스를 없애는 효과로 인해 상세한 화학물질 분석에 대한 수질 시료 채취방법에는 적절하지 않다.

⑥ Gas operated Pump : 지름이 25.4 mm 정도인 관측정에 사용된다. 다양한 분석 대상물질에 이용가능하고 상대적으로 운반이 용이하나, 가스 공급과 많은 양의 가스가 사용된다. 깊은 관측정을 퍼징할 때는 오랜 시간 동안 작동할 필요가 있다.

⑦ Bailer : 다양한 지름의 관측정, 다양한 물질에서 사용할 수 있다. 운반과 청소가 용이하고 저렴하다. 시료병으로 물을 운반할 때, 산소가 필요하게 되는데 이런 경우, 케이싱 벽을 통해 오염이 가능하다. Bailer는 테플론, 스테인레스강 재질을 사용해야 하고, 꼼꼼하게 세척해주어야 한다.

2) 관측정

- 관측정(monitoring wells)은 지하수 수질 모니터링에서 많이 사용된다.
- 배수관의 특정 범위에서 몇 개의 관측정을 배수관 근처에 설치한다.
- 관측정의 목적은 수문지질학적 성질을 조사하기 위한 것이고, 시료를 수집하여 오염 물질의 배수관 내 이동을 살펴 볼 수 있다.
- 몇 개의 관측정은 다른 깊이에서 다양한 오염이 발생할 수 있는 수직적 흐름을 검증하기 위해 깊이가 다르게 설치되어야 한다
- 테플론과 스테인레스강 316 및 304 재질이 시료채취 장비와 케이싱으로 주로 사용된다.

(1) 시료채취 장비 재질의 선택

관측정 퍼징 재질은 쉽게 닦이고, 오염 제거가 쉽고, 운반이 간단해야 한다.

① 스테인레스강 316 혹은 304
   ㉠ 금속을 제외한 모든 분석물질의 시료채취에 사용한다.
   ㉡ 유기물질일 때 사용하는 것이 좋다.
   ㉢ 질산 헹굼 작업을 수행하지 않아도 오염을 제거하기 쉽다.
   ㉣ 높은 염도의 물은 특히 산성 조건일 때, 장비 표면이 부식될 수 있다.

② 테플론 : 대부분의 물질에 대한 지하수와 토양 모니터링에 사용된다.

③ 탄소강과 아연도금강
   ㉠ 토양 시료채취에 사용한다.
   ㉡ 높은 염도, 산성 조건에서 황화물이 있을 경우, 시료가 부식되거나 오염될 수 있다.

④ 폴리프로필렌, 폴리에틸렌 : 유기용매 분석용 시료채취에 유용하고, 테플론에 비해 부식하지 않는다.

⑤ PVC(polyvinyl chloride), 비톤(viton), tygon, neoprene, 실리콘 : 유기물질 시료채취에는 적당하지 않다.

3) 시료 용기의 준비

① 무기시료 : 플라스틱 용기가 가장 좋고, 그 용기는 나선 모양의 뚜껑(screw cap)이 있는 것으로 꽉 조여 사용할 수 있어야 한다.

② 유기물질분석 : 테플론(teflon)으로 된 뚜껑을 가진 유리와 테플론 용기가 많이 사용한다.

③ 퍼지 유기시료 : 나선 모양의 뚜껑과 테플론으로 안을 감싼 실리콘 격막(septum)이 있는 붕규산염(borosilicate) 유리 바이알(vial)을 사용한다.

4) 먹는 물 시료채취

- 압력탱크의 용량(capacity of the pressure tank)을 알지 못할 경우, 약 15 분 ~ 20 분 정도 퍼징한다. 퍼징 후 유속을 500 mL/min 정도로 감소시킨다.
- 시료채취 전에 보존된 시료용기를 정제수로 시료 용기를 헹군다.
- VOC와 TOX(total organic halogen) 분석을 위한 시료채취 외에는 시료 병에 시료를 가득 채우고 시료를 보존한 후에 적절히 라벨하고, 인수인계 양식과 현장 기록부에 기록, 플라스틱 가방에 시료병을 담고 바로 운반한다.
- 시료에 잔류 염소가 있을 경우 시료 수집 직후 시료에 0.008 % $Na_2S_2O_3$를 첨가하고 병을 봉한 후 라벨을 붙이고 운반한다.

- 수도꼭지(faucet)로부터 채취 시 수도꼭지는 깨끗하고 오염물질이 없어야 한다.
  - 시료는 과도한 먼지, 비, 눈 혹은 다른 오염원이 없는 곳에서 수집한다.
  - 수도꼭지를 2 분 ~ 3 분 정도 틀어놓음(수온이 변하는 것 확인)
  - 욕조, 지표의 벽에 튀지 않도록 유속을 조절하여 시료를 수집, 대부분의 시료의 경우 가득 채우지 말고 4 cm ~ 5 cm 정도 남겨두고 시료를 채운다.

(1) 미생물 시험을 위한 시료 채취

① 뚜껑이 있는 밀폐된 용기에 시료를 채취한다.

② 용기와 뚜껑은 멸균처리된 것을 사용한다.

③ 시료를 채취하는 동안 용기 내부를 만지지 말고 다른 한손으로 뚜껑을 잡는다.

④ 잔류 염소가 있다면, $Na_2S_2O_3$으로 시료를 보존한다.

(2) VOC 시료 채취

① 수도꼭지를 3분 ~ 5분 정도 틀어놓는다.(물의 온도에 변화가 있는지 확인하여 신선한 물 채취)

② 유속을 줄인 후, 시료 바이알로부터 뚜껑과 격막을 제거하고 용기에 채취한다(공기방울이 생기는 것을 최소화하기 위해 병의 내벽 쪽으로 물이 흘러 내려가도록 함).

③ 시료 병을 헹구지 않는다.

④ 용기를 가득 채우되 넘치지 않도록 주의하고 뚜껑과 격막을 닫고 단단히 조인다.

실전 예상문제

01

2013 제5회

'먹는물' 시료 채취 방법에 대한 설명으로 틀린 것은?

① 시료 채취 전에 정제수로 용기를 헹구며, 반드시 시료를 가득 채운다.

② 잔류 염소가 있을 경우 시료에 적당량의 티오황산나트륨용액을 넣는다.

③ 수도꼭지로부터 시료를 수집할 때 수도꼭지를 틀고 일반적으로 2 ~ 3분 정도 물을 흘려버린다.

④ 휘발성 유기 화합물을 분석하기 위한 시료는 공간(headspace)을 남기지 않는다.

> **풀이** 일반적으로 시료채취 전에 정제수로 용기를 헹구나 VOC 시료채취 시 헹구지 않는다. 또한 대부분의 경우 시료를 용기에 가득 채우지 않으나, VOC 시료채취 시 용기에 가득 채운다.

02

다음 설명에 해당하는 수질시료 채취 기구로 맞는 것은?

- 가장 널리 쓰인다.
- 채수기의 마개가 열린 채로 원하는 수심에 넣고 메신저를 떨어뜨려 마개를 닫는 구조이다.
- 호수에서는 2 리터 ~ 5 리터 용량이 많이 사용된다.
- 재질은 PVC와 투명아크릴의 두 가지가 널리 쓰인다. 투명아크릴은 속을 들여다볼 수 있는 장점이 있는 반면에 추운 날씨에는 충격에 깨질 수도 있다.

① Hydroth 채수기　　　　　　　　② Van Dorn 채수기

③ Ekman 채수기(Nansen water bottle)　　④ 펌프

> **풀이** Van Dorn 채수기에 대한 설명이다.

03

현장수온을 정확히 보존 측정하는 것이 장점으로 수심이 깊은 해양에서의 채수와 수온 측정에 많이 사용되는 채수기는?

① Hydroth 채수기　　　　　　　　② Van Dorn 채수기

③ Ekman 채수기(Nansen water bottle)　　④ 펌프

> **풀이** Ekman 채수기(Nansen water bottle)
> ① 메신저를 떨어뜨리면 채수기의 위아래가 뒤집어지면서 채수기의 마개가 닫히는 구조이다.
> ② 현장수온을 정확히 보존 측정하는 것이 장점이다.
> ③ 수심이 깊은 해양 채수와 수온 측정에 많이 사용된다.

정답　01 ①　02 ②　03 ③

04 얕은 심도의 시료채취에 적합하나, 특히 용기 내의 공기와 시료가 접촉하므로 용존가스나 Fe^{2+} 등의 환원물질을 측정하는 경우는 적합하지 않은 채수기는?

① Hydroth 채수기   ② Van Dorn 채수기

③ Ekman 채수기(Nansen water bottle)   ④ 펌프

풀이 Hydroth 채수기

① 얕은 심도의 시료채취에 적합하다.

② 막대기 끝에 채수병을 달아 직접 채수한다.

③ 멸균한 병을 사용하는 세균시험용 채수에 적합하다.

④ 용기 내의 공기와 시료가 접촉하므로 용존가스나 Fe^{2+} 등의 환원물질을 측정하는 경우는 적합하지 않다.

05 다음은 펌프로 수질 시료를 채취하는 경우에 대한 설명이다. 틀린 것은?

① 얕은 호수에서 다량의 시료 채취 시 이용된다.

② 성층이 강한 얕은 호수에서 10 cm 정도의 수심 간격으로 채수하는 경우에 사용된다.

③ 저니 바로 위의 시료를 채취하는 경우에 적합하다.

④ 수심이 깊으면 호스 내에서 저항이 커져 펌프에 의한 채수가 쉬워 자주 사용된다.

풀이 펌프를 사용한 수질시료를 채수 시 수심이 깊으면 호스 내에서 저항이 커져 펌프에 의한 채수가 어려워진다.

06 다음 중 먹는물 중 VOC 시료채취에 대한 설명으로 틀린 것은?

① 수도꼭지를 3분 ~ 5분 정도 틀어 놓아 물의 온도에 변화가 있는지 확인하여 신선한 물을 채취한다.

② VOC 물질은 휘발성이 강하므로 가급적 유속을 최대한 높여서 신속히 채취한다.

③ 시료 병을 헹구지 않는다.

④ 용기를 가득 채우되 넘치지 않도록 주의하고 뚜껑과 격막을 닫고 단단히 조인다.

풀이 유속을 줄인 후, 시료 바이알로부터 뚜껑과 격막을 제거하고 용기에 채취하며, 공기방울이 생기는 것을 최소화하기 위해 병의 내벽 쪽으로 물이 흘러 내려가도록 한다.

07 다음 중 먹는물 중 미생물 시료채취에 대한 설명으로 틀린 것은?

① 뚜껑이 있는 밀폐된 용기에 시료를 채취한다.

② 용기와 뚜껑은 멸균처리된 것을 사용한다.

③ 시료를 채취하는 동안 용기 내부를 만지지 말고 다른 한손으로 뚜껑을 잡는다.

④ 잔류 염소가 있다면, NaOH로 시료를 보존한다.

풀이 잔류 염소가 있다면, $Na_2S_2O_3$으로 시료를 보존한다.

정답   04 ①   05 ④   06 ②   07 ④

3. 지하수 시료채취

시료채취 전에, 관측정 내에 고여 있는 물을 적당량 제거. 관측정 안에 고여 있는 물은 화학적으로 땅 근처의 물과 다르기 때문에 pH, 전도도, 온도의 변화가 없을 때까지 제거. 펌핑되어 나온 물의 부피와 경과시간은 현장 기록부에 작성하고, 관측정으로부터 퍼징 6시간 안에 채취해야 한다.

1) Bailer 사용

① 시료채취자는 시료 오염을 막기 위해 라텍스 고무장갑을 착용한다.

② 관측정으로 천천히 bailer를 내린다. 관측정 안의 물속으로 bailer를 천천히 내릴 때 체크 밸브를 계속 열어 두면 bailer를 통해 물이 지나가게 된다.(일반적으로 bailer 내 한단부 끝에 있는 플라스틱 볼이 떠 올라서 물이 bailer 안으로 들어오게 함)

③ 원하는 깊이에 다다르면 bailer를 내리는 것을 멈춘다.

④ bailer를 들어 올릴 때, bailer 안 물의 무게에 의해 밸브(플라스틱 볼)가 잠기게 되고, 시료가 안에 갇히게 된다.

⑤ bailer가 표면에 다다르면, 시료를 적절한 시료 병에 옮긴다.

▼ 참고

> • Bailer의 재질 : bailer의 재질은 일회용인 플라스틱(PVC, PE 등) 재질과, 재사용이 가능한 스테인 레스, 테플론 재질 등이 있다.
>
> • 일반적인 Bailer 형태

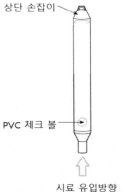

상단 손잡이

PVC 체크 볼

시료 유입방향

2) VOC 분석용 지하수 채취

① 먼저 40 mL 바이알이 깨지거나 세는 부분이 없는지 확인하고, 문제가 있는 바이알은 폐기

② 시료 수집자는 관측정으로부터 지하수를 퍼내기 위해 천연 라텍스 고무장갑을 착용하여

바이알의 뚜껑을 제거하되 이때 격막을 만지면 안 된다.

③ 시료로 바이알을 채우고 **바이알 입구의 수면이 볼록해질 때까지 시료를 채우되 공기가 유입되지 않도록 채운다.**

④ **빠르게 격막을 그 위에 얹고 메니스커스 위로 뚜껑을 놓고 안전하게 닫는다.**

⑤ 시료를 주입하고 공기 방울을 점검하기 위해 뒤집어 본다.(공기 방울이 있다면, 전체 시료 및 바이알을 폐기하고 새로운 시료 수집)

⑥ 이중시료가 필요하다면 수집한다.

⑦ 시료 라벨을 붙이고, 깨지지 않도록 바이알을 감싼 후, 지퍼가 있는 플라스틱 백에 넣음

⑧ 아이스박스에 바이알을 넣어 4 ℃ 유지한다.(VOC 별도 아이스박스 사용)

⑨ 인수인계 양식 작성, 모든 활동은 유성잉크를 사용하여 현장 기록부를 문서화한다.

3) 추출하여야 하는 유기물 분석용 지하수 시료 채취

① 뚜껑 안쪽에 테플론 격막이 있는 1 L 유리병에 시료 채취한다.

② 시료가 농약일 경우 황산 혹은 수산화나트륨을 이용해 pH 5~9로 적정하여 보관한다.

③ 천연 라텍스 고무장갑을 착용하고 관측정으로부터 지하수를 퍼냄. 채취 용기 뚜껑을 제거한 후 **시료 가득 채운다.**(테플론 격막을 만지지 않도록 주의)

④ 시료 뚜껑은 뒤집어 병을 닫는다.

⑤ 병에 라벨을 붙이고, 인수인계 양식을 작성한다.

⑥ 현장 기록부에 시료 채취에 대한 모든 데이터 기록한다.

⑦ 플라스틱 백에 시료를 감싸 넣고, 아이스박스에 보관해 4 ℃가 유지되도록 한다.

4) 금속 분석용 지하수 시료채취

① 폴리에틸렌 용기에 시료를 모은다.

② 천연 라텍스 고무장갑 착용 후 물 퍼낸다.

③ 병 뚜껑을 제거하고 **물로 시료 병을 헹군다.**(미리 세척되어 보존된 용기일 경우, 병을 헹구지 않음)

④ **시료를 채울 때, 맨 위까지 채우지 않는다.**(보존용액과 혼합 할 수 있을 정도 공간을 남겨둠)

⑤ pH 2 이하가 되도록 1 L당 50 % 질산 3 mL 혹은 진한 질산 1.5 mL를 첨가한다.

⑥ 현장 기록부에 보존용액 첨가량과 pH 값 기록하고, 시료 라벨에도 기록한다.

⑦ 채취된 장비 바탕용액(sampled equipment blank)은 시료에 사용한 보존용액과 같은 양을 포함해야 함. 추가한 보존용액을 가진 시료는 시료와 같은 양의 산으로 분리된 바탕용액을 가지고 있어야 한다.

⑧ 시료 라벨을 붙이고, 인수인계 양식을 작성. 모든 시료채취 데이터를 현장 기록부 기록

⑨ 이동하는 동안 냉장보관할 필요 없다.

⑩ 6가크로뮴의 경우, 다른 금속 측정용 시료와 구분하여 채취하고, 시료에 산성 보존제를 첨가하지 않음. 가능한 빨리 실험실로 운반. 보존용액을 첨가하지 않은 경우에는 라벨에 분명히 명시해야 하고, 보존시간은 24시간이다.

⑪ 용해 금속과 부유 금속(suspended metal) 측정을 위해서 시료는 보존 전에 여과. 시료를 현장에서 여과할 경우, 관측정으로부터 나온 물을 바로 여과하여 펌프한다. 여과된 후에 금속 분석용 시료와 같은 방식으로 보존. 부유 금속(suspended metal)의 필터는 실험실로 가지고 온다. 시료가 현장에서 여과되지 않았을 경우, 보존 없이 가능한 빨리 실험실로 운반하여 실험실에서 여과하고 여과한 후에 질산으로 보존한다. 모든 지하수 시료는 침전물로부터의 오염을 피하기 위해 보존 전에 현장에서 여과하는 것을 권장한다.

5) 오일, 그리스 및 TRPH에 대한 지하수 시료 채취

① 시료를 1 L 유리 용기에 수집. 오일과 그리스는 혼합시료로 수집하지 않는다.

② 시료 수집 전에 시료로 시료 용기를 헹구지 않는다.

③ 천연 라텍스 장갑을 착용하고, 시료 용기를 거의 채운다. 1 L당 염산 5 mL를 추가해 보존 후 뚜껑을 닫는다.

④ 시료 라벨을 작성해 부착, 인수인계양식과 현장 기록부를 작성한다.

⑤ 플라스틱 보관함에 시료를 넣고 4 ℃를 유지해 운반한다.

6) 무기 비금속에 대한 시료채취

① 천연 라텍스 고무장갑을 착용하고 지하수를 퍼냄. 병에서 뚜껑을 제거한 후 시료로 시료 용기를 헹구어 내고 조심스럽게 용기에 시료를 가득 채운다. 미리 세척되어 보존된 용기와 미생물 시료 병은 현장에서 물로 헹구지 않는다.

② 필요하다면 보존용액 넣고, 같은 양의 보존용액 장비 바탕시료에도 첨가한다.

③ 용기를 닫고, 시료 라벨을 부착, 인수인계 양식을 작성 후 현장 기록부에 데이터 기록

④ 냉동보관하고 빛을 차단한다.

실전 예상문제

01

2013
제5회

VOC 분석용 지하수 채취에서 채취 방법으로 맞는 것은?

① 시료 수집자는 관측정으로부터 지하수를 퍼내기 위해 천연 라텍스 고무장갑을 착용하여 바이알의 뚜껑을 제거하며 이때 격막의 유무를 손가락으로 확인한다.

② 시료 채취 후 바이알을 시료 보관함에 넣고 실온에서 보관한다.

③ 시료채취 후 바이알을 흔들어 가스를 방출한다.

④ 뚜껑을 닫은 후 공기 방울을 점검하기 위해 뒤집어 본다. 공기 방울이 있다면, 전체 시료 및 바이알을 폐기하고 새로 시료를 채취한다.

풀이 ① 시료 수집자는 관측정으로부터 지하수를 퍼내기 위해 천연 라텍스 고무장갑을 착용하여 바이알의 뚜껑을 제거하며 이때 격막을 만지면 안 된다.

② 시료채취 후 바이알을 아이스박스에 넣고 4 ℃에서 보관한다.

③ 시료채취 후 바이알을 뒤집어 보아 공기방울이 있는지 확인하고, 있다면 전체시료 및 바이알을 폐기하고 새로운 시료를 수집한다.

02

추출하여야 하는 유기물 분석용 지하수 시료 채취 방법에 대한 설명으로 틀린 것은?

① 뚜껑 안쪽에 테플론 격막이 있는 1 L 유리병에 시료를 채취한다.

② 시료가 농약일 경우 황산 혹은 수산화나트륨을 이용해 pH 5~9로 적정하여 보관한다.

③ 천연 라텍스 고무장갑을 착용하고 관측정으로부터 지하수를 퍼낸다.

④ 채취 용기 뚜껑을 제거한 후 시료를 2/3 채운다.

풀이 채취 용기 뚜껑을 제거한 후 시료를 가득 채운다.

03

금속 분석용 지하수 시료 채취 방법에 대한 설명으로 틀린 것은?

① 병 뚜껑을 제거하고 물로 시료 병을 헹군다.

② pH 2 이하가 되도록 1 L당 50 % 질산 3 mL 혹은 진한 질산 1.5 mL를 첨가한다.

③ 이동하는 동안 냉장보관할 필요 없다.

④ 6가크로뮴의 경우, 다른 금속 측정용 시료와 구분하여 채취하고, 시료에 산성 보존제를 첨가한다.

풀이 6가크로뮴의 경우, 다른 금속 측정용 시료와 구분하여 채취하고, 시료에 산성 보존제를 첨가하지 않는다.

정답 01 ④ 02 ④ 03 ④

04 오일, 그리스 및 TPH 분석용 지하수 시료 채취 방법에 대한 설명으로 틀린 것은?

① 시료를 1 L 유리 용기에 수집. 오일과 그리스는 혼합시료로 수집하지 않는다.

② 시료 수집 전에 시료로 시료 용기를 충분히 헹군다.

③ 천연 라텍스 장갑을 착용하고, 시료 용기를 거의 채운다. 1 L당 염산 5 mL를 추가해 보존 후 뚜껑을 닫는다.

④ 플라스틱 보관함에 시료를 넣고 4 ℃를 유지해 운반한다.

풀이 시료 수집 전에 시료로 시료 용기를 헹구지 않는다.

05 Bailer를 사용하여 관측정의 지하수 시료를 채취하고자 한다. 시료 채취 방법에 대한 설명으로 틀린 것은?

① 시료채취자는 시료 오염을 막기 위해 라텍스 고무장갑을 착용한다.

② 시료가 bailer 안으로 잘 들어오도록 bailer를 관측정 안으로 빠르게 내린다.

③ bailer를 들어올릴 때, bailer 안 물의 무게에 의해 밸브가 잠기게 되고, 시료가 안에 갇히게 된다.

④ bailer가 표면에 다다르면, 시료를 적절한 시료 병에 옮긴다.

풀이 관측정으로 천천히 bailer를 내려 bailer 안으로 시료가 들어오도록 한다.

5 일반적인 시료 보존 및 저장

1. 항목별 보존방법 및 보존기간

▼ 시험대상항목별 보존방법과 보존기간

시료(시험대상항목)	부피(mL)	용기	보존방법	보존기간
물리적 성질				
색도	50	P, G	4 ℃	48시간
전도도	100	P, G	4 ℃	28일
경도	100	P, G	질산 이용 pH<2	6개월
냄새	200	G only	4 ℃	24시간
pH(수소이온농도)	25	P, G	필요 없음	즉시 측정
여과된 잔류물질	100	P, G	4 ℃	48시간
여과되지 않은 잔류물질	100	P, G	4 ℃	일주일
휘발성 잔류물질	100	P, G	4 ℃	일주일
고정될 수 있는 물질	1,000	P, G	4 ℃	일주일
온도	1,000	P, G	필요 없음	즉시 측정
탁도	100	P, G	4 ℃	48시간
금속				
용해 금속[1]	200	P, G	현장에서 여과, 질산 이용(70 %m/V) pH<2	6개월
suspended −	200	P, G	현장에서 여과, 질산 이용(70 %m/V) pH<2	6개월
total −	100	P, G	질산 이용(70 %m/V) pH<2	6개월
6가크로뮴	200	P, G	4 ℃	24시간
비금속 무기물				
산성	100	P, G	4 ℃	14일
알칼리성	100	P, G	4 ℃	14일
브로민이온	100	P, G	필요 없음	28일
염화물	100	P, G	필요 없음	28일
염소	1,000	P, G	필요 없음	즉시 측정
시안화물	500	P, G	4 ℃, NaOH (40 %m/V)로 pH>12	14일
플루오르화물	300	P	필요 없음	28일

시료(시험대상항목)	부피(mL)	용기	보존방법	보존기간
요오드화물	100	P, G	4 ℃	24시간
질소, 암모니아	400	P, G	4 ℃, 황산 pH<2	28일
Kjeldahl	500	P, G	4 ℃, 황산 pH<2	28일
질산염	100	P, G	4 ℃	48시간
아질산염	50	P, G	4 ℃	48시간
용존산소	300	G 병과 뚜껑	필요 없음	즉시 측정
Winkler	300	G 병과 뚜껑	현장에서 어두운 곳에 보관	8시간
녹아 있는 phosphorus ortho-P	50	P, G	4 ℃	48시간
hydrolyzable	50	P, G	4 ℃, 황산 pH<2	28일
실리카	50	P only	4 ℃	28일
황화물	500	P, G	4 ℃, 2 mL zinc acetate+ 2 N NaOH(40 %m/V)로 pH>9	일주일
아황산염	100	P, G	필요 없음	즉시 측정
황산염	100	P, G	4 ℃	28일
유기물				
BOD	100	P, G	4 ℃	48시간
COD	50	P, G	4 ℃	28일
오일과 그리스	1000	G only	4 ℃, 황산 pH<2	28일
유기 탄소	50	P, G, 갈색 G	4 ℃, 황산 pH<2	28일
phenolics	500	G only	4 ℃, 황산 pH<2	28일
계면활성제	500	P, G	4 ℃	48시간
purgeable halocarbon	40	G, 테플론으로 감싼 격막	4 ℃, 0.008 % $Na_2S_2O_3$	14일
purgeable aromatic	40	G, 테플론으로 감싼 격막	4 ℃, 0.008 % $Na_2S_2O_3$ 염산 pH<2	14일
acrolein과 acrylonitrile	40	G, 테플론으로 감싼 격막	4 ℃, 0.008 % $Na_2S_2O_3$ pH 4~5	14일

시료(시험대상항목)	부피(mL)	용기	보존방법	보존기간
페놀	1000	G, 테플론으로 감싼 격막	4 ℃, 0.008 % $Na_2S_2O_3$	일주일 내 추출. 추출 후 40일 내 분석
phthalate esters	1000	G, 테플론으로 감싼 격막	4 ℃, 0.008 % $Na_2S_2O_3$	일주일 내 추출. 추출 후 40일 내 분석
nitrosamine	1000	G, 테플론으로 감싼 격막	4 ℃, 0.008 % $Na_2S_2O_3$	일주일 내 추출. 추출 후 40일 내 분석
PCB	1000	G, 테플론으로 감싼 격막	4 ℃	일주일 내 추출. 추출 후 40일 내 분석
nitroaromatic과 isophorone	1000	G, 테플론으로 감싼 격막	4 ℃ 어두운 곳에 저장	일주일 내 추출. 추출 후 40일 내 분석
polynuclear aromatic hydrocarbon	1000	G, 테플론으로 감싼 격막	4 ℃ 어두운 곳에 저장	일주일 내 추출. 추출 후 40일 내 분석
다이옥신	1000	G, 테플론으로 감싼 격막	4 ℃, 0.008 % $Na_2S_2O_3$	일주일 내 추출. 추출 후 40일 내 분석
염소 처리된 탄화수소	1000	G, 테플론으로 감싼 격막	4 ℃	일주일 내 추출. 추출 후 40일 내 분석
농약	1000	G, 테플론으로 감싼 격막	4 ℃, pH 5~9	일주일 내 추출. 추출 후 40일 내 분석
토양, 침전물, 슬러지				
추출하여야 하는 유기물	30	입구 넓은 G 테플론으로 감싼 격막	4 ℃	가능하면 바로
휘발성 유기물	30	입구 넓은 G 테플론으로 감싼 격막	4 ℃	가능하면 바로

시료(시험대상항목)	부피(mL)	용기	보존방법	보존기간
금속	500	P	4 ℃	6개월
fish sample	30	Al 호일로 싼 P	냉동	가능하면 바로
chemical waste	100	살균한 P, G	없음	가능하면 바로
박테리아	1000	P, G	4 ℃ 0.008% $Na_2S_2O_3$	6시간

1) 용해 금속(dissolved metal) : 알루미늄, 비소, 칼슘 같은 금속이 용해 형태로 있을 경우
P : 폴리에틸렌(polyethylene), G : 유리

2. 시료 현장보존 시 지켜야 할 사항
 • 보존제(preservative)는 각각의 시료 용기에 피펫을 사용해 첨가한다.
 • 보존제는 시약 등급 또는 이상급의 것을 사용한다.
 • 보존제 첨가 후, 잘 섞고 pH(수소이온농도) 값을 확인한다.
 • 첨가한 보존제와 같은 양만큼의 보존제를 모든 바탕 시료에 첨가한다.
 • 산성 보존제(acid preservative)는 시료 개봉 후에 산성 연기 또는 독성 가스가 발생하는 것을 피하기 위해 환기가 잘되는 곳에서 실시하고, 특이한 반응은 현장 문서에 기입한다.
 • 산이 튀거나 쏟아지지 않도록 유의하고, 쏟는 즉시 닦고 충분한 양의 물을 뿌린다.
 • 모든 화학물질은 따로 분리해서 저장한다. 산은 산 전용 보관함에, 용매는 용매 전용보관함에 보관한다.

3. 보존제 취급
 • 보존제는 작은 바이알에 담아 잘 봉한 후 플라스틱 가방에 넣어 공급되어야 한다.
 • 보존제가 들어있는 바이알에는 보존제 종류와 양, 보존제 유효기간, 시료군(batch) 번호와 필요한 경우 위험경고에 대한 정보가 라벨로 적혀 있어야 한다.

1. 특별한 보존 기술

1) VOC

① 잔류염소 공존 시, 티오황산나트륨($Na_2S_2O_3$)을 바이알 시료에 첨가한 후, 시료를 반 정도 채우고 산을 추가한다.

② 보존제 첨가 순서 : 티오황산나트륨 – 시료 – 산

③ 두 보존제가 섞이지 않도록 한다.

※ 공정시험기준
 • 잔류염소가 공존할 경우 시료 1 L당 아스코르빈산 1 g을 첨가함
 • HCl을 가한다.

2) 클로로필 a(Chlorophyll a)

① 시료를 수집한 후에 24 시간 이내에 실험실에서 여과한다.

② 탄산마그네슘(MgCO₃, magnesium carbonate)을 마지막 시료가 필터를 통과하는 동안 첨가한다.

③ 여과 후에 여과지는 냉동시킨다.

④ 여과는 진공여과기로 실시한다.

※ 공정시험기준

• 즉시 여과하여 여과한 여과지를 알루미늄 호일로 싸서 −20 ℃ 이하에서 보관함

• 여과한 여과지는 상온에서 3시간까지 보관할 수 있으며, 냉동 보관 시에는 25일까지 가능

• 즉시 여과할 수 없다면 시료를 빛이 차단된 암소에서 4 ℃ 이하로 냉장하여 보관하고 채수 후 24시간 이내에 여과하여야 함

3) 시안화물

① 잔류염소 공존 시 아스코르빈산 0.6 g을 첨가

② 황화물 공존시 현장에서 전처리하거나 실험실로 가져와 24시간 내에 4 ℃에서 분석

③ 황화물은 납 아세테이트 종이로 현장에서 점검(있으면 검은색으로 변함) → 카드뮴 황화물의 노란 침전물이 나타낼 때까지 cadmium nitrate를 첨가

④ 이러한 시료는 수산화나트륨으로 pH 12가 될 때까지 첨가하고 여과한다.

※ 공정시험기준

• 잔류염소가 공존할 경우 시료 1 L 당 아스코르빈산 1 g을 첨가하고,

• 산화제가 공존할 경우에는 시안을 파괴할 수 있으므로 채수 즉시 이산화비소산나트륨 (아비소산소듐)(NaAsO₂) 또는 티오황산나트륨(싸이오황산소듐)(Na₂O₃S₂)을 시료 1 L 당 0.6 g을 첨가함

• NaOH를 사용 pH 12 이상으로 함

• 황화물은 아세트산아연(10 %) 2 mL를 넣어 제거

4) 저장 조건 및 운반

① 영양염류와 유기물 성분은 미생물에 의해 단시간에 영향을 받기 때문에 시료는 채취 후 즉시 아이스박스에 넣어 4 ℃로 보존하여 실험실로 운반

② 단시간 내에 변화될 우려가 있는 성분에 대해서는 현지에서 전처리를 하여 운반, 날씨가 더운 여름에는 시료의 변질이 빠르므로 운반에 유의

③ 많은 양의 시료수를 큰 용기에 운반하는 경우에는 가능한 서늘하고 바람이 잘 통하게 하며, 용기를 빛과 차단하도록 덮어 주는 것 좋음

실전 예상문제

01

2010
제2회

시료채취 용기로 잘못 연결된 것은?

① 불소 – 폴리에틸렌용기

② 페놀류 – 폴리에틸렌용기

③ PCB – 유리용기

④ 석유계 총탄화수소 – 갈색 유리용기

풀이 ② 페놀류 – 유리용기

02

2013
제5회

시료의 보존 기술 중 설명이 틀린 것은?

① 암모니아성 질소 : 황산을 첨가하여 pH 2 이하로 4 ℃에서 보관한다.

② 중금속 : 시료 1 L당 2 mL의 진한 질산을 첨가한다.

③ 시안화물 : 수산화나트륨을 pH 12가 될 때까지 첨가한다.

④ E.coli : 밀폐된 유리 용기에 담아 실온 보관하며 수집 후 1일 이후 분석한다.

풀이 ④ E.coli : 멸균된 용기에 담아 4 ℃에 보관하며 수집 후 1일 이내 분석한다.

03

2009
제1회

시료의 운반 및 보관과정에서 변질을 막기 위하여 첨가하는 보존용액으로 잘못 연결된 것은?

① 납 – 질산

② 시안 – 염산

③ 페놀 – 인산, 황산구리

④ 총질소 – 황산

풀이 ② 시안 – 수산화나트륨

04

2009
제1회

수질시료의 VOC 성분을 분석하기 위해 시료채취를 할 때 고려할 사항이 아닌 것은?

① pH를 조정한다.

② 특별한 용기를 필요로 한다.

③ 시료에 공기가 유입되면 안 된다.

④ 잔류염소가 존재할 경우 $NaHSO_4$를 첨가한다.

풀이 ④ 잔류염소가 존재할 경우 티오황산나트륨($Na_2S_2O_3$)을 첨가한다.

정답 **01** ② **02** ④ **03** ② **04** ④

05

2011
제3회
2014
제6회

다음은 시안화물 시료의 보존 기술을 서술한 것이다. ( ) 안에 알맞은 것은?

> 잔류염소가 있다면, (㉠) 0.6 g을 첨가하고 황화물이 있다면 시료는 현장에서 전처리하거나 실험실로 가져와 24 시간 내에 4 ℃ 에서 분석되어야 한다. 황화물은(㉡) 로 현장에서 점검한다. 황화물이 있다면 종이 색이 (㉢)으로 변하게 되고 카드륨 황화물의 노란 침전물이 나타날 때까지 (㉣)를 첨가한다.

① ㉠ : 티오황산나트륨, ㉡ : 납 아세테이트 종이, ㉢ : 붉은색, ㉣ : cadmium nitrate
② ㉠ : 티오황산나트륨, ㉡ : 납 아세테이트 종이, ㉢ : 검은색, ㉣ : cadmium nitrate
③ ㉠ : 아스코르빈산, ㉡ : 납 아세테이트 종이, ㉢ : 붉은색, ㉣ : cadmium nitrate
④ ㉠ : 아스코르빈산, ㉡ : 납 아세테이트 종이, ㉢ : 검은색, ㉣ : cadmium nitrate

풀이 잔류염소가 있다면, 아스코르빈산 0.6 g을 첨가하고 황화물이 있다면 시료는 현장에서 전처리하거나 실험실로 가져와 24시간 내에 4 ℃에서 분석되어야 한다. 황화물은 납 아세테이트 종이로 현장에서 점검한다. 황화물이 있다면 종이 색이 검은색으로 변하게 되고 카드륨 황화물의 노란 침전물이 나타날 때까지 cadmium nitrate를 첨가한다.

2. 저장 조건 및 운반

① 영양염류와 유기물 성분은 미생물에 의해 단시간에 영향을 받기 때문에 시료는 채취 후 즉시 아이스박스에 넣어 4 ℃로 보존하여 실험실로 운반함

② 단시간 내에 변화될 우려가 있는 성분에 대해서는 현지에서 전처리를 하여 운반, 날씨가 더운 여름에는 시료의 변질이 빠르므로 운반에 유의

③ 많은 양의 시료수를 큰 용기(예 20 L)에 운반하는 경우에는 가능한 서늘하고 바람이 잘 통하게 하며, 용기를 빛과 차단하도록 덮어 주는 것이 좋음

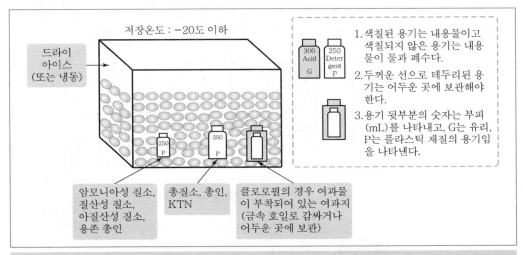

냉동 보관해야 하는 시료에 대한 시료 용기별 저장방법

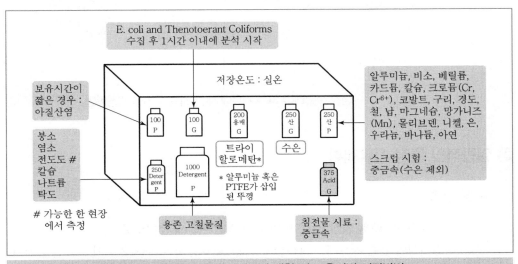

실온에서 보관해야 하는 시료에 대한 시료 용기별 저장방법

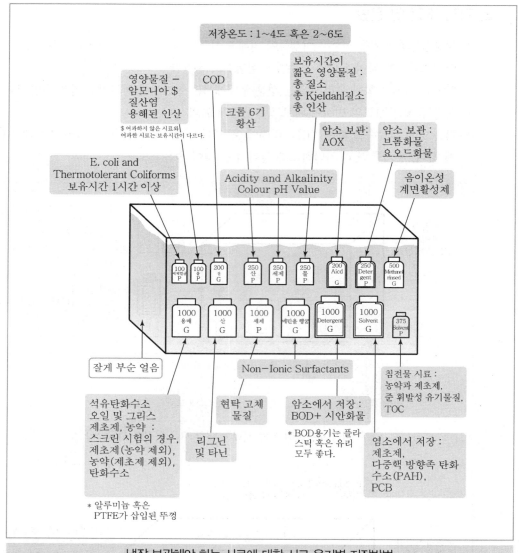

저장온도 : 1~4도 혹은 2~6도

영양물질 –
암모니아 $
질산염
용해된 인산

$ 여과하지 않은 시료와
여과한 시료는 보유시간이 다르다.

COD

크롬 6가
황산

보유시간이
짧은 영양물질 :
총 질소
총 Kjeldahl질소
총 인산

암소 보관 :
AOX

암소 보관 :
브롬화물
요오드화물

E. coli and
Thermotolerant Coliforms
보유시간 1시간 이상

Acidity and Alkalinity
Colour pH Value

음이온성
계면활성제

잘게 부순 얼음

Non-Ionic Surfactants

침전물 시료 :
농약과 제초제,
준 휘발성 유기물질,
TOC

석유탄화수소
오일 및 그리스
제초제, 농약 :
스크린 시험의 경우,
제초제(농약 제외),
농약(제초제 제외),
탄화수소

현탁 고체
물질

리그닌
및 타닌

암소에서 저장 :
BOD+ 시안화물

* BOD용기는 플라
스틱 혹은 유리
모두 좋다.

염소에서 저장 :
제초제,
다중핵 방향족 탄화
수소(PAH),
PCB

* 알루미늄 혹은
PTFE가 삽입된 뚜껑

냉장 보관해야 하는 시료에 대한 시료 용기별 저장방법

6 일반적인 특정 시료채취

1. 중금속

① 시료채취 후 50 % 질산 3 mL 또는 진한 질산 1.5 mL 첨가보존
② 알칼리성이 높은 시료에는 pH 미터(meter)를 이용하여 pH<2가 되도록 산을 첨가(그 산을
바탕시료에도 첨가)

③ 문서화해야 한다.

④ 시료의 보존시간은 6 개월이다.

2. 용해 금속

① 시료채취 후 0.45 μm 셀룰로오스 아세테이트 멤브레인(cellulose acetate membrane) 필터를 통해 여과시킨 후 산 첨가한다.(가능한 한 현장에서 시료 여과)

② 가능한 빨리 실험실로 시료를 운반한다.

3. 부유 금속(suspended metal)

① 보존되지 않은 시료는 0.45 μm 멤브레인 필터를 통해 여과한다.(그 필터는 뒤에 분석을 위해 남겨둠)

② 시료는 현장 혹은 실험실에서 여과한다.

③ 시료는 가능한 실험실로 바로 운반 후 여과한다.

④ 필터는 산으로 씻고 말린다.

4. VOC

① VOC 등 미량 유기분석을 위한 시료를 수집할 때는 낮은 농도 분석에 사용되기 때문에 휘발되지 않도록 특별히 주의를 기울여야 한다.

② 뚜껑 안쪽에 테플론 격막이 있는 40 mL 유리 바이알로 시료를 채취한다.

③ 시료채취 절차

- 천천히 시료를 넘치도록 채우고 조심스럽게 용기를 수면에까지 둔다.
- 격막을 시료병 입구의 물이 볼록한 위에 올리고 나선모양의 뚜껑으로 시료를 봉한다.
- 시료가 완전히 봉해졌는지 확인하기 위해 시료가 담긴 용기를 뒤집음, 용기 안에 공기방울이 없다면 잘 봉해진 것임. 공기방울이 생긴다면, 그 시료는 버리고 똑같은 방식으로 시료를 재수집한다.
- 시료 분석까지 밀봉되어야 한다.
- 분석을 위한 운반과 저장 동안에는 시료가 4 ℃를 유지해야 한다.
- 수돗물을 시료로 채취하는 경우는 먼저 수도꼭지를 틀어 물을 3 ~ 5 분간 흘려보내어 공급관을 깨끗이 한 후 채취한다. 수도꼭지로부터의 물이 신선한 물인지 확인하는 방법은 수온이 바뀌는 것으로 알 수 있다. 이때 물의 양을 줄여 약 500 mL/min으로 흐르게 하고, 용기의 뚜껑과 격막을 제거한 후 공기방울의 형성을 최소화하도록 하기 위하여 물이 용기 내벽을 부딪치게 하면서 즉시 용기를 채운다. 단, 시료로 병을 헹구지 말고, 가장자리까지 용

기를 채우되 물이 과도히 넘치지 않게 한다. 테플론 격막을 부드럽게 옆으로 하여 올려놓고 뚜껑을 단단히 잠근다.

- 보존처리 된 시료의 보존시간은 14 일. 공기방울이 생겼다면, 시료를 폐기하고 새로운 시료를 수집해 공기방울을 점검한다.
- VOC 시료는 절대로 혼합할 수 없다. 시료는 반드시 분석할 때까지 4 ℃에서 냉장보관 해야 한다.

1) Purgeable Halocarbon

Purgeable Halocarbon 시료를 수집할 때 **잔류 염소가 있다면**, 시료 바이알에 $Na_2S_2O_3$를 첨가한 후, 시료를 채우고 봉한다.

2) Purgeable Aromatics

Purgeable Aromatic 시료를 수집할 때 잔류 염소가 있다면, 시료 바이알에 $Na_2S_2O_3$를 첨가한 후 시료를 최소한 반 정도를 채운 후 50 % 염산으로 pH 2 정도로 맞추고 시료를 채우고 봉한다.

3) Acrolein과 Acrylonitrile

잔류 염소가 있다면, 시료 바이알에 $Na_2S_2O_3$를 첨가한 후 시료를 최소한 반 정도 채운 후 50 % 염산으로 pH 4 ~ 5 정도로 맞춘 후, 마지막으로 시료를 채우고 봉한다.

5. 추출하여야 하는 유기물질(extractable organic)

유리 용기에 단일시료로 수집(grab sampling)한다. 수집 전에 용기를 시료로 미리 헹굴 필요는 없으며 자동 시료채취 장비는 다른 유기물질에 의한 오염이 없어야 한다. 뚜껑 안쪽에 테플론 격막이 있는 1 L 좁은 입 유리병에 시료를 수집하되 플라스틱 병이나 고무로 된 뚜껑은 사용할 수 없다. 모든 시료는 일주일 내에 추출해야 하고, 추출 후 40 일 이내에 분석해야 한다.

1) 페놀(Phenol)

시료는 추출할 때까지 4 ℃에서 냉장보관 되어야 한다. 시료채취 위치에서 시료채취 용기를 채우고, 염소처리 된 시료의 경우 시료 1 L당 80 mg $Na_2S_2O_3$를 첨가한다.

2) 벤지딘(Benzidine)

시료는 추출할 때까지 4 ℃에서 냉장보관 되어야 한다. 벤지딘(benzidine)과 다이클로로벤지딘(dichlorobenzidine)은 유리 염소 같은 물질에 의해 쉽게 산화되므로 염소처리 된 폐수의 경우, 수집 즉시 시료 1 L당 80 mg Na$_2$S$_2$O$_3$를 첨가한다. 1,2-diphenylhydrazine이 있다면, 벤지딘의 재배열을 막기 위해 시료를 pH 4.0±0.2가 되도록 적정. 모든 시료는 7 일 안에 추출해야 하고, 추출물질을 공기 중에 노출시켰다면, 7일 내에 분석을 완료해야 함. 추출물질은 빛을 피해야 한다.

3) Phthalate ester

시료는 추출할 때까지 4 ℃에서 냉장보관 되어야 한다. 시료는 일주일 내에 추출해야 하고, 추출 후 40 일 이내에 분석을 해야 한다.

4) Nitrosamine

시료는 추출할 때까지 4 ℃에서 냉장보관 되어야 한다. 잔류 염소가 있다면, 시료 1 L당 80 mg Na$_2$S$_2$O$_3$를 첨가한다. Diphenylnitrosamine을 분석해야 한다면, 수산화나트륨 또는 황산을 이용해 pH 7~10으로 시료를 적정하여 분석한다. 산 혹은 염기의 첨가한 양을 기록한다. 시료는 7 일 안에 추출해야 하고, 추출물질을 공기 중에 노출시켰다면, 7 일 이내에 분석을 완료해야 한다. 추출물질은 어두운 곳에서 보관해야 한다.

5) 유기염소계 농약과 polychlorinated biphenyl(PCB)

시료는 추출할 때까지 4 ℃에서 냉장보관 해야 한다. 시료 수집 후 72 시간 내에 바로 추출되지 않았다면, 시료의 pH를 수산화나트륨 또는 황산을 이용해 pH 5 ~ 9의 범위까지 적정한다. 알드린(aldrine)을 분석할 때 잔류 염소가 있다면, 시료 1 L당 80 mg Na$_2$S$_2$O$_3$를 첨가한다. 황산을 이용해 pH 5 ~ 9로 맞추어 놓은 시료는 7 일 안에 추출해야 하고, 추출물질을 공기 중에 노출시켰다면, 7 일 내에 분석을 완료해야 한다.

6) Nitroaromatics and isophorone

시료는 추출할 때까지 4 ℃에서 냉장보관 해야 함. 시료는 7 일 내에 추출해야 하고, 추출물질을 공기 중에 노출시켰다면, 7 일 내에 분석을 완료해야 한다.

7) 다중핵 방향족 탄화수소(polynuclear aromatic hydrocarbons(PAHs))

시료는 추출할 때까지 4 ℃에서 냉장보관해야 함. PAH는 빛에 민감하기 때문에 시료, 추출물, 표준물질은 빛으로 인한 분해를 최소화하기 위해 알루미늄 호일로 감싼 병에 저장해야 한다. 시료를 병에 채우고, 잔류 염소가 있다면 시료 1 L당 80 mg Na$_2$S$_2$O$_3$를 첨가한다. 시료는 7 일 안에 추출해야 하고, 추출물질을 공기 중에 노출시켰다면, 7 일 안에 분석을 완료해야 한다.

8) Haloether

시료는 추출할 때까지 4 ℃에서 냉장보관 해야 한다. 시료를 병에 채우고, 잔류 염소가 있다면, 시료 1 L당 80 mg Na₂S₂O₃를 첨가한다. 시료는 7 일 안에 추출해야 하고, 추출물질을 공기 중에 노출시켰다면, 7 일 안에 분석을 완료해야 한다.

9) 염소처리 된 탄화수소

시료는 추출할 때까지 4 ℃에서 냉장보관 해야 한다. 시료는 7 일 안에 추출해야 하고, 추출물질을 공기 중에 노출시켰다면 7 일 안에 분석을 완료해야 한다.

10) 2,3,7,8 – Tetrachlorodibenzo – ρ – dioxin

시료는 추출할 때까지 4 ℃에서 냉장보관 해야 한다. 시료를 병에 채우고, 잔류 염소가 있다면 시료 1 L당 80 mg Na₂S₂O₃를 첨가한다. 분석 전까지 시료를 빛으로부터 차단시켜야 한다. 시료는 7 일 안에 추출해야 하고, 추출물질을 공기 중에 노출시켰다면, 7 일 안에 분석을 완료해야 한다.

11) Purgeable(퍼징물질)

① 시료는 분석할 때까지 4 ℃에서 냉장보관 해야 한다. 시료는 40 mL VOC 병에 수집하고 시료에 잔류 유리 염소가 포함되어 있다면, 시료채취 하기 바로 전에 40 mL에 대하여 10 mg Na₂S₂O₃를 첨가한다.

② 벤젠, 톨루엔, 에틸벤젠 같은 **방향족 화합물**은 특정 환경조건에서 **빠르게 생물학적 분해** 발생한다. 폐수의 경우, 이들 물질을 보존하기 위해 일주일 이상 냉장하는 것은 적절하지 못하다. 이러한 이유로, 분리된 시료를 수집하고 방향족을 분석하기 전에 50 % 염산을 사용해 pH 2가 되도록 적정한다.

③ 시료 바이알에 Na₂S₂O₃를 첨가한 후 시료를 최소한 반 정도 채운 후 50 % 염산으로 pH 2 정도로 맞춤. 마지막으로 시료를 채우고 봉한다. 시료는 수집 14 일 이내에 분석해야 한다.

12) 염기/중성, 산성, 농약

① 시료는 추출할 때까지 4 ℃에서 냉장보관 되어야 하고, 빛을 차단시켜야 한다.

② 시료에 잔류 염소가 있다면, 시료 1 L당 80 mg Na₂S₂O₃를 첨가한다. 시료는 7 일 안에 추출해야 하고, 추출물질을 공기 중에 노출시켰다면, 7 일 안에 분석을 완료해야 한다.

실전 예상문제

01 시료 채취 시 유의사항에 대한 설명으로 틀린 것은?

2014
제6회

① 유류 또는 부유물질 등이 함유된 시료는 침전물이 부상하여 혼입되어서는 안 된다.
② 수소이온농도, 유류를 측정하기 위한 시료 채취 시는 시료 용기에 가득 채워야 한다.
③ 시료 채취량은 시험 항목 등에 따라 차이는 있으나 보통 3 L~5 L 정도이어야 한다.
④ 지하수시료는 취수정 내에 고여 있는 물의 교란을 최소화하면서 채취하여야 한다.

풀이 ④ 지하수 시료는 관측정 내에 고여 있는 물을 적당량 제거. 관측정 안에 고여 있는 물은 화학적으로 땅 근처의 물과 다르기 때문에 pH, 전도도, 온도의 변화가 없을 때까지 제거. 펌핑되어 나온 물의 부피와 경과시간은 현장 기록부에 작성하고, 관측정으로부터 퍼징 6시간 안에 채취해야 함

02 다음에 제시된 시료 채취 방법은 어느 특정 항목에 대한 설명인가?

2014
제6회

시료를 가능한 한, 현장에서 0.45 μm 셀룰로오스 아세테이트 멤브레인 필터를 통해 여과한 후 신속히 실험실로 운반하여야 한다.

① 미생물 분석
② 용해금속 분석
③ 휘발성유기화합물 분석
④ 노말헥산 추출 물질(oil and grease 물질)

풀이 용해금속에 대한 시료 채취 방법이다.

03 휘발성 유기화합물(VOCs) 시료를 채취하는 방법 중 옳은 것은?

2011
제3회
2014
제6회

① 시료가 완전히 봉해졌는지 확인하기 위해 시료 용기를 뒤집어 공기방울이 있음을 확인하고 냉장 운반한다.
② 수돗물을 채취하는 경우에는 수도꼭지를 틀고 바로 받아 휘발성 유기물이 휘산되지 않도록 한다.
③ 수돗물을 채취하는 경우에는 잔류염소를 제거하고 시료를 반 정도 채우고 염산으로 pH를 조정한 후 시료를 채우고 봉한다.
④ 시료로 병을 헹구어 용기를 채우되 물이 넘치도록 받으며, 이 경우 과도하게 넘치지는 않도록 한다.

풀이 ① 시료가 완전히 봉해졌는지 확인하기 위해 시료 용기를 뒤집어 공기방울이 없음을 확인하고 냉장 운반한다.
② 수돗물을 채취하는 경우에는 수도꼭지를 틀어 물을 3분 ~ 5분간 흘려보내고 신선한 물을 채취한다.
④ 시료로 병을 헹구지 말고 용기를 채우되 물이 넘치지 않도록 받아야 한다.

정답 01 ④ 02 ② 03 ③

04 특정 시료 채취 과정에 대한 설명이 틀린 것은?

2013
제5회

① 용해 금속은 시료를 보존하기 전에 $0.45\ \mu m$ 셀룰로오스 아세테이트 멤브레인 필터를 통하여 여과한 후 산을 첨가한다.

② VOC 시료는 절대로 혼합할 수 없으며, 시료는 분석할 때까지 반드시 냉동 보관하여야 한다.

③ 유기 물질을 추출하기 위하여 단일 시료로 유리 용기에 수집하며 수집 전에 용기를 시료로 미리 헹굴 필요는 없다.

④ 알칼리성이 높은 중금속 시료는 pH 미터를 이용하여 산성도를 확인하면서 산을 첨가하고 그 산을 바탕 시료에도 첨가하고 문서화해야 한다.

⟮풀이⟯ ② VOC 시료는 절대로 혼합할 수 없으며, 시료는 분석할 때까지 4 ℃에서 냉장 보관하여야 한다.

05 시료채취 취급 방법의 설명으로 틀린 것은?

2011
제3회

① 중금속을 위한 시료는 50 % 질산 혹은 진한 질산을 첨가하여 보존한다.

② VOC 분석을 위한 시료는 기포가 없이 가득 채워 밀봉하고 운반과 저장하는 동안에 4 ℃에서 보존한다.

③ 오일 및 그리스 분석용 시료는 시료채취 전에 현장에서 시료 용기를 잘 헹구어 분석 시까지 냉장 보관한다.

④ 미생물 분석용 시료는 밀폐된 용기에 시료를 수집하고 분석 전에 혼합하기 위하여 상부에 일정 공간을 둔다.

⟮풀이⟯ ③ 오일 및 그리스 분석용 시료는 시료채취 전에 현장에서 시료 용기를 헹구지 않고 분석 시까지 4 ℃에서 냉장 보관한다.

6. 미생물 분석

① 밀폐된 용기에 시료를 수집하고 분석 전에 혼합하기 위해 병에 공간을 남겨두고(최소한 2.5 cm), 혼합 전까지 시료를 밀봉. 뚜껑을 제거하고, 시료채취 동안에는 용기의 뚜껑 및 용기 목 부분을 만지면 안 된다. 시료로 헹굼 없이 병을 채우고 즉시 뚜껑을 닫는다.

② 수돗물에서 시료를 채취할 때 수도꼭지를 완전히 열고 물을 2분 ~ 3분가량 흘려보낸 후 채취한다.

③ 염소처리된 시료는 채취 후 밀폐하기 전 같은 병에 충분한 $Na_2S_2O_3$를 첨가. 120 mL 용기에는 10 % Na_2S_2O 0.1 mL를 첨가해야 한다.

④ 미생물 시험을 위한 시료는 혼합해서는 안 되며 시료채취 6시간 안에 실험실로 운반해야 한다. 보존시간은 6시간이다.

7. 오일, 그리스 및 TPHs

① 혼합 시료(composite sample)는 사용할 수 없다.

② 시료채취 전에 현장에서 시료 용기를 헹구지 않는다.

③ 오일, 그리스 및 TPHs 시료는 수표면(water surface)에서 채취하지 않고, 잘 혼합된 위치 (well-mixed area)에서 채취한다.

④ 1 L 유리 용기에 시료를 수집하고 황산으로 pH 2 이하가 되도록 적정한 후, 냉장 보관한다.

⑤ 시료는 7일 안에 추출하여야 하며, 추출 후 40일 내에 분석하여야 한다.

실전 예상문제

01 미생물 분석용 시료 채취에 대한 설명이 틀린 것은?

2013
제5회

① 염소 처리된 시료는 120 mL 용기에 10 %Na$_2$S$_2$O$_3$ 0.1 mL를 첨가한 후 밀폐한다.

② 시료는 혼합해서는 안 되며 채취 후 보존 시간은 6시간이다.

③ 수돗물에서 시료를 채취할 때는 수도꼭지를 틀고 바로 채취한다.

④ 뚜껑을 제거하고 시료 채취 동안에 용기의 뚜껑 및 용기 목 부분을 만지면 안 된다.

풀이 ③ 수돗물에서 시료를 채취할 때는 수도꼭지를 틀고 물을 2분 ~ 3분 가량 흘려보낸 후 채취한다.

02 오일, 그리스 및 TPHs 분석용 시료 채취에 대한 설명이 틀린 것은?

① 혼합 시료(composite sample)는 사용할 수 없다.

② 시료채취 전에 현장에서 시료로 시료 용기를 충분히 헹군 후 채취한다.

③ 수표면(water surface)에서 채취하지 않고 잘 혼합된 위치(well-mixed area)에서 채취한다.

④ 1 L 유리 용기에 시료를 수집하고 황산으로 pH 2 이하가 되도록 적정한 후, 냉장 보관한다.

풀이 시료 채취 전에 현장에서 시료 용기를 헹구지 않는다.

정답 01 ③   02 ②

···01 시험 · 검사 결과의 보고

1 원자료의 분석

① 원자료(raw data)는 분석에 의해 발생된 자료로 정도관리 점검이 포함된 것이다.

② 보고 가능한 데이터 혹은 결과는 원자료로부터 수학적, 통계학적 계산을 한 결과를 의미한다.

③ 계산을 시작하기 전에 기기로부터 나온 모든 산출 값이 올바르고, 선택된 식이 적절한지 확인해야 한다.

④ 사용된 모든 식과 계산은 잉크로 기입하고, 기입한 내용은 절대 지울 수 없고, 틀린 곳이 있다면 틀린 곳에 한 줄을 긋고 수정하여 날짜와 서명을 해야 한다.

⑤ 원자료와 모든 관련 계산에 대한 기록은 보관되어야 한다.

실전 예상문제

01
2014
제6회

시험 검사 결과 보고에서 원자료(raw data)의 분석에 관한 것으로 맞는 것은?

① 원자료(raw data)는 분석에 의해 발생된 자료로서 정도관리 점검이 포함된 것이다.

② 보고 가능한 데이터 혹은 결과는 원자료(raw data)를 의미한다.

③ 계산을 시작하기 전에 기기로부터 나온 모든 산출 값이 올바르고, 선택된 식이 적절한지 확인할 필요가 없다.

④ 원자료(raw data)와 모든 관련 계산에 대한 기록은 보관되지 않아도 된다.

 ② 보고 가능한 데이터 혹은 결과는 원자료(raw data)로부터 수학적, 통계학적 계산을 한 결과이다.

③ 계산을 시작하기 전에 기기로부터 나온 모든 산출 값이 올바르고, 선택된 식이 적절한지 확인해야 한다.

④ 원자료(raw data)와 모든 관련 계산에 대한 기록은 보관되어야 한다.

02
2014
제6회

관찰 사항, 데이터 및 계산 결과를 기록할 때 한국인정기구(KOLAS)의 요구 사항에 적합하지 않은 것은?

① 원시데이터(raw data) 및 계산으로 유도된 가공 데이터 둘 다 보존하는 것이 원칙이다.

② 시험기록서 또는 작업서에 확인한 실무자의 서명 및/또는 날인하는 곳을 둔다.

③ 기록에 잘못이 발생할 경우에는 즉시 잘못된 부분을 삭제하고 정확한 값을 기입하여야 한다.

④ 컴퓨터화된 기록시스템의 경우는 소프트웨어를 사용하기 전의 검증이 필요하게 된다.

풀이 ③ 기록에 잘못이 발생할 경우는 즉시 잘못된 부분을 두 줄로 긋고 수정하여 날짜를 쓴 후 서명하여야 한다.

03
2010
제2회

정도관리에서 시험 결과 계산의 정확성 및 결과표기의 적절성 확인 방법으로 거리가 먼 것은?

① 알맞은 검정곡선 식을 이용하여 계산하였는가?

② 반복 실험한 경우, 측정값을 통계적으로 처리하였는가?

③ 검정곡선 범위 안에 분석 시료의 농도가 포함되었는가?

④ 단위가 정확히 표기되었는가?

풀이 시험 결과 계산의 정확성 및 결과표기의 적절성 확인 방법에는 검정곡선 식의 이용, 측정값의 통계적 처리, 단위 명기 등이 포함되어야 한다.

정답 01 ① 02 ③ 03 ③

04 원 자료의 분석과 관련된 사항으로 틀린 것은?

2012
제4회

① 원 자료(raw data)는 분석에 의해 발생된 자료로 정도관리 점검이 포함된 것이다.

② 보고 가능한 데이터 혹은 결과는 원 자료로부터 수학적, 통계학적 계산을 한 결과를 말한다.

③ 계산을 시작하기 전에 기기로부터 나온 모든 산출 값이 올바르고, 선택된 식이 적절한지 확인해야 한다.

④ 사용된 모든 식과 계산은 연필로 기입하고, 기입한 내용은 절대 지울 수 없고, 틀린 곳이 있다면 틀린 곳에 두 줄을 긋고 수정하여 날짜와 서명을 해야 한다.

풀이 ④ 사용된 모든 식과 계산은 잉크로 기입하고, 기입한 내용은 절대 지울 수 없고, 틀린 곳이 있다면 틀린 곳에 두 줄을 긋고 수정하여 날짜와 서명을 해야 한다.

05 정도관리에서 시험검사 결과 보고에 관한 내용으로 틀린 것은?

2010
제2회

① 원자료는 분석에 의해 발생된 자료로 정도관리 점검이 포함되지 않은 것이다.

② 보고 가능한 데이터는 원자료로부터 수학적, 통계학적으로 계산한 것이다.

③ 계산을 시작하기 전에 기기로부터 나온 모든 산출값이 올바르고, 선택된 식이 적절한지 확인해야 한다.

④ 원자료와 모든 관련 계산에 대한 기록은 잘 보관해야 한다.

풀이 ① 원자료는 분석에 의해 발생된 자료로 정도관리 점검이 포함된다.

2 최종 값에 대한 계산

1. pH값 온도 보정

일반적으로 최신의 pH 미터는 자동으로 온도가 보정된다. 그러나 온도보정이 되지 않는다면 온도에 따른 pH를 보정해주어야 하며, 온도가 명시되지 않은 경우는 일반적으로 25 ℃이다.

2. 전도도 온도 보정

전기 전도도는 온도가 증가함에 따라 증가한다. 전도도는 25 ℃로 환산하여 보고하므로, 시료 온도가 25 ℃ 이하이면 온도당 측정값의 약 2 %를 추가하고, 온도가 25 ℃ 이상이면 온도당 측정값의 약 2 %를 빼준다.

25 ℃일 때, 온도보정

$$전도도(\mu S/cm) = 측정된\ 전도도/[1 + 0.019(t - 25)]$$

3. 적정법 계산

$$mg/L = (mL \times N \times Eqw \times 1,000)/시료량(mL)$$

여기서, mL : 사용한 적정용액의 부피
N : 적정용액의 노말 농도
Eqw : 측정된 물질의 분자량

4. 총용존고체물질(TDS ; total dissolved solid)의 계산

$$\langle TDS\ 측정값의\ 검증\ 공식 \rangle$$
$$TDS = 0.6(알칼리성) + Na + K + Ca + Mg + Cl + SO_4 + SiO_3 + (NO_3 - N) + F$$

① 측정된 농도 단위는 mg/L
② 측정된 TDS 농도는 계산된 TDS 농도보다 높아야 함(특정 성분이 계산에는 포함되지 않기 때문)
③ 측정된 농도가 더 낮다면 시료는 재분석되어야 함
④ 측정된 고체물질 농도가 계산된 농도보다 20 % 정도 높다면, 계산에 사용한 자료들을 재검토해야 함

⑤ 측정값과 계산값의 허용 비율

$$1.0 < \text{측정된 TDS}/\text{계산된 TDS} < 1.2$$

⑥ TDS(mg/L로 표현)과 전도도(umΩ/cm)의 비율은 0.55와 0.7 사이의 값을 가져야 함

❸ 원자료 및 계산된 자료의 기록

1. 현장기록부

① 시료채취 동안 발생하는 모든 자료를 기록하는 것으로 시료인수인계 양식, 시료라벨, 현장노트북, 보존제 준비기록부가 있다.
② 현장기록부는 종이를 빼고 낄 수 있는 것을 사용하고 페이지번호를 붙여야 한다.
③ 각각의 페이지에는 제목을 적고, 날짜를 기입한다.
④ 모든 데이터는 지워지지 않고, 얼룩이지지 않는 잉크 사용한다.
⑤ 모든 원자료와 관찰사항을 기록부에 적고, 지우면 안 됨. 수정할 경우 줄을 한 줄 긋고, 서명과 날짜를 적은 다음, 수정 내용을 적는다.

실전 예상문제

01
2009
제1회
2014
제6회

총용존고체물질(TDS ; total dissolved solid) 측정값에 대한 검증식은 다음과 같다. 이 식에 따라 실제로 측정한 값을 시험 검사 결과로 보고할 수 있는 허용범위는?

$$TDS = 0.6(알칼리도) + Na + K + Ca + Mg + Cl + SO_4 + SiO_3 + (NO_3 - N) + F$$

① 0.75 < 측정된 TDS/계산된 TDS < 1.25
② 0.8 < 측정된 TDS/계산된 TDS < 1.2
③ 0.8 < 측정된 TDS/계산된 TDS < 1.0
④ 1 < 측정된 TDS/계산된 TDS < 1.2

풀이 ④ 1 < 측정된 TDS/계산된 TDS < 1.2

02
2014
제6회

현장 기록은 시료 채취 동안 발생한 모든 데이터에 대해 기록되어야 한다. 다음 중 현장 기록에 포함되어야 하는 내용이 모두 나열된 것은?

① 시료현장기록부, 시료라벨, 분석항목, 현장측정데이터, 시료 운반 방법
② 시료현장기록부, 시료라벨, 보존준비기록, 현장시료 첨가용액 준비기록부, 인수인계 양식, 시료기록시트
③ 시료현장기록부, 시료라벨, 분석항목, 시료운반방법, 보존준비기록
④ 시료현장기록부, 시료라벨, 보존준비기록, 현장시료 첨가용액 준비기록부, 분석항목

풀이 현장 기록은 시료 채취 동안 발생한 모든 데이터에 대해 기록되어야 한다. 이들 현장 기록의 내용에는 인수인계 양식, 시료 라벨, 시료 현장기록부, 보존준비기록, QC와 현장 첨가 용액 준비기록부 등이 있다.

03
총용존고체물질(TDS ; total dissolved solid) 측정값에 대한 설명으로 틀린 것은?

① 측정된 농도의 단위는 mg/L이어야 함
② 측정된 TDS 농도는 계산된 TDS 농도보다 낮아야 함
③ 측정된 농도가 더 낮다면 시료는 재분석되어야 함
④ 측정된 고체물질 농도가 계산된 농도보다 20 % 정도 높다면, 계산에 사용한 자료들을 재검토해야 함

풀이 ② 측정된 TDS 농도는 계산된 TDS 농도보다 높아야 함

정답 **01** ④ **02** ② **03** ②

2. 시험일지(work sheet)

① 시험일지는 시료채취 현장과 실험실에서 행해지는 모든 분석 활동에 대한 것을 기록한 기록
물이며 모든 분석에는 시험일지를 작성한다.

② 분석자는 시료(ID 번호, 시료 유형, 매질, 소스 등), 분석방법 혹은 참고한 시험방법 번호, 방법
검출한계(MDL ; method detection limit), 기기, 분석자료와 QC 원자료, 계산된 값 및 단위와
관련된 모든 사항을 시험일지에 기록한다.

③ 시험일지는 분석과정의 유효화에 필요한 모든 정보를 명확하게 포함하고 있어야 한다.

④ 현장시험(pH, 전도도, 용존산소, 잔류염소 측정)에 대한 시험일지도 가지고 있어야 한다.

3. 실험실 기록부

① 문서는 시작날짜, 종료날짜, 문서제목, 분석그룹, 분석물질을 저장한다. 보관지역은 기록물
을 유지하도록 충분히 넓은 곳을 사용하고 쉽게 찾을 수 있어야 한다.

② 스트립 차트(strip chart), 문서화된 검정곡선 및 수집된 원자료는 파일상자에 저장

③ 저장해야 할 문서
- 크로마토그램, 차트, 기기 감응기록
- 검정곡선
- QC 관리차트 및 MDL
- 정밀도 및 정확도 자료에 대한 요약 작성 양식
- 시험일지
- 저장용액 수령과 관련된 기록
- 교정용 표준물질의 준비
- 실험실 운영에 필요한 모든 기록물, 자료 양식
- 실험실 인수인계 보고서(보유시간, 시료 전달 양식, 시료 저장 양식, 시료 폐기 양식)
- 시료 결과와 관련된 모든 계산 자료 및 QC 한계값에 대한 통계적 계산 자료
- 최종보고서 사본
- 현장기록부, 현장시험자료, 현장기록양식과 같은 현장기록

실전 예상문제

01 '시험의 원자료(raw data) 및 계산된 자료의 기록'에 대한 설명으로 틀린 것은?

2010
제2회

2014
제6회

① 현장기록부는 시료를 채취하는 동안 발생하는 모든 자료를 기록한 것이다.

② 시험일지는 시료 채취 현장과 실험실에서 행해지는 모든 분석 활동을 기록한 것이다.

③ 실험실기록부에는 크로마토그램, 차트, 검정곡선 등이 기재되어 있다.

④ 정도관리기록부에는 실험실에서 신뢰성을 보증하려고 기록한 내용이 기재되어 있다.

풀이 시험의 원자료(raw data) 및 계산된 자료의 기록에는 현장기록부, 시험일지, 실험실기록부가 있다.

02 실험실의 QA/QC에서 '원자료 및 계산된 자료의 기록' 내용에 포함되지 않는 것은?

2012
제4회

① 현장기록부   ② 시험일지

③ 실험실 기록부   ④ 시약 및 기구관리대장

풀이 문제 01번 해설 참조

정답 **01** ④ **02** ④

4 분석 자료의 평가와 승인

1. 분석 QC 점검의 유효화

① QC는 분석측정의 결과를 점검하는 것으로, 보고된 값의 수용 여부를 결정하는데 도움을 준다.

② QC에 문제가 발생하면 문제가 해결될 때까지 분석을 진행할 수 없다.

③ QC 점검에는 바탕시료, 교정과정, QC 점검표준물질, QC 점검시료, 인증표준물질(CRM), 매질과 분석용 증류수 첨가물, 이중시료, 대체표준물질, 내부표준물질, 적정물질의 표준화, 기기의 성능, 첨가시료, 실험실 정제수의 수질과 같은 QC 측정이 포함된다.

2. 분석 자료의 승인

1) 허용할 수 없는 바탕시료 값의 원인과 수정

① 오염된 바탕시료는 오염된 시약, 오염된 유리제품 또는 시료 용기, 오염된 정제수의 사용과 실험 환경으로부터의 오염이 원인이다.

② 분석 바탕시료는 오염정도를 측정하는 것으로, 방법바탕시료(method blank sample), 시약바탕시료(reagent blank sample), 검정곡선바탕시료(calibration blank sample), 기구바탕시료(equipment blank sample), 운반바탕시료(trip blank sample) 등이 있으며, 바탕시료 값은 방법검출한계(MDL)보다 낮은 값이어야 한다.

③ 오염된 시약 : 시약바탕시료의 오염은 시험에 사용하는 시약의 화학적 접촉에 의해 발생될 수 있다. 용매, 희석물질, 정제수는 바탕시료 오염의 가장 큰 원인이 된다. 증류수 점검으로 해결한다.

④ 오염된 유리제품 또는 시료용기 : 기구의 오염 확인을 위해 세척과정을 점검한다.

⑤ 환경 조건으로부터의 오염 : 바탕시료는 분석상황, 시료수집, 청결하지 못한 시료취급으로부터 오염될 수 있으며, 분석자의 의복에 의해서도 오염될 수 있다. 청결한 환경관리로 이러한 오염을 막을 수 있다.

⑥ 오염된 정제수 : 오염 확인을 위하여 원인과 저장 조건을 확인한다.

2) 허용할 수 없는 교정 범위의 확인과 수정

• 초기 교정에서 검정곡선의 계산된 상관계수 값이 0.9998 이상일 때 허용한다.

• 수시교정 표준물질과 원래 교정 표준물질과의 편차가 무기물의 경우 ±5 %, 유기물의 경우 ±10 %여야 한다.

• 교정검증표준물질 혹은 QC점검표준물질의 허용 범위는 무기물은 참값의 ±5 %, 유기물은 참값의 ±10 %이다.

① 부적절하게 조제된 저장용액 및 표준용액 : 조제기록 등을 확인한다. 문제 발견 시 새로운 표준물질 준비 또는 재구입하여 교정한다.

② 오래된 저장물질과 표준물질 : 유효날짜를 기입하고 날짜가 지났다면 즉시 폐기한다.

③ 잘못되거나 유효날짜가 지난 QC 검정검증표준물질(CVS) : 유효기간이 지난 것은 즉시 폐기하고, 잘못된 CVS 표준물질에 의한 문제점은 확인하고 검정에 따른 조치를 취한다.

④ 부적절하게 저장된 저장용액, 표준용액 및 시약 : 규정에 따르지 않은 용액 또는 시약은 발견 시 즉시 폐기한다.

⑤ 부적절하게 세척된 유리제품, 용기의 오염 또는 깨끗하지 않은 환경에 의한 오염 : 오염 가능성을 확인하고 분광기 셀을 점검하고 긁힌 자국 있다면 사용하지 않는다.

⑥ 부적절한 부피측정용 유리제품의 사용 주의

⑦ 잘못된 기기의 응답 : 기기 수행 검사 실시, 기기문제 발견되면 문제 확인 후 해결한다.

3) 허용할 수 없는 정밀도 값의 원인과 수정

- 측정된 값과 계산된 값의 정밀도가 허용한계값을 벗어났을 경우, 원인을 찾아 시정한다.
- 이중시료는 현장이중시료, 실험실이중시료 혹은 매질첨가이중시료가 있다.

① 현장이중시료에 대한 시료채취 오류 : 시료 수집과 보존 방법을 검토하고, 시료 준비과정을 검토. 필요하다면 이중시료의 준비와 활용에 대한 과정을 반복, 재분석한다.

② 실험실이중시료에 대한 준비 오류 : 실험실에서 가장 범하기 쉬운 오류로, 시료를 확인하지 않고 사용하는데서 발생한다. 분석 전 반드시 시료에 대해 점검을 한다.

③ 오염에 의한 오류 : 이중시료 분석결과가 다른 경우는 보관된 유리제품 및 장비의 오염이 원인일 수 있으므로, 세척과정을 점검하고 분석의 전 과정에서 주의한다.

④ 계산에 의한 오류 확인 : 데이터 및 계산과정을 점검한다.

4) 허용할 수 없는 첨가물질 회수율의 원인과 수정

모든 첨가물질 데이터는 각각의 항목에 대해 **첨가정확도한계값(spike accuracy limit)**과 일치해야 한다.

① 부적절하게 조제되거나 저장된 첨가 저장 용액 : 조제기록, 사용된 화학물질, 보존조건, 저장조건을 확인하고 오래된 저장용액(stock solution)은 폐기하고 다시 준비한다.

② 유효날짜가 지난 첨가저장용액 및 표준용액 : 유효날짜를 확인한다.

③ 첨가물질에 대한 오류 : 계산확인, 첨가된 양 계산 및 마이크로 피펫의 잘못된 사용을 확인한다.

5) 표준적정용액의 잘못된 결과 원인 및 수정

- 적정용액의 준비와 표준화를 검토한다.
- 적정용액의 허용 한계는 QC 점검 표준용액의 참값과 ±5 %이다.

① 잘못된 적정 용액
　　㉠ 준비 오류 : 준비기록부 및 화학물질을 점검
　　㉡ 희석과정 오류: 준비기록부 확인
　　㉢ 날짜가 지난 저장 적정 용액 사용 : 원인, 준비날짜, 저장용액의 유효날짜, 저장방법
　　　　확인
　　㉣ 표준화 오류 : 표준화 과정과 계산 점검

② 오염되거나 유효날짜가 지난 시약 및 지시약 : 유효날짜 확인
③ 오염된 유리제품 및 실험실 시설 : 세척과정, 저장방법 확인
④ 부적절하게 사용된 부피 측정 기구 : 주기적 교정여부 확인, 오차를 최소화하기 위해 20 ℃에
　　서 부피를 측정한다.
⑤ 종말점 읽음의 오류 : 많은 경험이 필요하므로 훈련과 경험 쌓기 위한 교육 필요

3. 분석 시스템 실행 점검

① 분석시스템 혹은 측정 과정의 유효화를 위해 기준 표준시료를 사용한다.
② 내부표준물질은 실험실 자체에서 준비하고, 외부표준물질은 외부에서 준비한다.

4. 분석결과의 점검

실험실 보고서는 모든 분석과정에 대한 결과 데이터가 포함되어야 한다.

실전 예상문제

01
2011
제3회

분석 자료의 승인과 관련한 내용 중 잘못된 결과의 원인 및 수정에 대해 점검해야 하는 것이 아닌 것은?

① 표준 적정용액의 잘못된 결과

② 허용할 수 없는 바탕시료 값

③ 허용할 수 없는 교정 범위 및 첨가물질 회수율

④ 실험실 간의 비교 결과 값

풀이 분석 자료의 승인 중 잘못된 결과의 원인 및 수정에 대해 점검해야 하는 것은 허용할 수 없는 바탕시료 값, 교정 범위, 정밀도 값, 첨가물질 회수율과 표준적정용액의 잘못된 결과이다.

02
2009
제1회
2014
제6회

분석 자료의 승인 과정에서 '허용할 수 없는 교정 범위의 확인 및 수정' 사항에 속하지 않는 것은?

① 오염된 정제수

② 오래된 저장물질과 표준물질

③ 부적절한 부피측정용 유리 제품의 사용

④ 잘못된 기기의 응답

풀이 ① 오염된 정제수는 '허용할 수 없는 바탕시료 값의 원인과 수정 사항'에 속한다.

03
2012
제4회

시료의 분석 결과에 대한 시험 검사 결과 보고 시 분석 자료의 승인을 얻기 위해서 수시 교정 표준 물질과 원래의 교정 표준물질과의 편차는 무기물 및 유기물인 경우 각각 어느 정도이어야 하는가?

① ±3 %와 ±5 %

② ±3 %와 ±7 %

③ ±5 %와 ±10 %

④ ±5 %와 ±15 %

풀이 ③ 무기물은 ±5 %이고 유기물의 경우는 ±10 %이다.

04
2011
제3회

분석 자료의 승인을 위해서 '허용할 수 없는 교정 범위의 확인 및 수정'에 대한 내용이 아닌 것은?

① 시험에 사용되는 시약의 화학적 접촉에 의해 발생될 수 있는 오염된 시약

② 부적절하게 저장된 저장 용액, 표준 용액 및 시약

③ 잘못되거나 유효 날짜가 지난 QC 점검 표준물질(CVS)

④ 부적절한 부피 측정용 유리 제품의 사용

풀이 ① 시험에 사용되는 시약의 화학적 접촉에 의해 발생될 수 있는 오염된 시약은 '표준적정용액의 잘못된 결과 원인 및 수정'에 속한다.

정답 01 ④ 02 ① 03 ③ 04 ①

05 표준적정용액의 잘못된 결과 원인 및 수정에 대한 조치 방법에 대한 설명으로 거리가 먼 것은?

① 적정 용액의 허용 한계 확인 – QC 점검 표준용액의 참값과 ±25 %이다.

② 오염되거나 유효날짜가 지난 시약 및 지시약 – 유효날짜 확인

③ 오염된 유리제품 및 실험실 시설 – 세척과정, 저장방법 확인

④ 부적절하게 사용된 부피 측정 기구 – 주기적 교정여부 확인, 오차를 최소화하기 위해 20 ℃에서 부피를 측정한다.

풀이 적정 용액의 허용 한계는 QC 점검 표준용액의 참값과 ±5 %이다.

2. 유효숫자

유효숫자란 데이터를 반올림할 때 남아 있는 자리수를 말한다.

① 0이 아닌 정수는 항상 유효숫자

② 소수자리에 앞에 있는 숫자 '0'은 유효숫자에 포함되지 않음

예 0.0025란 수에서 '0.00'은 유효숫자가 아닌 자리수를 나타내기 위한 것이므로, 이 숫자의 유효숫자는 2개

③ 0이 아닌 숫자 사이에 있는 '0'은 항상 유효숫자

예 1.008이란 수는 4개의 유효숫자

④ 결과를 계산할 때, 곱하거나 더할 경우, 계산하는 숫자 중에서 가장 작은 유효숫자 자리수에 맞춰 결과 값을 적음

곱셈 예 $4.56 \times 1.4 = 6.38$은 유효숫자를 적용하여 6.4로 반올림하여 적는다(계산하는 숫자 4.56과 1.4에서 1.4가 작으므로 가장 작은 유효숫자는 2자리).

덧셈 예 $12.11 + 18.0 + 1.013 = 31.123$에서는 최소유효숫자를 적용하여 31.1로 적는다.

⑤ 사업별 혹은 분야별 지침에서 유효숫자 처리 방법을 제시하였을 경우에는 이를 따른다.

실전 예상문제

01
2014
제6회
실험에 의하여 계산된 결과가 다음과 같을 때 유효숫자만을 가질 수 있도록 반올림한 것으로 옳은 것은?

$$\log 6.000 \times 10\ 5 = -4.22184875$$

① -4.222 ② -4.22185

③ -4.2218 ④ -4.221848

풀이 6.000의 유효숫자 4개이다. 따라서 -4.222가 정답이다.

02
2013
제5회
유효 숫자에 관한 법칙이 틀린 것은?

① 0이 아닌 정수는 항상 유효 숫자이다.

② 소수 자리에 앞에 있는 숫자 '0'은 유효 숫자이다.

③ 0이 아닌 숫자 사이에 있는 '0'은 항상 유효 숫자이다.

④ 결과를 계산할 때, 곱하거나 더할 경우, 계산하는 숫자 중에서 가장 작은 유효 숫자 자리수에 맞춰 결과 값을 적는다.

풀이 ② 소수 자리에 앞에 있는 숫자 '0'은 유효 숫자에 포함되지 않는다.

03
2012
제4회
정밀 저울로 시료의 무게를 측정한 결과 0.0067 g이었다. 측정값의 유효숫자의 자리수는?

① 5자리   ② 4자리

③ 3자리   ④ 2자리

풀이 0.00670의 유효자리 숫자는 3개이다.

04
2011
제3회
시험결과를 표기할 때 유효숫자에 관한 설명으로 틀린 것은?

① 1.008은 2개의 유효숫자를 가지고 있다.

② 0.002는 1개의 유효숫자를 가지고 있다.

③ $4.12 \times 1.7 = 7.004$는 유효숫자를 적용하여 7.0으로 적는다.

④ $4.2 \div 3 = 1.4$는 유효숫자를 적용하여 1로 적는다.

풀이 ① 1.008은 4개의 유효숫자를 가지고 있다.

정답   **01** ①   **02** ②   **03** ③   **04** ①

05 국제단위계(SI units)에 대한 설명으로 적합하지 않은 것은?

_{2010
제2회}

① 어떤 양을 한 단위와 수치로 나타낼 때는 보통 수치가 0.1과 1 000 사이에 오도록 접두어를 선택한다.

② 본문의 활자체와는 관계없이 양의 기호는 이탤릭체(사체)로 쓰며, 단위 기호는 로마체(직립체)로 쓴다.

③ 영문장에서 단위 명칭을 사용할 때는 보통명사와 같이 취급하여 대문자로 쓴다.

④ 어떤 양을 수치와 알파벳으로 시작하는 단위 기호로 나타낼 때는 그 사이를 한 칸 띄어야 한다.

풀이 문장 내에서는 대문자를 사용하지 않는다.

06 유효숫자를 결정하기 위한 법칙으로 잘못된 것은?

_{2009
제1회}

① '0'이 아닌 정수는 항상 유효숫자다.

② 소수자리 앞에 있는 숫자 '0'은 유효숫자에 포함된다.

③ '0'이 아닌 숫자 사이에 있는 '0'은 항상 유효숫자이다.

④ 곱셈으로 계산하는 숫자 중 가장 작은 유효숫자 자리수에 맞춰 결과 값을 적는다.

풀이 ② 소수자리 앞에 있는 숫자 '0'은 유효숫자에 포함되지 않는다.

07 아래 수들의 유효숫자 개수를 맞게 나열한 것은?

_{2009
제1회}

$0.212 - 90.7 - 800.00 - 0.0670$

① 3 - 3 - 5 - 3　　　　　　　　　　② 4 - 3 - 5 - 3

③ 3 - 3 - 5 - 5　　　　　　　　　　④ 3 - 3 - 1 - 3

풀이 유효숫자는 각각 0.212(3개), 90.7(3개), 800.00(5개), 0.0670(3개)이다.

5 분석자료 보고 시 필요한 문서

① 시료수집 및 확인에 관한 문서 : 시료채취계획, 시료수집방법, 시료확인, 인수인계, 현장기록부 및 현장시험문서, 상세 현장 QC 활동
② 분석실행에 관한 문서 : 사용한 시험방법, 방법검출한계(MDL), 기기(제조사, 모델, 성능점검 (performance check), 유지 기록), 교정자료(초기, 수시), 상세분석업무(업무일지, 표준물질, 시약준비, 계산), 분석날짜 및 분석자 이름
③ QA/QC 문서 및 자료 : 바탕시료의 분석, 정밀도 및 정확도 자료, QC 차트, 분석항목에 대한 정확도 및 정밀도의 허용범위, 첨가물질 준비방법, 대체물질 준비방법, 세척과정
④ 분석데이터의 점검 및 유효화 : 문서, 데이터, 점검 및 유효화 방법, 시정조치, 각각의 분석항목에 대한 분석결과 보고승인을 위한 서명 및 날짜, 최종분석보고서의 승인을 위한 날짜 및 서명

6 시험 · 검사 결과의 기록 방법

시험 · 검사 결과의 기록방법은 국제단위계(SI ; The International System of Units)를 기본으로 한다.

① 시험 · 검사결과 값의 수치와 단위는 한 칸 띄어 씀
  $3g(\times) \rightarrow 3\,g(\bigcirc)$, $12m(\times) \rightarrow 12\,m(\bigcirc)$

② ℃와 %도 단위이므로 수치와 한 칸 띄어 씀
  $20℃(\times) \rightarrow 20\,℃(\bigcirc)$, $100\%(\times) \rightarrow 100\,\%(\bigcirc)$

③ 약어를 단위로 사용하지 않으며 복수인 경우에도 바뀌지 않음(구두법상 문장의 끝에 오는 마침표는 예외로 함)
  • 초 : $sec(\times) \rightarrow s(\bigcirc)$
  • 시간 : $hr(\times) \rightarrow h(\bigcirc)$, $5\,hr(\times) \rightarrow 5\,h(\bigcirc)$

④ 접두어 기호와 단위기호는 붙여 쓰며, 접두어 기호는 소문자로 씀
  • 밀리리터 : mL
  • 센티미터 : cm
  • 킬로미터 : km
  단, Y(요타, 1024), Z(제타, 1021), E(엑사, 1018), P(페타, 1015), T(테라, 1012), G(기가, 109), M(메가, 106)는 대문자로 씀

⑤ 범위로 표현되는 수치에는 단위를 각각 붙임
  • $10 \sim 20\%(\times) \rightarrow 10\,\% \sim 20\,\%(\bigcirc)$
  • $20 \pm 2℃(\times) \rightarrow 20\,℃ \pm 2\,℃(\bigcirc)$ 또는 $(20 \pm 2)\,℃(\bigcirc)$

⑥ 부피를 나타내는 단위 리터(Liter)는 "L" 또는 "l"로 쓴다.

5 ℓ (×) → 5 L(○) 또는 5 l(○)

※ 환경오염공정시험기준과 환경시험·검사에서는 숫자 "1"과의 혼돈을 피하기 위해 "l"보다는 "L"로 표기하는 것을 권장함

⑦ ppm, ppb, ppt 등은 특정 국가에서 사용하는 약어이므로 정확한 단위로 표현하든지 백만 분율, 십억 분율, 일조 분율 등의 수치로 표현

- 5 ppb(×) → 5 μg/kg(○) 또는 5×10^{-9}(○)
- 2 ppt(×) → 2 ng/kg(○) 또는 2×10^{-12}(○)

⑧ 양의 기호는 이탤릭체(기울임체)로 작성

- 면적 A(×) → 면적 A(○)
- 시간 t(×) → 시간 t(○)
- 온도 T(×) → 온도 T(○)

⑨ 수는 아라비아 숫자로서 작성하며 '보통 두께'의 직립체로 쓸 것을 권장

3.01, $\mathbf{3.01}$, 3.01, 3.01(허용) → 3.01(권장)

⑩ 수에서 천 단위의 구분은 소수점을 중심으로 세 자리마다 빈칸을 넣어 구분

- 76,438,522(×) → 76 438 522(○)
- 43,279.136,21(×) → 43 279.136 21(○)

다만, 소수점 앞 또는 소수점 아래 숫자가 네 자리일 때는 붙여 쓸 수 있음

1 234.5(○), 1234.5(○), 0.123 4(○), 0.1234(○)

⑪ 영문장에서는 접두어와 단위 명칭 사이를 한 칸 띄지도 않고 연자부호(hyphen)를 넣지 않음. "megohm", "kilohm", "hectare"의 세 가지 경우는 접두어 끝에 있는 모음이 생략됨. 이 외의 모든 단위 명칭은 모음으로 시작되어도 두 모음을 모두 써야 하며 발음도 모두 해야 함

kilo−meter(×) → kilometer(○)

⑫ 복합 단위의 배수를 형성할 때는 한 개의 접두어를 사용하여야 하며 두 개나 그 이상의 접두어를 나란히 붙여 쓸 수 없음. 이때, 접두어는 통상적으로 분자에 있는 단위에 붙여야 하며, kg이 분모에 올 경우는 예외로 함

1 mμm(×) → 1 nm(○) kJ/g(○) 또는 MJ/kg(○)

⑬ 어떤 양을 한 단위와 수치로 나타낼 때 보통 수치가 0.1과 1 000 사이에 오도록 접두어를 선택. 다만, 다음의 경우는 예외로 함

　㉠ 넓이나 부피를 나타낼 때 헥토, 데카, 데시, 센티가 필요할 수 있음

　㉡ 같은 종류의 양의 값이 실린 표에서나 주어진 문맥에서 그 값을 비교하거나 논의할 때에는 0.1이나 1 000의 범위를 벗어나도 같은 단위를 사용하는 것이 좋음

　㉢ 어떤 양은 특정한 분야에서는 관례적으로 특정한 배수가 사용됨

　　$12\ 300\ mm(\times) \rightarrow 12.3\ m(\bigcirc)\ 0.00123\ \mu m(\times) \rightarrow 1.23\ nm(\bigcirc)$

　　제곱헥토미터(hm^2), 세제곱센티미터(cm^3)

　　기계공학 도면에서는 0.1~1 000의 범위를 많이 벗어나도 mm를 사용

⑭ 곱하기 기호와 나누기 기호가 함께 사용되어 표현이 복잡한 경우는 음의 지수나 괄호를 사용하며, 두 개 이상의 단위가 곱하여지는 경우는 각 단위 간에 가운뎃점을 사용하며 전체를 괄호로 묶을 수 있음. 곱하기와 나누기를 쓸 때 기호와 단어를 혼용할 수 없으며 숫자 간의 곱하기 기호는 가운뎃점으로 대신 사용할 수 없음

　• $m \cdot kg/s^2 \cdot mol(\times) \rightarrow (m \cdot kg)/(s^2 \cdot mol)(\bigcirc)$, $m \cdot kg \cdot s^{-2} \cdot mol^{-1}(\bigcirc)$

　• $joules/kg(\times)$, $joules/kilogram(\times) \rightarrow J \cdot kg-1(\bigcirc)$, joules per kilogram($\bigcirc$)

　• $2 \cdot 10^{-6}(\times) \rightarrow 2 \times 10^{-6}(\bigcirc)$

실전 예상문제

01 측정 분석 결과의 기록 방법 중 틀린 것은?
2013
제5회
① 양(量)의 기호는 이탤릭체로 쓰며, 단위 기호는 로마체로 쓴다.
② 단위 기호는 복수의 경우에도 변하지 않으며, 단위 기호 뒤에 마침표 등 다른 기호나 다른 문자를 첨가해서는 안 된다.
③ 두 개 단위의 나누기로 표시되는 유도 단위는 가운뎃점이나 한 칸을 띄어 쓴다.
④ 숫자의 표시는 일반적으로 로마체(직립체)와 이탤릭체를 혼용해서 쓴다.

풀이 ④ 숫자의 표시는 일반적으로 아라비아 숫자로서 작성하며, '보통 두께'의 직립체로 쓸 것을 권장한다.

02 측정분석 결과의 기록 방법에 관한 내용 중 국제단위계에서 적합하지 않은 내용은?
2012
제4회
① 양(量)의 기호는 이탤릭체(사체)로 쓰며, 단위 기호는 로마체(직립체)로 쓴다.
② 숫자의 표시는 일반적으로 로마체(직립체)로 한다. 여러 자리 문자를 표시할 때는 읽기 쉽도록 소수점을 중심으로 세 자리씩 묶어서 약간 사이를 띄어서(컴퓨터로서는 1바이트) 쓴다.
③ 어떤 양(量)의 수치와 단위 기초로 나타낼 때 그 사이를 한 칸(컴퓨터로서는 1바이트) 띄운다. 다만, 평면각의 도(°), 분('), 초(")에 대해서는 그 기호와 수치 사이를 띄우지 않는다.
④ ppm, ppb 등은 보편화된 단위이므로 공식적으로 사용하고, 농도를 나타낼 때의 리터는 소문자를 사용한다.

풀이 ④ ppm, ppb 등은 특정 국가에서 사용하는 약어이므로 정확한 단위로 표현하든지 백만 분율, 십억 분율, 일조 분율 등의 수치로 표현한다.

03 국제단위체계에 따른 측정량의 단위 표시가 적절한 것은?
2013
제5회
① 5.32 Kg
② 20.0℃
③ (22.4±0.2) ℃
④ 1.23 mg/ℓ

풀이 ① 5.32 kg
② 20.0 ℃
④ 1.23 mg/L

04 측정분석결과의 기록방법으로 틀린 것은?

2012
제4회

① 국제단위계(SI)를 바탕으로 한다.

② 농도를 나타낼 때 리터는 대문자를 사용한다.

③ ppm, ppb 등은 특정 언어에서 온 약어이므로 사용하지 않는다.

④ 두 개 단위의 나누기로 표시되는 유도단위를 나타내기 위해서는 사선 또는 음의 지수를 사용해야 하고 횡선은 사용하지 않는다.

풀이 ④ 두 개 단위의 나누기로 표시되는 유도단위를 나타내기 위해서는 괄호 또는 음의 지수를 사용해야 한다.

···02 오차와 불확도

① 측정 오차(measurement error 또는 experiment error)

■ 유효숫자(significant figure)

• 유효 숫자는 정확도를 잃지 않으면서 과학적 표기방법으로 측정 자료를 표시하는 데 필요한 최소한의 자리수이다.

• 측정값의 마지막 유효숫자는 항상 불확도(uncertainty)를 가진다. 최소의 불확도는 마지막 유효숫자에서 ±1이 되고, 마지막 유효숫자는 측정기기의 눈금에 의해 결정되며 가장 작은 눈금과 눈금 사이를 10 등분하여 가장 근접한 값을 선정한다.

• 측정값이 변동되지 않는 디지털 눈금을 가진 측정 기기라 할지라도 어떤 측정값이든지 불확도를 갖는다.

• 유효숫자에서 취급이 까다로운 것이 "0"인데, 유효숫자에 포함되지 않는 "0"은 단지 소수점을 나타내기 위한 "0"뿐이다.

• 유효숫자 표기의 예

$0.216 \rightarrow 2.16 \times 10^{-1}$(유효숫자 3개)

$185.6 \rightarrow 1.856 \times 10^{2}$(유효숫자 4개)

$0.02340 \rightarrow 2.340 \times 10^{-2}$(유효숫자 4개)

1) 측정 데이터의 계산된 결과의 반올림 규칙

① 반올림하는 가장 좋은 방법은 바로 윗자리의 수를 항상 가까운 짝수가 되도록 하는 것이다. 이렇게 하면 한쪽 방향으로만 반올림하려는 경향성을 없애준다.

② 유효숫자의 수가 4개인 반올림의 예

$21.5450 \rightarrow 21.55$

$21.545 \rightarrow 21.54$

$21.555 \rightarrow 21.56$

$21.565 \rightarrow 21.56$

2) 덧셈과 뺄셈 계산에서의 유효숫자

① 같은 자리수를 갖는 수를 더하거나 뺄 때, 결과는 각각의 숫자와 마찬가지로 같은 소수점 (decimal point)을 갖는다.

$$
\begin{aligned}
& 2.324 \times 10^{-3} \\
+\ & 3.455 \times 10^{-3} \\
\hline
& 5.779 \times 10^{-3}
\end{aligned}
$$

② 결과의 유효숫자의 수는 원래의 측정값의 유효숫자의 수보다 증가하거나 감소할 수 있다.

$$
\begin{aligned}
& 6.725 \\
+\ & 8.634 \\
\hline
& 15.359 \quad \text{(유효숫자 증가)}
\end{aligned}
\qquad
\begin{aligned}
& 9.234 \\
-\ & 8.843 \\
\hline
& 0.391 \quad \text{(유효숫자 감소)}
\end{aligned}
$$

3) 곱셈과 나눗셈 계산에서의 유효숫자

① 곱셈과 나눗셈에서는 가장 적은 유효숫자를 갖는 수의 자리수에 의해서 제한된다.
② 10의 지수항은 남겨야 될 자리수에 영향을 주지 않는다.

$$
\begin{aligned}
& 3.26 \times 10^{-5} \\
\times\ & 1.78 \\
\hline
& 5.80 \times 10^{-5}
\end{aligned}
\qquad
\begin{aligned}
& 4.3179 \times 10^{12} \\
\times\ & 3.6 \quad \times 10^{-19} \\
\hline
& 1.6 \quad \times 10^{-6}
\end{aligned}
\qquad
\begin{aligned}
& 34.60 \\
\div\ & 2.46287 \\
\hline
& 14.05
\end{aligned}
$$

4) 대수와 음의 대수 계산에서의 유효숫자

① 대수는 가수(mantissa)와 지표(characteristic)로 구성되며, 지표는 정수부분이고 가수는 소수부분이다.

$$
\begin{aligned}
\log 339 &= 2.530 \qquad & \text{지표}=2 \quad & \text{가수}=0.530 \\
\log(3.39 \times 10^{-5}) &= -4.470 \qquad & \text{지표}=-4 \quad & \text{가수}=0.470
\end{aligned}
$$

② log n의 가수에 있는 유효숫자의 수는 n의 유효숫자의 수와 같아야 한다.

$$
\log(\underline{5.403} \times 10^{-8}) = -7.\underline{2674}
$$
$$
\quad\ \text{4자리} \qquad\qquad\quad \text{4자리}
$$

③ 음의 대수(antilog)에서 유효숫자의 수는 가수의 자리수와 같아야 한다.

$$
\text{antilog}(-3.\underline{42}) = 10^{-3.\underline{42}} = \underline{3.8} \times 10^{-4}
$$
$$
\qquad\quad \text{2자리} \quad\ \text{2자리} \quad \text{2자리}
$$

실전 예상문제

01
2013
제5회

유효 숫자에 대한 설명이 옳은 것은?

① 9540, 0.954, 9.540×10^3의 유효 숫자는 모두 같다.

② 5.345+6.728=12.073과 같이 유효 숫자가 많아질 수 있다.

③ KrF_2의 분자식을 계산할 때 18.9984032+18.9984032+83.798=121.7948064이지만 유효 숫자를 고려하여 121.794로 표기한다.

④ log0.001237과 $10^{2.531}$은 유효 숫자를 고려하여 −2.9076과 339.6으로 표기한다.

풀이 ① 9540(4개), 0.954(3개), 9.540×10^3(4개)의 유효 숫자를 갖는다.

③ KrF_2의 분자식을 계산할 때 18.9984032+18.9984032+83.798=121.7948064이지만 유효 숫자를 고려하여 121.795로 표기한다.

④ log0.001237과 $10^{2.531}$은 유효 숫자를 고려하여 −2.908과 340으로 표기한다.

02
2010
제2회

유효숫자에 대한 내용으로 옳지 않은 것은?

① 정확도를 잃지 않으면서도 과학적으로 측정 자료를 표기하는 데 필요한 최소한의 자리수이다.

② 측정값의 마지막 유효숫자는 불확도를 갖지 않는다.

③ 마지막 유효숫자는 측정 기기의 눈금에 의해 결정되며 가장 작은 눈금과 눈금 사이를 10 등분하여 가장 근접한 값을 선정한다.

④ 측정값이 변동되지 않는 디지털 눈금이 있는 측정 기기라 할지라도 어떤 측정값이든지 불확도를 갖는다.

풀이 ② 측정값의 마지막 유효숫자는 불확도를 갖는다.

03
2014
제6회

하천수를 대상으로 BOD를 측정하기 위하여 시료를 7번 분석한 결과 평균값이 9.5 mg/L, 표준편차가 0.9 mg/L였다. 다음 중 불확도에 대한 설명 중 틀린 것은?

① 하천수 BOD 측정결과의 불확도 단위는 mg/L이다.

② 불확도는 일반적으로 측정 횟수를 증가시키면 감소한다.

③ 같은 조건으로 측정한 결과의 표준편차가 클수록 불확도는 커진다.

④ 검정곡선의 농도범위 내에서 불확도는 동일하다.

풀이 ④ 검정곡선의 농도범위 내에서 불확도는 동일하지 않다.

② 오차(Error)의 종류

1. 계통오차(systematic error) 또는 가측오차(determinate error)

1) 기기오차

측정 장치의 불완전성(부피측정장치 – 검정을 통해 보정), 잘못된 검정 및 전력 공급기의 불안정성에 의해 발생(오차의 검출 가능, 보정 가능)

2) 방법오차

분석의 기초원리가 되는 반응과 시약의 비이상적인 화학적 및 물리적인 영향에 의해 발생한다. 이런 비이상적인 행동의 원인에는 느린 반응속도, 반응의 불완결성, 화학종의 불안정성, 대부분의 시약의 비선택성, 측정과정을 방해하는 부반응 등이 있다. 어떤 방법에 존재하는 본질적인 오차는 검출하기 어렵기 때문에 3가지 계통오차 종류 중에서 가장 심각

3) 개인오차

실험하는 사람의 부주의, 무관심, 개인적인 한계 등에 의해 생긴다.

4) 계통오차를 검출하는 방법

① 표준 기준 물질(SRM ; Standard Reference Material)과 같은 조성을 아는 시료를 분석하라. 그 분석 방법은 알고 있는 값을 재현할 수 있어야 한다.
② 분석 성분이 들어 있지 않은 바탕시료(blank)를 분석하라. 만일 측정결과가 "0"이 되지 않으면 분석 방법은 얻고자 하는 값보다 더 큰 값을 얻게 될 것이다.
③ 같은 양을 측정하기 위하여 여러 가지 다른 방법을 이용하라. 만일 각각의 방법에서 얻은 결과가 일치하지 않으면 한 가지 또는 그 이상의 방법에 오차가 발생한 것이다.
④ 같은 시료를 각기 다른 실험실이나 다른 실험자(같은 방법 또는 다른 방법의 이용)에 의해서 분석한다. 예상한 우연오차 이외에 일치하지 않는 결과는 계통오차이다.

2. 우연오차(random error) 또는 불가측오차(indeterminate error)

① 우연오차는 측정할 때 조절하지 않거나 조절할 수 없는 변수 때문에 발생한다.
② 우연오차가 양의 값을 가지거나 음의 값을 가질 확률은 같다.
③ 우연오차는 항상 존재하며 보정할 수 없다.
④ 대부분의 우연오차의 원인들을 확실하게 찾아내기는 어렵다. 만일 불확도를 일으키는 원인을 확실히 찾아낸다고 하더라도, 대부분이 너무 작아서 개별적으로 검출할 수 없다.
⑤ 개개의 불가측 오차의 축적된 효과는 한 무리의 반복 측정으로부터 얻은 결과 값이 평균 주위에 불규칙하게 분포되어 나타나게 된다.

실전 예상문제

01

2009
제1회

다음 중 우연오차에 해당하는 것은?

① 값이 항상 적게 나타나는 pH미터
② 광전자증배관에서 나오는 전기적 바탕신호
③ 잘못 검정된 전기전도도측정계
④ 무게가 항상 더 나가는 저울

풀이 우연오차는 양의 값을 가지거나 음의 값을 가질 확률은 같음. 항상 존재하며 보정할 수 없음. 대부분의 우연 오차의 원인들을 확실하게 찾아내기는 어려움. 만일 불확도를 일으키는 원인을 확실히 찾아낸다고 하더라 도, 대부분이 너무 작아서 개별적으로 검출할 수 없음

02

2014
제6회

오차(error)의 종류와 설명이 틀린 것은?

① 기기오차(instrum ent error) : 측정기가 나타내는 값에서 나타내야 할 참값을 뺀 값이다.
② 계통오차(systematic error) : 재현 가능하여 어떤 수단에 의해 보정이 가능한 오차로서 이것에 따 라 측정값은 편차가 생긴다.
③ 개인오차(personal error) : 재현 불가능한 것으로 원인을 알 수 없어 보정할 수 없는 오차이며 이 것으로 인해 측정값은 분산이 생긴다.
④ 방법오차(method error) : 분석의 기초 원리가 되는 반응과 시약의 비이상적인 화학적 또는 물리 적 행동으로 발생하는 오차로 계통오차에 속한다.

풀이 ③ 개인오차(personal error) : 실험하는 사람의 부주의, 무관심, 개인적인 한계 등에 의해 생김

03

2011
제3회
2014
제6회

정도관리 오차에 관한 설명 중 바르게 짝지어진 것은?

ㄱ. 계량기 동의 검정 시에 허용되는 공차(규정된 최대값과 최소값의 차)
ㄴ. 재현 가능하여 어떤 수단에 의해 보정이 가능한 오차. 이것에 따라 측정값은 편차가 생긴다.
ㄷ. 재현 불가능한 것으로 원인을 알 수 없어 보정할 수 없는 요차이며, 이것으로 인해 측정값은 분산이 생긴다.
ㄹ. 측정 분석에서 수반되는 오차

① ㄱ : 검정 허용 오차   ㄴ : 계통 오차   ㄷ : 우연 오차   ㄹ : 분석 오차
② ㄱ : 검정 허용 오차   ㄴ : 우연 오차   ㄷ : 계통 오차   ㄹ : 분석 오차
③ ㄱ : 분석 오차   ㄴ : 계통 오차   ㄷ : 우연 오차   ㄹ : 검정 허용 오차
④ ㄱ : 우연 오차   ㄴ : 계통 오차   ㄷ : 분석 오차   ㄹ : 검정 허용 오차

정답 01 ② 02 ③ 03 ①

04 오차에 대한 설명이 틀린 것은?

2013
제5회

① 개인 오차(personal error) : 측정자 개인차에 따라 일어나는 오차

② 검정 허용 오차(verification tolerance, acceptance tolerance) : 계량기 등의 검정 시 허용되는 공차(규정된 최댓값과 최솟값의 차)

③ 계통 오차(systematic error) : 재현 불가능한 것으로 원인을 알 수 없어 보정할 수 없는 오차. 이 것으로 인해 측정값의 분산이 생김

④ 기기 오차(instrumental error) : 측정기가 나타내는 값에서 나타내야 할 참값을 뺀 값

풀이 ③ 계통오차(systematic error) : 재현 가능하여 어떤 수단에 의해 보정이 가능한 오차로서 이것에 따라 측정값은 편차가 생긴다.

05 오차에 대한 설명으로 올바르지 않은 것은?

2012
제4회

① 개인 오차(personal error) : 측정자 개인차에 따라 일어나는 오차

② 계통 오차(system error) : 재현 불가능한 것으로 원인을 알 수 없어 보정할 수 없는 오차

③ 검정 허용 오차(verification tolerance) : 계량기 등의 검정 시에 허용되는 공차

④ 기기 오차(instrument error) : 측정기가 나타내는 값에서 나타내야 할 참 값을 뺀 값

풀이 문제 04번 해설 참조

06 모든 측정에는 실험오차라고 부르는 약간의 불확도가 들어 있다. 아래 서술된 오차는 어떤 오차에 해당하는가?

2012
제4회

> 잘못 표준화된 pH 미터를 사용하는 경우를 들 수 있다. pH 미터를 표준화하기 위해서 사용되는 완충 용액의 pH가 7.0인데, 실제로는 7.08인 것을 사용했다고 가정해 보자. 만약 pH 미터를 다른 방법으로 적당히 조절하지 않았다면 읽는 모든 pH는 0.08 pH 단위만큼 작은 값이 될 것이다. pH를 5.60이라고 읽었다면, 실제 시료의 pH는 5.68이 된다.

① 계통오차   ② 우연오차

③ 불가측오차   ④ 표준오차

07 t−test를 통해서 오차의 원인을 알 수 없는 것은?

2011
제3회

① 계통오차   ② 우연오차

③ 방법오차   ④ 기기오차

풀이 t−test를 통해서 오차의 원인을 알 수 있는 것은 계통, 방법, 기기오차이다.

정답   04 ③   05 ②   06 ①   07 ②

08 측정값의 정확도와 정밀도에 영향을 주는 오차 중 계통오차에 해당하지 않는 것은?

2009
제1회

① 기기오차

② 조작오차

③ 임의오차

④ 방법오차

> **풀이** 계통오차에는 기기, 개인, 방법오차가 있다.

09 분석 장치의 비이상적인 화학적 및 물리적인 영향에 의해 발생, 어떤 방법에 존재하는 본질적인 오차는 검출하기 어렵기 때문에 계통오차 종류 중에서 가장 심각한 오차는?

① 기기오차

② 개인오차

③ 가측오차

④ 방법오차

> **풀이** 방법오차에 대한 설명이다.

③ 정확도(accuracy)와 정밀도(precision)

정확도(accuracy)는 측정값(measured value)이 참값(true value)에 얼마나 가까운지를 나타내며, 정밀도(precision)는 결과에 대한 재현성(reproducibility)을 나타낸다.

1. 정확도의 표현방법

정확도를 나타내기 위한 방법으로는 절대오차(absolute error), 상대오차(relative error) 및 상대정확도(relative accuracy)가 있다.

■ 정확도

측정값이 참값에 얼마나 가까운지를 나타냄

(1) 절대오차

① 참값과 측정값과의 차이는 부호를 포함하여 절대오차(absolute error)라고 하며, 측정값과 같은 단위로 표현된다.

$$\text{절대오차(absolute error)} = \text{참값(true value)} - \text{측정값(measured value)}$$

② 여러 측정값의 평균을 사용할 경우 평균오차(mean error)라고 한다.

$$\text{평균오차(mean error)} = \text{참값(true value)} \\ - \text{측정값들의 평균(mean of measured values)}$$

(2) 상대오차

① 상대오차는 절대오차나 평균오차를 참값의 비(ratio)로 나타내낸다.

② 상대오차백분율(percent relative error) 또는 상대오차천분율(parts per thousand)로 나타낸다.

$$\text{상대오차백분율(percent relative error)} = \frac{\text{절대오차 또는 평균오차}}{\text{참값}} \times 100\,\%$$

$$\text{상대오차천분율(parts per thousand)} = \frac{\text{절대오차 또는 평균오차}}{\text{참값}} \times 1000\,\text{ppt}$$

(3) 상대정확도

측정값이나 평균값을 참값에 대한 백분율로 나타낸다.

$$\text{상대정확도(relative accuracy)} = \frac{\text{측정값 또는 평균값}}{\text{참값}} \times 100\ \%$$

2. 정밀도의 표현방법

정밀도는 표준편차(standard deviation), 평균의 표준오차(standard error), 분산(variance), 상대표준편차(relative standard deviation) 및 퍼짐(spread) 또는 영역(range)으로 나타낸다.

■ 정밀도

결과에 대한 재현성을 나타냄

(1) 표준편차

모집단의 표준편차(σ, population standard deviation)

$$\sigma = \sqrt{\frac{\sum_{i=1}^{N}(x_i - \mu)^2}{N}}$$

여기서, N : 모집단을 이루고 있는 반복 데이터의 수
σ : 모집단의 표준편차
μ : 모집단의 평균

표본의 표준편차(s, sample standard deviation)

$$s = \sqrt{\frac{\sum_{i=1}^{N}(x_i - \overline{x})^2}{N-1}} \quad \text{또는} \quad s = \sqrt{\frac{\sum_{i=1}^{N}x_i^2 - \frac{\left(\sum_{i=1}^{N}x_i\right)^2}{N}}{N-1}}$$

여기서, N : 표본을 이루고 있는 반복 데이터의 수
s : 표본의 표준편차
$\overline{x}$: 표본의 평균

일반적으로 $N \geq 20$이면 $\overline{x} \rightarrow \mu$ 수렴하고 $s \rightarrow \sigma$에 수렴한다고 볼 수 있다.

(2) 평균의 표준오차

각각 N개의 데이터를 포함하는 일련의 반복시료들이 모집단의 데이터로부터 마구잡이로 선택되었다면 각 무리의 평균은 N이 증가함에 따라 점점 더 적게 흩어질 것이며 각 평균의 표준편차를 표준오차(s_m, standard error of mean)라 한다.

표준오차는 평균을 계산하는데 사용된 데이터의 수 N의 제곱근에 역비례한다.

$$s_m = \frac{s}{\sqrt{N}}$$

(3) 분산

분산은 표준편차의 제곱으로 표현된다.

$$s^2 = \frac{\sum\limits_{i=1}^{N}\left(x_i - \overline{x}\right)^2}{N-1} \ \text{또는} \ s^2 = \frac{\sum\limits_{i=1}^{N}x_i^2 - \dfrac{\sum\limits_{i=1}^{N}\left(x_i\right)^2}{N}}{N-1}$$

(4) 상대표준편차

상대표준편차는 표준편차를 그 무리의 데이터 평균으로 나눈 것으로 표현된다.

$$RSD = \frac{s}{x}$$

상대표준편차는 그 값이 작기 때문에 일반적으로 백분율 또는 천분율로 나타낸다.

$$\% RSD = \frac{s}{x} \times 100\ \% \ \text{또는 ppt} \ RSD = \frac{s}{x} \times 1000\ \text{ppt}$$

(5) 변동계수

백분율로 나타낸 상대표준편차는 변동계수(CV ; coefficient of variance)라고 한다.

$$CV(\text{또는} \ \% RSD) = \frac{s}{x} \times 100\ \%$$

(6) 퍼짐 또는 영역

한 무리의 반복 측정한 결과의 정밀도를 나타내는 데 사용되며, 그 무리의 가장 큰 값과 가장 작은 값 사이의 차이(W)로 나타낸다.

$$W = x_{(가장 큰 값)} - x_{(가장 작은 값)}$$

실전 예상문제

01
2014
제6회

시험 분석결과의 반복성을 나타내는 것으로 반복시험하여 얻은 결과를 상대표준편차(RSD ; relative standard deviation)로 나타낸 것은?

① 정확도   ② 정밀도
③ 근사값   ④ 분해도

풀이   정밀도는 표준편차, 평균의 표준오차, 분산, 상대표준편차, 변동계수, 퍼짐 또는 영역으로 나타낼 수 있다.

02
2012
제4회

다음 그림에서 정확도(accuracy)는 낮으나 정밀도(precision)가 높은 것은?

①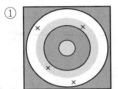

②

③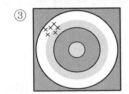

④

풀이   정확도는 측정값이 참값에 얼마나 가까운지를 나타내고 정밀도는 결과에 대한 재현성을 나타낸다.

03
2013
제5회

시료를 10번 반복 측정한 평균값이 150.5 mg/L이고 표준 편차가 2.5 mg/L일 때 상대 표준 편차 백분율은?

① 0.017 %   ② 0.17 %
③ 1.70 %   ④ 17.0 %

풀이   상대표준편차 백분율 $\%RSD = \dfrac{s}{x} \times 100\,\%$ 이므로

$$\frac{2.5}{150.5} \times 100 = 1.66\,\%$$

정답   01 ②   02 ③   03 ③

04 변동계수(CV ; coefficiency of variation)에 대한 설명 중 틀린 것은?

2012
제4회

① 어떤 인자(시험방법, 장비 등)의 변화로 초래되는 효과를 비교하는 척도로서 평균에 대한 표준편차로 표시한다.

② 각 측정값에 대한 정확도를 검색하는 데 유용하다.

③ 측정값이 상이한 두 개 이상의 분석실을 비교하거나 각 실험실의 상대적 동질성을 비교하고자 할 때 사용한다.

④ 보통 농도가 낮으면 변동계수는 높고, 높은 농도에서는 낮게 나타난다.

풀이 변동계수는 정밀도를 나타내는 지표이다.

05 측정치 1, 3, 5, 7, 9의 정밀도를 표현하는 변동계수(CV)는?

2012
제4회

① 약 13 % ② 약 63 % ③ 약 133 % ④ 약 183 %

풀이 변동계수 CV(또는 $\% RSD$) $= \dfrac{s}{x} \times 100 \%$ 이므로 $\dfrac{3.16}{5} \times 100 = 63.2 \%$

06 정밀도는 모두 3.0 % 안에 드는데, 정확도가 70 %에 못 미치는 실험 결과가 나왔을 때, 그 원인으로 맞지 않는 것은?

2012
제4회

① 표준물질의 농도가 정확하지 않다. ② 실험자가 숙련되지 않았다.

③ 검정곡선의 작성이 정확하지 않다. ④ 회수율 보정이 잘 되지 않았다.

풀이 정확도는 측정값이 참값에 얼마나 가까운지를 나타내고 정밀도는 결과에 대한 재현성을 나타낸다.

07 3곳의 분석 기관에서 측정된 농도가 다음과 같을 때, 변동계수가 가장 큰 기관은?

2010
제2회

A 기관(40.0, 29.2, 18.6, 29.3) mg/L   B 기관(19.9, 24.1, 22.1, 19.8) mg/L
C 기관(37.0, 33.4, 36.1, 40.2) mg/L

① A 기관 ② B 기관 ③ C 기관 ④ 모두 같다.

풀이 변동계수 CV(또는 $\% RSD$) $= \dfrac{s}{x} \times 100 \%$ 이므로 각 기관별 변동계수(CV)를 구하면 된다.

구분	A 기관(mg/L)	B 기관(mg/L)	C 기관(mg/L)
측정농도	40.0	19.9	37.0
	29.2	24.1	33.4
	18.6	22.1	36.1
	29.3	19.8	40.2
평균	29.3	21.5	36.7
표준편차	8.7	2.0	2.8
$CV(\% RSD)$	29.8	9.5	7.6

정답 04 ② 05 ② 06 ② 07 ①

4 절대불확도(absolute uncertainty)와 상대불확도(relative uncertainty)

1. 절대불확도

측정에 따르는 불확도의 한계에 대한 표현, 측정계기의 눈금이나 숫자를 읽는 데 추정되는 불확도가 ±0.04라면 읽기와 관련된 절대불확도는 ±0.04가이다.

2. 상대불확도

상대불확도는 절대불확도를 갖는 측정의 크기와 절대불확도의 비로써 나타낸다.

$$상대불확도(relative\ uncertainty) = \frac{절대불확도}{측정의\ 크기}\ 또는$$

$$상대불확도(relative\ uncertainty)\ 백분율(\%) = \frac{절대불확도}{측정의\ 크기} \times 100\ \%$$

3. 계산된 결과의 불확도 전파

1) 덧셈과 뺄셈

y의 절대불확도 $e_y = \sqrt{e_{x_1}^2 + e_{x_2}^2 + e_{x_3}^2}$

2) 곱셈과 나눗셈

y의 절대불확도 $e_y = y \times \sqrt{(\frac{e_{x_1}}{x_1})^2 + (\frac{e_{x_2}}{x_2})^2 + (\frac{e_{x_3}}{x_3})^2}$

3) 지수 식

y의 절대불확도 $e_y = xy \times (\frac{e_x}{x})$

4) 대수 식

y의 절대불확도 $e_y = (\frac{1}{\ln 10})(\frac{e_x}{x}) \simeq 0.43429 \times (\frac{e_x}{x})$

5) anti-logarithm 식

y의 절대불확도 $e_y = 2.3026\, y\, e_x$

4. Gauss 곡선

1) Gauss 곡선의 성질

정규오차곡선은 다음과 같은 몇 가지 일반적인 성질을 갖는다.

① 평균은 최대 빈도수에서 나타난다.

② 최고점을 중심으로 양과 음의 편차는 대칭으로 분포한다.

③ 편차의 크기가 커짐에 따라 빈도수는 지수함수로 감소한다.

즉, 작은 우연 불확도들은 매우 큰 우연 불확도들보다 훨씬 더 많이 관찰된다.

2) 신뢰구간(Confidence interval)

① 평균에 대한 신뢰 구간(CI ; Confidence interval)

실험적으로 얻은 평균($\overline{x}$) 주위에 모집단 평균 μ가 어떤 확률로 존재할 값의 범위

② 평균에 대한 신뢰 한계(Confidence limit)

실험적으로 얻은 평균($\overline{x}$) 주위에 모집단 평균 μ가 어떤 확률로 존재할 한계 값

③ 신뢰 수준(CL ; Confidence level)

실험적으로 얻은 평균($\overline{x}$) 주위에 모집단 평균 μ가 존재할 확률을 의미하며 %로 나타낸다.

④ 유의수준(α, significance level)

결과가 신뢰수준 밖에 존재할 확률

예 신뢰수준이 95 %라면 유의수준은 0.05, 즉 $\alpha = 0.05$

5 좋지 않은 데이터에 대한 Q-test

한 데이터가 나머지 데이터와 일치하지 않을 때, 의심스런 데이터를 버릴 것인지 받아들일 것인지 결정에 Q-test를 사용한다.

$$Q_{계산} = \frac{간격}{범위}$$

여기서, 범위(range) : 데이터의 전체 분산

간격(gap) : 의심스러운 측정값과 가장 가까운 측정값 사이의 차이

① $Q_{계산}(= \dfrac{간격}{범위}) < Q_{표}$: 의심스러운 값은 받아들임

② $Q_{계산}(= \dfrac{간격}{범위}) > Q_{표}$: 의심스러운 값은 버림

004 실험실 안전

⋯01 실험실 일반시설 설계기준

🔳 실험실 설계에 대한 일반적 권고기준

[일반기준]
- **불활성 재료**로 건축
- 사무실은 실험실과 분리되어야 함
- 지진 등에 대비하여 가스의 공급이 자동적으로 **차단**될 수 있도록 함

[고려사항]
- 실험실은 가능한 한 사무실과 구분하여 별도로 설비하고, 소음으로 인한 영향이 없도록 설계
- 실험실은 산사태 혹은 홍수 피해가 없는 곳에 건축
- 실험실은 네 벽면과 천장이 있어야 하며 필요시 식당, 휴게실, 저장시설은 인접한 곳에 따로 설치
- 실험실 건물은 가능한 한 단층 건물로 설계하는 것을 우선으로 하되, 다층인 경우 업무처리와 근무자의 여건을 고려하여 설계
- 실험실은 각 분석항목별로 분리, 안전사고에 대비할 수 있는 안전시설 확보와 안전 보호장비 설비, 위험물이나 독성물질을 위한 실험실은 별도로 설비
- 실험실의 벽은 방화벽으로 설비, 둘 이상의 통로 확보
- 실험실 바닥과 천장, 벽은 화재에 안전한 재질로 설비, 폐수 유출 방지를 위해 전체적으로 매끄러운 재질로서 코팅 또는 에폭시로 차단
- 화학물질, 방사성 물질 등 유해물질을 사용하는 실험실은 손을 씻기 위한 싱크대를 갖춤
- 간단히 청소가 가능하도록 설계, 실험대 등은 틈새에 화학물질 등이 유입되지 않도록 설계
- 실험대 등이 벽과 붙어 있다면 방어판이 설치되어야 함

1. 벽

① 일반적인 청소와 유지·관리가 가능한 재질로 설치한다.
② 벽 모서리는 카트와 비슷한 운송 기구로부터 보호될 수 있는 재질로 설치한다.
③ 기밀성, 내구성 있는 물질로 설치하고 쉽게 청소 가능해야 한다.

2. 바닥

① 화학물질에 저항성이 있는 미끄러지지 않는 재질로 마감한다.

② 바닥이 콘크리트 구조물이 아닌 경우, 기초 구조물로부터 적어도 10 cm 정도 위에 있어야 하며, 설치하고자 하는 기기의 무게를 견딜 수 있게 설계한다.

3. 천장

① 음향을 제어할 수 있는 재질, 쉽게 설치와 제거가 가능한 패널(panel)로 설치한다.

② 바닥으로부터 2.7 m 이상, 유리기구 세척실의 천정과 생물실험실은 물이나 세제의 사용이 가능한 재질을 사용한다.

4. 출입구

① 실험실이 아닌 공간의 문과 분리되어 설치되고, 내부에서 바깥으로 열리도록 한다.

② 출입구 폭은 적어도 90 cm ~ 1.2 m 정도, 높이는 2.5 m ~ 3 m 정도로 되어야 한다.

③ 문 아래쪽은 문 바닥으로부터 25 cm 정도는 문을 구성한 재질로 구성되어 발길질이나 걸레질에도 상하지 않아야 한다.

④ 실험실과 사무실 문은 금속이나 금속을 피복한 재질로 만들고, 문 안쪽은 방음처리한다.

⑤ 실험실 출입문은 저절로 닫힌 후 잠기는 구조로 설치, 사무실 문은 잠기기는 하여도 저절로 닫히지는 않는 구조로 설계한다.

⑥ 손잡이는 막대기형 손잡이를 사용한다.

⑦ 개폐 시 용이하도록 최소 2 kg ~ 6 kg의 무게로 개폐할 수 있는 구조로 만든다.

⑧ 출입문 주변 1.5 m 이내에는 가구, 위험물질, 분석 장비 설치를 금지한다.

5. 창문

외부의 빛이 1 % ~ 3 % 정도 차단되는 재질로 설비, 빛 조절은 수동 또는 전동방식에 의해 가능하도록 설치

6. 계단과 엘리베이터

① 출입자의 원활한 이동과 화재 시 신속 대피가 가능하도록 하고 안전보호대를 설비한다.

② 근무자의 수에 따라 계단 폭을 충분히 고려한다.

③ 계단 조명은 외부 자연광을 이용. 그렇지 않은 경우 150 Lux 이상, 독립적으로 전원을 개폐한다.

④ 기기 및 장비의 운반이 원활하도록 설계한다.

7. 공간

① 유해성이 큰 실험실은 공기차단실 또는 공기 유입을 억제하기 위한 **별도 공간이 필요**하다.
② 실험실, 장비 및 실험실 가구는 실험실 입구에서 **적어도 150 cm 이상** 이격된 상태에서 배치,
  복도의 폭은 **적어도 180 cm 이상** 되어야 한다.

8. 중앙실험대

① 내진 기능이 있어야 하고 실험대 가운데 위치한 선반은 선반 표면 약 4 cm 위에 1.3 cm 내지
  2 cm 굵기의 막대기로 가로 막도록 한다.
② 화학물질에 대한 내성이 있어야 하고 나무, 파이버 글라스는 재질로 좋지 않다.
③ 이음새가 없는 한 조각으로 구성되어야 한다.

2 시료보관시설

시료의 변질을 최대한 억제하기 위한 시설

① 최소 내부 공간은 **최소한 3개월분의 시료**를 보관할 수 있어야 한다.
② 시료의 변질을 막기 위해 4 ℃로 유지하여야 한다.
③ 시료의 특성상 독성물질, 방사성 물질 그리고 감염성 물질의 시료는 **별도의 공간에 보관**하고 최
  소의 공간 확보, 안전장치를 반드시 설치하고 물질에 대한 사용 및 보관 기록을 유지하여야 한다.
④ 내부에서도 잠금장치를 풀 수 있도록 해야 하고, **최소한 1시간** 정도 4 ℃를 유지할 수 있는 **별도**
  의 무정전 전원시스템 설치하는 것이 좋다.
⑤ 문 개방 시에만 조명이 들어오게 하거나 별도의 독립된 전원스위치 설치, **최소한 75 Lux 이상**이
  어야 한다.
⑥ 시료의 장시간 보관 시 변질로 인한 악취가 발생할 경우를 대비해 환기시설을 설치하고, 독립적
  으로 개폐할 수 있도록 하며 **약 0.5 m/s 이상**의 배기속도로 환기되어야 한다.
⑦ 상대습도는 25 ～ 30 %로 조절, 배수라인을 별도로 설비한다.
⑧ 내부는 스테인리스스틸로 마무리, 선반 등은 녹이 슬지 않는 재질로 하고 조명은 고정하되 방수
  기능이 있어야 한다.

③ 시약보관시설

[일반적 설계조건]
- 시약보관시설 : 고체 · 액체 시약을 보관하는 공간으로서 실험수행실로부터 분리된 곳
- 오염이나 혼동을 막기 위하여 별도로 갖춤
- 시약여유분의 약 1.5배 이상의 공간 확보
- 시약은 종류별로 구분하여 배치하고 반드시 눈에 잘 띄게 배치
- 상온, 냉장, 냉동 설비 갖추고 시료보관시설과 마찬가지로 유해화학물질은 별도의 공간에 보관
- 냉장을 요하는 시약은 소형냉장고 또는 별도의 냉장시설을 설치하여 보관
- 조명은 150 Lux 이상, 환기속도는 최소한 약 0.3 m/s ~ 0.4 m/s 이상이어야 함

1. 인화성 물질 저장 캐비닛

① UL규격과 NFPA의 요구사항을 만족하여야 한다.

② 여러 인화성 액체의 총량으로 약 450 리터를 초과하지 않는 부피로 설계하고, 30 리터 이상의 인화성 물질 및 연소성 물질은 반드시 하나 또는 그 이상의 인화성 물질 저장 캐비닛을 사용하는것이 좋다.

③ 유해성이 있는 인화성 물질은 유해성에 따라 별도로 저장한다. (예 아세트산은 부식성이며 인화성 물질이기 때문에 다른 인화성 물질과 함께 보관하지 않음)

④ 금속성 재질로 만들어야 하고, 다음과 같은 조건을 만족하여야 한다.
　㉠ 벽면의 두께는 적어도 0.11 mm 이상
　㉡ 각 벽면은 이중구조, 벽 사이 공간은 1.3 cm ~ 2.54 cm
　㉢ 단단하게 조립
　㉣ 바닥은 액체가 누출되지 않는 구조, 문틀은 적어도 약 5 cm
　㉤ 문은 3개의 걸쇠로 지지

⑤ 캐비닛 문은 저절로 닫히는 구조여야 하며, 악취 통제 목적 외에는 별도의 통기구를 필요로 하지 않는다.

⑥ 통기구는 공기가 위쪽에서 아래쪽으로 흐르도록 위치하여야 하며 내부 공기는 흄후드 배출시스템에 연결되어 배출되어야 한다.

⑦ 에어로졸 제품, 가솔린 및 인화성 물질을 보관하는 캐비닛은 노란색, 페인트, 잉크 및 Class Ⅱ의 연소성 물질을 보관하는 캐비닛은 빨간색으로 도장되어야 한다.

2. 유해성 물질의 보관

① NFPA 45 등에 따라 설계되어야 한다.

② 독성, 산화력, 인화성, 폭발성에 따라 일정한 거리를 두거나 구획하여 별도로 저장되도록 설계되어야 한다.

③ 독성물질이 어떤 통제구역 내에 보관되어 있다면 International Building and Fire cldes에서 규정한 양을 초과하지 말아야 한다.

4 전처리 시설

시료분석을 위한 이화학 및 추출 · 정제실험을 수행하는 공간

① 별도의 시설로 갖추어져야 한다.

② 최소 공간은 실험실면적의 약 15 % 이상 확보, 안전시설, 환기설비 등을 별도로 갖추어야 한다.

③ 전처리 과정에서 발생되는 가스 및 폐수는 가능한 한 신속하게 처리할 수 있도록 별도의 오염 제어장치나 처리장치를 설비한다.

④ 후드의 흡입속도는 $0.5 \sim 0.75$ m/s, 가능한 한 빠른 시간 내에 환기되도록 한다.

⑤ 상호오염 방지를 위해 유기성 및 무기성 물질 전처리 시설을 별도로 구분 설비해야 하며, 각 전처리 시설별로 환기시설을 갖추어야 한다.

⑥ 조명은 300 Lux 이상, 소화기를 반드시 비치해야 한다.

5 유리기구 보관시설

시료분석에 사용되는 유리기구를 보관하는 공간

① 최소한의 공간은 전체의 약 1.5배 정도 이상 갖추어야 한다.

② 조명은 약 150 Lux 이상이어야 한다.

③ 가능한 종류별로 분리 보관하고, 미생물 실험 등 특별한 유리기구의 세척 및 멸균 등에 사용되는 유리기구는 분리 보관하여야 한다.

④ 별도의 유리기구 보관시설이 없는 경우 실험실 내에 비치하여야 한다.

6 저울실

시료분석을 위한 시약과 여과지 등의 무게를 측정하는 공간

① 실험수행실과 달리 별도의 공간을 확보하는 것이 바람직하다.
② 조명은 약 300 Lux 이상이어야 한다.
③ 진동에 요동하지 않는 곳으로 하고 갖추기 어려운 경우 저울 하단부에 저울대를 두어 이용, 주변의 공기를 차단할 수 있는 덮개를 이용하는 것이 바람직하다.
④ 적절한 실내 온도(약 18 ℃ ~ 20 ℃), 건조한 상태(상대습도 40 % ~ 60 %)를 유지한다.
⑤ 환기시설은 독립적으로 개폐 가능하도록 하고, 작동 시 약 0.3 m/s 이상의 배기속도로 환기되어야 한다.

7 후드

실험실 내 생성된 공기 중의 물질 배출 목적으로 사용자의 요구사항, 공간의 조건, 일반적인 배기조건을 포함하여 사용공간의 목적에 적합해야 함

1. 일반적인 흄 후드

① 후드는 시약저장시설, 전처리실 상부에 설치, 부식에 대한 저항성과 다공성이 아닌 재질, 쉽게 불이 붙지 않는 스테인레스스틸 같은 재질로 내부 벽면 구성, 불꽃확산지수 25 이하, 석면은 사용되어서는 안 된다.
② 천정에 배출구가 있는 경우 천정 배출구의 배기속도는 후드 배기속도의 30 %를 초과하지 않도록 한다.
③ 작업지역, 시설 등으로부터 멀리 떨어진 곳에 위치하여야 하며, 공기의 흐름이 빠른 곳이나 공기가 공급되는 곳, 문, 창문, 실험실 구석, 매우 차가운 장비 주변 등으로부터 이격. 또한 통행로에서 떨어진 곳에 설치되어야 한다.
④ 후드의 영향 범위에 들어오기 전에 환풍기 등에 의한 공기 흐름의 영향은 없도록 하고, 후드 입구에서 외부 공기 흐름이 0.1 m/s ~ 0.13 m/s를 넘지 않아야 한다.
⑤ 후드 아래 건조 오븐 설치를 금지한다.
⑥ 소음은 문 안쪽 15 cm 이내에서 60 dB이 초과되지 않도록 한다.
⑦ 전등은 형광등이 적절하며 후드 바깥에 설치하고 증기의 영향을 받지 않도록 단단하게 밀폐된 것이어야 한다.
⑧ 후드 문은 탈착 가능한 구조여야 한다.

⑨ 긴급 차단 밸브는 후드 안에서의 화재에 대비해 **후드 바깥**에 설치되어야 한다.

⑩ 배출구 팬은 위쪽으로 배출되도록 하고 덕트 굴뚝은 적어도 지붕에서 2 m 이상 더 올라간 구조로 설치한다.

2. 과염소산 전용 흄 후드

① 과염소산 후드와 덕트에서 사용되는 실란트, 개스킷, 윤활제와 그 배출시스템은 산에 저항성이 있거나 **과염소산에 반응하지 않는 재질**의 것이어야 한다.

② 배출 팬도 산에 저항성이 있으며 가동하기 위한 **모터 및 벨트는 덕트 내에 설치하면 안 된다.**

③ 배플과 물 스프레이 시스템을 갖추고, 후드 작업면은 전면과 측면이 적어도 13 mm의 수압에 누수되지 않아야 한다.

④ 세정 노즐은 덕트 내에 설치하되 1.5 m 이상 이격 금지, 덕트는 유동적 제품과 연결되어서는 안 된다.

⑤ 과염소산 후드는 각각 **별도의 후드와 배출시스템**으로 구성되어야 한다.

⑧ 아이워시 및 비상샤워장치

> • 세안장치 : 눈에 화학물질이 접촉되었을 때 효과적으로 처리할 수 있는 설비
> • 비상샤워장치 : 다량의 화학물질이 피부나 옷에 튀거나 묻었을 때 씻어내기 위한 설비

① 화학물질(**예** 산, 알칼리, 기타 부식성 물질)이 있는 곳에는 반드시 설치하여야 하고, 위치는 **작업실로부터 걸어서 10초 내 도달할 수 있는 거리의 넓은 곳**이 좋다.

② 싱크대 인근의 작업대 위 설치 시는 작업대 전면에서 약 15 cm 안으로 들어간 곳에 설치한다.

③ 물은 미온수를 사용하며 아이워시는 1분에 약 1.5 L, 눈/안면워시는 1분에 약 11.4 L가 15분간 쏟아지도록 규정하고 있다.

④ 화상으로 인한 응급처치 시는 16 ℃ ~ 25 ℃ 수온이 적절하다.

⑤ 유해물질을 다루는 화학실험실과 생물학적 실험실에 설치, 한 사람이 동시에 사용하도록 설치한다.

⑥ 농도가 0.1 % 이상인 폼알데하이드 용액을 다루는 곳은 반드시 설치한다. (실험실 외부 복도에 설치)

⑦ 장치를 중심으로 바닥으로부터 약 90 cm, 수평으로 약 2.5 m 범위 내에는 어떠한 전기시설이 있어서는 안 된다.

⑧ 밸브는 **볼 밸브가 적합**하고 배수구가 설치되어야 한다.

⑨ 20 L 이상의 부식성 물질이 보관된 곳, 인화성 물질, 부식성 물질, 피부에 대한 독성 물질 등을 다루는 곳과 유리기구 세척실, 산의 중성화 공간, 화학물질 저장시설 등은 반드시 비상샤워장치가 있어야 하는 것은 아니지만 설치해 두면 좋다.

⑨ 분석용 가스저장시설

> 분석용 가스저장시설은 가능한 한 실험실 외부공간에 배치하고, 지하공간이나 음지쪽에 설치, 상대습도 65 % 이상 유지하도록 환기시설을 설비

- 가스별로 배관을 별도로 설비하고 이음매 없이 설비한다.
- 안전표시와 각 가스라인을 표기하고 실린더 지지대 등의 장치를 별도로 설비한다.
- 출입문에 경고문을 부착하고, 가스통의 유출입 상황을 반드시 기재하고 잠금장치를 설치하여 관리자가 통제하도록 한다.
- 조명은 독립적으로 개폐하고 최소 150 Lux 이상, 스파크 방지 등으로 설치하고 **점멸스위치는 출입구 바깥부분**에 설치한다.
- 채광은 불연재료로 하고 연소 우려가 없는 장소에 채광면적을 최소화하여 설치한다.
- 자연배기방식이 바람직하고, 만약 환기구를 설치할 경우에는 지붕 위 또는 지상 2m 이상 높이에 설치한다.

1. 가스누출경보기

1) 선정기준

① 점검대상가스의 특성을 충분히 고려하여 선정한다.
② 하나의 검지대상 가스가 가연성이면서 독성인 경우는 독성가스 기준으로 선정한다.

2) 설치장소

① 가스의 누출이 우려되는 화학설비 및 부속설비 주변
② 발화원이 있는 제조설비 주위의 가스가 체류하기 쉬운 장소

3) 설치위치

① 가능한 한 가스의 누출부위 가까이 설치한다.
② 실험자가 상주하는 곳에 설치한다.

2. 가스누출 경보 설정값

폭발하한값 25 % 이하, 가연성 가스 누출검지 정밀도는 경보설정값의 ±25 % 이하, 독성 가스누출경보기는 ±30 % 이하이어야 한다.

3. 가스누출 경보기 성능

① 가연성 가스 누출경보기는 담배연기에, 독성가스 누출경보기는 담배연기, 기기세척유, 배기 가스 및 탄화수소계 가스, 기타 잡다한 가스에 경보가 울리지 말아야 한다.

② 가스검지에서 경보발신까지 걸리는 시간은 경보 농도의 1.6배 시 보통 30초 이내일 것. 다만, 암모니아와 일산화탄소 또는 이와 유사한 가스 등은 1분 이내일 것

③ 지시계의 눈금범위는 가연성 가스는 0에서 폭발하한값, 독성가스는 0에서 허용농도의 3배값

④ 경보가 발령한 경우 가스농도가 변화하여도 계속 경보가 울려야 한다.

⑤ 항상 작동상태, 정기적인 점검과 보수를 통하여 정밀도 유지한다.

🔟 자료보관시설

① 전산실 등 자료보관시설은 실험실과 별도로 설치해야 하며, 최소한 실험수행실의 약 10 % ~ 20 % 정도이어야 한다.

② 별도의 환기시설이 필요하며, 실험실과 동일한 시스템으로 구성해야 한다.

③ 항온항습시설을 설비한다.

④ 조명은 300 Lux 이상이어야 한다.

⑤ 잠금장치를 별도로 설치해야 하며, 가능한 측정항목별로 자료보관실을 별도로 두어 자료보관 및 검색에 용이하도록 설비해야 한다.

🔟 폐기물/폐수처리 또는 저장시설

① 폐기물저장시설은 실험실과 별도로 외부에 설치하는 것이 바람직하며, 최소한 3개월 이상의 폐기물을 보관할 수 있는 공간이어야 한다.

② 각 종류별로 별도로 보관 가능한 공간을 배치하는 것이 바람직하다.

③ 환기 및 통풍이 잘 되도록 하고, 가연성 폐기물은 화재가 발생하지 않도록 구분하여 저장시설을 갖추는 것이 바람직하다.

[화학 폐기물 처리의 일반적 기준]
다음 폐액은 서로 혼합 금지
• 과산화물과 유기물
• 시안화물, 황화물, 치아염소산염과 산
• 염산, 불화수소 등의 휘발성 산과 비휘발성 산
• 진한 황산, 설폰산, 옥살산, 폴리인산 등의 산과 기타 산
• 암모늄염, 휘발성 아민과 알칼리

④ 폐유기용제는 휘발되지 않도록 밀폐된 용기에 보관하여야 한다.

⑤ 독성물질이나 감염성 폐기물의 보관은 성상별로 밀폐 포장하여 보관하고, 보관용기는 감염성 폐기물 전용용기를 사용한다.

⑥ 실험을 통해 발생되는 폐수의 저장시설은 반드시 별도의 설비를 갖추어야 하며, 일일 발생량 기준으로 최소한 6개월 이상 저장할 수 있는 여유 공간을 설비해야 한다.

⑦ 감염성폐기물은 전문기관에서 소각, 멸균 분쇄하되 생체조직 및 액상 폐기물은 소각하여야 한다.

⑫ 실험실 지원시설

① 창고는 실험실과는 달리 별도로 설비해야 하며 최소 공간은 실험실 면적의 약 7 % 이상이어야 한다.

② 창고는 환기 및 통풍 원활해야 한다.

③ 조명은 장비를 잘 확인할 수 있도록 300 Lux 이상이어야 한다.

④ 장비별로 라벨링을 하고 내부를 선반 등으로 구분하여 보관할 수 있도록 설비하는 것이 바람직하다.

⑤ 샤워 및 세척시설의 공간은 최소한 10 m² 이상, 실험실과 근접한 위치에 별도로 설비해야 한다.

⑬ 사무실

실험실과 분리, 환기 및 통풍 원활, 온도와 습도는 각각 18 ℃ ~ 28 ℃, 40 % ~ 60 %, 조명은 300 Lux 이상

실전 예상문제

01
2012
제4회

실험실 보관 시설 운영 방법에 대한 설명으로 틀린 것은?

① 시약보관시설은 환기속도 0.3 m/s 이상의 시설을 설치하여 실험실 내부에 운영한다.

② 미생물 실험 등에 사용하는 특별한 유리기구는 별도의 보관실을 두어 분리 보관한다.

③ 유기성 및 무기성 물질 전처리 시설은 별도로 구분하여 설비한다.

④ 시료보관시설은 응축이 발생하지 않도록 상대습도를 25 % 정도로 유지한다.

풀이 시약보관시설은 시약의 균질성과 안정성을 확보하고 오염이나 혼동을 막기 위하여 별도로 갖추어야 한다.

02
2012
제3회

실험실 안전 장치에 대한 설명으로 틀린 것은?

① 후드의 제어 풍속은 부스를 개방한 상태로 개구면에서 0.4 m/sec 정도로 유지되어야 한다.

② 부스 위치는 문, 창문, 주요 보행 통로로부터 근접해 있어야 한다.

③ 후드 및 국소배기장치는 1년에 1회 이상 자체 검사를 실시하여야 한다.

④ 실험용 기자재 등이 후드 위에 연결된 배기 덕트 안으로 들어가지 않도록 한다.

풀이 후드는 작업지역, 시설 등으로부터 멀리 떨어진 곳에 위치하여야 하며, 공기의 흐름이 빠른 곳이나 공기가 공급되는 곳, 문, 창문, 실험실 구석, 매우 차가운 장비 주변 등으로부터는 이격되어야 한다.

03

실험실 일반시설의 설계기준에 대한 설명으로 틀린 것은?

① 실험실은 불활성 재료로 건축되어야 한다.

② 지진 등에 대비하여 가스의 공급이 자동적으로 차단될 수 있도록 한다.

③ 사무실과 실험실은 같은 공간에 설치하고 소음으로 인한 영향이 없도록 한다.

④ 화재 및 폭발위험성에 대비하여 실험실의 벽은 방화벽으로 설비해야 하며, 둘 이상의 통로를 확보하여야 한다.

풀이 실험실과 사무실은 구분하여 별도로 설비한다.

04 실험실 설계에 대한 일반적 권고 기준에 대한 설명으로 틀린 것은?

① 벽은 기밀성이 있어야 하고, 내구성이 있는 물질로 칠해져서 시설물이 오염되지 않거나 쉽게 청소할 수 있어야 한다.

② 흄 후드의 문을 완전히 여는 것을 감안하여 천정은 바닥으로부터 2.7 m 이상 되어야 하며, 유리기구 세척실의 천정과 생물학 실험실은 물이나 세제의 사용이 가능한 재질을 사용하는 것이 좋다.

③ 실험실 문은 실험실이 아닌 공간의 물과 분리되어 설치되고, 실험실 문은 내부에서 바깥으로 열리게 한다.

④ 실험대, 장비 및 실험실 가구 등은 실험실 입구와 가까운 곳에 설치하여야 한다.

> **풀이** 시험실, 장비 및 실험실 가구 등은 실험실 입구에서 적어도 150 cm 이상 이격된 상태에서 배치되어야 한다.

05 시약보관시설의 설계 조건에 대한 설명이 틀린 것은?

① 시약보관시설은 시약의 균질성과 안전성을 확보하고 오염이나 혼동을 막기 위하여 별도로 갖추어져야 한다.

② 독성물질, 방사성 물질 등의 시약은 보관조건, 시약명을 기재하여 일반시약과 함께 보관하고, 안전장치를 반드시 설치해야 한다.

③ 시약보관시설의 조명은 시약의 기재사항을 볼 수 있도록 150 Lux 이상이어야 한다.

④ 시약보관시설은 항상 통풍이 잘 되도록 설비해야 하고, 환기속도는 약 0.3 ~ 0.4 m/s 이상이어야 한다.

> **풀이** 독성물질, 방사성 물질, 감염성 물질의 시약은 별도의 공간에 표기 및 보관조건 등을 기재하여 보관해야 하며, 안전장치를 반드시 설치하고 물질의 특성 및 사용에 대해 관리대장으로 작성하고 보관하여야 한다.

06 전처리 시설의 설계 조건에 대한 설명으로 틀린 것은?

① 전처리 시설의 후드 흡입속도는 0.3 m/s ~ 0.4 m/s이어야 하며, 실험자의 안전을 위해 가능한 한 빠른 시간 내에 환기가 되도록 해야 한다.

② 전처리 시설은 오염물질을 제어하거나 실험실 내 안정성을 확보하기 위해 별도의 시설로 갖추어야 한다.

③ 전처리 과정에서 발생되는 가스 및 폐수는 실험실 내로 유입되지 않아야 하며 별도의 오염 제어장치나 처리장치를 설비해야 한다.

④ 유기성 및 무기성 물질 전처리 시설을 별도로 구분하여 설비해야 하며 각 전처리 시설별로 환기시설을 갖추어야 한다.

> **풀이** 전처리 시설의 후드 흡입속도는 0.5 m/s ~ 0.75 m/s이어야 하며, 실험자의 안전을 위해 가능한 한 빠른 시간 내에 환기가 되도록 해야 한다.

정답 04 ④ 05 ② 06 ①

07 폐기물/폐수처리 또는 저장시설에 대한 설명으로 틀린 것은?

① 폐기물 저장시설은 실험실과 별도로 외부에 설치하고 최소한 3개월 이상의 폐기물을 보관할 수 있는 공간으로 만들어야 한다.

② 폐기물 저장시설은 외부와의 환기 및 통풍이 잘 될 수 있도록 해야 하며(온도 10 ~ 20 ℃, 습도 45 % 이상), 가연성 폐기물은 화재가 발생하지 않도록 구분하여 저장시설을 갖추는 것이 바람직하다.

③ 지정 폐기물, 독성물질, 감염성 폐기물의 보관은 성상별로 밀폐 포장하여 보관하도록 하며, 부식 또는 손상되지 않는 재질로 된 보관용기나 보관시설에 보관하여야 한다.

④ 폐수 저장시설은 폐액(산, 알칼리)에 따라 저장시설을 별도로 분리 보관할 수 있도록 설비해야 한다.

> **풀이** 독성물질, 감염성 폐기물의 보관은 성상별로 밀폐 포장하여 보관하도록 하며, 특히 감염성 폐기물은 전용용기를 사용하여 보관하고 지정폐기물은 부식 또는 손상되지 않는 재질로 된 보관용기나 보관시설에 보관하여야 한다.

08 아이워시 및 비상샤워장치 설계기준에 대한 설명으로 틀린 것은?

① 아이워시는 눈에 화학물질이 접촉되었을 때 효과적으로 처리할 수 있는 설비이며, 비상샤워장치는 다량의 화학물질이 피부나 옷에 튀거나 묻었을 때 씻어내기 위한 설비를 말한다.

② 아이워시, 비상샤워장치의 위치는 작업실로부터 걸어서 10초 내에 도달할 수 있는 거리의 넓은 곳이 좋다.

③ 아이워시와 비상샤워장치로 접근하는 길에는 장애물이 없어야 하며, 떨어진 곳에 각각 설치하는 것이 좋다.

④ 유리기구 세척실, 산의 중성화 공간, 화학물질 저장시설 등의 구역은 비상샤워장치를 필요에 따라 설치하여도 좋으며, 반드시 설치하여야 하는 것은 아니다.

> **풀이** 아이워시와 비상샤워장치는 한 사람이 동시에 사용하도록 설치한다.

09 실험실 시설의 설계 기준에 대한 설명으로 틀린 것은?

① 시료보관시설의 조명은 항시 조명이 들어와야 하며 시료의 기재사항 확인 및 작업을 할 수 있도록 최소한 150 Lux 이상이어야 한다.

② 시약보관시설은 항상 통풍이 잘 되도록 설비해야 하고, 환기는 외부 공기와 원활하게 접촉할 수 있도록 설치하며 환기속도는 최소한 약 $0.3 \sim 0.4 \, \text{m/s}$ 이상이어야 한다.

③ 전처리 시설의 최소 공간은 전체 실험실 면적의 약 15 % 이상으로 확보해야 하며, 안전시설 또한 별도로 갖추어야 한다.

④ 분석용 가스저장시설은 가능한 한 실험실 외보공간에 배치하여야 하며, 적절한 습도를 유지하기 위해 상대습도를 65% 이상 유지하도록 환기시설을 설비하는 것이 바람직하다.

> **풀이** 시료보관시설의 조명은 문을 개방할 경우에만 조명이 들어오게 하거나 별도의 독립된 전원스위치를 설치하며, 시료의 기재사항 확인 및 작업을 할 수 있도록 최소한 75 Lux 이상이어야 한다.

정답 **07** ③ **08** ③ **09** ①

···02 분석실험실, 이화학실험실 등 설비 기준

1 이화학실험실

① 분석 목적에 따라 각각 별도로 분리하여 설치되어야 한다.
② 냉난방장치를 설비하고 **실내온도는 18 ℃ ~ 28 ℃, 상대습도는 40 % ~ 60 %**로 유지한다.
③ 환기 및 통풍이 원활하도록 항상 외부 공기와의 접촉을 차단하지 않는 것이 좋으나 배출된 공기가 내부로 재유입되지 않아야 한다.
④ 실험실 환기횟수는 10 회/시간 ~ 15 회/시간 정도, 환기장치의 높이는 바닥에서부터 약 2.5 m ~ 3.0 m, 공기의 기류속도는 0.5 m/s 정도가 되도록 한다.
⑤ 환기장치 **가동 시 60 dB 이하**가 되도록 해야 한다.
⑥ 흄 후드의 **배기속도는 0.3 m/s ~ 0.4 m/s**의 범위이어야 한다.
⑦ 조명은 최소한 **300 Lux 이상**이어야 한다.
⑧ 별도의 BOD 실험실을 운영하는 경우 **실내온도는 20 ℃, 습도는 65 %**로 유지하고, 배양기의 전원이 차단되지 않도록 설비해야 한다.
⑨ 배수 설비를 별도로 설비해야 하며, 배수관이 부식 또는 막히지 않도록 설비해야 한다. 관의 재질은 가능한 한 플라스틱 등 산 또는 알칼리성 물질에 잘 부식이 되지 않는 재질을 선택하여야 한다.

2 바이오실험실

① 생물실험실은 이화학실험실과는 별도로 독립적으로 설비해야 한다.
② 독성이나 인체에 피해를 줄 수 있는 바이러스나 생물을 위한 실험실은 동떨어진 공간에 별도로 설비하고 외부공기 및 환기시설에 대한 제어장치를 별도로 설비해야 한다.
③ 세정장치를 설비하고 문은 안에서 잠금장치를 해야 한다.
④ 내부 환기장치의 흡입속도는 0.5 m/s ~ 0.75 m/s 정도이어야 한다. 특히, 독성실험의 경우 환기시설 역시 별도로 설비하여 오염된 공기가 밖으로 유출되지 않고 백필터 등 처리장치를 통해 실내의 공기가 정화되도록 하는 것이 바람직하다.
⑤ 일반 미생물 실험실의 경우 멸균실 또는 클린 벤치는 가능한 한 별도로 설비해야 한다.
⑥ 생태독성실험은 시험생물 배양실과 실험실로 구분되는 것이 좋으며 특히 일반 화학실험실과는 완전히 격리하여 일반 실험실에서 발생한 유해가 유입되지 않도록 하여야 한다.
⑦ 실험용 발광성 박테리아 보관은 −18 ℃ 이하 냉동실이 요구되며 이 냉동실은 다른 목적으로 함께 사용해서는 안 된다.

③ 악취실험실(관능법)

악취방지법에 따른 악취측정기관이 갖추어야 하는 시설 및 장비
① 공기희석관능 실험실
② 지정악취물질 실험실
③ 무취공기 제조장비
④ 악취희석장비
⑤ 악취농축장비
⑥ 지정악취물질을 환경오염공정시험기준에 따라 측정분석할 수 있는 장비 및 실험기기

④ 기기분석실

① 시료분석항목별로 독립적으로 설비되어야 하며 별도 공간을 갖추어야 한다.
② 공간은 일정 규모 이상으로 격리하여 설치되어야 하며, 실험에 용이하도록 분석 장비 현황을 고려하여 여유 있게 공간을 배치한다. 대체적으로 실험실 면적의 약 60 % ~ 70 % 이상 갖추어 설비하는 것이 바람직하다.
③ 냉난방장치 기기별로 별도로 설비되어야 하며 실내온도는 약 18 ℃ ~ 28 ℃로서 유지시키는 것이 바람직하다.
④ 환기 및 통풍이 원활하여야 하며, 조명은 최소한 300 Lux 이상이어야 한다.
⑤ 가스 배관은 가변성 자재를 사용하고 외벽 설치 시 가스누출 경보장치의 용이한 조작이 가능하도록 설치한다.
⑥ 기기분석실에 안정적인 전원을 공급할 수 있도록 무정전 전원장치 또는 전압조정장치를 설치해야 하며, 특히 UPS는 정정 시 사용시간이 총 30분 이상 될 수 있도록 설비해야 한다.

⑤ 생물실험실

1. 생물안전 1등급 실험실

[시설과 설비 기준]
• 실험실과 사무실은 물리적으로 구분
• 손 씻는 시설 설치
• 청소가 쉽도록 설계, 카펫 등의 사용은 부적절
• 작업대 위는 방수성, 내열성, 내화학성에 강한 재질로 설계
• 실험실 창문이 열리는 경우 방충망 설치

2. 생물안전 2등급 실험실

개인과 환경에 중등도의 잠재적 위험이 있는 병원체를 다룸

[1등급 시설과 차이점]
- 실험종사자는 병원체에 따라 적절한 교육을 받고 숙달된 전문가의 지도를 받음
- 실험 진행 중 실험실 출입 제한
- 오염된 날카로운 물질에 주의 요망
- 생물안전작업대나 물리적 밀폐공간에서 작업

[시설과 설비기준]
- 1등급 실험실과 같은 조건으로 설비
- 직물류가 포함된 가구나 의자의 사용은 적절하지 않음

---

6 실험실 조명 · 냉난방 · 환기 시스템

1. 조명

① 각 실험실별로 독립적으로 개폐 가능하도록 설치
② 채광은 최대로 유입되어야 하며 빛은 작업면에서 800 Lux 유지

2. 온 · 습도

① 동절기는 상대습도 35 %, 하절기는 60 % 유지
② 실험실 온도를 낮추는 동안에는 창문을 열어서는 안 되며, 낮은 온도가 유지되어야 하는 실험실은 이동식 히터 사용 금지

3. 환기

① 기계적인 환기가 가능해야 하고, 공급 공기량과 배출 공기량이 동일해야 함
② 24시간 작동하도록 설계하고, 근무시간에는 시간당 8 ~ 10회, 비근무시간은 시간당 6 ~ 8회 유지, 환기량은 0.1 ~ 0.3 m³/min 이상
③ 흄 후드가 있는 공간의 공기 흐름은 후드 배기 속도의 20 % 초과 금지
④ 배기속도는 300 m/분 ~ 600 m/분 유지
⑤ 클린룸과 클린 벤치는 양압 유지

[환기시설 고장 시 안전대책]
• 즉시 진행 중인 작업을 중지한다.
• 유해화학물질을 용기에 담는다.
• 실험실 밖으로 나간다.
• 필요하다면 실험실 안전관리자에게 연락한다.

7 실험실 배관 시스템

배수관로를 여유 있게 확보하고, 배관 연결 시 산·알칼리 등은 가능한 한 분리해서 배관을 연결, 일반 배수시설은 부식되지 않는 재질로 하고 급수시설은 녹슬지 않는 재질을 선택해서 설비

8 실험실 소방 시스템

① 실내온도가 설정 온도보다 높은 경우 화재경보시스템이 자동으로 작동되도록 하고, 복도에는 화재용 스프링클러 설비 및 분말소화기 비치
② 복도에는 10 ~ 15 m 간격으로 소화기를 비치하고 화재경보장치는 반드시 설비
③ 화재 예방을 위해 복도에 별도의 소화전을 설치하고 고가 장비 또는 물에 약한 분석기기 가까이 화재 담요 비치

9 실험실 전기, 통신 시스템

① 실험실별 누전차단기를 설치하고 비상전력이 공급되도록 설비
② 실험실의 전기사용량이 과다한 경우 차단기가 작동하도록 설비
③ 실험실의 전기 배선은 가능한 한 벽이나 천장에 배선 작업하여 누전현상 방지
④ 통신 시스템은 근무자가 손쉽게 이용 가능하도록 설비

실전 예상문제

01 분석실험실의 설비기준에 대한 설명으로 틀린 것은?

① 이화학실험실의 환기횟수는 시간당 10회 정도이고 환기장치의 높이는 약 2.5 m ~ 3.0 m로 설치해야 한다.

② 악취실험실이 갖추어야 하는 시설 및 장비는 공기희석관능 시설, 무취공기 제조장비 악취 희석 장비 등이 필요하다.

③ 기기분석실은 시료분석을 위하여 유기용제, 중금속 항목 등을 모두 한곳에 설치되도록 설비하여야 한다.

④ 바이오실험실은 별도로 독립적으로 설비하며 세정장치를 설비하고 문은 안에서 잠금장치를 설치하도록 한다.

풀이 기기분석실은 분석 항목별로 독립적으로 설비되어야 한다.

02 생물실험실의 설비기준에 대한 설명으로 틀린 것은?

① 생물안전 1등급 실험실은 사무실과 분리되어야 하고, 청소가 쉽도록 설계되고, 카펫 등을 깔아 먼지 발생을 줄이도록 한다.

② 실험실 창문이 열리는 경우 방충망을 설치하고, 작업대 위는 방수성, 내열성, 내화학성에 강한 재질로 설비한다.

③ 생물안전 2등급 실험실은 개인과 환경에게 중등도의 잠재적 위험이 있는 병원체를 다루는 곳으로 1등급 실험실과 같은 조건으로 설비하여야 한다.

④ 생물안전 2등급 실험실은 실험이 진행 중일 때는 실험실 출입을 제한한다.

풀이 생물안전 1등급 실험실에 카펫 등의 사용은 적절하지 않다.

03 생물안전 2등급 실험실 시설과 1등급 시설의 차이점으로 틀린 것은?

① 생물안전 2등급 실험실에서 실험이 진행 중일 때는 실험실 출입을 제한한다.

② 생물안전 2등급 실험실은 개인과 환경에게 중등도의 잠재적 위험이 있는 병원체를 다루는 곳으로 적절한 교육을 받은 후 바로 실험에 투입할 수 있다.

③ 오염된 날카로운 물질에 대한 주의가 필요하다.

④ 감염성 에어로졸의 발생이나 파손의 위험이 있는 작업은 생물안전작업대나 물리적 밀폐공간에서 작업하도록 한다.

풀이 실험종사자는 적절한 교육을 받은 후 숙련된 전문가의 지도를 받아야 한다.

정답 01 ③ 02 ① 03 ②

04 실험실 조명 및 냉난방, 환기시설 등의 설명으로 틀린 것은?

① 실험실의 환기 시설은 24시간 작동하도록 설계해야 하고, 근무시간에는 시간당 8 ~ 10회, 비근무 시간은 시간당 6 ~ 8회를 유지하도록 하여야 한다.

② 실험실 온도를 낮추기 위해 창문을 열어두고, 낮은 온도로 유지되어야 하는 실험실은 이동식 히터의 사용을 금지하여야 한다.

③ 실험실의 채광은 최대로 유입되어야 하며 빛은 작업면에서 800 Lux를 유지해야 한다.

④ 클린룸과 클린 벤치는 양압을 유지하도록 하고, 배기속도는 300 m/분 ~ 600 m/분을 유지하도록 한다.

[풀이] 실험실 온도를 낮추기 위해서 창문을 열어두어서는 안 된다.

05 바이오실험실의 설치 기준에 대한 설명으로 틀린 것은?

① 독성이나 인체에 피해를 줄 수 있는 바이러스나 생물을 위한 실험실은 동떨어진 공간에 별도로 설비하고 외부공기 및 환기시설에 대한 제어장치를 별도로 설비해야 한다.

② 내부 환기장치의 흡입속도는 0.5 m/s ~ 0.75 m/s 정도이어야 한다. 특히, 독성실험의 경우 환기시설 역시 별도로 설비하여 오염된 공기가 밖으로 유출되지 않고 백필터 등 처리장치를 통해 실내의 공기가 정화되도록 하는 것이 바람직하다.

③ 실험용 발광성 박테리아 보관은 4 ℃ 이하로 냉장 보관하며 이 냉장실은 다른 목적으로 함께 사용해서는 안 된다.

④ 생태독성실험은 시험생물 배양실과 실험실로 구분되는 것이 좋으며 특히 일반 화학실험실과는 완전히 격리하여 일반 실험실에서 발생한 유해가 유입되지 않도록 하여야 한다.

[풀이] ③ 실험용 발광성 박테리아 보관은 −16 ℃ 이하로 냉동 보관하며 이 냉동실은 다른 목적으로 함께 사용해서는 안 된다.

06 기기분석실 설비 기준에 대한 설명으로 틀린 것은?

① 시료분석항목별로 독립적으로 설비되어야 하며 별도 공간을 갖추어야 하고, 공간은 일정 규모 이상으로 격리하여 설치되어야 하며, 실험에 용이하도록 분석 장비 현황을 고려하여 여유 있게 공간을 배치한다. 대체적으로 실험실 면적의 약 60 % ~ 70 % 이상 갖추어 설비하는 것이 바람직하다.

② 환기 및 통풍이 원활하여야 하며, 조명은 최소한 300 Lux 이상이어야 한다.

③ 냉난방장치 기기별로 별도로 설비되어야 하며 실내온도는 약 18 ℃ ~ 28 ℃로서 유지시키는 것이 바람직하다.

④ 기기분석실에 안정적인 전원을 공급할 수 있도록 무정전 전원장치 또는 전압조정장치를 설치해야 하며, 특히 UPS는 정전 시 사용시간이 총 1시간 30분 이상이 될 수 있도록 설비해야 한다.

[풀이] ④ UPS는 정전 시 사용시간이 총 30분 이상이 될 수 있도록 설비해야 한다.

[정답] **04** ② **05** ③ **06** ④

···03 실험실 안전

1 실험실 안전장치 및 시설

1. 흄 후드

① 후드를 사용함으로써 실험실 내부 공기의 오염을 방지할 수 있으므로 모든 화학물질, 특히 휘발성이 강한 물질에 대한 실험은 후드 안에서 실시한다.

② 시약 또는 폐액 보관 장소로 사용 금지

③ 필요에 따라 안전막이 설치되어 있는 후드를 사용한다. 후드 내 풍속은 약간 유해한 화학물질에 대하여 안면부 풍속이 25 m/분 ～ 30 m/분 정도, 발암 물질 등 매우 유해한 화학물질에 대하여 안면부의 풍속이 45 m/분 정도 되어야 한다.

④ 배기속도 측정 방법 : 흐름의 가시화, 안면부에서의 배기속도, 제어 가능성 시험

2. 화학물질 저장 캐비닛

① 캐비닛은 출입구, 계단 인근에 두면 안 되며, 출입에 지장을 초래하지 않는 곳에 두고, 벽에 고정되어서는 안 되며, 특히 불꽃이나 점화원 근처에 설치하지 않도록 주의

② 유리제품 캐비닛 구입 시 배출용 뚜껑이 부착된 것을 사용

③ 반응, 연소, 폭발 등이 발생할 수 있는 물질은 함께 보관 불가

④ 유리용기에 들어 있는 화학약품은 아래쪽에 보관

3. 아이워시(Eyewash)

① 모든 장소에서 15 m 이내, 또는 15초 ～ 30초 이내에 도달할 수 있는 위치에 설치

② 눈을 감은 상태에서 가장 가까운 아이워시에 도착 가능해야 함

③ 비상샤워장치와 같이 붙어 있어서 필요시 눈과 몸을 같이 씻을 수 있어야 함

④ 눈꺼풀을 강제로 뒤집어 눈꺼풀 안쪽도 효과적으로 세척

⑤ 물 또는 눈 세척제로 최소 15분 이상 눈과 눈꺼풀 세척

⑥ 피해를 입은 눈은 깨끗하고 살균된 거즈로 덮음

4. 마스크

실험실 관리가 허용노출한계의 절반 또는 최대허용한계 이하의 공기질 농도를 유지할 수 없을 때 마스크 착용

※ 작업환경에서는 대개 작업수행에 방해를 주지 않고, 작업자의 건강에 유해하지 않는 수준에서 오염물질의 농도를 제한한다. 오염물질의 농도는 시간에 따라 변하기 때문에 기준농도는 노출시간과 함께 고려되는데 미국의 OSHA는 시간가중평균농도(TWA), 단기노출한계(STEL), 허용노출한계(PELs), ACGIH에서는 최대허용한계치(TLV)를 적용하며, NIOSH에서는 권장노출한계(REL)로 표기한다. 독일은 최대작업장농도(MAK)를, 프랑스는 평균노출값(VME), 노출한계(VLE), 네덜란드는 최대작업장 농도(MAC), 말레이시아는 허용노출한계(PELs)를 제시하고 있다.

5. 비상샤워장치

① 비상샤워장치는 신속하게 접근이 가능한 위치에 설치하고 알기 쉽도록 확실한 표시를 한다.
② 눈을 감은 상태에서도 접근 가능한 위치에 설치한다.
③ 분기별 1회 이상 작동시험을 실시한다.
④ 비상샤워장치에서 쏟아지는 물줄기는 몸 전체를 덮을 수 있어야 한다.
⑤ 전기 분전반이나 전선 인입구 등에서 떨어진 곳에 위치하여야 한다.
⑥ 배수구 근처에 설치하여야 한다.

6. 장갑 및 가운

① 장갑은 화학물질, 찰과상, 절단, 열로부터 손가락과 손을 보호하기 위해 사용
② 실험실에서 취급하는 물질에 적절이 대응할 수 있는 재질로 구성된 것을 사용하고 특히, 화학물질에 저항성을 갖는 장갑은 부식, 기름, 용매 등으로부터 보호되는 것을 사용

▼ 장갑의 재질과 그 특징

장갑의 재질(type)	특징	취급하기 적절한 화학물질
천연고무	• 가격이 저렴 • 생물학적 시험에 좋음 • 수용성 물질에 좋음 • 유기용매, 기름, 그리스 등에는 좋지 않음	알칼리, 알코올류, 희석된 수용액
PVC	• 가격이 저렴 • 화학물질에 대한 저항성이 천연고무보다 좋음 • 산, 알칼리, 오일, 지방, 과산화물 등에 좋음 • 대부분의 유기용매에 좋지 않음	강산, 강알칼리, 염류, 알코올류

장갑의 재질(type)	특징	취급하기 적절한 화학물질
neoprene	• 가격은 보통 • 화학물질에 대한 저항성이 보통 • 산, 알칼리, 알코올, 과산화물, 탄화수소류 등에 좋음 • 대부분의 유해성 물질에 좋음	산, 아닐린류, 페놀, 글리콜 에테르류
nitrile	• 가격이 저렴 • 일반적으로 사용하기에 매우 좋음 • 용매, 오일, 그리스 등에 좋음	오일류, 그리스류, 자일렌, 지방성 화합물질
PVA (polyvinyl alcohol)	• 유기물질에 대해 폭넓게 사용 가능 • 방향족 용매, 염화 용매에 좋음 • 수용성 물질에 좋지 않음	

7. 소방안전설비

① 화재경보장치 : 실험실 내 인원들에게 위험사항을 신속히 알릴 수 있어야 함

② 소화기 일반 : 화재의 종류에 따라 분류

  ㉠ A급 화재(일반 화재) : 가연성 나무, 옷, 종이, 고무, 플라스틱 등의 화재
  ㉡ B급 화재 : 가연성 액체, 기름, 그리스, 페인트 등의 화재
  ㉢ C급 화재 : 전기에너지, 전기기계 · 기구에 의한 화재
  ㉣ D급 화재 : 가연성 금속에 의한 화재

▼ 화재 유형별 적용 소화기

소화기 종류	주요성분	화재 종류
포말	탄산수소나트륨, 카세인, 젤라틴, 소다회 및 황산알루미늄	A, B급
분말(건조화학약품)	탄산수소나트륨(1종), 중탄산칼륨(2종), 인산암모늄(3종)	B, C급, A급은 작은 화재
이산화탄소	이산화탄소	B, C급, A급은 작은 화재
하론	프레온가스	A, B, C급
건조분말	구리분말	D급 화재에만 유효

③ 소화기는 출입구 가까운 벽에 안전하게 설치, 매 12개월마다 사용기한, 손상 여부 등을 점검
④ 화재용 담요 : 불을 끄기 위한 용도로 사용할 수도 있으나 일반적으로 쇼크 상태의 환자의 보온을 위한 용도로 화상을 입지 않고 탈출하기 위해 사용

⑤ 스프링클러 : 자동적으로 작동되어야 하며 임의 시스템 조작 금지. 실험실 용품들은 스프링
클러 헤드에서 적어도 50 cm 이상 떨어진 곳에 위치

② 실험실 안전 행동지침

1. 일반 지침

① 위험한 화학물질은 반드시 후드 안에서 취급
② 실험실에서 혼자 작업하는 것은 좋지 않음
③ 화학약품 사용 실험 시 보안경, 고글, 안전마스크 착용
④ 130 dB 이상 소음은 피하고 귀덮개는 95 dB 이상, 귀마개는 80 ~ 95 dB 범위의 소음에 적합
⑤ 천으로 된 마스크는 화학약품에 의한 분진은 보호하지 못하므로 독성 실험 시 사용 불가

2. 화학물질 취급 시 안전

▼ 유해화학물의 특성

구 분	특 성	종 류
폭발성 물질	가열·마찰·충격 또는 다른 화학물질과의 접촉으로 인하여 산소나 산화제 공급 없이 폭발	질산에스테르류, 니트로화합물, 니트로소화합물, 아조화합물, 디아조화합물, 하이드라진 및 그 유도체, 유기과산화물 등
발화성 물질	스스로 발화하거나 발화가 용이한 것, 또는 물과 접촉하여 발화하고 가연성 가스를 발생시키는 물질	• 가연성 고체 : 황화인, 적린, 유황, 철분, 금 속분, 마그네슘, 인화성 고체 등 • 자연발화성 및 금수성 물질 : 칼륨, 나트륨, 알킬알미늄, 알킬리튬, 황인, 알칼리금속 등
산화성 물질	산화력이 강하고 가열·충격 및 다른 화학물질과의 접촉으로 인하여 격렬히 분해·반응하는 물질	염소산 및 염류, 과염소산 및 그 염류, 과산화수소 및 무기과산화물, 아염소산 및 그 염류, 불소산염류, 초산 및 그 염류, 요오드산염류, 과망간산염류, 중크롬산 및 그 염류 등
인화성 물질	대기압에서 인화점이 65 ℃ 이하인 가연성 액체	• 인화점 −30 ℃ 이하 : 에틸에테르, 가솔린, 아세트알데하이드, 산화프로필렌 등 • 인화점 −30 ~ 0 ℃ : 노르말헥산, 산화에틸렌, 아세톤, 메틸에틸케톤 등 • 인화점 0 ~ 30 ℃ : 메틸알코올, 에틸알코올, 자일렌, 아세트산 등 • 인화점 30 ~ 65 ℃ : 등유, 경유, 에탄, 프로판, 부탄 기타(15 ℃, 1기압에서 기체상태인 가연성 가스)

구 분	특 성	종 류
가연성 가스	폭발한계 농도의 하한이 10 % 이하 또는 상하한의 차이가 20 % 이상인 가스	수소, 아세틸렌, 에틸렌, 메탄, 에탄, 프로판, 부탄, 기타(15 ℃, 1기압에서 기체상태인 가연성 가스)
부식성 물질	금속 등을 쉽게 부식시키거나, 인체와 접촉하면 심한 상해를 입히는 물질	• 부식성 산류 : 농도 20 % 이상인 염산, 질산, 황산 등, 농도 60 % 이상인 인산, 아세트산, 불산 등 • 부식성 염기류 : 농도 40 ℃ 이상인 수산화나트륨, 수산화칼륨 등
독성 물질	다음 조건의 동물실험 독성치를 나타내는 물질	• LD_{50}(경구, 쥐) : 200 mg/kg 이하 • LD_{50}(경피, 쥐 또는 토끼) : 400 mg/kg 이하 • LC_{50}(쥐, 4시간 흡입) : 2,000 ppm 이하

1) 화학물질의 운반

① 증기를 발산하지 않는 내압성 보관용기로 운반

② 저장소 보관 중에는 창으로 환기가 잘 되도록 한다.

③ 점화원 제거 후 운반

※ 화학물질은 엎질러지거나 넘어질 수 있으므로 엘리베이터나 복도에서 용기를 개봉한 채로 운반 금지

2) 화학물질의 저장

① 모든 화학물질은 특별한 저장공간이 있어야 한다.

② 모든 화학물질은 물질이름, 소유자, 구입날짜, 위험성, 응급절차를 나타내는 라벨을 부착한다.

③ 일반적으로 위험한 물질은 직사광선을 피하고 냉암소에 저장, **이종물질을 혼입하지 않도록** 함과 동시에 화기, 열원으로부터 격리해야 한다.

④ 다량의 위험한 물질은 소정의 저장고에 종류별로 저장하고, **독극물은 약품 선반에 잠금장치를 설치**하여 보관한다.

⑤ 특히 위험한 약품의 분실, 도난 시 담당책임자에게 보고한다.

3) 화학물질의 취급 및 사용

① 모든 용기에는 약품의 명칭을 기재하고 쓰여 있지 않는 용기의 약품은 사용하지 않는다.

② 절대로 모든 약품에 대하여 맛을 보거나 냄새를 맡는 행위를 금하고 입으로 피펫을 빨지 않는다.

③ 사용한 물질의 성상, 화재 폭발 위험성 조사 전에는 취급 금지

④ 위험한 물질 사용 시 소량 사용하고 미지의 물질에 대해서는 예비시험 필요

⑤ 위험한 물질을 사용하기 전에 재해 방호수단을 미리 생각하여 만전의 대비 필요

⑥ 약품이 엎질러졌을 때는 즉시 청결하게 조치하고 누출 양이 적은 때는 전문가가 안전하게 제거

⑦ 화학물질과 직접적인 접촉을 피한다.

4) 화학물질의 성상별 안전조치

(1) 독성

밀폐된 지역에서 많은 양을 사용하지 않고, 항상 후드 내에서만 사용

(2) 산과 염기

① 항상 산을 물에 가하면서 희석, 반대 금지

② 가능하면 희석된 산, 염기 사용

③ 강산과 강염기는 수분과 반응하여 치명적인 증기가 생성되므로 사용하지 않을 때는 뚜껑을 덮음

④ 산이나 염기가 눈이나 피부에 접촉 시 즉시 15분간 물로 세척

⑤ 과염소산은 강산의 특성을 띠며 유기화합물, 무기화합물 모두와 폭발성 물질을 생성하며 가열, 화기와의 접촉, 충격, 마찰에 의해 폭발하므로 주의

(3) 유기용제

① 아세톤 : 독성과 가연성 증기를 가지고 가연성 액체 저장실에 저장

② 메탄올 : 결막, 두통, 위장장애, 시력장애의 원인이므로 환기시설 구비된 후드에서 사용하고 네오프렌 장갑 착용

③ 벤젠 : 피부를 통해 침투되고 증기는 가연성이므로 가연성 액체와 함께 저장

④ 에테르 : 과산화물을 생성하는 에테르는 완전히 공기를 차단하여 황갈색 유리병에 저장하여 암실이나 금속용기에 보관

⑤ 금속분말 : 초미세한 분진들이 폐에 호흡기 질환을 일으키므로 주의

5) 화학물질의 유출 관리

(1) 일반사항

① 유출이 발생한 때에는 즉시 유출물 청소를 개시

② 유출로 인해 발생할 수 있는 환경 오염 및 교차 오염과 같은 결과를 유출로 인한 위험의 평가에 포함

③ 저위험, 저휘발성 물질은 종이 수건으로 청소

④ 고위험, 고휘발성 물질은 유출물 청소 직원이 보호복과 호흡보호구를 착용할 필요가

있음

(2) 유출물 청소 용구 및 장비에는 다음 사항 포함

① 출입금지 표지 또는 바리게이트 테이프
② 관련 위험 표지
③ 적절한 유형 및 물량의 흡수재 또는 유출 키트
④ 위험에 적합한 개인 보호복
⑤ 사용된 흡수재 및 오염된 PPE를 담을 적합한 용기

3. 폐기물 취급 및 처리 시 안전

1) 일반사항

① 캔 용기는 장기간 보관 시 부식되어 폐액 유출 가능성이 있고, 유리용기는 장거리 운반 시 파손에 따른 위험이 있으므로 사용 금지
② 화학폐기물은 폐산, 폐알칼리, 폐유기용제, 폐유 등 종류별로 구분하여 수집
③ 폐기물 보관 장소를 지정하여 보관하고 복도, 계단 등에 방치 금지
④ 수집된 폐기물 운반 시 손수레와 같은 안전한 운반구를 이용하여 운반
⑤ 방사성 물질을 함유한 폐기물은 별도 수집하며, 누출되지 않도록 엄중히 처리

2) 지정폐기물의 운송 및 보관

(1) 수집, 운송

① 분진 · 폐농약 · 폐석면 중 미세 분말이 흩날리지 않도록 폴리에틸렌이나 그 밖에 이와 비슷한 재질의 포대에 담아 수집 · 운반, 그 운반차량의 적재함에는 덮개를 덮음
② 액체상태의 지정폐기물을 수집 · 운반하는 경우 유출의 우려가 없는 전용 탱크 · 용기 · 파이프 또는 이와 비슷한 설비를 사용, 혼합이나 유동으로 생기는 위험이 없도록 함

(2) 보관

① 지정폐기물은 지정폐기물 외의 폐기물과 구분하여 보관
② 폐유기용제는 휘발되지 않도록 밀폐용기에 보관
③ 폐석면 보관법
　㉠ 흩날릴 우려가 있는 폐석면은 습도 조절 등의 조치 후 고밀도 내수성 재질의 포대로 2중 포장하거나 견고한 용기에 밀봉하여 흩날리지 않도록 보관
　㉡ 고형화되어 있어 흩날릴 우려가 없는 폐석면은 폴리에틸렌, 그 밖에 이와 유사한 재질의 포대로 포장하여 보관

④ 지정폐기물은 지정폐기물에 의하여 부식되거나 파손되지 아니하는 재질로 된 보관시설 또는 보관용기를 사용하여 보관

⑤ 자체 무게 및 보관하려는 폐기물의 최대량 보관 시의 적재무게에 견딜 수 있고 물이 스며들지 않도록 시멘트 · 아스팔트 등의 재료로 바닥을 포장하고 지붕과 벽면을 갖춘 보관창고에 보관

⑥ 지정폐기물 중 폐산 · 폐알칼리 · 폐유 · 폐유기용제 · 폐촉매 · 폐흡착제 · 폐흡수제 · 폐농약, 폴리클로리네이티드비페닐 함유폐기물, 폐수처리 오니 중 유기성 오니는 보관이 시작된 날부터 45일을 초과하여 보관하여서는 안 되며, 그 밖의 지정폐기물은 60일을 초과하여 보관하여서는 안 됨

3) 의료폐기물의 운송 및 보관

(1) 수집, 운반

① 의료폐기물 전용의 운반차량으로 수집 · 운반

② 운반차량은 섭씨 4도 이하의 냉장설비가 설치되고 운반 중에는 항상 냉장설비가 가동되어야 함

③ 밀폐된 적재함이 설치된 차량으로 운반

(2) 보관

① 의료폐기물 발생 시 전용용기에 넣어 보관

② 사용이 끝난 전용용기는 내부 합성수지 주머니를 밀봉한 후 외부용기를 밀폐포장

③ 의료폐기물의 종류별 전용용기의 색상은 흰색으로 하고 그 용기에 표시하는 도형의 색상은 다음과 같음

▼ 의료폐기물 전용용기 색상

종류	도형 색상
인체 조직물 중 태반(재활용하는 경우)	녹색
격리 의료폐기물	붉은색
위해 의료폐기물	노란색
일반 의료폐기물	검은색

4. 가스 취급

1) 특정고압가스 사용방법

① 충전용기와 빈 용기를 구분 보관하여야 하며 다른 용기와 함께 보관하지 않아야 함

② 용기가 넘어지지 않도록 가죽끈이나 체인으로 고정

③ 산소를 사용하여 압력시험하거나 먼지 제거 및 청소 금지

④ 산소와 관련된 압력계 및 압력 조정기는 산소전용을 사용

⑤ 액체산소 취급 시에는 가연성 물질을 옆에 두지 말고 기름 묻은 장갑 사용 금지

5. 방사능 기기 취급

① 방사능 시설 및 장치 사용 기관은 안전관리책임자를 선임하여야 함

② 방사성 물질을 취급하고자 하는 자는 등록하고, 취급 허가를 받아야 함

③ 방사성 물질 취급 지역은 관리구역으로 설정하여 출입을 제한

④ 취급자에게 필요한 교육훈련계획을 수립하고 시행

⑤ 취급 시 준수사항

ㄱ 경험이 적은 취급자의 단독 조작은 원칙적으로 금함

ㄴ 휴대용 γ선용 선량계 또는 중성자용 선량계(필요시)를 항시 착용하여 수시로 개인 피폭량을 측정하고 기록 관리

ㄷ 기기 반출 시 표면오염 유무를 감시하고 최대허용표면 밀도의 1/10 이하 확인 후 반출

ㄹ 실험 시 전용 고무장갑 착용

6. 생물실험실 준수사항

1) 실험실 기본 준수사항

① 개인보호장비 착용 후 실험

② 관련 장비는 모두 외부에서 사용 금지

③ 실험용 안전 안경은 튀는 액체나 파편으로부터 보호 불가능하나, 고글은 눈을 완전히 보호 가능

2) 생물안전 1등급 실험실

① 일반적으로 특별한 용기나 생물안전작업대를 반드시 필요로 하지는 않음

② 실험복, 가운 같은 **실험실 전용 복장을 권장**

③ 피부상처나 발진이 있다면 **장갑 착용**

④ 미생물이 튀는 작업이나 위험 물질을 다룰 경우 **눈 보호 용구 착용**

3) 생물안전 2등급 실험실

① 감염 물질 사용 시 생물안전작업대 내에서 작업

② 미생물 취급 시 안면보호장비 사용

③ 실험복은 집으로 반출 금지

7. 전기취급

1) 감전사고 방지

① 전기기기 사용 시에는 필히 접지

② 누전차단기를 시설하여 감전사고 시 재해 방지

③ 안전기에는 반드시 전격 퓨즈를 사용하고, 구리선과 철선 등을 사용하지 않음

④ 중간 연결 접속부분이 있는 곳은 배선용 전선 사용 금지

2) 전기화재 예방

① 단락 및 복잡한 접촉 방지

② 이동전선의 관리 철저

③ 전선 인출부의 보강

④ 규격전선의 보강

⑤ 전선스위치 차단 후 실험 수행

③ 실험실 사고 발생 시 대처 요령

1. 일반적 대처요령

① 신속히 주변 동료들에게 통보

② 가능한 한 사고를 초기에 신속히 진압하고 화재 시 출입문과 창을 닫아 연소 확대 방지

③ 소규모 화재 발생 시 소화기로 신속히 진화하고, 대규모 화재는 소화전을 사용하며, 진압이 어려운 경우 즉시 진화를 포기하고 대피

④ 건물 밖으로 피신. 이때 승강기 이용은 절대 금지

⑤ 실험실 종사자는 안전장비의 사용방법이 포함된 간단한 응급조치 숙지

2. 사고 상황별 대처 요령

1) 화재

① 실험자의 머리나 옷에 불이 붙었을 경우, '멈춰 서기 – 눕기 – 구르기 방법' 또는 담요 및 물 등을 사용하여 화재 진압, 화재당사자를 바닥에 구르게 함

② 일반적인 소화기 사용 또는 미세한 물 분무

③ 화재 원인물질의 누출을 먼저 중지시키고 진화 시도, 중단이 어려운 경우 소방서에 연락 후 위험하지 않다고 판단되면 화재 원인물질을 실외로 이동

④ 화재 진압은 바람을 등지고 시도

⑤ 가능한 한 먼 거리에서 화재 진압

⑥ 화재 원인물질이 화학물질인 경우 고압 물줄기를 뿌려 비산되지 않도록 함

⑦ 화재가 진화된 후에도 용기에 다량의 물을 뿌려 용기의 온도를 저하시킴

2) 화상

① 화염에 의한 국소 부위의 경미한 화상 시 통증과 물집을 줄이기 위하여 20 ~ 30분간 얼음 물에 화상 부위를 담금

② 그리스는 열이 발산되는 것을 막아 화상을 심하게 하므로 사용 금지

③ 중증화상의 경우 환자를 실온에서 젖은 천이나 수건으로 싸주고, 화상부위를 씻거나 옷이나 오염물질 등을 제거하려고 하지 않는다.

④ 전기에 의한 화상은 피부 표면으로 증상이 나타나지 않아서 피해 정도를 알기 힘들뿐 아니라 심한 합병증을 유발할 수 있으므로 즉시 의료진에게 치료를 받는다.

⑤ 화학약품이 묻거나 화상을 입었을 경우 즉각 물로 씻고 오염된 모든 의류는 제거, 화학약품이 눈에 들어갔을 경우 15분 이상 흐르는 물에 깨끗이 씻고 응급조치 후 전문의에게 진료를 받는다.

⑥ 위급한 경우 또는 보안경을 끼고 있었다면 비상샤워기, 수도 등을 이용해 세척한다.

3) 감전

① 전기가 소멸했다는 확신이 있을 때까지 감전된 사람을 건드리지 않는다. 플러그, 회로 폐쇄기 및 퓨즈상자 등의 전원을 차단

② 감전된 사람이 철사나 전선 등을 접촉하고 있다면 마른 막대기 등을 이용하여 멀리 치운다.

③ 환자가 호흡하고 있는지 확인한다. 만약 호흡이 약하거나 멈춘 경우에는 즉시 인공호흡을 수행한다.

④ 응급구조대에 도움을 요청한다.

⑤ 감전된 환자를 담요, 외투 및 재킷 등으로 덮어서 따뜻하게 한다.

⑥ 의사에게 검진을 받을 때까지 감전된 사람이 음료수나 음식물 등을 먹지 못하게 한다.

⋯04 부록(각종 안전 표시)

출입금지
DO NOT ENTER

관계자외출입금지
No entry unless
authorized

사 용 금 지
Do not use

불 사용금지
No open flames

인화성 물질
놓지 마시오
Do not leave inflammables

가연성 물질
놓지 마시오
Do not leave flammables

사용 중
플러그 뽑지 마시오
Do not remove plug
when equipment is in use

다중접속금지
No multi plugs

인화성물질주의
Caution - Flammable

산 화 성 물 질
Caution -Oxidizing agent

폭 발 물
Caution - Explosive

독 극 물
Caution - Toxic

부식성 물질
Caution – Corrosive

방사성 물질
Caution – Radioactive

고 압 전 기
Caution – High voltage

접　　지
Earth

미사용시
스위치 차단
Turn Off–When not in use

낙하물주의
Caution – Falling objects

고 온 주 의
Caution–
High temperature

저 온 주 의
Caution–
Low temperature

온 도 유 지
Keep constant temperature

유 해 물 질
Caution–
Harmful substance

위 험 장 소
Caution–Risk of danger

생물학적위험물
Caution–Bio hazard

가스, 증기
누 출 주 의
Caution–Leak(gas,vapor)

누 출 주 의
Caution–Battery acid

고압가스주의
Caution –
High pressure gas

출입통제지역
No unauthorized access

보안경착용
Wear eye protection

보안면착용
Wear face shield

방진마스크착용
Wear dust mask

안전장갑착용
Wear protective gloves

안전제일
Safety first

응급구호
First aid

눈 씻는 장치
Eye wash station

비상 샤워기
Safety shower

비 상 구
First exit

하부비상구
Exit-Down

좌측비상계단
Emergency stairway-Left

우측비상계단
Emergency stairway-Right

환경유해물질
Environmental pollutant

산 화 성 물 질
Oxidizing agent

인 화 성 물 질
Flammable

독 성 물 질
Toxic

고 독 성 물 질
Highly Toxic

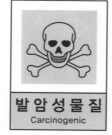

발 암 성 물 질
Carcinogenic

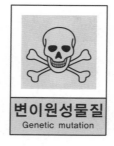

변이원성물질
Genetic mutation

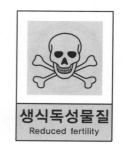

생식독성물질
Reduced fertility

유 해 물 질
Harmful substance

자 극 성 물 질
Irritant

과 민 성 물 질
Sensitive

부 식 성 물 질
Corrosive

소 화 기
Fire extinguisher

소 화 기
Fire extinguisher

소 방 호 스
Fire hose

피난용기구
Fire escape set

방화문
닫아두시오
Fire door-Keep closed

화재경보기
Fire alarm

비 상 전 화
Emergency telephone

화재시사용금지
Don't use on fire

비 상 계 단
Fire escape

우측비상구
Fire escape-Right

좌측비상구
Fire escape-Left

실전 예상문제

01
2011
제2회
사고 발생 시 대처 요령으로 적합하지 않은 것은?

① 화재는 바람을 등지고 가능한 한 먼 거리에서 진압한다.

② 화상을 입으면, 즉시 그리스를 바른다.

③ 전기에 의한 화상은 피부 표면으로 증상이 나타나지 않아서 피해 정도를 알아내기가 힘들 뿐 아니라 심한 합병증을 유발할 수 있으므로 즉시 의료진에게 치료를 받는다.

④ 화학 약품이 눈에 들어갔거나 몸에 묻었을 경우 15분 이상 흐르는 물에 깨끗이 씻고, 응급 처치 후 전문의에게 진료를 받는다.

> **풀이** 그리스는 열이 발산되는 것을 막아 화상을 심하게 하므로 사용하지 않는다.

02
2013
제5회
유해물질에 노출되었을 경우, 실험실 안전행동지침으로 부적절한 것은?

① 실험자는 눈을 감은 상태로 가장 가까운 세안 장치에 도달할 수 있어야 한다.

② 세안 장치와 샤워 장치는 혼잡을 피하기 위하여 일정 간격으로 떨어져 있어야 한다.

③ 눈꺼풀을 인위적으로 열어 눈꺼풀 뒤도 효과적으로 세척하도록 한다.

④ 물 또는 눈 세척제로 최소 15분 이상 눈과 눈꺼풀을 씻어낸다.

> **풀이** 눈부상은 일시적으로 앞을 볼 수 없게 되며, 보통 피부부상을 동반하게 되므로 아이워시는 비상샤워장치와 같이 붙어 있어서 필요시 눈과 몸을 같이 씻을 수 있도록 해야 한다.

03
2012
제4회
실험실 안전행동의 일반 행동지침으로 틀린 것은?

① 대부분의 실험은 보안경만 사용해도 되지만 특수한 화학물질 취급 시에는 약품용 보안경 또는 안전 마스크를 착용하여야 한다.

② 귀덮개는 85 dB 이상의 높은 소음에 적합하고 귀마개는 90 dB ~ 95 dB 범위의 소음에 적합하다.

③ 천으로 된 마스크는 작은 먼지는 보호할 수 있으나 화학약품에 의한 분진으로부터는 보호하지 못하므로 독성실험 시 사용해서는 안 된다.

④ 실험실에서 혼자 작업하는 것은 좋지 않으며, 적절한 응급초치가 가능한 상황에서만 실험을 해야 한다.

> **풀이** 귀덮개는 95 dB 이상의 높은 소음에 적합하고 귀마개는 80 dB ~ 95 dB 범위의 소음에 적합하다.

정답 **01** ② **02** ② **03** ②

04 실험실 안전장치에 대한 설명으로 옳지 않은 것은?

2012
제4회

① 세안을 위해 물 또는 눈 세척제는 직접 눈을 향하게 하여 바로 세척되도록 한다.
② 세안장치는 실험실의 모든 장소에서 15 m 이내, 또는 15 ~ 30초 이내에 도달할 수 있는 위치에 설치한다.
③ 샤워장치는 화학물질(예 : 산, 알칼리, 기타 부식성 물질)이 있는 곳에는 반드시 설치하여야 한다.
④ 독성 화합물의 잠재적인 접촉이 있을 때 적합한 장갑을 낀다.

풀이 물 또는 눈 세척제는 직접 눈을 향하게 하는 것보다는 코의 낮은 부분을 향하도록 하는 것이 화학물질을 눈에서 제거하는 효과를 증가시켜 준다.

05 방사선 관리구역에서 유의해야 하는 사항이 잘못 기술된 것은?

2012
제3회

① 관리구역 내에서는 오염방지를 위한 전신방호복을 항상 착용해야 한다.
② 관리구역 내에서 휴대용 감마선용 선량계를 항상 착용해야 한다.
③ 개인의 피폭선량을 수시로 측정, 반드시 기록한다.
④ 관리구역 내 가속기실로부터 기구, 비품은 최대허용 표면 오염밀도의 1/10 이하인 경우 반출이 가능하다.

풀이 관리구역 내에서는 오염에 의한 위험을 방지하기 위해 전용 고무장갑을 착용한다.

06 가스통 취급방법에 대한 내용으로 틀린 것은?

2012
제3회

① 가스통은 보관장소에 가죽 끈이나 체인으로 고정하여 넘어지지 않도록 하여야 한다.
② 가스통 연결 부위는 그리스나 윤활유를 발라 녹슬지 않게 한다.
③ 압력조절기를 연결하기 위해 어댑터를 쓰지 않으며 각각의 가스의 특성에 맞는 것을 사용한다.
④ 가스를 사용할 때는 창문을 열거나 환기팬 또는 후드를 가동하며 환기가 잘 되도록 한다.

풀이 밸브와 용기의 연결부위 및 기타 가스가 직접 접촉하는 곳에 유기물질 등이 묻지 않도록 하여야 한다.

07 유해화학물질 취급 시 안전요령에 대한 기술 중 적절하지 않은 것은?

2012
제3회

① 유해물질을 손으로 운반할 때는 용기에 넣어 운반한다.
② 모든 유해물질은 지정된 저장 공간에 보관해야 한다.
③ 가능한 한 소량을 사용하며, 미지의 물질에 대하여는 예비실험을 하여서는 안 된다.
④ 불화수소는 가스 및 용액이 맹독성을 나타내며, 피부에 흡수되기 때문에 특별한 주의를 요한다.

풀이 위험한 물질을 사용할 때는 가능한 한 소량을 사용하고, 또한 미지의 물질에 대해서는 예비시험을 할 필요가 있다.

정답 04 ① 05 ① 06 ② 07 ③

08 실험실 안전 장치에 대한 설명으로 틀린 것은?

2012
제3회

① 후드의 제어 풍속은 부스를 개방한 상태로 개구면에서 $0.4 \, m/sec$ 정도로 유지되어야 한다.

② 부스 위치는 문, 창문, 주요 보행 통로로부터 근접해 있어야 한다.

③ 후드 및 국소배기장치는 1년에 1회 이상 자체 검사를 실시하여야 한다.

④ 실험용 기자재 등이 후드 위에 연결된 배기 덕트 안으로 들어가지 않도록 한다.

> **풀이** 후드는 작업지역, 시설 등으로부터 멀리 떨어진 곳에 위치하여야 하며, 공기의 흐름이 빠른 곳이나 공기가 공급되는 곳, 문, 창문, 실험실 구석, 매우 차가운 장비 주변 등으로부터는 이격되어야 한다.

09 실험실 지원 시설에 대한 설명으로 틀린 것은?

2011
제2회

① 샤워 및 세척 시설은 반드시 눈감고 도달할 수 있는 곳에 설치하는 것이 좋다.

② 응급 샤워 시설은 산, 알카리가 있는 곳에 설치하되, 부식 방지를 위해 떨어진 곳에 설치하는 것이 좋다.

③ 장비는 장비별로 라벨링을 하고, 내부를 선반으로 구분하여 보관하는 것이 좋다.

④ 감염성 있는 장비나 물품은 별도로 구분하여 보관하는 것이 좋다.

> **풀이** 비상샤워장치는 화학물질(산, 알칼리, 부식성 물질)이 있는 곳에는 반드시 설치하여야 하며 모든 사람이 이용할 수 있어야 한다.

10 실험실에서 유해 화학물질에 대한 안전 조치로 틀린 것은?

2011
제2회

① 염산은 강산으로 유기화합물과 반응, 충격, 마찰에 의해 폭발할 수 있다.

② 항상 물에 산을 가하면서 희석하여야 하며, 산에 물을 가하여서는 안 된다.

③ 독성 물질을 취급할 때는 체내에 들어가는 것을 막는 조치를 취해야 한다.

④ 강산과 강염기는 수분과 반응하여 치명적인 증기를 발생시키므로 뚜껑을 닫아 놓는다.

> **풀이** 과염소산은 강산의 특성을 띠며 유기화합물, 무기화합물과 모두 반응하여 폭발성 물질을 생성하며, 가열, 화기와의 접촉, 충격, 마찰에 의해 또는 저절로 폭발할 수 있다.

11 실험실에서 사용하는 모든 화학물질에는 취급할 때 알려진 유독성과 안전하게 처리할 수 있는 주의사항이 수록되어 있는 문서가 있다. 이 문서에 나타난 정보에 따라 화학 약품을 취급하여야 하며 약품과 관련된 안전사고 시 대처하는 절차와 방법에 도움을 준다. 이 문서를 지칭하는 영어 약자는 무엇인가?

2012
제4회

① SDS   ② EDS   ③ EDTA   ④ MSDS

> **풀이** 화학물질의 성상, 물리화학적 특성, 인체 영향, 취급 시 주의사항 등이 적힌 문서를 물질안전보건자료라 하고 영어 약자는 MSDS이다.

정답 08 ②   09 ②   10 ①   11 ④

12 실험실 내 사고 상황별 대처 요령으로 적절하지 <u>않은</u> 것은?

2012
제3회
2012
제4회

① 화재 → '멈춰서기 – 눕기 – 구르기(stop – drop – roll)' 방법으로 불을 끈다.
② 경미한 화상 → 얼음물에 화상부위를 담근다.
③ 출혈 → 손, 팔, 발 및 다리 등일 때에는 이 부위를 심장보다 높게 위치시킨다.
④ 감전 → 발견 즉시 즉각적으로 원활한 호흡을 위해 인공호흡을 실시한다.

풀이 감전 시 전기가 소멸했다는 확신이 있을 때까지 감전된 사람을 건드리지 않는다.

13 환경실험실 운영관리 및 안전에서는 유해 화학물질을 특성에 따라 분류하여 관리하고 있다. 유해 화학물질의 특성에 대한 설명으로 틀린 것은?

2014
제6회

① 발화성 물질은 스스로 발화하거나 물과 접촉하여 발화하고 가연성 가스를 발생시키는 물질이다.
② 폭발성 물질은 가열 · 마찰 · 충격 등으로 인하여 폭발하나 산소나 산화제 공급 없이는 폭발하지 않는다.
③ 인화성 물질은 대기압에서 인화점이 65 ℃ 이하인 가연성 액체이다.
④ 가연성 가스는 폭발한계 농도의 하한이 10 % 이하 또는 상하한의 차이가 20 % 이상인 가스이다.

풀이 폭발성 물질은 산소와 산화제 공급없이 폭발하는 특성을 가지고 있다.

14 실험실에서 사용되는 안전표시 중 다음 그림이 나타내는 것은?

2012
제4회

① 인화성 물질　　　　　　　　　　② 산화성 물질
③ 부식성 물질　　　　　　　　　　④ 방사선 물질

풀이 위 그림은 부식성 물질의 안전표시를 나타낸 것이다.

15 화학물질의 취급을 위한 일반적인 기준으로 적합하지 <u>않은</u> 것은?

2012
제3회

① 증류수처럼 무해한 것을 제외한 모든 약품은 용기에 그 이름을 반드시 써 넣는다. 표시에는 약품의 이름, 위험성, 예방조치, 구입일자, 사용자 이름이 포함되어 있어야 한다.
② 약품 명칭이 쓰여 있지 않은 용기에 든 약품은 사용하지 않는다.
③ 절대로 모든 약품에 대하여 맛을 보거나 맡는 행위를 금하고 입으로 피펫을 빨지 않는다.
④ 약품이 엎질러졌을 때는 즉시 청결하게 조치하도록 한다. 누출 양이 적은 때는 그 물질에 대하여 잘 아는 사람이 안전하게 치우도록 한다.

정답 　12 ④　13 ②　14 ③　15 ①

풀이 제외 없이 모든 약품의 용기에 그 이름을 반드시 써 넣어야 한다.

16
2010
제2회

실험실 내 모든 위험 물질은 경고 표시를 해야 하며 UN에서는 GHS체계에 따라 화학물질의 경고 표시와 그림문자를 통일하였다. 다음 그림문자가 의미하는 것은?

① 유해물질　　　　　　　　　　　② 인화성 물질
③ 폭발성 물질　　　　　　　　　　④ 산화성 물질

풀이 유해화학물질 그림문자(GHS ; globally harmonized system of classification and labelling of chemicals)

폭발성	인화성	산화성	고압가스	금속, 피부 부식 위험
급성독성	장기독성	호흡기 과민성	수생환경	–

17
2009
제1회

실험실에서 시료나 시약을 보관하기 위해 플라스틱 제품의 용기를 사용할 때, 제품의 물리 · 화학적 특성을 고려하여 다방면에 걸쳐 가장 무난하게 사용할 수 있는 것은?

① high-density polyethylene　　　② fluorinated ethylene propylene
③ polypropylene　　　　　　　　④ polycarbonate

정답 16 ④　17 ②

18 장갑의 재질과 그 특징, 취급하기 적절한 화학물질이 잘못 짝지어진 것은?

① PVC – 유기용매에 적절 – 강산, 강알칼리, 염류 취급
② 천연고무 – 생물학적 시험에 좋음 – 알칼리, 알코올류, 희석된 수용액 취급
③ neoprene – 대부분의 유해성 물질에 좋음 – 산, 아닐린류 페놀 취급
④ nitrile – 용매, 오일, 그리스 등에 좋음 – 오일류, 지방성 화합물질 취급

풀이 PVC는 대부분의 유기용매에 좋지 않다.

19 지정폐기물의 보관방법으로 틀린 것은?

① 지정폐기물은 지정폐기물 외의 폐기물과 구분하여 보관한다.
② 폐석면은 고형화되어 있어 흩날릴 우려가 없는 경우 폴리에틸렌, 그 밖에 이와 유사한 재질의 포대로 포장하여 보관한다.
③ 지정폐기물 중 폐산, 폐알칼리, 폐유, 폐촉매 등은 보관이 시작된 날로부터 60일을 초과하여 보관해서는 안 되며 그 밖의 지정폐기물은 90일을 초과하여 보관하여서는 안 된다.
④ 폐유기용제는 휘발되지 않도록 밀폐된 용기에 보관한다.

풀이 지정폐기물 중 폐산, 폐알칼리, 폐유, 폐촉매 등은 보관이 시작된 날로부터 45일을 초과하여 보관해서는 안 되며 그 밖의 지정폐기물은 60일을 초과하여 보관하여서는 안 된다.

20 의료폐기물의 전용용기 색상으로 올바르게 짝지어진 것은?

① 인체 조직물 중 태반 – 노란색
② 위해 의료폐기물 – 빨간색
③ 일반 의료 폐기물 – 검은색
④ 격리 의료폐기물 – 녹색

풀이 인체 조직물 중 태반은 녹색, 위해 의료폐기물은 노란색, 격리 의료폐기물은 붉은색을 써야 한다.

21 폐기물 취급 및 처리 시 일반사항에 대한 설명으로 틀린 것은?

① 화학폐기물을 수집할 때는 폐산, 폐유기용제, 폐알칼리, 폐유 등 종류별로 구분하여 수집하여야 하며, 절대로 하수구나 싱크대에 버려서는 안 된다.
② 화학폐기물 수집 용기는 반드시 운반 및 용량 측정이 용이하고, 폐기물 성상 구분이 가능한 유리용기를 사용하여야 한다.
③ 시약 공병은 깨지지 않도록 기존 상자에 넣어 폐기물 보관 장소에 보관한다.
④ 수집 보관된 화학폐기물 용기는 폐액의 유출이나 악취가 발생되지 않도록 2중 마개로 닫는 등 필요한 조치를 하여야 한다.

> **풀이** 화학폐기물 수집용기는 반드시 운반 및 용량 측정이 용이한 플라스틱 용기를 사용하여야 한다. 캔용기는 장기간 보관 시 부식되어 폐액 유출에 따른 안전사고의 위험이 있으며, 유리용기는 장거리 운반 시 파손에 따른 위험이 있으므로 사용을 금지한다.

22 특정고압가스 사용 및 취급방법에 대한 설명으로 맞는 것은?

① 충전용기와 빈 용기를 구분하여 보관하며, 다른 용기와 함께 보관하여야 한다.

② 용기보관실 및 사용 장소에는 가죽끈이나 체인으로 고정하여 넘어지지 않도록 한다.

③ 산소가스와 관련된 압력계 및 압력 조정기 등은 질소 및 탄산가스 압력계와 교차하여 사용할 수 있다.

④ 액체가스는 초저온 액체이므로 눈 또는 피부에 접촉하지 않도록 조심해서 사용하여야 하고, 기름 성분이 묻어 있는 장갑 등으로 취급 시 기름을 잘 닦은 후 사용하여야 한다.

> **풀이** ① 충전용기와 빈 용기를 구분 보관하여야 하며, 다른 용기와는 함께 보관하지 않아야 한다.
> ③ 산소가스와 관련된 압력계 및 압력 조정기 등은 산소 전용을 사용하여야 한다.
> ④ 액체가스는 초저온 액체이므로 눈 또는 피부에 접촉하지 않도록 하며 액체 취급 시에는 보호구를 필히 착용한다.

23 방사능 기기 취급 시 필요한 주의사항으로 설명이 틀린 것은?

① 경험이 적은 취급자는 교육을 받은 후 취급해야 한다.

② 휴대용 γ선용 선량계 또는 중성자용 선량계를 항시 착용하여 수시로 개인의 피폭선량을 측정하고 그 측정량을 기록하고 관리하여야 한다.

③ 실험 시에는 오염에 의한 위험을 방지하기 위해 전용 고무장갑을 착용한다.

④ 실내는 방사능 오염방지를 위해 항상 깨끗이 청소를 실시하고, 실내 기기 특히 가속기실 내의 기기는 수시로 오염 여부를 확인한다.

> **풀이** 경험이 적은 취급자의 단독 조작은 원칙적으로 금한다.

24 작업환경에서 사용되는 오염물질의 노출정도를 정의하는 용어와 기관의 명칭이 올바르게 짝지어진 것은?

① OSHA – 권장노출한계(TWA) 　　② ACGIH – 최대허용한계치(TLV)

③ NIOSH – 단기노출한계(PELs)　　④ ACGIH – 최대작업장농도(REL)

> **풀이** NIOSH – 권장노출한계(REL), OSHA – 시간가중평균농도(TWA), 단기노출한계(STEL), 허용노출한계(PELs), ACGIH – 최대허용한계치(TLV), 독일 – 최대작업장농도(MAK)

정답 　22 ②　 23 ①　 24 ②

우리나라의 정도관리운영 규정

[환경시험 · 검사기관 정도관리 운영 등에 관한 규정]

┉01 총칙 및 운영 · 조직

▌용어 정의

1. 목적

이 규정은 시험 · 검사기관의 신뢰도를 확보하기 위하여 「환경분야 시험 · 검사 등에 관한 법률」(이하 "법"이라 한다) 제18조의2, 동법 시행령(이하 "영"이라 한다) 제13조의2, 동법 시행규칙(이하 "규칙"이라 한다) 제17조의3의 규정에 따라 시험 · 검사기관에 대한 정도관리를 합리적으로 시행하기 위한 숙련도 시험 및 현장평가 등에 필요한 세부적인 사항을 규정함을 목적으로 한다.

1) 환경분야 시험 · 검사 등에 관한 법률

제18조의2(시험 · 검사기관의 정도관리)

① 환경부장관은 제6조 제1항 각 호에 따른 분야에 대한 시험 · 검사등을 하는 자 중 대통령령으로 정하는 자(이하 "시험 · 검사기관"이라 한다)에 대하여 시험 · 검사 등에 필요한 능력과 시험 · 검사 등을 한 자료의 검증 등[이하 "정도관리"(精度管理)라 한다]을 할 수 있다.

② 정도관리의 판정 기준은 다음 각 호와 같다.
  1. 표준시료의 분석능력에 대한 숙련도
  2. 시험 · 검사기관에 대한 현장평가

③ 정도관리 결과 부적합 판정을 받은 시험 · 검사기관은 그 판정을 통보받은 날부터 해당 시험 · 검사 등을 할 수 없다.

④ 제3항에 따른 시험 · 검사기관이 해당 시험 · 검사 등을 다시 하려는 경우에는 부적합한 사항을 개선 · 보완한 후 환경부령으로 정하는 바에 따라 정도관리를 신청하여 적합 판정을 받아야 한다.

⑤ 환경부장관은 정도관리 결과 필요하다고 인정하면 시험 · 검사기관에 대하여 관련 장비 · 기기의 개선 · 보완 및 교육의 실시 등 그 밖에 필요한 조치를 명할 수 있다.

⑥ 시험 · 검사 등에 필요한 시료의 채취 · 의뢰, 시험 · 검사 등의 기록 유지 · 관리 등에 관한 세부사항은 환경부장관이 정하여 고시한다.

2) 환경분야 시험 · 검사 등에 관한 법률 시행규칙

제17조의3(정도관리의 결과의 통보 등)

① 국립환경과학원장이 법 제18조의2 제1항에 따라 정도관리를 실시한 경우에는 그 결과를 해당기관에 통보하여야 하고, 별표 11의2의 판정 기준에 적합한 것으로 평가된 기관에 대하여는 별지 제21호의2서식의 정도관리 검증서를 발급하여야 한다. 다만, **정도관리 검증서의 유효기간은 3년을 초과하지 않는 기간으로 한다.**

② 정도관리 검증서를 발급받은 시험 · 검사기관이 숙련도 시험에서 부적합 판정을 받은 경우에는 그 결과를 통보 받은 날부터 7일 이내에 기존에 발급받은 정도관리 검증서를 국립환경과학원장에게 반납하여야 한다.

③ 국립환경과학원장은 정도관리 실시결과를 다음 연도 2월 말까지 환경부장관에게 보고하여야 하고 이를 공고할 수 있다.

④ 제1항부터 제3항까지에서 규정한 사항 외에 정도관리를 위하여 필요한 세부적인 사항은 국립환경과학원장이 정하여 고시(환경시험 · 검사기관 정도관리 운영 등에 관한 규정)한다.

2 용어 정의

① 정도관리 : 시험 · 검사기관이 시험 · 검사 결과의 신뢰도를 확보하기 위하여 내부적으로 ISO/IEC 17025를 인용한 별표 1에 따라 정도관리 시스템을 확립 · 시행하고 외부적으로 이에 대한 주기적인 검증 · 평가를 받는 것

② 대상기관 : 영 제13조의2 제1항 각 호에 규정된 시험 · 검사기관과 규칙 제17조의4 등의 규정에 의하여 정도관리 신청을 한 기관

③ 숙련도 시험 : 정도관리의 일부로서 시험 · 검사기관의 정도관리 시스템에 대한 주기적인 평가를 위하여 표준시료에 대한 시험 · 검사 능력과 시료채취 등을 위한 장비운영 능력 등을 평가하는 것

④ 현장평가 : 정도관리를 위하여 평가위원이 시험 · 검사기관을 직접 방문하여 시험 · 검사기관의 정도관리 시스템 및 시행을 평가하기 위하여 시험 · 검사기관의 기술인력 · 시설 · 장비 및 운영 등에 대한 실태와 이와 관련된 자료를 검증 · 평가하는 것

⑤ 정도관리 검증기관 : 국립환경과학원장이 실시하는 정도관리를 받고 법 제18조의2 및 규칙 별표 11의2의 정도관리 판정기준에 적합 판정을 받음으로써 정도관리 검증서를 교부받은 시험 · 검사기관

❸ 시험 · 검사기관에 대한 요구사항(ISO 17025)

① 시험 · 검사기관은 시험검사결과에 대한 신뢰도를 확보하기 위하여 시험 · 검사기관에 대한 요구
사항에 따라 해당 기관의 방침, 목표 및 업무절차를 체계적으로 문서화하여 이에 따른 시스템을
확립하고 실행하여야 함
② 정도관리를 실시하여야 함
③ 정도관리 품질문서 작성 의무가 있음

❹ 운영 및 조직

1. 정도관리 업무

1) 과학원장 수행 정도관리 업무

① 정도관리 운영을 위한 시스템 구축 및 운영
② 정도관리 계획 수립 및 보고
③ 정도관리 업무와 관련된 규정의 제 · 개정
④ 정도관리 심의회와 기술위원회 구성 및 운영
⑤ 숙련도 시험 및 표준시료 제조 · 공급
⑥ 현장평가
⑦ 정도관리 검증기관 기관 사후관리
⑧ 현장평가 평가위원 위촉 및 관리
⑨ 정도관리 관련 국내 타부처 및 국제 협력
⑩ 최초 정도관리 및 재신청에 의한 정도관리 업무
⑪ 기타 정도관리 업무 수행에 필요한 사항
⑫ 현장평가업무는 시 · 도보건환경연구원과 공동으로 실시할 수 있음

2) 현장평가 업무

시 · 도보건환경연구원과 공동으로 실시할 수 있음

2. 정도관리 심의회와 기술위원회 구성

① 정도관리심의회는 정도관리 담당부서 부장이 위원장, 위원은 분야별 기술위원 1인 이상
② 분야별 기술위원회로 두고, 각 기술위원회별 외부 또는 과학원 내부의 각 분야별 전문가 등
20명 이내 위원을 둠

③ 심의회와 기술위원회의 운영을 위해 간사 선임 가능

3. 심의회와 기술위원회의 기능

심의회와 기술위원회 다음 각 호의 사항을 심의 · 의결

심의회	기술위원회
• 대상기관에 대한 정도관리 평가보고서 및 보완 조치 결과 등을 통한 정도관리 결과의 적합 또는 부적합 여부의 판정에 관한 사항 • 정도관리 평가위원의 위촉 및 해촉 심의 • 이의 또는 불만처리에 대한 최종 결정 및 분쟁 조정에 관한 사항 • 그 밖에 과학원장이 필요하다고 인정하는 사항	• 분야별 정도관리와 관련된 기술기준에 관한 사항 • 현장평가 시 기술적 쟁점에 관한 사항 • 정도관리 시행계획 수립에 관한 사항 • 숙련도 시험의 판정기준 도출 및 표준시료 설정값 확정에 관한 사항 • 현장평가 내용 및 점검표 개선에 관한 사항 • 그 밖에 과학원장이 필요하다고 판단되는 사항

※ 환경분야 시험 · 검사 등에 관한 법률 시행규칙 제17조의2(정도관리심의회 등)

① 국립환경과학원장은 법 제18조의2 제1항에 따른 정도관리(이하 "정도관리"라 한다)를 위한 평가 및 검증 등에 관한 주요사항을 심의하기 위하여 정도관리심의회를 둘 수 있고, 기술적 자문을 위하여 기술위원회를 둘 수 있다.

② 정도관리심의회와 기술위원회의 구성 및 운영에 관한 사항 등은 **국립환경과학원장이 정하여 고시(환경시험 · 검사기관 정도관리 운영 등에 관한 규정)한다.**

4. 기술위원회의 위원 위촉

① 위원은 분야별 전문가로 과학원장이 위촉

② 위원의 임기는 3년, 연임 가능

③ 특별한 사유 없이 연 3회 이상 기술위원회 불참, 위원회 운영에 대한 중대한 지장을 야기하는 경우 해촉 가능

5. 심의회 및 기술위원회 운영

① 심의회 의결은 재적위원 과반수의 출석과 출석위원 과반수 찬성으로 의결하며 서면 심의로 의결 가능

② 기술위원회의 장은 해당 기술위원회를 대표하고 업무를 총괄

③ 과학원장은 정도관리와 관련된 사항에 대해 검토 자문하고자 하는 경우는 기술위원회를 소집할 수 있고, 분야별 내부위원으로 구성된 기술위원회 소집 가능, 부득이한 사유로 회의 불참시 서면으로 의견 제출 가능

6. 정도관리 평가위원

① 영 제13조의2 제3항 제2호에 따라 현장평가 수행을 위한 평가위원 위촉

② 평가위원 자격은 다음과 같다.

> 1. 정도관리 평가위원은 국립환경인력개발원의 평가위원 양성과정을 이수하거나 그와 동등 또는 그 이상의 자격이 있다고 판단되는 자 및 KOLAS 평가사에 한한다.
> 2. 전문대학을 졸업한 후 7년 이상, 또는 학사학위를 취득한 후 5년 이상, 또는 석사학위 취득 후 3년 이상 환경분야 시험 · 검사나 정도관리 등에 대한 경력을 갖춘 자, 또는 관련분야 전공의 박사학위를 취득한 자
> 3. 환경관련 분야의 산업기사 자격을 취득한 후 7년 이상, 또는 기사 자격을 취득한 후 5년 이상 환경분야 시험 · 검사 경력을 갖춘 자, 또는 관련분야 기술사 자격을 취득한 자, 또는 정도관리 현장평가의 자문위원으로 10회 이상 참여한 자
> 4. 규칙 제20조에 따라 환경측정분석사 자격을 취득한 후 3년 이상 환경분야 시험 · 검사 경력을 갖춘 자

③ 평가위원 임기는 3년으로 하되 3년의 범위 내에서 재위촉 가능

④ 평가위원 해촉 사유

   ㉠ 거짓 또는 기타 부정한 방법으로 정도관리 평가위원 자격을 취득한 경우

   ㉡ 대상기관 또는 이해관계자로부터 평가와 관련하여 향응, 금품을 제공받거나 기타 경제적 이익을 획득한 경우

   ㉢ 과학원장으로부터 부여받은 현장평가 범위 외의 평가활동을 하거나, 부정확하고 불공정 하게 평가를 수행하여 과학원의 명예를 저해한 경우

실전 예상문제

01 측정분석기관 정도관리의 방법 등에 관한 규정에 대한 기술 중 잘못된 것은?

① "대상기관"이라 함은 영 제13조의2 제1항 각 호에 규정된 시험·검사기관과 규칙 제17조의4 등의 규정에 의하여 정도관리 신청을 한 기관을 말한다.

② "정도관리 검증기관"이라 함은 국립환경과학원장(이하 "과학원장"이라 한다)이 실시하는 정도관리 (숙련도시험 및 현장평가)를 받고 법 제18조의2 및 규칙 별표 11의2의 정도관리 판정기준에 적합 판정을 받음으로써 정도관리 검증서를 교부받은 시험·검사기관을 말한다.

③ "숙련도시험"이라 함은 정도관리의 일부로서 측정분석기관의 분석능력을 향상시키기 위하여 일반 시료에 대한 분석능력 또는 장비운영 능력을 평가하는 것을 말한다.

④ "현장평가"라 함은 정도관리를 위하여 평가위원이 시험·검사기관을 직접 방문하여 시험·검사기 관의 정도관리 시스템 및 시행을 평가하기 위하여 시험·검사기관의 기술인력·시설·장비 및 운 영 등에 대한 실태와 이와 관련된 자료를 검증·평가하는 것을 말한다.

풀이 "숙련도 시험"이라 함은 정도관리의 일부로서 시험·검사기관의 정도관리 시스템에 대한 주기적인 평가를 위하여 표준시료에 대한 시험·검사 능력과 시료채취 등을 위한 장비운영 능력 등을 평가하는 것을 말한다.

02 정도관리 기술위원회 위원의 위촉에 대한 설명으로 틀린 것은?

2013
제5회

① 위원은 분야별 전문가로 과학원장이 위촉한다.

② 위원의 임기는 3년이며, 연임할 수 없다.

③ 특별한 사유 없이 연 3회 이상 기술위원회에 불참하는 경우 해촉할 수 있다.

④ 위원회 운영에 대한 중대한 지장을 야기하는 경우 해촉 가능하다.

풀이 위원의 임기는 3년으로 하며, 연임할 수 있다.

03 정도관리(QC ; quality control)와 관련된 법적 근거에 대한 해설로 맞지 않는 것은?

2012
제4회

① '환경기술 개발 및 지원에 관한 법률'이 법적 근거이다.

② 환경오염물질 측정분석기관에 대한 측정분석 능력 향상을 목적으로 한다.

③ 환경오염물질 측정분석결과에 대한 정확성 및 신뢰성 확보를 목적으로 한다.

④ 정도관리는 5년마다 시행한다.

풀이 환경분야 시험·검사 등에 관한 법률이 법적 근거로 시험검사기관의 정도관리는 3년에 한 번씩 시행한다.

정답 01 ③ 02 ② 03 ④

04 '환경시험 · 검사기관 정도관리 운영 등에 관한 규정'에서 과학원장이 수행해야 하는 정도관리 업무 대한 기술 중 틀린 것은?

① 정도관리 운영을 위한 시스템 구축 및 운영
② 현장평가
③ 정도관리 검증기관 기관 사후관리
④ 최초 정도관리 신청

풀이 정도관리 신청은 대상기관에서 한다.

05 정도관리를 운용하는 목적으로 적합하지 않은 것은?
2011
제2회
① 시험검사의 정밀도 유지
② 정밀도 상실의 조기 감지 및 원인 추적
③ 타 실험실에 비하여 법적 우월성 유지
④ 검사 방법 및 장비의 비교 선택

풀이 실험실에서 정도관리를 운영하는 목적은 신뢰할 수 있는 분석결과를 획득하기 위한 것임. 이를 위해서는 분석 방법과 분석기기는 분석목적에 타당한지 검증하여 선택하고, 그것으로 생산된 데이터가 정밀도 정확도 등 관리기준에 적합해야 실제 시료분석에서 신뢰할 수 있는 분석결과를 획득할 수 있음

06 환경부의 정도관리제도와 지식경제부의 한국인정기구(KOLAS)에 대한 해설로 잘못된 것은?
2011
제2회
① 두 제도는 ISO/IEC 17025를 바탕으로 운영되고 있으며, 평가사를 통한 현장평가 위주로 실시되고 있다.
② 정도관리제도와 KOLAS는 환경 관련 분석 기관이 의무적으로 수행하여야 한다.
③ 정도관리제도는 '환경기술개발 및 지원에 관한 법률 제14조'에 근거를 두고 있으며, KOLAS는 '국가표준 기본법 시행령 제16조'에 근거하고 있다.
④ KOLAS는 측정불확도를 도입하고 있지만, 정도관리제도는 측정불확도를 도입하고 있지 않다.

풀이 환경부의 정도관리제도는 의무적이지만. KOLAS의 정도관리제도는 신청에 의해 정도관리를 실시하고 있다.

07 정도관리 심의회의 기능이 아닌 것은?

2010
제1회

① 정도관리 평가위원의 자격기준 심의에 관한 사항
② 이의 또는 불만처리에 대한 최종결정 및 분쟁 조정에 관한 사항
③ 분야별 정도관리와 관련된 기술기준에 관한 사항
④ 대상기관에 대한 보완조치 결과를 통한 우수 또는 미달 여부 판정에 관한 사항

풀이 분야별 정도관리와 관련된 기술기준에 관한 사항은 기술위원회에 해당되는 내용으로 심의회의 기능은 아니다.

08 정도관리 기술위원회의 기능이 아닌 것은?

① 분야별 정도관리와 관련된 기술기준에 관한 사항
② 현장평가 시 기술적 쟁점에 관한 사항
③ 현장평가 내용 및 점검표 개선에 관한 사항
④ 정도관리 평가위원의 자격기준 심의에 관한 사항

풀이 정도관리 평가위원의 자격기준 심의에 관한 사항은 심의회의 기능으로 기술위원회의 기능은 아니다.

09 정도관리 심의회와 기술위원회에 대한 설명으로 틀린 것은?

① 정도관리 심의회는 정도관리 담당부서 부장이 위원장이고, 위원은 분야별 기술위원을 1인 이상 되도록 구성하여야 한다.
② 분야별 기술위원회를 두고, 각 기술위원회별 외부 또는 과학원 내부의 각 분야별 전문가 등 9명의 위원을 둔다.
③ 심의회와 기술위원회의 운영을 위하여 각각 간사를 둘 수 있다.
④ 기술위원의 임기는 3년으로 하며, 연임을 할 수 있다.

풀이 분야별 기술위원회를 두고, 각 기술위원회별 외부 또는 과학원 내부의 각 분야별 전문가 등 20명 이내 위원을 둔다.

10 심의회 및 기술위원회의 운영에 관한 사항으로 틀린 것은?

① 기술위원회의 장은 해당 기술위원회를 대표하고 업무를 총괄한다.

② 과학원장은 정도관리와 관련된 사항에 대한 검토 및 자문이 필요하다고 판단되는 경우는 분야별 내부위원으로 구성된 기술위원회를 소집할 수 있다.

③ 심의위원장은 심의 및 의결하고자 하는 경우 또는 필요하다고 인정하는 경우에 심의회를 소집하고 그 결과를 과학원장에게 보고하여야 한다.

④ 심의회의 의결은 재적위원 과반수의 출석과 출석위원 2/3의 찬성으로 의결하며, 서면 심의로 의결할 수도 있다.

> **풀이** 심의회의 의결은 재적위원 과반수의 출석과 출석위원 과반수의 찬성으로 의결하며, 서면 심의로 의결할 수도 있다.

11 정도관리 업무 내용이 아닌 것은?

① 정도관리 운영을 위한 시스템 구축 및 운영

② 정도관리 검증기관 기관 사후관리

③ 숙련도 시험 및 표준시료 제조 공급

④ 타부처 정도관리 수행

> **풀이** 정도관리 관련 국내 타부처 및 국제 협력은 할 수 있지만 타부처의 정도관리는 수행할 수 없다.

12 정도관리 평가위원의 자격으로 틀린 것은?

① 국립환경인력개발원의 평가위원 양성과정을 이수하거나 그와 동등 또는 그 이상의 자격이 있다고 판단되는 자

② KOLAS 평가사

③ 기술사 자격을 취득한 자, 또는 정도관리 현장평가의 자문위원으로 10회 이상 참여한 자

④ 환경측정분석사 자격을 취득한 자

> **풀이** 규칙 제20조에 따라 환경측정분석사 자격을 취득한 후 3년 이상 환경분야 시험 · 검사 경력을 갖춘 자

┅02 환경시험 · 검사기관에 대한 요구사항

[환경시험 · 검사기관 정도관리 운영 등에 관한 규정 별표 1]

1 서문

시험 · 검사기관에 대한 기본적인 요구사항으로서 ISO/IEC 17025(시험기관 및 교정기관의 자격에 관한 일반요구사항) 및 ISO/IEC 17020(검사기관 운영에 대한 일반기준)을 바탕으로 하며 환경시험 · 검사기관의 국제적 적합성 확보와 시험 · 검사 결과의 신뢰도 향상을 목표로 한다.

2 적용범위

「환경분야 시험 · 검사 등에 관한 법률」 제18조의2 제2항, 동법 시행령 제13조의2 제3항의 현장평가를 위한 기준으로 적용한다.

3 경영요건

1. 조직

품질시스템의 이행을 총괄하는 품질책임자 및 기술적 업무를 총괄하는 기술책임자를 선임하고 각 책임자는 시험 · 검사기관의 최고 경영자로부터 필요한 권한과 자원을 위임

2. 품질시스템

품질시스템 문서를 갖추고 품질 시스템의 모든 절차들을 개략적으로 기술, 최고 경영자의 권한 하에 발행

3. 문서관리

① 품질시스템의 일부로서 발행되는 모든 문서는 담당책임자에게 검토 승인 후 발행

② 문서 변경
   ㉠ 문서의 변경은 특별히 규정하지 않는 한, 동일한 문서 발행 및 승인 절차로 수행
   ㉡ 문서의 변경 시 수정되거나 새로운 내용은 해당 문서 또는 첨부물에서 식별 가능하도록 표시
   ㉢ 문서의 수작업 수정에 대한 절차 및 권한을 규정하고 문서의 재발행 시 이에 따라서 수행

㉣ 전자문서에 대한 변경 및 통제절차를 수립하고 이에 따라 수행

4. 시험의뢰 및 계약 시 검토

① 시험방법을 포함한 의뢰자의 요구사항을 이해 가능하도록 작성하고 문서화
② 고객의 요구사항을 만족시킬 수 있는 능력과 자원의 보유
③ 시험방법의 적절한 선택과 고객의 요구사항에 대한 만족한 대응

5. 시험의 위탁

① 시험업무를 타 기관에게 위탁하는 경우, 시험 · 검사기관은 수탁기관이 해당시험을 수행할 수 있는 능력이 있음을 보장한다.
② 시험 · 검사기관은, 고객 또는 법적으로 위탁기관을 지정한 경우를 제외하고는 위탁기관의 업무에 대한 책임을 진다.
③ 등록 · 지정 · 인정받은 시험 · 검사기관이 시험검사를 위탁하고자 할 때 관련 법률에 별도로 규정되어 있는 경우, 그 법률에 따른 위탁의 허용 범위를 벗어날 수 없다.

[비고]
1. 등록 · 지정 · 인정된 시험 · 검사기관의 경우 관련 법률에 대부분 위탁을 허용하고 있지 않다. 따라서 정도관리(숙련도시험 또는 현장평가) 부적합 판정을 받은 경우에는 시료채취부터 성적서 발급까지 일련의 시험 업무를 할 수 없는 예기치 못한 상황에 해당되므로 이때에 한하여 위탁에 대한 방침을 규정하고 있어야 한다. 단, 이 경우에도 부적합 통보를 받기 전에 채취해온 시료에 대해서만 위탁할 수 있다.
2. 법정기관은 법정 업무를 수행하는 기관 간에 업무협약 등을 통하여 예기치 못한 상황에 대응할 수 있다.

---

6. 서비스 및 물품구매

① 시험실의 기술적 운영에 필요한 소모품의 구입 · 수령 및 보관에 대한 문서화된 절차 수립
② 환경시험 · 검사업무의 품질에 영향을 미치는 중요한 소모품 · 물품 및 서비스 공급자에 대한 기록 목록화

7. 고객에 대한 서비스

8. 부적합 업무 관리 및 보완조치

시험 · 검사기관은 시험 업무 또는 시험 · 검사의 결과가 해당기관의 절차 또는 고객의 요구사항

과 맞지 않을 때 이행되는 보완조치에 대한 방침과 절차 보유

① 부적합 업무 관리에 대한 책임자 지정

② 부적합 업무가 확인되었을 때의 조치사항이 규정되어 있으며 이행

③ 품질책임자에 의한 보완조치 결과에 대한 검토 절차가 명시

[비고]
1. 부적합 업무는 고객의 불만, 품질관리, 숙련도 시험 성적서, 장비교정, 내부심사, 외부심사(현장평가), 경영검토 등을 통해 발생
2. 보완조치를 위한 방침과 절차에는 원인분석, 시정조치의 이행 및 내용에 대한 확인이 필요

---

9. 기록 관리

① 기관마다의 특정한 상황과 관련법에 준하여 기록시스템을 유지 관리하고 있음

② 기록보유기간은 **최소 3년간 보관**

③ 기록물은 읽기 쉽게 기록

※ 환경분야 시험 · 검사등에 관한 법률 시행규칙 제13조(검사기록의 보존)

검사기관은 법 제15조에 따라 정도검사나 검정의 결과를 별지 제7호서식의 정도검사 점검표나 별지 제11호서식의 성적서에 기록하고, 그 **결과를 2년 동안 보관하여야 한다**. 다만, 정도검사주기가 2년을 넘는 경우에는 그 기간 동안 보관하여야 한다.

10. 내부 정도관리 평가(경영심사 및 내부 심사)

① 품질책임자의 책임하에 정해진 일정, 정해진 일정표와 절차에 따라 정기적인 내부 정도관리 평가(최소 연 1회)를 실시하도록 규정하고 이를 실행하고 있다.

② 내부 정도관리 평가는 여건이 허락하는 한도 내에서 **독립적이며, 적절한 훈련을 통해 자격을 갖춘 직원에 의해 실시되어야 한다.**

③ 내부 정도관리 사항 · 결과 및 이에 따른 **시정조치를 기록하여야 한다.**

④ 내부 정도관리에서는 취해진 **시정조치의 이행 및 효과를 검증하고 기록하여야 한다.**

※ 내부정도관리 평가 시 고려 사항
- 품질목표의 달성도
- 품질시스템에서 규정한 절차의 준수
- 품질방침과 절차의 적합성
- 시정조치 및 예방조치
- 숙련도 시험 결과
- 불만사항

- 주어진 임무의 수행 만족도
- 시험결과의 품질
- 최근에 실시한 내부심사의 결과
- 외부기관에 의한 평가
- 고객의 피드백
- 품질목표 달성을 위한 직원의 교육 및 훈련

---

4 기술요건

1. 직원

① 직원의 교육, 훈련 제공 및 방침과 절차 보유
② 주기적인 숙련도시험이나 실험실 관리시료 분석을 통한 정확도, 정밀도 유지

2. 시설 및 환경조건

① 시험·검사기관은 시험실 시설 및 환경조건에 대한 기술적 요구사항을 문서화
② 교차오염 등을 방지하기 위해 시험결과에 영향을 미칠 수 있는 시험실 또는 통제구역의 출입 제한이 적절하게 관리

3. 시험방법 및 유효성 확인

① 해당하는 시험업무에 대해 적절한 방법과 절차[시료채취, 시료취급, 시료운반, 시료보관, 전처리 및 결과분석 등의 시험과정에 대한 전반적인 절차]에 관한 품질지침서를 보유해야 한다.
② 환경오염공정시험기준을 우선적으로 사용하며, 최신본을 사용한다.
   ※ 환경오염공정시험기준 이외의 방법이라도 측정결과가 같거나 그 이상의 정확도가 있다고 국제 또는 국가 규격으로 공인한 방법은 이를 사용할 수 있다.
   ※ 환경오염공정시험기준 및 국제 또는 국가 규격으로 공인된 방법을 사용하는 경우에도 방법검출한계 등 공정시험기준 6.0 QA/QC에 제시된 내부정도관리 요소에 대한 시험을 연 1회 이상 실시하며, 분석자의 교체, 분석 장비의 수리 및 이동 등의 주요 변동사항이 생길 경우에는 다시 실시하여 유효성을 확인한다.
③ 시험인력 변경 시 시험 이전에 시험방법 운영 능력을 확인한다.
④ 장비, 시설의 변화가 있을 경우 시험방법 운영 능력을 재확인한다.

4. 시험장비 및 표준물질

시험장비의 운영에 대해 다음 사항을 준수한다.
① 시험장비의 정상적 작동
② 요구되는 정확도의 달성
③ 요구되는 사양의 만족
④ 사용 전 점검 및 교정
⑤ 권한을 부여받은 직원에 의한 운영
⑥ 장비의 운영과 유지관리에 대한 절차서 사용

> ※ 정도검사 대상장비 : 환경분야 시험·검사 등에 관한 법률 시행규칙 제2조에 해당되는 환경측정기기
> ※ 교정대상 장비 : 저울, 인큐베이터(미생물 및 BOD), 건조기(부유물질 또는 먼지 측정 여과지 건조에 사용되는 경우에 한함), 오토피펫 등이 해당된다.

5. 시료채취

시료채취 기록은 다음 사항을 포함해야 한다.

① 시료명(또는 시료번호)   ② 사용된 시료채취 방법
③ 시료채취자   ④ 환경조건(필요한 경우)
⑤ 시료채취 일시 및 장소   ⑥ 시료채취량
⑦ 현장에서의 측정 내용

6. 시료관리

시료관리는 다음 사항을 포함해야 한다.

① 시료명(시험실 시료 ID 번호)   ② 시료접수 일시
③ 시료 인계자 및 인수자   ④ 현장 측정결과(필요한 경우)
⑤ 특이사항

7. 시험결과의 보증

분석업무의 유효성을 주기적으로 점검할 수 있는 품질관리 절차를 보유 및 이행

※ 품질보증 방법

1. 국립환경과학원에서 운영하는 숙련도 시험 또는 국제적인 숙련도 시험 프로그램에 참여함으로써 시험결과에 대한 보증을 하고자 하는 경우, '환경분야 시험검사 등에 관한 법률 시행규칙'의 정도관리 판정기준에 적합하다는 판정을 받아야 한다.
2. 시험·검사기관이 운영하는 시험 항목 중 국립환경과학원에서 운영하는 숙련도 시험 항목에 포함되지 않는 항목에 대해서는 환경오염공정시험기준 각 시험방법의 "QA/QC"를 연 1회 이상 이행함으로써 시험결과를 보증할 수도 있다.
3. 그 외 ISO 17025 '5.9 시험 및 교정 결과의 품질보증'에 제기된 방법으로도 품질을 보증할 수 있다.

8. 결과보고

실전 예상문제

01 품질 문서 작성 시, 측정분석 기관의 시료 채취 기록사항으로 반드시 기록하지 않아도 되는 것은?

2012 제3회
2014 제6회

① 사용된 시료 채취 방법
② 시료 채취자
③ 환경조건
④ 시료 채취 일시 및 장소

풀이 환경조건은 필요한 경우 기록하는 사항으로 필수 조건은 아니다.

02 ISO/IEC 17025에서 기술한 소급성(traceability)의 구성 요소가 아닌 것은?

2013 제5회

① 끊이지 않는 비교 고리(an unbroken chain of comparison)
② 측정 불확도(uncertainty)
③ 문서화(documentation)
④ 정확도(accuracy)

풀이 측정 소급성은 비교의 끊어지지 않는 고리로 자격, 측정 능력 및 소급성을 입증할 수 있는 기관의 교정 서비스를 이용함으로써 보장하여야 한다. 이러한 교정기관이 발행한 교정 증명서는 측정 불확도 또는 확인된 도량형식 시방에 대한 적합성 진술을 포함하는 측정 결과를 수록하여야 하므로, ①, ②, ③이 답이다.

03 시험검사기관의 정도관리 활동으로 적합하지 않은 것은?

2012 제4회

① 기술책임자가 기관의 문서의 변경, 폐기를 최종 결정
② 시험용 초자류를 구매할 때 구매물품 검수
③ 직원의 시험 능력 향상 교육
④ 문서 및 기록의 관리

풀이 시험검사기관은 품질시스템을 갖추고 문서관리, 시험의뢰 및 계약시 검토, 시험의 위탁, 서비스 및 물품구매, 고객에 대한 서비스, 부적합 업무관리 및 보완조치, 기록관리 등을 해야 하고, 품질책임자의 책임하에 내부 정도관리평가를 실시하도록 한다.

04 측정분석기관이 장비 운영을 위하여 준수해야 할 사항이 아닌 것은?

2012 제3회

① 시험장비의 정상적 작동
② 요구되는 정확도의 달성
③ 요구되는 사양의 만족
④ 실험실의 모든 직원에 의한 운영

풀이 시험 장비 운영은 권한을 부여받은 직원에 의해 운영되어야 한다.

정답 01 ③ 02 ④ 03 ① 04 ④

05 환경분야 측정분석기관 정도관리의 경영요건 내용에 해당되지 않는 것은?

2012
제3회

① 시험 결과의 보증　　　　　　　　　② 시험의 위탁
③ 서비스 및 물품 구매　　　　　　　④ 부적합 업무 관리 및 보완 조치

풀이 경영요건은 조직, 품질시스템, 문서 관리, 시험의뢰 및 계약 시의 검토, 시험의 위탁, 서비스 및 물품 구매, 고객에 대한 서비스, 부적합 업무 관리 및 보완조치, 기록 관리, 내부 정도관리 평가 등에 해당되며, 시험결과의 보증은 기술요건에 해당되는 내용이다.

06 ISO/IEC 17025의 기술 요건 중 '시험결과의 보고' 요건과 가장 거리가 먼 것은?

2011
제2회

① 분석 업무의 유효성을 주기적으로 점검
② 시험 결과 보증계획서 작성
③ 시험 방법상 품질관리 허용기준이 없는 경우 기준 수립 절차 보유
④ 유효성을 점검할 수 있는 품질관리 절차 보유 및 이행

풀이 시험검사기관은 분석업무의 유효성을 주기적으로 점검할 수 있는 품질관리 절차를 보유하고 이행하며, 시험방법 또는 규제상의 품질관리 허용기준이 없는 경우 품질관리 기준 수립에 대한 절차를 보유하고 있다.

07 환경분야 측정분석기관 정도관리 평가내용에서 기술요건에 해당하지 않는 것은?

2010
제1회

① 운영에 관한 사항　　　　　　　　　② 인력에 관한 사항
③ 시설에 관한 사항　　　　　　　　　④ 시험방법에 관한 사항

풀이 운영에 관한 사항은 경영조건에 해당되는 내용이다.

08 환경분야 측정분석기관 정도관리 평가내용에서 경영요건에 해당하지 않는 것은?

① 시험의뢰 및 계약 시 검토　　　　　② 시험방법
③ 기록 관리　　　　　　　　　　　　④ 시험의 위탁

풀이 시험방법에 관한 사항은 기술요건에 해당되는 내용이다.

09 품질 문서 작성 시, 측정분석 기관의 시료 관리 사항으로 반드시 기록하지 않아도 되는 것은?

① 시료명　　　　　　　　　　　　　② 시료 인계자 및 인수자
③ 현장측정 결과　　　　　　　　　　④ 특이사항

풀이 현장 측정 결과는 필요한 경우만 포함한다.

정답　05 ①　06 ②　07 ①　08 ②　09 ③

10 환경시험검사기관에 대한 요구사항의 경영요건 중 기록관리 내용 중 틀린 것은?

① 기록에 대한 기록보유기간을 수립하고 시험과 관련된 자료들은 최소 3년간 보관하고 있어야 한다.
② 시험검사기관은 기관마다의 특정한 상황과 관련법에 준하여 기록시스템을 유지·관리하고 있다. 기록은 전자매체로 기록해야 하며, 인쇄물이나 복사물은 없어질 가능성이 있기 때문에 인정하지 않는다.
③ 시험검사기관은 전자적으로 저장된 기록을 보호 및 예비파일로 재저장하고 저장된 기록들의 수정 또는 무단 접근의 방지를 위한 절차를 갖추고 있어야 한다.
④ 기록물은 읽기 쉽게 기록하여야 한다.

풀이 기록은 인쇄, 복사 또는 전자매체 등 어떠한 방식으로도 가능하다.

11 환경시험·검사기관 요구사항(IOC/IEC 17025) 중 내부 정도관리 평가에 대한 설명으로 적당하지 않은 것은?

① 내부정도관리는 기술책임자의 책임하에 정해진 일정, 정해진 일정표와 절차에 따라 실시한다.
② 내부정도관리는 최소 연 1회 이상 실시한다.
③ 내부 정도관리 평가는 여건이 허락하는 한도 내에서 독립적이며, 적절한 훈련을 통해 자격을 갖춘 직원에 의해 실시되어야 한다.
④ 내부 정도관리 사항·결과 및 이에 따른 시정조치를 기록하여야 한다.

풀이 내부 정도관리 평가(경영심사 및 내부 심사)
① 품질책임자의 책임하에 정해진 일정, 정해진 일정표와 절차에 따라 정기적인 내부 정도관리 평가(최소 연 1회)를 실시하도록 규정하고 이를 실행하고 있다.
② 내부 정도관리 평가는 여건이 허락하는 한도 내에서 독립적이며, 적절한 훈련을 통해 자격을 갖춘 직원에 의해 실시되어야 한다.
③ 내부 정도관리 사항·결과 및 이에 따른 시정조치를 기록하여야 한다.
④ 내부 정도관리에서는 취해진 시정조치의 이행 및 효과를 검증하고 기록하여야 한다.

12 환경시험·검사기관 요구사항(IOC/IEC 17025) 중 내부 정도관리 평가 시 고려해야 할 사항으로 적당하지 않은 것은?

① 품질방침과 절차의 적합성
② 시험결과의 품질
③ 숙련도 시험 항목
④ 품질목표 달성을 위한 직원의 교육 및 훈련

풀이 숙련도 시험 항목이 아닌 결과에 대한 검토를 한다.

※ 내부정도관리 평가 시 고려 사항
- 품질목표의 달성도
- 품질시스템에서 규정한 절차의 준수
- 품질방침과 절차의 적합성
- 시정조치 및 예방조치
- 숙련도 시험 결과
- 불만사항
- 주어진 임무의 수행 만족도
- 시험결과의 품질
- 최근에 실시한 내부심사의 결과
- 외부기관에 의한 평가
- 고객의 피드백
- 품질목표 달성을 위한 직원의 교육 및 훈련

---

13 환경시험 · 검사기관 요구사항(IOC/IEC 17025) 중 문서의 변경에 대한 설명으로 적당하지 않은 것은?

① 문서의 변경은 특별히 규정하지 않는 한, 동일한 문서 발행 및 승인 절차로 수행한다.
② 문서의 변경 시 수정되거나 새로운 내용은 해당 문서 또는 첨부물에서 식별 가능하도록 표시한다.
③ 문서의 수작업 수정에 대한 절차 및 권한을 규정하고 문서의 재발행 시 이에 따라서 수행한다.
④ 일반 문서는 변경 및 통제절차를 수립해야 하나 전자문서의 경우 변경 및 통제절차를 수립하지 않아도 된다.

풀이 전자문서인 경우에도 반드시 변경 및 통제절차를 수립하고 이에 따라 수행해야 한다.

14 환경시험 · 검사기관 요구사항(IOC/IEC 17025) 중 시험의 위탁에 대한 설명으로 적절하지 않은 것은?

① 시험업무를 타 기관에게 위탁하는 경우, 시험 · 검사기관은 수탁기관이 해당시험을 수행할 수 있는 능력이 있음을 보장해야 한다.
② 시험 업무를 위탁 받은 기관은 시험결과에 대하여 법적인 책임을 진다.
③ 등록 · 지정 · 인정받은 시험 · 검사기관이 시험검사를 위탁하고자 할 때 관련 법률에 별도로 규정되어 있는 경우, 그 법률에 따른 위탁의 허용 범위를 벗어날 수 없다.
④ 법정기관은 법정 업무를 수행하는 기관 간에 업무협약 등을 통하여 예기치 못한 상황에 대응할 수 있다.

풀이 시험 · 검사기관은, 고객 또는 법적으로 위탁기관을 지정한 경우를 제외하고는 위탁기관의 업무에 대한 책임을 진다.

정답 13 ④ 14 ②

15 환경시험 · 검사기관 요구사항(IOC/IEC 17025) 중 부적합 업무 관리 및 보완조치에 대한 설명으로 적절하지 않은 것은?

① 기술책임자에 의한 보완조치 결과에 대한 검토 절차가 명시되어야 한다.
② 부적합 업무가 확인되었을 때의 조치사항이 규정되어 있으며 이를 이행해야 한다.
③ 보완조치를 위한 방침과 절차에는 원인분석, 시정조치의 이행 및 내용에 대한 확인이 필요하다.
④ 부적합 업무는 고객의 불만, 품질관리, 숙련도 시험 성적서, 장비교정, 내부심사, 외부심사(현장평가), 경영검토 등을 통해 발생한다.

풀이 품질책임자에 의한 보완조치 결과에 대한 검토 절차가 명시되어야 한다.

16 환경시험 · 검사기관 요구사항(IOC/IEC 17025) 중 시험방법 및 유효성 확인에 대한 설명으로 적절하지 않은 것은?

① 해당하는 시험업무에 대해 적절한 방법과 절차가 명시된 품질지침서를 보유해야 한다.
② 환경오염공정시험기준을 우선적으로 사용하며, 최신본을 사용해야 한다.
③ 환경오염공정시험기준 이외의 방법이라도 측정결과가 같거나 그 이상의 정확도가 있다고 국제 또는 국가 규격으로 공인한 방법은 이를 사용할 수 있다.
④ 환경오염공정시험기준 및 국제 또는 국가 규격으로 공인된 방법을 사용하는 경우 공정시험기준 6.0 QA/QC에 제시된 내부정도관리 요소에 대한 시험을 생략할 수 있다.

풀이 환경오염공정시험기준 및 국제 또는 국가 규격으로 공인된 방법을 사용하는 경우에도 방법검출한계 등 공정시험기준 6.0 QA/QC에 제시된 내부정도관리 요소에 대한 시험을 연 1회 이상 실시하며, 분석자의 교체, 분석 장비의 수리 및 이동 등의 주요 변동사항이 생길 경우에는 다시 실시하여 유효성을 확인한다.

17 환경시험 · 검사기관 요구사항(IOC/IEC 17025)에서 요구하는 교정대상 장비가 아닌 것은?

① 시약 측정용 저울
② 산분해용 가열판
③ 부유물질 시험용 건조기
④ 시료 및 시약 채취용 오토피펫

풀이 시료의 산분해에 사용되는 가열판은 정밀한 온도를 요구하는 장치가 아니므로 교정대상 장비가 아니다. 교정대상 장비에는 저울, 인큐베이터(미생물 및 BOD), 건조기(부유물질 또는 먼지 측정 여과지 건조에 사용되는 경우에 한함), 오토피펫 등이 해당된다.

정답 **15** ① **16** ④ **17** ②

18 환경시험 · 검사기관 요구사항(IOC/IEC 17025) 중 시험결과의 보증에 대한 설명으로 적절하지 않은 것은?

① 시험 · 검사기관은 분석업무의 유효성을 주기적으로 점검할 수 있는 품질관리 절차를 보유 및 이행 해야 한다.

② 시험 · 검사기관은 국립환경과학원 또는 국제숙련도시험 프로그램에 참여한 결과를 증빙하는 것으로 시험결과의 보증을 할 수 있다.

③ 시험 · 검사기관은 국립환경과학원에서 운영하는 숙련도 시험 항목에 포함되지 않는 항목에 대해 서는 환경오염공정시험기준 각 시험방법의 "QA/QC"를 연 1회 이상 이행함으로써 시험결과를 보 증할 수도 있다.

④ 시험 · 검사기관은 ISO 17025 '5.9 시험 및 교정 결과의 품질보증'에 제기된 방법으로도 품질을 보 증할 수 있다.

> 풀이 국립환경과학원에서 운영하는 숙련도 시험 또는 국제적인 숙련도 시험 프로그램에 참여함으로써 시험결과 에 대한 보증을 하고자 하는 경우, '환경분야 시험 · 검사 등에 관한 법률 시행규칙'의 정도관리 판정기준에 적합하다는 판정을 받아야 한다.

···03 정도관리 및 숙련도 시험

1 정도관리의 주기

① 정도관리는 숙련도시험은 매년, 현장평가는 3년마다 한 번씩 시행
② 정도관리는 정도관리 판정기준에 따라 적합, 부적합으로 분야별로 판정하여 검증서 발급
③ 정도관리 부적합 시에는 즉시 검증서를 반납하고, 3개월 후 재신청하여 정도관리를 다시 받을 수 있음

※ 환경분야 시험·검사 등에 관한 법률 시행규칙 제17조의4(정도관리의 재신청 등)
   ① 법 제18조의2 제4항에 따라 정도관리를 다시 하려는 자는 별지 제21호의3서식의 정도관리 신청서를 국립환경과학원장에게 제출하여야 한다.
   ② 제1항에 따라 정도관리를 신청하는 경우에는 부적합 판정을 통보받은 날부터 3개월이 경과된 이후에 정도관리를 신청할 수 있다. 다만, 부적합 판정을 통보받은 사유가 시설 또는 장비로 인한 것으로 인정되는 경우에는 보완을 완료한 즉시 신청할 수 있다.

2 정도관리 판정기준

정도관리 적합 기준 : 숙련도 시험과 현장평가 모두 적합한 경우만 정도관리 적합으로 판정

1. 숙련도 시험 판정기준

> [중요] 숙련도 시험 결과 판정은 항목별 평가(Z값 또는 오차율에 의해 평가)한 후 환산점수를 산출하여 기관 평가(적합, 부적합) 최종 판정

1) Z값에 의한 평가

$$Z = \frac{\chi - X}{s}$$

여기서, χ : 대상기관의 측정값
     X : 기준값
     s : 목표표준편차

※ 기준값은 시료의 제조방법, 시료의 균질성 등을 고려하여 다음 4가지 중 한 방법을 선택
- 표준시료 제조값
- 전문기관에서 분석한 평균값
- 인증표준물질과의 비교로부터 얻은 값
- 대상기관의 분석 평균값

※ 분야별 항목평가 : $|Z| \leq 2$이면 만족, $|Z| \geq 2$이면 불만족

2) 오차율에 의한 평가

$$오차율(\%) = \frac{대상기관의\ 분석값 - 기준값}{기준값} \times 100$$

※ 기준값은 시료의 제조방법, 시료의 균질성 등을 고려하여 다음 4가지 중 한 방법을 선택
- 표준시료 제조값
- 전문기관에서 분석한 평균값
- 인증표준물질과의 비교로부터 얻은 값
- 대상기관의 분석 평균값

※ 분야별 항목평가 : 오차율이 ±30 % 미만이면 만족, 오차율이 ±30 % 이상은 불만족

3) 숙련도 분야별 기관 평가

1), 2) 방법에 의해 항목 평가한 후 분야별 환산점수 산출하여 기관 평가

$$환산점수 = \frac{총점}{항목수} \times \frac{100}{5}$$

4) 숙련도 시험 평가결과가 부적합인 경우 1회 재시험 실시하고 재시험 결과 부적합일 경우 당해 연도 숙련도 시험을 최종 부적합으로 판정

2. 현장평가 판정기준

① 현장평가 내용은 기술인력, 시설, 장비, 실험실 운영을 포함한 운영 및 기술, 시험검사 능력, 이와 관련된 자료를 포함한 시험분야별 분석능력으로 구분

② 합계점수 70점 이상이면 적합, 70점 미만이면 부적합 판정

$$합계평점 = (운영\ 및\ 기술점검표의\ 환산점수 + \frac{시험분야별\ 분석능력\ 점검표의\ 환산점수\ 합}{평가항목\ 수}) \div 2$$

3 숙련도 시험

1. 숙련도 시험

정도관리의 일부로서 측정분석기관의 분석능력을 향상시키기 위하여 표준시료에 대한 분석능력과 장비운영 능력을 평가하는 것

2. ISO/IEC 17043 규정 준수 숙련도 시험 시행 계획에 포함되는 내용

① 표준시료의 균질성 및 안정성 평가를 위한 표준편차자료
② 숙련도 시험 평가 등에 적용될 통계 분석에 대한 세부적인 설명
③ 대상기관에 대한 숙련도 시험 평가기준
④ 대상기관에 통보되는 숙련도 시험 평가결과 등에 대한 설명

3. 수시 숙련도 대상

① 측정대행업을 등록하려는 자
② 시험검사결과를 공공기관이 실시하는 사업 관련 보고서에 활용하고자 하는 자
③ 정도관리 부적합 등에 의해 정도관리를 재검증 받으려는 자

4. 표준시료의 시험결과 제출

표준시료 배포 후 수령한 날로부터 30일 이내 제출

5. 숙련도 결과 평가 방법

① 1차 숙련도 평가 결과 부적합 시험 · 검사 기관의 불만족 항목만 재시험 실시
② 다만, 수시 숙련도 대상 기관들의 결과가 부적합인 경우 재시험을 실시하지 않음
③ Z값 또는 오차율에 의해 평가

6. 숙련도 시험 결과 통보

최종 숙련도 시험평가 결과는 재시험을 위한 표준시료 배포일로부터 60일 이내에 대상기관에 통보하여야 한다.

7. 숙련도시험의 면제

① 측정대행업소는 숙련도 시험을 **등록일로부터 1년 이내에 실시할 경우** 해당분야 숙련도 시험을 면제할 수 있다. 단, **토양분야는 제외한다.**

① 시험 · 검사기관이 ISO/IEC 17043 규정을 준수하는 숙련도 시험에 참여하여 Z값의 절대값이 2 이하의 판정을 받은 실적이 있는 항목에 대하여는 **대상기관이 당해연도 말까지 그 결과 사본을** 제출하는 경우, 익년도에 실시하는 제18조제1항의 정기 숙련도 시험을 면제할 수 있다.

실전 예상문제

01
2011
제2회
2012
제4회

A기관이 납 항목에 대한 숙련도시험을 실시하여, 평가 결과 Z−score 1.5로 만족을 받았다. 숙련도시험 평가를 위한 납의 기준값이 참여한 기관의 평균인 2.0 mg/L, 표준편차가 0.2 mg/L이었다면 A기관이 제출한 납의 측정 결과는?

① 2.1 mg/L　　　　② 2.2 mg/L　　　　③ 2.3 mg/L　　　　④ 2.4 mg/L

풀이 Z=(측정값−참여기관 평균값)/표준편차이므로, 측정값=(1.5×0.2)+2.0=2.3

02
2013
제5회

2010년 수질 분야 BOD 항목의 숙련도 시험 결과 A, B, C 기관의 z−score 값이 각각 1.0, 0.1, 1.5로 나타날 경우, 숙련도 시험 결과에 대한 해설로 옳은 것은?

① B기관이 데이터 관리를 가장 잘하고 있는 것으로 평가할 수 있다.
② 2011년도에도 B기관이 가장 좋은 결과를 보여 줄 것이다.
③ C기관에서 발행한 성적서는 무효이다.
④ A기관은 B기관보다 우수하다.

풀이 Z값이 0에 가까울수록 우수한 성적으로 판단할 수 있고, 평가결과가 |Z| ≤2이면 적합으로 판정하므로 C기관에서 발행한 성적서는 유효하고, B기관이 A기관보다 우수하다고 할 수 있다.

03
2013
제5회

숙련도 시험 평가 시 사용되는 기준값으로 사용할 수 없는 것은?

① 대상 기관의 분석 평균값　　　　② 인증 표준 물질과의 비교로부터 얻은 값
③ 대상 기관에서 조제한 표준 물질의 평균값　　④ 표준 시료 제조값

풀이 기준값은 표준시료 제조값, 전문기관에서 분석한 평균값, 인증표준물질과의 비교로부터 얻은 값, 대상기관의 분석 평균값 중 한 방법을 선택한다.

04
2012
제4회

숙련도시험평가는 Z값, 오차율을 사용하는데, 기준값으로 사용될 수 있는 것을 모두 선택한 것은?

ㄱ. 표준시료 조제값	ㄴ. 전문기관에서 분석한 값
ㄷ. 인정 표준물질과의 비교로부터 얻은 값	ㄹ. 대상 기관의 분석 평균값

① ㄱ, ㄴ, ㄷ, ㄹ　　　　　　　② ㄴ, ㄷ, ㄹ
③ ㄱ, ㄷ, ㄹ　　　　　　　　④ ㄱ, ㄴ

풀이 기준값은 표준시료 제조값, 전문기관에서 분석한 평균값, 인증표준물질과의 비교로부터 얻은 값, 대상기관의 분석 평균값 중 한 방법을 선택한다.

정답 01 ③　02 ①　03 ③　04 ③

05 정도관리 평가를 위한 숙련도시험 평가기준 중 하나는 오차율이다. 평가 대상기관의 측정값이 1.5 ppm
2012
제3회 이고, 기준값은 2.0 ppm, 표준편차는 0.5 ppm일 경우 대상기관의 오차율과 평가 결과가 맞는 것은?

① 100 %, 만족   ② 100 %, 불만족

③ 25 %, 만족   ④ 25 %, 불만족

풀이   오차율은 $\dfrac{\text{대상기관의 분석값} - \text{기준값}}{\text{기준값}} \times 100$ 이므로 $\dfrac{1.5 - 2.0}{2.0} \times 100 = 25\%$ 로 개별 항목의 오차율
이 $\pm 30\%$ 이하인 경우 '만족'으로 평가할 수 있다.

06 다음은 어떤 평가 대상 기관이 5개의 측정 항목에 대하여 얻은 분석 결과와 각 항목에 대한 기준값을
2012
제3회 표로 나타낸 것이다. 이를 참조할 때, 숙련도시험 평가 기준에 따른 평가 대상 기관의 환산 점수는?

평가항목	측정기관의 분석값(mg/L)	기준값(mg/L)
BOD	5.50	5.00
SS	6.30	5.00
암모니아성 질소	0.69	1.00
총인	0.16	0.20
불소	0.77	1.0

① 40   ② 60   ③ 70   ④ 80

풀이   • 오차율 산출 → 분야별 항목평가(오차율 $\pm 30\%$ 이하 : 만족) → 환산점수 계산

• 오차율(%)$= \dfrac{\text{대상기관의 분석값} - \text{기준값}}{\text{기준값}} \times 100$

• 환산점수$= \dfrac{\text{총 점}}{\text{항목수}} \times \dfrac{100}{5}$

평가항목	오차율	항목별 평가	항목별 점수	환산점수
BOD	10	만족	5	
SS	26	만족	5	
암모니아성 질소	−31	불만족	0	$\dfrac{20}{5} \times \dfrac{100}{5} = 80$
총인	−4	만족	5	
불소	−23	만족	5	

정답   **05** ③   **06** ④

07 정도관리에 대한 해설 중 옳지 않은 것은?

2011
제2회

① 정도관리의 평가 방법은 대상 기관에 대하여 숙련도 평가의 적합 여부로 판단하는 것을 말한다.
② 측정분석기관의 기술 인력, 시설, 장비 및 운영 등에 관한 것은 3년마다 시행한다.
③ 검증기관이라 함은 규정에 따라 국립환경과학원장으로부터 정도관리 평가기준에 적합하여 우수 판정을 받고 정도관리 검증서를 교부받은 측정기관을 말한다.
④ 숙련도시험 평가기준은 Z값에 의한 평가와 오차율에 의한 평가가 있다.

풀이 정도관리 적합 여부를 판정하기 위하여 숙련도 시험 및 현장평가를 실시하여야 한다.

08 측정분석기관의 분석능력 향상을 위해 인증표준 물질(CRM)을 이용한 숙련도 시험을 수행하여 다음 표와 같은 결과값을 얻었다. 인증표준물질의 실제 농도가 6.0 mg/L이고, 목표 표준편차는 0.5 mg/L이다. Z값을 이용하여 숙련도결과를 평가하는 경우 맞는 것은?

2010
제1회

횟수	1	2	3	4	5	6
측정값(mg/L)	7.2	8.0	8.7	4.5	6.0	9.1

① Z=1.5, 만족
② Z=2.0, 불만족
③ Z=2.0, 만족
④ Z=2.5, 불만족

풀이 $Z = \dfrac{측정값 - 기준값}{표준편차}$ 이고, 판정기준은 $|Z| \leq 2$이면 만족

그러므로 측정값의 평균은 7.25으로 $Z = \dfrac{7.25 - 6}{0.5} = 2.5$, 불만족이다.

09 국립환경과학원의 관련 규정에 따르면 숙련도시험은 Z값(Z-score) 또는 오차율을 사용하여 항목별로 평가하고 이를 종합하여 기관을 평가하며 Z값은 측정값의 정규분포 변수로 나타낸다. 여기서 기준값은 표준시료의 제조 방법, 시료의 균질성 등을 고려하여 다음 중 한 방법을 선택하는데, 이에 해당되지 않는 것은?

2010
제1회

① 측정대상기관 분석결과의 중앙값
② 표준시료 제조값
③ 전문기관에서 분석한 평균값
④ 인증표준물질과의 비교로부터 얻은 값

풀이 기준값은 표준시료의 제조값, 전문기관에서 분석한 평균값, 인증표준물질과의 비교로부터 얻은 값, 대상기관의 분석 평균값 등에서 선택한다.

10 정도관리 판정기준에 대한 설명으로 틀린 것은?

① 정도관리 판정기준은 숙련도 시험과 현장평가 모두 적합한 경우만 정도관리 적합으로 판정한다.
② 숙련도 시험은 숙련도 시험판정기준에 따라 평가하며 적합, 부적합으로 구분하여 판정하되 기준값의 선정 등에 관한 사항은 필요한 경우 기술위원회의 의견을 반영하여 정할 수 있다.
③ ISO/IEC 17043 규정을 준수하는 숙련도 시험에 참여한 항목이 있는 시험 검사기관의 숙련도 시험결과 판정 시에는 이 결과는 포함하지 않고 판정한다.
④ 현장평가 판정기준은 합계 점수가 70 이상이면 적합, 70 미만이면 부적합으로 판정한다.

> **풀이** ③ ISO/IEC 17043 규정을 준수하는 숙련도 시험에 참여한 항목이 있는 시험 검사기관의 숙련도 시험 결과 판정 시에는 이 결과는 포함하여 판정한다.

11 수시 숙련도 시험에 대한 설명으로 틀린 것은?

① 수시 숙련도 대상 기관은 측정대행업을 등록하려는 자, 시험검사결과를 공공기관이 실시하는 사업 관련 보고서에 활용하고자 하는 자, 정도관리 부적합 등에 의해 정도관리를 재검증 받으려는 자 등이다.
② 표준시료의 시험결과 제출은 정기 숙련도 시험과 마찬가지로 표준시료 배포 후 수령한 날로부터 30일 이내 제출한다.
③ 수시 숙련도 시험은 신청서를 작성하여 과학원장에게 제출해야 한다.
④ 수시 숙련도 대상기관들의 결과가 부적합인 경우 정기 숙련도 시험과 마찬가지로 재시험을 실시한다.

> **풀이** ④ 수시 숙련도 대상기관들의 결과가 부적합인 경우 정기 숙련도 시험과 마찬가지로 재시험을 실시하지 않는다.

12 ISO/IEC 17943 규정을 준수하는 숙련도시험의 시행계획에 포함되지 않는 내용은?

① 표준시료의 균질성 및 안정성을 위한 표준편차 자료
② 숙련도 시험평가 등에 적용될 통계분석에 대한 세부적인 설명
③ 대상기관에 통보되는 숙련도 시험 평가결과 등에 대한 설명
④ 평가기관에 대한 숙련도 시험 평가 기준

> **풀이** 평가기관이 아닌 대상기관에 대한 숙련도 시험 평가 기준이다.

···04 현장평가

1 현장평가 방법

① ISO 17025 규정을 준용
② 평가위원은 현장평가 시 다음 각 호의 사항에 대하여 필요시 과학원과 사전협의 후 표준물질을 이용한 숙련도 평가 가능
　㉠ 정기 숙련도 시험 미실시 항목
　㉡ 검증서 발급 이후 영업 또는 업무 실적이 저조하여 정도관리 검증기관의 능력 유지가 어렵다 고 판단되는 해당 분야 또는 항목

2 현장평가 대상기관

① 당해 연도에 정도관리 검증서의 유효기간이 만료되는 시험·검사기관
② 시행령 제13조의2 제1항 중 신규로 등록·지정·인정을 받은 시험·검사기관 중에서 과학원장 이 정하는 시험·검사기관
③ 부적합되어 정도관리 재신청한 기관

3 현장평가의 면제

① 국가표준기본법 제23조에 따라 인정된 화학 분야의 KOLAS 시험·검사기관
② 해양환경관리법 제13조에 따라 시험·검사 능력 인정을 받은 기관
③ 산업안전보건법 제42조에 따라 시험·검사에 대한 능력을 인정받은 기관
④ 식품·의약품분야 시험·검사 등에 관한 법률 제6조제4항에 따라 시험검사기관으로 지정받은 기관
⑤ 농수산물품질관리법 제64조에 따라 안전성검사기관으로 지정받은 기관
⑥ 현장평가를 면제 받고자 하는 기관은 현장평가 실시 30일 전까지 현장평가 면제 신청서를 과학원 장에게 제출
⑦ 면제 대상 : 인정 분야 및 항목 등을 고려하여 해당분야의 현장평가 일부 또는 전부

④ 현장평가 대상기관의 구비사항

① 별표 1의 경영요건 및 기술요건에 따라 정도관리 시스템을 규정한 품질 매뉴얼, 품질절차서 등 정도관리 품질문서 구비
② 2개 이상 분야의 시험검사 업무에 대하여 등록 또는 지정, 인정을 받은 경우 기술요건에 대한 품질문서는 분야별로 작성 구비해야 한다.

⑤ 현장평가 계획의 통보

현장평가 예정 5일 전까지 해당기관에 통보

⑥ 현장평가 절차

- 평가팀은 대상기관별로 2일 이내 현장평가 실시
- 평가위원으로 구성된 평가팀은 시작회의, 시험실, 순회, 중간회의 정도관리 문서 평가, 시험성적서 확인, 주요직원 면담, 시험분야별 평가, 현장평가보고서 작성 및 종료회의 순으로 진행

1. 시작회의

시작회의 주관은 평가팀장이 맡는다.

2. 시험실 순회

시료접수창구, 시료보관실, 자료보관실, 시험실, 저울실 및 증류수 공급시설, 가스 저장시설 등 그 밖에 시험 · 검사와 관련된 구역 등 대상기관의 시설물 순회

3. 정도관리 품질문서 평가

다음 각 호의 내용을 검토한다.
① 조직도
② 업무분장서
③ 시험방법 목록
④ 장비 관리 목록
⑤ 표준용액(물질) 및 시약 목록
⑥ 시료관리 기록

⑦ 시험성적서(원자료 및 산출근거 포함)
⑧ 정도관리 품질문서에 따른 3년간의 실적 및 기록

4. 시험분야별 평가

다음 각 호의 요소들을 포함하며, 분석자가 업무 시 수행하는 곳에서 진행
① 분석자와의 질의응답
② 시료채취 · 운반 · 보관에 관한 사항
③ 시험실 환경에 관한 사항
④ 시험방법 및 관련 사항
⑤ 표준용액(물질) 및 시약의 관리현황 조사
⑥ 시험 · 검사 업무의 관찰
⑦ 장비의 교정 및 관리 기록 조사
⑧ 시험성적서 등 보관된 원자료 및 산출근거 등 조사
⑨ 숙련도 시험 기록의 검토 및 필요시 현장입회 시험
⑩ 기타 시험검사 등과 관련된 사항

5. 주요직원 면담

평가위원은 품질책임자 또는 기술책임자 등 주요 직원과 면담 실시

6. 종료회의

① 평가팀장 주재하며 대상기관의 대표자, 기술책임자, 품질책임자가 참석한 상태에서 현장평가 중 발견된 사항을 설명
② 평가팀은 대상기관에 대한 평가 시 알게 된 모든 사항에 대한 기밀을 누설하지 않을 것을 대상기관에 약속
③ 평가위원은 의견이 불일치된 평가결과에 대해서는 **현장평가 종료일로부터 7일 이내**에 과학원장에게 이의 신청할 수 있음을 알린다.
④ 평가팀장은 미흡사항 보고서에 대상기관의 대표자 또는 위임받은 자는 발견된 미흡사항에 대한 동의로서 미흡사항 보고서에 서명

7 현장평가 보고서 제출

현장평가 보고서에 포함되어야 할 사항
① 대상기관 현황   ② 운영 · 기술 점검표
③ 시험분야별 분석능력 점검표   ④ 미흡사항 보고서
⑤ 부적합 판정에 대한 확인서 등 자료(필요시)   ⑥ 그 밖의 현장평가 관련 기록

8 대상기관의 보완조치 결과 제출

미흡사항 보완조치 결과보고서로 작성하여 **현장평가 완료일로부터 30일 내에 과학원장에게 제출**

9 정도관리 점검표

대분류		소분류
운영 및 기술 점검표	경영 요건	운영에 관한 사항
	기술요건	인력에 관한 사항
		시설에 관한 사항
		장비 및 시험방법 등에 관한 사항
시험분야별 분석능력 점검표	(분야)	시료채취
		전처리
		(기기)분석
		시험결과의 계산
		기타

10 현장평가결과에 대한 조치

1. 현장평가 평가기준

구분	평가기준
적합	• 미흡사항이 없는 경우 • 현장평가 평점이 70점 이상이고 미흡사항에 대한 보완 조치결과가 적합한 경우
부적합	• 현장평가 평점이 70점 이상이나 미흡사항에 대한 보완 조치결과가 부적합한 경우 • 현장평가 평점이 70점 미만인 경우 • 현장평가시 중대한 미흡사항이 발견되어 현장평가를 종료한 경우 • 현장평가를 시작하는 날로부터 1년 이내에 중대한 미흡사항에 해당되는 사유로 개별 법에 따라 행정처분을 받은 경우

2. 중대한 미흡사항

1) 현장평가 종료 사유 중대한 미흡사항

① 인력을 허위 기재한 경우(자격증만 대여한 경우 포함)

※ 기술인력 중 기술인력 부족이 30일 이상 지속된 경우 영업정지 1개월 행정처분

② 숙련도 시험의 부정행위

㉠ 숙련도시험 근거자료 없는 경우

㉡ 숙련도 표준시료의 위탁 분석 행위 등

③ 고의 또는 중대한 과실로 측정결과를 거짓으로 산출한 경우

㉠ 시험 근거자료가 없는 경우

㉡ 시험성적서의 거짓 기재 및 발급

④ 기술능력 · 시설 및 장비가 등록 · 지정 기준에 미달인 경우

㉠ 기술인력이 30일 이상 부족한 경우

㉡ 중요장비 및 실험기기가 없는 경우 : 등록취소 행정처분 대상

㉢ 중요장비 및 실험기기 중 일부가 부족하거나 고장인 상태로 7일 이상 방치된 경우

⑤ 정도관리 검증기관이 검증서를 발급받은 이후 정당한 사유 없이 1년 이상 시험 · 검사 등의 실적이 없는 경우(단, 용역사업 참여 실적은 업무실적에 포함됨)

2) 중요한 미흡사항이나 현장평가 종료에 해당하는 중대한 미흡사항이 아닌 경우

① 품질문서가 구비되어 있지 않거나, 상당히 미흡한 경우

② KOLAS품질문서는 있으나 환경분야 품질문서가 없는 경우

③ 품질문석가 분야별로 작성되어 있지 않고 통합되어 있는 경우

④ 측정대행업 등록 항목 중 일부 항목에 대한 시험검사 실적이 1년 이상 없는 경우

3. 정도관리 부적합기관에 대한 조치

① 측정대행업체 : 현장평가 부적합을 받은 경우 '환경분야시험검사 등에 관한 법률' 제18조의 2 제3항에 따라 시험검사업무를 할 수 없으며, 이를 위반하면 같은 법 제33조에따라 1년 이하의 징역 또는 500만 원 이하의 벌금이 부과된다.

② 시험 · 검사 업무를 다시 하고자 하는 경우는 시행규칙 제17조의4 제1항에 따라 정도관리 신청서를 과학원장에게 제출해야 한다.

실전 예상문제

01
2009
제1회

평가팀장은 정도관리 현장평가 완료 후 국립환경 과학원장에게 현장평가보고서를 제출하여야 한다. 현장평가 보고서의 작성 내용으로 필수 사항이 아닌 것은?

① 대상기관의 현황
② 운영 – 기술 점검표
③ 미흡사항 보고서
④ 부적합 판정에 대한 증빙 서류

> 풀이 현장평가 보고서에 포함될 사항 중 부적합 판정에 대한 증빙자료는 필요시 작성하는 항목으로 필수 사항은 아님

02
2013
제5회

정도관리 현장평가 시 분석기관의 미흡사항에 해당되지 않는 것은?

① 직원에 대한 교육 계획 및 기록이 없는 경우
② 성적서에 측정불확도를 표기하지 않은 경우
③ 품질 문서가 없는 경우
④ GC 크로마토그램을 인쇄하여 보관하지 않고 컴퓨터에 저장하고 있는 경우

> 풀이 운영 및 기술에 대한 평가 내용으로 성적서에 측정불확도를 표기해야 하는 내용은 미흡사항에 해당되지 않는다.

03
2013
제5회

현장평가 보고서 작성에 대한 해설이 틀린 것은?

① 정도관리 평가기준에 따라 대상 기관의 분야별 적합도를 평가한다.
② 현장평가 시 발견된 미흡사항에 대하여 상호 토론, 확인하게 한다.
③ 대상기관은 현장평가 보고서를 작성한다.
④ 측정분석기관 정도관리평가 내용과의 부합 정도를 확인하여 점검표에 평점을 기재한다.

> 풀이 평가팀장이 운영 및 기술 점검표, 시험분야별 분석능력 점검표를 모두 취합하고 평가결과를 상호 대조하여 현장평가 보고서를 최종 작성한다.

04
2013
제5회

환경측정 분석기관의 현장평가 업무절차가 아닌 것은?

① 시작 회의
② 시험실 순회
③ 분석자와의 질의응답
④ 미흡사항 시정

> 풀이 평가팀은 현장평가 해당 기관에 대하여 시작회의, 시험실 순회, 중간회의, 정도관리 문서 평가, 시험성적서 확인, 주요직원 면담, 시험분야별 평가, 현장평가보고서 작성 및 종료회의 등을 하는 것으로, 미흡사항은 대상기관이 작성하는 것이다.

정답 01 ④ 02 ② 03 ③ 04 ④

05
2012
제4회

환경측정분석기관 정도관리 운영지침에 의하면 과학원장은 현장평가를 위하여 정도관리 평가팀을 구성하여야 한다. 이때 평가팀은 대상기관별로 며칠 이내에서 현장평가를 하도록 되어 있는가?

① 2 　　　　　② 3 　　　　　③ 7 　　　　　④ 15

> **풀이** 평가팀은 대상기관별로 2일 이내에서 현장평가를 한다. 다만 분야, 항목, 측정분석방법, 기술적 난이 등을 감안하여 평가 일수 적절히 조정 가능

06
2012
제3회

정도관리 평가위원은 정도관리 평가기준에 따라 대상 기관에 대하여 현장평가를 실시하며, 다음 각호의 방법으로 조사할 수 있다. 이에 해당하지 않는 사항은?

① 직원과의 질의 응답, 시험실 환경에 관한 사항
② 시료 및 시약의 관리 사항, 측정·분석 업무의 평가
③ 측정·분석장비의 검·교정 등 장비 관리 사항, 시험성적서 등 기록물 관리 사항
④ 자격증 취득 관리에 관한 사항, 보수 교육 이수 여부

> **풀이** 자격증 취득 관리에 관한 사항, 보수 교육 이수 여부는 시험검사 등과 관련된 사항이 아니다.

07
2011
제2회

정도관리 현장평가에 필요한 3가지 평가 요소가 아닌 것은?

① 토의 　　　　　② 질문 　　　　　③ 경청 　　　　　④ 확인

> **풀이** 현장평가는 시험검사기관의 정도관리 시스템에 대하여 질문, 경청, 확인을 통하여 평가하는 것이지 그 시스템 혹은 개별 사안에 대하여 토론하는 것이 아니다.

08
2010
제1회

평가팀장은 정도관리 현장평가 완료 후 국립환경과학원장에게 현장평가보고서를 제출하여야 한다. 현장평가 보고서의 작성 내용으로 필수 사항이 아닌 것은?

① 대상기관의 현황 　　　　② 운영·기술 점검표
③ 미흡사항 보고서 　　　　④ 부적합 판정에 대한 증빙서류

> **풀이** 부적합 판정에 대한 증빙서류는 필요시 제출해야 하는 사항으로 필수 사항은 아니다.

09
2010
제1회

실험실 정도관리(현장평가)의 문서평가에 포함되지 않는 것은?

① 조직도(인력현황) 　　　② 분석장비 배치도
③ 시약 목록 　　　　　　　④ 시료관리 기록

> **풀이** 품질문서는 조직도, 업무분장서, 시험방법 목록, 장비 관리 목록, 표준용액 및 시약 목록, 시료관리 기록, 시험성적서, 정도관리 품질문서에 따른 3년간의 실적 및 목록 등이 포함된다.

정답 05 ① 06 ④ 07 ① 08 ④ 09 ②

10 측정분석기관의 정도관리 현장평가에 대한 해설로 관련이 적은 것은?

2010
제1회

① 평가위원은 현장평가 시 실험실 순회를 실시하여 시험에 적합한 환경조건을 갖추고 있는지를 확인하여야 한다.

② 평가위원은 현장평가 시 분석자와 질의 · 응답을 통하여 분석자가 해당 항목을 시험할 수 있는 능력을 가지고 있는가를 평가하며, 필요시 기술책임자와 면담을 실시할 수 있다.

③ 평가위원은 평가내용이 대상기관과 관련이 없는 경우 그 평가내용에 대해 평가하지 않을 수 있으며, 대상기관과 협의하여 평가 내용을 추가할 수 있다.

④ 다른 업무와 관련되어 재확인이 요구되거나 확인이 불가한 사항은 다른 평가위원의 평가 기록과 대조하거나 별도의 방법으로 확인하여야 한다.

풀이 평가위원은 평가내용이 대상기관과 관련이 없는 경우 그 평가 내용에 대해 평가하지 않을 수 있으며, 서식에 없는 항목이라도 평가가 필요하다고 판단되는 경우에는 **과학원**과 사전 협의 후에 분석능력 점검표에 추가할 수 있다.

11 정도관리 현장평가 보고서의 작성에 대한 해설로 잘못된 것은?

2010
제1회

① 평가팀장은 미흡사항 보고서에 품질시스템 및 기술 향상을 위한 사항은 포함할 수 없다.

② 평가팀장은 발견된 모든 미흡사항에 대해 상호 토론과 확인을 하여야 한다.

③ 평가팀장은 대상기관의 분야별 평가에 대해 현장평가기준에 따라 적합, 부적합으로 구분한다.

④ 평가팀장은 운영 및 기술 점검표, 시험분야별 분석능력 점검표를 모두 취합하고 평가 결과를 상호 대조하여 현장평가 보고서를 최종 작성한다.

풀이 평가팀장은 미흡사항 보고서에 품질시스템 및 기술 향상을 위한 사항을 포함할 수 있다.

12 측정분석기관의 정도관리를 위한 현장평가에 대한 해설로 옳지 않은 것은?

2011
제2회

① 과학원장은 현장평가계획서를 작성하고, 현장평가를 하는 정도관리 팀장과 협의한 후, 대상 기관에 현장평가 예정 10일 전에 통보한다.

② 정도관리 평가팀은 대상기관별로 2일 이내에 현장평가를 실시한다.

③ 평가위원은 현장평가 중에 발견된 미흡사항에 대하여 대상 기관의 대표자 또는 위임받은 자가 동의하지 않으면 이를 과학원의 담당과장에게 보고하고, 정도관리 심의위원회에서 판정하도록 한다.

④ 정도관리 심의회는 정도관리 평가보고서를 근거로 평가과정의 적절성과 대상기관의 업무 수행 능력을 심의하되, 재적위원 과반수의 출석과 출석위원 2/3 이상의 찬성으로 우수 및 미달 여부를 의결한다.

풀이 정도관리 심의회는 정도관리 평가보고서를 근거로 평가과정의 적절성과 대상기관의 업무 수행 능력을 심의하되, 재적위원 과반수의 출석과 출석위원 과반수 이상의 찬성으로 분야별로 적합, 부적합을 의결한다.

정답 10 ③ 11 ① 12 ④

13 환경 분야 측정분석기관 정도관리 평가내용 중 '시험분야별 분석능력 점검' 분야에 해당하지 않는 것은?

① 시험 결과의 계산 ② 장비 및 시험방법
③ (기기)분석 ④ 시료채취

풀이) 시험분야별 분석능력 점검표는 시료채취, 전처리, (기기)분석, 시험결과의 계산 등이 해당되며, 장비 및 시험방법은 운영 및 기술 점검표에 해당되는 것이다.

14 현장평가의 대상기관이 아닌 것은?

① 당해 연도에 정도관리 검증서의 유효기간이 만료되는 시험 · 검사기관
② 수돗물을 생산하는 정수장의 시험실
③ 신규로 등록을 받은 시험 · 검사기관 중에서 과학원장이 정하는 시험기관
④ 부적합되어 정도관리 재신청한 기관

풀이) 수돗물을 생산하는 정수장의 시험실은 매우 중요하지만 현행법상으로는 먹는물검사기관으로 지정되어 있는 곳은 현장평가의 대상이나 지정을 받지 않은 정수장의 실험실은 현장평가 대상이 아니다.

15 정도관리 현장평가에서 중대한 미흡사항으로 평가 종료 사유에 해당하는 것은?

① 품질문서가 구비되어 있지 않거나 상당히 미흡한 경우
② KOLAS 품질문서는 있으나 환경분야 품질문서가 없는 경우
③ 기술능력 · 시설 및 장비가 등록 · 지정 기준에 미달인 경우
④ 품질문서가 분야별로 작성되어 있지 않고 통합되어 있는 경우

풀이) 평가 종료 사유에 해당하는 중대한 미흡사항
① 인력을 허위 기재한 경우(자격증만 대여한 경우 포함)
    ※ 기술인력 중 기술인력 부족이 30일 이상 지속된 경우 영업정지 1개월 행정처분
② 숙련도 시험의 부정행위
    ㉠ 숙련도 시험 근거자료 없는 경우
    ㉡ 숙련도 표준시료의 위탁 분석 행위 등
③ 고의 또는 중대한 과실로 측정결과를 거짓으로 산출한 경우
    ㉠ 시험 근거자료가 없는 경우
    ㉡ 시험성적서의 거짓 기재 및 발급
④ 기술능력 · 시설 및 장비가 등록 · 지정 기준에 미달인 경우
    ㉠ 기술인력이 30일 이상 부족한 경우
    ㉡ 중요장비 및 실험기기가 없는 경우 : 등록취소 행정처분 대상
    ㉢ 중요장비 및 실험기기 중 일부가 부족하거나 고장인 상태로 7일 이상 방치된 경우
⑤ 정도관리 검증기관이 검증서를 발급받은 이후 정당한 사유 없이 1년 이상 시험 · 검사 등의 실적이 없는 경우(단, 용역사업 참여 실적은 업무실적에 포함됨)

···05 정도관리 검증기관

1 정도관리 결과의 심의

1. 심의 대상

① 대상기관의 분야별 숙련도 시험결과
② 대상기관의 분야별 현장평가 결과
③ 대상기관의 미흡사항 보완조치 결과

2. 심의

① 심의근거 : 정도관리 평가보고서를 근거로 정도관리 판정기준에 따라 심의
② 의결요건 : 재적위원 과반수의 출석과 출석위원 과반수 이상의 찬성으로 정도관리 적합 부적합 여부를 분야별로 의결하며, 서면심의도 가능
③ 서면심의도 가능
④ 보완조치 결과(증빙자료를 포함한다)를 정해진 기간 내에 제출하지 않거나 보완조치 내용이 미흡한 경우 및 보완조치 계획을 제출하지 않은 경우에는 정도관리 부적합 판정
⑤ 부적합에 대한 평가위원과 대상기관 간의 의견이 일치하지 않은 경우에는 정도관리심의회에서 이를 최종 판정
⑥ 심의 생략 : 수시로 현장평가를 실시한 경우 정도관리 적합여부를 위한 심의회의 심의는 생략 가능

2 검증기관의 검증서 발급

심의결과에 따라 시험검사 능력이 적합한 것으로 판정된 대상기관에 대하여 검증기관으로 인정하고 검증서를 발급하고 이를 과학원 홈페이지에 공고할 수 있다.

3 검증기관의 검증유효기간 및 정도관리 유지

① 검증기관의 검증 유효기간은 심의된 날로부터 3년으로 함

② 검증유효기간 만료 사항 *중요내용
  ㉠ 분야별 숙련도 시험결과가 부적합 판정된 경우
  ㉡ 현장평가 결과가 부적합 판정된 경우

© 현지실사 결과에 따른 검증내용의 변동사항에 대한 보완조치가 정해진 기간 내에 완료되지 않은 경우

② 인력의 허위기재(자격증만 대여해 놓은 경우 포함)

⑩ 숙련도 시험의 부정행위(산출근거 미보유 및 부적정, 숙련도 표준시료의 위탁분석 행위 등)

⑭ 시험 성적서의 거짓 기재 및 발급

⑭ 고의 또는 중대한 과실로 측정 결과를 거짓으로 산출하거나 기술능력·시설 및 장비가 등록 기준에 미달하여 행정처분을 받은 경우

4 재신청 검증 유효기간

정도관리 재신청에 의하여 정도관리 적합 판정을 받은 경우에는 정도관리 검증서의 검증유효기간을 검증서 발급일로부터 3년째 되는 해의 연말까지로 함

실전 예상문제

01
2009
제1회
2014
제6회

정도관리(현장평가) 운영에 대한 해설로 틀린 것은?

① 평가위원들은 현장평가의 첫 번째 단계로 대상기관 참석자들과 시작회의를 한다.

② 시험분야별 평가는 분석자가 업무를 수행하는 곳에서 진행한다.

③ 분석 관련 책임자 또는 분석자와의 면담을 통해서 평가할 수 있다.

④ 검증기관의 검증 유효 기간 및 검증항목 확대 시 유효 기간은 모두 심의일부터 3년이다.

> **풀이** 검증기관의 검증 유효기간은 심의된 날로부터 3년으로 하고, 정도관리 재신청에 의해 시험검사 기관이 정도
> 관리 적합 판정을 받은 경우에는 검증서를 발급하는 날부터 3년째 되는 해의 연말까지로 한다.

02
2013
제5회

'측정분석기관 정도관리의 방법 등에 대한 규정'에서 검증기관의 사후관리 내용이 틀린 것은?

① 검증기관에 대한 사후관리는 숙련도 시험으로 대체할 수 있다.

② 숙련도 시험 결과가 부적합한 것으로 판정된 경우에는 즉시 측정분석업무를 폐지하여야 한다.

③ 거짓 또는 기타 부정한 방법으로 정도관리 검증을 받은 경우, 국립환경과학원장은 그 내용을 국립
환경과학원 누리집(홈페이지)에 공고하여야 한다.

④ 국립환경과학원장은 검증기관의 시험결과와 관련하여 분쟁이 발생한 경우에는 해당 검증기관에
대해 수시로 정도관리를 실시할 수 있다.

> **풀이** 숙련도 시험결과가 부적합 판정된 경우에는 그 결과 통보일로부터 해당 분야의 검증유효기간이 만료된 것으
> 로 보고, 당해 기관은 검증서를 반납하여야 한다.

03
2012
제4회

법률에서 정하고 있는 정도관리의 방법에 대한 내용으로 틀린 것은?

① 측정기관에 대하여 3년마다 정도관리를 실시한다.

② 정도관리의 방법은 기술인력 · 시설 · 장비 및 운영 등에 대한 측정 · 분석능력의 평가와 이와 관련
된 자료를 검증하는 것으로 한다.

③ 정도관리 실시 후, 측정 · 분석능력이 우수한 기관은 정도관리검증서를 발급할 수 있으며, 평가기
준에 미달한 기관은 인정을 취소한다.

④ 정도관리를 위한 세부적인 평가방법, 평가기준 및 운영기준 등은 별도로 정하여 고시한다.

> **풀이** 정도관리 평가기준에 미달한 기관은 검증서를 반납하고, 결과를 통보받은 날로부터 3개월 뒤 재신청하여
> 정도관리를 다시 받을 수 있다.

정답 01 ④ 02 ② 03 ③

04 정도관리의 방법에 대하여 국립환경과학원장이 하지 않아도 되는 것은?

2011
제2회

① 측정분석 기관에 대하여 3년마다 정도관리를 실시하여야 한다.

② 측정분석 능력이 평가 기준에 미달한 대상기관은 국립환경과학원장이 정하는 기관에서 해당 측정분석 항목에 대한 교육을 받도록 할 수 있다.

③ 측정분석 능력이 평가 기준에 미달한 대상기관은 현지 지도를 실시할 수 있으며 장비 및 기기의 보완 등 필요한 조치를 할 수 있다.

④ 국립환경과학원장은 분석 기관에 대하여 정도관리를 실시한 결과를 임의로 공고할 수 있다.

풀이 과학원장은 시험검사 능력이 적합한 것으로 판정된 대상기관에 대하여 검증기관으로 인정하고 홈페이지에 공고하여야 한다.

05 다음 중 정도관리 결과의 심의 대상이 아닌 것은?

① 대상기관의 분야별 숙련도 시험결과
② 대상기관의 분야별 현장평가 결과
③ 대상기관의 미흡사항 보완조치 결과
④ 대상기관의 내부정도관리 결과

풀이 대상기관의 내부정도관리 결과는 현장평가 시 평가 항목 중에 하나이지 정도관리 결과의 심의 대상에 해당되지 않는다.

06 검증기관의 검증유효기간 만료에 해당하지 않는 것은?

① 분야별 숙련도 시험결과가 부적합 판정된 경우
② 현장평가 결과가 부적합 판정된 경우
③ 시설 및 장비가 등록 당시의 수를 초과한 것을 누락한 경우
④ 시험 성적서의 거짓 기재 및 발급

풀이 시설 및 장비가 등록 당시의 수를 초과한 것은 검증유효기간 만료에 해당하지 않는다.

※ 검증기관의 검증유효기간 만료에 해당하는 사항
- 분야별 숙련도 시험결과가 부적합 판정된 경우
- 현장평가 결과가 부적합 판정된 경우
- 현지실사 결과에 따른 검증내용의 변동사항에 대한 보완조치가 정해진 기간 내에 완료되지 않은 경우
- 인력의 허위기재(자격증만 대여해 놓은 경우 포함)
- 숙련도 시험의 부정행위(산출근거 미보유 및 부적정, 숙련도 표준시료의 위탁분석 행위 등)
- 시험 성적서의 거짓 기재 및 발급
- 고의 또는 중대한 과실로 측정 결과를 거짓으로 산출하거나 기술능력·시설 및 장비가 등록기준에 미달하여 행정처분을 받은 경우

┅01 측정기의 교정대상 및 주기

▼ 질량 및 무게(mass and weight)

(단위 : 월)

기기 분류번호	기기명	교정용 표준기	정밀 계기
04-1-0011	접시지시저울(스프링지시저울 포함)(spring dial scale)	36	24
04-1-0012	판지시저울(platform dial scale)	36	24
04-1-0013	매달림지시저울(swing dial scale)	36	24
04-1-0025	판수동저울(platform scale)	24	24
04-1-0026	매달림 수동저울(swing manual scale)	–	24
04-1-0030	전기식지시저울(electric balance)	24	12
04-1-0043	자동계량포장저울(auto-packer scale)	24	12
04-1-0044	매달림자동저울(swing auto-scale)	24	12
04-1-0050	분동(weights)	24	24

▼ 부피(volume)

(단위 : 월)

기기 분류번호	기기명	교정용 표준기	정밀 계기
05-1-0010	뷰렛(buret)	84	60
05-1-0020	피펫(pipet)	84	60
05-1-0030	플라스크(flask)	84	60
05-1-0040	실린더(cylinder)	84	60
05-1-0050	정밀부피계(volume measures)	60	36
05-1-0060	표준부피병(standard volume bottle)	60	36

▼ 유속(flow velocity)

(단위 : 월)

기기 분류번호	기기명	교정용 표준기	정밀 계기
10-2-0010	열전 유속계(hot-wire anemometer)	−	12
10-2-0020	풍속계(vane anemometer)	−	12
10-2-0030	피토관(pitot tube)	−	12
10-2-0040	레이저 도플러 유속계(laser doppler velocimeter)	−	12
10-2-0050	조류계(current meter)	−	12

▼ 액체유량(liquid flow rate)

(단위 : 월)

기기 분류번호	기기명	교정용 표준기	정밀 계기
10-3-0010	액체용 차압유량계(differential pressure flowmeter)	12	12
10-3-0020	액체용 면적유량계(area flowmeter)	18	12
10-3-0030	액체용 용적유량계(volume flowmeter)	18	12
10-3-0040	액체용 질량유량계(mass flowmeter)	18	12
10-3-0050	액체용 와유량계(vortex flowmeter)	18	12
10-3-0060	액체용 터빈유량계(turbine flowmeter)	12	12
10-3-0070	액체용 초음파유량기(ultrasonic flowmeter)	18	12
10-3-0080	액체용 전자기유량기(electromagnetic flowmeter)	18	12
10-3-0090	액체용 부피식유량계 교정장치 (liquid volumetric flowmeter calibrator)	24	−
10-3-0100	액체용 중량식유량계 교정장치 (liquid gravimetric flowmeter calibrator)	24	−

▼ 기체유량(gas flow rate)

(단위 : 월)

기기 분류번호	기기명	교정용 표준기	정밀 계기
10-4-0010	기체용 차압유량계(differential pressure flowmeter)	12	12
10-4-0020	기체용 면적유량계(area flowmeter)	18	12
10-4-0030	기체용 용적유량계(volume flowmeter)	18	12
10-4-0040	기체용 질량유량계(mass flowmeter)	18	12
10-4-0050	기체용 와유량계(vortex flowmeter)	18	12
10-4-0060	기체용 터빈유량계(turbine flowmeter)	12	12
10-4-0070	기체용 초음파유량기(gas ultrasonic flowmeter)	18	12
10-4-0080	기체용 전자기유량계(gas electromagnetic flowmeter)	18	12
10-4-0090	기체용 부피식 유량계 교정장치 (gas volumetric flowmeter calibrator)	24	–
10-4-0100	기체용 중량식 유량계 교정장치 (gas gravimetric flowmeter calibrator)	24	–

▼ 온도(temperature)

(단위 : 월)

기기 분류번호	기기명	교정용 표준기	정밀 계기
18-2-0070	유리제 온도계(liquid-in-glass thermometer)	24	24
18-2-0080	수정온도계(quartz thermometer)	12	12

▼ 분광 및 색채(spectrophotometry & color)

(단위 : 월)

기기 분류번호	기기명	교정용 표준기	정밀 계기
22-1-0010	분광광도계(spectrophotometer)	24	12
22-1-0020	투과율계(transmittance meter)	24	12
22-1-0030	반사율계(reflectance meter)	24	12
22-1-0040	산란투과계(haze meter)	24	12
22-1-0050	광택계(gloss meter)	24	12
22-1-0060	비색계(tintometer)	24	12
22-1-0070	색차계(color difference meter)	24	12
22-1-0081	색상표준(color standard)−타일(tile)	24	24
22-1-0082	색상표준(color standard)−종이(paper), 페인트(paint)	12	12
22-1-0083	색상표준(color standard)−필터(filter)	12	12
22-1-0090	적외선 분광광도계(infrared spectrophotometer)	24	12
22-1-0100	발광분광분석기(emission spectrophotometer)	−	−
22-1-0110	원자흡광분석기(atomic absorption spectrometer)	−	−
22-1-0120	색채계(colorimeter)	24	12
22-1-0130	확산 반사율 미터(diffused reflectrometer)	24	12
22-1-0140	백색도계(whitness tester)	12	12
22-1-0150	광원밀도 표준테블렛(optical density step tablet)	6	6
22-1-0160	광원필터(optical filter)	24	12
22-1-0170	단색화장치(monochromator)	24	12
22-1-0180	사진 농도계(microdensitometer)	24	12
22-1-0190	광택계 표준판(gloss meter standardtile)	24	12
22-1-0200	분광 분석기(optical spectrum analyzer)	24	12
22-1-0210	파장 계측기(wavelength meter)	24	12
22-1-0220	광 밀도계(density meter)	12	12
22-1-0230	기체크로마토그래피(gas chromatography)	−	−

···02 물질안전보건자료(MSDS) 작성양식

1. 화학제품과 회사에 관한 정보
   ① 제품명 : 경고표지상에 사용되는 것과 동일한 명칭 또는 분류코드를 기재한다.
   ② 일반적 특성 : 제품의 전반적인 화학적 특성을 기술한다.
   ③ 유해성 분류 : 별표 1에 의한 분류기준에 따라 기재한다.
   ④ 제품의 용도
   ⑤ 제조자 정보 : 제조회사명 주소, 정보제공서비스 또는 긴급연락 전화번호, 담당부서, 담당자(수입의 경우 생략 가능)
   ⑥ 공급자/유통업자 정보 : 공급회사명, 주소, 정보제공서비스 또는 긴급연락 전화번호, 담당부서, 담당자
   ⑦ 작성부서 및 이름
   ⑧ 작성일자
   ⑨ 개정횟수 및 최종개정일자

2. 구성성분의 명칭 및 함유량
   ① 화학물질명   ② 이명(異名)
   ③ CAS번호 또는 식별번호   ④ 함유량(%)

3. 위험ㆍ유해성
   ① 긴급한 위험ㆍ유해성 정보   ② 눈에 대한 영향
   ③ 피부에 대한 영향   ④ 흡입 시의 영향
   ⑤ 섭취 시의 영향   ⑥ 만성 징후와 증상

4. 응급조치 요령
   ① 눈에 들어갔을 때   ② 피부에 접촉했을 때
   ③ 흡입했을 때   ④ 먹었을 때
   ⑤ 의사의 주의사항

5. 폭발ㆍ화재 시 대처방법
   ① 인화점 :   ② 자연발화점 :
   ③ 폭발(연소) 하한값/폭발(연소) 상단값 :   ④ 소방법에 의한 분류 및 규제내용 :
   ⑤ 소화제 :   ⑥ 소화방법 및 장비 :
   ⑦ 연소 시 발생 유해물질 :   ⑧ 사용해서는 안 되는 소화제 :

6. 누출사고 시 대처방법
   ① 인체를 보호하기 위해 필요한 조치사항 :
   ② 환경을 보호하기 위해 필요한 조치사항 :
   ③ 정화 또는 제거 방법 :

7. 취급 및 저장방법
   ① 안전취급요령 :   ② 보관방법 :

8. 노출방지 및 개인보호구
   ① 공학적 관리방법 :   ② 호흡기보호 :
   ③ 눈보호 :   ④ 손보호 :
   ⑤ 신체보호 :   ⑥ 위생상 주의사항 :
   ⑦ 노출기준 : 고용노동부고시에 의한 노출기준을 기재한다.

9. 물리화학적 특성
   ① 외관 :   ② 냄새 :
   ③ pH :   ④ 용해도 :
   ⑤ 끓는점/끓는점 범위 :   ⑥ 녹는점/녹는점 범위 :
   ⑦ 폭발성 :   ⑧ 산화성 :
   ⑨ 증기압 :   ⑩ 비 중 :
   ⑪ 분배계수 :   ⑫ 증기밀도 :
   ⑬ 점도 :   ⑭ 분자량 :

10. 안정성 및 반응성
   ① 화학적 안정성 :   ② 피해야 할 조건 및 물질 :
   ③ 분해 시 생성되는 유해물질 : ④ 반응 시 유해물질 발생 가능성 :

11. <u>독성에 관한 정보</u>
   ① 급성경구 독성 :   ② 급성흡입 독성 :
   ③ 아급성 독성 :   ④ 만성 독성 :
   ⑤ 변이원성 영향 :   ⑥ 차세대 영향(생식독성) :
   ⑦ 발암성 영향 :   ⑧ 기타 특이사항 :

12. <u>환경에 미치는 영향</u>
   ① 수생 및 생태독성 :   ② 토양 이동성 :
   ③ 잔류성 및 분해성 :   ④ 동생물의 생체 내 축적 가능성 :

13. 폐기 시 주의사항
① 폐기물관리법상 규제 현황 :   ② 폐기방법 :
③ 폐기 시 주의사항 :

14. 운송에 필요한 정보
① 선박안전법 위험물선박운송 및 저장규칙에 의한 분류 및 규제 :
② 운송 시 주의사항 :
③ 기타 외국의 운송 관련 규정에 의한 분류 및 규제 :

15. 법적 규제 현황
① 산업안전보건법에 의한 규제 :
② 화학물질관리법 등 타 부처의 화학물질관리 관련법에 의한 규제 :
③ 기타 외국법에 의한 규제 :

16. 기타 참고사항
자료의 출처 : 원자료의 작성기관명, 작성시기, 참고문헌명 등을 기록

실전 예상문제

01
2009
제1회

실험실에서 시료나 시약을 보관하기 위해 플라스틱 제품의 용기를 사용할 때, 제품의 물리·화학적 특성을 고려하여 다방면에 걸쳐 가장 무난하게 사용할 수 있는 것은?

① high – density polyethylene

② fluorinated ethylene propylene

③ polypropylene

④ polycarbonate

02
2010
제2회

실험실 내 모든 위험 물질은 경고 표시를 해야 하며 UN에서는 GHS체계에 따라 화학물질의 경고 표시와 그림문자를 통일하였다. 다음 그림문자가 의미하는 것은?

① 유해물질

③ 폭발성 물질

② 인화성 물질

④ 산화성 물질

풀이 유해화학물질 그림문자(GHS ; globally harmonized systemof classification and labelling of chemicals)

폭발성	인화성	산화성	고압가스	금속, 피부 부식 위험
급성독성	장기독성	호흡기 과민성	수생환경	

기출문제

1과목 수질오염공정시험기준

01 암모니아성질소를 측정할 때, 시료가 매우 맑
1점 아서 증류를 하지 않고 발색을 시켰더니 침전
물이 생겼다. 원인이 될 수 있는 물질이 아닌
것은?

① 칼슘   ② 마그네슘
③ 스트론튬   ④ 칼륨

(해설)

시료를 전처리하지 않는 경우 Ca^{2+}, Mg^{2+} 등에 의하
여 발색 시 침전물이 생성될 수도 있다. 이러한 경우에
는 발색시료를 원심분리한 다음 상등액을 취하여 흡광
도를 측정하거나 또는 시료의 전처리를 행한 다음 다
시 시험하여야 한다.
스트론튬은 스트론튬 자체가 다른 이온의 무기성 침전
물을 유도한다.

02 투명도 측정에 관한 해설로 잘못된 것은?
1점

① 투명도관은 무게가 3 kg, 지름이 30 cm인
백색원판에 지름 5 cm의 구멍 8개가 뚫린
것을 사용한다.
② 투명도판을 보이지 않는 깊이로 넣은 다음 천
천히 끌어 올리면서 측정한다.
③ 날씨가 맑고 수면이 온화할 때 직사광선이 비
치는 밝은 곳에서 측정한다.
④ 강우 시나 수면에 파도가 격렬하게 일 때는
투명도를 측정하지 않는 것이 좋다.

(해설)

ES 04314.1a 투명도

[분석절차]
㉠ 투명도판은 측정에 앞서 상판에 이물질이 없도록
깨끗하게 닦아 주고, 측정시간은 오전 10시에서 오
후 4시 사이에 측정한다.

㉡ 날씨가 맑고 수면이 잔잔할 때 측정하고, 직사광선
을 피하여 배의 그늘 등에서 투명도판을 조용히 보
이지 않는 깊이로 넣은 다음 천천히 끌어 올리면서
보이기 시작한 깊이를 반복해서 측정한다.

03 수질오염공정시험기준에서 유도결합플라스
1점 마 발광광도법으로 측정하지 않는 항목을 포
함하고 있는 것은?

① 크롬, 아연, 카드뮴, 납, 니켈
② 구리, 아연, 철, 니켈, 비소
③ 니켈, 크롬, 수은, 카드뮴, 납
④ 망간, 아연, 납, 구리, 비소

(해설)

유도결합플라스마 발광광도법은 대부분의 금속성분
의 측정에 이용되나 수은, 알킬수은, 셀레늄의 측정에
는 사용되지 않는다.

04 수질오염공정시험기준에서 총대장균군, 분원
1점 성대장균군, 대장균 시험을 위한 '시료채취 및
관리'에 관한 내용이다. 다음 보기의 ( )에 맞
는 것은?

> 모든 시료는 멸균된 용기에 무균적으로 채수하
> 고 직사광선의 접촉을 피하여 약(ㄱ)℃ 상태로
> 유지하여 실험실로 운반 직후 시험하는 것을
> 원칙으로 하며, 최대(ㄴ)시간을 넘기지 않도록
> 한다. 단, 평판집락법의 경우 (ㄷ)℃ 상태로 유
> 지하여 (ㄹ)시간 이내에 실험실로 운반하여
> (ㅁ) 시간 이내에 시험을 완료하여야 한다.

① (ㄱ) 10, (ㄴ) 24, (ㄷ) 10, (ㄹ) 6, (ㅁ) 2
② (ㄱ) 4, (ㄴ) 24, (ㄷ) 4, (ㄹ) 6, (ㅁ) 2
③ (ㄱ) 10, (ㄴ) 24, (ㄷ) 10, (ㄹ) 12, (ㅁ) 2
④ (ㄱ) 4, (ㄴ) 24, (ㄷ) 4, (ㄹ) 12, (ㅁ) 2

해설

시료는 멸균된 용기를 이용하여 무균적으로 채취하고 한번 채취된 시료는 어떠한 경우에도 저온(10 ℃ 이하)의 상태로 운반하여야 한다. 또한, 환경기준 적용을 위한 시료는 시료채취부터 시험분석까지 24시간을 초과하여서는 안 되며, 배출허용기준 및 방류수 수질기준 적용을 위한 시료는 시료채취 후 6시간 이내에 실험실로 운반하여 2시간 이내에 분석을 완료하여야 한다.

05 수질오염공정시험기준에 따른 종대장균군 시
1점 험방법이 아닌 것은?

① 막여과법   ② 시험관법
③ 효소이용정량법   ④ 평판집락법

해설

대상	시험법
총대장균군	막여과법
	시험관법
	평판집락법
분원성 대장균군	막여과법
	시험관법
대장균	효소이용정량법

06 공장폐수 및 하수 유량 측정 방법에서 관내에
1점 압력이 존재하는 관수로의 유량을 측정하는
방법이 아닌 것은?

① 벤튜리 미터(Venturi Meter)
② 유량측정용 노즐(Nozzle)
③ 피토우(Pitot)관
④ 파아샬플루움(Parshall Flume)

해설

관(Pipe) 내의 유량측정 방법(관내에 압력이 존재하는 관수로의 흐름)에는 벤튜리미터 (Venturi Meter), 유량측정용 노즐 (Nozzle), 오리피스(Orifice), 피토우 (Pitot)관, 자기식 유량측정기(Magnetic Flow Meter)가 있다. 파아샬플루움은 측정용 수로에 의한 유량측정 방법이다.

07 원자흡광광도법에서 사용하는 불꽃의 가연성
1점 가스와 조연성 가스의 조합 중 내화성 산화물
을 만들기 쉬운 원소의 분석에 적당한 것은?

① 아세틸렌－아산화질소
② 아세틸렌－공기
③ 프로판－공기
④ 수소－공기

해설

①항 아세틸렌－아산화질소 조합은 불꽃의 온도가 높기 때문에 불꽃 중에 해리하기 어려운 내화성 산화물을 만들기 쉬운 원소의 분석에 적당하다.

08 염소처리된 방류수의 암모니아성질소를 측정
1점 할 때 가장 먼저 해야 할 것은?

① 시료를 중화한다.
② 시료를 증류한다.
③ 아황산나트륨용액을 넣는다.
④ 나트륨페놀라이트용액을 넣는다.

해설

시료 내 잔류염소가 공존할 경우 증류과정에서 암모니아가 산화되어 제거될 수 있으므로 시료채취 즉시 아황산나트륨(0.09%)을 첨가한다.

09 다음 해설 중 잘못된 것은?
1점

① 염산 $(1+2)$ 용액은 10 mL의 염산과 물 20 mL 를 혼합하여 제조한 것이다.
② NaCl $(1 \rightarrow 100)$ 용액은 NaCl 1g을 물 100 mL에 녹인 것이다.
③ 0.212 g의 Na_2CO_3 (화학식량 : 106 g/mol) 를 녹여 정확히 100 mL로 만든 탄산나트륨 용액 은 0.04 N이 된다.
④ 1.0 %(w/w) 용액의 농도는 10,000 ppm이다.

해설

②항 NaCl$(1 \rightarrow 100)$용액－용액의 농도를 $(1\rightarrow10)$, $(1\rightarrow100)$ 또는 $(1\rightarrow1000)$ 등으로 표시하는 것은 고체성분에 있어서는 1 g, 액체성분에 있어서는 1 mL를

용매에 녹여 전체 양을 10 mL, 100 mL 또는 1,000 mL로 하는 비율을 표시한 것이다.

10 화학적산소요구량(COD) 시험방법에 대한 해설로 잘못된 것은?
1점

① COD를 측정하기 위해서 사용하는 산화제는 과망간산칼륨 또는 중크롬산칼륨이다.

② 과망간산칼륨에 의한 COD는 해수와 같이 염소의 함량이 높은 시료의 경우 알칼리성법을 적용한다.

③ 중크롬산칼륨은 강력한 산화제로서 대부분의 유기물을 분해할 수 있어 해수를 포함한 모든 시료에 적용할 수 있다.

④ 아질산이온을 함유한 시료의 경우 술퍼민산을 넣어 제거한 후 시험을 적용한다.

해설

ES 04315.3b 화학적 산소요구량 – 적정법 – 다이크롬산칼륨법
[적용범위]

㉠ 이 시험기준은 지표수, 지하수, 폐수 등에 적용하며, COD 5 mg/L ~ 50 mg/L의 낮은 농도범위를 갖는 시료에 적용한다. 따로 규정이 없는 한 해수를 제외한 모든 시료의 다이크롬산칼륨에 의한 화학적 산소요구량을 필요로 하는 경우에 이 방법에 따라 시험한다.

㉡ 염소이온의 농도가 1,000 mg/L 이상의 농도일 때에는 COD값이 최소한 250 mg/L 이상의 농도이어야 한다. 따라서 해수 중에서 COD 측정은 이 방법으로 부적절하다.

11 분원성대장균군－막여과법에서 시료 중 잔류염소가 함유되었을 경우 어떻게 하는가?
1.5점

① 시료에 NaOH 1 % 수용액을 첨가하여 제거한다.

② 멸균된 10 % 티오황산나트륨용액으로 잔류염소를 제거한다.

③ 시료를 실험실로 운반한 직후 UV램프로 조사시켜 제거한다.

④ 질소가스를 시료에 불어 넣어 잔류염소를 날려 제거한다.

해설

시료 중 잔류염소가 함유되었을 때는 멸균된 10% 티오황산나트륨용액으로 잔류염소를 제거하여야 한다.

12 음이온계면활성제를 분석하고자 하는 시료에 다량으로 함유되었을 경우 주의를 필요로 하는 물질로서 가장 관련이 적은 것은?
1.5점

① 질산염　　　　② 시안화물
③ 인산염　　　　④ 티오시안산

해설

ES 04359.1b 음이온계면활성제 – 자외선/가시선 분광법
[간섭물질]

㉠ 약 1,000 mg/L 이상의 염소이온 농도에서 양의 간섭을 나타내며 따라서 염분농도가 높은 시료의 분석에는 사용할 수 없다.

㉡ 유기 설폰산염(sulfonate), 황산염(sulfate), 카르복실산염(carboxylate), 페놀 및 그 화합물, 무기 티오시안(thiocynide)류, 질산이온 등이 존재할 경우 메틸렌블루 중 일부가 클로로폼 층으로 이동하여 양의 오차를 나타낸다.

㉢ 양이온 계면활성제 혹은 아민과 같은 양이온 물질이 존재할 경우 음의 오차가 발생할 수 있다.

㉣ 시료 속에 미생물이 있을 경우 일부의 음이온 계면활성제가 신속히 변할 가능성이 있으므로 가능한 빠른 시간 안에 분석을 하여야 한다.

13 이온전극법에 사용되는 전극은 감응막의 구성에 따라 분류할 수 있다. 다음 전극 중 NH_4^+, NO_2^-, CN^- 등의 이온 측정에 사용되며, 가스투과성 막을 가지고 있는 것은?
1.5점

① 유리막전극　　　② 고체막전극
③ 액체막전극　　　④ 격막형전극

해설

ES 04350.2b 음이온류 – 이온전극법(표 참조)
이온전극의 종류와 감응막 조성(예)

전극의 종류	측정이온	감응막의 조성
유리막 전극	$Na+$ $K+$ NH_4^+	산화알루미늄 첨가 유리
고체막 전극	$F-$	LaF_3
	$Cl-$	$AgCl$+황화은, $AgCl$
	$CN-$	AgI+황화은, 황화은, AgI
	Pb^{2+}	PbS+황화은
	Cd^{2+}	CdS+황화은
	Cu^{2+}	CuS+황화은
	NO_3^-	Ni – 베소페난트로닌 / NO_3^-
	$Cl-$	디메틸디스테아릴 암모늄 / Cl^-
	NH_4^+	노낙틴 / 모낙틴 / NH_4^+
격막형 전극	NH_4^+	pH 감응유리
	NO_2^-	pH 감응유리
	CN^-	황화은

14 1.5점 용존산소 농도를 분석할 때 진한 황산을 넣는 이유는?

① 적정시 사용하는 $Na_2S_2O_3$와 DO의 반응성을 높이기 위한 것이다.
② 산성하에서 용존산소의 양에 해당하는 요오드를 유리시키기 위한 것이다.
③ $Mn(OH)_2$를 $Mn(OH)_3$로 산화시키기 위한 것이다.
④ 유기물 및 양이온의 방해작용을 최소화 시키기 위한 것이다.

해설

ES 04308.1b 용존산소 – 적정법
[목적]
이 시험기준은 물속에 존재하는 용존산소를 측정하기 위하여 시료에 황간망간과 알칼리성 요오드칼륨용액을 넣어 생기는 수산화제일망간이 시료 중의 용존산소에 의하여 산화되어 수산화제이망간으로 되고, 황산

산성에서 용존산소량에 대응하는 요오드를 유리한다. 유리된 요오드를 티오황산나트륨으로 적정하여 용존산소의 양을 정량하는 방법이다.

15 1.5점 시안측정 시 시료에 Cu, Fe, Cd, Zn과 같은 금속 이온이 있으면 시안착화합물이 형성되어 시안의 회수율이 감소한다. 이러한 시료에 시안의 회수율을 높이기 위해 첨가하는 것은?

① 에틸렌디아민테트라초산이나트륨
② 황산제일철암모늄
③ Griess시약
④ 염화은

해설
에틸렌디아민테트라초산이나트륨은 중금속의 방해 억제제로서 시료를 pH 2 이하의 산성상태에서 가열 증류하여 시안화물 및 시안착화합물의 대부분을 시안화수소로 유출시킨다.

16 1.5점 철의 시험방법에 대한 해설로 맞는 것은?

① 원자흡광광도법으로 측정할 수 있으며 광원으로 중수소램프를 사용한다.
② o – 페난트로린을 넣어 약산성에서 나타나는 등 적색 착화합물의 흡광도를 측정한다.
③ 유도결합플라스마 발광광도법에 쓰이는 가스는 액화 또는 압축 질소를 사용한다.
④ 흡광광도법(디티존법)으로 측정한다.

해설
① 원자흡광분석용 광원은 원자흡광스펙트럼선의 선폭보다 좁은 선폭을 갖고 고휘도 스펙트럼을 방사하는 중공음극램프가 주로 사용된다.
③ 유도결합플라스마 발광광도법에 쓰이는 가스는 순도 99.99% 이상의 고순도 가스 또는 액체 아르곤을 사용한다.
④ 디티존법은 아연, 카드뮴, 수은, 납의 시험분석에 사용된다.

17 가스크로마토그래프법에 의해 얻은 머무름지
1.5점 수는 용질을 확인하는 데 중요한 지수로서 정
성분석에 매우 유용하다. 이러한 머무름지수
는 혼합물의 크로마토그램에서 용질의 머무름
시간 앞과 뒤에 머 무름시간을 가지는 적어도
두 개의 노말 알칸을 이용하여 구할 수 있다.

> 노말 알칸의 머무름지수는 ( )에 관계없이 화합
> 물에 들어있는 탄소수의 100 배와 같은 값이다.

( )에 해당하는 것은?

① 분리 관 충전물질   ② 운반가스
③ 온도   ④ ①, ②, ③ 모두

해설

- 머무름 지수(Retention Index) I는 크로마토그램에
  서 용질을 확인하는 데 사용되는 파라미터로 어떤 한
  용질의 머무름 지수는 혼합물의 크로마토그램 위에
  서 그 용질의 머무름 시간의 앞과 뒤에 머무름 시간
  을 가지는 적어도 두 개의 노르말 알칸으로부터 구할
  수 있다.
- 노르말 알칸의 머무름 지수는 관 충전물, 온도 및 다
  른 크로마토그래피 조건과 관계없이 그 화합물에 들
  어있는 탄소수의 100배와 같은 값이다.

18 폴리클로리네이티드 비페닐(PCB)은 가스크
1.5점 로마토그래프를 사용하여 확인과 정량시험을
수행한다. 이에 대한 해설로 관련이 적은 것은?

① PCB를 핵산으로 추출하여 알칼리 분해한 다
   음, 다시 추출하고 실리카겔 컬럼을 통과시
   켜 정제한다.
② 전자포획형 검출기(ECD)를 사용한다.
③ 운반가스는 헬륨이나 아르곤(99.9 %)을 사
   용한다.
④ 확인시험은 시료용액과 같은 조건에서 PCB
   표준용액의 크로마토그램을 비교하고, 2종
   류 이상의 다른 컬럼을 사용하여 재확인한다.

해설
운반기체는 순도 99.999 % 이상의 질소를 사용한다.

19 6가 크롬의 시험방법에 대한 해설로 맞는 것
1.5점 은?

① 0.01 mg/L 이상의 유효측정 농도를 위해서
   아세틸렌 – 일산화이질소를 사용한 원자흡
   광광도법을 이용하며, 357.9 nm에서 흡광
   도를 측정한다.
② 유도결합플라스마 발광광도법으로 사용할
   때 324.7 nm의 원자방출선을 이용하며,
   0.007 ~ 50 mg/L의 유효농도 측정이 가능
   하다.
③ 흡광광도법으로 디에틸디티오카르바민산법
   을 사용하며 440 nm에서 흡광도를 측정한다.
④ 과망간산칼륨을 사용하여 산화한 후 산성에
   서 디페닐카르바지드와 반응하여 생성되는
   적자색 착화합물을 540 nm에서 흡광도를
   측정한다.

해설
②항 〈표참조〉
유도결합플라스마 – 원자발광분광법에 의한 원소별
선택파장과 정량한계 (mg/L)

원소명	선택파장 (1차)1	선택파장 (2차)1	정량한계1,2 (mg/L)
Cu	324.75	219.96	0.006 mg/L
Pb	220.35	217.00	0.04 mg/L
Ni	231.60	221.65	0.015 mg/L
Mn	257.61	294.92	0.002 mg/L
Ba	455.40	493.41	0.003 mg/L
As	193.70	189.04	0.05 mg/L
Zn	213.90	206.20	0.002 mg/L
Sb	217.60	217.58	0.02 mg/L
Sn	189.98	–	0.02 mg/L
Fe	259.94	238.20	0.007 mg/L
Cd	226.50	214.44	0.004 mg/L
Cr	262.72	206.15	0.007 mg/L

③항에서 6가 크롬의 흡광광도법은 디페닐카르바지
드법을 사용하며, 540nm에서 흡광도를 측정한다.
④항은 크롬을 흡광광도법으로 측정하는 시험방법의
해설이다.

정답 **17** ④ **18** ③ **19** ①

20
1.5점

95 %(w/w) 황산용액을 이용하여 80 %(w/w) 황산용액을 만들려면 얼마의 정제수와 95 %(w/w) 황산용액이 필요한가?

① 정제수 10 g + 95 % 황산용액 85 g
② 정제수 15 g + 95 % 황산용액 85 g
③ 정제수 10 g + 95 % 황산용액 80 g
④ 정제수 15 g + 95 % 황산용액 80 g

> **해설**
>
> a% 용액을 b% (물일 때는 0)액으로 희석하여 x% 로 할 때는 다음의 공식을 사용한다.
>
> a   (x−b)   →   a를 (x−b) 만큼 취하고
>   ×
> b   (a−x)   →   b를 (a−x) 만큼 취한다.
>
> 따라서, 95% 황산용액 → 80% 황산용액으로 만들드는 정제수(물)와 95% 황산용액의 양은
> 황산   95   (80−0=80) → 95% 황산 80g
>   80
> 정제수   0   (95−80=15) → 정제수 15g

21
1.5점

하천수의 시료채취방법에 대한 해설로 틀린 것은?

① 하천수 수질조사를 위한 시료의 채취는 시료의 성상, 유량, 유속의 경시변화를 고려하여 현장 하천수의 성질을 대표할 수 있도록 채취하여야 한다.
② 하천수는 하천의 본류와 하천지류가 합류하는 경우에는 합류 이전의 각 지점과 합류 이후 충분히 혼합된 지점에서 각각 채수한다.
③ 하천의 단면에서 수심이 가장 깊은 수면의 지점과 그 지점을 중심으로 하여 좌우로 수면폭을 2등분한 각각의 지점의 수면으로부터 수심 2 m 미만일 때에는 수심의 1/2에서, 2 m 이상일 때는 수심의 1/3 및 2/3에서 각각 채수한다.
④ 일반적으로 시료는 채취용기 또는 채수기를 사용하여 채취하여야 하며, 채취용기는 시료를 채우기 전에 시료로 3회 이상 씻은 다음 사용한다.

> **해설**
>
> ③항 하천의 단면에서 수심이 가장 깊은 수면의 지점과 그 지점을 중심으로 하여 좌우로 수면폭을 2등분한 각각의 지점의 수면으로 부터 수심 2 m 미만일 때에는 수심의 1/3에서, 수심이 2 m 이상일 때에는 수심의 1/3 및 2/3에서 각각 채수한다.

22
1.5점

총유기탄소(TOC)의 시험방법에 대한 해설로 잘못된 것은?

① TOC와 용존성유기탄소(DOC) 분석시료 용액은 염기성 상태로 보존되어야 한다.
② TOC와 DOC를 측정하기 위해서는 프탈산수소칼륨(KHP) 표준용액을 사용한다.
③ 무기성 탄소(IC)가 총탄소의 50 %를 초과하는 경우 사전에 무기성 탄소를 제거한다.
④ 결과보고 시에는 분석기기의 검정곡선식, 상관계수, 정밀도, 검출한계를 기록하여야 한다.

> **해설**
>
> TOC와 용존성유기탄소(DOC) 분석시료 용액은 즉시 분석 또는 HCl 또는 H_3PO_4 또는 H_2SO_4를 가한 후(pH 〈 2) 4℃ 냉암소에서 보관한다.

23
1.5점

BOD 측정용 시료의 전처리 조작에 관한 해설로 틀린 것은?

① pH가 6.5 ~ 8.5의 범위를 벗어나는 시료는 염산(1 + 11) 또는 4 % 수산화나트륨용액으로 시료를 중화하여 pH 7로 한다.
② 시료를 중화할 때 넣어주는 산 또는 알칼리의 양은 시료량의 0.5 %가 넘지 않도록 하여야 한다.
③ 일반적으로 잔류염소가 함유된 시료는 정제수 또는 탈염수로 희석하여 사용한다.
④ 용존산소 함유량이 과포화되어 있는 경우, 수온을 23 ~ 25 ℃로 하여 15분간 통기하고 방냉하여 수온을 20 ℃로 한다.

해설
③항 잔류염소를 함유한 시료는 시료 100 mL에 아자이드화나트륨 0.1 g과 요오드화칼륨 1 g을 넣고 흔들어 섞은 다음 염산을 넣어 산성으로 한다(약 pH 1).

24 수질오염공정시험기준에서 정하고 있는 내용이 아닌 것은?

1.5점

① 기체의 농도는 표준상태(25 ℃, 1기압, 비교습도 0 %)로 환산하여 표시한다.
② 상온은 15 ~ 25 ℃, 실온은 1 ~ 35 ℃, 찬곳은 따로 규정이 없는 한 0 ~ 15 ℃의 곳을 뜻한다.
③ 감압 또는 진공이라 함은 따로 규정이 없는 한 15 mmHg 이하를 말한다.
④ "약"이라 함은 기재된 양에 대하여 ±10 % 이상의 차가 있어서는 안 된다.

해설
기체의 농도는 표준상태(0 ℃, 1기압, 비교습도 0 %)로 환산하여 표시한다.

25 페놀류−자동분석법에 대한 해설로 틀린 것은?

1.5점

① 적색의 안티피린계 색소의 흡광도를 측정하며, 분석기기는 분할흐름분석기 또는 흐름주입분석기를 사용한다.
② 4−아미노안티피린법은 파라 위치에 알킬기, 아릴기, 나이트로기가 치환되어 있는 페놀을 포함한 페놀류의 총량을 측정할 수 있다.
③ 분석 시 시료의 분해, 발색반응 및 목적성분의 분리를 위해 증류장치를 사용한다.
④ 자동분석기 제조회사에서 제시하는 시약의 목록 및 제조방법이 있을 경우 그 방법에 따라 시약을 제조하여 사용한다.

해설
페놀류−연속흐름법(4−아미노안티피린법)은 시료 중의 페놀을 종류별로 구분하여 측정할 수는 없으며

또한 4−아미노안티피린법은 파라 위치에 알킬기, 아릴기(Aryl), 니트로기, 벤조일기(Benzoyl), 니트로소기(Nitroso) 또는 알데하이드기가 치환되어 있는 페놀은 측정할 수 없다.

26 수질오염공정시험기준에서 제시하는 색도의 측정원리에 대한 해설로 잘못된 것은?

1.5점

① 색도측정은 시각적으로 눈에 보이는 색상에 관계없이 단순 색도차 또는 단일 색도차로 계산하며 아담스−니컬슨의 색도공식에 근거한다.
② 시료의 색도가 250도 이하인 경우에는 흡수셀의 층장이 5 cm인 것을 사용한다.
③ 투과율법은 백금−코발트 표준물질과 아주 다른 색상의 폐하수에는 사용할 수 없으며 표준 물질과 비슷한 색상의 폐하수에는 적용할 수 있다.
④ 시료 중 부유물질은 제거하여야 한다.

해설
투과율법은 백금−코발트 표준물질과 아주 다른 색상의 폐·하수에서 뿐만 아니라 표준물질과 비슷한 색상의 폐·하수에도 적용할 수 있다.

27 삭제문항

28 수질오염공정시험기준에서 용존총인의 시험방법에 대한 해설이 아닌 것은?

1.5점

① 시료 중 유기물은 산화분해하여 용존인 화합물을 인산염 형태로 변화시켜야 한다.
② 염화제일주석 환원법을 사용한다.
③ 시료를 유리섬유 거름종이로 여과하고, 그 여액을 총인 시험방법의 전처리법에 따른다.
④ 인산이온이 몰리브덴산암모늄과 반응하여 생성된 몰리브덴산인암모늄에 아스코르빈산을 반응시킨다.

해설

②항은 인산염인의 시험방법이다.

29 하천 유량 측정방법에 대한 해설로 맞는 것은?
1.5점
① 유속 – 깊이 법을 적용하며 등간격으로 측정점을 정한다.
② 평균 측정을 위해 유황과 하상의 상태가 고른 지점과 변화가 심한 지점을 측정점에 포함한다.
③ 통수단면을 여러 개의 소구간 단면으로 나누어, 각 소구간마다 수심 및 유속계로 1 ~ 2 개의 점 유속을 측정하고 소구간 단면의 평균유속과 단면적을 구한다.
④ 측정에는 벤튜리미터를 사용한다.

해설

①, ②항 – 유속 – 면적법은 유황(流況)이 일정하고 하상의 상태가 고른 지점을 선정하여 물이 흐르는 방향과 직각이 되도록 하천의 양끝을 로프로 고정하고 등 간격으로 측정점을 정한다. ④항 벤튜리미터는 관내유량측정방법이다.

30 물벼룩을 이용한 급성독성 시험방법에서 제시한 정도관리 (QA/QC) 사항과 관련이 적은 것은?
1.5점
① 태어난 지 24시간 이내일지라도 가능한 동일한 크기의 시험 생물을 사용한다.
② 평상시 배양용기 내 전체 물벼룩 수의 5 % 이상이 죽는 경우 시험생물로 사용하지 않는다.
③ 배양용기와 시험용기는 붕규산 재질의 유리 용기를 사용한다.
④ 시험생물이 공기에 노출되는 시간을 가능한 짧게 한다.

해설

평상시 물벼룩 배양에서 하루에 배양 용기 내 전체 물벼룩 수의 10 % 이상이 치사한 경우 이들로부터 생산된 어린 물벼룩은 시험생물로 사용하지 않는다.

31 석유계총탄화수소의 시험방법에 대한 해설로 틀린 것은?
1.5점
① 비등점이 높은 제트유, 윤활유, 원유의 측정에 적용하며, 등유, 경유, 벙커C유도 동일하게 시험한다.
② 시료는 4 ℃에서 보관하며 14일 이내 추출, 추출액은 28일 이내 분석하여야 한다.
③ 가스크로마토그래프의 검출기는 불꽃이온화 검출기 (FID)를 사용한다.
④ 노말알칸을 표준물질로 사용한다.

해설

석유계총탄화수소의 시료는 4 ℃에서 H_2SO_4 또는 HCl으로 pH 2 이하로 보관하며, 7일 이내 추출하고 추출 후 40일 이내에 분석하여야 한다.

32 총유기탄소의 시험방법에 따른 용어 해설로 틀린 것은?
1.5점
① 부유성 유기탄소(SOC)는 입자성 유기탄소(POC)라고도 하며, 강산성 조건의 포기에 의해 정화되지 않는 탄소를 말한다.
② 총유기탄소는 수중에서 유기적으로 결합된 탄소의 합을 말한다.
③ 용존성 유기탄소(DOC)는 총유기탄소 중 공극 $0.45\ \mu m$의 막을 통과하는 유기탄소를 말한다.
④ 무기성 탄소(1C)는 탄산염, 중탄산염, 용존 이산화탄소 등 무기적으로 결합된 탄소의 합을 말한다.

해설

• 부유성 유기탄소(SOC)는 총 유기탄소 중 공극 $0.45\ \mu m$의 여과지를 통과하지 못한 유기탄소를 말한다.
• 비정화성 유기탄소(NPOC ; Nonpurgeable Organic Carbon)는 총 탄소 중 pH 2 이하에서 포기에 의해 정화(Purging)되지 않는 탄소를 말한다.

33

_{1.5점} 일차표준물질 $Na_2C_2O_4$ 0.1278 g(화학식량 : 134.0 g/mol)을 적정하는데 $KMnO_4$용액 23.31 mL가 소요되었다. 이 $KMnO_4$용액의 몰농도 (M)는?

① 0.0164 M   ② 0.0328 M
③ 0.164 M   ④ 0.328 M

해설

반응식은
$$5Na_2C_2O_4 + 8H_2SO_4 + 2KMnO_4$$
$$\rightarrow 5NaSO_4 + 10CO_2 + K_2SO_4 + 2MnSO_4 + 8H_2O$$
과망간산칼륨용액의 표준화에서 표준용액의 농도를 구할 때는 아래의 식을 이용하면

$$M = 1000 \times w \times 2/ V \times F_W \times 5$$

여기서, w : 취한 $Na_2C_2O_4$의 무게(g)
F_w : $Na_2C_2O_4$의 화학식량(g)
V : $KMnO_4$의 적정부피(mL)

$$M = \frac{1000 \times 0.1278 \times 2}{23.31 \times 134 \times 5} = 0.01636 ≒ 0.0164$$

34

_{1.5점} 식물성 플랑크톤(조류)의 시험방법에 대한 해설로 관련이 적은 것은?

① 침강성이 좋지 않은 남조류나 파괴하기 쉬운 와편모조류는 루골용액을 1 ~ 2 %(v/v) 가하여 보존한다.
② 시료의 조제방법은 원심분리방법과 자연침 전법이 있다.
③ 계수는 광학현미경 혹은 위상차현미경 (1,000 배율)을 사용한다.
④ 저배율 정량 중 스트립 이용 계수는 챔버 내에 일정한 크기의 격자를 무작위로 10회 이상 반복 계수하며 1 mL의 개체수를 산출한다.

해설

④항 스트립 이용 계수는 세즈윅-라프터 챔버 내부를 일정한 길이와 넓이 (strip)로 구획하여 10스트립 이상 반복 계수하고 1 mL의 개체수를 산출한다.

35

_{1.5점} 화학적산소요구량-연속자동측정방법에 대한 해설로 맞는 것은?

① 염소이온이 200 mg/L 이상인 반응시료는 알칼리법을 따른다.
② 측정기의 반복성은 최대눈금값의 ±5 % 이하이어야 한다.
③ 글루코스 표준용액의 평균 산화율은 70 %를 적용한다.
④ 이 방법의 정량범위는 0 ~ 500 mg/L이며, 최소 눈금간격은 0.1 mg/L 이하이어야 한다.

해설

① 염소이온이 2 g/L 이하인 반응시료는 산성법에 따르고, 그 이상일 때에는 알칼리법에 따른다.
③ 글루코스 표준용액의 평균산화율 56 %를 고려하여 10 mg O_2에 상당하는 글루코스의 양을 적용한다.
④ 일반적으로 정량범위는 0 mg/L ~ 200 mg/L이다.

36

_{1.5점} 다음은 식물플랑크톤의 개체수 산정에 관한 내용이다. 세즈윅-라프터 챔버에서 격자를 사용할 경우 계수된 개체수의 합이 2558이었고, 계수한 격차가 55였을 때, 계산된 mL당 개체수는?(단, 시료는 5배로 농축하였다.)

① 938.2   ② 23,454.5
③ 0.9   ④ 23.5

해설

$$개체수 / mL = \frac{C}{A \times D \times N} \times 1,000$$

여기서, C : 계수된 개체수의 합
A : 격자의 면적 (mm²)
D : 검경한 격자의 깊이 (세즈윅-라프터 챔버 깊이, 1 mm)
N : 검경한 시야의 횟수

$$개체수/mL = \frac{258}{1 \times 1 \times 55} \times 1000 = 4690.91$$

← 시료가 5배 농축되었으므로
$$\frac{4690.91}{5} = 938.18$$

정답 33 ① 34 ④ 35 ② 36 ①

37 원자흡광광도법으로 비소를 측정할 때 시료
1.5점 중 비소를 3가 비소로 환원시키는 단계에서 넣는 시약이 아닌 것은?

① 요오드화칼륨용액 ② 염화제일주석용액
③ 염화제이철용액 ④ 아연분말

해설
이 시험법은 염화제일주석으로 시료 중의 비소를 3가 비소로 환원한 다음 아연을 넣어 발생되는 비화수소를 통기하여 아르곤 – 수소 불꽃에서 원자화시켜 193.7 nm에서 흡광도를 측정하고 비소를 정량하는 방법이다.

38 용존총질소의 흡광광도법 측정에 대한 해설로
1.5점 관련이 적은 것은?

① 알칼리성 과황산칼륨의 존재하에 시료 중 질소 화합물을 120 ℃에서 질산이온으로 산화시킨다.
② 산화된 질산이온은 220 nm의 자외선 흡광도를 측정한다.
③ 브롬이온은 220 nm에서 흡수가 일어나므로 브롬이온의 농도가 10 mg/L 정도인 해수는 적용할 수 없다.
④ 산화된 질산이온을 부루신으로 발색시켜 흡광도를 측정한다.

해설
④항은 질산성질소($NO_3 – N$)를 측정하는 방법이다.

39 원자흡광광도법 (AA)과 유도결합플라스마 발
1.5점 광광도법(ICP)을 비교 해설한 내용으로 가장 적절한 것은?

① 원자화를 위해 AA는 아세틸렌 – 공기 조합 불꽃의 가스를 주로 사용하고, ICP는 알곤 – 고온 수증기 플라스마를 사용한다.
② AA는 각 원소마다 다른 중공음극램프를 광원으로 사용하고, ICP는 플라스마를 이용한다.
③ 분석의 감도를 높여주기 위하여 AA는 빛이 투과하는 유효길이를 길게 하는 멀티패스 광학계를 사용하지만, ICP는 가능한 한 큰 에어로졸을 생성시킨다.
④ AA는 액상시료를 분무기로 도입시키고, ICP는 액상시료를 토치로 직접 주입한다.

해설
① ICP는 순도 99.99 % 이상 고순도 가스상 또는 액체 아르곤을 사용해야 한다.
③ ICP는 감도 및 정확도를 높게 하기 위하여 가능한 적은 에어로졸을 많이 안정하게 생성시킨다.
④ ICP는 시료용액을 흡입하여 에어로졸 상태로 플라스마에 도입시킨다.

40 생물화학적 산소요구량 – 연속자동측정방법에
1.5점 대한 해설로 잘못된 것은?

① 글루코스 – 글루타민산 표준용액은 유리, 고밀도폴리에틸렌, 폴리프로필렌 또는 불화에틸렌 프로필렌 용기에 보관한다.
② 스팬교정용액은 90 % 교정용액을 말한다.
③ 기기검출한계는 영점편차의 4배에 해당하는 출력농도를 말한다.
④ 표준용액은 조제 즉시 사용해야 한다.

해설
기기 검출한계는 편차의 2배에 해당하는 출력농도를 말한다.

41 화학적산소요구량 측정에 대한 해설로 옳은
1.5점 것을 고르시오.

1. 산성 과망간산칼륨법에서 산화제인 과망간산칼륨 1당량은 화학식량을 5로 나눈 값이다.
2. 중크롬산칼륨 산화제를 넣고 가열하는 도중 시료의 색이 연한 청록색으로 변하면 반응이 완료된 것이다.
3. 황산은 분말을 사용하는 이유는 염소이온을 침전시키기 위해서이다.

① 1, 2   ② 1, 2, 3
③ 1, 3   ④ 2, 3

정답 **37** ④ **38** ④ **39** ② **40** ③ **41** ③

해설

ES 04315.3b 화학적 산소요구량 – 적정법 – 다이크롬산칼륨법

[분석방법]

방치하여 냉각시키고 정제수 약 10 mL로 냉각관을 씻은 다음 냉각관을 떼어내고 전체 액량이 약 140 mL가 되도록 정제수를 넣고 1,10 – 페난트로린제일철 용액 2방울 ~ 3방울 넣은 다음 황산제일철암모늄용액 (0.025 N)을 사용하여 액의 색이 청록색에서 적갈색으로 변할 때까지 적정한다. 따로 정제수 20 mL를 사용하여 같은 조건으로 바탕시험을 행한다.

42 지표수, 염분 함유 폐수, 도시하수, 산업폐수에 있는 시안을 자동분석법으로 분석할 경우 간섭물질에 대한 해설로 잘못된 것은?
1.5점

① 산화제는 시안을 파괴하므로 채수 즉시 이산화비소산나트륨 혹은 티오황산나트륨을 시료 1 L 당 0.6 g의 비율로 첨가한다.

② 고농도(60 mg/L 이상)의 황화물은 측정과정에서 오차를 유발하므로 전처리를 통해 제거 한다.

③ 시약에 의한 오염을 저감하기 위해 특별히 순도가 명시된 경우를 제외하고는 시약은 특급 이상을 사용하여야 한다.

④ 고농도의 염(10 g/L 이상)은 증류시 증류코일을 차폐하여 양의 오차를 일으키므로 증류 후에 반드시 희석을 하여야 한다.

해설

고농도의 염(10 g/L 이상)은 증류 시 증류코일을 차폐하여 음의 오차를 일으키므로 증류 전에 희석을 한다.

43 배출허용기준 적합 여부 판정을 위한 시료채취시 복수시료채취방법을 제외할 수 있다. 다음 중 이에 해당하지 않는 것은?
1.5점

① 환경오염사고, 취약시간대의 환경오염감시 등 신속한 대응이 필요한 경우

② 유량이 일정하며 연속적으로 발생되는 폐수

가 방류되는 경 우

③ 「수질 및 수생태계 보전에 관한 법률」 제38조 제1항의 규정에 의한 비정상적인 행위를 한 경우

④ 사업장 내에서 발생하는 폐수를 회분식 등 간헐적으로 처리하여 방류하는 경우

해설

복수시료채취방법 적용을 제외할 수 있는 경우

㉠ 환경오염사고 또는 취약시간대 (일요일, 공휴일 및 평일 18 : 00 ~ 09 : 00 등)의 환경오염감시 등 신속한 대응이 필요한 경우 제외할 수 있다.

㉡ 수질 및 수생태계보전에 관한 법률 제38조 제1항의 규정에 의한 비정상적인 행위를 할 경우 제외할 수 있다.

㉢ 사업장 내에서 발생하는 폐수를 회분식 (batch식) 등 간헐적으로 처리하여 방류하는 경우 제외할 수 있다.

㉣ 기타 부득이 복수시료채취 방법으로 시료를 채취할 수 없을 경우 제외할 수 있다.

44 시료의 전처리 방법으로 잘못 해설한 것은?
1.5점

① 유기물 함량이 낮은 깨끗한 하천수는 질산에 의한 분해를 하였다.

② 유기물 함량이 비교적 높지 않고 금속의 수산화물을 함유하고 있는 시료는 질산 – 염산에 의한 분해를 하였다.

③ 다량의 점토질 규산염을 함유한 시료는 질산 – 황산에 의한 분해를 하였다.

④ 유기물을 다량 함유하고 있으면서 산화분해가 어려운 시료는 질산 – 과염소산에 의한 분해를 하였다.

해설

• 다량의 점토질 규산염을 함유한 시료는 질산 – 과염소산 – 불화수소산에 의한 분해를 한다.

• 질산 – 황산에 의한 분해는 유기물 등을 많이 함유하고 있는 대부분의 시료에 적용된다. 그러나 칼슘, 바륨, 납 등을 다량 함유한 시료는 난용성의 황산염을 생성하여 다른 금속성분을 흡착하므로 주의한다.

정답 42 ④ 43 ② 44 ③

45
1.5점
생물화학적 산소요구량을 시험하는 경우, 식종을 하지 않아도 되는 것은?

① 시안을 함유한 도금폐수
② 유기물을 함유한 주정폐수
③ 크롬을 함유한 피혁폐수
④ 잔류염소를 함유한 염색폐수

해설

공장폐수나 혐기성 발효의 상태에 있는 시료는 호기성 산화에 필요한 미생물을 식종하여야 한다.

㉠ pH가 6.5 ~ 8.5의 범위를 벗어나는 산성 또는 알칼리성 시료(pH가 조정된 시료)는 반드시 식종을 실시한다.

㉡ 일반적으로 잔류염소를 함유한 시료는 반드시 식종을 실시한다.

㉢ 기타 독성을 나타내는 시료에 대해서는 그 독성을 제거한 후 식종을 실시한다.

46
1.5점
두 개의 근접한 봉우리에 대한 분리능을 평가하기 위하여 분리도를 계산한다. 아래 그림에서 제기한 두 개의 봉우리에 크로마토그램을 이용하여 계산한 분리도는?

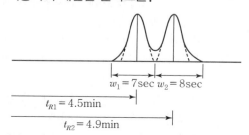

① 0.03　　　② 0.05
③ 1.6　　　④ 3.2

해설

분리도$(R) = 2\dfrac{(t_{R2} - t_{R1})}{W_1 + W_2}$

여기서, t_{R1} : 시료도입점으로부터 피크 1의 최고점까지의 길이
t_{R2} : 시료도입점으로부터 피크 2의 최고점까지의 길이

W_1 : 피크 1의 좌우 변곡점에서의 접선이 자르는 바탕선의 길이
W_2 : 피크 2의 좌우 변곡점에서의 접선이 자르는 바탕선의 길이

$$R = 2 \times \frac{(4.9\min - 4.5\min) \times 60\sec}{7\sec + 8\sec} = 3.2$$

47
1.5점
질산칼륨(KNO_3, 화학식량＝101 g/mol)으로 5 mg/L 질산성질소(NO_3-N) 표준용액을 제조할 때, 용액 1 L에 들어가는 질산칼륨의 무게는 얼마인가?

① 18.0 mg　　② 36.1 mg
③ 8.1 mg　　　④ 6.6 mg

해설

KNO_3의 분자량 101＝K의 분자량 39＋N의 분자량 14＋O_3의 분자량 48
즉, KNO_3 101 g당 질산성질소 14 g이 만들어진다.
101 : 14＝X : 5,　X＝36.1 g

48
1.5점
윙클러－아지드화나트륨변법에서 미지의 시료 50 mL에 대하여 0.01N－$Na_2S_2O_3$로 적정하였을때 1 mL의 $Na_2S_2O_3$용액이 소비되었다. 이때 미지시료의 DO값은?(단, 산소의 원자량은 16이며 0.01 N $Na_2S_2O_3$용액의 역가는 1이고, 초기 용존산소 고정에 사용된 시약의 양은 무시한다.)

① 0.4　　　② 4
③ 1.6　　　④ 16

해설

용존산소는 다음 식으로 표현된다.

용존산소 (mg/L)＝$a \times f \times \dfrac{V_1}{V_2} \times \dfrac{1,000}{V_1 - R} \times 0.2$

여기서, a : 적정에 소비된 티오황산나트륨용액 (0.025 N)의 양 (mL)
f : 티오황산나트륨(0.025 N)의 역가 (factor)

V_1 : 전체 시료의 양 (mL)

V_2 : 적정에 사용한 시료의 양 (mL)

R : 황산망간 용액과 알칼리성 요오드화
칼륨－아자이드화나트륨 용액 첨가
량 (mL)

0.2 : 0.025 N－$Na_2S_2O_3$용액 1ml에 상
당하는 산소의 양(mg)

- 전체의 시료량은 50ml, 0.01N－$Na_2S_2O_3$용액의
역가는 1.
- 적정에 사용한 시약 0.01N－$Na_2S_2O_3$용액 1ml →
0.01N－$Na_2S_2O_3$용액 2.5ml
- a 값 : $NV = N'V'$에 의해 $0.01 = 0.025 \times V'V'$
$= 2.5$, $a = 2.5$ml
- f 값 : 1
- V_1과 V_2가 같다고 하면,

$0.01 : 50 = 0.025 : V_2$ $V_2 = 125$ml

- 0.2 값은 0.01N－$Na_2S_2O_3$용액으로 대한 값으로
바꾸면 $0.2 : 0.025 = x : 0.01 → 0.08$

$$DO = 2.5 \times 1 \times \frac{125}{125} \times \frac{1000}{(125-0)} \times 0.08 = 1.6$$

49
1.5점

수질시료의 수은분석에 대한 해설로 틀린 것
은?

① 환원기화법을 이용한 원자흡광광도법으로
측정한다.

② 시료에 염화제이주석을 넣어 금속수은으로
환원시킨다.

③ 램프는 수은중공음극램프를 사용한다.

④ 디티존 사염화탄소로 수은을 추출하여 흡광
광도법을 이용하여 정량한다.

해설

②항은 수은의 냉증기－원자흡수분광광도법에 의한
해설로 이 시험기준은 물속에 존재하는 수은을 측정하
는 방법으로, 시료에 이염화주석 ($SnCl_2$)을 넣어 금속
수은으로 산화시킨 후, 이 용액에 통기하여 발생하는
수은증기를 원자흡수분광광도법으로 253.7 nm의
파장에서 측정하여 정량하는 방법이다.

50
1.5점

농도가 1,000 mg/L인 염소이온 표준용액을
4배 희석하여 그 중 50mL를 삼각플라스크에
취하였다. 이 염소이온 용액을 0.01 N 질산은
($AgNO_3$)용액으로 침전 적정하여 분석할 때
소모되는 질산은 용액의 부피는 얼마인가?
(단, 원자량은 Ag=108, N=14, O=16, Cl=
35.45이고, 0.01 N 질산은 용액의 역가는 1
이다.)

① 35.3 mL   ② 17.6 mL

③ 7.4 mL   ④ 3.7 mL

해설

염소이온－적정법으로 물속에 존재하는 염소이온을
분석하기 위해서, 염소이온을 질산은과 정량적으로
반응시킨 다음 과잉의 질산은이 크롬산과 반응하여 크
롬산은의 침전으로 나타나는 점을 적정의 종말점으로
하여 염소이온의 농도를 측정하는 방법이다. 다음의
식을 사용하여 농도를 계산한다.

염소이온(mg/L)

$$= (a-b) \times f \times 0.3545 \times \frac{1,000}{V}$$

여기서, a : 시료의 적정에 소비된 질산은용액
(0.01 N)의 양(mL)

b : 바탕시험액의 적정에 소비된 질산은용
액(0.01 N)의 양(mL)

f : 질산은용액(0.01 N)의 농도계수

V : 시료량 (mL)

농도가 1,000mg/L인 염소이온 표준용액을 4배 희석
하였으므로 → 250mg/L가 된다.

따라서, $250 = a \times 1 \times 0.3545 \times \frac{1,000}{25}$

∴ $a = 17.63$

2과목 정도관리

01
1점
분석자료의 보고 시 필요한 자료로 적당하지 않은 것은?

① 시료수집 및 확인에 관한 문서
② QA/QC 문서 및 자료
③ 분석데이터의 점검 및 유효화
④ 분석담당자의 능력을 입증하는 자료

해설

분석자의 해당 시험방법의 분석 능력이 검증된 이후 분석 실무에 투입할 수 있으므로 분석결과 보고에는 필요한 자료가 아니다.

02
1점
총 용존고체물질(TDS ; total dissolved solid) 측정 값에 대한 검증식은 다음과 같다. TDS= 0.6(알칼리도)+Na+K+Ca+Mg+Cl+SO_4 +SiO_3+(NO_3−N)+F 이 식에 따라 실제로 측정한 값을 시험검사결과로 보고할 수 있는 허용범위는?

① 0.75 < 측정된 TDS/계산된 TDS < 1.25
② 0.8 < 측정된 TDS/계산된 TDS < 1.2
③ 0.8 < 측정된 TDS/계산된 TDS < 1.0
④ 1 < 측정된 TDS/계산된 TDS < 1.2

해설

④ 1 < 측정된 TDS/계산된 TDS < 1.2

03
1점
시료채취 프로그램에 포함되지 않는 것은?

① 시료채취 목적과 시험항목
② 시료 인수인계와 시료확인
③ 현장 정도관리 요건
④ 시료채취 유형

해설

시료채취 프로그램은 현장확인, 시료구분, 시료의 수량, 조사기간, 시료채취 목적과 시험항목, 시료채취 횟수, 시료채취 유형, 시료채취 방법, 분석 물질, 현장 측정, 현장 정도관리 요건, 시료 수집자의 내용이 포함되어야 한다.

04
1점
환경분야 측정분석기관 정도관리 평가내용에서 기술요건에 해당하지 않는 것은?

① 운영에 관한 사항
② 인력에 관한 사항
③ 시설에 관한 사항
④ 시험방법에 관한 사항

해설

운영에 관한 사항은 경영조건에 해당되는 내용이다.

05
1점
시험방법에 대한 분석자의 능력 검증을 실시해야 하는 경우에 해당되지 않는 것은?

① 분석자가 처음으로 분석을 시작하는 경우
② 분석자가 교체되는 경우
③ 분석장비가 교체되는 경우
④ 검정곡선을 새로 작성해야 하는 경우

해설

처음 시험 · 검사를 시작하는 분석자, 처음 수행하는 시험방법, 처음 사용하는 분석기기에 대해 실제 시료의 시험 · 검사를 시작하기에 앞서 반드시 초기능력검증을 수행해야 한다.

06
1점
측정값의 정확도와 정밀도에 영향을 주는 오차 중 계통오차에 해당하지 않는 것은?

① 기기오차   ② 조작오차
③ 임의오차   ④ 방법오차

해설

계통오차에는 기기, 개인, 방법오차가 있다.

07
1점
평가팀장은 정도관리 현장평가 완료 후 국립환경과학원장에게 현장평가보고서를 제출하여야 한다. 현장평가 보고서의 작성 내용으로 필수 사항이 아닌 것은?

① 대상기관의 현황
② 운영 · 기술 점검표

③ 미흡사항 보고서

④ 부적합 판정에 대한 증빙서류

해설

현장평가 보고서에 포함될 사항 중 부적합 판정에 대한 증빙자료는 필요시 작성하는 항목으로 필수사항은 아니다.

08 정도관리 심의회의 기능이 아닌 것은?
1점

① 정도관리 평가위원의 자격기준 심의에 관한 사항

② 이의 또는 불만처리에 대한 최종결정 및 분쟁 조정에 관한 사항

③ 분야별 정도관리와 관련된 기술기준에 관한 사항

④ 대상기관에 대한 보완조치 결과를 통한 우수 또는 미달 여부 판정에 관한 사항

해설

분야별 정도관리와 관련된 기술기준에 관한 사항은 기술위원회에 해당되는 내용으로 심의회의 기능은 아니다.

09 건조용기(데시케이터) 안에 넣어 사용하는 건
1점 조제로 적합하지 않은 것은?

① 황산(H_2SO_4)   ② 오산화인 (P_2O_5)

③ 산화바륨(BaO)   ④ 탄산칼슘($CaCO_3$)

해설

데시케이터는 습기에 민감한 물질 등을 보관할 목적으로 사용한다. 데이시게이터 내부를 건조하게 유지하기 위해서 건조제는 실리카겔 · 진한 황산 · 염화칼슘 · 오산화인 등을 사용한다.

10 반복 데이터의 정밀도를 나타내는 것으로 관
1점 련이 적은 것은?

① 표준편차   ② 가변도

③ 변동계수   ④ 절대오차

해설

• 절대오차와 상대오차는 측정값의 정확도를 나타내기 위한 방법임

• 절대 오차＝참값－측정값 (부호를 포함하며, 측정값과 같은 단위로 표현되며, 측정값의 평균을 사용할 경우 평균오차라고도 함)

• 상대 오차＝절대오차 또는 평균오차 ÷ 참값 (절대오차 (or 평균오차)와 참값의 비율)

11 실험에 사용되는 유리기구 또는 플라스틱 가
1.5점 구의 세척에 대한 해설로 옳지 않은 것은?

① 플라스틱 기구는 비알칼성 세제를 이용하며 솔을 사용하지 않는다.

② 소디움 알콕사이드(sodium alkoxide) 용액 제조 시 에탄올 대신 아이소프로판올을 사용하면 세정력이 좋아진다.

③ 인산삼나트륨(trisodiumphosphate) 세정액은 탄소잔류물을 제거하는 데 효과적이다.

④ 과망간산칼륨으로 작업할 때 생기는 이산화망간의 얼룩제거에는 30% $NaHSO_3$ 수용액이 효과적이다.

해설

에탄올 대신 아이소프로판올을 사용하면 세정력은 떨어지나 유리 기구의 손상은 적다.

12 측정분석의 정도관리는 공산품 생산의 품질관리
1.5점 와 같은 의미로 사용될 수 있다. feigenbaum은 품질관리의 발달 과정을 5단계로 구분하였는데, 다음 사항에 해당하는 것은?

> 제품의 설계단계에서부터 원자재 구입, 생산 공정 설계 및 설비, 나아가 소비자에 대한 서비스 단계까지 관련하여 품질에 영향을 주는 요소를 제거하고자 하는 노력

① 작업자 품질관리   ② 검사품질관리

③ 통계적 품질관리   ④ 종합품질관리

정답 **08** ③   **09** ④   **10** ④   **11** ②   **12** ④

해설
제품 생산 전 과정에서 품질에 영향을 주는 요소를 관리하는 것이므로 종합품질관리에 해당한다.

13 실험자가 실험실에서 감지하지 못하는 내부 변화를 찾아내고, 생산하는 측정분석값을 신뢰할 수 있게 하는 최선의 방법은?
1.5점

① 내부정도관리 참여
② 외부정도관리 참여
③ 측정분석 기기 및 장비에 대한 교정
④ 시험방법에 대한 정확한 이해

해설
실험실 내부에서 감지하지 못하는 반복되는 오류를 찾아내기 위해서는 외부 정도관리에 참여해야 한다.

14 실험실에서 시료나 시약을 보관하기 위해 플라스틱 제품의 용기를 사용할 때, 제품의 물리·화학적 특성을 고려하여 다방면에 걸쳐 가장 무난하게 사용할 수 있는 것은?
1.5점

① high-density polyethylene
② fluorinated ethylene propylene
③ polypropylene
④ polycarbonate

해설
② fluorinated ethylene propylene

15 정도관리에 대한 용어 해설로 잘못된 것은?
1.5점

① 정밀도는 균질한 시료에 대한 다중반복 또는 이중측정분석 결과의 재현성을 나타낸다.
② 정확도는 측정분석의 결과가 얼마나 참값에 근접하는가를 나타낸다.
③ 정확도는 인증표준물질을 분석하거나 매질시료에 기지농도 용액을 첨가하여 참값에 얼마나 가까운가를 나타낸다.

④ 정밀도는 참값에 대한 측정값의 백분율로 구한다.

해설
참값에 대한 측정값의 백분율은 정확도를 나타낸다.

16 시료의 운반 및 보관과정에서 변질을 막기 위하여 첨가하는 보존용액으로 잘못 연결된 것은?
1.5점

① 납 - 질산
② 시안 - 염산
③ 페놀 - 인산, 황산구리
④ 총질소 - 황산

해설
시안은 pH 12 이상의 알칼리 용액에서 안정적으로 보존할 수 있다.

17 현장 측정의 정도관리(QC)에 대한 해설로 관련이 적은 것은?
1.5점

① 이중시료는 측정의 정밀도를 계산하기 위해 분석한다.
② 20개의 시료마다 이중시료 및 QC점검 표준시료를 분석한다.
③ 정밀도는 이중시료분석의 상대표준편차(RSD)로 나타낸다.
④ 상대편차백분율(RPD)이 0이면 정밀도가 가장 좋음을 의미한다.

해설
현장 평가의 정밀도는 이중시료를 분석하여 상대표준편차 백분율(RPD ; relative percent difference)로 나타낸다.
$$RPD = \{(A-B)/[(A+B)/2]\} \times 100$$
$$또는 [(A-B)/(A+B)] \times 200$$

18 다음 중 우연오차에 해당하는 것은?
1.5점

① 값이 항상 적게 나타나는 pH미터
② 광전자증배관에서 나오는 전기적 바탕신호

정답 **13** ② **14** ② **15** ④ **16** ② **17** ③ **18** ②

③ 잘못 검정된 전기전도도측정계

④ 무게가 항상 더 나가는 저울

해설

우연오차는 양의 값을 가지거나 음의 값을 가질 확률은 같음. 항상 존재하며 보정할 수 없음. 대부분의 우연오차의 원인들을 확실하게 찾아내기는 어려움. 만일 불확도를 일으키는 원인을 확실히 찾아낸다고 하더라도 대부분이 너무 작아서 개별적으로 검출할 수 없음

19
1.5점

UV−VIS 분광광도계의 교정과 관리방법에 대한 해설로 관련이 적은 것은?

① 디디뮴(Di) 교정 필터를 사용하여 기기를 교정한다.

② 염화코발트 용액을 사용하여 500, 505, 515, 520 nm의 파장에서 흡광도를 측정하여 교정한다.

③ 기기의 직선성 점검은 저장용액과 50 % 희석된 염화코발트 용액으로 510 nm 의 파장에서 흡광도를 측정하여 교정한다.

④ 바탕시료로 기기의 영점을 맞춘 다음 한 개의 수시교정표준물질로 곡선을 그려 참값의 10 % 이내 인지를 확인한다.

해설

바탕시료로 기기의 영점을 맞춘 다음 한 개의 수시교정표준물질로 곡선을 그려 참값의 5 % 이내 인지를 확인한다.

20
1.5점

다음 용어의 해설로 틀린 것은?

① 검정은 특정 조건하에서 분석기기에 의하여 측정분석한 결과를 표준물질, 표준기기에 의해 결정된 값 사이의 관계를 규명하는 일련의 작업을 말한다.

② 정도보증(QA)은 측정분석결과가 정도 목표를 만족하고 있음을 증명하기 위한 제반 활동을 말한다.

③ 정도관리 (QC)는 측정 결과의 정확도를 확보하기 위해 수행하는 모든 검정, 교정, 교육, 감사, 검증, 유지ㆍ보수, 문서, 관리를 포함한다.

④ 참값은 측정값의 올바른 수치로서 특별한 경우를 제외하고 구체적인 값으로 항상 구할 수 있다.

해설

참값은 관념적인 값이며, 실제로는 구할 수 없음

21
1.5점

분석자료의 승인과정에서 '허용할 수 없는 교정 범위의 확인 및 수정' 사항에 속하지 않는 것은?

① 오염된 정제수

② 오래된 저장물질과 표준물질

③ 부적절한 부피측정용 유리제품의 사용

④ 잘못된 기기의 응답

해설

① 오염된 정제수는 '허용할 수 없는 바탕시료 값의 원인과 수정 사항'에 속한다.

22
1.5점

유효숫자를 결정하기 위한 법칙으로 잘못된 것은?

① '0'이 아닌 정수는 항상 유효숫자다.

② 소수자리 앞에 있는 숫자 '0'은 유효숫자에 포함된다.

③ '0'이 아닌 숫자 사이에 있는 '0'은 항상 유효숫자이다.

④ 곱셈으로 계산하는 숫자 중 가장 작은 유효숫자 자리수에 맞춰 결과 값을 적는다.

해설

② 소수자리 앞에 있는 숫자 '0'은 유효숫자에 포함되지 않는다.

23 실험실 기기의 유지관 리주기에서 매일 점검
1.5점 하지 않아도 되는 것은?

① ICP의 토치 세척
② 전기 전도도측정계의 셀 세척
③ 탁도계의 셀 세척
④ pH 미터의 전극 세척

해설

ICP 토치는 주 1회 세척

24 정도관리(QC)와 관련된 수식 중 틀린 것은?
1.5점

① 표준편차(s) $= \sqrt{\dfrac{1}{n-1}\left[\sum\limits_{i=1}^{n}\left(X_i - \overline{X}\right)^2\right]}$

② 상대 편차 백분율(RPD)
$= \left[\dfrac{(X_1 - X_2)}{(X_1 + X_2)}\right] \times 100$

③ 관측 범위 $R = |X_{\max} - X_{\min}|$

④ 상한 관리기준(UCL) = 평균 % R + 3s

해설

'상대편차백분율(RPD)'이란 측정값이 두 개일 때, 측
정값 간의 변이 정도를 나타내며, 두 측정값의 차이를
두 측정값의 평균으로 나누어 백분율로 표시한 값

$RPD = \left[\dfrac{(a-b)}{(a+b)/2}\right] \times 100$

25 측정분석기관의 분석능력 향상을 위해 인증표
1.5점 준물질(CRM)을 이용한 숙련도 시험을 수행하
여 다음 표와 같은 결과값을 얻었다. 인증표준
물질의 실제 농도가 6.0 mg/L이고, 목표 표준
편차는 0.5 mg/L이다. Z값을 이용하여 숙련
도결과를 평가하는 경우 맞는 것은?

횟수	1	2	3	4	5	6
측정값 (mg/L)	7.2	8.0	8.7	4.5	6.0	9.1

① Z=1.5, 만족
② Z=2.0, 불만족
③ Z=2.0, 만족
④ Z=2.5, 불만족

해설

$Z = \dfrac{(측정값 - 기준값)}{표준편차}$ 이고,

판정기준은 $Z \leq |2|$ 이명 만족
그러므로 측정값의 평균은 7.25으로

$Z = \dfrac{(7.25 - 6)}{0.5} = 2.5$, 불만족이다.

26 시험분석 자료의 승인절차에 대한 해설로 잘
1.5점 못된 것은?

① 바탕시료의 값은 방법검출한계보다 낮은 값
을 가진다.
② 교정검증표준물질의 허용범위는 유기물의
경우 참값의 ±5 %, 무기물의 경우 참값의
±10 %이다.
③ 모든 저장물질과 표준물질은 유효날짜가 명
시되어야 하며, 날짜가 지난 용액은 즉시 폐
기하여야 한다.
④ 현장 이중시료 및 실험실 이중시료에 의한 오
류를 점검하여 허용값을 벗어나는 경우 원인
을 찾아 시정하여야 한다.

해설

교정검증표준물질 혹은 QC점검표준물질의 허용 범
위는 무기물의 경우 참값의 ± 5 %, 유기물은 참값의
±10 %이다.

27 다음 중 일반적인 분석과정으로 가장 잘 나타
1.5점 낸 것은?

① 문제 정의 – 방법 선택 – 대표시료 취하기 –
분석 시료 준비 – 화학적 분리가 필요한 모든
것을 수행 – 측정 수행 – 결과의 계산 및 보고
② 문제 정의 – 대표시료 취하기 – 방법 선택 –
분석 시료 준비 – 화학적 분리가 필요한 모든
것을 수행 – 측정 수행 – 결과의 계산 및 보고
③ 문제 정의 – 대표시료 취하기 – 방법 선택 –
분석 시료 준비 – 측정 수행 – 화학적 분리가
필요한 모든 것을 수행 – 결과의 계산 및 보고

정답 **23** ① **24** ② **25** ④ **26** ② **27** ①

④ 문제 정의 – 방법 선택 – 대표시료 취하기 –
분석 시료 준비 – 측정 수행 – 화학적 분리가
필요한 모든 것을 수행 – 결과의 계산 및 보고

해설
문제를 정의하고 분석방법에 따라 시료 채취방법이 다
를 수 있으므로 시험방법을 선정하고 대표 시료를 취
함. 취한 시료를 시험분석에 적합하도록 전처리하여
분석을 수행하며 그 결과를 계산 및 보고함

28
1.5점 방법검출한계에 대한 해설로 잘못된 것은?

① 어떤 측정항목이 포함된 시료를 시험방법에
의해 분석한 결과가 99 % 신뢰수준에서 0 보
다 분명히 큰 최소 농도로 정의할 수 있다.
② 방법검출한계는 시험방법, 장비에 따라 달라
지므로 실험실에서 새로운 기기를 도입하거
나 새로운 분석방법을 채택하는 경우 반드시
그 값을 다시 산정한다.
③ 예측된 방법검출한계의 3 ~ 5배의 농도를
포함하도록 7개의 매질첨가 시료를 준비 ·
분석하여 표준편차를 구한 후, 표준편차의
10배의 값으로 산정한다.
④ 일반적으로 중대한 변화가 발생하지 않아도
6개월 또는 1년마다 정기적으로 방법검출한
계를 재산정한다.

해설
방법검출한계는 예측된 방법검출한계값의 3 ~ 5배
의 농도를 포함한 7개의 매질첨가시료를 분석한 결과
의 표준편차의 3.14배(신뢰도 98%일 때)이며 정량한
계가 표준편차의 10배이다.

29
1.5점 국립환경과학원의 관련 규정에 따르면 숙련도
시험은 Z값(Z−score) 또는 오차율을 사용하
여 항목별로 평가하고 이를 종합하여 기관을
평가하며 Z 값은 측정값의 정규분포 변수로 나
타낸다. 여기서 기준값은 표준시료의 제조방
법, 시료의 균질성 등을 고려하여 다음 중 한

방법을 선택하는데, 이에 해당되지 않는 것은?

① 측정대상기관 분석결과의 중앙값
② 표준시료 제조값
③ 전문기관에서 분석한 평균값
④ 인증표준물질과의 비교로부터 얻은 값

해설
기준값은 표준시료의 제조값, 전문기관에서 분석한
평균값, 인증표준물질과의 비교로부터 얻은 값, 대상
기관의 분석 평균값 등에서 선택한다.

30
1.5점 실험실 정도관리(현장평가)의 문서평가에 포
함되지 않는 것은?

① 조직도(인력현황)   ② 분석장비 배치도
③ 시약 목록   ④ 시료관리 기록

해설
품질문서는 조직도, 업무분장서, 시험방법 목록, 장비
관리 목록, 표준용액 및 시약 목록, 시료관리 기록, 시
험성적서, 정도관리 품질문서에 따른 3년간의 실적 및
목록 등이 포함된다.

31
1.5점 화학물질에 대한 저장방법으로 가장 적당한
것은?

① 가연성 용매 : 원래 용기에 저장하고 실험실
밖 별도의 장소에 저장
② 페놀 : "화학물질 저장"이라고 표시 후 지하
상온 저장
③ pH완충용액, 전도도 물질 : 냉장 보관
④ 산(HC1 등) : 캐비넷에 "산"이라고 적고, 테
플론 용기에 저장

해설
② 페놀 : "화학물질 저장"이라고 냉장고에 적은 후
저장하고, 뚜껑이 단단히 조여 있는 봉해진 용기에
보관
③ pH완충용액, 전도도 물질 : 실온 저장
④ 산(HC1 등) : 캐비넷에 "산"이라고 적고, 원래의
용기에 저장

정답 28 ③ 29 ① 30 ② 31 ①

32 1.5점 표준용액의 저장 방법과 유효기간이 맞게 연결된 것은?

① 시안화 이온 – 실온 보관 – 1개월
② TOC – 갈색병, 냉장 보관 – 6개월
③ 총 페놀 – 유리병, 냉장 보관 – 3개월
④ 오일과 그리스 – 밀봉된 용기, 냉동 보관 – 6개월

해설
① 시안화 이온 – 냉장보관 – 1개월
② TOC – 갈색병 냉장보관 – 3개월
④ 오일과 그리스 – 봉해진 유리용기, 냉장 보관 – 6개월

33 1.5점 실험기구의 세척과 건조 방법으로 옳지 않은 것은?

① 유리 기구의 세척은 세제를 이용하거나 초음파 세척기를 사용하기도 한다.
② 플라스틱 기구의 세척은 알칼리성 세제를 이용하여 세척 후 증류수로 헹구어 사용한다.
③ 유기분석용 기구는 주로 알칼리성 세척제를 많이 사용하고 중금속용 용기는 주로 무기산을 이용한 세척제를 사용한다.
④ 눈금이 새겨져 있는 피펫, 뷰렛 등은 건조시 고온(90℃를 넘지 않도록)을 피해야 한다.

해설
플라스틱 기구의 세척은 비알칼리성 세제를 이용함

34 1.5점 기체크로마토그래프를 이용한 내부표준물질 분석법의 장점이 아닌 것은?

① 분석시간이 단축된다.
② 각 성분의 머무름 시간 변화를 상대적으로 보정해 줄 수 있다.
③ 검출기의 감응변화를 상대적으로 보정해 줄 수 있다.
④ 실험 과정에서 발생하는 실험적 오차를 줄일 수 있다.

해설
내부표준물질은 머무름시간을 보정하거나, 검출기의 감응변화를 보정하여 실험적 오차를 줄일 수 있다.

35 1.5점 수질 중 5.0 ng/L의 벤젠을 5회 분석한 결과 다음과 같은 결과를 얻었다. 빈칸 A 및 B에 맞는 것은?

1회	2회	3회	4회	5회	정확도 (%)	정밀도 (%)
5.1	5.2	4.8	4.9	5.0	A	B

① A=100, B=3.2　② A=100, B=1.6
③ A=1.0, B=3.2　④ A=1.0, B=1.6

해설

$$정확도 = \frac{측정값}{참값} \times 100$$

$$정밀도 = \frac{표준편차}{평균} \times 100$$

측정값의 평균=5.0 ng/L, 참값이 5.0 ng/L 이므로

$$정확도 = \frac{5.0}{5.0} \times 100 = 100\,\%$$

표준편차가 0.16, 평균이 5.0이므로

$$정확도 = \frac{0.16}{5.0} \times 100 = 3.2\,\%$$

36 1.5점 분석에 사용되는 시약 등급수(reagent – grade water)에 관한 해설로 맞지 않는 것은?

① 유형 I 는 최소의 간섭물질과 편향 최대 정밀도를 필요로 할 때 사용된다.
② 유형 II 는 박테리아의 존재를 무시할 수 있는 목적에 사용된다.
③ 유형 III은 유리기구의 세척과 예비 세척에 사용된다.
④ 유형 IV는 더 높은 등급수의 생산을 위한 원수로 사용한다.

해설
유형 IV는 시험실용(유리세척이나 예비 세척)

정답　**32** ③　**33** ②　**34** ①　**35** ①　**36** ④

37 시료 분석 시 정도관리 절차로 바탕시료 분석,
1.5점 첨가시료의 분석, 반복시료의 분석을 수행한
다. 이에 대한 해설로 옳지 않은 것은?

① 바탕시료의 분석을 통해 시험방법 절차, 실
   험실 환경, 분석장비의 오염 유무를 파악할
   수 있다.
② 바탕시료 측정 결과는 실험실의 방법검출한
   계(MDL)를 초과하지 않아야 한다.
③ 첨가시료의 분석을 통해 결과의 정밀도를 확
   인할 수 있다.
④ 반복시료의 분석을 통해 결과의 정밀도를 확
   인할 수 있다.

해설
바탕시료는 시험방법 절차, 실험실 환경, 분석 장비의
오염 유무 확인, 첨가시료는 분석결과의 정확도, 이중
시료와 반복시료는 분석결과의 정밀도를 확인할 수 있다.

38 시료 분석 결과에 대한 정도보증을 위해 실험
1.5점 실에서 반드시 수행해야 하는 내용으로 관련
이 적은 것은?

① 실험실 관리시료는 최소한 매달 1회씩 시험
   항목의 측정분석 중 수행한다.
② 실험실 관리시료의 확인을 통해 검정용 표준
   물질의 안정성을 확인할 수 있다.
③ 인증표준물질(CRM)을 실험실 관리시료로
   사용할 수 있다.
④ 실험실 수행 평가는 실험실 내부에서 검증받
   을 수 있다.

해설
실험실의 일상적인 분석 정도보증, 정도관리 시료의
분석결과에 의한 관리차트 작성, 실험실 외부에 의해
실시되는 실험실 수행 평가(숙련도 시험) 등을 통해 실
험실의 시료 분석결과에 대한 정도보증을 확보할 수
있음

39 측정분석기관의 정도관리 현장평가에 대한 해
1.5점 설로 관련이 적은 것은?

① 평가위원은 현장평가 시 실험실 순회를 실시
   하여 시험에 적합한 환경조건을 갖추고 있는
   지를 확인하여야 한다.
② 평가위원은 현장평가 시 분석자와 질의·응
   답을 통하여 분석자가 해당 항목을 시험할
   수 있는 능력을 가지고 있는가를 평가하며,
   필요 시 기술책임자와 면담을 실시할 수 있다.
③ 평가위원은 평가 내용이 대상기관과 관련이
   없는 경우 그 평가 내용에 대해 평가하지 않
   을 수 있으며, 대상기관과 협의하여 평가 내
   용을 추가할 수 있다.
④ 다른 업무와 관련되어 재확인이 요구되거나
   확인이 불가한 사항은 다른 평가위원의 평가
   기록과 대조하거나 별도의 방법으로 확인하
   여야 한다.

해설
평가위원은 평가내용이 대상기관과 관련이 없는 경우
그 평가 내용에 대해 평가하지 않을 수 있으며, 서식에
없는 항목이라도 평가가 필요하다고 판단되는 경우에
는 과학원과 사전 협의 후에 분석능력 점검표에 추가
할 수 있다.

40 배출허용기준의 적합여부를 판정하기 위한 시
1.5점 료채취방법으로 적절하지 않은 것은?

① 환경오염사고 등과 같이 신속대응이 필요한
   경우를 제외하고는 복수시료 채취를 원칙으
   로 한다.
② 복수시료를 수동으로 채취할 경우에는 30분
   이상 간격으로 2회 이상 채취하여 단일시료로
   한다.
③ 휘발성 유기화합물, 오일, 미생물분석용 시료
   는 채취하려는 시료로 용기를 헹군 후 채취한다.
④ 용존가스, 환원성물질, 수소이온농도를 측정
   하기 위한 시료는 시료병에 가득 채워서 채취
   한다.

③ 휘발성 유기화합물, 오일, 미생물분석용 시료는 용기를 미리 헹구지 않는다.

41 정도관리와 관련된 용어의 해설로 잘못된 것은?
1.5점

① 우연오차 : 재현 불가능한 것으로 이로 인해 측정값은 분산이 생기나 보정 가능하다.
② 편향 : 온도 혹은 추출의 비효율성, 오염 등과 같은 시험방법에서의 계통오차로 인해 발생하는 것으로 평균의 오차가 0 이 되지 않을 경우에 측정 결과가 편향되었다고 한다.
③ 정도관리시료 : 방법검출한계의 10배 또는 검정곡선의 중간농도로 제조하여 일상적인 시료의 측정분석과 같이 수행하며, 정밀도와 정확도 자료는 계산하여 관리챠트를 작성한다.
④ 관리챠트 : 동일한 시험방법 수행에 의해 측정 항목을 반복하여 측정분석한 결과를 시간에 따라 표현한 것으로 통계적으로 계산된 평균선과 한계선도 함께 나타낸다.

[해설]
재현 불가능하므로 원인을 알 수 없어 보정할 수 없다.

42 정도관리용 시료의 필요조건에 대한 해설로 관련이 적은 것은?
1.5점

① 안정성이 입증되어야 하며, 최소 수 개월간 농도변화가 없어야 한다.
② 환경시료에 표준물질을 첨가한 시료는 정도관리용 시료에서 배제된다.
③ 충분한 양의 확보와 보존기간 동안 용기의 영향이 배제되어야 한다.
④ 시료의 성상과 농도에 대한 대표성이 있어야 한다.

[해설]
환경시료에 표준물질을 첨가한 시료는 첨가시료로 정도관리용 시료로 사용할 수 있다.

43 현장시료 보관 및 현장기록에 대한 사항으로 옳지 않은 것은?
1.5점

① 모든 시료채취는 시료 인수인계 양식에 맞게 문서화해야 한다.
② 시료의 수집, 운반, 저장, 폐기는 숙달된 직원에 의해서 행할 수 있다.
③ 시료의 보관자 혹은 시료채취자 서명, 날짜를 기록해야 한다.
④ 필요할 때는 시정조치에 대한 기록도 보관해야 한다.

[해설]
시료 수집, 운반, 저장, 분석, 폐기는 자격을 갖춘 직원에 의해서 행해야 함

44 수질시료의 채취 장비 준비에 대한 해설로 옳지 않은 것은?
1.5점

① 현장세척과 실험실 세척에 대한 문서를 작성한다.
② 세척제는 인산을 함유한 세제 또는 인산과 암모니아로 된 세제를 사용한다.
③ 용매는 일반적으로 메탄올을 사용한다.
④ 초음파 세척기를 이용한 세척에서는 인산과 암모니아로 된 세제를 더 자주 사용한다.

[해설]
용매는 일반적으로 아이소프로판올(Isopropanol)을 사용하고 정제수로 헹군다.

45 정도관리 현장평가 보고서의 작성에 대한 해설로 잘못된 것은?
1.5점

① 평가팀장은 미흡사항 보고서에 품질시스템 및 기술향상을 위한 사항은 포함할 수 없다.
② 평가팀장은 발견된 모든 미흡사항에 대해 상호 토론과 확인을 하여야 한다.
③ 평가팀장은 대상기관의 분야별 평가에 대해 현장평가기준에 따라 적합, 부적합으로 구분한다.

정답 41 ① 42 ② 43 ② 44 ③ 45 ①

④ 평가팀장은 운영 및 기술 점검표, 시험분야별 분석능력 점검표를 모두 취합하고 평가 결과를 상호 대조하여 현장평가 보고서를 최종 작성한다.

해설
평가팀장은 미흡사항 보고서에 품질시스템 및 기술향상을 위한 사항을 미흡사항 보고서에 포함할 수 있다.

46 분석 항목별 시료의 보관방법으로 잘못 해설한 것은?
1.5점

① COD 측정용 시료에 황산 처리를 하는 이유는 미생물 활동을 억제하기 위해서이다.
② 중금속 측정을 위한 시료는 금속을 용해성 이온형태로 보존할 수 있도록 산처리한다.
③ 수은은 산처리를 할 경우 휘발성이 커지므로 알칼리 처리한다.
④ 용존산소 측정을 위해서는 보관된 시료를 사용할 수 없다.

해설
수은은 시료 1 L당 5 mL 염산(12 M)으로 산처리한다.

47 분석결과의 정도 보증을 위한 정도관리 절차 중, 시험방법에 대한 분석자의 능력을 평가하기 위한 필요 요소로 가장 적당한 것은?
1.5점

① 분석기기의 교정 및 검정
② 방법 검출 한계, 정밀도 및 정확도 측정
③ 검정곡선 작성
④ 관리 챠트의 작성

해설
동일한 분석기기와 동일한 분석방법을 사용하더라도 분석자에 따라 방법검출한계와 정확도, 정밀도에 차이가 생기므로 시험방법에서 요구하는 정도관리기준에 부합하는지를 사전에 확인하고 시료분석을 수행해야 한다.

48 정도관리(현장평가) 운영에 대한 해설로 옳지 않은 것은?
1.5점

① 평가위원들은 현장평가의 첫 번째 단계로 대상기관 참석자들과 시작회의를 한다.
② 시험분야별 평가는 분석자가 업무를 수행하는 곳에서 진행한다.
③ 분석관련 책임자 또는 분석자와의 면담을 통해서 평가할 수 있다.
④ 검증기관의 검증유효기간 및 검증항목 확대 시 유효기간은 모두 심의일부터 3년이다.

해설
검증기관의 검증 유효기간은 심의된 날로부터 3년으로 하고, 정도관리 재신청에 의해 시험검사 기관이 정도관리 적합 판정을 받은 경우에는 검증서를 발급하는 날부터 3년째 되는 해의 연말까지로 한다.

49 아래 수들의 유효숫자 개수를 맞게 나열한 것은?
1.5점

$$0.212 - 90.7 - 800.00 - 0.0670$$

① 3-3-5-3 ② 4-3-5-3
③ 3-3-5-5 ④ 3-3-1-3

해설
유효숫자는 각각 0.212(3개), 90.7(3개), 800.00(5개), 0.0670(3개)이다.

50 수질시료의 VOC 성분을 분석하기 위해 시료 채취를 할 때 고려할 사항이 아닌 것은?
1.5점

① pH를 조정한다.
② 특별한 용기를 필요로 한다.
③ 시료에 공기가 유입되면 안 된다.
④ 잔류염소가 존재할 경우 $NaHSO_4$를 첨가한다.

해설
잔류염소가 존재할 경우 티오황산나트륨($Na_2S_2O_3$)을 첨가한다.

정답 46 ③ 47 ② 48 ④ 49 ① 50 ④

1과목 수질오염공정시험기준

01 배출허용기준 적합 여부를 판정하려고 복수
1점 시료를 채취한 경우 단일시료로 합쳐서 측정
해도 되는 항목은?

① 부유물질   ② 시안
③ 노말헥산추출물질   ④ 대장균군

해설

ES 04130.1c 시료의 채취 및 보존 방법

시안(CN), 노말헥산추출물질, 대장균군 등 시료채취
기구 등에 의하여 시료의 성분이 유실 또는 변질 등의
우려가 있는 경우에는 30분 이상 간격으로 2개 이상의
시료를 채취하여 각각 분석한 후 산술평균하여 분석값
을 산출한다. 단, 복수시료채취 과정에서 시료성분의
유실 또는 변질 등의 우려가 없는 경우에는 2.1.1.1의
방법으로 할 수 있다.

02 수질오염공정시험기준에 따라 색도를 측정하
1점 려면 다음 중 무엇을 측정한 후 계산해야 하는
가?

① 투과율   ② 흡광도
③ 입사광도   ④ 산란광도

해설

ES 04304.1b 색도

흡수셀의 표면을 깨끗이 닦은 다음, 정제수를 바탕시
험액으로 하여 10분할법의 선정파장 표 1의 각 파장
(nm)에서 시료용액의 투과율(%)을 측정한다.

03 수질오염공정시험기준의 노말헥산추출물질
3점 법으로 측정하기 어려운 물질은?

① 광유류   ② 그리스유
③ 퍼클로레이트 ④ 동식물유지류

해설

ES 04302.1b 노말헥산 추출물질

이 시험기준은 물중에 비교적 휘발되지 않는 탄화수소,
탄화수소유도체, 그리스유상물질 및 광유류를 함유하
고 있는 시료를 pH 4 이하의 산성으로 하여 노말헥산
층에 용해되는 물질을 노말헥산으로 추출하고 노말헥
산을 증발시킨 잔류물의 무게로부터 구하는 방법이
다. 다만, 광유류의 양을 시험하고자 할 경우에는 활성
규산마그네슘(플로리실) 컬럼을 이용하여 동식물유
지류를 흡착·제거하고 유출액을 같은 방법으로 구할
수 있다.

③항 퍼클로레이트는 액체크로마토그래프 – 질량분
석법과 이온크로마토그래피를 이용하여 측정한다.

04 암모니아성 질소를 수질오염공정시험기준에
1점 따라 측정하는 방법이 아닌 것은?

① 인도페놀법
② 이온전극법
③ 중화적정법
④ 이온크로마토그래피법

해설

ES 04355.0 암모니아성 질소

적용 가능한 시험방법은 아래와 같다.

암모니아성질소	정량한계 (mg/L)	정밀도 (% RSD)
자외선/가시선 분광법(인도페놀법)	0.01 mg/L	± 25 % 이내
이온전극법	0.08 mg/L	± 25 % 이내
적정법	1 mg/L	± 25 % 이내

④항 이온크로마토그래피법은 아질산성 질소(NO_2-
N) 및 질산성 질소(NO_3-N)의 측정에 이용되는 방법
이다.

05 페놀류 측정 원리에 대한 해설로 틀린 것은?
1점

> 페놀류는 4－아미노안티피린과 반응하여 황 적색의 인도페놀형 안티피린색소를 형성하며, 510 nm에서 흡광도를 측정한다. 안티피린 색 소의 안정화를 위하여 시약을 가하고, 2시간 동안 방치한 후 측정한다.

① 4－아미노안티피린
② 황적색
③ 510nm
④ 2시간 방치한 후

해설

ES 04365.1b 페놀류 － 자외선/가시선 분광법

직접 측정법 페놀 함량(페놀농도 0.05 mg/L ~ 0.5 mg/L)

㉠ 시료(또는 전처리한 시료) 100 mL를 정확히 취하여 플라스크 또는 비색관에 넣고 염화암모늄－암 모니아완충액(pH 10.0) 3.0 mL를 넣어 pH 9.8 ~ 10.2로 조절한다.

㉡ 4－아미노안티피린용액(2 %) 2.0 mL를 넣어 흔 들어 섞고 헥사시안화철(Ⅱ)산칼륨 2.0 mL를 넣 고 흔들어 섞은 다음 3분간 방치한다.

㉢ 이 용액을 일부를 층장 10 mm 흡수셀에 옮겨 시료 용액으로 한다.

㉣ 따로 정제수 100 mL를 취하여 시료의 시험방법에 따라 시험하여 바탕시험용액으로 한다.

㉤ 바탕시험용액을 대조액으로 하여 510 nm에서 시 료 용액의 흡광도를 구하고 미리 작성한 검정곡선 으로 페놀의 양을 구하여 농도를 계산한다.

06 과요오드산칼륨법에 따른 망간의 정량 시 발 색되는 용액의 색은?
1점

① 황갈색   ② 청색
③ 녹색   ④ 적자색

해설

ES 04404.2b 망간 － 자외선/가시선 분광법

이 시험기준은 물속에 존재하는 망간이온을 황산산성 에서 과요오드산칼륨으로 산화하여 생성된 과망간산 이온의 흡광도를 525 nm에서 측정하는 방법이다.

(참고) 중금속별 자외선/가시선 분광법시 발색액의 색깔

대상	분석법	색깔
구리	다이에틸다이티오카르바민산법	황갈색
납	디티존법	적색
니켈	다이메틸글리옥심법	적갈색
망간	과요오드산칼륨법	적자색
비소	다이에틸다이티오카바민산은법	적자색
수은	디티존법	적색
철	o－페난트로린법	등적색
카드뮴	디티존법	적색
크롬	다이페닐카바자이드법	적자색
6가크롬	다이페닐카바자이드법	적자색

07 전기전도도 측정에 대한 해설 중 틀린 것은?
1점

① 측정 단위는 S(Simens) 단위로 나타낸다.
② 전기전도도는 전기저항의 역수에 해당하며 수중의 이온 세기를 평가한다.
③ 셀상수는 온도에 무관하므로 온도보정이 필 요 없다.
④ KCl 표준물질로 초순수에 용해하여 0.01 M 과 0.001 M로 조제하여 셀상수를 보정한다.

해설

전기전도도는 측정된 시료의 전기전도도 값에 셀상수 를 곱하여 표시하며 온도차에 의한 영향이 크므로 측정 결과값의 통일을 기하기 위하여 25 ℃에서의 값으로 환산하여 기록한다.

$$\text{전기전도도값 } (\mu S/cm) = \frac{C \times L_x}{1 + 0.0191(T - 25)}$$

여기서, C : 셀 상수 (cm^{-1})
L_x : 측정한 전도도 값 $(\mu S/cm)$
T : 측정 시 시료의 온도 (℃)

$$\text{셀상수 } (cm^{-1}) = \frac{L_{KCl} + L_{H_2O}}{L_X}$$

여기서, L_x : 측정한 전도도 값 $(\mu S/cm)$
L_{KCl} : 사용한 염화칼륨 표준액의 전도도 값 $(\mu S/cm)$
L_{H_2O} : 염화칼륨용액을 조제할 때 사용한 물의 전도도 값 $(\mu S/cm)$

정답 **05** ④ **06** ④ **07** ③

08
1점

원자흡광광도법의 시료 전처리 과정 중 측정
용 시료 용액 제조 시 10 % 구연산이암모늄용
액을 넣는 이유로 맞는 것은?

① 시료의 pH를 낮추기 위함이다.
② 금속이온이 수산화물 형태로 침전하는 것을
방지하기 위함이다.
③ 유기물과 착화물의 방해 작용을 최소화하기
위함이다.
④ 킬레이트 화합물의 형성을 방지하기 위함이다.

> **해설**
>
> 구연산이암모늄용액은 시료전처리의 방법 중 용매추
> 출법에 사용되는 시약으로 시료 속의 금속이온이 수산
> 화물 형태로 침전하는 것을 방지한다.

09
1점

분원성대장균군을 시험하기 위해 시료를 채취
할 때 멸균된 10 % 티오황산나트륨을 첨가하
였다면 어떤 시료를 채취한 것인가?

① 약수　　　　　② 해수
③ 광천수　　　　④ 수돗물

> **해설**
>
> 시료에 잔류 염소가 있을 경우 분석에 방해가 되므로
> 염소의 반응을 방지하기 위하여 시료 채취 후 티오황
> 산나트륨을 첨가한다. 티오황산나트륨은 주로 수돗물
> 의 잔류 염소를 제거하는 데 사용된다.

10
1점

총유기탄소 − 연속자동측정방법에 대한 해설
로 잘못된 것은?

① 총유기탄소는 수중 유기물질의 탄소 총량을
의미한다.
② 총유기탄소분석법은 시료를 직접적으로 산
화하고 분해하는 공정을 거친다.
③ 분해가능한 유기물의 범위가 넓기 때문에 안
정된 측정값을 얻기가 어렵다.
④ 연소산화방식과 습식산화방식이 있다.

> **해설**
>
> **ES 04906.1b 총유기탄소 − 연속자동측정방법 중
> 목적**
>
> 이 시험기준은 물속에 존재하는 총유기탄소를 분석하
> 기 위하여 연소산화방식과 습식화학산화방식 등의 자
> 동측정기를 이용하는 방법으로, 시료를 직접적으로
> 산화, 분해하는 공정을 거치기 때문에 측정값이 안정
> 되고 유기성 물질을 폭넓게 측정할 수 있다.

11
1.5점

수질오염공정시험기준에 따른 용어의 해설로
틀린 것은?

① 정량 범위 : 시험 방법에 따라 시험할 경우
표준편차율 10 % 이하에서 측정할 수 있는
정량 하한과 정량 상한의 범위
② 유효 측정 농도 : 지정된 시험 방법에 따라
시험하였을 경우 그 시험 방법에 대한 최소
정량한계
③ 방법 검출 한계 : 표준용액을 정량 한계 부근
의 농도가 되도록 제조한 다음, 시료와 같은
분석 절차에 따라 7회 측정한 후 측정값의 표
준편차를 구하여 3.14를 곱한 값
④ 정밀도 : 표준용액을 정량 한계의 1 ～ 2배
농도가 되도록 제조하여 분석 절차에 따라
측정한 평균값과 제조한 표준용액 농도에 대
한 상대 백분율(%)

> **해설**
>
> **ES 04001b 정도보증/정도관리 중 정밀도**
>
> 정밀도(Precision)는 시험분석 결과의 반복성을 나타
> 내는 것으로 반복시험하여 얻은 결과를 상대표준편차
> (RSD ; Relative Standard Deviation)로 나타내며,
> 연속적으로 n회 측정한 결과의 평균값($\bar{x}$)과 표준편
> 차(s)로 구한다.
>
> $$정밀도(\%) = \frac{s}{\bar{x}} \times 100$$

12
1.5점 수질오염공정시험기준의 총칙에 비추어 잘못된 것은?

① 모든 시험 조작은 따로 규정이 없는 한 25 ℃에서 실시한다.

② 분석용 저울은 0.1 mg까지 달 수 있는 것이어야 한다.

③ 용액 앞에 몇 %라고 한 것(예 : 20 % 수산화나트륨용액)은 일반적으로 물 100 mL에 녹아 있는 용질의 g 수를 나타낸다.

④ 염산(1+2)는 염산1 mL와 물 2mL를 혼합하여 조제한 것을 말한다.

해설

ES 04000b 총칙

각각의 시험은 따로 규정이 없는 한 상온에서 조작하고 조작 직후에 그 결과를 관찰한다. 단, 온도의 영향이 있는 것의 판정은 표준온도를 기준으로 한다.

13
1.5점 1 N 황산용액 1 L를 제조하기 위해 사용하는 진한 황산($c-H_2SO_4$)의 양(mL)으로 맞는 것은?(단, 비중 : 1.84, 분자량 : 98, 순도 : 98 %)

① 13.6 mL ② 212 mL
③ 54.4 mL ④ 108.8 mL

14
1.5점 하천의 유량을 측정하기 위하여 하천의 단면을 소구간으로 나누었다. 어떤 소구간의 수심이 1.0 m일 때 유속을 측정하려고 각 수심의 유속을 측정한 결과 수심 20 % 지점이 1.4 m/sec, 수심 40 % 지점이 1.2 m/sec, 60 % 인 지점이 0.9 m/sec, 80 %인 지점이 0.7 m/sec. 이었다. 소구간의 평균 유속(m/sec)으로 맞는 것은?

① 1.05 ② 1.15
③ 1.25 ④ 1.35

해설

ES 04140.3b 하천유량 – 유속 면적법

소구간 단면에 있어서 평균유속 V_m은 수심 0.4 m를 기준으로 다음과 같이 구한다.

㉠ 수심이 0.4 m 미만일 때 $V_m = V_{0.6}$

㉡ 수심이 0.4 m 이상일 때 $V_m = (V_{0.2} + V_{0.8}) \times \frac{1}{2}$

$V_{0.2}$, $V_{0.6}$, $V_{0.8}$은 각각 수면으로부터 전 수심의 20 %, 60 % 및 80 %인 점의 유속이다.

수심이 1.0 m이므로 $V_m = (V_{0.2} + V_{0.8}) \times \frac{1}{2}$ 수식에 따라,

평균 유속(m/sec) $= (1.4 + 0.7) \times \frac{1}{2} = 1.05$ m/sec

15
1.5점 유량측정방법 중에서 단면이 축소되는 목 부분을 조절하면 유량을 조절할 수 있다는 것이 장점인 것은?

① 오리피스(Orifice)
② 노즐(Nozzle)
③ 벤튜리 미터(Venturi Meter)
④ 피토우(Pitot)관

해설

ES 04140.1b 공장폐수 및 하수유량 – 관(pipe) 내의 유량측정방법

[오리피스 (Orifice) 특성 및 구조]

• 오리피스는 설치에 비용이 적게 들고 비교적 유량측정이 정확하여 얇은 판 오리피스가 널리 이용되고 있으며 흐름 수로 내에 설치한다. 오리피스를 사용하는 방법은 노즐(Nozzle)과 벤튜리미터와 같다.

• 오리피스의 장점은 단면이 축소되는 목 (Throat) 부분을 조절함으로써 유량이 조절된다는 점이며, 단점은 오리피스 (Orifice) 단면에서 커다란 수두손실이 일어난다는 점이다.

16
1.5점 하천수의 채수 위치를 하천 단면 또는 수심에 대해 해설할 때 옳은 것은?

① 단면을 4등분하여 각 소구간의 중간점에서 채수한다.

② 단면을 4등분하여 각 소구간의 수심이 깊은 지점에서 채수한다.

③ 수심을 고려하여 수심이 2 m 이하일 때는 수 표면에서 1/3 지점, 2 m 이상일 때는 1/3 및 2/3 지점에서 채수한다.

④ 수심이 가장 깊은 수심의 지점과 그 좌우 중 간점에서는 수심과 무관하게 채수한다.

해설

ES 04130.1c 시료의 채취 및 보존 방법

하천의 단면에서 수심이 가장 깊은 수면의 지점과 그 지점을 중심으로 하여 좌우로 수면폭을 2등분한 각각 의 지점의 수면으로부터 수심 2 m 미만일 때에는 수심 의 1/3에서, 수심이 2 m 이상일 때에는 수심의 1/3 및 2/3에서 각각 채수한다.

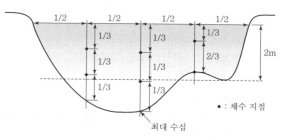

〈시료 채취 지점〉

17
1.5점 시료의 전처리 방법과 그 적용 시료에 관한 연 결이 적당하지 않은 것은?

① 질산－과염소산에 의한 분해 : 유기물을 다 량 함유하고, 산화 분해가 어려운 시료

② 질산－염산에 의한 분해 : 금속의 수산화물, 인산염 및 황화물을 함유하고 있는 시료

③ 질산－과염소산－불화수소산에 의한 분해 : 다량의 점토질 또는 규산염을 함유한 시료

④ 질산－황산에 의한 분해 : 칼슘, 바륨, 납 등 을 다량 함유한 시료

해설

ES 04150.1b 시료의 전처리 방법

[질산－황산법]
이 시험방법은 유기물 등을 많이 함유하고 있는 대부 분의 시료에 적용된다. 그러나 칼슘, 바륨, 납 등을 다량 함유한 시료는 난용성의 황산염을 생성하여 다른 금속 성분을 흡착하므로 주의한다.

18
1.5점 흡광도에 대한 해설로 바르지 않은 것은?

① 흡광도는 빛을 흡수하는 물질의 농도에 비례 한다.

② 흡광도와 빛의 투과 거리와의 관계는 램버트 －비어 법칙으로 해설할 수 있다.

③ 흡광도는 빛 투과도의 역수이다.

④ 몰 흡광계수(ε)는 각 물질의 고유한 특성을 나타내는 상수이다.

해설

흡광도는 빛이 어떤 용액(흡광 매체)을 통과할 때 그 강도가 감소하는 비율로써 통과하는 용액의 길이와 흡 수력 그리고 용액 내 용질의 농도에 비례한다. 램버트 비어의 법칙에 의하여 다음의 관계식이 성립된다.

$$I_t = I_O \times 10^{-\varepsilon CL}$$

여기서, I_O : 입사광의 세기

I_t : 투사광의 세기

ε : 비례상수로서 흡광계수($C = 1\,\text{mol}$, $L = 10\,\text{mm}$일 때의 ε의 값을 몰 흡광계 수라 하며 K로 표시한다.)

C : 셀 내의 시료농도

L : 셀의 길이

$$투과도(t) = \frac{I_t}{I_O}$$

$$흡광도(A) = \log\frac{1}{t} = \log\frac{1}{I_t/I_O}$$
$$= \log\frac{1}{I_O \times 10^{-\varepsilon CL}/I_O} = \varepsilon CL$$

정답 **16** ③ **17** ④ **18** ③

19 흡광도를 측정하는 흡수셀을 세척하는 방법으
1.5점 로 가장 올바르게 서술한 것은?

① 염화나트륨(2 W/V %)에 액상 합성세제를
가한 용액에 충분히 담가 놓은 후 증류수로
헹구어 건조시켜 사용한다.

② 질산(1+5)에 소량의 과산화수소를 가한 용
액에 30분간 담가 놓았다 증류수로 헹구어
건조시켜 사용한다.

③ 크롬산과 황산혼합액으로 1시간 담근 다음
세척하여 사용하면 어느 물질 분석에도 가장
좋다.

④ 급히 사용하고자 할 때는 측정하려는 용액으
로 세척 후 사용한다.

해설

① 염화나트륨(×) → 탄산나트륨
③ 크롬산과 황산혼합액에 세척한 셀의 사용은 크롬의
정량이나 자외선 측정을 목적으로 할 때 또는 접착
하여 만든 셀에는 사용하지 않는 것이 좋다.
④ 급히 사용하고자 할 때는 물기 제거 후 에틸알코올
로 씻고 다시 에틸에테르로 씻은 다음 드라이어
(Dryer)로 건조해도 무방하다.

20 원자흡광광도법에서 공존 물질과 작용해서 해
1.5점 리하기 어려운 화합물이 생성되어 화학적 간섭
이 일어나는 것을 피하기 위한 방법이 아닌 것은?

① 표준시료와 분석시료와의 조성을 거의 같게
한다.

② 간섭이 일어나지 않도록 작용하는 적절한 양
이온, 음이온, 킬레이트제를 첨가한다.

③ 목적 원소를 용매 추출하여 분석한다.

④ 이온 교환이나 용매 추출로 방해 물질을 제거
한다.

해설

ES 04400.1b 금속류 – 불꽃 원자흡수분광광도법
[화학적 간섭]
불꽃의 온도가 분자를 들뜬 상태로 만들기에 충분히
높지 않아서, 해당 파장을 흡수하지 못하여 발생한다.

그 예로 시료 중에 인산이온 (PO_4^{3-}) 존재 시 마그네슘
과 결합하여 간섭을 일으킬 수 있다. 칼슘, 마그네슘,
바륨의 분석 시 란타늄 (La)을 첨가하여 인산의 화학
적 간섭을 배제할 수 있다. 또는 간섭을 일으키는 금속
을 킬레이트제 등으로 제거할 수 있다.
 i . 불꽃 중에서 원자가 이온화하는 경우 – 이온화 전
압이 더 낮은 원소 첨가
 ii . 기저상태의 원자수가 감소하는 경우
　　ⓐ 이온교환, 용매추출에 의한 제거
　　ⓑ 과량의 간섭원소 첨가
　　ⓒ 간섭을 피하는 이온물질 등 첨가
　　ⓓ 목적원소의 용매추출
　　ⓔ 표준첨가법의 이용

①항은 물리적 간섭을 방지하기 위한 방법이다.

21 원자흡광광도법으로 미지용액 중 납(Pb)을 분
1.5점 석하기 위하여 표준첨가법을 적용하여 다음과
같은 실험결과를 얻었다. 시료용액 중 납의 농
도(C_x, mg/L)는 얼마인가?

분석 시료	첨가한 납 농도 (mg/L)	흡광도
시료 1	0.0	0.36
시료 2	1.0	0.48
시료 3	2.0	0.60
시료 4	3.0	0.72

① 1.0 mg/L　　　② 2.0 mg/L
③ 3.0 mg/L　　　④ 4.0 mg/L

해설

표준물질첨가법

$$농도 (mg/L) = \frac{(y-b)}{a}$$

여기서, y : 표준물질이 첨가되지 않은 시료의 흡광도
　　　　b : 표준물질 첨가에 따른 관계식의 절편
　　　　a : 표준물질 첨가에 따른 관계식의 기울기

$$기울기 \ a = \frac{y_2 - y_1}{x_2 - x_1} = \frac{0.60 - 0.48}{2 - 1} = 0.12$$

$$절편 \ b = y - 0.12x = 0.36 - (0.36 \times 0) = 0.36$$

$$농도 \ C_x = \frac{(0 - 0.36)}{0.2} = |-3| = 3.0 \ mg/L$$

22 유도결합플라즈마발광광도법에 대한 해설로
1.5점 틀린 것은?

① 플라즈마는 그 자체가 광원이다.
② ICP는 특징적인 도너츠 모양의 구조를 만든다.
③ 플라즈마 중심축의 온도와 전자밀도가 가장
　높게 된다.
④ 여기된 시료 원자가 바닥상태로 이동할 때 방
　출하는 발광선을 측정한다.

해설

아르곤플라즈마는 토오치 위에 불꽃형태로 생성되나
온도와 전자밀도가 가장 높은 영역은 중심축보다 약간
바깥쪽(2 ~ 4mm)에 위치한다.

23 수질오염공정시험기준에서 가스크로마토그
1.5점 래프의 검출기와 분석할 수 있는 화합물의 연
결이 적절하지 않은 것은?

① FPD－이피엔, 펜토에이트, 다이아지논
② 질량분석계－사염화탄소, 1,1－디클로로에
　틸렌, 클로로포름
③ ECD－윤활유, PCB, 알킬수은
④ FID－노말알칸, 제트유, 석유계총탄화수소

해설

GC 검출기의 특성

검출기	분석대상
TCD(열전도도검출기)	금속물질, 전형적인 기체 분석(O_2, N_2, H_2O, 비탄 화수소)에 많이 사용
FID(불꽃이온화검출기)	유기화합물, 벤젠, 페놀, 탄화수소
ECD(전자포획형검출기)	할로겐화합물, 니트로화 합물, 유기금속화합물, 알킬수은, PCB
FPD(불꽃광도검출기)	유기인, 황화합물
FTD(불꽃열이온화검출기)	유기질소, 유기염소화합물

24 32 m 길이의 분리관을 사용한 GC 분석에서 A
1.5점 물질의 머무름시간(t_R)이 20.0분, 바탕선에
서의 피크 폭(W)이 0.2분으로 측정되었다. A
물질의 이론단 해당 높이는?

① 3,200 mm　　② 1,600,000 mm
③ 50 mm　　　④ 0.2 mm

해설

이론단수(n) $= 16 \times \left(\dfrac{t_R}{W} \right)^2$

　여기서, t_R : 시료도입점으로부터 피크 최고점까
　　　　　 지의 길이(머무름시간)
　　　　W : 피크의 좌우 변곡점에서 접선이 자르
　　　　　 는 바탕선의 길이
　　　　L : 분리관의 길이(mm)

$n = 16 \times \left(\dfrac{20}{0.2} \right)^2 = 160,000$

　여기서, 이론단 해당높이(H) $= L/N$
　　　　L : 컬럼의 길이(mm)
　　　　N : 이론단수
　　　　　 $= \dfrac{32,000}{160,000}$
　　　　　 $= 0.2$ mm

25 다음 역상 크로마토그래피에 관한 해설 중 맞
1.5점 는 것은?

① 정지상이 비극성, 이동상이 극성
② 정지상이 비극성, 이동상이 비극성
③ 정지상이 극성, 이동상이 비극성
④ 정지상이 극성, 이동상이 극성

해설

역상크로마토그래피는 비극성의 정지상(칼럼)과 극
성의 이동상(용매) 사이의 분배 정도 차이를 이용한 분
리법의 일종이며, 극성이 높은 성분이 먼저 용출된다.
일반적으로 이동상으로 많이 사용되는 용매는 물, 메
탄올, 아세토니트릴, 다이옥산, 테트라히드로푸란 등
이다.

26 다음 화학종들이 물속에 함유되어 있을 때, 그
1.5점 중 과망간산칼륨에 의한 COD 값을 감소시킬
수 있는 화학종은?

① 제1철 이온(Fe^{2+})
② 염소이온(Cl^-)
③ 중크롬산이온($Cr_2O_7^{2-}$)
④ 포름알데히드(HCHO)

해설

ES 04315.1a 화학적 산소요구량 – 적정법 – 산성 과망간산칼륨법

[간섭물질]
㉠ 염소이온은 과망간산에 의해 정량적으로 산화되어 양의 오차를 유발하므로 황산은을 첨가하여 염소이온의 간섭을 제거한다.
㉡ 아질산염은 아질산성 질소 1 mg당 1.1 mg의 산소를 소모하여 COD값의 오차를 유발한다. 아질산염의 방해가 우려되면 아질산성 질소 1 mg당 10 mg의 설파민산을 넣어 간섭을 제거한다.
㉢ 제일철이온, 아황산염 등 실험 조건에서 산화되는 물질이 있을 때에 해당되는 COD 값을 정량적으로 빼주어야 한다.

③항 중크롬산이온은 과망간산칼륨과 같은 강한 산화제로서 COD값의 음의 오차를 일으킬 수 있다.

27 측정하고자 하는 물질과 사용하는 시약 사이
1.5점 의 화학 반응의 종류가 다른 것은?

① COD : 과망간산칼륨
② 인산이온 : 몰리브덴산암모늄
③ 철이온 : o–페난트로린
④ 음이온 계면활성제 : 메틸렌블루

해설
①항은 산화환원반응, ②, ③, ④항은 착화합물(복합체) 형성

28 자외선흡광광도법에 의한 질산성 질소 측정에
1.5점 서 방해 물질로 작용하지 않는 것은?

① 아질산성 질소
② 용존 유기물질
③ 6가크롬
④ 염소이온

해설

ES 04361.2b 질산성질소 – 자외선/가시선 분광법 – 부루신법

[간섭물질]
㉠ 용존 유기물질이 황산산성에서 착색이 선명하지 않을 수 있으며 이때 부루신설퍼닐산을 제외한 모든 시약을 추가로 첨가하여야 하며, 용존 유기물이 아닌 자연 착색이 존재할 때에도 적용된다.
㉡ 모든 강산화제 및 환원제는 방해를 일으킨다. 산화제의 존재 여부는 잔류염소측정기로 알 수 있다.

29 수질오염공정시험기준에서 인산염인의 시험
1.5점 방법에 대한 해설로 옳지 않은 것은?

① 염화제일주석환원법을 이용할 경우 정량 범위는 0.002 ~ 0.05 mg PO_4–P이다.
② 인산이온이 몰리브덴산 암모늄과 반응하여 생성된 몰리브덴산인 암모늄을 환원시켜 생성된 몰리브덴산 청의 흡광도를 측정한다.
③ 염화제일주석환원법은 염소화물, 황산염 등 다량의 염류를 함유하고 있는 시료에 적용할 수 있다.
④ 아스코르빈산 환원법을 이용할 경우 880 nm에서 흡광도를 측정한다.

해설
③항은 아르코빈산 환원법에 대한 해설이다.

30
1.5점
아스코르빈산 환원법으로 총인을 시험하는 방법이다. ( )의 내용으로 맞는 것은?

> 전처리한 시료의 상등액 25 mL를 취하여 마개가 있는 시험관에 넣고 몰리브덴산암모늄·아스코르빈산혼합액 2 mL를 넣어 흔들어 섞은 다음 (ㄱ)에서 (ㄴ) 간 방치한다. 이 용액의 일부를 층장 10 mm 흡수셀에 옮겨 시료 용액으로 하고 따로 물 50 mL를 취하여 시험 방법에 따라 시험하여 바탕시험액으로 한다. 바탕시험액을 대조액으로 하여 (ㄷ)에서 시료 용액의 흡광도를 측정하여 미리 작성한 검량선으로부터 총인의 양을 구하여 농도를 산출한다.

① (ㄱ) 10 ~ 30 ℃ (ㄴ) 15분 (ㄷ) 690 nm
② (ㄱ) 10 ~ 30 ℃ (ㄴ) 30분 (ㄷ) 690 nm
③ (ㄱ) 20 ~ 40 ℃ (ㄴ) 30분 (ㄷ) 880 nm
④ (ㄱ) 20 ~ 40 ℃ (ㄴ) 15분 (ㄷ) 880 nm

해설

ES 04362.1b 총인 – 자외선/가시선 분광법
[분석방법]
㉠ 전처리한 시료 25 mL를 취하여 마개 있는 시험관에 넣고 몰리브덴산암모늄·아스코르빈산 혼합용액 2 mL를 넣어 흔들어 섞은 다음 20 ℃ ~ 40 ℃에서 15분간 방치한다.
　[주] 전처리한 시료가 탁한 경우에는 유리섬유 여과지로 여과하여 여과액을 사용한다.
㉡ 이 용액의 일부를 층장 10 nm 흡수셀에 옮겨 시료 용액으로 한다.
㉢ 따로 정제수 50 mL를 취하여 시료의 시험방법에 따라 시험하여 바탕시험액으로 한다.
㉣ 바탕시험용액을 대조액으로 하여 880 nm의 파장에서 시료 용액의 흡광도를 측정하여 미리 작성한 검정곡선으로 인산염인의 양을 구하여 농도를 계산한다.
　[주] 880 nm에서 흡광도 측정이 불가능할 경우에는 710 nm에서 측정한다.

31
1.5점
다음 중 측정하고자 하는 물질과 사용하는 시약이 잘못 짝지어진 것은?

① 불소 – 란탄알리자린콤프렉손
② 페놀류 – 4 – 아미노안티피린
③ 시안 – 피리딘, 피라졸론
④ 아연 – 디에틸디티오카르바민산나트륨

해설

④항 아연은 진콘 (zincon, $C_{20}H_{15}O_6N_4SNa$)과 반응하여 생성하는 청색 킬레이트 화합물의 흡광도를 620 nm에서 측정한다.
디에틸디티오카르바민산나트륨은 구리의 측정 시 사용되는 시약이다.

32
1.5점
시안화합물 정량분석 시 방해 물질에 대한 조치로 옳은 해설은?

① 시료 내의 중금속류는 초산으로 pH 6~7로 조절하고 시료의 약 2 %에 해당되는 노말헥산을 넣어 짧은 시간 동안 흔들어 섞고 수층을 분리하여 시료로 취한다.
② 다량의 유지류가 함유된 시료는 EDTA를 가하여 방해 물질을 제거한다.
③ 잔류염소가 함유된 시료는 잔류염소 200 mg 당 L – 아스코르빈산(5 W/V%) 0.6 mL을 넣어 제거할 수 있다.
④ 황화합물이 함유된 시료는 초산아연용액 (10 W/V%) 2 mL을 넣어 제거한다.

해설

ES 04353.1b 시안 – 자외선/가시선 분광법
[간섭물질]
㉠ 다량의 유지류가 함유된 시료는 아세트산 또는 수산화나트륨 용액으로 pH 6 ~ 7로 조절하고 시료의 약 2 %에 해당하는 노말헥산 또는 클로로폼을 넣어 짧은 시간 동안 흔들어 섞고 수층을 분리하여 시료를 취한다.
㉡ 황화합물이 함유된 시료는 아세트산아연용액(10 %) 2 mL를 넣어 제거한다. 이 용액 1 mL는 황화물이온 약 14 mg에 대응한다.

33

1.5점 불소를 란탄알리자린－콤프렉손법으로 정량 시 잘못된 해설은?

① 이 방법은 알루미늄 및 철의 방해가 크나 증류하면 영향이 없다.

② 시료 전처리(직접증류법) 시 180 ℃ 이상이 되면 황산이 분해되어 유출되므로 주의해야 한다.

③ 탈색 현상이 나타날 경우 증류플라스크에 넣는 증류수의 양을 감량한다.

④ 시료 전처리(수증기증류법) 시 증류 온도가 140 ～ 150 ℃로 유지되도록 한다.

해설

ES 04351.1b 불소－자외선/가시선 분광법

[분석방법]

전처리한 시료 적당량(30 mL 이하로서 불소 0.05 mg 이하 함유)을 50 mL 부피플라스크에 취하여 란탄 · 알리자린 콤프렉손 용액 20 mL를 넣고 정제수를 넣어 표선까지 채우고 흔들어 섞은 다음 약 1시간 방치한다.

[주] 시료 중 불소함량이 정량범위를 초과할 경우 탈색 현상이 나타날 수도 있다. 이러한 경우에는 취하는 시료량을 정량범위 이내에 들도록 감량하거나 희석한 다음 다시 시험한다.

34

1.5점 흡광광도법에 의한 6가 크롬을 측정할 때 필요한 시약이 아닌 것은?

① 디페닐카르바지드
② 황산제일철암모늄
③ 황산
④ 수산화나트륨

해설

6가 크롬을 측정할 때 필요한 시약은 디페닐카르바지드, 수산화나트륨, 황산, 에틸알코올이다.

35

1.5점 측정하고자 하는 금속 성분의 예상 농도는 0.005 mg/L 이다. 이 시료를 최대 3배까지 농축시킬 수 있다면 다음 중 바람직한 분석방법은?

① AAS(검정곡선 범위 1 ～ 20 mg/L)
② ICP(검정곡선 범위 0.1 ～ 100 mg/L)
③ 1CP－MS(검정곡선 범위 0.01 ～ 100 mg/L)
④ UWVIS(검정곡선 범위 0.03 ～ 0.1 mg/L)

해설

3배 농축 → 0.005 mg/L×3＝0.015 mg/L

36

1.5점 물시료 100 mL를 전처리하여 최종 25 mL로 만든 다음 측정한 결과 니켈의 농도가 2.6 mg/L로 분석되었다. 또한 바탕 시험에서 니켈이 0.2 mg/L로 계산되었다. 원시료 중 니켈의 농도는?

① 2.4 mg/L   ② 0.6 mg/L
③ 9.6 mg/L   ④ 10.4 mg/L

해설

시료 100 mL → 25 mL (4배 농축), 니켈의 농도가 2.6 mg/L

바탕시험에서 니켈 0.2 mg/L

따라서, 원시료 중 니켈의 농도는

$NV= N'V'$,

$X \times 100 = (2.6 - 0.2) \times 25$

$X = 0.6$ mg/L

37

1.5점 흡광광도법(페난트로린법)에 의한 철 시험방법에서 시약의 첨가 순서는 발색에 영향을 준다. 시약의 첨가 순서를 바르게 나열한 것은?

① pH 조정 → 환원제 → 오르토페난트로린용액 → 완충용액

② pH 조정 → 환원제 → 완충용액 → 오르토페난트로린용액

③ 환원제 → pH 조정 → 오르토페난트로린용액 → 완충용액

④ 환원제 → pH 조정 → 완충용액 → 오르토페난트로린액

정답   **33** ③   **34** ②   **35** ③   **36** ②   **37** ①

[해설]

ES 04412.2b 철 – 자외선/가시선 분광법

[분석방법]

- ㉠ 전처리한 시료 적당량(철로서 0.5 mg 이하 함유)을 비커에 넣고 질산(1+1) 2 mL를 넣어 끓여 침전을 생성시킨다.
- ㉡ 정제수를 넣어 50 mL ~ 100 mL로 하고 암모니아수(1+1)를 넣어 약알칼리성으로 한 다음 수분간 끓인다. 잠시 동안 방치하고 거른 다음 온수로 침전을 씻는다.
- ㉢ 침전을 원래 비커에 옮기고 염산(1+2) 6 mL를 넣어 가열하여 녹인다. 이 용액을 처음의 거름종이로 걸러내어 거름종이에 붙어 있는 수산화제이철을 녹여내고 온수로 수회 씻어서 여과액과 씻은 액을 100 mL 부피플라스크에 옮긴다. 정제수를 넣어 액량을 약 70 mL로 하고 염산하이드록실아민용액(20 %) 1 mL를 넣어 흔들어 섞는다.
- ㉣ o-페난트로린용액(0.1 %) 5 mL를 넣어 흔들어 섞고 아세트산암모늄용액(50 %) 10 mL를 넣어 흔들어 섞은 다음 실온까지 식힌다. 정제수를 넣어 표선까지 채워 흔들어 섞은 다음 20분간 방치하여 시료 용액으로 한다.
- ㉤ 따로 정제수 50 mL를 취하여 시료의 시험방법에 따라 시험하여 바탕시험액으로 한다. 바탕시험액을 대조액으로 하여 층장 10 mm 흡수셀에 옮겨 510 nm에서 시료 용액의 흡광도를 측정하고 미리 작성한 검정곡선으로부터 철의 양을 구하고 농도(mg/L)를 산출한다.

38 수은의 수질오염 공정시험기준으로 환원기화법과 디티존법이 사용되고 있다. 이들에 대한 해설로 옳지 않은 것은?

1.5점

① 환원기화법은 원자흡광광도법에 의해 정량하는 방법이다.
② 디티존법은 전처리 후 490 nm에서 흡광도를 측정하는 방법이다.
③ 디티존법이 감도가 더 좋다.
④ 환원기화법에는 수은중공음극램프를 사용한다.

[해설]

ES 04408.1b 수은 – 냉증기 – 원자흡수분광광도법 (환원기화법) 중 적용범위

이 시험기준은 지하수, 지표수, 폐수 등에 적용할 수 있으며, 정량한계는 0.0005 mg/L로 저농도 수은분석 시 사용한다.

ES 04408.2b 수은 – 자외선/가시선 분광법(디티존법) 중 적용범위

이 시험기준은 지표수, 지하수, 폐수 등에 적용할 수 있으며, 정량한계는 0.003 mg/L이다.

39 하천수 중 유기인을 측정하고자 한다. 다음 해설 중 옳은 것은?

1.5점

> a. 하천수 중 유기인을 추출하려면 헥산 또는 헥산/디클로로메탄의 혼합액을 사용하는 것이 바람직하며 디클로로메탄의 함량이 높아지면 메틸디메톤 등의 유기인계 농약의 추출률이 높아지나 방해 물질도 많아진다.
> b. 유기인의 측정은 가스크로마토그래피가 적합하며 이때의 검출기는 인화합물에 대해 감도가 높은 검출기인 FID가 가장 적합하다.
> c. 가스크로마토그래프에서 시료주입구의 온도는 분석 성분의 비점을 고려하여 정하는데 가장 높은 비점보다 10~20 ℃ 높게 설정하는 것이 바람직하다.
> d. 유기인의 농도 계산은 각 성분의 농도를 합산하여 처리하는데 농도를 계산할 때 성분 중 인(P)의 양으로 환산하여 계산하여야 한다.

① a, b   ② a, c
③ b, c   ④ c, d

[해설]

b항 기체크로마토그래피를 이용한 유기인의 측정 시 검출기는 불꽃광도검출기(FPD ; Flame Photometric Detector) 또는 질소인검출기(NPD ; Nitrogen Phosphorous Detector)를 사용한다.
d항 유기인의 농도계산은 각 시료별 크로마토그램으로부터 각 물질에 해당되는 피크의 높이 또는 면적을 측정한 후 다음 식을 사용하여 농도 (mg/L)를 계산한다.

$$농도\ (mg/L) = \frac{A_s \times V_f}{W_d \times V_i}$$

여기서, A_s : 검정곡선에서 얻어진 유기인의 양 (ng)

V_f : 최종액량 (mL)

W_d : 시료의 양 (mL)

V_i : 시료의 주입량 (μL)

40
1.5점 하천수 시료에 대해 테트라클로로에틸렌, 벤젠, 사염화탄소를 동시 분석할 때 전처리법과 측정기기 방법이 가장 잘 짝지어진 것은?

① 용매추출 – GC/ECD
② 퍼지 · 트랩 – GC/ECD
③ 헤드스페이스 – LC/MS
④ 퍼지 · 트랩 – GC/MS

해설

ES 04603.0 휘발성유기화합물(표 참조)

[휘발성유기화합물의 시험방법]

휘발성유기화합물	1,1-다이클로로에틸렌	다이클로로메탄	클로로폼	1,1,1-트리클로로에탄	1,2-다이클로로에탄	벤젠	사염화탄소	트리클로로에틸렌	톨루엔	테트라클로로에틸렌	에틸벤젠	자일렌
P · T – GC – MS(ES 04603.1)	○	○	○	○	○	○	○	○	○	○	○	○
HS GC – MS(ES 04603.2)	○	○	○	○	○	○	○	○	○	○	○	○
P · T – GC(ES 04603.3)	○	○										
HS – GC(ES 04603.4)						○			○			
용매추출 /GC – MS(ES 04603.5)			○		○							
용매추출 /GC(ES 04603.6)										○		○

41
1.5점 식물성 플랑크톤(조류)의 개체수를 조사하는 정량방법 중 저배율 방법(200배율 이하)으로 적합한 기구는?

① 형광 현미경
② 세즈윅 – 라프터 챔버
③ 팔머 – 말로니 챔버
④ 혈구 계수기

해설

③항 팔머 – 말로니 챔버와 ④항 혈구 계수기는 200배율 ~ 500배율 이하의 중배율법에 적합한 기구이다.

42
1.5점 석유계총탄화수소(TPH)를 기체크로마토그래피 법으로 측정할 경우 기체크로마토그래프의 조건으로 잘 짝지어진 것은?

① 검출기 : 불꽃이온화 검출기(FID)
　　컬럼 : DB – 5　　운반 가스 : 아르곤
② 검출기 : 열전도도 검출기(TCD)
　　컬럼 : HP – 5　　운반 가스 : 헬륨
③ 검출기 : 열전도도 검출기(TCD)
　　컬럼 : DB – 5　　운반 가스 : 아르곤
④ 검출기 : 불꽃이온화 검출기(FID)
　　컬럼 : HP – 5　　운반 가스 : 헬륨

해설

ES 04502.1b 석유계총탄화수소 용매추출/기체크로마토그래피

[기체크로마토그래프(Gas Chromatograph)]

㉠ 컬럼은 안지름 0.20 mm ~ 0.35 mm, 필름두께 0.1 μm ~ 3.0 μm, 길이 15 m ~ 60 m의 DB – 1, DB – 5 및 DB – 624 등의 모세관이나 동등한 분리 성능을 가진 모세관으로 대상 분석 물질의 분리가 양호한 것을 택하여 시험한다.

㉡ 운반기체는 순도 99.999 % 이상의 헬륨으로서(또는 질소) 유량은 0.5 mL/min ~ 5 mL/min, 시료 주입부 온도는 280 ℃ ~ 320 ℃, 컬럼온도는 40 ℃ ~ 320 ℃로 사용한다.

㉢ 검출기로 불꽃이온화검출기(FID ; Flame Ionization Detector)로 280 ℃ ~ 320 ℃로 사용한다.

정답　**40** ④　**41** ②　**42** ④

43 물벼룩을 이용한 급성 독성 시험법에서 시료
1.5점 와 희석수의 비율이 1 : 1일 때, 물벼룩의 50 %가 유영 저해를 나타낸다고 할 때, 생태독성 값(TU)은?

① 0.5   ② 1
③ 2   ④ 4

해설

반수영향농도(EC50, effect concentration of 50 %)
투입시험생물의 50 %가 치사 혹은 유영저해를 나타낸 농도이다.

생태독성값(TU ; Toxic Unit)
통계적 방법을 이용하여 반수영향농도 EC_{50}을 구한 후 100에서 EC_{50}을 나눠준 값을 말한다.
[주] 이때 EC_{50}의 단위는 %이다.

$$생태독성값\ (TU) = \frac{100}{EC50}$$

$$\therefore\ 생태독성값\ (TU) = \frac{100}{50} = 2$$

44 수질오염공정시험기준에서 총대장균군과 분
1.5점 원성대장균군을 분석하는 방법으로 잘못 연결 된 것은?

① 총대장균 – 시험관법, 분원성 대장균군 – 막여과법
② 총대장균 – 평판집락법, 분원성 대장균군 – 시험관법
③ 총대장균 – 막여과법, 분원성 대장균군 – 막여과법
④ 총대장균 – 평판집락법, 분원성 대장균군 – 효소이용정량법

해설

④항에서 효소이용정량법은 대장균을 분석하는 방법 이다.(표 참조)

대상	시험방법
	막여과법
총대장균군	시험관법
	평판집락법

대상	시험방법
분원성 대장균군	막여과법
	시험관법
대장균	효소이용정량법

45 수질연속자동측정에 관한 내용으로 측정소의
1.5점 입지 조건이 아닌 것은?

① 온도나 습도가 높지 않은 곳
② 보수작업이 용이하고 안전한 곳
③ 도로에서 가까운 곳
④ 채수 지점이 가까운 곳

해설

ES 04900.0b 수질연속자동측정기의 기능 및 설치 방법
[측정소 입지조건]
측정소의 설치장소는 가능한 다음과 같은 조건을 구비 하여야 한다.
㉠ 진동이 적은 곳
㉡ 부식성 가스나 분진이 적은 곳
㉢ 온도나 습도가 높지 않은 곳
㉣ 전력의 공급이 안정적인 곳
㉤ 전화선(또는 인터넷 선)의 인입이 용이한 곳
㉥ 보수작업이 용이하고 안전한 곳
㉦ 채수지점이 가까운 곳

46 다음은 하천수나 하폐수의 수소이온농도(pH)
1.5점 연속자동측정기의 성능기준과 성능시험방법 을 서술한 것이다. 적절한 해설이 아닌 것은?

① '수질 및 수생태계 보전에 관한 법률'에 따른 수질 측정인 경우, 측정기의 최소 눈금 단위 는 pH 0.1 이하이어야 한다.
② 성능시험 항목 중 pH 7 표준용액에서 5분 후 및 2시간 경과 후의 측정값을 측정하여 변동 범위가 pH ±0.1 이하이어야 한다.
③ 응답시간을 검사하여 30초 이하이어야 한다.
④ 측정기의 시험가동시간은 정상조건에서 168 시간 이상이어야 한다.

정답 **43** ③ **44** ④ **45** ③ **46** ②

48 수질오염공정시험기준에서 총인－연속자동
1.5점 측정방법의 성능기준이 아닌 것은?

① 측정방식으로는 이온전극법이나 흡수분광법
이 아닌 방법을 쓸 수 없다.
② 측정 결과를 지시 및 기록할 수 있고 TMS 등
으로 송출할 수 있어야 한다.
③ 측정기는 정상 신호, 교정 중 신호, 동작 불
량 신호 등을 나타낼 수 있어야 한다.
④ 측정기의 시험 가동 시간은 7일 이상이어야
한다.

해설

ES 04907.1b 총인－연속자동측정방법
[성능기준 및 성능시험 방법]
측정기의 측정방식은 이온전극법, 흡수분광법(아스코
빈산 환원법) 또는 이와 동등 이상의 방법이어야 한다.
자외선(UV)으로 산화 후 아스코빈산 환원법의 경우
측정파장이 880 nm에서 심하게 드리프트가 있을 경
우에는 710 nm 등으로의 파장 전환이 가능하여야 한다.

49 다음 중 물과 잘 섞이는 유기용매는?
1.5점
① 디클로로메테인   ② 아세트니트릴
③ 디에틸에테르   ④ 핵세인

해설

• 극성의 물질은 극성끼리 비극성의 물질은 비극성의
물질끼리 잘 섞인다.
• 극성용매인 아세트니트릴은 같은 극성인 물이나 알
코올에 잘 녹는다.

50 용액 중 비교적 안정되어, 표정하지 않아도 사
1.5점 용할 수 있는 시약으로 짝지어진 것은?

① DO 시험용 전분용액－0.2 N 질산은 표준용액
② 알칼리성 요오드화칼륨용액－0.1 N 수산화
나트륨 표준용액
③ BOD 시험용 티오황산나트륨 표준용액－암
모늄 표준용액
④ 0.025N 과망간산칼륨 표준용액－0.1 N 염
산 표준용액

해설

ES 04904.1b 수소이온농도－연속자동측정방법
[성능 시험방법]
－pH 7 변동시험
동일 조건에서 pH 7 표준용액에 전극을 담그고 5분
후 및 24시간 경과 후 측정값을 읽고 그 차를 다음 식에
따라 구한다. 다만, 정도검사 시에는 5분 및 2시간 경과
후 측정한다.
pH 변동시험＝5분 후 측정값 － 24시간
(정도검사 : 2시간) 후 측정값

▼ 측정기 검사항목 기준

검 사 항 목	기 준
측정범위	pH 0 ~ 14 또는 0 ~ 12, 최소눈금 간격은 pH 0.1 이하
pH 7 변동	pH ± 0.1 이하
pH 4(또는 10) 변동	pH ± 0.1 이하
반복성	pH ± 0.1 이하
응답시간	30초 이하
온도보상정도	pH ± 0.1 이하
전압변동시험	pH ± 0.1 이하
내전압	교류전압 1,000 V를 1분간 가해도 이상이 없을 것
절연저항	2 MΩ 이상
상대정확도	주시험방법의 20 % 이하
등가입력	pH ± 0.1 이하
시험가동시간	168시간 이상

47 BOD 연속자동측정장치에 대한 해설로 옳은
1.5점 것을 모두 고른 것은?

a. 이 측정기의 정량 범위는 0~200 mg/L이다.
b. 표준용액은 글루코스용액이다.
c. 분석값이 10 ppm 미만이면 세 자릿수로 농
도를 표시하며, 10 ppm 이상이면 두 자릿
수로 농도를 표시한다.

① a, b   ② a, c
③ b, c   ④ a, b, c

해설
b.항 표준용액은 글루코스－글루탐산용액이다.

2과목 정도관리

01 정도관리에 대한 해설로 틀린 것은?
1점

① '중앙값'은 최솟값과 최댓값의 중앙에 해당하는 크기를 가진 측정값 또는 계산값을 말한다.

② '회수율'은 순수 매질 또는 시료 매질에 첨가한 성분의 회수 정도를 %로 표시한다.

③ '상대편차백분율(RPD)'은 측정값의 변이 정도를 나타내며, 두 측정값의 차이를 한 측정값으로 나누어 백분율로 표시한다.

④ '방법검출한계(method detection limit)'는 99 % 신뢰 수준으로 분석할 수 있는 최소 농도를 말하는데, 시험자나 분석기기 변경처럼 큰 변화가 있을 때마다 확인해야 한다.

해설

'상대편차백분율(RPD)'이란 측정값이 두 개일 때, 측정값 간의 변이 정도를 나타내며, 두 측정값의 차이를 두 측정값의 평균으로 나누어 백분율로 표시한 값

$$RPD = \left[\frac{(a-b)}{(a+b)/2} \right] \times 100$$

02 유리기구의 명칭으로 바르게 연결된 것은?
1점

(ㄱ) liebig 냉각기(증류용)

(ㄴ) soxhlet 추출기(액체용)

(ㄷ) 분액깔때기

(ㄹ) 메스플라스크

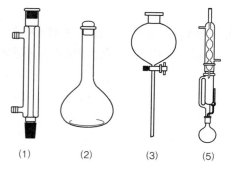

(1)　　(2)　　(3)　　(5)

① (1)−(ㄴ), (2)−(ㄷ), (3)−(ㄱ), (4)−(ㄹ)

② (1)−(ㄷ), (2)−(ㄴ), (3)−(ㄹ), (4)−(ㄱ)

③ (1)−(ㄱ), (2)−(ㄹ), (3)−(ㄷ), (4)−(ㄴ)

④ (1)−(ㄹ), (2)−(ㄱ), (3)−(ㄴ), (4)−(ㄷ)

해설

(1)−(liebig 냉각기(증류용)), (2)−(메스플라스크→용량플라스크, 볼루메트릭 플라스크), (3)−(분액깔때기), (4)−(soxhlet 추출기(액체용))

03 시료채취 용기로 잘못 연결된 것은?
1점

① 불소−폴리에틸렌용기

② 페놀류−폴리에틸렌용기

③ PCB−유리용기

④ 석유계 총탄화수소−갈색 유리용기

해설

페놀류−유리용기

▼ **분석물질에 따른 시료 용기**

재질	부피, mL	분석물질
수질과 폐수의 시료 채취		
유리	200	AOX[1]와 COD, 트리할로메탄(trihalomethane)
	250	수은
	500	음이온성 계면활성제, DO(dissolved oxygen)
	1000	비이온성 계면활성제, 리그닌(lignin)과 탄닌(tannin), BOD[2], 석유탄화수소, 오일, 그리스, PAHs, 농약, PCBs
플라스틱	100	암모니아, 질산염, 아질산염, 용존 인
	250	알루미늄, 비소, 바륨, 카드뮴, 칼슘, 총 크로뮴(Cr), 크로뮴$^{6+}$, 코발트, 구리, 경도, 철, 납, 마그네슘, 망가니즈(Mn), 몰리브덴, 니켈, 셀레늄, 은, 우라늄, 아연, 산성과 염기성, 붕소, 브로민, 염소, 자유 및 총 염화물, 색, 전도도, 플루오르화물, 요오드화물, pH, 칼륨, 나트륨, 탁도, 총 질소, 총 인, TKN(total kjeldahl nitrogen)
	1000	BOD, 시안화물, chlorophyll, 용해 고체, 부유 고체물질
침전물의 시료 채취		
유리	375	중금속, 농약, TOC[3], 준휘발성 유기물질

1) AOX(absorbable organic halogen)

2) BOD의 경우 유리와 플라스틱 용기 모두 사용 가능

3) TOC(total organic carbon)

04 가스크로마토그래피 검출기 특성으로 잘못 기
1점 술한 것은?

① ECD – 할로겐 화합물에 민감하다.
② FID – 비교적 넓은 직선성 범위를 갖는다.
③ TCD – O_2, N_2등 기체분석에 많이 사용된다.
④ FPD – 과산화물 검출에 사용된다.

〔해설〕
불꽃광도검출기(FPD ; flame photometric detector)
인(잔류농약) 또는 황화합물(악취성분)을 선택적으로
검출

05 충분히 타당성 있는 이유가 있어 측정량에 영
1점 향을 미칠 수 있는 값들의 분포를 특성화한 파
라미터를 무엇이라 하는가?

① 범위(range)
② 불확도(uncertainty)
③ 편차(deviation)
④ 정밀도(precision)

〔해설〕
모든 측정값과 참값 사이에는 불확실성(오차)이 존재
하며, 이 불확실성을 추정하여 산출해낸 값을 측정 불
확도라 함

06 실험실 내 모든 위험 물질은 경고 표시를 해야
1점 하며 UN에서는 GHS 체계에 따라 화학물질의
경고 표시와 그림문자를 통일하였다. 다음 그
림문자가 의미하는 것은?

① 유해물질　　　② 인화성 물질
③ 폭발성 물질　　④ 산화성 물질

〔해설〕
유해화학물질 그림문자(CGHS ; Globally Harmonized System of Classification and Labelling of Chemicals)

폭발성	인화성	산화성
고압가스	부식성	독극물
경고	호흡기, 장기독성	수생환경유해

07 유효숫자에 대한 내용으로 옳지 않은 것은?
1점

① 정확도를 잃지 않으면서도 과학적으로 측정
자료를 표기하는 데 필요한 최소한의 자릿수
이다.
② 측정값의 마지막 유효숫자는 불확도를 갖지
않는다.
③ 마지막 유효숫자는 측정 기기의 눈금에 의해
결정되며 가장 작은 눈금과 눈금 사이를 10
등분하여 가장 근접한 값을 선정한다.
④ 측정값이 변동되지 않는 디지털 눈금이 있는
측정기기라 할지라도 어떤 측정값이든지 불
확도를 갖는다.

〔해설〕
유효숫자란 데이터를 반올림할 때 남아있는 자리수를
말한다. 예를 들어 측정된 값이 10.6 mg/L일 때, 10
은 정확한 값이지만 0.6은 0.5 혹은 0.7일 수 있다.
10.6 mg/L 보고된 값은 3자리의 유효숫자를 가지는
것이다. 유효숫자를 결정하기 위해 다음의 법칙이 존
재한다.

- 0이 아닌 정수는 항상 유효숫자다.
- 소숫자리에 앞에 있는 숫자 '0'은 유효숫자에 포함되지 않는다. 즉 0.0025란에서 '0.00'은 유효숫자가 아닌 자리수를 나타내기 위한 것이므로, 이 숫자의 유효숫자는 2개이다.
- 0이 아닌 숫자 사이에 있는 '0'은 항상 유효숫자이다. 즉, 1.008이란 수는 4개의 유효숫자를 가지고 있다.
- 결과를 계산할 때, 곱하거나 더할 경우, 계산하는 숫자 중에서 가장 작은 유효숫자 자릿수에 맞춰 결과값을 적는다.

예를 들어, $4.56 \times 1.4 = 6.38$은 유효숫자를 적용하여 6.4로 반올림하여 적는다(계산하는 숫자 4.56과 1.4에서 1.4가 작으므로 가장 작은 유효숫자는 2자리). 다른 예로서 $12.11 + 18.0 + 1.013 = 31.123$에서는 최소유효숫자를 적용하여 31.1로 적는다. 단, 각 사업별 혹은 분야별 지침에서 유효숫자 처리방법을 제시하였을 경우에는 이를 따른다.

야 한다. 유량조사지점은 수질조사지점과 일치하는 것이 가장 이상적이지만 유량 변화가 크게 일어나지 않는다면 상류 또는 하류에 위치할 수도 있다.
- 접근가능성 : 통상 채취하는 시료는 2 L 정도이며 필요에 따라 더 많은 양을 채취하게 된다. 그러므로 조사지점으로의 접근이 쉬워야 하며 또한 일과시간 동안에 많은 지점에서 채취하기 위해서도 조사지점으로의 접근은 용이해야 한다.
- 안전성 : 기후나 일기가 나쁘거나 유량이 많은 경우 위험이 수반되므로 안전을 고려한 지점을 선정하여야 한다.
- 방해되는 영향 : 강에 있어서 조사지점 상류나 하류에 수질에 영향을 주는 요소가 있으면 그 시료는 대표성을 확보할 수 없다. 예를 들어 시료채취지점이 보(洑) 바로 하류에 위치한다면 DO가 증가할 것이고 상류에 위치한다면 DO가 감소될 것이다. 그러므로 제방, 해변 등 육지와 물간의 경계지역은 피하는 것이 좋다.

08 시료 채취 지점 선정 시 반드시 고려할 사항이 아닌 것은?
① 대표성 ② 접근 가능성
③ 계속성 ④ 안전성

해설
시료를 채취할 때 언제, 어디서 채취하는가에 따라 결과값이 달라질 수 있으므로 시료의 공간적·시간적 변화에 따른 변동성을 고려해야 함
- 대표성 : 시료는 그 물의 성질을 대표할 수 있는 것이어야 한다. 시료의 측정치가 시료채취장소 및 시간에 존재했던 수체의 값과 같아야 한다. 호수에서는 수평혼합은 비교적 잘 일어나지만 수직혼합은 성층현상이 있어 잘 일어나지 않는다. 강의 경우 강하류의 유속, 와류 그리고 크기에 따라 방류수나 지천의 수평분산이 상당히 지연될 수도 있다. 그러나 대표성을 갖는 지점은 대체로 강의 단면에 걸쳐 수질의 균일성이 있다.
- 유량측정 : 강으로부터 시료를 채취하는 경우에는 여러 항목들의 배출량을 계산할 수 있도록 측정지점에서의 유량을 확실히 알 필요가 있다. 수질조사지점은 가능한 한 유량조사지점 또는 그 근처에 정할 수 있어

09 시료의 인수인계 양식에 포함되는 사항이 아닌 것은?
① 시료명 및 현장 확인번호
② 시료 접수 일시
③ 시료 인계 및 인수자
④ 시료 성상 및 양

해설
인수인계 양식에는 시료채취 계획, 수집자 서명, 시료채취위치, 현장 지점, 날짜, 시각, 시료 형태, 용기의 개수 및 분석에 필요한 것들이 포함되어야 함

10 정도관리 현장 평가에 필요한 3가지 평가 요소가 아닌 것은?
① 토의 ② 질문
③ 경청 ④ 확인

해설
정도관리 현장 평가에서는 평가를 위해 질문, 경청, 확인이 필요하나, 평가를 위하여 토의를 하는 것은 적절하지 못하다.

11
1.5점 시험 방법에 대한 표준작업절차서(SOP)에 포함되지 않는 것은?

① 시약과 표준물질
② 시험 방법
③ 시료 채취 장소
④ 시료 보관

해설

표준작업절차서

(SOPs ; standard operating procedures)

• 시험방법에 대한 구체적인 절차인 표준작업절차서는 분석담당자 이외의 직원이 분석할 수 있도록 자세한 시험방법을 기술한 문서로서 제조사로부터 제공되거나 시험기관 내부적으로 작성될 수 있다. 표준작업절차서는 문서 유효일자와 개정번호와 승인자의 서명 등이 포함되어야 하며 모든 직원에 의해 쉽게 이용가능하여야 한다.(컴퓨터 속에 파일로 저장하여 이용 가능)

• 시험방법에 관한 표준작업절차서는 다음의 내용을 포함하고 있어야 한다.
　가. 시험방법 개요(분석항목 및 적용 가능한 매질)
　나. 검출한계
　다. 간섭물질(matrix interference)
　라. 시험 · 검사장비(보유하고 있는 기기에 대한 조작절차)
　마. 시약과 표준물질(사용하고 있는 표준물질 제조방법, 설정 유효기한)
　바. 시료관리(시료보관방법 및 분석방법에 따른 전처리방법)
　사. 정도관리 방법
　아. 시험방법 절차
　자. 결과분석 및 계산
　차. 시료 분석결과 및 정도관리 결과 평가
　카. 벗어난 값(outlier)에 대한 시정조치 및 처리절차
　타. 실험실 환경 및 폐기물관리
　파. 참고자료
　하. 표, 그림, 도표와 유효성 검증 자료

12
1.5점 실험실에서 사용하는 유리 기구 취급 방법에 대한 해설로 옳은 것은?

> 가. 새로운 유리 기구를 사용할 때에는 탈알칼리 처리를 하여야 한다.
> 나. 눈금피펫이나 부피 피펫은 보통 실온에서 건조시키는데 빨리 건조시키려면 고압멸균기에 넣어 고온에서 건조시켜도 된다.
> 다. 중성세제로 세척된 유리 기구는 충분히 물로 헹구어야 한다.
> 라. 유리 마개가 있는 시약병에 강알칼리 액을 보존하면 마개가 달라붙기 쉬우므로 사용하지 않는 것이 좋다.

① 가, 나
② 가, 라
③ 가, 나, 라
④ 가, 다, 라

해설

눈금이 있는 부피측정기구를 고온건조하게 되면 용기가 수축하여 부피가 변하므로 사용하지 않는다.

13
1.5점 검정곡선검증(calibration curve verification)에 대한 해설로 가장 적합한 것은?

① 검정곡선검증에는 회귀분석법을 이용하는 것이 가장 효과적이다.
② 검정곡선검증은 검정곡선을 위해 사용된 표준 물질을 시료 분석 과정에서 재측정하여 분석 조건의 변화를 확인하는 것이다.
③ 검정곡선의 직선성은 결정계수(R2)로 확인할 수 있다.
④ 시료에 따라 다소 다르지만 일반적으로 1 시료 군(batch) 2회 이상 검정곡선검증을 수행함이 원칙이다.

해설

검정곡선검증이란 시료 분석 이전에 작성된 검정곡선이 시료 분석에 유효하게 사용될 수 있는지 확인하는 작업으로 보통 바탕시료와 검정곡선상의 표준물질 1개 농도를 분석하여 시험방법에서 명시하는 관리기준을 만족 여부로 시스템을 재검정함. 검정곡선 검증에 사용되는 표준물질은 검정곡선 작성에 사용된 것을 사

용하며 실험실관리시료(LCS)는 검정곡선 표준물질과 다른 제조사(second source)를 사용하는 것이 다름. 검정곡선검증은 1개 시료군마다 1회 실시함

14 〈보기〉를 계산하여 절대불확도를 구한 것은?
1.5점

$$0.0975(\pm0.0005)\,\text{M}\times21.4(\pm0.2)\text{mL}$$
$$=2.09\text{mmol}(\pm\ ?)$$

① 0.022   ② 0.02
③ 0.033   ④ 0.03

15 현장이중시료(field duplicate sample)를 가장 정확하게 표현한 것은?
1.5점

① 동일한 시각, 동일한 장소에서 2개 이상 채취된 시료
② 두 개 또는 그 이상의 시료를 같은 지점에서 동일한 방법으로 채취한 것으로서, 같은 방법을 써서 독립적으로 채취한 시료
③ 하나의 시료로서, 각각 다른 분석자 또는 분석실로 공급하고자 둘 또는 그 이상의 시료로 나눠 담은 시료
④ 관심이 있는 항목에 속하는 물질을 가하여 그 농도를 알고 있는 시료

> **해설**
> ① 현장이중시료   ② 반복시료
> ③ 분할시료   ④ 첨가시료

16 정밀도와 정확도를 표현하는 방법을 바르게 짝지은 것은?
1.5점

① 정밀도 : 상대표준편차, 정확도 : 변동계수
② 정밀도 : 중앙값, 정확도 : 회수율
③ 정밀도 : 중앙값, 정확도 : 변동계수
④ 정밀도 : 상대표준편차, 정확도 : 회수율

> **해설**
> 정밀도는 결과값의 분산 정도를 나타내며, 그 값이 클수록 결과값이 분산도가 큰 것으로 정밀하지 않은 것이며, 정확도는 결과값과 참값의 비율로 그 값이 높을수록 목적성분이 회수가 잘된 것으로 회수율이 높다고 말한다.

17 '실험실 바탕시료'를 준비하는 목적으로 맞는 것은?
1.5점

① 시료 채취 과정에서 오염, 측정 항목의 손실, 채취 장치와 용기의 오염 등의 이상 유무를 확인하기 위함이다.
② 현장 채취 이전에 미리 정제수나 측정 항목 표준물질의 손실이 발생하였는지 확인하기 위함이다.
③ 시료 수집과 운반(부적절하게 청소된 시료용기, 오염된 시약, 운반 시 공기 중 오염 등) 동안에 발생한 오염을 검증하기 위한 것이다.
④ 시험 수행 과정에 사용하는 시약과 시료 희석에 사용하는 정제수의 오염과 실험 절차에서의 오염, 이상 유무를 확인하기 위함이다.

> **해설**
> 바탕 시료는 크게 현장바탕시료(field blank)와 실험실바탕시료(laboratory blank)로 구분하며, ①, ②, ③은 현장바탕시료에 대한 해설임

18 정도관리 절차에 대한 해설로 틀린 것은?
1.5점

① 기기에 대한 검증으로, 검정곡선(calibration curve)은 측정분석하는 날마다 매번 수행한다.
② 시험 방법에 대한 분석자의 능력을 검증하려면 시료 측정분석 시작 전에 초기능력검증(IDC ; initial demonstration of capability)을 수행한다.
③ 시료분석능력에 대한 정도관리를 위해 검정곡선 확인절차를 수립 운영한다.
④ 시료분석 결과에 대한 정도보증을 위해 실험실검증시료(LFS ; laboratory fortified sample) 분석을 수행한다.

19 '시험의 원자료 및 계산된 자료의 기록'에 대한
1.5점 해설로 틀린 것은?

① 현장기록부는 시료를 채취하는 동안 발생하는 모든 자료를 기록한 것이다.
② 시험일지는 시료 채취 현장과 실험실에서 행해지는 모든 분석활동을 기록한 것이다.
③ 실험실기록부에는 크로마토그램, 차트, 검정곡선 등이 기재되어 있다.
④ 정도관리기록부에는 실험실에서 신뢰성을 보증하려고 기록한 내용이 기재되어 있다.

해설
시험의 원자료(raw data) 및 계산된 자료의 기록에는 현장기록부, 시험일지, 실험실기록부가 있다.

20 실험실 관리시료(laboratory control samples)
1.5점 에 대한 해설로 적절하지 않은 것은?

① 최소한 한 달에 한 번씩은 실험실의 시험항목을 측정분석 중에 수행해야 한다.
② 권장하는 실험실 관리시료에는 기준표준물질 또는 인증표준물질이 있다.
③ 실험실 관리시료를 확인하기 위해 검정에 사용하는 표준물질의 안정성을 확인할 수 있다.
④ 검정 표준물질에 의해 어떠한 문제가 발생할 경우, 실험실 관리시료를 즉시 폐기한다.

해설
실험실 관리시료(laboratory control samples)는 검정곡선과 정도관리에 사용하는 표준물질의 정확도를 평가하기 위한 시료임. 실험실관리시료를 이용하여 검정표준물질(calibration curve standars)의 문제가 발견되면 검정표준물질을 즉시 폐기해야 함

21 검정곡선에 대한 해설로 옳지 않은 것은?
1.5점

① 검정 표준물질은 반드시 실험실 관리시료 표준물질과 같은 제조사에서 만든 것이어야 한다.

② 하나의 시료군(batch)의 측정 분석이 부득이 하게 3일 이상 된다면 검정곡선을 새로 작성한다.
③ 오염물질 측정분석에 사용하는 검정곡선은 정도관리 시료와 실제 시료에 존재하는 오염물질의 농도 범위를 모두 포함해야 한다.
④ 초기 능력 검증 또는 시험방법 검증을 통하여 시험 결과의 정밀도를 판정하고, 그 결과에 비례하여 검정곡선 작성을 위한 표준물질의 수를 정하기도 한다.

해설
검정 표준물질은 실험실 관리시료 표준물질과 다른 제조사에서 만든 것이어야 한다.

22 시료 채취 시 지켜야 할 규칙으로 틀린 것은?
1.5점

① 시료 채취 시 일회용 장갑을 사용하고, 위험물질 채취 시에는 고무장갑을 이용한다.
② 수용액 매질의 경우, 시료 채취 장비와 용기는 채취 전에 그 시료를 이용하여 미리 헹구고 사용한다.
③ 호흡기관 보호를 위해서는 소형 활성탄 여과기가 있는 일회용 마스크가 적당하다.
④ VOC 등 유기물질 시료 채취 용기는 적절한 유기용매를 사용하여 헹군 후 사용한다.

해설
VOCs, 오일, 그리스, TRPHs 및 미생물 분석용 시료 채취 장비와 용기는 미리 헹구지 않음

23 정도관리를 운영하는 목적으로 적합하지 않은
1.5점 것은?

① 시험검사의 정밀도 유지
② 정밀도 상실의 조기 감지 및 원인 추적
③ 타 실험실에 비하여 법적 우월성 유지
④ 검사방법 및 장비의 비교 선택

정답 **19** ④ **20** ④ **21** ① **22** ④ **23** ③

해설

실험실에서 정도관리를 운영하는 목적은 신뢰할 수 있는 분석결과를 획득하기 위한 것임. 이를 위해서는 분석 방법과 분석기기는 분석목적에 타당한지 검증하여 선택하고, 그것으로 생산된 데이터가 정밀도 정확도 등 관리기준에 적합해야 실제 시료분석에서 신뢰할 수 있는 분석결과를 획득할 수 있음

24 삭제 문항

25 시료 채취 장비의 준비 과정에서 테플론 튜브의 세척 방법으로 잘못된 것은?
1.5점

① 뜨거운 비눗물에 튜브를 집어넣고, 필요하다면 오염물 입자 제거를 위해 솔을 사용하거나 초음파 세척기에 넣어 세척한다.
② 수돗물로 튜브 내부를 헹구고, 10 ~ 15 % 질산을 사용해 튜브 표면과 끝 부분을 헹군다.
③ 수돗물로 헹구고, 메탄올이나 아이소프로판올을 사용해 다시 헹구고, 정제수를 사용해 마지막으로 헹군다.
④ 테플론 튜브의 현장 세척과정은 뜨거운 물을 사용하는 것을 제외하고는 실험실 세척 과정과 같다.

해설

(원래 3번이었음)
테플론 튜브는 반드시 실험실에서 세척(현장에서 세척하면 안 됨)

26 바탕시료와 관련이 없는 것은?
1.5점

① 측정항목이 포함되지 않는 시료
② 오염 여부의 확인
③ 분석의 이상 유무 확인
④ 반드시 정제수를 사용

해설

바탕시료는 매질(물, 공기, 토양 등)의 성상에 따라 달라질 수 있음

27 다음의 (A), (B), (C)에 차례로 들어갈 내용으로 맞게 연결된 것은?
1.5점

> (A)는 실험 전에 실험실에서 발생할 수 있는 잠재적인 위험을 알아야 한다. 또한, (B)들은 위험의 원인, 즉 사망 또는 재해의 원인이 없는 작업장을 (C)에게 제공할 일반적인 의무와 안전에 대한 책임이 있으며 안전은 실험실에서 일하는 모든 사람을 위해 최우선적으로 고려되어야 한다.

① 경영자 – 실험자 – 작업자
② 실험자 – 관리자 – 고용인
③ 실험자 – 고용인 – 경영자
④ 작업자 – 실험자 – 관리자

해설

실험자는 실험 전 발생할 수 있는 모든 위험사항을 파악하고 작업에 임해야 하며, 관리자는 실험자(고용인)에게 위험의 요인이 없는 작업장을 제공할 의무가 있음

28 실험실 지원시설에 대한 해설로 틀린 것은?
1.5점

① 샤워 및 세척 시설은 반드시 눈감고 도달할 수 있는 곳에 설치하는 것이 좋다.
② 응급 샤워 시설은 산, 알칼리가 있는 곳에 설치하되, 부식 방지를 위해 떨어진 곳에 설치하는 것이 좋다.
③ 장비는 장비별로 라벨링을 하고, 내부를 선반으로 구분하여 보관하는 것이 좋다.
④ 감염성 있는 장비나 물품은 별도로 구분하여 보관하는 것이 좋다.

해설

비상샤워장치는 화학물질(산, 알칼리, 부식성 물질)이 있는 곳에는 반드시 설치하여야 하며 모든 사람이 이용할 수 있어야 한다.

29 삭제 문항

정답 24 삭제 25 ③ 26 ④ 27 ② 28 ② 29 삭제

30 사고 시 대처 요령으로 옳지 않은 것은?
1.5점

① 화재는 바람을 등지고 가능한 한 먼 거리에서 진압한다.
② 화상을 입으면, 즉시 그리스를 바른다.
③ 전기에 의한 화상은 피부 표면으로 증상이 나타나지 않아서 피해 정도를 알아내기가 힘들 뿐 아니라 심한 합병증을 유발할 수 있으므로 즉시 의료진의 치료를 받는다.
④ 화학 약품이 눈에 들어갔거나 몸에 묻었을 경우 15분 이상 흐르는 물에 깨끗이 씻고, 응급 처치 후 전문의에게 진료를 받는다.

(해설)
그리스는 열이 발산되는 것을 막아 화상을 심하게 하므로 사용하지 않는다.

31 실험실에서 유해 화학물질에 대한 안전 조치로 틀린 것은?
1.5점

① 염산은 강산으로 유기화합물과 반응, 충격, 마찰에 의해 폭발할 수 있다.
② 항상 물에 산을 가하면서 희석하여야 하며, 산에 물을 가하여서는 안 된다.
③ 독성 물질을 취급할 때는 체내에 들어가는 것을 막는 조치를 취해야 한다.
④ 강산과 강염기는 수분과 반응하여 치명적인 증기를 발생시키므로 뚜껑을 닫아 놓는다.

(해설)
과염소산은 강산의 특성을 띠며 유기화합물, 무기화합물 모두 폭발성 물질을 생성하며, 가열, 화기와의 접촉, 충격, 마찰에 의해 또는 저절로 폭발할 수 있다.

32 정도관리에서 시험검사 결과보고에 관한 내용으로 틀린 것은?
1.5점

① 원자료는 분석에 의해 발생된 자료로 정도관리 점검이 포함되지 않은 것이다.
② 보고 가능한 데이터는 원자료로부터 수학적, 통계학적으로 계산한 것이다.
③ 계산을 시작하기 전에 기기로부터 나온 모든 산출값이 올바르고, 선택된 식이 적절한지 확인해야 한다.
④ 원자료와 모든 관련 계산에 대한 기록은 잘 보관해야 한다.

(해설)
원자료는 분석에 의해 발생된 자료로 정도관리 점검이 포함된다.

33 정도관리에서 시험 결과 계산의 정확성 및 결과 표기의 적절성 확인 방법으로 거리가 먼 것은?
1.5점

① 알맞은 검정곡선식을 이용하여 계산하였는가?
② 반복실험한 경우, 측정값을 통계적으로 처리하였는가?
③ 검정곡선 범위 안에 분석 시료의 농도가 포함되었는가?
④ 단위가 정확히 표기되었는가?

(해설)
시험 결과 계산의 정확성 및 결과표기의 적절성 확인 방법에는 검정곡선식의 이용, 측정값의 통계적 처리, 단위 명기 등이 포함되어야 한다.

34 분석 자료의 평가와 승인 과정의 점검 사항에 대한 해설로 올바르지 않은 것은?
1.5점

① 시약 바탕시료의 오염은 시험에 사용하는 시약에 의해 발생할 수 있다.
② 바탕시료값은 방법검출한계보다 낮아야 한다.
③ 오염된 기구 및 유리 제품의 오염을 제거하기 위해 세척 과정을 점검한다.
④ 현장 이중시료, 실험실 이중시료 또는 매질첨가 이중시료로 정확도 값의 원인을 확인할 수 있다.

(해설)
현장 이중시료, 실험실 이중시료 정밀도 값, 매질첨가 이중시료로 정확도 값의 원인을 확인할 수 있다.

35
1.5점

국제단위계(SI units)에 대한 해설로 적합하지 않은 것은?

① 어떤 양을 한 단위와 수치로 나타낼 때는 보통 수치가 0.1과 1000 사이에 오도록 접두어를 선택한다.
② 본문의 활자체와는 관계없이 양의 기호는 이탤릭체(사체)로 쓰며, 단위기호는 로마체(직립체)로 쓴다.
③ 영문장에서 단위 명칭을 사용할 때는 보통명사와 같이 취급하여 대문자로 쓴다.
④ 어떤 양을 수치와 알파벳으로 시작하는 단위 기호로 나타낼 때는 그 사이를 한 칸 띄어야 한다.

해설
영어문장에서 단위 명칭은 소문자로 쓴다.

36
1.5점

3곳의 분석 기관에서 측정된 농도가 다음과 같을 때, 변동계수가 가장 큰 기관은?

> A 기관 (40.0, 29.2, 18.6, 29.3) mg/L
> B 기관 (19.9, 24.1, 22.1, 19.8) mg/L
> C 기관 (37.0, 33.4, 36.1, 40.2) mg/L

① A 기관　　② B 기관
③ C 기관　　④ 모두 같다.

해설
CV(또는 % RSD) $= \dfrac{s}{\overline{x}} \times 100\,\%$ 이므로 각 기관별 변동계수(CV)를 구하면 된다.

구분	A기관 (mg/L)	B기관 (mg/L)	C기관 (mg/L)
측정농도	40.0	19.9	37.0
	29.2	24.1	33.4
	18.6	22.1	36.1
	29.3	19.8	40.2
평균	29.3	21.5	36.7
표준편차	8.7	2.0	2.8
CV (%RSD)	29.8	9.5	7.6

37
1.5점

서로 다른 두 방법으로 정량한 자료로부터 얻은 11개 시료들에 대한 차이값의 평균(　)은 −2.491, 표준편차(S_d)는 6.748이며, 95 % 신뢰 수준에서의 자유도 10에 대한 t 분포값은 2.228이다. 다음 내용 중 옳은 것은?

① 계산된 t값은 t 분포값보다 크고 두 결과가 다를 확률은 95 % 미만이다.
② 계산된 t값은 t 분포값보다 작고 두 결과가 다를 확률은 95 % 미만이다.
③ 계산된 t값은 t 분포값보다 크고 두 결과가 다를 확률은 95 % 이상이다.
④ 계산된 t값은 t 분포값보다 작고 두 결과가 다를 확률은 95 % 이상이다.

38
1.5점

정도관리에 대한 해설 중 옳지 않은 것은?

① 정도관리의 평가 방법은 대상 기관에 대하여 숙련도 평가의 적합 여부로 판단하는 것을 말한다.
② 측정분석기관의 기술 인력, 시설, 장비 및 운영 등에 관한 것은 3년마다 시행한다.
③ 검증기관이라 함은 규정에 따라 국립환경과학원장으로부터 정도관리 평가기준에 적합하여 우수 판정을 받고 정도관리 검증서를 교부받은 측정기관을 말한다.
④ 숙련도시험 평가기준은 Z값에 의한 평가와 오차율에 의한 평가가 있다.

해설
정도관리 적합 여부를 판정하기 위하여 숙련도 시험 및 현장평가를 실시하여야 한다.

39
1.5점

정도관리의 방법에 대하여 국립환경과학원장이 하지 않아도 되는 것은?

① 측정분석기관에 대하여 3년마다 정도관리를 실시하여야 한다.

② 측정분석능력이 평가기준에 미달한 대상기
관은 국립환경과학원장이 정하는 기관에서
해당 측정분석 항목에 대한 교육을 받도록
할 수 있다.

③ 측정분석 능력이 평가기준에 미달한 대상 기
관은 현지 지도를 실시할 수 있으며 장비 및
기기의 보완 등 필요한 조치를 할 수 있다.

④ 국립환경과학원장은 분석기관에 대하여 정
도 관리를 실시한 결과를 임의로 공고할 수
있다.

해설
과학원장은 시험검사능력이 적합한 것으로 판정된 대
상기관에 대하여 검증기관으로 인정하고 홈페이지에
공고하여야 한다.

40 KOLAS의 '측정 결과의 불확도 추정 및 표현을
1.5점 위한 지침'에서 제시된 측정 결과의 불확도의
원인에 해당되지 않는 것은?

① 측정량에 대한 불완전한 정의
② 대표성이 없는 표본 추출
③ 아날로그 기기에서의 개인적인 판독 차이
④ 측정 과정에서 외부 환경의 변화

해설
KOLAS의 '측정 결과의 불확도 추정 및 표현을 위한
지침'
• 측정량의 정의
• 시료채취에 대한 불확도
• 측정불확도

41 환경부의 정도관리제도와 지식경제부의 한국
1.5점 인정기구(KOLAS)에 대한 해설로 잘못된 것은?

① 두 제도는 ISO/IEC 17025를 바탕으로 운영
되고 있으며, 평가사를 통한 현장평가 위주
로 실시되고 있다.

② 정도관리제도와 KOLAS는 환경 관련 분석
기관이 의무적으로 수행하여야 한다.

③ 정도관리제도는 '환경기술개발 및 지원에 관
한 법률 제14조'에 근거를 두고 있으며,
KOLAS는 '국가표준 기본법 시행령 제16
조'에 근거하고 있다.

④ KOLAS는 측정불확도를 도입하고 있지만,
정도관리제도는 측정불확도를 도입하고 있
지 않다.

해설
환경부의 정도관리제도는 의무적이지만, KOLAS의 정
도관리제도는 신청에 의해 정도관리를 실시하고 있다.

42 품질 문서 작성 시, 측정분석기관의 시료 채취
1.5점 기록사항으로 반드시 기록하지 않아도 되는
것은?

① 사용된 시료 채취 방법
② 시료 채취자
③ 환경조건
④ 시료채취 일시 및 장소

해설
환경조건은 필요한 경우만 기록하며, 필수 기록사항
은 아니다.

43 측정분석기관의 정도관리를 위한 현장 평가에
1.5점 대한 해설로 옳지 않은 것은?

① 과학원장은 현장평가계획서를 작성하고, 현
장 평가를 하는 정도관리 팀장과 협의한 후,
대상 기관에 현장평가 예정 10일 전에 통보
한다.

② 정도관리 평가팀은 대상 기관별로 2일 이내
에 현장평가를 실시한다.

③ 평가위원은 현장평가 중에 발견된 미흡 사항
에 대하여 대상 기관의 대표자 또는 위임받
은 자가 동의하지 않으면 이를 과학원의 담
당과장에게 보고하고, 정도관리 심의위원회
에서 판정하도록 한다.

④ 정도관리 심의회는 정도관리 평가보고서를 근거로 평가 과정의 적절성과 대상 기관의 업무 수행 능력을 심의하되, 재적위원 과반수의 출석과 출석위원 2/3 이상의 찬성으로 우수 및 미달 여부를 의결한다.

해설

정도관리 심의회는 정도관리 평가보고서를 근거로 평가과정의 적절성과 대상기관의 업무수행능력을 심의하되, 재적위원 과반수의 출석과 출석위원 과반수 이상의 찬성으로 분야별로 적합, 부적합을 의결한다.

44 하천에서 농약, 휘발성유기화합물, 환경호르몬 물질 분석을 위한 시료 채취 방법에 대한 해설로 잘못된 것은?

① 시료 채취 전에 현장의 시료로 채취 용기를 충분히 씻는다.
② 갈색 유리병을 사용하거나 채취된 시료에 빛이 투과되지 않도록 한다.
③ 시료 채취 용기의 뚜껑은 내부에 테플론 격막이 있어야 한다.
④ 시료 채취 용기로 플라스틱 제품을 사용하면 안 된다.

해설

농약, 휘발성유기화합물, 환경호르몬 물질, 오일, 그리스, TPH 등의 분석용 시료는 시료로 채취 용기를 씻지 않는다.

45 ISO/IEC 17025의 기술 요건 중 '시험결과의 보고' 요건과 가장 거리가 먼 것은?

① 분석 업무의 유효성을 주기적으로 점검
② 시험 결과 보증계획서 작성
③ 시험방법상 품질관리 허용기준이 없는 경우 기준 수립 절차 보유
④ 유효성을 점검할 수 있는 품질관리 절차 보유 및 이행

해설

시험검사기관은 분석업무의 유효성을 주기적으로 점검할 수 있는 품질관리 절차를 보유하고 이행하며, 시험방법 또는 규제상의 품질관리 허용기준이 없는 경우 품질관리 기준 수립에 대한 절차를 보유하고 있다.

46 정도관리를 위한 품질경영시스템(quality management system) 또는 품질시스템의 구성 문서로 적절하지 않은 것은?

① 품질 매뉴얼
② 품질 절차서
③ 품질 지시서
④ 품질 보증서

해설

품질경영 시스템을 위한 품질문서는 품질매뉴얼과 절차서, 지침서로 구성됨
• 품질매뉴얼 : 조직의 품질경영시스템의 적용범위, 조직 개요 및 품질경영 시스템 수행 내용을 전반적으로 기술한 문서
• 절차서 : 조직에서 파악된 업무 프로세스를 수행하기 위한 전반적인 업무 수행 절차를 기술한 문서
• 지침서 : 절차서의 하위 문서로서 세부적인 업무 수행 지침을 기술한 문서

47 정도관리를 위한 품질경영시스템(quality management system) 또는 품질시스템 하에서 정도관리에 참여하지 않아도 되는 사람은?

① 시료분석 의뢰자
② 최고경영자
③ 기술책임자
④ 시험담당자

해설

정도관리에 참여하는 사람은 최고경영자, 품질책임자, 기술책임자, 시험담당자 등 품질에 영향을 미칠 수 있는 사람이다.

48 ISO/IEC 17025에서는 고객이 이용할 방법을
1.5점 규정하지 않는 경우 해당기관은 일방적으로
유효성이 보장되고 있다고 간주하는 방법을
선택한다. 이에 해당하는 것을 고르시오.

> 가. 국제, 지역, 국가규격으로 발간된 방법
> 나. 저명한 기술기관이 발행한 방법
> 다. 관련된 과학서적 또는 잡지에 발표된 방법
> 라. 장비제조업체가 지정하는 적절한 방법

① 가, 나, 다   ② 가, 나, 라
③ 가, 다, 라   ④ 가, 나, 다, 라

해설
이미 객관적으로 유효성을 확보한 경우이다.

49 A 기관이 납 항목에 대한 숙련도시험을 실시
1.5점 하여, 평가 결과 Z−score 1.5로, '만족'을 받
았다. 숙련도시험 평가를 위한 납의 기준값이
참여한 기관의 평균인 2.0 mg/L, 표준편차가
0.2 mg/L이었다면 A 기관이 제출한 납의 측
정 결과는?

① 2.1 mg/L   ② 2.2 mg/L
③ 2.3 mg/L   ④ 2.4 mg/L

해설
$Z = \dfrac{(측정값 - 참여기관\ 평균값)}{표준편차}$ 이므로,
측정값 $= (1.5 \times 0.2) + 2.0 = 2.3$

50 폐수 중 노말헥산추출물질의 분석을 위한 시
1.5점 료 채취 과정으로 올바른 것은?

① 수표면(water surface)에서 채취한다.
② 시료는 7일 안에 추출하여야 하며, 추출 후
　 40일 내에 분석한다.
③ 시료 채취 전에 현장에서 시료 용기를 헹구고
　 혼합 시료를 사용한다.
④ 1 L 플라스틱 용기에 수집하고 염산 50 %를
　 넣어 pH 2 이하로 만든 후 냉장 보관한다.

해설
- 혼합시료는 사용할 수 없음
- 시료채취 전 현장에서 시료 용기를 헹구지 않음
- 시료는 수표면에서 채취하지 않고 잘 혼합된 위치에서 채취함
- 1L의 유리 용기에 산을 넣어 pH 2 이하로 만든 후 냉장 보관함
- 시료는 7일 안에 추출하고 추출 후 40일 내에 분석함

정답 **48** ④ **49** ③ **50** ②

1과목 수질오염공정시험기준

01
1점 수질오염공정시험기준에 따른 불소 분석에 대한 해설로 틀린 것은?

① 모든 불소를 불소원자 형태로 분석하는 것이다.
② 불소의 발색시약은 란탄 – 알리자린 콤프렉손 용액이다.
③ 염소이온이 많은 시료는 증류하기 전 황산을 첨가한다.
④ 알루미늄과 철을 많이 포함한 시료는 증류하여 사용한다.

해설

ES 04351.1b 자외선/가시선 분광법(란탄알리자린 – 콤프렉손법)
이 시험기준은 물속에 존재하는 불소를 측정하기 위하여 시료에 넣은 란탄알리자린 콤프렉손의 착화합물이 불소이온과 반응하여 생성하는 청색의 복합 착화합물의 흡광도를 620 nm에서 측정하는 방법이다.

ES 04351.2a 이온전극법
이 시험기준은 물속에 존재하는 불소를 측정하기 위하여 시료에 이온강도 조절용 완충용액을 넣어 pH 5.0 ~5.5로 조절하고 불소이온 전극과 비교전극을 사용하여 전위를 측정한 후 그 전위차로부터 불소를 정량하는 방법이다.

ES 04351.3a 이온크로마토그래피
이 시험기준은 지하수, 지표수, 폐수 등을 이온교환 컬럼에 고압으로 전개시켜 분리되는 불소이온을 분석하는 방법이다.

① 모든 불소를 불소원자 형태가 아닌 불소이온(F^-) 형태로 분석한다.

02
1점 분광분석법 중 중공음극램프를 사용하는 방법은?

① 자외선/가시광선 분광법
② 적외선 분광법
③ 유도결합플라즈마 – 원자발광분석법
④ 원자흡광광도법

해설

① 가시부와 근적외부 – 텅스텐, 자외부 – 중수소방전관
② 텅스텐램프, 글로바, 고압수은등이 사용된다.
③ 플라즈마 자체가 광원으로 쓰인다.

03
1점 현탁고형물(SS ; Suspended Solid) 측정 실험에서 다음과 같은 결과를 얻었다면 휘발성 현탁고형물(VSS ; Volatile Suspended Solid)은 총현탁고형물(TS ; Total Suspended Solid)의 몇 %인가?

- 시료의 양 30 mL, 유리 여과기 무게 21.7329 g
- 유리 여과기와 건조한 고형물 무게 21.7531 g
- 유리 여과기와 재의 무게 21.7360 g

① 57.21
② 68.54
③ 71.97
④ 84.65

해설

총현탁고형물 중에서 휘발성현탁고형물이 차지하는 중량백분율로 계산하면,

$$X(\%) = \frac{휘발성현탁고형물}{총현탁고형물} \times 100$$

(a) 총현탁고형물(g) = 21.7531 − 21.7329
(b) 휘발성현탁고형물(g) = 21.7531 − 21.7360

$$X(\%) = \frac{21.7531 - 21.7329}{21.7531 - 21.7360} \times 100 = 84.653$$

04
1점 원자흡광광도법 분석에서 고려해야 할 일반적인 간섭이 아닌 것은?

① 분광학적 간섭   ② 물리적 간섭
③ 화학적 간섭   ④ 전위차간섭

해설
원자흡광광도법에서 일어나는 간섭은 일반적으로 분광학적 간섭, 물리적 간섭, 화학적 간섭이다.

05
1점 물벼룩을 이용한 급성 독성 시험법에서 표준 독성물질로 사용하지 않는 것은?

① 염화나트륨   ② 황산구리
③ 글루타민산   ④ 황산도데실나트륨

해설
표준 독성물질은 독성시험이 정상적인 조건에서 수행되었는가를 확인하기 위하여 사용하는 물질로서 다이크롬산칼륨, 염화나트륨, 염화칼슘, 염화카드뮴, 황산구리, 황산도데실나트륨 등이 있다.

06
1점 수질오염공정시험기준의 구리시험법(흡광광도법) 내용으로 틀린 것은?

① 무수황산나트륨 대신 유리섬유여지를 사용하여 여과하여도 된다.
② 비스머스(Bi)가 구리의 양보다 2배 이상 존재할 경우에는 황색을 나타내어 방해한다.
③ 추출용매는 초산부틸 대신 사염화탄소, 클로로포름, 벤젠 등을 사용할 수 있으나 시료 중에 음이온 계면활성제가 존재하면 구리의 추출이 불완전하다.
④ 시료 중에 시안화합물이 함유되어 있으면 염산 산성으로 하여서 끓여 시안화물을 완전히 분해 제거한 다음 시험한다.

해설
ES 04401.2b 구리 - 자외선/가시선 분광법
• 시료의 전처리를 하지 않고 직접 시료를 사용하는 경우, 시료 중에 시안화합물이 함유되어 있으면 염산 산성으로 하여 끓여 시안화물을 완전히 분해 제거한

다음 시험한다.
• 추출용매는 아세트산부틸 대신 사염화탄소, 클로로폼, 벤젠 등을 사용할 수도 있다. 그러나 시료 중 음이온 계면활성제가 존재하면 구리의 추출이 불완전하다.
• 무수황산나트륨 대신 건조 거름종이를 사용하여 걸러내어도 된다.
• 비스무트(Bi)가 구리의 양보다 2배 이상 존재할 경우에는 황색을 나타내어 방해한다.

07
1점 수질오염공정시험기준에 따른 유기인 시험방법에서 정제과정에 사용되는 규산컬럼의 전개액은?

① 헥산
② 2% 디클로로메탄 함유 헥산
③ 50% 디클로로메탄 함유 헥산
④ 디클로로메탄

해설
가스크로마토그래피를 이용하여 시험하며 정제용 컬럼은 규산컬럼, 플로리실 컬럼, 활성탄 컬럼이 사용된다. 규산컬럼에서의 전개액은 헥산이 사용된다.

08
1점 원자흡광광도법에 대한 바른 해설이 아닌 것은?

① 원자흡광분석은 시료를 적당한 방법으로 해리하여 중성원자로 증기화할 때 생성되는 기저 상태 원자가 특유파장의 빛을 흡수하는 현상을 이용한다.
② 흡광도는 증기층의 중성원자농도에 반비례하므로 각개의 특유 파장에 대한 흡광도를 측정해서 시료 중 목적성분의 농도를 정량한다.
③ 분석장치는 광원부 - 시료원자화부 - 단색화부 - 측광부 - 기록부로 구성되어 있다.
④ 불꽃을 만들기 위한 조연성 가스와 가연성 가스와의 조합에는 공기 - 아세틸렌과 공기 - 수소가 널리 쓰인다.

원자흡광광도법은 물속에 존재하는 중금속을 정량하기 위하여 시료를 2,000 K ~ 3,000 K의 불꽃 속으로 주입하였을 때 생성된 바닥상태의 중성원자가 고유 파장의 빛을 흡수하는 현상을 이용하여, 개개의 고유 파장에 대한 흡광도를 측정하여 시료 중의 원소농도를 정량하는 방법이다. 여기서, 원자흡광도는 어떤 진동수 i의 빛이 목적원자가 들어 있지 않는 불꽃을 투과했을 때의 강도를 I_{O_v}, 목적원자가 들어 있는 불꽃을 투과했을 때의 강도를 I_v라 하고 불꽃 중의 목적원자 농도를 C, 불꽃 중의 광도의 길이를 l이라 했을 때

$$E_{AA} = \frac{\log_{10} \cdot I_{O_v} / I_v}{C \cdot l}$$ 로 표시되는 양이며

$A = E_{AA} Cl$로 표시할 수 있다.

②항 흡광도는 증기층의 중성원자농도에 비례한다.

09
1점

질산성 질소 측정방법 중 시료가 심하게 착색되어 있거나 방해물질을 많이 함유한 폐·하수 등의 시료에 적용할 수 있는 것은?

① 이온크로마토그래프법
② 부루신법
③ 자외선흡광광도법
④ 데발다합금 환원증류법

질산성질소 분석에 적용 가능한 시험방법

질산성질소	정량한계(mg/L)	정밀도 (% RSD)
이온크로마토 그래피	0.1 mg/L	± 25 % 이내
자외선/가시선 분광법 (부루신법)	0.1 mg/L	± 25 % 이내
자외선/가시선 분광법 (활성탄흡착법)	0.3 mg/L	± 25 % 이내
데발다합금 환원증류법	• 중화적정법 : 0.5 mg/L • 분광법 : 0.1 mg/L	± 25 % 이내

10
1점

자동시료채취기의 연속자동측정방법에 사용되는 측정기기 및 기구가 아닌 것은?

① 연속시료 주입기
② 저온 시료보관함
③ 정보수신기
④ 반돈 채수기

ES 04901.1b 자동시료채취기 – 연속자동측정방법

[분석기기 및 기구]

㉠ 시료보관 용기
㉡ 시료정량 배분기
㉢ 연속시료 주입기
㉣ 저온 시료보관함
㉤ 정보수신기

11
1.5점

다음은 총질소 연속자동측정장치에 대한 해설이다. 옳은 것만으로 묶은 것은?

> ㄱ. 분광광도계를 이용할 경우 측정방식은 가시광선 흡수 분광법이다.
> ㄴ. 표준용액은 질산칼륨 0.1mg NO₃−N/mL을 사용한다.
> ㄷ. 영점교정용액이란 측정기 최대 눈금값의 약 ±3% 이내에 해당하는 농도를 말한다.

① ㄱ, ㄴ
② ㄱ, ㄷ
③ ㄴ, ㄷ
④ ㄱ, ㄴ, ㄷ

ES 04908.1b 총질소 – 연속자동측정방법

[목적]

이 시험기준은 물속에 존재하는 총질소를 연속자동측정기로 측정하는 방법으로, 질소화합물을 알칼리성 과황산칼륨의 존재하에 120 ℃에서 유기물과 함께 분해하여 질산이온으로 산화시킨 다음 산성에서 **자외부 흡광도를 측정**하여 질소를 정량하는 방법과 질산이온을 다시 카드뮴−구리환원 컬럼을 통과시켜 아질산이온으로 환원시키고 아질산성 질소의 양을 구하여 질소로 환산하는 방법이 있다.

12 흡광광도법으로 물 시료에 존재하는 클로로필
1.5점 a의 측정에 대한 기술이 옳은 것은?

① 헥산으로 클로로필 색소를 추출하여 추출액
의 흡광도를 663 nm, 645 nm, 630 nm,
750 nm에서 측정하여 규정된 계산식으로
클로로필 a양을 계산한다.
② 바탕시험액으로 아세톤(9+1) 용액을 취하
여 대조액으로 하고 663 nm, 645 nm, 750
nm, 630 nm에서 시료용액의 흡광도를 측
정하여 규정된 계산식으로 클로로필 a양을
계산한다.
③ 시료 적당량을 유리섬유거름종이(GF/C, 45
mmD)로 여과한 다음 거름종이를 조직마쇄
기에 넣고 헥산 적당량(5 mL~10 mL)을 넣
어 마쇄한다.
④ 마쇄시료를 마개 있는 원심분리관에 넣고 밀
봉하여 4 ℃ 어두운 곳에서 하룻밤 방치한
다음 1,000 g의 원심력으로 30분간 분리하
고 상등액의 양을 측정한 다음 상등액의 일
부를 취하여 시료용액으로 한다.

해설

ES 04312.1a 클로로필 a

[목적]
이 시험기준은 물속의 클로로필 a의 양을 측정하는 방
법으로 아세톤 용액을 이용하여 시료를 여과한 여과지
로부터 클로로필 색소를 추출하고, 추출액의 흡광도
를 663 nm, 645 nm, 630 nm 및 750 nm에서 측정
하여 클로로필 a의 양을 계산하는 방법이다.

[전처리]
㉠ 시료 적당량(100 mL ~ 2,000 mL)을 유리섬유여
과지(GF/F, 47 mm)로 여과한다.
㉡ 여과지와 아세톤(9+1) 적당량(5 mL ~ 10 mL)을
조직마쇄기에 함께 넣고 마쇄한다.
㉢ 마쇄한 시료를 마개 있는 원심분리관에 넣고 밀봉
하여 4 ℃ 어두운 곳에서 하룻밤 방치한다.
㉣ 하룻밤 방치한 시료를 500 g의 원심력으로 20분
간 원심분리하거나 혹은 용매 – 저항(Solvent –
Resistance) 주사기를 이용하여 여과한다.
㉤ 원심 분리한 시료의 상층액을 시료로 한다.

13 수질오염공정시험기준에 따른 생물화학적 산
1.5점 소요구량(BOD) 시험방법에 관한 내용으로 틀
린 것은?

① pH 6.5 미만의 산성 시료는 4% 수산화나트
륨 용액으로 시료를 중화하여 pH 7로 한다.
② 일반적으로 잔류염소가 함유된 시료는 BOD
용 식종희석수로 희석하여 사용한다.
③ 식종희석수로는 하수, 하천수, 토양 추출액
등을 사용할 수 있으며, 가능한 한 신선한 것
을 사용한다.
④ 용존산소가 과포화된 시료는 수온을 23 ℃
~25 ℃로 하여 15분 동안 통기하고 방랭하
여 수온을 20℃로 맞춘다.

해설

ES 04305.1b 생물화학적 산소요구량

[BOD용 식종수]
하수 또는 하천수를 실온에서 24시간 ~ 36시간 가라
앉힌 다음 상층액을 사용한다. 하수를 사용할 경우 5
mL ~ 10 mL, 하천수의 경우 10 mL ~ 50 mL를
취하고 희석수를 넣어 1,000 mL로 한다. 토양추출
액을 사용할 경우에는 식물이 살고 있는 곳의 토양 약
200 g을 물 2 L에 넣어 교반하여 약 25시간 방치한
후 그 상층액 20 mL/L ~ 30 mL/L를 취하여 희석수
1,000 mL로 한다. 식종수는 사용할 때 조제한다.

14 흡광광도법에서 흡수셀 사용 방법으로 틀린
1.5점 것은?

① 저농도 시료를 분석할 때는 5cm 길이의 셀
을 사용할 수 있다.
② 대조셀에는 따로 규정이 없는 한 증류수를 넣는다.
③ 흡수셀을 빈번하게 사용할 때는 증류수를 넣
은 용기에 담아 둘 수 있다.
④ 자외역 측정을 목적으로 할 때는 흡수셀을 크
롬산과 황산혼합액에 담근 다음 물로 깨끗하
게 씻어낸다.

해설

④ 크롬의 정량이나 자외역 측정을 목적으로 할 때 또
는 접착하여 만든 셀에는 사용하지 않는 것이 좋다.

15 수질오염공정기준에 따른 시안분석법에 대한 해설로 옳은 것은?
1.5점

① 낮은 농도의 시안 분석을 위해서는 흡광광도법보다 이온전극법을 사용하는 것이 좋다.
② 흡광광도법에서 pH 10 이상의 염기성에서 가열 증류한 후 수산화나트륨용액에 포집한다.
③ 흡광광도법에서 포집된 시안이온을 중화하고 클로라민 T를 넣어 염화시안으로 한 후 분석한다.
④ 흡광광도법에서 피리딘·피라졸론 혼합액을 넣어 나타나는 색을 330 nm에서 측정한다.

해설

ES 04353.0 시안
[적용 가능한 시험방법]

시안	정량한계 (mg/L)	정밀도 (% RSD)
자외선/가시선 분광법	0.01 mg/L	± 25 % 이내
이온전극법	0.10 mg/L	± 25 % 이내
연속흐름법	0.01 mg/L	± 25 % 이내

ES 04353.1b 시안 – 자외선/가시선 분광법
[목적]
이 시험기준은 물속에 존재하는 시안을 측정하기 위하여 시료를 pH 2 이하의 산성에서 가열 증류하여 시안화물 및 시안착화합물의 대부분을 시안화수소로 유출시켜 포집한 다음 포집된 시안이온을 중화하고 클로라민 – T를 넣어 생성된 염화시안이 피리딘 – 피라졸론 등의 발색시약과 반응하여 나타나는 청색을 620 nm에서 측정하는 방법이다.

16 수질 중 비소의 원자흡광광도법에 대한 해설 중 틀린 것은?
1.5점

① 비소중공음극램프를 사용한다.
② 염화제일주석을 넣으면 비화수소가 발생된다.
③ 연소가스로 아르곤 – 수소를 사용할 수 있다.
④ 유기물 함량이 높은 물 시료의 전처리에서는 황산＋질산＋과염소산을 사용한다.

해설
② 염화제일주석은 비소의 흡광광도법에서 비화수소를 발생시킬 때 사용하며, 원자흡광광도법에서는 아연을 사용한다.

17 수질오염공정시험기준 중 일반사항에 대한 해설로 틀린 것은?
1.5점

① "방울수"라 함은 20 ℃에서 정제수 20 방울을 적하할 때 그 부피가 약 1 mL가 됨을 의미한다.
② 액의 농도를 (1→10)으로 표시하는 것은 고체성분에 있어서는 1 g을 용매에 녹여 전체량을 10 mL로 하는 비율을 표시한 것이다.
③ "감압 또는 진공"이라 함은 규정이 없는 한 1 Torr 이하를 말한다.
④ "염산(1＋2)"라 함은 염산 1 mL와 물 2 mL를 혼합하여 조제한 것을 의미한다.

해설
③ "감압 또는 진공"이라 함은 따로 규정이 없는 한 15 mmHg 이하를 뜻한다.

18 흡광광도법으로 물 시료에 존재하는 총인을 측정하는 방법 중 옳은 것은?
1.5점

ㄱ. 측정을 위하여 여러 형태의 인화합물을 모두 인산염 형태로 산화시킨다.
ㄴ. 과황산칼륨 분해법은 분해되기 어려운 유기물이 많이 포함된 시료에 적용한다.
ㄷ. 발색시킨 인산염은 880 nm 파장에서 흡광도를 측정한다.

① ㄱ, ㄴ   ② ㄱ, ㄷ
③ ㄴ, ㄷ   ④ ㄱ, ㄴ, ㄷ

해설
ㄴ. 과황산칼륨 분해법은 분해되기 쉬운 유기물을 함유한 시료에 적용한다.

19
1.5점 금속 성분을 포함한 물 시료의 산분해 처리 방법 중 칼슘, 바륨, 납 등을 다량 함유한 시료의 전처리에 적절하지 않은 산성 용액은?

① 질산 – 염산에 의한 분해
② 질산 – 황산에 의한 분해
③ 질산 – 과염소산에 의한 분해
④ 질산 – 과염소산 – 불화수소산에 의한 분해

해설
② 질산 – 황산법은 유기물 등을 많이 함유하고 있는 대부분의 시료에 적용되나 칼슘, 바륨, 납 등을 다량 함유한 시료는 난용성의 황산염을 생성하여 다른 금속 성분을 흡착하므로 주의해야한다.

20
1.5점 해당 괄호 안에 들어갈 것을 모두 바르게 제시한 것은?

> 흡광광도법을 이용한 총질소의 측정원리는 시료 중 질소화합물을 알칼리성 (㉠)의 존재하에 (㉡) ℃에서 유기물과 함께 분해하여 (㉢)이온으로 산화시킨 다음 산성에서 자외부 흡광도를 (㉣) nm에서 측정하여 질소를 정량하는 방법이다.

① ㉠ ; 과망간산칼륨 ㉡ : 120
　㉢ : 아질산　　　　 ㉣ : 220
② ㉠ ; 과황산칼륨　　㉡ : 120
　㉢ : 아질산　　　　 ㉣ : 540
③ ㉠ ; 과망간산칼륨 ㉡ : 120
　㉢ : 질산　　　　　 ㉣ : 540
④ ㉠ ; 과황산칼륨　　㉡ : 120
　㉢ : 질산　　　　　 ㉣ : 220

해설
ES 04363.1a 총 질소 – 자외선/가시선 분광법 – 산화법

[목적]
이 시험기준은 물속에 존재하는 총질소를 측정하기 위하여 시료 중 모든 질소화합물을 알칼리성 **과황산칼륨**을 사용하여 120 ℃ 부근에서 유기물과 함께 분해하여 질산이온으로 산화시킨 후 산성상태로 하여 흡광도를 220 nm에서 측정하여 총질소를 정량하는 방법이다.

21
1.5점 물 시료의 보존 방법에 대한 다음의 해설 중 괄호 안에 들어갈 것을 차례대로 제시하면?

> 페놀류 시험에 사용하는 시료는 ( )을 가하여 pH ( ) 이하로 하고, $CuSO_4$를 가한 후, 4℃에서 보관한다.

① 황산, 1　　　　② 황산, 4
③ 인산, 1　　　　④ 인산, 4

해설
ES 04130.1c 시료의 채취 및 보존 방법 (표 1. 보존방법 참조)

22
1.5점 폐수 중 노말헥산추출물의 시험에 대한 해설로 틀린 것은?

① 광유류량을 측정하기 위해서는 정제 컬럼을 이용하여 동식물유지류를 제거한다.
② 잔류물 중에 염류가 있을 경우 유리막대 등으로 잘게 부순 후 헥산으로 추출한다.
③ 추출된 시료의 노말헥산은 회전증발기 등으로 감압 증류하여 제거하여야 한다.
④ 동식물유지류의 양은 총노말헥산추출물질 무게와 광유류 무게로부터 구할 수 있다.

해설
ES 04302.1b 노말헥산 추출물질

[분석절차 (7.1 총 노말헥산추출물질)]
• 증발용기가 알루미늄박으로 만든 접시 또는 비커일 경우에는 용기의 표면을 깨끗이 닦고, 80 ℃로 유지한 전기 열판 또는 전기맨틀에 넣어 노말헥산을 증발시킨다.
• 증류플라스크일 경우에는 U자형 연결관과 냉각관을 달아 전기열판 또는 전기맨틀의 온도를 80 ℃로 유지하면서 매 초당 한 방울의 속도로 증류한다. 증류 플라스크 안에 2 mL가 남을 때까지 증류한 다음, 냉각관의 상부로부터 질소가스를 넣어주어 증류플라스크 안의 노말헥산을 완전히 증발시키고 증류플라스크를 분리하여 실온으로 냉각될 때까지 질소를 흘려보내어 노말헥산을 완전히 증발시킨다.

23 수질오염공정시험기준에 따른 음이온계면활
1.5점 성제 시험방법에 대한 해설 중 괄호에 들어갈
말을 차례대로 제시하면?

> 음이온 계면활성제를 ( )와 반응시켜 생성된
> 복합체를 ( )으로 추출하여 흡광도 650 nm
> 에서 측정하는 방법이다.

① 메틸오렌지, 디클로로메탄
② 메틸렌블루우, 클로로포름
③ 메틸레드, 에틸알코올
④ 페놀프탈레인, 메틸알코올

해설

ES 04359.1b 음이온계면활성제 – 자외선/가시선
분광법

[목적]
이 시험기준은 물속에 존재하는 음이온 계면활성제를
측정하기 위하여 메틸렌블루와 반응시켜 생성된 청색
의 착화합물을 클로로폼으로 추출하여 흡광도를 650
nm에서 측정하는 방법이다.

24 윙클러－아자이드화나트륨 변법에 의해 물 중
1.5점 의 용존산소(DO) 농도를 분석할 때 사용하는
적정 표준용액과 지시약(전분) 첨가 후 종말점
에서의 색깔 변화를 각각 옳게 나타낸 것은?

① 티오황산나트륨, 황색 → 무색
② 티오황산나트륨, 청색 → 무색
③ 알칼리성 요오드화 칼륨, 황색 → 무색
④ 알칼리성 요오드화 칼륨, 청색 → 무색

해설

ES 04308.1b 용존산소 – 적정법

[분석방법]
BOD병의 용액 200 mL를 정확히 취하여 황색이 될 때
까지 티오황산나트륨 용액(0.025 M)으로 적정한 다
음, 전분용액 1 mL를 넣어 용액을 청색으로 만든다.
이후 다시 티오황산나트륨용액(0.025 M)으로 용액
이 청색에서 무색이 될 때까지 적정한다.

25 가스크로마토그래프법으로 황화합물과 유기
1.5점 할로겐화합물을 각각 선택적으로 검출하기 위
해 사용되는 검출기를 차례대로 옳게 제시한
것은?

① 열전도도 검출기, 불꽃열이온화 검출기
② 불꽃이온화 검출기, 불꽃광도형 검출기
③ 불꽃광도형 검출기, 전자포획형 검출기
④ 전자포획형 검출기, 열전도도 검출기

해설

• 전자포획형 검출기(ECD) – 전자포획형 검출기는 방
사선 동위원소(63Ni, 3H 등)로부터 방출되는 β 선이
운반가스를 전리하여 미소전류를 흘려보낼 때 시료중
의 할로겐이나 산소와 같이 전자포획력이 강한 화합
물에 의하여 전자가 포획되어 전류가 감소하는 것을
이용하는 방법으로 유기할로겐화합물, 니트로화합
물 및 유기금속화합물을 선택적으로 검출할 수 있다.
• 불꽃광도형 검출기(FPD) – 불꽃광도형 검출기는
수소염에 의하여 시료성분을 연소시키고 이때 발생
하는 불꽃의 광도를 분광학적으로 측정하는 방법으
로서 인 또는 황화합물을 선택적으로 검출할 수 있다.

26 다음 해설의 괄호에 들어갈 말을 모두 옳게 제
1.5점 시한 것은?

> 철 시험방법인 페난트로린법은 철 이온을 암모
> 니아 알칼리성으로 하여 (㉠)로 침전시켜 분리
> 하고, 침전물을 (㉡)에 녹여서 염산히드록실아
> 민으로 (㉢)로 환원한 다음, o－페난트로린을
> 넣어 약산성에서 나타나는 등적색 철착염의 흡
> 광도를 (㉣) nm에서 측정하는 방법이다.

① ㉠ : 수산화제일철, ㉡ : 황산,
 ㉢ : 제이철, ㉣ : 510
② ㉠ : 수산화제이철, ㉡ : 염산,
 ㉢ : 제일철, ㉣ : 510
③ ㉠ : 수산화제이철, ㉡ : 염산,
 ㉢ : 제일철, ㉣ : 590
④ ㉠ : 수산화제일철, ㉡ : 황산,
 ㉢ : 제일철, ㉣ : 590

해설

ES 04412.2b 철 – 자외선/가시선 분광법

이 시험기준은 물속에 존재하는 철 이온을 수산화제이 철로 침전분리하고 염산하이드록실아민으로 제일철로 환원한 다음, o–페난트로린을 넣어 약산성에서 나타나는 등적색 철착염의 흡광도를 510 nm에서 측정하는 방법이다.

27 지하수에 함유된 기름(석유계총탄화수소)의 총량 측정에 대한 원리와 방법을 잘못 해설한 것은?
1.5점

① 지하수 시료에서 기름을 비극성 용매 헥산으로 추출, 농축과정을 거친 후 GC로 분석하 유류 성분을 확인하고 절차에 따라 정량한다.

② 정성/정량분석을 위해 불꽃이온화검출기를 사용한다.

③ 지하수 시료는 채취 후 산처리하여 오염되지 않게 테프론 뚜껑으로 막고 7일 이내에 추출한다.

④ 추출 후 수분을 제거하기 위하여 무수황산나트륨을 이용한다.

해설

추출용매는 다이클로로메탄을 사용하여 추출한다.

28 물 시료에 존재하는 질소화합물의 분석방법 중 아질산성 질소(NO_2–N)의 분석방법은?
1.5점

① 아질산이온이 차아염소산의 공존 아래에서 페놀과 반응하여 생성된 인도페놀을 측정한다.

② 아질산이온을 술퍼닐아미드와 반응시킨 후 α–나프틸에틸렌디아민염산염과 반응시켜 생성된 화합물을 측정한다.

③ 황산산성에서 아질산이온이 부루신과 반응하여 생성된 황색화합물을 측정한다.

④ 아질산이온을 알칼리성 과황산칼륨 존재하에 120 ℃에서 유기물과 함께 분해하여 산화시킨 후 측정한다.

해설

ES 04354.1b 아질산성 질소 – 자외선/가시선 분광법

[목적]

이 시험기준은 물속에 존재하는 아질산성 질소를 측정하기 위하여, 시료 중 아질산성 질소를 설퍼닐아마이드와 반응시켜 디아조화하고 α–나프틸에틸렌디아민이염산염과 반응시켜 생성된 디아조화합물의 붉은색의 흡광도 540 nm에서 측정하는 방법이다. ①항은 암모니아성 질소, ③항은 질산성 질소, ④항은 총 질소를 분석하는 방법이다.

29 수질오염공정시험기준에 따른 막여과법으로 총대장균군을 시험하는 경우에 대한 해설로 틀린 것은?
1.5점

① 액체 배지는 m–Endo를 사용하며 가급적 상용화된 것을 사용한다.

② 조제된 고체배지는 냉암소에서 2주까지 보관하며 사용할 수 있다.

③ 시험 결과는 '총대장균군수/100 mL'로 표기한다.

④ 페트리접시에 20개~180개의 세균 집락이 형성되도록 시료량을 정하여 여과한다.

해설

ES 04701.1c 총대장균군 – 막여과법

[분석절차]

페트리접시에 20개~80개의 세균 집락을 형성하도록 시료(표 3참조)를 여과관 상부에 주입하면서 흡입여과하고 멸균수 20 mL~30 mL로 씻어준다.

30 수질오염공정시험기준에 따른 용존 총질소 시험법에 대한 해설로 옳은 것은?
1.5점

① 물 시료를 유리섬유거름종이(GF/C)로 여과하여 여액 50 mL를 시험한다.

② 여액 50 mL에 알카리성 과황산칼륨용액을 일정량 넣은 후 100 ℃에서 가열한다.

③ 흡광광도법에 의해 측정 시 880 nm에서의 흡광도를 측정하여 농도를 계산한다.

④ 이 방법에 의한 측정 시 유기물에 포함된 질소는 정량되지 않는다.

ES 04358.1b 용존 총질소

시료 중 용존 질소화합물을 알칼리성 과황산칼륨의 존재하에 120 ℃에서 유기물과 함께 분해하여 질소이온으로 산화시킨 다음 산성에서 **자외부 흡광도**(220nm)를 측정하여 질소를 정량하는 방법이다.

31
1.5점 수질오염공정시험기준에 따른 페놀류−자동분석법에 대한 해설로 틀린 것은?

① 지표수, 염분함유폐수, 도시하수, 산업폐수 중 페놀류의 측정에 적용할 수 있다.
② 수중에 잔존하는 다양한 형태의 페놀류의 총량을 구하는 방법이다.
③ 검출한계(MDL)는 0.002 mg/L, 정량 범위는 0.007 mg/L∼0.25 mg/L이다.
④ 4−아미노안티피린법은 파라 위치에 알킬기, 아릴기, 니트로기, 벤조일기, 니트로소기 또는 알데히드기가 치환되어 있는 페놀을 측정할 수 있다.

ES 04365.2b 페놀류 − 연속흐름법

[적용범위]
이 시험기준은 지표수, 지하수, 폐수 등에 적용할 수 있으며, 정량한계는 0.007 mg/L이다.
[주] 시료 중의 페놀을 종류별로 구분하여 측정할 수는 없으며 또한 4−아미노안티피린법은 파라 위치에 알킬기, 아릴기(aryl), 니트로기, 벤조일기(benzoyl), 니트로소기(nitroso) 또는 알데하이드기가 치환되어 있는 페놀은 측정할 수 없다.

32
1.5점 NO_2^-, NH_4^+ 등 이온성 물질들의 정량에 사용되는 네른스트식의 해설로 틀린 것은?

① 이온전극과 비교전극에서 발생하는 전위차는 이론전위기울기에 비례한다.
② 이온전극과 비교전극에서 발생하는 전위차는 용액의 온도에 비례한다.

③ 이온전극과 비교전극에서 발생하는 전위차는 용액의 이온활량에 반비례한다.
④ 이온전극과 비교전극에서 발생하는 전위차는 표준전위에 비례한다.

이온전극법은 시료 중의 분석대상 이온의 농도(이온활량)에 감응하여 비교전극과 이온전극 간에 나타나는 전위차를 이용하여 목적이온의 농도를 정량하는 방법으로서 시료 중 음이온(Cl^-, F^-, NO_2^-, NO_3^-, CN^-) 및 양이온(NH_4^+, 중금속 이온 등)의 분석에 이용된다. 이온전극은 [이온전극 │측정용액│ 비교전극]의 측정관계에서 측정대상 이온에 감응하여 네른스트 식에 따라 이온활량에 비례하는 전위차를 나타낸다.

$$E = E_0 + \left[\frac{2.303 \; R \; T}{z \; F} \right] \log a$$

여기서, E : 측정용액에서 이온전극과 비교전극 간에 생기는 전위차(mV)
　　　　E_0 : 표준전위(mV)
　　　　R : 기체상수(8.314 J/°K, mol)
　　　　zF : 이온전극에 대하여 전위의 발생에 관계하는 전자수(이온가)
　　　　F : 페러데이(Faraday) 상수(96480C)
　　　　a : 이온활량(mol / l)

따라서 전위차에 영향을 미치는 인자는 전자수, 온도, 이온활량(이온농도)이다.

33
1.5점 하천수 시료 채취 지점에 대한 다음의 해설 중 괄호 안에 들어갈 것을 차례대로 제시하면?

> 하천의 단면에서 수심이 가장 깊은 수면의 지점과 그 지점을 중심으로 하여 좌우로 수면폭을 ( )등분한 각각의 지점의 수면으로부터 수심 2m 미만일 때에는 수심의 ( )에서 채수한다.

① 2, 1/2 및 2/3
② 2, 1/3
③ 3, 1/2
④ 3, 1/3 및 2/3

해설

ES 04130.1c 시료의 채취 및 보존 방법

[시료 채취 지점]

하천의 단면에서 수심이 가장 깊은 수면의 지점과 그 지점을 중심으로 하여 좌우로 수면폭을 2등분한 각각의 지점의 수면으로부터 수심 2 m 미만일 때에는 수심의 1/3에서, 수심이 2 m 이상일 때에는 수심의 1/3 및 2/3에서 각각 채수한다.

34

1.5점

수로의 구성, 재질, 단면의 형상, 기울기 등이 일정하지 않은 개수로를 사용하여 유량을 측정하는 것에 대한 해설로 틀린 것은?

① 유량 측정 시 되도록 직선으로 수면이 물결치지 않는 곳을 고른다.

② 10 m를 측정구간으로 하여 2 m마다 유수의 횡단면적을 측정하고 산술평균값을 구하여 유수의 평균단면적으로 한다.

③ 유속의 측정은 부표로 10 m 구간을 흐르는 데 걸리는 시간을 스톱워치로 재며 실측유속을 표면최대유속으로 한다.

④ 수로의 수량 계산식은 $Q = 0.75VA$이다.
(Q : 유량, V : 총 평균유속, A : 측정구간 유수의 단면적)

해설

수로의 구성, 재질, 수로단면의 형상, 기울기 등이 일정하지 않은 개수로의 경우 수로의 수량은 다음 식을 사용하여 계산한다.

$V = 0.75 V_e$ (V : 총 평균유속, V_e : 표면 최대유속)

$Q = 60 \cdot V \cdot A$ (Q : 유량, V : 총 평균유속, A : 측정구간 유수의 평균단면적)

35

1.5점

용액의 전기전도도 측정에 있어 셀 상수를 이론적으로 계산하기 위해 알아야 하는 것은?

① 전극의 재질과 전극의 표면적

② 전극 간의 거리와 전극의 무게

③ 전극의 무게와 전극의 재질

④ 전극의 표면적과 전극 간의 거리

해설

전기전도도 L은

$$L = \frac{1}{R} = \frac{A}{\iota} \cdot K \quad \leftarrow \quad \text{저항}(R) = \frac{\rho \cdot \iota}{A}$$

여기서, ρ : 저항도, ι : 두 전극 간의 거리
A : 단면적

[분석절차 – 전기전도도셀의 보정 및 셀상수 측정방법]

㉠ 전기전도도 셀을 정제수로 2회 ~ 3회 씻는다.

㉡ 염화칼륨용액(0.01 M)으로 2회 ~ 3회 씻어주고, (25 ± 0.5) ℃에서 셀을 염화칼륨용액에 잠기게 한 상태에서 전기전도도를 측정한다.

　[주] 시료의 전기전도도가 낮을 경우 보증서가 첨부된 1,000 μS/cm 이하의 낮은 전기전도도를 갖는 표준용액을 사용한다.

㉢ 염화칼륨용액을 교환해 가면서 동일 온도에서 측정치간의 편차가 $\pm$ 3 % 이하가 될 때까지 반복 측정한다.

㉣ 평균값을 취하여 다음 식에서 셀 상수를 산출한다.

$$\text{셀 상수 (cm}^{-1}) = \frac{L_{KCl} + L_{H_2O}}{L_X}$$

　여기서, L_x : 측정한 전도도 값(μS/cm)
L_{KCl} : 사용한 염화칼륨 표준액의 전도도 값(μS/cm)
L_{H_2O} : 염화칼륨용액을 조제할 때 사용한 물의 전도도 값(μS/cm)

36

1.5점

물 시료의 화학적 산소요구량(COD) 측정에서 염소이온의 방해를 제거하기 위하여 넣어주는 시약은?

① NaI　　　　　② NaN₃

③ KMnO₄　　　　④ Ag₂SO₄

해설

ES 04315.1a 화학적 산소요구량 – 적정법 – 산성 과망간산칼륨법

간섭물질 중 염소이온은 과망간산에 의해 정량적으로 산화되어 양의 오차를 유발하므로 황산은을 첨가하여 염소이온의 간섭을 제거한다.

37

1.5점

10^{-7} M HCl 수용액 100 mL와 10^{-7} M NaOH 수용액 80 mL를 혼합한 용액의 pH는 어느 값에 가장 가까운가?

① 6.5　　　　② 7.0

③ 7.5　　　　④ 8.0

해설

반응식 : $HCl + NaOH \rightarrow NaCl + H_2O$

㉠ 10^{-7} M HCl 100 mL에 들어 있는 염산의 몰수는,

$$\frac{10^{-7}\,mol}{l} \Big| \frac{100\,mL}{} \Big| \frac{l}{1,000\,mL} = 10^{-8}\,mol$$

㉡ 10^{-7} M NaOH 80 mL에 들어 있는 NaOH의 몰수는,

$$\frac{10^{-7}\,mol}{l} \Big| \frac{80\,mL}{} \Big| \frac{l}{1,000\,mL} = 8 \times 10^{-9}\,mol$$

㉢ HCl과 NaOH는 1 : 1로 반응 후 중화되므로 (HCl의 몰수−NaOH의 몰수)를 하면 남은 염산의 몰수를 알 수 있다.

$10^{-8} - 8 \times 10^{-9} = 2 \times 10^{-9}\,mol$

㉣ 두 수용액이 합쳐지므로 100 mL + 80 mL = 180 mL에서 2×10^{-9} mol이므로 몰농도로 표현하면

$$\frac{2 \times 10^{-9}\,mol}{180\,mL} \Big| \frac{1,000\,mL}{l} = 1.11 \times 10^{-8}\,mol/l$$

pH = 수용액에 존재하는 H^+이온의 농도값에 $-\log$를 곱한 값 $= -\log[H^+]$

㉤ 혼합액의 pH $= -\log[(1.11 \times 10^{-7}) + 10^{-7}]$
　← 물에 의한 $[H^+] = 10^{-7}$이므로 이 값을 더해줘야 함
　　$= 6.9542 ≒ 7$

38

1.5점

흡광광도법에 관한 해설로 적합하지 않은 것은?

① 물질에 따라 특정한 파장의 광을 흡수한다.

② 흡광도는 물질의 농도에 비례한다.

③ 표준용액으로 작성한 검정곡선으로 시료 농도를 산출한다.

④ 투과율은 20∼80 % 범위에 들도록 한다.

해설

측정된 흡광도는 되도록 $0.2 \sim 0.8$의 범위에 들도록 시험용액의 농도 및 흡수셀의 길이를 선정한다.

흡광도(A)는 투과도의 역수의 상용대수

즉 $\log \dfrac{1}{t} = A$이며,

t는 투과도, 투과퍼센트(T) $= t \times 100$이다.

39

1.5점

36% 염산(비중 1.18)을 가지고 사람의 위산 농도와 유사한 pH 1인 용액 1 L를 만들려고 한다. 36 % 염산 몇 mL를 물로 희석해야 하는가?(Cl 분자량=35.5)

① 0.859 mL　　② 8.59 mL

③ 0.836 mL　　④ 8.36 mL

해설

㉠ 염산의 몰질량은 $H^+ + Cl^- = 1 + 35.5 = 36.5\,g/mol$

㉡ 36% 염산의 몰농도(mol/L)는 (비중 : 1.18)
　• 100% 염산의 밀도가 $1.18\,g/ml = 1180\,g/L$
　• 36% 염산의 밀도가 $1180 \times 0.36 = 424.8\,g/L$

$$\frac{424.8\,g}{L} \Big| \frac{mol}{36.5\,g} = 11.64\,mol/L$$

㉢ pH=1인 용액의 몰농도를 x라 했을 때,
　$pH = -\log[H^+]$
　$1 = -\log[x]$
　$x = 0.1\,mol/L$

㉣ 36% 염산을 pH 1인 용액 1 L로 하려면
　$NV = N'V'$ 이므로,
　$11.64 \times V = 0.1 \times 1,000$
　$V = 8.59\,mL$

40

1.5점

진한 황산(H_2SO_4) 27.6 mL를 1 L 둥근 바닥 플라스크에 넣고 정제수로 1 L를 채울 때, 이 용액의 농도와 가장 가까운 것은?(단, 진한 황산은 비중 1.83, 분자량 98, 순도 97 %이다.)

① 0.1 N　　　② 0.5 N

③ 1 N　　　　④ 2 N

정답 **37** ② **38** ④ **39** ② **40** ③

해설

비중＝어떤 용질의 밀도/물의 밀도(1 g/mL)

100% 황산의 밀도＝1,830 g/L, 97% 황산의 밀도
＝1,775.1 g/L

㉠ 97% 황산의 몰농도(mol/L)는,

$$\frac{1775.1 \text{ g}}{\text{L}} \left| \frac{\text{mol}}{98 \text{ g}} \right. = 18.11 \text{ mol/L}$$

㉡ 97% 황산 27.6 mL를 x mol 1L로 하려면
$NV = N'V'$에 따라
$18.11 \times 27.6 = N' \times 1,000 \rightarrow N' = 0.5 \text{ mol/L}$

㉢ 노르말 농도 N＝당량수×몰농도,

$$\frac{2 \text{ eg}}{\text{mol}} \left| \frac{0.5 \text{ mol}}{\text{L}} \right. = 1 \text{ eq/L} = 1 \text{ N}$$

41 다음 분석항목에서 시료채취 및 운반 중 공기
1.5점 와 접촉이 없도록 가득 채워져서 보관 이동해
야 하는 항목은?

① 색도, 부유물질, 염소이온
② 아질산성 질소, 질산성 질소, 용존 총질소,
총인
③ 용존가스, 환원성 물질, 수소이온
④ 불소, 6가크롬, 아연, 구리, 카드뮴

해설

ES 04130.1c 시료의 채취 및 보존 방법

[시료채취 시 유의사항]
용존가스, 환원성 물질, 휘발성유기화합물, 냄새, 유류
및 수소이온 등을 측정하기 위한 시료를 채취할 때에는
운반 중 공기와의 접촉이 없도록 시료 용기에 가득 채
운 후 빠르게 뚜껑을 닫는다.

42 암모니아성질소를 정량하기 위하여 분석을 실
1.5점 시하였다. 전처리한 시료 300 mL를 취하여
삼각플라스크에 옮기고 메틸레드－브롬크레
폴그린 혼합 지시약을 넣어 0.05 N NaOH 용
액으로 자회색이 될 때까지 적정하였고, 소비

된 NaOH 용액은 30.2 mL이었다. 또 0.05 N
H_2SO_4용액 50 mL를 취하여 상기 지시약을 넣
고 0.05 N NaOH 용액으로 자회색이 될 때까
지 적정하였더니 이때 소비된 NaOH 용액은
34.8 mL이었다. 이 시료의 암모니아성질소의
농도는 얼마인가?(단, 0.05 N NaOH 용액의
역가는 1.0이라 가정한다.)

① 48.2 mg/L ② 36.4 mg/L
③ 22.6 mg/L ④ 10.7 mg/L

해설

중화적정법으로서 암모니아성질소의 농도를 구하는
공식은,

$$암모니아성질소(mg/L) = (b-a) \times f \times \frac{1,000}{V} \times 0.7$$

여기서, b : 황산(0.025 M) 50 mL의 적정에 소비
된 수산화나트륨용액(0.05 M)의 양
(mL)
a : 시료의 적정에 소비된 수산화나트륨
용액(0.05 M)의 양(mL)
f : 수산화나트륨용액(0.05 M)의 농도계수
V : 시료량(mL)

암모니아성질소의 농도(mg/L)

$$= (34.8 - 30.2) \times 1 \times \frac{1,000}{300} \times 0.7 = 10.73 \text{ mg/L}$$

43 다음 수질 검사 항목에 대한 시험방법, 발색색
1.5점 깔 및 측정파장이 잘못 표시된 것은?

① 질산성질소－부루신법, 황색, 410 nm
② 인산염인－염화제일주석환원법, 적색, 590 nm
③ 암모니아성질소－인도페놀법, 청색, 630 nm
④ 아질산성질소－디아조화법, 홍색, 540 nm

해설

**ES 04360.1b 인산염인－자외선/가시선 분광법－
이염화주석환원법**

[목적]
이 시험기준은 물속에 존재하는 인산염인을 측정하기
위하여 시료 중의 인산염인이 몰리브덴산 암모늄과 반

응하여 생성된 몰리브덴산인 암모늄을 이염화주석으로 환원하여 생성된 몰리브덴 청의 흡광도를 690 nm에서 측정하는 방법이다.

44 수질 중 총인 자동분석법에 대한 해설로 틀린 것은?
1.5점

① 총인 분석용 반응기는 연속으로 주입된 시료와 시약이 혼합되어 반응할 수 있는 구조를 가져야 하며 충분한 반응시간이 확보되어야 한다.
② 흐름주입분석기란 분할흐름분석기와 같으나 흐름 사이에 공기 방울을 주입하지 않는 것이 차이점이다.
③ 시료채취는 폴리에틸렌 또는 유리재질의 용기 모두 사용 가능하다.
④ 시료의 최대 보관기간은 48일이며, 14일 이내에 실험하는 것이 좋다.

〔해설〕
④ 시료의 최대 보관기간은 28일이다.

45 다음 해설에 해당되는 시험방법은?
1.5점

> 증류한 시료에 염화암모늄－암모니아 완충액을 넣어 pH 10으로 조절한 다음 4－아미노안티피린과 페리시안칼륨을 넣어 생성된 적색의 안티피린계 색소의 흡광도를 측정하는 방법으로 수용액에서는 510 nm, 클로로포름 용액에서는 460 nm에서 측정한다.

① 페놀류   ② 시안
③ 총질소   ④ 총인

〔해설〕
페놀류－자외선/가시선 분광법(흡광광도법)에 대한 해설로 분석방법으로는 추출법(페놀 함량 0.05 mg이하)과 직접 측정법(페놀 함량 0.05 mg/L ~ 0.5 mg/L)이 있다.

46 유도결합플라즈마(ICP) 발광광도법에 대한 해설로 틀린 것은?
1.5점

① 에어졸 상태로 분무되는 시료는 가장 안쪽의 관을 통하여 도너츠 모양 플라즈마의 가장자리로 도입된다.
② 시료를 알곤 플라즈마에 도입하여 6,000 K ~8,000 K에서 여기된 원자가 바닥상태로 이동할 때 방출되는 발광선을 측정한다.
③ ICP 발광광도 분석장치는 시료주입부－고주파 전원부－광원부－분광부 및 측광부－연산처리부로 구성되어 있다.
④ 플라즈마 광원으로부터 발광하는 스펙트럼선을 선택적으로 분리하기 위해서 분해능이 우수한 회절격자가 많이 사용된다.

〔해설〕
① 에어로졸 상태로 분무되는 시료는 가장 안쪽의 관을 통하여 플라스마(도너츠 모양)의 중심부에 도입되는데 이때 시료는 도너츠 내부의 좁은 부위에 한정되므로 광학적으로 발생되는 부위가 좁아져 강한 발광을 관측할 수 있으며 화학적으로 불활성인 위치에서 원자화가 이루어지게 된다.

47 수은－연속자동분석법에 대한 내용으로 틀린 것은?
1.5점

① 온도정량범위는 －10 ℃~50 ℃이다.
② 최소 눈금단위는 0.1 ℃이다.
③ 사용하는 온도계는 표준 유리제 수은 막대온도계이다.
④ 전극에 부착된 물이끼 등의 오염물질 제거에는 부드러운 헝겊이나 종이를 사용한다.

〔해설〕
1ES 04905.1b 수온－연속자동측정방법
[목적]
이 시험기준은 물의 수온을 측정하기 위한 방법으로, 일반적으로 표준유리제 수은 막대온도계를 사용하고 있으나 본 시험기준은 온도변화에 따라 저항이 달라지는 금속산화물 서미스터(Thermistor)를 사용하는 측정기로 수온을 측정한다.

48 수질 중 수은을 측정하기 위한 원자흡광광도
1.5점 법의 원리를 가장 적절하게 해설한 것은?

① 염화제일주석을 사용하여 금속이온으로 산화
시키고 발생된 수은이온의 농도를 측정한다.
② 염화제일주석을 사용하여 금속이온으로 환원
시키고 발생된 수은이온의 농도를 측정한다.
③ 염화제일주석을 사용하여 금속수은으로 환
원시키고 발생되는 수은증기의 농도를 측정
한다.
④ 염화제일주석을 사용하여 금속수은으로 산
화시키고 발생되는 수은증기의 농도를 측정
한다.

해설
수은의 원자흡광광도법(환원기화법)은 시료에 염화
제일주석을 넣어 금속수은으로 환원시킨 다음 이 용액
에 통기하여 발생되는 수은증기를 원자흡광광도법에
따라 정량하는 방법이다.

49 수질오염공정시험기준에 따라 분원성 대장균
1.5점 군을 시험하는 방법을 해설한 것 중 틀린 것은?

① 하천수의 분원성 대장균군에는 막여과법과
시험관법 중 한 방법을 선택 적용할 수 있다.
② 배양기는 배양온도를 (35±0.5)℃로 유지할
수 있는 것을 사용한다.
③ 시험결과는 '분원성대장균군수/100mL'로
표기하며, 유효숫자 2자리 미만은 반올림하
여 표기한다.
④ 시험관법에 의해 시험할 경우, 추정시험 시
험관에서 가스가 발생하면 EC배지로 옮겨
확정시험을 수행하여야 한다.

해설
분원성대장균군은 온혈동물의 배설물에서 발견되는
그람음성 · 무아포성의 간균으로서 44.5 ℃에서 락토
스를 분해하여 가스 또는 산을 발생시키는 모든 호기
성 또는 통성 혐기성균을 말한다.
배양기 또는 항온수조는 배양온도를 (44.5 ± 0.2) ℃
로 유지할 수 있는 것을 사용한다.

50 분광광도법에서 이용될 수 있는 파장의 범위
1.5점 를 모두 표현한 것은?

① 100 nm ~ 400 nm
② 300 nm ~ 800 nm
③ 200 nm ~ 900 nm
④ 400 nm ~ 1,200 nm

해설
흡광광도법(분광광도법)은 빛이 시료용액 중을 통과
할 때 흡수나 산란 등에 의하여 강도가 변화하는 것을
이용하는 것으로서 시료물질의 용액 또는 여기에 적당
한 시약을 넣어 발색시킨 용액의 흡광도를 측정하여
시료 중의 목적성분을 정량하는 방법으로 파장 200 ~
900 nm에서의 액체의 흡광도를 측정함으로써 수중
의 각종 오염물질 분석에 적용한다.

| 2과목 | 정도관리 |

01 시험결과를 표기할 때 유효숫자에 관한 해설
1점 로 틀린 것은?

① 1.008는 2개의 유효숫자를 가지고 있다.
② 0.002는 1개의 유효숫자를 가지고 있다.
③ 4.12 × 1.7 = 7.004는 유효숫자를 적용하
여 7.0으로 적는다.
④ 4.2 ÷ 3 = 1.4는 유효숫자를 적용하여 1로
적 는다.

해설
① 1.008는 4개의 유효숫자를 가지고 있다.

02 시료 분석 결과의 정도 보증 방법이 아닌 것은?
1점
① 회수율 검토(spike recovery test)
② 관리차트(control chart)
③ 숙련도시험(pt ; proficiency test)
④ 시험방법에 대한 분석자의 능력 검증
(idcinitial demonstration of capability)

해설

정도관리 시료를 분석하여 회수율을 검토하고 이 결과를 토대로 관리 차트를 작성하여 실험실의 관리기준과 경고기준을 수립하여 실험실을 일상적으로 관리하고 실험실 외부에서 실시하는 외부 숙련도 시험에 참가하여 시료분석결과에 대한 정도보증을 확보함

03 20개 이상의 상대표준편차백분율(RPD) 데이터를 수집하고, 평균값(X)와 표준편차(s)를 이용하여 정밀도 기준을 세울 경우 맞는 것은?
1점

① 경고 기준 : ±(X+s), 관리 기준 : ±(X+2s)
② 경고 기준 : ±(X+2s), 관리 기준 : ±(X+3s)
③ 경고 기준 : ±(X+3s), 관리 기준 : ±(X+4s)
④ 경고 기준 : ±(X+4s), 관리 기준 : ±(X+5s)

해설

정밀도의 관리 기준은 경고 기준은 ±(X+2s), 관리 기준은 ±(X+3s)

04 t−test를 통해서 오차의 원인을 알 수 없는 것은?
1점

① 계통오차　　　② 우연오차
③ 방법오차　　　④ 기기오차

해설

t−test를 통해서 오차의 원인을 알 수 있는 것은 계통, 방법, 기기오차이다.

05 탁도계 점검은 최소한 반 년에 한 번 실시하여야 하는데, 이때 사용되는 표준용액은?
1점

① hexamethylene tetramine 용액
② hydrzine sulfate 용액
③ formazine 용액
④ pyridine 용액

해설

탁도계의 불량은 실험실에서 준비한 formazine 저장 용액의 측정결과로 알아볼수 있다.

06 시료 접수 기록부의 필수 기록 사항이 아닌 것은?
1점

① 시료명
② 시료인계자
③ 현장 측정 결과
④ 시료 접수 일시

해설

인수인계 양식에는 시료채취 계획, 수집자 서명, 시료 채취위치, 현장 지점, 날짜, 시각, 시료 형태, 용기의 개수 및 분석에 필요한 것들이 포함되어야 함

07 녹아 있는 이온화된 고체를 제거하기에 적절하지 않은 처리 과정은?
1점

① 증류　　　　　② 역삼투
③ 한외여과　　　④ 탈이온화

해설

녹아 있는 이온화된 고체는 탄소흡착, 여과, 한외여과, 자외선 산화에 조금 제거되거나 안 됨

08 시료채취 시 현장기록과 관련된 내용으로 부적절한 것은?
1점

① 시료라벨은 모든 시료 용기에 부착한다.
② 모든 현장기록은 방수용 잉크를 사용해 작성한다.
③ 시료기록 시트에는 분석 목적을 기록한다.
④ 현장기록은 시료채취 준비 과정에서 발생한 모든 사항을 포함해야 한다.

해설

현장기록은 시료를 채취하는 동안 발생한 모든 데이터에 대한 기록이다.

09
1점

환경 분야 측정분석기관 정도관리 평가 내용 중 '시험분야별 분석능력 점검' 분야에 해당하지 않는 것은?

① 시험 결과의 계산　② 장비 및 시험방법
③ (기기)분석　　　　④ 시료채취

> **해설**
> 시험분야별 분석능력 점검표는 시료채취, 전처리, (기기)분석, 시험결과의 계산 등이 해당되며, 장비 및 시험방법은 운영 및 기술 점검표에 해당되는 것이다.

10
1점

유리기구의 세척에 대한 해설 중 틀린 것은?

① 총질소 분석용 유리기구는 질산 용액에 담갔다가 정제수로 세척하여 사용한다.
② 농약 표준용액을 제조하는 데 사용할 100 mL 부피 플라스크는 아세톤으로 헹군 다음 공기 건조한다.
③ 미생물 항목의 시료병은 멸균하여 사용한다.
④ 휘발성유기화합물의 시료용기는 105 ℃에서 1시간 이상 건조하여 사용한다.

> **해설**
> 총질소 분석용 기구는 일반항목이므로, 세척제 사용 세척, 수돗물 헹굼. 정제수 헹굼, 자연건조 후 사용(질산으로 세척할 경우 씻겨나가지 않은 질산으로 인해 총질소 분석 시 영향을 받을 수 있음)

11
1.5점

실험실 내 사고 상황별 대처 요령으로 적절하지 않은 것은?

① 화재 → '멈춰서기 – 눕기 – 구르기(stop – drop – roll)' 방법으로 불을 끈다.
② 경미한 화상 → 얼음물에 화상부위를 담근다.
③ 출혈 → 손, 팔, 발 및 다리 등일 때에는 이 부위를 심장보다 높게 위치한다.
④ 감전 → 발견 즉시 즉각적으로 원활한 호흡을 위해 인공호흡을 실시한다.

> **해설**
> ④ 감전 시 전기가 소멸했다는 확신이 있을 때까지 감전된 사람을 건드리지 않는다.

12
1.5점

시료 채취 장비의 준비에 대한 해설로 틀린 것은?

① 시료를 채취하기 전에 세척하여 사용하며, 현장 세척과 실험실 세척 시 세척제는 재질에 따라 5% 인산으로 된 ALCONOX○R 또는 인산과 암모니아로 된 LIQUINOX○R을 사용한다.
② 용매는 일반적으로 아이소프로판올(isopropanol)을 사용하며, 정제수로 헹군다.
③ 퍼지 장비 중 펌프와 호스는 비누 용액으로 문지른 후 수돗물을 사용해 헹구며, 정제수로 헹궈 말린다.
④ 테프론 튜브의 세척은 현장 또는 실험실에서 시행하며, 필요하다면 오염물 입자 제거를 위해 초음파 세척기에 넣어 세척한다.

> **해설**
> 테플론 튜브는 현장에서 세척하면 안 되고, 반드시 실험실에서 세척해야 한다.

13
1.5점

'측정분석기관 정도관리의 방법 등에 관한 규정'에 대한 기술 중 틀린 것은?

① '대상기관'이라 함은 영 제22조 각 호에 규정된 측정분석기관과 제4조 제2항의 규정에 의하여 정도관리 신청을 한 기관을 말한다.
② '검증기관'이라 함은 이 규정에 따라 국립환경 과학원장(이하 '과학원장'이라 한다.)으로부터 정도관리 결과, 정도관리 평가기준에 적합하여 우수 판정을 받고 정도관리검증서를 교부받은 측정분석기관을 말한다.
③ '숙련도시험'이라 함은 정도관리의 일부로서 측정분석기관의 분석능력을 향상시키기 위하여 일반시료에 대한 분석능력 또는 장비운영 능력을 평가하는 것을 말한다.
④ '현장평가'라 함은 정도관리를 위하여 측정분석기관을 방문하여 기술인력 · 시설 · 장비 및 운영 등에 대한 측정분석 능력의 평가와 이와 관련된 자료를 검증하고 평가하는 것을 말한다.

정답　**09** ②　**10** ①　**11** ④　**12** ④　**13** ③

해설
③ '숙련도시험'이라 함은 정도관리의 일부로서 측정분석기관의 분석능력을 향상시키기 위하여 **표준시료**에 대한 분석능력과 장비운영 능력을 평가하는 것을 말한다.

14
1.5점 실험실 첨가시료 분석 시 매질첨가(matrix spike)의 내용 중 잘못된 것은?

① 실험실은 시료의 매질간섭을 확인하기 위하여 일정한 범위의 시료에 대해 측정항목 오염물질을 첨가하여야 한다.

② 첨가농도는 시험방법에서 특별히 제시하지 않은 경우 검증하기 위해 선택한 시료의 배경농도 이하여야 한다.

③ 만일 시료 농도를 모르거나 농도가 검출한계 이하일 경우 분석자는 적절한 농도를 선택해야 한다.

④ 매질첨가 회수율에 대한 관리 기준을 설정하여 측정의 정확성을 검증하여야 한다.

해설
실험실 첨가시료는 측정의 정확도와 회수율을 평가하기 위한 것을 목적으로 하므로 첨가되는 성분의 주입량은 방법검출한계(MDL)의 약 10배 또는 기기검출한계(IDL)의 약 100배 농도로 한다.

15
1.5점 시료분석 결과의 정도보증을 위한 정도관리 절차 중 실험실 검증 시료에 관한 해설로 맞는 것은?

① 실험실 검증 시료(laboratory fortified sample)란 실험실에서 분석자와 시험방법에 의해 계획되고, 특수한 정도보증 확보를 위해 수행된다.

② 만일 시험방법 수행에서 검정 표준물질에 의해 어떠한 문제가 발생할 경우, 다른 실험실 관리 시료와의 비교 측정분석을 통해 개선 작업이 이루어져야 한다.

③ 실험실 관리 시료(laboratory control sample)는 최소한 매분기에 한 번씩 실험실의 시험항목 측정분석 중에 수행해야 한다.

④ 권장하는 실험실 관리 시료는 인증 표준물질을 사용하는 것을 말하며, 시험 수행 1시료군 측정분석마다 1회 이상 측정분석한다.

16
1.5점 화학물질의 취급을 위한 일반적인 기준으로 적합 하지 않은 것은?

① 증류수처럼 무해한 것을 제외한 모든 약품은 용기에 그 이름을 반드시 써 넣는다. 표시는 약품의 이름, 위험성, 예방조치, 구입일자, 사용자 이름이 포함되어 있어야 한다.

② 약품 명칭이 쓰여 있지 않은 용기에 든 약품은 사용하지 않는다.

③ 절대로 모든 약품에 대하여 맛을 보거나 냄새를 맡는 행위를 금하고 입으로 피펫을 빨지 않는다.

④ 약품이 엎질러졌을 때는 즉시 청결하게 조치하도록 한다. 누출 양이 적은 때는 그 물질에 대하여 잘 아는 사람이 안전하게 치우도록 한다.

해설
증류수를 포함한 모든 약품은 용기에 그 이름을 반드시 써 넣는다.

17
1.5점 적정용 표준용액을 표준화하기 위한 방법으로 틀린 것은?

① 적정 용액의 신속한 표준화 작업을 위해서 필요한 저장용액(stock solution)을 미리 확보해 두어야 한다.

② 고체상태의 고순도 일차표준(primary standard)물질을 사용하여 적정 용액을 표준화 활 수 있다.

③ 정확한 농도를 알고 있는 다른 표준용액을 사용하여 적정 용액을 표준화할 수 있다.

④ 최종 규정 농도는 3번 이상 반복한 실험 결과를 평균하여 결정한다.

정답 **14** ② **15** ④ **16** ① **17** ①

해설

적정용 표준용액이란 농도를 정확히 알고 있는 고순도 물질(일차표준물질)을 사용하여 농도를 알고자 하는 물질의 농도를 적정(titration) 방법으로 알아내는 방법이며, 적정을 통해 규정농도를 구하는 때는 3번 실험한 결과값의 평균을 사용한다.

18
1.5점

시료채취 후 발생된 폐기물을 처리하는 방법으로 틀린 것은?

① 시료채취 동안에 발생한 폐기물은 라벨을 붙인 용기에 분리하여 처리하고, 폐기물 처분을 위해 실험실로 갖고 온다.
② 실험실과 현장에서 발생한 폐기물은 실험실과 계약을 맺은 인증된 폐기물 관리 회사를 통해 폐기해야 한다.
③ 발생된 폐기물이 지정폐기물 중 폐산·폐알칼리·폐유·폐유기용제·폐촉매·폐흡착제·폐농약에 해당될 경우에는 보관이 시작된 날부터 45일을 초과하여 보관하여서는 안 된다.
④ 발생된 화학폐기물을 수집하는 용기는 반드시 운반 및 용량 측정이 쉽고 잔류량 확인이 가능하도록 유리재질의 용기를 사용하여야 한다.

해설

화학폐기물 수집 용기는 반드시 운반 및 용량 측정이 용이한 플라스틱 용기를 사용하여야 한다.

19
1.5점

분석 결과의 정확도를 평가하기 위한 방법으로 틀린 것은?

① 회수율 측정
② 상대표준편차 계산
③ 공인된 방법과의 비교
④ 표준물질 분석

해설

상대표준편차는 정밀도를 분석하기 위한 값이다.

20
1.5점

실험실에서 가장 기본적으로 사용하는 분석저울을 관리하는 방법으로 틀린 것은?

① 실험실에서 사용하는 분석저울은 최소한 0.0001g까지 측정 가능해야 하며, 사용 전에는 반드시 영점으로 조정을 한 뒤 사용한다.
② 저울은 습도가 일정하게 유지되는 실온에서 사용한다.
③ 전기식 지시저울은 자동 교정이 되므로 수시로 분동 없이 자체교정을 한 후 사용한다.
④ 저울을 사용하는 천칭실에는 온도계, 습도계, 압력계도 부대장비로 갖추어야 한다.

해설

저울의 교정은 수시교정, 상시교정, 정기교정으로 구분된다. 수시교정과 상시교정은 사용자가 국제법정계량기구의 분동을 이용하여 직접 수행하며, 정기교정은 국가표준기본법에 근거한 국제기준(KS A ISO/IEC 17025) 및 한국인정기구(KORAS)가 인정한 국가교정기관에 의해 1년 주기로 교정함

21
1.5점

정도관리 평가를 위한 숙련도시험 평가기준 중 하나는 오차율이다. 평가 대상기관의 측정값이 1.5 ppm이고, 기준값은 2.0 ppm, 표준편차는 0.5 ppm일 경우 대상기관의 오차율과 평가 결과가 맞는 것은?

① 100 %, 만족
② 100 %, 불만족
③ 25 %, 만족
④ 25 %, 불만족

해설

$$오차율 = \frac{(대상기관의\ 분석값 - 기준값)}{기준값} \times 100$$

이므로 $\frac{(1.5 - 2.0)}{2.0} \times 100 = 25\%$로 개별 항목의 오차율이 ±30% 이하인 경우 '만족'으로 평가할 수 있다.

22
1.5점

문서의 저장에 대한 해설로 틀린 것은?

① 문서는 시작 날짜, 종료 날짜, 문서 제목, 분석 그룹, 분석 물질에 대해 저장되어야 한다.
② 저장지역은 기록물을 유지하도록 충분히 넓은 곳을 사용하고 쉽게 찾을 수 있어야 한다.
③ 원 자료 및 보고된 결과에 관련된 문서는 경계 양식으로 하고 기밀을 유지하여야 한다.
④ 스트립 차트(strip chart), 문서화된 교정 곡선은 파일 상자에 저장해야 한다.

해설
원 자료 및 보고된 결과에 관련된 문서는 경계 양식으로 구분이 쉽고 언제나 열람이 가능해야 한다. 스트립 차트(strip chart)란 기기 분석결과를 처리하는 아날로그 방식의 기록지로 실험 raw data를 말한다.

23

대기분진을 증류수에 넣고 수용성 이온성분을 추출하여 수소이온의 농도를 측정한 결과 3.4×10^{-5}이었다. 이 값을 측정의 불확실성을 고려하여 pH로 표시할 때 옳게 나타낸 것은?(단, $-\log(3.4 \times 10^{-5}) = 4.468521$)

① 4.4 ② 4.5
③ 4.46 ④ 4.47

24
1.5점

기체 크로마토그래프(GC ; gas chromato graph)를 이용하여 정교한 분석절차를 수행할 때, 필수적으로 확인하여야 할 사항이 아닌 것은?

① 오븐 온도가 $\pm 0.2\ ^\circ\text{C}$ 이내로 제어가 가능한지 오븐 온도 프로그램의 성능을 확인하여야 한다.
② 바탕시료의 반복 측정을 통한 바탕선 안정도와 컬럼장애(column bleeding)를 확인하여야 한다.
③ 운반 가스의 유속 조절 프로그램 성능 유지와 분할/비분할 주입 기능을 확인하여야 한다.
④ 제조사와 실험실 사이에 검정·교정 계약을 체결하여 주기적으로 장비의 신뢰도를 증명하여야 한다.

해설
제조사와 실험실 사이에 검정·교정 계약을 체결하여 주기적으로 장비의 신뢰도를 증명할 것을 권장한다.

25
1.5점

방사선 관리구역에서 유의해야 하는 사항이 잘못 기술된 것은?

① 관리구역 내에서는 오염방지를 위한 전신방호복을 항상 착용해야 한다.
② 관리구역 내에서 휴대용 감마선용 선량계를 항상 착용해야 한다.
③ 개인의 피폭선량을 수시로 측정, 반드시 기록 한다.
④ 관리구역 내 가속기실로부터 기구, 비품은 최대허용 표면 오염밀도의 1/10 이하인 경우 반출이 가능하다.

해설
관리구역 내에서는 오염에 의한 위험을 방지하기 위해 전용 고무장갑을 착용한다.

26
1.5점

가스통 취급방법에 대한 내용으로 틀린 것은?

① 가스통은 보관장소에 가죽 끈이나 체인으로 고정하여 넘어지지 않도록 하여야 한다.
② 가스통 연결 부위는 그리스나 윤활유를 발라 녹슬지 않게 한다.
③ 압력조절기를 연결하기 위해 어댑터를 쓰지 않으며 각각의 가스의 특성에 맞는 것을 사용한다.
④ 가스를 사용할 때는 창문을 열거나 환기팬 또는 후드를 가동하며 환기가 잘 되도록 한다.

해설
밸브와 용기의 연결부위 및 기타 가스가 직접 접촉하는 곳에 유기물질 등이 묻지 않도록 하여야 한다.

27 일반적으로 시료의 채취와 처리 및 분석과정에서 발생할 수 있는 오염을 보정하기 위해 바탕시료를 사용한다. 만약, 울릉도, 소청도, 제주도 등에서 채취한 빗물을 서울 소재 실험실에서 한꺼번에 모아서 분석하려고 할 때, 사용되는 바탕시료는?

① 운반바탕시료　　② 실험실바탕시료
③ 시험바탕시료　　④ 현장바탕시료

해설
시료의 채취, 운송, 분석과정 중의 문제점을 찾는 데 사용되는 바탕시료는 현장바탕시료이다.

28 UV−Vis 분광광도계의 상세 교정 절차의 해설 중 틀린 것은?

① 바탕시료로 기기를 영점에 맞춘다.
② 1개의 검정표준물질로 검정곡선을 작성한다. 참값의 5% 이내에 있어야 한다.
③ 분석한 검증확인표준물질에 의해 곡선을 검증한다. 참값의 10% 이내에 있어야 한다.
④ 디디뮴 교정필터를 사용하더라도 검증확인표준물질로 확인하여야 한다.

해설
네오디뮴 필터(neodymium filter), 홀뮴 필터(holmium filter) 등을 이용한다.

29 표준물질에 대한 해설로 틀린 것은?

① 교정검증 표준물질은 농도를 정확하게 확인하지 못한 표준물질의 값을 정확히 알기 위하여 교정곡선과 비교하여 맞는 것인지 검증하기 위해 사용된다.
② 수시교정용 표준물질은 분석하는 동안 교정 정확도를 확인하기 위하여 중간점 초기 교정용 표준물질의 값을 대신해서 사용한다.
③ 실험실 관리 표준물질은 교정용 검정 표준용액과 같은 농도의 것을 사용한다.

④ 시료를 실제 분석하기 전에 전처리를 실시한 경우 바탕시료와 표준물질을 준비하고 시료와 함께 분석한다.

해설
검정곡선이 실제 시료에 정확하게 적용할 수 있는지를 검증하고 검정곡선의 정확성을 검증하는 표준물질이다.

30 유해화학물질 취급 시 안전 요령에 대한 기술 중 적절하지 않은 것은?

① 유해물질을 손으로 운반할 때는 용기에 넣어 운반한다.
② 모든 유해물질은 지정된 저장 공간에 보관해야 한다.
③ 가능한 한 소량을 사용하며, 미지의 물질에 대하여는 예비실험을 하여서는 안 된다.
④ 불화수소는 가스 및 용액이 맹독성을 나타내며, 피부에 흡수되기 때문에 특별한 주의를 요한다.

해설
위험한 물질을 사용할 때는 가능한 한 소량을 사용하고, 또한 미지의 물질에 대해서는 예비시험을 할 필요가 있다.

31 실험실 안전장치에 대한 해설로 틀린 것은?

① 후드의 제어 풍속은 부스를 개방한 상태로 개구면에서 0.4 m/sec 정도로 유지되어야 한다.
② 부스 위치는 문, 창문, 주요 보행 통로로부터 근접해 있어야 한다.
③ 후드 및 국소배기장치는 1년에 1회 이상 자체 검사를 실시하여야 한다.
④ 실험용 기자재 등이 후드 위에 연결된 배기덕트 안으로 들어가지 않도록 한다.

해설
후드는 작업지역, 시설 등으로부터 멀리 떨어진 곳에 위치하여야 하며, 공기의 흐름이 빠른 곳이나 공기가 공급되는 곳, 문, 창문, 실험실 구석, 매우 차가운 장비 주변 등으로부터는 이격되어야 한다.

정답　27 ④　28 ④　29 ①　30 ③　31 ②

32 다음 중 시약 보관방법이 잘못된 것은?

1.5점

① 가연성 용매는 실험실 밖에 저장하고 많은 양
은 금속 캔에 저장하며, 저장 장소에는 '가연
성 물질'이라고 반드시 명시한다.

② 화학물질은 화학물질 저장실에 알파벳 순서
대로 저장하며, 도착 날짜와 개봉 날짜를 모
두 기입하여 보관한다.

③ 암모니아 산화물, 질소화물, 인산 저장용액
은 냉장고에 '유기물질용 냉장고'라고 적어
서 보관한다.

④ 실리카 저장용액은 반드시 플라스틱병에 보
관한다.

해설

③의 물질은 '무기물질용 냉장고'라고 적어서 보관해
야 한다.

33 분석 성분별 사용 용기 및 세척방법이 바르게

1.5점 짝지어진 것은?

① 영양물질 – 플라스틱 혹은 유리병을 사용, 비
눗물로 세척 후 50 % 질산으로 병과 뚜껑을
행군 후 정제수로 반복해서 행군다.

② 미네랄 성분 – 플라스틱 혹은 유리병을 사용,
비눗물로 세척 후 정제수로 반복해서 행군다.

③ 금속 – 뚜껑이 있는 플라스틱 혹은 유리병을
사용, 비눗물로 세척 후 50 % 염산 및 50 %
질산으로 병과 뚜껑을 행군 후 정제수로 반
복해서 행군다.

④ VOC – 테플론 뚜껑이 있는 40 mL 플라스틱
바이알을 사용, 비눗물로 세척 후 정제수로 반
복해서 행군 다음 메탄올을 사용하여 세척한다.

해설

① 영양물질 – 플라스틱 혹은 유리병을 사용, 비눗물
로 세척 후 50 % 염산으로 병과 뚜껑을 행군 후 정
제수로 반복해서 헹군다.

③ 금속 – 뚜껑이 있는 플라스틱을 사용, 비눗물로 세척
후 염산(1+1)으로 병과 뚜껑을 헹군 후 10 % 질산으
로 다시 헹군다. 그 후 정제수로 반복해서 헹군다.

④ VOC – 테플론 뚜껑이 있는 40 mL 유리 바이알을
사용, ALCONOX ⓡ 비눗물로 세척 후 정제수로 반
복해서 행군 다음 메탄올을 사용하여 세척한다.

34 측정분석기관이 장비 운영을 위하여 준수해야

1.5점 할 사항이 아닌 것은?

① 시험장비의 정상적 작동

② 요구되는 정확도의 달성

③ 요구되는 사양의 만족

④ 실험실의 모든 직원에 의한 운영

해설

시험장비 운영은 기술요건의 내용으로 시험장비 운영
의 권한을 부여받은 직원에 의해 운영되어야 한다.

35 다음은 어떤 평가 대상 기관이 5개의 측정 항

1.5점 목에 대하여 얻은 분석 결과와 각 항목에 대한
기준값을 표로 나타낸 것이다. 이를 참조할
때, 숙련도시험 평가 기준에 따른 평가 대상 기
관의 환산 점수는?

평가항목	측정기관의 분석값 (mg/L)	기준치(mg/L)
BOD	5.50	5.00
SS	6.30	5.00
암모니아성 질소	0.69	1.00
총인	0.16	0.20
불소	0.77	1.0

① 40   ② 60

③ 70   ④ 80

해설

1. 오차율 산출 → 2. 분야별 항목평가(오차율 ± 30%
이하 : 만족) → 3. 환산점수 계산

㉠ 오차율(%)

$$= \frac{(대상기관의\ 분석값 - 기준값)}{기준값} \times 100$$

㉡ 환산점수 $= \frac{총점}{항목\ 수} \times \frac{100}{5}$

정답   **32** ③   **33** ②   **34** ④   **35** ④

36
1.5점 정도관리 오차에 관한 해설 중 바르게 짝지어 진 것은?

> ㄱ. 계량기 등의 검정 시에 허용되는 공차 (규 정된 최댓값과 최솟값의 차)
> ㄴ. 재현 가능하여 어떤 수단에 의해 보정이 가 능한 오차. 이것에 따라 측정값은 편차가 생긴다.
> ㄷ. 재현 불가능한 것으로 원인을 알 수 없어 보정할 수 없는 오차이며 이것으로 인해 측정값은 분산이 생긴다.
> ㄹ. 측정 분석에서 수반되는 오차

① ㄱ : 검정 허용 오차   ㄴ : 계통 오차
　　ㄷ : 우연 오차　　　　ㄹ : 분석 오차
② ㄱ : 검정 허용 오차   ㄴ : 우연 오차
　　ㄷ : 계통 오차　　　　ㄹ : 분석 오차
③ ㄱ : 분석 오차　　　　ㄴ : 계통 오차
　　ㄷ : 우연 오차　　　　ㄹ : 검정 허용 오차
④ ㄱ : 우연 오차　　　　ㄴ : 계통 오차
　　ㄷ : 분석오차　　　　ㄹ : 검정 허용 오차

해설
• ㄱ : 검정 허용 오차　　• ㄴ : 계통 오차
• ㄷ : 우연 오차　　　　• ㄹ : 분석 오차

37
1.5점 추출 가능한 유기물질 시료의 처리에 대한 해 설로 옳은 것은?

① 방향족화합물 분석용 시료는 알루미늄 호일 로 감싼 병에 상온에서 보관한다.
② 나이트로소아민(nitroso amine) 분석용 시 료는 상온에서 보관하되 7일 이내에 분석해 야 한다.
③ 유기인계 분석용 시료는 공기 중에 노출되 었을 경우 즉시 분석을 완료하여야 한다.
④ 페놀 분석용 시료는 4 ℃ 냉장보관하고 염소 처리된 시료의 경우 $Na_2S_2O_3$를 첨가한다.

해설
① 방향족화합물 분석용 시료는 알루미늄 호일로 감싼

병에 냉장 보관한다.
② 나이트로소아민(nitroso amine) 분석용 시료는 냉장 보관하되 7일 이내에 추출해야 한다.
③ 유기인계 분석용 시료는 공기 중에 노출되었을 경 우 7일 이내에 분석을 완료하여야 한다.

38
1.5점 검정곡선에 관한 해설 중 틀린 것은?

① 몇몇 무기물질 시험방법은 각 오염물질 바탕 시료와 최소한 표준물질 3개 단계별 농도를 권장하고 있다.
② 정밀도가 낮은 측정기기나 오염 농도가 높은 시료는 검정곡선 범위에 포함되도록 조작하 고 농축 또는 희석하여 분석한다.
③ 일반적으로 검정곡선은 시료를 분석한 직후 에 다시 작성해 놓고 다음 분석에 사용한다.
④ 기체 크로마토그래프를 사용하는 시험에서 검정곡선의 작성은 최소한 표준물질 5개 단 계별 농도를 사용하여 검정곡선을 작성한다.

해설
일반적으로 검정곡선은 시료를 분석할 때 작성한다. 다음 분석에는 새로 작성한다.

39
1.5점 정도관리 평가 위원은 정도관리 평가 기준에 따라 대상 기관에 대하여 현장평가를 실시하 며, 다음 각 호의 방법으로 조사할 수 있다. 이 에 해당하지 않는 사항은?

① 직원과의 질의 응답, 시험실 환경에 관한 사항
② 시료 및 시약의 관리 사항, 측정 · 분석 업무 의 평가
③ 측정 · 분석장비의 검 · 교정 등 장비 관리 사 항, 시험성적서 등 기록물 관리 사항
④ 자격증 취득 관리에 관한 사항, 보수 교육 이 수 여부

해설
자격증 취득 관리에 관한 사항, 보수 교육 이수 여부는 시험검사 등과 관련된 사항이 아니다.

40 1.5점 분광학적 분석을 위한 시험 일지에 기록하는 내용으로 불필요한 것은?

① 방법검출한계(MDL)
② 교정검정표준물질(CVS) 회수율
③ 정밀도(RDP)
④ 온도보정값

해설

분광학적 분석기(UV−vis, AA, ICP 등)는 온도에 민감하지 않으므로 보정하지 않는다.

41 1.5점 첨가시료에 대한 내용으로 틀린 것은?

① 관심을 갖는 항목의 물질을 가하는 것으로 농도를 알고 있는 시료이다.
② 첨가물질의 회수율로 분석 정확도를 판단할 수 있다.
③ 일반적으로 고농도의 저장 용액을 그대로 주입하거나 묽혀서 주입한다.
④ 실험실에서 준비된 첨가시료는 실험실의 준비 및 분석에 대한 영향을 반영한다.

해설

첨가시료가 현장에서 만들어진다면, 그 결과는 시료의 저장, 운송, 실험실의 준비 및 분석에 대한 영향을 반영하며, 실험실에서 첨가된다면 첨가된 시점부터 분석에 이르기까지의 영향을 반영한다.

42 1.5점 다음은 시안화물 시료의 보존 기술을 서술한 것이다. ( ) 안에 알맞은 것은?

잔류 염소가 있다면, (㉠) 0.6 g을 첨가하고, 황화물이 있다면 시료는 현장에서 전처리하거나 실험실로 가져와 24 시간 내에 4 ℃에서 분석되어야 한다. 황화물은 (㉡)로 현장에서 점검한다. 황화물이 있다면 종이 색이 (㉢)으로 변하게 되고 카드뮴 황화물의 노란 침전물이 나타날 때까지 (㉣)를 첨가한다.

① ㉠ : 티오황산나트륨, ㉡ : 납 아세테이트 종이,
㉢ : 붉은색, ㉣ : cadmium nitrate
② ㉠ : 티오황산나트륨, ㉡ : 납 아세테이트 종이,
㉢ : 검은색, ㉣ : cadmium nitrate
③ ㉠ : 아스코빈산, ㉡ : 납 아세테이트 종이,
㉢ : 붉은색, ㉣ : cadmium nitrate
④ ㉠ : 아스코빈산, ㉡ : 납 아세테이트 종이,
㉢ : 검은색, ㉣ : cadmium nitrate

해설

잔류염소가 있다면, 아스코르빈산 0.6 g을 첨가하고 황화물이 있다면 시료는 현장에서 전처리하거나 실험실로 가져와 24 시간 내에 4 ℃에서 분석되어야 한다. 황화물은 납 아세테이트 종이로 현장에서 점검한다. 황화물이 있다면 종이 색이 검은색으로 변하게 되고 카드뮴 황화물의 노란 침전물이 나타날 때까지 cadmium nitrate를 첨가한다.

43 1.5점 기체크로마토그래프를 이용한 다성분 측정 시 사용하는 내부표준물질 또는 대체표준물질의 해설로 잘못된 것은?

① 분석장비의 오염과 손실, 시료 보관 중의 오염과 손실, 측정 결과를 보정하기 위해 사용하며 내부표준물질은 분석 대상 물질과 동일한 검출시간을 가진 것이어야 한다.
② 내부표준물질은 분석 대상 물질과 유사한 물리·화학적 특성을 가진 것이어야 하며, 각 실험방법에서 정하는 대로 모든 시료, 품질관리 시료 및 바탕시료에 첨가한다.
③ 내부표준물질에 분석 물질이 포함되어서는 안 되며 동위원소 치환체가 아니어도 내부표준물질의 사용이 가능하다.
④ 대체표준물질은 대상 항목과 유사한 화학적 성질을 가지나 일반적으로는 환경시료에서 발견되지 않는 물질이며 시험법, 분석자의 오차 확인용으로 사용한다.

해설

내부표준물질과 대체표준물의 머무름시간(RT)은 분석대상물질과 분리되어야 함

44
1.5점 **시료채취 취급 방법의 해설로 틀린 것은?**

① 중금속을 위한 시료는 50 % 질산 혹은 진한 질산을 첨가하여 보존한다.

② VOC 분석을 위한 시료는 기포가 없이 가득 채워 밀봉하고 운반과 저장하는 동안에 4 ℃에서 보존한다.

③ 오일 및 그리스 분석용 시료는 시료채취 전에 현장에서 시료 용기를 잘 행구어 분석 시까지 냉장 보관한다.

④ 미생물 분석용 시료는 밀폐된 용기에 시료를 수집하고 분석 전에 혼합하기 위하여 상부에 일정 공간을 둔다.

해설

오일 및 그리스 분석용 시료는 시료채취 전에 현장에서 시료 용기를 행구지 않고 분석 시까지 4 ℃에서 냉장 보관한다.

45
1.5점 **분석 자료의 승인과 관련한 내용 중 잘못된 결과의 원인 및 수정에 대해 점검해야 하는 것이 아닌 것은?**

① 표준 적정용액의 잘못된 결과

② 허용할 수 없는 바탕시료 값

③ 허용할 수 없는 교정 범위 및 첨가물질 회수율

④ 실험실 간의 비교 결과 값

해설

분석 자료의 승인 중 잘못된 결과의 원인 및 수정에 대해 점검해야 하는 것은 허용할 수 없는 바탕시료 값, 교정 범위, 정밀도 값, 첨가물질 회수율과 표준적정용액의 잘못된 결과이다.

46
1.5점 **물의 정제에 사용되는 일반 과정과 정제에 의해 제거되는 오염물질에 대한 해설로 맞지 않는 것은?**

① 활성탄 탄소는 흡착에 의해 잔류염소가 제거된다.

② ultrafilter는 특정 유기 오염물질을 줄이는 데 유용하다.

③ 185 nm 자외선 산화는 전처리를 할 때 미량의 유기오염물질을 제거하는 데 효과적이다.

④ 증류에 의해 정제된 물은 탈이온화에 의해 만들어진 정제수보다 더 높은 저항값을 가진다.

해설

증류에 의해 정제된 물이 탈이온화에 의해 만들어진 정제수보다 더 낮은 저항값을 가진다.

47
1.5점 **분석 물질의 일반적인 시료채취 절차상 시료 수집에 있어 우선 순위대로 나열한 것은?**

① 미생물−VOC(volatile organic compound)−중금속−오일과 그리스

② VOC(volatile organic compound)−오일과 그리스−중금속−미생물

③ 중금속−미생물−오일과 그리스−VOC(volatile organic compound)

④ 오일과 그리스−중금속−VOC(volatile organic compound)−미생물

해설

시료 수집의 우선순위

① VOCs, 오일과 그리스 및 TPHs을 포함한 추출하여야 하는 유기물질, ② 중금속, ③ 용존 금속(dissolved metal(구리(Ⅱ), 철(Ⅲ)), ④ 미생물 시료, ⑤ 무기 비금속

정답 44 ③ 45 ④ 46 ④ 47 ②

48
1.5점 휘발성 유기화합물(VOCs) 시료를 채취하는 방법 중 옳은 것은?

① 시료가 완전히 봉해졌는지 확인하기 위해 시료 용기를 뒤집어 공기방울이 있음을 확인하고 냉장 운반한다.
② 수돗물을 채취하는 경우에는 수도꼭지를 틀고 바로 받아 휘발성 유기물이 휘발되지 않도록 한다.
③ 수돗물을 채취하는 경우에는 잔류염소를 제거하고 시료를 반 정도 채우고 염산으로 pH를 조정한 후 시료를 채우고 봉한다.
④ 시료로 병을 헹구어 용기를 채우되 물이 넘치도록 받으며, 이 경우 과도하게 넘치지는 않도록 한다.

해설

① 시료가 완전히 봉해졌는지 확인하기 위해 시료 용기를 뒤집어 공기방울이 없음을 확인하고 냉장 운반한다.
② 수돗물을 채취하는 경우에는 수도꼭지를 틀어 물을 3분 ~ 5분간 흘려보내고 신선한 물을 채취한다.
④ 시료로 병을 헹구지 말고 용기를 채우되 물이 넘치지 않도록 받아야 한다.

49
1.5점 분석 자료의 승인을 위해서 '허용할 수 없는 교정 범위의 확인 및 수정'에 대한 내용이 아닌 것은?

① 시험에 사용되는 시약의 화학적 접촉에 의해 발생될 수 있는 오염된 시약
② 부적절하게 저장된 저장 용액, 표준 용액 및 시약
③ 잘못되거나 유효 날짜가 지난 QC 점검 표준 물질 (CVS)
④ 부적절한 부피 측정용 유리 제품의 사용

해설

시험에 사용되는 시약의 화학적 접촉에 의해 발생될 수 있는 오염된 시약은 '표준적정용액의 잘못된 결과 원인 및 수정'에 속한다.

50
1.5점 환경분야 측정분석기관 정도관리의 경영 요건 내용에 해당되지 않는 것은?

① 시험 결과의 보증
② 시험의 위탁
③ 서비스 및 물품 구매
④ 부적합 업무 관리 및 보완 조치

해설

경영요건은 조직, 품질시스템, 문서 관리, 시험의뢰 및 계약 시의 검토, 시험의 위탁, 서비스 및 물품 구매, 고객에 대한 서비스, 부적합 업무 관리 및 보완조치, 기록 관리, 내부 정도관리 평가 등에 해당되며, 시험결과의 보증은 기술요건에 해당되는 내용이다.

정답 48 ③ 49 ① 50 ①

1과목　수질오염공정시험기준

01 원클러－아지드화나트륨 변법에 의한 용존 산
1점 소(Dissolved Oxygen)의 양을 정량하는 방법
에서 시료가 착색 및 현탁되어 전처리가 필요
한 경우에 사용되는 시약은?

① 칼륨 명반 및 암모니아수
② 황산구리－술퍼민산 용액
③ 불화칼륨 용액
④ 전분 및 티오황산나트륨 용액

해설

ES 04308.1b 용존산소 － 적정법

[전처리]

시료가 현저히 착색되어 있거나 현탁되어 있을 때에는
용존산소의 정량이 곤란하다. 또한 시료에 미생물 플
록(Floc)이 형성되었을 경우에도 정확한 정량이 이루
어질 수 없다. 시료 중에 잔류염소와 같은 산화성 물질
이 공존할 경우에도 용존산소의 정량이 방해받는다.
이러한 경우에는 다음과 같이 시료를 전처리 한다.

㉠ 시료가 착색 · 현탁된 경우
　시료를 마개가 있는 1 L 유리병(마개는 접촉부분이
　45°로 절단되어 있는 것)에 기울여서 기포가 생기
　지 않도록 조심하면서 가득 채우고, **칼륨명반용액**
　10 mL와 암모니아수 1 mL ~ 2 mL를 유리병의 위
　로부터 넣고, 공기(피펫의 공기)가 들어가지 않도
　록 주의하면서 마개를 닫고 조용히 상하를 바꾸어
　가면서 1분간 흔들어 섞고 10분간 정치하여 현탁
　물을 침강시킨다.
　상층액을 고무관 또는 폴리에틸렌관을 이용하여
　사이펀작용으로 300 mL BOD병에 채운다. 이때
　아래로부터 침강된 응집물이 들어가지 않도록 주
　의하면서 가득 채운다.

㉡ 황산구리 － 설퍼민산법(미생물 플럭 (floc)이 형성
　된 경우)
　시료를 마개가 있는 1 L 유리병(마개는 접촉부분이
　45°로 절단되어 있는 것)에 기울여서 기포가 생기

지 않도록 조심하면서 가득 채우고 황산구리 － 설
퍼민산용액 10 mL를 유리병의 위로부터 넣고 공
기가 들어가지 않도록 주의하면서 마개를 닫고 조
용히 상 · 하를 바꾸어 가면서 1분간 흔들어 섞고
10분간 정치하여 현탁물을 침강시킨다. 깨끗한 상
층액을 고무관 또는 폴리에틸렌 관을 이용하여 사
이펀작용으로 300 mL BOD병에 채운다. 이때 아
래로부터 침강된 응집물이 들어가지 않도록 주의
하면서 가득 채운다.

㉢ 산화성 물질을 함유한 경우(잔류염소)
　시료 중에는 잔류염소 등이 함유되어 있을 때에는
　별도의 바탕시험을 시행한다.
　용존산소측정병에 시료를 가득 채운 다음, 알칼리
　성 요오드화칼륨 － 아자이드화나트륨 용액 1 mL와
　황산 1 mL를 넣은 후 마개를 닫는다. 시료를 넣은
　병을 상하를 바꾸어 가면서 약 1분간 흔들어 섞는
　다. 여기에 황산망간용액 1 mL를 넣고 다시 상하
　를 바꾸어 가면서 흔들어 섞은 다음 이 용액 200
　mL를 취하여 삼각플라스크에 옮기고 전분용액을
　지시약으로 하여 티오황산나트륨용액(0.025 M)
　으로 적정하고 그 측정값을 용존산소량의 측정값
　에 보정한다.

㉣ 산화성 물질을 함유한 경우(Fe(Ⅲ))
　Fe(Ⅲ) 100 mg/L ~ 200 mg/L가 함유되어 있는
　시료의 경우, 황산을 첨가하기 전에 플루오린화칼
　륨 용액 1 mL를 가한다.

02 클로로필a 측정 과정에서 클로로필 색소를 추
1점 출하기 위해 사용되는 물질은?

① 과망간산칼륨 용액
② 아세톤
③ 메틸 알코올
④ 벤젠

해설

ES 04312.1a 클로로필 a

[목적]

이 시험기준은 물속의 클로로필 a의 양을 측정하는 방법으로 아세톤 용액을 이용하여 시료를 여과한 여과지로부터 클로로필 색소를 추출하고, 추출액의 흡광도를 663 nm, 645 nm, 630 nm 및 750 nm에서 측정하여 클로로필 a의 양을 계산하는 방법이다.

03 GC 검출기 중에서 시료 중의 미지 화합물을 확인하고, 정량을 할 수 있도록 해 주는 검출기는?
1점

① Mass spectrometer
② Flame ionization
③ Thermal conductivity
④ Flame thermionic

04 호기성 상태에서 질소 순환 과정은 어느 것인가?
1점

① $NH_3 \rightarrow NO_2^- \rightarrow NO_3^-$
② $NO_2^- \rightarrow NH_3 \rightarrow NO_3^-$
③ $NH_3 \rightarrow NO_3^- \rightarrow NO_2^-$
④ $NO_2^- \rightarrow NO_3^- \rightarrow NH_3$

해설

ES 04354.0 아질산성 질소

[일반적 성질]

아질산성 질소는 수질 오탁을 표시하는 지표의 하나로 물이 유기성 질소로 오염된 경우 수중에서 점차 분해되어 무기성 질소로 되는 산화과정에서 생성하는 것 중의 하나로서 일반적으로 암모니아성 질소의 산화에 의해서 생기는 것이다. 물속에 존재하는 아질산성 질소는 주로 대·소변, 하수 등의 혼입에 의한 암모니아성 질소의 산화에 의해 생기므로 물의 오염을 추정할 수 있는 유력한 지표가 된다. 아질산성 질소는 질산성 질소로 산화되면서 안정하므로 그 양을 측정하면 오수의 자연 정화가 어디까지 왔는지 알 수 있다.

05 기체크로마토그래피법에서 얻은 크로마토그램에서 정성분석에 사용되는 것은?
1점

① 곡선의 넓이   ② 봉우리의 높이
③ 머무름 시간   ④ 바탕선의 길이

해설

정성분석은 동일 조건하에서 특정한 미지 성분의 머무른 값과 예측되는 물질의 봉우리 머무른 값을 비교하여야 한다. 머무름의 종류로는 머무름시간(Retention Time), 머무름용량(Retention Volume), 비머무름용량, 머무름비, 머무름지수 등이 있다.(환경부 고시 제2007-147호 수질오염공정시험방법 발췌)

06 수질오염공정시험기준에서 크롬을 정량하는 방법에 해당되지 않는 것은?
1점

① 원자흡광광도법
② 흡광광도법(다이페닐카르바지드법)
③ 유도결합플라스마 발광광도법
④ 기체크로마토그래프법

해설

ES 04414.0 크롬

[적용 가능한 시험방법]

크롬	정량한계 (mg/L)	정밀도 (% RSD)
원자흡수분광 광도법	• 산처리법 : 0.01 mg/L • 용매추출법 : 0.001 mg/L	± 25 % 이내
자외선/가시선 분광법	0.04 mg/L	± 25 % 이내
유도결합플라스마 –원자발광분광법	0.007 mg/L	± 25 % 이내
유도결합플라스마 –질량분석법	0.0002 mg/L	± 25 % 이내

07 이온크로마토그래피나 흡광광도법으로 영양염류를 측정할 때 공통적으로 방해되는 물질은?
1.5점

① 착색물질   ② 잔류염소
③ 부유물질   ④ 황화합물

해설

ES 04350.1b 음이온류 – 이온크로마토그래피

[간섭물질]

㉠ 머무름 시간이 같은 물질이 존재할 경우, 컬럼 교체, 시료희석 또는 용리액 조성을 바꾸어 방해를 줄일 수 있다.

㉡ 정제수, 유리기구 및 기타 시료 주입 공정의 오염으로 베이스라인이 올라가 분석 대상물질에 대한 양(+)의 오차를 만들거나 검출한계가 높아질 수 있다.

㉢ 0.45 μm 이상의 입자를 포함하는 시료 또는 0.20 μm 이상의 입자를 포함하는 시약을 사용할 경우 반드시 여과하여 컬럼과 흐름 시스템의 손상을 방지해야 한다.

08 수질오염의 분석과정에서 채취된 시료에 존재
1.5점 하는 다양한 유기물 및 부유 물질들을 제거하기 위하여 적절한 방법으로 전처리과정을 거쳐야 한다. 채취된 시료수에 다량의 점토질 또는 규산염이 함유되어 있는 경우에 적용되는 전처리 방법을 고르면?

① 질산 – 염산에 의한 분해
② 질산 – 황산에 의한 분해
③ 질산 – 과염소산에 의한 분해
④ 질산 – 과염소산 – 불화수소에 의한 분해

해설

ES 04150.1b 시료의 전처리 방법

[산분해법]

㉠ 질산법 : 유기함량이 비교적 높지 않은 시료의 전처리에 사용한다.

㉡ 질산 – 염산법 : 유기물 함량이 비교적 높지 않고 금속의 수산화물, 산화물, 인산염 및 황화물을 함유하고 있는 시료에 적용되며 휘발성 또는 난용성 염화물을 생성하는 금속 물질의 분석에는 주의한다.

㉢ 질산 – 황산법 : 유기물 등을 많이 함유하고 있는 대부분의 시료에 적용된다. 그러나 칼슘, 바륨, 납 등을 다량 함유한 시료는 난용성의 황산염을 생성하여 다른 금속성분을 흡착하므로 주의한다.

㉣ 질산 – 과염소산법 : 유기물을 다량 함유하고 있으면서 산분해가 어려운 시료에 적용된다.

㉤ 질산 – 과염소산 – 불화수소산 : 다량의 점토질 또는 규산염을 함유한 시료에 적용된다.

09 폐수의 측정항목 중 현장(채수 시)에서 측정하
1.5점 는 항목은 다음 중 어느 것인가?

① 부유물질　　　② COD
③ pH　　　　　④ 시안

해설

ES 04130.1c 시료의 채취 및 보존 방법

pH, 온도, 전극법에 의한 용존산소는 현장에서 즉시 측정한다.

10 수질오염공정시험기준의 유기인 시험방법에
1.5점 서 시험 대상항목에 포함되지 않는 것은?

① 메틸디메톤　　② 펜토에이트
③ 다이아지논　　④ 카바릴

해설

ES 04503.1b 유기인 – 용매추출/기체크로마토그래피

[목적]

이 시험기준은 물속에 존재하는 유기인계 농약성분 중 다이아지논, 파라티온, 이피엔, 메틸디메톤 및 펜토에이트를 측정하기 위한 것으로, 채수한 시료를 헥산으로 추출하여 필요시 실리카겔 또는 플로리실 컬럼을 통과시켜 정제한다. 이 액을 농축시켜 기체크로마토그래프에 주입하고 크로마토그램을 작성하여 유기인을 확인하고 정량하는 방법이다.

11 수소이온농도 – 연속자동 측정방법에서 수소
1.5점 이온농도 전극의 영향을 최소화하기 위해서는 어떤 산성 조건의 시료에서 특수전극을 사용해야 하는가?

① pH 5 이하의 불화물 시료
② pH 7 이하의 염화물 시료
③ pH 7 이하의 불화물 시료
④ pH 5 이하의 염화물 시료

해설

ES 04904.1b 수소이온농도 – 연속자동측정방법

[간섭물질]

수소이온농도 값은 온도에 영향을 받으며, 전극에 이물질이 달라붙어 있는 경우에는 수소이온 농도 전극의 반응이 느리거나 오차를 발생시킬 수 있다. 특히 pH 11 이상의 알칼리성이나 pH 5 이하의 불화물 시료에서는 오차가 적은 특수전극을 사용하는 것이 좋다. 기타 간섭물질은 연속적으로 측정하는 측정기의 원리 및 특성을 고려하여 제거할 수 있다.

12 수질오염 측정항목의 분석방법으로 잘못된 것은?
1.5점

① 퍼클로레이트 – 자외선/가시선 분광법, 연속흐름법
② 총인 – 흡광광도법(아스코르브산 환원법)
③ 염소이온 – 질산은 적정법, 이온크로마토그래피법
④ 인산염인 – 흡광광도법(염화제일주석 환원법), 흡광광도법(아스코르브산 환원법)

해설

ES 04364.0a 퍼클로레이트

[적용 가능한 시험방법]

퍼클로레이트	정량한계 (mg/L)	정밀도 (% RSD)
액체크로마토그래프 – 질량분석법	0.002 mg/L	± 25 % 이내
이온크로마토그래피	0.002 mg/L	± 25 % 이내

13 공장폐수의 금속 성분 분석 시 질산과 황산에 의한 시료의 전처리방법으로 적합하지 않은 원소는?
1.5점

① 구리   ② 크롬
③ 카드뮴   ④ 납

해설

ES 04150.1b 시료의 전처리 방법

[산분해법 → 질산 – 황산법]

이 방법은 유기물 등을 많이 함유하고 있는 대부분의 시료에 적용된다. 그러나 **칼슘, 바륨, 납** 등을 다량 함유한 시료는 난용성의 황산염을 생성하여 다른 금속성분을 흡착하므로 주의한다.

14 음이온 계면활성제 측정원리에 대한 해설이다. ( )에 알맞은 것은?
1.5점

> 음이온 계면활성제를 (   )와 반응시켜 생성된 복합체를 클로로포름으로 추출하여 클로로포름층의 흡광도를 (   ) nm에서 측정한다.

① 메틸오렌지, 650
② 메틸렌 블루, 460
③ 메틸오렌지, 460
④ 메틸렌 블루, 650

해설

ES 04359.1b 음이온계면활성제 – 자외선/가시선분광법

[목적]

이 시험기준은 물속에 존재하는 음이온 계면활성제를 측정하기 위하여 메틸렌블루와 반응시켜 생성된 청색의 착화합물을 클로로폼으로 추출하여 흡광도를 650 nm에서 측정하는 방법이다.

15 크롬6가 이온을 흡광광도법으로 측정할 때 이용하는 방법은?
1.5점

① DDTC 법
② Dithizone 법
③ Dimethylglyoxime 법
④ Diphenylcarbazide 법

해설

ES 04415.2b 6가크롬 – 자외선/가시선분광법

[목적]

이 시험기준은 물속에 존재하는 6가 크롬을 자외선/가시선 분광법으로 측정하는 것으로, 산성 용액에서 다이페닐카바자이드와 반응하여 생성하는 적자색 착화합물의 흡광도를 540 nm에서 측정한다.

16 수질오염공정시험기준에서는 시료를 즉시 실
1.5점 험할 수 없는 경우 측정항목별로 보존방법을
규정하고 있다. 다음 측정항목에 대한 규정 중
잘못된 것은?

① 생물화학적산소요구량은 4 ℃에 최대 5일 보
존한다.

② 화학적산소요구량은 4 ℃에 황산으로 pH 2
이하로 하여 최대 28일 보존한다.

③ 부유물질은 4 ℃에 최대 7일 보존한다.

④ 총 질소는 4 ℃에 황산으로 pH 2 이하로 하
여 최대 28일 보존한다.

해설

ES 04130.1c 시료의 채취 및 보존 방법

항목	시료 용기	보존 방법	최대보존기간 (권장보존기간)
색도	P, G	4 ℃ 보관	48시간
생물화학적 산소요구량	P, G	4 ℃ 보관	48시간(6시간)
수소이온농도	P, G	–	즉시 측정

17 다음 중 이온크로마토그래프로 분석하기에 가
1.5점 장 적합하지 않은 것은 무엇인가?

① 먹는 샘물 중 질산성 질소의 질량분석

② 폐수 중에 존재하는 Cr^{3+}와 Cr^{6+}의 분석

③ 수돗물에 잔류하는 유기인 성분의 측정

④ 축산 폐수 중 암모니아와 저분자량 아민류의
분석

해설

ES 04503.1b 유기인 – 용매추출/기체크로마토그래피

[목적]

이 시험기준은 물속에 존재하는 유기인계 농약성분 중
다이아지논, 파라티온, 이피엔, 메틸디메톤 및 펜토에
이트를 측정하기 위한 것으로, 채수한 시료를 헥산으
로 추출하여 필요시 실리카겔 또는 플로리실 컬럼을
통과시켜 정제한다. 이 액을 농축시켜 기체크로마토그
래프에 주입하고 크로마토그램을 작성하여 유기인을
확인하고 정량하는 방법이다.

[적용범위]

이 시험기준은 지표수, 지하수, 폐수 등에 적용할 수
있으며, 각 성분별 정량한계는 0.0005 mg/L이다.

18 연속 자동 측정방법에 의한 수질측정 시, 각 시
1.5점 험 항목과 표준시약의 연결이 잘못된 것은?

① 생물화학적산소요구량 – 글루코스 + 글루타
민산

② 총질소 – 질산암모늄

③ 총인 – 인산이수소칼륨

④ 총유기탄소 – 프탈산수소칼륨

해설

- BOD – 글루코스 – 글루탐산 표준용액
- 총질소 – 질산칼륨 표준용액(100 mg/L)
- 총인 – 인산이수소칼륨 표준용액(100 mg/L)
- 총유기탄소 – 프탈산수소칼륨 표준용액(1,000 mg/L)

19 삭제 문항

20 윙클러 – 아지드화 나트륨 변법으로 용존산소
1.5점 측정과 관련된 내용 중 틀린 것을 고르면?

① 시료에 황산망간과 알칼리성 요오드칼륨 용
액을 첨가한 후 뚜껑을 열어두면 안 된다.

② 첨가한 티오황산나트륨 적정액의 당량에 0.2
를 곱하면 용존산소의 당량이다.

③ 종말점을 쉽게 알기 위해 전분 지시약을 사용
한다.

④ 아지드를 첨가하는 것은 아질산이온의 간섭
을 제거하기 위한 것이다.

해설

ES 04308.1b 용존산소 – 적정법

[용존산소 농도 산정방법]

$$용존산소\ (mg/L) = a \times f \times \frac{V_1}{V_2} \times \frac{1,000}{V_1 - R} \times 0.2$$

여기서, a : 적정에 소비된 티오황산나트륨용액
(0.025 N)의 양(mL)

정답 **16** ① **17** ③ **18** ② **19** 삭제 **20** ②

f : 티오황산나트륨(0.025 N)의 역가
(factor)

V_1 : 전체 시료의 양(mL)

V_2 : 적정에 사용한 시료의 양(mL)

R : 황산망간 용액과 알칼리성 요오드화
칼륨－아자이드화나트륨 용액 첨가
량(mL)

용존산소는 황산 산성에서 용존산소량에 대응하는 요오드를 유리한다. 유리된 요오드를 티오황산나트륨($Na_2S_2O_3$)으로 적정하여 용존산소의 양을 정량하는 방법이다.

따라서 $1N-Na_2S_2O_3$ 1 mL$=\dfrac{1}{2}I_2=\dfrac{1}{2}O_2$가 되며
$1N-Na_2S_2O_3$ 1 mL$=$산소 8 mg이다.

따라서 $0.025N-Na_2S_2O_3$ 1 mL에 대응하는 산소량은 $0.025 \times 8 = 0.2$ mg이다.

21 하천수나 호소수의 용존산소(DO)에 관한 해설 중 옳은 것은?
1.5점

① 수온이 높을 때 시료의 포화 DO 농도가 커진다.

② 염분 농도가 높을 때 시료의 포화 DO 농도가 커진다.

③ 포화 DO 농도와 현재 DO 농도차가 크면 산소 전달속도가 커진다.

④ DO 측정을 위한 시료는 채수병에 붉은 질산을 함께 넣고 냉암소에 4시간까지 보존한다.

〈해설〉
① 수온과 시료의 포화 DO 농도는 반비례한다.
② 염분 농도와 시료의 포화 DO 농도는 반비례한다.
④ 8시간까지 보존한다.

22 이온 전극법에서 네른스트(Nernst)식의 전위차에 영향을 주는 인자가 아닌 것은?
1.5점

① 이온의 분자량

② 전위 발생에 관계하는 전자수(이온가)

③ 온도

④ 이온농도

〈해설〉
이온전극법은 시료 중의 분석대상 이온의 농도(이온활량)에 감응하여 비교전극과 이온전극 간에 나타나는 전위차를 이용하여 목적이온의 농도를 정량하는 방법으로서 시료 중 음이온(Cl^-, F^-, NO_2-, NO_3-, CN^-) 및 양이온(NH_4+, 중금속 이온 등)의 분석에 이용된다. 이온전극은 [이온전극 | 측정용액 | 비교전극]의 측정관계에서 측정대상 이온에 감응하여 네른스트 식에 따라 이온활량에 비례하는 전위차를 나타낸다.

$$E = E_0 + \left[\frac{2.303\,RT}{zF}\right]\log a$$

여기서, E : 측정용액에서 이온전극과 비교전극 간에 생기는 전위차(mV)

E_0 : 표준전위(mV)

R : 기체상수(8.314 J/°K, mol)

zF : 이온전극에 대하여 전위의 발생에 관계하는 전자수(이온가)

F : 페러데이(Faraday) 상수(96480C)

a : 이온활량(mol / l)

T : 절대온도(K)

따라서 전위차에 영향을 미치는 인자는 전자수, 온도, 이온활량(이온농도)이다.

23 1 M HCl 1 mL를 100 mL 부피플라스크에 가하고 눈금까지 묽힌 용액의 pH는 얼마인가?
1.5점

① 0 　　　　　　② 1

③ 2 　　　　　　④ 3

〈해설〉
1 M HCl 1mL는,

$$\frac{1\ mol}{L}\,\bigg|\,\frac{1\ mL}{}\,\bigg|\,\frac{1L}{1000\ mL}\,\bigg|\,\frac{36.5\ g}{mol} = 0.0365\ g\ HCl$$

따라서, 1 M HCl 1 mL를 100 mL 부피플라스크에 가하므로

$$\frac{0.0365\ g}{100\ mL}\,\bigg|\,\frac{1\ mol}{36.5\ g}\,\bigg|\,\frac{1000\ mL}{L} = 0.01\ mol/L$$

$$pH = \log\frac{1}{[H^+]} = \log\frac{1}{0.01} = 2$$

24 이온크로마토그래피법에 대한 해설이 옳게 표현된 것은?
1.5점

① 장치의 구성은 가스유로계, 시료주입부, 분리관오븐과 검출관오븐, 검출기, 기록계, 감도조정부로 되어 있다.

② 분리컬럼은 폴리스틸렌계 페리큐라형, 폴리아크릴계 표면다공성 또는 실리카겔 전다공성형 음이온교환수지를 충전하여 사용한다.

③ 시료의 측정에 있어 써프레서형의 경우 시료 중에 저급 유기산이 존재하더라도 불소이온의 정량분석에 영향을 주지 않는다.

④ 정량분석은 동일 조건하에서 특정한 미지성분의 머무른 값과 예측되는 물질의 봉우리의 머무른 값을 비교하여야 한다.

해설

① 이온크로마토그래피 장치의 기본구성은 용리액조, 시료주입부, 액송펌프, 분리컬럼, 검출기 및 기록계로 되어 있으며 제조사에 따라 보호컬럼 및 써프레서를 부착한 것도 있다.

③ 시료 측정 시 써프레서형의 경우 시료 중에 저급 유기산이 존재하면 불소이온의 정량분석에 방해를 한다.

④ 머무름 값이 아닌 봉우리의 높이 또는 면적을 이용하여 정량분석한다.

25 시료 채취 지점의 해설로 틀린 것은?
1.5점

① 폐수의 방류수로가 한 지점 이상일 때는 각 수로별로 채취하여 별개의 시료로 하며 필요에 따라 우천 시에도 채취할 수 있다.

② 하천 본류와 지류가 합류하는 경우에는 합류 이전의 각 지점과 합류 이후 충분히 혼합된 지점에서 각각 채수한다.

③ 수심이 가장 깊은 수면의 지점과 그 지점을 중심으로 하여 좌우로 수면폭을 2등분한 지점의 수면으로부터 수심 2 m 미만일 때에는 수심 1/3에서 각각 채수한다.

④ 수심이 가장 깊은 수면의 지점과 그 지점을 중심으로 하여 좌우로 수면폭을 2등분한 지점의 수변으로부터 수심 2 m 이상일 때에는 수심 1/3 및 2/3에서 각각 채수한다.

해설

ES 04130.1c 시료의 채취 및 보존 방법

[시료 채취 지점]

폐수의 방류수로가 한 지점 이상일 때에는 각 수로별로 채취하여 별개의 시료로 하며 필요에 따라 부지 경계선 외부의 배출구 수로에서도 채취할 수 있다. 시료 채취시 우수나 조업목적 이외의 물이 포함되지 말아야 한다.

26 하천수의 투명도 측정에 관한 해설이 옳은 것은?
1.5점

① 투명도는 투명도판을 하천수에 서서히 내리면서 측정한다.

② 투명도판의 원판 지름은 30 cm이고 10개의 구멍 있는 것을 사용한다.

③ 강우 시나 파도가 격렬할 때는 측정 횟수를 늘려서 평균값을 사용한다.

④ 투명도는 반복해서 측정하고 그 평균값을 0.1 m 단위로 읽는다.

해설

① 투명도를 측정하기 위하여 지름 30 cm의 투명도판(백색원판)을 사용하여 호소나 하천에 보이지 않는 깊이로 넣은 다음 이것을 천천히 끓어 올리면서 보이기 시작한 깊이를 0.1 m 단위로 읽어 투명도를 측정하는 방법이다.

② 투명도판(백색원판)은 지름이 30 cm로 무게가 약 3 kg이 되는 원판에 지름 5 cm의 구멍 8개가 뚫려 있다.

③ 강우시나 수면에 파도가 격렬하게 일 때는 정확한 투명도를 얻을 수 없으므로 측정하지 않는 것이 좋다.

27 원자흡광광도법의 원자흡광 분석에 사용되는
1.5점 불꽃을 만들기 위한 조연성기체와 가연성기체
의 조합이 아닌 것은?

① 수소 - 이산화질소
② 수소 - 공기
③ 아세틸렌 - 산소
④ 아세틸렌 - 공기

해설

원자흡광분석에 사용되는 불꽃을 만들기 위한 조연성
가스와 가연성 가스의 조합은 수소 - 공기, 수소 - 공
기 - 아르곤, 수소 - 산소, 아세틸렌 - 공기, 아세틸렌
- 산소, 아세틸렌 - 아산화질소, 프로판 - 공기, 석탄
가스 - 공기 등이 있다.

㉠ 수소 - 공기, 아세틸렌 - 공기 → 대부분의 원소 분
　석에 사용되며, 수소 - 공기는 원자와 영역에서의
　불꽃 자체에 의한 흡수가 적기 때문에 이 파장영역
　에서 분석선을 갖는 원소의 분석에 적당하다.
㉡ 아세틸렌 - 아산화질소 → 불꽃의 온도가 높기 때
　문에 불꽃 중에서 해리하기 어려운 내화성산화물
　을 만들기 쉬운 원소의 분석에 적당하다.
㉢ 프로판 - 공기 → 불꽃온도가 낮고 일부 원소에 대
　하여 높은 감도를 나타낸다.

(수질오염공정시험방법 환경부고시 제2007 - 147호
에서 발췌)

28 다음 해설에 대한 알맞은 용어를 고르면?
1.5점

> 그람음성, 무아포성의 간균으로서 유당을 분
> 해하여 가스 또는 산을 발생하는 모든 호기성
> 또는 통성 혐기성균, 혹은 갈락토오즈 분해효
> 소(β - galactosidase)의 활성을 가진 세균을
> 말한다.

① 총대장균군　　　② 분원성대장균군
③ 호기성균　　　　④ 통성혐기성균

해설

용어 정의
• 총대장균군 : 그람음성 · 무아포성의 간균으로서 락
　토스를 분해하여 가스 또는 산을 발생하는 모든 호기

성 또는 통성 혐기성균을 말한다.
• 분원성대장균군 : 온혈동물의 배설물에서 발견되
　는 그람음성 · 무아포성의 간균으로서 44.5 ℃에서
　락토스를 분해하여 가스 또는 산을 발생하는 모든 호
　기성 또는 통성 혐기성균을 말한다.
• 대장균 : 그람음성 · 무아포성의 간균으로 총글루
　쿠론산 분해효소(β - glucuronidase)의 활성을 가
　진 모든 호기성 또는 통성 혐기성균을 말한다.

29 수질오염공정시험기준에서 폴리클로리네이티
1.5점 드 바이페닐(PCB)을 정량하기 위한 기체크로마
토그래프법에 대한 해설이 아닌 것은?

① 시료 내 PCB를 헥산으로 추출하여 알칼리 분해
　한 후 다시 추출하고 실리카겔(Silicagel) 컬럼
　을 통과하여 정제한 후 농축하여 사용한다.
② 알칼리 분해를 하여도 헥산층에 유분이 존재
　할 경우에는 실리카겔 컬럼으로 정제조작을
　하기 전에 플로리실(Florisil) 컬럼을 통과하
　여 유분을 분리한다.
③ PCB는 시료 중에 균일하게 분포되는 경우가
　많으므로 가능한 한 많은 시료를 채취하여
　30분간 정치한 후 시료의 상등액을 소량 취
　해 검수로 사용한다.
④ 가스크로마토그래프의 검출기는 전자포획형
　검출기(Electron Capture Detector, ECD)
　를 사용한다.

해설

**ES 04504.1b 폴리클로리네이티드비페닐 - 용매추
출/기체크로마토그래피**

[목적]
이 시험기준은 물속에 존재하는 폴리클로리네이티드
비페닐(polychlorinated biphenyls, PCBs)을 측정
하는 방법으로, 채수한 시료를 헥산으로 추출하여 필
요시 알칼리 분해한 다음 다시 헥산으로 추출하고 실
리카겔 또는 플로리실 컬럼을 통과시켜 정제한다. 이
액을 농축시켜 기체크로마토그래프에 주입하고 크로
마토그램을 작성하여 나타난 피크 패턴에 따라 PCB를
확인하고 정량하는 방법이다.

정답 **27** ① **28** ① **29** ③

30 측정항목과 시험방법의 연결이 잘못된 것은?
1.5점
① COD – 산화환원적정법
② 금속류 – 원자흡광광도법
③ 총인 – 흡광광도법
④ 테트라클로로에틸렌 – 액체크로마토그래피

해설

ES 04603.0 휘발성유기화합물

[적용 가능한 시험]
물속에 미량으로 존재하는 휘발성유기화합물을 분석하기 위해서는 일반적으로 전처리 장치를 이용하는 등 적절한 방법으로 전처리를 하여야 하고 그 후에 기체크로마토그래프를 이용하여 기기분석을 실시한다. 휘발성유기화합물의 개별 성분에 대한 분석 방법은 아래 표와 같이 퍼지 · 트랩 – 기체크로마토그래프 – 질량분석법, 퍼지 · 트랩 – 기체크로마토그래피, 헤드스페이스 – 기체크로마토그래프 – 질량분석법, 헤드스페이스 – 기체크로마토그래피, 용매추출/기체크로마토그래피, 용매추출/기체크로마토그래프 – 질량분석법 등이다.

[휘발성유기화합물의 시험방법]

휘발성유기화합물	1,1-다이클로로에틸렌	다이클로로메탄	클로로폼	1,1,1-트리클로로에탄	1,2-다이클로로에탄	벤젠	사염화탄소	트리클로로에틸렌	톨루엔	테트라클로로에틸렌	에틸벤젠	자일렌
P · T – GC – MS (ES 04603.1)	○	○	○	○	○	○	○	○	○	○	○	○
HS GC – MS (ES 04603.2)	○	○	○	○	○	○	○	○	○	○	○	○
P · T – GC (ES 04603.3)	○	○		○		○	○	○	○	○	○	○
HS – GC (ES 04603.4)	○	○		○		○	○	○	○	○	○	○
용매추출 /GC – MS (ES 04603.5)			○		○							
용매추출 /GC (ES 04603.6)									○	○		

31 수질오염공정시험기준에서 사용되는 용어의 정의가 옳게 표현된 것은?
1.5점
① '항량으로 될 때까지 건조한다.'는 같은 조건에서 2시간 더 건조할 때 전후차가 g당 0.1 mg 이하일 때를 말한다.
② 염산(1→2)은 염산 1 mL와 물 2 mL를 혼합하여 제조한 것을 말한다.
③ 상온은 15 ℃ ~ 25 ℃, 실온은 1 ℃ ~ 35 ℃로 하며 열수는 약 100 ℃, 온수는 60 ℃ ~ 70 ℃, 냉수는 15 ℃ 이하로 한다.
④ 방울수라 함은 4 ℃에서 정제수 10방울을 적하할 때, 그 부피가 약 1 mL 되는 것을 뜻한다.

해설

ES 04000b 총칙

① "항량으로 될 때까지 건조한다"라 함은 같은 조건에서 1 시간 더 건조할 때 전후 무게의 차가 g당 0.3 mg 이하일 때를 말한다.
② 용액의 농도를 (1→10), (1→100) 또는 (1→1000) 등으로 표시하는 것은 고체 성분에 있어서는 1 g, 액체성분에 있어서는 1 mL를 용매에 녹여 전체 양을 10 mL, 100 mL 또는 1,000 mL로 하는 비율을 표시한 것이다.
　예) 염산(1+2)이라고 되어 있을 때에는 염산 1 mL와 물 2 mL를 혼합하여 조제한 것을 말한다.
④ 방울수라 함은 20 ℃에서 정제수 20 방울을 적하할 때, 그 부피가 약 1 mL 되는 것을 뜻한다.

32 수질오염공정시험기준에서 식물성플랑크톤(조류) 시험에 관한 내용이다. 조류예보제에 직접적으로 대상되는 분류군은 무엇인가?
1.5점
① 녹조류　　② 적조류
③ 규조류　　④ 남조류

해설

수질오염 경보제
환경부장관 또는 시 · 도지사는 수질오염으로 하천 · 호소의 물의 이용에 중대한 피해를 가져올 우려가 있거나 주민의 건강 · 재산이나 동식물의 생육에 중대한 위해를 가져올 우려가 있다고 인정될 때에는 해당 하천·호소에 대하여 수질오염 경보를 발령할 수 있다.
[개정 2013.7.30][시행일 2014.1.31]

조류예보제

조류예보제는 상수원으로 사용하는 호소에 조류가 대량 증식하는 경우 정수처리 여과장치의 기능 저하 및 일부 남조류에 의한 독성물질 발생 가능성이 있어 남조류 상시모니터링을 통해 사전에 조류 발생 현황을 파악하고 관계기관에 통보함으로써 조류 발생에 따른 피해를 최소화하기 위하여 시행하고 있다.

조류예보 발령기준

구 분	발 령 기 준
조류 주의보	• 2회 연속 채취 시 클로로필a 농도 15 ~ 25 mg/㎥ 미만 • 남조류세포수 500 ~ 5,000cells/mL 미만 ※ 이상의 조건에 모두 해당 시
조류 경보	• 2회 연속 채취 시 클로로필a 농도 25 mg/㎥ 이상 • 남조류세포수 5,000cells/mL 이상 ※ 이상의 조건에 모두 해당 시
조류 대발생	• 2회 연속 채취 시 클로로필a 농도 100 mg/㎥ 이상 • 남조류세포수 106cells/mL 이상 ※ 이상의 조건에 모두 해당 시
해제	• 2회 연속 채취 시 클로로필a 농도 15 mg/㎥ 미만 • 남조류세포수 500cells/mL 미만 ※ 이상의 조건 중 하나 해당 시

33 암모니아성 질소를 인도페놀법으로 흡광광도기를 사용하여 분석하였다. 시료는 2배 희석하여 분석하였으며 표준물질의 농도는 0.100, 0.200, 0.500 mg/L이었고, 그때의 흡광치(ABS)는 각각 0.100, 0.200 및 0.500으로 나타났다. 이때 시료(sample)와 바탕시료(blank)의 흡광치는 각각 0.250와 0.0000이었다면 희석하기 전 시료의 암모니아성질소 농도는 얼마인가?

① 0.250 mg/L ② 0.500 mg/L
③ 1.250 mg/L ④ 1.500 mg/L

해설

ES 04355.1b 암모니아성 질소 – 자외선/가시선 분광법

[결과보고]
검정곡선은 농도에 대한 흡광도로 작성한다. 시료의 농도는 표준용액의 흡광도에 대한 시료의 흡광도를 비교하여 계산한다.

암모니아성 질소$(mg/L) = \dfrac{(y-b)}{a} \times I$

여기서, y : 시료의 흡광도
b : 검정곡선의 절편
a : 검정곡선의 기울기
I : 시료의 희석배수

따라서, y : 시료의 흡광도 → 0.250
b : 검정곡선의 절편 → 0.000
a : 검정곡선의 기울기 → 1.00
I : 시료의 희석배수 → 2

$\therefore$ 암모니아성 질소$(mg/L) = \dfrac{(0.250-0)}{1} \times 2$
$= 0.500\,mg/L$

34 어떤 실험에서 1 M의 농도를 가지는 질산용액 250 mL를 만들고자 한다. 시약으로 판매되는 진한 질산 수용액은 70 무게 %를 가지고 비중은 0.80 g/mL라고 한다. 250 mL 부피플라스크에 진한 질산 수용액 몇 mL를 넣고 눈금까지 물을 채워 주면 되는가?(단, 질산의 분자량은 56 g/mol 이다.)

① 10 ② 15
③ 20 ④ 25

해설

질산(HNO_3) 분자량 56 g/mol
$MV = M'V'$, $NV = N'V'$, $\%V = \%'V'$

$\dfrac{56\,g}{1\,L} \times \dfrac{1\,L}{1000\,mL} \times 250\,mL$

$= X\,mL \times \dfrac{0.80\,g}{mL} \times \dfrac{70}{100}$ $\therefore X = 25\,mL$

35 ICP 발광광도 분석장치의 구성으로 알맞은 것
1.5점 은?

① 시료도입부－고주파전원부－광원부－분광부
－연산처리부

② 시료도입부－고주파전원부－분광부－광원
부－연산처리부

③ 시료도입부－분광부－광원부－연산처리부

④ 시료도입부－고주파전원부－분광부－연산
처리부

해설
ICP 발광광도 분석장치는 시료주입부, 고주파전원부,
광원부, 분광부, 연산처리부 및 기록부로 구성되어 있
으며, 분광부는 검출 및 측정방법에 따라 연속주사형
단원소측정장치와 다원소동시측정장치로 구분된다.

36 총대장균군의 평판집락시험법에서 집락수가
1.5점 어느 범위에 드는 것을 산술평균하여 '총대장
균군수/mL'로 표기하는가?

① 0개 ~ 30개
② 30개 ~ 300개
③ 300개 ~ 3000개
④ 3000개 이상

해설
집락수가 30개 ~ 300개의 범위에 드는 것을 산술평
균하여 '총대장균군수/mL'로 표기하며, 반올림하여
유효숫자 2자리로 표기한다. 결과값의 유효숫자가 2
자리 미만이 될 경우에는 1자리로 표기한다. 다만, 결
과값이 소수점을 포함하는 경우에는 반올림하여 정수
로 표기한다.

37 수질오염공정시험법에서 총대장균군의 측정
1.5점 법으로 적합하지 않은 것은?

① 평판집락법
② 막여과법
③ 시험관법
④ 효소이용정량법

해설

대상	시험방법
총대장균군	막여과법
	시험관법
	평판집락법
분원성 대장균군	막여과법
	시험관법
대장균	효소이용정량법

38 용존산소농도를 측정하기 위해 $0.025N-Na_2$
1.5점 S_2O_3 용액으로 적정하여 6 mL가 소모될 때,
$0.06N-Na_2S_2O_3$ 용액으로 적정하면 몇 mL
가 소모되는가?

① 2.5 mL
② 3.0 mL
③ 3.5 mL
④ 4.0 mL

해설
$NV = N'V'$
$0.025 N \times 6 mL = 0.06 N \times X mL$
∴ X mL = 2.5 mL

39 이온크로마토그래프의 써프레서(Suppressor)
1.5점 에 대한 해설로 틀린 것은?

① 용리액의 전도도를 감소시킨다.
② 전기전도도 검출기와 연계하여 이용된다.
③ 컬럼형과 격막형이 있다.
④ 분리컬럼과 주입구 사이에 위치한다.

해설
이온크로마토그래프
일반적으로 이온크로마토그래프의 기본구성은 용리
액조, 시료 주입부, 펌프, 분리컬럼, 검출기 및 기록계
로 되어 있으며, 장치의 제조회사에 따라 분리컬럼의
보호 및 분석감도를 높이기 위하여 분리컬럼 전후에 보
호컬럼 및 제거장치(억제기)를 부착한 것도 있다.
→ 제거장치(억제기)
분리컬럼으로부터 용리된 각 성분이 검출기에 들어가
기 전에 용리액 자체의 전도도를 감소시키고 목적성분
의 전도도를 증가시켜 높은 감도로 음이온을 분석하기

위한 장치이다. 고용량의 양이온 교환수지를 충전시 킨 컬럼형과 양이온 교환막으로 된 격막형이 있다.

40 환원기화법을 이용하여 원자흡광광도법으로
1.5점 수은을 정량할 때, 시료 중에 염화물이온이 다량 함유된 경우에 유리염소를 환원시키기 위해 넣어주는 시약은?

① 염산히드록실아민 용액
② 염화제일주석 용액
③ 크롬산칼륨 용액
④ 과망간산칼륨 용액

해설

ES 04408.1b 수은 – 냉증기 – 원자흡수분광광도법
[간섭물질]
㉠ 시료 중 염화물이온이 다량 함유된 경우에는 산화 조작 시 유리염소를 발생하여 253.7 nm에서 흡광 도를 나타낸다. 이때는 염산하이드록실아민용액을 과잉으로 넣어 유리염소를 환원시키고 용기 중에 잔류하는 염소는 질소 가스를 통기시켜 추출한다.
㉡ 벤젠, 아세톤 등 휘발성 유기물질도 253.7 nm에서 흡광도를 나타낸다. 이때에는 과망간산칼륨 분해 후 헥산으로 이들 물질을 추출 분리한 다음 시험한다.

41 기체크로마토그래프/질량분석계(GC/MS)의
1.5점 이온화 및 검출방법에 대한 해설로 틀린 것은?

① SIM 방법 : 물질의 특정이온만을 검출하는 방법으로 감도가 매우 높다.
② Scan 방법 : 모든 이온을 검출하는 방법으로 화합물의 구조 확인에 이용된다.
③ CI 방법(chemical ionization) : 물질의 분자량 확인에 용이하다.
④ EI 방법(electron impact ionization) : 특별한 시약기체(reagent gas)가 필요하다.

해설

④ 시약기체(reagent gas)는 CI 방법(chemical ioni- zation)에서 필요로 한다.

42 대부분의 유기탄소 분석기는 적외선(IR, infrared)
1.5점 검출기를 사용한다. 이 검출기가 검출하는 물질은 무엇인가?

① O_2 ② H_2O
③ CO_2 ④ CH_4

해설

ES 04311.1b 총 유기탄소 – 고온연소산화법
[목적]
이 시험기준은 물속에 존재하는 총 유기탄소를 측정하기 위하여 시료 적당량을 산화성 촉매로 충전된 고온의 연소기에 넣은 후에 연소를 통해서 수중의 유기탄소를 이산화탄소(CO_2)로 산화시켜 정량하는 방법이다. 정량방법은 무기성 탄소를 사전에 제거하여 측정하거나, 무기성 탄소를 측정한 후 총 탄소에서 감하여 총 유기탄소의 양을 구한다.

[산화부]
시료를 산화코발트, 백금, 크롬산 바륨과 같은 산화성 촉매로 충전된 550 ℃ 이상의 고온반응기에서 연소시켜 시료 중의 탄소를 이산화탄소로 전환하여 검출부로 운반한다.

ES 04311.2b 총 유기탄소 – 과황산 UV 및 과황산 열 산화법
[목적]
이 시험기준은 물속에 존재하는 총 유기탄소를 측정하기 위하여 시료에 과황산염을 넣어 자외선이나 가열로 수중의 유기탄소를 이산화탄소로 산화하여 정량하는 방법이다. 정량방법은 무기성 탄소를 사전에 제거하여 측정하거나, 무기성 탄소를 측정한 후 총 탄소에서 감하여 총 유기탄소의 양을 구한다.

[산화부]
시료에 과황산염을 넣은 상태에서 자외선이나 가열로 시료 중의 유기탄소를 이산화탄소로 산화시켜 검출부로 운반한다.

43 메틸알코올(CH_3OH)의 COD/TOC의 비는 얼마인가?(단, COD는 이론적 산소요구량으로 간주한다.)

① 6.7　　② 6.8
③ 6.9　　④ 7.0

해설

$CH_3OH + 1.5O_2 \rightarrow CO_2 + 2H_2O$
$32\,g : 1.5 \times 32\,g \rightarrow 1\,g : X\,g$
$\therefore X(\,COD\,) = 1.5\,g$
$32\,g : 12\,g \rightarrow 1\,g : X\,g$
$\therefore X(\,TOC\,) = 0.375\,g$
COD/TOC $= 1.5/0.375 = 4$ (???) : 답이 없음

44 PCB 측정에 사용되는 검출기로 전자포획형검출기(ECD)가 사용되는 이유는 무엇인가?

① 운반가스가 방사선인 베타선에 의해 이온화되어 자유전자를 존재하게 하는데 유기할로겐 화합물이 이 자유전자를 포획하는 성질이 있기 때문이다.
② 플라즈마에서 형성된 여기상태의 전자가 바닥상태로 이동할 때 방출하는 발광선을 가장 감도가 높게 검출하기 때문이다.
③ 운반가스의 조합 및 온도조절에 대해 광범위하게 적용 가능하기 때문이다.
④ PCB의 두 개의 벤젠고리를 끊었을 때 벤젠고리당 결합되어 있는 염소의 개수를 쉽게 정량할 수 있게 하기 때문이다.

해설

전자포획 검출기(ECD ; Electron Capture Detector)는 방사성 동위원소(63Ni, 3H 등)로부터 방출되는 β선이 운반가스를 전리하여 미소전류를 흘려보낼 때 시료 중의 할로겐이나 산소와 같이 전자포획력이 강한 화합물에 의하여 전자가 포획되어 전류가 감소하는 것을 이용하는 방법이다.

45 수질오염공정시험법에서 pH 연속자동측정방법의 성능시험방법에 대한 해설로 옳은 것은?

① pH 변동시험은 표준용액에 전극을 담그고 5분 후 측정값과 24시간 측정값(정도검사는 2시간) 차이로 산출한다.
② 반복성시험은 동일 조건에서 pH 10 표준용액과 pH 4 표준용액을 5분 간격을 두고 3회 이상 측정하여 측정값을 얻는다.
③ 응답시간 시험은 pH 10 표준용액에서 안정된 전극을 pH 4 표준용액으로 이동하여 담갔을 때 지시값이 pH 4를 지시할 때까지 소요되는 시간을 측정한다.
④ 시험가동시간 시험을 위해 측정기를 정상조건하에서 120시간(5일간) 이상 연속적으로 운영한다.

해설

② 반복성 시험
동일 조건에서 pH 7 표준용액과 pH 4(또는 10) 표준용액을 10분 간격을 두고 3회 이상 측정하며, 매회 안정화된 다음 측정값을 얻는다. 반복성은 각각의 측정값에 대한 평균값을 구하고, 평균값과 측정값의 최대 편차를 구하여 측정 횟수로 나누어 다음 식에 따라 구한다.

반복성 $(pH) = \dfrac{|\,d\,|}{n}$

여기서, $|\,d\,|$: (평균값 − 측정값)의 합
　　　　　 n : 측정 횟수

③ 응답시간 시험
pH 7 표준용액에서 안정된 전극을 pH 4(또는 10) 표준용액으로 이동하여 담갔을 때 지시값이 pH 4.3(또는 9.7, 90 % 지시값)을 지시할 때까지 소요되는 시간을 측정한다.

④ 시험가동시간 시험
측정기를 정상조건하에서 168시간(7일간) 이상 연속적으로 운영한다. 이 시험기간 중 부득이하게 측정기를 조정 또는 부품교환을 할 경우 성능시험을 다시 168시간 이상 수행한다.

46
1.5점
Lambert—Beer의 법칙에 대한 해설 중 옳은 것은?

① 측정대상물질의 발광특성과 무관하게 측정 가능하다.
② 측정대상물질의 흡광특성과 무관하게 측정 가능하다.
③ 흡광도는 물질의 종류에 따라, 투과 시료액 층의 두께 및 농도에 따라 달라진다.
④ 순수한 물질에만 적용된다.

> 해설
>
> 램버트—비어의 법칙은 흡광특성, 시료액층의 두께 (셀의 길이) 및 농도에 따라 달라진다.
>
> $$I_t = I_O \times 10^{-\varepsilon CL}$$
>
> 여기서, I_O : 입사광의 세기
> I_t : 투사광의 세기
> ε : 비례상수로서 흡광계수($C=$1mol, L $=$10mm일 때의 ε의 값을 몰 흡광계 수라 하며 K로 표시한다.)
> C : 셀 내의 시료농도
> L : 셀의 길이
>
> $$흡광도(A) = \log\frac{1}{t} = \log\frac{1}{I_t/I_O}$$
> $$= \log\frac{1}{I_O \times 10^{-\varepsilon CL}/I_O} = \varepsilon CL$$

47
1.5점
〈보기〉는 흡광광도법을 적용한 페놀류 측정원 리를 해설한 것이다. ( )에 알맞은 내용은?

> 증류한 시료에 염화암모늄－암모니아 완충용액 을 넣어 (㉠)으로 조절한 다음 4－아미노안티 피린과 페리시안칼륨을 넣어 생성된 (㉡)의 안 티피린계 색소의 흡광도를 측정하는 방법이다.

① ㉠ pH 12   ㉡ 청색
② ㉠ pH 10   ㉡ 적색
③ ㉠ pH 9   ㉡ 황록색
④ ㉠ pH 4   ㉡ 녹색

> 해설
>
> **ES 04365.1b 페놀류－자외선/가시선 분광법**
> [목적]
> 이 시험기준은 물속에 존재하는 페놀류를 측정하기 위 하여 증류한 시료에 염화암모늄－암모니아 완충용액 을 넣어 pH 10으로 조절한 다음 4－아미노안티피린 과 헥사시안화철(Ⅱ)산칼륨을 넣어 생성된 붉은색의 안티피린계 색소의 흡광도를 측정하는 방법으로 수용 액에서는 510 nm, 클로로폼 용액에서는 460 nm에 서 측정한다.

48
1.5점
원자흡광광도법으로 비소를 정량할 때 시료 중 비소를 환원시키는 물질과 비화수소를 발 생시키는 물질이 바르게 나열된 것은?

① 염화제일주석－아연
② 아르곤－수소
③ 황산－과망간산칼륨
④ 염화제이철－요오드화칼륨

> 해설
>
> **측정원리**
> 염화제일주석으로 시료 중의 비소를 3가 비소로 환원 한 다음 아연을 넣어 발생되는 비화수소를 통기하여 아르곤－수소 불꽃에서 원자화시켜 193.7 nm에서 흡광도를 측정하고 비소를 정량하는 방법이다.

49
1.5점
수질오염공정시험기준의 용존 총인 항목 내용 으로 맞는 것은?

① 정해진 온도가 될 때부터 15분 동안 가열분 해한다.
② 몰리브덴산암모늄·아스코르빈산혼합액을 넣 고 20 ℃ ~ 40 ℃에서 30분 동안 방치한다.
③ 880 nm 또는 710 nm에서 흡광도를 측정 한다.
④ 전처리한 시료는 여액의 흔탁과 무관하게 단 1회에 한하여 유리섬유거름종이로 여과한다.

[해설]

ES 04357.1 용존 총인

시료 중의 유기물을 산화 분해하여 용존 인화합물을 인산염(PO_4) 형태로 변화시킨 다음 인산염을 아스코르빈산환원 흡광도법으로 정량하여 총인의 농도를 구하는 방법으로 시료를 유리섬유여과지(GF/C)로 여과하여 여액 50 mL(인 함량 0.06 mg이하)를 수질오염공정시험기준 ES 04362.0 총인의 시험방법에 따라 시험한다.

• 여액이 혼탁할 경우에는 반복하여 재여과한다.
• 전처리한 여액 50 mL 중 총인의 양이 0.06 mg을 초과하는 경우 희석하여 전처리 조작을 실시한다.

[전처리]

과황산칼륨 분해(분해되기 쉬운 유기물을 함유한 시료) 시료 50 mL(인으로서 0.06 mg 이하 함유)를 분해병에 넣고 과황산칼륨용액(4 %) 10 mL를 넣어 마개를 닫고 섞은 다음 고압증기멸균기에 넣어 가열한다. 약 120 ℃가 될 때부터 30분간 가열분해를 계속하고 분해병을 꺼내 냉각한다.

[분석방법]

전처리한 시료 25 mL를 취하여 마개 있는 시험관에 넣고 몰리브덴산암모늄 · 아스코빈산 혼합용액 2 mL를 넣어 흔들어 섞은 다음 20 ℃ ~ 40 ℃에서 15분간 방치한다.

이때 880 nm에서 흡광도 측정이 불가능할 경우에는 710 nm에서 측정한다.

---

50 다음은 염소이온 분석법이다. a의 빈칸의 해
1.5점 설로 올바른 것은?

> 염소이온(mg Cl/L)
>
> $= (a-b) \times f \times 0.3545 \times \dfrac{1,000}{V}$
>
>   a : (   )
>
>   b : 바탕시험액의 적정에 소비된 0.01
>   N − 질산은 용액(mL)
>
>   f : 0.01 N − 질산은 용액의 농도계수
>
>   v : 시료량(mL)

① 시료의 적정에 소비된 0.01 N − 질산은 용액 (mL)

② 시료의 적정에 소비된 0.01 N − 염화은 용액 (mL)

③ 시료의 적정에 소비된 0.1 N − 질산은 용액 (mL)

④ 시료의 적정에 소비된 0.1 N − 염화은 용액 (mL)

[해설]

ES 04356.3b 염소이온 − 적정법

[결과보고]

다음 식을 사용하여 농도를 계산한다.

$$염소이온 \ (mg/L) = (a-b) \times f \times 0.3545 \times \frac{1,000}{V}$$

    여기서, a : 시료의 적정에 소비된 질산은용액(0.01 N)의 양(mL)

             b : 바탕시험액의 적정에 소비된 질산은용액(0.01 N)의 양(mL)

             f : 질산은용액(0.01 N)의 농도계수

             V : 시료양(mL)

2과목 **정도관리**

01 원자흡광광도법에 사용하는 고압가스와 관련
1점 하여 틀린 것은?

① 고압가스통은 규격에 맞는 검사필의 것을 사용한다.

② 가스는 완전히 없어질 때까지 사용한다.

③ 가능한 한 옥외에 설치한다.

④ 아세틸렌을 사용할 경우에는 구리 또는 구리합금의 관을 사용해서는 안 된다.

[해설]

고압가스는 완전히 없어질 때까지 사용하면 가스통 바닥에 가라앉은 불순물이 유입될 수 있으므로 바른 사용이라 할 수 없음

02
1점 측정 시, 측정값의 온도를 보정하여야 하는 항목은?

① 화학적 산소요구량
② 잔류염소
③ 전도도
④ 알칼리도

해설
온도의 영향을 매우 크게 받으므로 측정 시 이를 보정 (25 ℃ 기준), 필요시 보정 필요

03
1점 다음 분석항목 중 플라스틱이 시료채취기구의 재질로 부적합한 것은?

① 휘발성유기화합물
② 무기물질
③ 중금속
④ 영양염류

해설
휘발성유기화합물은 유리, 스테인레스, 테플론 재질의 시료채취 기구 사용

04
1점 수질조사지점의 정확한 지점 결정에 고려되어야 하는 사항이 아닌 것은?

① 대표성   ② 모니터링 용이성
③ 안전성   ④ 유량측정

해설

대표성	유량측정	접근 가능성
그 물의 성질을 대표할 수 있는 지점	배출량 계산	시료는 2 L 이상 필요하고, 일과시간에 많은 지점 채취해야 하므로 접근이 용이해야 함

안전성	방해되는 영향
날씨가 나쁘거나 유량이 많을 경우 위험하므로 안전을 고려한 지점이어야 함	조사지점의 상류나 하류의 수질에 영향을 주는 요소 있으면 대표성 확보 불가능

05
1점 시험검사기관의 정도관리 활동으로 적합하지 않은 것은?

① 기술책임자가 기관의 문서의 변경, 폐기를 최종 결정
② 시험용 초자류를 구매할 때 구매물품 검수
③ 직원의 시험 능력 향상 교육
④ 문서 및 기록의 관리

해설
시험검사기관은 품질시스템을 갖추고, 문서관리, 시험의뢰 및 계약 시 검토, 시험의 위탁, 서비스 및 물품 구매, 고객에 대한 서비스, 부적합 업무관리 및 보완조치, 기록관리 등을 해야 하고, 품질책임자의 책임하에 내부 정도관리 평가를 실시하도록 한다.

06
1점 실험실에서 기본적으로 사용되는 장비와 기구의 관리방법에 대한 해설로 적절하지 않은 것은?

① 저울은 진동이 없는 곳에 설치해야 하며 표준 분동을 사용해 정기적으로 점검한다.
② 정제수 제조장치는 맴브레인 필터의 유효 사용기간을 엄격히 준수하여 교환하고 정제수 수질도 정기 점검하여야 한다.
③ 배양기는 표시창의 설정온도와 실제 내부온도를 주기적으로 확인하고 항상 청결성을 유지 하여야 한다.
④ 건조오븐은 120 ℃까지 온도를 높일 수 있어야 하며 사용 시마다 이를 점검한다.

해설
180 ℃ 이상 온도를 유지하는지, 설정 온도에서 ±2 ℃ 이내의 정밀도를 유지하는지 확인

07 실험실에서 사용되는 유리기구의 세척 후 건
1점 조에 관한 일반적인 사항으로 잘못된 것은?

① 열풍건조는 40 ℃ ~ 50 ℃에서 한다.
② 에탄올, 에테르의 순서로 유리기구를 씻은
후 에테르를 증발시켜 건조할 수도 있다.
③ 급히 건조하여야 할 경우 105 ℃에서 가열
건조를 할 수 있다.
④ 세척된 유리기구를 증류수로 헹군 후 건조대
에서 자연건조하는 것이 좋다.

[해설]
급히 건조하여야 할 경우 40 ℃ ~ 50 ℃에서 열풍건
조를 할 수 있음

08 삭제 문항

09 정밀 저울로 시료의 무게를 측정한 결과 0.00670
1점 g이었다. 측정값의 유효숫자의 자리수는?

① 5 자리 ② 4 자리
③ 3자리 ④ 2 자리

[해설]
0.00670의 유효자리 숫자는 3개이다.

10 현장기록부에 포함되는 내용이 아닌 것은?
1점
① 분석방법
② 시료 인수인계 양식
③ 시료 라벨
④ 보존제 준비기록부

[해설]
현장기록부는 지점명, 채취일시, 채취방법, 시료일련
번호, 현장확인번호, 보존용기, 필요한 분석항목, 현
장측정항목, 현장조건, 추가사용 보존제, 다른 관찰사
항 등이 포함되어야 함

11 정확도를 구하기 위한 가장 기준이 되는 물질은?
1점
① 내부표준물질
② 대체표준물질
③ 인증표준물질(CRM)
④ 표준원액

[해설]
검정곡선이 실제 시료에 정확하게 적용할 수 있는지를 검
증하고 검정곡선의 정확성을 검증하는 표준물질이다.
인정표준물(CRM ; certified reference material)
을 사용하거나 다른 검정곡선으로 검증한 표준물질을
사용함

12 현장시료채취에 대한 해설이 틀린 것은?
1.5점
① 모든 시료채취는 시료인수인계 양식에 맞게
문서화해야 한다.
② 각각의 보관자 혹은 시료채취자는 서명, 날
짜를 기록해야 한다.
③ 시료인수인계는 수집에서 운반까지 시료의
모든 과정을 아는 데 활용한다.
④ 필요할 때는 시정조치에 대한 기록도 보관해
야 한다.

[해설]
시료인수인계는 수집에서 분석까지 시료의 모든 과정
을 아는 데 활용함

13 환경측정분석기관 정도관리 운영지침에 의하
1.5점 면 과학원장은 현장평가를 위하여 정도관리
평가팀을 구성하여야 한다. 이때 평가팀은 대
상기관별로 며칠 이내에서 현장평가를 하도록
되어 있는가?

① 2 ② 3
③ 7 ④ 15

[해설]
평가팀은 대상기관별로 2일 이내에서 현장평가를 한
다. 다만 분야, 항목, 측정분석방법, 기술적 난이 등을
감안하여 평가 일수 적절히 조정 가능

14
1.5점

실험실 안전 행동의 일반 행동지침으로 틀린 것은?

① 대부분의 실험은 보안경만 사용해도 되지만 특수한 화학물질 취급 시에는 약품용 보안경 또는 안전마스크를 착용하여야 한다.
② 귀덮개는 85 dB 이상의 높은 소음에 적합하고 귀마개는 90 ~ 95 dB 범위의 소음에 적합하다.
③ 천으로 된 마스크는 작은 먼지는 보호할 수 있으나 화학약품에 의한 분진으로부터는 보호하지 못하므로 독성실험 시 사용해서는 안 된다.
④ 실험실에서 혼자 작업하는 것은 좋지 않으며, 적절한 응급초치가 가능한 상황에서만 실험을 해야 한다.

> **해설**
>
> 귀덮개는 95 dB 이상의 높은 소음에 적합하고 귀마개는 80 dB ~ 95dB 범위의 소음에 적합하다.

15
1.5점

다른 물질의 존재에 관계없이 분석하고자 하는 대상물질을 정확히 분석할 수 있는 능력을 무엇이라 하는가?

① 선택성　　　　② 특이성
③ 회수율　　　　④ 검출한계

> **해설**
>
> 특이성이란 불순물, 방해물질 등이 혼재되어 있는 상태에서도 분석대상물질을 선택적으로 정확하게 측정할 수 있는 능력. 특이성은 시험방법의 식별능력을 나타내는 것으로 선택성(Selectivity)이라고도 함

16
1.5점

측정분석 결과의 기록방법에 관한 내용 중 국제단위계에서 적합하지 않은 내용은?

① 양(量)의 기호는 이탤릭체(사체)로 쓰며, 단위 기호는 로마체(직립체)로 쓴다.
② 숫자의 표시는 일반적으로 로마체(직립체)로 한다. 여러 자리 문자를 표시할 때는 읽기 쉽도록 소수점을 중심으로 세 자리씩 묶어서 약간 사이를 띄어서(컴퓨터로서는 1바이트) 쓴다.
③ 어떤 양(量)의 수치와 단위 기초로 나타낼 때 그 사이를 한 칸(컴퓨터로서는 1바이트) 띄운다. 다만, 평면각의 도(°), 분('), 초(")에 대해서는 그 기호와 수치 사이를 띄우지 않는다.
④ ppm, ppb 등은 보편화된 단위이므로 공식적으로 사용하고, 농도를 나타낼 때의 리터는 소문자를 사용한다.

> **해설**
>
> ppm, ppb 등은 특정국가에서 사용하는 약어이므로 정확한 단위로 표현하든지 백만 분율, 십억 분율, 일조 분율 등의 수치로 표현한다.

17
1.5점

실험실 안전장치에 대한 해설로 옳지 않은 것은?

① 세안을 위해 물 또는 눈 세척제는 직접 눈을 향하게 하여 바로 세척되도록 한다.
② 세안장치는 실험실의 모든 장소에서 15 m 이내, 또는 15 ~ 30초 이내에 도달할 수 있는 위치에 설치한다.
③ 샤워장치는 화학물질(예 : 산, 알칼리, 기타 부식성 물질)이 있는 곳에는 반드시 설치하여야 한다.
④ 독성 화합물의 잠재적인 접촉이 있을 때 적합한 장갑을 낀다.

> **해설**
>
> 물 또는 눈 세척제는 직접 눈을 향하게 하는 것보다는 코의 낮은 부분을 향하도록 하는 것이 화학물질을 눈에서 제거하는 효과를 증가시켜 준다.

18
1.5점

정확도를 계산하는 바른 식은?

① (spiked value − unspiked value) × 100 / unspiked value
② true value × 100 / measured value
③ 검증확인결과의 수 / 측정분석결과의 수
④ (spiked value − unspiked value) × 100 / spiked value

① 두 번째 검정곡선의 결정계수를 계산하여 0.995 이상이면 이를 사용한다.

② 높은 농도의 표준용액 쪽에서 흡광도가 낮아졌으므로 원시약의 변질이나 농도제조에 이상이 없는지 점검한다.

③ 다시 표준용액을 조제하여 검정곡선을 작성한다.

④ 같은 농도에 대한 흡광도값들을 평균하여 검정곡선을 작성한다.

[해설]

두 번째 검정곡선의 결정계수가 기준을 만족할지라도 첫 번째 검정곡선과 비교하여 두 번째 검정곡선은 저농도에서는 흡광도가 높고 고농도에서는 흡광도가 낮아진 원인을 살펴볼 필요가 있음

28 법률에서 정하고 있는 정도관리의 방법에 대한 내용으로 틀린 것은?
1.5점

① 측정기관에 대하여 3년마다 정도관리를 실시한다.

② 정도관리의 방법은 기술인력·시설·장비 및 운영 등에 대한 측정·분석능력의 평가와 이와 관련된 자료를 검증하는 것으로 한다.

③ 정도관리 실시 후, 측정·분석능력이 우수한 기관은 정도관리검증서를 발급할 수 있으며, 평가기준에 미달한 기관은 인정을 취소한다.

④ 정도관리를 위한 세부적인 평가방법, 평가기준 및 운영기준 등은 별도로 정하여 고시한다.

[해설]

정도관리 평가기준에 미달한 기관은 검증서를 반납하고, 결과를 통보받은 날로부터 3개월 뒤 재신청하여 정도관리를 다시 받을 수 있다.

29 삭제 문항

30 오차에 대한 해설로 올바르지 않은 것은?
1.5점

① 개인 오차(personal error) : 측정자 개인차에 따라 일어나는 오차

② 계통 오차(system error) : 재현 불가능한 것으로 원인을 알 수 없어 보정할 수 없는 오차

③ 검정 허용 오차(verification tolerance) : 계량기 등의 검정 시에 허용되는 공차

④ 기기 오차(instrument error) : 측정기가 나타내는 값에서 나타내야 할 참값을 뺀 값

[해설]

계통 오차(system error)

재현 가능한 것으로 원인을 알 수 있어 보정 가능하다.

31 대체 표준물질(surrogate standards)에 대한 다음 해설 중 ( ) 안에 알맞은 내용으로 짝 지어진 것은?
1.5점

> 대체 표준물질은 측정항목 오염물질과 ( )한 물리·화학적 성질을 갖고 있어 측정 분석시 측정항목 성분의 거동을 유추할 수 있고 환경 중에서 일반적으로 ( ) 물질이며 ( )에 첨가하였을 때 시험 항목의 측정 반응과 비슷한 작용을 하는 물질을 선택하여 사용한다.

① 상이 – 발견되지 않는 – 시료

② 유사 – 발견되지 않는 – 시료

③ 상이 – 발견되는 – 정제수

④ 유사 – 발견되는 – 정제수

[해설]

대체 표준물질(surrogate standards)은 표준물질/바탕시료/시료에 주입하여 전처리/추출/분석 중의 시험 전과정의 회수율을 평가하는 지표로 사용되므로 일반적인 환경에 존재하지 않는 물질을 사용함. 분석대상물질과 물리·화학적 거동이 유사하여 측정대상물질의 반응을 유추할 수 있어야 함

32 실험실에서 사용하는 모든 화학물질에는 취급
1.5점 할 때 알려진 유독성과 안전하게 처리할 수 있
는 주의사항이 수록되어 있는 문서가 있다. 이
문서에 나타난 정보에 따라 화학약품을 취급하
여야 하며 약품과 관련된 안전사고 시 대처하는
절차와 방법에 도움을 준다. 이 문서를 지칭하
는 영어 약자는 무엇인가?

① SDS   ② EDS
③ EDTA   ④ MSDS

해설
화학물질의 성상, 물리·화학적 특성, 인체 영향, 취
급 시 주의사항 등이 적힌 문서를 물질안전보건자료라
하고 영어 약자는 MSDS이다.

33 삭제 문항

34 정도관리(QC ; quality control)와 관련된 법
1.5점 적 근거에 대한 해설로 맞지 않는 것은?

① '환경기술 개발 및 지원에 관한 법률'이 법적
근거이다.
② 환경오염물질 측정분석기관에 대한 측정분
석 능력 향상을 목적으로 한다.
③ 환경오염물질 측정분석결과에 대한 정확성
및 신뢰성 확보를 목적으로 한다.
④ 정도관리는 5년마다 시행한다.

해설
환경분야 시험·검사 등에 관한 법률이 법적 근거
로 시험검사기관의 정도관리는 3년에 한 번씩 시행
한다.

35 모든 측정에는 실험오차라고 부르는 약간의
1.5점 불확도가 들어 있다. 아래 서술된 오차는 어떤
오차에 해당하는가?

잘못 표준화된 pH 미터를 사용하는 경우를 들
수 있다. pH 미터를 표준화하기 위해서 사용되
는 완충 용액의 pH가 7.0인데, 실제로는 7.08
인 것을 사용했다고 가정해 보자. 만약 pH 미
터를 다른 방법으로 적당히 조절하지 않았다면
읽는 모든 pH는 0.08 pH 단위만큼 작은 값이
될 것이다. pH를 5.60이라고 읽었다면, 실제
시료의 pH는 5.68이 된다.

① 계통오차   ② 우연오차
③ 불가측오차   ④ 표준오차

해설
재현이 가능하고 원인을 알 수 있어 보정을 할 수 있는
오차로 계통오차(systematic error)에 해당한다.

36 측정치 1, 3, 5, 7, 9의 정밀도를 표현하는 변
1.5점 동계수(CV)는?

① 약 13 %   ② 약 63 %
③ 약 133 %   ④ 약 183 %

해설
$$CV(\text{또는 } \%RSD) = \frac{s}{x} \times 00\%$$

$$\frac{3.16}{5} \times 100 = 63.2\%$$

37 정밀도는 모두 3.0 % 안에 드는데, 정확도가
1.5점 70 %에 못 미치는 실험 결과가 나왔을 때, 그
원인으로 맞지 않는 것은?

① 표준물질의 농도가 정확하지 않다.
② 실험자가 숙련되지 않았다.
③ 검정곡선의 작성이 정확하지 않다.
④ 회수율 보정이 잘 되지 않았다.

해설
정확도는 측정값이 참값에 얼마나 가까운지를 나타내
고 정밀도는 결과에 대한 재현성을 나타낸다.

정답   **32** ④   **33** 삭제   **34** ④   **35** ①   **36** ②   **37** ②

38 10 m 깊이 이상의 호수 혹은 저수지의 수질분
1.5점 석을 위한 시료에 포함되어야 하는 시료가 아
닌 것은?

① 수표면 2 m 아래 시료
② 수온약층 위의 시료
③ 수온약층 아래 시료
④ 바다 침전물 위의 l m 시료

해설
수표면 1 m 아래 시료

39 실험실 내 사고 상황별 대처요령으로 적절하
1.5점 지 않은 것은?

① 화재 → '멈춰서기-눕기-구르기(stop-
drop-roll)' 방법으로 불을 끈다.
② 경미한 화상 → 얼음물에 화상부위를 담근다.
③ 출혈 → 손, 팔, 발 및 다리 등일 때에는 이 부
위를 심장보다 높게 위치시킨다.
④ 감전 → 발견 즉시 즉각적으로 원활한 호흡
을 위해 인공호흡을 실시한다.

해설
인체 감전사고 발생 시 전기가 소멸했다는 확신이 있
을 때까지 감전된 사람을 건드리지 않는다.

40 원 자료의 분석과 관련된 사항으로 틀린 것은?
1.5점

① 원 자료(raw data)는 분석에 의해 발생된 자
료로 정도관리점검이 포함된 것이다.
② 보고 가능한 데이터 혹은 결과는 원 자료로부
터 수학적, 통계학적 계산을 한 결과를 말한다.
③ 계산을 시작하기 전에 기기로부터 나온 모든
산출값이 올바르고, 선택된 식이 적절한지
확인해야 한다.
④ 사용된 모든 식과 계산은 연필로 기입하고,
기입한 내용은 절대 지울 수 없고, 틀린 곳이
있다면 틀린 곳에 두 줄을 긋고 수정하여 날
짜와 서명을 해야 한다.

해설
④ 사용된 모든 식과 계산은 잉크로 기입하고, 기입한
내용은 절대 지울 수 없고, 틀린 곳이 있다면 틀린
곳에 두 줄을 긋고 수정하여 날짜와 서명을 해야 한다.

41 위해성 물질과 라벨링에 대한 해설 중 옳지 않
1.5점 은 것은?

① 가연성 물질은 빨간색 바탕에 불꽃 표시를 한다.
② 산화 물질은 노란색 바탕에 알파벳 'O'를 적
고, 불꽃 표시를 한다.
③ 독성물질은 흰색과 검은색 라벨에 "독성"이
라고 적는다.
④ 폭발성 물질은 오렌지색 바탕에 폭파 모양을
표시한다.

해설
독성물질은 노란색 바탕에 해골 모양을 표시한다.

42 시료채취 시 분석대상물질과 채취기구와의 연
1.5점 결이 잘못된 것은?

① 중금속-스테인레스
② 무기물질-알루미늄
③ 휘발성 유기화학물-테플론
④ 미생물-플라스틱

해설
미생물-멸균된 용기

43 실험실의 QA/QC에서 '원자료 및 계산된 자료
1.5점 의 기록' 내용에 포함되지 않는 것은?

① 현장기록부
② 시험일지
③ 실험실 기록부
④ 시약 및 기구관리대장

해설
시험의 원자료(raw data) 및 계산된 자료의 기록에는
현장기록부, 시험일지, 실험실기록부가 있다.

44 측정분석결과의 기록방법으로 틀린 것은?
1.5점

① 국제단위계(SI)를 바탕으로 한다.

② 농도를 나타낼 때 리터는 대문자를 사용한다.

③ ppm, ppb 등은 특정언어에서 온 약어이므로 사용하지 않는다.

④ 두 개의 단위의 나누기로 표시되는 유도단위를 나타내기 위해서는 사선 또는 음의 지수를 사용해야 하고 횡선은 사용하지 않는다.

[해설]

두 개의 단위의 나누기로 표시되는 유도단위를 나타내기 위해서는 괄호 또는 음의 지수를 사용해야 한다.

45 정도관리에서 통계량의 사용에 대한 해설로 잘못된 것은?
1.5점

① 시험검출한계(MDL)는 어떠한 매질에 포함된 분석물질의 검출 가능한 최저 농도로, 측정분석한 결과가 99 % 신뢰 수준에서 0보다 분명히 큰 최소 농도로 정의할 수 있다.

② currie's와 미국화학협회의 정량한계 (LOQ)는 시험검출한계와 같은 낮은 농도시료 7 ~ 10회 반복 측정한 표준편차의 10배를 최소 수준 또는 최소 측정 농도로 정의한다.

③ 유효숫자란 측정 결과 등을 나타내는 숫자 중에서 위치만을 나타내는 0을 제외한 의미 있는 숫자를 말한다.

④ 관리차트 작성 시 충분한 자료의 축적으로 결과가 유효할 때까지 실험실은 각각의 시험방법에 대해 최소 7회 이상 측정분석 결과를 반복하고 이 결과를 관리기준 수립에 사용한다.

[해설]

관리차트 작성 시 충분한 자료의 축적으로 결과가 유효할 때까지 실험실은 각각의 시험방법에 대해 최소 20회 ~ 30회 이상 측정분석 결과를 반복하고 이 결과를 관리기준 수립에 사용함

46 시료의 분석결과에 대한 시험검사 결과보고 시 분석자료의 승인을 얻기 위해서 수시 교정 표준물질과 원래의 교정 표준물질과의 편차는 무기물 및 유기물인 경우 각각 어느 정도이어야 하는가?
1.5점

① ±3 %와 ±5 %

② ±3 %와 ±7 %

③ ±5 %와 ±10 %

④ ±5 %와 ±15 %

[해설]

무기물은 ±5 %이고 유기물은 ±10 %이다.

47 UV-VIS 분광광도계의 상세 교정 절차를 해설한 것 중 올바른 것을 모두 선택한 것은?
1.5점

> ㄱ. 바탕시료로 기기의 영점을 맞춘다.
> ㄴ. 5개의 수시교정 표준물질로 곡선을 그린다. 참값의 5 % 내에 있어야 한다.
> ㄷ. 분석한 검정확인 표준물질에 의해 곡선을 검정한다.
> ㄹ. 참값의 15 % 내에 있어야 한다.
> ㅁ. 곡선을 점검하고 검정할 때, 시료 5개를 분석한다.

① ㄱ

② ㄱ, ㄴ, ㄷ

③ ㄱ, ㄴ, ㄹ

④ ㄱ, ㄴ, ㄷ, ㄹ

[해설]

ㄴ. 한 개의 수시교정 곡선을 그린다. 참값의 5 % 내에 있어야 한다.

ㄷ. 분석한 검정확인 연속교정표준물질인 표준물질로 표준물질에 의해 곡선을 검정

ㄹ. 참값의 5 % 내에 있어야 한다.

48 다음 그림에서 정확도(accuracy)는 낮으나 정
1.5점 밀도(precision)가 높은 것은?

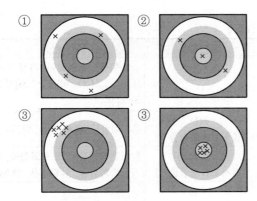

> 해설
>
> 정확도는 측정값이 참값에 얼마나 가까운지를 나타내
> 고 정밀도는 결과에 대한 재현성을 나타낸다.

49 실험실에서 분석기기의 검증을 하기 위해 사
1.5점 용하는 필요한 시료로 적당하지 않은 것은?

① 바탕시료
② 첨가시료
③ 표준물질
④ 인증표준물질

> 해설
>
> 기기에 대한 검증은 교정(calibration)과 교정검증에
> (calibration verification)으로 하며 이때 사용되는 시
> 료에는 바탕시료와 표준물질, 인증표준물질이 있다.

50 삭제 문항

1과목 수질오염공정시험기준

01 전기전도도에 관한 해설로 틀린 것은?
1점

① 용액이 전류를 운반할 수 있는 정도를 말한다.

② 전기전도도는 온도차에 의한 영향이 크므로 측정 결과 값을 통일하기 위해 25 ℃에서의 값으로 환산하여 기록한다.

③ 국제단위계인 mS/m(milisiemens/meter) 또는 μS/cm(Microsiemens/centimter)단위로 측정 결과를 표시하고 있다.

④ mS/m＝100 μS/cm(또는 100 μmhos/cm)이다.

(해설)

④항에서 mS/m＝10 μS/cm이다.

전기전도도값은(μmhos/cm) 현재 국제단위계인 mS/m 또한 μS/cm 단위로 측정결과를 표기하고 있으며 여기에서 mS/m＝10 μS/cm이다. 또한 전기전도도는 온도차에 의한 영향(약 2 %/℃)이 크므로 측정 결과값의 통일을 기하기 위하여 25 ℃에서의 값으로 환산하여 기록한다.

02 알킬수은 화합물을 가스크로마토그래피로 정
1점 량할 때 사용하는 검출기 중 가장 적절한 것은?

① TCD　　　　② ECD

③ FID　　　　④ FPD

(해설)

전자포획검출기(ECD ; Electron Capture Detector)는 방사성 동위원소(63Ni, 3H 등)로부터 방출되는 β선이 운반가스를 전리하여 미소전류를 흘려보낼 때 시료 중의 할로겐이나 산소와 같이 전자포획력이 강한 화합물에 의하여 전자가 포획되어 전류가 감소하는 것을 이용하는 방법이다.

[참고]

검출기	분석대상
TCD (열전도도검출기)	금속물질, 전형적인 기체 분석(O_2, N_2, H_2O, 비탄화수소)에 많이 사용
FID (불꽃이온화검출기)	유기화합물, 벤젠, 페놀, 탄화수소
ECD (전자포획형검출기)	할로겐화합물, 니트로화합물, 유기금속화합물, 알킬수은, PCB
FPD (불꽃광도검출기)	유기인, 황화합물
FTD (불꽃열이온화검출기)	유기질소, 유기염소화합물

여기서 표 검출기에서 O_2, N_2, H_2O 표기.

03 클로로필 a 분석을 위해 측정해야 할 흡광도의
1점 파장이 아닌 것은?

① 750 nm　　　　② 663 nm

③ 645 nm　　　　④ 640 nm

(해설)

ES 04312.1a 클로로필 a

[목적]

이 시험기준은 물속의 클로로필 a의 양을 측정하는 방법으로 아세톤 용액을 이용하여 시료를 여과한 여과지로부터 클로로필 색소를 추출하고, 추출액의 흡광도를 663 nm, 645 nm, 630 nm 및 750 nm에서 측정하여 클로로필 a의 양을 계산하는 방법이다.

04 농도 표시에 대한 내용으로 옳은 것은?
1점

① ppm과 mg/L는 언제나 같은 뜻이다.

② 용액의 농도를 %로 표시할 때는 W/V %를 말한다.

③ mg/kg과 uL/L는 언제나 ppm과 같은 것은 아니다.

④ 기체의 농도는 0이다.

해설

ES 04000b 총칙

백만분율 (ppm ; parts per million)을 표시할 때는 mg/L, mg/kg의 기호를 쓴다. 기체 중의 농도는 표준상태 (0 ℃, 1기압)로 환산 표시한다.

---

05 수질오염공정시험기준 중 규정액에 대한 해설로 틀린 것은?

1점

① 조제된 0.1 N 과망간산칼륨액은 갈색병에 넣어 보관한다.
② 0.1 N 과망간산칼륨액의 표정을 위해 수산화나트륨 표준시약을 사용한다.
③ 조제된 0.1 N 티오황산나트륨액이 오래된 경우 표정하여 보정 후 사용할 수 있다.
④ 0.1 N 티오황산나트륨액의 표정을 위해 요오드화칼륨과 염산용액을 사용한다.

해설

0.1 N 과망간산칼륨용액 표정은 0.1 N 수산나트륨용액으로 한다.

---

06 지하수 시료를 채취할 경우 시료 물은?

1.5점

① 가장 처음 퍼낸 물시료
② 시료용기를 씻어내고 다음으로 퍼낸 물시료
③ 고여 있는 물의 1 ~ 2배 퍼낸 다음 새로 나온 물시료
④ pH 및 전기전도도를 측정하여 평형값이 이룰 때까지 퍼낸 다음의 물시료

해설

ES 04130.1c 시료의 채취 및 보존 방법

[시료채취 시 유의사항]

3.8항 지하수 시료는 취수정 내에 고여 있는 물과 원래 지하수의 성상이 달라질 수 있으므로 고여 있는 물을 충분히 퍼낸 다음 새로 나온 물을 채취한다. 이 경우 퍼내는 양은 고여 있는 물의 4배 ~ 5배 정도이나 pH 및 전기전도도를 연속적으로 측정하여 이 값이 평형을 이룰 때까지로 한다.

---

07 은적정에 사용하기 위해 0.050 M 질산은(Ag NO₃, 화학식량=169.88 g/mol) 용액 250 mL를 만들려고 한다. 필요한 질산은의 무게는?

1.5점

① 8.49 g ② 1.56 g
③ 2.12 g ④ 12.5 g

해설

$$0.05 \text{ M} = 169.88 \text{ g} \times \frac{0.05}{1000 \text{mL}} \times 250 \text{ mL} = 2.12 \text{ g}$$

---

08 BOD측정용 시료의 전처리 방법 중 틀린 것은?

1.5점

① 산성 또는 알칼리성 시료는 염산 또는 수산화 나트륨용액으로 시료를 중화하여 pH 7로 한다.
② 잔류 염소가 함유된 시료는 아황산나트륨용액으로 잔류 염소를 제거한다.
③ 용존산소량이 과포화된 시료는 수온을 23 ~ 25 ℃로 하여 15분간 통기하여 과포화된 산소를 날려 보낸다.
④ 부영양화된 호수의 표층수는 산소로 과포화되어 있으므로 식종희석수로 희석해야 한다.

해설

ES 04305.1b 생물화학적 산소요구량

[전처리]

㉠ pH가 6.5 ~ 8.5의 범위를 벗어나는 산성 또는 알칼리성 시료는 염산용액(1 M) 또는 수산화나트륨용액 (1 M)으로 시료를 중화하여 pH 7 ~ 7.2로 맞춘다. 다만 이때 넣어주는 염산 또는 수산화나트륨의 양이 시료량의 0.5 %가 넘지 않도록 하여야 한다. pH가 조정된 시료는 반드시 식종을 실시한다.
㉡ 가능한 한 염소소독 전에 시료를 채취한다. 그러나 잔류염소를 함유한 시료는 시료 100 mL에 아자이드화나트륨 0.1 g과 요오드화칼륨 1 g을 넣고 흔들어 섞은 다음 염산을 넣어 산성으로 한다(약 pH 1). 유리된 요오드를 전분지시약을 사용하여 아황산나트륨용액(0.025 N)으로 액의 색깔이 청색에서 무색으로 변화될 때까지 적정하여 얻은 아황산나트륨용액(0.025 N)의 소비된 부피(mL)를 남아 있는 시료의 양에 대응하여 넣어 준다. 일반적으로 잔류염소를 함유한 시료는 반드시 식종을 실시한다.

ⓒ 수온이 20 ℃ 이하일 때의 용존산소가 과포화되어 있을 경우에는 수온을 23 ℃ ~ 25 ℃로 상승시킨 이후에 15분간 통기하고 방치하고 냉각하여 수온을 다시 20 ℃로 한다.

ⓔ 기타 독성을 나타내는 시료에 대해서는 그 독성을 제거한 후 식종을 실시한다.

09
1.5점 흡광광도법을 이용한 음이온 계면활성제 측정에 관한 내용으로 틀린 것은?

① 복합체의 추출은 사염화탄소를 사용한다.
② 분액깔때기 세정 시에 세제를 사용해서는 안 된다.
③ ABS, LAS 등의 음이온 계면활성제가 양이온 염료인 메틸렌블루와 반응하여 만드는 중성의 청색복합체가 추출됨을 이용한 것이다.
④ 흡수셀은 가끔 에탄올이나 아세톤으로 씻는 것이 좋다.

해설

ES 04359.1b 음이온계면활성제 – 자외선/가시선 분광법
[목적]
이 시험기준은 물속에 존재하는 음이온 계면활성제를 측정하기 위하여 메틸렌블루와 반응시켜 생성된 청색의 착화합물을 클로로폼으로 추출하여 흡광도를 650 nm에서 측정하는 방법이다.

10
1.5점 이온크로마토그래피법은 액체시료를 이온교환컬럼에 고압으로 전개시켜 분리하는 방법으로 물속에 존재하는 음이온의 정성 및 정량 분석에 유용하게 사용할 수 있다. 나열된 음이온들은 연못물을 분석하였을 때 검출되는 이온들이다. 머무름 시간이 작은 것부터 큰 것의 순서로 옳게 나열한 것은?

① $F^- < Cl^- < SO_4^{2-} < NO_3^-$
② $Cl^- < F^- < SO_4^{2-} < NO_3^-$
③ $F^- < Cl^- < NO_3^- < SO_4^{2-}$
④ $Cl^- < F^- < NO_3^- < SO_4^{2-}$

해설

분리되는 순서는 이온가의 증가순이며, 이온크기가 작은 것이 큰 이온보다 먼저 나온다.(1가 이온 < 2가 이온 < 3가 이온 <)

• 음이온 : $F^- < Cl^- < NO_2^- < Br^- < NO_3^- < HPO_4^{2-} < SO_4^{2-}$
• 양이온 : $Li^+ < Na^+ < NH_4^+ < K^+ < Mg^{2+} < Ca^{2+}$

11
1.5점 원자흡수분광법에서는 바탕보정이 필요하다. 그 이유 중 옳은 해설만 모은 것은?

> a. 불꽃 원자화기 자체가 발광을 한다.
> b. 속빈 음극램프를 광원으로 쓰기 때문이다.
> c. 흑연로를 원자화기로 사용하면 바탕보정이 필요없다.
> d. 시료의 매트릭스의 광학적 산란에 기인된다.

① a, b   ② a, d
③ b, c   ④ c, d

해설

ES 04400.1b 금속류 – 불꽃 원자흡수분광광도법
[간섭물질]
① 광학적 간섭
  ㉠ 분석하고자 하는 원소의 흡수파장과 비슷한 다른 원소의 파장이 서로 겹쳐 비이상적으로 높게 측정되는 경우이다. 또는 다중원소램프 사용 시 다른 원소로부터 공명 에너지나 속빈 음극램프의 금속 불순물에 의해서도 발생한다. 이 경우 슬릿 간격을 좁힘으로써 간섭을 배제할 수 있다.
  ㉡ 시료 중에 유기물의 농도가 높을 경우 이들에 의한 복사선 흡수가 일어나 양(+)의 오차를 유발하게 되므로 바탕선 보정(Background Correction)을 실시하거나 분석 전에 유기물을 제거하여야 한다.
  ㉢ 용존 고체 물질 농도가 높으면 빛 산란 등 비원자적 흡수현상이 발생하여 간섭이 발생할 수 있다. 바탕 값이 높아서 보정이 어려울 경우 다른 파장을 선택하여 분석한다.

정답 **09** ① **10** ③ **11** ②

② 물리적 간섭

　물리적 간섭은 표준용액과 시료 또는 시료와 시료 간의 물리적 성질(점도, 밀도, 표면장력 등)의 차이 또는 표준물질과 시료의 매질(Matrix) 차이에 의해 발생한다. 이러한 차이는 시료의 주입 및 분무 효율에 영향을 주어 양(+) 또는 음(−)의 오차를 유발하게 된다. 물리적 간섭은 표준용액과 시료간의 매질을 일치시키거나 표준물질첨가법을 사용하여 방지할 수 있다.

③ 이온화 간섭

　불꽃온도가 너무 높을 경우 중성원자에서 전자를 빼앗아 이온이 생성될 수 있으며 이 경우 음(−)의 오차가 발생하게 된다. 이러한 간섭은 시료와 표준물질에 보다 쉽게 이온화되는 물질을 과량 첨가하면 감소시킬 수 있다.

④ 화학적 간섭

　불꽃의 온도가 분자를 들뜬 상태로 만들기에 충분히 높지 않아서, 해당 파장을 흡수하지 못하여 발생한다. 그 예로 시료 중에 인산이온 (PO_4^{3-}) 존재 시 마그네슘과 결합하여 간섭을 일으킬 수 있다. 칼슘, 마그네슘, 바륨의 분석 시 란타늄 (La)을 첨가하여 인산의 화학적 간섭을 배제할 수 있다. 또는 간섭을 일으키는 금속을 킬레이트제 등으로 제거할 수 있다.

ES 04400.2b 금속류 – 흑연로 원자흡수분광광도법

[간섭물질]

① 매질 간섭 : 시료의 매질로 인한 원자화 과정상에서 발생하는 간섭이다. 매질개선제(Matrix Modifier) 및 수소(5 %)와 아르곤(95 %)을 사용하여 간섭을 줄일 수 있다.

② 메모리 간섭 : 고농도 시료분석 시 충분히 제거되지 못하고 잔류하는 원소로 인해 발생하는 간섭이다. 흑연로 온도 프로그램상에서 충분히 제거되도록 설정하거나, 시료를 희석하고 바탕시료로 메모리 간섭 여부를 확인한다.

③ 스펙트럼 간섭 : 다른 분자나 원소에 의한 파장의 겹침 또는 흑체 복사에 의한 간섭으로 발생한다. 매질개선제(Matrix Modifier)를 사용하여 간섭을 배제할 수 있다.

---

12 하천에서 유황이 일정하고 하상의 상태가 고른 지점을 선정하여 물이 흐르는 방향과 직각이 되도록 하천의 양 끝에 로프로 고정하고 등간격으로 측정점을 정하는 유량 측정법은?

1.5점

① 유속 – 면적법(Velocity – Area Method)
② 벤튜리미터(Venturi Meter)
③ 파아샬플로움(Parshall flume)
④ 피토우(Pitot)관

해설

ES 04140.3b 하천유량 – 유속 면적법

[결과보고]

유황(流況)이 일정하고 하상의 상태가 고른 지점을 선정하여 물이 흐르는 방향과 직각이 되도록 하천의 양 끝을 로프로 고정하고 등 간격으로 측정 점을 정한다. 아래 그림과 같이 통수단면을 여러 개로 소구간 단면으로 나누어 각 소구간 마다 수심 및 유속계로 1개 ~ 2개의 점 유속을 측정하고 소구간 단면의 평균유속 및 단면적을 구한다. 이 평균 유속에 소구간 단면적을 곱하여 소구간 유량(q_m)으로 한다.

소구간 단면에 있어서 평균유속 V_m은 수심 0.4 m를 기준으로 다음과 같이 구한다.
(1) 수심이 0.4 m 미만일 때 $V_m = V_{0.6}$
(2) 수심이 0.4 m 이상일 때 $V_m = (V_{0.2} + V_{0.8}) \times \dfrac{1}{2}$

$V_{0.2}$, $V_{0.6}$, $V_{0.8}$은 각각 수면으로부터 전 수심의 20 %, 60 % 및 80 %인 점의 유속이다.

$$Q = q_1 + q_2 + \cdots\cdots + q_m \quad\cdots\cdots\cdots\cdots (\text{식 } 1)$$

여기서, Q : 총 유량
　　　　q_m : 소구간 유량
　　　　V_m : 소구간 평균 유속

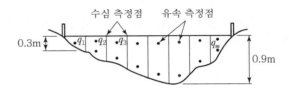

13 삭제문항

14 시료의 채취 및 보존방법에 관한 해설로 틀린
1.5점 것은?

① 암모니아성 질소 분석용 시료를 채취할 때에
채취 후 미생물 분해 및 휘발로 인한 손실을
막기 위해 pH를 산성으로 조절하여야 한다.

② 시안 분석용 시료를 채취할 때에 채취 후 미
생물 분해 및 휘발로 인한 손실을 막기 위해
pH 를 산성으로 조절하여야 한다.

③ 페놀 분석용 시료를 채취할 때에 채취 후 미
생물 분해 및 휘발로 인한 손실을 막기 위해
pH를 산성으로 조절하여야 한다.

④ 질산성 질소 시료를 채취할 때에 채취 후에
pH를 조절할 필요가 없다.

╴해설╴

ES 04130.1c 시료의 채취 및 보존 방법

[보존방법 참조]

항목	시료 용기	보존방법	최대보존기간 (권장보존기간)
시안	P, G	4 ℃ 보관, NaOH 로 pH 12이상	14일(24시간)

15 수소이온농도(pH)의 연속자동측정방법의 성
1.5점 능 기준이 아닌 것은?

① 하수, 폐수 및 하천수, 호소수 등 공공수역에
서 물의 수소이온농도를 연속적으로 자동
측정할 수 있어야 한다.

② 측정 방식은 유리전극법, 안티몬전극법 또는
이 이상의 방법이어야 한다.

③ 측정기의 성능은 pH 7에서 ± 0.1 이하여야
한다.

④ 측정기의 시험가동시간은 96시간 이상이어
야 한다.

16 삭제문항

17 100 ℃ 산성용액 중에서 과망간산칼륨(KMnO₄)
1.5점 법으로 화학적 산소요구량(COD)을 측정하는 실
험 과정 중 틀린 것은?

① COD 측정 중 망간의 산화수는 +7에서 +2
로 환원된다.

② 1 N 과망간산칼륨 용액의 몰 농도는 0.2 M
이다.

③ 산소 1 g 당량은 8 g이다.

④ 과량의 과망간산칼륨 용액은 수산화나트륨
용액으로 적정한다.

╴해설╴

옥살산나트륨을 수산나트륨이라고도 한다. 따라서 수
산화나트륨과 혼동하기 쉬우므로 주의를 요한다.

**ES 04315.1a 화학적 산소요구량 – 적정법 – 산성 과
망간산칼륨법**

[적정]
옥살산나트륨용액(0.0125 M)=[수산나트륨 용액] 10
mL를 정확하게 넣고 60 ℃ ~ 80 ℃를 유지하면서 과
망간산칼륨용액(0.005 M)을 사용하여 액의 색이 엷은
홍색을 나타낼 때까지 적정한다.

[과망간산칼륨용액(0.02 M) 표정]
150 ℃ ~ 200 ℃에서 1시간 건조하여 황산 건조용기
에서 식힌 옥살산나트륨(표준시약) 약 0.3 g을 정밀히
달아 500 mL 삼각플라스크에 넣고 정제수 200 mL
를 넣어 녹인 다음 황산(1 + 1) 10 mL를 넣고 가열판
상에서 60 ℃ ~ 80 ℃로 액체의 온도를 유지하면서
조제한 과망간산칼륨용액으로 적정한다. 처음에 약
40 mL는 신속하게 넣어 반응시키고 다음에는 서서히
적정하여 과망간산칼륨의 엷은 홍색이 약 30초간 지
속되면 종말점으로 한다. 따로 정제수 200 mL를 취하
여 같은 방법으로 시험하고 보정한다.
[주] 과망간산칼륨용액(0.02 M) 1 mL
= 6.700 mg Na₂C₂O₄

18
1.5점

페놀류의 분석 방법에 대한 해설로 틀린 것은?

① 페놀함량이 낮은(0.05 mg 이하) 경우에는 추출법을 사용한다.

② 페놀 함량이 높은(0.05 ~ 0.5 mg) 경우에는 직접법을 사용한다.

③ 증류액이 백탁되었을 때는 증류 조작을 반복하여 재증류한다.

④ 추출법은 510 nm, 직접법은 460 nm에서 흡광도를 측정한다.

해설

ES 04365.1b 페놀류 – 자외선/가시선 분광법

[목적]

이 시험기준은 물속에 존재하는 페놀류를 측정하기 위하여 증류한 시료에 염화암모늄 – 암모니아 완충용액을 넣어 pH 10으로 조절한 다음 4 – 아미노안티피린과 헥사시안화철(Ⅱ)산칼륨을 넣어 생성된 붉은색의 안티피린계 색소의 흡광도를 측정하는 방법으로 수용액에서는 510 nm, 클로로폼 용액에서는 460 nm에서 측정한다.

[적용범위]

이 시험기준은 지표수, 지하수, 폐수 등에 적용할 수 있으며, 정량한계는 클로로폼 추출법일 때 0.005 mg/L, 직접측정법일 때 0.05 mg/L이다.

19
1.5점

암모니아성 질소 분석 방법이 아닌 것은?

① 흡광광도법(인도페놀법)

② 이온전극법

③ 중화적정법

④ 카드뮴 환원법

해설

ES 04355.0 암모니아성 질소

[적용 가능한 시험방법]

암모니아성질소	정량한계(mg/L)	정밀도(% RSD)
자외선/가시선 분광법	0.01 mg/L	±25 % 이내
이온전극법	0.08 mg/L	±25 % 이내
적정법	1 mg/L	±25 % 이내

④항은 총질소의 시험분석방법이다.

20
1.5점

총대장균군의 최적확수 시험 시 대장균을 현미경으로 관찰하기 위해 Hucker 변법으로 염색표본을 만드는 순서로 옳은 것은?

① 도말 – 고정 – 건조 – 수세 – 그람염색 – 건조 – 검경

② 고정 – 도말 – 그람염색 – 건조 – 수세 – 건조 – 검경

③ 도말 – 건조 – 고정 – 그람염색 – 수세 – 건조 – 검경

④ 고정 – 도말 – 건조 – 수세 – 그람염색 – 건조 – 검경

해설

• 총대장균군은 그람음성 ・무아포성의 간균으로서 락토스를 분해하여 가스 또는 산을 발생하는 모든 호기성 또는 통성 혐기성균을 말한다.

• Gram염색의 여러 방법 중 현재 Hucker 변법이 가장 널리 이용된다.

[염색과정]

㉠ 슬라이드그라스 위에 도말, 건조, 고정시킨다.

㉡ Crystal violet 용액으로 염색 수세한다.

㉢ 그람 요오드액을 넣고 30 ~ 60초간 두었다가 물로 씻는다.

㉣ Acetone – alcohol로 탈색을 하고 수세한다.

㉤ Safranin 용액을 얹고 30초 동안 둔 후 물로 씻는다.

㉥ 건조 후 검경한다.

21

원자흡수분광광도법에 사용되는 불꽃을 만들기 위한 가연성가스와 조연성가스의 조합에 관한 해설로 옳은 것은?

① 불꽃의 온도가 높아 불꽃 중에서 해리하기 어려운 내화성산화물을 만들기 쉬운 원소의 분석에 적합한 것은 아세틸렌 – 아산화질소이다.

② 불꽃 중 원자증기의 밀도 분포는 원소의 종류와 불꽃의 성질에 관계없이 일정하다.

정답 **18** ④ **19** ④ **20** ③ **21** ①

③ 가연성가스와 조연성가스의 혼합비는 감도에 크게 영향을 주지 않는다.

④ 원자 외 영역에서의 불꽃 자체에 의한 흡수가 적기 때문에 이 파장 영역에서 분석선을 갖는 원소의 분석에 적합한 것은 아세틸렌－공기이다.

해설

• 가스 : 불꽃생성을 위해 아세틸렌(C_2H_2)－공기가 일반적인 원소분석에 사용되며, 아세틸렌－아산화질소(N_2O)는 바륨 등 산화물을 생성하는 원소의 분석에 사용된다. 아세틸렌은 일반등급을 사용하고, 공기는 공기압축기 또는 일반 압축공기 실린더 모두 사용 가능하다. 아산화질소 사용 시 시약등급을 사용한다.

• 불꽃 : 질소－공기와 아세틸렌－공기는 거의 대부분의 원소 분석에 유효하게 사용되며 수소－공기는 원자 외 영역에서의 불꽃 자체에 의한 흡수가 적기 때문에 이 파장영역에서 분석선을 갖는 원소의 분석에 적당하다. 아세틸렌－아산화질소 불꽃은 불꽃의 온도가 높기 때문에 불꽃 중에서 해리하기 어려운 내화성산화물을 만들기 쉬운 원소의 분석에 적당하다. 프로판－공기 불꽃은 불꽃온도가 낮고 일부 원소에 대하여 높은 감도를 나타낸다. 어떠한 종류의 불꽃이라도 가연성 가스와 조연성 가스의 혼합비는 감도에 크게 영향을 주며 최적혼합비는 원소에 따라 다르다. 또 불꽃 중에서의 원자증기의 밀도 분포는 원소의 종류와 불꽃의 성질에 따라 다르다.(수질오염공정시험방법 환경부고시 제2007－147호 발췌 내용)

22 이온전극법으로 측정이 가능한 항목이 모두 포함된 항은?
1.5점

> a. 수소이온농도　　　b. 용존산소
> c. 음이온계면활성제　　d. 시안
> e. 페놀

① a, b, c
② b, b, d
③ a, b, d
④ a, c, e

해설

• 이온전극법은 시료에 이온강도 조절용 완충용액을 넣어 pH를 조절하고 전극과 비교전극을 사용하여 전위를 측정하고 그 전위차로부터 정량하는 방법이다. 시안, 불소, 암모니아성 질소, 염소이온, 수소이온농도, 용존산소 등의 측정분석에 이용된다.

• 음이온계면활성제 → 적용 가능한 시험방법

음이온계면활성제	정량한계 (mg/L)	정밀도 (% RSD)
자외선/가시선 분광법	0.02 mg/L	±25 % 이내
연속흐름법	0.09 mg/L	±25 % 이내

• 페놀류 → 적용 가능한 시험방법

페놀 및 그 화합물	정량한계(mg/L)	정밀도 (% RSD)
자외선/가시선 분광법	• 추출법 : 0.005 mg/L • 직접법 : 0.05 mg/L	± 25 % 이내
연속흐름법	0.007 mg/L	± 25 % 이내

23 디아조화법에 의한 아질산성 질소의 측정 순서로 옳은 것은?
1.5점

> ㄱ. α－나프틸에틸렌디아민이염산염 용액(0.1 W/V %) 1 mL를 넣어 섞는다.
> ㄴ. 술퍼닐아미드 용액(W/V %) 1 mL를 넣어 섞는다.
> ㄷ. 용액의 일부를 10 mm 흡수셀에 옮겨 흡광도를 측정한다.
> ㄹ. 여과한 시료 적당량을 50 mL 비색관에 넣고 물을 넣어 표선을 채운다.
> ㅁ. 5분간 방치한다.
> ㅂ. 10 ～ 30분간 방치한다.

① ㄹ → ㄴ → ㅂ → ㄱ → ㅁ → ㄷ
② ㄹ → ㄱ → ㅁ → ㄴ → ㅂ → ㄷ
③ ㄹ → ㄱ → ㅂ → ㄴ → ㅁ → ㄷ
④ ㄹ → ㄴ → ㅁ → ㄱ → ㅂ → ㄷ

해설

ES 04354.1b 아질산성 질소 – 자외선/가시선 분광법

[분석방법]

㉠ 여과한 시료 적당량(아질산성 질소로서 0.01 mg 이하 함유)을 취하고 50 mL 비색관에 넣고 물을 넣어 표선을 채운다.

㉡ 슬퍼닐아미드용액(0.5 %) 1 mL를 넣어 섞고 5분간 방치한 다음 α – 나프틸에틸렌디아민이염산염용액(0.1 %) 1 mL를 넣어 섞고 10분 ~ 30분간 방치한다.

㉢ 이 용액의 일부를 층장 10 mm 흡수셀에 옮겨 시료 용액으로 한다.

[주 2] 시료 중 잔류염소와 같은 산화성물질이 함유된 경우에는 아황산나트륨용액(0.1 N)을 대응량만큼 정량적으로 넣어 환원시킨 다음 사용한다.

㉣ 따로 정제수 50 mL를 취하여 시료의 시험방법에 따라 시험하여 바탕시험용액으로 한다.

㉤ 바탕시험용액을 대조액으로 하여 540 nm에서 시료 용액의 흡광도를 구하고 미리 작성한 검정곡선으로 아질산성 질소의 양을 구하여 농도를 계산한다.

2과목 먹는물수질공정시험기준

01 용어 해설이 틀린 것은?
1.5점

① 용해 : 물질이 액체와 균일한 상태로 혼합되는 현상

② 용매 : 물질을 용해시키는 데 사용된 액체

③ 용해도 : 용매(물) 100 g에 포화로 용해된 용매의 g 수

④ 용질 : 용해되는 물질

해설

용해도

일정한 온도에서 용매 100 g에 녹을 수 있는 용질의 최대량으로 용질의 그램수(g)로 나타낸다.

02 SI 환경단위 지침 단위 중 틀린 것은?
1.5점

① m, cm, mm, μm, nm

② kg, g, mg, μg, ng

③ ppm, ppb, ppt

④ cm^2, mm^2

해설

ppm, ppb, ppt는 SI단위가 아님. SI 단위는 기본 단위인 길이(m), 질량(kg), 시간(s), 전류(A), 온도(K), 물질량(mol), 광도(cd)로 표시되는 것임

03 5.3 ppm은 몇 %인가?
1.5점

① 0.00053 ② 0.0053

③ 0.053 ④ 0.53

해설

1 % = 10,000 ppm이므로

5.3 ppm은 $\dfrac{5.3}{10,000} = 0.00053\,\%$

---

04 물중에 존재하는 잔류 염소의 형태에 대한 해설로 틀린 것은?

① 유리잔류염소란 차아염소산과 차아염소산 이온을 의미한다.
② 염소, 차아염소산이 암모니아와 반응하여 생성한 모노, 디, 트리클로라민을 결합잔류염소라 한다.
③ 총잔류염소란 결합잔류염소에서 유리잔류염소를 뺀 값을 의미한다.
④ 잔류 염소는 DPD 비색법이나 OT 비색법으로 측정할 수 있다.

해설

총잔류염소란 유리잔류염소와 결합잔류염소의 합을 의미한다.

05 먹는물수질공정시험기준에서 유기인 항목을 가스크로마토그래프-질량분석법으로 분석하였다. 분해능에 가장 큰 영향을 미치는 요소는?
1.5점

① 주입부의 온도　② 오븐의 온도
③ 컬럼의 길이　④ 검출부의 온도

해설

가스 크로마토그래피 분석법에서 물질의 분리에 가장 큰 영향을 미치는 것은 컬럼의 종류와 컬럼의 길이이다.

06 '찬곳'이란, 따로 규정이 없는 한 몇 ℃인가?
1.5점

① 0 ~ 15 ℃　② -5 ~ 10 ℃
③ -5 ~ 0 ℃　④ -4 ~ 0 ℃

해설

찬 곳이라 함은 따로 규정이 없는 한 0 ℃ ~ 15 ℃의 장소를 말한다.

07 총트리할로메탄에 포함되는 물질이 아닌 것은?
1.5점

① 클로로포름
② 디클로로메탄

③ 디브로모클로로메탄
④ 브로모디클로르크로메탄

해설

총트리할로메탄으로 대표적인 물질은 클로로포름, 디브로모클로로메탄, 브로모디클로로메탄, 브로모포름이다.

08 먹는물수질공정시험기준 중 현장이중시료의 측정에 대한 해설이다. ( )에 들어갈 것은?
1.5점

> 현장 이중시료는 동일한 장소에서 동일한 조건으로 중복 채취한 시료로서 한 조사팀이 하루에 ( )개 이하를 채취할 경우에는 1개를 그리고 그 이상을 채취할 때에는 시료 ( )개당 1개를 추가로 취한다. 동일한 조건에서 중복 채취한 두 시료간의 측정값 편차는 ( ) % 이하여야 한다.

① 10, 10, 20　② 10, 20, 25
③ 20, 10, 20　④ 20, 20, 25

해설

현장 이중시료(Field Duplicate Sample)는 동일 위치에서 동일한 조건으로 중복 채취한 시료로서 독립적으로 분석하여 비교한다. 현장 이중시료는 필요시 하루에 20개 이하의 시료를 채취할 경우에는 1개를, 그 이상의 시료를 채취할 때에는 시료 20개당 1개를 추가로 채취하며, 동일한 조건에서 측정한 두 시료의 측정값 차를 두 시료 측정값의 평균값으로 나누어 **상대편차백분율**(RPD, Relative Percent Difference)로 구한다.

$$상대편차백분율(\%) = \frac{C_2 - C_1}{\overline{x}} \times 100$$

09 삭제문항

10 불소 측정을 위한 시료 채취 시 적절한 용기는?
1.5점

① 유리 제품　② 폴리에틸렌 제품
③ 스테인레스 제품　④ 금속 제품

해설

불소는 금속과 유리와는 반응을 하므로 폴리에틸렌 재질을 사용한다.

정답　**04** ③　**05** ③　**06** ①　**07** ②　**08** ④　**09** 삭제　**10** ②

11 정도관리 목표값으로 정확도 범위가 다른 하
1.5점 나는?

① 알루미늄 : 자외선/가시선 분광법
② 질산성질소 : 자외선/가시선 분광법
③ 시안 : 자외선/가시선 분광법
④ 브론산염 : 이온크로마토그래피

해설
알루미늄의 정도관리 목표값 정확도는 75 % ~ 125 %
질산성질소, 시안, 브론산염의 정도관리 목표값 정확
도는 80 % ~ 120 %이다.

12 시료채수 시 바탕시료로부터 얻을 수 있는 정
1.5점 보로 틀린 것은?

① 방법바탕시료 : 전처리, 시약, 분석기기
② 전처리바탕시료 : 전처리, 시약, 분석기기
③ 현장바탕시료 : 용기, 전처리, 운반 및 보관,
교차오염
④ 기구바탕시료 : 용기, 운반 및 보관, 시약

해설
기구바탕시료는 용기, 채취기구, 운반 및 보관, 교차
오염을 알 수 있으나 전처리에 대한 정보는 알 수 없다.

[바탕시료로부터 얻을 수 있는 정보]

바탕 시료	시료 오염원							
	용기	채취 기구	전처 리	운반 및 보관	전처 리장 비	교차 오염	시약	분석 기기
기구/ 세척	✓	✓		✓		✓		
현장	✓		✓	✓		✓		
운반	✓			✓		✓		
전처리					✓		✓	✓
기기								✓
시약							✓	✓
방법					✓		✓	✓

국립환경과학원 환경시험 · 검사 QA/QC 핸드북(제2판)

13 먹는물공정시험기준에서 미생물 항목 측정을
1.5점 위한 시료 채수 시 염소이온의 방해를 없애기
위하여 넣는 시약은?

① 티오황산나트륨용액
② 이산화비소산나트륨용액
③ 중크롬산칼륨
④ 브로모티몰블루

해설
미생물 시험용 시료를 채취할 때 잔류염소를 함유한
시료를 채취할 때에는 시료채취 전에 멸균된 시료채취
용기에 멸균한 티오황산나트륨용액을 최종농도 0.03
%(w/v)이 되도록 투여한다.

14 총대장균군 시료 채취와 관리 방법으로 틀린
것은?

① 시료 중 잔류 염소가 함유된 경우 멸균된 희
석액을 이용하여 잔류 염소를 제거한다.
② 시료는 직사광선을 피하여 4 ℃ 상태를 유지
하여 실험실로 운반한다.
③ 오염을 피하기 위하여 시료 채취 직전에 뚜껑을
열고 신체 접촉에 따른 오염을 피하도록 한다.
④ 잔류 염소를 포함한 경우 멸균한 티오황산나트
륨용액이 최종 0.03 %(w/v) 되도록 투여한다.

해설
미생물 시험용 시료를 채취할 때에는 멸균된 시료용기
를 사용하여 무균적으로 시료를 채취하고 즉시 시험하
여야 한다. 즉시 시험할 수 없는 경우에는 4 ℃ 냉장
보관한 상태에서 일반세균, 녹농균, 여시니아균은 24
시간 이내에, 총대장균군 등 그 밖의 항목은 30시간
이내에 시험하여야 한다.
잔류염소를 함유한 시료를 채취할 때에는 시료채취 전
에 멸균된 시료채취용기에 멸균한 티오황산나트륨용액
을 최종농도 0.03 %(w/v)이 되도록 투여한다.
수도꼭지에서 시료를 채취할 경우에는 수도꼭지를 틀
어 2분 ~ 3분간 흘려보낸 후 시료를 채취한다.
먹는샘물 제품수는 병의 마개를 열지 않은 상태의 제
품을 말하며, 병의 마개가 열린 것은 시료로 사용할 수
없다.

정답 **11** ① **12** ④ **13** ① **14** ①

15 먹는물수질공정시험기준에서 1,4-다이옥산
1.5점 의 주 시험방법으로 옳은 것은?

① 용매추출/기체크로마토그래프 질량분석법
② 헤드스페이스, 기체크로마토그래프 질량분석법
③ 퍼지·트랩, 기체크로마토그래프 질량분석법
④ 고상추출/기체크로마토그래프 질량분석법

해설

먹는물수질공정시험기준에서 1,4-다이옥산 시험방법은 ES 05602.1a 용매추출기체크로마토그래프-질량분석법, ES 05602.2a 고상추출기체크로마토그래프-질량분석법, ES 05602.3a 헤드스페이스-기체크로마토그래프-질량분석법, 퍼지-트랩-기체크로마토그래프-질량분석법이다. 그런데 총칙에서 하나 이상의 시험결과가 달라 제반 기준의 적부 판정에 영향을 줄 경우에는 항목별 시험방법 각 항목의 주 시험방법에 따른 분석 성적에 따라 판정한다. 다만, 주 시험방법은 따로 규정이 없는 한 각 항목의 1법으로 한다.

16 먹는물수질공정시험기준에 따른 유기물질 분
1.5점 석 시 사용하는 추출용매들이다. 추출 후 정제했을 때 용매층이 아래에 위치하게 되는 것끼리 옳게 짝지어진 것은?

ㄱ. 유기인계농약-디클로로메탄 : 헥산(15 : 85)
ㄴ. 염소소독부산물-메틸삼차-부틸에테르
ㄷ. 카바릴(기체크로마토그래피)-벤젠 (무수클로로아세트산벤젠용액)
ㄹ. 휘발성유기화합물(마이크로용매추출/GC-MS)-헥산
ㅁ. 1,4-다이옥산(용매추출/GC-MS)-디클로로메탄

① ㄱ, ㄴ, ㄹ　　② ㄴ, ㄷ
③ ㄱ, ㅁ　　④ ㅁ

해설

물질별 비중은 헥산 0.6548, 벤젠 0.8765, 메틸삼차-부틸에테르 0.7404, 디클로로메탄 1.3266 g/cm³이다. 물의 비중이 1이므로 디클로로메탄은 물보다 비중이 크므로 수층의 아래에 위치한다.

17 유효숫자가 3자리로 표시되지 않는 숫자는?
1.5점
① 2.2×10^3　　② 22.0
③ 0.220　　④ 0.0220

해설

유효숫자 결정 방법
1. 0이 아닌 정수는 항상 유효 숫자이다.
2. 소숫자리에 앞에 있는 숫자 '0'은 유효숫자에 포함되지 않는다.
3. 0이 아닌 숫자 사이에 있는 '0'은 항상 유효숫자이다.
4. 결과를 계산할 때, 곱하거나 더할 경우, 계산하는 숫자 중에서 가장 작은 유효숫자 자릿수에 맞춰 결과 값을 적는다.
5. 지수항은 남겨야 될 자릿수에 전혀 영향을 주지 않는다. 따라서 2.2×10^3 2자리이다.

18 먹는물 중 황산이온을 측정하기 위하여 황산염
1.5점 표준원액 1,000 mg/L를 만들려고 한다. 105℃에서 건조한 황산칼륨을 정확히 달아 정제수에 녹여 100 mL로 만들었다. 이 용액 1 mL에 황산이온 1.0 mg을 함유하도록 하려면 정제수에 녹여야 하는 황산칼륨의 양은?(단, 원자량은 K : 39.1, S : 32.1, O : 16.0임.)

① 907.1 mg　　② 181.4 mg
③ 174.2 mg　　④ 96.0 mg

해설

K_2SO_4 : 174.3 g/mol, SO_4^{2-} : 96.1.1 g/mol
K_2SO_4 : SO_4^{2-} = 174 g : 96.1 g
$= x$ g : 1 mg/mL × 100 mL × g/1,000 mg
x g = 0.181 g 따라서, x mg = 181 mg

19 먹는물 중 휘발성유기화합물의 분석을 위한
1.5점 시료 채수에 대한 해설이다. 괄호 안에 들어갈 말이 모두 옳은 것은?

> 미리 정제수로 잘 씻은 ( )에 기포가 생기지
> 아니하도록 채취하고 pH가 ( ) 되도록 인산
> (1 + 10) 시료를 ( ) mL 당 1방울을 넣고 물을
> 추가하고 가득 채운 후 밀봉한다. 잔류염소가
> 함유되어 있는 경우에는 ( )을 넣어 잔류 염소
> 를 제거한다.

① 유리병 − 8 − 20 mL − 이산화비소산나트륨용
② 폴리에틸렌용기 − 2 − 20 mL − 이산화비소
　나트륨용액
③ 유리병 − 2 − 10 mL − 이산화비소산나트륨
　용액
④ 폴리에틸렌용기 − 8 − 10 mL − 이산화비소산
　나트륨용액

해설

미리 정제수로 잘 씻은 **(유리병)**에 기포가 생기지 아니하도록 조용히 채취하고 pH가 **(약 2가)** 되도록 인산(1 + 10)을 시료 **(10)** mL당 1방울을 넣고 물을 추가하여 꽉 채운 후 밀봉한다. 잔류염소가 함유되어 있는 경우에는 **(이산화비소산나트륨용액)**을 넣어 잔류염소를 제거한다.

20 먹는물 수질기준의 표시한계와 결과표시가 옳
1.5점 은 것은?

① 일반세균(저온) 100 CFU/mL 이하, 10 CFU
　/mL 이하
② 셀레늄 0.01 mg/L 이하, 0.005 mg/L
③ 트리클로로에틸렌 0.03 mg/L 이하, 0.01
　mg/L
④ 과망간산칼륨소비량 10 mg/L 이하, 0.1mg/L

해설

ES 05003.c 먹는물 수질기의 표시한계 및 결과표시

NO	성분명		수질기준
1	일반세균	저온2	100 CFU/mL 이하
			20 CFU/mL 이하(샘물, 염지하수)
		(중온)	100 CFU/mL 이하
			5 CFU/mL 이하(샘물, 염지하수)
			20 CFU/mL 이하(먹는 샘물, 먹는 염지하수, 먹는 해양심층수)
14	셀레늄		0.01 mg/L 이하
			0.05 mg/L 이하(염지하수)
25	트리클로로에틸렌		0.03 mg/L 이하
48	과망간산칼륨소비량		10 mg/L 이하

NO	성분명		시험결과 표시한계	시험결과 표시자릿수
1	일반세균	저온2	0	0
		(중온)	0	0
14	셀레늄		0.005 mg/L	0.000
25	트리클로로에틸렌		0.001 mg/L	0.000
48	과망간산칼륨소비량		0.3 mg/L	0.0

21 휘발성유기화합물 − 마이크로용매추출법 사용
1.5점 에 대한 해설로 틀린 것은?

① 마이크로용매 추출법이란 일반 용매추출과
　같이 용해도가 높은 용매를 사용하여 분배원
　리에 의해 추출하는 방법이다.
② 카바릴같이 고온에서 분해되기 쉬운 농약류
　분석에 적합한 방법이다.
③ 사용하는 추출용매의 부피를 최소화하여 농
　축을 하지 않아도 되도록 하는 방법이다.
④ 휘발성유기화합물은 용매를 농축할 때 분석
　물질이 손실되므로 농축할 수 없다.

해설

카바릴은 고온에서 불안정하므로 일반적으로 GC법 대신 LC법을 사용한다.

22 먹는물 중에 금속류의 측정 방법으로 먹는물
1.5점 공정시험기준에 포함되지 않는 방법은?

① 질산을 가한 시료 또는 산 분해 후 농축 시료
를 직접 불꽃으로 주입하여 원자화한 후 원
자흡수분광광도법으로 분석한다

② 시료는 0.2 μm막 여과지를 통과시켜 고체미
립자를 제거한 후 양이온 교환 컬럼을 통과시
켜 분리한 후 전기전도도 검출기로 측정한다.

③ 시료를 플라스마에 분사시켜 탈용매, 원자화
그리고 이온화하여 사중극자형으로 주입한
후 질량분석을 수행한다.

④ 유리탄소전극(GCE ; Glassy Carbon Elec
−trode)에 수은막(Mercury Film)을 입힌
전극에 의한 포화칼로멜 전극에 대해−100
mV 전위차에서 작용전극에 농축시킨 다음
이를 양극벗김전압전류법으로 분석한다.

해설

먹는물, 샘물 및 염지하수 중 금속성분 분석방법으로
는 원자흡수분광광도법, 유도결합플라스마 원자발광
분광법, 자외선/가시선 분광법, 유도결합플라스마 질
량분석법 및 양극벗김전압전류법이 사용되어진다.

23 먹는물수질공정시험기준의 총칙 중 틀린 것은?
1.5점

① 시험에 쓰는 물은 따로 규정이 없는 한 증류
수 또는 정제수로 한다.

② 감압은 따로 규정이 없는 한 15 mmHg 이하
로 한다.

③ 공정시험기준 상 '약'이라 함은 기재된 양에 대하
여 ±10 % 차이가 있어서는 안 된다는 뜻이다.

④ "항량으로 될 때까지 건조한다."라 함은 같
은 조건으로 1시간 더 건조할 때 전후 차이가
g당 0.1 mg 이하일 때를 말한다.

해설

"항량으로 될 때까지 건조한다." 또는 "항량으로 될 때
까지 강열한다."라 함은 같은 조건에서 1시간 더 건조
하거나 또는 강열할 때 전후 차가 g당 0.3 mg 이하일
때를 말한다.

24 질산은 적정법을 이용하여 염소이온을 측정할
1.5점 때 필요한 시약은?

① 크롬산칼륨용액
② 과망간산칼륨용액
③ 메틸렌블루용액
④ 클로라민−T · 3수화물용액

해설

염소이온−질산은 적정법에 필요한 시약은 크롬산칼
륨용액, 염화나트륨 용액, 질산은 용액이다.

25 자외선/가시선 분광법을 이용한 '시안(cyanide)'
1.5점 측정 방법에 대한 해설 중 틀린 것은?

① 이 시험방법으로 측정할 수 있는 시안화합물
은 시안이온과 시안착물들이다.

② 이 시험방법으로는 각 시안화합물의 종류를
구분하여 정량할 수 없다.

③ 시안화합물을 측정할 때 방해물질들은 증류
하면 대부분 제거된다.

④ 황화합물을 함유한 시료는 황산용액(10 %)
을 넣어 제거한다.

해설

시안화합물을 측정할 때 방해물질들은 증류하면 대부
분 제거된다. 그러나 다량의 지방성분, 잔류염소, 황
화합물은 시안화합물을 분석할 때 간섭할 수 있다.

26 자외선/가시선 분광법으로 먹는물에 포함된
1.5점 세제(음이온계면활성제)를 측정할 때 흡광도
파장은 얼마인가?

① 254 nm   ② 340 nm
③ 652 nm   ④ 960 nm

해설

이 시험방법은 먹는물, 샘물 및 염지하수 중에 세제를
측정하는 방법으로서 시료 중에 음이온계면활성제와
메틸렌블루가 반응하여 생성된 청색의 복합체를 클로
로포름으로 추출하여 클로로포름층의 흡광도를 652
nm에서 측정하는 방법이다.

정답   **22** ②   **23** ④   **24** ①   **25** ④   **26** ③

27
1.5점

0.01 M NaOH 20 mL를 1 M의 H_2SO_4로 중화 적정하고자 한다. 소비되는 이론적 H_2SO_4의 양은?

① 0.5 mL
② 1.0 mL
③ 1.5 mL
④ 2.0 mL

해설

1M NaOH=OH^-, 1M H_2SO_4=$2H^+$
1M NaOH=1N NaOH, 1M H_2SO_4=2N H_2SO_4
산염기 반응은 당량적으로 일어나므로 따라서 1 M NaOH 20 mL를 1M H_2SO_4로 중화하기 위해서는 20/2 mL 1M H_2SO_4가 필요하며, 0.01 M NaOH 20 mL는 1 M H_2SO_4 1.0 mL가 필요함

3과목 정도관리

01
1점

시료 채취 프로그램에 포함할 내용이 아닌 것은?

① 시료 채취 방법
② 시료 분석
③ 시료 채취 목적과 시험 항목
④ 시료 채취 횟수

해설

시료채취 프로그램은 현장확인, 시료구분, 시료의 수량, 조사 기간, 시료채취 목적과 시험항목, 시료채취 횟수, 시료채취 유형, 시료채취 방법, 분석 물질, 현장측정, 현장 정도관리 요건, 시료 수집자의 내용이 포함되어야 한다.

02
삭제문항

03
QA/QC 관련 용어의 정의에 대한 해설이 틀린 것은?

① 평균 : 측정값의 중심, 서로 더하여 평균한 값
② 중앙값 : 일련의 측정값 중 최솟값과 최댓값의 중앙에 해당하는 크기를 갖는 측정값
③ 상한 관리 기준 : 정도 관리 평균 회수율의+2배 편차($m+2s$)
④ 시료군 : 동일한 절차로 시험검사할 비슷한 시료 그룹

해설

• 상한관리기준=$m+3s$
• 하한관리기준=$m-3s$
• 상한경고기준=$m+2s$
• 하한경고기준=$m-2s$

04
1점

실험실에서 지켜야 할 일반적인 규칙에 대한 해설이 틀린 것은?

① 각자의 신체를 보호하기 위하여 실험복과 보호 안경을 쓴다.
② 시약은 내용물을 꺼내기 전에 시약병의 라벨을 다시 확인하고 사용하되, 필요 이상의 양을 취하지 말고, 쓰고 남은 시약은 원래의 시약병에 넣는다.
③ 실험 중에 일어나는 모든 변화를 자세히 관찰하고, 순서대로 정확하게 기록하여 보고서 작성에 참고해야 한다.
④ 눈금이 새겨진 기구는 가열해서는 안 되며 반드시 표준 기구나 장치를 규정에 따라 사용하여야 한다.

해설

시약은 사용할 만큼 분취하여 사용하고 남은 것은 바로 폐기해야 함. 남은 시약을 다시 시약병에 담거나 시약병에 피펫 등을 넣어 시약을 취하는 것은 오염의 원인이 되므로 삼가야 함

05 분석 장비의 주입 손실과 오염, 자동 시료 채취
1점 장치의 손실과 오염, 시료 보관 중의 손실과 오
염 또는 시료의 점도 등 물리적 특성에 따른 편
차를 보정하기 위해 분석 시료와 표준용액 등
에 첨가되는 물질은?

① 매질 첨가 물질
② 대체 표준 물질
③ 내부 표준 물질
④ 인증 표준 물질

해설
내부표준물질은 분석장비로 분석하기 직전에 주입하
여 기기분석에서 생기는 시료의 소실과 오염 및 머무
름 시간 등의 보정에 사용됨

06 시료 분석 결과의 정도 보증을 위하여 수행되
1점 어야 할 사항과 가장 거리가 먼 것은?

① 실험실 검증 시료의 분석
② 관리 차트의 작성
③ 외부 기관에 의한 숙련도 시험
④ 시약 사용 일지 작성

해설
시료 분석 결과의 정도 보증을 위해서는 실험실 관리
시료(LCS)를 분석하여 검정곡선 작성용 표준물질과
정도관리용 표준물질을 검증하거나, 정도관리 시료
분석결과를 통계 분석한 관리 차트 작성 및 외부 기관
의 숙련도 평가를 수행함

07 VOC 분석용 지하수 채취에서 채취방법으로
1점 맞는 것은?

① 시료 수집자는 관측정으로부터 지하수를 퍼
내기 위해 천연 라텍스 고무장갑을 착용하여
바이알의 뚜껑을 제거하며 이때 격막의 유무
를 손가락으로 확인한다.
② 시료 채취 후 바이알을 시료 보관함에 넣고
실온에서 보관한다.

③ 시료채취 후 바이알을 흔들어 가스를 방출
한다.
④ 뚜껑을 닫은 후 공기 방울을 점검하기 위해 뒤
집어 본다. 공기 방울이 있다면, 전체 시료 빛
바이알을 폐기하고 새로 시료를 채취한다.

해설
① 시료 수집자는 관측정으로부터 지하수를 퍼내기 위
해 천연 라텍스 고무장갑을 착용하여 바이알의 뚜
껑을 제거하며 이때 격막을 만지면 안 된다.
② 시료 채취 후 바이알을 아이스박스에 넣고 4 ℃에
서 보관한다.
③ 시료채취 후 바이알을 뒤집어 보아 공기방울이 있
는지 확인되었다면 전체시료 및 바이알을 폐기하
고 새로운 시료를 수집한다.

08 공장 폐수의 배출 허용 기준 시험을 하기 위하
1점 여 채수하고자 한다. 채수 지점으로 가장 적당
한 지점은?

① 각 과정별 방류 지점
② 방류수가 합해지는 지점
③ 최초 방류 지점
④ 최후 방류 지점

해설
최후 방류 지점(외부 하천과 합류되기 전)

09 '먹는물' 시료채취방법에 대한 해설로 틀린
1.5점 것은?

① 시료 채취 전에 정제수로 용기를 헹구며, 반
드시 시료를 가득 채운다.
② 잔류 염소가 있을 경우 시료에 적당량의 티오
황산나트륨용액을 넣는다.
③ 수도꼭지로부터 시료를 수집할 때 수도꼭지
를 일반적으로 2 ~ 3분 정도 흘려버린다.
④ 휘발성 유기 화합물을 분석하기 위한 시료는
공간(headspace)을 남기지 않는다.

해설

일반적으로 시료채취 전에 정제수로 용기를 헹구나 VOC 시료채취 시 헹구지 않는다. 또한 대부분의 경우 시료를 용기에 가득 채우지 않으나, VOC 시료 채취 시 용기에 가득 채운다.

10 시료의 보존 기술 중 해설이 틀린 것은?
1.5점

① 암모니아성 질소 : 황산을 첨가하여 pH 2 이하로 4 ℃에서 보관한다.

② 중금속 : 시료 1 L 당 2 mL의 진한 질산을 첨가한다.

③ 시안화물 : 수산화나트륨을 pH 12가 될 때까지 첨가한다.

④ E.coli : 밀폐된 유리 용기에 담아 실온 보관하며 수집 후 1일 이후 분석한다.

해설

E.coli

멸균된 용기에 담아 4 ℃에 보관하며 수집 후 1일 이내 분석한다.

11 어떤 매질 종류에 측정 항목이 포함된 시료를
1.5점 시험 방법에 의해 측정한 결과가 99 % 신뢰 수준(student t value＝3.14)에서 0보다 분명히 큰 최소 농도로 정의된 방법 검출 한계(MDL)는 얼마인가?(단, 7회 측정하여 계산된 농도 (mg/L)는 0.154, 0.178, 0.166, 0.130, 0.117, 0.178, 0.166임.)

① 0.045   ② 0.065

③ 0.075   ④ 0.085

해설

방법검출한계＝표준편차×3.14

12 유효 숫자에 관한 법칙이 틀린 것은?
1.5점

① 0이 아닌 정수는 항상 유효 숫자이다.

② 소수 자리에 앞에 있는 숫자 '0'은 유효 숫자이다.

③ 0이 아닌 숫자 사이에 있는 '0'은 항상 유효 숫자이다.

④ 결과를 계산할 때, 곱하거나 더할 경우, 계산하는 숫자 중에서 가장 작은 유효 숫자 자리 수에 맞춰 결과 값을 적는다.

해설

소수 자리에 앞에 있는 숫자 '0'은 유효 숫자에 포함되지 않는다.

13 삭제문항

14 환경측정분석기관에 대한 현장 평가 보고서에
1.5점 반드시 포함되어야 할 사항이 아닌 것은?

① 운영 · 기술 점검표

② 시험 분야별 분석능력 점검표

③ 부적합 판정에 대한 증빙 자료

④ 미흡 사항 보고서

해설

현장평가 보고서에 포함되어야 하는 사항

1. 대상기관 현황
2. 운영 · 기술 점검표
3. 시험분야별 분석능력 점검표
4. 미흡사항 보고서
5. 부적합 판정에 대한 증빙 자료(필요시)

15 정도 관리 현장 평가 시 분석기관의 미흡 사항
1.5점 에 해당되지 않는 것은?

① 직원에 대한 교육 계획 및 기록이 없는 경우

② 성적서에 측정불확도를 표기하지 않은 경우

③ 품질 문서가 없는 경우

④ GC 크로마토그램을 인쇄하여 보관하지 않고 컴퓨터에 저장하고 있는 경우

해설

운영 및 기술에 대한 평가 내용으로 성적서에 측정불확도를 표기해야 하는 내용은 미흡사항에 해당되지 않는다.

정답 10 ④ 11 ③ 12 ② 13 삭제 14 ③ 15 ②

16 검정곡선에 관한 해설이 틀린 것은?
1.5점

① 검정곡선은 시료를 측정 분석하는 날마다 수행해야 하며, 부득이하게 한 개 시료군(batch)의 측정 분석이 하루를 넘길 경우 가능한 2일을 초과하지 않아야 하며, 일주일 이상 초과한 다면 검정곡선을 새로 작성해야 한다.

② 오염 물질 측정 분석 수행에 사용할 검정곡선은 정도 관리 시료와 실제 시료에 존재하는 오염 물질 농도 범위를 모두 포함해야 한다.

③ 검정곡선은 실험실에서 환경오염 공정시험기준 또는 검증된 시험방법을 토대로 작성한 표준작업절차서에 따라 수행한다.

④ 검정곡선은 최소한 바탕 시료와 1개의 표준물질을 단계별 농도로 작성해야 하고 특정 유기화합 물질을 분석하기 위한 시험방법은 표준물질 7개를 단계별 농도로 작성하도록 권장하기도 한다.

> **해설**
>
> 시료를 분석하는 중에 검정곡선의 정확성을 확인하기 위해 사용하는 표준물질임. 일반적으로 초기검정곡선 작성 시 중간농도 표준물질을 사용하여 농도를 확인한다. 검정곡선이 평가된 후 바로 실시하며, 시료군의 분석과정에서 표준물질의 농도 분석결과의 편차가 5 % 범위 이내이어야 한다.

17 실험실에서 정확한 부피를 측정할 때 사용되는 실험 기구의 사용 방법이 적절하지 않은 것은?
1.5점

① 부피 측정용 유리기구는 허용오차 범위 내에 있는 제품을 사용하여 분석의 정확성을 유지할 필요가 있다.

② 표준용액을 취하는 경우 피펫을 직접 시약병에 넣어 채우개(filler)를 사용한다.

③ 부피를 측정하는 유리 기구는 온도가 높은 오븐에 넣어 가열하지 않는 것이 좋다.

④ 뷰렛 속의 액체 높이를 읽을 때에는 눈을 액체의 맨 위쪽과 같은 높이가 되도록 맞추어야 한다.

> **해설**
>
> 표준시약 등을 취하는 경우에는 일단 비커 등에 일정량을 따른 후 취함.(피펫을 직접 시약병에 넣으면 시약의 순도를 오염시킬 염려가 있기 때문)

18 시험 항목에 따른 세척방법과 건조방법이 바르게 나열된 것은?
1.5점

① 무기 물질(이온 물질) : 세척제 사용 세척, 정제수 헹굼, 습식 건조

② 중금속 : 세척제 사용 세척, 20 % 질산 수용액에서 4시간 이상 담가 두었다가 정제수로 헹굼, 공기 건조

③ 소독 물질과 부산물 : 뜨거운 물 헹굼, 아세톤으로 헹굼

④ 농약 : 마지막 사용한 용매로 즉시 헹구고 뜨거운 물로 세척, 공기 건조

> **해설**
>
> ① 무기 물질(이온 물질) : 세척제 사용 세척, 정제수 헹굼, 자연 건조
>
> ③ 소독 물질과 부산물 : 세척제 세척, 수돗물 헹굼, 증류수 헹굼
>
> ④ 농약 : 마지막 사용한 용매로 즉시 헹구고 뜨거운 물로 세척, 세척제로 세척, 수돗물로 헹구고 정제수로 헹굼, 400 ℃에서 1시간 건조 또는 아세톤으로 헹굼

19 현장 평가 보고서 작성에 대한 해설이 틀린 것은?
1.5점

① 정도 관리 평가 기준에 따라 대상 기관의 분야별 적합도를 평가한다.

② 현장 평가 시 발견된 미흡 사항에 대하여 상호 토론, 확인하게 한다.

③ 대상 기관은 현장 평가 보고서를 작성한다.

④ 측정 분석 기관 정도 관리 평가 내용과의 부합 정도를 확인하여 점검표에 평점을 기재한다.

해설

평가팀장이 운영 및 기술 점검표, 시험분야별 분석능력 점검표를 모두 취합하고 평가결과를 상호 대조하여 현장평가 보고서를 최종 작성한다.

20 유효 숫자에 대한 해설이 옳은 것은?

1.5점

① 9540, 0.954, 9.540×10^3의 유효 숫자는 모두 같다.

② $5.345 + 6.728 = 12.073$과 같이 유효 숫자가 많아질 수 있다.

③ KrF_2의 분자식을 계산할 때 $18.9984032 + 18.9984032 + 83.798 = 121.7948064$이지만 유효 숫자를 고려하여 121.794로 표기한다.

④ $\log 0.001237$과 $10^{2.531}$은 유효 숫자를 고려하여 -2.9076과 339.6으로 표기한다.

해설

① 9540(4개), 0.954(3개), 9.540×10^3(4개)의 유효 숫자를 갖는다.

③ KrF_2의 분자식을 계산할 때 $18.9984032 + 18.9984032 + 83.798 = 121.7948064$이지만 유효 숫자를 고려하여 121.795로 표기한다.

④ $\log 0.001237$과 $10^{2.531}$은 유효 숫자를 고려하여 -2.908과 340으로 표기한다.

21 시약 등급수(reagent-grade water) 유형에 대한 해설이 옳은 것은?

1.5점

① I 유형의 시약 등급수는 분석 방법의 검출 한계에서 분석되는 화합물 또는 원소가 검출되지 않는다.

② II 유형은 시약 조제에 사용되며, 미생물(박테리아) 실험에는 사용할 수 없다.

③ III 유형은 유리 기구의 세척과 시약의 조제에 모두 사용할 수 있다.

④ IV 유형은 유리 기구의 세척과 예비 세척에 사용되며, 더 높은 등급수 생산을 위한 원수(feedwater)로 사용된다.

해설

I 유형은 정밀 분석용이다.

22 오차에 대한 해설이 틀린 것은?

1.5점

① 개인 오차(personal error) : 측정자 개인차에 따라 일어나는 오차

② 검정 허용 오차(verification tolerance, acceptance tolerance) : 계량기 등의 검정 시 허용되는 공차 (규정된 최댓값과 최솟값의 차)

③ 계통 오차(systematic error) : 재현 불가능한 것으로 원인을 알 수 없어 보정할 수 없는 오차. 이것으로 인해 측정값의 분산이 생김

④ 기기 오차(instrumental error) : 측정기가 나타내는 값에서 나타내야 할 참값을 뺀 값

해설

계통오차(systematic error)

재현 가능하여 어떤 수단에 의해 보정이 가능한 오차로서 이것에 따라 측정값은 편차가 생긴다.

23 측정 분석 결과의 기록 방법 중 틀린 것은?

1.5점

① 양(量)의 기호는 이탤릭체로 쓰며, 단위 기호는 로마체로 쓴다.

② 단위 기호는 복수의 경우에도 변하지 않으며, 단위 기호 뒤에 마침표 등 다른 기호나 다른 문자를 첨가해서는 안 된다.

③ 두 개의 단위의 나누기로 표시되는 유도 단위는 가운뎃점이나 한 칸을 띄어 쓴다.

④ 숫자의 표시는 일반적으로 로마체(직립체)와 이탤릭체를 혼용해서 쓴다.

해설

숫자의 표시는 일반적으로 아라비아 숫자로서 작성하며, '보통 두께'의 직립체로 쓸 것을 권장한다.

24
1.5점
2010년 수질 분야 BOD 항목의 숙련도 시험 결과 A, B, C 기관의 z−score 값이 각각 1.0, 0.1, 1.5로 나타날 경우, 숙련도 시험 결과에 대한 해설로 옳은 것은?

① B 기관이 데이터 관리를 가장 잘하고 있는 것으로 평가할 수 있다.
② 2011년도에도 B 기관이 가장 좋은 결과를 보여줄 것이다.
③ C 기관에서 발행한 성적서는 무효이다.
④ A 기관은 B 기관보다 우수하다.

해설
Z값이 0에 가까울수록 우수한 성적으로 판단할 수 있고, 평가결과가 $|z| \leq 2$이면 적합으로 판정하므로 C 기관에서 발행한 성적서는 유효하고, B기관이 A기관보다 우수하다고 할 수 있다.

25
1.5점
바탕 시료(blank) 값이 평소보다 높게 나왔을 경우 대처법이 틀린 것은?

① 분석에 사용한 물이 오염되었는지 점검하여야 한다.
② 분석에 사용한 유리기구나 용기가 오염되었는지 점검하여야 한다.
③ 분석에 사용한 시약이 오염되었는지 점검하여야 한다.
④ 시료(sample) 값도 같은 조건에서 분석하기 때문에 상관없다.

해설
바탕값이 높게 나타나는 것은 오염의 영향을 의심할 수 있으므로 시험 검사 단계마다 생길 수 있는 오염의 원인을 찾는다.

26
1.5점
시료 채취 방법에 대한 기술로 틀린 것은?

① 일회용 장갑을 사용하고 위험한 물질을 채취할 경우에는 고무장갑을 이용한다.
② 미량 유기물질과 중금속 분석에는 스테인레스, 유리, 테플론 제품의 막대를 사용한다.

③ 시료 수집에 있어 우선순위는 첫 번째로 추출할 수 있는 유기 물질이며, 이어 중금속, 용해 금속, 미생물 시료, 무기 비금속 순으로 수집해야 한다.
④ VOC, 오일, 그리스, TPH 및 미생물 분석용 시료 채취 장비와 용기는 채취 전에 그 시료를 이용해 미리 헹구고 사용한다.

해설
VOC, 오일, 그리스, TPH 및 미생물 분석용 시료 채취 장비와 용기는 채취 전에 미리 세척하여서는 안 된다.

27
1.5점
정도 관리의 수식이 옳은 것은?

① 검출 한계(LOD) = 표준 편차 × 10
② 정량 한계(LOQ) = 표준 편차 × 3.14
③ 정확도(%) = $\dfrac{측정량}{첨가량} \times 100$
④ 정밀도(% RSD)
= $\dfrac{초기측정값 - 후기측정값}{측정평균} \times 100$

해설
① 검출 한계(LOD) = 표준 편차 × 3.14
② 정량 한계(LOQ) = 표준 편차 × 10
④ 정밀도(% RPD) = $\dfrac{초기측정값 - 후기측정값}{측정평균}$
$\times 100$

28
1.5점
하천과 폐수에서 시료의 채취 지점에 대한 해설로 틀린 것은?

① 폐수의 성질을 대표할 수 있는 지점에서 채취한다.
② 시료 채취 시 우수나 조업 목적 이외의 물이 포함되지 말아야 한다.
③ 본류와 지류가 합류하는 경우에는 충분히 혼합된 지점에서 채취한다.
④ 수심 2 m 미만인 경우에는 수심의 $\dfrac{1}{3}$ 및 $\dfrac{2}{3}$ 지점에서 채취한다.

정답 **24** ① **25** ④ **26** ④ **27** ③ **28** ④

해설

〈시료 채취 지점〉

29 유리 기구 제품의 표시 중 틀린 것은?
1.5점

① 교정된 유리 기구를 표시할 때 'A'라고 적힌 것은 허용 오차가 0.001 %인 정확도를 가진 유리 기구를 의미한다.

② 25 mL 피펫에 'TD 20 ℃'라고 적혀 있는 것은 to deliver의 약자로 20 ℃에서 25.00 mL을 옮길 수 있다는 뜻이다.

③ 500 mL 부피 플라스크에 'TC 20 ℃'라고 적혀 있는 것은 to contain의 약자로 20 ℃에서 500.00 mL를 담을 수 있다는 뜻이다.

④ 연결 유리 기구에 표시된 TS는 'standard taper size'의 약자이다.

해설

500 mL 플라스크에 'TC 20 ℃'라고 적혀 있다면, TC는 to contain의 약자로서 이것은 '20 ℃에서 액체 500.00 mL를 담을 수 있다'는 것을 의미한다. 또 25 mL 피펫에 'TD 20 ℃'라고 적혀 있다면, TD는 to deliver의 약자로서 이것은 '20 ℃에서 25.00 mL를 옮길 수 있다.

30 배출 허용 기준 적합 여부를 판정하기 위한 복
1.5점 수 시료 채취 방법의 적용을 제외할 수 있는 경우가 아닌 것은?

① 환경 오염 사고로 신속한 대응이 필요한 경우

② 수질 및 수 생태계 보전에 관한 법률의 제38조 제1항의 규정에 의한 비정상적인 행위를 하는 경우

③ 취약 시간대인 09 : 00 ~ 18 : 00의 환경 오염 감시 등 신속한 대응이 필요한 경우

④ 사업장 내에서 발생하는 폐수를 회분식으로 처리하여 간헐적으로 방류하는 경우

해설

환경오염사고 또는 취약시간대(일요일, 공휴일 및 평일 18 : 00 ~ 09 : 00 등)의 환경오염감시 등 신속한 대응이 필요한 경우 제외할 수 있다.

31 '측정분석기관 정도 관리의 방법 등에 대한 규정'
에서 검증 기관의 사후 관리 내용이 틀린 것은?

① 검증 기관에 대한 사후 관리는 숙련도 시험으로 대체할 수 있다.

② 숙련도 시험 결과가 부적합한 것으로 판정된 경우에는 즉시 측정 분석 업무를 폐지하여야 한다.

③ 거짓 또는 기타 부정한 방법으로 정도 관리 검증을 받은 경우, 국립환경과학원장은 그 내용을 국립환경과학원 누리집(홈페이지)에 공고하여야 한다.

④ 국립환경과학원장은 검증 기관의 시험 결과와 관련하여 분쟁이 발생한 경우에는 해당 검증 기관에 대해 수시로 정도 관리를 실시할 수 있다.

해설

숙련도 시험결과가 부적합 판정된 경우에는 그 결과 통보일로부터 해당 분야의 검증유효기간이 만료된 것으로 보고, 당해 기관은 검증서를 반납하여야 한다.

32 정도 관리와 관련한 용어의 해설이 틀린 것은?
1.5점

① 기기 검출 한계 : 분석 장비의 검출 한계는 일반적으로 S/N비의 2.5배 농도이다.

② 완성도 : 완성도는 일련의 시료군(batch)들에 대해 모든 측정 분석 결과에 대한 유효한 결과의 비율을 나타낸 것으로 일정 수준 이하(수질인 경우 95 % 이상)인 경우 원인을 찾아 해결해야 한다.

③ 최소 정량 한계(minimum level of quanti
-tation) : 일반적으로 검출 한계와 동일한
수행 절차에 의해 수립되며, 시험 검출 한계
와 같은 낮은 농도 시료 7 ~ 10개를 반복 측
정한 표준편차의 10배에 해당하는 값을 최소
정량 수준으로 한다.

④ 분할 시료(split sample) : 같은 지점에서 동
일한 시각에 동일한 방법으로 채취한 시료

해설
④는 반복시료(replicate sample)에 대한 해설이며,
분할시료는 하나의 시료를 둘 또는 그 이상의 시료용
기에 나누어 서로의 다른 분석자 또는 분석실로 공급
하여 분석자 간 또는 실험실 간의 분석정밀도 평가, 시
험방법의 재현성(reproductivity)을 평가하기 위한
시료

33 삭제문항

34 측정 분석 기관 정도 관리의 방법 등에 관한 규
1.5점 정이 틀린 것은?

① "숙련도 시험"이라 함은 정도 관리의 일부로
서 측정 분석 기관의 분석 능력을 향상시키
기 위하여 표준 시료에 대한 분석 능력 또는
장비 운영 능력을 평가하는 것을 말한다.

② 정도 관리는 규칙 제24조 제1항의 규정에 따
라 측정 분석 기관의 기술 인력, 시설, 장비
및 운영 등에 대한 측정 분석 능력의 평가와
이와 관련된 자료를 검증하는 것으로 3년마
다 시행한다.

③ "검증 기관"이라 함은 영 제22조 각호에 규정
된 측정 분석 기관과 제4조 제2항의 규정에 의
하여 정도 관리 신청을 한 기관을 말한다.

④ "현장 평가"라 함은 정도 관리를 위하여 측정
분석 기관을 직접 방문하여 기술 인력, 시설,
장비 및 운영 등에 대한 측정 분석 능력의 평
가와 이와 관련된 자료를 검증하고 평가하는
것을 말한다.

해설
'검증기관'이라 함은 국립환경과학원장이 실시하는
정도관리를 받고 법 제18조의 2 및 규칙 별표11의2의
정도관리 판정기준에 적합 판정을 받음으로써 정도관
리 검증서를 교부받은 시험 · 검사기관을 말한다.

35 수질 시료 채취에 대한 해설 중 옳은 것은?
1.5점

① 강의 유속이 빠르거나 폭포일 경우 용존 산
소 측정을 위한 시료 채취는 하류에서 채취
한다.

② 호수 및 저수지에서 표면과 바닥의 온도 차이
가 확연한 수직 성층이 이루어지면 수온 약
층 아래에서 시료를 채취해 조사해야 한다.

③ 폐수 처리장 유출수의 경우 가장 대표성 있는
위치는 지표수와 혼합된 후 아래로 흐르는
곳에서 채취하는 것이 가장 좋다.

④ 지하수로부터 시료 채취를 위한 직접적인 수
단은 대수층을 통과하는 시추공을 통한 시료
채취이다.

해설
① 강의 유속이 빠르거나 폭포일 경우 용존 산소 측정
을 위한 시료 채취는 상류에서 한다.

② 호수 및 저수지에서 표면과 바닥의 온도 차이가 확
연한 수직 성층이 이루어지면 수심에 따라 1개 이
상의 시료를 채취해 조사, 10 m 깊이 이상의 호수
와 저수지는 최소한 아래의 시료를 포함해 시료채
취하여야 한다(수표면 1 m 아래 시료, 수온약층의
위의 시료, 수온약층 아래 시료, 바닥 침전물 위로
1 m 시료).

③ 폐수 처리장 유출수의 경우 가장 대표성 있는 위치
는 지표수와 혼합되기 전 토출구에서 중력에 의해
아래로 흐르는 곳에서 채취하는 것이 가장 좋다.

36 분석 결과의 정도 보증을 위한 절차 중 기기에
1.5점 대한 검증에서 불필요한 것은?

① 바탕 시료   ② 표준 물질
③ 인증 표준 물질   ④ 현장 시료

해설

현장시료는 시료 채취 및 이동, 보관 과정 중의 영향을 평가하는 것으로 기기 검증과는 상관없음

37 특정 시료 채취 과정에 대한 해설이 틀린 것은?
1.5점

① 용해 금속은 시료를 보존하기 전에 $0.45\,\mu m$ 셀룰로오스 아세테이트 멤브레인 필터를 통하여 여과한 후 산을 첨가한다.

② VOC 시료는 절대로 혼합할 수 없으며, 시료는 분석할 때까지 반드시 냉동 보관하여야 한다.

③ 유기 물질을 추출하기 위하여 단일 시료로 유리 용기에 수집하며 수집 전에 용기를 시료로 미리 헹굴 필요는 없다.

④ 알칼리성이 높은 중금속 시료는 pH 미터를 이용하여 산성도를 확인하면서 산을 첨가하고 그 산을 바탕 시료에도 첨가하고 문서화해야 한다.

해설

VOC 시료는 절대로 혼합할 수 없으며, 시료는 분석할 때까지 4 ℃에서 냉장 보관하여야 한다.

38 미생물 분석용 시료 채취에 대한 해설이 틀린 것은?
1.5점

① 염소 처리된 시료는 120 mL 용기에 10 % $Na_2S_2O_3$ 0.1 mL를 첨가한 후 밀폐한다.

② 시료는 혼합해서는 안 되며 채취 후 보존 시간은 6시간이다.

③ 수돗물에서 시료를 채취할 때는 수도꼭지를 틀고 바로 채취한다.

④ 뚜껑을 제거하고 시료 채취 동안에 용기의 뚜껑 및 용기 목 부분을 만지면 안 된다.

해설

수돗물에서 시료를 채취할 때는 수도꼭지를 틀고 2 ~ 3분 가량 흘러 보낸 후 채취한다.

39 시료를 10번 반복 측정한 평균값이 150.5 mg/L이고 표준 편차가 2.5 mg/L일 때 상대 표준 편차 백분율은?
1.5점

① 0.017 %   ② 0.17 %

③ 1.70 %   ④ 17.0 %

해설

$$\frac{2.5}{150.5} \times 100 = 1.66\,\%$$

$$\%\,RSD = \frac{s}{x} \times 100\,\%$$

또는 ppt $RSD = \dfrac{s}{x} \times 1,000$ ppt

40 유해 물질에 노출되었을 경우, 실험실 안전 행동 지침으로 부적절한 것은?
1.5점

① 실험자는 눈을 감은 상태로 가장 가까운 세안 장치에 도달할 수 있어야 한다.

② 세안 장치와 샤워 장치는 혼잡을 피하기 위하여 일정 간격 떨어져 있어야 한다.

③ 눈꺼풀을 인위적으로 열어 눈꺼풀 뒤도 효과적으로 세척하도록 한다.

④ 물 또는 눈 세척제로 최소 15분 이상 눈과 눈꺼풀을 씻어낸다.

해설

눈부상은 일시적으로 앞을 볼 수 없게 되며, 보통 피부 부상을 동반하게 되므로 아이워시는 비상샤워장치와 같이 붙어 있어서 필요 시 눈과 몸을 같이 씻을 수 있도록 해야 한다.

41 온도 효과 혹은 추출의 비효율성, 오염, 교정 오차 등과 같은 시험 방법에서의 계통 오차로 발생되는 것은?
1.5점

① 오차(error)

② 편향(bias)

③ 분산(variation)

④ 편차(deviation)

정답   37 ②   38 ③   39 ③   40 ②   41 ②

해설

온도효과 혹은 추출의 비효율성, 오염, 교정 오차 등과 같은 시험방법의 계통오차(systematic error)로 발생하며, 평균의 오차가 영(0)이 되지 않을 경우, 측정의 결과가 편향되었다고 함

42 정도 관리용 표준 시료의 조건에 해당되지 않는 것은?
1.5점

① 장기간에 걸쳐 사용할 수 있도록 충분한 양이 확보되어야 한다.
② 최소한 몇 개월은 정해진 보존 조건하에 변화되지 않음이 보장되어야 한다.
③ 표준 시료의 보관을 위한 용기에 대해서는 특별히 규정하지 않아도 된다.
④ 일부를 채취하는 경우에도 정도 관리용 시료에 영향을 주지 않아야 한다.

해설

정도관리용 시료의 필요 조건
• 시료의 성상과 농도에 대하여 대표성이 있어야 한다.
• 함량은 분석적으로 중요한 영역(즉, 한계 영역)이 유지될 수 있도록 선택되어야 함
• 장기간 동안 동일한 시료를 이용하여 측정이 가능하도록 충분한 양이 있어야 함
• 최소한 몇 개월은 정해진 보존 조건하에서 변화가 없는 안정성이 입증되어야 함
• 보존 기간 동안 용기의 영향이 배제되어야 함
• 시료분석 시 시료의 부분적인 채취가 정도관리용 시료에 변화를 일으키지 않아야 함(용기 개봉 시 고동도 위발성 성분의 증발)

43 환경 측정 분석 기관의 현장 평가 업무 절차가 아닌 것은?
1.5점

① 시작 회의
② 시험실 순회
③ 분석자와의 질의응답
④ 미흡 사항 시정

해설

평가팀은 현장평가 해당 기관에 대하여 시작회의, 시험실 순회, 중간회의, 정도관리 문서 평가, 시험성적서 확인, 주요직원 면담, 시험분야별 평가, 현장평가 보고서 작성 및 종료회의 등을 하는 것으로, 미흡사항은 대상기관이 작성하는 것이다.

44 유기 물질 분석에서 사용하는 대체 표준 물질에 대한 해설이 틀린 것은?
1.5점

① 일반적으로 환경에서 쉽게 나타나는 화학 물질을 대체 표준 물질로 사용한다.
② 분석 대상 물질과 유사한 거동을 나타내는 물질을 대체 표준 물질로 사용한다.
③ 대체 표준 물질은 GC 또는 GC/MS로 분석하는 미량 유기 물질의 검출에 이용된다.
④ 대체 표준 물질은 추출 또는 퍼징(purging) 전에 주입된다.

해설

대체표준물질(surrogate standards)은 표준물질/바탕시료/시료에 주입하여 전처리/추출/분석 중의 시험 전과정의 회수율을 평가하는 지표로 사용되므로 일반적인 환경에 존재하지 않는 물질을 사용함. 분석 대상물질과 물리화학적 거동이 유사하여 측정대상물질의 반응을 유추할 수 있어야 함

45 실험실 첨가 시료(LFS) 분석 시 사용하지 않는 것은?
1.5점

① 매질 첨가(matrix spike)
② 대체 표준 물질(surrogate standard)
③ 내부 표준 물질(IS ; internal standard)
④ 외부 표준 물질(OS ; outer standard)

해설

첨가시료로 사용가능한 시료는 실험실첨가시료(LFS ; laboratory fortified sample), 실험실매질첨가이중시료(LFSMD ; laboratory fortified sample matrix), 실험실매질첨가복수시료(LFSMD ; labor −atory fortified sample matrix duplicate), 내부

표준물질(IS ; internal standard), 대체표준물질
(surrogate standard) 등이 있음

46 ISO/IEC 17025에서 기술한 소급성(trace-ability)의 구성 요소가 아닌 것은?
1.5점

① 끊이지 않는 비교 고리(anunbroken chain of comparison)
② 측정 불확도(uncertainty)
③ 문서화(documentation)
④ 정확도(accuracy

【해설】
측정 소급성은 비교의 끊어지지 않는 고리로 자격, 측정 능력 및 소급성을 입증할 수 있는 기관의 교정 서비스를 이용함으로써 보장하여야 한다. 이러한 교정기관이 발행한 교정 증명서는 측정 불확도 또는 확인된 도량형적 시방에 대한 적합성 진술을 포함하는 측정 결과를 수록하여야 하므로, ①, ②, ③이 답이다.

47 숙련도 시험 평가 시 사용되는 기준값으로 사용할 수 없는 것은?
1.5점

① 대상 기관의 분석 평균값
② 인증 표준 물질과의 비교로부터 얻은 값
③ 대상 기관에서 조제한 표준 물질의 평균값
④ 표준 시료 제조값

【해설】
기준값은 표준시료 제조값, 전문기관에서 분석한 평균값, 인증표준물질과의 비교로부터 얻은 값, 대상기관의 분석 평균값 중 한 방법을 선택한다.

48 삭제 문항

49 한국인정기구(KOLAS)에서 규정하고 있는 측정 결과의 '반복성' 조건에 포함되지 않는 것은?
1.5점

① 동일한 측정 절차
② 동일한 관측자
③ 동일한 장소
④ 긴 시간 내의 반복

【해설】
반복성은 동일한 시험자, 방법, 절차를 기초로 한다.

50 국제단위체계에 따른 측정량의 단위 표시가 적절한 것은?
1.5점

① 5.32 Kg
② 20.0℃
③ (22.4±0.2) ℃
④ 1.23 mg/l

【해설】
① 5.32 kg
② 20.0 ℃
④ 1.23 mg/L

1과목 수질오염공정시험기준

01 이온크로마토그래피(Ion Chromatography)에 대한 해설 중 틀린 것은?

1점

① 크로마토그램을 이용하여 목적 성분을 분석하는 방법으로 일반적으로 유기화합물에 대한 정성 및 정량분석에 이용한다.

② 일반적으로 시료의 주입은 루우프 – 밸브에 의한 주입 방식을 많이 이용한다.

③ 분리컬럼은 유리 또는 에폭시 수지로 만든 관에 이온교환체를 충전시킨 것을 사용한다.

④ 분석 목적 및 성분에 따라 전기전도도 검출기, 전기화학적 검출기 및 광학적 검출기 등이 있다.

해설

ES 04350.1b 음이온류 – 이온크로마토그래피

[목적]

이 시험기준은 음이온류(F^-, Cl^-, NO_2^-, NO_3^-, PO_4^{3-}, Br^- 및 SO_4^{2-})를 이온크로마토그래프를 이용하여 분석하는 방법으로, 시료를 $0.2\ \mu m$ 막 여과지에 통과시켜 고체미립자를 제거한 후 음이온 교환 컬럼을 통과시켜 각 음이온들을 분리한 후 전기전도도 검출기로 측정하는 방법이다.

02 수로의 구성, 재질, 수로단면의 형상, 구배 등이 일정하지 않은 개수로에서 수로의 수량 계산을 위해 쓰이는 관계식으로 맞는 것은? (단, V_e는 표면최대유속, V는 총평균유속)

1점

① $V_e = \dfrac{V}{0.50}$

② $V_e = \dfrac{V}{0.75}$

③ $V_e = 0.50\ V$

④ $V_e = 0.75\ V$

해설

ES 04140.2b 공장폐수 및 하수유량 – 측정용 수로 및 기타 유량측정방법

수로의 구성, 재질, 수로단면의 형상, 구배 등이 일정하지 않은 개수로의 경우 다음에 따라 유량을 측정한다.

㉠ 수로는 될수록 직선적이며, 수면이 물결치지 않는 곳을 고른다.

㉡ 10 m를 측정구간으로 하여 2 m마다 유수의 횡단 면적을 측정하고, 산술 평균값을 구하여 유수의 평균 단면적으로 한다.

㉢ 유속의 측정은 부표를 사용하여 10 m 구간을 흐르는 데 걸리는 시간을 스톱워치(Stop Watch)로 재며 이때 실측유속을 표면 최대유속으로 한다.

㉣ 수로의 수량은 다음 식을 사용하여 계산한다.
$$V_e = 0.75\ V$$

여기서, V : 총평균 유속(m/s)

V_e : 표면 최대유속(m/s)

03 수질오염공정시험기준에 따른 총대장균군 시험방법이 아닌 것은?

1점

① 막여과법

② 시험관법

③ 효소이용정량법

④ 평판집락법

해설

대상	시험법
총대장균군	막여과법
	시험관법
	평판집락법
분원성 대장균군	막여과법
	시험관법
대장균	효소이용정량법

04 적정법을 이용하여 염소이온(Cl^-)을 측정하기 위
1점 해서는 시약 용액이 필요한데, 이 경우 염소이온
과 정량적으로 반응하는 적정시약(Titrant)은?

① 수산화나트륨 용액
② 크롬산칼륨 용액
③ 질산은 용액
④ 황산 용액

해설

ES 04356.3b 염소이온 – 적정법
[목적]
이 시험기준은 물속에 존재하는 염소이온을 분석하기
위해서, 염소이온을 질산은과 정량적으로 반응시킨 다
음 과잉의 질산은이 크롬산과 반응하여 크롬산은의 침
전으로 나타나는 점을 적정의 종말점으로 하여 염소이
온의 농도를 측정하는 방법이다.

05 전기전도도에 관한 해설로 틀린 것은?
1.5점
① 용액이 전류를 운반할 수 있는 정도를 말
한다.
② 온도차에 의한 영향은 ±2 %/℃ 정도이며
측정 결과값의 통일을 위하여 보정하여야
한다.
③ 국제단위계인 mS/m 또는 μS/cm 단위로
측정 결과를 표시한다.
④ mS/m=1,000 μS/cm이다.

해설
④ mS/m=10 μS/cm이다.
전기전도도값은(μmhos/cm) 현재 국제단위계인 mS/m
또한 μS/cm 단위로 측정결과를 표기하고 있으며 여기
에서 mS/m=10 μS/cm이다. 또한 전기전도도는 온
도차에 의한 영향(약 2 %/℃)이 크므로 측정결과값의
통일을 기하기 위하여 25 ℃에서의 값으로 환산하여 기
록한다.

06 흡광도를 측정하는 흡수셀을 세척하는 방법을
1.5점 가장 올바르게 서술한 것은?

① 염화나트륨(2 W/V %)에 액상 합성세제를
가한 용액에 충분히 담가 놓은 후 증류수로
헹구어 건조시켜 사용한다.
② 질산(1+5)에 소량의 과산화수소를 가한 용
액에 30분간 담가 놓았다 증류수로 헹구어
건조시켜 사용한다.
③ 크롬산과 황산혼합액으로 1시간 담근 다음 세척
하여 사용하면 어느 물질 분석에도 가장 좋다.
④ 급히 사용하고자 할 때는 측정하려는 용액으
로 세척 후 사용한다.

해설
① 염화나트륨(X) → 탄산나트륨
③ 크롬산과 황산혼합액 세척방법은 크롬의 정량이나
자외역 측정을 목적으로 할 때 또는 접착하여 만든
셀에는 사용하지 않는 것이 좋다.
④ 급히 사용하고자 할 때는 물기를 제거한 후 에틸알
코올로 씻고 다시 에틸에텔로 씻은 다음 드라이어
로 건조해도 무방하다.

07 용액 중 비교적 안정되어, 표정하지 않아도 사
1.5점 용할 수 있는 시약으로 짝지어진 것은?

① DO 시험용 전분용액 – 0.2 N 질산은 표준용
② 알칼리성 요오드화칼륨용액 – 0.1 N 수산화
나트륨 표준용액
③ BOD 시험용 티오황산나트륨 표준용액 – 암
모늄 표준용액
④ 0.025 N 과망간산칼륨 표준용액 – 0.1 N 염
산 표준용액

08 흡광광도법으로 물 시료에 존재하는 클로로필
1.5점 a의 측정에 대한 기술이다. 옳은 것은?

① 헥산으로 클로로필 색소를 추출하여 추출액
의 흡광도를 663 nm, 645 nm, 630 nm,
750 nm에서 측정하여 규정된 계산식으로
클로로필a 양을 계산한다.

② 바탕시험액으로 아세톤(9+1) 용액을 취하여 대조액으로 하고 663 nm, 645 nm, 630 nm, 750 nm에서 시료용액의 흡광도를 측정하여 규정된 계산식으로 클로로필 a양을 계산한다.

③ 시료 적당량을 유리섬유거름종이(GF/C, 45 mm)로 여과한 다음 거름종이를 조직마쇄기에 넣고 헥산 적당량(5 mL, 10 mL)을 넣어 마쇄한다.

④ 마쇄시료를 마개 있는 원심분리관에 넣고 밀봉하여 4 ℃ 어두운 곳에서 하룻밤 방치한 다음 1000 g의 원심력으로 30분간 분리하고 상등액의 양을 측정한 다음 상동액의 일부를 취하여 시료용액으로 한다.

해설

ES 04312.1a 클로로필 a

[목적]

이 시험기준은 물속의 클로로필 a의 양을 측정하는 방법으로 아세톤 용액을 이용하여 시료를 여과한 여과지로부터 클로로필 색소를 추출하고, 추출액의 흡광도를 663 nm, 645 nm, 630 nm 및 750 nm에서 측정하여 클로로필 a의 양을 계산하는 방법이다.

[전처리 방법]

㉠ 시료 적당량(100 mL ~ 2,000 mL)을 유리섬유여과지(GF/F, 47 mm)로 여과한다.
• GF/F(0.7 μm) 대용으로 GF/B(1.0 μm), GF/C (1.2 μm), Gelman AE(1.0 μm) 등을 사용할 수 있다.
• 시료 여과 시 여과압이 20 kPa을 초과하거나 오랜 시간(10분 이상) 동안 여과하면, 세포를 손상시켜 클로로필의 손실을 일으킬 수 있다.

㉡ 여과지와 아세톤(9+1) 적당량(5 mL ~ 10 mL)을 조직마쇄기에 함께 넣고 마쇄한다.

㉢ 마쇄한 시료를 마개 있는 원심분리관에 넣고 밀봉하여 4 ℃ 어두운 곳에서 하룻밤 방치한다.

㉣ 하룻밤 방치한 시료를 500 g의 원심력으로 20분간 원심분리하거나 혹은 용매–저항(Solvent–Resistance) 주사기를 이용하여 여과한다.

㉤ 원심 분리한 시료의 상층액을 시료로 한다.

09 수질오염공정시험기준에서 정하고 있는 내용이 아닌 것은?
1.5점

① 기체의 농도는 표준상태(25 ℃, 1기압, 비교습도 0 %)로 환산하여 표시한다.

② 상온은 15 ℃ ~ 25 ℃, 실온은 1 ℃ ~ 35 ℃, 찬 곳은 따로 규정이 없는 한 0 ℃ ~15 ℃의 곳을 뜻한다.

③ '감압' 또는 '진공'이라 함은 따로 규정이 없는 한 15 mmHg 이하를 말한다.

④ '약'이라 함은 기재된 양에 대하여 ±10 % 이상의 차가 있어서는 안 된다.

해설

기체 중의 농도는 표준상태(0 ℃, 1기압)로 환산 표시한다.

10 수질오염공정시험기준 중 일반 사항에 대한 해설로 틀린 것은?
1.5점

① '방울수'라 함은 20 ℃에서 정제수 20방울을 적하할 때 그 부피가 약 1 mL가 됨을 의미한다.

② 액의 농도를 (1 → 10)으로 표시하는 것은 고체 성분에 있어서는 1 g을 용매에 녹여 전체량을 10 mL로 하는 비율을 표시한 것이다.

③ '정확히 단다'라 함은, 규정된 양의 시료를 취하여 분석용 저울로 0.01 mg까지 다는 것을 말한다.

④ 염산 (1+2)라 함은 염산 1 mL와 물 2 mL를 혼합하여 조제한 것을 의미한다.

해설

• "정밀히 단다"라 함은 규정된 양의 시료를 취하여 화학저울 또는 미량저울로 칭량함을 말한다.
• "정확히 단다"라 함은 규정된 수치의 무게를 0.1 mg까지 다는 것을 말한다.

11 카드뮴 측정에 관한 해설로 틀린 것은?

1.5점

① 구리, 코발트, 니켈 등 다른 중금속이 존재할 경우 마스킹제로 시안화칼륨을 사용한다.

② 카드뮴 – 디티존 착염은 온도에 대하여 불안정하므로 액온을 20 ℃ 이하로 유지하여야 한다.

③ 카드뮴 – 디티존 착염의 색깔은 분홍색 – 적색이다.

④ 시료 중 다량의 철과 망간이 있는 경우 디티존에 의한 카드뮴 추출이 불완전하므로 NaOH를 넣어 알칼리성 상태로 음이온 교환수지 칼럼을 통해 흡착시킨다.

해설

ES 04413.2b 카드뮴 – 자외선/가시선 분광법

[간섭물질]

시료 중 다량의 철과 망간을 함유하는 경우 디티존에 의한 카드뮴추출이 불완전하다. 이 경우에는 중화한 시료 일정량에 **염산용액(2 M)**을 넣어 산성으로 하여 강염기성 음이온교환수지컬럼(R – C1형, 지름 10 mm, 길이 200 mm)에 3 mL/min의 속도로 유출시켜 카드뮴을 흡착하고 염산(1 + 9)으로 씻어준 다음 새로운 수집기에 질산(1 + 12)을 사용하여 용출되는 카드뮴을 받는다. 이 용출액을 가지고 시험방법에 따라 시험한다. 이때는 시험방법 중 타타르산용액(2 %)으로 역추출하는 조작을 생략해도 된다.

12 용존산소 농도를 분석할 때 진한 황산을 넣는 이유는?

1.5점

① 적정 시 사용하는 $Na_2S_2O_3$와 DO의 반응성을 높이기 위한 것이다.

② 산성하에서 용존산소의 양에 해당하는 요오드를 유리시키기 위한 것이다.

③ $Mn(OH)_2$를 $Mn(OH)_3$로 산화시키기 위한 것이다.

④ 유기물 및 양이온의 방해작용을 최소화하기 위한 것이다.

해설

ES 04308.1b 용존산소 – 적정법

[목적]

이 시험기준은 물속에 존재하는 용존산소를 측정하기

위하여 시료에 황간망간과 알칼리성 요오드칼륨용액을 넣어 생기는 수산화제일망간이 시료 중의 용존산소에 의하여 산화되어 수산화제이망간으로 되고, 황산산성에서 용존산소량에 대응하는 요오드를 유리한다. 유리된 요오드를 티오황산나트륨으로 적정하여 용존산소의 양을 정량하는 방법이다.

13 6가 크롬의 시험방법에 대한 해설로 맞는 것은?

1.5점

① 0.01 mg/L 이상의 유효 측정 농도를 위해서 아세틸렌 – 일산화이질소를 사용한 원자흡광광도법을 이용하며, 357.9 nm에서 흡광도를 측정한다.

② 유도결합플라스마 발광광도법으로 정량할 때는 324.7 nm의 원자방출선에서 0.007 mg/L의 유효 농도 측정이 가능하다.

③ 흡광광도법으로 다이에틸다이티오카르바민산법을 사용하며 440 nm에서 흡광도를 측정한다.

④ 과망간산칼륨을 사용하여 산화한 후 산성에서 다이페닐카르바지드와 반응하여 생성되는 적자색 착화합물을 540 nm에서 흡광도를 측정한다.

해설

유도결합플라스마 – 원자발광분광법에 의한 원소별 선택파장과 정량한계(mg/L)

원소명	선택파장 (1차)	선택파장 (2차)	정량한계1,2 (mg/L)
Cu	324.75	219.96	0.006 mg/L
Pb	220.35	217.00	0.04 mg/L
Ni	231.60	221.65	0.015 mg/L
Mn	257.61	294.92	0.002 mg/L
Ba	455.40	493.41	0.003 mg/L
As	193.70	189.04	0.05 mg/L
Zn	213.90	206.20	0.002 mg/L
Sb	217.60	217.58	0.02 mg/L
Sn	189.98	–	0.02 mg/L
Fe	259.94	238.20	0.007 mg/L
Cd	226.50	214.44	0.004 mg/L
Cr	262.72	206.15	0.007 mg/L

③ 6가 크롬의 흡광광도법은 디페닐카르바지드법을
사용하며, 540nm에서 흡광도를 측정한다.

④ 크롬의 시험분석 방법이다.

14 수질시료의 시료채취방법으로 맞지 않는 것은?

1.5점

① 수동으로 시료를 채취할 경우에는 30분 간격
으로 2회 이상 각각 측정분석한다.

② 수소이온농도, 수온 등 현장에서 즉시 측정
분석하여야 하는 항목인 경우에는 30분 이
상 간격으로 2회 이상 측정분석한다.

③ 대장균군 등 시료채취기구 등에 의하여 시료
의 성분이 변질될 우려가 있는 경우에는 30
분 이상 간격으로 2개 이상의 시료를 채취하
여 각각 측정분석한다.

④ 지하수 시료는 고여 있는 물과 원래 지하수의
성상이 달라질 수 있으므로 새로 나온 물을
채취한다.

해설

ES 04130.1c 시료의 채취 및 보존 방법

[복수시료채취방법 등]

수동으로 시료를 채취할 경우에는 30분 이상 간격으로
2회 이상 채취(Composite Sample)하여 일정량의 단
일시료로 한다. 단, 부득이한 사유로 6시간 이상 간격
으로 채취한 시료는 각각 측정분석한 후 산술평균하여
측정분석값을 산출한다.

15 시료의 전처리에서 산화분해가 어려운 유기물

1.5점 이 다량 함유될 경우 적용되는 전처리법은 무
엇인가?

① 질산 – 염산에 의한 분해

② 질산 – 황산에 의한 분해

③ 질산 – 과염소산에 의한 분해

④ 질산에 의한 분해

해설

전처리법 (산분해법)	대상	비고
질산법	유기함량이 비교적 높지 않은 시료	
질산–염산법	유기물 함량이 비교적 높지 않고 금속의 수산화물, 산화물, 인산염 및 황화물을 함유하고 있는 시료	휘발성 또는 난용성 염화물을 생성하는 금속 물질의 분석에는 주의
질산–황산법	유기물 등을 많이 함유하고 있는 대부분의 시료	칼슘, 바륨, 납 등을 다량 함유한 시료는 난용성의 황산염을 생성하여 다른 금속성분을 흡착하므로 주의
질산–과염소산법	유기물을 다량 함유하고 있으면서 산분해가 어려운 시료	
질산–과염소산–불화수소산	다량의 점토질 또는 규산염을 함유한 시료	

16 수질오염공정시험기준에 규정하고 있는 '용기'

1.5점 에 대한 해설로 옳은 것은?

① '밀폐용기'라 함은 취급 또는 저장하는 동안
에 이물질이 들어가거나 또는 내용물이 손실
되지 아니하도록 보호하는 용기를 말한다.

② '기밀용기'라 함은 취급 또는 저장하는 동안
에 기체 또는 미생물이 침입하지 아니하도록
내용물을 보호하는 용기를 말한다.

③ '밀봉용기'라 함은 취급 또는 저장하는 동안
에 밖으로부터의 공기, 다른 가스가 침입하
지 아니하도록 내용물을 보호하는 용기를 말
한다.

④ '차광용기'라 함은 액체가 투과하지 않는 용
기 또는 투과하지 않게 포장을 한 용기이며
취급 또는 저장하는 동안에 기체는 투과할
수 있는 용기를 말한다.

해설

ES 04000b 총칙

[관련 용어의 정의]

㉠ "용기"라 함은 시험용액 또는 시험에 관계된 물질을 보존, 운반 또는 조작하기 위하여 넣어두는 것으로 시험에 지장을 주지 않도록 깨끗한 것을 뜻한다.

㉡ "밀폐용기"라 함은 취급 또는 저장하는 동안에 이 물질이 들어가거나 또는 내용물이 손실되지 아니하도록 보호하는 용기를 말한다.

㉢ "기밀용기"라 함은 취급 또는 저장하는 동안에 밖으로부터의 공기 또는 다른 가스가 침입하지 아니하도록 내용물을 보호하는 용기를 말한다.

㉣ "밀봉용기"라 함은 취급 또는 저장하는 동안에 기체 또는 미생물이 침입하지 아니하도록 내용물을 보호하는 용기를 말한다.

㉤ "차광용기"라 함은 광선이 투과하지 않는 용기 또는 투과하지 않게 포장을 한 용기이며 취급 또는 저장하는 동안에 내용물이 광화학적 변화를 일으키지 아니하도록 방지할 수 있는 용기를 말한다.

17 압력이 존재하는 관내의 유량측정법이 아닌 것은?

1.5점

① 유량측정용 노즐(Flow Nozzle)
② 벤튜리미터(Venturi Meter)
③ 오리피스(Orifice)
④ 파샬플룸(Parshall Flume)

해설

ES 04140.1b 공장폐수 및 하수유량 – 관(Pipe)내의 유량측정방법

[목적]

공장, 하수 및 폐수 종말처리장 등의 원수, 공정수, 배출수 등의 관내의 유량을 측정하는 데 사용하며, 관(Pipe)내의 유량측정 방법에는 벤튜리미터(Venturi Meter), 유량측정용 노즐(Nozzle), 오리피스(Orifice), 피토우(Pitot)관, 자기식 유량측정기(Magnetic Flow Meter)가 있다.

18 BOD 연속자동측정장치에 대한 해설로 옳은 것을 모두 고른 것은?

1.5점

> a. 이 측정기의 정량 범위는 0 mg/L ~200 mg/L 이다.
> b. 표준용액은 글루코스용액이다.
> c. 분석값이 10 mg/L 미만이면 세 자릿수로 농도를 표시하며, 10 mg/L 이상이면 두 자릿수로 농도를 표시한다.

① a, b   ② a, c
③ b, c   ④ a, b, c

해설

표준용액은 글루코스 – 글루탐산용액을 사용한다.

19 일반적인 화학 분석에서 미지 시료의 농도를 결정할 때 널리 쓰이는 방법들 중에서 시료의 조성이 잘 알려져 있지 않거나 복잡할 뿐만 아니라 분석 신호에 영향을 줄 때 효과적으로 활용이 되는 방법은?

1.5점

① 내부표준법   ② 표준물첨가법
③ 검정곡선법   ④ 상호표준법

해설

표준물첨가법(Standard Addition Method)은 시료와 동일한 매질에 일정량의 표준물질을 첨가하여 검정곡선을 작성하는 방법으로서, 매질효과가 큰 시험 분석 방법에서 분석 대상 시료와 동일한 매질의 표준시료를 확보하지 못한 경우에 매질효과를 보정하여 분석할 수 있는 방법이다.

20 질소화합물의 형태에 따른 시험방법을 바르게 짝지은 것은?

1.5점

① 암모니아성 질소 : 디아조화법
② 아질산성 질소 : 인도페놀법
③ 질산성 질소 : 부르신법
④ 총질소 : 데발다합금 환원증류법

① 디아조화법은 NO_2-N(아질산성 질소)의 시험방법이다.

② 인도페놀법은 NH_3-N(암모니아성 질소)의 시험방법이다.

④ 데발다합금 환원증류법은 NO_3-N(질산성 질소)의 시험방법이다.

21
1.5점 수질오염공정시험기준의 연속자동측정방법에서 수질연속자동측정기의 기능 및 설치방법에 관한 해설로 틀린 것은?

① 형식 승인을 받은 범위에서 정하는 최대 측정 범위 내에서 배출 시설별 오염물질 배출 허용 기준의 1.2 내지 3배 이내의 값으로 설정한다.

② 시료 채취 지점은 하수·폐수의 성질과 오염물질의 농도를 대표할 수 있는 곳으로 한다.

③ 취수구의 위치는 수연과 10 cm 이상, 바닥으로부터 15 cm을 유지하여 동절기의 결빙을 방지한다.

④ 배수를 방류구에 할 경우에는 반드시 채수 지점보다 상류에 방류하여 채수하는 시료와 혼합되도록 하여야 한다.

배수를 방류구에 할 경우에는 반드시 채수지점보다 하류에 방류하여 채수하는 시료와 혼합되지 않도록 하여야 한다.

22
1.5점 식물성 플랑크톤(조류)의 개체 수를 조사하는 정량방법 중 저배율 방법(200배율 이하)로 적합한 기구는?

① 형광 현미경

② 세즈윅-라프터 챔버

③ 팔머-말로니 챔버

④ 혈구 계수기

③, ④항은 중배율 방법(200배율 ~ 500배율 이하)에 적합한 기구이다.

23
1.5점 해수 시료에 미량($\mu g/kg$, ppb 수준) 함유된 납(Pb) 및 카드뮴(Cd) 성분을 원자흡광광도법(Atomic Absorption Spectrophotometry)을 이용하여 분석하려고 한다. 적합한 전처리법은?

① 회화에 의한 분해

② 다이에틸다이티오카르바민산 추출법

③ 질산-과염소산에 의한 분해

④ 희석 후 직접 측정

용매추출법

시료에 적당한 착화제를 첨가하여 시료 중의 금속류와 착화합물을 형성시킨 다음 형성된 착화합물을 유기용매로 추출하여 분석하는 방법

㉠ 다이에틸다이티오카바민산 추출법 – 구리, 아연, 납, 카드뮴 및 니켈의 측정에 적용

㉡ 디티존·메틸아이소부틸케톤 추출법 – 구리, 아연, 납, 카드뮴, 니켈 및 코발트 등의 측정에 적용

㉢ 디티존·사염화탄소 추출법 – 아연, 납, 카드뮴 등의 측정에 적용

㉣ 피로리딘다이티오카르바민산 암모늄추출법 – 구리, 아연, 납, 카드뮴, 니켈, 철, 망간, 6가 크롬, 코발트 및 은 등의 측정에 적용된다. 다만 망간은 착화합물 상태에서 매우 불안정하므로 추출 즉시 측정하여야 하며, 크롬은 6가 크롬 상태로 존재할 경우에만 추출된다. 또한 철의 농도가 높을 경우에는 다른 금속의 추출에 방해를 줄 수 있으므로 주의해야 한다.

24
1.5점 BOD 측정용 시료의 전처리 조작에 관한 해설로 틀린 것은?

① pH가 6.5 ~ 8.5의 범위를 벗어나는 시료는 염산(1+11) 또는 4 % 수산화나트륨용액으로 시료를 중화하여 pH 7로 한다.

② 시료를 중화할 때 넣어주는 산 또는 알칼리의 양은 시료량의 0.5 %가 넘지 않도록 하여야 한다.

③ 일반적으로 잔류 염소가 함유된 시료는 정제수 또는 탈염수로 희석하여 사용한다.

④ 용존산소 함유량이 과포화되어 있는 경우, 수온을 23 ℃ ~ 25 ℃로 하여 15분간 통기하고 방냉하여 수온을 20 ℃로 한다.

21 ④ **22** ② **23** ② **24** ③

해설

생물화학적 산소요구량 분석 시 전처리 과정

㉠ pH가 6.5 ~ 8.5의 범위를 벗어나는 산성 또는 알칼리성 시료는 염산용액(1 M) 또는 수산화나트륨 용액(1 M)으로 시료를 중화하여 pH 7 ~ 7.2로 맞춘다. 다만 이때 넣어주는 염산 또는 수산화나트륨의 양이 시료량의 0.5 %가 넘지 않도록 하여야 한다. pH가 조정된 시료는 반드시 식종을 실시한다.

㉡ 가능한 한 염소소독 전에 시료를 채취한다. 그러나 잔류염소를 함유한 시료는 시료 100 mL에 아자이드화나트륨 0.1 g과 요오드화칼륨 1 g을 넣고 흔들어 섞은 다음 염산을 넣어 산성으로 한다(약 pH 1). 유리된 요오드를 전분지시약을 사용하여 아황산나트륨 용액(0.025 N)으로 액의 색깔이 청색에서 무색으로 변화될 때까지 적정하여 얻은 아황산나트륨용액(0.025 N)의 소비된 부피(mL)를 남아 있는 시료의 양에 대응하여 넣어 준다. 일반적으로 잔류염소를 함유한 시료는 반드시 식종을 실시한다.

㉢ 수온이 20 ℃ 이하일 때의 용존산소가 과포화되어 있을 경우에는 수온을 23 ℃ ~ 25 ℃로 상승시킨 이후에 15분간 통기하고 방치하고 냉각하여 수온을 다시 20 ℃로 한다.

㉣ 기타 독성을 나타내는 시료에 대해서는 그 독성을 제거한 후 식종을 실시한다.

25 물벼룩을 이용한 급성 독성 시험법에서 시료와 희석수의 비율이 1 : 1일 때, 물벼룩의 50 %가 유영저해를 나타낸다고 할 때, 생태독성값(TU)은?
1.5점

① 0.5　　　　　② 1
③ 2　　　　　④ 4

해설

- 반수영향농도(EC_{50}, Effect Concentration of 50 %) : 투입 시험생물의 50 %가 치사 혹은 유영저해를 나타낸 농도이다.
- 생태독성값(TU, Toxic Unit) : 통계적 방법을 이용하여 반수영향농도 EC_{50}을 구한 후 100에서 EC_{50}을 나눠준 값을 말한다.

※ 이때 EC$_{50}$의 단위는 %이다.

$$생태독성값(TU) = \frac{100}{EC_{50}} = \frac{100}{50} = 2$$

26 원자흡광광도법에 대한 바른 해설이 아닌 것은?
1.5점

① 원자흡광분석은 시료를 적당한 방법으로 해리하여 중성원자로 증기화할 때 생성되는 기저 상태 원자가 특유 파장의 빛을 흡수하는 현상을 이용한다.
② 흡광도는 증기층의 중성원자농도에 반비례하므로 각개의 특유 파장에 대한 흡광도를 측정해서 시료 중 목적 성분의 농도를 정량한다.
③ 분석장치는 광원부 – 시료원자화부 – 단색화부 – 측광부 – 기록부로 구성되어 있다.
④ 불꽃을 만들기 위한 가연성 기체와 조연성 기체의 조합은 수소 – 공기, 아세틸렌 – 공기, 프로 판 – 공기 등이 있다.

해설

원자흡광광도법은 물속에 존재하는 중금속을 정량하기 위하여 시료를 2,000 K ~ 3,000 K의 불꽃 속으로 주입하였을 때 생성된 바닥상태의 중성원자가 고유 파장의 빛을 흡수하는 현상을 이용하여, 개개의 고유 파장에 대한 흡광도를 측정하여 시료 중의 원소농도를 정량하는 방법이다. 여기서, 원자흡광도는 어떤 진동수 i의 빛이 목적원자가 들어 있지 않는 불꽃을 투과했을 때의 강도를 I_{O_v}, 목적원자가 들어 있는 불꽃을 투과했을 때의 강도를 I_v라 하고 불꽃 중의 목적원자농도를 c, 불꽃 중의 광도의 길이를 l이라 했을 때, $E_{AA} = \dfrac{\log_{10} \cdot I_{O_v} / I_v}{c \cdot l}$로 표시되는 양이며 $A = E_{AA}Cl$로 표시할 수 있다.

② 흡광도는 증기층의 중성원자농도에 비례한다.

27 아스코르빈산 환원법으로 총인을 시험하는 방
1.5점 법이다. (   )의 내용으로 맞는 것은?

> 전처리한 시료의 상등액 25 mL를 취하여 마개
> 가 있는 시험관에 넣고 몰리브덴산암모늄 · 아
> 스코르빈산혼합액 2 mL를 넣어 흔들어 섞은
> 다음 (ㄱ)에서 (ㄴ) 간 방치한다. 이 용액의 일
> 부를 층장 10 mm 흡수셀에 옮겨 시료 용액으
> 로 하고 따로 물 50 mL를 취하여 시험방법에
> 따라 시험하여 바탕시험액으로 한다. 바탕시
> 험액을 대조액으로 하여 (ㄷ)에서 시료 용액의
> 흡광도를 측정하여 미리 작성한 검량선으로부
> 터 총인의 양을 구하여 농도를 산출한다.

① (ㄱ) 10 ℃ ~ 30 ℃ (ㄴ) 15분 (ㄷ) 690 nm
② (ㄱ) 10 ℃ ~ 30 ℃ (ㄴ) 30분 (ㄷ) 690 nm
③ (ㄱ) 20 ℃ ~ 40 ℃ (ㄴ) 30분 (ㄷ) 880 nm
④ (ㄱ) 20 ℃ ~ 40 ℃ (ㄴ) 15분 (ㄷ) 880 nm

[해설]

ES 04362.1b 총인 – 자외선/가시선 분광법

[분석방법]
㉠ 전처리한 시료 25 mL를 취하여 마개 있는 시험관
에 넣고 몰리브덴산암모늄 · 아스코르빈산 혼합용액
2 mL를 넣어 흔들어 섞은 다음 20 ℃ ~ 40 ℃에서
15분간 방치한다.
　※ 전처리한 시료가 탁한 경우에는 유리섬유 여과
　　지로 여과하여 여과액을 사용한다.
㉡ 이 용액의 일부를 층장 10 nm 흡수셀에 옮겨 시료
용액으로 한다.
㉢ 따로 정제수 50 mL를 취하여 시료의 시험방법에
따라 시험하여 바탕시험액으로 한다.
㉣ 바탕시험용액을 대조액으로 하여 880 nm의 파장
에서 시료 용액의 흡광도를 측정하여 미리 작성한
검정곡선으로 인산염인의 양을 구하여 농도를 계
산한다.
　※ 880 nm에서 흡광도 측정이 불가능할 경우에는
　　710 nm에서 측정한다.

28 시약 및 용액 조제 과정 중 틀린 해설은?
1.5점
① BOD용 식종 희석수란 시료 중 유기물질을
산화시킬 수 있는 미생물의 양이 충분하지
못할 때 미생물을 시료에 넣어 주는 것을 말
한다.
② 다이메틸글리옥심－수산화나트륨용액(1 W/
V%)은 다이메틸글리옥심 1 g을 1 % 수산화
나트륨용액에 녹여 100 mL로 하고, 불용물
은 여과하지 않는다.
③ 정제사염화탄소는 사염화탄소에 황산 소량
을 넣어 흔들어 섞고 정치하여 사염화탄소층
을 분리한다.
④ 차아염소산나트륨(암모니아성 질소 시험용)
제조 시 차아염소산나트륨용액을 유효염소
농도를 측정하여 유효염소 1 g에 해당하는
mL 수를 취하여 물을 넣어 100 mL로 한다.
사용 할 때 조제한다.

[해설]
② 다이메틸글리옥심－수산화나트륨용액(1 W/V %)
은 다이메틸글리옥심 1 g을 1 % 수산화나트륨용액
에 녹여 100 mL로 하고, **불용물은 여과하여 사용한다**.

29 유도결합플라즈마(ICP ; Inductively Coupled
1.5점 Plasma) 발광광도법에 대한 해설로 틀린 것은?

① 에어줄 상태로 분무되는 시료는 가장 안쪽의
관을 통하여 도너츠 모양 플라즈마의 가장자
리로 도입된다.
② 시료를 아르곤 플라즈마에 도입하여 6,000 K
~8,000 K에서 들뜬 상태의 원자가 바닥상태
로 이동할 때 방출되는 발광선을 측정한다.
③ ICP 발광광도 분석장치는 시료주입부, 고주
파 전원부, 광원부, 분광부 및 측광부, 연산
처리 부, 기록부로 구성되어 있다.
④ 플라즈마 광원 A로부터 발광하는 스펙트럼
선을 선택적으로 분리하기 위해서 분해능이
우수한 회절격자가 많이 사용된다.

해설

① 에어로졸 상태로 분무되는 시료는 가장 안쪽의 관을 통하여 플라스마(도너츠 모양)의 **중심부**에 도입되는데 이때 시료는 도너츠 내부의 좁은 부위에 한정되므로 광학적으로 발생되는 부위가 좁아져 강한 발광을 관측할 수 있으며 화학적으로 불활성인 위치에서 원자화가 이루어지게 된다.

2과목 먹는물수질공정시험기준

01
1점

분원성 대장균군 시험방법의 적용 범위에 해당하는 것은?

① 먹는물
② 먹는샘물
③ 먹는해양심층수
④ 샘물

해설

샘물, 먹는샘물, 염지하수, 먹는염지하수 및 먹는해양심층수의 경우는 분원성대장균군 분석의 적용 범위에 해당하지 않는다.

02
1점

다음 표시된 농도 중에서 가장 낮은 농도는?

① 0.5 mg/L
② 0.5 μg/mL
③ 0.5 ppm
④ 50 ppb

해설

0.5 mg/L=0.5 μg/mL=0.5 ppm=500 ppb

03
1점

먹는물수질오염공정시험기준에서 검정곡선의 작성에 대한 해설로 잘못된 것은?

① 검정선곡은 1주일에 한 번 작성한다.
② 분석 물질의 농도 변화에 따른 지시값을 나타낸 것이다.

③ 시료 중 분석 대상 물질의 농도를 포함하도록 범위를 설정한다.
④ 검정곡선 작성용 표준용액은 가급적 시료의 매질과 비슷하게 제조하여야 한다.

해설

검정곡선은 매 실험 시 작성하여야 한다.

04

먹는물수질오염공정시험기준의 정도관리 요소에 대한 해설로 틀린 것은?

① 검정곡선 : 분석 물질의 농도 변화에 따른 지시값을 나타낸 것
② 정량한계 : 시험 분석 대상 물질을 검출할 수 있는 최소한의 농도 또는 양
③ 정밀도 : 시험 분석 결과의 반복성을 나타내는 것
④ 정확도 : 시험 분석 결과가 참값에 얼마나 근접한가를 나타내는 것

해설

• 정량한계는 시험 분석 대상 물질을 정량할 수 있는 최소한의 농도 또는 양
• 검출한계는 시험 분석 대상 물질을 검출할 수 있는 최소한의 농도 또는 양

05
1점

장내세균의 하나로 운동성이 없고, 아포를 만들지 않으며 세균성 이질 및 식중독을 일으키는 그람음성 간균은?

① 대장균
② 여시니아균
③ 살모넬라
④ 쉬겔라

해설

쉬겔라는 장내세균의 하나로 운동성이 없고, 아포를 만들지 않으며 세균성 이질 및 식중독을 일으키는 그람음성 간균이다. 락토스를 분해하지 않으며, 당분해로 산을 형성하지만 기체는 형성하지 않는 생화학적 특성을 가진다.

정답 **01** ① **02** ④ **03** ① **04** ② **05** ④

06
1점

세제(음이온계면활성제) − 자외선/가시선분광법의 해설로 괄호 안에 들어갈 내용으로 옳은 것은?

> 먹는물, 샘물 및 염지하수 중에 세제를 측정하는 방법으로서 시료 중에 음이온계면활성제와 메틸렌블루가 반응하여 생성된 청색의 복합체를 ( )으로 추출하여 흡광도를 652 nm에서 측정하는 방법이다.

① 헥산
② 아세톤
③ 클로로포름
④ 다이클로로메탄

해설

세제(음이온계면활성제)−자외선/가시선분광법

먹는물, 샘물 및 염지하수 중에 세제를 측정하는 방법으로서 시료 중에 음이온계면활성제와 메틸렌블루가 반응하여 생성된 청색의 복합체를 클로로포름으로 추출하여 클로로포름층의 흡광도를 652 nm에서 측정하는 방법이다.

07
1.5점

먹는물 중 중금속용 시료채취에 대한 해설 중 틀린 것은?

① 미리 질산 및 정제수로 잘 씻은 폴리프로필렌, 폴리에틸렌 또는 폴리테트라플루오로에틸렌 용기에 시료를 채취한다.
② 채취한 시료 1 L당 진한 질산 1.5 mL 또는 질산용액(1+1) 3.0 mL를 가하여 pH 4 이하로 보존한다.
③ 만약, 시료가 알칼리화되어 있거나 완충효과가 있다면 질산용액(1+1) 5.0 mL까지 늘려야 한다.
④ 염지하수의 경우에는 현장에서 채수된 즉시 0.45 μm인 여과지로 여과 후 진한 질산으로서 pH 1.5 ~ 2 정도로 맞춘 다음 냉장(4 ℃) 보관한다.

해설

ES 05130b_먹는물 중금속용 시료채취방법

미리 질산 및 정제수로 잘 씻은 폴리프로필렌, 폴리에

틸렌 또는 폴리테트라플루오로에틸렌(PTFE) 용기에 시료를 채취하고 곧 1 L당 진한 질산 1.5 mL 또는 질산용액(1+1) 3.0 mL를 가하여 pH 2 이하로 보존한다. 만약 시료가 알칼리화되어 있거나 완충효과가 있다면 첨가하는 질산용액(1+1)을 5.0 mL까지 늘려야 한다. 산처리한 시료는 4 ℃로 보관하여 시료가 증발로 인해 부피 변화가 없도록 해야 한다. 염지하수의 경우에는 현장에서 채수된 즉시 0.45 μm인 여과지로 여과한 후 진한 질산으로서 pH를 1.5 ~ 2 정도로 맞춘 다음 폴리에틸렌 용기에 보관하되 4 ℃ 이하에서 냉장보관이 불가할 때는 수 시간 이내에 실험실로 옮겨져 분석되어야 한다.

08
1.5점

먹는물수질오염공정시험기준에서 철을 정량하는 방법에 해당하지 않는 것은?

① 원자흡수분광광도법
② 자외선/가시선 분광법
③ 기체크로마토그래프법
④ 유도결합플라스마 − 질량분석법

해설

철 적용 가능한 시험법

철	정량한계 (mg/L)	정밀도 (% RSD)
자외선/가시선 분광법	0.05	20 % 이내
원자흡수분광광도법	0.008	20 % 이내
유도결합플라스마 −원자발광분광법	0.003	20 % 이내
유도결합플라스마 −질량분석법	0.01376	20 % 이내

09
1.5점

먹는물의 경도를 측정하고자 한다. 시료량은 100 mL이고 적정에 소비된 EDTA용액(0.01 M)의 부피가 5.4 mL일 때, 경도는 얼마인가?(단, EDTA용액(0.01 M)의 농도계수는 1로 본다.)

① 54 mg/L
② 44 mg/L
③ 5.4 mg/L
④ 4.4 mg/L

해설

경도는 소비된 EDTA용액(0.01 M)의 부피(a)로부터 다음 식에 따라 시료의 탄산칼슘 양으로서 경도(mg/L)를 구한다.

$$경도(mg/L) = (aF - 1) \times \frac{1000}{시료량(mL)}$$

여기서, a : 적정에 소비된 EDTA용액의 부피(mL)

F : EDTA용액(0.01 M)의 농도계수

따라서 경도(mg/L) $= (5.4\,mL \times 1 - 1) \times \dfrac{1,000}{100\,mL}$

$= 44\,mg/L$

10 먹는물수질오염공정시험기준에서 분석 시 유
1.5점 도체화를 하는 이유로 적당하지 않은 것은?

① 검출 감도의 향상
② 분리 특성의 개선
③ 화학적 안정화
④ 분석 시간 단축

해설

크로마토그래피법 분석에서 유도체화(Derivatization)는 분석 대상물질을 직접 분석할 때 대상물질이 화학적으로 불안정하여 분석이 용이하지 않거나 감도가 낮아서 분석이 어려운 경우에 검출감도의 향상, 분리특성 개선, 화학적 안정화를 위하여 대상물질을 적당한 유도체로 전환시키는 화학적인 조작을 하는 과정을 거친다. 따라서 이러한 일련의 과정을 거치면서 오히려 분석시간은 길어진다.

11 먹는물수질오염공정시험기준의 일반사항에 대
1.5점 한 해설로 틀린 것은?

① 미생물 분석에 사용하는 배지는 가능한 상용화된 완성 제품을 사용하도록 한다.
② 이 시험 방법은 먹는물이 수질 기준에 적합한지 여부를 시험 판정하는 데 적용한다.
③ 이 공정시험기준 이외의 방법으로서 그 시험 방법이 보다 더 정밀하다고 인정될지라도 정

확과 통일에 위배될 수 있으므로 다른 방법을 사용할 수 없다.
④ 먹는물 수질기준 항목 등에 대한 수질 검사를 실시함에 있어 정확과 통일을 기하기 위하여 필요한 제반 사항에 대하여 규정함을 목적으로 한다.

해설

공정시험기준 이외의 방법이라도 측정결과가 같거나 그 이상의 정확도가 있다고 국내외에서 공인된 방법은 이를 사용할 수 있다.

12 1.27 g의 질산은($AgNO_3$, 분자량 : 169.9)을
1.5점 250 mL의 메스플라스크에 넣고, 표선까지 정제수를 넣고 용액화하였다. 질산은 용액의 몰 농도(mol/L)는 다음 중 어느 것인가?

① 0.0075   ② 0.0299
③ 0.0360   ④ 0.0598

해설

몰 농도(mol/L)는 용액 1리터에 녹아 있는 용질의 몰 수로 나타낸다. 따라서 질산은 1몰 농도는 $AgNO_3$ 160.9 g/L이므로 $AgNO_3 \dfrac{1.27\,g}{160.9\,g} \times \dfrac{1,000\,mL}{250\,mL} = 0.0299$

13 염화암모늄(NH_4Cl, 분자량 : 53.49 g/mol)으
1.5점 로 100 mg/L 암모니아성질소 표준용액을 제조할 때, 정제수 1 L에 들어가는 염화암모늄의 무게는 얼마인가?

① 0.3819 g   ② 0.7638 g
③ 0.5349 g   ④ 0.2675 g

해설

$NH_4Cl = 53.49\,g$, $N = 17\,g$
$NH_4Cl : N = 53.49\,g : 14\,g$
$= x\,g : 100\,mg/L \times g/1,000\,mg$
$x\,g = 0.382\,g$

14

1.5점 아래의 내용은 먹는물 분석 항목의 어느 물질 분석에 관한 해설인가?

> - Al^{3+}, Fe^{3+} 등의 방해물질 분해를 위해서 인산, 과염소산을 넣어 시료를 분해한다. 증류장치를 이용한 전처리 시 충분한 분해를 위하여 증류 온도는 140 ℃ ~ 150 ℃로 한다.
> - 분석 시 같은 양 정도의 잔류염소나 ABS가 존재해도 방해를 받지 않으나, 고농도 Ca^{2+}와 Cu^{2+}는 방해이온으로 작용한다.
> - 흡광광도법 분석 시 아세톤을 넣어 발색을 증가시킨다.

① 불소
② 시안
③ 황산이온
③ 질산성 질소

해설
불소이온 – 자외선가시선 분광법을 설명한 것이다. 참고로 측정 파장은 620 nm이며, 보랏빛이 감도는 청색으로 발색된다.

15

1.5점 먹는물수질오염공정시험기준 중 냄새 물질의 측정에 대한 해설로 틀린 것은?

① 시료를 삼각플라스크에 넣고 마개를 닫은 후 온도를 40 ℃ ~ 50 ℃로 높여 세게 흔들어 섞은 후 마개를 열면서 관능적으로 냄새를 맡아서 판단한다.
② 측정자 간 개인차가 심하므로 냄새가 있을 경우 5명 이상의 시험자가 측정하는 것이 바람직하나 최소한 2명이 측정해야 한다.
③ 소독제인 염소 냄새가 날 때에는 과망간산칼륨을 사용하여 염소를 제거한 후 측정한다.
④ 냄새를 측정하는 사람과 시료를 준비하는 사람은 다른 사람이어야 한다.

해설
③ 소독제인 염소 냄새가 날 때에는 **티오황산나트륨**(Sodium Thiosulfate)을 가하여 염소를 제거한 후 측정한다. 사용하는 티오황산나트륨의 양은 시료 500 mL에 잔류염소가 1 mg/L로 존재할 때 티오황산나트륨용액 1 mL를 가한다.

16

1.5점 괄호 안에 들어갈 내용으로 모두 옳은 것은?

> 미생물 시험용 시료를 채취할 때에는 멸균된 시료 용기를 사용하여 무균적으로 시료를 채취하고 즉시 시험하여야 한다. 즉시 시험할 수 없는 경우에는 4 ℃ 냉장 보관한 상태에서 일반세균, 녹농균, 여시니아균은 (㉠) 이내에, 총대장균군 등 그 밖의 항목은 (㉡) 이내에 시험하여야 한다.

① ㉠ : 12시간, ㉡ : 24시간
② ㉠ : 12시간, ㉡ : 30시간
③ ㉠ : 24시간, ㉡ : 24시간
④ ㉠ : 24시간, ㉡ : 30시간

해설
미생물 시험용 시료를 채취할 때에는 멸균된 시료용기를 사용하여 무균적으로 시료를 채취하고 즉시 시험하여야 한다. 즉시 시험할 수 없는 경우에는 4 ℃ 냉장 보관한 상태에서 일반세균, 녹농균, 여시니아균은 (24시간) 이내에, 총대장균군 등 그 밖의 항목은 (30시간) 이내에 시험하여야 한다.
잔류염소를 함유한 시료를 채취할 때에는 시료채취 전에 멸균된 시료채취용기에 멸균한 **티오황산나트륨용액**을 최종농도 0.03 %(w/v) 되도록 투여한다.
수도꼭지에서 시료를 채취할 경우에는 수도꼭지를 틀어 2분 ~ 3분간 흘려보낸 후 시료를 채취한다.
먹는샘물 제품수는 병의 마개를 열지 않은 상태의 제품을 말하며, 병의 마개가 열린 것은 시료로 사용할 수 없다.

17 정제수의 요건을 갖춘 것은?
1.5점
① 증류 또는 필터 과정에 의해 각 이온을 제거하고 0.2 um의 막을 통과시킨 물로서 0.2 uS/cm 이하의 전도도값을 갖는 물로 한다.
② 증류 또는 필터 과정에 의해 각 이온을 제거하고 0.5 um의 막을 통과시킨 물로서 0.2 uS/cm 이하의 전도도값을 갖는 물로 한다.
③ 증류 또는 필터 과정에 의해 각 이온을 제거하고 0.3 um의 막을 통과시킨 물로서 0.2 uS/cm 이하의 전도도값을 갖는 물로 한다.
④ 증류 또는 필터 과정에 의해 각 이온을 제거하고 0.2 um의 막을 통과시킨 물로서 0.5 uS cm 이하의 전도도값을 갖는 물로 한다.

해설
정제수의 요건
정제 또는 필터과정을 거쳐 혼합이온교환수지와 0.2 um 멤브레인 필터를 통과한 물로서 25 ℃에서 0.2 uS/cm 이하의 전도도값을 갖는 물이다. 정밀분석에 사용되는 초순수인 경우에는 25 ℃에서 전도도 0.056 uS/cm, 저항 18 MΩ · cm이다.

18 다음 먹는물수질오염공정시험기준의 시험 결과 성분별 표시한계와 표시자리수가 맞지 아니한 것은?
1.5점
① 페놀 : 0.005 mg/L, 0.000
② 총트리할로메탄 : 0.001 mg/L, 0.000
③ 폼알데하이드 : 0.002 mg/L, 0.000
④ 클로랄하이드레이트 : 0.0005 mg/L, 0.0000

해설
③ 폼알데하이드 : 0.02 mg/L, 0.00

19 다음은 어떤 시료 채취와 보존에 관한 해설인가?
1.5점

> 미리 정제수로 잘 씻은 유리병에 기포가 생기지 않도록 가만히 채취하고 pH가 약 2가 되도록 인산(1+10)을 시료 10 mL당 1방울을 넣고 물을 추가하여 꽉 채운 후 밀봉한다.

① 미생물 시험용 시료
② 중금속 시험용 시료
③ 시안 시험용 시료
④ 휘발성유기화합물 시험용 시료

해설
트리할로메탄 및 휘발성유기화합물 시험용 시료 채취 방법
미리 정제수로 잘 씻은 유리병에 기포가 생기지 아니하도록 조용히 채취하고 pH가 약 2가 되도록 인산(1+10)을 시료 10 mL당 1방울을 넣고 물을 추가하여 꽉 채운 후 밀봉한다. 잔류염소가 함유되어 있는 경우에는 이산화비소산나트륨용액을 넣어 잔류염소를 제거한다.

20 수치맺음에 대한 해설로 틀린 것은?
1.5점
① 자리의 수 $n=2$열 경우, 0.026은 0.03으로 표기한다.
② 자리의 수 $n=2$일 경우, 0.024은 0.02로 표기한다.
③ 자리의 수 $n=2$일 경우, 0.025은 0.03으로 표기한다.
④ 자리의 수 $n=2$일 경우, 0.035은 0.04로 표기한다.

해설
수치 맺음방법
수치를 정리하여 소수점 이하를 n자리까지 하는 경우에는 $(n+1)$ 자리 이하의 수치를 다음과 같이 끊어 올리거나 또는 버린다.
1. $(n+1)$째 자리의 수가 6 이상일 때는 끊어 올린다.
2. $(n+1)$째 자리의 수가 4 이하일 때는 버린다.

3. $(n+1)$째 자리의 수가 5일 때는 n 자리의 수가 1, 3, 5, 7 또는 9일 경우에는 끊어 올리고, n 자리의 수가 0, 2, 4, 6 또는 8일 경우에는 버린다.
따라서 자리의 수 $n=2$일 경우, 0.025은 0.02로 표기해야 한다.

21
1.5점
냄새 측정에서 희석하는 데 사용한 시료의 양이 25 mL일 때 역치값을 구하시오.

① 2   ② 4
③ 8   ④ 16

해설

냄새 역치(TON ; Threshold Odor Number)를 구할 필요가 있으면 사용한 시료의 부피와 냄새 없는 희석수의 부피를 사용하여 다음과 같이 계산한다. 200 mL로 묽히는 데 사용한 시료의 부피별 역치값은 다음 표와 같다.

묽히는 데 사용한 시료 양에 대한 역치

시료 양(mL)	역치(TON)
200	1
100	2
50	4
25	8
12.5	16
6.3	32
3.1	64
1.6	128
0.8	256

3과목 정도관리

01
1점
검정곡선(calibration curve)은 분석물질의 농도 변화에 따른 지시값을 나타낸 것으로 시료 중 분석 대상 물질의 농도를 포함하도록 범위를 설정하고, 검정곡선 작성용 표준용액은 가급적 시료의 매질과 비슷하게 제조하여야 한다. 다음 중 검정곡선법이 아닌 것은?

① 절대검정곡선법(external standard method)
② 표준물첨가법(standard addition method)
③ 상대검정곡선법(internal standard calibration)
④ 적정곡선법(titration curve method)

해설

① 절대검정곡선법(외부 표준법 : external standard method) : 시료의 농도와 지시값과의 상관성을 검정 곡선식에 대입하여 작성하는 방법
② 표준물첨가법(standard addition method) : 시료와 동일한 매질에 표준물질을 첨가하여 검정곡선을 작성하는 방법. 매질효과가 큰 분석 대상 시료와 동일한 매질의 표준시료를 확보하지 못한 경우에 매질효과를 보정할 수 있는 방법
③ 상대검정곡선법(내부 표준법 : internal standard calibration) : 검정곡선 작성용 표준용액과 시료에 동일한 양의 내부표준물질을 첨가하여 분석함. 시험분석 절차, 기기 또는 시스템의 변동으로 발생하는 오차를 보정하기 위해 사용하는 방법. 일반적으로 내부표준물질로는 분석하려는 성분에 동위원소가 치환된 것을 많이 사용

02
1점
기체크로마토그래피에서 운반기체로 사용되지 않는 기체를 고르시오.

① 산소   ② 수소
③ 헬륨   ④ 질소

해설

gc의 운반기체는 분석 대상물과 반응성이 없는 기체를 사용하며 검출기마다 사용하는 운반가스와 연료가스가 다르다.

구분	가스	검출기							
		FID	PID	TCD	ECD	ELCD	NPD	FPD	MS
운반 가스	헬륨	○	○	○	○	○	○	○	○
	수소	○	○	○	○	○		○	
	질소	○	○	○			○	○	
연소 가스	수소	○				○	○	○	
	공기	○					○	○	
보조 가스	질소	○	○	○	○		○	○	
	헬륨	○	○	○			○	○	

03 시험 분석결과의 반복성을 나타내는 것으로 반복시험하여 얻은 결과를 상대표준편차(RSD ; relative standard deviation)로 나타낸 것은?

① 정확도 ② 정밀도
③ 근사값 ④ 분해도

해설
정밀도는 표준편차, 평균의 표준오차, 분산, 상대표준편차, 변동계수, 퍼짐 또는 영역으로 나타낼 수 있다.

04 실험실 기기의 초기 교정에 대한 해설로 틀린 것은?

① 표준용액의 농도와 기기의 감응은 교정곡선을 이용하고 그 상관계수는 0.9998 이상이어야 한다.
② 곡선을 검증하기 위해 수시교정 표준물질을 사용해 교정하고 검증된 값의 5 % 내에 있어야 한다.
③ 검증확인 표준물질은 교정용 표준물질과 다른 것을 사용하고 초기 교정이 허용되기 위해서는 참값의 10 % 이내에 있어야 한다.
④ 분석법이 시료 전처리가 포함되어 있다면, 바탕시료와 실험실관리 표준물질을 분석 중에 사용하고 그 결과는 참값의 20 % 이내에 있어야 한다.

해설
분석법이 시료 전처리가 포함되어 있다면, 바탕시료와 실험실관리 표준물질을 분석 중에 사용하고 그 결과는 참값의 15 % 이내에 있어야 한다.

05 품질 문서 작성 시, 측정분석 기관의 시료 채취 기록사항으로 반드시 기록하지 않아도 되는 것은?

① 사용된 시료 채취 방법
② 시료 채취자
③ 환경조건
④ 시료 채취 일시 및 장소

해설
환경조건은 필요한 경우 기록하는 사항으로 필수 조건은 아니다.

06 삭제 문항

07 정도관리용 시료의 필요조건에 대한 해설로 틀린 것은?

① 안정성이 입증되어야 하며, 최소 수 개월간 농도 변화가 없어야 한다.
② 환경시료에 표준물질을 첨가한 시료는 정도관리용 시료에서 배제된다.
③ 충분한 양의 확보와 보존 기간 동안 용기의 영향이 배제되어야 한다.
④ 시료의 성상과 농도에 대한 대표성이 있어야 한다.

해설
환경시료에 표준물질을 첨가한 시료는 정도관리용 시료로 사용할 수 있음

08 환경실험실 운영관리 및 안전에서는 유해 화학
1점 물질을 특성에 따라 분류하여 관리하고 있다. 유
해 화학물질의 특성에 대한 해설로 틀린 것은?

① 발화성물질은 스스로 발화하거나 물과 접촉
하여 발화하고 가연성 기스를 발생시키는 물
질이다.
② 폭발성물질은 가열 · 마찰 · 충격 등으로 인
하여 폭발하나 산소나 산화제 공급 없이는
폭발하지 않는다.
③ 인화성물질은 대기압에서 인화점이 65 ℃ 이
하인 가연성 액체이다.
④ 가연성가스는 폭발한계 농도의 하한이 10 %
이하 또는 상하한의 차이가 20 % 이상인 가
스이다.

해설
폭발성 물질은 산소와 산화제 공급 없이 폭발하는 특
성을 가지고 있다.

09 분석대상 물질파 시료 채취 기구 재질의 연결
1점 이 적합하지 않은 것은?

① 중금속 : 플라스틱, 스테인레스, 테플론
② 휘발성유기물질 : 유리
③ 추출할 수 있는 물질 : 알루미늄, 테플론, 플
리스틱
④ 영양염류 : 플리스틱, 스테인레스, 테플론, 알
루미늄

해설
중금속(플라스틱, 스테인레스, 테플론), 휘발성유기
물질(유리, 스테인레스, 테플론), 추출할 수 있는 물질
(유리, 알루미늄, 금속재질, 스테인레스, 테플론), 영
양염류(플리스틱, 스테인레스, 테플론, 유리, 알루미
늄, 금속)

10 실험에 의하여 계산된 결과가 다음과 같을 때
1점 유효숫자만을 가질 수 있도록 반올림한 것으
로 옳은 것은?

$$\log 6.000 \times 10^{-5} = -4.22184875$$

① −4.222
② −4.22185
③ −4.2218
④ −4.221848

해설
6.000의 유효숫자는 4개이다. 따라서 −4.222가 정
답이다.

11 시험검출한계(MDL ; method detection limit)
1.5점 에 대한 해설이 옳은 것은?

① 분석자가 다르다 해도 통일한 기기, 통일한
분석법을 사용하면 그 시험 검출 한계는 항
상 동일하다.
② 분석 시스템에서 가능한 범위의 검정 농도와
질량 분석 데이타를 완전히 확인할 수 있는
수준으로 정의한다.
③ 일반적으로 신호/잡음비의 2 5배 농도, 또는
바탕 시료를 반복 측정 분석한 결과 표준 편
차의 3배에 해당하는 농도이다.
④ 감도에 있어 분명한 변화가 있는 검정곡선
영역, 즉 검정곡선 기울기의 갑작스러운 변
화점 농도로 시험 검출 한계를 예측한다.

해설
방법검출한계(시험검출한계, MDL)는 동일한 분석기
기와 분석방법을 사용하더라도 분석자에 따라 변하므
로 초기능력 검증(IDC)(또는 시험방법에 대한 검증)
을 실시해야 함. 방법검출한계는 반드시 정량을 목적
으로 하지는 않으며 일반적으로 신호/잡음비의 2.5 ~
5배 농도, 또는 바탕 시료를 반복 측정 분석한 결과
표준 편차의 3배에 해당하는 농도이다.

12 하천수를 대상으로 BOD를 측정하기 위하여 시료를 7번 분석한 결과 평균값이 9.5 mg/L, 표준편차가 0.9 mg/L였다. 다음 중 불확도에 대한 해설 중 틀린 것은?

① 하천수 BOD 측정결과의 불확도 단위는 mg/L 이다.

② 불확도는 일반적으로 측정 횟수를 증가시키면 감소한다.

③ 같은 조건으로 측정한 결과의 표준편차가 클수록 불확도는 커진다.

④ 검정곡선의 농도범위 내에서 불확도는 동일하다.

해설
④ 검정곡선의 농도범위 내에서 불확도는 동일하지 않다.

13 총용존고체물질(TDS ; total dissolved solid) 측정값에 대한 검증식은 다음과 같다. TDS＝0.6(알칼리도)＋Na＋K＋Ca＋Mg＋Cl＋SO_4＋SiO_3＋(NO_3－N)＋F 이 식에 따라 실제로 측정한 값을 시험검사결과로 보고할 수 있는 허용범위는?

① 0.75＜측정된 TDS/계산된 TDS＜1.25

② 0.8＜측정된 TDS/계산된 TDS＜1.2

③ 0.8＜측정된 TDS/계산된 TDS＜1.0

④ 1＜측정된 TDS/계산된 TDS＜1.2

해설
④ 1＜측정된 TDS/계산된 TDS＜1.2

14 실험자가 실험실에서 감지하지 못하는 내부변화를 찾아내고, 생산하는 측정분석값을 신뢰할 수 있게 하는 최선의 방법은?

① 내부정도관리 참여

② 외부정도관리 참여

③ 측정분석 기기 및 장비에 대한 교정

④ 시험 방법에 대한 정확한 이해

해설
실험실 내부에서 반복되는 오류는 자체적으로 감지하기 어려우므로 측정값의 신뢰를 높이기 위해 외부정도관리를 수행함

15 하천에서 농약, 휘발성유기화합물, 환경호르몬 물질 분석을 위한 시료채취방법에 대한 해설로 잘못된 것은?

① 시료 채취 전에 현장의 시료로 채취 용기를 충분히 씻는다.

② 갈색 유리병을 사용하거나 채취된 시료에 빛이 투과되지 않도록 한다.

③ 시료 채취 용기의 뚜껑은 내부에 테플론 격막이 있어야 한다.

④ 시료 채취 용기로 플라스틱 제품을 사용하면 안 된다.

해설
시료 채취 전에 미리 채취 용기를 세척하지 않는다.

16 하천수 시료 채취지점에 대한 해설 중 괄호 안에 들어갈 내용을 차례대로 고르시오.

하천의 단면에서 수심이 가장 깊은 수면의 지점과 그 지점을 중심으로 좌우 수면폭을 (   )한 각각의 지점의 수면으로부터 수심 3 m 이상일 때는 수심의 (   )에서 채수한다.

① 2등분, 2/3　　② 2등분, 1/3 및 2/3

③ 3등분, 2/3　　④ 3등분, 1/3 및 2/3

해설
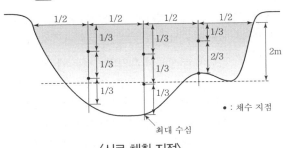

〈시료 채취 지점〉

17
1.5점 시료 분석 결과의 정도보증방법이 아닌 것은?

① 회수율 검토(spike recovery test)
② 관리차트(control chart)
③ 숙련도시험(Pt ; proficiency test)
④ 시험방법에 대한 분석자의 능력 검증(IDC ; initial demonstration of capability)

해설
실험실의 일상적인 분석 정도보증, 정도관리 시료의 분석결과에 의한 관리차트 작성, 실험실 외부에 의해 실시되는 실험실 수행 평가/숙련도 시험과 같은 수행에 의해 실험실의 시료 분석결과에 대한 정도보증을 확보할 수 있다.

18
1.5점 정도관리(현장평가) 운영에 대한 해설로 틀린 것은?

① 평가위원들은 현장평가의 첫 번째 단계로 대상기관 참석자들과 시작회의를 한다.
② 시험분야별 평가는 분석자가 업무를 수행하는 곳에서 진행한다.
③ 분석 관련 책임자 또는 분석자와의 면담을 통해서 평가할 수 있다.
④ 검증기관의 검증 유효 기간 및 검증항목 확대 시 유효 기간은 모두 심의일부터 3년이다.

해설
검증기관의 검증 유효기간은 심의된 날로부터 3년으로 하고, 정도관리 재신청에 의해 시험검사 기관이 정도관리 적합 판정을 받은 경우에는 검증서를 발급하는 날부터 3년째 되는 해의 연말까지로 한다.

19
1.5점 시료 채취 시 유의사항에 대한 해설로 틀린 것은?

① 유류 또는 부유물질 등이 함유된 시료는 침전물이 부상하여 혼입되어서는 안 된다.
② 수소이온농도, 유류를 측정하기 위한 시료 채취 시는 시료 용기에 가득 채워야 한다.
③ 시료 채취량은 시험 항목 등에 따라 차이는 있으나 보통 3 L ~ 5 L 정도이어야 한다.

④ 지하수시료는 취수정 내에 고여 있는 물의 교란을 최소화하면서 채취하여야 한다.

해설
④ 지하수시료는 관측정 내에 고여 있는 물을 적당량 제거. 관측정 안에 고여 있는 물은 화학적으로 땅 근처의 물과 다르기 때문에 pH, 전도도 온도의 변화가 없을 때까지 제거. 펌핑되어 나온 물의 부피와 경과시간은 현장 기록부에 작성하고, 관측정으로부터 퍼징 6시간 안에 채취해야 함

20
1.5점 시료 용기의 세척에 대한 해설로 틀린 것은?

① VOC 분석용 용기는 최종적으로 메탄올로 씻어 낸 후 가열하여 건조한다.
② 금속 분석용 용기는 초기 세척 후 50 % 염산 및 질산으로 헹군 다음 정제수로 헹군다.
③ 영양물질 분석용 용기는 세제 세척 후 50 % 질산으로 헹군 다음 정제수로 헹군다.
④ 추출을 위한 유기물 분석용 용기는 고무 또는 플라스틱 솔을 사용하여 닦지 않는다.

해설
세척제 사용 세척, 뜨거운 물 헹굼, 정제수 헹굼 순으로 세척하고, 유리기구는 160 ℃에서 2시간 이내 건조한다.(시료병일 경우 121 ℃에서 15분 멸균)

21
1.5점 평균값에 3배의 표준편차를 더한 정확도의 관리 기준은?

① 상한 경고기준(UWL)
② 하한 경고기준(LWL)
③ 상한 관리기준(UCL)
④ 하한 관리기준(LCL)

해설
• 상한관리기준 $= m + 3s$
• 하한관리기준 $= m - 3s$
• 상한경고기준 $= m + 2s$
• 하한경고기준 $= m - 2s$

22 세 분석 기관에서 측정된 어떤 항목의 농도가 다음과 같을 때, 변동계수가 가장 큰 기관은?

- A기관(40.0, 29.2, 18.6, 29.3) mg/L
- B기관(19.9, 24.1, 22.1, 19.8) mg/L
- C기관(37.0, 33.4, 36.1, 40.2) mg/L

① A기관   ② B기관
③ C기관   ④ 모두 같다.

해설

$$\text{상대표준편차(RSD)} = \text{변동계수(CVn)} = \frac{\text{표준편차}}{\text{평균}}$$

23 사고 발생 시 대처 요령으로 적합하지 않은 것은?

① 화재는 바람을 등지고 가능한 한 먼 거리에서 진압한다.
② 화상을 입으면, 즉시 그리스를 바른다.
③ 전기에 의한 화상은 피부 표면으로 증상이 나타나지 않아서 피해 정도를 알아내기가 힘들 뿐 아니라 심한 합병증을 유발할 수 있으므로 즉시 의료진에게 치료를 받는다.
④ 화학 약품이 눈에 들어갔거나 몸에 묻었을 경우 15분 이상 흐르는 물에 깨끗이 씻고, 응급처치 후 전문의에게 진료를 받는다.

해설

그리스는 열이 발산되는 것을 막아 화상을 심하게 하므로, 사용하지 않는다.

24 실험실 첨가시료 분석 시 매질첨가(matrix spike)의 내용 중 잘못된 것은?

① 실험실은 시료의 매질간섭을 확인하기 위하여 일정한 범위의 시료에 대해 측정항목 오염물질을 첨가하여야 한다.
② 첨가 농도는 시험방법에서 특별히 제시하지 않은 경우 검증하기 위해 선택한 시료의 배경 농도 이하여야 한다.

③ 만일 시료 농도를 모르거나 농도가 검출한계 이하일 경우 분석자는 적절한 농도를 선택해야 한다.
④ 매질첨가 회수율에 대한 관리기준을 설정하여 측정의 정확성을 검증하여야 한다.

해설

실험실 첨가시료는 측정의 정확도와 회수율을 평가하기 위한 것을 목적으로 하므로 첨가되는 성분의 주입량은 방법검출한계(MDL)의 약 10배 또는 기기검출한계(IDL)의 약 100배 농도로 함

25 표준용액의 저장방법과 유효기간이 맞게 연결된 것은?

① 시안화 이온-실온 보관-1개월
② TOC-갈색병, 냉장 보관-6개월
③ 페놀-유리병, 냉장 보관-3개월
④ 오일과 그리스-밀봉된 용기, 냉동 보관-6개월

해설

① 시안화 이온-냉장 보관-1개월, 매주 점검
② TOC-갈색병, 냉장 보관-3개월
④ 오일과 그리스-밀봉된 용기에 냉동보관-3개월

26 오차(error)의 종류와 해설이 틀린 것은?

① 기기오차(instrument error) : 측정기가 나타내는 값에서 나타내야 할 참값을 뺀 값이다.
② 계통오차(systematic error) : 재현 가능하여 어떤 수단에 의해 보정이 가능한 오차로서 이것에 따라 측정값은 편차가 생긴다.
③ 개인오차(personal error) : 재현 불가능한 것으로 원인을 알 수 없어 보정할 수 없는 오차이며 이것으로 인해 측정값은 분산이 생긴다.
④ 방법오차(method error) : 분석의 기초 원리가 되는 반응과 시약의 비이상적인 화학적 또는 물리적 행동으로 발생하는 오차로 계통오차에 속한다.

정답   **22** ①   **23** ②   **24** ②   **25** ③   **26** ③

개인오차(personal error)

실험하는 사람의 부주의, 무관심, 개인적인 한계 등에 의해 생김

27
1.5점 평가팀장은 정도관리 현장평가 완료 후 국립 환경과학원장에게 현장평가보고서를 제출하여야 한다. 현장평가 보고서의 작성 내용으로 필수 사항이 아닌 것은?

① 대상기관의 현황
② 운영 – 기술 점검표
③ 미흡사항 보고서
④ 부적합 판정에 대한 증빙 서류

해설

현장평가 보고서에 포함될 사항 중 부적합 판정에 대한 증빙 자료는 필요시 작성하는 항목으로 필수 사항은 아니다.

28
1.5점 UV – VIS 분광광도계의 교정과 관리 방법에 대한 해설이 틀린 것은?

① 디디뮴[Di] 교정 필터를 사용하여 기기를 교정한다.
② 염화코발트 용액을 사용하여 500 nm, 505 nm, 515 nm, 520 nm의 파장에서 흡광도를 측정하여 교정한다.
③ 기기의 직선성 점검은 저장 용액과 50 % 희석 된 염화코발트 용액으로 510 nm의 파장에서 흡광도를 측정하여 교정한다.
④ 바탕시료로 기기의 영점을 맞춘 다음 한 개의 수시교정 표준물질로 곡선을 그려 참값의 10 % 이내인지를 확인한다.

해설

바탕시료로 기기의 영점을 맞춘 다음 한 개의 수시교정 표준물질로 곡선을 그려 참값의 5 % 이내인지를 확인한다.

29
1.5점 정도관리 오차에 관한 해설 중 바르게 짝지어진 것은?

ㄱ. 계량기 등의 검정 시에 허용되는 공차(규정된 최대값과 최소값의 차)
ㄴ. 재현 가능하여 어떤 수단에 의해 보정이 가능한 오차. 이것에 따라 측정값은 편차가 생긴다.
ㄷ. 재현 불가능한 것으로 원안을 알 수 없어 보정할 수 없는 요차이며, 이것으로 인해 측정값은 분산이 생긴다.
ㄹ. 측정 분석에서 수반되는 오차

① ㄱ : 검정 허용 오차   ㄴ : 계통 오차
   ㄷ : 우연 오차   ㄹ : 분석 오차
② ㄱ : 검정 허용 오차   ㄴ : 우연 오차
   ㄷ : 계통 오차   ㄹ : 분석 오차
③ ㄱ : 분석 오차   ㄴ : 계통 오차
   ㄷ : 우연 오차   ㄹ : 검정 허용 오차
④ ㄱ : 우연 오차   ㄴ : 계통 오차
   ㄷ : 분석 오차   ㄹ : 검정 허용 오차

해설

• ㄱ : 검정 허용 오차   • ㄴ : 계통 오차
• ㄷ : 우연 오차   • ㄹ : 분석 오차

30 삭제 문항

31
1.5점 다음에 제시된 시료 채취 방법은 어느 특정 항목에 대한 해설인가?

시료를 가능한 한, 현장에서 0.45 μm 셀룰로오스 아세테이트 멤브레인 필터를 통해 여과한 후 신속히 실험실로 운반하여야 한다.

① 미생물 분석
② 용해금속 분석
③ 휘발성유기화합물 분석
④ 노말헥산 추출 물질(oil and grease 물질)

해설

용해금속에 대한 시료 채취 방법이다.

32
1.5점 다음은 시안화물 시료의 보존 기술을 서술한 것이다. ( ) 안에 알맞은 것은?

> 잔류염소가 있다면, (㉠) 0.6 g을 첨가하고 황화물이 있다면 시료는 현장에서 전처리하거나 실험실로 가져와 24시간 내에 4 ℃에서 분석되어야 한다. 황화물은 (㉡)로 현장에서 점검한다. 황화물이 있다면 종이 색이 (㉢)으로 변하게 되고 카드륨 황화물의 노란 침전물이 나타날 때까지 (㉣)를 첨가한다.

① ㉠ : 티오황산나트륨
   ㉡ : 납 아세테이트 종이
   ㉢ : 붉은색
   ㉣ : cadmium nitrate
② ㉠ : 티오황산나트륨
   ㉡ : 납 아세테이트 종이
   ㉢ : 검은색
   ㉣ : cadmium nitrate
③ ㉠ : 아스코르빈산
   ㉡ : 납 아세테이트 종이
   ㉢ : 붉은색
   ㉣ : cadmium nitrate
④ ㉠ : 아스코르빈산
   ㉡ : 납 아세테이트 종이
   ㉢ : 검은색
   ㉣ : cadmium nitrate

해설

잔류염소가 있다면, 아스코르빈산 0.6 g을 첨가하고 황화물이 있다면 시료는 현장에서 전처리하거나 실험실로 가져와 24시간 내에 4 ℃에서 분석되어야 한다. 황화물은 납 아세테이트 종이로 현장에서 점검한다. 황화물이 있다면 종이 색이 검은색으로 변하게 되고 카드륨 황화물의 노란 침전물이 나타날 때까지 cadmium nitrate를 첨가한다.

33
1.5점 충분히 타당성 있는 이유가 있어 측정량에 영향을 미칠 수 있는 값들의 분포를 특성화한 파라미터를 무엇이라 하는가?

① 범위(range)
② 불확도(uncertainty)
③ 편차(deviation)
④ 정밀도(precision)

34
1.5점 시험 검사 결과 보고에서 원자료(raw data)의 분석에 관한 것으로 맞는 것은?

① 원자료(raw data)는 분석에 의해 발생된 자료로서 정도관리 점검이 포함된 것이다.
② 보고 가능한 데이터 혹은 결과는 원자료(raw data)를 의미한다.
③ 계산을 시작하기 전에 기기로부터 나온 모든 산출값이 올바르고, 선택된 식이 적절한지 확인할 필요가 없다.
④ 원자료(raw data)와 모든 관련 계산에 대한 기록은 보관되지 않아도 된다.

해설

② 보고 가능한 데이터 혹은 결과는 원자료(raw data)로부터 수학적, 통계학적 계산을 한 결과이다.
③ 계산을 시작하기 전에 기기로부터 나온 모든 산출값이 올바르고, 선택된 식이 적절한지 확인해야 한다.
④ 원자료(raw data)와 모든 관련 계산에 대한 기록은 보관되어야 한다.

35
1.5점 다음 내용은 무엇에 대한 해설인가?

> 시료와 비슷한 매질 중에서 시험분석 대상을 검출할 수 있는 최소한의 농도로서, 제시된 정량한계 부근의 농도를 포함하도록 준비한 n개의 시료를 반복측정하여 얻은 결과의 표준편차에 99 %의 신뢰도에서의 t 분포값을 곱한 것이다.

① 검출한계   ② 기기검출한계
③ 방법검출한계   ④ 정량한계

36 분석 자료의 승인 과정에서 '허용할 수 없는 교정 범위의 확인 및 수정' 사항에 속하지 않는 것은?
1.5점

① 오염된 정제수
② 오래된 저장물질과 표준물질
③ 부적절한 부피측정용 유리 제품의 사용
④ 잘못된 기기의 응답

해설
① 오염된 정제수는 '허용할 수 없는 바탕시료 값의 원인과 수정 사항'에 속한다.

37 '시험의 원자료(raw data) 및 계산된 자료의 기록'에 대한 해설로 틀린 것은?
1.5점

① 현장기록부는 시료를 채취하는 동안 발생하는 모든 자료를 기록한 것이다.
② 시험일지는 시료 채취 현장과 실험실에서 행해지는 모든 분석 활동을 기록한 것이다.
③ 실험실기록부에는 크로마토그램, 차트, 검정곡선 등이 기재되어 있다.
④ 정도관리기록부에는 실험실에서 신뢰성을 보증하려고 기록한 내용이 기재되어 있다.

해설
시험의 원자료(raw data) 및 계산된 자료의 기록에는 현장기록부, 시험일지, 실험실기록부가 있다.

38 일반적으로 시료의 채취와 처리 및 분석 과정에서 발생할 수 있는 오염을 보정하기 위해 바탕시료를 사용한다. 만약, 울릉도, 소청도, 제주도 등에서 채취한 빗물을 서울 소재 실험실에서 한꺼번에 모아서 분석하려고 할 때, 사용되는 바탕시료는?

① 운반바탕시료
② 실험실바탕시료
③ 시험바탕시료
④ 현장바탕시료

해설
시료의 채취, 운송, 분석과정 중의 문제점을 찾는데 사용되는 바탕시료를 현장바탕시료라 한다.

39 관찰 사항, 데이터 및 계산 결과를 기록할 때 한국인정기구(KOLAS)의 요구 사항에 적합하지 않은 것은?
1.5점

① 원시데이터(raw data) 및 계산으로 유도된 가공 데이터 둘 다 보존하는 것이 원칙이다.
② 시험기록서 또는 작업서에 확인한 실무자의 서명 및/또는 날인하는 곳을 둔다.
③ 기록에 잘못이 발생할 경우는 즉시 잘못된 부분을 삭제하고 정확한 값을 기입하여야 한다.
④ 컴퓨터화된 기록시스템의 경우는 소프트웨어를 사용하기 전의 검증이 필요하게 된다.

해설
기록에 잘못이 발생할 경우는 즉시 잘못된 부분을 두 줄로 긋고 수정하여 날짜를 쓴 후 서명하여야 한다.

40 분석 결과의 정확도를 평가하기 위한 방법으로 정도관리의 방법 등에 관한 규정에 적합하지 않은 것은?
1.5점

① 회수율 측정
② 상대표준편차 계산
③ 공인된 방법과의 비교
④ 표준물질 분석

해설
상대표준편차는 정밀도를 분석하기 위한 값

41 적정 용액의 표준화에 관한 해설에서 옳은 것을 모두 고르면?
1.5점

> ㄱ. 표준화를 통해 적정 용액의 농도 계수를 계산할 수 있는 것은 아니다.
> ㄴ. 적정 용액을 표준화하는 목적은 정확한 농도를 알기 위해서이다.
> ㄷ. 적정 용액을 표준화할 때 사용하는 용액들의 농도 단위는 규정 농도이다.

① ㄱ, ㄴ
② ㄱ, ㄷ
③ ㄴ, ㄷ
④ ㄱ, ㄴ, ㄷ

정답 **36** ① **37** ④ **38** ④ **39** ③ **40** ② **41** ③

적정용액의 표준화를 통해서 농도계수를 계산할 수 있다.

42
1.5점 휘발성 유기화합물(VOCs) 시료를 채취하는 방법 중 옳은 것은?

① 시료가 완전히 봉해졌는지 확인하기 위해 시료 용기를 뒤집어 공기방울이 있음을 확인하고 냉장 운반한다.

② 수돗물을 채취하는 경우에는 수도꼭지를 틀고 바로 받아 휘발성 유기물이 휘산되지 않도록 한다.

③ 수돗물을 채취하는 경우에는 잔류염소를 제거하고 시료를 반 정도 채우고 염산으로 pH를 조정한 후 시료를 채우고 봉한다.

④ 시료로 병을 헹구어 용기를 채우되 물이 넘치도록 받으며, 이 경우 과도하게 넘치지는 않도록 한다.

해설
① 시료가 완전히 봉해졌는지 확인하기 위해 시료 용기를 뒤집어 공기방울이 없음을 확인하고 냉장 운반한다.

② 수돗물을 채취하는 경우에는 수도꼭지를 틀어 물을 3 ~ 5분간 흘려보내고 신선한 물을 채취한다.

④ 시료로 병을 헹구지 말고 용기를 채우되 물이 넘치지 않도록 받아야 한다.

43
1.5점 측정분석기관 정도관리의 방법 등에 관한 규정에 대한 기술 중 잘못된 것은?

① '대상기관'이라 함은 영 제22조 각 호에 규정된 측정분석기관과 제4조 제2항의 규정에 의하여 정도관리 신청을 한 기관을 말한다.

② '검증기관'이라 함은 이 규정에 따라 국립환경 과학원장(이하 '과학원장'이라 한다)으로부터 정도관리 결과, 정도관리 평가기준에 적합하여 우수 판정을 받고 정도관리검증서를 교부받은 측정분석기관을 말한다.

③ '숙련도시험'이라 함은 정도관리의 일부로서 측정분석기관의 분석능력을 향상시키기 위하여 일반시료에 대한 분석능력 또는 장비운영 능력을 평가하는 것을 말한다.

④ '현장평가'라 함은 정도관리를 위하여 측정분석기관을 방문하여 기술인력 · 시설 · 장비 및 운영 등에 대한 측정분석 능력의 평가와 이와 관련된 자료를 검증하고 평가하는 것을 말한다.

해설
'숙련도시험'이라 함은 정도관리의 일부로서 측정분석기관의 분석능력을 향상시키기 위하여 **표준시료**에 대한 분석능력과 장비운영 능력을 평가하는 것을 말한다.

44
1.5점 A기관이 납 항목에 대한 숙련도시험을 실시하여, 평가 결과 Z-score 1.5로 만족을 받았다. 숙련도시험 평가를 위한 납의 기준값이 참여한 기관의 평균인 2.0 mg/L 표준편차가 0.2 mg/L이었다면 A기관이 제출한 납의 측정 결과는?

① 2.1 mg/L   ② 2.2 mg/L
③ 2.3 mg/L   ④ 2.4 mg/L

해설
$Z = \dfrac{측정값 - 참여기관평균값}{표준편차}$ 이므로,

측정값 $= (1.5 \times 0.2) + 2.0 = 2.3$

45
1.5점 일반적으로 수질 시료 중 오염물질의 농도를 측정하고자 할 경우 전처리 과정을 거치게 된다. 전처리 과정에서 분석하고자 하는 오염물질이 100 % 회수되지 않는 경우가 많다. 이러한 문제점의 개선 방법과 관계없는 내용은?

① 전처리 전에 시료에 분석물질과 유사한 정제용 표준물질을 첨가한다.

② 전처리 전에 시료에 동위원소로 치환된 분석물질인 정제용 표준물질을 첨가한다.

③ 검정곡선 작성용 표준용액 및 전처리가 끝
난 시료에 동일한 양의 내부표준물질을 첨
가한다.

④ 전처리 전에 첨가한 표준물질은 분석물질과
유사한 물리화학적 특성을 가진 물질을 선택
해야 한다.

해설
내부표준물질은 기기분석의 머무름시간, 상대감응을
보정하기 위한 용도로 사용하며, 시료 분석 직전에 일
정량(일정 농도)을 주입한다.

46 다음은 증발잔류물 시험법 절차이다. 올바른
1.5점 순서로 연결된 것은?

> 가. 건조한 시료는 데시케이터에서 식힌 후 무
> 게를 달아 증발접시의 무게차를 구한다.
> 나. 시료 100 mL ~ 500 mL(건조중량이 2.5
> mg 이상이 되도록 시료를 취함)를 증발접
> 시에 넣고 103 ℃ ~ 105 ℃의 증기건조대
> 또는 오븐에서 완전 건조시킨다.
> 다. 시료가 끓어 튀어나갈 염려가 있을 때에는 끓
> 는 온도 이하(보통 98 ℃)로 온도를 유지하도
> 록 하여도 되나 103 ℃ ~ 105 ℃의 온도에
> 서 적어도 1시간은 증발 건조시켜야 한다.
> 라. 증발접시를 103 ℃ ~ 105 ℃에서 1시간
> 건조하고 데시케이터에서 식힌 후 사용하
> 기 직전에 무게를 단다.

① 가 – 나 – 다 – 라　　② 나 – 다 – 가 – 나
③ 라 – 나 – 다 – 가　　④ 라 – 다 – 나 – 가

해설
증발 잔류물 시험은 액상시료 중에 용해성 물질의 양
을 알아보기 위한 실험이다.

47 정밀도를 나타내기 위한 방법이 아닌 것은?
1.5점
① 변동계수(coefficient of variance)
② 분산(variance)
③ 상대오차(relative error)
④ 표준편차(standard deviation)

해설
정밀도는 상대표준편차 또는 변동계수로 표현하며 측
정값 간의 근접성(분산 정도)을 나타낸다.

48 현장 기록은 시료 채취 동안 발생한 모든 데이터
1.5점 에 대해 기록되어야 한다. 다음 중 현장 기록에
포함되어야 하는 내용이 모두 나열된 것은?

① 시료현장기록부, 시료라벨, 분석항목, 현장
측정데이터, 시료 운반 방법
② 시료현장기록부, 시료라벨, 보존준비기록,
현장시료 첨가용액 준비기록부, 인수인계
양식, 시료기록시트
③ 시료현장기록부, 시료라벨, 분석항목, 시료
운반방법, 보존준비기록
④ 시료현장기록부, 시료라벨, 보존준비기록,
현장시료 첨가용액 준비기록부, 분석항목

49 분석결과의 정도 보증을 위한 정도관리 절차
1.5점 중, 시험 방법에 대한 분석자의 능력을 평가하
기 위한 필요 요소로 옳은 것은?

① 분석기기의 교정 및 검정
② 방법 검출 한계, 정밀도 및 정확도 측정
③ 검정곡선 작성
④ 관리 차트의 작성

해설
동일한 분석기기와 동일한 분석방법을 사용하더라도 분
석자에 따라 방법검출한계와 정확도, 정밀도에 차이가
생기므로 시험방법에서 요구하는 정도관리기준에 부합
하는지를 사전에 확인하고 시료분석을 수행해야 한다.

50 역삼투를 이용한 증류수 제조 장치에서 만들어
1.5점 진 증류수를 사용할 수 없는 실험 분석 항목은?

① 총대장균군　　② BOD
③ 염소이온　　④ 암모니아성 질소

해설
역삼투 방식은 녹아 있는 기체 성분의 제거 효율이 높
지 않다.

1과목　**수질오염공정시험기준**

01 공장폐수 및 하수유량측정시 관내에 압력이 존재하는 흐름이 있는 관수로에서 유량을 측정하는 기구가 아닌 것은?

① 밴튜리미터　　② 오리피스
③ 피토우관　　　④ 마노미터

> **해설**
>
> **ES 04140.1b 공장폐수 및 하수유량 – 관(pipe)내의 유량측정방법**
>
> [목적]
>
> 공장, 하수 및 폐수 종말처리장 등의 원수, 공정수, 배출수 등의 관내 유량을 측정하는 데 사용하며, 관(pipe)내의 유량 측정방법에는 벤튜리미터(venturi meter), 유량측정용 노즐(nozzle), 오리피스(orifice), 피토우(pitot)관, 자기식 유량측정기(magnetic flow meter)가 있다.

02 수질오염 측정항목의 분석방법으로 틀린 것은?

① 퍼클로레이트 – 자외선/가시선 분광법, 연속흐름법
② 총인 – 자외선/가시선 분광법, 연속흐름법
③ 염소이온 – 이온크로마토그래피, 이온전극법
④ 인산염인 – 자외선/가시선 분광법(이염화주석환원법), 이온크로마토그래피

> **해설**
>
> **ES 04364.0a 퍼클로레이트**
>
> [적용 가능한 시험방법]
>
> | 퍼클로레이트 | 정량한계 (mg/L) | 정밀도 (% RSD) |
> | --- | --- | --- |
> | 액체크로마토그래프 – 질량분석법 | 0.002 mg/L | ± 25 % 이내 |
> | 이온크로마토그래피 | 0.002 mg/L | ± 25 % 이내 |

03 연속자동측정방법에 의한 수질 측정 시, 각 시험항목과 표준시약의 연결이 틀린 것은?

① 화학적 산소요구량 – 프탈산수소칼륨
② 총질소 – 질산암모늄
③ 총인 – 인산이수소칼륨
④ 총유기탄소 – 프탈산수소칼륨

> **해설**
>
> **ES 04908.1a 총질소 – 연속자동측정방법**
>
> 표준용액은 질산칼륨 표준용액을 사용한다.

04 원자흡수분광광도법에 의해 비소를 정량할 때 시료 중의 비소를 3가 비소로 환원한 다음 수소화비소를 발생시키기 위해 첨가하는 물질은?

① 코발트　　② 마그네슘
③ 아연　　　④ 니켈

> **해설**
>
> **ES 04406.1b 비소 – 수소화물생성법 – 원자흡수분광광도법**
>
> [목적]
>
> 이 시험기준은 물속에 존재하는 비소를 측정하는 방법으로 아연 또는 나트륨붕소수화물($NaBH_4$)을 넣어 수소화 비소로 포집하여 아르곤(또는 질소) – 수소 불꽃에서 원자화시켜 193.7 nm에서 흡광도를 측정하고 비소를 정량하는 방법이다.

05 기체크로마토그래피(GC)에 대한 설명으로 옳지 않은 것은?

① GC에서 정성분석하는 인자는 머무름시간이며 정량분석하는 인자는 크로마토그램의 피크 넓이이다.
② 시료를 주입할 때 주입시간은 가능하면 짧게 한다.

③ GC에서 컬럼의 정지상은 화학적으로 안정하여야 하며 사용온도에서 증기압이 높고 휘발성이 커야 한다.

④ GC에 사용되는 운반기체는 헬륨, 질소, 수소 등을 이용할 수 있다.

해설

GC에서 컬럼의 정지상은 다음의 조건을 만족하여야 한다.

㉠ 분석대상 성분을 완전히 분리할 수 있는 것이어야 한다.

㉡ 사용온도에서 증기압이 낮고, 점성이 작은 것이어야 한다.

㉢ 화학적으로는 안정된 것이어야 한다.

㉣ 화학성분이 일정한 것이어야 한다.

06 액체 시약의 농도에 있어서, 염산 (1+2)가 의미하는 것은?

① 염산 1 g과 물 2 g의 혼합

② 염산 1 g과 분석대상물질 2 g의 혼합

③ 염산 1 mL와 물 2 mL의 혼합

④ 염산 1 mL와 분석대상물질이 용해된 용액 2 mL의 혼합

해설

ES 04000b 총칙

액체 시약의 농도에 있어서 예를 들어 염산 (1+2)이라고 되어 있을 때에는 염산 1 mL와 물 2 mL를 혼합하여 조제한 것을 말한다.

07 채취한 시료는 일반적으로 4 ℃에서 보존하며 측정 항목에 따라 최대 보존기간이 다르게 규정되어 있다. 기간이 긴 항목부터 나열하면?

① 염소이온 > 색도 > 수소이온농도

② 색도 > 염소이온 > 수소이온농도

③ 염소이온 > 수소이온농도 > 색도

④ 색도 > 수소이온농도 > 염소이온

해설

ES 04130.1c 시료의 채취 및 보존방법

염소이온 – 28일, 색도 – 48시간, 수소이온농도 – 즉시 측정

08 원자흡수분광광도법이나 유도결합플라스마 – 원자발광분광법을 이용하여 시료를 정량 분석할 때 사용하는 방법으로 틀린 것은?

① 검정곡선법(절대표준곡선법)

② 반복측정법

③ 내부표준법

④ 표준물질 첨가법

해설

• 원자흡수분광광도법 : 검정곡선법, 표준물질 첨가법

• 유도결합플라스마 – 원자발광분광법 : 검정곡선법, 표준물질 첨가법, 내부표준법

09 투명도를 측정할 때 유의해야 할 사항 중 틀린 것은?

① 강우시나 수면에 파도가 격렬할 때는 정확한 투명도를 얻을 수 없으므로 측정하지 않는 것이 좋다.

② 일기, 시각, 개인차 등에 의해 약간의 차이가 생기므로 측정조건을 기록해 둔다.

③ 날씨가 맑고 수면이 온화할 때 배의 양지 쪽에서 측정한다.

④ 투명도판(백색원판)의 광 반사능도 투명도에 영향을 주므로 표면이 더러울 때는 다시 색칠해야 한다.

해설

ES 04314.1a 투명도

[분석절차]

㉠ 투명도판은 측정에 앞서 상판에 이물질이 없도록 깨끗하게 닦아 주고, 측정시간은 오전 10시에서 오후 4시 사이에 측정한다.

㉡ 날씨가 맑고 수면이 잔잔할 때 측정하고, 직사광선을 피하여 배의 그늘 등에서 투명도판을 조용히 보

이지 않는 깊이로 넣은 다음 천천히 끌어 올리면서 보이기 시작한 깊이를 반복해서 측정한다.

[주 1] 투명도판의 색도차는 투명도에 미치는 영향이 적지만, 원판의 광 반사능도 투명도에 영향을 미치므로 표면이 더러울 때에는 다시 색칠하여야 한다.

[주 2] 투명도는 일기, 시각, 개인차 등에 의하여 약간의 차이가 있을 수 있으므로 측정조건을 기록해 두어야 한다.

[주 3] 흐름이 있어 줄이 기울어질 경우에는 2 kg 정도의 추를 달아서 줄을 세워야 하고 줄은 10 cm 간격으로 눈금표시가 되어 있어야 하며, 충분히 강도가 있는 것을 사용한다.

[주 4] 강우시나 수면에 파도가 격렬하게 일 때는 정확한 투명도를 얻을 수 없으므로 측정하지 않는 것이 좋다.

10 수질오염공정시험기준상 원자흡수분광광도법 등을 위한 금속측정용 시료 전처리 방법 중 다량의 점토질 또는 규산염을 함유한 시료에 적용되는 전처리 방법은?

① 질산－과염소산에 의한 분해
② 질산－염산에 의한 분해
③ 질산－황산에 의한 분해
④ 질산－과염소산－불화수소산에 의한 분해

해설

전처리법 (산분해법)	대상	비고
질산법	유기물 함량이 비교적 높지 않은 시료	
질산－염산법	유기물 함량이 비교적 높지 않고 금속의 수산화물, 산화물, 인산염 및 황화물을 함유하고 있는 시료	휘발성 또는 난용성 염화물을 생성하는 금속 물질의 분석에는 주의
질산－황산법	유기물 등을 많이 함유하고 있는 대부분의 시료	칼슘, 바륨, 납 등을 다량 함유한 시료는 난용성의 황산염을 생성하여 다른 금속성분을 흡착하므로 주의

전처리법 (산분해법)	대상	비고
질산－과염소산법	유기물을 다량 함유하고 있으면서 산분해가 어려운 시료	
질산－과염소산－불화수소산	다량의 점토질 또는 규산염을 함유한 시료	

11 다음 중 분석항목과 분석장비의 관계가 틀린 것은?

① 페놀－유도결합플라스마－원자발광분광계
② 구리－원자흡수분광광도계
③ 유기인－기체크로마토그래프
④ 크롬－자외선/가시선분광광도계

해설

ES 04365.0a 페놀류

[적용 가능한 시험방법]

페놀 및 그 화합물	정량한계 (mg/L)	정밀도 (% RSD)
자외선/가시선 분광법	• 추출법 : 0.005 mg/L • 직접법 : 0.05 mg/L	± 25 % 이내
연속흐름법	0.007 mg/L	± 25 % 이내

12 다음 중 원자흡수분광광도법의 광원으로 사용하기에 적절한 것은?

① 속빈음극램프(Hollow Cathod Lamp)
② 텅스텐램프(Tungsten Lamp)
③ 중수소 아크램프(Deuterium Arc Lamp)
④ 글로우방전램프(Glow Discharge Lamp)

해설

ES 04400.1b 금속류－불꽃 원자흡수분광광도법

[램프]

속빈 음극램프 또는 전극 없는 방전램프의 사용이 가능하며, 단일파장램프가 권장되나 다중파장램프도 사용 가능하다.

13 물속에 존재하는 중금속을 정량하기 위한 원자흡수분광광도법에 관한 설명 중 옳지 않은 것은?

① 불꽃 원자흡수분광광도법에서 사용되는 불꽃의 온도는 200 K~300 K이다.
② 원자흡수분광광도법에서 사용되는 원자화장치에는 불꽃 원자화장치와 흑연로 원자화장치가 있다.
③ 바륨과 같은 산화물을 생성하는 원소를 분석하기 위해서는 아세틸렌 – 아산화질소 불꽃을 사용한다.
④ 불꽃원자흡수분광광도법에 사용되는 광원으로는 속빈 음극램프와 전극 없는 방전램프가 있다.

〔해설〕

ES 04400.1b 금속류 – 불꽃 원자흡수분광광도법

[목적]
이 시험기준은 물속에 존재하는 중금속을 정량하기 위하여 시료를 2,000 K ~ 3,000 K의 불꽃 속으로 시료를 주입하였을 때 생성된 바닥상태의 중성원자가 고유 파장의 빛을 흡수하는 현상을 이용하여, 개개의 고유 파장에 대한 흡광도를 측정하여 시료 중의 원소 농도를 정량하는 방법으로 분석이 가능한 원소는 구리, 납, 니켈, 망간, 비소, 셀레늄, 수은, 아연, 철, 카드뮴, 크롬, 6가 크롬, 바륨, 주석 등이다.

14 음이온 계면활성제를 흡광광도법(메틸렌블루우법)으로 측정할 때 음이온 계면활성제를 메틸렌블루와 반응시켜 생성된 청색의 복합체 추출에 사용되는 용매는?

① 에틸에테르　　　② 헥산
③ 아세토나이트릴　④ 클로로폼

〔해설〕

ES 04359.1b 음이온계면활성제 – 자외선/가시선 분광법

[목적]
이 시험기준은 물속에 존재하는 음이온 계면활성제를 측정하기 위하여 메틸렌블루와 반응시켜 생성된 청색의 착화합물을 **클로로폼**으로 추출하여 흡광도를 650 nm에서 측정하는 방법이다.

15 기체크로마토그래프의 검출기 중 방사성 동위원소가 사용되는 것은?

① 불꽃 이온화 검출기(FID ; Flame Ionization Detector)
② 전자포획 검출기(ECD ; Electron Capture Detector)
③ 열전도도 검출기(TCD ; Thermal Conductivity)
④ 불꽃 광도 검출기(FPD ; Flame Photometric Detector)

〔해설〕

전자포획 검출기(ECD ; Electron Capture Detector)는 방사성 동위원소(63Ni, 3H 등)로부터 방출되는 β선이 운반가스를 전리하여 미소전류를 흘려보낼 때 시료 중의 할로겐이나 산소와 같이 전자포획력이 강한 화합물에 의하여 전자가 포획되어 전류가 감소하는 것을 이용하는 방법이다.

검출기	분석대상
TCD(열전도도검출기)	금속물질, 전형적인 기체분석(O_2, N_2, H_2O, 비탄화수소)에 많이 사용
FID(불꽃이온화검출기)	유기화합물, 벤젠, 페놀, 탄화수소
ECD(전자포획형검출기)	할로겐화합물, 니트로화합물, 유기금속화합물, 알킬수은, PCB
FPD(불꽃광도검출기)	유기인, 황화합물
FTD(불꽃열이온화검출기)	유기질소, 유기염소화합물

16 흡광광도법에서 투과도가 10 %에서 1 %로 줄어들면 흡광도는?

① 1/2로 감소한다.　　② 2배로 증가한다.
③ 1/10로 감소한다.　④ 10배로 증가한다.

〔해설〕

흡광도(A)는 투과도의 역수의 상용대수이다.
즉 $\log \dfrac{1}{t} = A$이다.

17 기체크로마토그래프/질량분석시(GS/MS)의 이온화 방식 및 검출방법에 대한 설명으로 틀린 것은?

① 선택이온검출법(SIM ; Selected Ion Monitoring) : 특정 이온 몇 개만을 검출하는 방법으로 감도가 매우 높다.

② Scan mode : 지정된 질량범위에서 생성되는 모든 이온을 검출하는 방법으로 화합물의 구조 확인에 이용된다.

③ 화학이온방법(CI ; Chemical Ionization) : 물질의 분자량 확인에 용이하다.

④ 전자충격이온방법(EI ; Electron Impact Ionization) : 이온화를 위한 시약기체(reagent gas)가 필요하다.

해설

전자충격이온방법(EI ; Electron Impact Ionization)
기체 상태의 시료에 가속전자를 충격시켜서 이온화 하는 법이며, 시약기체(Reagent Gas)를 필요로 하는 이온화 방법은 화학이온방법(CI ; Chemical Ionization)이다.

18 총질소 시험방법에 대한 설명으로 틀린 것은?

① 자외선/가시선 분광법(산화법)은 질소화합물을 질산이온으로 산화시킨 후 알칼리성에서 흡광도를 측정하여 질소를 정량한다.

② 자외선/가시선 분광법(카드뮴-구리 환원법)에서는 전처리 후 생성된 질산이온을 아질산 이온으로 환원시켜 질소를 정량하며, 이때 카드뮴-구리 환원 칼럼을 이용한다.

③ 자외선/가시선 분광법(환원증류-킬달법)에서 무기질소는 시료를 데발다 합금 분말에 넣고 알칼리성에서 증류하여 암모니아로 환원 유출시켜 정량한다.

④ 총질소 분석법 중 정량한계가 가장 낮은 것은 카드뮴-구리 환원법이다.

해설

ES 04363.1b 총질소-자외선/가시선 분광법-산화법

[목적]
이 시험기준은 물속에 존재하는 총질소를 측정하기 위하여 시료 중 모든 질소화합물을 알칼리성 과황산칼륨을 사용하여 120 ℃ 부근에서 유기물과 함께 분해하여 질산이온으로 산화시킨 후 산성상태로 하여 흡광도를 220 nm에서 측정하여 총질소를 정량하는 방법이다.

2과목   먹는물수질공정시험기준

01 용존산소농도를 측정하기 위해 $0.8\,N-NaS_2O_3$ 용액으로 적정했더니 5 mL가 소모되어 반응이 끝났다. $0.5\,N-NaS_2O_3$ 용액으로 적정하면 몇 mL가 소모되는가?

① 3 　　　　② 5
③ 8 　　　　④ 11

해설

$C_aV_a=C_bV_b$
　여기서, C_a : a용액의 농도
　　　　V_a : a용액의 양
　　　　C_b : b용액의 농도
　　　　V_b : b용액의 양

$C_aV_a=C_bV_b$
$0.8\,N\times5\,mL=0.5\,N\times V_b$
$\therefore\ V_b=8$

02 먹는물 중 1,4-다이옥산 분석시 시료 채수에 대한 다음의 설명 중 괄호 안에 들어갈 말을 모두 옳게 제시한 것은?

> 시료는 ( )에 공간이 없도록 약 100 mL를 채취하고 공기가 들어가지 않도록 밀봉한다. 시료 1 L당 ( ) 10 mg과 염산(1+1) 또는 황산(1+5)으로 pH( )로 조절 4 ℃에서 보관한다. 모든 시료는 ( ) 이내에서 분석해야 한다. 특히 시료에 염산을 가했을 때 거품이 생기면 그 시료는 버리고 새로 두 개의 시료를 취하여 산을 가하지 않음을 표시하고 ( )시간 이내에 분석해야 한다.

① 유리병 - 염화나트륨 - 4 - 7일 - 4
② 폴리에틸렌용기 - 염화암모늄 - 14일 - 24
③ 유리병 - 염화나트륨 - 2 - 14일 - 24
④ 폴리에틸렌용기 - 염화암모늄 - 7일 - 4

해설

시료는 유리병에 공간이 없도록 약 100 mL를 채취하고 공기가 들어가지 않도록 밀봉한다. 시료 1 L당 염화암모늄 10 mg과 염산(1+1) 또는 황산(1+5)으로 pH 2로 조절 4 ℃에서 보관한다. 모든 시료는 14일 이내에서 분석해야 한다. 특히 시료에 염산을 가했을 때 거품이 생기면 그 시료는 버리고 새로 두 개의 시료를 취하여 산을 가하지 않음을 표시하고 24시간 이내에 분석해야 한다.

03 96 % 황산(H_2SO_4 그램몰질량 : 98, 비중 : 1.8)을 가지고 1 N 황산 1,000 mL를 만들려면, 96 % 황산 몇 mL가 필요한가?

① 14.2
② 28.4
③ 42.6
④ 56.8

해설

1 N 황산 제조 시 필요한 mol 수는 0.5 mol

$$\frac{1\,eq}{L} \times \frac{98\,g}{2\,eq} \times \frac{1\,mol}{98\,g} = 0.5\,mol/L$$

부피단위로 환산하면

$$49g \times \frac{1\,mL}{1.8\,g} = 27.22\,mL$$

황산이 96 %이므로 순도보정을 하면

$$27.22\,mL \times \frac{100}{96} = 28.36\,mL$$

$$\therefore 28.4\,mL$$

04 상대검정곡선(Internal Standard Calibration)에 대한 설명으로 틀린 것은?

① 시험분석 절차, 기기 또는 시스템의 변동으로 발생하는 오차를 보정하기 위해 사용하는 방법이다.
② 사용하는 내부표준물질은 시험 분석하려는 성분과 물리·화학적 성질은 유사하나 시료에는 없는 순수 물질을 사용한다.
③ 매질효과가 큰 시험 분석 방법에서 분석대상 시료와 동일한 매질의 표준시료를 확보하지 못한 경우에 매질효과를 보정하기 위해 사용하는 방법이다.
④ 사용되는 내부표준물질은 분석하려는 성분에 동위원소가 치환된 것을 많이 사용한다.

해설

매질효과가 큰 시험 분석 방법에서 분석대상 시료와 동일한 매질의 표준시료를 확보하지 못한 경우에 매질효과를 보정하여 분석할 수 있는 방법은 **표준물첨가법**이다.

05 기체크로마토그래피-질량분석법에 의한 유기인계 농약 분석에서 간섭물질에 대한 설명 중 틀린 것은?

① 추출용매 안에 함유하고 있는 불순물이 분석바탕시료나 시약바탕시료를 분석하여 확인할 수 있다.
② 추출용매 내 방해물질은 용매를 증류하거나 컬럼 크로마토그래피를 이용하여 제거할 수 있다.

③ 간섭물질은 질량분석기 내에서 화학이온화법으로 제거할 수 있다.

④ 고순도의 시약 및 용매를 사용하면 방해물질을 최소화할 수 있다.

해설

- 추출용매 불순물 방해 : 바탕시료나 시약바탕시료를 분석하여 확인. 용매 증류, 컬럼 크로마토그래프를 이용하여 제거. 고순도 시약이나 용매를 사용하여 방해물질 최소화
- 유리기구 세척방법 : 세정제, 수돗물, 정제수 그리고 아세톤으로 차례로 닦아준 후 400 ℃에서 15분 ~ 30분 동안 가열한 후 식혀 알루미늄박(箔)으로 덮어 깨끗한 곳에 보관
- 매트릭스 방해 : 플로리실과 같은 고체상 정제과정이 필요

06 음이온계면활성제 자외선/가시선 분광법 분석 과정에서 간섭물질에 대한 내용 중 틀린 것은?

① 유기설폰산염, 황산염, 탄산염, 페놀류는 메틸렌블루와 반응하여 양의 오차를 유발한다.

② 양이온계면활성제가 존재하면 양의 오차가 생기므로 양이온교환수지를 사용하여 제거한다.

③ 시료 중에 입자가 있으면 음의 오차가 생기므로 거름을 통해 제거한다.

④ 무기티오시안화물, 시안화물, 질산화물, 염화물은 양의 오차를 유발한다.

해설

① 유기설폰산염, 황산염, 탄산염, 페놀류나 무기티오시안화물, 시안화물, 질산화물, 염화물 등은 메틸렌블루와 반응하여 양의 오차를 유발한다.

② 양이온계면활성제가 존재하면 음의 오차를 준다. 이는 메틸렌블루 활성물질과 이온쌍을 형성하여 방해를 하며 양이온교환수지를 사용하여 제거할 수 있다.

③ 입자가 시료 중에 존재하면 음의 오차를 준다. 이는 생성된 복합체를 흡착하여 방해하므로 거름을 통해 제거한다.

07 다음 중 저온일반세균과 중온일반세균에 대한 설명으로 틀린 것은?

① 먹는물에서 배양시간이 중온일반세균은 (48 ± 2)시간인 데 비해 저온일반세균은 (72 ± 3)시간으로 길다.

② 먹는물에서 배양온도는 중온세균 (35.0 ± 0.5) ℃인 데 비해 저온일반세균은 (21.0 ± 1.0) ℃로 낮다.

③ 두가지 방법 모두 멸균된 희석액을 음성대조군으로 사용하며, 음성대조군 시험결과가 음성으로 나왔을 경우에만 유효한 결과값으로 판정한다.

④ 저온일반세균은 중온일반세균에 비해 증식속도가 느려서 높은 농도의 영양물질이 함유된 배지를 사용한다.

해설

저온일반세균은 빈영양배지(R2A 한천배지)에 집락을 형성하는 모든 세균을 말하고 (중온)일반세균은 표준한천배지 또는 트립톤 포도당 추출물 한천배지에 집락을 형성하는 모든 세균을 말한다. 따라서 저온일반세균이 더 낮은 농도의 영양물질이 함유된 배지를 사용한다.

08 유도결합플라스마－원자발광분광법(ICP－AES)을 이용하여 금속류 분석 시, 발생할 수 있는 간섭에 대한 설명으로 틀린 것은?

① 어떤 원소가 동일 파장에서 발광할 때, 파장의 스펙트럼선이 넓어질 때, 이온과 원자의 재결합으로 연속 발광할 때 등에서 나타난다.

② 분자 생성, 이온화 효과, 열화학 효과 등이 시료 분무와 원자화 과정에서 나타난다.

③ 시료의 분무 또는 운반과정에서 물리적 특성, 즉 점도와 표면장력의 변화 등에 의해서 나타난다.

④ 시료 중에 칼륨, 리튬, 세슘과 같이 쉽게 이온화되는 원소가 존재할 때 나타난다.

해설

시료 중에 칼륨, 나트륨, 리튬, 세슘과 같이 쉽게 이온화되는 원소가 1,000 mg/L 이상의 농도로 존재할 때 금속 측정을 간섭하므로, 이 경우 검정곡선용 표준물질에 시료의 매질과 유사하게 첨가하여 보정한다.

09 상대검정곡선법에 의해 정량할 때 측정항목과 사용된 내부표준물질의 조합이 아닌 것은?

① 카바릴 : 4－브로모－3,5－디메틸페닐 N－메틸카바메이트(4－bromo－3,5－dimethyl phenyl N－methylcarbamate)
② 유기인계농약 : 트리페닐포스페이트(triphenyl phosphate, TPP)
③ 휘발성유기화합물 : 플우오로벤젠(fluoro－benzene)
④ 염소소독부산물 : 1,2－디클로로벤젠－d4 (1,2－dichlorobenzene－d4)

해설

상대검정곡선법은 시험 분석하려는 성분과 물리·화학적 성질은 유사하나 시료에는 없는 순수 물질을 내부표준물질로 선택한다. 염소소독부산물의 내부표준물질은 브로모플루오르벤젠(bromofluorobenzene) 또는 데카플루오르비페닐(decafluorobiphenyl)을 사용한다.

10 먹는물수질공정시험기준의 단위로 틀린 것은?

① 도량형은 미터법에 따라 약호를 사용한다.
② 중량은 g, kg, ton을 사용한다.
③ 십억분율을 표시할 때에는 μg/L를 쓴다.
④ 온도는 셀시우스법을 쓴다.

해설

중량은 kg, g, mg, μg, ng을 사용한다.

11 여시니아의 예비동정시험에 필요한 배지가 아닌 것은?

① 셀레나이트 배지
② 요소 배지
③ 운동성 배지
④ TSI 배지

해설

TSI 배지, 요소 배지, 운동성 배지에 접종하여 예비동정시험을 한다. 예비동정시험에서 여시니아균의 특성을 나타내지 않는 집락은 여시니아균 음성으로 판정하고 여시니아균의 특성을 지닌 분리 집락은 그람염색을 하여 음성임을 확인한다.

12 "항량이 될 때까지 건조한다."라고 할 때 같은 조건에서 1시간 더 건조하거나 강열할 때 g당 전후 차는 얼마 이하인가?

① 0.1 mg　　② 0.3 mg
③ 0.5 mg　　④ 1.0 mg

해설

"항량이 될 때까지 건조한다."라고 함은 같은 조건에서 1시간 더 건조하거나 강열할 때 g당 전후 차가 0.3 mg 이하일 때를 말한다.

13 중온일반세균 배양 시 샘물, 먹는샘물, 먹는행양심층수 시료의 배양시간은?

① (12 ± 2) 시간
② (24 ± 2) 시간
③ (36 ± 2) 시간
④ (48 ± 2) 시간

해설

배지가 응고되면 (35 ± 0.5) ℃에서 먹는물은 (48 ± 2) 시간, 샘물, 먹는샘물, 먹는해양심층수, 염지하수 및 먹는염지하수는 (24 ± 2) 시간 배양하여 형성된 집락수를 계산한다.

14 검출한계와 정량한계에 대한 설명으로 틀린 것은?

① 기기검출한계는 일반적으로 S/N의 2배 ~ 5 배 농도 또는 바탕시료를 반복측정하여 분석한 결과의 표준편차에 3배 값 등을 말한다.

② 방법검출한계는 제시한 정량한계 부근의 농도를 포함하도록 준비한 n개의 시료를 반복측정하여 얻은 결과의 표준편차(s)에 99% 신뢰도에서의 t−분포 값을 곱한 것이다.

③ 정량한계는 제시된 정량한계 부근의 농도를 포함하도록 시료를 준비하고 이를 반복측정하여 얻은 결과의 분산값에 10배 값을 사용한다.

④ 기기검출한계는 시험분석대상물질을 기기가 검출할 수 있는 최소한의 농도 또는 양이다.

해설
정량한계는 일반적으로 방법검출한계와 동일한 수행 절차에 의해 획득한다. 방법검출한계와 같은 낮은 농도 시료 7개 ~ 10개를 반복 측정하여 **표준편차의 10배**에 해당하는 값을 정량한계(LOQ : Limit of Quantification)로 정의함

15 다음의 음이온류 분석을 위한 이온크로마토그래피의 구성 요소에 대한 설명으로 틀린 것은?

① 분리컬럼은 보통 음이온교환수지를 충진시킨 것을 사용한다.

② 보호컬럼은 주분리컬럼을 보호하기 위한 것으로 주분리컬럼과 반대되는 충진제로 충진한 것을 사용한다.

③ 억제기는 양이온 교환수지를 충진시킨 컬럼형을 사용할 수 있다.

④ 음이온 분석에는 전기전도도 검출기를 주로 사용한다.

해설
보호컬럼은 분리관과 같은 충진제로 충진시킨 것을 사용한다.

16 먹는물수질공정법상 자외선/가시선 분광광도계로 측정할 수 없는 물질은?

① 암모니아성 질소　② 브롬산염
③ 보론(붕소)　④ 불소이온

해설
먹는물 및 염지하수 중에 용해되어 있는 브롬산염을 분석 시 이온크로마토그래피를 이용한다. 단, 염지하수 중의 브롬산염은 유도체화 후 자외선 검출기(352 nm)로 측정한다.

17 자외선/가시선 분광법을 이용하여 암모니아성 질소를 측정하는 방법으로 틀린 것은?

① 즉시 실험이 불가능할 경우 황산을 이용하여 시료를 pH 2이하로 조정하여 4 ℃에서 보관하여 14일 이내에 실험해야 한다.

② 시료의 암모늄이온이 차아염소산이 공존하에서 페놀과 반응하여 생성하는 인도페놀의 청색을 640 nm에서 측정하는 방법이다.

③ 시료 중에 잔류염소가 존재하면 시료를 증류하면 시료를 증류하기 전에 아황산나트륨용액 등을 첨가해 잔류 염소를 제거한다.

④ 시료가 탁하거나 착색물질 등의 방해물질이 함유되어 있는 경우에는 증유하여 그 유출액으로 시험한다.

해설
황산을 이용하여 시료를 pH 2 이하로 조정하여 4 ℃에서 보관하여 28일 이내에 실험해야 한다.

18 먹는물, 샘물 및 염지하수 중에 총 트리할로메탄 측정 시 속하지 않는 물질은?

① 브로모디클로로메탄
② 디브로모클로로메탄
③ 브로모폼
④ 디클로로메탄

해설
총 트리할로메탄은 브로모디클로로메탄, 디브로모클로로메탄, 브로모폼, 클로로포름 농도의 합을 칭한다.

3과목 **정도관리**

01 KS Q ISO/IEC 17025에서는 고객이 이용할 방법을 규정하지 않는 경우, 해당 기관은 일반적으로 유효성이 보장되고 있다고 간주하는 방법을 선택한다. 이에 해당되는 것을 모두 고르시오.

> 가. 국제, 지역, 국가규격으로 발간된 방법
> 나. 저명한 기술기관이 발행한 방법
> 다. 관련된 과학서적 또는 잡지에 발표된 방법
> 라. 제조업체가 정한 적절한 방법

① 가, 나, 다   ② 가, 나, 라
③ 가, 다, 라   ④ 가, 나, 다, 라

02 분석에 사용되는 유리기구에 대한 설명 중 옳은 것은?

① 일반적으로 열팽창계수가 높고 내열충격성이 우수해야 한다.
② 연성유리는 열적안정성과 화학적 내구성이 우수하다.
③ 유리기구 중에는 테플론 제품이 물리, 화학적 성질이 우수하다.
④ 붕규산 유리의 최대 작업온도는 200℃이다.

해설

① 분석에 사용되는 유리기구는 열팽창계수가 낮고 내열충격성이 우수해야 한다.
② 연성유리는 열적 안정성과 화학적 안정성이 낮아 알칼리 용액에 침식된다.
③ 테플론 제품은 열적으로 안정적이고 대부분의 화학약품과 비활성이지만 유리기구는 아니다.

03 다음은 실험실 소방안전설비에 대한 설명으로 틀린 것은?

① 이산화탄소 소화기는 가연성금속(리튬, 나트륨 등)에 의한 화재에 사용될 수 있다.
② 화재경보장치는 실험실 내 인원들에게 위험사항을 신속히 알릴 수 있어야 한다.

③ 모든 소화기를 매 12월마다 점검하면, 내부 충전상태가 불량하면 새것으로 교체하거나 충전한다.
④ 화재용 담요는 화재현장으로부터 화상을 입지 않고 탈출하기 위해 사용할 수 있다.

04 특정시료의 채취과정에 대한 설명으로 틀린 것은?

① 용해금속은 1.45 μm 셀룰로오스 아세테이트 맴브레인 필터로 여과한 후 즉시 냉장보관한다.
② 중금속은 시료를 채취하고 50 % 질산 3 mL 혹은 질한 질산 1.5 mL를 첨가하여 보존한다.
③ VOC는 공기방울이 생기면 안 되며 분석까지 밀봉하여 4 ℃에 보관한다.
④ 부유금속은 0.45 μm 맴브레인 필터를 통해 여과시키고 그 필터는 분석을 위해 남겨둔다.

해설

용해금속 시료를 보존하기 전에 0.45 μm 셀룰로오스 아세테이트 멤브레인필터를 통해 여과시킨 후 산을 첨가한다. 가능한 한 현장에서 시료를 여과하며 시료 수집 후 가능한 빨리 실험실로 시료를 운반하는 것이 좋다.

05 분석용 가스저장시설의 운영관리에 대한 설명으로 틀린 것은?

① 분석용 가스정장시설은 가능한 한 실험실 외부공간에 배치해야 하며, 채광면적을 최대화하여 설치한다.
② 적절한 습도를 유지하기 위해 상대습도 65 % 이상 유지하도록 환기기설을 설비하는 것이 바람직하다.
③ 분석용 가스저장시설의 최소 면적은 분석용 가스저장분의 약 1.5배 이상이어야 하며, 가스별로 배관을 별도로 설비하고 가능한 한 이음매 없이 설비해야 한다.
④ 가스저장시설의 환기는 가능한 한 자연배기 방식으로 하는 것이 바람직하다.

정답   **01** ④   **02** ④   **03** ①   **04** ①   **05** ①

수체	시료채취 횟수	
강/ 저수지	부영양수 제외	
	최소	1년에 1회
	최대	1년에 1회, 최대 온도 성층에서 1회
	부영양수의 겨우	
	1년에 12회(하절기(7월 ~ 9월) 동안은 한 달에 2회 포함)	
지하수	최소	크고 안정된 대수층의 경우 1년에 1회
	최대	작고, 충적(alluvial) 대수층의 경우 1년에 1회

해설

분석용 가스 저장시설은 가능한 한 실험실 외부공간에 배치하고, 지하공간이나 음지 쪽에 설치한다. 또한 상대습도 65 % 이상 유지하도록 환기시설을 설비한다.

06 시약 등급수의 유형을 구분짓기 위해 고려하는 항목이 아닌 것은?

① 전기 저항(최소값)
② 전기전도도(최대값)
③ 총 실리카(최대값)
④ Ca의 농도값(최대값)

해설

전기전도도(최대값), 전기저항(최소값), pH(25 ℃), 총 유기탄소(최대값), Na(최대값), 염화이온(최대값), 총 실리카(최대값) 등의 항목으로 구분한다.

07 수체의 종류에 따른 시료채취 횟수로서 가장 적합한 것은?

① 시냇물은 최소 1년에 4번 채취해야 한다.
② 지하수로서 크고 안정된 대수층의 경우 2년에 1번은 채취하여야 한다.
③ 강/저수지가 부영양수가 아닌 경우 최대 1년에 2번은 채취하여야 한다.
④ 강/저수지가 부영양수인 경우 1년에 6번은 채취하여야 한다.

해설

수체에 따른 시료채취 횟수

수체	시료채취 횟수	
시냇물	최소	1년에 4회
	최적	1년에 24회(2주 간격) : 총 부유 고체물질은 매주 실시
상류에 위치한 호수	최소	1년에 1회 호수 출구에서 시료채취
강	최소	큰 배수 지역(대략 100 000 km²)에 대해 1년에 12회
	최대	작은 배수 지역(대략 10 000 km²)에 대해 1년에 24회

08 정도관리 관련 수식에 대한 설명으로 틀린 것은?

① '중앙값'은 최소값과 최대값의 중앙에 해당하는 크기를 가진 측정값 또는 계산값을 말한다
② '회수율'은 순수 매질 또는 시료 매질에 첨가한 성분의 회수 정도를 %로 표시한다.
③ '상대차이백분율(RPD)'은 측정값의 변이 정도를 나타내며, 두 측정값의 차이를 한 측정값으로 나누어 백분율로 표시한다.
④ '표준편차'는 측정값의 분산 정도를 나타내는 값이다.

해설

③ 두 측정값의 차이를 두 측정값의 평균으로 나눈 값의 백분율값
RPD(relative percent difference)
= (A−B) / [(A+B) / 2] × 100
여기서, A와 B=이중시료의 측정값

09 검정곡선을 작성할 때, 기기의 가변성에 따른 측정값의 계통 오차를 가장 효과적으로 상쇄할 수 있는 방법은?

① 표준물 첨가법
② 최소 장승법
③ 외부 표준법
④ 내부 표준법

해설

내부표준물질은 측정분석 직전의 시료에 일정량을 첨가하는 표준물질, 분석장비의 손실/오염, 시료 보관 중의 손실/오염, 분석 결과를 보정하고 정량을 위해 사용한다.

10 시료채취 장비 준비에 대한 설명으로 틀린 것은?

① 현장에서 세척한 장비는 식별 가능한 라벨로 표기한다.

② 현장 세척과 실험실 세척은 문서로 작성해야 한다.

③ 세척제는 분해성, 부식 방지 등을 고려해서 선정한다.

④ 테플론 튜브는 가급적 현장에서 세척한다.

> **해설**
> 테플론 튜브는 현장에서 세척하면 안 되고, 반드시 실험실에서 세척해야 한다.

11 시험방법에 관한 작업 절차서(SOP ; standard perating procedure)가 포함해야 할 내용이 아닌 것은?

① 시험방법 개요(분석항목 및 적용 가능한 매질)

② 시약과 표준물질(사용하고 있는 표준물질 제조방법, 설정 유효기한)의 잔고량

③ 실험실환경 및 폐기물관리

④ 시험 · 검사장비(기기에 대한 조작절차)

> **해설**
> 시약과 표준물질(사용하고 있는 표준물질 제조방법, 설정 유효기한)의 잔고량은 시약 및 표준물질 관리대장에 기입한다.

12 오차(error)의 종류와 설명이 틀린 것은?

① 기기오차(instrument error) : 측정기기가 나타내는 값에서 나타내야 할 참값을 뺀 값이다.

② 계통오차(systematic error) : 재현 가능하여 어떤 수단에 의해 보정이 가능한 오차로서 이것에 따라 측정값은 편차가 생긴다.

③ 개인오차(personal error) : 재현 불가능한 것으로 원인을 알 수 없어 보정할 수 없는 오차이며, 이것으로 인해 측정값은 분산이 생긴다.

④ 방법오차(method error) : 분석의 기초원리가 되는 반응과 시약의 비이상적인 화학적 또는 물리적 행동으로 발생하는 오차로 계통오차에 속한다.

> **해설**
> 개인오차(personal error)란 측정자 개인차에 따라 일어나는 오차로서 계통오차에 속한다.

13 삭제 문항

14 화학물질별 저장방법이 틀린 것은?

① 염산, 황산, 질산, 아세트산은 원래의 용기에서 저장한다.

② 과산화수소의 경우 '화학 물질 저장'이라고 냉장고에 적은 후 저장하고, 뚜껑이 단단히 조여 있는 봉해진 용기에 보관한다.

③ 미량 유기물질을 위한 저장 용액과 표준물질의 경우 바이알에 보관해 냉장고에 저장한다.

④ 실리카 저장 용액의 경우 반드시 플라스틱 병에 저장한다.

> **해설**
> 미량 유기물질을 위한 저장용액과 표준물질은 바이얼에 보관해 냉동고에 저장한다.

15 분석에 사용되는 시약등급수(reagent−grade water)에 관한 설명으로 맞지 않는 것은?

① 유형 Ⅰ등급수는 정밀분석용으로 사용된다.

② 유형 Ⅱ 등급수는 박테리아의 존재를 무시할 목적으로 사용된다.

③ 유형 Ⅲ 등급수는 유리기구의 세척과 예비 세척에 사용된다.

④ 유형 Ⅳ 등급수는 더 높은 등급수의 생산을 위한 원수(feedwater)로 사용한다.

정답 **10** ④ **11** ② **12** ③ **13** 삭제 **14** ③ **15** ④

해설

유형 Ⅲ 등급수는 보다 높은등급수를 생산하기 위한 원수(feedwater)로 사용된다. 실험실에서 유리 세척이나 예비세척에는 유형 Ⅲ, Ⅳ 등급을 사용한다.

16 바탕시료 종류로 볼 수 없는 것은?

① 방법바탕시료(method blank sample)
② 현장바탕시료(field blank sample)
③ 운반바탕시료(trip blank sample)
④ 약품바탕시료(test blank sample)

해설

바탕시료는 방법바탕시료(method blank sample), 현장바탕시료(field blank sample), 기구바탕시료(equipment blank sample), 세척바탕시료(rinsate blank sample), 운반바탕시료(trip blanksample), 전처리바탕시료(preparation blank sample), 매질바탕시료(matrix blank sample), 검정곡선바탕시료(calibration blank sample) 등이 있으며 바탕시료로 알 수 있는 정보는 다음 표와 같다.

바탕시료		시료 오염원							
		용기	채취기구	전처리	운반및보관	전처리장비	교차오염	시약	분석기기
현장바탕시료	기구/세척	✓	✓		✓		✓		
	현장	✓		✓	✓		✓		
	운반	✓			✓		✓		
실험실바탕시료	방법					✓		✓	✓
	기기								✓
	전처리					✓		✓	✓
	시약							✓	✓

17 정도관리/정도보증(QC/QA)과 관련된 수식 중에 아래의 수식이 의미하는 것은?

$$\sqrt{\frac{1}{n-1}\left[\sum_{i-1}^{n}(X_i-X)^2\right]}$$

① 회수율　　② 중앙값
③ 평균　　④ 표준편차

18 실험실에서 사용하는 유리기구 취급방법에 대한 설명으로 옳은 것은?

가. 새로운 유리기구를 사용할 때는 탈알칼리 처리를 해야 한다.
나. 눈금피펫이나 부피피펫은 보통 실온에서 건조시키는데 빨리 건조시키려면 고압멸균기에 넣어 고온에서 건조시켜도 된다.
다. 중성세제로 세척된 유리기구는 충분히 물로 헹궈야 한다.
라. 유리 마개가 있는 시약병에 강알칼리액을 보존하면 마개가 달라붙기 쉬우므로 사용하지 않는 것이 좋다.

① 가, 나　　② 가, 라
③ 가, 나, 라　　④ 가, 다, 라

해설

눈금피펫이나 부피피펫은 부피를 측정하는 기구로 고온에서 건조시키면 용기의 수축으로 부피가 변하게 된다.

19 분석자의 초기능력검증에 대한 내용으로 옳은 것은?

ㄱ. 시험방법에 의한 정확하고 안정된 바탕값을 얻을 수 있는지 검증한다.
ㄴ. QA/QC지침에 주어진 절차에 따른 정밀도와 정확도, 방법검출한계를 달성할 수 있는지 검증한다.
ㄷ. 눈가림 시료에 대한 분석을 안정적으로 수행하는지 검증한다.
ㄹ. 관리차트를 올바로 작성할 수 있는지 검증한다.

① ㄱ, ㄴ
② ㄴ, ㄷ
③ ㄱ, ㄴ, ㄷ
④ ㄱ, ㄴ, ㄷ, ㄹ

정답 16 ④ 17 ④ 18 ④ 19 ③

초기능력검증은 새로운 시험방법이나 새로운 분석자, 새로운 분석기기의 사용 전 또는 이들의 중대한 변경 사항이 생길 때 시험검사에서 요구하는 분석 능력을 검증하는 것을 뜻한다. 초기능력검증의 검증 사항은 시험방법(환경오염공정시험기준 또는 표준작업절차)에 의한 정확하고 안정된 바탕값, 정도보증/정도관리(QA/QC) 지침에 주어진 절차에 따른 정밀도와 정확도, 방법검출한계를 달성할 수 있는 능력을 검증하여야 하고, 눈가림시료(인정기관의 숙련도 시험시료, 수행평가시료 또는 표준물질 제조사의 눈가림 표준물질)에 대한 분석을 안정적으로 수행해야 한다. 관리차트는 충분한 자료의 축적으로 결과가 유효할 때까지 실험실은 각각의 시험방법에 대해 최소 20회 ~ 30회 이상 시험·검사를 반복하고 그 결과를 관리기준 수립에 사용해야 한다.

20 정도관리에 있어 방법검출한계와 관련된 내용에 대한 설명으로 틀린 것은?

① 시험방법에 의해 검사한 결과가 99% 신뢰수준에서 0보다 큰 최소농도로 정의한다.

② 방법검출한계의 계산은 분석장비, 분석자, 시험방법에 따라 달라질 수 있다.

③ 실험실에 중대한 변화가 발생하지 않더라도 2년마다 정기적으로 재시험하여 계산하고 문서화한다.

④ 시험방법에서 제시한 정량한계(LOQ) 이하의 시험·검사값을 갖기 위해 분석자의 능력과 분석장비의 성능을 극대화해야 한다.

실험실에 중요한 변경(분석자의 교체, 분석장비의 교체, 시험방법 변경 등)이 발생하면 관련된 모든 오염물질항목에 대해 검출한계를 재시험하여 계산하고 문서화해야 한다. 중대한 변화가 발생하지 않았다 할지라도 6개월 또는 1년마다 정기적으로 실시하여 관리한다.

21 정도관리에서 측정시스템의 결과에 대한 양적인 평가를 하는 것을 무엇이라고 하는가?

① 작업감사

② 시스템감사

③ 내부정도평가

④ 외부정도평가

정도감사는 정도보증프로그램의 필수적인 요소로서 정도감사는 시스템감사(system audits)와 작업감사(performance audits)의 두가지로 구분되며, 시스템감사는 정도보증프로그램의 절차에 대한 질적인 평가를 하는 것이며, 작업감사는 측정시스템의 결과에 대한 양적인 평가를 하는 것이다.

22 정도관리 오차에 관한 설명 중 바르게 짝지어진 것은?

> ㄱ. 계량기 등의 검정 시에 허용되는 공차(규정된 최대값과 최소값의 차)
> ㄴ. 재현가능하여, 어떤 수단이 의해 보정이 가능한 오차이며, 이것에 따라 측정값은 편차가 생긴다.
> ㄷ. 재현 불가능한 것으로 원인을 알 수 없어 보정할 수 없는 오차이며, 이것으로 인해 측정값은 분산이 생긴다.
> ㄹ. 측정 분석에서 수반되는 오차

① ㄱ : 검정허용오차 ㄴ : 계통오차
　ㄷ : 우연오차　　ㄹ : 분석오차

② ㄱ : 검정허용오차 ㄴ : 우연오차
　ㄷ : 계통오차　　ㄹ : 분석오차

③ ㄱ : 분석오차　　ㄴ : 계통오차
　ㄷ : 우연오차　　ㄹ : 검정허용오차

④ ㄱ : 우연오차　　ㄴ : 계통오차
　ㄷ : 분석오차　　ㄹ : 검정허용오차

• ㄱ : 검정허용오차　　• ㄴ : 계통오차
• ㄷ : 우연오차　　　　• ㄹ : 분석오차

23 유효숫자를 결정하기 위한 법칙이 틀린 것은?

① '0'이 아닌 숫자 사이에 있는 '0'은 항상 유효숫자이다.
② 소수점 오른쪽에 있는 숫자의 끝에 있는 '0'은 항상 유효숫자이다.
③ 곱하거나 나눌 때 가장 큰 유효숫자를 갖는 수의 자릿수에 맞춰 결과 값을 적는다.
④ '0'이 아닌 정수는 항상 유효숫자이다.

해설

곱하거나 나눌 때 가장 작은 유효숫자를 갖는 수의 자릿수에 맞춰 결과 값을 적는다.

24 다음 휘발성 유기화합물(VOC)의 시료채취에 대한 설명 중 옳은 것은?

① 휘발성 유기화합물 실험에서는 혼합시료를 사용하여야 한다.
② 휘발성 유기화합물 시료채취시에는 채취용기를 미리 세척하여 사용해야 한다.
③ 휘발성 우기화합물 시료는 플라스틱, 스테인레스, 테플론을 사용하고 유리기구는 사용할 수 없다.
④ 휘발성 유기화합물은 중금속 등 무기물질에 우선하여 시료를 채취한다.

해설

휘발성 유기화합물(VOC) 시료를 제일 먼저 채취한다.

25 미생물실험에서 고압증기멸균기에 멸균해서 사용하기에 적합한 플라스틱 재질은?

① polystyrene(PS)
② low density polyethylene(LDPE)
③ high density polyethylene(HDPE)
④ polypropylene(PP)

해설

보기 중 고압멸균기에 사용가능한 재질은 polypropylene(PP)이다.

26 실험실 세안장치에 대한 설명으로 옳지 않은 것은?

① 물 또는 눈 세척제로 최소 15분 이상 눈과 눈꺼풀을 씻어 낸다.
② 실험실의 모든 장소에서 15m 이내, 또는 15 ~ 30초 이내에 도달할 수 있는 위치에 설치한다.
③ 수직형의 세안장치는 공기 중의 오염물질로부터 노즐(nozzle)을 보호하기 위한 보호커버를 설치한다.
④ 물 또는 눈 세척제는 직접 눈을 향하게 하여 바로 세척되어야 한다.

해설

① 물 또는 눈 세척제로 최소 15분 이상 눈과 눈꺼풀을 씻어 낸다.
② 실험실의 모든 장소에서 15m 이내, 또는 15 ~ 30초 이내에 도달할 수 있는 위치에 확실히 알아볼 수 있는 표시와 함께 설치되어 실험실 작업자들이 눈을 감은 상태에서 가장 가까운 아이워시에 도착할 수 있어야 한다.
③ 수직형의 세안장치는 공기 중의 오염물질로부터 노즐(nozzle)을 보호하기 위한 보호커버를 설치한다.
④ 물 또는 눈 세척제는 직접 눈을 향하게 하는 것보다는 코의 낮은 부분을 향하도록 하는 것이 화학물질을 눈에서 제거하는 효과를 증가시켜 준다.

27 다음 중 감전사고 발생 시 대처 요령으로 틀린 것은?

① 전기가 소멸했다는 확신이 있을 때까지 감전된 사람을 건드리지 않는다.
② 검진받기 전에 따뜻한 물을 마시도록 해준다.
③ 검전된 환자를 담요나 재킷으로 따뜻하게 한다.
④ 감전된 사람이 철사나 전선 등을 접촉하고 있다면 마른 막대기로 멀리 치운다.

해설

• 전기가 소멸했다는 확신이 있을 때까지 감전된 사람을 건드리지 않는다.
• 플러그 회로 폐쇄기 및 퓨즈상자 등의 전원을 차단한다.

정답 **23** ③ **24** ④ **25** ④ **26** ④ **27** ②

- 감전된 사람이 철사나 전선 등을 접촉하고 있다면 마른 막대기 등을 이용하여 멀리 치운다.
- 환자가 호흡하고 있는지 확인한다. 만약 호흡이 약하거나 멈춘 경우에는 즉시 인공호흡을 수행한다.
- 응급구조대에 도움을 요청한다.
- 감전된 환자를 담요 외투 및 재킷 등으로 덮어서 따뜻하게 한다.
- 의사에게 검진을 받을 때까지 감전된 사람이 음료수나 음식물 등을 먹지 못하게 한다.

28 내부표준물질에 대한 설명으로 옳지 않은 것은?

① 일반 환경에서 발견되지 않는 물질이어야 한다.
② 분석대상물질의 분석에 방해가 되지 않아야 한다.
③ 분석시료, 품질관리시료, 바탕시료에 모두 사용할 수 있어야 한다.
④ 분석대상물질과 화학적으로 다른 성질을 가지고 있어야 한다.

해설

내부표준물질은 분석 장비의 손실/오염, 시료 보관 중의 손실/오염, 분석 결과를 보정하고 정량을 위해 사용하며, 분석대상물질과 물리적·화학적 특성이 유사하며, 일반 환경에서는 발견되지 않고 분석대상물질의 분석에 방해가 되지 않는 물질이다. 내부표준물질의 머무름시간은 모든 분석대상물질과 분리되어야 한다.

29 분석 결과의 정확도를 평가하기 위한 방법으로 적합하지 않은 것은?

① 회수율 측정
② 상대표준편차 계산
③ 공인된 방법과의 비교
④ 표준물질 분석

해설

상대표준편차는 같은 시료를 여러 번 분석한 결과의 평균값과 그 분석 결과들의 표준편차를 이용하여 구하며 그 결과가 큰 값을 가질수록 분석의 정밀도가 낮은 것을 의미한다.

30 적정용액의 표준화에 대한 내용으로 옳은 것을 모두 고르시오.

> ㄱ. 표준화를 통해 적정 용액의 농도계수를 계산할 수 있는 것은 아니다.
> ㄴ. 적정용액을 표준화하는 목적은 정확한 농도를 알기 위해서이다.
> ㄷ. 일차표준물질은 정확도와 순도의 관계성이 입증된 것이다.

① ㄱ, ㄴ   ② ㄱ, ㄷ
③ ㄴ, ㄷ   ④ ㄱ, ㄴ, ㄷ

해설

표준용액의 정확한 농도를 측정하는 것을 표준화(또는 표정, standardization)라 한다. 정확도와 순도의 관계성이 입증된 일차표준물질(primary standards)을 이용하여 분석자가 제조한 적정용액의 질량농도를 정확히 측정하는 것이다.

31 환경부장관은 5년마다 시험·검사 등의 기준 및 운영 체계의 선진화를 위해 환경시험·검사발전 기본계획을 수립해야 한다. 다음 중 기본 계획에 포함되어야 할 사항이 아닌 것은?

① 시험·검사 등의 운영 체계의 기본 방향
② 시험·검사 등의 단기 투자 계획
③ 시험·검사 등 관련 기술의 연구개발 및 인적 자원에 관한 사항
④ 시험·검사 등 관련 국제 협력에 관한 사항

32 UV-Vis 분광광도계의 교정에 관한 설명으로 옳은 것은?

① 200 ~ 1000 nm 파장 범위에 대한 바탕선의 안정성과 반복측정의 재현성을 확인한다.
② 제조사는 검·교정 사항과 유지·관리 내역을 기록하여 보관한다
③ 검·교정주기는 18개월에 1회이다.
④ 분광광도계가 표준용액의 특정 파장에서의 흡광도가 달라도 무방하다.

해설

- 일반적으로 200 nm ~ 1000 nm 범위의 파장을 측정하여 바탕선의 안정도와 반복측정에 대한 반복성과 재현성이 확보되어야 하며, 정기적으로 항목별 방법검출한계(MDL)를 확인해야 한다.
- 정밀한 기기관리를 위해서는 제조사의 검·교정 계약을 체결하여 주기적으로 정확도를 검증할 수 있으며, 실험실 내부의 관리 및 점검계획에 따라 점검하고 점검기록을 보관한다.
- 일반적으로 검·교정주기는 12개월이며 분광광도계의 교정방법은 수질오염공정시험기준에 명시된 내용에 따라 실시할 수 있다.

33 원자료(raw data)와 관련된 설명 중 틀린 것은?

① 원자료는 분석에 의해 발생된 자료로서 정도관리 점검이 포함되어 있지 않다.
② 보고가능한 데이터 혹은 결과는 원자료로부터 수학적·통계학적 계산을 한 결과를 말한다.
③ 원자료를 계산하는 과정에서 사용된 모든 식은 잉크로 기입하고, 기입한 내용은 필요할 때마다 수정할 수 있다.
④ 보고가 끝난 후 원자료에 대한 기록은 보관되어야 한다.

해설

- 원자료(raw data)는 분석에 의해 발생된 자료로 정도관리 점검이 포함된다.
- 보고 가능한 데이터 혹은 결과는 원자료로부터 수학적·통계학적 계산을 한 결과를 말한다.
- 계산을 시작하기 전에 기기로부터 나온 모든 산출 값이 올바르고, 선택된 식이 적절한지 확인해야 한다.
- 사용된 모든 식과 계산은 잉크로 기입하고, 기입한 내용은 절대 지울 수 없고, 틀린 곳이 있다면 틀린 곳에 한 줄을 긋고 수정하여 날짜와 서명을 해야 한다.
- 원자료와 모든 관련 계산에 대한 기록은 보관되어야 한다.

34 측정분석 결과의 기록방법에 대한 표기가 잘못된 것은?

① 24.2 ± 0.3 ℃
② 28 mm
③ 84 J/(kg · K)
④ 2 mg/L

해설

범위로 표현되는 수치에는 단위를 각각 붙인다.
10 ~ 20% (×) → 10 % ~ 20 % (○)
20±2℃ (×) → 20 ℃ ± 2 ℃ (○)
또는 (20 ± 2) ℃ (○)

35 정도관리 현장평가의 기술요건이 아닌 것은?

① 직원
② 표준 물질
③ 결과보고
④ 문서관리

해설

정도관리 현장평가에서 평가는 크게 경영요건과 기술요건 두 개과의 분야로 나누어 세부 평가를 진행하며 그 사항은 다음과 같다.

경영요건	기술요건
• 조직 • 품질시스템 • 문서관리 • 시험의뢰 및 계약 시 검토 • 시험의 위탁 • 서비스 및 물품 구매 • 고객에 대한 서비스 • 부적합 업무 관리 및 보완 조치 • 기록 관리 • 내부 정도관리 평가(경영심사 및 내부 감사)	• 직원 • 시설 및 환경조건 • 시험방법 • 시험장비 및 표준물질 • 시료채취 • 시료관리 • 시험결과의 보증 • 결과보고

36 실험실 내 모든 위험 물질은 경고표시를 해야 하며, UN에서는 GHS체계에 따라 화학물질의 경고표시와 그림문자를 통일하였다. 다음 그림문자가 의미하는 것은?

① 유해물질　　　② 인화성 물질
③ 폭발성 물질　　④ 산화성 물질

해설

유해화학물질 그림문자(CGHS ; Globally Harmonized System of Classification and Labelling of Chemicals)

PART 01
PART 02
PART 03
PART 04

1과목   수질오염공정시험기준

01 원자흡수분광광도법(AAS)을 이용해 금속류를 분석할 때 비화수소 발생장치를 사용하기도 한다. 수소화물 생성법을 이용하는 시험기준이 설정되어 있는 항목은?

① 비소-안티몬
② 안티몬-셀레늄
③ 셀레늄-비소
④ 주석-안티몬

해설

비소 시험방법

비소	정량한계 (mg/L)	정밀도 (% RSD)
수소화물생성-원자 흡수분광광도법	0.005 mg/L	±25 % 이내
자외선/가시선 분광법	0.004 mg/L	±25 % 이내
유도결합플라스마-원자발광분광법	0.05 mg/L	±25 % 이내
유도결합플라스마-질량분석법	0.006 mg/L	±25 % 이내
양극벗김전압전류법	0.0003 mg/L	±20 % 이내

셀레늄 시험방법

셀레늄	정량한계 (mg/L)	정밀도 (% RSD)
수소화물생성-원자흡수분광광도법	0.005 mg/L	±25 % 이내
유도결합플라스마-질량분석법	0.03 mg/L	±25 % 이내

02 미지의 Sulfamic acid 용액 20 mL를 1.02 mol/L의 수산화나트륨 용액으로 중화적정을 한 결과, 18.2 mL가 소모되었다. 이 Sulfamic acid 용액의 몰농도(mol/L)는?

① 0.82
② 0.93
③ 1.05
④ 1.12

해설

중화적정 공식 : $NV = N'V'$

$$M = \frac{1.02 \times 18.2}{20} = 0.9282 ≒ 0.93$$

03 크로마토그래프에 대한 설명으로 틀린 것은?

① 기체크로마토그래프에서 분석물질의 용출순서는 일반적으로 저분자에서 고분자 순이다.
② 기체크로마토그래프에서 고정상과 분석물질의 극성이 분리효율에 기여한다.
③ 액체크로마토그래프에서 고정상과 이동상의 극성이 분리효율에 기여한다.
④ 이온크로마토그래프에서 분리관의 온도가 높으면 이온 분리효율이 향상된다.

해설

이온크로마토그래프에서 분리관의 온도가 분리효율에 영향을 줄 수는 있으나 분리관의 온도가 높다고 해서 반드시 이온의 분리효율이 향상되는 것은 아니다.

04 원자흡수분광광도법을 이용한 6가 크롬 분석에 대한 설명으로 틀린 것은?

① 다이크롬산칼륨을 이용하여 크롬표준원액을 제조한다.
② 6가 크롬을 피로리딘 디티오카르바민산 착물로 만들어 메틸아이소부틸케톤으로 추출한다.
③ 폐수 등에 반응성이 큰 방해 금속 이온이 존재할 경우는 황산나트륨 1 %를 첨가하여 측정한다.
④ 자외선/가시선 분광법에 비교해서 정량한계가 높다.

정답   **01** ③   **02** ②   **03** ④   **04** ④

해설

④ 원자흡수분광광도법에 의한 정량한계는 0.01 mg/L 이며, 자외선/가시선 분광법에 의한 정량한계는 0.04mg/L이다.

05 원자흡수분광광도법에서 산화물을 생성하는 원소 분석을 위한 가스의 조합은?

① 수소 – 공기
② 수소 – 아산화질소
③ 아세틸렌 – 산소
④ 아세틸렌 – 아산화질소

해설

원자흡수분광광도법에서 불꽃생성을 위해 사용되는 가스는 아세틸렌(C_2H_2) – 공기가 일반적인 원소분석에 사용되며, 아세틸렌 – 아산화질소(N_2O)는 바륨 등 산화물을 생성하는 원소의 분석에 사용된다.

06 하천의 유량을 측정하기 위하여 하천의 단면을 소구간으로 나누었다. 수심 1.0 m인 소구간의 유속 측정을 위해 수심별 유속을 측정한 결과 수심 20 % 지점이 1.4 m/s, 수심 40 % 지점이 1.2 m/s, 60 %인 지점이 0.9 m/s, 80 %인 지점이 0.7 m/s이었다. 이 소구간의 평균 유속(m/s)은?

① 1.05
② 1.15
③ 1.25
④ 1.35

해설

소구간 단면에 있어서 평균유속 V_m은 수심 0.4 m를 기준으로 다음과 같이 구한다.

㉠ 수심이 0.4 m 미만일 때 $V_m = V_{0.6}$

㉡ 수심이 0.4 m 이상일 때 $V_m = (V_{0.2} + V_{0.8}) \times \dfrac{1}{2}$

$V_{0.2}$, $V_{0.6}$, $V_{0.8}$은 각각 수면으로부터 전 수심의 20 %, 60 % 및 80 %인 점의 유속이다.

$\therefore\ V_m = (1.4 + 0.7) \times \dfrac{1}{2} = 1.05$

07 삭제 문항

08 삭제 문항

09 산성과망간산칼륨법에서 화학적산소요구량(COD) 측정 시료에 황산은 분말을 첨가하는 이유는?

① 반응시간 조절
② Cl^- 이온의 방해작용 방지
③ NO_3^- 이온의 방해작용 방지
④ 난분해성 유기물 분해

해설

염소이온은 과망간산에 의해 정량적으로 산화되어 양의 오차를 유발하므로 황산은을 첨가하여 염소이온의 간섭을 제거한다.

10 기체크로마토그래프를 이용한 석유계총탄화수소(TPH) 측정원리에 대한 설명으로 틀린 것은?

① 유효측정농도는 석유계총탄화수소로서 0.2 mg/L 이상이며 지표수 및 지하수에 대해 적용할 수 있다.
② 비등점이 낮은 유류에 속하는 탄화수소 성분 측정에 적용된다.
③ 크로마토그램에 나타난 피크패턴에 따라 유류의 성분을 확인하고, 탄소수가 짝수인 노말알칸($C_8 \sim C_{40}$) 표준물질과 시료의 크로마토그램 총면적을 비교하여 정량한다.
④ 추출용매로서 다이클로로메탄을 이용한다.

해설

기체크로마토그래프를 이용한 석유계총탄화수소(TPH) 측정원리는 물속에 존재하는 비등점이 높은(150 ℃ ~ 500 ℃) 유류에 속하는 석유계총탄화수소(제트유, 등유, 경유, 벙커C, 윤활유, 원유 등)를 다이클로로메탄으로 추출하여 기체크로마토그래프에 따라 확인 및 정량하는 방법으로 크로마토그램에 나타난 피크의 패턴에 따라 유류 성분을 확인하고 탄소수가 짝수인 노말알칸($C_8 \sim C_{40}$) 표준물질과 시료의 크로마토그램 총면적을 비교하여 정량한다.

정답 **05** ④ **06** ① **07** 삭제 **08** 삭제 **09** ② **10** ②

11 하천수나 하폐수의 수소이온농도(pH) 연속자동측정기의 성능 기준과 성능 시험 방법을 서술한 내용으로 틀린 것은?

① '수질 및 수생태계 보전에 관한 법률'에 따른 수질 측정인 경우, 측정기의 최소 눈금 단위는 pH 0.1 이하이어야 한다.
② pH 변동시험 중 정도검사 시에는 표준용액에 전극을 담그고 5분 및 24시간 경과 후 반복 측정을 실시한다.
③ 응답시간을 검사하여 30초 이하이어야 한다.
④ 측정기의 시험가동 시간은 정상조건에서 168시간 이상이어야 한다.

해설
② 정도검사 시에는 표준용액에 전극을 담그고 5분 및 2시간 경과 후 측정한다.

12 지표수 중에 1,4−다이옥산을 헤드스페이스−기체크로마토그래피−질량분석법을 이용하여 분석할 때 질량분석기의 이온화 방식과 이온화 에너지 범위를 바르게 연결한 것은?

① 전기분무이온화, 25 eV ~ 50 eV
② 전기분무이온화, 35 eV ~ 70 eV
③ 전자충격법, 25 eV ~ 50 eV
④ 전자충격법, 35 eV ~ 70 eV

해설
이온화방식은 전자충격법(EI, electron impact)을 사용하며 이온화에너지는 35 eV ~ 70 eV을 사용한다.

13 기체크로마토그래프에서 시료의 주입방법에는 분할(split) 주입과 비분할(splitless) 주입이 있다. 비분할주입에 비해 분할주입이 유리한 경우는?

① 열에 비교적 불안정한 화합물인 경우
② 감도가 높은 검출기를 쓰는 경우
③ 용매트래핑(solvent trapping)이 필요한 경우
④ 시료의 농도가 묽을 경우

해설
분할주입의 경우 컬럼에 주입되는 시료를 일정한 비(ratio)로 분할시켜 주입하는 방법으로 특히 검출기의 감도가 높은 경우 시료량을 높은 분할비로 주입하여 보다 이상적인 크로마토그램이 되게 할 수 있다.

14 총인−연속자동측정방법은 물속에 존재하는 유기물 형태의 모든 인 화합물을 인산염 형태로 변환시킨 다음 몰리브덴산암모늄과 반응하여 생성된 몰리브덴산암모늄을 환원시켜 흡광도를 자동측정기로 분석하는 방법이다. 이 때 환원제로 사용되는 물질은?

① 쿠르쿠민산　② 아세트산
③ 티오시안산　④ 아스코르빈산

해설
총인−연속자동측정방법은 물속에 존재하는 총인을 분석하기 위해서, 유기물 형태의 모든 인 화합물을 인산 이온 형태로 분해시킨 후 인산 이온을 아스코르빈산 환원법 등으로 정량하여 연속자동측정기로 분석하는 방법이다.

15 수질오염공정시험기준에서 유도결합플라즈마−원자발광분광법을 이용한 분석법이 제시되어 있지 않은 항목은?

① 아연　② 구리
③ 수은　④ 니켈

해설
유도결합플라즈마−원자발광분광법은 물속에 존재하는 중금속을 정량하기 위하여 시료를 고주파유도코일에 의하여 형성된 아르곤 플라즈마에 주입하여 6,000 K ~ 8,000 K에서 들뜬 상태의 원자가 바닥상태로 전이할 때 방출하는 발광선 및 발광강도를 측정하여 원소의 정성 및 정량분석에 이용하는 방법으로 분석이 가능한 원소는 구리, 납, 니켈, 망간, 비소, 아연, 안티몬, 철, 카드뮴, 크롬, 6가 크롬, 바륨, 주석 등이다.
수은의 측정 방법은 냉증기−원자흡수분광광도법, 자외선/가시선 분광법, 양극벗김전압전류법, 냉증기−원자형광법을 사용한다.

정답 **11** ② **12** ④ **13** ② **14** ④ **15** ③

16 유리 흡수셀을 사용하여 시료의 흡광도 측정 방법을 적용할 수 없는 항목은?

① 암모니아성 질소　② 용존 총 질소
③ 아질산성 질소　④ 용존 총 인

해설

용존 총 질소는 시료 중 용존 질소화합물을 알칼리성 과황산칼륨의 존재하에 120 ℃에서 유기물과 함께 분해하여 질소이온으로 산화시킨 다음 산성에서 자외부 흡광도를 측정하여 질소를 정량하는 방법이다.
흡광도 측정에 사용되는 흡수셀의 재질로는 유리, 석영, 플라스틱 등이 있으며 유리는 주로 가시부 및 근적외부, 석영은 자외부, 플라스틱은 근적외부 파장영역의 측정에 사용된다.

17 아래 내용은 어떤 정량법에 대한 설명인가?

> 시료를 10 mL씩 4개의 시험관에 넣고 3개의 시험관에는 혼합표준용액을 시료 중 분석대상 원소량의 약 0.5, 1, 1.5배가 되도록 첨가하고 각각의 스펙트럼선 강도를 측정한 다음 4개의 측정점으로부터 얻어진 직선을 외삽하여 각 분석대상원소의 농도를 산출한다.

① 검정곡선법　② 내부표준법
③ 표준물첨가법　④ 유사표준법

해설

표준물첨가법(standard addition method)은 시료와 동일한 매질에 일정량의 표준물질을 첨가하여 검정곡선을 작성하는 방법으로써, 매질효과가 큰 시험 분석 방법에서 분석 대상 시료와 동일한 매질의 표준시료를 확보하지 못한 경우에 매질효과를 보정하여 분석할 수 있는 방법이다.

㉠ 분석대상 시료를 n개로 나눈 후 분석하려는 대상 성분의 표준물질을 0배, 1배, ……, $n-1$배로 각각의 시료에 첨가한다.

㉡ n개의 첨가 시료를 분석하여 첨가 농도와 지시값의 자료를 각각 얻는다. 이때 첨가 시료의 지시값은 바탕값을 보정(바탕시료 및 바탕선의 보정 등)하여 사용하여야 한다.

㉢ n개의 시료에 대하여 첨가 농도와 지시값 쌍을 각각 (x_1, y_1), ……, (x_n, y_n)이라 하고, 아래 그림과 같이 첨가농도에 대한 지시값의 검정곡선을 도시하면, 시료의 농도는 $|x_0|$이다.

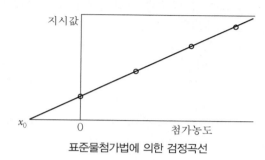

표준물첨가법에 의한 검정곡선

18 전기전도도 측정용 KCl 표준액의 조제 및 셀상수에 대한 설명으로 틀린 것은?

① 고체 KCl을 250 ℃에서 24시간 건조한 다음 데시케이터에서 방냉한다.
② 건조한 KCl 0.7456 g을 25 ℃의 정제수에 용해시켜 1 L로 했을 때 전기전도도는 1,412 μS/cm이다.
③ KCl 용액은 폴리에틸렌병 또는 경질유리병에 밀봉하여 보존한다.
④ 특정 시료의 경우 셀상수에 따라 전기전도도의 측정범위가 달라진다.

해설

① 염화칼륨(potassium chloride, KCl, 분자량 : 74.55)을 105 ℃에서 2시간 건조한 다음 데시케이터에서 방치하여 냉각한다.

2과목 먹는물수질공정시험기준

01 염소이온을 질산은적정법으로 측정하려고 한다. 간섭물질이나 간섭물질의 제거방법에 대한 설명으로 틀린 것은?

① 황이온, 황산이온, 티오황산이온은 염소이온의 측정을 방해하나 과산화수소를 가하여 제거할 수 있다.

② 25 mg/L 이상의 오쏘인산염은 인산은을 만들어 염소의 측정을 방해한다.

③ 1 mg/L 이하의 철이 존재하더라도 종말점의 색깔 변화를 방해하므로, 사전에 철을 제거하여 시험한다.

④ 브롬이온, 요오드이온, 시안이온은 염소이온의 측정을 방해한다.

[해설]
③ 1 mg/L 이하가 아닌 10 mg/L 이상의 철의 존재 시 종말점의 색깔 변화를 방해한다.

02 음이온류 이온크로마토그래피에서 간섭물질에 대한 설명 중 틀린 것은?

① 고분자량의 유기산은 이온들의 피크와 비슷한 위치에 존재할 수 있어 각 이온의 정량을 간섭할 수 있다.

② 어떤 한 이온의 농도가 매우 높을 때에는 분리능이 나빠지거나 다른 이온의 머무름 시간의 변화가 발생할 수 있다.

③ 부식산(humic acid) 등의 유기 화합물과 고체 미립자는 응축기 및 분리 컬럼의 수명을 단축시키므로 제거해야 한다.

④ 시료를 주입하면 앞쪽으로 음의 물 피크가 나타나서 앞에 용출되는 피크의 분석을 방해한다.

[해설]
① 고분자량이 아닌 저분자량의 유기산은 이온들의 피크와 비슷한 위치에 존재할 수 있어 각 이온의 정량을 간섭할 수 있다.

03 녹농균을 시험관법으로 분석할 때 확정시험 양성으로 판정하기 위해 확인하여야 하는 색깔은?

① 적자색 ② 황갈색
③ 녹황색 ④ 청록색

[해설]
추정시험에서 녹색을 띠는 형광을 확인한 모든 시험관에서 바로 백금이를 이용하여 추정시험 양성 배지의 윗부분을 약 0.1 mL 취하여 녹농균 확정배지에 접종하여 (35.0±0.5) ℃로 24시간 ~ 36시간 배양한다. 배양 후 배지에 현저한 색깔 변화가 없는 경우는 녹농균 음성으로 한다. 그러나 1개의 시험관이라도 적자색을 나타내는 경우는 확정시험 양성으로 판정한다.

04 휘발성유기화합물인 1, 2-디브로모-3-클로로프로판을 퍼지·트랩-기체크로마토그래프-질량분석법으로 분석한 결과, 대상물질의 피크면적이 6,000, 내부표준물질의 피크면적이 24,000이고 내부표준물질의 첨가량은 5 μg, 검정곡선의 감응계수(RF)는 0.8이었다. 25 mL의 시료를 사용하였을 때 상대검정곡선법(internal standard calibration)을 이용한 대상물질의 농도는?

① 4.25 μg/L ② 6.25 μg/L
③ 42.5 μg/L ④ 62.5 μg/L

05 항목별 정량한계와 비교할 때 분석한 결과값이 의미가 없는 것은?

① 수소이온농도(유리전극법) : 0.2
② 증발잔류물 : 3 mg/L
③ 과망간산칼륨소비량(산성법) : 0.5 mg/L
④ 경도(EDTA) 적정법 : 2 mg/L

[해설]
② 증발잔류물 시험방법의 정량한계는 5 mg/L이고, 정량범위는 5 mg/L ~ 20,000 mg/L이다.

06 시료채취와 보존방법에 대한 설명으로 틀린 것은?

① 암모니아성질소, 질산성질소, 염소이온, 과망간산칼륨소비량, 불소, 페놀, 경도, 황산이온, 세제, 수소이온농도, 색도, 탁도, 증발잔류물, 농약 및 잔류염소시험용 시료는 폴리에틸렌병을 이용하여 채수한다.

② 중금속 시험용 시료를 채취할 때에는 미리 질산 및 정제수로 잘 씻은 폴리프로필렌, 폴리에틸렌 또는 폴리테트라플루오로에틸렌(PTFE) 용기에 시료를 채취하고 곧 1 L당 진한 질산 1.5 mL 또는 질산용액(1+1) 3.0 mL를 가하여 pH 2 이하로 보존한다.

③ 시안시험용 시료는 미리 증류수로 잘 씻은 유리병 또는 폴리에틸렌병으로 채취하고 곧 입상의 수산화나트륨을 넣어 pH 12 이상의 알칼리성으로 하여 신속히 시험한다.

④ 트리할로메탄 및 휘발성유기화합물질 시험용 시료는 미리 증류수로 잘 씻은 유리병에 기포가 생기지 아니하도록 조용히 채취하고 pH가 약 2가 되도록 인산(1+10)을 시료 10 mL당 1방울을 넣고 물을 추가하여 꽉 채운 후 밀봉한다.

해설

암모니아성질소, 질산성질소, 염소이온, 과망간산칼륨소비량, 불소, 페놀, 경도, 황산이온, 세제, 수소이온농도, 색도, 탁도, 증발잔류물, 농약 및 잔류염소시험용 시료는 미리 질산 및 정제수로 씻은 유리병에 시료를 채취하여 신속히 시험한다. 다만, 불소는 폴리에틸렌병에 채취하여 1주일 이내에 시험하고, 페놀은 4시간 이내에 시험하지 못할 때에는 시료 1 L에 대하여 황산구리 · 5수화물 1 g과 인산을 넣어 pH를 약 4로 하고, 냉암소에 보존하여 24시간 이내에 시험하며 잔류염소를 함유한 때에는 이산화비소산나트륨용액을 넣어 잔류염소를 제거한다.

07 미생물 검사를 위한 시험용 시료 채취나 보관이 옳은 것끼리 연결된 것은?

> ㄱ. 시료 용기는 정제수로 깨끗이 세척한 후 건조하여 사용하였다.
> ㄴ. 수도꼭지에서 시료를 2분 ~ 3분간 흘려보낸 후 시료를 채취하였다.
> ㄷ. 잔류염소가 함유된 시료에는 멸균한 티오황산나트륨용액을 최종 농도 0.03 %(w/v)가 되도록 투여하였다.
> ㄹ. 시료를 즉시 시험할 수 없어서 4 ℃ 냉장보관하였다가 30시간 이내에 일반세균과 녹농균 시험에 사용하였다.

① ㄱ, ㄴ   ② ㄴ, ㄷ
③ ㄷ, ㄹ   ④ ㄹ, ㄱ

해설

미생물 시험용 시료를 채취할 때에는 멸균된 시료용기를 사용하여 무균적으로 시료를 채취하고 즉시 시험하여야 한다. 즉시 시험할 수 없는 경우에는 4 ℃ 냉장보관한 상태에서 일반세균, 녹농균, 여시니아균은 24시간 이내에, 총대장균군 등 그 밖이 항목은 30시간 이내에 시험하여야 한다.

잔류염소를 함유한 시료를 채취할 때에는 시료채취 전에 멸균된 시료채취용기에 멸균한 티오황산나트륨용액을 최종농도 0.03 %(w/v)가 되도록 투여한다.

수고꼭지에서 시료를 채취할 경우에는 수도꼭지를 틀어 2분 ~ 3분간 흘려보낸 후 시료를 채취한다.

먹는샘물 제품수는 병의 마개를 열지 않은 상태의 제품을 말하며, 병의 마개가 열린 것은 시료로 사용할 수 없다.

08 시험결과 값을 표기하고자 수치를 정리하여 소수점 이하를 n자리까지 표기할 때 옳은 방법은?

① 수치를 정리하여 소수점 이하를 n자리까지 하는 경우에는, n째 자리의 수가 6 이상일 때는 끊어 올린다.

② 수치를 정리하여 소수점 이하를 n자리까지 하는 경우에는, $(n+1)$째 자리의 수가 4 이하일 때는 버린다.

③ 수치를 정리하여 소수점 이하를 n자리까지
하는 경우에는, $(n+1)$째 자리의 수가 5 이
상일 때는 끊어 올린다.
④ $(n+1)$째 자리의 수가 5일 때는 n자리의 수
가 1, 3, 5, 7, 또는 9일 경우에는 끊어 버리
고, n자리의 수가 0, 2, 4, 6 또는 8일 경우
에는 올린다.

해설
수치를 정리하여 소수점 이하를 n자리까지 하는 경우
에는 $(n+1)$ 자리 이하의 수치를 다음과 같이 끊어 올
리거나 버린다.
㉠ $(n+1)$째 자리의 수가 6 이상일 때는 끊어 올린다.
㉡ $(n+1)$째 자리의 수가 4 이하일 때는 버린다.
㉢ $(n+1)$째 자리의 수가 5일 때는 n자리의 수가 1,
3, 5, 7, 또는 9일 경우에는 끊어 올리고, n자리의
수가 0, 2, 4, 6 또는 8일 경우에는 버린다.

09 디클로로메탄으로 추출하여 분석하는 유기인
계농약이 아닌 것은?

① 다이아지논　　② 레티놀
③ 파라티온　　　④ 페니트로티온

해설
먹는물, 샘물 및 염지하수 중에 유기인계농약류의 측
정방법은 먹는물 중에 다이아지논, 파라티온, 카바릴
을 디클로로메탄으로 추출하여 농축한 후 기체크로마
토그래프로 분리하여 질량분석기나 질소-인 검출기
로 분석한다.

10 질산성질소를 자외선/가시선 분광법으로 시
험하려고 할 때 정도관리 목표값에 대한 설명
으로 옳은 것은?

① 현장이중시료는 상대편차 백분율 ±30 % 이
내이다.
② 정량한계는 0.1 mg/L이다.
③ 정확도는 70 % ~ 130 % 이내이어야 한다.
④ 검정곡선은 결정계수(R^2)가 0.90보다 크거
나 같다.

해설
① 현장이중시료는 상대편차 백분율 ±30 % 이내이
어야 한다.
③ 정확도는 80 % ~ 120 % 이내이어야 한다.
④ 검정곡선의 결정계수(R^2)가 0.98 또는 감응계수
(RF)의 상대표준편차가 15 % 이내이어야 한다.

11 먹는물수질공정시험기준에서의 용액에 대한
설명으로 틀린 것은?

① 과망간산칼륨용액(수은시험용) : 과망간칼
륨 50 g을 정제수에 녹여 1 L로 하고 여과
한다.
② 디페닐카르바지드용액 : 디페닐카르바지드
0.1 g을 에탄올 50 mL에 녹이고 다시 황산
(1+9) 200 mL를 넣는다.
③ 설파민산암모늄용액 : 설파민산암모늄 0.1 g
을 정제수에 녹여 100 mL로 한다.
④ 암모니아 완충용액 : 염화암모늄 67.5 g을
암모니아수에 녹여 1 L로 한다.

해설
암모니아 완충용액
염화암모늄 67.5 g을 암모니아수 570 mL에 녹이고
정제수를 넣어 1 L로 한다.

12 먹는물수질공정시험기준의 탁도 측정에 대한
설명으로 옳은 것은?

① 시료는 플라스틱병에 채취하고 가능한 빨리
측정한다.
② 시료를 보관하여야 할 경우 미생물에 의한
분해를 방지하기 위해 0 ℃ 미만에서 보관
한다.
③ 시료를 강하게 흔들어 섞은 후 즉시 일정량을
취해 측정튜브에 넣어 측정한다.
④ 탁도계에서 읽은 값에 묽힘 배수를 곱하여 구
한다.

① 시료는 유리병에 채취하고 가능한 빨리 측정한다.
② 시료를 보관하여야 할 경우 미생물에 의한 분해를 방지하기 위해 0 ℃ ~ 4 ℃로 보관한다.
③ 시료를 강하게 흔들어 섞고 공기방울이 없어질 때까지 가만히 둔 후 일정량을 취하여 측정튜브에 넣고 보정된 탁도계로 탁도를 측정한다.

13 휘발성유기화합물 분석을 위한 마이크로용매 추출법에 대한 설명으로 틀린 것은?

① 일반 용매추출과 같이 용해도가 높은 용매를 사용하는 방법이다.
② 분배원리에 의해 추출하는 방법이다.
③ 사용하는 추출용매의 부피를 최대화하여 농축하여야 하는 방법이다.
④ 휘발성유기화합물은 용매를 농축할 때 분석물질이 손실되므로 농축할 수 없다.

해설
사용하는 추출용매의 부피를 최소화하여 농축을 하지 않아도 되도록 하는 방법이다.

14 먹는물수질공정시험기준 총칙에서 규정하는 것 중 옳은 것은?

① 약산성, 강산성, 약알칼리성, 강알칼리성 등으로 기재한 것은 산성 또는 알칼리성의 정도의 개략을 표시한 것으로서 강산성은 약 1 이하, 강알칼리성은 약 10 이상을 말한다.
② 방울 수를 측정할 때에는 20 ℃에서 물 20방울을 적하할 때 그 무게가 0.9 g ~ 1.1 g이 되는 기구를 쓴다.
③ 시험은 따로 규정이 없는 한 상온에서 하고 조작 후 60초 이내에 관찰한다. 다만, 온도의 영향이 있는 것에 대하여는 실온에서 한다.
④ 측정결과가 같은 공정시험기준 이외의 방법이나 그 이상의 정확도가 있다고 국외에서 공인된 방법이라도 사용할 수 없다.

해설
① 강산성은 약 3 이하, 강알칼리성은 약 11 이상을 말한다.
③ 시험은 따로 규정이 없는 한 상온에서 하고 조작 후 30초 이내에 관찰한다. 다만, 온도의 영향이 있는 것에 대하여는 표준온도에서 한다.
④ 공정시험기준 이외의 방법이라도 측정결과가 같거나 그 이상의 정확도가 있다고 국내외에서 공인된 방법은 이를 사용할 수 있다.

15 시안을 자외선/가시선 분광법으로 측정하고자 할 때 설명으로 틀린 것은?

① 전처리에서 얻어진 시험용액 20 mL를 비색관에 넣고 인산완충용액 10 mL 및 클로라민 ‒T용액 0.25 mL를 넣어 마개를 막고 흔들어 섞는다.
② 2분 ~ 3분 정치한 후 피리딘 · 피라졸론 혼합액 5 mL를 넣어 잘 섞고 20 ℃ ~ 30 ℃에서 약 50분간 둔다.
③ 이 용액의 일부를 흡수셀(10 mm)에 넣고 자외선/가시선 분광광도계를 사용하여 파장 620 nm 부근에서 흡광도를 측정한다.
④ 정제수 20 mL를 따로 취하여 시료의 시험방법에 따라 시험하여 바탕시험액으로 한다.

해설
② 2분 ~ 3분 정치한 후 피리딘 · 피라졸론 혼합액 15 mL를 넣어 잘 섞고 20 ℃ ~ 30 ℃에서 약 50분간 둔다.

16 미생물 시험용 시료를 채취하여 적어도 24시간 이내에 시험을 해야 하는 항목이 아닌 것은?

① 총대장균군
② 일반세균
③ 녹농균
④ 여시니아균

해설

미생물 시험용 시료를 채취할 때에는 멸균된 시료용기를 사용하여 무균적으로 시료를 채취하고 즉시 시험하여야 한다. 즉시 시험할 수 없는 경우에는 4 ℃ 냉장 보관한 상태에서 일반세균, 녹농균, 여시니아균은 24시간 이내에, 총대장균군 등 그 밖의 항목은 30시간 이내에 시험하여야 한다.

17 수소이온농도(pH) 측정원리에 대한 설명 중 옳은 것은?

① 보통 수은전극과 비교전극 간에 발생하는 기전력차를 이용하여 구한다.

② 보통 유리전극과 비교전극 간에 발생하는 기전력차를 이용하여 구한다.

③ 보통 탄소전극과 비교전극 간에 발생하는 기전력차를 이용하여 구한다.

④ 보통 백금전극과 비교전극 간에 발생하는 기전력차를 이용하여 구한다.

해설

pH는 보통 유리전극과 비교전극으로 된 pH 측정기를 사용하여 측정하는데 양전극간에 생성되는 기전력의 차를 이용하여 구하며 다음과 같은 식으로 정의된다.

$$pHx = pHs \pm \frac{F(Ex - Es)}{2.303\,RT}$$

여기서, pHx : 시료의 pH 측정값

pHs : 표준용액의 pH($-\log[H^+]$)

Ex : 시료에서의 유리전극과 비교전극간의 전위차(mV)

Es : 표준용액에서의 유리전극과 비교전극간의 전위차(mV)

F : 페러데이(Faraday) 정수 (9.649×10^4 C/mol)

R : 기체정수(8.314 J/K · mol)

T : 절대온도(K)

18 할로겐화 휘발성유기화합물을 헤드스페이스 −기체크로마토그래피법으로 분석하고자 할 때 옳은 것은?

① 밀폐된 용기의 시료 중에 휘발성유기화합물들이 수질과 헤드스페이스 상에 평형을 이루는 것을 이용한 방법이다.

② 측정장비로는 주로 GC−TCD 혹은 GC−NPD가 사용된다.

③ 헤드스페이스 상의 기체 일부를 포집하여 기기 주입 전에 다시 냉각 · 응축한 후 극미량의 용매에 다시 녹여 분석하는 방법이다.

④ 이 방법은 일반적으로 퍼지−트랩방법보다 농축효율이 우수한 것으로 알려져 있다.

해설

② 헤드스페이스법으로 휘발성유기화합물을 측정하는 장비로는 GC−MS(질량분석기), GC−ECD (전자포획검출기)가 사용된다.

③ 기체상태의 시료를 기기에 주입한다.

④ 일반적으로 퍼지−트랩 방법이 헤드스페이스 방법보다 농축효율이 우수한 것으로 알려져 있다.

3과목 정도관리

01 클로로필 a(chlorophyII−a) 하위시료채취 방법으로 틀린 것은?

① 부착조류 시료의 초기 용량을 기록한다.

② 시료를 균일화해야 하기 때문에 현장에서 격렬하게 흔들고, 실험실에서는 조직균일기를 이용한다.

③ 클로로필 a는 가능하면 바로 하위시료를 채취해야 한다. 일반적으로 채집한 그날 실험실로 가져와 하위시료를 만들 수 없다면, 현장에서 실시한다.

④ 하위시료를 만들 때에는 각각의 시료에서 1개의 하위시료를 얻어야 하며, 하위시료 용량을 기록한다.

④ 하위시료를 만들 때에는 각각의 시료에서 2개의 하위시료를 얻어야 하며, 하위시료 용량을 기록한다.

02 유기염소계 농약과 polychlorinated biphenyl (PCB) 분석을 위한 시료채취 내용으로 틀린 것은?

① 시료는 추출할 때까지 4 ℃에서 냉장보관해야 한다.
② 시료 수집 후 72시간 내에 바로 추출되지 않았다면, 시료의 pH를 수산화나트륨 또는 황산을 이용해 pH 5 ~ 9의 범위까지 적정한다.
③ 알드린(aldrine)을 분석할 때 잔류 염소가 있다면, 시료 1 L당 80 mg Na$_2$S$_2$O$_3$를 첨가한다.
④ 황산을 이용해 pH 5 ~ 9로 맞추어 놓은 시료는 즉시 추출해서 분석을 완료해야 한다.

④ 황산을 이용해 pH 5 ~ 9로 맞추어 놓은 시료는 7일 안에 추출해야 하고, 추출물질을 공기 중에 노출시켰다면 7일 내에 분석을 완료해야 한다.

03 환경 조사 목적에 따라 샘플링 방법이 달라진다. 한강 상수원 지역에 페놀이 유입되었다는 정보가 입수되었다. 가장 우선적으로 해야 하는 시료 채취 방법은 무엇인가?

① 임의적 샘플링   ② 계통적 샘플링
③ 조사적 샘플링   ④ 유의적 샘플링

④ 초기 오염 징후의 조사나 확인을 위한 조사는 유의적 샘플링이 적절하다. 오염발생량 추정을 위해서는 층별 임의 샘플링, 계통 표본 샘플링, 조사 샘플링, 횡단면 샘플링 기법이 고려된다. 오염 발생의 처리효율 평가를 위해서는 계통적 샘플링 방법이 적절하며, 오염 제거 후 완료 평가를 위해서는 임의적 샘플링, 층별 임의 샘플링, 계통 표본 샘플링, 조사 샘플링, 횡단면 샘플링이 선택된다.

04 수질조사지점은 그 대상수역에 따라 선정방법이 다르다. 조사지점 선정에 있어서 공통적으로 적용할 수 있는 사항이 아닌 것은?

① 수역별 오염물질의 부하량과 그 영향을 파악하기 위한 지점
② 담수와 해수의 혼합지점에서 강으로부터의 오염물질 부하를 평가하기 위한 지점
③ 일정기간에 걸친 수질변화를 측정함으로써 수질변동의 경향파악 및 예측되는 행위를 제한하기 위한 지점
④ 강에 있어서 유량변화가 크게 일어나는 경우는 시료채취에 안전한 제방. 해변 등 육지와 물 간의 경계지역의 지점

④ 강에 있어서 조사지점 상류나 하류에 수질에 영향을 주는 요소가 있으면 그 시료는 대표성을 확보할 수 없다. 예를 들어 시료채취지점이 보 바로 하류에 위치한다면 DO가 증가할 것이고 상류에 위치한다면 DO가 감소될 것이다. 그러므로 제방, 해변 등 육지와 물 간의 경계지역은 피하는 것이 좋다.

05 GC/MS 기기분석 시 시료분석 전에 확보하여야 할 필수 항목이 아닌 것은?

① 검정곡선식 및 농도범위
② 질량 교정값 및 주사범위
③ 기기검출한계 및 방법검출한계
④ 분석결과의 희석배수 및 기타 환산계수

④ 분석결과의 희석배수 및 기타 환산계수는 분석 후에 결과의 계산처리에 필요한 사항들이다.

06 방사능 기기 취급자의 준수사항에 대한 설명으로 틀린 것은?

① 휴대용 γ선용 선량계는 항시 착용하여 수시로 개인의 피폭선량을 측정하고 그 측정량을 기록·관리하여야 한다.

② 실내는 방사능 오염방지를 위해 항상 깨끗이 청소를 실시하고, 실내 기기 특히 가속기실 내의 기기는 수시로 오염여부를 확인한다.

③ 실험실 또는 가속기실로부터 장치기구비품 등을 반출하려고 할 때는 표면 오염 유무를 감시하고 최대허용표면 밀도의 1/5 이하임을 확인한 후에 반출하여야 한다.

④ 관련 규정에 따라 측정된 공간선량율 및 표면 오염밀도의 결과로 작업량을 조절하여 최대 허용 피폭선량과 최대 허용 직접선량을 초과하여 피폭되지 않도록 하여야 한다.

해설
③ 실험실 또는 가속기실로부터 장치기구비품 등을 반출하려고 할 때는 표면 오염 유무를 감시하고 최대허용표면 밀도의 1/10 이하임을 확인한 후에 반출하여야 한다.

07 표준작업절차서에 대한 설명으로 틀린 것은?

① 제조사로부터 제공되거나 시험기관 내부적으로 작성될 수 있다.

② 표준작업절차서는 문서 유효일자와 개정번호와 승인자의 서명 등이 포함되어야 한다.

③ 표준작업절차서는 분석담당자 이외 직원이 분석할 수 있도록 자세한 시험방법을 기술한 문서이다.

④ 표준작업절차서는 모든 직원이 쉽게 이용가능하여야 하지만, 컴퓨터에 파일로 지정한 형태는 인정되지 않는다.

해설
④ 표준작업절차서는 모든 직원이 쉽게 이용가능하여야 하고, 컴퓨터에 파일로 지정하여 이용 가능하다.

08 실험실 안전 행동지침으로 틀린 것은?

① 실험실에서 혼자 작업하는 것은 좋지 않으며, 적절한 응급조치가 가능한 상황에서만 실험을 해야 한다.

② 귀덮개는 85 dB 이상의 높은 소음에 적합하고 귀마개는 90 ~ 95 dB 범위의 소음에 적합하다.

③ 천으로 된 마스크는 작은 먼지는 보호할 수 있으나 화학약품에 의한 분진으로부터는 보호하지 못하므로 독성실험 시 사용해서는 안 된다.

④ 대부분의 실험은 보안경만 사용해도 되지만 특수한 화학물질 취급 시에는 약품용 보안경 또는 안전마스크를 착용하여야 한다.

해설
② 귀덮개는 95 dB 이상의 높은 소음에 적합하고 귀마개는 80 ~ 95 dB 범위의 소음에 적합하다.

09 삭제 문항

10 시료 및 시약 보관시설에 대한 설명으로 옳은 것은?

① 시료 보관 시설을 갖추기 위한 최소한의 공간은 분석량 또는 시료의 수 등을 고려하여 최소한 3개월분의 시료를 보관할 수 있는 시설을 갖추어야 한다.

② 시약 보관 시설의 최소 공간은 분석량 또는 시료의 개수 등에 있어 시약 여유분을 확보할 수 있도록 시약 여유분의 약 3배 이상 공간이 확보되어야 한다.

③ 시료 보관 시설은 전기 공급이 일정 기간 공급되지 않아도 최소한 3시간 정도 4 ℃ 미만으로 유지되도록 별도의 무정전 전원을 설치하는 것이 좋다.

④ 시약 보관 시설의 조명은 시약 보관실을 개방할 경우에만 조명이 들어오게 하고 시약의 기재 사항을 알 수 있도록 최소한 75 Lux 이상이어야 한다.

정답 **06** ③ **07** ④ **08** ② **09** 삭제 **10** ①

해설

② 시약 보관시설은 시약여유분의 약 1.5배 이상 공간이 확보되어야 한다.

③ 시료 보관시설은 전기 공급이 일정 기간 공급되지 않아도 최소 1시간 정도 4 ℃ 미만으로 유지되도록 별도의 무정전 전원을 설치하는 것이 좋다.

④ 시약 보관시설의 조명은 시약의 기재사항을 알 수 있도록 최소한 150 Lux 이상이어야 한다.

11 삭제 문항

12 측정소급성에 대한 설명으로 틀린 것은?

① 표준용액은 인증표준물질에 의하여 주기적으로 교정하여야 한다.

② 일반적으로 측정값은 SI(국제단위계)에 대해 소급 가능해야 한다.

③ 환경분야 오염물질 농도의 측정을 포함한 화학분석에 대하여는 인증표준물질이 소급성을 제공한다.

④ 소급성은 개인의 시험·검사 과정에서 측정한 결과가 국가 또는 국제표준에 일치되도록 불연속적으로 비교하고 교정하는 체계이다.

해설

④ 소급성은 연구개발, 산업생산, 시험검사 현장 등에서 측정한 결과가 명시된 불확정 정도의 범위 내에서 국가 또는 국제표준에 일치되도록 연속적으로 비교하고 교정하는 체계이다.[국가표준기본법]

※ 참고

• 도량형에 대한 국제 기본용어집(International Vocabulary of basic and General Terma in Methology) : "모든 불확도가 명확히 기술되고 끊어지지 않는 비교의 연결고리를 통하여, 명확한 기준(국가 또는 국제 표준)에 연관시킬 수 있는 표준 값이나 측정결과의 특성을 말한다."

• NIST 핸드북 150 : "측정장비의 정확도를 더 높은 정확도를 가진 다른 측정 장비 그리고 궁극적으로 1차표준(Primary Standard)으로 연결시키는 문서화된 비교고리이다."

13 '전처리바탕시료'에 대한 설명으로 바르게 묶인 것은?

> ㄱ. '시료보관바탕시료'라고도 부른다.
> ㄴ. 측정하기 직전의 시료에 일정한 양을 첨가하는 시료이다.
> ㄷ. 시료채취기구의 청결함을 확인하는 데 사용하는 시료이다.
> ㄹ. 교반, 혼합 등 시료를 분석하기 위한 다양한 전처리과정에 대한 시료이다.

① ㄱ, ㄷ   ② ㄱ, ㄴ
③ ㄴ, ㄷ   ④ ㄱ, ㄹ

해설

ㄴ. 측정하기 직전의 시료에 일정한 양을 첨가하는 시료는 내부표준물질이다.

ㄷ. 시료채취기구의 청결함을 확인하는 데 사용하는 시료는 기구바탕시료이다.

14 시료 보관 시설의 요건으로 틀린 것은?

① 별도의 배수 라인
② 약 4 ℃의 온도 유지
③ 상대 습도 40 % ~ 60 %
④ 0.5 m/s의 배기 속도의 환기 시설

해설

③ 시료 보관시설은 벽면 응축이 발생하지 않도록 상대습도는 25 ~ 30 %로 조절

15 log(1236)을 계산한 결과를 유효숫자를 고려하여 올바르게 표기한 것은?

① 3.09   ② 3.092
③ 3.0920   ④ 3.09202

해설

③ 유효숫자에 포함되지 않는 "0"은 단지 소수점을 나타내기 위한 "0"뿐이다.

16 오차(error)에 대한 설명으로 틀린 것은?

① 기기오차(instrument error)는 측정기가 나타내는 값에서 나타내야 할 참값을 뺀 값이다.

② 개인 오차(personal error)는 측정자 개인차에 따라 일어나는 오차로써 계통오차에 속한다.

③ 방법오차(method error)는 분석의 기초원리가 되는 반응과 시약의 비이상적인 화학적 또는 물리적 행동으로 발생하는 오차로 우연오차에 속한다.

④ 계통오차는 재현 가능하여 어떤 수단에 의해 보정이 가능한 오차로서 이것에 따라 측정값은 편차가 생긴다.

해설
③ 방법오차는 계통오차로 검출하기 어려우므로 3가지 계통오차 종류 중에 가장 심각하다.

17 대기압에서 인화점에 65 ℃ 이하인 가연성 액체를 인화성 물질이라 할 때, 인화점과 대상물질과의 관계가 틀린 것은?

① 인화점 −30 ℃ 이하 : 에틸에테르
② 인화점 −30 ℃ ~ 0 ℃ : 노말헥산
③ 인화점 0 ℃ ~ 30 ℃ : 아세톤
④ 인화점 30 ℃ ~ 65 ℃ : 등유

해설
③ 아세톤은 인화점 23 ℃ 미만인 액체

18 기체 크로마토그래프의 검출기와 검출대상항목에 대한 설명이다. 다음 중 잘못 짝지어 진 것은?

① 전해질 전도도 검출기(ELCD) : 할로겐, 질소, 황 또는 나이트로아민을 포함한 유기화합물

② 전자 포획형 검출기(ECD) : 아민, 알코올, 탄화수소와 같은 작용기를 포함한 유기화합물

③ 불꽃 이온화 검출기(FID) : 거의 모든 유기 탄소화합물

④ 열전도도 검출기(TCD) : O_2, N_2, H_2O, 비탄화수소 등의 기체분석

해설
② 전자포획형 검출기는 할로겐족을 포함한 분자에는 매우 민감하지만 아민, 알코올, 탄화수소와 같은 작용기에는 민감하지 못하다.

19 시험결과를 표기할 때 유효숫자에 관한 설명으로 틀린 것은?

① 1.008은 2개의 유효숫자를 가지고 있다.

② 0.002는 1개의 유효숫자를 가지고 있다.

③ $4.12 \times 1.7 = 7.004$는 유효숫자를 적용하여 7.0으로 적는다.

④ $4.2 \div 3 = 1.4$는 유효숫자를 적용하여 1로 적는다.

해설
① 0이 아닌 숫자 사이에 있는 '0'은 항상 유효숫자이다. 즉, 1.008이란 수는 4개의 유효숫자를 가지고 있다.

20 실험실은 시료 분석을 수행하는 장소로서 시료의 성격에 따라 여러 실험실 형태로 나누어진다. 각 실험실에 대한 일반적 고려 사항으로 틀린 것은?

① 악취실험실 : 악취실험을 위한 피복이나 장비를 보관하는 별도의 공간을 두는 것이 바람직하다.

② 바이오실험실 : 시료의 유출입 시 내부의 공기가 밖으로 나가지 못하도록 이중문을 설비하여야 한다.

③ 이화학실험실 : 실험 수행실 내 조명은 실험 수행이 원활할 수 있도록 설비해야 하며, 최소한 150 Lux 이상이어야 한다.

④ 기기분석실 : 안정적인 전원을 공급하여 분석기기들을 안전하게 보호하기 위해 무정전 전원장치(UPS)를 설치하고, 정전 시 사용시간은 총 30분 이상 될 수 있도록 설비하는 것이 좋다.

정답 **16** ③ **17** ③ **18** ② **19** ① **20** ③

③ 실험 수행실 내 조명은 실험 수행이 원활할 수 있도록 설비해야 하며, 최소한 300 Lux 이상이어야 한다.

21 분석 자료와 승인 과정에서 '허용할 수 없는 교정 범위의 확인 및 수정 사항'에 속하지 않는 것은?

① 오염된 정제수
② 잘못된 기기의 응답
③ 오래된 저장물질과 표준물질
④ 부적절한 부피측정용 유리 제품의 사용

해설
① 오염된 정제수는 '허용할 수 없는 바탕시료 값의 원인과 수정 사항'에 속한다.

22 시험검사 결과의 표현으로 틀린 것은?

① joules per kilogram
② kilometer
③ L
④ ppm

해설
④ ppm, ppb, ppt 등은 특정 국가에서 사용하는 약어이므로 정확한 단위로 표현하든지 백만분율, 십억분율, 일조분율 등의 수치로 표현한다.

23 유리기구 중 TD 표시를 할 수 없는 것은?

① 25 mL 홀피펫
② 10 mL 피펫
③ 10 mL 부피플라스크
④ 10 mL 메스실린더

해설
③ TD는 to deliver의 약자로서 만약 TD 20 ℃라고 적혀 있다면 이것은 '20 ℃에서 25.00 mL를 옮길 수 있다'는 것이다.

24 표준용액이나 표준물질 중 냉장보관이 필요하지 않은 것은?

① 탁도 표준물질
② 페놀 표준용액
③ 전도도 표준물질
④ 인산저장용액 및 표준용액

해설
③ 전도도 표준물질은 실온보관한다.

25 정밀도는 모두 3.0 % 안에 드는데, 정확도가 70 %에 못 미치는 실험 결과가 나왔을 때, 그 원인이 아닌 것은?

① 실험자가 숙련되지 않았다.
② 회수율 보정이 잘 되지 않았다.
③ 검정곡선의 작성이 정확하지 않다.
④ 표준물질의 농도가 정확하지 않다.

해설
① 정밀도는 실험자의 숙련도와 관련이 있으며, 정확도는 회수율, 검정곡선 및 표준물질의 정확성과 관련이 있다.

26 수질 시료내 농약물질을 분석할 때 사용할 수 없는 용기는?

① 유리
② 테플론
③ 플라스틱
④ 스테인레스

해설
③ 휘발성 유기화합물은 유리, 스테인레스, 테플론을 사용한다.

27 정도관리 현장평가 보고서의 작성에 대한 설명으로 틀린 것은?

① 평가팀장은 미흡 사항 보고서에 품질시스템 및 기술 향상을 위한 사항은 포함할 수 없다.
② 평가팀장은 발견된 모든 미흡 사항에 대해 상호 토론과 확인을 하여야 한다.
③ 평가팀은 대상기관의 분야별 평가에 대해 현장평가 기준에 따라 적합, 부적합으로 구분한다.
④ 평가팀장은 운영 및 기술 점검표, 시험분야별 분석 능력 점검표를 모두 취합하고 평가결과를 상호 대조하여 현장평가 보고서를 최종 작성한다.

해설
① 평가팀장은 미흡 사항 보고서에 품질시스템 및 기술 향상을 위한 사항을 미흡사항 보고서에 포함할 수 있다.

28 시약등급수의 종류 및 사용에 대한 설명으로 틀린 것은?

① 유형Ⅱ는 박테리아의 존재를 무시할 목적으로 사용된다.
② 유형Ⅲ과Ⅳ는 유리 기구의 세척과 예비 세척에 사용된다.
③ 유형Ⅲ은 보다 낮은 등급수를 생산하기 위한 원수(feedwater)로 사용된다.
④ 정밀분석용 유형Ⅰ은 최소의 간섭물질과 편향 최대 정밀도를 필요로 할 때 사용된다.

해설
③ 유형Ⅲ은 보다 높은 등급수를 생산하기 위한 원수(feedwater)로 사용된다.

29 실험 기구 재질과 각 재질의 화학적 내구성에 대한 설명으로 틀린 것은?

① 용융석영 : 산에 강하나 할로겐에 약함
② 붕규산 유리 : 가열할 때 알칼리 용액에 의해 약간 침식 받음

③ 스테인레스강 : 진한 염산, 묽은 황산 및 끓는 진한 질산 이외의 알칼리와 산에 침식되지 않음
④ 폴리에틸렌 : 알칼리성 용액이나 HF에 침식되지 않으나 유기용매에 의해 침식됨(아세톤과 에탄올은 사용가능)

해설
① 용융석영 : 산에 강하나 할로겐에 약함

30 호수나 저수지에서 수질조사 시기 또는 기간에 대한 설명으로 틀린 것은?

① 수 년 혹은 그 이상의 장기적인 관측(long−term monitoring)을 원칙으로 한다.
② 1년을 주기로 하는 계절적 현상을 조사할 경우 월 1회의 관측을 원칙으로 한다.
③ 플랑크톤 활동의 일반적 변화 등을 고려하여 비교적 안정된 조사결과를 얻기 위해 바람이 약한 오후에 조사를 실시하는 것이 좋다.
④ 홍수기 동안에 호소의 물질순환, 특히 영양염류, 유기물, SS 등의 유입과 유출에 관련된 수질분석을 하고자 한다면 매일 수질을 조사할 필요도 있다.

해설
③ 플랑크톤 활동의 일반적 변화 등을 고려하여 비교적 안정된 조사결과를 얻기 위해 바람이 약한 오전 또는 이른 아침에 조사를 실시하는 것이 좋다.

31 측정분석 결과의 기록방법에 대한 표기로 틀린 것은?

① 24.2 ± 0.3 ℃
② 28 mm
③ 84 J/(kg · K)
④ 2 mg/L

해설
① 범위로 표현되는 수치에는 단위를 각각 붙인다. 그러므로 24.2 ℃±0.3 ℃ 또는 (24.2±0.3) ℃

32 UV-VIS 분광광도계의 검정항목이 아닌 것은?

① 파장의 정밀도 ② 바탕선의 안정도
③ 측광반복 정밀도 ④ 파장의 반복 정밀도

해설
① 파장의 정확도이다.

33 특정 시료채취에 대한 설명으로 옳은 것은?

① 중금속 : 시료를 채취하고 50 % 질산 6 mL 혹은 진한 질산 3 mL를 첨가하여 보존한다. 알칼리성이 높은 시료는 pH미터(meter)를 이용하여 산을 첨가하고 그 산을 바탕시료에도 첨가하고 문서화해야 한다.
② 용해금속 : 시료를 보존하기 전에 산을 첨가한 후 0.45 μm 멤브레인(cellulose acetate membrane) 필터를 통해 여과시킨다. 가능한 한 현장에서 시료를 여과하는 것이 좋다.
③ 부유금속 : 보존되지 않은 시료는 0.45 μm 멤브레인 필터를 통해 여과시키고, 그 필터는 뒤에 분석을 위해 남겨둔다. 그러나 시료는 가능한 한 실험실로 바로 운반한 뒤 여과하며 필터는 증류수로 깨끗이 씻어 말린다.
④ VOC : 분석물들이 휘발성을 갖고 있기 때문에 특별한 주의가 필요하며 뚜껑 안쪽에 테플론 격막이 있는 40 mL 유리 바이알에 시료를 담는다.

해설
① 중금속 : 시료를 채취하고 50 % 질산 3 mL 혹은 진한 질산 1.5 mL를 첨가하여 보존한다. 알칼리성이 높은 시료는 pH미터(meter)를 이용하여 산을 첨가하고 그 산을 바탕시료에도 첨가하고 문서화해야 한다.
② 용해금속 : 시료를 보존하기 전에 0.45 μm 셀룰로오스 아세테이트 멤브레인(cellulose acetate membrane) 필터를 통해 여과시킨다. 그 후에 산을 첨가한다. 가능한 한 현장에서 시료를 여과하는 것이 좋다.

③ 부유금속 : 보존되지 않은 시료는 0.45 μm 멤브레인 필터를 통해 여과시키고, 그 필터는 뒤에 분석을 위해 남겨둔다. 시료는 현장 혹은 실험실에서 여과한다. 그러나 시료는 가능한 한 실험실로 바로 운반한 뒤 여과하며 필터는 산으로 깨끗이 씻어 말린다.

34 시험검사기관의 정도관리를 위한 문서 중 기술문서인 것은?

① 품질절차서
② 국가 및 국제규격
③ 국가법령 등 관련 법률
④ 설비 운전용 컴퓨터 소프트웨어

해설
② 기술문서는 국가 및 국제규격, 시방서, 외부출처문서 및 자료 등이며, 품질문서는 품질메뉴얼, 품질절차서, 품질지침서이며, 국가법령 등 관련 법률은 관련법이며, 설비의 운전용 컴퓨터소프트웨어는 소프트웨어로 분류된다.

35 정도관리를 위하여 분석의 모든 과정(채취, 운송, 분석)에서 생기는 문제점을 찾는데 사용되는 시료는?

① 현장 바탕시료(field blank)
② 시약 첨가시료(reagent spike sample)
③ 미지 현장 이중 시료(blind field duplicate)
④ 미지 QC 점검 시료(blind QC check sample)

해설
② 시약 첨가시료는 분석하고자 하는 물질이 없는 물에 분석하고자 하는 물질을 추가하는 시료를 시약 첨가시료라고 한다.
③ 미지 현장 이중 시료는 동일한 시각에 동일한 장소에서 채취된 이중시료를 말한다.
④ 미지 QC 점검 시료는 분석자는 시료의 농도값을 알지 못하는 시료로써 분석시스템과 분석자의 분석능력을 측정하고 확인하기 위해 사용한다.

정답 **32** ① **33** ④ **34** ② **35** ①

36 분석 물질의 일반적인 시료채취 절차상 시료 수집에 있어 우선 순위대로 나열한 것은?

① 미생물 – VOC(volatile organic cmpound) – 중금속 – 오일과 그리스

② VOC(volatile organic cmpound) – 오일과 그리스 – 중금속 – 미생물

③ 중금속 – 미생물 – 오일과 그리스 – VOC (volatile organic cmpound)

④ 오일과 그리스 – 중금속 – VOC(volatile organic cmpound) – 미생물

[해설]

② 시료 수집에 있어 우선순위는 첫 번째로 VOCs, 오일과 그리스 및 TPHs을 포함한 추출하여야 하는 유기물질이며, 이어 중금속, 용존금속, 미생물시료, 무기 비금속 순으로 수집해야 한다.

1과목 수질오염공정시험기준

01
5점
이온크로마토그래피에서는 보통 억압칼럼(su-ppressorcolumn)을 사용한다. 억압칼럼이 필요한 이유는 무엇인가?

① 고정상과 이동상 사이의 이온교환평형이 빠르게 일어나도록 하기 위해 필요하다.
② 복잡한 시료를 분리하기 위해 기울기 용리를 할 때 필요하다.
③ 전도도 검출기의 감도를 올리기 위해 필요하다.
④ 역상 고성능액체크로마토그래피(HPLC)칼럼을 사용하기 위해 필요하다.

해설

써프레서는 분리컬럼으로부터 용리된 각 성분이 검출기에 들어가기 전에 용리액 자체의 전도도를 감소시키고 목적성분의 전도도를 증가시켜 높은 감도로 음이온을 분석하기 위한 장치이다. 종류로는 고용량의 양이온 교환수지를 충전시킨 컬럼형과 양이온 교환막으로 된 격막형이 있다.

02
5점
200mg/L글리신(glycine, $C_2H_5O_2N$)을 포함하는 시료의 이론적인 총 유기탄소(total orga-nic carbon, TOC)값은?(단, 글리신의 분자량은 75이며, 글리신의 연소반응 중 질소는 암모니아로 변환된다고 가정하시오.)

① 64 　　　　　② 78
③ 86 　　　　　④ 92

해설

글리신(glycine, $C_2H_5O_2N$)은 호기성 조건하에서 CO_2, NH_3, H_2O로 변화된다.

$$C_2H_5O_2N + 1.5O_2 \rightarrow 2CO_2 + NH_3 + H_2O$$

$$\begin{array}{cc} 75 & 2 \times 44 \\ 200 & x \end{array}$$

x CO_2의 양은 234.7 mg/L이다.
그러므로 총 유기탄소값은 234.7 × 12/44 = 64이다.

03
5점
자기식 유량계에 대한 설명으로 틀린 것은?

① 패러데이 법칙을 이용하여 자장의 직각으로 흘러가는 전도체(폐·하수)의 유속을 측정한다.
② 이 측정기는 탁도, 온도, 점성의 영향을 받지 않고 수두손실이 적다.
③ 전도체 이동에 의해 발생된 전류를 이용하여 유량을 측정한다.
④ 고형물이 많은 폐·하수의 유량측정에 이용할 수 있다.

해설

패러데이(faraday)의 법칙을 이용하여 자장의 직각에서 **전도체를 이동시킬 때 유발되는 전압은 전도체의 속도에 비례한다는 원리를 이용한 것으로 이 경우 전도체는 폐·하수가 되며, 전도체의 속도는 유속이 된다. 이때 발생된 전압은 유량계 전극을 통하여 조절변류기로 전달된다.
이 측정기는 전압이 활성도, 탁도, 점성, 온도의 영향을 받지 않고 다만 유체(폐·하수)의 유속에 의하여 결정되며 수두손실이 적다

04
5점
음이온계면활성제 시험 중 측정에 방해를 주는 물질이 아닌 것은?

① 철
② 질산이온
③ 페놀 및 그 화합물
④ 무기 티오시안산

해설

ES 04359.0 음이온계면활성제 방해물질
• 약 1,000 mg/L 이상의 염소이온 농도에서 양의 간섭을 나타내며 따라서 염분농도가 높은 시료의 분석에는 사용할 수 없다.

- 유기 설폰산염(sulfonate), 황산염(sulfate), 카르복실산염(carboxylate), 페놀 및 그 화합물, 무기 티오시안(thiocyanide)류, 질산이온 등이 존재할 경우 메틸렌블루 중 일부가 클로로폼 층으로 이동하여 양의 오차를 나타낸다.
- 양이온 계면활성제 혹은 아민과 같은 양이온 물질이 존재할 경우 음의 오차가 발생할 수 있다.

05 클로로필 a 측정 과정에서 클로로필 색소를 추출하기 위해 사용되는 물질은?
5점

① 과망간산칼륨 용액 ② 아세톤
③ 메틸 알코올　　④ 벤젠

해설
이 시험기준은 물속의 클로로필 a의 양을 측정하는 방법으로 아세톤 용액을 이용하여 시료를 여과한 여과지로부터 클로로필 색소를 추출하고, 추출액의 흡광도를 663 nm, 645 nm, 630 nm 및 750 nm에서 측정하여 클로로필 a의 양을 계산하는 방법이다.

06 수질시료의 측정에 대한 설명으로 틀린 것은?
5점

① pH 측정을 위해 제조된 pH 표준용액의 전도도는 200 μS/cm 이하이어야 한다.
② 용존산소의 측정에서 전극법의 정량한계는 0.5 mg/L이다.
③ 암모니아성 질소의 측정에서 이온전극법의 정량 한계는 0.08 mg/L이다.
④ 시안의 측정에서 이온전극법의 정량한계는 0.1 mg/L이다.

해설
pH 표준용액의 조제에 사용되는 물은 정제수를 15분 이상 끓여서 이산화탄소를 날려 보내고 산화칼슘(생석회) 흡수관을 달아 식혀서 준비한다. 제조된 pH 표준용액의 전도도는 2 μS/cm 이하이어야 한다. 조제한 pH 표준용액은 경질 유리병 또는 폴리에틸렌병에 담아서 보관하며, 보통 산성 표준용액은 3개월, 염기성 표준용액은 산화칼슘 흡수관을 부착하여 1개월 이내에 사용한다.

07 물벼룩을 이용한 급성 독성 시험법에 대한 설명 중 맞는 것은?
5점

① 시료를 여러 비율로 희석한 시험수에 시험생물을 넣고 48시간 동안 관찰한다.
② 시료의 희석비는 대조군, 100 %, 50 %, 25 %, 12.5 %로 하여 시험한다.
③ 한 농도당 최소 10개체 이상의 시험 생물을 사용하며 3개 이상의 반복구를 둔다.
④ 생태독성값은 반수영향농도와 역수 관계이다.

해설
- 반수영향농도(EC$_{50}$, effect concentration of 50 %) : 투입 시험생물의 50 %가 치사 혹은 유영저해를 나타낸 농도이다.
- 생태독성값(TU, toxic unit) : 통계적 방법을 이용하여 반수영향농도 EC$_{50}$을 구한 후 100에서 EC$_{50}$을 나눠준 값을 말한다. 이때 EC$_{50}$의 단위는 %이다.
생태독성값(TU) = 100/EC$_{50}$

08 유기인을 기체크로마토그래피법으로 측정하기 위한 시료의 전처리 과정에서 시료에 염화나트륨을 넣고 헥산으로 추출하는데, 이때 pH는 얼마로 조정해야 하는가?
5점

① 3 ~ 4　　② 5 ~ 6
③ 9 ~ 10　　④ 11 ~ 12

해설
시료 500 mL를 1 L 분별깔때기에 취한 후, 염화나트륨 5 g을 넣어 녹인다. 염산을 이용하여 시료의 pH를 3 ~ 4로 조절한다.

09 원자흡수분광광도법을 이용한 금속류의 측정에서 해리하기 어려운 내화성 산화물을 만들기 쉬운 원소분석에 적당한 혼합가스는 무엇인가?
5점

① 산소-아세틸렌
② 수소-아르곤
③ 프로판-공기
④ 아세틸렌-아산화질소

해설

AA분석에서 불꽃생성을 위해 아세틸렌(C_2H_2) 공기가 일반적인 원소분석에 사용되며, 아세틸렌－아산화질소(N_2O)는 바륨 등 산화물을 생성하는 원소의 분석에 사용된다.

10 매질효과가 큰 시험 분석 방법에서 분석 대상 시료와 동일한 매질의 표준시료를 확보하지 못한 경우에 매질효과를 보정하여 분석하기 위해 사용하는 방법은?
5점

① 내부표준법   ② 표준물첨가법
③ 검정곡선법   ④ 상호표준법

해설

표준물첨가법(standard addition method)은 시료와 동일한 매질에 일정량의 표준물질을 첨가하여 검정곡선을 작성하는 방법으로서, 매질효과가 큰 시험 분석 방법에서 분석 대상 시료와 동일한 매질의 표준시료를 확보하지 못한 경우에 매질효과를 보정하여 분석할 수 있는 방법이다.

11 총 노말헥산추출물질 시험방법 중, 노말헥산추출물질의 함량이 낮은 경우에 사용하는 약품은?
5점

① 염화제이철용액과 탄산나트륨 용액
② 탄산나트륨 용액과 활성규산나트륨 용액
③ 염화제이철용액과 활성규산나트륨 용액
④ 활성규산나트륨 용액과 황산암모늄 용액

해설

노말헥산추출물질의 함량이 낮은 경우(5 mg/L 이하)에는 5 L용량 시료병에 시료 4 L를 채취하여 염화제이철용액(염화제이철($FeCl_3 \cdot 6H_2O$) 30 g을 염산(1 + 11) 100 mL에 녹인 용액) 4 mL를 넣고 자석교반기로 교반하면서 탄산나트륨용액(20 %)을 넣어 pH 7.9로 조절한다. 5분간 세게 교반한 다음 방치하여 침전물이 전체액량의 약 1/10이 되도록 침강하면 상층액을 조용히 흡인하여 버린다. 잔류 침전층에 염산(1+1)을 넣어 pH 약 1로 하여 침전물을 녹이고 이 용액을 분별깔때기에 옮겨 이하 시험방법에 따라 시험한다.

12 용존산소(DO) 측정 시 전처리 시약으로 틀린 것은?
5점

① 시료가 착색 · 현탁된 경우 : 칼륨명반용액과 암모니아수
② 미생물 플럭(floc)이 형성된 경우 : 황산구리－설파민산용액
③ 산화성 물질을 함유한 경우(잔류염소) : 알칼리성 요오드화칼륨－아자이드화나트륨용액과 황산
④ Fe(III)을 함유한 경우 : 요오드화칼륨과 수산화 나트륨용액

해설

Fe(III) 100 mg/L ～ 200 mg/L가 함유되어 있는 시료의 경우, 황산을 첨가하기 전에 플루오린화칼륨 용액 1 mL를 가한다.

13 시료 채취에 대한 설명 중 맞는 것은?
5점

① 시료 채취량은 시험 항목 및 시험 횟수에 따라 차이가 있으나 통상 0.5 L ～ 1 L 정도를 채취한다.
② 수심이 2 m 미만일 때는 수심이 1/2에서, 2 m 이상일 때는 수심의 1/3 및 2/3 지점에서 각각 채수한다.
③ 불소화합물이 포함된 시료를 채취할 때는 폴리에틸렌 용기 대신 반드시 유리 용기를 사용하여야 한다.
④ 유기인이 포함된 시료를 채취할 때는 반드시 유리병을 사용하여야 한다.

해설

① 시료채취량은 시험항목 및 시험횟수에 따라 차이가 있으나 보통 3 L ～ 5 L 정도이어야 한다.
② 하천의 단면에서 수심이 가장 깊은 수면의 지점과 그 지점을 중심으로 하여 좌우로 수면폭을 2등분한 각각의 지점의 수면으로 부터 수심 2 m 미만일 때에는 수심의 1/3에서, 수심이 2 m 이상일 때에는 수심의 1/3 및 2/3에서 각각 채수한다.
③ 불소화합물은 유리 용기를 녹이기 때문에 반드시 폴리에틸렌 용기를 사용하여야 한다.

14 대장균−효소이용정량법에 대한 설명으로 틀린 것은?
5점

① 대장균은 갈릭 · 토오즈 분해효소의 활성을 가진 호기성 또는 혐기성균이다.

② 확정시험용 막여과법 고체배지는 2 ℃ ~ 10 ℃의 냉암소에서 2주간 보관할 수 있다.

③ 암 조건에서 366 nm 파장의 자외선을 조사하여 형광을 나타낸 금속성 광택의 집락수로 대장균을 정량한다.

④ 막여과법의 확정시험에서 대장균 배양 조건은 (35±0.5) ℃에서 4시간이다.

해설
대장균은 그람음성 · 무아포성의 간균으로 총글루쿠론산 분해효소(β − glucuronidase)의 활성을 가진 모든 호기성 또는 통성 혐기성균을 말한다.

15 BOD 측정 시 시료의 전처리를 반드시 해야 하는 경우는?
5점

① 잔류염소를 포함할 때

② 중성을 띨 때

③ 산소가 부족할 때

④ 알루미늄이 부족할 때

해설
잔류염소를 함유한 시료는 시료 100 mL에 아자이드화나트륨 0.1 g과 요오드화칼륨 1 g을 넣고 흔들어 섞은 다음 염산을 넣어 산성으로 한다(약 pH 1).

16 기체크로마토그래피법에 의한 PCB의 측정에서 플로리실 컬럼을 사용하는 이유는?
5점

① 시료 중 유분제거를 위해

② 시료 중 수분제거를 위해

③ 시료 중 염류제거를 위해

④ 시료 중 농약제거를 위해

해설
알칼리 분해를 하여도 헥산층에 유분이 존재할 경우에는 플로리실 컬럼을 통과시켜 유분을 분리한다.

17 유도결합플라스마 − 원자발광분광법에서는 시료의 원자화를 위하여 플라즈마를 형성시킨다. 유도결합 플라스마를 형성시키기 위하여 일반적으로 사용하는 기체는?
5점

① 산소　　　　② 수소

③ 알곤　　　　④ 질소

해설
유도결합플라스마 − 원자발광분광법은 물속에 존재하는 중금속을 정량하기 위하여 시료를 고주파유도코일에 의하여 형성된 아르곤 플라스마에 주입하여 6,000 K ~ 8,000 K에서 들뜬 상태의 원자가 바닥상태로 전이할 때 방출하는 발광선 및 발광강도를 측정하여 원소의 정성 및 정량분석에 이용하는 방법이다.

18 다음 분석항목 중 시료의 최대보존기간이 가장 긴 것은?
5점

① 아연

② COD

③ 총질소

④ 염소이온

해설
보존방법 참조

항목	시료용기	보존방법	최대보존기간 (권장보존기간)
금속류 (일반)	P, G	시료 1 L 당 HNO₃ 2 mL 첨가	6개월

2과목 먹는물수질공정시험기준

01
5점 농도를 표시할 때 사용하는 기호의 설명 중 틀린 것은?

① 용액 100 mL 중의 물질함량(g)을 표시할 때 w/v %의 기호를 쓴다.
② 백만분율을 표시할 때는 mg/L를 쓴다.
③ 일억분율을 표시할 때는 μg/L를 쓴다.
④ 도량형은 미터법에 따라 부피는 kL, L, mL, μ L을 사용한다.

> **해설**
> ③ μg/L는 10억분율이다.

02
5점 먹는물 중의 잔류염소의 측정방법에 관한 설명 중 틀린 것은?

① DPD 비색법은 시료의 pH를 인산염완충용액을 사용하여 약산성으로 조절한 후 N,N−디에틸−p−페니렌디아민황산염(DPD,N,N−diethyl−p−phenylenediamine sulfate)으로 발색하여 잔류염소 표준비색표와 비교하여 측정한다.
② OT 비색법은 시료의 pH를 인산염완충용액을 사용하여 약산성으로 조절한 후 o−톨리딘용액(o−tolidine hydrochloride, OT)으로 발색하여 잔류염소 표준비색표와 비교하여 측정한다.
③ 총잔류염소는 유리잔류염소와 결합잔류염소의 합을 의미하며, DPD 비색법과 OT 비색법 측정결과의 합으로 나타낸다.
④ 두 시험방법의 시험결과가 달라 제반 기준의 적부판정에 영향을 줄 경우에는 DPD 비색법 시험방법에 따른 분석 성적에 따라 판정한다.

> **해설**
> ③ 먹는물수질공정시험기준에는 잔류염소를 측정하는 방법으로 DPD 비색법을 1법, OT 비색법을 2법으로 채택하고 있다. 두 시험방법 모두 총잔류염소를 각각 구할 수 있다.

03
5점 먹는물의 경도를 측정하고자 한다. 시료량은 100 mL이고 적정에 소비된 EDTA용액(0.01 M)의 부피가 5.4 mL일 때, 경도는 얼마인가? (단, EDTA용액(0.01 M)의 농도계수는 1로 본다.)

① 54 mg/L ② 44 mg/L
③ 5.4 mg/L ④ 4.4 mg/L

> **해설**
> 경도는 소비된 EDTA용액(0.01 M)의 부피(a)로부터 다음 식에 따라 시료의 탄산칼슘 양으로서 경도(mg/L)를 구한다.
>
> $$경도(mg/L) = (aF-1) \times \frac{1000}{시료량(mL)}$$
>
> 여기서, a : 적정에 소비된 EDTA용액의 부피(mL)
> F : EDTA용액(0.01 M)의 농도계수
>
> 따라서,
> $$경도(mg/L) = (5.4 \text{ mL} \times 1 - 1) \times 1{,}000/100 \text{ mL}$$
> $$= 44 \text{ mg/L}$$

04
5점 먹는물, 샘물 및 염지하수 중 금속성분을 분석하기 위한 시험 방법에서 자외선/가시선 분광법으로 분석이 가능한 항목은?

① 철, 알루미늄, 보론(붕소), 비소
② 구리(동), 납, 망간, 카드뮴
③ 크롬, 스트론튬, 수은, 셀레늄
④ 아연, 망간, 비소, 철

> **해설**
> ① 자외선/가시선 분광법으로 분석이 가능한 금속류는 철, 알루미늄, 비소, 보론이다.

정답 **01** ③ **02** ③ **03** ② **04** ①

05 수소이온농도(유리전극법) 측정에 대한 설명으로 맞는 것은?
5점

① 유리전극은 일반적으로 용액의 색도, 탁도, 콜로이드성 물질들, 산화 및 환원성물질들 그리고 염도에 의해 간섭을 받는다.

② pH 10 이상에서 나트륨에 의해 오차가 발생할 수 있는데 이는 '낮은 나트륨 오차 전극'을 사용하여 줄일 수 있다.

③ 기름 층이나 작은 입자상이 전극을 피복하여 pH 측정을 방해할 수 있는데, 나트륨(1+9) 용액을 사용하여 피복물을 제거할 수 있다.

④ pH는 가능한 현장에서 측정하여야 하며, 보관하여야 할 경우 공기와 접촉할 수 있도록 물시료를 용기에 가득 채우지 않고 밀봉하여 분석 전까지 보관한다.

해설
① 유리전극은 일반적으로 용액의 색도, 탁도, 콜로이드성 물질들, 산화 및 환원성물질들 그리고 염도에 의해 간섭을 받지 않는다.
③ 기름 층이나 작은 입자상이 전극을 피복하여 pH 측정을 방해할 수 있는데, 염산(1+9)용액을 사용하여 피복물을 제거할 수 있다.
④ pH는 가능한 현장에서 측정하여야 하며, 보관하여야 할 경우 물 시료를 용기에 가득 채워서 밀봉하여 분석 전까지 보관한다.

06 다음은 분원성 대장균군을 시험관법으로 측정하는 방법이다. 괄호 안에 맞는 것은?
5점

물속에 존재하는 분원성 대장균군을 측정하기 위하여 ( )을 이용하는 추정시험과 백금이를 이용하는 확정시험으로 나뉘며 추정시험이 양성일 경우 확정시험을 시행하는 방법이다.

① 다람시험관　　② 배양시험관
③ 멸균시험관　　④ 페트리시험관

해설
분원성 대장균군의 시험관법으로 측정하는 추정시험에는 다람(Durham)발효관이 들어 있는 시험관을 사용한다.

07 유도결합플라스마-질량분석법과 유도결합플라스마-원자발광분광법에 대한 설명으로 틀린 것은?
5점

① 유도결합플라스마-질량분석법의 정량한계가 유도결합플라스마-원자발광광도법보다 더 낮다.

② 동중원소 간섭현상은 유도결합플라스마-질량분석법에서만 나타난다.

③ 물리적 간섭을 줄이려면 용존 고형물은 0.3 %를 넘어서는 안 된다.

④ 아르곤은 액화 또는 압축 아르곤으로서 99.99% 이상의 순도를 갖는 것이어야 한다.

해설
③ 물리적 간섭은 시료의 분무 또는 운반과정에서 물리적 특성, 즉 점도와 표면장력의 변화 등에 의해 발생한다. 특히 시료 중에 산의 농도가 10 %(v/v) 이상으로 높거나 용존 고형물질이 1,500 mg/L 이상으로 높은 반면, 검정용 표준용액의 산의 농도는 5 % 이하로 낮을 때에 발생하며 이때 시료 희석, 표준용액을 시료의 매질과 유사하게 하거나 표준물 첨가법을 사용하면 간섭효과를 줄일 수 있다.

08 먹는물수질공정시험기준 중 어떤 세균에 대한 설명인가?
5점

장내세균의 하나로 운동성이 없고, 아포를 만들지 않으며 세균성 이질 및 식중독을 일으키는 그람음성 간균이다. 락토스를 분해하지 않으며, 당분해로 산을 형성하지만 기체는 형성하지 않는 생화학적 특성을 가진다.

① 녹농균　　② 쉬겔라
③ 살모넬라　　④ 여시니아균

해설
② 쉬겔라는 장내세균의 하나로 운동성이 없고, 아포를 만들지 않으며 세균성 이질 및 식중독을 일으키는 그람음성 간균이다. 락토스를 분해하지 않으며, 당분해로 산을 형성하지만 기체는 형성하지 않는 생화학적 특성을 가진다.

09 삭제 문항

10 NaOH 0.2 g을 500 mL의 물에 녹여 만든 용액의 pH는 얼마인가?
_{5점}

① 10   ② 11
③ 12   ④ 13

해설
NaOH → Na^+ + OH^- 이며, NaOH 분자량은 40.0 g이다.
500 mL의 물에 녹인 NaOH의
mol/L = 0.2 g/0.5L × 1 mol/40 g = 0.01 mol/L
따라서 OH^-는 x M이므로 0.01 mol/L이다.

pH = 14 + log[OH^-]이므로
= 14 + log[0.01 mol/L] = 12

11 먹는물수질공정시험기준에서 시료채취 시 설명으로 틀린 것은?
_{5점}

① 불소는 폴리에틸렌병에 채취하여 1주일 이내에 시험하여야 한다.
② 미생물 시험용 시료는 4 ℃ 냉장보관상태에서 녹농균, 총대장균군 등은 24시간 이내에 시험하여야 한다.
③ 시안시험용 시료는 정제수로 잘 씻은 유리병 또는 폴리에틸렌병에 채취하여야 한다.
④ 수도꼭지에서 미생물 시료를 채취하는 경우 수도꼭지를 틀어 2분 ~ 3분간 흘려보낸 후 시료를 채취하여야 한다.

해설
② 미생물 시험용 시료를 채취할 때에는 멸균된 시료 용기를 사용하여 무균적으로 시료를 채취하고 즉시 시험하여야 한다. 즉시 시험할 수 없는 경우에는 4 ℃ 냉장 보관한 상태에서 일반세균, 녹농균, 여시니아균은 24시간 이내에, 총대장균군 등 그 밖의 항목은 30시간 이내에 시험하여야 한다.

12 (중온)일반세균시험방법에서 사용하는 배지, 배양 온도와 시간으로 맞는 것은?
_{5점}

① R2A배지, (35±1) ℃에서 (48±2) hr
② 표준한천배지, (35±0.5) ℃에서 (48±2) hr
③ R2A배지, (21±1) ℃에서 (72±3) hr
④ 표준한천배지, (215±0.5) ℃에서 (72±3) hr

해설
② (중온)일반세균시험에는 표준한천배지 또는 트립톤 포도당 추출물 한천배지를 사용하며, (35±0.5) ℃에서 (48±2) 시간 배양한다.

13 금속류－원자흡수분광광도법으로 분석하는 경우에 해당 금속류에 대한 설명이 틀린 것은?
_{5점}

① 구리(동), 납, 망간, 아연, 철, 카드뮴 등의 금속류는 공기－아세틸렌 불꽃에 주입하여 분석한다.
② 낮은 농도의 구리(동), 납, 망간, 아연, 철, 카드뮴 등의 금속류는 암모늄피롤리딘디티오카바메이트(APDC, ammonium pyrrolidine dithiocarbanmate)와 착물을 생성시켜 메틸아이소부틸케톤(MIBK, methyl isobutyl ketone)으로 추출하여 공기－아세틸렌 불꽃에 주입하여 분석한다.
③ 알루미늄 등의 금속류는 이산화질로－아세틸렌 불꽃에 주입하여 분석한다.
④ 크롬 등의 금속류는 공기－아세틸렌으로는 아세틸렌 유량이 적은 쪽이 감도가 높지만 아연, 망간의 방해가 많으며 아세틸렌－일산화이질소는 방해가 많아서 감도가 낮다.

정답   **09** 삭제   **10** ③   **11** ②   **12** ②   **13** ④

해설

④ 크롬 등의 금속류는 공기－아세틸렌으로는 아세틸렌 유량이 많은 쪽이 감도가 높지만 철, 니켈의 방해가 많으며, 아세틸렌－일산화이질소는 방해는 적으나 감도가 낮다.

14 삭제 문항

15
5점

이산화셀레늄(SeO_2, 분자량 : 110.96) 1.405 g을 정제수에 녹여 1 L로 한 셀레늄 표준원액을 정제수로 100배 희석한 용액 10 mL에 정제수를 넣어 1 L로 만들어 표준용액을 만들었다. 이 용액 1 mL의 셀레늄 함유량은 얼마인가?

① 1,000 mg   ② 1 mg
③ 0.01mg   ④ 0.0001 mg

해설

SeO_2 : 110.96 g/mol, Se : 78.96 g/mol 이며,
SeO_2 : Se = 110.96 g : 78.96 g/mol = 1.405 : 1 이다.

따라서 SeO_2 1.405 g을 정제수 1 L에 녹인 것은 Se 1 g이 정제수에 녹아 있으므로 원액의 농도는 Se 1.0 g/L = 1,000 mg/L 이다.

표준원액을 정제수로 100배 희석하면 10 mg/L이며, 이 용액 10 mL를 정제수를 사용하여 1 L로 만들면 100배 희석한 농도이므로 0.1 mg/L이다.

그러므로 이 용액 1 mL 중 셀레늄 함유량(mg) = 0.1 mg/L / 1,000 mL = 0.0001 mg이다.

16
5점

냄새 분석에 대한 설명으로 틀린 것은?

① 소독제인 염소 냄새가 날 때에는 티오황산나트륨(sodium thiosulfate)을 첨가하여 염소를 제거한 후 측정한다.
② 측정자간 개인차가 심하므로 냄새가 있을 경우 5명 이상의 시험자가 측정하는 것이 바람직하나 최소한 2명이 측정해야 한다.

③ 시료 채취는 유리재질의 병과 폴리테트라플루오로에틸렌(PTFE)재질의 마개를 사용하며, 플라스틱 재질은 사용하지 않는다.
④ 분석은 시료를 삼각플라스크에 넣고 마개를 닫은 후 실온에서 세게 흔들어 섞은 후 마개를 열면서 관능적으로 냄새를 맡아서 판단한다.

해설

④ 시료를 삼각플라스크에 넣고 마개를 닫은 후 온도를 40 ℃ ~ 50 ℃로 높여 세게 흔들어 섞은 후 마개를 열면서 관능적으로 냄새를 맡아서 판단한다.

17
5점

먹는물 수질 시료를 채취할 때, 시료 용기 사용 방법으로 틀린 것은?

① 농약 시험용 시료를 채취할 때에는 미리 질산 및 정제수로 씻은 폴리에틸렌병에 시료를 채취한다.
② 미생물 시험용 시료를 채취할 때에는 멸균된 시료 용기를 사용하여 무균적으로 시료를 채취한다.
③ 시안 시험용 시료를 채취할 때에는 미리 정제수로 잘 씻은 유리병 또는 폴리에틸렌병에 시료를 채취한다.
④ 중금속용 시료를 채취할 때에는 미리 질산 및 정제수로 잘 씻은 폴리프로필렌, 폴리에틸렌 또는 폴리테트라플루오로에틸렌(PTFE) 용기에 시료를 채취한다.

해설

① 농약 시험용 시료를 채취할 때에는 유리병을 사용한다.

정답 **14** 삭제 **15** ④ **16** ④ **17** ①

3과목 정도관리

01 2.5점 시료의 종류에 따른 보존 방법이 적절하지 않은 것은?

① 영양염류 성분은 미생물에 의해 단시간에 영향을 받기 때문에 시료는 채취 후 즉시 아이스박스에 넣어 4 ℃로 보존하여 실험실로 운반한다.

② VOC는 잔류 염소가 있다면 아스코빈산($C_5H_8O_6$, ascorbic acid) 0.6 g을 바이알에 첨가한 후 그 바이알에 시료를 반 정도 채우고 산을 추가한다.

③ 클로로필 a는 시료를 채취 후에 24 시간 이내에 실험실에서 여과하고 탄산마그네슘($MgCO_3$, magnesium carbonate)을 마지막 시료가 필터를 통과하는 동안 첨가하고 여과 후에 여과지는 냉동시킨다.

④ 시안화물은 황화물이 있다면 시료를 현장에서 전처리하거나 실험실로 가져와 24시간 내에 4 ℃에서 분석하여야 한다.

> **해설**
> VOC는 잔류 염소가 있다면 티오황산나트륨($Na_2S_2O_3$, sodium thiosulfate)을 바이알 시료에 첨가한 후, 그 바이알에 시료를 반 정도 채우고 산을 추가한다. 즉, 티오황산나트륨을 제일 먼저 넣고, 시료 – 산 순서로 넣는다.

02 2.5점 하천수를 대상으로 BOD를 측정하기 위하여 시료를 7번 분석한 결과 평균값이 9.5 mg/L, 표준편차가 0.9 mg/L였다. 다음 중 불확도에 대한 설명으로 틀린 것은?

① 하천수 BOD 측정결과의 불확도 단위는 mg/L 이다.

② 불확도는 일반적으로 측정 횟수를 증가시키면 감소한다.

③ 같은 조건으로 측정한 결과의 표준편차가 클수록 불확도는 커진다.

④ 검정곡선의 농도범위 내에서 불확도는 동일하다.

> **해설**
> 지시값과 이에 해당하는 측정값 사이의 관계를 나타내는 표현으로 검정곡선은 일대일관계를 나타내며, 측정불확도에 관한 정보는 포함하지 않는다.

03 2.5점 내부 표준 물질법을 이용한 정량 분석에 있어서 오차 발생의 원인과 거리가 먼 것은?

① 시료 전처리 기술
② 유도체화 효율
③ 시료 흡착 또는 분해
④ 계산

> **해설**
> 유도체화 효율이 낮은 경우에는 유도체화 시간을 길게 하고 유도체화 시약을 충분한 양을 넣어주면 100 % 유도체화를 시키기 때문에 오차 발생과 거리가 멀다.

04 2.5점 어떤 기기를 이용할 때 검정곡선의 작성과 기기정도관리에 대한 설명으로 잘못된 것은?

① 초기검정은 각각 다른 농도에서의 교정바탕시료(calibration blank)에 대응하는 교정표준물질(calibration standards)의 반응에 바탕을 두고 기기에 주입한 농도와 감응도가 직선을 유지하여야 한다.

② 검정 범위에 따라 검정곡선을 작성한 다음 검정 곡선에 대한 상관 관계를 산출하여 1에 가까울수록 좋다.

③ 연속검정표준물질은 검정곡선이 실제 시료에 정확하게 적용할 수 있는지를 검증하고, 검정 곡선의 정확성을 검증하는 표준물질이다.

④ 연속검정표준물질의 농도는 일반적으로 초기검정곡선 작성 시 중간농도 표준물질을 사용하여 농도를 확인한다.

[해설]

연속검정표준물질은 시료를 분석하는 중에 검정곡선의 정확성을 확인하기 위해 사용하는 표준물질이다. 검정곡선이 실제 시료에 정확하게 적용할 수 있는지를 검증하고, 검정곡선의 정확성을 검증하는 표준물질은 교정검증표준물질에 대한 설명이다.

05 시험장비 및 표준물질 정도관리 요구 사항이 아닌 것은?

2.5점

① 시험장비 접근 및 사용을 위한 관리 절차의 효용성 확보
② 시험장비 변경 시 시험방법 운영 능력 확인의 적절성 확보
③ 시험장비의 교정 계획 및 기록, 결함장비 관리에 대한 적절성 확보
④ 표준물질의 취급, 보관, 사용 · 절차의 적절성 확보

[해설]

② 직원의 변경에 따른 정도관리 요구사항이다. 시험장비 변경(고장, 장시간 방치 후 재사용, 신규 장비 도입 등) 시 정도관리 요구사항은 장비가 정상적으로 운영될 수 있을지를 평가하는 것이다. 즉, 직원이 아닌 장비가 주체가 된다. 따라서 장비가 규정된 시험방법에 따라 용인할 수 있는 결과를 도출할 수 있는 적절한 절차를 확보하고 이를 통한 장비 운영 능력을 확인할 수 있는 적절한 절차가 확보되어 있는지를 확인해야 한다.

06 다음 중 현장 QC를 위해 점검하는 사항 중 적절하지 못한 것은?

2.5점

① 정확성(accuracy)을 확인하기 위해 이중시료를 분석한다.
② QC 점검을 위해 표준물질을 이용해 분석한다.
③ 이중시료와 QC 점검표준시료는 시료 20개 당 한 번 분석한다.
④ 표준시료는 시료와 비슷한 매질을 사용한다.

[해설]

③ 이중시료는 측정의 정밀도를 확인하기 위해 분석한다.

07 환경시험검사 결과의 원자료(raw data) 보관 기간은?

2.5점

① 1년 ② 2년
③ 3년 ④ 4년

[해설]

원자료의 보관기관은 3년이다.

08 실험실 환기시설이 갑자기 고장 났을 때의 안전대책으로 틀린 것은?

2.5점

① 진행 중인 작업은 계속한다.
② 유해화학물질을 용기에 담는다.
③ 실험실 밖으로 나간다.
④ 필요하다면 실험실 안전관리자 등에게 연락한다.

[해설]

① 환기시설의 갑작스런 고장 시 즉시 진행 중인 작업을 중지한다.

09 유리기구를 세척할 때에 사용하는 세척세제에 관한 내용으로 틀린 것은?

2.5점

① Chromic acid 용액 : $Na_2Cr_2O_7 \cdot H_2O$ 92 g을 물 460 mL에 녹인 후 진한 황산 800 mL를 천천히 넣어 교반하여 제조한다.
② Sodium (Potassi um) Alkoxide 용액 : NaOH 120 g (KOH 105 g)을 120 mL의 물에 녹이고 95 % 에탄올 1 L와 섞어서 제조한다.
③ 탄소 잔류물은 trisodiumphosphate 세정액 (60 g Na_3PO_4, 30 g 비누, 500 mL 물)으로 제거한다.
④ 과망간산칼륨($KMnO_4$)을 가지고 작업할 때 생기는 이산화망간(MnO_2)의 갈색얼룩은 0.1 N 황산용액으로 제거한다.

[해설]

④ 과망간산칼륨을 가지고 작업할 때 생기는 이산화망간의 갈색얼룩은 30 % 묽은 $NaHSO_3$ 수용액으로 제거한다.

정답 **05** ② **06** ① **07** ③ **08** ① **09** ④

10
2.5점
특정고압가스용기를 보관 및 관리하는 방법이 아닌 것은?

① 직사광선을 피하고 40 ℃ 이하에서 통풍이 가능 한 곳에 세워둔다.
② 이산화질소 주위에는 화기 및 가연성 물질을 가까이 두면 안 된다.
③ 아세틸렌 주위에는 화기 및 가연성 물질을 가까이 두면 안 된다.
④ 액체산소는 기름을 바른 장갑으로 취급해야 발화위험이 없다.

해설
④ 액체산소 취급 시에는 가연성 물질을 옆에 두지 말고 연결구 등에 기름성분이 묻어 있으면 발화의 위험이 있으므로 기름 묻은 장갑으로 취급해서는 안 된다.

11
2.5점
다음 이중시료의 측정값 A, B에 대한 정밀도가 가장 좋은 상태는 어느 것인가?

① A=10, B=90   ② A=20, B=80
③ A=30, B=70   ④ A=40, B=60

해설
④ 정밀도는 반복 시험검사한 결과의 일치도를 의미하고 근접성이 좋을수록 정밀도가 좋은 것을 의미하며 % RSD로 표현된다.

①의 % RSD=113, ②=85 %, ③=57 %, ④=28 %이다. 따라서 ④의 정밀도가 가장 좋다.

12
2.5점
세 분석 기관에서 측정된 어떤 항목의 농도가 다음과 같을 때, 변동계수가 가장 큰 기관은?

- A기관(40.0, 29.2, 18.6, 29.3) mg/L
- B기관(19.9, 24.1, 22.1, 19.8) mg/L
- C기관(37.0, 33.4, 36.1, 40.2) mg/L

① A기관   ② B기관
③ C기관   ④ 모두 같다.

해설
A기관의 CV=29.8 %, B기관의 CV=9.5 %, C기관의 CV=7.6 %로 A기관의 CV값이 가장 크다.

13
2.5점
정밀도 측정을 위하여 이중시료를 분석하여 88.5 mg/kg, 92.5 mg/kg의 결과를 얻었다. 상대차이백분율(RPD, relative percent di-fference)을 구하시오.

① 4.42 %   ② 4.52 %
③ 4.32 %   ④ 4.22 %

해설
상대차이백분율 $= \dfrac{|x_1 - x_2|}{\bar{x}} \times 100$이므로

$$\frac{92.5 - 88.5}{90.5} \times 100 = = 4.42\,\%$$

14
2.5점
정도관리 관련 용어에 대한 설명으로 틀린 것은?

① '중앙값'은 최소값과 최대값의 중앙에 해당하는 크기를 가진 측정값 또는 계산값을 말한다.
② '회수율'은 순수 매질 또는 시료 매질에 첨가한 성분의 회수 정도를 %로 표시한다.
③ '상대차이백분율(RPD)'은 측정값의 변이 정도를 나타내며, 두 측정값의 차이를 한 측정값으로 나누어 백분율로 표시한다.
④ '표준편차'는 측정값의 분산 정도를 나타내는 값이다.

해설
③ 상대차이백분율은 관찰값을 수정하기 위한 변이성을 측정하는 것을 말하며, 두 측정값의 차이를 평균값으로 나누어 백분율로 나타낸다.

15 시험 분석 결과의 반복성을 나타내는 것으로 반
2.5점 복 시험하여 얻은 결과를 상대표준편차(RSD, relative standard deviation)로 나타낸 것은?

① 정확도　　　　② 정밀도
③ 근사값　　　　④ 분해도

해설
② 정밀도는 시험 분석 결과의 반복성을 나타내는 것이며, 정확도는 시험결과가 얼마나 참값에 근접하는가를 나타내는 척도이고, 근사값은 어떤 것을 재었을 때 얻은 값이 참값에 아주 가까운 값을 말한다.

16 기체크로마토그래피법으로 하천수 중 벤젠을
2.5점 측정하고자 한다. 메탄올을 용매로 사용한 벤젠 표준원액 1,000 mg/L을 사용하여 표준용액 1 mg/L을 제조하고자 한다. 틀린 것은?

① 벤젠 표준원액은 희석할 때 gas tight 실린지를 사용하여 분취한다.
② 1 mg/L 벤젠 표준용액을 제조하고자 할 경우 벤젠 표준원액을 1,000배 희석한다.
③ 냉장 보관된 벤젠 표준원액은 변질을 막기 위하여 냉장고에서 꺼낸 다음 바로 희석한다.
④ 1 mg/L 벤젠 표준용액 100 mL는 여러 개의 작은 스크루캡 바이알에 나누어 보관하는 것이 바람직하다.

해설
③ 표준원액은 꺼낸 후 바로 희석하는 것이 아니라 상온으로 맞춘 다음 용매로 희석하여 표준용액으로 만들어 사용한다.

17 아래의 보기는 SI 단위계의 물리적양-단위를
2.5점 연결한 것이다. 바르게 연결된 것은?

① 질량-그램, 전류-암페어, 온도-켈빈
② 질량-그램, 전류-암페어, 온도-셀시어스
③ 질량-킬로그램, 전류-쿨롱, 온도-켈빈
④ 질량-킬로그램, 전류-암페어, 온도-켈빈

해설
④ 질량은 킬로그램, 전류는 암페어, 온도는 켈빈 단위를 쓴다.

18 가스크로마토그래피법의 정량방법 중 내부표
2.5점 준법에 대한 설명으로 틀린 것은?

① 내부표준물질은 대상시료에 존재하지 않는 물질을 사용한다.
② 내부표준물질과 분석대상물질을 동시에 분석할 수 있어야 한다.
③ 내부표준법에서 전처리 후 최종 부피를 알아야 한다.
④ 내부표준물질은 분석대상물질과 물리화학적 성질이 유사한 것을 사용한다.

해설
④ 내부표준물질은 분석대상물질과 물리적·화학적 특성이 유사하나, 일반 환경에서는 발견되지 않고 분석대상물질의 분석에 방해가 되지 않는 물질을 사용한다.

19 수질분석에서 추출하여야 하는 유기물질에 대
2.5점 한 시료채취 사항으로 틀린 것은?

① 유리 용기에 단일시료로 수집(grab sampling)한다.
② 자동 시료채취 장비는 다른 유기물질에 의한 오염이 없어야 한다.
③ 뚜껑 안쪽에 테플론 격막이 있는 1L 좁은 입 유리병에 시료를 수집하되 플라스틱 병이나 고무로 된 뚜껑도 사용할 수 있다.
④ 모든 시료는 일주일 내에 추출해야 하고, 추출 후 40일 이내에 분석해야 한다.

해설
③ 뚜껑 안쪽에 테플론 격막이 있는 1 L 좁은 입 유리병에 시료를 수집하되 플라스틱 병이나 고무로 된 뚜껑은 사용할 수 없다.

정답 **15** ② **16** ③ **17** ④ **18** ④ **19** ③

20
2.5점

기기검출한계(IDL, instrument detection limit)에 대한 설명이 맞은 것은?

① 일반적으로 S/N비의 25배 농도이다.
② 바탕 시료를 반복 측정 분석한 결과 표준 편차의 2배에 해당하는 농도이다.
③ 분석장비 제조사에서 제시한 검출한계값을 사용할 수도 있다.
④ 분석 농도가 0보다 분명히 큰 농도로 신뢰도 95 %를 가진다.

해설

③ 분석장비의 검출한계는 일반적으로 S/N비의 2 ~ 5배 농도, 바탕시료에 대한 반복시험 · 검사결과 표준편차의 3배에 해당하는 농도, 분석장비 제조사에서 제시한 검출한계값을 기기검출한계로 사용할 수 있다.

21
2.5점

내부 정도 관리의 값 중 %로 계산하지 않는 것은?

① 회수율
② 정밀도
③ 정확도
④ 감응 계수

해설

④ 정확도는 %회수율로 나타내고 회수율은 %R로 나타낸다. 정밀도는 상대표준편차나 변동계수의 계산에 의해 표현되고, %RSD로 나타낸다.

22
2.5점

시약 등급수(Reagent-grade water)의 종류 중 최소의 간섭물질과 편향 최대 정밀도를 필요로 할 때 사용하는 유형은?

① 유형 Ⅰ
② 유형 Ⅱ
③ 유형 Ⅲ
④ 유형 Ⅳ

해설

① 유형 Ⅰ은 정밀분석용으로 사용하고, 박테리아의 존재를 무시할 목적으로 한 실험이나 시약, 염료 혹은 착색에는 유형 Ⅱ 등급수를 사용한다. 유형 Ⅲ은 보다 높은 등급수를 생산하기 위한 원수로 사용된다. 실험실에서 유리 세척이나 예비 세척에는 유형 Ⅲ, Ⅳ 등급을 사용한다.

23
2.5점

시료채취 시 현장에서 즉시 측정해야 하는 항목은?

① 색도
② 수소이온농도
③ 부유물질
④ 음이온계면활성제

해설

② pH(수소이온농도)와 온도, 염소, 용존산소 등은 즉시 측정해야 하고, 색도와 음이온계면활성제는 48시간 이내에 측정해야 한다.

24
2.5점

측정값의 오차에 대한 설명이 틀린 것은?

① 계통 오차(가측) : 재현 가능하여 어떤 수단에 의해 보정이 가능한 오차. 이것에 따라 측정값은 편차가 생김.
② 기기 오차 : 측정기가 나타내는 값에서 나타내야 할 참값을 뺀 값. 표준기의 수치에서 부여된 수치를 뺀 값.
③ 우연 오차(불가측) : 재현 불가능한 것으로 원인을 알 수 없어 보정할 수 없는 오차. 이것으로 인해 측정값은 분산이 생김.
④ 검정 허용 오차 : 측정자 개인 차에 따라 일어나는 오차

해설

④ 검정 허용 오차는 계량기 등의 검정 시 허용되는 공차이다.

25
2.5점

정도관리 평가위원의 자격으로 적절하지 않은 사람은?

① 석사학위 취득 후 3년 이상 환경분야 측정분석 업무 경력과 국립환경인력개발원의 평가위원 양성과정을 이수한 자
② 정도관리 기술위원회 위원으로 10회 이상 참여한 자
③ 환경관련 분야의 산업기사 자격을 득한 후 7년 이상 경력과 국립환경인력개발원의 평가위원 양성과정을 이수한 자
④ KOLAS 평가사

정답 **20** ③ **21** ④ **22** ① **23** ② **24** ④ **25** ②

④ 세척 바탕 시료(rinsate blank) – 시료 채취 장비의 청결과 손실 · 오염 유무를 확인하는 데 사용

해설
현장에서 실험실로 운반하는 동안에 발생한 오염을 검증하기 위한 바탕시료는 운반바탕시료(trip blank) 또는 용기바탕시료(container blank)라고 한다.

26 다음의 수질 측정항목 가운데 시료채취 후 냉장보관상태(4 ℃)에서 3주가 경과한 시점에도 유효하게 분석할 수 있는 항목이 아닌 것은?
2.5점

① 염화물   ② 시안화물
③ 황산염   ④ 실리카

해설
② 시안화물은 보존기간이 14일이다.

27 t−test를 통해서 오차의 원인을 알 수 없는 것은?
2.5점

① 계통오차   ② 우연오차
③ 방법오차   ④ 기기오차

해설
② 계통오차는 가측오차라 하며 조절할 수 있는 오차로 방법오차, 기기오차, 개인오차 등이 있다. 우연오차는 불가측오차로 측정할 때 조절하지 않은 변수 때문에 발생하고, 보정할 수 없는 오차를 말한다.

28 바탕 시료의 종류와 목적이 잘못 연결된 것은?
2.5점

① 방법바탕시료(method blank sample) – 측정 분석 수행으로부터 오염 결과를 설명하기 위해 이용
② 현장바탕시료(field blank sample) – 현장에서 실험실로 운반하는 과정에서 용기로부터 오염을 검증하기 위해 사용
③ 기구바탕시료(equipment blank sample) – 시료 채취 기구의 청결함을 확인하며 통일한 시료 채취 기구의 재이용으로 인하여 먼지 시료에 있던 오염 물질이 남아 있는지를 평가하는 데 이용

29 실험실의 전기 안전 점검 및 전기 작업에 대한 설명으로 맞는 것은?
2.5점

① 전동기 등의 전기장치에 스파크나 연기가 나면, 전원스위치를 끄지 말고 즉시 전기 담당자에게 연락한다.
② 전원으로부터 플러그를 뽑을 때에는 플러그 전체를 잡아당기지 말고 선을 잡아 당겨야 한다.
③ 스위치를 끌 때에는 가급적 가죽이나 면으로 된 절연장갑을 착용하고 오른손을 사용하여 손잡이를 내린다.
④ 가능한 한 다중 콘센트는 사용하여야 안전하다.

해설
전동기 등의 전기장치에 스파크나 연기가 나면, 전원스위치를 끄고 즉시 전기 담당자에게 연락해야 하고, 전원으로부터 플러그를 뽑을 때에는 선을 잡아당기지 말고 플러그 전체를 잡아당겨야 한다. 다중 콘센트는 가능한 한 사용하지 않도록 한다.

30 분석자료의 보고 시 필요한 자료로서 중요성이 작은 것은?
2.5점

① 시료수집 및 확인에 관한 자료
② 보고서 형식에 관한 자료
③ 분석데이터의 점검 및 유효화 자료
④ QA/QC 문서 및 자료

해설
② 시료수집 및 확인에 관한 문서, 분석시행에 관한 문서, QA/QC 문서, 분석데이터의 점검 및 유효화 등은 승인이 필요한 문서이나 보고서 형식에 관한 문서는 승인이 필요한 문서가 아니다.

31

2.5점 실험실 내 모든 위험 물질은 경고 표시를 해야 하며 UN에서는 GHS체계에 따라 화학물질의 경고표시와 그림문자를 통일하였다. 다음 그림문자가 의미하는 것은?

① 유해물질　　　　② 인화제
③ 폭발성 물질　　　④ 산화제

해설

유해화학물질 그림문자(CGHS ; Globally Harmonized System of Classification and Labelling of Chemicals)

폭발성	인화성	산화성
고압가스	부식성	독극물
경고	호흡기, 장기독성	수생환경 유해

32

2.5점 실험실 안전장치 중 하나인 후드 및 환풍기에 대한 안전수칙 설명이 틀린 것을 고르시오.

① 연구실 내의 배기 후드 문은 사용하지 않을 때 완전히 닫아 두어야 한다.
② 시약장 내 오염 위험 요소를 예방하기 위하여 시약 중 기체 등을 흡기할 수 있는 닥트시설이 설치되어야 한다.

③ 유해물질을 취급하는 연구실, 연구안전설비 등 매월 1회 이상 순회 점검하고 국소배기장치 등 환기설비의 이상 유무를 점검하여 필요한 조치를 취한다.
④ 후드 또는 닥트는 마모, 부식 등의 손상 유무와 정도를 주기적으로 점검한다.

해설

① 후드문은 사용하지 않을 경우에도 열어두어 자연배기가 될 수 있도록 한다.

33

2.5점 다음 중 올바른 유효숫자 표시에 따라 계산결과를 표시한 것은?

① $2.031 + 1.28 = 3.311$
② $28.2 - 5.47 = 22.73$
③ $3.43 \times 8.2 = 2.8 \times 10$
④ $0.053 \div (3.242 \times 10) = 1.6348 \times 10^{-3}$

해설

③ 결과를 계산할 때 곱하거나 더할 경우 계산하는 숫자 중에서 가장 작은 유효숫자 자릿수에 맞춰 결과값을 적는다.
그러므로 ①=3.31, ②=22.7, ④=1.6 × 10^{-3}이된다.

34

2.5점 환경측정분석사가 환경측정분석사 자격증을 다른 사람에게 대여한 경우 1차 행정처분사항은?

① 경고
② 자격정지 3개월
③ 자격정지 6개월
④ 자격취소

해설

환경측정분석사가 자격증을 대여한 경우 1차 행정처분은 자격정지 3개월, 2차는 자격정지 6개월, 3차는 자격취소를 받게 된다.

35 수질분석의 정도관리를 위하여 시료를 측정하
2.5점 였고 다음과 같은 결과를 얻었다. 상한 경고기
준과 상한 관리기준을 계산하시오.

번호	측정값
1	0.25
2	0.34
3	0.78
4	0.57
5	0.47
6	0.82
7	0.64
8	0.51
9	0.65
10	0.77
11	0.35

① 상한경고기준＝0.945, 상한관리기준＝1.138
② 상한경고기준＝1.045, 상한관리기준＝1.338
③ 상한경고기준＝1.245, 상한관리기준＝1.438
④ 상한정고기준＝1.445, 상한관리기준＝1.638

해설
① 상한경고기준＝$m+3s$
　상한관리기준＝$m+2s$
　이때 $m=0.56$, $s=0.19$이므로 상한경고기준은
　$0.559+(3 \times 0.193)=0.945$, 상한관리기준은
　$0.559+(2 \times 0.193)=1.138$이 된다.

36 실험실에서 사용하는 모든 화학 물질에는 취
2.5점 급할 때 알려진 유독성과 안전하게 처리할 수
있는 주의 사항이 수록되어 있는 문서가 있다.
이 문서에 나타난 정보에 따라 화학 약품을 취
급하여야 하며 약품과 관련된 안전사고 시 대
처하는 절차와 방법에 도움을 준다. 이 문서를
지칭하는 영어 약자는 무엇인가?

① SDS　　　　② EDS
③ EDTA　　　④ MSDS

해설
④ 물질안전보건자료에 대한 설명으로 약자는 MSDS
　이다.

1과목 수질오염공정시험기준

01
5점
휘발성유기화합물을 기체크로마토그래피−질량분석법으로 측정할 때 1,1−다이클로로에틸렌의 선택 이온(m/z)으로 적합하지 않은 것은?

① 61　　　　　② 82
③ 96　　　　　④ 98

[해설]

휘발성유기화합물의 질량스펙트럼 이온

물질명	분자량	제1선택 이온(m/z)	제2선택 이온(m/z)
플루오로벤젠	96	96	77
1,2−다이클로로벤젠−d4	150	152	115, 150
다이클로로메탄	84	84	86, 49
벤젠	78	78	77
톨루엔	92	91	92
에틸벤젠	106	91	106, 77
o−자일렌	106	106	91, 77
m−자일렌	106	106	91, 77
p−자일렌	106	106	91, 77
클로로폼	118	83	47, 85
1,1,1−트리클로로에탄	132	97	99, 61
1,2−다이클로로에탄	98	62	98, 49
트리클로로에틸렌	130	95	130, 132
테트라클로로에틸렌	164	166	129, 168
1,1−다이클로로에틸렌	96	61	96, 98
사염화탄소	152	117	119, 121

02
5점
대장균−효소이용정량법에서 사용되는 효소는?

① 아스코빅산 분해효소
② 글루쿠론산 분해효소
③ 셀룰로오스 분해효소
④ 글루타민 분해효소

[해설]

대장균−효소이용정량법은 물속에 존재하는 대장균을 분석하기 위한 것으로, 효소기질 시약과 시료를 혼합하여 배양한 후 자외선 검출기로 측정하는 방법이다. 다중 웰(multi−well)을 이용하여 대장균을 시험할 경우, 효소기질 시약은 대장균이 분비하는 효소인 글루쿠론산 분해효소(β−glucuronidase)에 의해 형광을 나타내는 기질을 포함하여야 하며, 막여과법 또는 시험관법을 이용하여 대장균을 분석하는 방법과 동등 또는 이상의 신뢰성 있고 정량 가능한 상용화된 제품을 사용한다.

03
5점
하천수나 호소수의 용존산소(DO)에 관한 설명 중 옳은 것은?

① 수온이 높을 때 시료의 포화 DO 농도가 커진다.
② 염분 농도가 높을 때 시료의 포화 DO 농도가 커진다.
③ 포화 DO 농도와 현재 DO 농도의 차이가 크면 산소 전달속도가 커진다.
④ DO 측정을 위한 시료는 채수병에 묽은 질산을 함께 넣고 냉암소에 4시간까지 보존한다.

[해설]

수온이 높거나, 염분 농도가 높을 때 포화 DO는 작아진다. DO 측정을 위한 시료는 전극법은 즉시 측정하고, 적정법은 즉시 DO 고정을 한 후에 냉암소에서 8시간 보존한다.

04
5점
플루오르(불소) 분석방법 중 자외선/가시선 분광법(란탄알리자린 콤프렉손법)에 대한 설명으로 틀린 것은?

① 란탄과 알리자린 콤프렉손의 착화합물이 불소이온과 반응하여 생성하는 적색의 복합착화합물의 흡광도를 460 nm에서 측정하는 방법이다.
② 정량한계는 0.15 mg/L이다.
③ 수증기 증류법으로 전처리하면 알루미늄 및 철의 방해를 방지할 수 있다.
④ 아세트산과 아세트산나트륨이 포함된 란탄알리자린 콤프렉손용액을 시료에 동일하게 가하여 이온강도를 일정하게 맞춘다.

해설

① 청색의 착화합물의 흡광도를 460 nm에서 측정하는 방법이다.

05
5점
수중에 포함된 염소이온을 측정할 때 사용하는 분석 방법은?

① 질산은 적정법　② 킬달 분석법
③ 칼피셔 적정법　④ 중화 적정법

해설

수중에 존재하는 염소를 분석하는 데 적용 가능한 방법은 크게 이온크로마토그래피, 적정법, 이온전극법으로 분류할 수 있다. 이 중 적정법은 염소이온을 질산은과 정량적으로 반응시킨 다음 과잉의 질산은이 크롬산과 반응하여 크롬산은의 침전으로 나타나는 점을 적정의 종말점으로 하여 염소이온의 농도를 측정하는 방법이다.

06
5점
개수로에 의한 유량 측정할 때에 경심에 대한 정의로 옳은 것은?

① 유수단면적과 윤변의 곱
② 유수단면적과 윤변의 합
③ 유수단면적을 윤변으로 나눈 것
④ 유수단면적에서 윤변을 뺀 것

해설

경심(R)은 유수단면적(A)을 윤변(S)으로 나눈 것(m)이다.

07
5점
다음 설명에 대한 알맞은 용어를 고르면?

> 그람음성, 무아포성의 간균으로서 락토스를 분해하여 가스 또는 산을 발생하는 모든 호기성 또는통성 혐기성균을 말한다.

① 총대장균군　② 분원성대장균군
③ 호기성균　④ 통성혐기성균

해설

• 총대장균군 : 그람음성 · 무아포성의 간균으로서 젖당을 분해하여 가스 또는 산을 발생하는 모든 호기성 또는 통성 혐기성균을 말한다.
• 대장균군 : 그람음성 · 무아포성의 간균으로 총글루쿠론산 분해효소(β – glucuronidase)의 활성을 가진 모든 호기성 또는 통성 혐기성균을 말한다.
• 분원성대장균군 : 온혈동물의 배설물에서 발견되는 그람음성 · 무아포성의 간균으로서 44.5 ℃에서 젖당을 분해하여 가스 또는 산을 발생하는 모든 호기성 또는 통성 혐기성균을 말한다.

08
5점
수질오염공정시험기준에서 폴리클로리네이티드비페닐(PCBs)을 측정하기 위한 기체크로마토그래피법에 대한 설명 중 틀린 것은?

① 채수한 시료를 헥산으로 추출하여 필요시 알칼리 분해한 다음 다시 헥산으로 추출하고 실리카겔 또는 플로리실 컬럼을 통과시켜 정제한다.
② 알칼리 분해를 하여도 헥산층에 유분이 존재할 경우에는 실리카겔 컬럼으로 정제조작을 하기 전에 플로리실(Florisil) 컬럼을 통과하여 유분을 분리한다.
③ PCBs는 시료 중에 균일하게 분포되는 경우가 많으므로 가능한 한 많은 시료를 채취하여 30분간 정치한 후 시료의 상등액을 소량 취해 검수로 사용한다.
④ 검출기는 전자포획형검출기(Electron Cap – ture Detector, ECD)를 사용한다.

해설

③ PCBs는 시료 중에 균일하게 분포되지 않은 경우가 많으므로 가능한 한 채취한 시료 전량을 검수로 사용한다.

정답 ❯ 05 ①　06 ③　07 ①　08 ③

09 가스크로마토그래피법으로 유기인과 유기할로
5점 겐화합물을 각각 선택적으로 검출하기 위해 사
용되는 검출기를 차례대로 옳게 제시한 것은?

① 열전도도 검출기, 불꽃열이온화 검출기
② 불꽃이온화 검출기, 불꽃광도형 검출기
③ 불꽃광도형 검출기, 전자포획형 검출기
④ 전자포획형 검출기, 열전도도 검출기

해설
- 열전도도 검출기(TCD, thermal conductivity de-
tector) : 운반가스와 검출대상물질의 열전도도에
차이가 있는 화합물 분석에 범용적으로 사용함
- 불꽃열이온화 검출기(FID, flame ionization de-
tector) : 공기와 수소를 연료로 하는 불꽃에서 이온
화되는 화합물(거의 모든 유기탄소화합물)
- 불꽃광도형 검출기(FPD, flame photometric de-
tector) : 수소불꽃에 의해 시료성분을 연소시켜 이
때 발생하는 불꽃의 광도를 분광학적으로 측정하는
방법, 인과 황화합물에 선택적으로 검출
- 전자포획형 검출기(ECD, electron capture de-
tector) : 시료 중의 전자 포획력이 강한 할로겐 화
합물에 의해 전자가 포획되어 전류가 감소하는 현상
을 이용한 검출기 할로겐(F, Cl, Br, I)화합물에 민
감하게 반응함

10 아세트산(acetic acid, CH_3COOH) 150 mg/L
5점 를 포함하고 있는 용액의 pH는 얼마인가?(단,
$CH_3COOH \leftrightarrow H^+ + CH_3COO^-$의 평형상수 K는
해당 온도에서 1.8×10^{-5}이다.)

① 약 3.7   ② 약 4.6
③ 약 5.3   ④ 약 6.1

해설
$CH_3COOH \leftrightarrow H^+ + CH_3COO^-$의 평형상수 K가
1.8×10^{-5}일 때

$$K = \frac{[H^+][CH_3COO^-]}{[CH_3COOH]} = 1.8 \times 10^{-5}$$

평형상수는 몰농도를 기준하므로 아세트산 몰분자량
은 60.04 g/mol으로 150 mg/L 아세트산농도를 몰
농도로 환산하면

$$= \frac{0.15\,g}{L} \times \frac{1\,mole}{60\,g} = \frac{0.0025\,mole}{L}$$
$$= 0.0025\,M$$

따라서

$$K = \frac{[H^+][CH_3COO^-]}{[0.0025]} = 1.8 \times 10^{-5}$$
$$= [H^+][CH_3COO^-] = 0.0025 \times 1.8 \times 10^{-5}$$
$$= [H^+][CH_3COO^-] = 4.5 \times 10^{-8}$$
$$= [H^+]^2 = 4.5 \times 10^{-8}$$
$$= [H^+] = \sqrt{4.5 \times 10^{-8}}$$
$$= [H^+] = 2.12 \times 10^{-4}$$

pH는 $-\log[H^+]$이므로 $-\log[2.12 \times 10^{-4}] = 3.67$

11 총인-연속흐름법에 대한 설명으로 틀린 것은?
5점

① 검출기는 10 mm ~ 50 mm 흐름셀을 설치한
880 nm 또는 별도의 정해진 파장에서 흡광도
를 측정할 수 있는 흡광광도계를 사용한다.
② 지표수, 지하수, 폐수 등에 적용할 수 있으며
정량한계는 0.03 mg/L이다.
③ 시료는 채취한 뒤 바로 시험하는 것이 좋으나
그러지 못할 경우에는 황산을 넣어 pH 2 이
하로 하여 4 ℃에서 보관한다.
④ 시료분해 장치는 전자동 고압멸균기(auto-
clave)를 사용하며 자동분석기와 직접 연결
되어 시료의 처리가 가능한 것을 사용한다.

해설
② 지표수, 지하수, 폐수 등에 적용할 수 있으며, 정량
한계는 0.003 mg/L이다.

12 질소화합물의 형태에 따른 시험 방법을 바르
5점 게 짝지은 것은?

① 암모니아성 질소 : 디아조화법
② 아질산성 질소 : 인도페놀법
③ 질산성 질소 : 부루신법
④ 총질소 : 아스코빈산 환원법

- 암모니아성 질소 : 인도페놀법
- 아질산성 질소 : 디아조화법
- 용존총인 : 아스코빈산 환원법

13 원자흡광광도계에서 광원부로부터 나온 빛이 진행되는 순서로 옳은 것은?
5점

① 광원부 – 측광부 – 시료원자화부 – 단색화부
② 광원부 – 시료원자화부 – 단색화부 – 측광부
③ 광원부 – 측광부 – 단색화부 – 시료원자화부
④ 광원부 – 단색화부 – 시료원자화부 – 측광부

해설
원자흡수분광광도계의 광원은 광원부 → 시료원자화부 → 단색화부 → 측광부로 진행된다.

14 다음 중 시료의 최대 보존 기간이 7일인 것으로 옳은 것은?
5점

① 염소이온　　　② 총인
③ 수은　　　　　④ 부유물질

해설
염소이온, 총인, 수은의 최대보존 기간은 28일이다.

15 자외선/가시선 분광법에 의한 시안(cyanides) 측정 시 시료에 함유된 황화합물을 제거하기 위해 사용하는 시약으로 옳은 것은?
5점

① 아세트산아연용액(10 %)
② L–아스코르빈산(5 %)
③ 아비산나트륨(5 %)
④ 초산 또는 수산화나트륨(10 %)

해설
황화합물이 함유된 시료는 아세트산아연용액(10 %) 2 mL를 넣어 제거한다.

16 수질오염공정시험기준에서 BOD항목의 희석수에 대한 설명으로 맞는 것은?
5점

① 물의 온도를 20 ℃로 조절하고 용존산소의 농도가 5 mg/L가 되도록 공기를 불어 넣어 준다.
② 인산염완충액, 염화제이철염 등을 넣어 pH 6.4가 되도록 한다.
③ pH조절은 프탈산염으로 조절한다.
④ 희석수를 (20±1) ℃에서 5일간 저장하였을 때 용존산소의 감소는 0.2 mg/L 이하이어야 한다.

해설
온도를 20 ℃로 조절한 물을 솜으로 막은 유리병에 넣고 용존산소가 포화되도록 충분한 기간 동안 정치하거나, 물이 완전히 채워지지 않은 병에 넣어 흔들어서 포화시키거나 압축공기를 넣어 준다. 필요한 양을 취하여 유리병에 넣고 1,000 mL에 대하여 인산염완충용액(pH 7.2), 황산마그네슘용액, 염화칼슘용액 및 염화철(Ⅲ)용액(BOD용) 각 1 mL씩을 넣는다. 이 액의 pH는 7.2이다. pH 7.2가 아닐 때에는 염산용액(1 M) 또는 수산화나트륨용액(1 M)을 넣어 조절하여야 한다. 이 액을 (20±1) ℃에서 5일간 저장하였을 때 용액의 용존산소 감소는 0.2 mg/L 이하이어야 한다.

17 클로로필 a를 흡광광도법으로 측정할 때 아세톤 용액으로 추출하여 네 파장에서의 흡광도를 측정하는데, 이때 측정하는 파장이 아닌 것은?
5점

① 663 nm　　　② 645 nm
③ 610 nm　　　④ 750 nm

해설
물속 클로로필 a 양의 측정은 아세톤 용액을 이용하여 시료를 여과한 여과지로부터 클로로필 색소를 추출하고 추출액의 흡광도를 663 nm, 645 nm, 630 nm 및 750 nm에서 측정한다.

18 어떤 폐수의 SS를 측정하였더니 800 mg/L이
5점 고, 시료를 여과하지 않은 거름종이의 무게가
6.24 g이었고, 시료를 여과하여 건조한 후 거
름종이의 무게는 6.28 g이었다면 검수량은 얼
마인가?

① 25 mL   ② 50 mL
③ 100 mL   ④ 200 mL

해설

여과 전후의 유리섬유여지 무게의 차를 구하여 부유물
질(SS)의 양으로 한다.

$$부유물질(mg/L) = (b - a) \times \frac{1,000}{V}$$

여기서, a : 시료 여과 전의 유리섬유여지
무게(mg) = 6.24 g
b : 시료 여과 후의 유리섬유여지
무게(mg) = 6.28 g
V : 시료의 양(mL) = x mL

$$800\ (mg/L) = (6.28 - 6.24) \times \frac{1,000}{V}$$

$$\therefore\ V = 50\ mL$$

2과목   먹는물수질공정시험기준

01 먹는물 시료 100 mL를 분석절차를 거쳐 최종
5점 0.002 M 과망간산칼륨 용액으로 적정하는 데
30 mL가 소비되었다. 정제수를 사용하여 시
료와 같은 방법으로 시험할 때 과망간산칼륨
용액이 15 mL 소비되었다면 시료의 과망간산
칼륨 소비량은?(단, 0.002 M의 과망간산칼륨
용액의 f는 1이다.)

① 47.4 mg/L   ② 4.7 mg/L
③ 23.7 mg/L   ④ 2.4 mg/L

해설

① 과망간산칼륨소비량(mg/L)

$$= (a - b) \times f \times \frac{1,000}{100} \times 0.316$$

여기서, a : 과망간산칼륨 소비량(mL)
b : 정제수를 사용하여 시료와 같
은 방법으로 시험할 때에 소비
된 과망간산칼륨 소비량(mL)
f : 과망간산칼륨용액(0.002 M)
의 농도계수

$\therefore$ 과망간산칼륨 소비량(mg/L)
$= (30\ mL - 15\ mL) \times 1 \times 1,000/100 \times 0.316$
$= 47.4$

02 먹는물 수질기준 항목의 시험결과 표시한계와
5점 시험결과 표시자릿수가 틀린 것은?

① 냄새 : − / 있음, 없음
② 벤젠 : 0.001 mg/L /0.000
③ 색도 : 1 도 /0
④ 저온일반세균 : − / 검출, 불검출

해설

④ 일반세균의 시험결과 표시한계 및 표시자릿수

성분명		수질기준	시험결과 표시한계	시험결과 표시자릿수
일반세균	저온	100 CFU/mL 이하 20 CFU/mL 이하 (샘물, 염지하수)	0	0
	(중온)	100 CFU/mL 이하 5 CFU/mL 이하 (샘물, 염지하수) 20 CFU/mL 이하 (먹는샘물, 먹는염지하수, 먹는해양심층수)	0	0

03
5점

먹는물의 냄새와 맛의 측정방법으로 틀린 것은?

① 냄새 측정방법은 시료를 삼각플라스크에 넣고 마개를 닫은 후 온도를 40 ℃ ~ 50 ℃로 하여 가만히 정지한 상태에서 마개를 열면서 관능적으로 냄새를 맡아서 판단한다.

② 냄새와 맛의 측정은 측정자간 개인차가 심하므로 5명 이상의 시험자가 측정하는 것이 바람직하나 최소한 2명이 측정해야 한다.

③ 섭취에 따른 안전성이 확보되지 않은 시료로서 병원성 미생물, 유해물질로 오염된 시료나 폐수 및 처리되지 않은 배출수 등은 맛을 측정하지 않을 수 있다.

④ 냄새 시험방법에 의해 판단할 때 염소 냄새는 제외한다.

[해설]

① 시료를 삼각플라스크에 넣고 마개를 닫은 후 온도를 40 ℃ ~ 50 ℃로 높여 세게 흔들어 섞은 후 마개를 열면서 관능적으로 냄새를 맡아서 판단한다.

04
5점

시안화합물 분석의 간섭물질에 대한 설명 중 괄호 안에 들어갈 내용으로 모두 옳은 것은?

> 방해물질들은 증류하면 대부분 제거되지만, 다량의 지방성분, 잔류염소, 황화합물은 시안화합물을 분석할 때 간섭할 수 있다. 다량의 지방성분을 함유한 시료는 아세트산 또는 (㉠) 용액으로 pH 6 ~ 7로 조절한 후 n-헥산 또는 클로로포름을 넣어 추출하여 (㉡)은 버리고 (㉢)을 분리하여 사용한다.

① ㉠ : 수산화칼륨, ㉡ : 유기층, ㉢ : 수층
② ㉠ : 수산화칼륨, ㉡ : 수층, ㉢ : 유기층
③ ㉠ : 수산화나트륨, ㉡ : 유기층, ㉢ : 수층
④ ㉠ : 수산화나트륨, ㉡ : 수층, ㉢ : 유기층

[해설]

③ 다량의 지방성분을 함유한 시료는 아세트산 또는 수산화나트륨용액으로 pH 6 ~ 7로 조절한 후 시료의 약 2 %에 해당하는 부피의 n-헥산 또는 클로로포름을 넣어 추출하여 유기층은 버리고 수층을 분리하여 사용한다.

05
5점

먹는물수질오염공정시험기준에서 폼알데하이드 분석 시 유도체화를 하는 이유로 적당하지 않은 것은?

① 검출 감도의 향상　② 분리 특성의 개선
③ 화학적 안정화　　　④ 분석 시간 단축

[해설]

크로마토그래피법 분석에서 유도체화(derivatization)는 분석 대상물질을 직접 분석할 때 대상물질이 화학적으로 불안정하여 분석이 용이하지 않거나 감도가 낮아서 분석이 어려운 경우에 검출감도의 향상, 분리특성 개선, 화학적 안정화를 위하여 대상물질을 적당한 유도체로 전환시키는 화학적인 조작을 하는 과정을 거친다. 따라서 이러한 일련의 과정을 거치면서 오히려 분석시간은 길어진다.

06
5점

특정항목을 자외선/가시선 분광법으로 분석하기 위한 설명이다. 해당하는 항목으로 옳은 것은?

> 시료의 pH를 4로 조절하여 증류한 시료에 염화암모늄-암모니아 완충용액을 넣어 pH 10으로 조절한 다음 4-아미노안티피린과 헥사시안화철(Ⅲ)산 칼륨을 넣어 생성된 적색의 안티피린계 색소를 클로로포름으로 추출 후 460 nm에서 흡광도를 측정하여 분석한다.

① 페놀　　　　　　　② 알루미늄
③ 암모니아성질소　　④ 질산성질소

[해설]

페놀시험방법 중 자외선/가시선 분광법 설명이다.

---

07 다음 중 먹는물수질기준 항목이 아닌 것은?

① 벤조피렌　　　② 셀레늄
③ 클로로포름　　④ 1,4-다이옥산

해설
① 벤조피렌은 PAH 화합물로 먹는물수질기준의 대상 항목이 아니다.

08 먹는물 및 샘물의 음이온을 분석할 때 일반적으로 사용되는 이온크로마토그래프의 검출기로 옳은 것은?

① 자외선 검출기
② 열전도도 검출기
③ 전기전도도 검출기
④ 전자포획검출기

해설
③ 먹는물 및 샘물의 음이온을 분석할 때 일반적으로 사용되는 이온크로마토그래프의 검출기는 전기전도도 검출기다.

09 수소이온농도-유리전극법에 대한 설명이다. 내용 중 틀린 것은?

① 유리전극은 사용하기 전 수 시간 전에 정제수에 담가 두어야 한다.
② 유리탄산을 함유한 시료의 경우에는 유리탄산을 제거한 후 pH를 측정한다.
③ 유리전극은 pH 11 이상의 시료에서 오차가 크다.
④ 유리전극은 일반적으로 용액의 색도, 탁도, 콜로이드성 물질 및 염도에 의해 간섭을 받는다.

해설
④ 유리전극은 일반적으로 용액의 색도, 탁도, 콜로이드성 물질 및 염도에 의해 간섭을 받지 않는다.

10 먹는물, 샘물 및 염지하수 중의 금속류를 분석하고자 한다. 주의사항으로 틀린 것은?

① 금속의 미량분석에서는 유리기구, 정제수 및 여과지에서의 금속 오염을 방지하는 것이 중요하다.
② 사용하는 시약에서도 오염이 될 가능성이 있으므로 순도가 높은 시약을 사용한다.
③ 산처리와 농축과정 중에 오염이 될 수 있으므로 바탕실험을 통해 오염 여부를 잘 평가해야 한다.
④ 금속류는 비휘발성이므로 유독기체를 배출시킬 수 있는 환기시설(후드 등)이 필요 없다.

해설
④ 금속류 시험에서 전처리의 경우에는 산을 사용하므로 후드 내에서 실시하여야 하며, 기기분석에도 AA, ICP, ICP-MS의 경우에는 배기 덕트 시설이 필요하다.

11 크롬 분석을 위한 원자흡수분광광도법 적용 시 원자흡수분광광도계에 불꽃을 만들기 위한 조연성 기체와 가연성 기체에 대한 설명이다. 괄호에 들어갈 내용으로 모두 옳은 것은?

> 공기-아세틸렌으로는 아세틸렌 유량이 많은 쪽이 감도가 (ㄱ)지만 (ㄴ)의 방해가 많으며, 아세틸렌-일산화질소는 감도는 (ㄷ)으나 방해는 적다.

① ㄱ : 높, ㄴ : 철과 망간, ㄷ : 낮
② ㄱ : 높, ㄴ : 철과 니켈, ㄷ : 낮
③ ㄱ : 낮, ㄴ : 철과 망간, ㄷ : 높
④ ㄱ : 낮, ㄴ : 철과 니켈, ㄷ : 높

해설
② 크롬 등의 금속류는 공기-아세틸렌으로는 아세틸렌 유량이 많은 쪽이 감도가 높지만 철, 니켈의 방해가 많으며, 아세틸렌-일산화질소는 방해는 적으나 감도가 낮다.

정답 **07** ① **08** ③ **09** ④ **10** ④ **11** ②

12
5점

250 mL의 물 시료를 증발접시에 넣어 건조시키고, 건조한 시료를 데시케이터에서 식힌 후 무게를 측정하였더니 101.508 g이었다. 시험 전 증발접시의 무게가 101.480 g이었다면 이 시료의 증발잔류물 농도로 옳은 것은?

① 0.028 mg/L   ② 28 mg/L
③ 0.112 mg/L   ④ 112 mg/L

해설

④ 시료 중의 증발잔류물의 농도(mg/L)는 다음 식으로 구한다.

$$증발잔류물(mg/L) = \frac{a \times 1,000}{시료(mL)}$$

여기서, a : 시료와 증발접시의 무게차(mg)

따라서 $a = 101.508\,g - 101.480\,g$
$= 0.028\,g = 28\,mg$

증발잔류물$(mg/L) = 28\,mg \times 1,000/250\,mL$
$= 112\,mg/L$

13
5점

자외선/가시선 분광법(페난트로린 법)으로 철(Fe)을 측정할 때에 염산하이드록실아민용액을 사용하는 이유로 옳은 것은?

① 시료 속 철 화학종의 착물 형성
② 시료 속 철 화학종의 침전 분리
③ 시료 속의 철 화학종을 제일철로 환원
④ 철 화학종의 흡광광도 분석을 위한 발색

해설

③ 철 이온을 암모니아 알칼리성으로 하여 수산화제이철로 침전분리하고 침전물을 염산에 녹여서 염화하이드록시암모늄으로 제일철로 환원한 다음, 1,10-페난트로린을 넣어 약산성에서 나타나는 등적색 철착염의 흡광도를 510 nm에서 측정하는 방법이다.

14
5점

원자흡수분광광도계의 구성요소 중광원부에 일반적으로 사용되는 램프로 옳은 것은?

① 텅스텐램프
② 속빈음극램프
③ 중수소아크램프
④ 다이오드레이저

해설

원자흡수분광광도법에 주로 사용하는 광원은 속빈음극램프(Hollow Cathod Lamp)를 사용한다.

15
5점

먹는물 및 샘물의 수은 측정방법 중 수은-양극벗김전압전류법에 대한 설명이다. 내용 중 틀린 것은?

① 유리탄소전극에 금막 입힌 전극을 작업전극으로 사용한다.
② 이 방법으로 유기 또는 무기 수은(II)을 구분하여 측정할 수 있다.
③ 작업전극에서 수은은 +650 mV 전위차(포화칼로멜전극 기준)에서 자유이온화 된다.
④ 100 mg/L 이상의 타닌산이 존재하는 시료의 경우에는 이 방법에 의해 수은을 측정할 수 없다.

해설

② 이 방법으로 유기 또는 무기 수은(II)을 구분할 수 없다.

16
5점

다음 설명은 먹는물수질공정시험기준에서 어느 세균에 대한 정의인가?

> 그람음성 호기성 간균으로 운동성이 있고 단일 혹은 쌍으로 존재하며 짧은 사슬을 형성하기도 하는 피오시아닌 색소를 생산한다.

① 녹농균   ② 대장균
③ 살모넬라   ④ 여시니아균

정답 12 ④ 13 ③ 14 ② 15 ② 16 ①

① 녹농균은 슈도모나스과의 운동성을 지니는 그람음성 호기성 간균으로 단일 혹은 쌍으로 존재하며 짧은 사슬을 형성하기도 하는 청녹색의 색소인 피오시아닌(pyocyanin)을 생산하는 균을 말한다.

17 금속류－유도결합플라스마－질량분석법에서 유의할 점으로 틀린 것은?
5점

① 대부분의 원소는 동종원소(isobaric element) 간섭을 받지 않으며 적절한 질량을 선택하여 간섭을 피할 수 있다.
② 동종 다원소이온 간섭(isobaric polyatomic ion interference)은 측정하려는 원소의 질량과 동일한 다원소로 구성된 이온에 의해 발생하는 간섭을 말한다.
③ 염지하수의 경우 매질에 의한 간섭이 발생하므로 적절한 희석을 통해 시료를 분석한다.
④ 플라스마로 전달, 이온화, 질량분석기로 연결 과정 등의 물리적인 과정에 의해 발생하는 간섭도 주의해야 한다.

③ 염지하수의 경우 매질에 의한 간섭이 발생하므로 카드뮴, 구리, 납, 아연, 크롬은 유기금속착화물을 형성하여 용매추출 후 휘발건조 과정을 거쳐 재용해한 후 분석용 시료로 한다. 비소와 셀레늄, 알루미늄은 시료를 10배 이상 희석한 것을 매질로 하여 간섭효과를 줄일 수 있다.

18 먹는물, 샘물 및 염지하수 중의 냄새를 측정할 때 소독제인 염소냄새를 제거하기 위한 첨가하는 물질은?
5점

① 질산
② 염산
③ 티오황산나트륨
④ 황산

③ 소독제인 염소 냄새가 날 때에는 티오황산나트륨(sodium thiosulfate)을 가하여 염소를 제거한 후 측정한다. 사용하는 티오황산나트륨의 양은 시료 500 mL에 잔류염소가 1 mg/L로 존재할 때 티오황산나트륨용액 1 mL를 가한다.

3과목 정도관리

01 시료의 종류에 따른 보존 방법이 적절하지 않은 것은?
2.5점

① 영양염류 성분은 미생물에 의해 단시간에 영향을 받기 때문에 시료는 채취 후 즉시 아이스박스에 넣어 4℃로 보존하여 실험실로 운반한다.
② VOC는 잔류 염소가 있다면 아스코빈산($C_6H_8O_6$, ascorbic acid) 0.6 g을 바이알에 첨가한 후 그 바이알에 시료를 반 정도 채우고 산을 추가한다.
③ 클로로필 a는 시료를 채취 후에 24시간 이내에 실험실에서 여과하고 탄산마그네슘($MgCO_3$, magnesium carbonate)을 마지막 시료가 필터를 통과하는 동안 첨가하고 여과 후에 여과지는 냉동시킨다.
④ 시안화물은 황화물이 있다면 시료를 현장에서 전처리 하거나 실험실로 가져와 24시간 내에 4℃에서 분석하여야 한다.

② VOC는 잔류 염소가 있다면 티오황산나트륨($Na_2S_2O_3$, Sodium thiosulfate) 바이알에 첨가한 후 그 바이알에 시료를 반 정도 채우고 산을 추가한다. 즉, 티오황산나트륨을 제일 먼저 넣고, 시료－산 순서로 넣는다. 두 보존제가 섞이지 않도록 해야 한다.

02 기기를 이용한 측정에서 검정곡선의 작성과 기기정도관리에 대한 설명으로 틀린 것은?

2.5점

① 초기검정은 각각 다른 농도에서의 교정바탕시료(calibration blank)에 대응하는 교정표준물질(calibration standards)의 반응에 바탕을 두고 기기에 주입한 농도와 감응도가 직선을 유지하여야 한다.
② 검정 범위에 따라 검정곡선을 작성한 다음 검정 곡선에 대한 상관관계를 산출하여 1에 가까울수록 좋다.
③ 연속검정표준물질은 검정곡선이 실제 시료에 정확하게 적용할 수 있는지를 검증하고, 검정곡선의 정확성을 검증하는 표준물질이다.
④ 연속검정표준물질의 농도는 일반적으로 초기검정곡선 작성 시 중간농도 표준물질을 사용하여 농도를 확인한다.

해설
③ 검정곡선이 실제 시료에 정확하게 적용할 수 있는지를 검증하고, 검정곡선의 정확성을 검증하는 것은 교정검증표준물질이다.

03 시료채취 장비의 재질로 플라스틱, 스테인리스, 테플론, 유리, 알루미늄, 금속을 사용할 수 있는 분석 항목은?

2.5점

① 미생물　　　② 영양염류
③ 중금속　　　④ 휘발성 유기화합물

해설

분석항목	시료채취 기구의 재질
무기물질	플라스틱, 유리, 테플론, 스테인리스, 알루미늄, 금속
영양염류	플라스틱, 스테인리스, 테플론, 유리, 알루미늄, 금속
중금속	플라스틱, 스테인리스, 테플론
추출하여야 하는 물질	유리, 알루미늄, 금속 재질, 스테인리스, 테플론
휘발성 유기화합물	유리, 스테인리스, 테플론
미생물	멸균된 용기

04 정도관리(현장평가) 운영에 대한 설명으로 틀린 것은?

2.5점

① 평가위원들은 현장평가의 첫 번째 단계로 대상 기관 참석자들과 시작 회의를 한다.
② 시험분야별 평가는 분석자가 업무를 수행하는 곳에서 진행한다.
③ 분석 관련 책임자 또는 분석자와의 면담을 통해서 평가할 수 있다.
④ 검증기관의 검증 유효 기간 및 검증항목 확대 시 유효 기간은 모두 심의일로부터 3년이다.

해설
④ "환경시험·검사기관 정도관리 운영 등에 관한 규정"에는 검증기관의 검증 유효 기간은 심의된 날로부터 3년으로 명시하고 있으나, 검증항목 확대 시 유효 기간은 명시하고 있지 않고 있다.

05 정도관리 절차 중 시험방법에 대한 분석자의 능력 검증이 필요한 경우가 아닌 것은?

2.5점

① 분석자의 교체
② 새로운 분석 장비의 구입
③ 공정시험기준의 변경
④ 환경기준의 완화

해설
④ 환경기준의 완화가 아니라 강화로 보다 정밀하고 정확한 시험·분석이 요구되는 경우이다.

06 원자흡광광도법을 사용하여 폐수 중 카드뮴의 농도를 측정하기 위해 검출한계를 결정하고자, 바탕용액의 흡광도를 5회 측정하여 다음과 같은 결과를 얻었다. 같은 조건에서 카드뮴 표준용액 1.0 $\mu g/L$의 흡광도는 0.069였다. 이 방법의 검출한계로 옳은 것은?(단, LOD=3σ)

2.5점

횟수	1	2	3	4	5
흡광도	0.002	0.001	0.007	0.005	0.003

① 0.1 $\mu g/L$　　　② 0.06 $\mu g/L$
③ 0.03 $\mu g/L$　　　④ 1.0 $\mu g/L$

02 ③　03 ②　04 ④　05 ④　06 ①

해설

표준편차$(\sigma)=0.002408$, 평균$=0.004$, 표준용액 1.0 $\mu g/L$의 흡광도는 0.069이다.

따라서 $LOD = 3\sigma = 3 \times 0.002408 = 0.007$

$0.069 : 1.0\ \mu g/L = 0.007 : x\ \mu g/L$

$= 0.101 = 0.1\ \mu g/L$

---

07 정도관리의 일부로서 시험 · 검사기관의 정도
2.5점 관리 시스템에 대한 주기적인 평가를 위하여
표준시료에 대한 시험 · 검사 능력과 시료채취
등을 위한 장비 운영 능력 등을 평가하는 것은
다음 중 어느 것인가?

① 숙련도시험 　　② 경영심사
③ 현장평가 　　　④ 문서관리

해설

숙련도시험에 대한 설명이다.

---

08 적정용액에서 표준용액의 정확한 농도를 측정
2.5점 하는 것을 표준화(standardization)라 한다.
표준화는 일차표준물질을 사용하여 수행하여
야 하는데 아래 나열된 사항 중 일차표준물질
의 조건으로 틀린 것은?

① 매우 높은 순도(거의 100 %)와 정확한 조성
을 알아야 하며, 불순물의 함량이 0.01 % ~
0.02 %이어야 한다.

② 일차표준물질은 안정하며, 쉽게 건조되어야
하며, 대기 중 수분과 이산화탄소를 흡수하
지 않아야 한다.

③ 표준화용액과 화학량론적으로 신속하게 반
응하여야 한다.

④ 일차표준물질은 화학식량이 작은 물질일수
록 더 효과적이다.

해설

④ 무게달기와 연관된 상대오차를 최소화하기 위하여
비교적 큰 화학식량을 가지고 있어야 한다.

---

09 하천수 채수에 대한 설명으로 틀린 것은?
2.5점

① 하천본류와 하천지류가 합류하는 경우, 합류
이전의 각 지점과 합류 이후 충분히 혼합된
지점에서 각각 채수한다.

② 하천의 단변에서 수심이 가장 깊은 수면의 지점
과 그 지점을 중심으로 하여 좌우로 수면 폭을
2 등분한 각각의 지점의 수면으로부터 수심
2 m 미만일 때는 수심의 1/2에서 채수한다.

③ 하천의 단변에서 수심이 가장 깊은 수연의 지
점과 그 지점을 중심으로 하여 좌우로 수면
폭을 2 등분한 각각의 지점의 수면으로부터
수심 2 m 이상일 때는 수심의 1/3 및 2/3에
서 각각 채수한다.

④ 기타 1, 2, 3항 이외의 경우는 시료 채취 목
적에 따라 필요하다고 판단되는 지점 및 위
치에서 채수한다.

해설

② 하천의 단변에서 수심이 가장 깊은 수면의 지점과
그 지점을 중심으로 하여 좌우로 수면 폭을 2 등분
한 각각의 지점의 수면으로부터 수심 2 m 미만일
때는 수심의 1/3에서 채수한다.

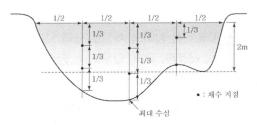

---

10 오차에 관한 설명이 틀린 것은?
2.5점

① 편향이란 온도 효과 혹은 추출의 비효율성,
오염, 교정 오차 등과 같은 시험 방법에서의
계통 오차(systematic error)로 발생한다.

② 계통 오차란 재현이 불가능하여 보정이 불가
능한 오차로서 이것에 따라 측정값은 편차가
발생한다.

③ 시료 채취 오차는 분석 측정 오차보다 항상 크다.

④ 일반적으로 10 mL 피펫의 허용 오차는 0.02
mL이다.

② 계통오차(systematic error)는 재현 가능하여 어떤 수단에 의해 보정이 가능한 오차로서 이것에 따라 측정값은 편차가 생긴다.

11 다음 시료 채취할 때 유의사항으로 틀린 것은?
2.5점

① 시료는 목적 시료의 성질을 대표할 수 있도록 시료채취 용기 또는 채수기를 사용하여 채취하며, 채취 용기는 정제수로 3회 이상 씻은 다음 사용한다.
② 유류 또는 부유물질 등이 함유된 시료는 시료의 균질성이 유지될 수 있도록 채취하여야 하며, 침전물 등이 부상하여 혼입되어서는 안 된다.
③ 용존가스, 환원성 물질, 휘발성 유기물질, 유류 및 수소이온 등을 측정하기 위한 시료는 운반 중 공기와 접촉이 없도록 가득 채워야 한다.
④ 채취된 시료는 즉시 실험하여야 하며, 그렇지 못한 경우에는 시료의 보존 방법에 따라 보존하고 규정된 시간 내에 실험하여야 한다.

해설
① 시료 채취 시 용기는 일반적인 경우에는 시료로 헹구고 유기물의 경우에는 헹구지 않고 채취한다.

12 국제단위계에 따라 측정분석 결과를 바르게 표현한 것은?
2.5점

① (23.4 ± 0.5) ℃　　② 1.5 Km
③ 10~20 %　　④ 15 ppm

해설
② 1.5 Km → 1.5 km
③ 10 ~ 20 % → 10 % ~ 20 %
④ 15 ppm → 15 mg/kg
　ppm, ppb. ppt 등은 특정국가에서 사용하는 약어이므로 정확한 단위로 표현하든 백만 분율, 십억 분율, 일조 분율 등의 수치로 표현한다.

13 시료의 보존처리방법에 관한 설명 중 옳지 않은 것은?
2.5점

① 시안화합물은 수산화나트륨 용액을 가해 pH 약 12 이상으로 조절 후 4 ℃에서 보관한다.
② 유기인 및 PCBs는 염산으로 pH 5.9로 조절하여 4 ℃에서 보관한다.
③ 페놀류 측정 시료는 인산을 가해 pH 4 이하로 조절한 후, CuSO₄ 1 g/L 첨가하여 4 ℃에서 보관한다.
④ 불소이온 측정용 시료는 질산으로 pH를 2 이하로 조절한 후 4 ℃에서 보관한다.

해설
④ 불소이온 측정용 시료는 플라스틱에 채취하며 특별한 보존처리 방법은 없으나 28일 내에 분석을 해야 한다.

14 먹는물의 수질을 분석할 때 QA/QC에 대한 내용으로 틀린 것은?
2.5점

① 색도(비색법) 측정 시 정밀도는 동일한 시료 채취 장소에서 다른 조건으로 중복 채취한 시료를 일정 색도의 색도표준용액으로 1명이 측정하여 측정값의 차이를 구한다.
② 막여과법을 이용하여 총대장균군을 측정할 때 양성대조균은 E. Coli 표준균주를 사용하고, 음성대조균은 멸균 회석수를 사용하도록 한다.
③ 과망간산칼륨소비량 측정 시 정도관리 목표값은 정량한계 0.3 mg/L이고 현장이중시료의 상대 표준편차백분율이 ±20 % 이내이다.
④ 맛의 정밀도는 일정 맛을 나타내는 물 시료를 2 명 이상이 동일하게 측정하여 측정값의 차이를 구한다.

해설
① 현장이중시료는 동일한 장소에서 동일한 조건으로 중복 채취한다.

15 수질분야 측정대행업을 등록하는 데 있어 측정대행 업자가 갖추어야 하는 기본항목이 아닌 것은?
2.5점

① 수소이온농도(pH)
② 생물화학적 산소요구량(BOD)
③ 화학적 산소요구량(COD)
④ 총질소(TN)

해설

환경분야 시험 · 검사 등에 관한 법률 시행규칙 별표 9의 측정대행업의 세부등록기준에서 수질분야의 기본항목은 수소이온농도(pH), 생물화학적 산소요구량(BOD), 부유물질(SS)이다.

16 다음의 유효 숫자 개수를 모두 합하면 얼마인가?
2.5점

1) 10.6
2) 0.0025
3) 1.008
4) 12.11+18.0+1.013의 결과값

① 12   ② 15
③ 13   ④ 16

해설

1) 3개, 2) 2개, 3) 2개, 4) 5개이므로 총 12개

17 검출한계를 구하는 방법으로 적절하지 않은 것은?
2.5점

① 반응의 표준편차와 검정곡선의 기울기에 근거하는 방법
② 시각적 평가에 근거하는 방법
③ 시료의 분석값이 직선적인 측정값을 얻도록 유도하는 방법
④ 신호에 대한 잡음의 비에 근거하는 방법

해설

③ 시료의 분석값이 직선적인 측정값을 얻을 수 있는 능력은 직선성이다.

18 측정기관에 대한 정도관리 현장평가 내용 중 아닌 것은?
2.5점

① 현장평가의 첫 번째 단계로서 평가팀장은 시작 회의를 한다.
② 평가위원은 담당자와 함께 대상시설의 시설물들을 둘러보는 시험실순회를 한다.
③ 대상기관 대표자는 평가팀 중간회의를 주관하고 평가 지속 여부를 협의한다.
④ 평가팀장이 주재하여 현장평가를 마감하는 종료 회의를 한다.

해설

③ 평가팀의 중간회의는 평가팀장이 주관한다.

19 시료 채취 시간이 다른 수질 시료의 혼합시료에 대한 설명 중 틀린 것은?
2.5점

① 혼합과정은 시료의 성분에 따라 다를 수 있다.
② 유량에 비례하는 시료 채취가 더 좋은 대표성을 갖는다.
③ VOC의 경우 혼합시료는 혼합 비율을 조정하여 만든다.
④ 시료채취 동안의 일반적인 특성을 알아볼 수 있다

해설

③ VOC, 오일과 그리스, TPHs, 미생물에서는 혼합시료가 없으며 단일시료로 한다.

20 log(1236)을 계산한 결과를 유효숫자를 고려하여 올바르게 표기한 것은?
2.5점

① 3.09   ② 3.092
③ 3.0920   ④ 3.09202

해설

③ 유효숫자에 포함되지 않은 "0"은 소수점을 나타내기 위한 "0"뿐이다.

정답 **15** ④ **16** ① **17** ③ **18** ③ **19** ③ **20** ③

21

2.5점

검정곡선에 대한 검증방법으로 틀린 것은?

① 검정곡선은 정도관리 시료와 실제 시료에 존재하는 분석대상물질 농도 범위를 모두 포함할 수 있는 범위이어야 한다.

② 1개의 batch 분석시간이 2일을 넘기 때문에 그 이후의 시료에 대한 검정곡선을 재작성하여 분석하였다.

③ 검정용 표준물질은 실험실 관리시료 표준물질과 같은 제조사 제품을 사용하였다.

④ 시료분석 전 측정장비의 편차나 치우침을 확인하기 위하여 검정 표준용액을 사용하여 검정곡선 확인절차를 거친다.

해설

③ 검정용 검증표준물질은 검정곡선이 실제 시료에 정확하게 적용할 수 있는지를 검증하고, 검정곡선의 정확도를 확인하기 위한 표준물질이다. 이 용액은 인증표준물질(CRM, certified referene material)을 사용하거나 다른 검정곡선으로 검증한 표준물질을 사용한다.

22

2.5점

A기관은 국립환경과학원으로부터 수질 TN 항목의 숙련도시험 표준시료를 받고 3번 반복 실험한 다음 측정값의 평균값인 1.50 mg/L를 제출하였다. TN 숙련도시험 표준시료에 대하여 30개 시험기관들이 제출한 측정값의 로버스트 평균값은 1.60 mg/L이었다. A기관의 TN 항목 숙련도시험 평가결과는 $z = -2$ 였다. 옳은 것은?

① A기관의 TN 측정결과는 다른 기관에 비하여 다소 높게 측정되고 있다.

② 숙련도시험 표준시료에 대한 시험기관들이 제출한 측정값의 로버스트 표준편차는 0.05 mg/L이다.

③ 숙련도시험 표준시료의 기준값으로 로버스트 평균값을 사용한 것은 산술평균에 비하여 시험기관을 엄격하게 평가하기 위함이다.

④ A기관의 TP 항목에 대한 숙련도시험 평가결과도 $z = -2$ 일 것이다.

해설

② z값에 의한 평가

$$z = \frac{\chi - X}{s}$$

여기서, χ : 대상기관의 측정값

X : 기준값, s : 목표표준편차

여기서 대상기관의 측정값 $= 1.50$ mg/L, 기준값(로버스트 평균값) $= 1.6$ mg/L이다.

따라서 $-2 = \frac{(1.5 - 1.6)}{s}$ 이며, $s = 0.05$ 이다.

23

2.5점

분석 자료의 평가와 승인 과정의 점검 사항에 대한 설명으로 올바르지 않은 것은?

① 시약 바탕시료의 오염은 시험에 사용하는 시약에 의해 발생할 수 있다.

② 바탕시료값은 방법검출한계보다 낮아야 한다.

③ 오염된 기구 및 유리 제품의 오염을 제거하기 위해 세척 과정을 점검한다.

④ 현장 이중시료, 실험실 이중시료 또는 매질 첨가 이중시료로 정확도를 확인할 수 있다.

해설

④ 이중시료는 정확도가 아니라 정밀도를 평가한다.

24

2.5점

다음 중 방사선 관리구역에서 유의해야 하는 사항으로 틀린 것은?

① 관리구역 내에서는 오염방지를 위한 전신방호복을 항상 착용해야 한다.

② 관리구역 내에서 휴대용 감마선용 선량계를 항상 착용해야 한다.

③ 개인의 피폭선량을 수시로 측정, 반드시 기록한다.

④ 관리구역 내 가속기실로부터 기구, 비품은 최대 허용 표면 오염밀도의 1/10 이하인 경우 반출이 가능하다.

해설

① 실험 시에는 오염에 의한 위험을 방지하기 위해 전용 고무장갑을 착용한다.

정답 **21** ③ **22** ② **23** ④ **24** ①

25 유리 기구 제품의 표시 중 틀린 것은?
2.5점

① 교정된 유리 기구를 표시할 때 'A'라고 적힌 것은 허용 오차가 0.001 %인 정확도를 가진 유리 기구를 의미한다.

② 25 mL 피펫에 'TD 20 ℃'라고 적혀 있는 것은 to deliver의 약자로 20 ℃에서 25.00 mL를 옮길 수 있다는 뜻이다.

③ 500 mL 부피 플라스크에 'TC 20 ℃'라고 적혀 있는 것은 to contain의 약자로 20 ℃에서 500.00 mL를 담을 수 있다는 뜻이다.

④ 연결 유리 기구에 표시된 TS는 'standard taper'의 약자이다.

해설

① "A"라고 적힌 것은 교정된 유리 기구를 표시할 때 나타내는 것으로 온도에 대해 교정이 이루어진 것을 의미한다.

26 다음 표준물질 및 시약 등의 저장방법으로 옳은 것은?
2.5점

① 실리카 저장용액은 가능한 한 유리병에 보관한다.

② 중금속 표준물질은 실험실의 지정된 장소에 항상 냉장 상태로 보관하여야 한다.

③ 용매의 경우 분리된 용매 캐비닛에 저장하되 밀폐된 장소이어야 한다.

④ 미량 유기표준물질은 바이알에 담아 냉동고에 보관한다.

해설

① 실리카 저장용액은 반드시 플라스틱에 보관한다.

② 중금속 표준물질은 실험실의 지정된 장소에 실온에서 보관한다.

③ 용매의 경우 분리된 용매 캐비닛에 저장하되 환기가 잘되어 있어야 한다.

27 추출할 수 있는 유기물 분석용 지하수 시료채취 방법으로 틀린 것은?
2.5점

① 천연 라텍스 고무장갑을 착용하고 관측정으로부터 지하수를 퍼낸다.

② 플라스틱 백에 시료병을 감싸 넣고, 아이스박스에 보관해 4 ℃가 유지되도록 한다.

③ 시료가 농약일 경우, 시료는 pH 5~9로 적정하여 보관한다.

④ 뚜껑 안쪽에 플라스틱 격막이 있는 1 L 유리병에 시료를 채취한다.

해설

④ 뚜껑 안쪽에 테프론 격막이 있는 1 L 유리병에 시료를 채취한다.

28 안전 관련 표식 부착 관리 대상이 아닌 것은?
2.5점

① 위험이 따르는 시설물

② 불안전한 시설물

③ 경고를 요하는 시설물

④ 시료 저장 시설물

해설

④ 시료 저장 시설물은 안전 관련 표식 부착 관리 대상이 아니다.

29 분석 결과의 정확도를 평가하기 위한 방법으로 적합하지 않은 것은?
2.5점

① 회수율 측정

② 상대표준편차 계산

③ 공인된 방법과의 비교

④ 표준물질 분석

해설

② 상대표준편차는 정밀도에 대한 내용이다.

30 정도관리 기술위원회의 기능이 아닌 것은?
2.5점

① 분야별 정도관리와 관련된 기술기준에 관한 사항

② 현장평가 시 기술적 쟁점에 관한 사항

③ 정도관리 시행계획 수립에 관한 사항

④ 정도관리 평가위원의 위촉 및 해촉 심의에 관한 사항

정답 25 ① 26 ④ 27 ④ 28 ④ 29 ② 30 ④

해설
④ 정도관리 평가위원의 위촉 및 해촉 심의에 관한 사항은 심의회의 기능이다.

31 삭제 문항

32 VOC 분석을 위한 수질시료의 채취에서 채취
2.5점 용기는 시료를 채우기 전에 시료로 몇 회 이상 씻는가?

① 1회   ② 2회
③ 3회   ④ 씻어서는 안 됨

해설
④ VOC 등 유기물분석용 시료는 시료로 씻지 않고 바로 채수한다.

33 UV−VIS 분광광도계(UV−VIS spectropho−
2.5점 tometer)의 관리 및 점검에 대한 설명으로 틀린 것은?

① 일반적으로 UV−VIS 분광광도계는 200 nm ~ 1,000 nm 사이의 파장을 측정하며, 시험 항목별로 방법검출한계(MDL)를 정기적으로 확인한다.

② UV−VIS 분광광도계는 점검 시 일반적으로 실험실 내부의 온도 25 ℃를 기준으로 측정하며, 시료의 온도가 25 ℃가 아닐 경우 수학적으로 보정하여 기록한다.

③ 일반적으로 UV−VIS 분광광도계의 검 · 교정주기는 127월이며 교정방법은 수질오염 공정시험 기준에 명시된 내용에 따라 파장눈금, 흡광도의 보정 및 떠돌이 빛(stray light)의 유무조사로 실시할 수 있다.

④ UV−VIS 분광광도계는 시료 10개를 분석 시마다 검정곡선에 대한 검증을 실시하며, 바탕시료(reagent blank), 첨가시료, 이중시료를 측정한다.

해설
② UV−VIS 분광광도계는 점검 시 일반적으로 실험실 내부의 온도 15 ℃ ~ 35 ℃를 기준으로 측정한다.

34 지표수를 채취하는 과정에서 오차를 줄이기
2.5점 위한 방법으로 옳지 않은 것은?

① 물과 침전물 시료는 모두 상류에서 하류 쪽으로 채취한다.
② 보트에서 시료를 채취할 때는 엔진으로부터 멀리 떨어진 곳에서 채취한다.
③ 물과 침전물을 같은 지점에서 채취할 때 물시료를 먼저 채취한다.
④ 물의 흐름이 자연적이 아닌 경우 대표성에 문제가 있을 수 있다.

해설
① 침전물의 경우 시료를 채취 시 하상의 침전물들이 교란되어 대표성을 얻지 못하는 경우가 있으므로 상류를 향하여 보고 채취하여야 한다.

35 어느 실험실에서 1,4−다이옥산을 5회 분석한
2.5점 결과가 아래와 같을 때, 상대 표준 편차는?

횟수	1	2	3	4	5
측정값(mg/L)	4.8	4.0	4.6	4.4	4.3

① 6.6 %   ② 6.8 %
③ 7.0 %   ④ 7.2 %

해설
• 표준편차

$$(s) = \sqrt{\frac{1}{n-1}\left[\sum_{i=1}^{n}\left(X_i - \overline{X}\right)^2\right]}$$

$$= \sqrt{\frac{1}{5-1}\left[(4.8-4.42)^2 + (4.0-4.42)^2 + (4.6-4.42)^2 + (4.4-4.42)^2 + (4.3-4.42)^2\right]}$$

$$= 0.3$$

• 평균=4.4
• 상대표준편차=(표준편차/평균)×100
=0.3/4.4×100=6.8

정답   **31** 삭제   **32** ④   **33** ②   **34** ①   **35** ②

1과목 수질오염공정시험기준

01
5점
수질오염공정시험기준 총칙의 설명으로 틀린 것은?

① 각각의 시험은 따로 규정이 없는 한 상온에서 실시한다.

② 분석용 저울은 0.1 mg까지 달 수 있는 것이어야 한다.

③ 염산 (1 → 2)는 염산 1 mL와 물 2 mL를 혼합하여 조제한 것을 말한다

④ 시험조작 중 "즉시"란 30초 이내에 표시된 조작을 하는 것을 뜻한다.

> **해설**
>
> 용액의 농도를 (1 → 10), (1 → 100) 또는 (1 → 1 000) 등으로 표시하는 것은 고체 성분에 있어서는 1 g, 액체성분에 있어서는 1 mL를 용매에 녹여 전체 양을 10 mL, 100 mL 또는 1 000 mL로 하는 비율을 표시한 것이다.

02
5점
시료의 보존방법과 최대보존기간에 관한 설명으로 틀린 것은?

① 노말헥산추출물질 측정대상 시료는 4 ℃, H_2SO_4으로 pH 2 이하에서 보관하며 최대보존기간은 28일이다.

② 화학적 산소요구량은 4 ℃, H_2SO_4으로 pH 2 이하에서 보관하며 최대보존기간은 7일이다.

③ 시안 측정대상 시료는 4 ℃, NaOH로 pH 12 이상으로 하여 보관하고, 잔류염소가 공존할 경우 아스코르빈산 1 g/L을 첨가하며 최대보존기간은 14일이다.

④ 전기전도도 측정대상 시료는 4 ℃에 보관하며 최대보존기간은 24시간이다.

> **해설**
>
> 항목별 보존 방법
>
> | 항목 | 시료용기[1] | 보존방법 | 최대보존기간 (권장보존기간) |
> |---|---|---|---|
> | 노말헥산 추출물질 | G | 4 ℃ 보관, H_2SO_4로 pH 2 이하 | 28일 |
> | 화학적 산소요구량 | P, G | 4 ℃ 보관 | 28일(7일) |
> | 전기전도도 | P, G | 4 ℃ 보관 | 24시간 |
> | 시안 | P, G | 4 ℃ 보관, NaOH로 pH 12 이상 | 14일(24시간) |
>
> [1] P : polyethylene, G : glass

03
5점
수질 측정 항목 중 저장 용기로 유리 재질이나 플라스틱 재질 어느 것을 사용해도 무방한 것은?

① 시안
② 석유계 총탄화수소
③ 불소
④ 페놀류

> **해설**
>
> 항목별 보존 방법
>
> | 항목 | 시료용기[1] |
> |---|---|
> | 시안 | P, G |
> | 석유계 총탄화수소 | G(갈색) |
> | 불소 | P |
> | 페놀류 | G |
>
> | 분석항목 | 시료채취 기구의 재질 |
> |---|---|
> | 무기물질 | 플라스틱, 유리, 테플론, 스테인레스, 알루미늄, 금속 |
> | 영양염류 | 플라스틱, 스테인레스, 테플론, 유리, 알루미늄, 금속 |
> | 중금속 | 플라스틱, 스테인레스, 테플론 |
> | 추출하여야 하는 물질 | 유리, 알루미늄, 금속 재질, 스테인레스, 테플론 |
> | 휘발성 유기화합물 | 유리, 스테인레스, 테플론 |
> | 미생물 | 멸균된 용기 |
>
> [1] P : polyethylene, G : glass

정답 **01** ③ **02** ② **03** ①

04

5점 배출허용기준 적합여부 판정을 위한 복수시료 채취 방법으로 틀린 것은?

① 수동으로 시료를 채취할 경우에는 30분 이상 간격으로 2회 이상 채취하여 일정량의 단일 시료로 한다.

② 부득이한 사유로 6시간 이상 간격으로 수동으로 채취한 시료는 각각 측정분석한 후 산술평균하여 측정분석값을 산출한다.

③ 수소이온농도, 수온 등 현장에서 즉시 측정 분석하여 하는 항목인 경우 30분 이상 간격으로 2회 이상 측정분석한 후 산술평균하여 측정분석값을 산출한다.

④ 자동시료채취기로 시료를 채취할 경우에는 6시간 이상 간격으로 2회 이상 채취하여 일정량의 단일시료로 한다.

> **해설**
> 자동시료채취기를 이용하여 시료를 채취할 경우에는 6시간 이내에 30분 간격으로 2회 이상 채취한다.

05

5점 시료의 전처리방법에 대한 설명으로 옳은 것은?

① 질산－염산에 의한 분해는 유기물 함량이 비교적 높지 않고 금속의 수산화물, 산화물, 인산염 및 황화물을 함유하고 있는 시료에 적용된다.

② 질산－과염소산에 의한 분해는 유기물 함량이 낮은 깨끗한 하천수나 호소수 등의 시료에 적용된다.

③ 질산－황산에 의한 분해는 다량의 점토질 또는 규산염을 함유한 시료에 적용된다.

④ 질산－과염소산－불화수소산에 의한 분해는 유기물 등을 많이 함유하고 있는 대부분의 시료에 적용된다.

> **해설**
> 수질시료의 산분해 방법
>
> | 산분해법 | 대상 | 비고 |
> |---|---|---|
> | 질산법 | 유기함량이 비교적 높지 않은 시료 | |
> | 질산－염산법 | 유기물 함량이 비교적 높지 않고 금속의 수산화물, 산화물, 인산염 및 황화물을 함유하고 있는 시료 | 휘발성 또는 난용성 염화물을 생성하는 금속 물질의 분석에는 주의 |
> | 질산－황산법 | 유기물 등을 많이 함유하고 있는 대부분의 시료 | 칼슘, 바륨, 납 등을 다량 함유한 시료는 난용성의 황산염을 생성하여 다른 금속성분을 흡착하므로 주의 |
> | 질산－과염소산법 | 유기물을 다량 함유하고 있으면서 산분해가 어려운 시료 | |
> | 질산－과염소산－불화수소산 | 다량의 점토질 또는 규산염을 함유한 시료 | |

06

5점 자외선/가시선 분광법을 적용함 페놀류 측정 원리 설명 중 괄호 안에 알맞은 것은?

> 증류한 시료에 염화암모늄－암모니아 완충용액을 넣어 (㉠)으로 조절한 다음 4－아미노안티피린과 헥사시안화철(Ⅱ)산칼륨을 넣어 생성된 (㉡)의 안티피린계 색소의 흡광도를 측정하는 방법이다.

① ㉠ pH 12, ㉡ 청색

② ㉠ pH 4, ㉡ 녹색

③ ㉠ pH 9, ㉡ 황록색

④ ㉠ pH 10, ㉡ 적색

> **해설**
> **페놀류－자외선/가시선 분광법**
> 이 시험기준은 물속에 존재하는 페놀류를 측정하기 위하여 증류한 시료에 염화암모늄－암모니아 완충용액을 넣어 pH 10으로 조절한 다음 4－아미노안티피린과 헥사시안화철(Ⅱ)산칼륨을 넣어 생성된 붉은색의 안티피린계 색소의 흡광도를 측정하는 방법으로 수용

액에서는 510 nm, 클로로폼 용액에서는 460 nm에서 측정한다.

07 가스크로마토그래피－질량분석법으로 미량의 유기화합물을 정성분석하려 할 때 다음 중 이용되지 않는 것은 ?
5점
① 질량 스펙트럼(mass spectrum)의 해석
② 여기 스펙트럼(excited spectrum)의 해석
③ 머무름 시간(retention time) 확인
④ 특정이온(selected ion) 간의 검출

해설
질량분석법에서 유기화합물의 정성분석은 질량 스펙트럼(mass spectrum) 해석, 머무름 시간(retention time) 확인, 특정이온(selected ion) 간의 검출이 있다. 여기 스펙트럼을 이용하는 것은 ICP이다.

08 부유물질 측정용 시료에 용존염류가 다량 함유되어 있다고 판단되는 경우 적절한 방법은?
5점
① 세척조작을 2회 ~ 3회 추가한다.
② 흡입여과하는 시간을 길게 하여 거름종이의 물기를 최대한 없앤다.
③ 염의 영향을 최소화하기 위해 여과하는 시료의 부피를 줄인다.
④ 건조 후 결정화된 염을 제거한다.

해설
용존성 염류가 다량 함유되어 있는 시료의 경우에는 흡입장치를 끈 상태에서 정제수를 여지 위에 부은 뒤 흡입여과하는 것을 반복하여 충분히 세척한다.

09 불소이온 표준원액 1.0 mg F⁻/mL일 때, 이 표준 원액 10 mL을 정확히 취하여 물을 넣어 정확히 100 mL로 한 다음 용액 10 mL를 정확히 취하여 물을 넣어 정확히 500 mL로 한 표준용액 농도(mg F⁻/mL)는 얼마인가?
5점
① 0.001
② 0.005
③ 0.002
④ 0.010

해설
$NV = N'V'$에서
1차 조제한 표준용액의 불소이온 농도는
$1.0 \text{ mg F}^-/\text{mL} \times 10 \text{ mL} = N' \times 100 \text{ mL}$
$= 0.1 \text{ mg F}^-/\text{mL}$
최종 조제한 표준용액의 불소이온 농도는
$0.1 \text{ mg F}^-/\text{mL} \times 10 \text{ mL} = N' \times 500 \text{ mL}$
$= 0.002 \text{ mg F}^-/\text{mL}$

10 항목을 정량하기 위하여 흡광도를 측정할 때 최종 측정용액의 색깔이 다른 것은?
5점
① 아질산성 질소
② 암모니아성 질소
③ 음이온계면활성제
④ 시안

해설
아질산성 질소는 디아조화합물의 붉은색의 흡광도를 540 nm에서 측정하는 방법이다.
그러나 암모니아성 질소, 음이온계면활성제, 시안은 청색의 흡광도를 측정한다.

11 석유계 총탄화수소 분석법에 대한 설명으로 옳은 것은?
5점
① 검출기는 전자포획검출기(ECD)를 사용한다.
② 추출장치로는 퍼지－트랩법을 사용한다.
③ GC의 운반가스로는 Ar이 포함된 메탄가스가 가장 좋다.
④ 피크패턴에 따라 유류성분을 확인하고 탄소 수가 짝수인 노말알칸($C_8 \sim C_{40}$) 표준물질을 사용하여 정량한다.

해설
검출기는 불꽃이온화검출기(FID)를 사용하고, 추출은 1 L 분별깔대기를 이용하여 다이클로로메탄으로 추출하며, GC의 운반가스는 순도 99.999 % 이상인 헬륨 또는 질소를 사용하고, 정량은 탄소수가 짝수인 노말알칸($C_8 \sim C_{40}$) 표준물질을 사용한다.

정답 **07** ② **08** ① **09** ③ **10** ① **11** ④

12 (5점) 수소이온농도−연속자동측정방법에 대한 설명으로 모두 바르게 제시한 것은?

> ㉠ 수온이 0 ℃ ~ 60 ℃인 하천, 호소, 하·폐수 중의 pH를 자동 측정한다.
> ㉡ 정량범위는 pH 0 ~ 14 혹은 0 ~ 12로 하고 최소눈금범위는 pH 0.1 이하로 한다.
> ㉢ 전극은 유리전극과 안티몬 전극이 사용된다.
> ㉣ pH 11 이상의 알카리성이나 pH 5 이하의 불화시료에서는 오차가 적은 특수전극을 사용하는 것이 좋다.

① ㉠, ㉡, ㉢
② ㉡, ㉢, ㉣
③ ㉠, ㉢, ㉣
④ ㉠, ㉡, ㉢, ㉣

해설
수소이온농도−연속자동측정방법의 적용범위는 수온이 0 ℃ ~ 40 ℃인 하·폐수 및 하천수, 호소수 등의 수소이온농도 측정에 적용한다.

13 (5점) 총인−연속자동측정기를 운영하는 과정에서 기기의 성능이 성능기준을 유지하고 있는지를 점검해야 할 필요성이 있으므로 성능시험을 하여야 한다. 다음 성능시험 방법에 관한 설명으로 옳은 것은?

① 성능시험에서는 우선적으로 기기의 재현성을 평가하여야 하며, 최소 2회 이상의 측정이 필요하다.
② 영점편차를 구하기 위해서는 영점 교정용액으로 1시간(2회) 이상 측정한다.
③ 재현성은 95 %의 신뢰구간에서 존재할 확률인 t.975로 나타낸다.
④ 스팬편차는 스팬 교정용액으로 2시간(2회) 이상 측정하고, 또 영점 교정용액으로 1시간(2회) 이상 측정한다.

해설
t.975는 측정값이 참값의 95 % 이내의 확률에 존재할 확률에 대한 t값이며, 반복성(재현성)은 정상조건하에서 제로 용액과 스팬 용액을 번갈아 주입하면서 각

각 3회 이상 측정하고, 각각의 측정값에 대한 평균값을 구하고, 평균값과 측정값의 최대편차를 구하여 최대눈금값에 대한 백분율로 구한다.

$$반복성(\%) = \frac{|d| + C.I_{95}}{최대눈금값} \times 100$$

14 (5점) 취급 또는 저장하는 동안 밖으로부터의 공기 또는 다른 가스가 침입하지 아니하도록 내용물을 보호하는 용기는?

① 기밀용기
② 밀폐용기
③ 밀봉용기
④ 차광용기

해설
용기관련 용어 정의
• "용기"라 함은 시험용액 또는 시험에 관계된 물질을 보존, 운반 또는 조작하기 위하여 넣어두는 것으로 시험에 지장을 주지 않도록 깨끗한 것을 뜻한다.
• "밀폐용기"라 함은 취급 또는 저장하는 동안에 이물질이 들어가거나 또는 내용물이 손실되지 아니하도록 보호하는 용기를 말한다.
• "기밀용기"라 함은 취급 또는 저장하는 동안에 밖으로부터의 공기 또는 다른 가스가 침입하지 아니하도록 내용물을 보호하는 용기를 말한다.
• "밀봉용기"라 함은 취급 또는 저장하는 동안에 기체 또는 미생물이 침입하지 아니하도록 내용물을 보호하는 용기를 말한다.
• "차광용기"라 함은 광선이 투과하지 않는 용기 또는 투과하지 않게 포장을 한 용기이며 취급 또는 저장하는 동안에 내용물이 광화학적 변화를 일으키지 아니하도록 방지할 수 있는 용기를 말한다.

15 (5점) 수질오염공정시험기준에서 방울수의 정의로 옳은 것은?

① 10 ℃에서 정제수 10 방울을 적하할 때 그 부피가 약 1 mL가 되는 것
② 10 ℃에서 정제수 20 방울을 적하할 때 그 부피가 약 1 mL가 되는 것
③ 20 ℃에서 정제수 20 방울을 적하할 때 그 부피가 약 1 mL가 되는 것

정답 12 ② 13 ③ 14 ① 15 ③

④ 20 ℃에서 정제수 10 방울을 적하할 때 그 부피가 약 1 mL가 되는 것

해설

방울수라 함은 20 ℃에서 정제수 20 방울을 적하할 때, 그 부피가 약 1 mL가 되는 것을 뜻한다.

16 시료 채취 시 유의사항에 대한 설명으로 틀린 것은?
5점

① 부유물질이 함유된 시료는 시료의 균질성이 유지되도록 침전물을 완전히 혼합한 후 채수한다.

② 시료 채취량은 시험항목 및 시험횟수에 따라 차이가 있으나 보통 3 L−5 L 정도이다.

③ 수소이온 농도를 측정하기 위한 시료 채취 시는 운반 중 공기와 접촉이 없도록 시료 용기에 가득 채워야 한다.

④ 채취용기는 시료를 채우기 전에 시료로 3회 이상 세척 후 채취한다.

해설

① 유류 또는 부유물질 등이 함유된 시료는 시료의 균일성이 유지될 수 있도록 채취해야 하며, 침전물 등이 부상하여 혼입되어서는 안 된다.

④ 시료 채취 용기는 시료를 채우기 전에 시료로 3회 이상 씻은 다음 사용한다. 그러나 유기물질 시험용 시료는 시료로 세척하지 않는다.

17 이온 크로마토그래피(Ion Chromatography)에 대한 설명 중 틀린 것은?
5점

① 분리컬럼은 유리 또는 에폭시 수지로 만든 관에 이온교환체를 충전시킨 것을 사용한다.

② 일반적으로 시료의 주입은 루프−밸브에 의한 주입 방식을 많이 이용한다.

③ 크로마토그램을 이용하여 목적 성분을 분석하는 방법으로 일반적으로 유기화합물에 대한 정성 및 정량분석에 이용한다.

④ 분석 목적 및 성분에 따라 전기 전도도 검출기, 전기화학적 검출기 및 광화학적 검출기 등이 있다.

해설

이온 크로마토그래피(Ion Chromatography)는 환경에서 F^-, Cl^-, NO_2^-, NO_3^-, PO_4^{3-}, Br^-, SO_4^{2-}, 및 NH_4^+ 등의 양이온 또는 음이온 성분을 분석한다.

18 이온전극법에서 전위차계가 측정하는 전위는?
5점

① 이온전극과 용액 간의 전위

② 이온전극과 비교전극 간의 전위

③ 비교전극과 용액 간의 전위

④ 용액과 시료용기 간의 전위

해설

이온전극법은 시료에 이온강도 조절용 완충용액을 넣어 pH를 조절하고 이온전극과 비교전극을 사용하여 전위를 측정하고 그 전위차로부터 정량하는 방법이다.

19 식물성플랑크톤(조류) 시험에 관한 설명으로 틀린 것은?
5점

① 정성시험은 검경배율 100 ~ 1,000배 시야에서 세포의 형태와 내부구조 등의 미세한 사항을 관찰한다.

② 식물성플랑크톤의 동정에는 고배율이 많이 이용되지만 계수에서는 저 ~ 중배율이 많이 이용된다.

③ 팔머−말로니(Phalmer−Maloney) 챔버는 마이크로시스터스 같은 미소 플랑크톤의 계수에 적절하다.

④ 세즈윅−라프터(Sedgwick−Rafter) 챔버는 조작이 편리하나 재현성이 낮다.

해설

세즈윅−라프터 챔버는 조작이 편리하고 재현성이 높은 반면 중배율 이상에서는 관찰이 어렵기 때문에 미소 플랑크톤(nano plankton)의 검경에는 적절하지 않다.

20 물벼룩을 이용한 급성 독성 시험법에 대한 설
5점 명으로 옳은 것은?

① 시료를 여러 비율로 희석한 시험수에 시험생
물을 넣고 48시간 동안 관찰한다.

② 시료의 희석비는 대조군, 100 %, 50 %, 25
%, 12.5 %로 하여 시험한다.

③ 한 농도당 최소 10개체 이상의 시험 생물을
사용하며 3개 이상의 반복구를 둔다.

④ 생태독성값은 반수영향농도와 역수 관계이다.

해설

생태독성값은 통계적 방법을 이용하여 반수영향농도
EC_{50}을 구한 후 100에서 EC_{50}을 나눠준 값이며, 이때
EC_{50}의 단위는 %이다.

즉, 생태독성값 (TU) = $100/EC_{50}$

2과목 **먹는물수질공정시험기준**

01 먹는물수질공정시험기준에 대한 설명으로 틀
5점 린 것은?

① 페놀 항목을 분석할 경우 4 시간 이내에 시험
하지 못할 때에는 시료 1 L에 대하여 황산
동·5수화물 1 g과 인산을 넣어 pH를 약 3
이하로 하고, 48시간 이내에 시험한다.

② 암모니아성 질소 항목을 분석할 경우에는 질
산 및 정제수로 씻은 유리병에 시료채취 후
신속히 시험한다.

③ 미생물 시험용 시료를 채취한 후 즉시 시험할
수 없는 경우에는 4 ℃ 냉장보관 상태에서 녹
농균은 24시간 이내에, 총대장균군 등 그 밖
의 항목은 30시간 이내에 시험하여야 한다.

④ 시안 시험용 시료의 경우에는 미리 정제수로
잘 씻은 유리병 또는 폴리에틸렌병에 시료를
채취하고 곧 입상의 수산화나트륨을 넣어
pH 12 이상의 알칼리성으로 하고 신속히 시
험한다.

해설

① 페놀은 4시간 이내에 시험하지 못할 때에는 시료
1 L에 대하여 황산동·5수화물 1 g과 인산을 넣어
pH를 약 4로 하고, 냉암소에 보존하여 최대 28일
이내에 시험하며 잔류염소를 함유한 때에는 이산
화비소산나트륨용액을 넣어 잔류염소를 제거한다.

④ 시안 시험용 시료의 경우에는 미리 정제수로 잘 씻
은 유리용기 또는 폴리에틸렌병에 시료를 채취하
고 곧 입상의 수산화나트륨을 넣어 pH 12 이상의
알칼리성으로 하고 냉암소에 보관한다. 최대 보관
기간은 14일이며 가능한 한 즉시 시험한다. 다만,
잔류염소를 함유한 경우에는 채취 후 곧 이산화비
소산나트륨용액을 넣어 잔류염소를 제거한다.

02 음이온계면활성제를 자외선/가시선 분광법으
5점 로 분석할 때의 설명으로 틀린 것은?

① 자외선/가시선 분광광도계를 사용하여 흡광
도를 652 nm에서 측정하는 방법이다.

② 시료 중에 선형알킬설폰산염(LAS)dl 0.1 mg/
L ~ 1.4 mg/L의 농도범위에서 적절하다.

③ 선형알킬설폰산염(LAS)과 알킬벤젠설폰산
염(ABS)을 구분할 수 있다.

④ 양이온계면활성제가 존재하면 음의 오차를
준다.

해설

음이온계면활성제 자외선/가시선 분광법으로는 선형
알킬설폰산염(LAS, linear alkyl sulfonate)과 알킬
벤젠설폰산염(ABS, alkyl benzene sulfonate)을 구
분할 수 없다.

03 먹는물 중 브롬산염을 이온크로마토그래프로
5점 분석하기 위해 시료를 주입하면 앞쪽으로 음
의 물 피크가 나타나서 앞에 용출되는 피크의
분석을 방해한다. 이를 없애기 위한 방법으로
옳은 것은?

① 묽혀서 측정하거나 표준물첨가법으로 정량
한다.

---

② 시료와 표준용액에 진한 용리액을 넣어 용리액과 비슷한 농도로 맞추어준다.

③ 양이온교환 컬럼을 이용하여 제거한다.

④ 억제기(anion suppressor)의 작동시간을 늘린다.

해설

브롬산염 이온크로마토그래피법 간섭물질

① 시료를 주입하면 앞쪽으로 음의 물 피크가 나타나서 앞에 용출되는 피크의 분석을 방해한다. → 시료와 표준용액에 진한 용리액을 넣어 용리액과 비슷한 농도로 맞춰 제거

② 바륨, 은 이온의 금속이온들은 분리컬럼의 효율을 감소시킬 수 있다. → 양이온교환 컬럼을 이용하여 제거

③ 저분자량의 유기산은 이온들의 피크와 비슷한 위치에 존재할 수 있어 각 이온의 정량을 간섭할 수 있다.

④ 어떤 한 이온의 농도가 매우 높을 때에는 분리능이 나빠지거나 다른 이온의 머무름 시간의 변화가 발생할 수 있다. → 묽혀서 측정하거나 표준물첨가법으로 정량

⑤ 유류, 합성 세제, 부식산(humic acid) 등의 유기 화합물과 고체 미립자는 응축기 및 분리 컬럼의 수명을 단축시키므로 제거해야 한다.

04 먹는물수질공정시험기준에서 휘발성유기화합물의 퍼지·트랩 기체크로마토그래프－질량분석법에 대한 설명으로 옳지 않은 것은?
5점

① 폭넓은 끓는점과 극성을 갖는 휘발성 유기화합물의 분석에 적합한 방법이다.

② 분리되지 않은 m, p－크실렌 이성질체들은 합하여 정량한다.

③ 용해도가 2 % 이상이거나 끓는점이 200 ℃ 이상인 화합물은 낮은 회수율을 보인다.

④ 각 휘발성 유기화합물들의 정량한계는 0.001 mg/L이다.

해설

휘발성 유기화합물을 퍼지·트랩 기체크로마토그래프－질량분석법으로 분석할 경우에는 용해도가 2 % 이상이거나 끓는점이 200 ℃ 이상인 화합물은 낮은 회수율을 보인다.

05 저온일반세균은 몇 ℃에서 배양하는가?
5점

① 0 ℃ ± 1.0 ℃

② 21.0 ℃ ± 1.0 ℃

③ 14.0 ℃ ± 1.0 ℃

④ 7.0 ℃ ± 1.0 ℃

해설

저온일반세균의 배양온도는 21.0 ± 1.0 ℃이며, 중온일반세균, 총대장균군, 대장균, 분원성 연쇄상구균, 아황산환원혐기성 포자형성균은 35.0 ± 0.5 ℃이다.

06 다음 중 결합잔류염소에 포함되지 않는 것은?
5점

① 모노클로라민

② 테트라클로라민

③ 디클로라민

④ 트리클로라민

해설

결합잔류염소

염소(Cl_2), 차아염소산(HOCl) 또는 차아염소산이온(OCl^-)이 암모니아(NH_3)와 반응하여 생성한 모노클로라민(NH_2Cl), 디클로라민($NHCl_2$), 트리클로라민(NCl_3)을 의미한다.

07 200 g의 물에 40 g NaCl을 첨가하여 용해시키면 몇 %(W/W)의 NaCl 용액이 만들어지는가 (소수점 둘째 자리에서 반올림)?
5점

① 15.4 %

② 18.2 %

③ 16.7 %

④ 10.7 %

해설

농도의 백분율 표시로 용액 100 g 중 성분무게 (g)는 %(W/W)로 나타낸다.

용액 무게＝용매(물) 무게＋용질(성분 ; NaCl) 무게
　　　＝200 g＋40 g＝240 g

따라서 NaCl %(W/W)＝성분무게/용액무게 × 100 이므로

　　　＝40/240 × 100＝16.7 %

08 96 % 황산(H_2SO_4 그램몰질량 98, 비중 : 1.8)을 가지고 1 N 황산 1,000 mL를 만들려면, 96 % 황산 몇 mL가 필요한가(소수점 둘째 자리에서 반올림)?
5점

① 14.2   ② 42.6
③ 28.4   ④ 56.8

해설

노말농도는 용액 1 L 속에 녹아 있는 용질의 g당량수를 나타낸 농도를 말하며, 규정농도 또는 당량농도라고도 한다.

황산의 N농도$(\frac{eq}{L})$

$= 1.8\,g/mL \times 1,000/1\,L \times eq/(98/2)\,g \times 96\,\%/100$
$= 35.265$

중화적정 공식 $NV = N'V'$를 이용하면
$1\,N \times 1,000\,mL = 35.265\,N \times x\,mL$
$x = 28.4\,mL$

09 냄새 측정에 대한 설명으로 틀린 것은?
5점

① 소독제인 염소 냄새가 날 때에는 티오황산나트륨(sodium thiosulfate)을 첨가하여 염소를 제거한 후 측정한다.
② 분석은 시료를 삼각플라스크에 넣고 마개를 닫은 후 실온에서 세게 흔들어 섞은 후 마개를 열면서 관능적으로 냄새를 맡아서 판단한다.
③ 시료 채취는 유리재질의 병과 폴리테트라플루오로에틸렌(PTFE) 재질의 마개를 사용하며, 플라스틱 재질은 사용하지 않는다.
④ 측정자 간 개인차가 심하므로 냄새가 있을 경우 5명 이상의 시험자가 측정하는 것이 바람직하나 최소한 2명이 측정해야 한다.

해설

냄새 측정은 시료를 삼각플라스크에 넣고 마개를 닫은 후 온도를 40 ℃ ~ 50 ℃로 높여 세게 흔들어 섞은 후 마개를 열면서 관능적으로 냄새를 맡아서 판단한다.

10 NaOH 0.2 g을 500 mL의 물에 녹여 만든 용액의 pH는 얼마인가?
5점

① 10   ② 11
③ 13   ④ 12

해설

pH + pOH = 14이며,

$pH = 14 - pOH = 14 - \log\dfrac{1}{[OH^-]}$
$= 14 - (-\log[OH^-])$이므로

$pH = 14 + \log[OH^-]$이다.

NaOH(mol/L)
$= 0.2\,g/500\,mL \times 1\,mol/40\,g \times 1,000\,mL/1\,L$
$= 0.01\,mol/L$

따라서 $pH = 14 + \log(0.01) = 12$

11 먹는물에 존재하는 잔류염소의 양을 효과적으로 측정할 수 있는 먹는물공정시험기준의 시험방법은 무엇인가?
5점

① EDTA 적정법
② DPD 비색법
③ 자외선/가시선 분광법
④ 원자발광분광법

해설

• EDTA 적정법 : 경도측정
• DPD 비색법, OT 비색법 : 잔류염소
• 자외선/가시선 분광법 : 무기염류
• 원자발광분광법 : 중금속

12 원자흡수분광광도법으로 금속류를 분석하고자 할 때 불꽃이 온도가 높기 때문에 불꽃 중에서 해리하기 어려운 내화성 산화물을 만들기 쉬운 원소의 분석에 적당한 조연성 기체와 가연성 기체는?
5점

① 아세틸렌－공기
② 아세틸렌－아산화질소

③ 수소 – 공기

④ 공기 – 프로판

> **해설**

아세틸렌 – 아산화질소 불꽃은 불꽃의 온도가 높기 때문에 불꽃 중에서 해리하기 어려운 내화성 산화물을 만들기 쉬운 원소(알루미늄)의 분석에 적당하다.

13
5점
먹는물 중에 존재하는 크롬의 분석에 대한 설명 중 틀린 것은?

① 크롬은 +3가와 +6가로 주로 존재하는데 +6가가 독성이 강하다.

② 크롬은 염산이나 황산에서 수소를 발생하며 녹는다.

③ 크롬은 유도결합플라스마 – 원자발광분광법을 통해 분석 가능하다.

④ 크롬은 진한 질산이나 왕수 등 산화력을 가지는 산에 녹여 분석한다.

> **해설**

크롬은 +3가와 +6가로 주로 존재하는데 +6가가 독성이 강하다. 크롬은 염산이나 황산에는 수소를 발생하며 녹지만 진한 질산이나 왕수 등 산화력을 가지는 산에는 녹지 않고, 이들 산에 담가 둔 것은 표면에 부동태를 만들어 보통의 산에도 녹지 않는다. 적용 가능한 분석방법은 원자흡수분광광도법, 유도결합플라스마 – 원자방출분광법, 유도결합플라스마 – 질량분석법이다.

14
5점
먹는물의 휘발성 유기화합물질을 분석하기 위한 시료 채취 및 보관방법으로 틀린 것은?

① 잔류염소를 제거하기 위해 유리병에 아스코빈산 또는 티오황산나트륨 25 mg 정도를 넣고 시료를 공간이 없도록 약 40 mL를 채취하고 공기가 들어가지 않도록 주의하여 밀봉한다.

② 모든 시료는 채취 후 7일 이내에 분석해야 하며 7일 이상 보관할 경우는 산 처리를 해야 한다.

③ 염산(1+1) 또는 인산(1+10) 또는 황산(1+5)

을 1방울/10 mL로 가하여 약 pH 2로 조절하고 4 ℃ 냉암소에 보관한다.

④ 시료 중에 염산을 가하였을 때 거품이 생기면 그 시료는 버리고 산을 가하지 않은 채로 두 개의 시료를 채취하고 24시간 내에 분석해야 한다.

> **해설**

모든 시료는 채취 후 14일 이내에 분석해야 한다.

15
5점
현재 우리나라 먹는물수질공정시험기준에서 제시하고 있는 1,4 – 다이옥산 분석방법으로 옳은 것은?

① 고체상 추출법을 사용한 LC – MS 방법

② 퍼지 – 트랩법을 이용한 GC – ECD 방법

③ 용매추출법을 이용한 LC – MS/MS 방법

④ 헤드스페이스를 이용한 GC – MS 방법

> **해설**

먹는물수질공정시험기준에서 적용 가능한 1,4 – 다이옥산 시험방법

• 용매추출/기체크로마토그래프 – 질량분석법

• 고상추출/기체크로마토그래프 – 질량분석법

• 헤드스페이스/기체크로마토그래프 – 질량분석법

• 퍼지 · 트랩/기체크로마토그래프 – 질량분석법

주 시험법은 용매추출/기체크로마토그래프 – 질량분석법이다.

16
5점
pH 측정방법의 간섭요인으로 틀린 것은?

① pH 10 이상에서 나트륨에 의해 오차가 발생할 수 있다.

② pH는 온도변화에 따라 영향을 받는다.

③ 기름 층이나 작은 입자상이 전극을 피복하여 pH 측정을 방해할 수 있다.

④ 유리전극은 일반적으로 용액의 색도, 탁도, 콜로이드성 물질들, 산화 및 환원성 물질들 그리고 염도에 의해 간섭을 받는다.

해설

유리전극은 일반적으로 용액의 색도, 탁도, 콜로이드성 물질들, 산화 및 환원성 물질들 그리고 염도에 의해 간섭을 받지 않는다.

17 먹는물, 샘물 및 염지하수의 시안화합물을 자외선/가시선 분광법으로 측정하고자 할 때 옳지 않은 것은?

5점

① 시안이온과 시안 착물 등의 시안화합물을 시험할 수 있다.
② 다량의 지방성분, 잔류염소, 황화합물은 간섭할 수 있다.
③ 각 시안화합물의 종류를 구별하여 정량한다.
④ 황화합물을 함유한 시료는 아세트산아연용액(10 %)을 넣어 제거한다.

해설

이 시험기준으로는 각 시안화합물의 종류를 구분하여 정량할 수 없다.

18 휘발성 유기화합물에서 총트리할로메탄에 포함되는 물질이 아닌 것은?

5점

① 클로로포름
② 디브로모클로로메탄
③ 디클로로메탄
④ 브로모디클로로메탄

해설

먹는물수질오염기준에서 총트리할로메탄은 브로모디클로로메탄, 디브로모클로로메탄, 브로모폼, 클로로포름을 의미하며, 농도는 이들의 합으로 나타낸다.

19 휘발성 유기화합물 분석을 위한 마이크로용매 추출법에 대한 설명으로 틀린 것은?

5점

① 사용하는 추출용매의 부피를 최소화하여 반드시 농축하여야 하는 방법이다.
② 분배원리에 의해 추출하는 방법이다.

③ 일반용매추출과 같이 용해도가 높은 용매를 사용하는 방법이다.
④ 휘발성 유기화합물은 용매를 농축할 때 분석물질이 손실되므로 농축할 수 없다.

해설

마이크로용매 추출법
일반 용매추출과 같이 용해도가 높은 용매를 사용하여 분배원리에 의해 추출하는 방법으로, 사용하는 추출용매의 부피를 최소화하여 농축을 하지 않아도 되도록 하는 방법이다. 따라서 휘발성 유기화합물은 용매를 농축할 때 분석물질이 손실되므로 농축할 수 없다.

20 자외선/가시선 분광법을 이용하여 암모니아성 질소를 측정하는 방법으로 틀린 것은?

5점

① 즉시 실험이 불가능할 경우 황산을 이용하여 시료를 pH 3 이하로 조정하여 4 ℃에서 보관하며 14일 이내에 실험해야 한다.
② 시료의 암모늄이온이 차아염소산의 공존하에서 페놀과 반응하여 생성하는 인도페놀의 청색을 640 nm에서 측정하는 방법이다.
③ 시료 중에 잔류염소가 존재하면 시료를 증류하기 전에 아황산나트륨용액 등을 첨가해 잔류염소를 제거한다.
④ 시료가 탁하거나 착색물질 등의 방해물질이 함유되어 있는 경우에는 증류하여 그 유출액으로 시험한다.

해설

암모니아성 질소 시험용 시료는 가능한 즉시 실험하며 이것이 불가능할 경우 황산을 이용하여 시료를 pH 2 이하로 조정하여 4 ℃에서 보관하며 최대 보존기간 28일 이내에 실험해야 한다.

3과목　정도관리

01 우연오차(불가측오차)에 대한 설명으로 옳은 것은?
2.5점

① 재현 가능하여 어떤 수단에 의해 보정이 가능한 오차로서 이것에 따라 측정값은 편차가 생긴다.
② 재현 불가능한 것으로 원인을 알 수 없어 보정할 수 없는 오차이며 이것으로 인해 측정값은 분산이 생긴다.
③ 시험방법 수행 시 측정자 개인차에 따라 일어나는 오차이다.
④ 분석의 기초원리가 되는 반응과 시약의 비이상적인 화학적·물리적 원인으로 발생하는 오차이다.

해설

① 계통오차 ③ 개인오차 ④ 방법오차

※ 기타 오차의 종류
- 기기오차 : 측정기가 나타내는 값에서 나타내야 할 참값을 뺀 값으로 표준기의 수치에서 부여된 수치를 뺀 값으로서 계통오차에 속한다.
- 검정허용오차 : 계량기 등의 검정 시에 허용되는 공차(규정된 최대값과 최소값의 차)
- 분석오차 : 시험·검사에서 수반되는 오차

02 측정 결과의 재현성과 의미가 부합하는 용어는?
2.5점

① 절대완성도　　　② 상대정확도
③ 반복정밀도　　　④ 측정불확도

해설

정밀도(precision)
명시된 조건하에서, 같거나 비슷한 대상에 대해서 반복 측정하여 얻은 지시값들 또는 측정값들이 일치하는 정도로, 반복성 또는 재현성을 의미하며, CV의 계산에 의해 표현된다.

03 수질오염공정시험기준의 용어 정의로 옳지 않은 것은?
2.5점

① '바탕시험을 하여 보정한다'라 함은 시료 측정 시, 시료를 사용하지 않고 같은 방법으로 조작한 측정치를 빼는 것이다.
② '항량으로 될 때까지 건조한다'라 함은 같은 조건에서 1시간 더 건조 시 전후 무게의 차가 g당 0.3 mg 이하일 때를 말한다.
③ '감압 또는 진공'이라 함은 따로 규정이 없는 한 15 mmHg 이하를 뜻한다.
④ '약'이라 함은 기재된 양에 대하여 ±15 % 이상의 차가 있어서는 안 된다.

해설

'약'이라 함은 기재된 양에 대하여 ±10 % 이상의 차가 있어서는 안 된다.

04 정도관리를 위한 분야별 실험실에 대한 현장평가 절차를 바르게 나열한 것은?
2.5점

① 시작회의－시험실 순회－성적서 확인－문서 평가－직원면담－분야별 평가－보고서 작성－종료회의
② 시작회의－시험실 순회－문서 평가－성적서 확인－직원 면담－분야별 평가－보고서 작성－종료회의
③ 시작회의－문서 평가－시험실 순회－성적서 확인－직원 면담－분야별 평가－보고서 작성－종료회의
④ 시작회의－직원 면담－시험실 순회－문서 평가－성적서 확인－분야별 평가－보고서 작성－종료회의

해설

환경시험·검사기관 정도관리 운영 등에 관한 규정 제30조(현장평가 절차)
평가팀은 현장평가 해당기관에 대하여 시작회의, 시험실 순회, 중간회의, 정도관리 문서 평가, 시험성적서 확인, 주요직원 면담, 시험분야별 평가, 현장평가 보고서 작성 및 종료회의로 이루어지며, 정도관리 문

서 및 기록물은 현장평가일 이전에 사전 검토 또는 평가할 수 있다.

05 수질오염공정시험기준 QA/QC에 대한 설명으로 옳지 않은 것은?

① 정확도는 인증표준물질을 분석한 결과값과 인증값과의 상대백분율로 구한다.
② 내부표준법의 감응계수는 표준용액 농도(C)에 대한 반응값(R)으로 R/C로 구한다.
③ 매질효과가 큰 시험 분석 방법에서 분석 대상 시료와 동일한 매질의 표준시료를 확보하지 못한 경우에 표준물질첨가법을 사용한다.
④ 검정곡선의 검증은 검정곡선의 중간 농도에 해당하는 표준용액에 대한 측정값이 검정곡선 작성 시의 지시값과 25 % 이내에서 일치해야 한다.

해설
검정곡선의 검증은 방법검출한계의 5배 ~ 50배 또는 검정곡선의 중간 농도에 해당하는 표준용액에 대한 측정값이 검정곡선 작성 시의 지시값과 10 % 이내에서 일치하여야 한다. 만약 이 범위를 넘는 경우 검정곡선을 재작성하여야 한다.

06 유리기구들의 세척과 관련한 사항으로 틀린 것은?

① 휘발성 유기화합물의 경우 세척제로 세척 후 뜨거운 물로 헹구어 공기 중에서 건조한다.
② 농약의 경우 마지막 사용한 용매로 즉시 헹구고 뜨거운 물로 세척하고 세척제로 세척 후 수돗물과 정제수로 헹군 후 400 ℃에서 1시간 건조한다.
③ 미생물의 경우 세척제를 사용하여 세척 후 뜨거운 물로 헹구고 정제수로 마지막 헹군 후 유리기구인 경우 160 ℃에서 2시간 정도 건조한다.
④ 무기물질의 경우 세척제를 사용하여 세척 후

수돗물로 헹구고 마지막으로 정제수로 헹군 후 공기 건조한다.

해설
소독부산물 및 휘발성 유기화합물의 유리기구들은 세척제 세척, 수돗물 헹굼, 증류수 헹굼으로 세척 후 105 ℃에서 1시간 건조한다.

07 적정용액의 표준화에 대한 설명으로 틀린 것은?

① 최종 규정 농도는 3번의 실험결과를 통한 결과값의 평균으로 사용한다.
② 표준용액의 정확한 농도를 측정하는 것을 표준화(standardization)라 한다.
③ 고순도 일차표준물질(primary standard)을 사용하여 적정용액을 표준화한다.
④ 적정용액의 표준화 작업에 필요한 저장용액(stock solution)을 미리 확보해 두어야 한다.

해설
교정용 저장용액 및 작업용액(표준용액)은 상업적으로 판매되는 저장용액이나 표준용액을 구매해서 사용하거나 실험실에서 교정용 저장용액이나 표준용액을 제조하여 사용한다. 저장용액은 수질오염공정시험기준에 따라 제조하며, 작업용액은 수질오염공정시험기준에 따라 적절히 저장용액을 희석하여 사용한다. 저장용액은 제품의 경우 유효기간 이내의 것으로 하고, 실험실에서 제조하는 경우에는 가능한 최근에 제조한 것이 좋다.

08 물의 정제에 사용되는 방법 중에서 이온화된 고체가 녹아 있을 때 이를 제거하기에 적절하지 않은 처리 과정은?

① 한외여과   ② 역삼투
③ 증류   ④ 탈이온화

해설
한외여과는 이온화된 고체의 제거가 잘 되지 않는다.

[참고] 물의 정제에 사용되는 일반적인 과정 및 제거되는 오염물질

정제 과정	녹아 있는 이온화된 고체	녹아 있는 이온화된 기체	녹아 있는 유기물질	입자	박테리아	발열물질(pyrogen)/균체 내 독소(endotoxin)
증류	G~E*	P	G	E	E	E
탈이온화	E	E	P	P	P	P
역삼투	G**	P	G	E	E	E
탄소 흡착	P	P	G~E+	P	P	P
여과	P	P***	P	E	E	P
한외 여과	P	P	G++	E	E	E
자외선 산화	P	P	G~E	P	G	P

주) E = excellent(완벽히 제거되거나 거의 제거됨) G = good(많은 부분이 제거됨) P = poor(조금 제거되거나 안 됨)

09 표준물질 및 시약 등의 저장방법으로 옳은 것은?
2.5점
① 실리카 저장용액은 가능한 한 유리병에 보관한다.
② 중금속 표준물질은 실험실의 지정된 장소에 항상 냉동 상태로 보관하여야 한다.
③ 용매의 경우 분리된 용매 캐비닛에 저장하되 밀폐된 장소이어야 한다.
④ 미량 유기표준물질은 바이알에 담아 냉동고에 보관한다.

해설
① 실리카 저장용액은 반드시 플라스틱에 보관한다.
② 중금속 표준물질은 실험실의 지정된 장소에서 실온에서 보관한다.
③ 용매의 경우 분리된 용매 캐비닛에 저장하되 환기가 잘되어 있어야 한다.

10 시료채취 후 시료의 최대보존기간이 서로 다른 항목으로 짝지어진 것은?
2.5점
① 온도 – 수소이온농도

② 비소 – 식물성 플랑크톤
③ 불소 – 페놀
④ 암모니아성 질소 – 질산성 질소

해설
수질 시료의 보존 기간

시간	항목
즉시	수소이온농도, 온도, 용존산소(전극법)
6시간	냄새, 총대장균(배출허용, 방류 기준)
8시간	용존산소(적정법)
24시간	전기전도도, 6가크롬, 총대장균(환경기준시료), 분원성대장균, 대장균,
36시간	물벼룩급성독성
48시간	색도, 탁도, 생물화학적 산소요구량, 음이온계면활성제, 인산염인, 질산성 질소, 아질산성 질소
7일	클로로필a, 부유물질, 다이에틸헥실프탈레이트, 석유계 총탄화수소, 유기인, 폴리클로리네이티드비페닐, 휘발성 유기화합물
14일	시안, 1,4-다이옥산, 염화비닐, 아크릴로니트릴, 브로모폼
28일	총유기탄소, 화학적 산소요구량, 불소, 브롬이온, 암모니아성 질소, 염소이온, 황산이온, 총인(용존총인), 총질소(용존총질소), 퍼클로레이트, 페놀류, 수은
1개월	알킬수은
6개월	금속류(일반), 비소, 셀레늄, 식물성 플랑크톤

11 실험실 안전 장치인 후드(hood)에 대한 설명으로 틀린 것은?
2.5점
① 후드 위치는 문, 창문, 통행로로부터 근접해 있어야 한다.
② 후드의 재질은 불꽃확산등급에 따라 class I은 주로 타일이나 벽돌로 되어 있다.
③ 흄 후드 아래에 건조 오븐을 설치하면 안 된다.
④ 긴급 차단 밸브는 후드 안에서의 화재에 대비하여 후드 바깥에 설치되어야 한다.

해설
후드는 작업지역, 시설 등으로부터 멀리 떨어진 곳에 위치하여야 하며, 공기의 흐름이 빠른 곳이나 공기가 공급되는 곳, 문, 창문, 실험실 구석, 매우 차가운 장비 주변 등으로부터 이격되고 또한 통행로에서 떨어져 설치되어야 한다.

12 실험실에서 사용되는 안전표시 중 다음 그림
2.5점 이 나타내는 것은?

① 인화성 물질
② 산화성 물질
③ 방사성 물질
④ 부식성 물질

해설
안전표시 그림문자

13 방사선 관리구역에서 유의해야 하는 사항으로
2.5점 틀린 것은?

① 개인의 피폭선량을 수시로 측정, 반드시 기록한다.
② 관리구역 내에서 휴대용 감마선용 선량계를 항상 착용해야 한다.

③ 관리구역 내에서는 오염방지를 위한 전신방호복을 항상 착용해야 한다.
④ 관리구역 내 가속기실로부터 기구, 비품은 최대허용표면 밀도의 1/10 이하인 경우 반출이 가능하다.

해설
관리구역 내에서는 오염에 의한 위험을 방지하기 위해 전용 고무장갑을 착용한다.

14 안전 관련 표식 부착 관리 대상이 아닌 것은?
2.5점 ① 위험이 따르는 시설물
② 시료 저장 시설물
③ 경고를 요하는 시설물
④ 불안전한 시설물

해설
안전 관련 표식 부착 관리 대상은 연구자 또는 근로자의 안전 및 보건을 확보하기 위하여 위험장소 또는 위험물질에 대한 경고, 비상시에 대처하기 위한 지시 또는 안내에 대한 표식으로 산업재해를 일으킬 우려가 있는 작업장의 특정 장소, 시설 또는 물체는 모두 표식 부착 관리 대상이다. 그러나 시료 저장 시설물은 이러한 대상에 해당한다고 볼 수 없다.

15 실험실 내 사고 상황별 대처 요령으로 적절하
2.5점 지 않은 것은?

① 화재 : '멈춰서기 - 눕기 - 구르기(Stop - Drop - Roll)' 방법으로 불을 끈다.
② 감전 : 발견 즉시 즉각적으로 원활한 호흡을 위해 인공호흡을 실시한다.
③ 출혈 : 손, 팔, 발 및 다리 등일 때에는 이 부위를 심장보다 높게 위치시킨다.
④ 경미한 화상 : 얼음물에 화상 부위를 담근다.

해설
감전 시 전기가 소멸했다는 확신이 있을 때까지 감전된 사람을 건드리지 않는다.

16
2.5점

유해화학물질 취급 시 안전 요령에 대한 기술 중 적절하지 않는 것은?

① 유해물질을 손으로 운반할 때는 용기에 넣어 운반한다.
② 모든 유해물질은 지정된 저장공간에 보관해야 한다.
③ 불화수소는 가스 및 용액이 맹독성을 나타내며, 피부에 흡수되기 때문에 특별한 주의를 요한다.
④ 가능한 한 소량을 사용하며, 미지의 물질에 대하여는 예비실험을 하여서는 안 된다.

해설

위험한 물질을 사용할 때는 가능한 한 소량을 사용하되, 미지의 물질에 대해서는 안전을 위해 예비시험을 할 필요가 있다.

17
2.5점

시험 검사 결과 보고에서 원자료(raw data)의 분석에 관한 것으로 맞는 것은?

① 보고 가능한 데이터 혹은 결과는 원자료(raw data)를 의미한다.
② 원자료(raw data)는 분석에 의해 발생된 자료로서 정도관리 점검이 포함된 것이다.
③ 계산을 시작하기 전에 기기로부터 나온 모든 산출 값이 올바르고, 선택된 식이 적절한지 확인할 필요가 없다.
④ 원자료(raw data)와 모든 관련 계산에 대한 기록은 보관되지 않아도 된다.

해설

원자료 분석
① 보고 가능한 데이터 혹은 결과는 원자료로부터 수학적, 통계학적 계산을 한 결과를 의미한다.
③ 계산을 시작하기 전에 기기로부터 나온 모든 산출 값이 올바르고, 선택된 식이 적절한지 확인해야 한다.
④ 원자료와 모든 관련 계산에 대한 기록은 보관되어야 한다.
※ 사용된 모든 식과 계산은 잉크로 기입하고, 기입한 내용은 절대 지울 수 없으며, 틀린 곳이 있다면 틀린 곳에 한 줄을 긋고 수정하여 날짜와 서명을 해야 한다.

18
2.5점

다음의 유효 숫자 개수를 모두 합하면 얼마인가?

> 1) 10.6
> 2) 0.025
> 3) 1.008
> 4) 12.11 + 18.0 + 1.013의 결과값

① 15   ② 13
③ 12   ④ 16

해설

1) 10.6 − 3자리의 유효숫자
2) 0.025 − 2자리의 유효숫자
3) 1.008 − 4자리의 유효숫자
4) 12.11 + 18.0 + 1.013 = 31.123
이므로 유효숫자를 적용하여 31.1 − 3자리의 유효숫자
3 + 2 + 4 + 3 = 12

※ 유효숫자 규칙
① 0이 아닌 정수는 항상 유효숫자
② 소수 자리에 앞에 있는 숫자 '0'은 유효숫자에 포함되지 않는다.
③ 0이 아닌 숫자 사이에 있는 '0'은 항상 유효숫자
④ 결과를 계산할 때 곱하거나 더할 경우, 계산하는 숫자 중에서 가장 작은 유효숫자 자릿수에 맞춰 결과 값을 적는다.
⑤ 사업별 혹은 분야별 지침에서 유효숫자 처리 방법을 제시하였을 경우에는 이를 따른다.

19
2.5점

유효 자리를 유의하여 바르게 계산한 것은?

> $$(8.0 \times 10^4) \times (5.0 \times 10^2)$$

① 40.0×10^6 ② 4.0×10^7
③ 400×10^5 ④ 400.00×10^5

해설

곱셈과 나눗셈 계산에서의 유효숫자
• 곱셈과 나눗셈에서는 가장 작은 유효숫자를 갖는 수의 자릿수에 의해서 제한된다.
• 10의 지수항은 남겨야 될 자릿수에 영향을 주지 않는다.

따라서 $(8.0 \times 10^4) \times (5.0 \times 10^2) = 40.0 \times 10^6$

정답   **16** ④   **17** ②   **18** ③   **19** ①

20
2.5점
20개 이상의 상대표준편차백분율(RPD) 데이터를 수집하고, 평균값(X)과 표준편차(s)를 이용하여 정밀도 기준을 세울 경우 맞는 것은?

① 상한경고기준 : ±($X+2s$), 상한관리기준 : ±($X+3s$)

② 상한경고기준 : ±($X+s$), 상한관리기준 : ±($X+2s$)

③ 상한경고기준 : ±($X+3s$), 상한관리기준 : ±($X+4s$)

④ 상한경고기준 : ±($X+4s$), 상한관리기준 : ±($X+5s$)

해설
- 상한관리기준＝$m+3s$, 하한관리기준＝$m-3s$
- 상한경고기준＝$m+2s$, 하한경고기준＝$m-2s$

21
2.5점
'환경분야 시험·검사 등에 관한 법률'에 의한 정도관리 방법의 내용으로 틀린 것은?

① 측정분석 능력이 우수한 대상 기관에 대하여는 정도관리검증서를 발급할 수 있다.

② 기술 인력 시설 장비 및 운영 등에 대한 측정 분석 능력의 평가와 이와 관련된 자료를 검증하는 것으로 한다.

③ 측정분석기관에 대하여 3년마다 정도관리 현장 평가를 실시한다.

④ 측정분석 능력이 미달한 대상 기관에 대하여 장비 및 기기의 개선, 보완 및 그 밖에 필요한 조치를 명할 수 없다.

해설
환경분야 시험·검사 등에 관한 법률 제18조의2(시험·검사기관의 정도관리)
환경부장관은 정도관리 결과 필요하다고 인정하면 시험·검사기관에 대하여 관련 장비·기기의 개선·보완 및 교육의 실시 등 그 밖에 필요한 조치를 명할 수 있다.

22
2.5점
정도관리 평가를 위한 숙련도 시험 평가기준 중 하나는 오차율이다. 평가 대상기관의 측정값이 1.5 mg/L이고, 기준값은 2.0 mg/L, 표준편차는 0.5 mg/L일 경우 대상기관의 오차율과 평가 결과가 맞는 것은?

① 100 %, 만족　　② 100 %, 불만족
③ 25 %, 불만족　　④ 25 %, 만족

해설
오차율에 의한 평가는 오차율이 ±30 % 미만은 '만족', 오차율이 ±30 % 이상은 '불만족'으로 평가하며,
오차율(%)
$$=\frac{대상기관의\ 분석값-기준값}{기준값}\times100$$이다.
따라서 $(1.5-2.0)/2.0\times100=25$ %로 오차율이 ±30 % 이하이므로 '만족'으로 평가할 수 있다.

23
2.5점
ISO/IEC 17025에서 기술한 소급성(Traceability)의 구성요소가 아닌 것은?

① 안전(Safety)
② 측정 불확도(Uncertainty)
③ 문서화(Documentation)
④ 끊어지지 않는 교정 사슬(An unbroken chain of comparison)

해설
측정 소급성은 비교의 끊어지지 않는 고리로 자격, 측정 능력 및 소급성을 입증할 수 있는 기관의 교정 서비스를 이용함으로써 보장하여야 한다. 이러한 교정기관이 발행한 교정 증명서는 측정 불확도 또는 확인된 도량형식 시방에 대한 적합성 진술을 포함하는 측정 결과를 수록하여야 한다. 따라서 ②, ③, ④는 해당하나 ①은 해당하지 않는다.

24
2.5점
오차의 종류 중에서 계통오차(systematic error)에 해당하지 않는 것은?

① 개인오차　　② 기기오차
③ 우연오차　　④ 방법오차

25

2.5점 실험실 정도관리에서 다음 설명 중 틀린 것은?

> ㉠ 전기식 지시저울의 교정 중에서 정기교정은 국가교정기관에 의해 1년 주기로 교정한다.
> ㉡ 표준작업절차서(SOPs)에는 정도관리 방법, 시험방법절차 및 결과분석 등의 내용을 포함하고 있어야 한다.
> ㉢ 일반적인 유리기구의 세척은 비누나 중성합성세제로 충분히 세척 가능하지만 시판되는 실험실용 세제를 사용하는 것이 좋다.
> ㉣ 먹는물의 미생물 시료채취는 수도꼭지를 틀자마자 즉시 채취해야 한다.

① ㉠   ② ㉣
③ ㉢   ④ ㉡

해설
수도꼭지를 소독한 후에 수도꼭지를 3분 ~ 5분 정도 틀어 놓아 물의 온도에 변화가 있는지 확인하여 신선한 물을 채취한다.

26

2.5점 분광광도계(VY－VIS spectrophotometer)의 주기적 검정항목으로 옳지 않은 것은?

① 파장의 정확도
② 바탕선의 안정도
③ 파장의 반복 정밀도
④ 램프의 사용시간

해설
분광광도계(VY－VIS spectrophotometer)의 주기적 점검 항목
• 수시 또는 매일점검 : 시료 측정부 청결 상태
• 매월 점검 : 램프의 사용시간, 바탕선의 흔들림, 석영셀 청결상태 점검
• 분기 또는 반기 점검 : 파장의 정확성 점검

27

2.5점 기체크로마토그래프에서 운반기체로 사용하지 않는 것은?

① 수소   ② 산소
③ 헬륨   ④ 질소

해설
기체크로마토그래프의 운반기체는 수소, 헬륨, 질소를 주로 사용한다. 산소는 불순물로 제거되어야 한다.

28

2.5점 분석하고자 하는 물질에 따른 시료채취 장비의 재질로 적당하지 않은 것은?

① 미량 중금속－플라스틱, 유리, 테플론
② 영양물질－플라스틱, 스테인리스, 유리
③ 추출하여야 하는 유기물질－유리, 알루미늄, 테프론
④ 휘발성 유기화합물질－유리, 스테인레스, 테플론

해설
분석대상물질에 따른 시료채취 기구의 재질

분석항목	시료채취 기구의 재질
무기물질	플라스틱, 유리, 테플론, 스테인레스, 알루미늄, 금속
영양염류	플라스틱, 스테인레스, 테플론, 유리, 알루미늄, 금속
중금속	플라스틱, 스테인레스, 테플론
추출하여야 하는 물질	유리, 알루미늄, 금속 재질, 스테인레스, 테플론
휘발성 유기화합물	유리, 스테인레스, 테플론
미생물	멸균된 용기

29

2.5점 하천수 시료 채취 지점에 대한 설명 중 괄호 안에 들어갈 알맞은 것은?

> 하천의 단면에서 수심이 가장 깊은 수면의 지점과 그 지점을 중심으로 좌우 수면폭을 (ㄱ)한 각각의 지점의 수면으로부터 수심 2 m 이상일 때에는 수심의 (ㄴ)에서 채수한다.

① ㄱ : 2등분, ㄴ : 1/3 및 2/3
② ㄱ : 2등분, ㄴ : 2/3
③ ㄱ : 3등분, ㄴ : 2/3
④ ㄱ : 3등분, ㄴ : 1/3 및 2/3

해설

시료 채취 지점

하천의 단면에서 수심이 가장 깊은 수면의 지점과 그 지점을 중심으로 하여 좌우로 수면폭을 2등분한 각각의 지점의 수면으로 부터 수심 2 m 미만일 때에는 수심의 1/3에서, 수심이 2 m 이상일 때에는 수심의 1/3 및 2/3에서 각각 채수한다.

30 4 ℃의 물 1,500 mL에 22.5 mg의 부유물질이 포함되어 있다면 중량비로 몇 백만 분율(ppm)인가?(단, 4 ℃의 물의 밀도는 1 g/mL이다.)
2.5점

① 15　　　② 10
③ 20　　　④ 25

해설

부유물질$(mg/L) = (b - a) \times 1,000 / V$
$(b - a) = 22.5$ mg이므로
22.5 mg × 1,000/1,500 mL = 15 mg/L
물의 밀도는 1 g/mL = 1 kg/L이므로
중량비 ppm(mg/kg) = 15 mg/L × 1 L/kg
　　　　　　　　 = 15 mg/kg

31 호수나 저수지에서의 수질조사 시기 및 기간에 대한 내용 중 틀린 것은?
2.5점

① 수년 혹은 그 이상의 장기적인 관측을 원칙으로 한다.
② 1년을 주기로 하는 계절적 현상을 조사할 경우 각 계절을 대표하는 분기별 1회의 관측을 원칙으로 한다.
③ 홍수기 동안 호소의 물질 순환, 특히 영양염류, 유기물, SS 등의 유입과 유출에 관련된 수지분석을 하고자 한다면 매일 수질을 조사할 필요도 있다.

④ 조사 시각은 특별히 지정하지 않지만, 바람이 약한 오전 또는 이른 아침에 조사를 실시하는 것이 좋다.

해설

1년을 주기로 하는 계절적 현상을 조사할 경우 월 1회의 관측을 원칙으로 한다.

32 분석결과의 점검 단계에서 허용할 수 없는 교정 범위의 확인사항에 해당하지 않는 것은?
2.5점

① 부적절하게 조제된 저장용액 및 표준용액
② 시료채취에 의한 오류
③ 부적절하게 부피측정용 유리제품의 사용
④ 오래된 저장물질과 표준물질

해설

허용할 수 없는 교정 범위의 확인과 수정
• 부적절하게 조제된 저장용액 및 표준용액
• 오래된 저장물질과 표준물질
• 잘못되거나 유효날짜가 지난 QC 검정검증표준물질(CVS)
• 부적절하게 저장된 저장용액, 표준용액 및 시약
• 부적절하게 세척된 유리제품, 용기의 오염 또는 깨끗하지 않은 환경에 의한 오염
• 부적절한 부피측정용 유리제품의 사용주의
• 잘못된 기기의 응답

33 다음 내용은 무엇에 대한 설명인가?
2.5점

> 시료와 비슷한 매질 중에서 시험분석 대상을 검출할 수 있는 최소한의 농도로서, 제시된 정량한계부근의 농도를 포함하도록 준비한 n개의 시료를 반복측정하여 얻은 결과의 표준편차에 99 % 신뢰도에서의 t 분포값을 곱한 것이다.

① 방법검출한계　　② 기기검출한계
③ 검출한계　　　　④ 정량한계

해설

설명문은 방법검출한계에 대한 설명이다.
• 검출한계 : 검출 가능한 최소량을 의미하며, 정량 가능할 필요는 없다. 기기검출한계와 방법검출한계

가 있다. 구하는 방법으로는 시각적 평가에 근거하는 방법, 신호(signal) 대 잡음(noise)에 근거하는 방법, 반응의 표준편차와 검정곡선의 기울기에 근거하는 방법이 있다.

- 기기검출한계 : 분석기기에 직접 시료를 주입할 때 검출 가능한 최소량이며, 일반적으로 S/N(signal/noise)비의 2배 ~ 5배 농도 또는 바탕시료에 대한 반복 시험ㆍ검사한 결과의 표준 편차의 3배에 해당하는 농도로 하거나, 분석장비 제조사에서 제시한 검출한계값을 기기검출한계로 사용할 수 있다.
- 정량한계 : '시험항목을 시험ㆍ검사하는 데 있어 측정 가능한 검정 농도(calibration point)와 측정 신호를 완전히 확인할 수 있는 분석 시스템의 최소 수준'이다.

34 실험실 소방시스템에 관한 설명으로 틀린 것은?
2.5점
① 복도에는 화재 예방을 위해 별도의 소화전을 설치하여야 한다.
② 실내온도가 설정 온도보다 높은 경우, 화재 경보 시스템이 자동적으로 작동되어야 한다.
③ 기기분석실 등 고가의 장비가 있는 곳에 눈에 잘 띄게 분말소화기를 두어 소화기 사용으로 인한 기기 손실을 최소화할 수 있도록 한다.
④ 화재 담요는 화재 및 각종 재난에 의해 체력이 소모된 경우 뒤집어쓰고 체온유지에 사용할 수 있다.

해설
고가 장비 또는 물에 약한 분석기기 가까이에 화재 담요를 비치한다. 분말소화기의 미세 분말가루는 기기에 손상을 줄 수 있으므로 일반적으로 고가의 분석 장비가 있는 곳에 비치하지 않는다.

35 환경분야 시험검사기관의 능력 평가를 위한 숙
2.5점 련도 시험의 평가기준은 Z−score[$Z=(x-X)/s$, x : 측정값, X : 기준값, s : 측정값의 분산정도 또는 목표표준편차]이다. z−score를 구하는 기준값(X)으로 사용할 수 없는 것은?

① 표준시료 제조값
② 전문기관에서 분석한 평균값
③ 시험기관에서 제출한 측정값의 오차
④ 시험기관에서 제출한 측정값의 평균값

해설
z−score를 구하는 기준값(X)으로 사용할 수 있는 것은 표준시료 제조값, 전문기관에서 분석한 평균값, 인증표준물질과의 비교로부터 얻은 값, 대상기관의 분석 평균값이다.

36 환경측정분석사가 환경측정분석사 자격증을
2.5점 다른 사람에게 대여한 경우 1차 행정처분 사항은?

① 경고
② 자격정지 6개월
③ 자격정지 3개월
④ 자격취소

해설
[환경분야 시험ㆍ검사 등에 관한 법률 시행규칙 별표 12]
환경분야 시험ㆍ검사 등에 관한 법률 제19조 제4항을 위반하여 환경측정분석사가 자격증을 대여한 경우 1차 행정처분은 자격정지 3개월, 2차는 자격정지 6개월, 3차는 자격취소를 받게 된다.

37 환경분야 시험ㆍ검사기관이 시험ㆍ검사결과
2.5점 의 신뢰도 검증에 필요한 자료를 보관해야 하는 기간은?

① 3년
② 2년
③ 1년
④ 5년

해설
환경분야 시험ㆍ검사 등에 관한 법률 시행규칙 제13조 (검사기록의 보존)
검사기관은 법 제15조에 따라 정도검사나 검정의 결과를 별지 제7호서식의 정도검사 점검표나 별지 제11호서식의 성적서에 기록하고, 그 결과를 2년 동안 보관하여야 한다. 다만, 정도검사주기가 2년을 넘는 경우에는 그 기간 동안 보관하여야 한다

환경시험ㆍ검사기관 정도관리 운영 등에 관한 규정 제2조 환경시험ㆍ검사기관에 대한 요구 사항 관련 별표 1

정답 **34** ③ **35** ③ **36** ③ **37** ①

의 기록관리
시험과 관련된 자료들은 최소 3년간 보관하고 있다. 따라서 환경분야 시험·검사기관이 시험·검사결과의 신뢰도 검증에 필요한 자료 보관 보관기관은 3년이다.

38 괄호 안에 들어가는 용어를 바르게 나열한 것은?
2.5점

① (ㄱ)은/는 시험·검사기관이 시험 결과의 신뢰도 확보를 위해 내부적으로 ISO/IEC 17025에 따라 정도관리 시스템을 갖추고 외부적으로 이에 대한 주기적인 검증·평가를 받는 것이다.
② (ㄴ)은/는 정도관리를 위해 평가위원이 시험기관을 직접 방문하여 정도관리 시스템 및 시행을 평가하고자 기술인력, 시설, 장비, 운영 등 실태와 관련 자료를 검증·평가하는 것이다.
③ (ㄷ)은/는 정도관리 시스템에 대한 주기적인 평가를 위해 표준시료에 대한 시험·검사 능력과 시료채취 등을 위한 장비운영 능력 등을 평가하는 것이다.

① ㄱ : 현장평가, ㄴ : 정도관리,
　ㄷ : 숙련도 시험
② ㄱ : 숙련도 시험, ㄴ : 정도관리,
　ㄷ : 현장평가
③ ㄱ : 정도관리, ㄴ : 현장평가,
　ㄷ : 숙련도 시험
④ ㄱ : 정도관리, ㄴ : 숙련도 시험,
　ㄷ : 현장평가

해설
환경시험·검사기관 정도관리 운영 등에 관한 규정 제2조(정의)
1. "정도관리"라 함은 시험·검사기관이 시험·검사 결과의 신뢰도를 확보하기 위하여 내부적으로 ISO/IEC 17025를 인용한 별표 1에 따라 정도관리 시스템을 확립·시행하고 외부적으로 이에 대한 주기적인 검증·평가를 받는 것을 말한다.
3. "숙련도 시험"이라 함은 정도관리의 일부로서 시험·검사기관의 정도관리 시스템에 대한 주기적

인 평가를 위하여 표준시료에 대한 시험·검사 능력과 시료채취 등을 위한 장비운영 능력 등을 평가하는 것을 말한다.
4. "현장평가"라 함은 정도관리를 위하여 평가위원이 시험·검사기관을 직접 방문하여 시험·검사기관의 정도관리 시스템 및 시행을 평가하기 위하여 시험·검사기관의 기술인력·시설·장비 및 운영 등에 대한 실태와 이와 관련된 자료를 검증·평가하는 것을 말한다.

39 측정오차를 측정량의 참값으로 나눈 값은 무슨 오차에 대한 설명인가?
2.5점

① 절대오차　　　② 우연오차
③ 상대오차　　　④ 계통오차

해설
• 절대오차 = | 측정값 − 참값 |
• 상대오차 = | 측정오차/참값 |
　여기서, 측정오차 = 측정값 − 참값
• 우연오차 : 재현 불가능한 것으로 원인을 알 수 없어 보정할 수 없는 오차이며 이것으로 인해 측정값은 분산이 생긴다.
• 계통오차 : 재현 가능하여 어떤 수단에 의해 보정이 가능한 오차로서 이것에 따라 측정값은 편차가 생긴다.

40 시험·검사기관이 주기적으로 그 운영이 경영시스템과 관련 규격의 요건에 지속적으로 부합한다는 것을 입증하기 위하여 그 활동에 대해 실시하는 것은?
2.5점

① 교차검사　　　② 외부감사
③ 조직진단　　　④ 내부심사

해설
환경시험·검사기관 정도관리 운영 등에 관한 규정 별표 1(환경시험·검사기관에 대한 요구사항)
2.10 내부 정도관리 평가(경영검토 및 내부심사)에 대한 설명으로 시험·검사기관은 품질책임자의 책임하에 정해진 일정 정해진 일정표와 절차에 따라 정기적인 내부 정도관리 평가(최소 연 1회)를 실시하도록 규정하고 있다.

참고문헌

1. 수질오염공정시험기준(2018)
2. 먹는물수질공정시험기준(2018)
3. 환경시험 · 검사 QA/QC 핸드북(2011)
4. https://qtest.me.go.kr

집필진

곽 순 철
- 한국환경시험평가원
- 전(前)국립환경과학원
- 국립환경과학원 정도관리평가위원
- 환경측정분석사

김 명 옥
- 전(前)국립환경과학원
- 국립환경과학원 정도관리평가위원
- 환경측정분석사

김 혜 성
- (재)FITI시험연구원
- 전(前)국립환경과학원
- 환경측정분석사

방 선 애
- 한국환경시험평가원
- 성균관대학교 무배출환경설비지원센터
- 전(前)국립환경과학원
- 국립환경과학원 정도관리평가위원
- 환경측정분석사

오 두 헌
- 한국환경시험평가원
- 전(前)국립한경대학교 한경분석센터

이 경 석
- 한국환경시험평가원
- 기인첨단환경기술
- 환경측정분석사

임 태 숙
- 식품의약품안전처
- 전(前)국립환경과학원
- 환경측정분석사

※ 저자는 '가나다' 순으로 정렬하였습니다.

환경측정분석사 필기

수질환경측정분석 분야

발행일 | 2016. 4. 30   초판발행
2017. 3. 10   개정 1판1쇄
2018. 3. 10   개정 2판1쇄
2019. 5. 10   개정 3판1쇄
2020. 5. 10   3판2쇄

저 자 | 한국환경시험평가원
발행인 | 정 용 수
발행처 | 예문사

주 소 | 경기도 파주시 직지길 460(출판도시) 도서출판 예문사
T E L | 031) 955 – 0550
F A X | 031) 955 – 0660
등록번호 | 11 – 76호

정가 : 48,000원

ISBN 978–89–274–3136–7 13530

이 도서의 국립중앙도서관 출판예정도서목록(CIP)은 서지정보유통지
원시스템 홈페이지(http://seoji.nl.go.kr)와 국가자료공동목록시스템
(http://www.nl.go.kr/kolisnet)에서 이용하실 수 있습니다.
(CIP제어번호 : CIP2019015704)

학습 시 의문사항은 곽순철 저자 이메일(gsc@kiete.kr)로 문의하여 주
시기 바랍니다.